中国低碳年鉴

2015

总第 6 卷

《中国低碳年鉴》编辑委员会

北 京
冶 金 工 业 出 版 社
2016

内容简介

为全面记载我国应对气候变化和低碳发展的历程，促进转变经济发展方式，加快生态文明建设，由国务院相关部委应对气候变化和低碳发展主管司局及省（自治区、市）发展和改革委员会等共同编辑出版大型低碳发展典籍《中国低碳年鉴2015》。

《中国低碳年鉴2015》主要载述2014年国家应对气候变化和低碳发展的法律法规、政策文件和部分2015年重要文献，国家各部委与各省、自治区、直辖市应对气候变化和低碳发展报告，重点领域低碳发展报告，以及有关数据资料、案例，内容全面、丰富、翔实，具有权威性、可靠性和较高的实用价值，可作为各级党政机关、企事业单位、院校、科研院所、专家学者及有关人员在政策决策、规划制订、科研、教学、管理等工作中的查考应用书籍。

图书在版编目（CIP）数据

中国低碳年鉴. 2015 /《中国低碳年鉴》编辑委员会编. —北京：冶金工业出版社，2016. 3

ISBN 978-7-5024-7219-1

Ⅰ. ①中… Ⅱ. ①中… Ⅲ. ①节能—中国—2015—年鉴 Ⅳ. ①TK01-54

中国版本图书馆CIP数据核字（2016）第044933号

出 版 人 谭学余

地　址 北京市东城区嵩祝院北巷39号　邮编 100009　电话 (010)64027926

网　址 www.cnmip.com.cn　电子信箱 yjcbs@cnmip.com.cn

责任编辑 曾 媛　美术编辑 孔令刚　版式设计 孔令刚

责任校对 张 之

ISBN 978-7-5024-7219-1

冶金工业出版社出版发行；各地新华书店经销；廊坊市长岭印务有限公司印刷

2016年3月第1版，2016年3月第1次印刷

210mm×297mm；32.25印张；32彩页；1336千字；482页

560.00元

冶金工业出版社 投稿电话 (010)64027932 投稿信箱 tougao@cnmip.com.cn

冶金工业出版社营销中心 电话 (010)64044283 传真 (010)64027893

冶金书店 地址 北京市东四西大街46号（100010） 电话 (010)65289081（兼传真）

冶金工业出版社天猫旗舰店 yjgycbs.tmall.com

(本书如有印装质量问题，本社发行部负责退换)

中国正在大力推进生态文明建设，推动绿色循环低碳发展。中国把应对气候变化融入国家经济社会发展中长期规划，坚持减缓和适应气候变化并重，通过法律、行政、技术、市场等多种手段，全力推进各项工作。

面向未来，中国将把生态文明建设作为“十三五”规划重要内容，落实创新、协调、绿色、开放、共享的发展理念，通过科技创新和体制机制创新，实施优化产业结构、构建低碳能源体系、发展绿色建筑和低碳交通、建立全国碳排放交易市场等一系列政策措施，形成人和自然和谐发展现代化建设新格局。中国在“国家自主贡献”中提出将于2030年左右使二氧化碳排放达到峰值并争取尽早实现，2030年单位国内生产总值二氧化碳排放比2005年下降60%～65%，非化石能源占一次能源消费比重达到20%左右，森林蓄积量比2005年增加45亿立方米左右。虽然需要付出艰苦的努力，但我们有信心和决心实现我们的承诺。

——习近平在气候变化巴黎大会开幕式上的讲话

坚持绿色发展，着力改善生态环境。坚持绿色富国、绿色惠民。推动形成绿色发展方式和生活方式。

推动低碳循环发展。推进能源革命。推进交通运输低碳发展。推广绿色建筑和建材。主动控制碳排放。增加森林面积和蓄积量。

——《中共中央关于制定国民经济和社会发展第十三个五年规划的建议》

2015年6月15日，2015年应对气候变化主题展览及“全国低碳日”系列活动在北京中华世纪坛启动，国家发展和改革委员会副主任张勇参加启动仪式并参观展览

以中国气候变化事务特别代表解振华为团长的中国代表团为推动达成巴黎协定做出积极努力与突出贡献

生态文明贵阳国际论坛2014年年会举行，国务院总理李克强致贺信，国家副主席李源潮出席开幕式并致词

《节能减排低碳发展行动方案》在全国实施

2015年我国新能源汽车发展爆发式增长，全年产量达37.9万辆，同比大幅增长4倍

2015年12月，防城港3、4号“华龙一号”三代核电技术示范机组项目开工建设

“风光储输示范工程关键技术研究”项目通过验收，取得了一系列具有自主知识产权的创新成果

鄂尔多斯能化荣信化工项目全系统贯通投产。这是目前世界上最大的水煤浆气化装置，碳转化率达到98%以上，有效气体成分转化率达到82%至85%，气化技术达到国际领先水平

《中国低碳年鉴》顾问委员会

名誉顾问

陈至立 全国人大常务委员会原副委员长

陈昌智 全国人大常务委员会副委员长

徐匡迪 第十届全国政协副主席、中国工程院主席团名誉主席

顾　问

解振华 中国气候变化事务特别代表、全国政协人口资源环境委员会副主任
国家发展和改革委员会原副主任

李毅中 全国政协经济委员会副主任、工业和信息化部原部长

周生贤 全国政协人口资源环境委员会副主任、环境保护部原部长

仇保兴 全国政协人口资源环境委员会副主任、住房和城乡建设部原副部长

李盛霖 全国人大财政经济委员会主任委员、交通运输部原部长

张桃林 农业部副部长

汪　洪 水利部总工程师

宋秀岩 全国妇联书记处第一书记

贾治邦 全国政协人口资源环境委员会主任、国家林业局原局长

郑国光 中国气象局局长

林左鸣 中国航空工业集团公司董事长

徐锭明 国务院原参事、原国家发改委能源局局长

秦大河 全国政协人口资源环境委员会副主任、中国科学院院士

牛文元 国务院参事、中国科学院可持续发展战略研究组组长

金　涌 清华大学化工科学与技术研究院院长、中国工程院院士

《中国低碳年鉴》编辑委员会

王祝雄 国家林业局造林绿化管理司司长

罗云峰 中国气象局科技与气候变化司司长

孟赤兵 北京现代循环经济研究院院长

张国洪 北京市发展和改革委员会副主任

肖　松 天津市发展和改革委员会主任

刘　锋 山西省发展和改革委员会副主任

文　民 内蒙古自治区发展和改革委员会副主任

宋彦麟 辽宁省发展和改革委员会副主任

宋　刚 吉林省发展和改革委员会副主任

鲁　峰 黑龙江省发展和改革委员会副主任

王汉春 江苏省发展和改革委员会副主任

吴晓军 江西省发展和改革委员会主任

常建华 河南省发展和改革委员会副主任

李乐成 湖北省发展和改革委员会主任

吴道闻 广东省发展和改革委员会副主任

林回福 海南省发展和改革委员会主任

黄朝永 重庆市发展和改革委员会主任

代永波 四川省发展和改革委员会副主任

李作勋 贵州省发展和改革委员会副主任

饶　卫 云南省发展和改革委员会副主任

孙本拉 西藏自治区发展和改革委员会副主任

苏园林 陕西省发展和改革委员会总工程师

陈　江 甘肃省发展和改革委员会副主任

王景雄 青海省发展和改革委员会副主任

马　坚 宁夏回族自治区发展和改革委员会副主任

田　啟　湖北省发展和改革委员会应对气候变化处处长

高佃恭　海南省发展和改革委员会区域经济和资源节约环境保护处处长

董晓川　重庆市发展和改革委员会资源环境和应对气候处处长

曾义平　四川省发展和改革委员会资源节约环境保护处处长

付野秋　贵州省发展和改革委员会应对气候变化处处长

索朗卓嘎　西藏自治区发展和改革委员会资源节约和环境保护处处长

续大康　陕西省发展和改革委员会应对气候变化处处长

黄建雄　青海省发展和改革委员会资源节约和环境保护处处长

徐卫新　新疆维吾尔自治区发展和改革委员会地区经济处处长

张晓青　新疆生产建设兵团发展和改革委员会应对气候变化处处长

程会强　国务院发展研究中心资源与环境政策研究所所长助理

周宏春　国务院发展研究中心社会发展研究部室主任

王　毅　中国科学院科技政策与管理科学研究所所长

潘家华　中国社会科学院城市发展与环境研究所所长

齐　晔　清华大学气候变化与低碳发展政策研究中心主任

赵新峰　首都师范大学管理学院院长

杨　志　中国人民大学气候变化与低碳经济研究所所长

诸大建　同济大学可持续发展与管理研究所所长

吉京杭　中国杭州低碳科技馆馆长

何锦峰　四川联合环境交易所董事长

张　月　兰州环境能源交易中心董事长

韩　冰　北京现代循环经济研究院副院长

刘兴利　北京现代循环经济研究院原院长

王林森　北京现代循环经济研究院原副院长

侯　静　北京现代循环经济研究院院长助理

徐怡珊　中国环境监测总站高级工程师

《中国低碳年鉴》编辑部

编辑部地址：北京现代循环经济研究院
北京市东城区北三环中路37号华世隆国际公寓B座410室

编辑部电话：010-84119310（传真）

电子邮箱：zgdtjjnj@126.com

编辑说明

应对气候变化事关中华民族和全人类的长远利益，走低碳发展之路是积极应对气候变化的迫切要求，也是体现以人为本、全面协调可持续的发展导向、建设创新型国家的客观要求。

树立绿色发展理念，大力发展以低碳排放、循环利用为内涵的绿色经济，逐步建立以低碳排放为特征的工业、建筑、交通体系和低碳社会生活，积极探索具有中国特色的低碳发展道路，有效控制温室气体排放，为推进中国和世界可持续发展作出积极贡献，已成为中国的一项基本国策，并已纳入了国民经济和社会发展第十三个五年规划纲要。

为全面记载我国应对气候变化和低碳发展的历程和实际状况，加快走低碳发展之路的步伐，特编辑出版《中国低碳年鉴》，并得到了从中央到地方、国家各重点行业及其协会、低碳试点与实践单位的各方面的高度关注和坚决支持，全国人大、国务院各有关部委和部门，各省市区发改委、专家学者应邀担当顾问、编委，积极撰写和提供文稿、资料、图片，并提出了许多指导意见，给了我们努力做好《中国低碳年鉴》的编辑出版工作以巨大鼓舞和鞭策。

一、《中国低碳年鉴 2015》基本内容为2014年中国应对气候变化和低碳发展状况、重要信息数据、基本经验和主要成效。为增强《年鉴》的时效性和适用性，适当收录了2015年我国应对气候变化和低碳发展的部分政策文件和内容。

二、《中国低碳年鉴 2015》在编辑出版全过程中，坚持以邓小平理论和“三个代表”重要思想为指导，贯彻落实科学发展观，全面贯彻落实习近平关于绿色发展理念和建设生态文明系列讲话精神。在体例上，采用文章、条目、报表和图片相结合。

三、《中国低碳年鉴 2015》具有一些明显的特点。强化了综合分析力度，收入了国家发展和改革委发布的《中国应对气候变化政策与行动年度报告》，约请国务院有关部委（局）、重点行业和领域、省区市撰写了30多篇应对气候变化和低碳发展报告或专题发展报告，大大丰富了《年鉴》内容，增强了《年鉴》的可读性、使用价值与历史价值。载入的事件、信息、数据、资料、图片等都来自官方和公开出版物，具有权威性、真实性，历史价值和保存、使用、查考价值都较高；涵盖内容全面、广泛、系统，从中央到地方、企业、园区、行业、领域，涉及言论、重大活动和事件、法规、政策、科技、典型案例以及国外概况，多层次、全方位，涵盖低碳发展的各个方面，全书达140多万字，内容丰富、详实、完备，为前所少见；图文并茂，具有较强的可视性、生动性和可读性。

四、诚挚感谢全国人大、全国政协、国务院各有关部委（局）、省市区发改委、国家各重点行业协会、低碳试点与实践单位、专家学者等在《中国低碳年鉴》的编辑出版中给予的支持。

五、《中国低碳年鉴》编辑部设在北京现代循环经济研究院。

六、由于我们缺乏经验，水平有限，对于书中存在的疏漏乃至错误，敬请不吝指正。

Editing Instructions

Climate change relates to the long-term interests of Chinese nation and all mankind, so taking the low-carbon development way is an urgent demand to actively respond to climate change, an embodying in the direction of People First, Overall Coordination and Sustainable Development, and also the inherent and objective requirement of building an innovative country as well.

It has already became a China's basic state policy and incorporated into Twelfth Five-Year Plan for National Economic and Social Development of People's Republic of China to establish green low-carbon development concept, to strongly develop green economy with the connotation of low-carbon emissions and recycling usage, and to radually set up the industry, construction and transportation systems with low-carbon emission and low-carbon social life, and to actively explore the low-carbon development road with Chinese characteristics, and to effectively control greenhouse gas emissions, as well as to positively contribute to promoting sustainable development of both China and the world.

For the purpose of comprehensively recording the course and actual situation of Chinese low-carbon development, and speeding up the low-carbon development, China Low-Carbon Yearbook was specially published.

Great attention and firm support were given from all involved parties such as from the central to locals, each national key industry and its association, and the low-carbon pilot and practice units. The consultants and editors were invited from the relevant ministries and commissions (bureaus) of National People's Congress and the State Council, and the provincial and municipal National Development and Reform Commission, and relevant experts and scholars. All of them positively wrote and provided manuscripts, the information and pictures, and gave many guidance suggestions. All mentioned above encouraged and spur us to make great efforts to edit China Low-Carbon Yearbook 2015 well.

China Low-Carbon Yearbook 2015 basic content focuses on China low-carbon development status and actions in dealing with climate change, important information/data, experience and major a chievement in 2014. To improve the timeliness of China Low-Carbon Yearbook, we collected important policy documents and related contents referring to China's actions in dealing with climate change and low carbon development in 2015.

The Deng Xiaoping Theory and Three Representative Important Thought were adhered to and followed, and Scientific Development Outlook was applied and implemented during editing of China Low-Carbon Yearbook 2015, which combined articles, items, statements and pictures in style, Fully implement the spirit of a series of speeches about green growth concept and the construction of ecological civilization by Xi Jinping.

China Low-Carbon Yearbook 2015 has some obvious features as follow: Efforts to strengthen the comprehensive analysis of income of the National Development and Reform Commission issued the "China's National Climate Change Policy and Action Annual Report" (2014 and 2015 years), invite the relevant ministries and commissions of the State Council, key industries and areas, provinces, experts authored more than 30 papers and other climate change and low carbon development and thematic development report, which greatly enriched the "Yearbook" content, and enhance the "Yearbook" readability, use value and historical value. The incidents, information, data, materials, pictures and etc. recorded are all from the official and open publications with authority and authenticity, which have high historical value, and high storage, usage and reference values; contents covered are more comprehensive, broad and systematic, from the central to locals, so as enterprises, parks, each industry and field, speech and views, major activities and events, regulations, policies, science and technology, and typical cases and foreign profiles, involving each aspect of low-carbon development at multi-level and all-dimension. The book with more than 2 million characters is rear before owing to its large scale and rich, accurate and complete content; excellent pictures and texts, with strong visibility, vitality and readability.

China Low-Carbon Yearbook is supported by grants project of China Clean Development Mechanism Fund.

Sincerely thanks to the related ministries and commissions (bureaus) of National People's Congress and the State Council, every provinces and cities, the national key industries and their associations, low-carbon pilot and practice units, experts and scholars etc. for their supports in the editing and publishing of China Low-Carbon Yearbook 2015.

We are of inexperience and of limited level, for the omissions and errors existing in the book, please point out without stint.

目 录

综合报告

地方报告

封面图片：中国杭州低碳科技馆

\>\>\>

重要论述

中共中央总书记、国家主席
习近平重要论述

在北京考察时的讲话

像北京这样的特大城市，环境治理是一个系统工程，必须作为重大民生实事紧紧抓在手上。大气污染防治是北京发展面临的一个最突出的问题。要坚持标本兼治和专项治理并重、常态治理和应急减排协调、本地治污和区域协调相互促进，多策并举，多地联动，全社会共同行动。要深入开展节水型城市建设，使节约用水成为每个单位、每个家庭、每个人的自觉行动。

环境治理是一个系统工程，必须作为重大民生实事紧紧抓在手上。大气污染防治是北京发展面临的一个最突出的问题。要坚持标本兼治和专项治理并重、常态治理和应急减排协调、本地治污和区域协调相互促进，多策并举，多地联动，全社会共同行动。

要调整疏解非首都核心功能，优化三次产业结构，优化产业特别是工业项目选择，突出高端化、服务化、集聚化、融合化、低碳化，有效控制人口规模，增强区域人口均衡分布，促进区域均衡发展。

要加大大气污染治理力度，应对雾霾污染、改善空气质量的首要任务是控制PM2.5，要从压减燃煤、严格控车、调整产业、强化管理、联防联控、依法治理等方面采取重大举措，聚焦重点领域，严格指标考核，加强环境执法监管，认真进行责任追究。

（2014年2月25日）

听取京津冀协同发展专题汇报时的讲话

着力扩大环境容量生态空间，加强生态环境保护合作，在已经启动大气污染防治协作机制的基础上，完善防护林建设、水资源保护、水环境治理、清洁能源使用等领域合作机制。

（2014年2月26日）

参加贵州代表团审议时的讲话

小康全面不全面，生态环境质量是关键。要创新发展思路，发挥后发优势。因地制宜选择好发展产业，让绿水青山充分发挥经济社会效益，切实做到经济效益、社会效益、生态效益同步提升，实现百姓富、生态美有机统一。

（2014年3月7日）

在中央财经领导小组第五次会议上的讲话

原油可以进口，世界石油资源用光后还有替代能源顶上，但水没有了，到哪儿去进口？水稀缺，一个重要原因是涵养水源的生态空间大面积减少，盛水的“盆”越来越小，降水存不下、留不住。研究从全局角度寻求新的治理之道，不是头疼医头、脚疼医脚。

（2014年 3 月14日）

在2014年国际工程科技大会上发表主旨演讲

我们将继续实施可持续发展战略，优化国土空间开发格局，全面促进资源节约，加大自然生态系统和环境保护力度，着力解决雾霾等一系列问题，努力建设天蓝地绿水净的美丽中国。

（2014年6月3日）

在中央财经领导小组第六次会议上的讲话

面对能源供需格局新变化、国际能源发展新趋势，保障国家能源安全，必须推动能源生产和消费革命。推动能源生产和消费革命是长期战略，必须从当前做起，加快实施重点任务和重大举措。

我国能源发展面临着能源需求压力巨大、能源供给制约较多、能源生产和消费对生态环境损害严重、能源技术水平总体落后等挑战。我们必须从国家发展和安全的战略高度，审时度势，借势而为，找到顺应能源大势之道。

第一，推动能源消费革命，抑制不合理能源消费。坚决控制能源消费总量，有效落实节能优先方针，把节能贯穿于经济社会发展全过程和各领域，坚定调整产业结构，高度重视城镇化节能，树立勤俭节约的消费观，加快形成能源节约型社会。

第二，推动能源供给革命，建立多元供应体系。立足国内多元供应保安全，大力推进煤炭清洁高效利用，着力发展非煤能源，形成煤、油、气、核、新能源、可再生能源多轮驱动的能源供应体系，同步加强能源输配网络和储备设施建设。

第三，推动能源技术革命，带动产业升级。立足我国国情，紧跟国际能源技术革命新趋势，以绿色低碳为方向，分类推动技术创新、产业创新、商业模式创新，并同其他领域高新技术紧密结合，把能源技术及其关联产业培育成带动我国产业升级的新增长点。

第四，推动能源体制革命，打通能源发展快车道。坚定不移推进改革，还原能源商品属性，构建有效竞争的市场结构和市场体系，形成主要由市场决定能源价格的机制，转变政府对能源的监管方式，建立健全能源法治体系。

第五，全方位加强国际合作，实现开放条件下能源安全。在主要立足国内的前提条件下，在能源生产和消费革命所涉及的各个方面加强国际合作，有效利用国际资源。

要抓紧制定2030年能源生产和消费革命战略，研究“十三五”能源规划。抓紧修订一批能效标准，只要是落后的都要加快修订，定期更新并真正执行。继续建设以电力外送为主的千万千瓦级大型煤电基地，提高煤电机组准入标准，对达不到节能减排标准的现役机组限期实施改造升级，继续发展远距离大容量输电技术。

在采取国际最高安全标准、确保安全的前提下，抓紧启动东部沿海地区新的核电项目建设。

务实推进“一带一路”能源合作，加大中亚、中东、美洲、非洲等油气的合作力度。加大油气资源勘探开发力度，加强油气管线、油气储备设施建设，完善能源应急体系和能力建设，完善能源统计制度。积极推进能源体制改革，抓紧制定电力体制改革和石油天然气体制改革总体方案，启动能源领域法律法规立改废工作。

在中央政治局常委会会议上的讲话

森林是我们从祖宗继承来的，要留传给子孙后代，上对得起祖宗，下对得起子孙。

森林是陆地生态的主体，是国家、民族最大的生存资本，是人类生存的根基，关系生存安全、淡水安全、国土安全、物种安全、气候安全和国家外交大局。必须从中华民族历史发展的高度来看待这个问题，为子孙后代留下美丽家园，让历史的春秋之笔为当代中国人留下正能量的记录。

（2014年12月25日）

中共中央政治局常委、国务院总理
李克强重要论述

考察陕西省时的谈话

新能源汽车，特别是公交车能改善城市污染和噪音问题，要倡导人人使用，政府要起到示范作用。他说，面对不断加剧的环境污染，我们要直面问题，向污染宣战！

（2014年1月27日）

给陕西初中女孩江欣桐的回信

如何兼顾发展与环境，是一个非常复杂的"方程"，我们正在想办法给这个方程寻找"最优解"，走绿色发展道路，让人与自然和谐相处。

（2014年2月25日）

在十二届全国人大二次会议上的政府工作报告

努力建设生态文明的美好家园。

生态文明建设关系人民生活，关乎民族未来。雾霾天气范围扩大，环境污染矛盾突出，是大自然向粗放发展方式亮起的红灯。必须加强生态环境保护，下决心用硬措施完成硬任务。

出重拳强化污染防治。以雾霾频发的特大城市和区域为重点，以细颗粒物（PM2.5）和可吸入颗粒物（PM10）治理为突破口，抓住产业结构、能源效率、尾气排放和扬尘等关键环节，健全政府、企业、公众共同参与新机制，实行区域联防联控，深入实施大气污染防治行动计划。今年要淘汰燃煤小锅炉5万台，推进燃煤电厂脱硫改造1500万千瓦、脱硝改造1.3亿千瓦、除尘改造1.8亿千瓦，淘汰黄标车和老旧车600万辆，推广新能源汽车，在全国供应国四标准车用柴油。实施清洁水行动计划，加强饮用水源保护，推进重点流域污染治理。实施土壤修复工程。整治农业面源污染，建设美丽乡村。我们要像对贫困宣战一样，坚决向污染宣战。

推动能源生产和消费方式变革。加大节能减排力度，控制能源消费总量，今年能源消耗强度要降低3.9%以上，二氧化硫、化学需氧量排放量都要减少2%。要提高非化石能源发电比重，发展智能电网和分布式能源，鼓励发展风能、太阳能、生物质能，开工一批水电、核电项目。加强天然气、煤层气、页岩气勘探开采与应用。推进资源性产品价格改革，建立健全居民用水、用气阶梯价格制度。实施建筑能效提升、节能产品惠民工程，发展清洁生产、绿色低碳技术和循环经济，提高应对气候变化能力。强化节水、节材和资源综合利用。加快开发应用节能环保技术和产品，把节能环保产业打造成生机勃勃的朝阳产业。

推进生态保护与建设。继续实施退耕还林还草，今年拟安排500万亩。实施退牧还草、天然林保护、防沙治沙、水土保持、石漠化治理、湿地恢复等重大生态工程。加强三江源生态保护。落实主体功能区制度，推动建立跨区域、跨流域生态补偿机制。生态环保功在当代、利在千秋。各级政府和全社会都要进一步积极行动起来，呵护好我们赖以生存的共同家园。

（2014年3月5日）

在节能减排及应对气候变化工作会议上的讲话

2013年节能减排取得新进展，但今年的任务更加艰巨，要在保持经济增长7.5%左右的情况下，实现单位GDP能耗下降3.9%的目标，十分不易。尽管经济存在下行压力、稳增长面临挑战，我们仍要坚定不移地推进节能减排。这是给自己压"担子"，必须努力走出一条能耗排放做"减法"、经济发展做"加法"的新路子，对人民群众和子孙后代尽责。

必须看到，节能减排与促进发展并不完全矛盾，关键是要协调处理好，找到二者的合理平衡点，使之并行不悖、完美结合。淘汰落后产能，关停高耗能、高排放企业，会对增长带来影响，但其中也蕴含着很大商机，会为新能源、节能环保等新兴产业成长提供广阔空间。我们要善抓机遇，进退并举，控制能源消费总量，提高使用效率，调整优化能源结构，积极发展风电、核电、水电、光伏发电等清洁能源和节能环保产业，开工一批新项目，大力推广分布式能源，发展智能电网，逐步把煤炭比重降下来。尤其是要着力发展服务业特别是生产性服务业。服务业总体能耗低，又是就业最大容纳器，对推动发展潜力巨大。要加快有序放宽市场准入、加大政策激励，提升服务业在国民经济中的比重，确保今年继续超过二产，使其成为促进产业结构优化、推动节能减排和低碳发展的关键一招。

《政府工作报告》已对今年节能减排工作作出部署。要加强政策引导，更多引入和运用市场机制，推进工业、建筑、交通运输、公共机构等重点领域和重点单位节能，加大污染特别是大气污染治理，努力改善重点地区雾霾状况。建立和实施能效“领跑者”等制度，增强全社会特别是企业节能减排的内在动力。

必须用硬措施完成节能减排硬任务。要强化责任，把燃煤锅炉改造、淘汰黄标车、电厂脱硫脱硝除尘等任务指标分解到各地区，对完不成任务的，要加大问责力度。严格执法，对非法偷排、超标排放、逃避监测等“伤天害人”行为和监管失职渎职重拳打击，对相关企业、单位和责任人严惩不贷。今年国务院要组织明察暗访，发现问题一查到底，决不放过。

应对气候变化与节能减排相辅相成，是人类的共同责任。中国作为负责任的大国，愿主动积极作为，与世界各国一道，在坚持共同但有区别的责任原则、公平原则、各自能力原则的基础上，为应对气候变化的挑战作出更大努力。

（2014年3月21日）

在博鳌亚洲论坛2014年年会开幕式上的主旨演讲

我们还将积极推动绿色工业、新能源、节能环保技术和产品开发，形成新的增长点，在此过程中坚决淘汰落后产能，缓解资源环境的瓶颈约束。扩大国家新兴产业创投引导资金的规模，发挥创新驱动发展的作用，促进我国产业从中低端向中高端迈进，着力提高生产要素产出率。

（2014年2月8日）

主持召开国务院常务会议研究部署加强雾霾等大气污染治理

国务院总理李克强2月12日主持召开国务院常务会议，研究部署进一步加强雾霾等大气污染治理，审议通过《医疗器械监督管理条例（修订草案）》。

会议认为，打好防治大气污染的攻坚战、持久战，是改善民生的当务之急，是转方式、调结构的关键举措，也是推进生态文明建设的重大任务。自去年9月国务院印发《大气污染防治行动计划》以来，各地区、各部门迅速行动，定目标、建机制、强监管，在大气污染综合治理上迈出了新的步伐，得到社会的广泛关注和认同。但大气污染是长期积累形成的，必须充分认识防治工作面临的严峻形势，坚持不懈付出努力。要立足国情、科学治理、分类指导，以雾霾频发的特大城市和区域为重点，以PM2.5和PM10治理为突破口，抓住能源结构、尾气排放和扬尘等关键环节，不断推出远近结合，有利于标本兼治、带动全局的配套政策措施，在大气污染防治上下大力、出真招、见实效，努力实现重点区域空气质量逐步好转，消除人民群众“心肺之患”。

会议要求在抓紧完善现有政策的基础上，进一步推出以下措施：一是加快调整能源结构。实施跨区送电项目，合理控制煤炭消费总量，推广使用洁净煤。促进车用成品油质量升级，今年年底前全面供应国四车用柴油。推行供热计量改革，开展建筑节能，促进城镇污染减排。加快淘汰老旧低效锅炉，提升燃煤锅炉节能环保水平。提前一年全面完成“十二五”落后产能淘汰任务。二是发挥价格、税收、补贴等的激励和导向作用。对煤层气发电等给予税收政策支持。中央财政设立专项资金，今年安排100亿元，对重点区域大气污染防治实行“以奖代补”。制定重点行业能效、排污强度“领跑者”标准，对达标企业予以激励。完善购买新能源汽车的补贴政策，加大力度淘汰黄标车和老旧汽车。大力支持节能环保核心技术攻关和相关产业发展。三是落实各方责任。实施大气污染防治责任考核。健全国家监察、地方监管、单位负责的环境监管体制。完善水泥、锅炉、有色等行业大气污染物排放标准。规范环境信息发布。会议强调，要以更大的决心，更加注重运用市场和法治手段，更好发挥社会力量和科技支撑的作用，围绕结构调整、重点行业综合整治和重污染天气监测预警应急体系建设，加大工作力度，加快制定修订相关法规，推动形成全社会“同呼吸、共奋斗”、齐心协力防治大气污染的治理格局，以实实在在的成效保护和改善生态环境、造福全体人民。

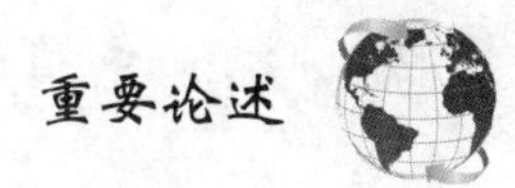

在第24届世界经济论坛非洲峰会上的致辞

我们将侧重绿色低碳领域的中非合作，促进中国企业履行社会责任。中国将向非洲提供1000万美元援助，专门用于保护非洲野生动物资源，促进非洲生物多样性，促进非洲可持续发展。

（2014年5月8日）

致生态文明贵阳国际论坛2014年年会贺信

生态文明源于对发展的反思，也是对发展的提升，事关当代人的民生福祉和后代人的发展空间。中国把生态文明建设放在国家现代化建设更加突出的位置，坚持在发展中保护、在保护中发展，健全生态文明体制机制，下大力气防治空气雾霾和水、土壤污染，推进能源资源生产和消费方式变革，继续实施重大生态工程，把良好生态环境作为公共产品向全民提供，努力建设一个生态文明的现代化中国。

人类只有一个地球。保护生态环境、促进绿色发展是各国利益的汇合点。中国把生态环保作为对外开放的重要领域，将继续加强同世界各国、国际组织的环境合作，深入推进国际环境公约的履约，携手应对气候变化，共同推动人类环境与发展事业。

（2014年7月11日）

在2014年夏季达沃斯开幕式上的致辞

中国经济还处在发展中的阶段，但环境资源的矛盾已经十分突出，必须加大节能环保的力度，应对气候变化，既是中国作为一个负责任大国应尽的义务，也是我们自身发展的迫切需要。可以说，这也是从中国根本利益出发的。必须加强生态文明建设，发展绿色产业，我们已经提出向污染宣战，并认真履行相应的国际责任，也正在研究到2030年前后，中国控制温室气体排放的行动目标。这其中包括二氧化碳的排放峰值、碳排放强度比例的下降值、非化石能源比重的上升值，中国推进绿色、循环、低碳发展，不仅有决心而且有能力，我们将紧紧地依靠科技创新进行艰苦卓绝、持续不断地努力来加大环境治理的力度，发展节能环保产业的速度，着力完成节能减排的任务，与世界各国一道应对气候变化，并采取实实在在的行动。

（2014年9月10日）

中共中央政治局常委、国务院副总理
张高丽重要论述

在纽约联合国总部出席联合国气候峰会上的讲话

中国高度重视应对气候变化，愿与国际社会一道，积极应对气候变化的严峻挑战。中国国家主席习近平指出，应对气候变化是中国可持续发展的内在要求，也是负责任大国应尽的国际义务，这不是别人要我们做，而是我们自己要做。中国在发展中国家中最早制定实施应对气候变化国家方案，近期又出台《国家应对气候变化规划》，确保实现2020年碳排放强度比2005年下降40%—45%的目标。中国致力于积极推进节能减排、低碳发展和生态建设，取得显著成效。2013年与2005年相比，中国碳排放强度下降28.5%，相当于少排放二氧化碳25亿吨。

中国是13亿人口的发展中国家，发展经济、改善民生、保护环境任务艰巨。作为一个负责任的大国，今后中国将以更大力度和更好效果应对气候变化，主动承担与自身国情、发展阶段和实际能力相符的国际义务。中国将尽快提出2020年后应对气候变化行动目标，碳排放强度要显著下降，非化石能源比重要显著提高，森林蓄积量要显著增加，努力争取二氧化碳排放总量尽早达到峰值。

中国将加快推动能源生产和消费革命，坚决控制能源消费总量，提高能源利用效率，大力发展非化石能源，加强大气污染治理和生态建设，加快建立碳交易市场，强化技术创新，增强全社会绿色低碳发展意识，努力走出一条发展经济与应对气候变化双赢的可持续发展之路。

中国将大力推进应对气候变化南南合作，从明年开始在现有基础上把每年的资金支持翻一番，建立气候变化南南合作基金。中国还将提供600万美元资金，支持联合国秘书长推动应对气候变化南南合作。

中国坚定支持2015年巴黎会议如期达成协议。提出三点倡议：

一要坚持公约框架，遵循公约原则。2015年协议的谈判进程和最终结果必须坚持共同但有区别的责任原则、公平原则和各自能力原则，加强公约规定和承诺的全面、有效和持续实施。

二要兑现各自承诺，巩固互信基础。各方要落实已达成的共识，特别是发达国家要提高减排力度，落实到2020年每年向发展中国家提供1000亿美元资金支持和技术转让的承诺。

三要强化未来行动，提高应对能力。无论发达国家还是发展中国家，都需要走符合本国国情的绿色低碳发展道路，从实际出发研究提出2020年后的行动目标，采取更加有力的应对措施，切实加强务实合作，为应对气候变化作出新的努力和贡献。

（2014年9月23日）

会见联合国气候变化框架公约秘书处执行秘书菲格雷斯时的谈话

气候变化是全球性问题，需要各国共同应对。各方应落实好已有共识，在“共同但有区别的责任”原则、公平原则和各自能力原则的基础上，共同推动气候变化谈判于2015年巴黎会议上如期达成协议。中国政府高度重视应对气候变化问题，已宣布2020年后行动目标，这将有力推动中国加快转变经济发展方式，走绿色、低碳的可持续发展道路，并为全球应对气候变化作出贡献。

（2014年11月17日）

>>>

公报 白皮书

中美元首气候变化联合声明

2015年9月25日于华盛顿特区

一、习近平主席和贝拉克•奥巴马总统于2014年11月在北京一起发表了历史性的中美气候变化联合声明，突出表明两位元首致力于在巴黎达成一项成功的气候协议，标志着多边气候外交的新时代和两国双边关系的新支柱。值此习近平主席到华盛顿进行国事访问之际，两国元首重申坚信气候变化是人类面临的最重大挑战之一，两国在应对这一挑战中具有重要作用。两国元首还重申坚定推进落实国内气候政策、加强双边协调与合作并推动可持续发展和向绿色、低碳、气候适应型经济转型的决心。

巴黎气候大会展望

二、中美两国元首重申2014年11月12日发表的中美气候变化联合声明。两国元首忆及关于达成一项在公约下适用于所有缔约方的议定书、其他法律文书或具有法律效力的议定成果的德班授权，坚定决心携手并与其他国家一道努力，达成一项富有雄心、圆满成功的巴黎成果，在考虑2℃以内全球温度目标的同时，推进落实公约目标。

三、两国元首重申致力于达成富有雄心的2015年协议，体现共同但有区别的责任和各自能力原则，考虑到不同国情。双方进一步认为应以恰当方式在协议相关要素中体现“有区别”。

四、双方支持巴黎成果中包含有强化的透明度体系，以建立相互间的信任和信心，并包括通过恰当方式对行动和支持进行报告和审评以促进成果的有效实施。该体系应为依能力而需要灵活性的发展中国家提供灵活性。

五、中美两国欢迎彼此及其他缔约方所通报国家自主贡献中提出的强化行动。

六、双方认识到缔约方的减排努力是向绿色低碳经济转型所需长期努力的重要步骤，并应于未来持续提高力度。此外，中美双方强调制定和公布考虑2℃以内全球温度目标的本世纪中期低碳经济转型战略至关重要。双方还强调需要在本世纪内进行全球低碳转型。

七、双方强调适应的重要性。巴黎协议应更加重视和突出适应问题，包括认可适应是全球长期应对气候变化的关键组成部分，既要针对不可避免的气候变化影响做好准备，又要提高适应力。协议应鼓励缔约方在本国和国际层面打造适应力并减少脆弱性。协议应建立对适应问题的常态和高级别关注。

八、双方重申，在有意义的减缓行动和具备实施透明度的背景下，发达国家承诺到2020年每年联合动员1000亿美元的目标，用以解决发展中国家的需要。该资金将来自各种不同来源，其中既有公共来源也有私营部门来源，既有双边来源也有多边来源，包括替代性资金来源。双方强调，2020年后继续提供强有力的资金支持对于帮助发展中国家建设低碳和气候适应型社会至关重要。双方敦促发达国家继续向发展中国家提供支持，并鼓励其他愿意这样做的国家提供支持。

九、双方还认识到重大技术进步在向绿色低碳、气候适应型和可持续发展转型中的关键作用，并确认今后几年在各自国内和全球范围内大幅增加基础研发至关重要。

推进国内气候行动

十、中美两国都致力于实现去年11月中美气候变化联合声明中宣布的各自2020年后行动目标。从那时起，两国都采取了重要步骤来加以落实，并致力于继续强化努力，这些努力将大大推动对低碳技术和低碳解决方案的全球投资。

十一、自去年11月联合声明以来，美国采取了重要的减排步骤，并于今天宣布进一步的重要实施计划。2015年8月，美国制定完成“清洁电力计划”，该计划将使电力行业二氧化碳排放到2030年比2005年减少32%。2016年美国将制定完成一项联邦计划，在那些选择不按清洁电力计划制定自己实施计划的州实施电厂碳排放标准。美国承诺将于2016年制定完成其下一阶段、世界级的载重汽车燃油效率标准，并于2019年实施。2015年8月，美国针对垃圾填埋和油气行业的甲烷气体排放草拟了专门的标准，并承诺将于2016年制定完成上述标准。2015年7月，美国制定完成了通过“重要新替代品政策（SNAP）”减少氢氟碳化物（HFCs）使用和排放的重大新举措，并于今天承诺在2016年继续采取新行动减少氢氟碳化物的使用和排放。最后，在建筑领域，美国承诺到2016年底制定完成20多项电器和设备能效标准。

十二、中国正在大力推进生态文明建设，推动绿色低碳、气候适应型和可持续发展，加快制度创新，强化政策行动。中国到2030年单位国内生产总值二氧化碳排放将比2005年下降60%－65%，森林蓄积量比2005年增加45亿立方米左右。中国将推动绿色电力调度，优先调用可再生能源发电和高能效、低排放的化石能源发电资源。中国还计划于2017年启动全国碳排放交易体系，将覆盖钢铁、电力、化工、建材、造纸和有色金属等重点工业行业。中国承诺将推动低碳建筑和低碳交通，到2020年城镇新建建筑中绿色建筑占比达到50%，大中城市公共交通占机动化出行比例达到30%。中国将于2016年制定完成下一阶段载重汽车整车燃油效率标准，并于2019年实施。中国将继续支持并加快削减氢氟碳化物行动，包括到2020年有效控制三氟甲烷（HFC－23）排放。

加强双边和多边气候合作

十三、双方将基于强有力的双边合作倡议来支持实现富有雄心的国内行动，并承诺通过中美气候变化工作组（“气候工作组”）进一步深化和加强这些努力，气候工作组是促进建设性中美气候变化对话合作的首要机制。双方在气候工作组各合作倡议中取得了具体进展，包括载重汽车和其他汽车、智能电网、碳捕集利用和封存、建筑和工业能效、温室气体数据收集和管理、气候变化和林业、工业锅炉能效和燃料转换以及气候智慧型／低碳城市等合作倡议，继续共同推动关于绿色港口和船舶、零排放汽车的工作并加强关于氢氟碳化物的政策对话与合作。今年双方还建立了新的国内政策对话，就各自国内行动进行信息交流。双方将继续为现有合作倡议投入大量精力和资源。关于2014年中美气候变化联合声明中所提的碳捕集、利用和封存项目，两国已选定由陕西延长石油公司运行的位于中国陕西省延安－榆林地区的项目场址。双方将继续合作示范利用二氧化碳提高采水率。

十四、中美双方认同并赞赏省、州、市在应对气候变化、支持落实国家行动、加速向低碳宜居社会长期转型中的关键作用。两国元首欢迎2015年9月15－16日在洛杉矶举行的第一届中美气候智慧型／低碳城市峰会的成果，并期待着2016年在北京成功举办第二届峰会。两国元首支持由24个中国和美国的省、州、市、郡签署的中美气候领导宣言以及宣言中所列的气候行动，包括中国省市发起的率先达峰倡议和美国州、郡、市提出的中长期温室气体减排目标。中美双方还强调企业可以在推动低碳发展中发挥重要作用，并将继续努力对企业开展行动进行鼓励和激励。

十五、中美双方认识到动员气候资金以支持发展中国家实现低碳、气候适应型发展的重要性，特别是支持最不发达国家、小岛屿发展中国家和非洲国家。为此，美国重申将向绿色气候基金捐资30亿美元的许诺；中国宣布拿出200亿元人民币建立“中国气候变化南南合作基金”，支持其他发展中国家应对气候变化，包括增强其使用绿色气候基金资金的能力。进而通过这些步骤和其他行动，双方决心建设性地合作努力，并与联合国气候变化框架公约所有缔约方一道，支持发展中国家向绿色低碳发展转型并进行气候适应力建设。

十六、中美双方认为两国在其他国家的双边投资应支持低碳技术和气候适应力，并承诺讨论公共资金在减少温室气体排放中的作用。两国将运用公共资源优先资助并鼓励逐步采用低碳技术。作为加强低碳政策规定的现行严肃承诺的一部分，除在最贫穷的国家以外，美国已终止向新建传统燃煤电厂提供公共融资。中国将强化绿色低碳政策规定，以严控公共投资流向国内外高污染、高排放项目。

十七、中美双方将加强在二十国集团、蒙特利尔议定书、国际民航组织、国际海事组织、世界贸易组织、清洁能源部长会议等作为对联合国气候变化框架公约补充的有关场合开展对话合作，推进气候变化相关问题。

国务院关于节能减排工作情况的报告

（2014年4月21日在第十二届全国人民代表大会常务委员会第八次会议上）

一、关于“十二五”前三年节能减排工作进展情况

党中央、国务院对节能减排高度重视，各地区、各部门认真贯彻党中央、国务院的决策部署，把节能减排作为转变发展方式、经济提质增效、建设生态文明的重要抓手，取得重要进展。

（一）指标完成情况。

根据“十二五”规划纲要，节能减排约束性指标共有6个，具体要求是：2015年与2010年相比，全国单位国内生产总值能耗降低16%，二氧化碳排放强度下降17%，化学需氧量和二氧化硫排放总量分别下降8%，氨氮、氮氧化物排放总量分别下降10%。

据统计，2013年与2010年相比，全国单位国内生产总值能耗和二氧化碳排放强度分别下降9.03%、10.68%，“十二五”前三年累计节能约3.5亿吨标准煤，相当于减少二氧化碳排放8.4亿吨。2013年全国化学需氧量、二氧化硫、氨氮、氮氧化物排放总量分别为2352.7万吨、2043.9万吨、245.7万吨、2227.3万吨，与2010年相比分别下降7.8%、9.9%、7.1%、2.0%。

（二）采取的主要措施。

1.加强宏观调控。国务院印发了“十二五”节能减排综合性工作方案、节能减排“十二五”规划、“十二五”控制温室气体排放工作方案、大气污染防治行动计划等，2011年召开国务院节能减排工作领导小组会议、全国节能减排工作电视电话会议等，对各项工作进行部署安排。2014年3月21日，国务院召开节能减排及应对气候变化工作会议，原则通过了《2014—2015年节能减排低碳发展行动方案》，进一步要求用硬措施完成节能减排硬任务。

2.强化目标责任。综合考虑各地区经济发展水平、产业结构、资源环境禀赋等，差别化地将节能减排目标分解落实到各地区、万家重点用能单位和8家中央企业，将能源消费总量控制目标分解到各省（区、市）。完善节能减排目标责任评价考核办法，国家每年对省级人民政府和中央企业进行评价考核，公告考核结果，并先后对3家中央企业、3个省（区）、6个城市实施环评限批。

3.优化产业结构。国务院印发化解产能严重过剩矛盾的指导意见，明确了化解产能严重过剩矛盾的工作目标、主要任务和政策措施。遏制“两高”行业盲目新增产能，严把能评、环评、用地审查关，通过能评审查核减能源消费量约2000万吨标准煤，对103个项目不予环评审批。加快淘汰落后产能，关停小火电机组1800万千瓦，预计淘汰落后产能炼铁4533万吨、炼钢4564万吨、水泥4.87亿吨、平板玻璃11147万重箱。加快发展服务业，2013年服务业增加值占国内生产总值比重达到46.1%，首次超过第二产业。国务院印发加快发展节能环保产业的意见，推广节能环保产品，加快实施重点工程，促进节能环保产业发展水平全面提升。积极优化能源结构，非化石能源占一次能源消费比重达到9.8%。

4.实施重点工程。安排资金支持节能技术改造、节能产品惠民工程、企业能源管理中心建设、城镇污水处理设施及配套管网建设等，引导社会各界加大资金投入，项目全部建成后可形成节能能力约1.75亿吨标准煤，新增城镇污水日处理能力2900万吨，燃煤电厂投运脱硫机组累计达到7.5亿千瓦、占火电总装机的90%以上，投运脱硝机组4.3亿千瓦、占火电总装机的50%，新型干法水泥脱硝比例达到50%。

5.加快节能减排技术、产品开发与推广。实施节能减排科技专项行动，半导体照明、超临界循环流化床锅炉、烟气脱硫脱硝等一批关键技术取得突破，低温余热发电、稀土永磁无铁芯电机等一批先进技术和产品得到大范围推广应用。发布6批国家重点节能技术推广目录，大力推行政府节能采购。实施“节能产品惠民工程”，推广节能汽车700万辆、高效照明产品2.2亿只、高效节能家电9600万台（套）、高效电机2000多万千瓦、再制造产品110万台。

6.推动重点领域节能减排。组织开展万家企业节能低碳行动，节能2.2亿吨标准煤。实施工业能效提升行动，规模以上工业单位增加值能耗降低15%。开展绿色建筑行动，新建建筑节能标准执行率基本达到100%，新建绿色建筑1.4亿平方米，完成既有建筑节能改造6.2亿平方米。实施车船路港千家企业节能低碳行动，淘汰老旧机动车406万辆。在33个大中型机场推广使用桥载设备替代飞机辅助动力装置。开展节约型公共机构示范单位建设，公共机构人均能耗下降10.9%。推动宾馆、商场、零售业节能减排和清洁生产。推进农村环境连片整治，2.7万家规模化畜禽养殖场实施废弃物处理和综合利用工程。

7.促进循环经济发展。国务院印发循环经济发展战略和近期行动计划，循环经济理念进一步确立，产业体系逐渐完善。深化循环经济示范试点，总结遴选出60个循环经济典型模式并予以推广。支持开展39个“城市矿产”示范基地建设、50个园区的循环化改造、66个城市的餐厨废弃物资源化利用、40个循环经济示范县（市）建设、40家矿产资源综合利用示范基地建设和40个国家循环经济标准化试点。实施资源综合利用“双百”工程（100个示范基地、100个骨干企业），建成后可形成大宗固体废弃物综合利用能力2亿吨。积极推动农作物秸秆资源化利用。发布再生资源综合利用先进技术目录。

8.调整优化价格、财税、金融等政策。实施成品油价格形成新机制，出台支持油品质量升级价格政策，提高可再生能源电价附加标准，推行脱硝除尘电价、居民用电用水阶梯价格。在节能、节水、环保等领域按规定实行增值税、所得税减免优惠，实施原油、天然气资源税从价计征改革，取消“两高一资”产品出口退税。中央预算内投资和中央财政加大节能减排工作支持力度。在18个城市开展节能减排财政政策综合示范。大力推行绿色信贷，到2013年底，21家主要银行绿色信贷余额达5.2万亿元。支持节能环保企业债务融资近3300亿元。11个试点省份排污权有偿使用和交易累计超过30亿元。

9.加强法制建设。出台城镇排水与污水处理条例、畜禽规模养殖污染防治条例，推动修订清洁生产促进法、环境保护法。发布节能国家标准105项，各类环保标准270项。针对雾霾污染，出台了细颗粒物、工业有机废气净化处理技术规范等15项指导性技术文件；对重点区域火电、钢铁、水泥以及燃煤锅炉执行大气污染物特别排放限值。开展能效标识、能源计量器具配备等专项检查。持续开展整治违法排污企业保障群众健康环保专项行动，全国共出动执法人员183万人次，查处违法问题6499件，挂牌督办1523件，环保部门向公安机关移送涉嫌环境污染犯罪案件近700起。

10.强化能力建设和宣传动员。完善分地区能耗核算的评审方法，开展万家企业能耗在线监测系统建设试点。加强污染源监控，全国共建成345个省、市级污染源监控中心，对1万多家国控重点企业实施自动监控，有648个县级监测站达到标准化建设水平。出台加强环境信息发布和舆论引导工作的意见。开展节能减排全民行动，每年组织全国节能宣传周、低碳日、世界环境日等活动，积极倡导绿色生活方式和消费模式。

二、存在的主要问题和困难

虽然全国节能减排工作取得了积极进展，但仍然存在许多困难和问题。实现“十二五”目标任务，形势十分严峻，任务非常艰巨。

一是认识不到位。有些单位和地方对节能减排工作重视不够，特别是对其长期性、艰巨性、复杂性认识不够，GDP软指标硬化，节能减排硬指标软化，喜欢“做加法”，热衷上项目、铺摊子，认为节能减排是“做减法”，对节能减排“说起来重要、干起来不要”。个别地区能耗强度和污染排放大幅上升，拖了全国后腿。

二是部分指标完成进度滞后。6项约束性指标中，单位GDP能耗和氮氧化物排放量下降率前三年分别只完成五年总任务的54%和20%，与60%的进度要求还有明显差距。要实现“十二五”目标，后两年单位GDP能耗须年均降低3.9%以上，氮氧化物排放量须年均下降4.2%以上，远高于前三年平均降幅。

三是发展方式依然粗放。2012年我国经济总量占世界的比重为11.6%，但消耗了全世界21.3%的能源、54%的水泥、45%的钢。2013年煤炭占能源消费比重达65.9%。一些地区能耗强度是全国平均水平的2—3倍，一些落后技术设备仍在使用，转方式、调结构的任务十分艰巨。

四是环境质量状况不容乐观。纳入约束性指标的污染物排放总量虽然在减少，部分指标有好转，但在多种污染物排放量远远超出环境容量的情况下，现阶段还难以实现环境质量全面改善。近年来雾霾问题频现，主要是二氧化硫、氮氧化物、烟粉尘等污染物排放量大，以及机动车污染物排放增加、施工扬尘、秸秆焚烧、露天烧烤等原因，也有城市环境管理滞后、静稳天气频率增加等因素。改善整体环境质量，需要全方位落实节能减排各项政策措施，严格执行法律法规和标准。

五是政策机制不完善。随着煤炭价格持续走低，财政奖励的激励作用弱化，企业节能改造积极性不高。燃煤电厂脱硝电价政策出台时间较晚，脱硝工程建设滞后。黄标车和老旧车淘汰及畜禽污染防治激励措施不足。个别主要污染物减排未纳入约束性控制。

六是基础工作薄弱。中央与地方节能统计数据衔接不够，节能压力不能有效传递到地方。节能环保标准不完善，有的标准缺失，有的标准没有及时修订，满足不了工作需要。执法能力偏弱，执法不严，守法成本高、违法成本低的问题仍未有效解决，违法排污现象屡禁不止。

三、下一步工作安排

“十二五”节能减排目标是全国人大通过的、具有法律约束力的指标。按时保质实现节能减排目标，是政府对人民群众的庄严承诺，也是破解资源环境约束、实现可持续发展的必然选择。习近平总书记指出，要加快推进节能减排和污染防治，给子孙后代留下天蓝、地绿、水净的美好家园。李克强总理要求坚定不移地推进节能减排，努力走出一条能耗排放做“减法”、经济发展做“加法”的新路子。当前，我国仍处在工业化、城镇化和农业现代化快速发展的历史阶段，面临发展经济、改善民生、消除贫困、保护环境、应对气候变化的多重挑战，发展仍是解决我国所有问题的关键，能源资源消耗还将继续刚性增长，必须坚持节约优先、保护优先，找到节能减排与促进发展的合理平衡点，提高发展质量和效益。

（一）总体思路。

把节能减排作为向环境污染和低效浪费宣战的有力武器，坚持用“铁规”和“铁腕”推进节能减排，进一步硬化考核指标、量化工作任务、强化保障措施，更多利用市场机制，从调整优化结构、推动技术进步、加强和改善管理等方面挖掘潜力，深入推进工业、建筑、交通运输、公共机构等重点领域和重点单位节能减排，加大污染特别是大气和水污染治理力度，确保实现“十二五”节能减排约束性指标。

突出抓好进度滞后的单位GDP能耗降低和氮氧化物减排。按2014—2015年GDP年均增长7.5%测算，要实现“十二五”节能目标，后两年需节能3.2亿吨标准煤。通过淘汰落后产能、遏制高耗能行业新增产能、发展服务业和战略性新兴产业等结构调整措施，可节能1.69亿吨标准煤；通过实施节能技术改造、推广节能技术产品、推行合同能源管理等工程技术措施，可形成节能能力1.47亿吨标准煤；通过强化管理，可实现节能2000万吨标准煤。要实现氮氧化物减排目标，后两年须净削减180万吨。通过实施燃煤电厂和水泥熟料生产线脱硝改造、加强运行监管等，可减排260万吨；实施“煤改气”、淘汰落后产能、淘汰黄标车、油品升级等，可减排140万吨。合计减排400万吨，抵消新增量后可净削减240万吨。

（二）主要措施。

1. 强化目标责任制和问责制。出台2014—2015年节能减排低碳发展行动方案，督促各地区制定具体实施办法，抓好工作落实。开展节能减排目标责任评价考核，考核结果向社会公布，接受社会监督。对考核结果为未完成的地区，必要时由国务院领导同志约谈省级人民政府主要负责人，有关负责人在考核结果公布后1年内不得评优树先和提拔重用，暂停该地区新建高耗能项目的节能评估审查和新增主要污染物排放项目的环评审批。通过严格控制能源消费增量，确保实现“十二五”节能目标。

2. 控制能源消费增量。据测算，在经济保持平稳增长的情况下，要实现节能减排约束性目标，2015年能源消费总量要控制在40亿吨标准煤以内。下一步，我们将考虑目前能源消费全国统计数据与地方数据合计的差距、适当调减雾霾严重地区和能耗大省能耗增量等因素，将能源消费增量分解到各地区，确保既能完成国家节能目标，又能保障经济增长需要。

3. 加大结构调整力度。实现节能减排约束性目标，结构调整的贡献率须达到一半左右。下一步，将结合化解产能严重过剩矛盾和培育新的增长点，科学构建增量，优化升级存量。

一要加快淘汰落后产能。2014年完成“十二五”淘汰落后产能任务，2015年再淘汰落后产能炼铁1500万吨、炼钢1500万吨、水泥（熟料及粉磨）1亿吨、平板玻璃2000万重箱。中西部地区承接产二要严控“两高”行业新增产能。充分发挥节能评估审查、环境影响评价、用地预审、金融等“关口”作用，对钢铁、有色、建材、石化、化工行业新增产能，实行能耗、排污总量减量置换，先落实置换指标再予以审批；对能耗增量超过年度控制目标的地区，暂停新建高耗能项目能评审批；对确需建设的项目，能源效率、排污绩效要达到国内领先水平。

三要加快发展服务业和战略性新兴产业。把发展服务业作为产业结构优化升级的重点，2015年服务业增加值占国内生产总值比重达到47%。促进新兴科技与新兴产业深度融合，2015年战略性新兴产业占国内生产总值比重达到8%左右。以推广节能环保产品拉动消费需求，以增强工程能力拉动投资需求，以优化政策和市场环境释放内需潜力，将节能环保产业培育成生机勃勃的朝阳产业，2015年产值达到4.5万亿元。加快技术研发，重点突破能源高效和分级梯级利用、污染防治和安全处置、资源回收和循环利用、智能电网等关键技术和装备。实施节能减排重点工程，推广合同能源管理、第三方污染治理等市场化新机制。

四要调整能源结构。开工一批水电、核电项目，增加天然气供应，加快页岩气技术研究和资源开发，因地制宜发展风电、太阳能、生物质能、地热能，推动分布式能源发展，2015年非化石能源占比达到11.4%。积极推行节能环保发电调度，落实可再生能源优先上网政策，着力解决压水电保火电、风电太阳能发电窝电、余热余压发电上网难等问题。优化能源使用方式，建立洁净煤生产—流通—供应网络，推进综合化、洁净化、低碳化使用。

4. 重点推进关键领域节能减排。节能减排涉及经济社会方方面面，贯穿生产生活各个环节，要突出重点，取得突破。

一是重点企业。万家重点用能单位能耗占全社会能耗总量的60%以上，要推动建立能源管理体系，加快能耗在线监测系统建设，开展能效水平对标、能源审计、技术改造等，公告节能目标责任评价考核结果，2014—2015年节能1亿吨标准煤。污水处理厂、造纸厂、畜禽养殖场、火电厂、钢铁厂、水泥厂和机动车等“六厂（场）一车”的4种主要污染物排放量占全国的2/3以上，作为减排工作重中之重，落实年度减排计划，推进脱硫脱硝除尘、废水深度处理等工程建设。中央企业要做节能减排的表率，把节能减排目标完成情况作为企业和负责人绩效考核的重要内容。

业转移必须坚持高标准、高水平，禁止落后产能转入。

二是重点领域。启动燃煤锅炉节能环保综合提升工程，推广25万蒸吨高效节能环保锅炉，淘汰20万蒸吨落后锅炉，形成2300万吨标准煤的节能能力。实施工业能效提升计划，加强工业企业能源管控中心建设，推行精细化管理，2015年规模以上工业单位增加值能耗比2010年降低21%以上。深入开展绿色建筑行动，实施建筑能效提升工程，发展绿色建筑，推广绿色建材，推进建筑产业现代化，2015年绿色建筑标准执行率达到20%，今明两年完成3亿平方米北方采暖地区既有居住建筑供热计量及节能改造任务，新建建筑百分之百安装计量装置、百分之百按热计量收费。强化交通运输节能，加快综合交通运输体系建设，发展公共交通，加强城市步行和自行车交通系统建设，深化车船路港千家企业低碳交通运输专项行动，实施高速公路不停车自动收费系统全国联网，推行甩挂运输，推广使用节能、新能源和清洁燃料车船，2014—2015年交通运输节能1400万吨标准煤。继续开展节约型公共机构示范单位建设，2015年全国公共机构单位建筑面积能耗比2010年降低12%以上。

三是重点地区。对于节能减排进度滞后的地区，帮助制定具体行动计划，解决薄弱环节，确保完成国家下达的能耗增量控制任务。年能源消费2亿吨标准煤以上的省份，以及雾霾频发的地区，必须坚持步伐不放缓、力度不减弱，尽可能多完成任务。18个国家节能减排财政政策综合示范城市提前1年完成目标任务，或者2015年超额完成“十二五”目标的20%以上。京津冀地区煤炭消费总量力争实现2015年比2012年负增长。

5. 大力推进污染治理。深入实施“大气十条”，制定配套政策措施，开展实施情况年度考核。落实能源领域大气污染防治工作方案，加快推进集中供热、煤改气、煤改电工程建设。推广使用洗选煤，优先将新增天然气用于燃煤设施改造，在京津冀农村地区全面推行清洁煤替代，推动企事业单位料堆料场棚化、仓化工作。2014年淘汰黄标车和老旧机动车600万辆。做好重污染天气预防预警工作，推动京津冀及周边地区、长三角、珠三角等重点区域空气质量联动监测。大力实施“首都蓝天行动”。加快城镇污水、垃圾处理设施及配套管网建设，到2015年底力争县县具备污水集中处理和垃圾无害化处理能力。严格落实畜禽规模养殖污染防治条例，加大污染防治力度，实施农村环境综合整治。加快编制清洁水行动计划。

6. 完善激励约束机制。推动制度创新，加强依法管理，加大政策激励，调动各方面积极性，深入开展节能减排工作。

一要依法管理。修订环境保护法、大气污染防治法、建设项目环境保护管理条例，加快固定资产投资项目节能评估审查管理条例、排污许可证管理条例、机动车污染防治条例等制订工作，加快出台关于进一步加强环境保护监督管理的意见。滚动实施百项能效标准推进工程，2014—2015年制（修）订100项左右节能标准。完善环境质量标准，修订重点行业污染物排放标准，落实重点区域大气污染物排放特别限值要求。加强节能监察能力建设，2015年基本建成省、市、县三级节能监察体系，强化能源消费增量监管。加大节能环保违法行为查处力度，推进节能环境信息公开，公开曝光严重浪费能源、违法排污的企业，强化环境行政执法与刑事司法的衔接，实行节能减排执法责任制。深入开展“大气十条”贯彻落实情况专项督查，重点督查京津冀、长三角、珠三角等区域。

二要加强经济政策引导。发挥市场的决定性作用，完善有利于节能减排的经济政策。实行节能环保价格政策，严格落实差别电价、惩罚性电价、脱硫脱硝除尘电价、居民用电用水用气阶梯价格，研究扩大基于能耗、环保标准的非居民用电阶梯价格实施范围。开展电力价格大检查，严格清理地方出台的高耗能企业优惠电价政策。完善环保收费政策，研究将污泥处理费用逐步纳入污水处理成本，改革垃圾处理收费方式。继续加大中央预算内投资和中央财政专项资金投入，资金安排要与工作任务挂钩，提高资金使用效率。落实合同能源管理项目税收减免政策，加快资源税改革，推进环境保护费改税。推行绿色融资，支持符合条件的企业上市、发行债券融资，促进节能减排信息在各类金融机构共享。针对中小企业数量多、范围广等特点，发挥行业协会等组织作用，积极推广先进适用技术和产品，支持中小企业实施节能减排技术改造。

三要健全市场化机制。实施能效领跑者制度，定期发布空调、冰箱等能效最高的终端用能产品目录，以及乙烯、粗钢等高耗能产品单耗最低的企业单耗水平等。推进碳排放权交易试点，研究建立全国碳排放权交易市场。研究制定节能量交易工作实施方案，依托现有平台开展项目节能量交易。出台排污权有偿使用和交易试点工作指导意见。研究提出推进环境污染第三方治理的意见。修订能效标识管理办法，扩大能效标识实施范围。开展节能低碳产品认证。强化电力需求侧管理，推动科学用电、节约用电和有序用电。

7. 动员全民参与。继续深入开展节能减排全民行动，抓好家庭社区、青少年、企业、学校、军营、农村、政府机构、科技、科普和媒体等专项行动，倡导文明、节约、绿色、低碳的消费理念，引导绿色消费行为。政府机构带头节能减排，继续组织做好全国节能宣传周、世界环境日、全国低碳日等主题宣传活动，进一步强化资源环境国情教育。组织实施“节俭惜福、养德圆梦”全民节约行动，加强舆论监督和社会监督，营造推进节能减排的良好氛围。

委员长、各位副委员长、秘书长、各位委员，多年来，全国人大及人大常委会高度关注、积极推动节能减排工作，代表们深入实际调查研究，提出了许多很好、很有价值的意见和建议，对政府工作发挥了重要的监督和指导作用。今后，我们将更加自觉地接受全国人大的监督和指导，并以本次监督检查为新的契机，下更大的决心，花更大的气力，做更大的努力，以更加务实的作风推进节能减排工作，确保实现“十二五”节能减排目标任务，为建设生态文明的美丽中国而努力奋斗。希望全国人大继续对节能减排工作给予高度关注和大力支持。

（报告人：国家发展和改革委员会主任徐绍史）

中国应对气候变化的政策与行动2015年度报告

国家发展和改革委员会

二〇一五年十一月

前言

气候变化是当今人类社会面临的共同挑战。中国是全球最大的发展中国家，人口众多，地形地貌条件复杂多样，经济发展中的不平衡、不协调、不可持续的问题依然突出，极易遭受气候变化不利影响。积极应对气候变化，既是中国广泛参与全球治理、构建人类命运共同体的责任担当，更是我们实现可持续发展的内在要求。

2014年以来，中国在应对气候变化各个领域积极采取措施，取得显著成效。发布《国家应对气候变化规划（2014-2020年）》，提出了中国2020年前应对气候变化主要目标和重点任务。向联合国气候变化框架公约秘书处提交了中国国家自主决定贡献文件，明确了中国二氧化碳排放2030年左右达到峰值并力争尽早达峰等一系列目标，并提出了确保实现目标的政策措施。通过调整产业结构、节能与提高能效、优化能源结构、控制非能源活动温室气体排放、增加森林碳汇等举措，努力控制温室气体排放，2014年单位GDP二氧化碳排放同比下降了6.2%，比2010年累计下降15.8%，完成了“十二五”碳强度下降目标的92.3%。通过农业、水资源、林业及生态系统、海岸带和相关海域、人体健康等领域的积极行动，减少气候变化不利影响，提升适应气候变化能力。与此同时，积极推动气候变化国际交流与合作，分别与美国、欧盟、英国、印度和巴西发表了气候变化联合声明，筹建气候变化南南合作基金围绕2015年巴黎协议及后续制度建设，积极建设性参与气候变化国际谈判。

为使各方面全面了解2014年以来中国在应对气候变化方面采取的政策与行动及取得的成效，特编写本年度报告。

一、减缓气候变化

2014年以来，中国政府围绕“十二五”应对气候变化目标和任务，通过调整产业结构、节能与提高能效、优化能源结构、控制非能源活动温室气体排放、增加森林碳汇等，在减缓气候变化方面取得了积极成效。

（一）调整产业结构

推动传统产业改造升级。2014年以来，国家发展改革委、工业和信息化部等有关部门，印发了《重大环保技术装备与产品产业化工程实施方案》、《关于部分产能严重过剩行业在建项目产能置换有关事项的通知》、《2014年工业绿色发展专项行动实施方案》等以促进关键传统产业升级。2015年5月，国务院公布《中国制造2025》，提出要把中国建设成为引领世界制造业发展的制造强国，并提出9大任务、10大重点领域和5项重大工程。2014年全年淘汰落后火电机组485.8万千瓦，淘汰落后炼钢产能3110万吨、水泥（熟料及粉磨能力）8700万吨、平板玻璃3760万重量箱，圆满完成政府工作报告确定的目标。2011年至2014年，累计淘汰落后炼钢产能7700万吨、水泥(熟料及粉磨能力)6亿吨、平板玻璃1.5亿重量箱，提前一年完成“十二五”淘汰落后产能任务。

加快推动战略性新兴产业发展。2015年4月，国家发展改革委印发了《战略性新兴产业专项债券发行指引》的通知，加大企业债券对培育和发展战略性新兴产业的支持力度。2015年8月，国务院批准筹备设立国家新兴产业创业投资引导基金，总规模为400亿元人民币，重点支持处于起步阶段的创新型企业。工业和信息化部先后印发了《关于进一步优化光伏企业兼并重组市场环境的意见》、《2015年原材料工业转型发展工作要点》，启动实施智能制造试点示范专项行动。

大力发展服务业。2014年8月，国务院印发《关于加快发展生产性服务业促进产业结构调整升级的指导意见》，首次对生产性服务业发展做出全面部署，提出要加速软件和信息技术服务、工业设计、现代物流等生产型服务业发展。2015年《政府工作报告》中首次提出“互联网+”行动计划，切实推进信息化和工业化深度融合。截至2014年底，全国信息消费规模达到2.8万亿元，增长18%；电子商务交易额达到12万亿元，增长20%；电信业、软件和信息技术服务业、互联网行业收入分别增长4%、20%和50%。服务贸易快速发展，2015年1-8月份，服务进出口总额（不含政府服务）达4327.5亿美元，同比增长15.2%。

经过各方努力，中国产业结构不断优化，截至2014年底，三次产业结构优化为9.2%：42.6%：48.2%，相比较2013年的10%：43.9%：46.1%有了明显改善，产业结构调整对碳强度下降目标完成的贡献度越来越大。

（二）节能与提高能效

强化节能管理及考核。2014年5月，国务院印发了《2014-2015年节能减排低碳发展行动方案》，全面安排部署了2014年及2015年节能减排降碳工作。国家发展改革委发布《进一步加大节能工作力度确保完成“十二五”节能目标任务的通知》，会同有关部门对全国31个省（区、市）2013年度节能和控制能源消费总量目标完成和措施落实情况进行了现场考核。开展项目节能评估审查，2014年共完成节能评估审查项目320个，审查项目合计年综合能耗量约2900万吨标准煤，从源头核减不合理能源消费量约150万吨标准煤。

加快实施节能重点工程。继续安排中央预算内资金支持节能项目。2014年，安排中央预算内资金13亿元，支持了617个节能技术改造及产业化项目和节能监察机构能力建设项目，年可实现节能能力268万吨标准煤。

进一步完善节能标准标识。国家发展改革委、质检总局和国家标准委等全力推进实施“百项能效标准推进工程”，截至2015年9月，共发布强制性能耗限额标准105项，强制性产品能效标准70项。质检总局组织开展节能产品惠民工程相关产品能效标识专项执法检查行动。

推广节能技术与产品。2014年，国家发展改革委印发《节能低碳技术推广管理暂行办法》、《国家重点节能低碳技术推广目录（2014年本）》，加快节能低碳技术进步和推广普及。继续实施节能产品惠民工程，发布第一批及第二批节能环保汽车推广目录和第六批高效节能电机推广目录，以财政补贴方式推广节能灯1亿只。印发《能效“领跑者”制度实施方案》、《“能效之星”产品目录》和《节能机电设备（产品）推荐目录》。

大力发展循环经济。一是加强宏观指导，国家发展改革委制定印发了《2015年循环经济推进计划》，完成国家两批循环经济示范试点验收。二是继续推动循环经济示范试点，组织开展了2015年园区循环化改造示范试点、国家“城市矿产”示范基地和餐厨废弃物资源化利用和无害化处理试点城市的评审，确定了25个园区循环化改造示范试点，4个“城市矿产”示范基地和17个餐厨废弃物资源化利用和无害化处理试点城市。开展了再制造产品“以旧换再”试点，确定了10个推广试点单位，对购买公告内再制造产品并交回再制造旧件的消费者进行补贴。实施再制造产品认定，公告发布4批《再制造产品目录》，总计包括27家企业95种再制造产品，进一步引导了再制造产品消费。2014年，我国累计回收各类再生资源2.45亿吨，与利用原生材料相比，相当于节能2亿吨煤。三是完善配套政策制度，国家发展改革委等部门印发了《关于促进生产过程协同资源化处理城市及产业废弃物工作的意见》、《重要资源循环利用工程（技术推广及装备产业化）实施方案》，促进城市及产业废弃物的无害化处置、资源化利用，提升我国相关领域的技术装备水平。正在研究制定《电动汽车动力蓄电池回收利用技术政策》。

推进建筑领域节能。修订《公共建筑节能设计标准》，全国城镇新建建筑全面执行节能强制性标准，2014年新增节能建筑面积16.6亿平方米，可形成1500万吨标准煤的节能能力；全国城镇累计建成节能建筑面积105亿平方米，约占城镇民用建筑面积的38%，可形成1亿吨标准煤节能能力。积极发展绿色建筑，修订《绿色建筑评价标准》，制定发布《绿色商店建筑评价标准》，北京、重庆、江苏、浙江、深圳等地开始在城镇新建民用建筑中强制执行绿色建筑标准，累计强制推广绿色建筑面积近4亿平方米；截至2015年6月底，全国共有3241个项目获得绿色建筑评价标识，总建筑面积超过3.7亿平方米。深入推动北方采暖地区既有居住建筑供热计量及节能改造，2014年共完成改造面积2.1亿平方米，“十二五”前4年累计完成改造面积8.3亿平方米，超额完成国务院下达的“十二五”期间7亿平方米的改造任务。积极推进可再生能源建筑应用，通过建设可再生能源建筑应用示范市县等，截至2014年底，全国城镇太阳能光热应用面积27亿平方米，浅层地能应用面积4.6亿平方米，太阳能光电建筑装机容量达到2500兆瓦。为推动建筑产业化发展，住房城乡建设部印发《关于推进建筑业发展和改革的若干意见》。

推进交通领域节能。2014年，交通运输部印发《2014年交通运输行业节能减排工作要点》，发布《交通运输节能减排项目节能减排量和节能减排投资额核算细则（2014年版）》。开展绿色循环低碳交通制度框架设计，发布绿色交通省份、城市、公路、港口评价指标体系。推进能耗监测试点工作，在北京、邯郸、济源、常州、南通、淮安6个城市开展交通运输能耗监测试点，组织开展公路水路运输企业能耗统计监测试点，全年共监测公路水路企业125家。严格实施道路运输车辆燃料消耗量限值标准，累计发布31批、3万余个达标车型。发布《乘用车燃料消耗量限值》、《重型商用车燃料消耗量限值》及《关于加快新能源汽车在交通运输行业推广应用的实施意见》等文件，2014年生产新能源汽车8.39万辆，同比增长近4倍，2015年1-9月生产新能源汽车15.62万辆，同比增长近3倍。与2013年相比，2014年营运车辆单位运输周转量能耗下降2.4%，营运船舶单位运输周转量能耗下降2.3%，港口综合单耗下降2.5%。2014年，民航局印发《民航节能减排专项资金项目指南（2013-2014年度）》，安排资金5.28亿元，支持238项行业节能减排项目实施。2014年机场每客能耗同比下降8.6%。

推动公共机构节能。2014年，国管局、质检总局印发《关于切实加强公共机构能源资源计量工作有关事项的通知》，对《公共机构能源资源消费统计制度》进行修订，发布《公共机构节能节水技术产品参考目录（2015）》，印发《关于2015年公共机构节约能源资源工作安排的通知》。组织开展第二批节约型公共机构示范单位的创建及评价验收工作、中央国家机关节约能源资源考核工作及加强公共机构节能信息报送工作，推进“公共机构节能关键技术研发及示范”和“公共机构绿色节能关键技术研究及示范”项目。

经过各方努力，2014年全国单位GDP能耗同比下降4.8%，降幅比2013年的3.7%扩大1.1个百分点，创“十二五”以来最好成绩。“十二五”前四年，全国单位GDP能耗累计下降13.4%，实现节能约6.0亿吨标准煤，相当于少排放二氧化碳14亿吨。

（三）优化能源结构

严格控制能源消费总量。2014年11月，国务院印发《能源发展战略行动计划（2014-2020年）》，明确提出2020年我国能源发展目标，实施煤炭消费减量替代，降低煤炭消费比重，京津冀鲁、长三角和珠三角等要削减区域煤炭消费总量。为贯彻落实《大气污染防治行动计划》，2014年12月，国家发展改革委会同有关部门印发《重点地区煤炭消费减量替代管理暂行办法》，对北京市、天津市、河北省、山东省、上海市、江苏省、浙江省和广东省的珠三角地区提出煤炭消费减量替代工作目标及方案，2015年5月，国家发展改革委、环境保护部、国家能源局印发《加强大气污染治理重点城市煤炭消费总量控制工作方案》，提出空气质量相对较差前10位城市煤炭消费总量较上一年度实现负增长的目标。

加强化石能源清洁化利用。为推进煤炭清洁高效利用，2014年9月，以国家发展改革委等六部门令印发《商品煤质量管理暂行办法》，提高煤炭质量和利用效率。2014年10月，国家发展改革委会同环境保护部、质检总局等印发《燃煤锅炉节能环保综合提升工程实施方案》，以保障燃煤锅炉安全经济运行、提高能效、减少污染物排放。为推动天然气利用步伐，2014年3月，国家能源局印发《能源行业加强大气污染防治工作方案》，提出天然气增加供应的具体目标及任务。2014年4月，国家发展改革委印发《关于建立保障天然气稳定供应长效机制的若干意见》，提出保障天然气长期稳定供应的任务及措施。2014年7月，国家能源局发布《关于规范煤制油、煤制天然气产业科学有序发展的通知》，规范煤制油煤制气项目并提出了能源转化效率、能耗、二氧化碳排放等准入值。2014年11月，国家发展改革委会同有关部门发布了《天然气分布式能源示范项目实施细则》，进一步推动天然气分布式能源发展。2014年，天然气表观消费量1845亿立方米，占一次能源消费比重接近6%。2015年4月，国家能源局印发《煤炭清洁高效利用行动计划（2015-2020年）》，明确了科学调控煤炭生产总量和布局、加快发展煤炭清洁高效利用的目标和任务。

推动非化石能源发展。2014年以来，国家发展改革委、国家能源局等先后发布《关于完善抽水蓄能电站价格形成机制有关问题的通知》、《关于进一步落实分布式光伏发电有关政策的通知》、《关于做好2015年度风电并网消纳有关工作的通知》、《可再生能源发展专项资金管理暂行办法》等政策文件，支撑可再生能源的发展。截至2014年底，全国非化石能源占一次能源消费比重达到11.2%，同比增加1.4个百分点；非化石能源发电装机占全部发电装机的32.6%，同比提高1.7个百分点，其中，水电、并网风电、并网太阳能、核电装机同比分别增长7.9%、25.9%、60.7%、37.0%。非化石能源发电量占全国发电总量的24.6%，同比提高2.3个百分点，其中，水电、风电、太阳能、核电发电量同比分别增长15.7%、10.1%、194.1%、19.5%。

加强火电机组的升级改造。2014年9月，国家发展改革委、环境保护部、国家能源局联合印发《煤电节能减排升级与改造行动计划（2014-2020年）》，提出2020年电煤超过煤炭消费比重60%，并对煤电机组供电煤耗提出明确要求。2014年，火电机组清洁化水平得到进一步提升，除热电联产外，新建煤电机组几乎全部采用60万千瓦及以上超超临界参数的大机组，30万千瓦及以上火电机组比例提高到75.1%，全国6000千瓦及以上火电机组供电标准煤耗319克/千瓦时，同比下降2克/千瓦时，煤电机组供电煤耗继续保持世界先进水平。

（四）控制非能源活动温室气体排放

国家发展改革委会同外交部、财政部、环境保护部等有关部门，积极组织开展控制氢氟碳化物的重点行动，下发《关于组织开展氢氟碳化物处置相关工作的通知》，2014年分两批下达了氢氟碳化物削减重大示范项目中央预算内投资计划，用于支持有关企业新建三氟甲烷（HFC-23）焚烧装置。环境保护部制订《蒙特利尔议定书》下加速淘汰含氢氯氟烃的管理计划，积极参与国家三氟甲烷销毁处置的规则制订，并协助国家开展三氟甲烷销毁处置的核查工作，努力推动臭氧层保护与应对气候变化的协同增效；积极组织开展非二氧化碳类温室气体相关研究，依托中国环境与发展国际合作委员会平台开展“应对气候变化与大气污染治理协同控制政策研究”项目。

（五）增加森林碳汇

2014年以来，国家林业局组织编制《林业应对气候变化“十三五”行动要点》，制定印发2014年和2015年林业应对气候变化重点工作安排与分工方案。加强京津冀蒙生态林业建设和旱区造林绿化。继续推进三北及长江流域等防护林体系建设工程，出台退化防护林改造指导意见，启动退化防护林更新改造试点。全面加强森林经营，修订颁布森林抚育规程、作业设计规定和检查验收办法，稳步推进全国森林经营样板基地建设，启动了新一轮森林可持续经营试点。正式启动新一轮退耕还林还草工程，2014—2015年累计安排退耕还林还草任务1500万亩、荒山荒地造林任务100万亩。积极推进国家储备林建设，2014年划定国家储备林1500万亩。2014年，全国共完成造林8324万亩、森林抚育1.35亿亩。2015年上半年，全国共完成造林5437万亩，占全年计划的57%；完成森林抚育0.63亿亩，占全年计划的60%。

在各方的共同努力下，2014年单位GDP二氧化碳排放同比下降5.8%，比2010年累计下降15.8%，“十二五”有望超额完成下降17%的目标，为应对全球气候变化做出了实实在在的贡献。

二、适应气候变化

2014年以来，中国政府围绕《国家适应气候变化战略》，从农业、水资源、林业和其他生态系统、海岸带及相关海域、气象领域、人体健康等多个领域开展气候变化适应工作，取得积极进展。

（一）农业领域

加快促进农业生产方式转变和现代化建设。2014年以来，农业部会同中国气象局制定《应对厄尔尼诺现象实现抗灾夺丰收预案》等4个工作预案，下发18个防灾通知，提早落实防御措施。组织开展“加强指导服务再夺夏粮丰收”、“东北抗春旱春涝保春播”两大攻坚战和“强化服务科学抗灾夺取秋粮丰收行动”。

推进保护性耕作。2014年，农业部投资3000万元在多个地区开展保护性耕作，实施项目县84个、试验监测基地10个。截至2014年底，全国机械化秸秆还田面积达6.47亿亩，保护性耕作面积达1.29亿亩，减少农田风蚀6450万吨。

继续开展农田基本建设。加强土壤培肥改良，开展“到2020年农药使用零增长行动”和“到2020年化肥使用零增长行动”等工作，大力推广节水灌溉、旱作农业、抗旱保墒、测土配方施肥和绿色防控等技术，继续推进东北节水增粮、西北节水增效、华北节水压采、西南“五小水利”工程以及南方地区节水减排工程建设。

加快农田水利建设。2014年国家安排农田水利建设资金540多亿元，共开展22个省区188处大型灌区续建配套与节水改造项目建设，续建、改建骨干渠道长度4432公里，配套改造建筑物16121座；更新改造74处大型灌溉排水泵站，开展120个规模化节水灌溉增效示范项目和63个牧区节水灌溉示范项目建设。

（二）水资源领域

推进水生态文明建设。继续落实最严格水资源管理制度，全国除新疆外，其余各省（区、市）市县级行政区“三条红线”控制指标分解确认工作已全部完成。完成100个全国节水型社会试点建设，开展7个水权试点，制定《全国水生态文明城市试点建设管理办法》，启动105个全国水生态文明城市试点建设，河南等11省率先开展水生态文明创建。

加强河湖管理与水资源保护。进一步严格河湖水域岸线空间用途管制，组织编制了7大流域重点河段（湖泊）岸线利用管理规划，全面部署开展河湖管理范围划定管理工作。在全国范围内选取了46个县（市）开展河湖管护体制机制创新试点。编制《水功能区监督管理办法》，制定全国重要江河湖泊水功能区限制排污总量意见，出台了重要饮用水水源地达标评估技术指南，对175个全国重要饮用水水源地开展安全保障达标建设。环境保护部出台《水污染防治行动计划》，全力保障水生态环境安全。国家水资源监控能力项目三大监控体系基本建成，非常规水源开发利用取得积极进展。

加快推进水土流失综合治理。2014年，全国共完成水土流失综合防治7.4万平方公里，其中综合治理面积5.4万平方公里，实施生态修复面积2万平方公里。2015年上半年，继续在水土流失严重区域，实施坡耕地水土流失综合治理工程、小水电代燃料生态保护工程、丹江口库区及上游水土保持项目、国家水土保持重点建设等工程。

加强重大水利工程建设。水利部继续实施节水供水重大水利工程，包括重大引调水工程、重点水源工程、江河湖泊治理骨干工程、新建大型灌区工程和跨界河流开发治理等工程，2014年共开工17项。推进大型灌区骨干灌排工程改造、大型灌排泵站更新改造、规模化高效节水灌溉工程建设等项目。

加强防汛抗旱工作。国家防总2014年共启动防汛抗旱防台风应急响应10次，组织实施城市和生态应急调水，有效应对自然灾害，全年洪涝灾害死亡人数为历史最少。编制并组织实施《全国抗旱规划实施方案》，开展抗旱应急水源工程建设，继续推进山洪灾害防治、洪水风险图编制和国家防汛抗旱指挥系统建设。

（三）林业和其他生态系统

强化战略引导。2014年，国家林业局组织编制《林业适应气候变化行动方案（2015—2020年）》，明确到2020年林业领域适应气候变化的目标措施。

加强森林综合治理。2014年，京津风沙源治理工程和石漠化综合治理工程分别完成林业建设任务367万亩和557万亩；2015年上半年，京津风沙源治理工程林业建设任务已完成61%，石漠化综合治理工程营造林任务全部完成。

加强林业自然保护区建设和湿地保护。继续实施湿地保护恢复工程和湿地保护补助项目，完成第二次全国湿地资源调查。加强森林资源保护，全国森林火灾次数和受灾面积显著减少，天然林资源保护工程区17.32亿亩森林得到有效保护。截至2015年6月底，林业国家级自然保护区总数达346个，国家湿地公园总数达569处。

强化草原生态保护。进一步落实草原生态保护补助奖励机制，启动并指导实施南方现代草地畜牧业推进行动，推动实施退牧还草等草原保护建设重大工程。加强草原防灾减灾和执法监督。2014年全国草原综合植被覆盖度达到53.6%，天然草原鲜草总产量10.2亿吨。

（四）海岸带及相关海域

加强海洋灾害观测预警和应急管理。全国11个沿海省份均加强海洋灾害的观测预警和应急管理工作，国家海洋局推进海洋观测预报体系建设，开展海洋碳循环监测与评估，强化海洋预报预警。开展海平面变化监测，开展了面向沿海重点保障目标的精细化预报，进一步完善海洋渔业生产安全环境保障服务系统，向中国53个渔场28万余条渔船提供海浪和风场预报警报信息。

不断完善海洋灾害风险评估。国家海洋局组织编写《中国海平面公报》和《中国海洋灾害公报》，开展国家、省、市、县海洋灾害风险评估和区划试点，修改完善《海洋灾害风险评估和区划技术导则》、《沿海大型工程海洋灾害风险排查技术规程》。

积极推动海洋减灾综合示范区建设。选取山东寿光、浙江温州、福建连江和广东惠州大亚湾等海洋灾害较为频发的地区开展海洋减灾综合示范区建设，推动建立健全海洋减灾综合管理体系。

加强海岛地区防灾减灾和应对气候变化基础设施建设。利用中央专项资金支持修复保护项目30余个，在江苏、上海、浙江和海南等地所辖海岛修建防风、防浪和防潮工程，建设沿海防护林工程，有效改善了海岛防灾减灾基础设施，提高了海岛应对气候变化的能力。

（五）气象领域

加强极端天气气候事件监测预警和气象灾害风险管理。编制了《国家突发事件预警信息发布系统管理办法》，国家级预警信息实现自动对接。完成了洪涝灾害风险致灾因子、脆弱性变化分析与评估，制定了气象灾害风险普查、风险区划技术指南。完善了国家、省、市、县四级气象灾害风险预警业务体系建设，开展气象灾害风险定量化评估业务试点。

开展生态和环境气象服务。继续开展我国7个大气本底站温室气体观测站网能力建设。开展了华北、东北、华东和华南区域的雾-霾数值预报，更新了国家级环境气象模式污染源清单，开展了全国空气污染气象条件预报业务。通过卫星环境气象监测平台开展逐日霾监测业务，开展了大气环境容量评估，建立了重点城市空气污染人群健康影响基础数据库。

开展重点区域、特色产业气候变化影响评估。开展干旱对农业和水资源影响实时定量评估，开展有针对性的风力发电气候影响评估。编写出版《三峡工程气候效应评估》报告，编制了《中国极端天气气候事件和灾害风险管理与适应国家评估报告》。首次发布《气候变化对中国农业影响评估报告》蓝皮书。在9省实施农业与粮食安全、灾害风险管理、水资源、能源、城镇化、人体健康等六大优先领域适应气候变化示范项目，取得阶段性进展。

（六）人体健康

开展与气候变化密切相关的疾病防控工作。加强传染病监测、报告和处置，进一步完善传染病网络直报系统。加强与气候变化密切相关的登革热等虫媒传染病和手足口病等肠道传染病防控工作，印发《中东呼吸综合征疫情防控方案（第二版）》、《人感染H7N9禽流感疫情防控方案》等技术方案，指导地方开展重点传染病防控工作。

加强应对气候变化卫生应急保障工作。国家卫生计生委会同气象局等部门对我国极端天气及自然灾害发生形势进行分析预判。印发《关于做好当前登革热防治工作的通知》和《关于做好高温天气医疗卫生服务工作的通知》，开展防汛、抗旱、防台风卫生应急督导检查，组织做好自然灾害卫生应急和高温天气医疗卫生服务工作。

加强适应气候变化及气候变化相关的健康问题研究。国家卫生计生委积极开展适应政策指标研究，与世界卫生组织（WHO）合作开展全球环境基金项目“适应气候变化保护人类健康”。

三、低碳发展试点与示范

2014年以来，深化国家低碳省区和低碳城市试点，扎实推进低碳工业园区、低碳社区、低碳城（镇）、绿色交通等试点，从不同层次、不同领域探索低碳发展路径和模式。

（一）深化国家低碳省区和低碳城市试点

各低碳试点进一步强化峰值目标倒逼机制，完善温室气体排放数据统计和管理体系，建立控制温室气体排放目标责任制，构建低碳产业体系，积极倡导低碳绿色生活方式和消费模式，加强低碳发展保障能力和基础工作。在两批42个试点省市中，13个试点建立了低碳发展专项资金，36个试点建立起碳减排控制目标分解考核机制，试点省市均已明确提出峰值目标或正在研究提出峰值目标，其中大部分省市提出的峰值年份在2025年及2025年以前。各试点地区立足实际，探索出城市碳排放核算与管理平台、碳排放影响评估、碳排放权交易、企业碳排放核算报告、低碳产品认证等许多行之有效的低碳发展模式。2015年9月，北京、海南、深圳等10个试点省市在第一届中美气候智慧型/低碳城市峰会上展示了我国在低碳城市建设和应对气候变化领域的突出成果。

（二）加快推进碳排放权交易试点

全面启动碳交易试点。截至2014年底，北京、上海、天津、重庆、广东、深圳和湖北7个碳排放权交易试点均发布了地方碳交易管理办法，共纳入控排企业和单位1900多家，分配碳排放配额约12亿吨。试点地区加大对履约的监督和执法力度，2014年和2015年履约率分别达到96%和98%以上。截至2015年8月底，7个试点累计交易地方配额约4024万吨，成交额约12亿元人民币；累计拍卖配额约1664万吨，成交额约8亿元人民币。

不断完善碳交易机制。试点地区不断完善配额分配、温室气体排放核算核查等各项规则，部分试点发挥示范作用探索开展区域碳市场。为活跃碳市场，试点不断扩大交易主体，并开发以地方配额或中国核证自愿减排量（CCER）为标的的碳金融产品和业务。各试点均规定控排企业和单位可使用CCER抵消其配额清缴，比例可占配额量的5%至10%。

推动全国碳市场建设。国家发展改革委于2014年12月发布《碳排放权交易管理暂行办法》，规范碳排放权交易市场的建设和运行，并研究起草《全国碳排放权交易管理条例（草案）》，建设并投入运行国家碳交易注册登记系统。

（三）开展低碳工业园区、社区、城（镇）试点

开展国家低碳工业园区试点。2014年6月，工业和信息化部与国家发展改革委审核公布了第一批55家国家低碳工业园区试点名单。2015年批复同意了39家低碳工业园区试点实施方案。各试点园区通过推广可再生能源，加快传统产业低碳化改造和新型低碳产业发展，实现园区单位工业增加值碳排放大幅下降。通过三年左右的时间，打造一批掌握低碳核心技术、具有先进低碳管理水平的低碳企业，探索适合我国国情的工业园区低碳管理模式，引导和带动工业低碳发展。

开展低碳社区试点。2015年2月，国家发展改革委印发《低碳社区试点建设指南》，对城市新建社区、城市既有社区、农村社区的试点选取要求、建设目标、建设内容及建设标准进行分类指导。启动《低碳社区试点评价指标体系》和低碳社区碳排放核算方法学研究。

开展国家低碳城（镇）试点。2015年8月，国家发展改革委印发了《国家发展改革委关于加快推进国家低碳城（镇）试点工作的通知》，提出争取用3年左右时间，建成一批产业发展和城区建设融合、空间布局合理、资源集约综合利用、基础设施低碳环保、生产低碳高效、生活低碳宜居的国家低碳示范城（镇），并选定广东深圳国际低碳城、广东珠海横琴新区、山东青岛中德生态园、江苏镇江官塘低碳新城、江苏无锡中瑞低碳生态城、云南昆明呈贡低碳新区、湖北武汉华山生态新城、福建三明生态新城作为首批国家低碳城（镇）试点。

（四）推进其它领域低碳试点示范

继续开展绿色交通试点示范。新增江苏、浙江、山东、辽宁等4个绿色交通省，天津、邯郸、济源、鞍山、蚌埠等17个绿色交通城市，鹤大高速、昌樟高速、道安高速等13条绿色公路，广州港、大连港、福州港等7个绿色港口，69个绿色交通装备项目。组织开展了水运行业应用液化天然气试点。

推进碳捕集、利用与封存试点示范。2014年以来，国家发展改革委与全球碳捕集与封存研究院合作主办“二氧化碳捕集技术、装备及产业发展现场研讨会”等活动。举办首届碳捕集、利用与封存技术与工程示范高级研修班。支持中国石油化工联合会、中石油、神华集团联合实施开展了大规模一体化碳捕集、利用与封存项目。环境保护部组织编制《二氧化碳捕集、利用与封存环境风险评估技术指南》（试行），提出了二氧化碳捕集、利用与封存示范项目的环境风险评估方法。国土资源部初步完成了417个盆地二氧化碳地质储存潜力与适应性评估，在内蒙古成功实施我国首个二氧化碳地质储存示范工程。

开展海绵城市试点。2014年，住房城乡建设部印发《海绵城市建设技术指南（试行）》，指导各地从雨水单一“快排”的传统模式转向“渗、滞、蓄、净、用、排”的多目标全过程综合管理模式，促进雨水收集、净化、利用。与财政部印发了《关于开展中央财政支持海绵城市建设试点工作的通知》，对海绵城市建设试点城市给予资金补助，目前，已确定的16个海绵城市试点建设正稳步推进。

四、基础能力建设

2014年以来，中国政府积极加强低碳发展顶层设计，推动应对气候变化法制建设和重大政策制定，完善管理体制和工作机制，加强低碳技术研发与应用，完善统计核算体系建设，提升应对气候变化基础能力。

（一）完善宏观指导体系

加强决策机构建设。国家发展改革委继续做好国家应对气候变化领导小组协调联络办公室工作，加强对应对气候变化重大国内国际政策问题协商和交流。2015年新疆发展改革委新设了“应对气候变化处”，全国已专设“应对气候变化处”的省发展改革委达到10个。积极发挥国家气候变化专家委员会决策咨询作用，为国家重大气候决策提供支撑。

健全法律法规和标准。开展《应对气候变化法（初稿）》起草和征求意见工作，加快推进立法进程。第十二届全国人大常委会第十六次会议于2015年8月29日通过了修订后的《大气污染防治法》。中国气象局牵头开展修订《人工影响天气管理条例》。

发挥规划引领作用。2014年9月，国家发展改革委发布《国家应对气候变化规划（2014-2020年）》，大多数省（自治区、直辖市）发布了省级应对气候变化专项规划，推动将应对气候变化内容纳入国民经济发展规划。科技部开展了《“十二五”国家应对气候变化科技发展专项规划》落实情况检查评估。中国民航局完成《民航行业“十三五”节能减排与应对气候变化规划》的前期研究。

开展重大战略研究。2014年以来，国家发展改革委深入推进中国低碳发展宏观战略研究项目，组织完成项目下各课题评审，编制形成《中国低碳发展宏观战略总体思路》、《中国低碳发展宏观战略总报告》和各课题专题研究报告，对我国到2050年的低碳发展总体战略和分阶段、分领域路线图进行系统研究，提出低碳发展的目标任务、实现途径、政策体系以及保障措施，为推进国内低碳发展、积极参与国际谈判提供重要支撑。

推行低碳产品标准、标识和认证制度。广东、重庆等地积极推动低碳产品认证工作，选择有代表性的行业和产品类别，实施和推广低碳认证制度。截至2015年7月底，已有39家企业获得低碳产品认证证书。质检总局、国家标准委制定完成电力生产企业温室气体排放核算与报告要求国家标准。国家铁路局制定《高速铁路设计规范》和《绿色铁路客站评价标准》，推进绿色铁路客站发展。国家林业局2014年发布《碳汇造林技术规程》和《造林项目碳汇计量监测指南》两项林业行业标准。

强化碳强度考核评估。国家发展改革委于2015年6月-8月组织开展省级人民政府2014年度单位国内生产总值二氧化碳排放降低目标责任考核评估工作，督促各地区目标落实、任务落实和工作落实，确保实现“十二五”碳强度下降目标。围绕碳排放目标管理，加强国家碳强度核算及形势分析，切实发挥省级人民政府碳排放目标考核评估的导向和督促作用。

（二）加强科技支撑

加强基础研究。2014年以来，科学技术部、中国气象局等16个部门联合组织开展第三次《气候变化国家评估报告》编制工作，系统总结我国气候变化科研最新成果。科技部通过国家科技支撑计划等渠道继续落实《“十二五”碳捕集利用与封存科技发展专项规划》任务部署，并联合工业和信息化部发布了《2014-2015年节能减排科技专项行动方案》，推动节能减排关键共性技术研发，先进适用技术推广应用，节能减排科技创新示范工程等。深入实施部署全球变化研究国家重大科学研究计划，重点支持太平洋印度洋对全球变暖的响应及其对气候变化的调控作用、全球典型干旱半干旱地区气候变化及其影响、极区环境和地表过程遥感监测等方面研究。气象局发布《中国温室气体公报（2013年）》、《中国气候变化监测公报（2014年）》。中国科学院持续开展“应对气候变化的碳收支认证及相关问题”、“低阶煤清洁高效梯级利用关键技术与示范”等战略性科技先导专项研究。国家发展改革委通过清洁发展机制基金支持有关部门和地方开展政策研究，提升能力建设。

开展适应气候变化研究。科学技术部组织实施“重点领域气候变化影响与风险评估技术研发与应用”、“沿海地区适应气候变化技术开发与应用”等科技支撑计划项目课题实施方案论证工作。中国科学院积极推进青藏高原地区农牧民增收与生态环境评估，推进野外站、中国生态系统研究网络和高寒区地表过程与环境监测网络相关科技支撑平台建设。水利部组织开展“气候变化对我国水安全影响及对策研究”等重大项目研究。国家林业局积极推进森林对气候变化的响应研究，林业生态网络定位观测站总数达到166个，网络布局更趋完善。农业部加快推进草原生态环境监测工作，已建设国家级草原固定监测点162个。国家海洋局建立中国近海短期气候预测系统，加强海洋领域应对气候变化能力。

发布低碳技术目录。国家发展改革委组织开展低碳技术的征集、筛选和评定，并发布《国家重点推广的低碳技术目录》。科技部组织编制《节能减排与低碳技术成果转化推广清单（第一批）》。

（三）推进统计核算体系建设

加强基础统计体系及能力建设。2014年以来，国家统计局印发《应对气候变化统计指标体系》、《应对气候变化部门统计报表制度（试行）》和《政府综合统计系统应对气候变化统计数据需求表》等文件，正式建立应对气候变化统计报表制度，并收集和审核了2013年应对气候变化统计数据。成立了由国家发展改革委、统计局等23个部门组成的应对气候变化统计工作领导小组，建立了以政府综合统计为核心、相关部门分工协作的工作机制。积极开展各地区统计部门从事应对气候变化统计人员的专业能力建设。在15个省（区、市）开展了应对气候变化统计工作试点。

夯实国家、地方及企业核算能力。有序组织并推进第三次气候变化国家信息通报、首次“两年更新报告”和温室气体清单编制工作。在对2005年和2010年省级温室气体清单进行评估和验收的基础上，国家发展改革委组织开展两年份省级温室气体清单联审，确保清单质量。公布化工、钢铁、电力等24个行业企业温室气体排放核算方法与报告指南。推进企业温室气体排放数据直报的制度设计和系统建设。地方积极开展企业温室气体排放核算和报告能力建设，组织企业逐步完成温室气体排放报告工作。

五、全社会广泛参与

2014年以来，气候变化越来越受到社会各界的关注，从政府到企业、从媒体到公众，绿色、低碳发展理念逐步深入人心，应对气候变化的社会参与度不断提升。

（一）政府加强引导

国家发展改革委会同有关部门组织开展2015年“全国低碳日”和全国节能宣传周活动，举办第三届深圳国际低碳城论坛、生态文明贵阳国际论坛“全球低碳转型与绿色产业机会”分论坛、第一届中美气候智慧型/低碳城市峰会、“低碳能源城市论坛”等一系列活动，取得良好的宣传效果。交通运输部组织公交出行宣传周活动，公布交通运输行业首批30个绿色循环低碳示范项目。住房城乡建设部2015年开展第九届中国城市无车日活动，号召市民减少小汽车出行，共有188个城市和县承诺开展此项活动。教育部在18所高校实施节能改造，开展“节水节电周”等主题活动，以“节能减排、绿色能源”为主题组织大学生开展节能减排社会实践与科技竞赛。民航局以行业院校为平台，组织开展首期航空公司节能减排量化管理培训与研讨。中国气象局制作多语种气候变化宣传片《应对气候变化—中国在行动（2014）》。商务部会同国家发展改革委、中宣部发布《关于组织开展低碳节能绿色流通行动的通知》，在流通领域推广绿色理念。国家统计局编写《应对气候变化统计培训教材》，对各地方统计局专业人员开展应对气候变化统计培训。国家卫生计生委通过举办专题知识讲座、宣传海报等方式开展气候变化与健康宣传教育，增强公众应对高温热浪等极端天气的防护能力。科技部组织应对气候变化能力建设培训班，提高各地应对气候变化科技工作能力，开展面向社会公众的气候变化宣传教育工作，提倡和鼓励公众以实际行动应对气候变化。

（二）企业积极行动

中国远洋运输（集团）总公司践行“联合国全球契约”原则要求，履行社会承诺，积极打造保护环境、保护海洋、资源节约环境友好型企业，有效降低油耗和减少排放、落实节能减排责任制、鼓励全员参与，持续推进节能工作。中电投集团重点投资新能源板块，加快新能源基地建设，努力践行低碳环保的发展方针。国家电网公司积极构建清洁能源开发利用、高效配置、安全运营的平台，支持大型可再生能源基地建设和分布式能源创新发展。中国石油天然气集团大力推进天然气高效利用和汽柴油质量升级，加大高品质、高附加值产品供应，践行低碳生产运营，把资源节约贯穿到生产运营每一个环节。海尔始终贯彻低碳节能原则，开展LED节能改造、公寓余热回收、绿色绩效等。“十二五”前四年，国资委累计安排200亿元左右的国有资本经营预算用于支持各企业节能减排工作，中央企业节能减排降碳投入达2000亿元以上，累计实现节能量约1.46亿吨标准煤，相当于减少二氧化碳排放约3.5亿吨。2014年底，万科在秘鲁联合国气候大会“中国角”主办“城市的绿色低碳未来”主题边会，对外宣布向阿拉善

SEE公益机构捐赠1万棵梭梭树苗，设立“利马中国企业日梭梭林”。比亚迪作为全球最大的可充电电池生产商和电动汽车行业引领者，积极将低碳和零排放新能源车推向全球。

（三）公众主动参与

媒体广泛传播。2014年以来，新华社、人民日报、中央电视台、中国国际广播电台、中国日报、中国新闻社等多家新闻媒体，对联合国气候峰会、中美气候变化联合声明、利马气候大会、中国提交国家自主贡献文件等应对气候变化领域的重大事件给予高度关注，充分利用图片、文字、视频等多种形式进行全方位报道，营造了良好的舆论氛围。

非政府组织踊跃推动。中国绿色碳汇基金会等机构联合举办“应对气候变化媒体课堂”活动，为媒体记者提供应对气候变化知识培训，并评选出2014年度“应对气候变化媒体课堂”优秀作品。国家应对气候变化战略研究和国际合作中心联合中国气象局公共气象服务中心开展“应对气候变化记录中国”科学考察与公众科普活动。中国民促会、广州公益组织发展合作促进会、石家庄低碳协会等合作开展全国中学教师应对气候变化培训。青年应对气候变化行动网络（CYCAN）举办第七届国际青年能源与气候变化峰会。中华环保联合会面向全国发起“守护蓝天碧水”的倡议活动。国家信息中心、中国民促会绿色出行基金、中国低碳联盟、深圳市政府联合主办“低碳中国行2015”行动，组织新闻媒体走访各地低碳发展现状及经验。中国绿色碳汇基金会发起创办了“零碳创意馆”，通过宣传和体验让广大公众参与其中。世界自然基金会在2015年“地球一小时”活动期间，鼓励关闭不必要的灯和其他耗电设备，以自身的实际行动应对气候变化。

百姓积极参与。社会各界公众通过参加多种形式的气候变化教育培训等活动，增进了对应对气候变化、践行低碳发展以及节能减排的认识，提升了积极参与应对气候变化的自觉性。越来越多的公众开始自觉选择低碳饮食、低碳居住、低碳出行的日常生活模式。节能减排进家庭、进社区、进学校等专项活动在全国各地广泛开展，号召人们树立“节能、节俭、节约”的工作与生活的理念。此外，依托微信、微博等网络平台，公众通过微信公众号以及微博话题讨论的方式，了解应对气候变化知识，践行低碳发展理念。

六、加强国际交流与合作

2014年以来，中国继续本着“互利共赢、务实有效”的原则，加强与发达国家合作，积极参与并推动与国际组织合作，深化与发展中国家合作，筹建南南合作基金，与各方携手应对气候变化。

（一）加强与发达国家的交流合作

与多国发表气候变化联合声明。2014年以来，中国政府利用领导高层互访契机，加强与发达国家在气候变化领域的交流与合作，分别与美国、欧盟、英国等国家发表气候变化联合声明，赢得国际社会积极反响，在应对气候变化领域与各国增进理解，进一步扩大共识，为推动气候变化谈判多边进程做出重要贡献。

加强气候变化双边交流与对话。国家发展改革委组织召开了中美、中德等气候变化工作组双边会议，推动有关框架协议签署。与美国、欧盟、澳大利亚、新西兰、英国、德国等国家开展部长级和工作层的气候变化对话磋商，推动专家层面的对话交流。就碳捕集、利用与封存（CCUS）和氢氟碳化物等问题与美国加强研讨交流。推动与英国、法国就巴黎气候大会等议题进行广泛交流，扩大共识。

深化气候变化双边合作。2014年以来，中国政府与澳大利亚、新西兰、瑞典、瑞士等国家签署双边气候变化谅解备忘录，启动与瑞士合作的中国适应气候变化二期项目，与韩国就气候变化协定达成一致，推动双边合作迈上新台阶。中美确定了7个碳捕集、利用与封存合作示范项目。科技部实施“中欧燃煤发电近零排放”二期合作项目。推动中国科技部-联合国环境署-非洲水行动项目。住房城乡建设部与美国、德国、加拿大等国开展低碳生态城市国际合作试点。

（二）促进与国际组织的交流合作

广泛开展与国际组织的务实合作。与亚洲开发银行签署双边气候变化合作谅解备忘录，共同组织召开“城市适应气候变化国际研讨会”。与联合国环境规划署签署在应对气候变化南南合作方面加强合作的谅解备忘录。与世界银行共同启动全球环境基金“通过国际合作促进中国清洁绿色低碳城市发展”项目。

积极参与相关国际会议与行动倡议。参与联合国气候变化框架公约下的绿色气候基金、适应基金、技术执行委员会等相关会议，参与全球甲烷行动倡议、R20国际区域气候行动组织等多边组织的活动等，充分借鉴国际经验。积极落实与全球碳捕集与封存研究院相关合作，举办研讨会并积极开展国际合作。

（三）深化与发展中国家的合作

中国政府积极推动应对气候变化南南合作，向发展中国家赠送低碳节能产品，组织气候变化培训班，加强对发展中国家的援助。自2014年以来，国家发展改革委会同外交部、商务部等部门，积极推动与马尔代夫、玻利维亚、汤加、萨摩亚、斐济、安提瓜和巴布达、加纳、巴巴多斯、缅甸、巴基斯坦等10个国家签署谅解备忘录，并根据发展中国家需求扩大赠送产品种类；举办了15期应对气候变化与绿色发展培训班，为发展中国家培训600余名应对气候变化领域的官员、专家学者和技术人员。根据发展中国家需求扩大赠送产品种类，向玻利维亚提供其急需的气象监测预报预警设备。继续加强“基础四国”、“立场相近发展中国家”等磋商机制，与发展中国家加强对话沟通，开展务实合作。自2014年以来，中国政府为亚洲、非洲、拉丁美洲等地区近100个发展中国家，在紧急救灾、卫星气象监测、清洁能源开发等领域开展了务实合作，实施了100多个技术合作、紧急救灾等应对气候变化类项目；在华举办了130多期应对气候变化与绿色发展培训班，为发展中国家培训近3500名应对气候变化领域的官员、专家学者和技术人员。

（四）筹建气候变化南南合作基金

2014年9月，国务院副总理张高丽作为习近平主席特使出席在纽约召开的联合国气候峰会时宣布，中国将大力推进应对气候变化南南合作，从2015年开始在现有基础上把每年的资金支持翻一番，建立气候变化南南合作基金。中国已经提供600万美元资金支持联合国秘书长推动应对气候变化南南合作。为落实我领导人对国际社会的庄严承诺，国家发展改革委会同外交部、财政部积极筹建气候变化南南合作基金，加大对其他发展中国家的支持力度。

七、积极推动国际气候谈判

2014年以来，中国广泛参与全球气候治理，继续积极参与应对气候变化国际谈判，加强与各国在气候变化领域的多层次磋商与对话，为推动巴黎会议如期达成协议，建立公平、合理和共赢的2020年后全球应对气候变化机制做出积极贡献。

（一）积极参加联合国进程下的国际谈判

坚定维护《联合国气候变化框架公约》的原则和框架，坚持公平原则、“共同但有区别的责任”原则和各自能力原则，遵循缔约方主导、公开透明、广泛参与和协商一致的多边谈判规则。

2014年12月，中国政府组团出席联合国气候变化利马会议，代表团积极建设性参与谈判，促进各方凝聚共识，同时积极宣传介绍中国应对气候变化的政策行动，为会议取得成功做出了重要贡献。2015年，中国政府组织参加了公约下各次谈判会议，加强与各方沟通交流，旨在与各方一道推动2015年巴黎会议如期达成协议，构建2020年后公平合理、合作共赢的全球气候治理体系。

2015年6月30日，中国政府向联合国气候变化框架公约秘书处提交应对气候变化国家自主贡献文件《强化应对气候变化行动——中国国家自主贡献》，明确提出于2030年左右二氧化碳排放达到峰值，到2030年非化石能源占一次能源消费比重提高到20%左右，2030年单位国内生产总值二氧化碳排放比2005年下降60%-65%，森林蓄积量比2005年增加45亿立方米左右，全面提高适应气候变化能力等强化行动目标。同时系统阐释实现上述目标的路径和政策措施，充分体现了中国强化行动的透明度，为增强各方对多边进程的信心、推动巴黎会议如期达成有力度的成果做出积极贡献。

（二）积极参与其他多边进程

积极参与气候变化谈判相关国际进程。中国领导人积极参与多边外交活动，多次发表重要讲话，与各国元首达成共识，推动多边进程。2014年9月，国务院副总理张高丽作为习近平主席特使出席联合国气候峰会并发表重要讲话，介绍我国应对气候变化的行动目标和加大南南合作资金支持力度的举措，就2020年后应对气候变化行动做出政治宣示。积极参与政府间气候变化专门委员会（IPCC）评估报告编制和未来规划工作，完成了IPCC第五次评估报告成果解读、科普宣讲工作，增强了我参与国际治理的科技支撑能力和话语权。

加强与各国磋商和对话。努力加强“基础四国”和“立场相近发展中国家”沟通协调，维护发展中国家团结和共同利益，主办或参加“基础四国”部长级会议，主办“立场相近发展中国家”北京会议并积极参加历次“立场相近发展中国家”协调会。继续加强与小岛国、最不发达国家和非洲集团的沟通协调，与发展中国家开展联合研究，积极维护发展中国家利益。继续加强与发达国家沟通交流，增进理解、扩大共识。继续与美国、欧盟、澳大利亚、新西兰、英国、德国等开展部长级和工作层的气候变化对话磋商，推动专家层面的沟通交流。落实中法两国领导人共识，推动建立中法气候变化磋商机制，加强与巴黎会议主席国法国对话沟通，为巴黎会议做好准备和铺垫，共同推动巴黎会议在公开透明、广泛参与、协商一致的基础上取得成功。加强与各国驻华使馆、媒体、非政府组织沟通。

积极推进公约外谈判磋商工作。国家发展改革委会同有关部门参加巴黎会议成果非正式磋商、彼得斯堡气候对话、经济大国气候变化与能源论坛、联大气候变化高级别会议；利用每次谈判会议和其他非正式磋商加强与有关各方对话磋商。就中国政府参加蒙约、国际海事组织、国际民航组织会议对案研提意见并参加相关谈判磋商，完成好公约外有关谈判任务。继续积极参与和关注东亚低碳增长伙伴计划、全球清洁炉灶联盟、农业温室气体全球研究联盟、气候与清洁空气联盟等公约外机制；积极参与二十国集团、亚太经合组织、东亚领导人会议、联合国贸发会议、世界贸易组织等渠道下气候变化相关议题的讨论。

（三）巴黎会议的基本立场和主张

气候变化是全人类面临的共同挑战，需要世界各国携手合作、共同应对。巴黎会议是全球气候治理进程中的里程碑，将通过关于2020年后加强应对气候变化行动的协议。中方愿意按照“共同但有区别的责任”原则、公平原则和各自能力原则，与各方一道积极建设性推动谈判进程，确保2015年巴黎会议上如期达成协议，构建公平合理的国际气候制度。

2015年协议应坚持以《联合国气候变化框架公约》及其《京都议定书》为基础，全面遵循《公约》的原则、规定和架构，尊重发达国家和发展中国家在历史责任、国情、发展阶段和能力上的区别，统筹处理好减缓、适应、资金、技术、能力建设和透明度等各项要素，加强《公约》在2020年后的全面、有效和持续实施。发达国家应认真兑现2020年前减排及提供资金和技术支持的承诺，并在2020年后继续为发展中国家提供支持，为巴黎会议取得成功奠定互信基础。中方全力支持东道国法国办好巴黎会议。

结语

中国是全球最大的发展中国家，人均GDP仅相当于全球平均水平的70%，尚未完成工业化、城镇化进程，面临发展经济、改善民生、保护环境和应对气候变化的巨大压力，发展中不协调、不平衡、不可持续的问题仍然存在，改变传统的粗放型发展方式迫在眉睫。正如习近平总书记所说，应对气候变化是中国可持续发展的内在要求，也是负责任大国应尽的国际义务，这不是别人要我们做，而是我们自己要做。

应对气候变化任重而道远，需要全社会付出持之以恒的努力。“十三五”时期是中国全面建成小康社会的攻坚期，也是大力推进生态文明建设和促进绿色低碳发展的重要战略机遇期。中国政府将在全面总结“十二五”应对气候变化成效的基础上，研究确定“十三五”应对气候变化目标任务，确保完成中国控制温室气体排放2020年行动目标，为实现2030年左右达到排放峰值奠定良好基础，加快推进全社会绿色低碳转型，倒逼发展方式转变，积极推动气候变化国际谈判进程，推进气候变化多双边对话交流与务实合作，为应对全球气候变化做出新的重要贡献。

强化应对气候变化行动

——中国国家自主贡献

（中国于2015年6月30日向《联合国气候变化框架公约》秘书处提交）

中国政府于2015年6月底向联合国气候变化框架公约秘书处提交了《强化应对气候变化行动——中国国家自主贡献》，并授权新华社北京6月30日发布，提出了2020年后强化应对气候变化行动目标以及实现目标的路径和政策措施。这不仅是作为公约缔约方完成的规定动作，同时也是我国政府向国内外宣示中国走以增长转型、能源转型和消费转型为特征的绿色、低碳、循环发展道路的决心和态度。

中国的自主贡献是根据公平、共同但有区别的责任和各自能力等公约原则，以及考虑了发展阶段、现实能力等国情提出的，将有力推动全球应对气候变化进程。

气候变化是当今人类社会面临的共同挑战。工业革命以来的人类活动，特别是发达国家大量消费化石能源所产生的二氧化碳累积排放，导致大气中温室气体浓度显著增加，加剧了以变暖为主要特征的全球气候变化。气候变化对全球自然生态系统产生显著影响，温度升高、海平面上升、极端气候事件频发给人类生存和发展带来严峻挑战。

气候变化作为全球性问题，需要国际社会携手应对。多年来，各缔约方在《联合国气候变化框架公约》（以下简称公约）实施进程中，按照共同但有区别的责任原则、公平原则、各自能力原则，不断强化合作行动，取得了积极进展。为进一步加强公约的全面、有效和持续实施，各方正在就2020年后的强化行动加紧谈判磋商，以期于2015年年底在联合国气候变化巴黎会议上达成协议，开辟全球绿色低碳发展新前景，推动世界可持续发展。

中国是拥有13多亿人口的发展中国家，是遭受气候变化不利影响最为严重的国家之一。中国正处在工业化、城镇化快速发展阶段，面临着发展经济、消除贫困、改善民生、保护环境、应对气候变化等多重挑战。积极应对气候变化，努力控制温室气体排放，提高适应气候变化的能力，不仅是中国保障经济安全、能源安全、生态安全、粮食安全以及人民生命财产安全，实现可持续发展的内在要求，也是深度参与全球治理、打造人类命运共同体、推动全人类共同发展的责任担当。

根据公约缔约方会议相关决定，在此提出中国应对气候变化的强化行动和措施，作为中国为实现公约第二条所确定目标做出的、反映中国应对气候变化最大努力的国家自主贡献，同时提出中国对2015年协议谈判的意见，以推动巴黎会议取得圆满成功。

一、中国强化应对气候变化行动目标

长期以来，中国高度重视气候变化问题，把积极应对气候变化作为国家经济社会发展的重大战略，把绿色低碳发展作为生态文明建设的重要内容，采取了一系列行动，为应对全球气候变化作出了重要贡献。2009年向国际社会宣布：到2020年单位国内生产总值二氧化碳排放比2005年下降40%－45%，非化石能源占一次能源消费比重达到15%左右，森林面积比2005年增加4000万公顷，森林蓄积量比2005年增加13亿立方米。积极实施《中国应对气候变化国家方案》、《“十二五”控制温室气体排放工作方案》、《“十二五”节能减排综合性工作方案》、《节能减排“十二五”规划》、《2014－2015年节能减排低碳发展行动方案》和《国家应对气候变化规划（2014－2020年）》。加快推进产业结构和能源结构调整，大力开展节能减碳和生态建设，在7个省（市）开展碳排放权交易试点，在42个省（市）开展低碳试点，探索符合中国国情的低碳发展新模式。2014年，中国单位国内生产总值二氧化碳排放比2005年下降33.8%，非化石能源占一次能源消费比重达到11.2%，森林面积比2005年增加2160万公顷，森林蓄积量比2005年增加21.88亿立方米，水电装机达到3亿千瓦（是2005年的2.57倍），并网风电装机达到9581万千瓦（是2005年的90倍），光伏装机达到2805万千瓦（是2005年的400倍），核电装机达到1988万千瓦（是2005年的2.9倍）。加快实施《国家适应气候变化战略》，着力提升应对极端气候事件能力，重点领域适应气候变化取得积极进展。应对气候变化能力建设进一步加强，实施《中国应对气候变化科技专项行动》，科技支撑能力得到增强。

面向未来，中国已经提出了到2020年全面建成小康社会，到本世纪中叶建成富强民主文明和谐的社会主义现代化国家的奋斗目标；明确了转变经济发展方式、建设生态文明、走绿色低碳循环发展的政策导向，努力协同推进新型工业化、城镇化、信息化、农业现代化和绿色化。中国将坚持节约资源和保护环境基本国策，坚持减缓与适应气候变化并重，坚持科技创新、管理创新和体制机制创新，加快能源生产和消费革命，不断调整经济结构、优化能源结构、提高能源效率、增加森林碳汇，有效控制温室气体排放，努力走一条符合中国国情的经济发展、社会进步与应对气候变化多赢的可持续发展之路。

根据自身国情、发展阶段、可持续发展战略和国际责任担当，中国确定了到2030年的自主行动目标：二氧化碳排放2030年左右达到峰值并争取尽早达峰；单位国内生产总值二氧化碳排放比2005年下降60%－65%，非化石能源占一次能源消费比重达到20%左右，森林蓄积量比2005年增加45亿立方米左右。中国还将继续主动适应气候变化，在农业、林业、水资源等重点领域和城市、沿海、生态脆弱地区形成有效抵御气候变化风险的机制和能力，逐步完善

预测预警和防灾减灾体系。

二、中国强化应对气候变化行动政策和措施

千里之行，始于足下。为实现到2030年的应对气候变化自主行动目标，需要在已采取行动的基础上，持续不断地做出努力，在体制机制、生产方式、消费模式、经济政策、科技创新、国际合作等方面进一步采取强化政策和措施。

（一）实施积极应对气候变化国家战略。加强应对气候变化法制建设。将应对气候变化行动目标纳入国民经济和社会发展规划，研究制定长期低碳发展战略和路线图。落实《国家应对气候变化规划（2014－2020年）》和省级专项规划。完善应对气候变化工作格局，发挥碳排放指标的引导作用，分解落实应对气候变化目标任务，健全应对气候变化和低碳发展目标责任评价考核制度。

（二）完善应对气候变化区域战略。实施分类指导的应对气候变化区域政策，针对不同主体功能区确定差别化的减缓和适应气候变化目标、任务和实现途径。优化开发的城市化地区要严格控制温室气体排放；重点开发的城市化地区要加强碳排放强度控制，老工业基地和资源型城市要加快绿色低碳转型；农产品主产区要加强开发强度管制，限制进行大规模工业化、城镇化开发，加强中小城镇规划建设，鼓励人口适度集中，积极推进农业适度规模化、产业化发展；重点生态功能区要划定生态红线，制定严格的产业发展目录，限制新上高碳项目，对不符合主体功能定位的产业实行退出机制，因地制宜发展低碳特色产业。

（三）构建低碳能源体系。控制煤炭消费总量，加强煤炭清洁利用，提高煤炭集中高效发电比例，新建燃煤发电机组平均供电煤耗要降至每千瓦时300克标准煤左右。扩大天然气利用规模，到2020年天然气占一次能源消费比重达到10%以上，煤层气产量力争达到300亿立方米。在做好生态环境保护和移民安置的前提下积极推进水电开发，安全高效发展核电，大力发展风电，加快发展太阳能发电，积极发展地热能、生物质能和海洋能。到2020年，风电装机达到2亿千瓦，光伏装机达到1亿千瓦左右，地热能利用规模达到5000万吨标准煤。加强放空天然气和油田伴生气回收利用。大力发展分布式能源，加强智能电网建设。

（四）形成节能低碳的产业体系。坚持走新型工业化道路，大力发展循环经济，优化产业结构，修订产业结构调整指导目录，严控高耗能、高排放行业扩张，加快淘汰落后产能，大力发展服务业和战略性新兴产业。到2020年，力争使战略性新兴产业增加值占国内生产总值比重达到15%。推进工业低碳发展，实施《工业领域应对气候变化行动方案（2012－2020年）》，制定重点行业碳排放控制目标和行动方案，研究制定重点行业温室气体排放标准。通过节能提高能效，有效控制电力、钢铁、有色、建材、化工等重点行业排放，加强新建项目碳排放管理，积极控制工业生产过程温室气体排放。构建循环型工业体系，推动产业园区循环化改造。加大再生资源回收利用，提高资源产出率。逐渐减少二氟一氯甲烷受控用途的生产和使用，到2020年在基准线水平（2010年产量）上产量减少35%、2025年减少67.5%，三氟甲烷排放到2020年得到有效控制。推进农业低碳发展，到2020年努力实现化肥农药使用量零增长；控制稻田甲烷和农田氧化亚氮排放，构建循环型农业体系，推动秸秆综合利用、农林废弃物资源化利用和畜禽粪便综合利用。推进服务业低碳发展，积极发展低碳商业、低碳旅游、低碳餐饮，大力推动服务业节能降碳。

（五）控制建筑和交通领域排放。坚持走新型城镇化道路，优化城镇体系和城市空间布局，将低碳发展理念贯穿城市规划、建设、管理全过程，倡导产城融合的城市形态。强化城市低碳化建设，提高建筑能效水平和建筑工程质量，延长建筑物使用寿命，加大既有建筑节能改造力度，建设节能低碳的城市基础设施。促进建筑垃圾资源循环利用，强化垃圾填埋场甲烷收集利用。加快城乡低碳社区建设，推广绿色建筑和可再生能源建筑应用，完善社区配套低碳生活设施，探索社区低碳化运营管理模式。到2020年，城镇新建建筑中绿色建筑占比达到50%。构建绿色低碳交通运输体系，优化运输方式，合理配置城市交通资源，优先发展公共交通，鼓励开发使用新能源车船等低碳环保交通运输工具，提升燃油品质，推广新型替代燃料。到2020年，大中城市公共交通占机动化出行比例达到30%。推进城市步行和自行车交通系统建设，倡导绿色出行。加快智慧交通建设，推动绿色货运发展。

（六）努力增加碳汇。大力开展造林绿化，深入开展全民义务植树，继续实施天然林保护、退耕还林还草、京津风沙源治理、防护林体系建设、石漠化综合治理、水土保持等重点生态工程建设，着力加强森林抚育经营，增加森林碳汇。加大森林灾害防控，强化森林资源保护，减少毁林排放。加大湿地保护与恢复，提高湿地储碳功能。继续实施退牧还草，推行草畜平衡，遏制草场退化，恢复草原植被，加强草原灾害防治和农田保育，提升土壤储碳能力。

（七）倡导低碳生活方式。加强低碳生活和低碳消费全民教育，倡导绿色低碳、健康文明的生活方式和消费模式，推动全社会形成低碳消费理念。发挥公共机构率先垂范作用，开展节能低碳机关、校园、医院、场馆、军营等创建活动。引导适度消费，鼓励使用节能低碳产品，遏制各种铺张浪费现象。完善废旧商品回收体系和垃圾分类处理体系。

（八）全面提高适应气候变化能力。提高水利、交通、能源等基础设施在气候变化条件下的安全运营能力。合理开发和优化配置水资源，实行最严格的水资源管理制度，全面建设节水型社会。加强中水、淡化海水、雨洪等非传统水源开发利用。完善农田水利设施配套建设，大力发展节水灌溉农业，培育耐高温和耐旱作物品种。加强海洋灾害防护能力建设和海岸带综合管理，提高沿海地区抵御气候灾害能力。开展气候变化对生物多样性影响的跟踪监测与评估。加强林业基础设施建设。合理布局城市功能区，统筹安排基础设施建设，有效保障城市运行的生命线系统安全。研究制定气候变化影响人群健康应急预案，提升公共卫生领域适应气候变化的服务水平。加强气候变化综合评估和风险管理，完善国家气候变化监测预警信息发布体系。在生产力布局、基础设施、重大项目规划设计和建设中，充分考虑气候变化因素。健全极端天气气候事件应急响应机制。加强防灾减灾应急管理体系建设。

（九）创新低碳发展模式。深化低碳省区、低碳城市试点，开展低碳城（镇）试点和低碳产业园区、低碳社区、低碳商业、低碳交通试点，探索各具特色的低碳发展模式，研究在不同类型区域和城市控制碳排放的有效途径。促进形成空间布局合理、资源集约利用、生产低碳高效、生活绿色宜居的低碳城市。研究建立碳排放认证制度和低碳荣誉制度，选择典型产品进行低碳产品认证试点并推广。

（十）强化科技支撑。提高应对气候变化基础科学研究水平，开展气候变化监测预测研究，加强气候变化影响、风险机理与评估方法研究。加强对节能降耗、可再生能源和先进核能、碳捕集利用和封存等低碳技术的研发和产业化示范，推广利用二氧化碳驱油、驱煤层气技术。研发极端天气预报预警技术，开发生物固氮、病虫害绿色防控、设施农业技术，加强综合节水、海水淡化等技术研发。健全应对气候变化科技支撑体系，建立政产学研有效结合机制，加强应对气候变化专业人才培养。

（十一）加大资金和政策支持。进一步加大财政资金投入力度，积极创新财政资金使用方式，探索政府和社会资本合作等低碳投融资新机制。落实促进新能源发展的税收优惠政策，完善太阳能发电、风电、水电等定价、上网和采购机制。完善包括低碳节能在内的政府绿色采购政策体系。深化能源、资源性产品价格和税费改革。完善绿色信贷机制，鼓励和指导金融机构积极开展能效信贷业务，发行绿色信贷资产证券化产品。健全气候变化灾害保险政策。

（十二）推进碳排放权交易市场建设。充分发挥市场在资源配置中的决定性作用，在碳排放权交易试点基础上，稳步推进全国碳排放权交易体系建设，逐步建立碳排放权交易制度。研究建立碳排放报告核查核证制度，完善碳排放权交易规则，维护碳排放交易市场的公开、公平、公正。

（十三）健全温室气体排放统计核算体系。进一步加强应对气候变化统计工作，健全涵盖能源活动、工业生产过程、农业、土地利用变化与林业、废弃物处理等领域的温室气体排放统计制度，完善应对气候变化统计指标体系，加强统计人员培训，不断提高数据质量。加强温室气体排放清单的核算工作，定期编制国家和省级温室气体排放清单，建立重点企业温室气体排放报告制度，制定重点行业企业温室气体排放核算标准。积极开展相关能力建设，构建国家、地方、企业温室气体排放基础统计和核算工作体系。

（十四）完善社会参与机制。强化企业低碳发展责任，鼓励企业探索资源节约、环境友好的低碳发展模式。强化低碳发展社会监督和公众参与，继续利用“全国低碳日”等平台提高全社会低碳发展意识，鼓励公众应对气候变化的自觉行动。发挥媒体监督和导向作用，加强教育培训，充分发挥学校、社区以及民间组织的作用。

（十五）积极推进国际合作。作为负责任的发展中国家，中国将从全人类的共同利益出发，积极开展国际合作，推进形成公平合理、合作共赢的全球气候治理体系，与国际社会共同促进全球绿色低碳转型与发展路径创新。坚持共同但有区别的责任原则、公平原则、各自能力原则，推动发达国家切实履行大幅度率先减排并向发展中国家提供资金、技术和能力建设支持的公约义务，为发展中国家争取可持续发展的公平机会，争取更多的资金、技术和能力建设支持，促进南北合作。同时，中国将主动承担与自身国情、发展阶段和实际能力相符的国际义务，采取不断强化的减缓和适应行动，并进一步加大气候变化南南合作力度，建立应对气候变化南南合作基金，为小岛屿发展中国家、最不发达国家和非洲国家等发展中国家应对气候变化提供力所能及的帮助和支持，推进发展中国家互学互鉴、互帮互助、互利共赢。广泛开展应对气候变化国际对话与交流，加强相关领域政策协调与务实合作，分享有益经验和做法，推广气候友好技术，与各方一道共同建设人类美好家园。

三、中国关于2015年协议谈判的意见

中国致力于不断加强公约全面、有效和持续实施，与各方一道携手努力推动巴黎会议达成一个全面、平衡、有力度的协议。为此，对2015年协议谈判进程和结果提出如下意见：

（一）总体意见。2015年协议谈判在公约下进行，以公约原则为指导，旨在进一步加强公约的全面、有效和持续实施，以实现公约的目标。谈判的结果应遵循共同但有区别的责任原则、公平原则、各自能力原则，充分考虑发达国家和发展中国家间不同的历史责任、国情、发展阶段和能力，全面平衡体现减缓、适应、资金、技术开发和转让、能力建设、行动和支持的透明度各个要素。谈判进程应遵循公开透明、广泛参与、缔约方驱动、协商一致的原则。

（二）减缓。2015年协议应明确各缔约方按照公约要求，制定和实施2020－2030年减少或控制温室气体排放的计划和措施，推动减缓领域的国际合作。发达国家根据其历史责任，承诺到2030年有力度的全经济范围绝对量减排目标。发展中国家在可持续发展框架下，在发达国家资金、技术和能力建设支持下，采取多样化的强化减缓行动。

（三）适应。2015年协议应明确各缔约方按照公约要求，加强适应领域的国际合作，加强区域和国家层面适应计划和项目的实施。发达国家应为发展中国家制定和实施国家适应计划、开展相关项目提供支持。发展中国家通过国家适应计划识别需求和障碍，加强行动。建立关于适应气候变化的公约附属机构。加强适应与资金、技术和能力建设的联系。强化华沙损失和损害国际机制。

（四）资金。2015年协议应明确发达国家按照公约要求，为发展中国家的强化行动提供新的、额外的、充足的、可预测和持续的资金支持。明确发达国家2020－2030年提供资金支持的量化目标和实施路线图，提供资金的规模应在2020年开始每年1000亿美元的基础上逐年扩大，所提供资金应主要来源于公共资金。强化绿色气候基金作为公约资金机制主要运营实体的地位，在公约缔约方会议授权和指导下开展工作，对公约缔约方会议负责。

（五）技术开发与转让。2015年协议应明确发达国家按照公约要求，根据发展中国家技术需求，切实向发展中国家转让技术，为发展中国家技术研发应用提供支持。加强现有技术机制在妥善处理知识产权问题、评估技术转让绩效等方面的职能，增强技术机制与资金机制的联系，包括在绿色气候基金下设立支持技术开发与转让的窗口。

（六）能力建设。2015年协议应明确发达国家按照公约要求，为发展中国家各领域能力建设提供支持。建立专门关于能力建设的国际机制，制定并实施能力建设活动方案，加强发展中国家减缓和适应气候变化能力建设。

（七）行动和支持的透明度。2015年协议应明确各缔约方按照公约要求和有关缔约方会议决定，增加各方强化行动的透明度。发达国家根据公约要求及京都议定书相关规则，通过现有的报告和审评体系，增加其减排行动的透明度，明确增强发达国家提供资金、技术和能力建设支持透明度及相关审评的规则。发展中国家在发达国家资金、技术和能力建设支持下，通过现有的透明度安排，以非侵入性、非惩罚性、尊重国家主权的方式，增加其强化行动透明度。

（八）法律形式。2015年协议应是一项具有法律约束力的公约实施协议，可以采用核心协议加缔约方会议决定的形式，减缓、适应、资金、技术开发和转让、能力建设、行动和支持的透明度等要素应在核心协议中平衡体现，相关技术细节和程序规则可由缔约方会议决定加以明确。发达国家和发展中国家的国家自主贡献可在巴黎会议成果中以适当形式分别列出。

第十八次“基础四国”气候变化部长级会议联合声明

2014年8月8日

一、第十八次“基础四国”气候变化部长级会议于2014年8月7—8日在印度新德里举行。印度环境、森林和气候变化部长贾瓦德卡尔阁下，中国国家发展和改革委员会副主任解振华阁下，南非环境事务部长莫莱瓦阁下，巴西环境部副部长吉塔尼阁下出席了会议。

二、部长们注意到，“基础四国”在减贫方面都取得了显著进展。尽管在发展领域仍面临诸多挑战，所有“基础四国”的政府都在采取广泛而有力度的自愿减缓行动，通过发展和应用可再生能源、改进技术以提高能效、减少毁林和森林退化并增加森林碳汇等措施，来追求低碳发展之路。

三、部长们分析了华沙会议后谈判进展和下一步走向。部长们强调，将于巴黎会议达成的2015年协议应全面、平衡、公平和公正，以加强《联合国气候变化框架公约》的全面、有效和持续实施。部长们重申，“基础四国”已准备好并愿意在这一进程中发挥他们的作用，并将全力支持秘鲁政府推动利马会议取得成功，利马会议的成功对于2015年协议至关重要。部长们还强调，全力支持委内瑞拉政府办好利马会议预备会。

四、部长们强调，需要在利马会议上完成并确定2015年协议谈判草案涉及的要素。他们重申，德班会议决定第5段已确定了2015年协议涉及的六项核心要素，应通过公开透明、广泛参与、缔约方驱动、协商一致的谈判进程，全面平衡地处理这些要素。

五、部长们重申，加强行动德班平台特设工作组（简称德班平台）谈判的过程和结果必须全面遵循公约各项原则和规定及公约的架构，特别是公平原则、“共同但有区别的责任”原则和各自能力原则。

六、部长们强调，发达国家应该根据其历史责任以及关于气候变化趋势的最新科学依据和政府间气候变化专门委员会第五次评估报告，带头应对气候变化。他们敦促发达国家兑现其向发展中国家提供资金、技术和能力建设支持的公约下的承诺，针对这一点，部长们强调了公约第四条第七款的重要性和相关性。

七、部长们同意各方需要尽早通报其“计划做出的、由国家自主决定的贡献”（简称贡献）。部长们肯定了贡献应包含德班平台的所有支柱，即减缓、适应、资金、技术开发与转让及能力建设。

八、部长们强调，根据公约原则所体现的“有区别的责任”，发达国家被纳入其贡献的承诺应包括全经济范围量化减排目标，以及为发展中国家减缓和适应行动提供资金、技术开发和转让及能力建设支持。他们重申，发展中国家的贡献应符合其社会与发展需求，并以发达国家提供资金、技术和能力建设支持的程度为前提。

九、部长们强调，各方提供的与贡献相关的信息应根据公约第12条对发达国家和发展中国家进行相应区分。部长们进一步强调，根据华沙会议决定，这些信息目的是促进贡献的清晰、透明及可理解。

十、部长们重申，《京都议定书》仍是实现2020年前减缓力度的主要的、具有法律约束力的基础。部长们呼吁迅速完成对《京都议定书》第二承诺期的批准，并强调，参加《京都议定书》第二承诺期的发达国家在2014年根据科学要求重审和显著提高其量化减限排指标的力度，以及迄今仍未参加《京都议定书》第二承诺期的发达国家同步重审并显著提高其可比承诺的力度十分重要。部长们对发达国家低水平的减排力度表示严重关切，并呼吁对旨在提高所有发达国家减排目标的“2014年重审机制”做出必要安排。

十一、部长们关切地注意到，2020年前行动力度的差距不仅存在于减缓领域，还存在于适应和对发展中国家的资金、技术和能力建设支持等领域。他们重申，发展中国家在减缓努力上的贡献已远远超过发达国家，如果发达国家有效落实并显著提高其向发展中国家提供资金、技术和能力建设支持的承诺，发展中国家的减缓努力将得到进一步加强。

十二、部长们强调，应对气候变化影响所需的适应措施十分重要，对发展中国家来说尤为如此，其在降低、管控和抵御风险方面需要来自发达国家的国际支持。部长们注意到这样的事实，气候变化的影响本质上是全球性的，所需的适应措施也应是国际性的。部长们欢迎华沙会议关于建立“华沙损失和损害国际机制”的决定。

十三、部长们呼吁全面运转和紧密协调巴厘进程中建立的相关机制，包括绿色气候基金、资金常设委员会、技术执行委员会、气候技术中心和网络等。部长们呼吁立即对绿色气候基金进行大规模注资。部长们提议，绿色气候基金下的部分资金可用于解决相关气候友好型技术在发展中国家应用涉及的知识产权问题。

十四、部长们对迄今仍缺乏任何关于发达国家到2020年每年提供1000亿美元的清晰路线图表示失望。他们敦促发达国家以可测量、可报告和可核实的方式，履行其为发展中国家提供新的、额外的和可预测的资金支持的义务。他们强调公共资金应该是气候资金的主要来源，而私营部门资金仅可作为补充。

十五、部长们重申，遵循公约原则和规定的多边主义对于应对气候变化十分重要，并重申他们强烈反对在航空和航海等领域采取任何单边措施。

十六、部长们期待将于2014年9月23日召开、由联合国秘书长潘基文主持的气候峰会为应对气候变化行动提供政治推动力。

十七、部长们欢迎于2014年6月在圣克鲁斯召开的纪念“77国集团+中国”成立50周年峰会的成果文件。他们注意到，该集团过去50年在包括《联合国气候变化框架公约》等多个论坛为发展中国家关切和利益有力发声。他们对该集团将在巴黎会议上继续努力以达成公平、成功的成果充满信心。在这一点上，部长们全力支持“77国集团+中国”的现任主席国玻利维亚。

十八、部长们也欢迎将于2014年9月1—4日在萨摩亚阿皮亚召开的第三届小岛屿发展中国家国际会议，并重申其一贯支持小岛屿国家应对其独特发展挑战和脆弱性的努力。

十九、部长们欢迎南非于2014年10月第三周举办第十九次“基础四国”气候变化部长级会议。

中英气候变化联合声明

（二〇一四年六月十七日于伦敦）

中华人民共和国和大不列颠及北爱尔兰联合王国认识到，气候变化危险所带来的威胁是我们面临的最大全球挑战之一。政府间气候变化专门委员会第五次评估报告的发布已确认，气候变化已在发生，而且很大程度上是由人类活动所导致。威胁人类生命财产的极端天气事件，其频率正在增加。海平面在上升、冰层正融化，其速度比我们预期更快。报告明确提出，除非我们现在就开始行动，否则气候变化的影响将在未来几十年更加恶化。此外，化石能源燃烧造成严重的大气污染，影响了千百万人的生活质量。双方认识到气候变化和大气污染在很多方面同根同源，许多解决方法也是共通的。这需要我们立即采取行动。

中英两国认识到必须共同努力来建立采取雄心勃勃气候变化行动的全球框架，这将支持我们本国实现低碳转型努力。两国特别认识到，2015年的《联合国气候变化框架公约》巴黎缔约方大会为这一全球努力提供了一个至关重要的契机。我们必须加倍努力建立全球共识，以在巴黎通过一个在公约下适用于所有缔约方的议定书、其他法律文书或具有法律效力的议定成果。双方强调，所有国家按照华沙会议决定，在第21次缔约方会议前通报他们的国家自主决定贡献十分重要。

联合国秘书长于2014年9月召开的领导人峰会是一个重要的里程碑。为此，中英两国承诺共同努力，支持联合国秘书长的工作，并维持这一强劲势头直至2015年巴黎会议。

中英两国均已采取切实行动实施了控制或减少排放、推动低碳发展的政策。我们欢迎双方已有的在低碳合作方面的紧密关系，这也将巩固我们的国际努力。双方同意，通过中英气候变化工作组加强双边政策对话和务实合作。

2014年中国气候公报（节录）

（中国气象局气候变化中心二〇一五年一月九日发布）

2014年，我国气温偏高，降水接近常年，气候属正常年景，极端天气气候事件较2013年少，暴雨洪涝、干旱等灾害轻，因灾造成死亡人数和受灾面积明显偏少，气象灾害属于偏轻年份。

2014年，全国平均气温较常年偏高0.5℃，与1999年并列为1961年以来第六暖年，其中华北偏高明显；四季气温均偏高。全国平均降水量636.2毫米，接近常年，比2013年偏少3%；降水时空分布不均，辽宁、北京和河北偏少明显；冬、春、夏三季降水量均接近常年同期，秋季偏多。

2014年，华南前汛期开始早、雨量多；西南雨季开始晚、结束早、雨量少；梅雨区降水量南多北少，江淮出现空梅；华北雨季不明显，出现空汛；华西秋雨开始早、结束晚、雨量多。从区域和流域看，西南和长江中下游降水分别偏多5%和4%，东北和华北降水偏少，其中东北偏少14%，西北和华南接近常年；黄河流域降水偏多10%，辽河、海河和淮河流域降水偏少，其中辽河偏少27%，为1961年以来最少，海河偏少18%，松花江、长江和珠江流域接近常年。

2014年，南方局地暴雨洪涝多，华西、黄淮秋雨频繁；东北和黄淮伏旱严重；华北、黄淮5月遭遇极端高温，长江中下游出现凉夏；台风活动少，但登陆强度大，超强台风“威马逊”致灾重。全国平均风速较2013年小，小风日数多，气象条件不利于大气污染物扩散，共出现13次大范围持续性霾天气过程。

一、基本气候概况

2014年，全国平均气温偏高，华北偏高明显。全国平均降水量接近常年，辽宁、北京和河北偏少明显；冬、春、夏三季降水量均接近常年同期，秋季偏多。华南前汛期和华西秋雨雨量偏多；梅雨区降水量南多北少，江南、长江中下游梅雨量偏多，江淮出现空梅；华北雨季不明显，出现空汛；西南雨季雨量偏少。

（一）气温

1. 全国平均气温偏高

2014年，全国平均气温10.1℃，较常年（9.6℃）偏高0.5℃，与1999年并列为1961年以来第六暖年；全年除2月、8月和12月气温较常年同期偏低外，其余各月均偏高，其中1月偏高1.6℃、3月偏高1.2℃。全国六大区域（东北、华北、西北、长江中下游、华南和西南）气温均偏高，其中华北偏高1.0℃，西北偏高0.5℃。从空间分布看，全国大部地区气温偏高或接近常年，其中华北中东部及山东大部、内蒙古中部、辽宁东南部、青海东南部等地偏高1～2℃。

2014年，全国有30个省（区、市）气温较常年偏高，其中天津偏高1.4℃，山东偏高1.3℃，北京偏高1.2℃，河北偏高1.1℃，四省（市）气温均为1961年以来历史最高。冬季（2013年12月-2014年2月），前冬暖、后冬冷。全国平均气温-2.8℃，较常年同期（-3.4℃）偏高0.6℃。2013年12月和2014年1月全国平均气温分别较常年同期偏高0.4℃和1.6℃，2014年2月偏低0.6℃。与常年同期相比，除黑龙江东部、广东大部、广西南部、海南气温偏低1～2℃外，全国其余大部地区气温接近常年同期或偏高，其中华北大部及内蒙古、辽宁、山东北部等地偏高1～2℃，内蒙古中部偏高2～4℃。

2014年，全国平均高温（日最高气温≥ 35℃）日数为9天，较常年（8天）偏多1天，较2013年（11天）偏少2天。江南中南部、华南大部及新疆南部、重庆大部、河南西部、陕西东南部等地高温日数有20～40天，江西南部、福建南部、海南北部及南疆东部等地超过40天。与常年相比，华南大部及云南中南部、陕西南部、河南西部等地高温日数偏多5～20天，局地偏多20～30天；江南北部、江淮西南部高温日数偏少5～20天。5月下旬后期，华北、黄淮等地出现大范围高温天气；7月，华南、江南出现明显高温天气过程，持续时间长、范围广。

2014年，全国平均≥10℃活动积温（作物生长季积温）为4865℃•d，较常年（4730℃•d）偏多135℃•d，但较2013年偏少37℃•d。长江以南大部、江淮、江汉、四川盆地东部以及云南、河南大部等地积温为5000～7000℃•d，华南大部及云南西南部超过7000℃•d；全国其余地区为2000～5000℃•d，其中青海大部、西藏大部、四川西北部等地不足2000℃•d。与常年相比，除安徽北部和海南南部等地偏少100～200℃•d、局地偏少200℃•d以上外，全国其余大部地区接近常年或偏多，其中西北东部、华北、江南大部及黑龙江北部、内蒙古中西部、山东、河南北部、江苏、四川、云南等地偏多100～300℃•d，北京、天津、河北中部、云南中部等地偏多300℃•d以上。

2014年，全国共有301站日最高气温达到极端高温事件标准，极端高温事件站次比为0.35，较常年（0.12）偏多，较2013年（0.8）明显偏少；其中有73站日最高气温突破历史极值，主要分布在北京、河北、四川、云南、广西等省（区、市），其中河北正定最高气温达43.4℃。全国有167站连续高温日数达到极端事件标准，极端连续高温事件站次比（0.14）较2013年（0.36）偏小。

2014年，全国共有46站日最低气温达到极端事件标准，极端低温站次比0.08，较常年（0.11）偏少。1-2月，东北及山西、广东等地出现低温天气，黑龙江嘉荫（-44.1℃）、五大连池（-43.3℃）等4站最低气温低于-40℃。全国共有266站日降温幅度达到极端事件标准，其中53站突破历史极值。

（二）降水接近常年，但阶段性变化大

2014年，全国平均降水量636.2毫米，接近常年（629.9毫米），比2013年（653.5毫米）偏少3%。降水阶段性变化大，1月、7月、10月和12月偏少，其中1月偏少58%，12月偏少25%；2月、5月、9月和11月偏多，其中9月偏多24%，11月偏多20%；3月、4月、6月和8月接近常年同期。

暴雨日数较常年偏多。2014年，全国共出现暴雨（日降水量≥50.0毫米）6276站日，比常年（5992站日）偏多5%。华南、江南大部、江淮大部及西南地区东部等地暴雨日数有3～7天，海南东部、广东东南部、广西中部及南部局部、福建北部、浙江南部和江西中东部超过7天。与常年相比，贵州大部、广西北部、浙江南部、福建北部、湖南中部、江西中东部、云南东部及海南东部等地暴雨日数偏多1～3天，其中福建北部偏多3天以上；辽宁南部、山东西部、河北东南部、河南东北部和西南部、湖北东北部、江苏北部、福建南部、江西南部局部等地偏少1～3天，广东南部局部偏少3天以上。

2014年，全国共有169站的日降水量达到极端事件监测标准，极端日降水事件站次比为0.08，较常年（0.10）偏少，极端降水事件约为2013年（0.15）的一半。有36站日降水量突破历史极值，广西钦州（380.5毫米）、马山（358.3毫米）和涠洲岛（303.6毫米）等地日降水量超过300毫米。在暴雨少发地区，多站日降水量突破历史极值，如河北围场（106.7毫米）、内蒙古奈曼（144.1毫米）、陕西韩城（130.1毫米）和麟游（152.4毫米）、西藏拉孜（40.6毫米）等。全国共有30站连续降水量突破历史极值，主要出现在广东、贵州、陕西、四川、浙江等地。

2014年，全国共有296站的连续降水日数达到极端事件标准，站次比为0.13，与常年持平；全国共有31站连续降水日数突破历史极值，主要分布在广东、河南、福建等地。

（三）日照时数

2014年，北方大部及西南中西部、华南中东部等地日照时数一般有1500～2500小时，新疆大部、内蒙古大部、甘肃西北部、青海西北部、西藏西部等地超过2500小时；江南中西部、江汉大部以及广西大部等地为1000～1500小时，西南地区东北部部分地区不足1000小时。与常年相比，除云南中部日照时数偏多100～200小时外，全国其余大部地区日照时数偏少或接近常年，北方大部、江淮、江汉、江南北部与西部、西南地区大部偏少 200～400小时，其中黑龙江大部、吉林大部、河北西南部、甘肃、青海大部、内蒙古西北部、陕西中部等地偏少400小时以上。四季日照均偏少。

二、气候系统监测

（一）热带海洋和热带对流

2014年，赤道中东太平洋大部海温偏暖，形成一次厄尔尼诺事件。

年内，在赤道中东太平洋暖水波动的过程中，赤道西太平洋海温维持正常或略偏暖状态；南方涛动指数（SOI）亦呈现正、负波动，其中7-12月持续为负值，表明尽管赤道中东太平洋的暖水状态较弱，但热带大气仍表现出了对暖水波动的响应。

2014年，赤道太平洋对流活动的异常分布及演变特征与海表温度的发展演变相对应，反映了热带大气对赤道中东太平洋暖水波动的响应，但响应较弱。

（二）大气环流

2013/2014年冬季，东亚冬季风强度指数为-0.6，东亚冬季风偏弱；西伯利亚高压指数为-0.4，强度偏弱。

2014年夏季，西北太平洋副热带高压脊线位置偏南，强度接近常年，面积接近常年，西伸脊点位置略偏西（图30）。

2014年东亚副热带夏季风强度指数为-0.20，与常年相比略偏弱。

（三）北半球积雪

2014年，北半球积雪面积在2月、9月和10月较常年同期偏大，1月和6月偏小，其

余月份接近常年同期；中国积雪面积2月、9月和10月较常年同期偏大，1月及4至8月偏小。青藏高原积雪面积2至4月和9至10月偏大，1月及5至8月偏小；新疆积雪面积2月偏大，3月接近常年同期，其余月份均偏小；东北地区（含内蒙古东部）2月及10月积雪面积偏大，其余月份均偏小。

三、主要气象灾害和极端天气气候事件

2014年，北方阶段性伏旱突出，但影响偏轻；汛期，南方暴雨过程频繁，部分地区受

灾严重，但未出现流域性暴雨洪涝灾害，洪涝灾害总体偏轻；华西和黄淮等地秋雨量大，强度强，局地滑坡、泥石流灾害重；生成和登陆台风偏少，但登陆台风强度大，超强台风“威马逊”致灾重；中东部雾、霾天气频繁，影响交通和人体健康；华南地区高温日数多，长江中下游地区出现凉夏；雪灾、低温冷冻害和连阴雨对农业生产有一定影响。

初步统计，2014年，全国干旱受灾面积占气象灾害总受灾面积的53% ，暴雨洪涝占17%，台风、风雹均占11%，低温冷冻害和雪灾占8%。全国主要气象灾害造成的直接经济损失2953.2亿元，死亡或失踪人数849人，农作物受灾

面积2970.8万公顷。与2000-2013年平均值相比，死亡失踪人数和受灾面积均明显偏少，直接经济损失略偏多。总体来看，2014年气象灾害属偏轻年份。

（一）区域性和阶段性干旱明显，但影响偏轻

2014年，我国东北及云南、四川南部等地出现春旱，东北和黄淮出现严重伏旱，江南和华南出现秋旱，其中东北、黄淮伏旱对农业生产和人民生活产生较大影响。总体而言，2014年属干旱灾害偏轻年份。 东北以及云南、四川南部等地出现春旱。东北、黄淮出现严重伏旱。江南、华南出现秋旱。

（二）暴雨洪涝灾害损失偏轻

2014年，我国共出现36次暴雨天气过程，其中南方出现31次。5-9月，南方部分地区强降雨频繁，出现严重暴雨洪涝灾害；华西和黄淮秋雨雨量多，强度大，川渝陕鄂等省（市）局地发生较重的城市内涝及滑坡和泥石流等灾害。总体上看，年内未发生大的流域性洪涝灾害，暴雨洪涝造成的损失较常年偏轻。汛期南方强降雨过程频繁，部分地区暴雨洪涝灾害重。华西、黄淮地区多秋雨，局地山洪、滑坡灾害重。

（三）生成和登陆台风个数均偏少，超强台风“威马逊”致灾重

2014年，西北太平洋和南海上共有23个台风（中心附近最大风力≥8级）生成，个数较常年（25.5）偏少2.5个。其中5个登陆我国，较常年（7.2个）偏少2.2个。8月，仅有1个从中太平洋移入的台风，生成和登陆个数均为1949年以来历史同期最少。初台、终台登陆时间均偏早。年内有3个台风多次登陆我国，为历史罕见。

第9号台风“威马逊”于7月18日15时30分在海南文昌翁田镇沿海登陆，登陆时中心附近最大风力17级（60米/秒），最低气压910百帕，19时30分在广东徐闻县南部沿海再次登陆，登陆时中心附近最大风力17级（60米/秒），最低气压910百帕；1日07时10分在广西防城港市光坡镇沿海第三次登陆，登陆时中心附近最大风力15级（48米/秒），最低气压988百帕。这是1949年以来登陆广东、广西的最强台风，造成广东、广西、海南、云南4省（区）88人死亡失踪，1189.9万人受灾，直接经济损失446.5亿元。

（四）华南高温日数多，5 月华北黄淮经历较强高温热浪

2014年，华南地区平均高温日数达25.6天，较常年偏多8.3天，为1961年以来第二多，仅少于2003年（图42）。江西南部、福建中部部分处于灌浆期的早稻出现轻度“高温逼热”，对产量形成有一定的不利影响。

华北、黄淮及云南5月经历较强高温热浪。5月26-31日，华北、黄淮、江淮等地出现大范围持续性高温天气，北京大部、天津西部、河北中南部等地最高气温普遍有40～42℃，京津冀三省（市）有12个站的日最高气温达到或突破历史极值，北京（41.1℃）、天津（40.5℃）和石家庄（42.8℃）均突破1951年以来5月份最高气温极值。高温天气致使华北中南部、黄淮大部麦区出现干热风。

5月中、下旬，云南大部地区出现罕见高温天气，其中昆明、元阳等12站日最高气温达到或超过历史极值。

7-8月，长江中下游地区平均高温日数为11.6天，较常年同期（14.7天）偏少3.1天。

（五）低温冷冻害偏轻

2014年初，南方多地遭受低温冷冻害；春季，北方部分地区遭受阶段性低温冷冻害；夏季，长江中下游地区出现低温阴雨寡照。低温冷冻害对部分地区农业生产造成一定影响。总体而言，2014年属低温冷冻害偏轻年份。

（六）强对流天气少，损失轻

2014 年，全国平均强对流日数为14.0 天，比常年偏少4.4天，因强对流造成的受灾面积和死亡人数均比常年明显偏少，经济损失接近常年。总体看，2014年属于风雹灾害偏轻年份。

（七）春季北方沙尘天气少，影响偏轻

2014年沙尘天气影响总体偏轻。春季，北方地区共出现7次沙尘天气过程，比常年同期（17次）偏少10次，也较2001-2010年同期平均值（12.7次）偏少5.7次；其中沙尘暴和强沙尘暴过程共3次（图43），较2001-2010年平均值偏少5次。

（八）降雪日数少，部分地区遭受雪灾

2014年，全国平均降雪日数为14.7天，比常年偏少11.6天，为1961年以来最少。

东北北部及新疆北部、内蒙古东北部、青藏高原中部和东北部等地年降雪日数超过30天。与常年相比，全国大部地区降雪日数偏少或接近常年。新疆、青海、甘肃等地的雪灾使农业生产受到一定影响。

（九）气象条件不利于大气污染物扩散，中东部地区霾日数多

2014年，全国平均风速较2013年偏小、小风日数多，气象条件不利于大气污染物扩散。

全国平均风速1.9米/秒，较2013年偏小5%；小风日数（风速≤2米/秒）有237天，较2013年偏多2%，大气扩散条件比2013年偏差。空间上看，京津冀、长三角、珠三角、华中、东北五个区域大气污染扩散气象条件均较2013年偏差。京津冀地区平均风速为2.2米/秒，较2013年减小4%；小风日数205天，较2013年增加5%。长三角地区平均风速为2.1米/秒，较2013年减小5%；小风日数211天，较2013年增加7%。珠三角地区平均风速为1.8米/秒，较2013年减小5%；小风日数256天，较2013年增加1%。

2014年，我国共出现13次大范围、持续性霾过程（主要集中在1月、2月、10月和11月，其中10月最多，有4

次），较2013年偏多。全国平均霾日17.9天，较2013年偏少2.2天；区域分布不均，京津冀（61天）和长三角地区（66天）霾日较多，分别比2013年偏多25天和7天，西北地区较2013年偏多4天；珠三角、西南、华中地区霾日数分别比2013年偏少8天、4天和2天，东北地区与2013年基本持平。

四、气候影响评估

（一）气候与农业

2014年，中国主要粮食作物产区光温水总体匹配较好，仅部分地区出现阶段性干旱、低温阴雨、高温等灾害，农作物生长发育受到一定影响。总体而言，天气气候条件对农业生产比较有利。

（二）气候与水资源年降水资源量状况

2014年，全国年降水资源总量为59048亿立方米，比常年偏少589亿立方米，比2013

年少2742亿立方米。从历年降水资源量变化及丰枯评定指标来看，2014年属于正常年份。

2014年，浙江、山西、宁夏属于丰水年份，重庆、贵州属于异常丰水年份；北京、天津、河北、山东、吉林、新疆、西藏、云南属于枯水年份，辽宁属于异常枯水年份；其余17个省（区、市）均属正常年份。

2014年地表水资源量，十大流域中有四个（辽河、海河、淮河和西南诸河）流域较常年偏少；四个（松花江、黄河、长江和东南诸河）流域较常年偏多；两个（珠江和西北内陆诸河）流域接近常年。

东南诸河流域地表水资源量为1863亿立方米，较常年偏多13%，偏多幅度为十大流域中最多；黄河流域511亿立方米，偏多12%；长江流域10780亿立方米，偏多6%；松花江流域约为1046亿立方米，偏多4%。辽河流域地表水资源量为291亿立方米，较常年偏少28%；西南诸河流域4466亿立方米，偏少12%；海河流域101亿立方米，偏少11%；淮河流域732亿立方米，偏少8%；西北内陆诸河流域和珠江流域分别为279亿立方米和4651亿立方米，接近常年。

（三）气候与能源

北方15省（区、市）冬季采暖耗能评估结果显示，北方15省（区、市）冬季

气温均较常年同期偏高，采暖耗能较常年同期减少，减幅超过20%的有北京、河南、山东和天津。

从冬季各月来看，2013年12月，北方整体偏暖，采暖能耗减少，其中辽宁减幅为20.4%，北京减幅达47.6%，仅青海气温偏低，使采暖耗能增加6.2%。2014年1月，北方大部仍偏暖，有14个省（区、市）采暖耗能减少，减幅超过10%的有12个，其中河南气温偏高3.2℃，采暖耗能偏少66.0%；2月，河南、黑龙江和新疆气温偏低1℃以上，采暖耗能分别较常年同期偏高34.4%、15.5%和26.7%，其他地区气温与常年同期相当或偏高，北京、辽宁和青海采暖耗能偏少在10%以上，其中北京偏少为18.8%。降温耗能评估2014年夏季，全国大部地区气温接近常年同期或偏高，使降温耗能略有偏高。江淮、江汉及湖南北部、贵州北部、重庆、山西、陕西北部等地区气温偏低，其中江苏南部、安徽东部等地气温偏低明显，使降温耗能偏低。据统计，全国夏季全社会用电量为14761亿千瓦时，同比增长2.2%，其中6月、7月和8月用电量分别为4639亿千瓦时、5097亿千瓦时和5025亿千瓦时，分别同比增长5.9%、3.0%和减少1.5%。

2014 年中国气候变化监测公报（节录）

（中国气象局气候变化中心二〇一五年二月发布）

摘要

气候系统的多种指标和观测表明，全球变暖趋势在持续。2014年全球平均表面温度比 1961～1990 年的平均值偏高 0.57℃，是 1850 年有现代气象记录以来的最暖年份。2014年亚洲地表平均气温比常年值（1971～2000 年的平均值）偏高0.90℃，为1901年以来的第四高值年。1961～2014年，亚洲季风环流系统表现出明显的年际波动和年代际变化特征，2014年东亚夏季风和冬季风强度均略偏弱，南亚夏季风继续显著偏弱。1901～2014 年，中国地表年平均气温呈上升趋势，其增幅为1.09℃，同期北京观象台年平均气温升高了 1.33℃。1961～2014 年，中国八大区域地表年平均气温均呈显著上升趋势，区域差异较大，青藏地区增温速率最大，华北、东北和西北地区次之，西南和华南地区升温相对较缓。2014年，中国地表年平均气温为10.1℃，比常年值偏高0.86℃；北京、天津、河北和山东四省（市）地表年平均气温均突破1961年以来的气象观测记录。近百年中国平均年降水量无明显线性变化趋势，以20～30年尺度的年代际波动为主。1961～2014年，中国八大区域平均年降水量变化趋势差异显著，青藏地区降水量呈增多趋势，而西南地区呈减少趋势；

21世纪初以来，华北、东北和西北地区年降水量波动上升，而华中和西南地区总体处于降水偏少阶段。1961～2014年，中国平均年雨日数呈减少趋势，而暴雨站日数呈增多趋势。2014年，中国平均降水量为636.2毫米，接近常年值；江淮大部、江南、西北地区东部和东北地区北部降水偏多；东北地区南部、华北东部与黄淮东部地区降水偏少，尤其辽河流域降水量为 1961年以来最少。1961～2014年，中国平均≥10℃的年活动积温呈明显增加趋势，平均年日照时数、相对湿度和风速总体呈下降趋势；中国平均总云量阶段性变化特征明显，20世纪90年代

后期以来呈上升趋势。1961～2014年，中国极端高温事件、极端强降水事件和气象干旱事件频次趋多，极端低温事件频次显著减少。1961～2014年，西北太平洋和南海台风生成个数趋于减少，但近10年登陆中国台风的强度明显偏强；2014年台风生成个数为23个，较常年值偏少4个；其中5个登陆中国，较常年值偏少2个。1950～2014年，北大西洋海表温度表现出明显的年代际变化特征，20世纪60～70年代海表温度以偏低为主，80 年代中期以来持续偏高；热带印度洋海表温度呈显著上升趋势。2014年，全球大部海域海表温度较常年值偏高；赤道中东太平洋形成一次厄尔尼诺事件，并经历了发展—减弱—增强的演变过程。1980～2014年，中国沿海海平面呈波动上升趋势，平均上升速率为3.0毫米 / 年。2014年，中国沿海海平面为 1980 年以来的第二高位，较1975～1993年的平均值偏高111毫米。2000～2014年，青藏高原、东北和内蒙古、新疆地区的积雪覆盖度均呈波动升高趋势；2014年，青藏高原积雪覆盖度为 1990 年以来同期第四高值。1960～2014年，中国天山乌鲁木齐河源1号冰川呈加速消融退缩趋势；2014 年，天山乌鲁木齐河源 1 号冰川物质损耗低于全球参照冰川的平均水平。1981～2014年，青藏铁路沿线多年冻土区活动层厚度呈增厚趋势，多年冻土退化明显。1979～2014年，北极海冰范围呈下降趋势，而南极海冰范围表现为上升趋势；2014年9月，北极海冰范围较2013年同期略偏小，南极海冰范围是有卫星观测记录以来的最大值。1961～2014 年，中国十大流域中松花江、珠江、东南诸河和西北内陆河流域地表水资源量总体表现为增加趋势，辽河、海河、黄河、淮河、长江和西南诸河流域则表现为减少趋势。2014年，辽河、海河和西南诸河流域地表水资源量较常年值分别偏少28.0%、14.6%和11.6%，其中辽河流域地表水资源量为 1961 年以来的最少值。1961～2014年，中国中东部地区大气环境容量呈显著下降趋势，京津冀、长三角和珠三角地区大气环境容量平均每10年分别降低5.7%、7.1%和4.6%。2014年，中东部地区平均大气环境容量比常年值偏低17.5%，京津冀地区平均大气环境容量为1961年以来的最低值。1961～2004年，青海湖水位呈显著下降趋势，2005 年以来转入上升期，至2014 年累计上升1.46米。在气候变化背景下，华中地区湖泊湿地面积呈减小趋势；石羊河流域沙漠边缘向绿洲推进的速度趋稳、趋缓，流域荒漠面积呈减小趋势；东北地区玉米可植区北界向北推移。1990～2013年，中国瓦里关大气本底站二氧化碳浓度持续上升；2013年，瓦里关站大气二氧化碳、甲烷、氧化亚氮和六氟化硫浓度均为有直接观测以来的最高值。1961～2014年，中国平均年太阳总辐射量趋于减少，2014年太阳总辐射量较常年值偏少 27.4 千瓦时/ 平方米。

一、大气

（一）全球与亚洲

1. 全球平均表面温度根据世界气象组织最新发布，2014 年全球平均表面温度比1961～1990年的平均值（14.0℃）高出0.57℃，比 2001～2010年的平均值高出0.10℃，成为 1850 年有记录以来的最暖年份。在有现代气象记录以来的15个最暖年份中，除 1998 年外，其他 14 个最暖年份均出现在21世纪。分析显示：全球变暖趋势仍在持续，气候系统变暖毋庸置疑。

2. 亚洲地表平均气温1901～2014年，亚洲地表年平均气温总体上呈明显上升趋势，20世纪60年代以来，升温趋势尤其显著。1901～2014 年，亚洲地表平均气温上升了 1.20℃。1961～2014 年，平均每 10年升高 0.28℃，但 1998 年以来，亚洲地表升温速率趋于平缓。2014 年亚洲地表平均气温比常年值（1971～2000 年平均值，下同）偏高 0.90℃，是 1901 年以来的第四最暖年份。

3. 季风环流 （1）西太平洋副热带高压 西太平洋副热带高压是东亚大气环流的重要成员，其活动具有明显的季节和季节内变化特征，直接影响中国天气和气候变化。1961～2014 年，夏季西太平洋副热带高压呈现面积增大、强度增强、位置西扩的变化趋势。20 世纪 90 年代以来，夏季西太平洋副热带高压总体处于强度偏强、面积偏大和西伸脊点位置偏西的年代际背景下，但近年西太平洋副热带高压强度和面积指数的年际波动幅度明显增大。2014 年夏季，西太平洋副热带高压面积偏大、强度偏强、西伸脊点位置偏西。 （2）东亚季风 中国处于东亚季风区，天气气候受到东亚季风活动的影响。东亚冬季主要盛行偏北气流，夏季则以 偏南风气流为主。1961～2014年，东亚夏季风强度呈显著减弱趋势，并表现出年代际波动特征。20世纪70年代中期以前，夏季风持续偏强；20 世纪 70 年代中后期以来，夏季风在年代际时间尺度上 总体呈现偏弱特征。2014年，东亚夏季风强度指数为 -1.03，强度略偏弱。1961～2014年，东亚冬季风同样表现出年代际变化特征，20世纪80年代中期以前，东 亚冬季风主要表现为偏强；而1987～2004年东亚冬季风以偏弱为主；2005 年以来波动增强，并开始呈现增强趋势。2014 年冬季风强度指数为-0.55，强度接近正常略偏弱。（3）南亚季风 1961～2014 年，南亚夏季风总体表现出减弱趋势，且年代际变化特征明显，20世纪60年代至80年代中期，南亚夏季风主要表现为偏强特征；90年代初期以来，南亚夏季风表现为偏弱特征，尤其在 2006～2014 年期间，南亚夏季风持续异常偏弱。2014年南亚夏季风指数为-3.22，显著偏弱。（4）北极涛动 北极涛动（AO）是北半球中纬度和高纬度地区气压此消彼涨的一种跷跷板现象，对北半球的天气和气候变化具有重要影响，尤以对冬季影响最为显著。1961～2014年，冬季北极涛动指数年代际波动特征明显，20世纪60年代至80年代中期，北极涛动指数总体处于偏弱阶段；而80年代末至90年代中期，总体以正位相为主，年际变率大；90 年代后期以来，总体表现出负位相特征。2014年冬季，北极涛动指数为0.18，接近正常。

2014年中国国土绿化状况公报（节录）

全国绿化委员会办公室
2015年3月11日

2014年，各地区、各部门（系统）全面贯彻落实党的十八大和十八届二中、三中、四中全会及中央经济工作会议、中央农村工作会议精神，深入学习领会习近平总书记系列重要讲话精神，认真落实全国绿化委员会第32次全体会议的工作部署，紧紧围绕建设生态文明和美丽中国，坚持全国动员、全民动手、全社会搞绿化的方针，采取有力措施，推动国土绿化事业发展取得新成效。

一、全民义务植树深入推进

各级领导率先垂范。4月4日，习近平、李克强、张德江、俞正声、刘云山、王岐山、张高丽等党和国家领导人参加首都义务植树活动。习近平总书记在植树时强调“每一个公民都要自觉履行法定植树义务，各级领导干部更要身体力行，充分发挥全民绿化的制度优势，因地制宜，科学种植，加大人工造林力度，扩大森林面积，提高森林质量，增强生态功能，保护好每一寸绿色。”开展了以“履行植树造林义务，实现美丽中国梦想”为主题的共和国部长义务植树活动，来自中央直属机关和中央国家机关各部委、单位及北京市的172名省部级领导参加。全国人大、全国政协、中国人民解放军继续组织开展“全国人大机关义务植树”、“全国政协义务植树”、“百名将军义务植树”等活动。全国各地、各部门（系统）以及各级机关企事业单位、学校、群团组织、部队积极组织开展义务植树活动。各级领导坚持带头参加义务植树，为适龄公民履行植树义务不断发挥示范引领作用。

组织发动广泛深入。国务院在京召开全国绿化委员会第32次全体会议，国务院副总理、全国绿化委员会主任汪洋同志出席会议并作重要讲话，高位推动国土绿化。全国绿化委员会、国家林业局印发《关于做好2014年造林绿化工作的通知》（全绿字〔2014〕4号），部署落实全年造林绿化工作。北京、山西、辽宁、吉林、江苏、湖北、贵州、西藏、甘肃等省（区、市）地方党委、政府组织召开造林绿化和生态建设工作会、动员会、现场会，制定出台扶持发展造林绿化的相关文件，对全民义务植树和造林绿化工作进行动员、部署。各地结合植树节等各类生态节日活动，充分利用各类宣传媒体和信息平台，广泛开展国土绿化宣传发动，大力弘扬生态文明观念，调动社会各界和广大公众积极履行植树义务、投入生态建设的积极性。北京市利用“首都全民义务植树日”、“国际森林日”等重要节日，在首都主流媒体开展《走平原看绿化》、《绿满京华》、《北京森林公园》等专题宣传活动，开通了微信平台，创新了互动交流，各级各类媒体刊发首都绿化美化建设新闻稿件4300余篇，刊发专版专题230余期，营造了良好的社会舆论氛围。四川省开展《统筹城乡绿化•建设美丽四川》主题宣传活动。山西、湖北省分别向全省发出了《着眼建设生态文明•倾力打造美丽山西》、《人人多植一棵树》的倡议。吉林省举办“十年绿化美化吉林大地成果展”等绿化宣传活动。甘肃省继续在兰州市举行“3.12”植树节大型宣传咨询活动。浙江省录播了“关注森林—平原绿化书记访谈”系列节目。海南省编播了《绿动海南》系列专题片。重庆市、新疆自治区等地充分发挥短信、微信、微博等新媒体作用，提高绿化宣传效果。江西、广东等省坚持春节后上班第一天就组织开展义务植树活动，抢抓时机推进造林绿化。

植树活动蓬勃开展。全国绿化委员会、国家林业局在京举办了“绿色的梦想，共同的家园”为主题的“国际森林日”植树纪念活动。中央直属机关、中央国家机关各单位组织机关干部职工赴京郊参加义务植树活动，种植乔灌木约33.9万株。解放军和武警部队积极组织开展义务植树活动，支援驻地生态建设，全年出动兵力84.4万人次、车辆3.3万台次，植树734.5万株，种草331.5万平方米。共青团系统深入推进保护母亲河行动，组织青少年598.4万人次，营造各类青年林、青年草场。各级妇联组织积极实施“巾帼绿色家园行动”，广泛开展“共建绿色家园、共享美丽蓝天”义务植树活动，新建“三八绿色工程”示范基地30个。中石化系统组织干部职工42万人次参加义务植树活动，植树117万株，绿化面积1.9万公顷；组织广大青少年开展“青少年绿化基地”、“我与装置共成长”等主题植树活动。冶金系统组织干部职工58万人次参加多种形式的义务植树活动，种植乔木204.6万株、花卉灌木465.2万株，铺植草坪75万平方米。北京市启动开展了“市花月季进社区”活动，70个社区种植月季109万株；广泛开展造纪念林、植纪念树活动，新增市级纪念林7片；开展了亚太经合组织（APEC）会议碳中和林植树活动。天津市组织市直机关干部以缴纳绿化费尽植树义务的方式植树1.5万余株；组织21所大专院校学生义务植树4.8万余株；连续第六年组织在津外国专家和海外归国人员种植“海外人才友谊林”。江苏省深入开展“千村示范、万村行动”绿色村庄建设活动，营建了一批“市民林”、“车友减排林”、“校友林”等纪念林。浙江省开展“营造彩色森林•建设美丽通道”、“营造美丽森林•推进五水共治”等主题植树活动。海南省组织发动230万人次参加绿化宝岛义务植树活动，植树1190万株。陕西省组织开展了“植树造林，治污减霾，加快‘三个陕西’建设”、“西咸共建蓝天碧水”等主题义务植树活动。山西、内蒙古、辽宁、山东、河南、福建、重庆、云南、贵州、宁夏等地结合本地生态建设实际，开展了各具特色的义务植树活动。

机制创新不断推进。

二、重点生态修复工程稳步推进

各地紧紧围绕国土绿化和生态建设总体部署，认真组织实施重点生态修复工程，工程建设取得新进展。据统计，2014年全国共完成造林602.7万公顷，超额完成全年造林计划任务，其中，重点生态修复工程完成造林199.9万公顷。

天然林保护工程建设稳步推进，全年完成造林41.5万公顷，中幼龄林抚育175.2万公顷，后备森林资源培育11.7万公顷，有效保护森林1.15亿公顷。按照习近平总书记关于“研究把天保工程扩大到全国，争取把全国的天然林都保护起来”的系列指示精神，国家林业局启动了全面停止黑龙江重点国有林区天然林商业性采伐试点。大力发展林下经济、森林旅游、三产服务业等，推动工程区全面转型发展。

退耕还林工程全年完成造林34.8万公顷。国务院批准实施《新一轮退耕还林还草总体方案》，国家林业局及时部署，启动新一轮退耕还林工程。

京津风沙源治理工程全年完成造林26.5万公顷。石漠化综合治理工程完成营造林37.2万公顷，完成率达100%，新增综合治理重点县14个，重点县总数达到314个，滇桂黔石漠化县实现了全覆盖。

三北及长江流域等防护林工程完成造林97.1万公顷。

各地持续推进实施地方造林绿化工程，充实完善生态修复工程体系。

三、重点区域造林绿化扎实开展

各地紧紧围绕国家战略大局，着力抓好重点区域造林绿化，积极促进区域生态建设协调发展。国家林业局在京召开京津冀和内蒙古林业生态建设座谈会，学习贯彻习近平总书记在京津冀协同发展工作座谈会上的重要讲话及在京津冀蒙考察时有关林业生态建设的重要指示精神，研究推进京津冀蒙林业生态建设协同发展措施。各地认真贯彻落实习近平总书记讲话精神，积极推进区域生态建设协同发展。北京市以河北张承地区为重点，实施了京冀生态水源保护林建设6666公顷；结合平原造林工程，加大京津保中心区过渡带绿化建设，在北京新机场周边建设森林1800公顷，加宽加厚重点生态廊道8条，完成绿化面积2000公顷。天津市以村屯、郊区、通道绿化为重点，构建网、带、片、点相互交融的生态林业体系，全年完成造林绿化2.6万公顷。河北省加大首都周边地区造林力度，启动京冀生态水源林和滦河水源保护林建设，实施张家口坝上退化林分改造试点，推进建设延庆、怀来联合建设延怀盆地国家级生态湿地保护区，积极打造京津冀生态屏障，完成造林25.5万公顷。国家林业局召开了旱区造林绿化工作现场会，学习交流旱区造林绿化先进典型经验，推广科学治理模式，部署旱区造林绿化工作，科学推进旱区造林绿化。

四、部门绿化取得新进展（略）

五、防沙治沙稳步推进

全年完成防沙治沙任务126.5万公顷。持续推进防沙治沙示范区建设，制定出台了示范区建设投资计划等相关管理办法，落实建设资金，示范区建设和管理进一步规范。继续开展封禁保护区试点，2014年新启动试点县23个，扩大了试点范围。国家沙漠公园试点建设科学有序推进，制定了管理办法，组建了专家委员会，启动国家沙漠公园试点32个。开展了沙区生态红线划定指标的基础研究，确定了国家层面沙区植被保护红线，相关省区开展生态红线划定工作。第五次全国荒漠化和沙化监测外业工作基本完成，沙尘暴灾害应急工作进一步加强，积极有效应对和处置了2014年春季发生的沙尘暴灾害。设计并发布了我国荒漠化防治中英文标识，举办了纪念我国签署《联合国防治荒漠化公约》20周年主题展览，利用报纸、网络等传媒，回顾我国履约历程、防沙治沙取得的巨大成就和效益，调动全社会参与荒漠化防治的积极性。

六、自然保护区建设和野生动植物保护不断加强（略）

七、湿地保护力度进一步加大

2014年，湿地保护各项工作取得显著成效。第二次全国湿地资源调查成果正式公布,调查工作的全面性、系统性和技术手段都达到国际领先水平。调查表明，全国湿地总面积5360.3万公顷，湿地率为5.9%。实施了《全国湿地保护工程“十二五”实施规划》，开展了中央财政退耕还湿、湿地生态补偿和湿地保护奖励等试点，全年安排资金近20亿元，实施项目331个。建立了国际重要湿地预警机制，在全球首次对辖区范围内所有国际重要湿地完成了健康功能价值评价，每年每公顷湿地价值为11.4万元。启动了对气候变化具有重要意义的泥炭沼泽碳库调查。总赠款2600万美元的GEF5期项目全面启动。新批国家湿地公园（试点）140处，新增湿地保护面积50多万公顷；20处国家湿地公园（试点）通过验收。建立了黄河湿地保护网络，实现了长江、黄河两大流域以流域形式开展湿地保护。开展《中国滨海湿地保护战略研究》，填补了我国滨海湿地保护研究领域的空白。

八、草原建设持续推进

继续组织实施退牧还草、京津风沙源治理、西南岩溶地区草地治理试点和游牧民定居等草原保护建设重大工程。草原保护建设工程成效显著，与非工程区相比，工程区草原植被盖度平均提高 8个百分点，高度平均增加63%。同时，支持有条件的地方发展节水灌溉人工草地，发展适度规模的标准化养殖，提高草原畜牧业综合生产能力。全年完成草原禁牧1.04亿公顷，草畜平衡1.73亿公顷，新增人工种草1066.7万公顷，新增草原围栏470.1万公顷。监测结果表明，2014年全国天然草原鲜草总产量达10.2亿吨，草原综合植被盖度为53.6%。

九、第八次全国森林资源清查圆满完成

2月25日，国务院新闻办公室举行发布会，公布了第八次全国森林资源清查结果。清查结果显示，我国森林面积和森林蓄积持续增长，森林质量逐步提高，生态功能继续增强。全国森林面积2.08亿公顷，森林覆盖率21.63%，森林蓄积量151.37亿立方米，森林每公顷蓄积量89.79立方米；全国森林植被总碳储量84.27亿吨，生态服务功能年价值超过13万亿元。与第七次清查结果相比，森林面积增加1223万公顷，森林覆盖率提高1.27个百分点，森林蓄积量增加14.16亿立方米，森林每公顷蓄积量增加3.91立方米。2020年森林蓄积增长目标已经提前完成，森林面积增长目标已经完成近六成。第八次全国森林资源清查结果全面反映了我国林业生态建设成就，习近平总书记、李克强总理、张高丽、汪洋副总理在国家林业局报送的《关于第八次全国森林资源清查结果的报告》上作出了重要批示，体现了党中央、国务院对林业工作的高度重视和充分肯定，为发展生态林业和民生林业、建设生态文明和美丽中国指明了方向。

2014年中国海洋环境状况公报（节录）

（国家海洋局2015年3月11日发布）

国家海洋局发布的《2014年中国海洋环境状况公报》显示，2014年我国海洋生态环境状况基本稳定，近岸局部海域污染严重、陆源排污压力巨大、海洋环境灾害多发等问题依然突出。

海水质量

近岸局部海域海水环境污染依然严重，主要污染要素为无机氮、活性磷酸盐和石油类。劣于第四类海水水质标准的海域主要分布在辽东湾、渤海湾、莱州湾、长江口、杭州湾、浙江沿岸、珠江口等近岸海域。近岸以外的海域海水质量良好。

海洋污染

近岸海水污染情况没有有效缓解最主要原因是河流和入海排污口的污染物总量一直没有明显下降。 枯水期、丰水期和平水期，72条河流入海监测断面水质劣于第Ⅴ类地表水水质标准的比例分别为51%、53%和53%，与上年相比，枯水期比例降低17%，丰水期和平水期比例分别升高9%和2%。河流携带入海的污染物总量较2013年增加5%。劣于第Ⅴ类地表水水质标准的污染要素主要为化学需氧量（CODCr）、总磷、氨氮和石油类。实施监测的445个陆源入海排污口中，全年入海排污口的达标排放次数占监测总次数的52%，较上年略有升高。入海排污口排放的主要污染物为总磷、CODCr、悬浮物和氨氮。

入海排污口邻近海域环境质量状况总体较差，90%以上无法满足所在海域海洋功能区的环境保护要求。62%的排污口邻近海域贝类生物质量不能满足所在海洋功能区生物质量要求，主要污染要素为粪大肠菌群、石油烃、铅和镉。

海洋生态

实施监测的河口、海湾、滩涂湿地、珊瑚礁、红树林和海草床等海洋生态系统中，受环境污染、人为破坏、资源的不合理开发等影响，处于亚健康和不健康状态的海洋生态系统分别占71%和10%。其中监测的北海和北仑河口红树林处于健康状态。但部分林区仍有虫害发生，外来物种互花米草仍对山口红树林的生长产生威胁。

珊瑚礁和海草床的情况并不乐观，在监测的雷州半岛、广西北海和西沙珊瑚礁生态系统均呈亚健康状态，造礁珊瑚盖度总体呈下降态势。在广西北海，海草床仍处于退化状态，海草密度下降81%。

海洋环境灾害和突发事件

2014年，全海域共发现赤潮56次，累计面积7290平方公里。东海发现赤潮次数最多，为27次；渤海赤潮累计面积最大，为4078平方公里。2014年赤潮次数和累计面积均较上年有所增加，与近5年平均值基本持平。赤潮高发期集中在5月。

2014年，我国砂质和粉砂淤泥质海岸侵蚀依然严重，局部岸段侵蚀程度加大。与上年相比，辽宁绥中和广东雷州市赤坎村岸段侵蚀速度增加。雷州市赤坎村海岸的平均侵蚀速度为5米/年，比2013年加快3米/年。

在重大海洋污染事件的环境影响监测方面，《公报》显示2011年的蓬莱19-3油田溢油事故对周围海域的生态环境影响依然存在，鱼卵仔鱼数量仍未得到恢复。2011年的日本福岛核泄漏事故依然影响福岛以东及东南方向的西太平洋海域。放射性污染范围进一步扩大，海水、海洋生物仍受到核泄漏事故的显著影响。这说明了海洋环境一旦被污染和破坏，其恢复过程将十分漫长。

>>>

文论

解读《关于加快推进生态文明建设的意见》（节录）

徐绍史

党中央、国务院历来高度重视生态文明建设。党的十八大作出了把生态文明建设放在突出地位，纳入中国特色社会主义事业“五位一体”总布局的战略决策，十八届三中全会提出加快建立系统完整的生态文明制度体系，十八届四中全会要求用严格的法律制度保护生态环境。最近，党中央、国务院印发《关于加快推进生态文明建设的意见》，既是落实中央精神的重要举措，也是基于我国国情作出的战略部署。

我国资源环境方面的基本国情，可以用两句话来概括，一句话是资源环境瓶颈制约加剧特别是环境承载能力已达到或接近上限，另一句话是生态文明建设总体滞后于经济社会发展。具体表现在三个方面：

一是资源约束趋紧。重要资源人均占有量远低于世界平均水平，耕地、淡水人均占有量只相当于世界平均水平的43%、28%；石油、天然气等战略性资源对外依存度持续攀升，2014年已经达到59.5%、31%；特别是发展方式依然比较粗放，进一步加剧了资源约束，我国单位GDP能耗是世界平均水平的2倍。

二是环境污染严重。污染物排放总量远超环境容量，大气、水、土壤污染问题比较突出，雾霾天气频发，2014年74个重点城市中只有8个空气质量达标。

三是生态系统退化。森林总量不足，草原退化、水土流失、荒漠化等问题严峻，全国生态整体恶化趋势尚未得到根本遏制。

可以说，资源环境已经成为实现全面建成小康社会目标最紧的约束、最矮的短板，是一个躲不开、绕不过、退不得的必须解决的紧迫问题。

《关于加快推进生态文明建设的意见》是中央就生态文明建设作出专题部署的第一个文件，充分体现了以习近平同志为总书记的党中央对生态文明建设的高度重视。《意见》明确了生态文明建设的总体要求、目标愿景、重点任务和制度体系，突出体现了战略性、综合性、系统性和可操作性，是当前和今后一个时期推动我国生态文明建设的纲领性文件。打个形象的比喻，党的十八大和十八届三中、四中全会就生态文明建设作出了顶层设计和总体部署，《意见》就是落实顶层设计和总体部署的时间表和路线图，措施更具体，任务更明确。

生态文明建设的关键，是处理好人与自然的关系，使经济社会发展建立在资源能支撑、环境能容纳、生态受保护的基础上，使青山常在、清水长流、空气常新，让人民群众在良好生态环境中生产生活。形象地说，生态文明建设就是既要金山银山、也要绿水青山，而且绿水青山就是金山银山。

生态文明建设不仅仅局限于“种草种树”、“末端治理”，而是发展理念、发展方式的根本转变，涉及经济、政治、文化、社会建设方方面面，并与生产力布局、空间格局、产业结构、生产方式、生活方式，以及价值理念、制度体制紧密相关，是一项全面而系统的工程，是一场全方位、系统性的绿色变革，必须人人有责、共建共享。具体来说：

首先是要加快生产方式的绿色化，就是要通过生态文明建设，构建起科技含量高、资源消耗低、环境污染少的产业结构，大力发展绿色产业，培育新的经济增长点。

其次是要推进生活方式的绿色化，加快形成勤俭节约、绿色低碳、文明健康的生活方式和消费模式。

第三是要弘扬生态文明主流价值观，把生态文明纳入社会主义核心价值体系，形成人人、事事、处处、时时崇尚生态文明的社会新风尚。

第四是要健全系统完整的制度体系，通过最严格的制度、最严密的法治，对各类开发、利用、保护自然资源和生态环境的行为，进行规范和约束。

《意见》按照源头预防、过程控制、损害赔偿、责任追究的“16字”整体思路，提出了严守资源环境生态红线、健全自然资源资产产权和用途管制制度、健全生态保护补偿机制、完善政绩考核和责任追究制度等10个方面的重大制度。这里，我简要点几个关键制度：

一是红线管控制度，从资源、环境、生态三个方面提出了红线管控的要求，将各类开发活动限制在资源环境承载能力之内。一个是设定资源消耗的上限，合理设定资源消耗“天花板”；一个是严守环境质量的底线，确保各类环境要素质量“只能更好、不能变坏”；再一个是划定生态保护的红线，遏制生态系统退化的趋势。

二是产权和用途管制制度，在产权制度上，要求对自然生态空间进行统一确权登记；在用途管制上，确定各类国土空间开发、利用、保护边界，实现能源、水资源、矿产资源按质量分级、梯级利用。

三是生态补偿制度，要求加快建立让生态损害者赔偿、受益者付费、保护者得到合理补偿的机制，具体有纵向和横向补偿两个维度。纵向，就是要加大对重点生态功能区的转移支付力度，逐步提高其基本公共服务水平；横向，就是引导生态受益地区与保护地区之间、流域上游与下游之间，通过多种方式实施补偿，规范补偿运行机制。

通过完善生态补偿制度，使生态保护者肯出力、愿意干、守得住“绿水青山”。

四是政绩考核和责任追究制度，《意见》明确，各级党委、政府对本地区生态文明建设负总责，实行差别化的考核机制，要大幅增加资源、环境、生态等指标的考核权重，发挥好“指挥棒”的作用。对于造成资源环境生态严重破坏的领导干部，还要终身追责。

按照中央决策部署，国家发改委会同有关部门历时2年多的时间，研究起草了《意见》。《意见》采取条块结合的构架，包括9个部分共35条。主要内容概括起来就是“五位一体、五个坚持、四项任务、四项保障机制”。

“五位一体”，就是围绕十八大关于“将生态文明建设融入经济、政治、文化、社会建设各方面和全过程”的要求，提出了具体的实现路径和融合方式。

“五个坚持”，就是坚持把节约优先、保护优先、自然恢复为主作为基本方针，坚持把绿色发展、循环发展、低碳发展作为基本途径，坚持把深化改革和创新驱动作为基本动力，坚持把培育生态文化作为重要支撑，坚持把重点突破和整体推进作为工作方式，将中央关于生态文明建设的总体要求明晰细化。

“四项任务”，就是明确了优化国土空间开发格局、加快技术创新和结构调整、促进资源节约循环高效利用、加大自然生态系统和环境保护力度等4个方面的重点任务。

“四项保障机制”，就是提出了健全生态文明制度体系、加强统计监测和执法监督、加快形成良好社会风尚、切实加强组织领导等4个方面的保障机制。

至少应该从三个方面推进《意见》确定的目标任务的落实。

一是强化统筹协调。《意见》要求，各级党委和政府对本地区生态文明建设负总责，各有关部门要密切协调配合，共同形成推进生态文明建设的强大工作合力。

二是开展先行先试。注重顶层设计与地方实践的结合，深入开展生态文明先行示范区建设，探索生态文明建设的有效模式，形成可复制、可推广的制度成果。

三是细化实施方案。根据《意见》要求，各地要抓紧提出实施方案，相关部门要研究制定行业性和专题性规划，国家发改委将按照中央要求抓紧制定《意见》分工方案，逐项分解目标任务，推动每一项任务落实落地。

我觉得，《意见》最突出的亮点或特点有两个方面。

一个是通篇贯穿了绿水青山就是金山银山的理念。《意见》从指导思想、基本原则、主要目标、重点任务、制度安排、政策措施等各个方面，都体现了这一基本理念。比如，在指导思想上明确提出了“蓝天常在、青山常在、绿水常在”的要求。又比如，在基本原则里强调，坚持把“绿色发展、循环发展、低碳发展”作为基本途径，经济社会发展必须与生态文明建设相协调。再比如，在健全政绩考核制度方面，要求把资源消耗、环境损害、生态效益等指标纳入经济社会发展综合评价体系，大幅增加考核权重，强化指标约束。

另一个是通篇体现了人人都是生态文明建设者的理念。《意见》强调，无论是政府、企业或个人，都是生态文明的重要建设者，生产、生活过程中都应该自觉践行生态文明的要求，合理开发、利用、保护自然资源和生态环境，使生态文明建设成为人人有责、共建共享的过程。

（徐绍史：国家发展和改革委员会主任，2015年5月接受新闻媒体联合采访节录）

探索低碳试点实践 加快发展方式转变

解振华

自低碳试点工作开展以来，参与试点的6个省、36个城市积极创新有利于低碳发展的体制机制，探索不同层次的低碳发展实践形式，从整体上带动和促进了全国范围的绿色低碳发展。

国内低碳发展工作是我国参与国际气候变化谈判的重要支撑。党的十八大明确提出要“积极参与多边事务”，就是要在推动国内工作向前发展的同时，积极参与多边机制规则的制定，不断增加我国的软实力。国内工作做好了，对外谈判就有资本、参与制定多边规则就有发言权。否则就很被动。当前我国低碳省区和城市试点以及在部分试点省市开展的碳排放权交易试点取得的积极进展在国际上产生巨大反响，赢得了很好的国际声誉，也使我国在谈判上赢得很大主动。

一、低碳试点工作成效明显

低碳发展是一项全新事业。在试点地区党委、政府的高度重视和各方面的积极努力下，试点地区认真编制和落实试点工作实施方案，开展了大量工作，试点工作逐步打开了局面，取得了积极进展和明显成效。

控制温室气体排放成效显著。衡量低碳试点是否成功，最关键的指标是看碳排放控制成效如何。从2013年上半年国家发展改革委组织的对全国31个省区市碳强度下降目标试评价考核结果看，试点省市均较好地完成了碳强度下降目标任务，碳强度下降显著高于全国平均碳强度降幅。其中，广东、北京、贵阳“十二五”前3年累计分别下降14.7%、14.3%和12%，天津、辽宁、杭州2011年和2012年碳强度累计分别下降11.28%、10.23%和10.2%，均较大幅度超过进度目标和全国平均水平。

初步探索了一批具有特色的低碳发展模式。开展低碳试点，一项重要任务是形成符合各自发展阶段和实际情况、各具特色的绿色低碳发展模式。经过各地积极努力、大胆探索，一些地方在低碳发展模式探索上取得了较大进展，较好地实现了控制排放与促进经济社会发展的“双赢”。比如：杭州市围绕建设低碳经济、低碳生活、低碳建筑、低碳交通、低碳环境、低碳社会，初步形成了“六位一体”的低碳城市建设和发展模式。北京市统筹低碳、节能、环保协同作用，全面实施管理标准化引领、产业低碳化升级、能源清洁化改造和碳排放权交易市场建设等“十大行动”，积极探索适合首都特点的特大型城市低碳发展模式。南昌市依托森林、清水、湿地等三大核心低碳资源，按照“既要金山银山、也要绿水青山”的指导思想，形成了“优化生态环境，做好城市开发，建设花园城市，打造中国水都”的发展思路，不断加快推进绿色宜居城市建设。河北保定市围绕形成新能源产业发展支持体系与规模化应用激励体系，不断完善低碳产业链条，形成了光电、风电、节电、储电、输变电和电力自动化六大产业体系，风电和光电总装机容量达到931兆瓦，2020年达到2000兆瓦以上。

保障能力和基础工作有所加强。各试点省市均成立了由政府主要领导担任组长的低碳试点工作领导小组或相应的领导机制，并将试点主要目标和重点任务纳入经济社会发展评价考核体系，将考核结果作为干部政绩考核和奖惩的重要依据之一。

对低碳发展的认识显著提高，管理体系逐步完善。辽宁、湖北、陕西、四川、广东发展改革委成立了专门的应对气候变化处，深圳市成立了碳交易监管办公室，广元市成立了低碳发展局。北京、天津、广东成立了应对气候变化或低碳发展研究机构。不少试点地区还成立了低碳发展专家委员会、低碳发展促进会。广东还成立了全国首个省级低碳联盟。各试点省市均编制了实施方案和低碳发展规划，研究建立温室气体排放统计、核算和考核体系。大部分试点地区将“十二五”期间碳强度下降目标分解到了下辖的行政区，部分试点地区还制定并发布了低碳发展目标完成情况考评办法。目前第一批试点省市均完成了2005年和2010年温室气体排放清单编制工作，第二批试点省市的清单编制工作也在积极推进。各试点省市还积极组织低碳发展相关培训，队伍建设和人才培养取得显著成绩。

国际合作水平有较大幅度提升。近年来，我国稳步开展应对气候变化各项工作。联合国秘书长和很多国家都知道中国在开展低碳试点和碳交易试点。一些国际机构和国家主动要求和中国加强区域和双边的合作，明确表示希望与中国低碳试点和碳交易试点省市开展合作。低碳试点省市已经成为我国应对气候变化国际交流和合作的重要平台。目前，广东与英国建立了低碳发展合作机制，共同成立了广东国际碳捕集利用封存产业与学术交流促进中心；广东省和深圳市与美国加州就碳交易和低碳发展签署了合作备忘录，开展了多项交流合作；保定市与世界自然基金会签署了全面合作框架协议，与瑞士发展合作署签订了《应对气候变化对话与合作备忘录》。

二、新经验值得学习借鉴

从典型经验交流情况看，各低碳试点省市勇于创新，结合本地实际情况，开创性地工作，探索出不少新经验和做法。

围绕峰值目标倒逼结构调整。在第一批试点城市中，深圳市率先提出到2017年实现碳排放峰值，全面推动深圳市经济发展的转型升级。第二批低碳试点省市在实施方案中明确提出了峰值目标或总量控制目标，一些城市围绕峰值目标的要求加快推动产业结构调整和能源结构低碳转型，提出控制高耗能行业产能总量、化石能源消费总量、煤炭消费总量等目标。宁波等试点城市在市政府文件中明确了电力、石化和钢铁等重点排放行业发展方向和产能总量控制目标。北京、上海、宁波、广州等试点城市划定了禁止销售使用煤炭等高污染燃料的区域，控制煤炭消费总量，或通过控煤、压煤措施基本实现了城市核心区无煤化。山西晋城市利用煤层气资源优势，实施气化晋城战略，提出了以煤层气代替锅炉燃煤和运输车辆燃油、建设煤层气集输管道等低碳发展政策。

探索运用市场机制推动低碳发展。北京、天津、上海、重庆、广东、湖北、深圳等7个省市充分利用碳交易试点的契机，积极探索运用市场机制推动低碳发展，结合自身特点，建立起各有特色的碳排放交易体系，深圳、上海、北京、广东和天津已经相继启动在线交易，其中深圳提出将建筑和交通纳入交易体系，上海对纳入交易范围的工业企业开展了细致的碳盘查，北京提出场内交易与场外交易并行的交易模式，广东采取免费发放和有偿拍卖相结合的配额分配方式，充分体现了体制机制创新，为国家建立碳市场，运用市场机制实现低碳发展提供了有益借鉴。

大胆探索碳评估和碳认证。北京、江苏镇江等城市探索开展新建项目碳评估制度。镇江市率先制定了《镇江市固定资产投资项目碳排放影响评估暂行办法》。北京市通过修订完善并出台节能评估管理办法，明确将二氧化碳排放评价作为固定资产投资项目节能评估和审查的重要组成部分，引导项目建设单位优化能源使用和控制碳排放方案，组织有关部门和企业开展碳评工作培训。广东、重庆探索开展了低碳产品认证试点示范，研究制定了部分产品的低碳产品认证实施细则、低碳产品标准和碳核算方法，并在相关企业开展了低碳产品认证示范应用。

探索建立企业碳排放报告制度及碳排放管理平台。北京等七个碳交易试点省市根据国家或地方公布的重点行业温室气体排放核算方法指南，组织温室气体排放第三方核查机构开展了重点单位温室气体排放数据的核算和核查，摸清了重点单位和企业的历史排放数据。苏州市等外资企业集中的东部发达地区还按照国际碳盘查标准开展了碳盘查行动，初步探索实施了企业碳排放核算报告制度。青岛、杭州、镇江等城市开发了碳排放管理平台，作为落实碳排放峰值目标的监管工具和决策支持系统。镇江市的碳平台运用云计算、物联网等先进信息技术，实现了在线运行，在低碳城市建设的数字化、网络化和空间可视化方面进行了有益探索和创新实践。深圳等城市加强建筑碳排放监管，对大型公共建筑能耗和碳排放实行实时在线监测。

三、以中央精神为指导扎实推进试点工作

党的十八大报告提出大力推进生态文明建设，着力推进绿色发展、循环发展、低碳发展，建设美丽中国。十八届三中全会明确提出建设生态文明，必须建立系统完整的生态文明制度体系。中央经济工作会议和中央城镇化工作会议对我国的城镇化道路和城市发展提出了具体而明确的要求，为低碳试点工作指明了方向。

低碳发展和应对气候变化很重要的一项工作就是抓试点。从国际上说，这是顺应积极应对气候变化和世界经济社会发展潮流的重要工作。当前世界各国都要发展，发展的同时还要减少温室气体的排放，唯一的选择只有低碳发展。这是世界潮流。同时，低碳试点工作完全符合党的十八大和十八届三中全会的精神，是落实生态文明建设的重要举措。

低碳试点将同生态文明建设其他主要工作部署结合起来，即与节能、增效、减排相结合，与调整经济结构相结合，与发展非化石能源、调整能源结构相结合，与增加森林碳汇相结合，与实行“能源消费总量和能耗强度下降目标双控”相结合，与开展全国碳排放交易市场体系建设相结合，与治理大气污染“十条措施”相结合，与发展循环经济相结合，与各地发展改革中心工作相结合。

低碳试点工作是低碳发展的一项重大任务，是推动生态文明制度建设的重要抓手和切入点。我们将按照党的十八大和十八届三中全会的要求，努力把低碳试点引向深入，带动绿色、低碳、循环发展取得新的进展，为加快转变经济发展方式、建设美丽中国做出贡献。

（解振华：时为国家发展和改革委员会副主任，2014年4月接受中国改革报记者采访）

增强政治责任感和时代使命感 大力推进生态文明建设

张 勇

2014年，在党中央、国务院的坚强领导下，在各地区、各部门的大力支持下，全国发展改革（经信）系统资源节约和环境保护工作围绕中心、服务大局，加快推进生态文明建设，强力推进节能减排，大力发展循环经济，加大环境保护力度，全国单位国内生产总值能耗降低4.8%，成为新常态下的新亮点。

在新的发展阶段，生态文明建设地位更加突出，经济新常态为环资工作注入了新动力，但资源环境问题仍然是制约我国发展的硬约束，环资工作本身也面临许多新挑战。要切实增强政治责任感和时代使命感，大力推进生态文明建设，努力提高发展的质量和效益。

2015年的环资工作要全面落实党中央、国务院的决策部署，按照全国发展和改革工作会议的安排，明确目标任务，扎扎实实推进。一是加强生态文明制度创新。抓好《关于加快推进生态文明建设的意见》的贯彻实施，办好生态文明先行示范区。二是强力推进节能降耗，确保实现“十二五”节能目标任务。三是推动循环经济做大做强，加快推广典型模式，提高资源产出率。四是加快环境基础设施建设，治理突出环境问题，推广环境污染第三方治理，努力改善环境质量。五是大力发展节能环保产业，努力把节能环保产业打造成新的支柱产业。六是深入开展节能减排全民行动，推动形成勤俭节约、绿色低碳、文明健康的生活方式和消费模式。

各级发展改革部门要奋发有为，狠抓落实。一是加强重大问题研究，谋划好“十三五”。二是转变政府职能，切实推进简政放权。三是加强项目管理，切实提高投资效益。四是加强队伍建设，增强工作能力。五是加强系统联动，形成整体合力。

（张勇：国家发展和改革委员会副主任， 2015年4月10日在全国发展改革系统资源节约和环境保护工作电视电话会议上的讲话摘要）

加快探索城镇化低碳发展道路

张 勇

气候变化是21世纪人类社会面临的共同挑战，全球合作应对气候变化和推进绿色低碳发展已成为国际大势所趋。中国作为负责任的发展中大国，不仅将低碳发展作为积极应对全球气候变化应尽的国际义务，更作为实现自身可持续发展的内在要求，通过积极采取节能与提高能效、优化产业结构和能源结构、增加森林碳汇、推动低碳发展试点示范等政策与行动，取得了显著成效。

据初步核算，2014年与2010年相比，我国单位国内生产总值二氧化碳排放下降了16%左右，预计“十二五”碳强度下降17%的目标有望超额完成；积极建设性参与气候变化国际谈判和合作，推动建立公平合理的应对气候变化国际制度；应对气候变化“南南合作”取得重要进展，2011年~2014年共安排2.7亿元资金用于支持小岛屿国家、最不发达国家、非洲国家等应对气候变化。

中国仍然是一个发展中国家，发展是第一要务。面对当前经济下行压力和应对气候变化等多重挑战，关键是要通过结构调整和提质升级发展，拓宽经济增长与环境改善的双赢之路。

今后一个时期，我国将继续本着对全人类和中华民族高度负责的精神，实施积极应对气候变化国家战略，研究制定中长期低碳发展路线图，加快推进碳排放权交易市场建设，积极建设性推动全球气候治理进程，确保实现“十二五”及2020年控制温室气体排放行动目标，为合作应对全球气候变化作为新的贡献。

城市是能源和资源的最大消费者，也是温室气体的最大排放者。目前，我国城镇化水平刚刚超过50%，与发达国家的城镇化水平还有很大的差距，城镇化将是未来中国碳排放增长的主要来源。为了避免中国未来城镇化被高碳模式锁定，有效减少中国城市碳排放，必须加快探索城镇化低碳发展道路。

实现城市的绿色低碳未来，任务十分重要，也十分紧迫。去年上半年，中国政府发布了《国家新型城镇化规划（2014—2020年）》，明确提出要把生态文明理念全面融入城镇化进程，着力推进绿色发展、循环发展、低碳发展，节约集约利用土地、水、能源等资源，强化环境保护和生态修复，减少对自然的干扰和损害，推动形成绿色低碳的生产生活方式和城市建设运营模式。去年11月，中国政府在《中美气候变化联合声明》中提出了中国能源消费二氧化碳排放2030年左右达到峰值并争取尽早达峰以及非化石能源占一次能源消费比重达到20%左右的具体目标。

最近，党中央、国务院又印发了《关于加快推进生态文明建设的意见》，进一步明晰细化了中国关于生态文明建设的总体要求，把绿色化纳入“新五化”的现代化目标，将绿色发展、循环发展、低碳发展作为实现生态文明的基本途径。这些政策文件既为探索城市绿色低碳未来指明了方向，也对做好城市绿色低碳转型提出了要求。

实现城市的绿色低碳未来是我们人类对未来生活的美好期待，是建设美丽中国和实现中华民族永续发展的重要组成部分。只有走城镇化低碳发展之路，使城镇化水平提高逐渐与化石能源消耗“脱钩”，实现能源消费方式、经济发展方式和人类生活方式的一次全新变革，才能真正实现城市的绿色低碳未来。

（张勇：国家发展和改革委员会副主任，2016年6月15日在”第三届深圳国际低碳城论坛”开幕式上的致辞）

加快推进绿色循环低碳交通运输体系建设

王昌顺

一、充分认识做好节能减排降碳工作、推进绿色交通发展的重要意义

加强节能减排，实现低碳发展，对交通运输行业而言，就是发展绿色交通，这是部党组提出加快推进“四个交通”发展战略部署的重要组成部分，具有十分重要的政治、经济和社会意义。

第一，发展绿色交通，是党中央、国务院赋予交通运输行业的历史使命。党的十八大提出，要大力推进生态文明建设，努力建设美丽中国，实现中华民族永续发展。十八届三中全会进一步明确，要加快生态文明制度建设，建立系统完整的生态文明制度体系，用制度保护生态环境。党中央做出的重大战略决策和部署，明确了新时期加快转变交通运输发展方式的重要的指向和要求。实现发展方式转变和生态文明建设的既定目标，必须要付出巨大的努力，也需要一个渐进的过程。根据统计，由于2011-2015年公路水路运输和港口要形成1400万吨标准煤以上的节能能力，营运货车单位运输周转量能耗要比2013年降低4%以上。这是交通运输行业必须实现的硬指标、硬任务，时间紧迫、任务繁重，需要全行业增强使命感和责任感，扎实推进节能减排降碳工作。

第二，发展绿色交通，是人民群众对交通运输发展的新期待。我国在经济快速发展的同时，也衍生了资源浪费、环境污染、生态退化等问题。特别是近年来，雾霾天气频发，影响范围广、持续时间长、健康危害大，严重损害人民健康和国家形象。习近平总书记强调，人民对美好生活的向往，就是我们奋斗的目标。李克强总理指出，生态文明建设关系人民生活，关乎民族未来，要坚决向污染宣战。交通运输是节能减排与应对气候变化三大重点领域之一，与人民群众生产生活环境息息相关，必须以绿色、循环、低碳的交通基础设施和运输装备来提升交通运输服务品质，用节能减排降碳的实际成效回应人民群众对交通运输发展的新期待。

第三，发展绿色交通，是实现交通运输现代化的必然选择。加强节能减排，实现低碳发展，是促进经济提质增效升级的必由之路。李克强总理在国务院节能减排及应对气候变化工作会议上指出，节能减排与促进发展并不完全矛盾，关键是要协调处理，努力走出一条能耗排放做“减法”，经济发展做“加法”的新路子。这是对交通运输加快转变发展方式和推进交通运输现代化的具体要求。绿色交通是转变交通运输发展方式的重要途径。部党组强调“四个交通”相互关联，相辅相成，绿色交通要充分发挥好引领作用，与综合交通、智慧交通和平安交通构成有机体系，共同推进交通运输现代化。在浙江考察的时候，我们也看到了浙江在杭州推出“五位一体”的交通运输方式，将地铁、公共自行车、公交、水上巴士和出租车共融一体。我们了解到浙江自行车已达到了17到18万辆，杭州的服务点就达到3000多个。

二、进一步明确主攻方向和重点任务，为绿色交通发展提供制度保障

近年来，交通运输行业组织开展了很多富有成效的节能减排降碳工作。一是加强组织领导，成立了部节能减排工作领导小组。二是强化顶层设计，发布了《公路水路交通运输节能减排“十二五”规划》、《加快推进绿色循环低碳交通运输发展指导意见》等文件。三是开展试点示范，组织开展了绿色循环低碳交通运输试点工作，公布了100个节能减排示范项目。四是突出重点环节，推广应用天然气动力车船、高效运输组织方式和高速公路不停车收费系统。五是提升基础能力，发布了多项节能减排降碳工作，营造了良好的社会氛围。前一时期的工作已经奠定了良好基础，也给我们一些有益的经验和启示，主要有四条：一是领导重视，理念要先行；二是规划引领，组织要周密；三是政府引导，部门要联动；四是试点示范，推广要深入、要坚决。

十八届三中全会明确提出推进国家治理体系和治理能力的现代化，核心是加强制度体系建设和运用制度管理社会事务的能力。在建设生态文明方面，必须建立系统完整的生态文明制度体系，实行最严格的源头保护制度、损害赔偿制度、责任追究制度，完善环境治理和生态修复制度，用制度保护生态环境。为此，今后一个时期交通运输行业节能减排降碳工作的主攻方向，应该在“制度建设”上下足功夫，逐步建立健全绿色交通制度体系，用制度规范交通运输节能减排降碳各项工作，形成绿色交通发展的长效机制。

建立健全绿色交通制度体系，首先制度体系构成要做到系统、完整。制度体系要覆盖交通运输发展各方面、全过程，严格把控各层级、各领域、各阶段的用能关和排放关。其次每个制度要做到可行、有效。制度的生命力在于执行，不搞假大空，不摆花架子，让制度能够真正地把行业节能减排降碳工作管起来。第三是制度之间要协调、融合。绿色交通是“四个交通”的有机组成部分，要努力找到绿色交通发展与交通运输现代化之间的平衡点，促进“四个交通”完美结合，协调并进。围绕绿色交通制度体系建设，下一阶段的工作要重点做好以下六个方面：

一是强化顶层设计，发挥规划对绿色交通的引领作用。继续组织落实公路水路交通运输节能减排“十二五”规划和环境保护“十二五”规划，确保明年完成规划目标和主要任务。要组织编制“十三五”期间交通运输节能减排降碳发展规划，根据“到2020年基本建成绿色循环低碳交通运输体系”的发展目标，合理确定节能减排降碳指标、任务及保障措施。要注重行业规划与国家规划、地方规划统筹协调、相互衔接，形成科学的交通运输节能减排降碳

规划体系。

二是加快标准建设，强化标准对绿色交通的支撑能力。尽快研究提出交通运输节能减排降碳标准体系，有序推进标准建设。重点支持交通运输用能设备、设施、企业能效和二氧化碳排放强度标准，节能减排降碳项目的节能减排量核算标准，交通基础设施绿色设计与施工标准。进一步加大标准建设投入和宣贯力度，做好标准执行的监督检车工作。

三是加强制度研究，提升行业对绿色交通的监管能力。尽快研究提出绿色交通制度体系框架，确立一整套管用、够用的行业节能减排降碳监管办法。建立健全绿色交通发展目标责任制度和发展评价体系。推进建立营运船舶及交通运输其他用能设备的燃料消耗量和二氧化碳排放量准入制度。继续完善交通固定资产投资项目节能评估制度、交通规划和工程建设项目环境影响评价制度、绿色交通发展统计建设制度。

四是组织试点示范，突出标杆对绿色交通的导向作用。继续组织落实绿色循环低碳交通"十百千"师范工程。积极探索完善部省共建机制，继续深化绿色循环低碳交通运输城市、公路、港口试点，加大资金支持力度，强化试点经验推广。继续开展节能减排降碳示范项目评选和推广，深化实化"车、船、路、港"千家企业低碳交通运输专项行动和交通运输节能减排科技专项行动。

五是聚焦关键环节，加大创新对绿色交通的驱动作用。加快综合交通运输体系建设，优化交通基础设施网络结构和运输装备结构、用能结构，充分释放结构性节能减排降碳潜力。优化交通运输组织方式，鼓励甩挂运输、江海直达、多式联运等先进的、高效的运输组织方式。加大绿色交通科技研发投入，提高成果转化推广应用力度。今年我们按照国务院的要求，正加快地推进全国ETC不停车收费工作，估计到2014年底，全国9个省，主要在北方地区，像北京、河北和天津等将实行联网，按照总体规划，大体到2015年，全国ETC将进行联网。

六是开展宣传交流，营造社会对绿色交通的支持氛围。大力宣传绿色交通理念，培育绿色交通文化，使绿色循环低碳发展成为全行业的共同目标和价值取向。组织开展经验交流和技术比武，传播先进经验，促进行业节能减排降碳技术水平提升。倡导低碳生活理念和行为方式，引导社会公众更多地选择公共交通、自行车和步行等低碳出行方式。

三、全面有力贯彻落实《行动方案》，确保节能减排降碳工作取得实效

发展绿色交通，做好交通运输节能减排降碳工作，是一项长期、复杂和艰巨的任务。各地各部门要在"四个交通"战略导向引领下，着眼长远、科学谋划、有序推进，切实做好交通运输节能减排降碳各项工作。

一是抓住机遇，迎难而上。国务院《2014—2015年节能减排低碳发展行动方案》提出的节能减排降碳指标年度降幅，大部分超过了"十二五"规划的年均降幅。这既突显了当前节能减排降碳工作面临的严峻形势，也充分显示了国务院确保全面完成"十二五"规划目标的坚定决定。交通运输行业要按照国务院同意部署，迎难而上，化压力为动力，变挑战为机遇，确保全面完成交通运输节能减排降碳目标。

二是加强领导，协同推进。各级交通运输主管部门要高度重视节能减排降碳工作，将绿色交通发展纳入本地区交通运输发展的总体规划，加强领导，扎实推进，确保实效。要进一步完善体制机制，充分调动全行业各方面力量，齐抓共管，共同推进绿色循环低碳交通运输体系建设。要积极争取地方政府及发展改革、财政、环保等部门对绿色交通发展的支持，加强沟通协调，发挥政策叠加优势，营造良好发展环境。

三是强化监督，落实责任。各单位、各部门要节能减排降碳指标和任务纳入年度工作计划，逐级分解，落实到人，要建立健全绿色交通发展目标责任制，将节能减排降碳目标作为"硬指标"，将节能减排降碳工作作为"硬任务"，采取监督检查、考核评价等"硬措施"来推进落实。要将人民群众满意度作为衡量工作成效的重要尺度，接受人民群众和新闻媒体对绿色交通发展的监督，争取人民群众的广泛认可。

四是创新政策，加大投入。要加大资金、技术、人才等方面投入，支持绿色交通科技研发、试点示范、推广应用及能力建设。要积极争取国家和地方有利于绿色交通发展的财政、税收、金融政策，撬动交通运输企业开展节能减排降碳的积极性和主动性。要充分利用行业政策和管理手段，指导交通运输企业走绿色循环低碳发展道路。要充分利用市场机制，拓宽融资渠道，鼓励交通运输企业增加节能减排降碳投入，逐步形成以财政资金为引导、企业资金为主体、社会资金为补充的良性投入机制。

（王昌顺：交通运输部副部长，在全国交通运输行业节能减排降碳工作视频会议上的讲话，2014年6月9日）

应对气候变化 给力低碳发展

杜祥琬

“强化应对气候变化行动——中国国家自主贡献”提出了我国采取的政策和措施，从战略高度和实施层面，表明了我国应对气候变化积极而务实的态度。

中国走向现代化的时空环境不同于美欧等国当年的时候，不可能依靠掠夺全球资源、先高碳后治理。我们主要靠本国资源，而且把他们一二百年的发展压缩到几十年中，自然会带来严峻的资源状况和压缩型的环境污染，因而，我们也不得不把强化的绿色、低碳措施压缩到快速发展的阶段，才能避免社会机体的灾变，保持健康科学发展的可能性。所以，党的十八大不仅把生态文明建设提到了新的战略高度，而且明确了绿色发展、循环发展、低碳发展的路径。最近国家发布的推进生态文明建设的意见，进一步强调了这一发展路径。

低碳发展必须设计和实施低碳的生产模式。以扩大各种高耗能产品产量、依靠低附加值产业扩张和重复建设，这种高投入、高消耗、高污染的传统生产方式，维持经济高增长的模式，不可持续，必须改变。近年来，我国作出了极大努力，节能降耗，淘汰落后产能，发展现代服务业和战略性新兴产业，发展低碳建筑、低碳交通，努力形成节能低碳的产业体系。

低碳发展必须推动能源革命。提高能效、化石能源的洁净化利用、发展非化石能源取得明显进展，目标在于逐步建立一个高效、清洁、低碳、安全的现代化能源体系。

我国在实施自然生态系统增汇减排战略方面也取得显著进展，包括发展农、林、海洋、草地、湿地、土地利用的碳汇能力。

低碳发展还必须设计和实施低碳的消费模式。把低碳城市建设与智能城市建设结合起来，把低碳作为新型城镇化的约束性考核指标，使公众成为低碳发展和生态文明建设的主人。

应对气候变化的适应战略对保障国家安全意义重大。适应是以降低脆弱性和改善发展条件为目标的，采取必要的、因地制宜的适应行动可以减缓气候风险。减缓和适应是统一相伴、相辅相成的。主动有序的适应举措主要在于推动国家基础设施建设的完善和适应能力建设，减灾防灾，减轻气候变化给国家带来的危害，保障国家安全，包括水安全、粮食安全、人体健康和生命安全、生态环境安全、沿海城市及海岸带安全、重大工程的安全等，增强发展的可持续性。

应对气候变化需要强有力的科技支撑，也将带动我国基础科学和应用性工程技术的进步。首先要提高气候变化基础科学的研究水平，提高对气候变化的监测、预测能力和对气候变化影响的评估能力；提高对能源革命的科技支撑，包括节能、提效、化石能源的高效洁净化利用，发展非化石能源、智能电网、分布式低碳能源网、储能技术和CCUS（碳捕集、利用与封存）技术等；各类废弃物的减量化和分类资源化利用技术。使我国成为一个低碳发展的科技创新型国家。

放眼未来，低碳发展更是中国实现长期战略目标的重大机遇。如果从现在起着手形成并推进一个保证中国在国际低碳竞争中立于不败之地的长远战略，经过30至40年的不懈努力，在建国百年之际，将会使我国成为世界上具有较强创新能力和竞争力的国家。反之，在可持续发展的国际竞赛中会失去后发优势，造成长期缺乏核心竞争力的被动局面，这是我们应该极力避免的。

（杜祥琬：中国工程院院士、国家气候变化专家委员会主任，2015年6月经济日报）

科学认知气候 关注气候安全

郑国光

气候是人类赖以生存的自然环境，也是经济社会可持续发展的重要基础资源。人类社会的发展进程，既是寻求和利用气候资源以满足发展需求的历史，也是抵御和抗争气候灾害以延续生存愿望的过程。当今世界，认识气候、适应气候、利用气候、保护气候，走人与自然和谐发展的道路，已经成为广泛的共识。

自1873年世界气象组织创建以来，始终把推动气象和水文服务，保护自然环境，抵御气候灾害影响，促进可持续发展，作为其根本使命。政府间气候变化专门委员会（IPCC）于2014年发布第五次气候变化科学评估报告，并指出，近百年全球气候显著变暖，高温和强降水等极端天气气候事件趋多趋强，未来气候灾害风险更趋严重，并将深刻地影响全球自然生态系统和人类的生存和发展，需要国际社会积极采取措施，共同应对气候变化。由此，气候问题已从单纯的环境问题，逐渐演变为更高层面的发展问题，涉及政治、经济、军事、环境、外交、科技、文化等诸多方面，并体现在人类安全和国家安全保障的许多环节。

我国是典型的季风气候国家，气候种类多且复杂多变，各地气候差异大。上世纪中叶以来，我国气候发生了显著变化，地表平均气温平均每十年升高0.23摄氏度，变暖幅度几乎是全球的两倍，高温、干旱、暴雨、台风等极端天气气候事件趋多增强。本世纪以来，气象灾害造成的直接经济损失约相当于国内生产总值的1%，是同期全球平均的8倍。随着气候变化和气象灾害风险的不断加剧，以及人类活动和经济发展与气候的关系日益紧密，在工业化、信息化、城镇化、农业现代化同步发展的新阶段，我国经济安全、粮食安全、水资源安全、生态安全、环境安全、能源安全以及重大工程安全等传统与非传统安全将面临重大威胁和严峻挑战。

长期科学研究已经揭示了气候及其变化规律，气候变化对于发展和安全的现实和长期影响不可回避。气候变化对我国粮食安全总体上产生不利影响，造成小麦、玉米、大豆等主要农作物单产下降；主要河流径流量减少或变化不稳定，水资源可利用性降低且水资源供需矛盾加剧；加深水土流失、生态退化、物种迁移等生态恶化程度，破坏生态系统稳定性并降低服务功能；降低大气环境容量，气象条件不利于污染物扩散，成为霾天气多发的帮凶；风能和太阳能资源的开发和利用受到制约，能源生产和运输受到不同程度的负面影响；青藏铁路、三峡水库、南水北调、西气东输、三北防护林等重大战略性工程的安全生产和运营遭受严重威胁。未来温室气体持续大量排放将导致全球气候进一步变暖，我国面临的气候变化和气候灾害风险将进一步加剧。

适应和减缓气候变化，有效降低气候灾害风险，合理开发利用气候资源，对保障国家安全和经济社会可持续发展具有重大战略意义，需要我们科学把握气候变化规律，高度重视气候安全在国家安全体系建设中的重要作用。这既是落实习近平总书记提出的总体国家安全观的重要途径，也是我国实现经济社会发展长期目标的重要保障，更是生态文明建设和实现“中国梦”的基本保障。“天人合一”是我们祖辈在长期与自然交往过程中总结出的一种哲学思想，是中华文化的精髓，需要继续发扬光大并世代传承。面对当前和未来气候变化的挑战，我们需要树立尊重自然、顺应自然、保护自然的理念，增强气候安全观念，同时加大节能减排力度，走低碳发展道路，为子孙后代留下天蓝、地绿、水清的生产生活环境，并采取更加主动的适应气候变化行动，全面增强灾害风险管理能力。

积极主动应对全球气候变化，是党和政府的庄严承诺。2013年，我国颁布了《国家适应气候变化战略》。2014年，国务院批复了《国家应对气候变化规划（2014—2020年）》，并指出，积极应对气候变化事关中华民族和全人类的长远利益，事关我国经济社会发展全局，各地区、各部门要从全局和战略的高度，充分认识加强应对气候变化工作的重要性和紧迫性，把应对气候变化工作摆在更加突出、更加重要的位置，增强责任感和使命感，采取更加有力的措施，确保完成各项任务，努力实现绿色发展、低碳发展、循环发展，为携手应对全球气候变化作出积极贡献。2014年11月发表的《中美气候变化联合声明》，既是中美两国在应对气候变化领域中合作的重大标志性成果，更是我国作为发展中大国勇于承担国际义务的切实体现。今年12月将在巴黎召开联合国气候变化大会，目前各方均有意愿达成全球应对气候变化行动的协议，预期将为进一步推动全球和区域共同采取应对气候变化行动提供更加有益的环境。

作为应对气候变化基础性科技部门，中国气象局将进一步履行政府职能，加强气候监测预测、影响评估和科学研究，加快推进中国气候服务系统的建设，为科学应对气候变化、合理开发利用气候资源、降低气候灾害风险提供科技支撑与服务。全社会积极行动起来，高度重视气候安全问题，积极应对气候变化，大力推进生态文明建设，促进人与自然和谐、经济社会与资源环境协调发展，为实现中华民族伟大复兴的“中国梦”而努力奋斗！

（郑国光：联合国政府间气候变化专门委员会(IPCC）中国政府首席代表、中国气象局局长， 2015年3月23日“世界气象日”活动致辞）

“可持续发展科学”的中国学派

——《2015世界可持续发展年度报告》解释

冯之浚

《2015世界可持续发展年度报告》，是由世界科学院院士、中国科学院可持续发展战略研究组组长、牛文元先生为首的、中国科学院为主的可持续发展研究团队的集体研究成果。是我国首发的第一份针对世界可持续发展科学与行动的专业学术报告。该报告以“可持续发展科学”作为基础理论，系统介绍了可持续发展的世界前沿及中国学派的观点，首次依据国家类型、发展阶段、优先秩序，对联合国有关工作组的目标设计提出了改进意见，拟定了世界可持续发展的目标体系。定量研究了世界主要国家实现可持续发展目标的时间表。在可持续发展内涵中，凝炼出可持续发展的指标体系，并计算了全球192个国家(地区)的可持续发展能力，列出了可持续发展能力的“资产负债表”，明确指出各国可持续发展的比较优势，对全球可持续发展的理论和实践提出了有益的建议。中国学派对可持续发展的研究成果值得全社会关注并扩大其影响。

一、2015是“可持续发展年”

2015年是联合国成立70周年，也是联合国千年发展目标执行的最后一年。联合国提出“2015年是可持续之年”，并在2014年12月，秘书长潘基文向联合国大会提交一份世界“后发展议程讨论综合报告”，发表了《通往尊严之路》的演讲，希望各国集中研讨可持续发展目标的有关设置，并对世界未来15年提出了17项可持续发展目标及相关的169个具体子项。

为落实“后发展议程”所规定的目标和任务，2015年将有三次高级别的国际会议：7月在埃塞俄比亚召开的“发展筹资问题”会议、9月在联合国总部召开可持续发展特别峰会、12月在巴黎召开的《联合国气候变化框架公约》第二十一次缔约方会议。

2015年5月，中国常驻联合国代表团也向联合国秘书处和各国常驻代表团提交了2015年世界“后发展议程”中方最新立场文件。

2015年7月6日，联合国经社理事会在纽约联合国总部举行“可持续发展高级别政治论坛”，并在部长级会议上正式发布《千年发展目标2015年报告》，对全球和区域实现可持续发展目标的进展情况进行了最终评估。

2015年9月将在联合国总部召开世界首脑特别峰会，我国国家主席将莅会，共同批准实施2015年后发展议程的目标组合。

1987年，联合国颁布可持续发展纲领性文本:《我们共同的未来》，经过近30年世界的可持续发展已经迈出了坚实的步伐，并在科学意义上总结出三大共识：1、坚持以科技创新克服增长的边际效益递减（寻求发展的“动力元素”），2、坚持财富的增加不以牺牲生态环境为代价（维系发展的“质量元素”）， 3、坚持优化制度安排增加全球管理的理性程度（积累发展的“公平元素”），从而将可持续发展的行动提升到科学的新阶段，而求取这三大共识的交集最大化，成为可持续发展理性认知求索的科学方向。

回顾历史，2001年是“可持续发展科学”的首创年。国际上有关可持续发展的各种组织，发布了可持续发展科学的诞生宣言，正式宣称“可持续发展科学”是自然科学、社会科学、工程技术、和医学的高度综合与充分交叉、并全力推进学术和实践、基础与应用，全球与区域、南方与北方各领域、各层次、各系统以问题作为导向的全方位探索。

2007年中国学者牛文元出版专著《中国可持续发展总论》，承续1994年发表的《持续发展导论》中的学术主张，明确提出“可持续发展科学”要在经济学方向、社会学方向、生态学方向以及后来提出的系统学方向展开。

可持续发展科学的社会学方向：以社会发展、社会进步、社会公平等作为基本内容。该方向力图把“经济效率与社会公平取得合理的平衡”，作为可持续发展的重要判据。该方向的研究以UNDP的《人类发展报告》及其衡量指标“人文发展指数”为代表。

可持续发展科学的生态学方向：以生态平衡、自然保护、资源永续利用和生物多样性保持等作为基本内容。力图把“环境保护与经济发展之间取得合理的平衡”，作为可持续发展的重要指标和基本原则。该方向的研究以世界自然基金会（WWF）和卢布琴科等人的研究为代表。

可持续发展科学的系统学方向：中国独立开创了可持续发展科学的第四个方向——系统学方向。该方向将可持续发展作为“自然、经济、社会”复杂巨系统，以综合协同的观点，整体探索可持续发展的本源和演化规律，将其内涵“发展度、协调度、持续度”的逻辑自洽作为可持续发展的理论中心，有序地演绎可持续发展的时空耦合与互相作用、互相制约的关系，建立了人与自然关系、人与人关系解释的统一基础和系统层级结构。该方向的研究以中国科学院可持续发展研究组和牛文元等人的研究为代表。中国学派将其学术内涵和研究框架完整的阐述为：可持续发展科学以自然科学与社会科学的交叉协同，探索自然、经济、社会复杂系统互相作用的行为迹轨，从而认知可持续发展的本源和演化规律，并将其在现实世界中对于“发展度、协调度、持续度”三者逻辑自洽，寻求交集最大化，作为“可持续发展科学”的研究基础。

2009年著名学者佩尔坎等在《自然》杂志发表 “风险性假定”一文，对“可持续发展科学”进行了全方位评述。

2012年著名学者斯瓦特等在《科学》杂志发表“可持续发展科学的严峻挑战”论文，对10年中“可持续发展科学”的现状以及未来的挑战，作出了小结性的梳理。

2014年著名学者米勒等在《可持续发展科学》杂志发表“可持续发展科学的未来”，阐述可持续发展科学在“后发展时期”的意义和价值。

2015年美国国家科学院院刊推出专刊，全面强调“可持续发展科学”是自然系统与社会系统互相作用下的复杂融合，特别指出可持续发展科学应着重探索这些复杂相互作用对可持续发展能力的影响。强调“可持续发展科学”应满足现在与将来对维持地球行星生命支持系统的机理解释。经过多年实践可持续发展在广泛的社会领域中,向机理性解析和内涵中挖掘积极迈进。

二、中国学派在世界可持续发展中的主要观点

2012年，中国科学院可持续发展研究团队,开始编制我国《世界可持续发展报告》的规划，经过三年多的努力,现已如期完成。《报告》坚持系统学方向，针对世界各国共同的挑战和时空差异，在以下几个方面取得积极的成果：

1、整体推出“可持续发展科学”的中国学派观点：总结出可持续发展科学的两大主线(人与自然的关系、人与人的关系)、三个元素(动力、质量、公平)、四个方向(可持续发展的经济学方向、社会学方向、生态学方向和系统学方向)以及求取可持续发展内部逻辑自洽的“三度”原理(发展度、协调度、持续度)。

可持续发展的动力元素：由“发展能力”、 “发展潜力”、 “发展效率”、“发展速率”及其可持续性构成，形成了推进国家或地区不断发展的“动力”表征。其中包括国家或地区的自然资本、生产资本、人力资本和社会资本的总和禀赋与总体效能，以及对上述四种资本的合理协调、优化配置、结构升级，尤其是对于国家创新能力和竞争能力的积极培育。

可持续发展的质量元素：反映在“自然平衡”、“承载能力”、“生态服务”、“环境容量”与“幸福感应”等的匹配程度和优化程度，其中包括能量、物质和信息的效能水平；生态服务与环境容量的支持水平；环境与发展的协同水平以及国民幸福指数。

可持续发展的公平元素：“公平正义”、 “共同富裕”程度及其对于贫富差异、区域差异、代际差异和人际差异的克服程度，其中包括人口再生产与物质再生产的匹配、社会财富占有的人际公平、资源共享的代际公平、平等参与的区际公平等的总和。

可持续发展科学证明，只有上述三大元素及其组合在可持续发展进程不同阶段所获得的最佳映射，全球可持续发展的“内涵”才具有统一可比的基础，才能制定可观控和可测度的共同标准。

《报告》应用这些理论首次全面评价各国可持续发展现状以及未来的目标预期。

2、应用独创的可持续发展“拉格朗日点”理论，在全球第一次定量计算出世界代表性国家实现可持续发展的“时间表”。 所谓可持续发展“拉格朗日点”，就是找到诸如“人类活动强度与自然承载力”（自然平衡）、“环境与发展”（经济平衡）、“效率与公平”（社会平衡）这三大平衡的平衡点，在该点上，如果所存在的应力状态消解，即判定为可持续发展科学所规定的平衡态。

寻求可持续发展科学所定义的“平衡”，包含两个相互衔接的阶段。第一阶段是调控可持续发展系统抵达“拉格朗日点”；第二阶段是在“拉格朗日点”上保持稳定。由此完整解释可持续发展科学所指的平衡性与实现性。

（1）寻求可持续发展“拉格朗日点”两种或多种“物质、能量、信息”类型，两种或多种“物质、能量、信息”状态，两种或多种“物质、能量、信息”结构，处于无差别、无应力、无梯度、无交换的自洽形式时，被称为广义上的平衡，可持续发展追求目标函数的广义平衡，即所谓的可持续发展“拉格朗日点”。可持续发展“拉格朗日点”将作为获取三大平衡（自然平衡、经济平衡、社会平衡）“交集最大化”或“效益最大化”的依据和标准。平衡性理论的解析以及阈值基础的确定，是可持续发展科学一直追求的解析目标。

在一个特定的系统中，寻求两种或多种结构的平衡，既是艰深的理论问题，更是复杂的管理问题。在可持续发展科学中，所谓定量的、指标的、趋势性判断，都必然要涉及到平衡点的确定以及采取达到或接近平衡点的行动路线图。

3、针对联合国可持续发展的有关工作组,所拟定并将提交联合国特别峰会通过的17项目标与169个子项，所做的专业评议，中国学派在《2015世界可持续发展年度报告》中,提出了自己的系列判断。着重指出原目标设计的“不分国别、不考虑发展阶段、无选择性排序、不明确共同而有区别责任”等方面的缺失，重新对全球五大类国家（发达国家、新兴经济体、发展中国家、最不发达国家、小岛国家），提出了具有针对性、符合各国实际情况、合理优先次序排列的目标组合，这将对全球“后发展议程”的讨论与确定起到积极作用。

4、坚持中国可持续发展的“系统学方向”，独立设计完整的指标体系，应用国际公认数据，在全球首次定量研究并计算了192个国家（地区）的可持续发展能力。

5、在全球首次应用独创的测算可持续发展能力的“资产负债表”，并据此列出相应的“可持续发展净资产”雷达图。可持续发展“资产-负债”分析（资产负债表）的中国科学院可持续发展研究组，由中国学派在《2000年中国可持续发展战略报告》中首次提出。在该报告中，以对可持续发展理论的系统学解析为基础，首次比较系统地提出了制定可持续发展能力"资产负债表"的基本原理和基本方法。可持续发展能力的"资产-负债"分析基本思想是从本质上强调对于发展质量的评判，它与经济学研究中制定的划时代的"投入产出表"对于发展数量的评判一道，共同构筑了对于发展的整体认识。因此，"投入产出表"和"资产负债表"是分别从数量维和质量维的角度，对全球、国家或地区的发展状况作出了全面的度量。具体的，可持续发展能力的"资产-负债"分析构筑在对可持续发展的系统解析之中，寻求不同支持系统内部支撑要素的比较优势，这里主要借鉴"比较优势理论"基本思想——"两利相权取其重，两弊相权取其轻"。进一步，将不同支撑要素的比较优势定量化、规范化，然后置于统一基础中加以对比，形成可持续发展能力的"资产"（比较优势）和"负债"（比较劣势）。

可持续发展"资产-负债"分析在本质上强调对于全球、国家或地区可持续发展能力的定量评判,可对各国在不同支持系统的可持续发展能力进行排序。

6、对后发展议程可能遭遇的全球挑战，进行了全面的梳理。

可持续发展科学体系的整体构想，既从经济增长、社会治理和环境安全的功利性要求出发，也从哲学观念提升和文明进步的理性化总结出发,全方位地涵盖"自然、经济、社会"复杂巨系统的行为规则和"人口、资源、环境、发展""四位一体"相协调的辩证关系，并进一步将此包含在时空演替的总体趋势之中，从而组成一个完善的世界战略谱系，力求在理论上和实证上获得最大价值的"满意解"。

相对于传统发展而言,"年度报告",可持续发展科学其突破性贡献在于:可持续发展的内涵"整体内在综合"的系统本质;可持续发展科学揭示"发展协调持续"的哲学思考;可持续发展科学发映"动力质量公平"的有机耦合;可持续发展科学规范"和谐有序理性"的人文要求;可持续发展科学体现"数度数量质量"的内在统一。

中国学派提出的《2015世界可持续发展年度报告》主要内容有:对二十一世纪可持续发展面临的严重挑战;"世界后发展议程"的展望;人类足迹与自然资本理论;社会难题与人文响应;未来15年后发展目标的重整;可持续发展能力指标体系,以及可持续发展能力的资产负债表。

三、中国学派对"世界后发展议程"目标的改进意见

2015年被称为可持续发展年，制定"世界后发展议程"目标是其核心任务。针对联合国有关工作组所拟"世界后发展议程"的17类目标和所包含的169项细目，中国学者研究指出：虽然所提目标对社会、经济和环境等方面有了比较深入的解读，但所拟具体目标中，只有29%定义完整和有科学数据支撑；54%尚需进一步验证；17%过于薄弱或无关紧要。中国学者认为这些目标组合存在着:"缺乏一致性、表述重复、语言模糊"等方面的问题，尚不够严谨、不可度量、缺乏时间规定约束和定量研究，研究报告指出，所拟可持续发展目标缺乏对不同国家起点差异的区分，基本上未提及国家之间的不平等问题。

针对这些问题，中国学派研究的《2015世界可持续发展年度报告》对此进行了重新拟定：

1、将世界各国分成5大类型：发达国家、新兴经济体国家、发展中国家、最不发达国家、小岛国家

2、拟定出统一的计量标准和数值排列

3、依照数值列出不同类型国家的目标优先次序

4、获得世界不同类型国家的可持续发展目标选择图

《2015世界可持续发展年度报告》还指出：全球整体进入可持续发展门槛并保持可持续发展状态，是人类历史进程中最为期待的事件。因此，制定世界进入可持续发展门槛的时间表，是全球可持续发展行动的最大目标函数。《报告》依照中国学者提出的抵达"可持续发展拉格朗日点"作为制定时间表的理论依据，在设定前提下计算了实现可持续发展的时间表。

《报告》首先对进入可持续发展门槛的前提设定为："无世界大战发生、无全球性经济危机发生、无全球性国际治理结构失控发生、无全球性网络灾难发生、无全球性不可控事件发生"。依据所设定的前提条件，列出全球发展谱上从最发达到最不发达国家的代表性名录，依照所定标准和国际公认数据，作出各国达到可持续发展目标的基本预测。在所计算的时间表中，目前世界最早可以实现可持续发展的国家是挪威（2040年，距今25年）;世界最大发达国家的美国进入可持续发展门槛的时间是2068年(距今53年）;世界最大发展中国家的中国进入可持续发展门槛的时间2079年(距今64年);世界最后实现可持续发展所定标准的国家是非洲的莫桑比克（2141年，距今126年）;由此可见，世界最早进入可持续发展与最后进入可持续发展国家的年限相差101年，相当于整整一个世纪。

四、"2015年世界后发展议程"的挑战

工业革命以来,自然与社会均发生重大变化,对全球尺度的经济增长与社会治理结构产生了深刻影响。在世界文明的进化谱系中,二十一世纪是救赎世纪已成为必然的历史担当。1987年7月是世界50亿人口日,1999年10月是世纪60亿人口日,2011年10月是世界70亿人口日,平均每年世界人口新增8500万,据测算,每年全世界仅新增人口就要新增消耗食品5000万吨,要新占耕地600万公顷,多消耗电力500亿千瓦时,多消耗水资源50亿文方米,多排出二氧化碳1.2亿吨。据统计过去的20世纪一百年,全球共消耗石油天然气2650亿吨、消耗钢铁380亿吨、消耗铝7.6亿吨,消耗铜4.8亿吨;在新的一百年,二十一世纪的地球必须支撑和消解人口增长带来的压力。研究指出,从全球范围看人类的"生态足迹"以超过地球承载力,给地球的生态支撑和环境带来极大的压力。20世纪的一百年人类经历了两次世界大战,死亡人数达到两亿,难民人数超过15亿,无数的自然灾害和疾病给人类带来了严重的后果。

最近两百年来,人类不理性和无序的生产活动,给地球带来了巨大的干扰,在人类为自己索取丰厚财富的同时,全

球土地的利用发生了巨大改变,全球人类活动的强度发生非线性的增大,以及产生全球气候变暖的严酷现实,致使人类成为了毁灭自己的掘墓人。

据统计自从联合国《21世纪议程》与千年发展目标实施以来，全球可持续发展进程进入到“世界后发展议程”的新阶段。根据全球发展的总趋势，年度报告指出，“世界后发展时期”必将面临重大的挑战：

1、评估并制定目标体系：2030年前，全世界的可持续发展必须在以下三项目标中取得实质性进展：有效遏制全球气候变化、取得反贫困明显成效，全球治理结构进入良性状态。

2、迎接全球网络化：信息世界的网络化必将对人类文明、结构治理和社会行为方式产生全新的历史性影响，由此带来的“发展模式”、“文明形态”、“行为标准”、“社会结构”、“信息鸿沟”等，将是世界可持续发展必须面对的新挑战。

3、充分关注国家GDP质量，从整体上和宏观上全面提升国家的GDP质量,是可持续发展理论内涵与行动结果最终体现的世界标识。如果说创立GDP是20世纪重大的发明之一，那么整体提升GDP质量必将是21世纪重大的任务之一。

4、寻求统一的定量标准：全面提高人均预期寿命将是后发展阶段衡量可持续发展能力的最简约标志。其内涵涉及到地球生命支持系统的稳定与平衡，并且联系到生活安定、社会和谐、心理健康和文明升华，它应当成为衡量后发展议程取得实质成效的定量标尺。

5、深化可持续发展科学：必须完善与深化“可持续发展科学”在可持续发展行动中的理论指导地位与作为过程监测工具的自觉性。

五、迎接全球可持续发展新机遇

当今全球可持续发展迎来历史性的新机遇,首先，从发展动力引擎的升级来看，工业革命4.0(蒸汽机时代1.0,电力革命时代2.0,电脑广泛应用的3.0,数字智能时代4.0)曙光已见，创新驱动引领了发展动力升级，为人类可持续发展提供了取之不竭的动力支撑。其次，从全球治理体系调整来看，以中国为代表的新兴经济体国家群体性崛起，与传统发达国家在全球可持续发展治理体系构建的良性互动和共建共享之中，为全球可持续发展创造了前所未的新机遇、新活力和领导力。其三，从发展理念变革来看，全球绿色新政方兴未艾，从追求“资本红利”向追求“生态红利”的根本性转变，推动工业文明向生态文明转型，生态文明建设孕育着世界可持续发展的历史性机遇。

创新驱动引领发展动力升级。当今世界的技术革命和工业变革的到来，其特征是以数字智能制造技术、互联网技术和再生性能源技术的重大创新与融合为代表，从而导致工业、产业乃至社会发生重大变革，最终使人类进入生态和谐、绿色低碳、循环利用可持续发展的社会。工业革命将从“绿色能源”、“数字制造”、“智慧地球”三大方面，为人类可持续发展提供不竭的动力支撑。工业革命模式4.0是一个可持续发展的模式，这一模式将使人类迅速过渡到一个全新的能源体制和工业模式，从而避免人类文明的消失。其次，由于每个地区、每个家庭都可以生产、使用新的能源，能源的合理利用将从根本上重塑新型的人际关系,将影响人们管理社会、教育子女和生活的方式。最后，工业革命4.0模式将深刻地改变世界政治经济的版图，迎接即将到来的是一种合作性的扁平化权力，由互联网技术与可再生能源相结合而产生，将重构人类乃至国家间的关系。理机制，构建新的全球治理规则体系，提供更好更多的公共治理产品。

世界治理体系的调整与完善。推动全球治理体系变革，完善全球治品，符合全人类的共同利益。在改善全球治理方面，发展中国家正扮演越来越重要的角色。研究报告认为,世界可持续发展治理体系的调整与完善需要遵循“和而不同”“命运共同”和“世界大同”为核心价值的人类可持续发展治理的价值体系：1，在文明、文化、思想理念、价值观等方面，重在遵循“和而不同”；2，在地缘政治、经济金融，生态环境等方面，重在遵循“命运共同”；3，在人类追求、社会发展、公平正义等方面，重在遵循“世界大同”。

工业文明向生态文明转型。保护地球家园、促进可持续发展，加强生态文化建设，强调绿色发展，需要政府、企业、社会的共同努力，实现从追求“资本红利”向追求“生态红利”的根本性转变。挖掘生态文明红利，要把生态文明建设放在突出地位，贯穿和融入经济建设、政治建设、社会建设和文化建设的各方面和全过程。要转变经济发展方式，积极推进工业化、信息化、城市化、农业现代化与绿色化的“五化同步”的有机融合，大力发展生态工业、生态农业、生态服务业等生态经济和生物经济，坚持绿色发展、循环发展、低碳发展的协同推进的经验,把生态文明建设放在突出的战略地位,并融入经济建设、文化建设、社会建设各方面和全过程， 建设资源节约型、环境友好型社会。生态文明建设是一场深刻、持久和重大的社会改造运动，要通过必要的制度创新来调整人们对于自然界的行为，要积极探索构建系统完整的保护和发展共赢的生态文明建设制度体系，实现生态文明建设“只能更好,不能变坏的要求”,建成青山常青、绿水常流、空气常新”的美丽中国。

可持续研究领域的中国学者始终关注世界可持续发展的现状和未来,尤其对可持续发展从行动到科学的演进投入了巨大的努力,对可持续发展的未来研究设置了独立的时间表和路线图。我们祝愿中国学者,同世界同行的研究者、管理者、行动者一道,并发扬中华文化的“知行合一”精神,为全球可持续发展能力建设献计献策,并做出应有的贡献,加快实现可持续发展——从行动到科学的进程。

（冯之浚:国务院参事室特约研究员,第十届全国人大环资委副主任，中国可持续发展研究会名誉理事长）

推动能源变革 发展新气候经济

何建坤

如果说第一次工业革命的标志是煤炭和蒸汽动力革命，第二次工业革命的标志是电力、石油和燃气动力革命。那么，如今所面临的第三次工业革命的标志则是分布式可再生能源与智能互联网融合的革命，是对以化石能源消费为支撑的工业文明自身的革命。发达国家自工业革命以来无节制消耗化石能源，不仅造成资源日趋紧缺，而且导致了以全球变暖为代表的生态危机。

在面临应对气候变化的紧迫形势下，发展中国家不可能再沿袭发达国家以高能源消费为支撑的现代化道路，世界经济发展方式必须向低碳化转型。而新型能源体系革命不仅是应对全球气候变化、实现绿色低碳发展的根本途径，也是人类社会形态由“工业文明”向“生态文明”过渡的必由之路。

在这条道路上，推动能源体系的革命性变革和消费革命是我国顺应世界潮流的战略选择，也是建设生态文明、实现低碳发展的根本途径和关键着力点。纵观历史上的生产力革命都是由于能源的革命性变化，借机推动生产力水平提高。现在的机遇便是由新能源和可再生能源取代化石能源，在这样的历史转折点上，谁抓住机遇，顺应历史潮流，谁拥有低碳技术，谁就能够在国际竞争中取得先机和优势。

目前，发达国家具备低碳发展能力，能够利用该机遇巩固其优势。发展中国家单纯依赖要素投入、资源投入的增长机制已不再适合现在的发展潮流，唯一的选择是在全球范围内参与竞争、激励创新。因此，在现在的情境之下，我国最关键的任务在于顺势发展，实施创新驱动战略，实现低碳经济发展的转型，掌握核心技术。

我国正处在经济发展方式转型的新时期，在经济发展新常态下，绿色低碳发展要有新思路和新举措。各级领导要改变发展观和政绩观，加快推动能源革命的制度建设和机制改革。由注重GDP增长的速度和数量转向更加注重经济发展的质量和效益，放缓能源需求增速，提高清洁低碳能源的比例，加速产业结构调整和能源结构调整，提高发展风电、核能、太阳能等非化石能源产业化的能力，建立起高效、安全、清洁、低碳的能源供应体系和消费体系。在转型过程中，重要的是在制定应对气候变化和能源发展战略时，需要统筹国际国内两个大局，把握全球趋势，以全球视野看待和研究中国问题，顺应世界变革潮流，打造自身竞争优势。

现在国际气候谈判过多关注各国责任义务的分摊，但更好的一种态度是将其看作是一种发展机会的共享，各国都要利用气候变化的契机，转变发展方式，转向可持续发展的生态文明建设，将其作为可持续发展的总体框架，实现发达国家与发展中国家的互利合作。气候谈判不应是“零和博弈”，更不是“囚徒困境”，而是共同目标和共同利益下的合作博弈。

（何建坤：国家气候变化专家委员会副主任，2015年4月《中国气象报》）

推进我国碳排放权交易市场建设

苏　伟

气候变化问题是全球都在关注的热点，是我们国家政府高度重视的一件事情，也是我们转方式、调结构的一项重要举措，是推进生态文明建设的重要抓手。中央在应对气候变化和控制温室气体排放也采取了一些政策措施，从“十一五”开始就把能耗下降，单位能源强度下降作为约束性指标，纳入到国家经济社会发展的规划。“十二五”开始又明确提出要推进国家绿色低碳发展，把碳强度指标纳入到了国家经济社会发展规划，对于我们推动发展方式转变，经济结构调整是有利的举措，国家也逐步意识到我们面临的资源环境，碳排放约束，必须要走一条绿色低碳发展的道路，必须要转变高污染，高排放，粗放型的发展方式，必须要转变走一条绿色低碳、可持续的发展道路。

中央、国务院作出了明确的部署要求，绿色低碳发展、控制温室气体排放，应对气候变化，已经成为国家经济社会发展的一项重大战略。我们也开展了国家今后绿色低碳发展战略和路线图研究，以及到2030年和2050年的发展目标。

国务院提出，到2030年左右，碳排放要达到峰值，意义是非常重大的。一方面对于国际上整个应对气候变化谈判进程会有力推动，更主要的还是对我们国家的可持续发展、转方式、调结构是有力的倒逼机制。正式宣布以后，方方面面也做了很多研究，的的确确也感受到中央决心很大，下一步要继续把宣布的目标落到实处。“十三五”还会进一步加大绿色低碳发展方面的重要政策和举措。“十三五”主要是落实2009年哥本哈根会议前后对外宣布的，2020年地区GDP排放下降40%~45%的目标。“十三五”到“十四五”、“十五五”可能要进一步落实到2030年碳排放达到峰值重要的目标，实际上也是一贯的政策，这方面的政策会逐步强化和细化。

落实具体的国家目标和政策，需要落实到各个行业、工业部门、企业。十八届三中全会明确提出，要发挥市场机制的作用，市场在资源配置当中的决定性作用，这也是一个对于推进绿色低碳发展重要的政策导向，下一步也是围绕如何开展好碳排放权交易市场建设，也是出台了一系列的文件。首先做了很多基础性的工作，要搞碳排放的市场建设，碳资产管理，就离不开对基础数据的统计核算，一方面我们国家会有国家温室气体排放清单核算，省市一级也有地方一级的温室气体排放核算。同时最关键的还在企业，要重点行业企业报告温室气体排放的数据，这对我们建立中国的碳排放交易市场是重要的基础性工作。这项工作最近几年一直有力地往前推进，我们也是同相关行业，相关研究机构一起，研究提出了十几个重点行业，重点企业的温室气体排放清单的核算方法，各个企业、各个行业，可以按照这个方法来明确各个企业排放的数据，这为我们企业参与碳排放权交易，参与碳资产都提供了有力的基础条件。

利马气候变化大会期间，国家发改委发布了《碳排放权交易管理暂行办法》，对于推动碳排放权交易市场建设会有重大的指导性的作用。我们要就《管理办法》进行宣讲和介绍，为尽快能够进入到全国碳排放权交易市场建设做好充分准备。在这之前，我们也启动了七个省市的碳排放权交易试点工作，北京、上海、天津、重庆、广东、湖北、深圳七家开展了碳排放权交易试点。从前期的运行情况来看，总体还是比较平稳，对下一步深化试点，取得更多的经验，为全国碳排放权交易市场奠定一个好的基础，是非常有意义的。下一步以七个试点为核心，准备进一步向周边辐射，尽快推动形成全国碳排放市场更加广泛的基础。

（苏伟：国家发展和改革委员会应对气候变化司司长，2014年12月19日 ）

同舟共济 合作共赢

——对中国国家自主贡献的评论

李俊峰 陈济 杨秀 王田 陈怡 祁悦

2015年6月30日，中国政府向联合国气候变化框架公约（以下简称公约）秘书处提交了应对气候变化国家自主贡献文件——《强化应对气候变化行动——中国国家自主贡献》（以下简称自主贡献），提出了二氧化碳排放2030年左右达到峰值并争取尽早达峰、单位国内生产总值（GDP）二氧化碳排放比2005年下降60%－65%、非化石能源占一次能源消费比重达到20%左右、森林蓄积量比2005年增加45亿立方米左右等2020年后强化应对气候变化行动目标以及实现目标的路径和政策措施。这不仅是中国作为公约缔约方完成的规定动作，同时也是中国政府向国内外宣示中国走以增长转型、能源转型和消费转型为特征的绿色、低碳、循环发展道路的决心和态度。

一、自主贡献有助于推动全球应对气候变化进程

中国的自主贡献是根据公平、“共同但有区别的责任”和各自能力等公约原则以及考虑了发展阶段、现实能力等国情提出的，将有力推动全球应对气候变化进程。

达峰承诺为全球温室气体达峰创造了条件，使得全球2020-2030年期间达峰存在可能。实现全球2℃温升控制目标是公约各缔约方达成的政治共识，根据IPCC第5次评估报告和众多国际智库的研究，将2030年全球温室气体排放控制在2010年水平至比该水平减少40%的范围内是实现这一目标的重要条件，它表明全球温室气体排放需要在2020-2030年期间达峰。中国是全球第一大碳排放国，在过去的一个时期内，全球温室气体排放增量较大部分来自中国。中国政府宣布二氧化碳排放2030年左右达到峰值并争取尽早达峰，为全球温室气体排放达峰的进程提供了有力支撑，可以推动发达国家进一步提高减排力度，吸引更多的国家采取切实可行的减排行动，使得全球2020-2030年期间温室气体排放达峰的可能性大幅提高。

提高非化石能源比例是能源低碳转型的实际行动，有助于加快全球能源系统的低碳化进程。中国是世界第一能源消费大国，且煤炭在能源消费中占主导地位，2014年能源消费总量高达42.6亿吨标准煤，约占全球的四分之一，煤炭消费占全球的一半以上。如果到2030年非化石能源比例达到20%，意味着今后的16年期间，非化石能源比例将提高8.8个百分点，净增加非化石能源约8亿吨，按照每增加1亿吨标准煤非化石能源相当于少排放2.5亿吨二氧化碳计算，这意味着每年少排放近20亿吨二氧化碳。这一目标的实施还加快了包括核能、可再生能源在内的非化石能源开发利用步伐，为非化石能源技术的创新与发展提供广阔的市场，推动包括中国在内的全球能源转型，有助于加快最终实现非化石能源取代化石能源的进程。

实现自主贡献目标将促使发展路径创新，为其他发展中国家实现绿色、低碳、循环发展提供借鉴。从发达国家经济发展的历史过程看，没有一个国家是在工业化、城镇化过程中同时面临绿色低碳转型任务，发展低碳经济的概念是在发达国家均完成了工业化、城镇化后才出现。中国目前正处在工业化、城镇化中后期，如能在这过程中实现发展路径创新，走出一条绿色低碳的发展道路，将为其他尚处在工业化、城镇化初期或尚未开始工业化的发展中国家提供有益借鉴，为各国协调处理好发展经济和应对气候变化的关系做出表率。

二、自主贡献彰显了中国政府应对气候变化行动力度

中国仍是一个发展中国家，正处在工业化、城镇化的过程中，面临着发展经济、消除贫困、改善民生、保护环境、应对气候变化等多重挑战。中国的自主贡献是在充分考虑自身国情、发展阶段和现实能力以及发展中大国国际责任担当的前提下提出的，反映了中国应对气候变化的最大努力，完全符合公约对发展中国家缔约方的要求。即使与有关发达国家相比，中国的自主贡献也是有力度的。

按实现峰值的发展阶段比较，中国实现峰值比发达国家早，人均排放水平低。从各国达峰时的人均GDP水平来看，欧盟是在2万美元（2005年不变价，下同）左右实现稳定达峰，美国是在4万美元左右刚刚达峰且不稳定，有些发达国家在5万美元时仍未达峰。中国政府预计到2050年左右实现全面现代化，2030年左右中国达峰时仍是一个发展中国家，人均GDP在1万美元左右。从各国达峰时的人均排放来看，美国、德国和英国的人均水平分别为19.5吨、14.1吨和11.3吨，而据测算中国达峰时人均排放不会超过10吨。这表明中国自主贡献的峰值目标是有力度的。

按不同时期的碳强度指标比较，中国碳强度下降率比大多数发达国家要快。中国的自主贡献要求碳排放强度到2030年比2005年降低60%-65%，意味着2005-2030年期间碳强度年均下降率必须维持在3.6%-4.1%。美国和欧盟1990年以来的碳强度年均降幅都约为2.3%，低碳转型表现突出的英国和德国也仅为3%和2.5%。根据经合组织的经济预测分析，美国如果能实现2025年相比于2005年温室气体下降26%-28%，其年均碳强度下降率约为3.5%-3.6%，欧盟如果能实现2030年相比于1990年温室气体下降40%，2005后年均碳强度下降率约为3.2%。这表明作为一个发展中国家，即使和发达国家相比较，中国自主贡献的碳强度目标也是有力度的。

按非化石能源消费量比较，中国的增长量更大。2005-2030年，非化石能源比重将从7.4%提高到20%。到2030年，即使中国能源消费总量控制在60亿吨标准煤以内，非化石能源消费量仍要达到12亿吨标准煤，将比2005年增加10亿吨标准煤以上。欧盟计划到2030年可再生能源占比达到27%，比中国高7个百分点，但从实际增量看，非化石能源消费量增量比2005年仅增长4亿吨标准煤左右，比中国少了约6亿吨标准煤。这表明，中国非化石能源消费的发展目标也是有力度的。

三、自主贡献符合我国生态文明建设的客观需要

积极应对气候变化，是中国政府的一贯立场。不论是“十一五”期间提出的“走新型工业化道路”、“建立两型社会”，还是现在提出的“生态文明建设”，都把应对气候变化作为一项重要任务，纳入了国民经济中长期发展规划。中国提出的自主贡献反映了我国应对气候变化一贯的政策和行动，体现了中国政府实现绿色低碳发展转型的决心，顺应了人民对“碧水蓝天”的渴望和建设“美丽中国”的期待。

自主贡献是中国政府应对气候变化一贯政策的延续。为了应对气候变化、控制温室气体排放，中国政府先后把提高非化石能源比例、降低单位GDP能源强度和碳强度作为国民经济发展的约束性指标。到2014年年底，非化石能源在一次能源中占比由2005年的7.4%上升到11.2%，单位GDP能耗较2005年下降了29.9%，单位GDP二氧化碳排放较2005年下降了33.8%。2014年非化石能源消费总量达到4.8亿吨标准煤，是2005年的2.5倍，2005-2014年期间形成节能能力13.1亿吨标准煤。预计2020年非化石能源比例将提高到15%，单位GDP碳强度较2005年下降40%-45%，为我国实现自主贡献所提出的2030年各项目标奠定了坚定的基础。

自主贡献可以形成发展转型的倒逼机制。实现自主贡献的各项目标，既需要转变经济发展方式，也需要改善能源结构，更需要树立“资源节约型、环境友好型”的绿色消费理念。因此无论是排放峰值目标的实现，还是提高非化石能源的比例，都需要增加低碳投资、提高绿色供给。仅扩大非化石能源消费一项，就需要在2016-2030年期间新增核电装机1亿千瓦、水电装机1.5亿千瓦、太阳能装机3亿千瓦和风电装机4亿千瓦，形成庞大的低碳发展产业体系，届时非化石能源年发电量达到4万亿千瓦时，与美国当前的总发电量相当。根据国家气候战略中心的初步估计，今后16年期间，提高能源效率、发展非化石能源以及碳捕集、利用和封存等低碳产业的总投资将超过40万亿，形成产业规模23万亿，对GDP的贡献率超过16%。因此自主贡献也是对中国绿色发展转型的重要贡献。

自主贡献顺应了人民对建设“美丽中国”的迫切愿望。大幅提高环境质量，不仅是2030年前中国发展面临的艰巨任务，也是2050年实现全面现代化的基本要求。实现自主贡献的目标，不仅可以有效控制温室气体排放，为全球实现应对气候变化目标作出中国应有的贡献，同时也可以优化能源结构，减少煤炭和石油等化石能源消费，显著降低各种污染物排放，为改善生态环境、特别是改善大气质量奠定良好的基础。

四、应对气候变化需要全球共同努力

面对错综复杂的应对气候变化国际形势，中国国家领导人习近平提出了“人类命运共同体”的理念，倡导合作共赢、权责共担，共同解决人类面对的难题。巴黎气候协议应遵循这一理念，在世界各国提出的自主贡献的基础上，凝聚共识、落实行动，构建全球气候治理体系。

（李俊峰：国家应对气候变化战略研究和国际合作中心主任，2015年7月1日）

>>>

综合报告

科技部2014年应对气候变化和低碳发展报告

科学技术部社会发展科技司

2014年以来，科学技术部加强统筹协调应对气候变化科技工作，加强应对气候变化科技政策指导，强化重要领域的研发部署，推动应对气候变化国际科技合作，取得了显著成果。总结如下：

一、编制发布“节能减排与低碳技术成果转化与推广目录”

为贯彻落实国务院《“十二五”控制温室气体排放工作方案》和《国务院办公厅印发“十二五”控制温室气体排放工作方案部门分工的通知》，进一步加快转化应用与推广工程示范性好、减排潜力大的低碳技术成果，引导企业采用先进适用的节能与低碳新工艺和新技术，助力相关产业的低碳技术升级改造，科技部组织编制了《节能减排与低碳技术成果转化推广清单（第一批）》并于2014年3月22日发布，供各类工业企业、财政投资或产业技术资金、各类绿色低碳领域的公益、私募基金及风险投资机构等用户在进行节能和减少温室气体排放技术升级和改造时参考。

二、推进第三次《气候变化国家评估报告》编制工作

为系统总结我国气候变化科研最新成果，为我国制定应对气候变化国家政策、采取应对气候变化措施提供更好的支撑,科学技术部与中国气象局、中国科学院、中国工程院牵头联合16个部门组织开展第三次《气候变化国家评估报告》编制工作。来自于中国科学院、清华大学、国家气候中心等100多家科研院所、大学及部分企业的600余名专家参与《评估报告》的编制，经多次专家委员会评审和修改完善，目前已经完成报告内容和报告决策者摘要编制工作。

三、组织各地区省级科技厅（委、局）和国家可持续发展实验区应对气候变化能力建设培训班

分别在华北地区、华东地区、西南地区，组织各省、自治区、直辖市科技厅（委、局），各计划单列市科技局以及国家可持续发展实验区负责气候变化管理工作的有关同志，召开省级科技厅（委、局）和国家可持续发展实验区应对气候变化能力建设培训班，切实提高和深化各地科技系统对应对气候变化科技工作能力。其他地区应对气候变化能力建设培训班将在今年下半年陆续开展。

四、开展《“十二五”国家应对气候变化科技发展专项规划》落实情况检查评估

根据科技部协调组织应对气候变化科技工作职责，2012年科技部联合外交部、发改委等16个部门发布《“十二五”国家应对气候变化科技发展专项规划》，指导全国各部门、地方开展应对气候变化科技工作。2013年底至2014年上半年，科技部发函各有关部门开展《“十二五”国家应对气候变化科技发展专项规划》落实情况检查，系统梳理总结各有关国家科技计划、国家自然科学基金、各行业公益科研专项、中国科学院相关战略性先导科技专项、中国清洁发展机制基金赠款项目等落实专项规划重点任务的情况，统筹专项规划的执行和下一步落实工作。

五、推进碳捕集、利用与封存科技工作

在国家科技支撑计划等渠道继续落实《“十二五”碳捕集利用与封存科技发展专项规划》的任务部署，形成燃烧前、燃烧后、富氧燃烧等捕集技术，驱油、驱气、化工利用、矿化利用、盐水层封存等利用与封存技术的研发与示范系统部署。指导“二氧化碳捕集、利用与封存产业技术创新联盟”加强了氧化碳捕集、利用与封存产学研合作与交流，以及同意大利等国家有关企业、机构开展国际合作。2015年上半年，四川大学在国家科技计划的支持下，在二氧化碳发电方法与技术方面取得巨大突破并完成中试。

六、部署实施节能减排科技专项行动

为贯彻落实国务院《“十二五”节能减排综合性工作方案》，积极推动实施节能减排科技专项行动。2014年初，为进一步加强节能减排科技工作，科技部联合工信部发布了《2014-2015年节能减排科技专项行动方案》，从节能减排关键共性技术研发，先进适用技术推广应用，节能减排科技创新示范工程等方面进一步推动节能减排科技工作。

在能源与资源领域，研发600MW超临界循环流化床、±160千伏多端柔性直流输电示范工程、10MW塔式太阳能热发电站等技术。在交通领域，研发插电式混合动力客车关键技术及系列化产品应用、新能源客车用同轴混联双电机系统、高密度纯电驱动电动轿车用电机及其控制器系列化产品、插电式混合电动汽车“秦”、插电式混合动力城市客车（TEG6129PEV）等技术。在建筑领域，研发建材装备与集成示范、城镇绿色节能建筑等技术。在钢铁、水泥、化工等材料领域，研发高炉出铁过程烟尘控制关键技术、钢铁工业烧结烟气中SO_2、NOx及二恶英脱除技术等技术。在农业领域，重点开展畜禽废弃物高值化利用等关键技术研发。在消除雾霾方面，重点针对北京地区居民生活用小型燃煤炉污染控制、建筑施工等扬尘污染控制等，开展关键技术研发与应用示范。在空气检测预警领域，重点针对京津冀地区空气质量监测预报，对基于物联网的环境空气质量监测、区域性大气污染来源识别与预测、区域性环境空气质量数值预报、区域空气质量预警及决策支撑、区域大气联防联控等技术进行研究。

七、深入实施部署全球变化研究国家重大科学研究计划

2014年，全球变化研究国家重大科学研究计划拟立项项目重点支持太平洋印度洋对全球变暖的响应及其对气候变化的调控作用、全球典型干旱半干旱地区气候变化及其影响、极区环境和地表过程遥感监测等方面研究；支持35岁以下青年科学家开展研究，加强青年人才培养，建立气候变化研究后备队伍。

八、大力推动适应气候变化科技科技研发

组织实施科技支撑计划项目“重点领域气候变化影响与风险评估技术研发与应用”、“沿海地区适应气候变化技术开发与应用”、“北方重点地区适应气候变化技术开发与应用”和“干旱、半干旱区域旱情监测与水资源调配技术开发与应用”等的中期考核和课题实施方案论证工作。在整体部署上，重点关注气候变化监测、预估、预测技术、气象灾害预警、人工影响天气、数值天气预报等适应技术研发，关注农业、林业、水资源、海岸带等关键领域的影响评估和适应技术研发，为“十二五”期间形成重大科技成果奠定基础。

九、深入开展应对气候变化战略政策研究

组织“十二五”科技支撑计划“气候变化国际谈判与国内减排关键支撑技术研究与应用”项目专家组加强研发，综合研判气候变化国内外形势，形成应对气候变化决策建议报告，通过科技部专报上报国务院，以及通过系列简报等形式发送国家应对气候变化领导小组各成员单位有关领导和负责同志，支撑国家和各部门应对气候变化决策。

十、大力开展应对气候变化国际合作和谈判

深入实施“中欧燃煤发电近零排放”二期合作项目，以及中美、中澳碳捕集利用与封存等国际科技合作。推动中国科技部-联合国环境署-非洲水行动项目，开展非洲水资源规划、水资源利用、水资源生态保护、干旱预警系统与适应、旱地节水农业、沙漠化防治等领域的合作与技术转移等。

2014年底，科技部派员参加了联合国气候变化公约利马会议，参加科学附属机构以及适应议题、技术开发与转移等议题的谈判工作。2014年5月12～13日，第五届清洁能源部长级会议在韩国首尔举行，科技部曹健林副部长率团与会。科技部2015年6月派员参加了碳收集领导人论坛技术工作组和政策工作组会议；作为国家联络员参与亚太全球变化研究网(APN）各次执行委员会(SC）会议，审议APN项目资助和下一步发展等议题。

（撰稿：康相武,科学技术部社会发展民科技司气候变化处）

中国工业2014年应对气候变化和低碳发展报告

工业和信息化部节能与综合利用司

2014年，工业节能与综合利用工作要按照三中全会关于深化改革的要求，结合全国工业和信息化工作会议部署，以应对气候变化和工业绿色低碳转型为目标，以工业绿色发展专项行动为抓手，以改革创新为突破口，在政策、机制、法规、制度方面，加强调查研究，探索推进节能减排长效机制建设，重点开展节能降耗、清洁生产、循环经济和资源综合利用等各项工作，促进工业转型升级，单位工业增加值能耗及二氧化碳排放量下降了4.5%，万元工业增加值用水量下降了7%，工业固体废物综合利用率得到进一步提高，重点行业污染物排放强度明显下降。

一、工业绿色发展专项行动

（一）工业绿色低碳转型城市试点

修改完善工业绿色低碳转型城市试点总体方案，在全国选定了内蒙古（包头）、湖北（黄石）、河南（济源）、山西（朔州）、江西（鹰潭）、安徽（铜陵）、河北（张家口）、四川（攀枝花）、甘肃（兰州）、辽宁（鞍山）10个地级市（重化工业城市）先行编制工业绿色转型试点实施方案，指导编制、批复工业绿色低碳转型城市试点方案，开展区域工业绿色转型试点工作。明确城市转型的目标任务和路径，突出改革创新，强化政策引导、标准约束和市场推动，探索工业绿色低碳转型发展的模式和途径。

（二）京津冀及周边地区清洁生产水平提升计划

为贯彻落实国务院《大气污染防治行动计划》(以下简称《大气十条》)，加快推进京津冀及周边地区大气污染综合防治工作，促进区域大气环境质量持续改善，根据《京津冀及周边地区落实大气污染防治行动计划实施细则》，制定并发布了《京津冀及周边地区重点工业企业清洁生产水平提升计划》，实施期限为2013年至2017年。

组织京津冀地区的钢铁、水泥、焦化、化工、石化、有色金属冶炼等重点企业开展清洁生产技术改造，推广先进、成熟、适用的清洁生产技术装备，削减二氧化硫、氮氧化物、烟（粉）尘和挥发性有机污染物，为改善区域大气环境质量做出了显著贡献。

（三）持续落实电机能效提升计划

重点推进生产企业贯标、专项工程推广实施和政策机制建设。会同质检总局实施电机生产企业贯标核查，严格执行电机强制性能效标准；培育一批提供一体化解决方案的规范化、规模化合同能源管理公司，整合资源，完善市场化推广模式。

为推广应用先进实施电机节能技术，能效提升计划提供技术途径、为提升电机系统终端用能设备能效水平，为地方组织实施电机能效提升计划提供技术途径，经地方各地区工业和信息化主管部门推荐、专家评审及网上公示，编制完成并发布了《国家重点推广的电机节能先进技术目录（第一批）》。

二、工业节能降耗

（一）提升能效

在工业锅炉系统、变压器、内燃机等终端用能产品方面提升能效，落实内燃机节能减排指导意见，发布内燃机产品燃油消耗限值及测量方法标准，组织实施非道路车辆及发动机高效清洁行动计划、工业锅炉系统节能减排行动计划、变压器能效提升计划，推广锅炉、变压器等节能技术及产品。持续推进重点用能行业开展能效水平对标达标活动，不断提升能效水平。

开展了组织开展2014年度“能效之星”产品评价，针对于消费类产品（电动洗衣机、热水器、液晶电视、房间空气调节器和家用电冰箱等）和工业装备（在我部印发的《节能机电设备（推荐）目录》的基础上，选择能效水平领先的产品），并发布能效之星产品目录。启动了节能产品惠民工程高效节能台式微型计算机、单元式空气调节机和冷水机组推广信息核查工作，组织地方工业和信息化主管部门、第三方核查机构对高效节能产品推广信息进行核查。

（二）节能管理

强化工业能评，研究以负面清单方式推动开展能评的新机制；强化标准约束，会同有关部门实施好百项能效标准推进工程，编制《电石、铁合金能耗限额标准贯彻实施方案（2014－2015年）》，开展以节能标准促进“两高”行业过剩产能退出试点，组织制修订重点产品能耗限额强制性国家标准；开展省市工业节能与综合利用管理干部专业培训及重点用能企业能源管理岗位和负责人培训，健全工业节能监察体系，充分发挥了节能监察队伍对重点专项工作的支撑作用。

推进了全国工业节能监测系统及平台建设（第一阶段），促进了国家系统与地方系统联网、地方系统与企业信息系统连接，为实现节能数据共享，建立覆盖全国工业领域的统一、高效、实用节能监测平台，奠定了良好的基础。为充分发挥能效标准、标识和行业能效标杆在促进工业企业持续提升能效方面的引领作用，组织制定并发布了《全国工业能效指南（2014年版）》。研究制定了《能效“领跑者”制度实施方案》。

（三）推进节能技术进步

编制和发布了高耗能落后机电设备淘汰目录和先进节能技术装备产品目录，开展落后机电设备淘汰情况的监督检查。推进企业能管中心的建设，组织编制了重点行业企业能源管理中心实施方案。开展了绿色数据中心试点工作的研究，绿色数据中心技术调研和筛选，制定了绿色数据中心试点实施方案，研究确定了绿色数据中心评价指标和评价方法。

（四）促进工业低碳发展

会同发展改革委推进了国家低碳工业园区试点，组织编制试点园区实施方案和园区评价指标体系，制定国家低碳工业园区管理办法，建立绩效考评制度，研究制定重点用能企业温室气体排放评价通则。推进了山西、陕西、甘肃和等地甲醇汽车试点，加强数据收集及试验测试工作，并研究扩大甲醇汽车试点的工作方案。

三、组织实施工业节水技术标准提升计划

（一）提升节水技术装备水平

发布国家鼓励的工业节水工艺技术装备目录，指导企业推广应用先进适用的节水技术装备；组织编制了钢铁、造纸等高耗水行业落后用水工艺装备淘汰目录，实施强制性淘汰。

（二）提高重点企业用水效率标准

发布重点行业用水效率标杆企业和标杆指标，深入推进钢铁、石化等重点行业节水型企业创建工作。制修订了部分行业取（用）水定额标准，组织制订了石油化工、味精等行业节水型企业评价国家标准。

（三）建立工业节约用水约束机制

研究推进基于取（用）水定额标准的惩罚性水价政策，明确政策思路和方案。研究和组织起草了《工业节水管理办法》，进一步规范了重点用水企业管理、节水技术推广、用水项目投资准入、节水基础能力建设等。

（四）推进节水技术改造及产业化示范

组织各地区尤其是缺水地区，创新工业节水技术改造的政策思路，编制了节水技术推广实施方案。引导实施一批对行业有重大影响和突出效果的关键技术产业化示范工程项目。

四、推进节能环保产业发展

（一）组织实施节能环保国家级示范工程建设

结合国家节能减排重点和高耗能、高污染行业节能减排需要，提出示范工程建设工作方案，与有关部门协商，部署启动。在示范工程基础上，深入研究提出了节能环保技术装备推广的政策和机制，发挥了示范工程引领作用，从根本上了带动节能环保产业发展。

（二）发展了一批重大节能环保技术装备

选择了一批技术水平先进、工艺路线清晰、节能环保效果突出、推广意义重大、具有行业代表性的技术装备，提出绿色发展重大工程项目，开展了产业化示范；组织编制并发布了节能、环保、综合利用技术装备目录，如《国家鼓励发展的重大环保技术装备目录》。

（三）培育了一批节能环保产业园区

为加强对新型工业化产业示范基地中节能环保装备基地的指导。积极扶持了节能环保产业集中、特色鲜明的工业园区建设，重点支持和培育，形成了一批节能环保产业园区。

（四）开展节能环保技术交流与合作

依托相关组织和机构，支持筹办了中国国际节能环保技术装备交易展，打造了市场化、国际化的节能环保技术装备展示交易平台。落实与联合国工业发展组织合作方案，开展了相关人才交流和能力建设。利用联合国工发组织合作伙伴计划平台，支持和鼓励国内节能环保企业“走出去”，推进了国内技术向国外交流。

五、实施清洁生产水平提升计划

（一）组织编制了工业领域大气污染防治实施方案

以落实大气污染防治计划为重点，组织编制了工业领域落实国务院《大气污染防治行动计划》的具体实施方案，进一步强化了源头预防措施，加强技术和标准支撑，健全激励约束机制，推进了重点行业、重点区域和重点领域大气污染防治。

（二）实施重点区域工业企业清洁生产水平提升计划

指导“三区十群”工业主管部门编制实施清洁生产水平提升计划，推进京津冀及周边地区等重点区域、重点流域、重点行业工业企业提升清洁生产水平。编制了钢铁、建材、有色、化工等重点行业清洁生产技术推行方案，引导采用先进适用清洁生产技术实施绿色升级改造。

（三）开展高效清洁用煤重点技术试点示范和推广应用

筛选了一批推广潜力大、节煤效果好、污染物排放少的高效清洁用煤工艺技术，并编制发布相关目录。落实了一部分重点行业、重点地区开展焦化、煤化工、工业窑炉、锅炉清洁化高效用煤技术试点示范工程建设，推进了煤炭清洁高效利用，对减少煤炭使用量和大气污染物排放量起到促进作用。

（四）组织实施汞削减、铅削减、高毒农药替代清洁生产重点工程实施计划

开展清洁生产技术产业化示范，优先支持行业重大关键共性清洁生产技术攻关和产业化应用。编制重点区域、重点流域和产业集聚区清洁生产水平提升计划，指导企业开展绿色改造，促进改善重点区域大气环境质量、重点流域水环境质量和重点行业清洁生产水平。

（五）实施“双百”工程

编制发布了百个清洁生产技术示范案例，总结提炼了典型清洁发展模式，指导工业企业实施清洁生产技术改造。开展了百家工业企业产品生态设计试点，探索了我国产品生态设计的激励机制和推行模式，引导企业树立全生命周期污染控制理念，促进了工业污染防治从末端治理向全生命周期控制转变。

六、推进工业循环经济和资源综合利用

（一）推进资源循环利用体系建设

以战略性稀贵金属、有色金属、钢铁、橡胶等行业为重点，组织实施了一批资源再生利用示范工程，发布了第四批再制造产品目录。推进废钢铁加工、废旧轮胎综合利用等再生资源行业准入管理，培育行业骨干企业。加强环保核查、行业准入与许可证更新发放政策之间的衔接，实施了再生铅企业准入公告，促进了铅酸蓄电池和再生铅行业规范发展。在区域铅资源循环利用体系建设试点的基础上，推进了铅酸蓄电池回收基金制度的研究和设计，探索了生产者责任延伸制度的新模式。推广了一批资源综合利用先进适用技术装备，并遴选和发布了典型技术成果案例。

（二）资源综合利用试点示范

以提升大宗工业固废资源综合利用率为目标，重点推进了工业固体废物综合利用基地建设试点和综合利用示范工程建设。推动大宗工业固废综合利用基地建设取得实质性进展，梳理了12个基地建设试点地区试点工作现状，努力搭建服务平台，提供技术、融资、合作方引进等不同解决方案。实施了一批资源综合利用示范工程，在赤泥、磷石膏、电解锰渣等难利用大宗工业固体废物领域推进综合利用，联合国家安全生产总局实施好尾矿综合利用示范工程建设。推进水泥窑协同处置生活垃圾，支持综合利用废渣发展高标号水泥和特种水泥。

（三）发展机电产品再制造产业

推进重点领域再制造产业规模化发展，进一步扩大再制造试点示范领域和范围，开展逆向物流体系建设试点，加强再制造集聚区及示范园建设。积极推进废旧电机、内燃机、机床、工程机械等机电产品再制造及流程工业机械装备在役再制造，发布了机电产品再制造目录。

（撰稿：尤勇，工业和信息化部节能与综合利用司节能处；曹园，中国电子学会）

中国环境保护领域2014年应对气候变化和低碳发展报告

中国环境保护部科技标准司

环境保护和污染防治工作与能源利用、温室气体排放有密切关系，2014年，环境保护部按照履行开展“有利于应对气候变化环保工作”职能要求，深入研究构建气候友好型环保工作机制相关问题，促进应对气候变化工作与污染治理和生态保护工作的融合。

一、不断提高环保工作应对气候变化综合水平

（一）系统地总结气候友好型环境管理研究试点工作成果

结合过去几年试点工作开展情况，对工业园区和社区层面的气候友好型环境管理探索进行了总结，从现有环境管理制度的气候友好化改进、采取气候友好的技术措施等方面提出了完善工业园区和社区层面气候友好型环境管理制度的政策建议。

（二）深入推进温室气体排放监测试点工作

依托内蒙古呼伦贝尔、山东长岛、青海门源已建立的3个温室气体区域背景监测站，以及31个省会城市和直辖市建立的温室气体源区监测站，形成了二氧化碳、甲烷和氧化亚氮三类温室气体实时上传小时均值的自动在线监测网络系统，针对火电、水泥、硝酸等重点行业开展了温室气体排放监测试点，评估筛选了水泥、钢铁、火电行业二氧化碳排放点源的监测技术。

（三）不断完善温室气体相关的环境统计核算体系

开展了基于2010年污染源普查动态更新数据和2011-2013年环境统计数据的全国工业和生活源二氧化碳排放核算，分析了二氧化碳排放的区域和行业变化趋势。在“十二五”环境统计指标体系中增加了温室气体核算相关统计指标，核算了基于环境统计报表的2013和2014年全国水泥、火电和钢铁三个重点行业的二氧化碳排放量。

（四）强化重大气候工程的环境风险防控工作。继2013年发布《关于加强碳捕集利用与封存试验示范项目环境保护工作的通知》之后，编制了工业源排放二氧化碳捕集和地质利用、封存环境风险评估技术指南，提出了二氧化碳捕集、利用与封存示范项目的环境风险评估方法。

二、围绕国家温室气体强度控制目标推进温室气体减排

（一）深入开展污染治理与二氧化碳排放和能耗关联性研究

在河北、山西、山东、浙江、湖北和陕西等省份开展气候友好型环境工作调研，对钢铁、水泥、电力和交通等重点行业污染治理与二氧化碳排放和能耗关联性进行了深入研究，这种污染源结构减排（关闭污染源）必然导致温室气体排放量减少的规律，提出了相关对策建议。

（二）以清洁发展机制为契机切实减少温室气体排放

协助国家发改委，积极推动化工、风力发电、垃圾填埋气回收利用、工业废能回收利用以及生物质等多个领域的清洁发展机制项目开发。参与国际自愿减排工作，先后开展了黄金标准、自愿碳标准、世界大坝委员会标准等50余个项目的审定与核查工作。

（三）努力推动非二氧化碳类温室气体的控制管理

系统分析生活垃圾填埋处理甲烷排放现状及演变特征，筛选和识别了填埋场污染物和甲烷控制与减排方法，提出了城市生活垃圾填埋处理甲烷排放的控制途径和对策措施；制订了《蒙特利尔议定书》下加速淘汰含氢氯氟烃的管理计划，积极参与国家三氟甲烷（HFC-23）销毁处置的规则制订；以观察员身份参与“气候与清洁空气联盟”相关工作组会议，积极开展非二氧化碳类温室气体和短寿命气候污染物等相关研究，与联合国环境规划署（UNEP）合作编写了“控制短寿命气候污染物的环境与气候效应”报告。

三、以生态保护和水环境改善为切入点积极开展适应气候变化相关工作

（一）推动生物多样性适应气候变化的研究和政策制定

系统调研了国际上生物多样性适应气候变化的相关政策措施和技术方法，分析了当前我国生物多样性保护协同应对气候变化存在的诸多问题，提出了我国要加强生物多样性保护协同应对气候变化工作的对策建议；开展了气候变化对典型自然保护区及关键保护对象的影响和风险研究，评估了气候变化对雅鲁藏布大峡谷、达里诺尔、达赉湖国家自然保护区的影响，识别了自然保护区面临的气候变化风险，揭示了气候变化影响和风险的作用机制，提出了我国自然保护区气候变化风险管控对策。

（二）强化大气与水环境适应气候变化的科学研究。建立了空气质量模拟评估平台，量化评估了黑碳气溶胶和硫酸盐气溶胶气候效应以及我国污染物减排政策实施效果；基于区域气候模式和全球气候模式模拟分析了全国和典型区域未来各气候要素的时空变化特征，运用主成分分析和神经网络技术探讨了未来气候变化对空气污染的影响，提出了气候变化背景下的空气污染防控对策与措施。同时，启动了“气候变化对水环境质量的损失损害影响及适应对策研究”环保公益科研专项研究，分析了气候变化对国内外典型流域水环境质量的影响机理、途径和影响特征，探讨了已有气候条件变化如强降水、极端高温等导致的水污染事件特征，初步识别气候变化条件对水环境风险防控的影响，总结了国内外已有气候变化条件下水环境风险防控管理政策。

四、利用环保宣传教育平台向公众传播应对气候变化知识

（一）以重大环境纪念日为契机宣贯应对气候变化知识和理念

结合“六•五”世界环境日、世界地球日、节能宣传周、低碳日等，开展形式多样的应对气候变化主题宣教活动。2014年世界环境日，举办了“首届中国绿色碳汇节”青年环境友好使者主题活动，在国家大剧院面向游客、观众开展环保和应对气候变化宣讲活动。

（二）积极通过媒体宣传应对气候变化

自2014年1月以来，通过新华社中国新华新闻电视网《环境》栏目播出共10期气候变化方面的相关新闻专题。组织20余篇应对气候变化稿件在《中国环境报》、《世界环境》等报刊杂志刊发，全面展望、回顾利马气候变化大会，展望巴黎气候变化大会。另外，依托微信公众账号“微言环保”、“世界环境”、“环境友好使者”等新媒体发布应对气候变化内容近百条，累计点击量超过50万次。

（三）积极开展青年应对气候变化行动

组织专家分别赴海南、新疆、黑龙江、内蒙、吉林和湖北6省开展青年志愿者应对气候变化创新能力培训，截至2014年11月底，共培训1629名青年志愿者；举办了四期千名青年环境友好使者应对气候变化主题沙龙，编写了《中国青年应对气候变化行动指南》；2014年12月举办利马气候变化大会中国角“低碳节能，青年在行动”主题边会，宣传中国青年开展应对气候变化所取得的成果。

（四）开展应对气候变化宣传

依托国家环境宣传教育示范基地，通过时光穿梭机电子互动展项等积极开展面向公众尤其是青少年的气候变化教育，组织开展了气候变化展览展示工作，并开发相关应对气候变化教学活动，以海平面上升、节约粮食以及节约能源为切入点，提倡和鼓励广大中小学生及国内外环保人士以实际行动应对气候变化。

（五）开展援外应对气候变化培训

2014年8月29日至9月25日，开办“加勒比及南太地区气候变化与环境保护官员研修班”，针对来自加勒比及南太地区的共15位环境官员，系统介绍了中国在应对气候变化和环境保护领域的成功经验，增进了中国与加勒比及南太地区有关国家的相互理解与交流，共同探讨与解决经济发展进程中所面临的环境问题和气候变化问题，促进和加强区域环境合作。

五、积极参与应对气候变化国际谈判

积极参与《联合国气候变化框架公约》（UNFCCC）及其德班平台谈判、政府间气候变化专门委员会（IPCC）的相关会议，积极参与蒙特利尔议定书、生物多样性公约下有关气候变化方面的议题磋商，积极组织有关专家参加UNFCCC有关国家温室气体清单质量的评审、IPCC第五次综合评估报告编审和IPCC第六次评估报告特别报告主题遴选等相关工作，为我国参与国际应对气候变化合作进程做出了积极贡献。

（撰稿人：冯波、付建平，环境保护部科技标准司环境健康管理处（气候变化应对处））

中国住房城乡建设领域2014年以来应对气候变化和低碳发展报告

住房和城乡建设部节能与科技司

2014年以来，住房和城乡建设部认真开展应对气候变化政策与技术研究，贯彻落实绿色建筑行动方案，推进建筑节能与供热计量改革，推进低碳生态城市试点示范，落实大气污染防治工作，扩大超低能耗绿色建筑试点，发展可再生能源建筑应用，加强城市建设与管理，积极开展国际合作，宣传应对气候变化成果，住房城乡建设领域应对气候变化的政策与行动取得了积极进展。

一、进一步完善应对气候变化政策法规

（一）开展应对气候变化政策研究

根据《国家适应气候变化战略》，组织研究编写《城市适应气候变化行动方案》，明确城市适应气候变化工作的目标、主要内容和重点任务。2014年9月与国家发展改革委、亚洲开发银行联合举办“城市适应气候变化国际研讨会”，交流适应气候变化国际形势和政策、研讨城市适应气候变化的理念和管理经验、研讨城市适应的重点任务和技术方向，各省、自治区、直辖市发改和建设主管部门有关负责同志、有关研究机构、学协会、大学、企业共约200人参会。

开展建筑领域碳排放趋势与减排潜力预测研究。组织实施好清洁发展机制基金“应对气候变化的建筑低碳标准和制度研究与推广”项目。参与2014年度国家《中国应对气候变化政策与行动》、《应对气候变化—中国在行动》电视宣传片及画册、《中国低碳年鉴》制作，积极宣传住房城乡建设领域应对气候变化行动和成效。

（二）出台建筑节能与绿色建筑、绿色建材相关政策

2014年及2015年上半年，我部修订发布了《绿色建筑评价标准》，对绿色建筑“四节一环保”以及建筑健康、舒适度等方面做出更为严格的要求；制定发布了《绿色商店建筑评价标准》，进一步完善了绿色建筑标准体系；修订发布了《公共建筑节能设计标准》，优化完善了公共建筑节能设计指标。我部会同工业和信息化部出台了《绿色建材评价标识管理办法》、《促进绿色建材生产和应用行动方案》，引导绿色建材发展。

（三）城乡规划应对气候变化相关政策

目前，我部正在研究制定城市总体规划编制审批办法，其中，将要求各地在城市总体规划编制时，将城市湿地、林地、风景区、自然保护区等，划定为禁止建设区和限制建设区，并明确生态空间管制要求，推进城市生态建设。

为了推进城市绿色发展、循环发展、低碳发展，目前我部正在制定国家标准《城市环境规划规范》和行业标准《城市人口规模预测规程》，将在标准中分别明确有关城市生态环境规模、布局，以及城市人口预测的技术方法等相关技术要求，确保城市发展建设符合资源环境承载力要求。

（四）城镇建设应对气候变化相关政策法规

2014年，根据国务院办公厅对大气污染防治行动计划实施情况考核的要求，住房城乡建设部与环保部等部门印发了《大气污染防治行动计划实施情况考核办法（试行）实施细则》（环发〔2014〕107号），对供热计量工作考核提出了具体要求。

2014年，住房城乡建设部会同发展改革委印发了《关于进一步加强城市节水工作的通知》，要求各地按照“优水优用，就近利用”的原则合理布局污水处理再生利用设施，并积极推广建筑中水利用，鼓励居民住宅使用建筑中水。

2014年，国务院办公厅下发《关于加强城市地下管线建设管理的指导意见》（国办发〔2014〕27号），2015年，国务院办公厅下发《关于推进城市地下综合管廊建设的指导意见》（国办发〔2015〕61号），要求切实加强城市地下管线建设管理，推进城市地下综合管廊建设，提高管线安全水平和防灾抗灾能力，提高城市适应气候变化能力。

全面开展建筑垃圾资源化利用工作。完善相关政策措施，着手起草《关于促进建筑垃圾资源化利用工作的指导意见》。

二、建筑节能与绿色建筑应对气候变化作用日益显现

（一）新建建筑执行节能强制性标准效果显著

截至2014年底，全国城镇新建建筑全面执行节能强制性标准，新增节能建筑面积16.6亿平方米，可形成1500万吨标准煤的节能能力。全国城镇累计建成节能建筑面积105亿平方米,约占城镇民用建筑面积的38%，共形成1亿吨标准煤节能能力。

（二）北方采暖地区既有居住建筑供热计量及节能改造

财政部、住房城乡建设部安排2014年度北方采暖地区既有居住建筑供热计量及节能改造计划1.75亿平方米，截至2014年底，各地共计完成改造面积2.1亿平方米。“十二五”前4年累计完成改造面积8.3亿平方米，超额完成国务院下达的“十二五”期间7亿平方米的改造任务。2015年安排改造任务共计1.6亿平方米，截至7月底，已落实具体改造项目1.67亿平方米，已开工1.08亿平方米，其中已完工2173万平方米。夏热冬冷地区既有居住建筑节能改造稳步推进，2014年共计完成改造面积1521万平方米，累计完成改造面积7090.58平方米，超额完成国务院下达的“十二五”5000万平方米改造任务。

（三）国家机关办公建筑和大型公共建筑节能监管体系建设继续深入

截至2014年底，全国累计完成公共建筑能源审计12900余栋，对13000余栋建筑能耗情况进行了公示，在33个省（区、市）建设公共建筑能耗动态监测平台，对7400余栋建筑进行了能耗动态监测。全国完成公共建筑节能改造面积3927.5万平方米，其中天津、上海、重庆、深圳四个公共建筑节能改造重点城市完成改造面积1656万平方米，改造项目总体节能效果达到预期目标。

（四）绿色建筑发展迅速

截至2015年6月底，全国共有3241个项目获得了绿色建筑评价标识，总建筑面积超过3.7亿平方米。绿色建筑强制推广工作稳步推进，住房城乡建设部会同国家发展改革委、国家机关事务管理局印发了在政府投资公益性建筑及大型公共建筑建设中全面推进绿色建筑行动的通知。北京、重庆、江苏、浙江、深圳等地开始在城镇新建民用建筑中强制执行绿色建筑标准，累计强制推广绿色建筑面积近4亿平方米。

三、积极推广超低能耗绿色建筑

1. 实施超低能耗绿色建筑试点示范。到目前为止，全国共有河北、黑龙江、辽宁、山东、江苏、浙江、福建、湖南、青海等9省，28个单位40个超低能耗绿色建筑项目列入住房城乡建设部科学技术计划。项目类型包括居住、公共建筑、既有建筑改造等，所在地包括涉及严寒、寒冷、夏热冬冷、夏热冬暖4个气候区。其中山东2014年组织了11个示范项目，并申请财政资金6000万元用于支持示范项目。

2. 开展高标准建筑节能工程示范。依托中美“清洁能源联合研究中心建筑节能领域合作项目”，开展近零能耗建筑工程示范。中国建筑科学研究院近零能耗示范楼竣工，建筑面积4025㎡，通过先进节能技术设计与设备集成，实现“冬季不使用传统能源供热、夏季供冷能耗降低50%，建筑照明能耗降低75%”的能耗控制指标。

3. 组织开展相关技术研究。组织编制超低能耗绿色建筑技术要求，现已完成初稿。

四、开展“海绵城市”建设

2014年，住房城乡建设部制定印发了《海绵城市建设技术指南（试行）》，指导各地从雨水单一“快排”的传统模式转向“渗、滞、蓄、净、用、排”的多目标全过程综合管理模式，促进雨水收集、净化、利用；并与财政部印发了《关于开展中央财政支持海绵城市建设试点工作的通知》，对海绵城市建设试点城市给予资金补助，加快推进海绵城市建设。目前，确定的16个试点城市海绵城市建设稳步推进。各试点城市在规划建设管控制度方面进行了积极探索，政府统筹协调，道路、园林、水利等相关部门通力协作，积极推进试点工程建设。通过海绵城市，大幅提高城市适应气候变化的能力。

五、国际合作引导低碳生态城市的发展

1. 继续推进双边低碳生态城市试点示范。为了学习发达国家低碳生态城市建设经验和技术，住房城乡建设部开展中美、中德、中加、中欧、中芬低碳生态城市试点示范工作。与美方联合推进廊坊、潍坊、日照、合肥、鹤壁、济源等6个试点城市的试点工作，举办了3次中美低碳生态试点城市技术研讨与交流活动，完成试点城市调研报告并反馈城市。与德方联合评审确定河北省张家口市（含怀来县新兴产业示范区）、山东省烟台市（高新技术产业开发区）、江苏省宜兴市和海门市（新城区）、新疆维吾尔自治区乌鲁木齐市（高铁片区）作为中德低碳生态试点示范城市，召开了试点示范工作会，与德方确定了试点示范工作方案。与加拿大合作确定天津滨海新区为中加低碳生态试点示范城区，并推进试点工作。2014年，住房城乡建设部与芬兰环境部签署《关于建设环境合作谅解备忘录》，启动中芬低碳生态城市试点。

2. 启动实施“中欧低碳生态城市合作项目”。成立项目管理办公室，确定指导委员会管理架构，制定了项目整体工作计划和第一年工作计划，组织项目试点城市申报工作。启动中欧低碳生态城市网络平台建设。

3. 开展低碳生态城市相关研究。组织实施世界银行/全球环境基金“中国城市建筑节能与可再生能源应用”项目，开展低碳宜居城市相关研究与示范，开展低碳生态理念下的城乡规划标准再梳理研究、中国低碳宜居城市形态研究。与英国合作开展的“低碳生态城市规划方法研究”、“城市低碳更新战略研究与试点”项目。

4. 开展低碳生态城市能力建设活动。启动中德“建筑节能与气候变化领域关键参与者能力建设项目”，开展培训师培训。组织召开多次低碳生态城市领域国际研讨会，促进技术与管理经验交流。

六、可再生能源建筑规模应用继续不断扩大

截至2014年底，全国城镇太阳能光热应用面积27亿平方米，浅层地能应用面积4.6亿平方米，太阳能光电建筑装机容量达到2500兆瓦。可再生能源建筑应用示范市县已开工示范项目建筑面积约1.6亿平方米，已竣工示范项目建筑面积约4.5亿平方米，总体完工比例80%。有33个示范城市、86个示范县全部完成示范任务。山东、江苏两省省级重点推广区完工比例为124%和74%。

七、大力推动大气污染防治工作

结合我部“2014年建筑节能与绿色建筑行动实施情况专项检查工作”，组织开展对包括京津冀在内有北方采暖地区省级人民政府供热计量工作的考核。

配合环保部对全国各省份开展“大气十条”2014年实施情况考核，形成考核报告，并要求各地针对考核发现的问题制定解决措施，同时督促各地进一步加大环卫投入，适度提高道路机械化清扫比例，加强对建筑工地、渣土车运输等环节的监管，减少城市道路扬尘；2015年7月25日在宁夏银川、中卫市召开全国城市环卫保洁工作现场会，在全国开展“学习中卫经验清洁城市环境”活动，要求各地制定活动方案逐步推进，在中国建设报开设专栏，定期报道各地落实情况，进一步提高道路机械化清扫水平；在河南、吉林省开展建筑垃圾管理及资源化利用试点省建设工作；在西安开展建筑垃圾资源化利用与处理培训班，进一步提高行业管理人员专业水平。

八、鼓励村镇低碳绿色发展

2014年、2015年我部继续会同国家发改委、财政部结合农村危房改造支持“三北”地区和西藏自治区开展建筑节能示范。中央对建筑节能示范每户增加2500元补助，主要用于支持农户在墙体、门窗、屋面、地面等维护结构和采暖、照明等室内用能设施采用节能措施。2014年、2015年中央分别支持了14万户、35万户结合农村危房改造开展建筑节能示范。通过实施建筑节能示范，有效提高了农房居住舒适度，降低了冬季采暖支出，推动了农房降低能耗、节约资源和减少环境污染。下一步，我部将会同有关部委结合农村危房改造加大建筑节能示范力度。不断完善政策和监管措施，加强技术指导与监管，进一步提高建筑节能示范质量和技术水平，引导更多农户采用节能措施建房。

（撰稿：侯文峻，住房和城乡建设部建筑节能与科技司）

中国交通运输行业2014年应对气候变化和低碳发展报告

交通运输部综合规划司

自2014年以来，为了继续深化我国交通运输业节能减排与应对气候变化工作，支撑行业绿色发展，交通运输部从顶层设计、制度完善、试点示范、气候谈判、科研支撑等方面倾力推进，行业节能减排与应对气候变化成效明显。据测算，2014年，交通运输行业节能709万吨标准煤，减排1544万吨CO2。与2013年相比，营运车辆单位运输周转量能耗下降2.4%，营运船舶单位运输周转量能耗下降2.3%，港口综合单耗下降2.5%。

一、优化节能减排顶层设计

落实国家节能减排战略部署。研究印发了《2014年交通运输行业节能减排工作要点》（厅政法字〔2014〕36号），发布了《交通运输行业贯彻落实<2014-2015年节能减排低碳发展行动方案>的实施意见》（交办法〔2014〕110号），组织召开交通运输行业节能减排降碳视频工作会议，明确分工、落实责任、分解任务，强化对行业节能减排工作的总体要求，确保如期完成行业节能减排目标。

制定行业节能环保规划方案。组织开展了《“十三五”绿色交通发展战略目标及相关政策研究》、《交通运输绿色循环低碳发展水平评估和“十三五”重点任务研究》、《交通运输“十三五”期节能减排影响因素、减排潜力及资金需求研究》等战略性研究工作。

二、加快节能减排制度完善

完善节能减排政策体系。出台了《内河运输船舶标准化管理规定（交通运输部令2014年第23号）》，会同财政部印发了《内河船型标准化补贴资金管理办法》（财建〔2014〕61号）。发布了《交通运输节能减排项目节能减排量和节能减排投资额核算细则（2014年版）》，发布创建绿色交通项目实施方案编制指南。

健全节能减排制度标准。开展绿色循环低碳交通制度框架设计，发布了绿色交通省份、城市、公路、港口评价指标体系。积极推进《营运客、货车辆燃料消耗量限值与测量方法》国家标准制订。发布了《绿色港口等级评价标准》，支撑行业绿色港口创建工作。制定了《液化天然气燃料内河加注趸船法定检验暂行规定（2014）》和《液化天然气燃料水上加注趸船入级与建造规范》。

三、丰富绿色发展试点示范

继续开展绿色循环低碳交通试点示范。新增了江苏绿色循环低碳交通运输省区域性项目；天津、邯郸、济源、鞍山、蚌埠、南平、烟台等7个绿色循环低碳交通运输城市区域性项目；鹤大高速、昌樟高速、道安高速、花久高速、港珠澳大桥等5个绿色循环低碳公路主题性项目；广州港、大连港、福州港、日照港等4个绿色循环低碳港口主题性项目；38个天然气车船主题性项目。

深化绿色交通运输发展内涵。新增了62个公路甩挂运输试点项目，启动多式联运示范工程；确定京津冀、上海、深圳、桂林等16个城市（城市群）开展综合运输服务示范城市建设，稳步推进“公交都市”创建；新增审查发布了6批次（第26-31批）燃料消耗量达标车型，认真执行营运车辆燃料消耗量限值标准。继续推进内河船型标准化工作，制订《水运行业应用液化天然气试点示范工作实施方案》，组织开展16个船舶应用LNG试点示范项目。继续

高速公路、国省干线上通过应用温拌沥青、清洁能源和可再生能源应用、节能照明等技术，提升了交通基础设施建设绿色循环低碳水平

大力推广靠港船舶使用岸电技术、集装箱码头RTG“油改电”技术、清洁能源和可再生能源在港航领域的应用等，支撑绿色循环低碳港口创建

交通运输部按照“统筹规划、分步实施”原则，持续推进全国电子不停车收费系统联网工程(ETC)

液化天然气公交车

推进ETC联网，全国高速公路联网开通省份已达18个，覆盖全国高速公路总里程近70%；“互联网+运输服务”发展步伐快速，促进交通运输节能减排降碳。

营造绿色低碳交通文化氛围。公布交通运输行业首批30个绿色循环低碳示范项目；组织开展2014年全国节能宣传周和全国低碳日、世界环境日、公交出行宣传周等活动；组织开设交通运输节能减排大讲堂，邀请中国科学院院士、中国气象局原局长秦大河作了《气候变化：科学、适应和减缓》的主题报告。

四、参与气候变化国际谈判

参加联合国气候变化框架公约立马会议和IPCC第39次全会及IPCC第三工作组第12次会议；组团出席国际海事组织第66和67届环保会，组织开展了国际海运温室气体减排及其具体议题谈判的专题研究，并提交了多份政策和技术提案。配合国家发展改革委、中国气象局完成了政府间气候变化专门委员会第五次评估报告及决策者摘要的评审工作，支撑中国政府参与相关国际谈判工作。

五、深化节能减排科研支撑

开展交通运输应对气候变化专项研究，完成了《交通运输行业温室气体清单编制指南及控制温室气体对策研究》，提出交通运输省级温室气体清单编制指南方法，形成了交通运输行业应对气候变化方案。拓展交通运输节能减排应用性研究，涵盖行业节能减排战略规划、制度政策、技术方法等内容。

（撰稿：杨建刚、黄全胜、王靖添、宋媛媛，交通运输部综合规划司环保处）

中国农业2014年应对气候变化与低碳发展报告

农业部

2014年，农业部继续发展农村清洁能源，推广普及清洁型农业生产技术，大力推进农业废弃物综合利用，深入开展农业节能减排行动，为粮食增产、农业增效、农民增收作出了积极贡献。

一、大力实施农村能源建设

2014年，全国农村能源建设成效显著，沼气数量稳步增长、功能不断拓展、服务体系日益完善。目前，全国沼气用户已达4383.16万户，沼气工程10.3万处，年总产气量155.04亿立方米；农村太阳能热水器推广面积达到7782.85万平方米、太阳房2527.59万平方米，太阳灶229.96万台；推广省柴节煤炉灶炕1.69亿台，还开展了秸秆沼气集中供气、秸秆气化和秸秆固化成型示范。通过这些技术的推广，年节能1.04亿吨标准煤当量，可减排二氧化碳2.41亿吨，农村能源建设已经成为发展低碳农业、推动农村生态文明建设和创建"美丽乡村"的重要抓手。

二、大力发展节水农业

我国水资源总量不足，时空分布不均，干旱缺水严重制约着农业发展。"十二五"期间，农业部门牢固树立节水增产、节水增效的理念，综合运用农艺、工程、生物等节水措施，取得了显著成效。据专家测算，1998-2013年，农田灌溉水有效利用系数由0.4提高到0.52，天然降水利用率由55%提高到60%；粮食水分生产力由0.89公斤/立方米提高到0.97公斤/立方米，已接近发达国家1.0公斤/立方米的水平。目前，我国节水农业技术模式已日趋完善，形成了适合不同区域的旱作保墒、集雨补灌、地膜秸秆等覆盖保墒、喷滴灌、水肥一体化、湿润灌溉、交替灌溉、垄沟灌溉等技术。

三、实施化肥零增长行动

实施化肥使用量零增长行动，进一步减少农业化肥不合理使用，提高肥料利用率。据统计，"十二五"期间，全国累计减少不合理施肥700多万吨，施肥结构和施肥方式得到优化，有效减轻因肥料施用造成的农业面源污染，促进了农业节能减排。一是继续实施测土配方施肥。不断拓展实施范围，强化农企对接，创新服务机制，按照"按方抓药""中成药""中草药代煎""私人医生"等四种模式推进配方肥进村入户到田。二是积极推进科学施肥。农民科学施肥理念显著增强，广大农民在合理施肥的同时，重视有机肥的施用，秸秆还田有序推进，将大量腐熟粪肥、农作物秸秆和土杂肥等施入土壤，有效遏制了秸秆焚烧，减轻了农业面源污染。

四、实施农药零增长行动

实施农药使用量零增长行动，有力推动农药零增长行动开展。一是细化实施方案。按照《到2020年农药使用量零增长行动方案》的总体要求，细化实施方案，明确行动目标，确保行动有序开展、取得实效。二是强化技术支撑。各地根据农业生产的实际和科学防控的要求，进一步细化物理防治、生物防治、生态控制等技术模式。三是强化示范带动。在北京等17个省（市）开展低毒生物农药示范补助试点，示范带动农民推广应用；在全国建立蜜蜂授粉试点示范区，开展油菜等12种作物蜜蜂授粉与病虫害绿色防控技术集成示范，在促进农作物增产的同时，控制农药使用量，提升农产品质量安全水平；在全国创建一批农作物病虫专业化统防统治与绿色防控融合推进示范基地，依托病虫防治专业化服务组织、新型农业经营主体，推进统防统治和绿色防控融合试点。四是加强技术培训。开展"百县万名农民骨干科学用药培训行动"，提高植保技术人员科学用药水平。截至目前，已举办培训班323场，培训农民技术骨干16000多人。五是强化宣传引导。充分利用广播、电视、网站、报刊等媒体，开展主题突出、形式多样的"农药使用量零增长行动"宣传报道，营造良好的氛围。

五、实施保护性耕作

2014年，中央财政投入资金3000万元在东北一熟区、黄淮海两熟区、西北地区、南方水旱轮作区、南方双季稻区、南方丘陵山区、北方生态脆弱区、盐渍土壤区开展保护性耕作，实施项目县84个、试验监测基地10个。我国保护性耕作技术推广面积不断扩大，由一年一熟区推广到一年两熟区，由北方地区推广到西南季节性旱作区，由小麦/玉米轮作区逐步推广到稻（油）/麦轮作区，由主要粮食作物推广到其它经济作物和牧草的种植。截至2014年底，全国机械化秸秆还田面积达6.47亿亩，保护性耕作面积达1.29亿亩，可以减少农田风蚀6450万吨，减少扬尘1548万吨以上，减少524.46-1091.95万吨CO2排放。

六、推动规模化畜禽养殖污染防治

2014年1月，农业部会同国务院法制办、环境保护部召开《畜禽规模养殖污染防治条例》宣传贯彻视频会，安排部署贯彻落实工作。2014年在畜禽养殖主产区新创建347个，累计创建了3694个国家级畜禽养殖标准化示范场，发挥示范场辐射带动作用，提升了畜牧业生产标准化水平。2014年，农业部、财政部在江苏、内蒙古、重庆等9省

（区、市）启动实施畜禽粪污等农业农村废弃物综合利用试点项目。同时，大力推进畜禽标准化规模养殖，将“粪污处理无害化”纳入创建标准体系，总结推广了“粪便污水贮存＋农田利用”、“沼气发酵＋综合利用”、“三改两分再利用”、发酵床养殖、水泡粪等一批畜禽粪污处理技术模式，规模养殖场废弃物处理设施条件不断改善，粪污处理和综合利用能力不断提高。

七、持续开展渔业节能减排

2014年以来，农业部积极组织开展渔业节能减排工作，取得了积极成效。一是在辽宁、天津、浙江和广西等地开展渔船节能示范与推广，设计研发了2种玻璃钢新船型，推广建造103艘，优化设计22种远洋渔船船型，开展渔船双燃料和电力推进等新型动力研发改造试点，推广节能型柴油机等渔船节能装置218台（套），综合节油率10%以上。二是在江苏、福建、山西等地开展了池塘生态工程化养殖、气动式循环水养殖等养殖节能减排技术与模式的示范推广，推广面积达5万余亩，可实现节水80%以上、节能50%以上，有的可实现池塘全年不换水，产量可提高50%。三是在广东省开展了罗非鱼加工综合利用技术优化完善工作，每吨罗非鱼片加工可实现节电15度、节水12立方米、减排污水12立方米、节约成本314元，为推进水产品加工综合利用进行了有效探索。四是2014年举办了10期渔业节能减排培训班，共计培训渔民和渔业管理人员2000余人次；编印《渔船节能减排宣传手册》、《水产养殖节能减排实用技术》、《渔业节能减排通讯》等资料，供广大渔业科研、管理和从业人员学习借鉴。

八、开展农业面源污染监测与综合防控示范区建设

2014年，各级农业部门不断加强农业面源污染防治工作力度。一是我部会同地方农业部门已在全国初步建立了273个种植业源产排污系数监测点、210个农用地膜残留监测点、25个畜禽养殖产排污系数监测点组成的农业面源污染国控监测网络，定期开展典型调查与定位监测，初步掌握了农业面源污染状况及动态变化，进一步提升了农业面源污染动态变化监控和预警水平。二是2014年，我部与浙江省共建现代生态循环农业试点省，实施畜禽养殖污染治理、化肥农药减量、清洁田园推进、生态模式与技术集成推广、生态自觉提升等专项行动。通过现代生态循环农业示范建设，各地因地制宜地探索推广了一批典型生态循环农业模式，已经初步形成了“试点省＋示范市（县）＋示范基地”的现代生态循环农业典型带动体系。三是2015年，我部在太湖流域和汉江流域各选取1个典型县，整县推进农业面源污染防治示范区建设，既提高粮食产量，提升粮食品质，又保护生态环境，为农业面源污染防治做出示范带动作用。

九、深入开展草原生态保护建设

2014年国家继续加强草原生态保护建设力度。一是中央财政投入160.694亿元草原补奖资金，在河北、山西、内蒙古等地区继续落实草原生态保护补助奖励政策；投入资金20亿元在内蒙古、辽宁、西藏、甘肃等地继续实施退牧还草工程；投入8.6亿元资金实施京津风沙源草地治理工程。二是国家投入资金3亿元启动实施南方现代草地畜牧业推进行动，在保护生态环境的前提下，合理开发利用南方草山草地资源。2014年，全国落实承包草原面积2.94亿公顷，占全国草原总面积的74.76%；禁牧草原面积1.06亿公顷，草畜平衡面积1.81亿公顷，划定基本草原1.78亿公顷；全国重点天然草原的平均牲畜超载率为15.2%，较上年下降1.6个百分点；草原工程区植被盖度比非工程区平均高出8个百分点，高度平均增加63%，鲜草产量平均增加40.5%，其中退牧还草工程区草原植被盖度较非工程区高出6个百分点，高度、鲜草产量分别增加53.6%、30.8%。

十、不断提升国际公约履约能力

2014年，农业部积极参加全球农业温室气体研究联盟等活动，组织实施国际合作项目，履约与国际合作工作扎实有效。一是派员参加在荷兰举行的全球农业温室气体联盟会议，参与农田、畜牧、稻田、温室气体清单、碳氮循环等五个工作组的研究和交流活动，积极参与联盟相关规则制定，对外展示了我国农业应对气候变化科技成果。二是继续执行“农业行业甲基溴淘汰”和“节能砖与农村节能建筑市场转化”项目，组织专家对“气候智慧型草原生态建设”项目进行研讨并成功启动。这些国际项目的启动实施对我国甲基溴淘汰、农村节能建筑领域发展与应对气候变化进行草原生态建设起到了积极推动作用。

（撰稿：曹子祎、韩允垒、强少杰、陈明全、黄涛、于秀娟、王国占、陈建光、黎光华，农业部科技教育司资源环境处）

中国林业2014年应对气候变化和低碳发展报告

国家林业局造林绿化管理司

2014年是全面深化林业改革的开局之年，也是全面推进完成林业“双增”目标的重要一年。按照党中央、国务院决策部署，国家林业局围绕《“十二五”控制温室气体排放工作方案》和《林业应对气候变化“十二五”行动要点》确定的目标任务，扎实推进林业应对气候变化工作取得了新进展，为应对气候变化、建设生态文明作出了新贡献。

一、着力加强林业应对气候变化政策研究，强化宏观指导。深入学习贯彻党中央、国务院有关应对气候变化工作的重要会议和领导同志的重要指示批示精神，按照国家应对气候变化工作的总体部署，结合林业实际，加强政策研究。积极参与《国家应对气候变化规划（2014—2020年）》研究，推进林业相关内容纳入了规划。组织研究提出了2020年后林业增汇减排行动目标，纳入了国家2020年后应对气候变化行动方案。2014年9月，张高丽副总理作为习近平主席特使参加纽约气候峰会并发表重要讲话，明确提出到2030年中国森林蓄积量要显著增加。这是继林业“双增”目标后，中国政府对外又一庄严承诺，进一步彰显了林业在应对气候变化中的重要作用。密切跟踪国家气候变化立法工作进程，配合《森林法》修改，加快推进林业应对气候变化工作法制化。积极参与《单位国内生产总值二氧化碳排放降低目标责任评价考核办法》研究，将年度新增造林合格面积和年度森林抚育合格面积两项指标纳入考核内容，为支撑考核工作、实现控排目标发挥了积极作用。根据国家应对气候变化有关战略和规划要求，组织编制了《林业应对气候变化“十三五”行动要点》和《林业适应气候变化行动方案（2015—2020年）》。制定印发了《2014年林业应对气候变化重点工作安排与分工方案》，明确了六大方面25项重点任务及分工，细化措施，明确时限，狠抓落实。

二、持续加强森林资源培育，努力增加森林碳汇。持续扎实开展造林绿化，深入推进重点生态工程。成功举办中央领导义务植树、共和国部长义务植树、国际森林日等重大活动，加强京津冀蒙林业建设和旱区造林绿化。新一轮退耕还林工程正式启动，安排退耕还林任务500万亩。三北及长江流域等防护林体系建设工程继续稳步推进，出台了退化防护林改造指导意见，启动了退化防护林更新改造试点。京津风沙源治理二期工程和石漠化综合治理工程分别完成林业建设任务367万亩和557万亩。积极推进国家储备林建设，首批划定国家储备林1500万亩。全面加强森林经营，修订颁布森林抚育规程、作业设计规定和检查验收办法，出台了《全国森林经营人才培训计划（2015—2020年）》，加紧编制《全国森林经营规划（2016—2050年）》，稳步推进全国森林经营样板基地建设，全国林地立地质量评价研究取得阶段性成果。2014年，全国共完成造林8324万亩、森林抚育1.35亿亩、义务植树23.2亿株，森林面积和蓄积量持续增加，森林碳汇能力持续增强，为应对气候变化作出了新贡献。第八次全国森林资源清查（2009—2013年）结果表明，相比“双增”目标，森林蓄积量目标已提前完成，森林面积目标已完成约60%。

三、全面加强林业资源管理，努力减少林业排放。落实林地保护利用规划，开展了全国林地“一张图”变更调查及非法侵占林地清理排查和重点国有林区开垦林地清查，进一步强化林地保护管理。深化林木采伐管理改革，东北和内蒙古国有林区停止天然林商业性采伐试点取得突破，天然林资源保护工程区17.32亿亩森林得到有效保护。通过林地管理和采伐改革，努力减少森林资源破坏引起的碳排放。森林防火天地图系统投入使用，进一步提升了林火卫星监测和应急处置能力。2014年，森林火灾次数、受害森林面积、人员伤亡与1999年以来同期平均值相比，分别下降了54.6%、81.3%和18.3%，森林火灾受害率稳定控制在1‰以下。国务院办公厅印发了关于进一步加强林业有害生物防治工作的意见，开展了省级人民政府重大林业有害生物防治目标责任检查考核，启动了全国林业有害生物普查。通过加强林业灾害防控，减少了森林碳排放。林业自然保护区建设、湿地保护、沙化治理取得新进展，既减少林业领域碳排放，又提升了林业适应气候变化能力。2014年，林业国家级自然保护区总数达346个，国家湿地公园总数达569处，新增国家沙漠公园32处、沙化土地封禁保护补助试点县23个。

四、深入推进全国林业碳汇计量监测体系建设，科学测算林业碳汇。召开了体系建设启动会和专题技术培训会，在12个省份开展了土地利用变化与林业碳汇计量监测工作，开展了重点省份泥炭沼泽碳库调查，完成了数据调查、收集和分析、汇总工作，完善了森林和湿地基础数据库和参数模型库，编制了体系建设年度报告。研究编制并论证出台了《全国林业碳汇计量监测体系建设总体方案》、《土地利用、土地利用变化与林业碳汇计量监测技术指南》和《广东省红树林湿地碳汇计量监测技术方案》，修订了《林业管理活动水平基础数据统计表》，湿地碳汇测算和木质林产品固碳测算两项技术指南取得初步阶段性成果。积极协调推进第三次国家应对气候变化信息通报林业碳汇清单编制工作。积极争取将碳卫星立项纳入了《国家民用空间基础设施中长期发展规划》，编制了碳卫星前期攻关项目建议书和《推进碳卫星立项工作方案》。

五、探索推进林业碳汇交易，助力国家应对气候变化行动目标。积极主动参与国家碳市场建设顶层制度设计，研究提出了林业纳入碳交易的政策建议。按照国家碳市场建设总体部署，结合林业实际，2014年，国家林业局出台了《关于推进林业碳汇交易工作的指导意见》，明确了推进林业碳汇交易工作的指导思想、基本原则和政策要求。为抓好指导意见的贯彻落实，开展了相关宣传报道，组织举办了林业碳汇交易试点情况的专题调研和论坛研讨。推动北京、天津、上海、重庆、湖北、广东、深圳7个碳排放权交易试点省市相关制度设计中，明确林业碳汇项目可以通过中国核证减排量抵消机制，参与碳排放权交易。目前，开展林业碳汇项目交易的条件已经具备，一批林业碳汇项目正在履行上市交易前的审核备案程序。为进一步推进林业碳汇交易，促进林业纳入配额管理，组织开展了前期研究工作。

六、加强林业应对气候变化技术规范建设，完善技术制度。2014年，修订完成并发布了《碳汇造林技术规程》、《造林项目碳汇计量监测指南》两项林业行业标准，出版了《造林项目碳汇计量监测指南》和《森林经营项目碳汇计量监测指南》。研究提出了2015年林业应对气候变化技术标准制修订计划，纳入了林业行业标准制修订计划。积极推进全国林业碳汇标准化分技术委员会筹建工作，取得新进展。

七、强化林业应对气候变化科学研究，提升科技支撑能力。国家林业局和国家统计局联合组织开展的中国森林资源核算研究取得重大成果，研究表明：2009—2013年间，我国森林生态系统每年提供的生态服务价值达12.68万亿元，森林资源持续增长为应对气候变化和经济社会可持续发展创造了不可替代的生态价值。积极推进森林对气候变化的响应研究，森林经营对森林生态系统碳储量和碳循环影响研究取得阶段性成果。初步探明了森林对PM2.5等细微颗粒物的吸附机理。截至2014年底，生态站总数达到157个，网络布局更趋完善。

八、加强业务培训和政策宣传，加快人才队伍建设。2014年，举办了第八期全国林业碳汇计量监测技术培训班、第四期全国林业知识培训班、西部地区林业应对气候变化暨林业碳汇知识远程培训班，培训约600人次，大力培养林业碳汇专业人才。联合有关单位发起并共同主办了4期“应对气候变化媒体课堂”，有力推进我国应对气候变化媒体宣传工作。完成中国林业应对气候变化网改版升级，加强林业应对气候变化工作动态、政策措施、知识要点的宣传普及。联合发起并组织实施了2014年亚太经合组织（APEC）会议碳中和林项目，充分体现了会议倡导的绿色低碳发展理念。在2014年联合国气候大会期间，举办了林业主题边会。跟踪国际生态治理和应对气候变化形势，认真编发《气候变化、生物多样性和荒漠化问题动态参考》，截至2014年底共编发77期，为有关部门提供相关参考信息，影响不断扩大。结合植树节、世界环境日、全国低碳日、节能宣传周等节点，开展了第四届“绿化祖国•低碳行动”植树活动、“首届中国绿色碳汇节•绿韵——竹乐器暨竹文化艺术展”、绿色碳汇知识讲座，以及“携手节能低碳、共建碧水蓝天”主题节能宣传活动，以实际行动，倡导低碳生活。

九、积极推进气候变化履约谈判和国际合作交流，建设性参与气候变化国际进程。认真分析解读华沙气候大会通过的“华沙REDD+行动框架”的内容和影响，促进谈判成果及时转化为国内行动。围绕气候谈判林业议题，组织开展对案研究，重点研究土地利用、土地利用变化与林业（LULUCF）议题下碳汇核算方法及REDD+议题下林业减缓与适应的协同机制、非碳效益问题，为促进林业议题谈判发挥了积极作用。按照国家统一部署，积极参加“德班平台”谈判进程，为推动将林业纳入2020年后全球应对气候变化行动谈判发挥了建设性作用。参与完成政府间气候变化专门委员会（IPCC）第三工作组报告和综合报告的专家推荐和部门评审，推进报告发布。参与制作《应对气候变化——中国在行动》宣传片和宣传册，展示中国林业应对气候变化行动和成效。完成了林业应对气候变化履约战略研究报告。组织实施中德低碳土地利用项目，编制项目设计文件，完成项目数据收集和模型研建，开展专题技术培训和考察研讨，取得丰硕成果。加强与有关国际非政府组织合作，开展了林业碳汇项目合作和能力建设活动。依据第八次全国森林资源清查（2009—2013年）结果，向联合国粮农组织（FAO）提交了2015年全球森林资源评估中国国家报告，展示了我国林业在维护全球生态平衡和应对气候变化方面发挥的重要作用。

十、重视机关节能减排工作，努力构建低碳机关。完成了国家林业局机关和周边住宅供暖改造工程，通过改造，供热系统效率提高约20%，供暖成本降低20%，每年节省供暖成本费用约80万元，同时减少了燃气燃烧和排放环节，降低了温室气体排放。认真落实油料费用管理，进一步从严控制车辆使用，有效降低了油耗。全面加强电梯、空调、电热水器、计算机房用电管理和设备设施的维修改造，有效控制了用电量。推广使用高效节能办公用品，大力推进无纸化办公，对废旧电脑以及办公用品耗材实行回收利用，有效节约资源和减少污染。

（撰稿：章升东、张峰，国家林业局造林绿化管理司应对气候变化处）

中国气象领域2014年应对气候变化和低碳发展报告

中国气象局

2014年，中国气象局全面贯彻落实党的十八大和十八届三中、四中全会精神，坚持基础性科技部门定位，围绕全面推进气象现代化建设，加强气候变化基础科技工作，紧抓极端天气气候事件应对的气候变化适应，推动气候资源开发利用，不断增强气候服务水平和决策服务能力，部门应对气候变化支撑保障能力得到进一步提升。

一、2014年中国气候变化概况

根据中国气象局发布的《2014年中国气候公报》显示，2014年我国气候属于正常年景。全国平均气温10.1℃，较常年偏高0.5℃，与1999年并列为1961年以来第六暖年。

2014年，我国降水（平均降水量636毫米）接近常年（630毫米），气温偏高0.5℃，是最暖的年份之一，极端天气气候事件较2013年少，暴雨洪涝、干旱等灾害轻，因灾造成死亡人数和受灾面积明显偏少，气象灾害于偏轻，气候属于正常年景。

2014年，汛期来得早结束晚，华南前汛期开始早、雨量多；西南雨季开始晚、结束早、雨量少；梅雨区降水量南多北少，江淮出现空梅；华北雨季不明显，出现空汛；华西秋雨开始早、结束晚、雨量多。汛期南方局地暴雨洪涝多，北方伏旱重；华北、黄淮5月遭遇高温热浪，长江中下游出现凉夏；台风活动虽然较少，但登陆台风偏强，5个登陆台风登陆时平均风速达40.6米/秒，超强台风“威马逊”历史罕见。

2014年，影响我国的冷空气势力总体偏弱，大气污染扩散气象条件总体较差。冬半年（1-3月，10-12月）我国中东部平均风速为1.9米/秒，较常年偏小5%，大气环境容量下降。京津冀地区与近10年同期相比，大气环境低容量日数（56天）偏多6%。10月，华北地区有效降水日数偏少50%，强通风日数偏少40%，大气环境容量比常年同期偏低10%。由于大气环境容量持续偏低，致使大气污染物不断聚集，造成霾天气多发。与此同时，2014年全球平均气温却创了历史新高。受厄尔尼诺事件的影响，全球极端事件多发，例如，巴西遭遇50年来最严重干旱，南美洲多国遭遇严重洪涝灾害，美国东部连遭罕见暴风雪袭击，澳大利亚持续高温天气引发多起森林火灾等。

2014年，主要粮食产区光、温、水匹配较好，气候条件对农业生产比较有利，但是部分地区仍然出现了阶段性干旱、低温阴雨、高温等灾害，使得农作物生长发育受到一定影响；全国年降水资源总量为59048亿立方米，比常年偏少589亿立方米，属于正常年份。北方15省（区、市）冬季气温均较常年同期偏高，采暖耗能较常年同期减少，减幅超过20%的有北京、河南、山东和天津。夏季国大部地区气温接近常年同期或偏高，使降温耗能略有偏高，全国夏季全社会用电量为14761亿千瓦时，同比增长2.2%；全国交通运营不利日数普遍在20天以上，西北中部及西藏西部和东南部、内蒙古大部、宁夏北部等地少于20天外。

二、大力加强应对气候变化基础工作

（一）持续推进气候变化关键科学技术研究

组织开展了国家级重大科研项目“青藏高原上空大气臭氧和气溶胶变化对大气辐射收支的影响研究”、“气候变化背景下农业气候资源的有效性评估”、“青藏高原遥感积雪气候数据集建设”等的研发工作。持续开展基础数据研制和监测技术研发、灾害风险管理、气候变化影响评估与适应等方面技术研发，集中力量解决城市化、气候承载力、环境气象、精细化预估数据研制等气候变化业务服务亟需的技术攻关难题。

（二）加强气候变化观测、监测和基础数据平台建设

召开了中国委员会联络员会议，建立了由科技部和发改委领导任组长的全球气候观测系统（GCOS）中国委员会数据共享组和观测能力建设组，负责实施全国气候观测数据共享和落实《优先行动计划》。发布《中国气候变化监测公报（2014年）》、《中国温室气体公报（2013年）》。推进星载温室气体有效载荷研制，实现了北方固态降水自动化观测。研制完成了全球高精度大气二氧化碳基础数据集、1980-2008年中国南部及东南亚8公里分辨率辐射数据集。首次发布《气候变化对中国农业影响评估报告》蓝皮书。

（三）继续开展重点区域、特色产业气候变化影响评估

编写出版《三峡工程气候效应评估》报告，完成《中国气候服务系统建设实施计划》、《气候影响评价培训教材》、《气候影响评估业务技术手册》及《柴达木盆地气候变化决策咨询报告》。在9省实施农业与粮食安全、灾

害风险管理、水资源、能源、城镇化、人体健康等六大优先领域适应气候变化示范项目，。取得阶段性进展。

三、强化适应气候变化特别是应对极端事件能力建设

（一）加强极端天气气候事件监测预警

完善了极端天气背景资料库，并发了极端天气监测产品和极端降水客观预报产品。加强定量降水估测和预报，初步实现了对过程降水极值的定量化预报。编制完成《国家突发事件预警信息发布系统管理办法（送审稿）》并报送国务院应急办审议。完成国家级预警信息的自动对接，并通过网站、短信、电视、大喇叭、显示屏、邮件、微信、微博等多种手段发布。全国已完成1个国家级、31个省级12379号码备案，国家级和北京的12379短信发布已经投入业务运行。

（二）扎实推进气象灾害风险管理

编写完成《中国极端天气气候事件和灾害风险管理与适应国家评估报告》。制订了《暴雨诱发的山洪风险预警服务业务技术指南》、《暴雨诱发的中小河流洪水风险预警服务业务技术指南》、《城市内涝风险预警服务业务技术指南》。印发了《气象灾害风险管理业务建设（2015—2016年）实施方案》。截至2014年，完成1704个县的暴雨洪涝风险普查工作，完成5646个中小河流域、17267条山洪沟、11363个泥石流隐患点、51790个滑坡隐患点风险普查工作。2015年将继续完成新增486个县的暴雨洪涝普查，推进北京、天津等11个城市的城市内涝风险普查。完善国家、省、市、县四级气象灾害风险预警业务体系建设。组织天津、河北等16个省（区、市）开展暴雨洪涝、台风气象灾害风险区划建设，编制风险区划图谱。组织开展气象灾害风险定量化评估业务试点。

（三）积极开展生态和环境气象服务

“中国气象局雾-霾数值预报系统CUACE/Haze-fog V1.5”实现业务化运行。华北、东北、华东和华南区域中心建立了区域级高分辨率环境气象数值预报业务系统。完成了国家级环境气象模式污染源清单的更新，并提供区域气象中心环境模式研发使用。开展了48小时和72小时全国空气污染气象条件预报业务，《环境气象公报》业务化运行，首次开展烟花爆竹燃放气象指数预报业务。建立了卫星环境气象监测平台，每天例行开展霾监测业务。建立了包含气象数据、6种污染物浓度（PM2.5、PM10、SO2、NO2、O3、CO）、少量病例资料的重点城市空气污染人群健康影响基础数据库，并完成我国主要污染物的时空特征分析。完成了《温室气体监测分析系统建设（二期）项目》可研编制，并启动实施。

四、大力加强气候资源开发利用工作

（一）加强风能太阳能开发利用工作

编写气候资源条例，已在国务院法制办网站和中国气象局官网公开面向社会征求意见。针对国家风、电发展集中和分散并重开发的需求，完成了新一轮精细化风能资源评估，为国家“十三五”风电规划编制提供了科学依据。完善了国家风能太阳能数值天气预报服务平台，为行业开展风电预报提供基本公共服务。持续改进风能太阳能预报技术，风能预报准确率提高3-5%。风能太阳能预报服务稳步发展，2014年为433个风电场、太阳能电站提供预报服务。

（二）大力推进气候可行性论证工作

与住建部联合开展城市排水系统设计暴雨公式修编工作，印发《城市暴雨强度公式编制和设计暴雨雨型确定技术导则》，完成了102个城市的暴雨公式修订和31个城市暴雨雨型编制。发布了机场选址论证、城市热岛效应评估、区域太阳能精细化评估等3项论证技术指南。2014年全国共完成652项气候可行性论证，领域不断拓宽，服务数量明显增加。

（四）加强人工影响天气开发利用空中云水资源工作

修订《人工影响天气管理条例》。完善了《全国人工影响天气发展规划(2014-2020年)》。完成人工影响天气作业对空射击空域申报自动化系统建设并投入运行；完成国家级人工影响天气业务指挥平台建设并投入运行；完成人工影响天气数值模式系统、云特征参量静止卫星反演系统的业务化运行；完成了各类炮弹、火箭弹、烟条、焰弹等催化剂成品的成核率检测，开展各类暖云催化剂成核率检测。

五、完善气候变化决策支撑体系，提高支持保障能力

（一）高效完成国家气候变化专家委员会支持工作

围绕我国碳排放峰值、能源消费量调整、“十三五”规划，以及联合国气候变化峰会、APEC会议、中美气候变化联合声明、国家自主贡献等反复研讨，形成8份咨询报告和分析报告，5份得到多家领导人批示，为国家重大决策发挥了重要的支撑作用，有效发挥了国家气候变化专家智库的支撑作用。

（二）圆满完成IPCC年度政府评审及参会任务

充分发挥IPCC部门联络员机制，组织国内上千人次专家和部门代表，圆满完成了IPCC第五次评估报告（AR5）

综合报告（SYR）主报告和决策者摘要（SPM）政府专家评审工作，维护了国家利益。完成IPCC第38、39、40次全会参会任务。开展了IPCC第五次评估报告第二、三工作组报告和综合报告的解读与宣传工作，制作完成了IPCC第五次评估报告解读普及读物，在《气候变化进展》杂志上发表解读文章，在中央党校、地方党校以及清华大学等地共组织召开4次IPCC第五次评估报告宣讲会。

（三）积极参与部门间应对气候变化系列工作

积极参与国家应对气候变化领导小组有关工作。联合中国社科院城市发展与环境研究所完成编写和出版2014年度《气候变化绿皮书》。开展中英合作，将在气候系统模式发展、气候监测预测技术研制、气候异常检测归因、年代际气候变化与未来气候变化预估，以及优先领域的气候服务等五个重点方向上推进中英双边务实合作。

（四）开展气候变化教育培训与科普宣传工作

举办第十一届气候系统与气候变化国际讲习班、气候监测预测新技术培训班、短期气候预测方法国际班、区域气候预测及干旱监测预警国际班。举办“应对气候变化中国行—走进甘肃”活动。出版《气候变化研究进展》中文版6期，英文版3期。编制《气候变化动态》44期，《气候变化动态》特刊“利马回声”8期、“纽约气候峰会”1期。制作多语种气候变化宣传片《应对气候变化—中国在行动（2014）》。制作《古气候探秘》等科普节目开展气候变化科普宣传，其中《追踪五亿年》获首届全国气象科普作品观摩交流活动视频类一等奖、《古象化石中的气候密码》获第九届全国优秀气象科普作品音视频类一等奖；《应对气候变化中国行—走进广东》获两岸四地“最具创新力电视栏目”社教类奖。继续开设“减缓适应气候变化”和“科普看台”报纸专栏，推进以“聚集生态文明建设、应对气候变化”为主题的“绿镜头•发现中国”媒体系列采访活动。在3•23世界气象日、5•12防灾减灾宣传周、全国低碳日、全国科技活动周等重要活动开展气候变化科普宣传。

（撰稿：袁佳双，中国气象局科技与气候变化司气候变化处）

中国石油和化工行业2014～2015年应对气候变化和低碳发展报告

中国石油和化学工业联合会

一、2014～2015年石油化工行业发展概况

2014年，石油和化工行业规模以上企业29134家，行业增加值增幅8.3%，同比回落1个百分点；行业主营业务收入14.06万亿元，同比增长5.4%；利润总额7911.1亿元，同比下降8.1%，分别占全国规模工业主营收入和利润总额的12.8%和12.2%。上缴税金9849.5亿元，增长8.6%，占全国规模工业税金总额的20.3%。完成固定资产投资2.33万亿元，增长10.7%，占全国工业投资总额的11.4 %。资产总计11.49万亿元，增幅8.0%。进出口贸易总额6754.8亿美元，增长3.8%，占全国进出口贸易总额的15.7%；逆差2819.8亿美元，同比缩小2.8%。全国石油天然气总产量3.21亿吨（油当量），同比增长2.7%；主要化学品总产量增幅约6.3%。

2015年1-10月份，石油和化工行业规模以上企业29770家，累计增加值增幅8.7%，比1～9月减缓0.1个百分点。其中，化学工业增加值增长9.5%，减缓0.2个百分点；石油天然气开采业增长1.7%，回落0.4个百分点；炼油业增幅8.7%，回落0.2个百分点。1～10月，全行业主营业务收入10.78万亿元，同比下降6.1%，降幅较1～9月扩大0.4个百分点，占全国规模工业主营收入的12.1%。其中，化学工业主营业务收入7.23万亿元，增长2.6%，比1～9月减缓0.5个百分点；石油天然气开采业主营业务收入7786.1亿元，下降30.9%，降幅扩大0.4个百分点；炼油业主营业务收入2.44万亿元，降幅17.8%，基本持平。此外，前10月专用设备制造业主营收入3280.4亿元，同比下降2.6%。

2014年和2015年前十个月，石油和化工行业经济运行总体平稳，结构调整继续深化。一是专用化学品、涂（颜）料等精细化学品等在经济增长中贡献率上升；二是非公经济和私营经济在经济总量中的比重继续增加；三是消费结构出现新变化，天然气和汽油消费保持较快增长，柴油持续低迷，有机化学原料、合成树脂等消费热度不减，市场消费特别是化工产品消费，正向差异化、个性化、品质化方向发展。

但是，在石油和化工行业经济运行中的也出现一些新情况、新问题。一是价格持续疲软，2015年10月份，石油和化工行业价格总水平继续低位运行，特别是化学工业，价格指数继续刷新金融危机以来最低值；二是成本高位运行，近两年来，石化化工企业用工成本、融资成本、物流成本、环保成本、用电成本等呈上升趋势，在当前效益下滑背景下，企业倍感压力；三是投资出现下降，2015年10月，石油和化工行业固定资产投资增幅继续回落，出现历史上的首次下降。

二、2014～2015年石油和化工行业应对气候变化和低碳发展主要工作

2014～2015年，为推动石油和化工行业低碳发展，各级政府部门、行业组织和企业采取了多种措施，开展了大量卓有成效的工作。

（一）国务院印发《2014-2015年节能减排低碳发展行动方案》

2014年5月15日，国务院印发《2014—2015年节能减排低碳发展行动方案》。《行动方案》提出了今明两年节能减排降碳的具体目标。2014-2015年，单位GDP能耗、化学需氧量、二氧化硫、氨氮、氮氧化物排放量分别逐年下降3.9%、2%、2%、2%、5%以上，单位GDP二氧化碳排放量两年分别下降4%、3.5%以上。只要实现以上目标，那么就能全面完成“十二五”节能减排降碳约束性目标任务。

（二）调整产业产品结构，积极淘汰落后产能

2014年，面对复杂多变的宏观经济形势，化工行业在效益大幅下滑，投资动力不足的背景下，稳步推进转型升级，积极化解产能过剩，生产稳步增长，出口势头良好，市场供需总体稳定，节能减排取得积极进展。从上游能源生产领域看，页岩气、煤层气、煤制气等非常规油气产量大幅增长，所占比重持续攀升。2014年全国天然气产量1329亿立方米，净增长132亿立方米，同比增长10.7%。其中，常规天然气产量1280亿立方米，净增长114亿立方米，同比增长9.8%，连续4年保持1000亿立方米以上；煤层气产量36亿立方米，同比增长23.3%；页岩气产量13亿立方米，同比增长5.5倍。炼油领域，1-12月，原油产量20949万吨，同比增长0.6%；原油加工量45642万吨，增长2.8%，成品油产量28491万吨，增长4.4%；成品油表观消费量26928万吨，增长2.0%，其中汽油增长8.3%，柴油下降3.9%。在下游化工领域，受益于汽车工业的快速增长，专用化学品、涂（颜）料等精细化学品等在经济增长中贡献率上升。2014年专用化学品对化学工业收入增长的贡献率最高，达到36.3%，同比大幅提高13.2个百分点；涂（颜）料制造贡献率为8.5%，同比上升2.8个百分点。从利润看，涂（颜）料制造和专用化学品增幅分别达到14.6%和11.7%，显著高于行业平均水平，利润增量也主要来自专用化学品和涂（颜）料制造业。化学工业中，有机化学原料、合成树脂等消费热度不减。2014年，合成材料产量1.15亿吨，增长7.9%；全年合成树脂产量6950.7万吨，增长10.3%;我国煤化工产业正在快速发展，但是仍然面临严峻挑战，主要的挑战是与其他原料的竞争，尤其是当前国

际油价已经跌至50美元/桶以下。此外环保和水资源紧缺也将继续影响中国煤化工产业的发展。中国新的环保法已经于2015年1月1日生效。一些企业或许需要搬迁至指定的工业区，一些需要改造生产设施以满足新的排放标准，另外一些将被迫关停装置以缓解严重的空气污染。

在大力整合和延长产业链的同时，石油和化工行业继续淘汰落后产能。2014年石化行业新增产能明显减少，部分过剩产品产能快速增长的势头基本得到遏制，产量也出现下降。其中尿素行业退出落后产能500万吨，烧碱产能退出33万吨，聚氯乙烯产能退出21万吨，电石行业淘汰落后产能192万吨。2014年前10个月化肥总产量同比下降13.3%，价格开始止降回稳，效益持续恶化的局面一定程度上得到了缓解;无机酸和无机碱制造业2014年的利润也实现了正增长。

（三）技术创新和技术改造

我国石油和化学工业以提高经济增长质量和效益为核心，坚持科学发展，改革创新，大力推进节能减排，经济运行总体保持稳中向好的态势，这得益于科技创新的强大支持。在创新驱动战略的指导下，我国在炼油技术、现代煤化工技术、新型环保与节能技术等重大领域都取得了一系列的突破。

油品升级项目助力绿色低碳发展。2014年中石油即已实施完成项目改造45项，总投资达228亿元，按期完成了国四部分国v车用汽柴油质量达标升级技术改造任务，2015年，中国石油的催化汽油加氢相关技术荣获了国家科技进步奖二等奖，目前其催化汽油加氢生产总能力近60%为自主技术应用；甲醛行业通过产品创新、技术创新开拓新的应用领域——柴油添加剂（聚甲氧基二甲醚DMMn）。DMMn具有较高含氧量和十六烷值，与柴油有很好的相溶性，添加比例可以从5%到30%，掺混后不仅可以提高柴油的燃烧性能和热效率，满足国Ⅴ柴油的标准，还可以减少CO_2排放20%以上，降低颗粒污染物排放30%~80%，可在我国的油品升级过程中发挥重要作用；煤化工遵循走绿色环保的道路,节水,节电,零污染排放。例如伊泰在煤化工节水技术上下功夫，年产200万吨煤制油项目创新采用开式循环水节水消雾技术，可在普通开式循环水的基础上节水80%～85%，吨油品水耗仅3.77吨，大幅降低了煤制油项目的新鲜水耗；新型环保与节能技术方面，正渗透分离技术研究悄然升温。采用正渗透处理技术可以将浓水中的总含盐量提高至20%，大幅减少排放量，投资至少降低30%以上，运行成本最多可降低70%。纯碱厂和氯碱厂有大量的盐需要溶解同时又大量的高含盐卤水需要浓缩，采用正渗透技术，可以结合两个工艺，实现渗透能的充分利用，将成为无机化工行业节能减排的新途径。

（四）大力发展绿色循环经济，打造循环低碳化工园区

化工园区必须走出一条低碳、循环经济的道路，以实现资源利用最大化，废物的减量化。随着国家安全环保要求越来越严格，单个的化工企业或者项目业主无法承担诸如道路、水电暖、蒸汽、污水处理等基础设施和公用工程的巨额建设成本。但是，按照“联产高效、清洁低碳”原则建设的现代化工园区，能将这一系列问题轻松解决。现代化工园区在充分考虑煤炭资源、水资源、环境容量、交通运输等综合条件的前提下，集中建设高标准的安全环保等基础设施和公用工程，省去了单个化工企业在基础工程建设方面的负担，可以为入园企业提供“拎包入住，后顾无忧”的生产经营环境。

同时，进入园区的企业不再是单打独斗面对市场的个体，而是同在一条产业链条上的亲密合作伙伴，可以实现原料、动力、生产、销售、服务一条龙的高效率运作，这无疑增强了入园企业的竞争力。

据中国石化联合会统计，2014年底，全国重点化工园区或以石油和化工为主导产业的工业园区共有381家。其中，国家级化工园区(包括国家级经济技术开发区、国家级高新技术产业开发区)共有42家，省级化工园区221家，地市级化工园区118家。这381家化工园区2013年的工业总产值合计超过5万亿元人民币，约1.2万家规模以上石化和化工企业进入化工园区，企业入园率达到45%左右。一批体现了行业较高发展水平的企业和技术已进入园区，比如大型炼化一体化装置、国内第一套外购甲醇制烯烃装置、第一套煤制油装置、第一套自主知识产权的非光气法聚碳酸酯项目等。为了鼓励先进、树立典型，进一步促进我国化工园区科学化、规范化发展，2015中国化工园区与产业发展论坛表彰了“2015中国化工园区20强”和“2015中国化工潜力园区10强。

（五）积极发展CCUS等减排新技术

近几年来，CCS(二氧化碳捕集与封存)一直是国际领域应对气候变化的热点。我国结合本国实际，在CCS的基础上提出了CCUS，即二氧化碳的捕集、利用与封存。随着我国的不断努力和实践，CCUS逐渐成为国际社会的共识和行动，也对我国低碳发展具有越来越重要的战略意义。

2014上半年，中国新增两套CO_2捕集试验装置运行成功，此前已投产的大规模CCS项目则积极开拓EOR领域的应用。

——CO_2捕集试验性装置投运

2014上半年，华能清能院在华能长春热电厂建成的1000吨/年CO_2捕集装置及由中石化石油工程设计公司研制的“CO_2捕集连续测试与工艺开发实验平台”两套二氧化碳捕集试验性装置分别运行成功。

其中，华能结合东北严寒气候及机组长期低负荷运行特点，在装置上采用最新开发的捕集工艺及吸收溶剂。而中石化实验平台集成了常规CO_2捕集、碱洗、MVR热泵等工艺，可进行CO_2捕集配方药剂连续测试（稳定性分析）、CO_2捕集新型节能工艺开发测试等工作。

——神华CCS示范项目运行平稳。截至2014年4月21日，神华10万吨/年CCS示范项目咸水层封存累计注入量突破20万吨。同时，装置运行状况良好，满负荷运行，装置产出与注入咸水层液相二氧化碳的生产能力完全达到示范装置任务指标。该项目于2011年竣工，已经通过2次VSP地震监测和3次生产测试，并于2013年底首次实现年度10万吨注入目标。

——神华与中石油开展CCS项目合作。2014年4月，中石油和神华集团合作推动鄂尔多斯盆地10万吨级先导性试验及百万吨级示范工程。这次合作旨在探索将神华集团鄂尔多斯煤化工企业排放的二氧化碳，捕集后输送至长庆油田用于驱油。

（六）能效“领跑者”带动石化行业节能减排

能效“领跑者”制度为促进行业加快转型升级，保持持续健康发展，发挥了十分重要的作用。一是行业能效水平显著提升。2014年，全行业万元收入能耗为375千克标煤/吨，同比下降0.1%，其中化学工业为412千克标煤/吨，同比下降2.7%。2014年，乙烯综合能耗816.3千克标煤/吨，同比下降2.3%；烧碱综合能耗374.1千克标煤/吨，降幅2.3%；电石综合能耗1010.2千克标煤/吨，下降3.1%；黄磷综合能耗3076.9千克标煤/吨，下降3.2%，纯碱综合能耗316.7千克标煤/吨，下降1.6%，行业能耗水平显著提高。二是节能技术创新取得新突破。技术创新是行业转型升级的根本动力。围绕“调结构、转方式”，广大企业和科研院所积极开展联合攻关，在能源清洁高效利用、能效水平提升、资源循环利用等领域，取得了一大批具有自主知识产权的新技术、新工艺、新装备，并在全行业广泛推广应用，有力地促进了传统产业升级改造，如乙烯生产中的辐射炉管强化传热技术、氯碱组合式旋流干燥技术等，不仅大幅降低了能源消耗，而且显著提高了生产效率，提升了行业的可持续发展能力和综合竞争力。三是行业节能管理体系初步形成。国家有关部门制定出台了《石化和化学工业节能减排的指导意见》、《产业结构调整指导目录》等一系列产业政策，强化了规划、标准和相关法律法规的约束；行业初步建立了能效领跑者发布制度，连续四年向社会发布了相关重点产品能耗情况，通过树立典型，引导全行业深入推进节能减排；先后制定了26项涉及烧碱、尿素、聚氯乙烯等产品能耗限额的强制性国家标准，由国家标准化委员会公布执行；企业的能源管理体系也初步建立，有150多家重点企业建立了能源管理中心，节能效果显著。

三、2014～2015年石油和化工行业低碳发展的典型案例

（一）中石化践行绿色低碳发展战略，倾力打造“碧水蓝天

2014年，中国石化高度重视环境保护、节能减排和绿色低碳发展，积极实施“碧水蓝天”环保专项行动，并提出“能效倍增”计划，在绿色低碳发展之路上迈出坚实步伐。

中国石化继续推行“碧水蓝天”环保专项行动，投资138.2亿元，完成472个环保改造项目，2014年成为迄今为止投资强度最大、完成项目最多的一年。以此为契机，各企业纷纷开展“公众开放日”活动。通过与石化生产零距离接触，越来越多的人了解到中国石化在发展循环经济、创新环保技术、减少环境污染等方面所做的努力，环保工作成为中国石化各企业融入社会的“绿色名片”。

启动实施“能效倍增”计划，成为2014年中国石化坚持绿色低碳发展的新亮点。6月26日，在第二届“生态文明•美丽家园”关注气候中国峰会上，傅成玉董事长宣布正式启动“能效倍增”计划，10年使能效提高100%，实现能效倍增。11月27日，中国石化召开“能效倍增”计划专题视频会议，通报“能效倍增”计划进展情况，要求各部门单位切实落实责任和措施，加强统筹管理，全面推进，确保将“能效倍增”计划抓实、抓好，抓出成效。

中国石化着眼未来，投入越来越多的资源到可持续发展领域，努力实现各种能源的集成利用，逐渐向可再生能源服务商、能源资源综合服务商转变。2月27日，在全国地热能开发利用现场交流暨地热能利用工作会议上，中国石化地热开发雄县模式受到国家能源局的认可和推广。3月，中国石化与吉林省人民政府在京签订地热资源开发利用战略合作框架协议，力争率先建成国内地热资源开发利用的省级示范基地。截至目前，中国石化拥有地热井170余口，供热面积2200万平方米，年替代标煤64万吨，减排二氧化碳160万吨。

各企业坚持“只要是环境保护需要花的钱一分不少，凡是不符合环境保护的事一件不做，伤害环境的效益一分不要”，在生产建设的同时，时刻将环境保护放在第一位。勘探分公司加强废水处理，优化现场环保管理体系，确保多雨季节各探井环保治理工作有条不紊，未发生环境污染事件；华东非常规建设指挥部在5亿立方米产能建设中，加快平台绿化建设，在平台抽油机生产区域外的空地种草植树；11月30日，塔河油田在胡杨林生态保护核心区域，首次应用“风光互补”的两座小型离网型发电站正式投入运行。

各企业根据环保要求进行装置改造升级，实施治污工程，排查管道隐患，确保环境安全，交出漂亮的环保“成绩单”。8月中旬，四川维尼纶厂污水处理系统提标改造项目一体化生物反应池建成并投入试运行，排放指标优于国家最新环保标准。12月6日，江苏油田涉水输油管线隐患治理工程提前收工，完成了对淮河泄洪道、高邮湖、邵伯湖等重要水体管线治理，为国家南水北调东线水源区安全环保再添保障。

（二）中国石油集团低碳关键技术科研项目实际应用效果突出

2014年11月，中美双方共同发表《中美气候变化联合声明》。中国计划2030年左右二氧化碳排放达到峰值。2010年，为应对全球气候变化、实现绿色、国际、可持续发展，集团公司决定设立“中国石油低碳关键技术研究”重大科技专项，明确专项将在节能提效、减排与资源化、战略与标准三大领域开展技术攻关研究与工程示范。

2011年8月开题论证，2015年1月自验收。近4年时间，项目突破数字化抽油机、不加热集输、过热蒸汽发生、原油降凝输送等9项关键技术，集成典型主力油田节能节水、炼化节能节水、碳捕集等11项成套技术。在低碳技术、装置研发、模型软件、先导试验及工程示范等多项领域取得系列有形化成果，整体完成了一期任务，不仅有力地支持了集团公司节能减排“双十”工程建设，还为集团公司有质量、有效益、可持续发展提供了科学决策参考和有力技术支撑。

在基本完成关键技术指标和技术考核指标的基础上，项目超额完成全部知识产权考核指标，形成各类知识产权284件，并培养集团公司技术专家20名。

受低碳重大科技专项这一项目带动，中国石油注水效率等4项能效指标大幅提高，集输能耗等4项指标明显下降。截至2014年，低碳重大科技专项共支撑建成30项节能减排先导试验工程和示范工程，实现节能35万吨标煤、节水1500万立方米、污泥减排10万吨，COD减排205吨、减排二氧化碳90万吨，为公司低碳发展和管理决策提供了有力支撑。

整体来看，低碳关键技术研究助推中国石油能耗、水耗、排污等模式的转变，产生了从高能耗转向低能耗、低效率转向高效率、高污染转向低污染、高排放转向低排放的综合效果，产生了良好的经济效益和社会影响。

目前，低碳技术研究已经初步显现巨大推广价值，预计全面推广后可形成年节能180万吨标煤能力；节水工作也将全面改观，预计到2020年，加工吨油新鲜水用量降至0.35立方米，在加工规模增长1.7倍情况下新鲜水用量保持不变；含油污泥污染问题未来也可得到根本解决，将实现含油污泥零排放。预计到2020年，中国石油的排放强度比2005年总体下降43%。

（三）中海油节能减排成效显著

中国海油作为负责任的国际能源公司，积极探索应对气候变化、减少温室气体排放的有效方法。2014年，公司积极开展碳资产管理及项目开发，自主开发海南风电等5个清洁发展机制项目，累计开发核证减排量80万吨/年；挖掘温室气体减排及利用技术，海上油田伴生气利用技术和设施研究、海上油田伴生气利用工程模式及运输和装卸方案研究获得重大进展，二氧化碳捕集与分离技术、在枯竭油气田或咸水层二氧化碳地质封存技术、在非常规油气开发中二氧化碳规模化利用等研究取得积极进展；推进二氧化碳排放监测技术、固定燃烧源温室气体排放在线监测系统开发等的研究工作；发布企业标准《燃气电厂二氧化碳排放监测规范》；公司率先试水CCER（国内自愿碳减排）项目开发工作，国内第一个冷能空分CCER项目（福建LNG冷能空分项目），年减排量约为6.5万吨。

2014年中国海油继续坚持清洁生产，积极推进减排工程，在达标排放的基础上，采用污染物排放总量限额分配制度，合理分配排放指标，促使各作业单元全力以赴实现减排目标。公司依托中国海油环保管理信息系统，全方位管理所属各级单位的“三废”排放，将污染物排放数据填报、统计、监管与报警纳入信息化管理，实现了“横到边、纵到底”的扁平化、精细化环保管理；

持续按照“减规模、换燃料、上措施”的方式推动减排项目的实施。

狠抓源头，加强新建项目审查评估。2014年中国海油先后完成了文昌气田群开发项目、旅大10-1油田综合调整项目、恩平23-1油田群总体开发、漳州LNG项目和蓬莱19-9油田综合调整项目等固定资产投资项目的节能评估审查，从源头上保证了这些项目的节能环保。

挖掘潜力，强化生产项目技术改造。“十二五”期间，中国海油持续加大节能减排资金投入，依靠技术改造实现节能减排目标。2014年，公司共投入资金4.3亿元，实施了121个节能减排项目，取得了良好成效。通过节能技术改造，惠州炼化分公司吨油加工综合能耗降幅显著，全年共节约成本3830万元。

同时，中国海油大力推动合同能源管理，积极通过市场化机制提高公司的节能减排水平。2014年，中国海油以合同能源管理模式实施了山东海化循环水节能改造和常减压装置减顶抽真空改造项目等6个节能技术改造项目，均取得了良好的节能效果。

夯实基础，提高节能减排标准化水平。“十二五”期间，中国海油不断加快节能减排制度体系建设，确保节能减排工作稳步走上规范化、制度化、科学化轨道。2014年，公司组织开展了《海上油气田节能评估报告编制规范》等6项节能企业标准的制修订工作，并参加了节能国家标准、行业标准的制订审核。

同时，为加强海上油田伴生天然气、余热余压等资源的回收利用，公司还开展了海上油气田伴生气资源和余热余压资源回收利用技术导则、LNG接收站天然气损耗等研究项目。

2014年，中国海油实现万元产值能耗0.2843吨标准煤/万元，同比降低2.5%，控制在年度计划目标0.3181吨标准煤/万元范围内;实现节能量28.5万吨标准煤，完成年度计划的163%;二氧化硫等四项污染物排放量均控制在年度指标范围内。公司的二氧化硫、氮氧化物、化学需氧量、氨氮的排放量为12376吨、18015吨、1757吨、448吨，同比分别减少23%、6%、9%、9%。

（四）山东化工园环保先行，推行低碳风

——临沂经济技术开发区：建立低碳体系。生物化工一直是临沂经济技术开发区重点打造的产业。2014年以来，该区积极建设产值过百亿元的临沂生物化工科技园，并成立了开发建设指挥部。该园区下一步计划建成区域能源数据监测管理系统，探索低碳认证制度和低碳金融体系，形成以先进制造业为核心、战略性新兴产业为重点的具有低碳竞争力的产业格局，完成与产业发展相适应的低碳城市功能配套，实现低碳生态型工业化产业基地建设目标。

园区在积极引进投资大、能耗低、效益好的生物化工项目的同时，还引导现有企业深入开展对标活动，大力实施技术改造和技术创新，努力开发技术含量高、市场效益好的新产品，以此巩固并扩大市场占有率，实现企业做大做强。

——日照岚山化工园：严格减排措施。提起焦化厂，多数人都会把它与浓烟滚滚的烟囱联系在一起。然而在位于山东日照岚山化工园区的山东日照焦电有限公司，却是花草葱茏、空气清新。据该企业负责人介绍，企业研发的清洁型焦炉四联拱燃烧室底部余热回收系统，将炼焦产生的烟和蒸气再回炉，可变废为宝。仅运用余热供暖一项，就可年节约熄焦用水10万立方米，增加经济效益1534万元。为建设低碳园区，岚山化工园一期投资6000万元建设污水处理厂，集中处理岚桥石化、金石沥青、新三明化工、瀚坤能源、浦盛石油等化工企业产生的污废水。同时，处理后的综合废水可作为新水源，为破解化工园区用水短缺现状提供最直接、经济、有效的手段。

此外，岚山化工园还致力于传统产业高端化、高碳产业低碳化。园区落实三个“最严格”的节能减排措施——实行最严格的污染排放标准、最严格的环保准入门槛、最严格的环保考核问责制度，并建立产业专家咨询和项目专业评审机制，落实环境评价、控制高耗能项目，大力发展节能、节地、节水的新产业。

——青岛新河化工园：拒签高碳项目。新河化工园致力于打造中国生态化工（青岛）产业基地，将围绕煤化工、盐化工、石油化工三大产业链，着力打造海湾化工、精细化工、化工新材料3个百亿级产业集群和石油化工1个千亿级产业集群。目前新河化工园已投资18亿元全面建成了供水厂、污水处理厂、天然气门站、污泥及垃圾处理厂、蒸汽等基本的设施配套项目。此外，园区主打低碳生态牌，提高项目准入标准，严格禁止小项目和高能耗、高污染、低产出的项目入园，落户项目固定资产投资全部过亿元。园区建设以来，已拒签了12个不符合要求的过亿元项目，确保了化工基地的生态屏障。

四、石油和化工行业低碳发展前景与政策建议

发展低碳经济给化工产业带来严峻挑战的同时，也带来新的发展良机。

一是化工产业为碳减排提供技术。与非化工类产品相比，化工产品能带来更多的二氧化碳减排数量，在所有被认定为碳减排领域中，有40%左右得益于塑料和保温材料等化工产品。化工产品的技术进步将会使汽车的能耗大幅降低。我国空间巨大的建筑行业将会强力推进节能环保材料的使用，聚氨酯、聚苯乙烯等化工产品将会大显身手，赢得市场。催化热裂解(CPP)制乙烯技术的推广，必将成为未来的发展趋势，化工产业在发展低碳经济过程中市场巨大，大有可为。

二是化工产业为碳利用拓展市场。利用二氧化碳生产碳酸二甲酯技术可将工业生产中大量排放的二氧化碳变成碳酸二甲酯等精细化工产品。通过羰基合成等工艺技术，可使二氧化碳与氢反应生产甲烷、甲醇、碳纤维、工程塑料、沥青以及建筑材料等，不仅能减少二氧化碳的排放，还能拓宽氢能利用的空间。

三是化工产业为碳捕捉开拓途径。我国已经掌握了碳捕捉、分离与净化技术，在二氧化碳综合利用领域的技术与世界先进水平相差不大。随着政策支持力度的加大、化工产业的发展和国际技术交流的扩大，碳捕捉将会成为化工产业发展的新途径。

为大力推进绿色低碳发展，有必要采取五方面的举措。

第一，按照国家发改委、国家认证认监委的要求，继续推进万家企业能源管理体系建设工作。已完成能源管理体系建设的企业在日常工作中要抓好运转工作，切实按照管理体系要求，运用过程分析方法、系统工程原理和策划、实施、检查、改进循环的能源管理体系理念经营。

第二，优选过去十年间行之有效的节能技术，加快应用推广步伐。高耗能行业要注重抓好工艺系统过程中的节能降耗，并支持公用工程的节能降耗。优秀的节能技术可使节能降耗事半功倍，要继续推进热力系统、电力系统、水务系统的节能技术进步工作。

第三，让节能工作走向系统化、集成化、全过程一体化，建设一批示范工程。要引导和促进热力系统节能技术系统化;大型耗能装备(如工业炉)节能技术集成化;企业和产业园区节水节能技术全过程一体化;对具有共性的大型生产装置(如炼化装置)组织节能示范工程，支持大型炼化企业节能。

第四，通过创新集群模式推动节能产业发展。鼓励若干具有产业基础、区位优势和智力资源优势的地区和企业率先发展，加快形成节能装备制造集聚优势。培育一批具有自主知识产权和核心竞争力的节能技术装备大型骨干生产企业和“专精特新”中小企业，鼓励龙头企业加快实施兼并重组，提升产业集中度和市场竞争优势。支持节能环保产业园区的集聚发展。

第五，通过融资扶持促进企业并购及业务扩张。应鼓励各类投资主体或不同经济成分以不同形式参与节能环保产业发展。设立节能环保产业专项基金，支持节能环保企业依照国家有关规定发行企业债券，鼓励节能环保企业在境内外上市融资。

（撰稿：李永亮，中国石油和化学工业联合会产业发展部）

2014：节能减排获“十二五”以来最好成绩单

《中国低碳年鉴》编辑部

党的十八大将生态文明建设纳入“五位一体”，节能减排，绿色发展、低碳发展、循环发展成为社会经济发展的重大战略。2014年11月12日，亚太经合组织(APEC)北京会议期间，中国国家主席习近平和美国总统奥巴马在北京会谈，发表《中美气候变化联合声明》，联手共同应对全球气候变化，并确定两国的减排目标。《联合声明》首次宣布中美两国各自2020年后应对气候变化行动。美国计划于2025年实现在2005年基础上减排26%～28%，并努力减排28%。中国计划2030年左右二氧化碳排放达到峰值且将努力早日达峰，到2030年非化石能源占一次能源消费比重提高到20%左右。《联合声明》首次明确了2020年后中美的减排目标和时间表，中美两国未来实施低碳发展的国家战略高度契合，又能对全球温室气体减排产生实质性的推动作用，同时对中国节能减排注入了强大推动力。

在2013年完成各项节能减排指标的基础上，2014年节能减排获“十二五”以来最好成绩单。

据国家统计局公布的数据，2014年全国单位GDP能耗下降4.8%，超额完成年度3.9%以上的目标。其中能耗强度下降和氮氧化物减排创下“十二五”以来最好成绩，成为新常态下的新亮点。2014年全年万元工业增加值能耗同比下降7%左右，万元工业增加值用水量同比下降5.8%。“十二五”前四年，工业能耗、水耗累计下降21%和28%左右，基本提前一年实现了下降21%和30%的“十二五”目标。同时，标志着我国节能减排沿着政策治理、“铁拳”治理、市场化法制化的道路前进。

一、举措频出，“铁拳”治理

（一）国家层面

2014年1月1日，国务院转发《绿色建筑行动方案》，切实转变城乡建设模式和建筑业发展方式，提高资源利用效率，实现节能减排约束性目标，积极应对全球气候变化。

《方案》提出，要切实抓好新建建筑节能工作，大力推进既有建筑节能改造，开展城镇供热系统改造，推进可再生能源建筑规模化应用，加强公共建筑节能管理，加快绿色建筑相关技术研发推广，大力发展绿色建材。“十二五”期间，完成新建绿色建筑10亿平方米；到2015年末，全国20%的城镇新建建筑达到绿色建筑标准要求。“十二五”期间，完成北方采暖地区既有居住建筑供热计量和节能改造4亿平方米以上，夏热冬冷地区既有居住建筑节能改造5000万平方米，公共建筑和公共机构办公建筑节能改造1.2亿平方米，实施农村危房改造节能示范40万套。到2020年末，基本完成北方采暖地区有改造价值的城镇居住建筑节能改造。

2月12日 国务院总理李克强主持召开国务院常务会议，研究部署进一步加强雾霾等大气污染治理工作。

会议认为，打好防治大气污染的攻坚战、持久战，是改善民生的当务之急，是转方式、调结构的关键举措，也是推进生态文明建设的重大任务。

会议要求在抓紧完善现有政策的基础上，进一步推出以下措施：一是加快调整能源结构。实施跨区送电项目，合理控制煤炭消费总量，推广使用洁净煤。促进车用成品油质量升级，今年年底前全面供应国四车用柴油。推行供热计量改革，开展建筑节能，促进城镇污染减排。加快淘汰老旧低效锅炉，提升燃煤锅炉节能环保水平。提前一年全面完成“十二五”落后产能淘汰任务。二是发挥价格、税收、补贴等的激励和导向作用。对煤层气发电等给予税收政策支持。中央财政设立专项资金，今年安排100亿元，对重点区域大气污染防治实行“以奖代补”。制定重点行业能效、排污强度“领跑者”标准，对达标企业予以激励。完善购买新能源汽车的补贴政策，加大力度淘汰黄标车和老旧汽车。大力支持节能环保核心技术攻关和相关产业发展。三是落实各方责任。实施大气污染防治责任考核。健全国家监察、地方监管、单位负责的环境监管体制。完善水泥、锅炉、有色等行业大气污染物排放标准。规范环境信息发布。

3月5日，李克强总理在两会的《政府工作报告》中宣示：“我们要像对贫困宣战一样，坚决向污染宣战！”

3月21日，中共中央政治局常委、国务院总理李克强主持召开节能减排及应对气候变化工作会议，推动落实《政府工作报告》，促进节能减排和低碳发展。李克强在讲话中强调，必须用硬措施完成节能减排硬任务。会议原则通过《2014～2015年节能减排低碳发展行动方案》，研究讨论了我国应对气候变化的行动方案。4月23日，十二届全国人大常委会第八次会议分组审议国务院关于节能减排工作情况的报告。全国人大常委会组成人员在审议中普遍认为，“十二五”节能减排多项约束性指标进展滞后，必须采取切实有效的措施，加大监督执法力度，强化节能减排硬约束，建立更加严格的考核问责制度，确保“十二五”节能减排目标如期完成。

4月24日，《环境保护法》修正案草案通过;7月1日;制定“铁拳”指标。

5月15日，国务院办公厅印发《2014～2015年节能减排低碳发展行动方案》，指出加强节能减排，实现低碳发展，是生态文明建设的重要内容，是促进经济提质增效升级的必由之路。“十二五”规划纲要明确提出了单位国内生产总值（GDP）能耗和二氧化碳排放量降低、主要污染物排放总量减少的约束性目标，但2011-2013年部分指标完成情况落后于时间进度要求，形势十分严峻。为确保全面完成“十二五”节能减排降碳目标，《行动方案》提出了节能减排降碳的具体目标：2014～2015年，单位GDP能耗、化学需氧量、二氧化硫、氨氮、氮氧化物排放量分别逐年下降3.9%、2%、2%、2%、5%以上，单位GDP二氧化碳排放量两年分别下降4%、3.5%以上。

《行动方案》还从八个方面明确了推进节能减排降碳的30项具体措施。一是大力推进产业结构调整。二是加快建设节能减排降碳工程。三是狠抓重点领域节能降碳。四是强化技术支撑。五是进一步加强政策扶持。六是积极推行市场化节能减排机制。七是加强监测预警和监督检查。八是落实目标责任。强化地方政府特别是节能减排降碳目标完成进度滞后地区和能耗排放大省的责任，严格控制地区能源消费增长，加强节能减排目标责任考核。强化企业主体责任，动员公众参与，共同做好节能减排降碳工作。《行动方案》还将今明两年能耗增量控制目标、燃煤锅炉淘汰任务、主要大气污染物减排工程任务、黄标车及老旧车辆淘汰任务分分解落实到了各地区。同时，提出了重点任务分工及进度安排，将重点工作落实到国务院有关部门，并明确了时间要求。同日，京津冀及周边地区、长三角、珠三角有关省市参加的大气污染防治协作机制会议在京召开，中共中央政治局常委、国务院副总理张高丽出席会议讲话强调，要把治理大气污染和改善环境生态作为京津冀协同发展的重要突破口，持续改善全国重点区域的空气环境质量。

5月27日，中共中央宣传部、国家发展和改革委员会召开节俭养德全民节约行动电视电话会议，在全国广泛开展全民性的节粮、节水、节电、节约钱物等活动。中共中央政治局委员、中央书记处书记、中宣部部长刘奇葆讲话指出，勤劳节俭是中华民族的优良品德，是国家发展、社会进步的精神需求和实际需要，是社会主义核心价值观的重要内容。要广泛开展全民性节粮、节水、节电、节约钱物等活动，把节俭节约落实到生产建设各领域、体现到社会生活各方面，形成全民节约、全面节约的生动局面，努力让勤俭节约在全社会蔚然成风。国家发展和改革委员会主任徐绍史作了《深入开展全民节约行动　加快凝聚节俭养德的正能量》讲话。与此同时，中宣部、国家发展和改革委联合发出了《开展节俭养德全民节约行动的通知》，要求深入进行节俭节约宣传教育，广泛开展多种形式的节俭节约实践活动，在全社会营造厉行节约、拒绝浪费的浓厚氛围。通过媒体的大力宣传以及自身体会，广大民众已经认识到不节能减排，环境污染问题没法解决；不推进节能减排，我国的能源、资源和环境有可能崩溃。当前，低碳环保的生活方式已经深入人心。

9月17日，国务院批复同意《国家应对气候变化规划（2014～2020年）》。9月19日，《国家应对气候变化规划（2014～2020年）》发布。国务院批复强调，要充分认识加强应对气候变化工作的重要性和紧迫性，把应对气候变化工作摆在更加突出、更加重要的位置，增强责任感和使命感，采取更加有力的措施，确保完成《规划》确定的各项任务，努力实现绿色发展、低碳发展、循环发展，为携手应对全球气候变化作出积极贡献。《规划》提出了控制温室气体排放、适应气候变化影响、实施试点示范工程、完善区域应对气候变化政策、强化科技支撑、健全激励约束机制等一揽子政策与措施，以确保实现2020年单位国内生产总值二氧化碳排放比2005年下降40%～45%的目标。

11月，亚太经合组织(APEC)北京会议期间，北京及周边5省市采取了车辆限行、燃煤锅炉改造、老旧机动车淘汰、污染企业退出等一系列临时性管控措施。这些最高级别应急减排措施的实施，使北京市城区久违的蓝天重现，空气质量连续优良。据统计，11月1日至12日，北京市空气中各项污染物平均浓度均达到近5年同期最低水平，“APEC蓝”迅速成为公众热词。APEC会议防治污染的应急措施为今后提供了管理经验，至少证明雾霾是完全可以治理的。“APEC蓝”启迪治霾新经验，启动京津冀协作治污新机制

（二）按照国家统一号令，各部委也相继提出了多项节能减排和环保工作的政策和措施

1月7日，受国务院委托，环保部与31个省(区、市)签署《大气污染防治目标责任书》，明确了各地空气质量改善目标和重点工作任务。除了明确考核PM2.5年均浓度下降指标外，目标责任书还包括《大气污染防治行动计划》中的主要任务措施。随后，《国务院办公厅关于印发大气污染防治行动计划实施情况考核办法（试行)的通知》发布，要求复合型大气污染严重的京津冀及周边、长三角、珠三角、重庆市等地，以PM2.5年均浓度下降比例为质量考核指标;其他省(区、市)以PM10年均浓度下降比例为质量考核指标。

此举既走出了落实《大气污染防治行动计划》最为关键的一步，也给地方政府施加了更多的压力，倒逼地方政府断腕饮血，在GDP和环保之间作出选择。

1月，工业和信息化部就进一步加强石化和化学工业节能减排工作提出指导意见。《石化和化学工业节能减排指导意见》提出，到2017年年底，石化和化学工业万元工业增加值能源消耗比2012年下降18%，重点产品单位综合能耗持续下降，全行业化学需氧量、二氧化硫、氨氮、氮氧化物排放量分别减少8%、8%、10%和10%，单位工业增加值用水量降低30%，废水实现全部处理并稳定达标排放，水的重复利用率提高到93%以上，新增石化和化工固体废物综合利用率达到75%，危险废物无害化处置率达到100%。

3月21日，国家发展和改革委员会发出《关于开展低碳社区试点工作的通知》，在全国范围内组织开展低碳社区试点工作，重点结合国家保障性住房建设、新型城镇化建设和社会主义新农村建设，打造一批符合不同区域特点、不同发展水平、特色鲜明的低碳社区试点。

到“十二五”末，全国开展的低碳社区试点争取达到1000个左右，择优建设一批国家级低碳示范社区。本次低碳社区试点建设主要围绕低碳理念引领、低碳文化和低碳生活方式培育、低碳运营模式推行、绿色节能建筑推广、低碳基础设施建设、社区环境营造等六个方面开展创建活动。

5月26日，国家发展和改革委员会、环境保护部召开全国节能减排和应对气候变化工作电视电话会议，部署2014年至2015年节能减排低碳发展工作，坚决打好节能减排降碳攻坚战、持久战，硬碰硬地完成“十二五”节能减排降碳任务。

在此前后，国家发改委在印发实施了《2014-2015年节能减排降碳行动计划》，科技部、工业和信息化部也在年初联合印发了《2014-2015年节能减排科技专项行动方案》。随后，《燃煤发电机组环保电价及环保设施运行监管办法》、《2014-2015年节能减排低碳发展行动方案》、《大气污染防治行动计划实施情况考核办法(试行)》、《关于进一步推进排污权有偿使用和交易试点工作的指导意见》等一系列政策和措施的出台成为了我国在2014年超额完成节能减排工作的“推进器”。

6月5日，交通运输部办公厅发出《关于交通运输行业贯彻落实<2014—2015年节能减排低碳发展行动方案>的实施意见》，提出工作目标：到2015年，交通运输能源利用效率显著提高，用能结构得到改善，交通环境污染得到有效控制，二氧化碳排放强度明显降低，绿色交通发展取得显著成效。

7月7日，为推进工业低碳转型，工业和信息化部、国家发展和改革委员会发出通知，在北京中关村永丰高新技术产业基地、天津滨海高新技术产业开发区华苑科技园、河北唐山国家高新技术产业开发区、内蒙古自治区乌海经济开发区及山西太原高新技术产业开发区等首批55家工业园区开展国家低碳工业园区试点。

国家低碳工业园区试点以推进生态文明建设、加快转变经济发展方式为主线，以探索园区低碳发展模式、提升碳生产力和产业竞争力为目标，结合园区产业特色和当地基础条件，突出重点，突出创新，突出特色，突出落实，编制可行性和可操作性强的实施方案，确保低碳工业园区试点工作顺利推进，探索形成一批园区低碳发展模式。试点实施期为2014～2016年。

国家有关部委强化了监督、考核。2014年1月8日　环境保护部与31个省（区、市）签署《大气污染防治目标责任书》，明确了各地空气质量改善目标和重点工作任务，进一步落实了地方政府环境保护责任，为实现全国环境空气质量改善目标提供了坚实保障。为保障目标如期实现，国务院将颁布考核办法，每年对各省（区、市）环境空气质量改善和任务措施完成情况进行考核。对未通过考核的地区，环境保护部将会同组织部门、监察部门进行通报批评，并约谈有关负责人，提出限期整改意见。

4月，十二届全国人大常委会第八次会议分组审议国务院关于节能减排工作情况的报告，提出“十二五”节能减排多项约束性指标进展滞后，必须采取切实有效的措施，加大监督执法力度，强化节能减排硬约束，建立更加严格的考核问责制度，确保“十二五”节能减排目标如期完成。8月6日，国国家发展和改革委员会发布2014年　第9号公告，称：国家发展改革委会同国务院有关部门，对各地区2013年度节能和控制能源消费总量目标完成情况、措施落实情况进行了现场评价考核。北京、河北、上海为超额完成等级，天津、山西、内蒙古、辽宁、吉林、黑龙江、江苏、浙江、福建、江西、山东、河南、湖北、湖南、广东、广西、四川、贵州、云南、西藏、陕西、甘肃等22个地区为完成等级，安徽、海南、重庆、青海、宁夏等5个地区为基本完成等级，新疆因新上项目多、新增能耗大等原因为未完成等级。对考核结果为超额完成等级的、节能目标进度超前的、措施落实较扎实的北京、河北、上海、吉林、江西、山东、广东、四川、贵州等9个地区予以通报表扬。9月，环保部、国家统计局、国家发改委公布了2013年度各省、自治区、直辖市和八家中央企业主要污染物总量减排考核结果公告。2013年度各省、自治区、直辖市和八家中央企业主要污染物总量减排考核结果公告。公告显示，去年我国四项污染物排放量均比去年有所下降。全国化学需氧量、氨氮、二氧化硫、氮氧化物排放总量同比分别下降2.93%、3.14%、3.48%和4.72%。从10月14日起，国家发改委会同有关部门正式启动单位国内生产总值二氧化碳排放降低目标责任现场考核评估工作，按六大行政区域划分为六个考评工作组，各考评工作组召开集中审核会，并分别选取一至两个省进行实地抽查。12月3日，国家发展和改革委员会2014年　第20号公告，公告2013年万家企业节能目标责任考核结果：国家发展改革委公布的万家企业共16078家，2013年参加考核企业14119家；有1959家企业因重组、关停、搬迁、淘汰等原因未参加考核。参加考核企业中，3975家考核结果为“超额完成”等级，占28.15%；7117家考核结果为“完成”等级，占50.41%；1836家考核结果为“基本完成”等级，占13.00%；1191家考核结果为“未完成”等级，占8.44%。2011-2013年，万家企业累计实现节能量2.49亿吨标准煤，完成“十二五”万家企业节能量目标的97.72%。12月，国家发改委发布了各地区2014年1—11月节能目标完成情况晴雨表。通过对各地区节能形势进行分析，对照各地“十二五”年均节能任务，1—11月，福建、海南、青海、宁夏、新疆等5个地区预警等级为一级，节能形势十分严峻;北京、天津、河北、山西、内蒙古、辽宁、吉林、黑龙江、上海、江苏、浙江、安徽、江西、山东、河南、湖北、湖南、广东、广西、重庆、四川、贵州、云南、陕西、甘肃等25个地区预警等级为三级，节能工作进展基本顺利。与1—10月相比，宁夏由二级预警上升为一级预警。西藏缺乏统计数据，没有进行预测。

（三）各省市区在中央建设生态文明的要求下，经济增速与生态环境、节能减排之间，不是一道“选择题”，而是必须交出满意答卷上海市追求绿色增长，向“黑色GDP”说不。2014年，在国内率先对高载能行业实行“负面清单”管理模式，同时还实施差别化电价政策，运用市场化手段推进调整转型。能效不达标的企业，甚至难以在上海立足；配合产业结构调整、能源结构调整、污染治理同步提升，把节能减排工作当作重中之重，积极用市场手段鼓励节能减排。2014年燃煤电厂获得环保电费12.6亿元，城市排水设施使用费收取23亿元，黄标车和老旧车淘汰补贴8.4亿元，清洁能源替代补贴1.9亿元，各项补贴政策进一步挖掘了减排潜力。另一方面，实行铁腕执法， 截至2014年11月底，上海市环境监察机构处罚违法企业1727户，处罚金额共约9207万元，分别同比增加了32.2%和53.7%。从而，获得了骄人成绩，2014年，上海全年规模以上工业单位增加值能耗下降6.5%以上，降幅比预定目标高出八成。同时，上海完成燃煤锅炉替代1675台，比目标任务高出四成还多。

根据环境保护部与浙江省政府签订的《浙江省“十二五”主要污染物总量减排目标责任书》，“十二五”期间，浙江省化学需氧量、氨氮、二氧化硫、氮氧化物排放总量分别要减少11.4%、12.5%、13.3%、18.0%，是全国污染减排任务最重的省份之一。对此，浙江省高度重视，全面部署，制定了减排规划、计划，突出重点，狠抓污水处理、印染、造纸、电力、钢铁、水泥、畜禽养殖、机动车等“七厂一车”重点减排项目实施。截至2014年底，全省共有各类污水处理厂351座，总设计处理能力1202.7万吨/日，共建成污水主管网3.5万公里，污水处理设施基本实现了全省建制镇全覆盖，并延伸到乡村。为深挖潜力，浙江省又实施了污水处理厂提标改造工程，将太湖流域和钱塘江流域的污水处理厂提高到一级A排放标准，其他流域实施一级B标准。目前共完成污水处理厂提标改造38座、中水回用项目31个。同时，出台污水处理厂费用拨付与减排绩效挂钩的考核办法，切实提升污水处理厂运行管理水平。2014年12月28日，国家“治太（湖）”重点项目、浙江省重点工程，位于杭州市西湖区的城西污水处理厂投入运行，其先进的处理工艺使得出水水质高于国家一级A排放标准，优于周边余杭塘河等河水水质。

2014年11月广东省政府发布《广东省2014－2015年节能减排低碳发展行动方案》，明确了今明两年广东节能、减排、低碳的具体目标。对考核不过关的地级以上市，省政府将约谈该市政府主要负责人，考核结果向社会公布。在约束机制上，《方案》强化能评环评约束作用，严格实施项目能评和环评制度，新建高耗能、高排放项目能效水平和排污强度必须达到国内先进水平，把主要污染物排放总量指标作为环评审批的前置条件;对未完成节能减排目标的地市，暂停该地市新增主要污染物排放项目的环评审批。

二、提前一年全面完成“十二五”落后产能淘汰任务

2014年2月12日 国务院总理李克强主持召开国务院常务会议，研究部署进一步加强雾霾等大气污染治理工作，要求提前一年全面完成“十二五”落后产能淘汰任务；加大力度淘汰黄标车和老旧汽车。

按照《国务院关于进一步加强淘汰落后产能工作的通知》、《国务院关于化解产能严重过剩矛盾的指导意见》和国务院的部署，有关部委和各省市紧锣密鼓展开工作。2014年1月20日 工业和信息化部办公厅、财政部办公厅发出《关于报送2014年工业行业淘汰落后和过剩产能目标计划及申报中央财政奖励资金有关工作的通知》（工信厅联产业〔2014〕14号），要求各省、自治区、直辖市及新疆生产建设兵团工业和信息化、财政主管部门研究提出2014年15个工业行业淘汰落后和过剩产能目标计划，以及计划淘汰的企业名单、主体设备（生产线）和产能，并按照规范格式要求在项目申报管理系统中填报相应内容，于2014年2月20日前，按淘汰落后产能考核实施方案规定，由省级人民政府将目标计划文件及数据光盘报送工业和信息化部、财政部。各省级财政、工业和信息化主管部门按照上述要求，根据2014年工业行业淘汰落后和过剩产能目标计划及2013年任务完成情况，提出符合奖励条件的落后产能规模、具体企业名单及计划淘汰的主体设备（生产线），并在淘汰落后项目资金管理系统中填报相应内容，于2014年2月20日前将申请文件和数据光盘报送财政部、工业和信息化部。同时，将2013年奖励资金安排和使用情况、实际淘汰落后产能情况和书面验收意见进行整理汇总后一并报送。按照有关要求，认真做好列入2013年国家公告的落后产能主体设备（生产线）拆除验收工作，出具省级书面验收意见，并在省级人民政府门户网站以及当地主流媒体向社会公告本地区已完成淘汰落后产能任务的企业名单。

5月，经淘汰落后产能工作部际协调小组第五次会议审议确定，工业和信息化部向各地下达了2014年淘汰落后和过剩产能任务。具体为：炼铁1900万吨、炼钢2870万吨、焦炭1200万吨、铁合金234.3万吨、电石170万吨、电解铝42万吨、铜（含再生铜）冶炼51.2万吨、铅（含再生铅）冶炼11.5万吨、水泥（熟料及磨机）5050万吨、平板玻璃3500万重量箱、造纸265万吨、制革360万标张、印染10.84亿米、化纤3万吨、铅蓄电池（极板及组装）2360万千伏安时、稀土（氧化物）10.24万吨。与《政府工作报告》确定的目标相比，钢铁行业淘汰任务超170万吨，水泥行业超850万吨。其他行业任务量与去年相比也有较大幅度增加。8月18日工业和信息化部发布第二批2014年工业行业淘汰落后和过剩产能企业名单。公告说，按照《国务院关于进一步加强淘汰落后产能工作的通知》、《国务院关于化解产能严重过剩矛盾的指导意见》要求，依据《工业和信息化部关于下达2014年工业行业淘汰落后和过剩产能目标任务的通知》，公布第二批名单，所涉及行业包括炼钢、铁合金、铜冶炼、水泥、平板玻璃(917, -3.00, -0.33%)、造纸、制革、印染、铅蓄电池、稀土等十个产业，共132家企业。公告要求有关省(区、市)要采取有效措施，在2014年年底前关停列入公告名单内企业的生产线，拆除相关主体设备，确保不得恢复生产和向其他地区转移。各地要按照《关于印发〈淘汰落后产能工作考核实施方案〉的通知》要求，做好淘汰落后和过剩产能企业的现场检查验收和发布任务完成公告工作。

各地也加大了工作力度。2014年，北京继续推进产业结构的调整，削减工业污染，进一步淘汰落后污染产能，发布实施了《北京市工业污染行业、生产工艺调整退出及设备淘汰目录》，实现铸锻、建材、化工、包装及印刷等行业共392家污染企业关停退出，超额完成年度关停300家的任务。全年淘汰老旧车47.6万辆，在全国率先完成了黄标车的淘汰。。

安徽省对落后产能的企业直接进行淘汰。近日，省淘汰落后产能工作办公室(以省经信委为主)公布了2014年工业行业淘汰落后产能目标任务完成情况，共有炼铁、炼钢、焦化、制革、铅冶炼、水泥、铅蓄电池7类共17个企业的有关生产项目被淘汰。其中有的已拆除，有的已关停。例如芜湖新兴铸管公司的360立方米一座高炉已拆除，马钢公司合肥公司的一座焦炉已关停。这些项目的淘汰、关闭，大大减少了能源消耗，降低了城市污染。

经过各方面的共同努力，2014年化解过剩产能与工业节能减排成效显著，为雾霾治理、环境保护、绿色发展做出了积极贡献。全年淘汰落后炼钢产能3110万吨、水泥8100万吨、平板玻璃3760万重量箱，圆满完成政府工作报告确定的目标。2011年至2014年，累计淘汰落后炼钢产能7700万吨、水泥（熟料及粉磨能力）6亿吨、平板玻璃1.5亿重量箱，提前一年完成“十二五”淘汰任务。2014年单位工业增加值能耗和用水量分别降低7%和5.8%。2014年单位工业增加值能耗和用水量分别降低7%和5.8%。

三、环保装备产业发展迅速，提前一年完成规划目标

随着我国节能减排和环境治理要求的日益提高，环保装备市场需求巨大，产业持续快速增长。2014年全国环保装备制造业实现产值5111亿元，提前一年完成《环保装备“十二五”发展规划》提出的“2015年达到5000亿元”的目标。

根据中国环保机械行业协会对2014年纳入统计口径的1320家环保装备制造企业统计：

（一）产业持续增长。实现工业生产总值3067.04亿,销售产值2852.35亿，主营业务收入为2766.78亿，同比增长均在14%左右。主营业务利润200亿，主营业务利润率7.23%。

（二）结构逐步优化。在烟气脱硫脱硝、除尘、汽车尾气净化、污水处理、再生水利用、污泥处置、垃圾焚烧等方面，一批先进适用技术装备得到推广应用。由单一污染物治理转向针对系统整体污染防治集成开发的产业技术创新战略联盟成为趋势。行业骨干企业逐步转型为提供装备制造、工程总承包、运营服务等一体化综合服务。

（三）出口保持平稳。出口交货值88亿元，同比增长1.2%，低于全国出口平均增长水平近五个百分点（6.1%）。全球经济复苏疲弱、国内低成本优势削弱、制造业吸收外资下降、国际市场大宗商品价格的持续下跌等因素抑制了我国环保装备出口。

（四）投资匀速上升。固定资产计划总投资1903亿元，自年初累计完成投资1113亿元，同比增长均超过20%，高于全国15.7%的投资增长幅度五个百分点。本年新增固定资产825亿元，同比增长32%。施工项目1437个，其中本年新开工项目1052个，同比增长14%，本年投产项目1050个，同比增长24%。

（五）资金来源多样化。本年到位资金1157.6亿元，同比增长28.8%，上年末结余资金17.2亿元，同比增长48%。其中，国家预算资金0.6亿元，同比减少81.5%；国内贷款93.8亿元，同比增长39%；利用外资11.5亿元，同比减少近20%；自筹资金1021亿元，同比增长29%；其他资金来源13.7亿元，同比增长17.5%。

随着《大气污染防治行动计划》的继续实施，以及正在推进的《水污染防治行动计划》、《土壤污染防治行动计划》，新建治污设施和升级改造规模巨大。此外，随着新的《环境保护法》实施，过去违法成本低、守法成本高、环境监管不足、执法力度不够等情况将得到有效扭转，预计2015年，环保装备行业仍将保持15%左右的增长。

四、大力推进技术改造和技术进步，突出源头创新

（一）技术改造和技术进步

节能减排，关键在于技术创新。2014年2月19日，科技部、工业和信息化部联合印发《2014-2015年节能减排科技专项行动方案》，提出要坚持以企业为创新主体，加大重点行业关键共性技术攻关与集成应用力度，加速科技成果转化和产业化，推动新技术、新产品的大规模应用，提升节能减排产业技术创新能力和产业化水平，有效支撑国家“十二五”节能减排目标的实现。9月12日，国家发展改革委、环境保护部、国家能源局发出《关于印发《煤电节能减排升级与改造行动计划 （2014-2020年）》的通知》（发改能源[2014]2093号），对煤电行业全面落实“节约、清洁、安全”的能源战略方针、加快升级与改造、提升高效清洁发展水平等工作作出具体部署，旨在打造高效清洁可持续发展的煤电产业“升级版”，为国家能源发展和战略安全夯实基础。《计划》还明确了开展煤电节能减排升级改造工作的指导思想和行动目标，并从加强新建机组准入控制、加快现役机组改造升级、提升机组负荷率和运行质量、推进技术创新和集成应用、完善配套政策措施、抓好任务落实和监管等方面细化制定了30条目标任务。

出具体部署。在执行更严格能效环保标准的前提下，到2020年，煤炭占一次能源消费比重力争下降到62%以内，电煤占煤炭消费比重提高到60%以上。

节能减排、提高能源的利用效率，重点在在工业领域。近年来，工业和信息化部组织实施工业强基、高端装备制造、技术改造等专项工程，持续推进核高基、高档数控机床与基础制造装备等重大科技专项，工业转型升级和创新发展取得了长足进步。2014年，按照国务院部署要求，在制造强国战略研究基础上，工业和信息化部牵头制定中国未来10年制造强国建设的目标、步骤和路径，对未来工业发展做出了全面规划部署。同时，围绕打造中国工业升级版，工业和信息化部加强企业技术改造，技改投资在工业固定资产投资中的比重超过40%。加快以企业为主体的技术创新体系建设，新认定72家国家技术创新示范企业，重点支持了195个重大科技成果转化项目，推动建立了首台(套)重大技术装备保险补偿机制；加速软件和信息技术服务、工业设计、现代物流等生产型服务业发展，加大企业兼并重组、产业转移推进工作力度，结构调整和产业升级取得新进步；进一步推进节能减排技术改造。以信息化、智能化、网络化技术推动传统行业节能减排技术改造，推动建设一批“绿色工厂”及行业节能技术支撑中心，启动绿色数据中心试点。深入实施电机、变压器、工业锅炉能效提升计划，推进水泥窑协同处置生活垃圾试点工作，在缺水地区高耗水行业开展节水治污示范工程。

与此同时，在建筑领域开展了绿色建筑行动，新的建筑要完全按照新的节能标准来执行，老的建筑要进行积极地改造，现在应该说也是进展比较顺利。在交通领域，主要是搞了车、船、路、港低碳行动，效果比较明显。在公共建筑领域搞了公共机构的节能，政府和政府机关要带头，在节能、提高能效方面。

安徽省人民政府办公厅印发了安徽省节能环保产业发展规划，省经信委在全省工业领域实施“五个一百”专项行动，即壮大100户节能环保生产企业，推介100项节能环保先进技术，推广100种节能环保装备产品，实施100个节能环保项目，培育100家节能环保服务公司。省经信委还提出了若干项保障措施，促进节能减排目标实现。2014年，全省战略性新兴产业总产值超过6000亿元，对工业规模经济的贡献率超过三分之一。在高新技术产业方面，大力发展智能装备，包括数控机床、工业机器人等，尤其是工业机器人，全省重点在建项目76个，一部分企业已批量生产。2014年1~11月，全省高新技术产业实现增加值同比增长14.2%，高于全省工业近5个百分点。全省现代服务业也增长很快，2014年前三季度，现代服务业实现增加值2481.6亿元，同比增长8.4%，拉动全省服务业增长4.2个百分点。2014年，完成技术改造约5000亿元，通过技术改造，改进工艺，增添先进设备，建立先进的生产线和装配线，降低了能源消耗。

（二）从源头做起

我国用电量近70%以上来自煤电，2013年煤电装机占全国电力总装机63%、发电量占全国发电量74%。因此，从源头降低煤电燃耗意义重大。截至2014年11月底，全国1.9亿千瓦燃煤机组实施脱硝和除尘改造，9576万千瓦燃煤机组脱硫设施实施增容改造；1.1万平方米钢铁烧结机安装烟气脱硫设施，1.9亿吨新型干法水泥熟料产能安装脱硝设施。

北京市2014年燃煤锅炉改造工程完成6595蒸吨，实现了市级以上工业开发区基本无燃煤锅炉，据初步统计，2014年北京全市煤炭消费总量降到1900万吨以下，比2013年减少260多万吨。2015年北京的清洁空气行动计划要在减排上取得突破，包括东城区、西城区基本建成“无煤区”，城六区基本实现无燃煤锅炉，组织实施燃煤锅炉清洁能源改造2000蒸吨以上，全市煤炭用量控制在1500万吨以下；严格新车环保管理和在用车减排，再淘汰老旧机动车20万辆；调整退出污染企业300家以上，全市水泥产能压缩到500万吨，实施第二批“百项”企业环保技改工程；超额完成“百万亩”平原造林工程等。

上海申能外高桥第三电厂通过持续创新，连年保持发电煤耗的世界纪录。与全国平均水平相比，该电厂机组投运4年，节标煤200多万吨。2014年10月，外高桥第三电厂成为“国家煤电节能减排示范基地”。

浙江计划4年内完成省内燃煤机组“近零排放”技术改造，有望撬动35亿元以上市场空间。我国首个燃煤发电机组烟气超低排放改造项目——浙能集团自主创新的“多种污染物高效协同脱除集成技术”，可使电厂排放的烟尘、二氧化硫、氮氧化物等达到甚至低于天然气燃气轮机组的排放标准，尤其是PM2.5脱除率可达85%以上，标志着我国燃煤发电机组清洁化技术取得重大突破。青岛市提高煤质标准，2014年在全市禁止销售使用高硫高灰分劣质燃煤;除特定区域，禁止审批新上传统燃煤项目;将高污染燃料禁燃区从85平方公里大幅扩大到552平方公里，禁止新上并逐步淘汰高污染燃料燃烧设施。上海2014全年规模以上工业单位增加值能耗下降6.5%以上，降幅比预定目标高出八成。同时，上海完成燃煤锅炉替代1675台，比目标任务超过出四成以上。

在煤制油、煤制气产业方面，经过“十一五”、“十二五”期间首批示范项目的建设，验证了自主技术的可行性，积累了工程建设的经验，即将进入一个新的发展阶段，并达成以下共识：一是不可原地踏步停止发展。煤制油、煤制气符合我国国情，是在“富煤、贫油、少气”的资源条件下，保障油气供应安全和推动能源结构调整的迫切需要和现实选择。二是不能遍地开花过热发展。我国大部分富煤地区水资源缺乏、生态环境脆弱，煤制油、煤制气对资源环境条件要求高，应定位于国内油气供应的重要补充，科学把握发展节奏，严格控制产业规模。三是禁止违背规律盲目发展。要做好“六个坚持”，禁止产业盲目发展和无序建设。坚持清洁高效转化，制定并执行严格的技术准入指标；坚持示范先行，近期重点组织实施好示范项目；坚持科学合理布局，优先在新疆、内蒙古等煤炭资源丰富、综合配套条件好的地区发展；坚持“量水而行”，以实际可用水量确定产业规模；坚持自主创新，推广应用具有自主知识产权的技术装备；坚持多元化替代，推动多种替代路线的示范。

五、走向法制化、标准化轨道

节能减排是以法律为依据、以政府为主导的强制性活动，政府主管部门和执法单位必须严格按照法律和标准的规定进行监测、检验。

（一）立法依法，“治污”、“治排”

中国已颁布实施了《节约能源法》、《清洁生产促进法》、《环境保护法》等一系列节能减排的法律法规和政策文件，为节能减排活动提供了行动指南。2014年4月24日，十二届全国人大常委会第八次会议审议通过《环境保护法》修正案草案。这是《环境保护法》自1989年颁布实施25年后进行的首次修订。新法在环保理念、监管手段、模式创新等方面均极具突破，严厉程度堪称“新中国成立后之最。”12月22日，《大气污染防治法(修订草案)》首次在全国人大常务委员会上进行审议，预计2015年将正式出台。该修订草案明确了建立大气环境保护目标责任制和考核评价制度;在燃煤、工业、机动车等方面，细化对多种污染物的协同控制措施，并进一步强化机动车用车及油品质量环保达标管理等。

依法行政，对违法处罚“不手软”。6月12日，环保部通报全国两会后首批大规模区域限批和挂牌督办地区和企业的信息。并点名批评沈阳华润热电有限公司等19家企业脱硫造假，开出了4亿元巨额罚单;7月17日，国家发展改革委等部门宣布对10家火电企业扣减和罚款5亿余元，以处罚这些燃煤发电企业冒领脱硫补贴的行为。湖北省住房和城乡建设厅组织检查组，分别对全省2014年建筑节能法规政策执行情况、新建建筑节能标准执行情况、可再生能源建筑应用情况、绿色建筑发展情况、既有建筑节能改造情况、公共建筑能耗监测情况、“禁实”与新型墙材应用情况等进行了监督检查,共抽查项目101项，建筑面积245.18万平方米。这些表明，在更加严格严厉的立法之下，监管“拳头”将越来越强硬，任何违法行为都将付出巨大的代价。

（二）加速制定出台和执行标准

标准是保障科学决策的重要支撑，实施好标准是依法行政的重要体现。标准作为实现节能减排目标的重要技术基础以及有效手段，节能减排标准化关系到技术（产品）的研究与开发、示范、商业化、产业化的各个阶段，涵盖了产品的生产、运输、使用、回收利用等各个环节，在提高产品能源利用效率，减少污染物排放，促进企业技术革新和产业升级，优化产品结构等方面具有重要作用。近年来，节能评估和审查、淘汰落后和化解过剩产能、推广高效节能产品、能效标识、节能改造“以奖代补”政策、国际气候谈判，节能减排标准都发挥了有力的支撑。2014年3月4日，国家发改委解振华副主任与国家质检总局党组成员、国家标准委主任田世宏一行进行了座谈，商谈进一步发挥标准的作用，促进节能减排。解振华表示将全力支持、配合国家标准委开展节能减排标准化工作，建议滚动实施“百项能效标准推进工程”，围绕着节能减排的中心工作，加快制修订重要节能减排标准；完善节能减排标准体系，满足工作需求；建立节能减排标准动态更新的长效机制，不断提高国家标准的技术水平。12月，国家发改委首批发布的发电、电网、钢铁、化工、铝冶炼、镁冶炼、平板玻璃、水泥、陶瓷、民航等10个行业碳核算与报告指南，已完成征求意见阶段，在经过后续意见汇总、专家研讨、标准审定、标准报批等程序后，将于2015年成为国内首批关于碳排放的国家标准。

2013年，山东省制定实施了《山东省区域性大气污染物综合排放标准》等7项区域大气污染排放标准，形成了山东省大气污染排放标准体系。2014年山东又完成了《烟气脱硝催化剂》、《固定污染源低浓度颗粒物测定方法》等8项大气污染防控相关地方标准。截至目前，山东省制定实施了21项污染物排放强制性地方标准，14项环保友好型产品标准。山东通过建立和完善烟气脱硝催化剂技术标准体系，促进无毒脱硝催化剂技术的开发与应用，促进科技成果转化。无毒脱硝催化剂标准实施后，每年仅山东省可减少使用钒钛有毒催化剂5万立方米，年可减排氮氧化物约160万吨，直接经济效益约为20亿元。2014年，山东制定发布了《车用清净汽油》、《清净柴油》等两项地方标准，并自2014年11月1日起全面执行。标准全面实施后，山东省每年可减少颗粒物(PM2.5)约1.2万吨左右、氮氧化合物(NOx)约5万吨，节约燃油约54万吨/年，折合节省标准煤约75.6万吨。事实还表明，山东逐步加严大气污染物排放标准，形成大气污染防治和环境保护的倒逼机制，倒逼减少排放，也倒逼企业转型升级。

六、积极探索市场化

十八届三中全会明确，要发挥市场在资源配置中起决定性作用。通过近几年来的探索也充分证明，加快建立市场机制是推动节能减排和生态文明建设的必由之路。

（一）推进7省（市）碳交易试点

碳交易即二氧化碳排放权交易，是在政府部门限定企业二氧化碳排放分配额基础上，多排放二氧化碳的企业从少排放的企业那里购买配额的一种交易。碳交易包括所有温室气体，不同温室气体最终全部折算成一定量的二氧化碳。国家发展和改革委员会2011年发出关于北京、天津、上海、重庆、湖北、广东、深圳等7省（市）碳排放权交易试点的通知，2014年6月19日重庆碳排放权交易在重庆联合产权交易所举行开市仪式，确定在254家年碳排放超过2万吨二氧化碳的工业企业进行试点。至此，7省（市）碳排放权交易试点全部启动交易，参加碳交易的企业达2000多家。 2014年7个试点省市碳排放交易市场共交易1436万吨二氧化碳，累计成交金额突破了4.5亿元；配额总量已达到12亿吨，成为继EU ETS之后的全球第二大碳市场。截至2015年5月25日，7个试点省市碳市场累计成交量超过2000万吨二氧化碳，累计成交金额约7.1亿元人民币，市场运行总体平稳。 预计2016 年开始试行全国碳市场时将配额总量可能达到70亿吨，成为全球最大。

中国快速推进的7省（市）碳交易试点，是利用市场机制促进低碳发展的重要尝试。试点的共同特点是：明确交易范围，设定控制碳排放的目标，建立碳排放核查体系，搭建注册登记系统和交易平台，并开展相关能力建设。

（二）推进排污权有偿使用和交易试点

2014年8月6日，国务院办公厅印发《关于进一步推进排污权有偿使用和交易试点工作的指导意见》，提出到2015年底前试点地区全面完成现有排污单位排污权核定，到2017年底基本建立排污权有偿使用和交易制度，为全面推行排污权有偿使用和交易制度奠定基础。这是我国首次明确该方面的时间表，意在发挥市场机制推进环境保护和污染物减排。也成为我国2014年超额完成节能减排任务的“推进器”。山西省的碳排放系数全国最高，为全国平均水平的1.8倍。为此，山西将节能环保、新能源作为重要的发展领域，探索开展碳排放交易，争取国家将山西纳入碳排放交易试点，推动成立碳排放交易机构被列为重点转型综改事项。河北是全国最早探索排污权交易的省份。2014年起，河北省在钢铁、水泥、电力、玻璃、化工五个行业推行排污权有偿使用，并安装IC卡总量监控设备，对企业排放浓度、排放总量进行全方位、全天候过程监控，企业剩余排污量可以进行排污权交易。同时，河北省还出台了排污权抵押贷款管理办法，依照该办法，偷排超排企业禁办排污权抵押贷款。河北省政府办公厅印发《关于进一步推进排污权有偿使用和交易试点工作的实施意见》，提出今年7月1日前完成钢铁、水泥、电力、玻璃4个重点行业现有排污单位的排污权初次核定。到年底前，这四个行业现有排污单位实行排污权有偿使用，完成所有行业现有排污单位的排污权初次核定。 河北省明确，2016年底前，所有行业现有排污单位全面推行排污权有偿使用。2017年底前，完成排污权有偿使用和交易试点，全省基本建立排污权有偿使用和交易制度体系。统计数据显示，目前，河北省排污权出让金收入已达1.29亿元，其中省级收入近3000万元。甘肃省政府办公厅2015年初印发的《关于开展排污权有偿使用和交易前期工作及试点工作的指导意见》明确提出，在全省范围内逐步开展排污权有偿使用和交易试点，到2017年年底前，将基本形成排污权有偿使用和交易市场体系。 吉林省政府下发的《开展排污权有偿使用和交易试点工作的实施意见》确定，在2015年年底前，建立省、市、县三级污染物总量控制目标体系。2016年年底前，将完成试点指标基准价格的确定工作。

（三）发挥价格杠杆的激励和约束作用，将更多的权力交给市场

2014年 3月28日，国家发展改革委和环保部印发《燃煤发电机组环保电价及环保设施运行监管办法》，明确燃煤发电机组必须按规定安装脱硫、脱硝和除尘环保设施，其上网电量在现行上网电价基础上执行脱硫、脱硝和除尘电价加价等环保电价政策。8月26日，国家发展改革委发布《关于疏导环保电价矛盾有关问题的通知》，决定自9月1日起在保持销售电价总水平不变的情况下，全国燃煤发电企业标杆上网电价平均每千瓦时降低0.93分钱，腾出的电价空间用于对脱硝、除尘环保电价矛盾进行疏导。此举从一定程度上减轻了火电企业进行环保改造的经济压力，从而激发了火电行业进行环保改造的积极性。

2014年，上海在国内率先对高载能行业实行“负面清单”管理模式，同时还实施差别化电价政策，运用市场化手段推进调整转型。能效不达标的企业，甚至难以在上海立足。上海产业结构调整“负面清单”执行严格标准，再结合差别电价等措施，预计将带来200万吨标煤的能耗减量，为其他行业发展腾出空间。同时，上海积极用市场手段鼓励节能减排。2014年，燃煤电厂获得环保电费12.6亿元，城市排水设施使用费收取23亿元，黄标车和老旧车淘汰补贴8.4亿元，清洁能源替代补贴1.9亿元，各项补贴政策进一步挖掘了减排潜力。

（四）探索政府与社会资本合作(PPP)模式推动节能环保

2014年12月4日，财政部推出首批30个PPP示范项目，包括天津新能源汽车公共充电设施网络、张家口市桥西区集中供热项目、石家庄正定新区综合管廊项目等;其中，新建项目8个，地方融资平台公司存量项目22个。

地方政府也在积极推出PPP项目来吸引社会资本进入，多个省份相继推出了千亿规模的PPP项目计划，其中福建公布28个PPP试点推荐项目，总投资1478亿元;青海推介80个PPP项目，总投资达1025亿元;安徽发布PPP项目共42个，总投资达710亿元。

（五）加强体制模式创新

组建多领域、跨学科的创新联盟，指导关键共性节能减排技术方案的研发设计。规范第三方节能服务流程，培育一批资源整合能力强、规范化服务的合同能源管理公司，加快规模化节能减排技术改造。探索政府组织协调、企业为主体、第三方机构担保、金融机构支持的投融资模式，为规模化的节能减排技术改造提供资金支持。

随着市场化机制的引入，“谁污染，谁治理”环境保护的传统观念将被颠覆。国务院办公厅印发《关于推行环境污染第三方治理的意见》(以下简称《意见》)，部署改革创新治污模式，吸引和扩大社会资本投入，促进环境服务业发展。这意味着酝酿已久的环境第三方治理从国家层面正式破冰。

我国工业污染占总污染的70%，是环境污染的主要来源。第三方治理主要针对工业领域。《意见》释放出了明确导向—第三方治理是推进环保设施建设和运营专业化、产业化的重要途径，是促进环境服务业发展的有效措施。《意见》还提出坚持排污者付费、市场化运作，根据污染物种类、数量和浓度，排污者承担治理费用，受委托的第三方治理企业按照合同约定进行专业化治理。

《意见》指出，一是要推进环境公用设施投资运营市场化，在城镇污水垃圾处理设施领域，采取特许经营、委托运营等方式引入社会资本，通过资产租赁、资产证券化等方式盘活存量资产。对污染场地治理和区域环境整治，采用环境绩效合同方式引入第三方治理。二是要创新企业第三方治理机制，在工业园区、重点行业积极培育第三方治理的新模式、新业态，选择有条件的地区和行业，探索实施限期第三方治理。根据《意见》中的主要目标，到2020年，环境公用设施、工业园区等重点领域第三方治理取得显著进展，污染治理效率和专业化水平明显提高，社

会资本进入污染治理市场的活力进一步激发。

《意见》提出加大财税等支持力度—对符合条件的第三方治理项目给予中央资金支持，有条件的地区也要对第三方治理项目投资和运营给予补贴或奖励。积极探索以市场化的基金运作等方式引导社会资本投入，健全多元化投入机制;研究明确第三方治理税收优惠政策，国家发展改革委、财政部要加强统筹协调，制定推进第三方治理的投融资、财税等政策。

七、展望

2015年是“十二五”收官之年，2014年我国单位国内生产总值能耗和二氧化碳排放分别比2005年下降29.9%和33.8%。这意味着，“十二五”节能减排几项约束性指标可以顺利完成。然而，并不能“长长舒了一口气”，轻松下来。2014年我国能源消耗总量已达42.6亿吨标准煤，同比增长了2.2%。增速未见明显放缓，表明节能形势依然严峻。我国单位国内生产总值的能耗是世界平均水平的2.5倍，高于巴西、墨西哥等发展中国家。

中国经济发展进入新常态，能源需求依然会呈刚性增长，资源环境约束依然突出，节能任务艰巨。所以，必须持之以恒，高度重视节能减排。节能减排也是加快生态文明建设的必由之路。必须紧紧抓住经济增速趋缓的机遇，打赢一场节能减排‘攻坚战’！

——坚决贯彻落实中共中央、国务院《关于加快推进生态文明建设的意见》，坚持把节约优先、保护优先、自然恢复为主作为基本方针，坚持把绿色发展、循环发展、低碳发展作为基本途径；坚持源头控制与末端治理并重，强化抓好源头控制,坚持措施与效果并重，强化抓好实际效果;要激励与约束并重，强化资源环境和碳排放约束，改变对节能低碳的激励方式;坚持行政手段与市场及法律手段并重，强化采用市场手段和法律手段破解资源环境约束。

—— 继续加大结构调整力度，实现节能减排约束性目标，结合化解产能严重过剩和培育新的经济增长点，科学构建增量，优化升级存量。开工一批水电、核电项目，因地制宜发展风电、太阳能、生物质能等，推动分布式能源发展，2015年非化石能源占比要达到11.4%，到2030年非化石能源占一次能源消费比重提高到20%左右。

——坚持创新驱动。“十二五”节能目标的完成，形成了3.3亿吨标准煤的节能能力。其中一半是通过节能技术推广来实现的。必须进一步强化发展方式转变，抓好重大低碳节能技术革命;加快推广先进、实用的节能技术，推动相对成熟、有需求、有市场、成本低的节能技术，并且尽快实现产业化。

发展新能源，推动能源生产和消费革命

《中国低碳年鉴》编辑部

2014年是我国能源事业发展极为重要的一年。

党中央、国务院高度重视能源工作。6月13日，习近平总书记亲自主持召开中央财经领导小组第6次会议，听取国家能源局关于能源安全战略的汇报并发表重要讲话，明确提出了我国能源安全发展的“四个革命、一个合作”战略思想，即：推动能源消费革命，抑制不合理能源消费；推动能源供给革命，建立多元供应体系；推动能源技术革命，带动产业升级；推动能源体制革命，打通能源发展快车道；全方位加强国际合作，实现开放条件下能源安全。这是新中国成立以来，党中央首次专门召开会议研究能源安全问题，标志着我国进入了能源生产和消费革命的新时代。

根据国务院领导同志批示精神，国家能源局研究拟订了《能源发展战略行动计划（2014—2020年）》。4月18日，李克强总理亲自主持召开新一届国家能源委员会首次会议，审议通过《战略行动计划》，明确了“节约、清洁、安全”三大能源战略方针和“节能优先、绿色低碳、立足国内、创新驱动”四大能源发展战略，部署了增强能源自主保障能力、推进能源消费革命、优化能源结构、拓展能源国际合作、推进能源科技创新等能源发展改革的重点任务。

能源供给革命，从国内角度看，主要是大力发展清洁能源和可再生能源，从国际角度看，则主要是加强能源交流、形成多元供应，促进能源消费结构转变。这里有两层含义，一是能源供应增速应与经济发展相适应，二是在能源增量环节中实现煤炭替代。简言之，发展新能源（即非化石能源，或称“清洁能源和可再生能源”）是能源革命的重要组成部分、当务之急和长期发展战略。

2014年11月12日，亚太经合组织(APEC)北京会议期间，中国国家主席习近平和美国总统奥巴马在北京会谈，发表《中美气候变化联合声明》，联手共同应对全球气候变化，并确定两国的减排目标。《联合声明》首次宣布中美两国各自2020年后应对气候变化行动。美国计划于2025年实现在2005年基础上减排26%～28%，并努力减排28%。中国计划2030年左右二氧化碳排放达到峰值且将努力早日达峰，到2030年非化石能源占一次能源消费比重提高到20%左右。

11月19日，国务院办公厅发布《能源发展战略行动计划(2014~2020年)》(以下简称《行动计划》)，明确今后一段时期我国能源发展的总体方略和行动纲领，以推动能源创新发展、安全发展、科学发展。《行动计划》指出，我国能源发展坚持“节约、清洁、安全”的战略方针，加快构建清洁、高效、安全、可持续的现代能源体系，重点实施节约优先、立足国内、绿色低碳、创新驱动四大战略。目标到2020年，煤炭消费总量控制在42亿吨左右，能源自给能力保持在85%左右，非化石能源占一次能源消费比重达到 15%，建设能源科技强国。

2014年1月9日，全国政协在京召开双周协商座谈会，围绕“核电和清洁能源发展”建言。全国政协主席俞正声主持会议并讲话。 委员们认为，发展核电和清洁能源、调整能源结构，是保持经济持续发展和生态环境保护的重大问题。要在确保安全的基础上稳步有序推进核电建设，优化核电项目布局，理顺监管体制，强化核安全监管，杜绝发生核泄漏事故；同时，要加快发展水电，积极发展风电，大力发展光伏发电。

1月8日，国家能源局发出《关于公布创建新能源示范城市（产业园区）名单（第一批）的通知》（国能新能〔2014〕14号），称：经对各地上报的新能源示范城市（产业园区）发展规划进行复核，确定北京市昌平区等81个城市和8个产业园区为第一批创建新能源示范城市和产业园区。1月13日，全国能源工作会议在京召开。国家发展改革委主任徐绍史出席会议并作重要讲话。国家发展改革委副主任、国家能源局局长吴新雄在会上作了题为“转方式调结构促改革 强监管保供给惠民生 扎实做好2014年能源工作”的报告。会议要求全国能源系统要“吃透”中央精神，“摸透”行业情况，把思想和行动统一到中央决策部署上来，切实增强能源工作紧迫感、使命感和责任感，对照调整，对号入座，落实责任，狠抓落实。1月20日，国家能源局发出《关于印发2014年能源工作指导意见的通知》（国能规划[2014]38号），2014年能源工作的指导思想是：全面贯彻党的十八大和十八届二中、三中全会精神，认真落实党中央、国务院各项决策部署，围绕确保国家能源战略安全、转变能源消费方式、优化能源布局结构、创新能源体制机制等四项基本任务，着力转方式、调结构、促改革、强监管、保供给、惠民生，以改革红利激发市场动力活力，打造中国能源“升级版”，为经济社会发展提供坚实的能源保障。

为了实现规划和向世界宣布的目标和承诺，我国从“十一五”以来，一直着力发展新能源，2014年进一步加大了力度，取得了新的突破。2014年非化石能源消费比重提高到10.7%，非化石能源发电装机比重达到32.7%。天然气占一次能源消费比重提高到6.5%，煤炭消费比重降低到65%以下。开工一批水电、核电项目，因地制宜发展风电、太阳能、生物质能等，推动分布式能源发展，2015年非化石能源占比将达到11.4%。

一、水电：2014年迈入提速换挡新时代

国际社会的减排压力已经转化成为我国社会最强烈的环保诉求之一。为此，我国已明确地制定了“去煤化”的能源结构调整目标。然而，替代煤炭靠什么，在当代的科学技术水平下，比较现实的还是要靠开发利用水电，因为我国的水能资源世界第一，总量约占全球的六分之一，且目前只利用了30%多，还有巨大潜力。

2014年被喻为中国水电的提速换挡期。我国水电在提前完成“十二五”装机目标的同时，开工建设的达标难度呈现“提速”之后又“换挡”的特征：鉴于各水电项目建设的条件特殊性、技术复杂性，不能为完成经营目标压缩水电建设项目的合理工期、变更重大设计方案。水电站项目核准也是目前国家能源局保留的17项审批权之一；以6月底、7月初溪洛渡、向家坝电站投产为标志，我国水电已迈入大电站、大机组、高电压、自动化、信息化的全新时代。据数据统计，2014年我国新增的水电装机约为2000万千瓦。年中我国水电已经提前一年半完成了“十二五”规划的水电装机2.9亿千瓦的任务。到2014年底，我国水电装机约3亿。水电的年发电量也将接近或者达到万亿千瓦时。我国水电一年的新增量，大约就与排在清洁能源第二位的风电或者排在第三位的核电的全年发电量相当。总之，无论是在中国还是在全世界，水电无疑是替代化石能源的第一主力。新投产的溪洛渡、向家坝2座水电站更是改写了中国水电排行榜“前三甲”。预计2015年，中国水电将步入发展的快车道，成为引领和推动着世界水电发展的巨大力量。

（一）完善水电激励政策和上网价格形成机制

作为我国能源结构调整的第一主力，国家对水电的政策支持是一贯的。

国家发改委1月22日宣布，完善水电上网价格形成机制。今后新投产水电站，跨省跨区域交易价格由供需双方参照受电地区省级电网企业平均购电价格扣减输电价格协商确定；省内消纳电量上网电价实行标杆电价制度，标杆电价以省级电网企业平均购电价格为基础，统筹考虑电力市场情况和水电开发成本制定。业内人士认为，由于目前水电价格普遍低于火电，该政策势必使水电价格向受电地区的火电上网电价看齐，将大幅提高水电投资收益。

2014年3月12日财政部再次发布对大型水电企业实行增值税优惠政策的通知。通知宣布，装机容量超过100万千瓦的水力发电站销售自产电力产品，自2013年1月1日至2015年12月31日，对其增值税实际税负超过8%的部分实行即征即退政策；自2016年1月1日至2017年12月31日，对其增值税实际税负超过12%的部分实行“即征即退”政策。这个通知虽然优惠的只是针对装机百万千瓦以上的大型水电站，但是由于我国所获得多数的水电都是来自百万千瓦以上的水电站，因此，实际受益的水电企业还是不少。加之此前国家已经对小水电实施了增值税6%的优惠政策，所以，国家从税收上支持和鼓励水电发展的态度是显而易见的。

7月31日，国家发改委下达《关于完善抽水蓄能电站价格形成机制有关问题的通知》。通知明确了电力市场形成前，抽水蓄能电站实行两部制电价。对电价确定的方式、抽水蓄能电站费用的回收方式、抽水蓄能电站建设和运行的管理以及执行范围和执行时间等都予以明确。11月17日国家发展改革委下发关于促进抽水蓄能电站健康有序发展有关问题的意见，意见指出加强规划工作，严格工程管理，加强运行管理，促进技术进步，完善发展政策，促进抽水蓄能产业持续健康发展。这两个文件，是国家相关主管部门首次针对抽水蓄能电站行业独立制定明确的电价形成机制，促使抽水蓄能电站迎来大规模建设机遇期。

10月31日，《国务院关于发布政府核准投资项目目录（2014年本）的通知》下放了部分水电项目审批权：在跨界河流、跨省（区、市）河流上建设的单站总装机容量50万千瓦及以上水电站项目由国务院投资主管部门核准，其中单站总装机容量300万千瓦及以上或者涉及移民1万人及以上的水电站项目由国务院核准；其余水电站项目由地方政府核准。抽水蓄能电站由省级政府核准。水电行业在“十二五”期间发展迅速，但是项目审批过程手续复杂、拖延时间长等问题一直是行业面临的突出问题，也为行业内各企业所诟病。审批权的下放无疑是对项目的“松绑”。

（二）大型电站密集投产

2014年6月26日，我国第四大水电站——华能糯扎渡水电站最后一台机组正式投产发电，标志着总装机容量585万千瓦的糯扎渡水电站全面建成投产。作为国家实施“西电东送”和“云电外送”重大战略工程之一，华能糯扎渡水电站是云南境内最大的电站，同时也是澜沧江流域装机和库容最大的电站。水电站共安装9台单机65万千瓦机组，首台机组于2012年9月投产。电站大坝高261.5米，是中国第一、世界第三坝高;开敞式溢洪道规模居亚洲第一，泄洪功率和流速为世界第一。水库总容量237.03亿立方米，相当于16个滇池的蓄水量。

6月30日，随着最后一台机组正式投入商业运行，总装机容量达1386万千瓦的世界第三大、中国第二大水电站——溪洛渡水电站全面投产发电。溪洛渡水电站分左、右岸地下电站，各安装9台单机容量77万千瓦机组，由葛洲坝集团和水电八局承担18台机组和公用系统的安装建设任务，首台机组于2013年7月29日投产发电。随着18台机组全部建成投产发电，明年发电量总计将超过600亿千瓦时。

7月7日，我国第三大水电工程——向家坝水电站8台单机80万千瓦机组全部投产。金沙江向家坝水电站最后一台机组(4号机)顺利通过72小时试运行，成功并网发电并进行无缝隙移交。至此，向家坝水电站8台当今世界最大单机容量80万千瓦机组机电设备安装与调试工程全面完成，整体发电工期提前一年。向家坝水电站位于四川省宜宾县和云南省富水县交界的金沙江下游河段上，是金沙江流域水电梯级开发的最后一级水电站，国家“十五”重点工程，“西电东送”中路骨干电源项目。电站整体规模仅次于三峡、溪洛渡，为我国第三大水电工程。电站设计左、

右岸各安装当今世界最大单机容量80万千瓦混流式水轮发电机组4 台，总装机容量640万千瓦，多年平均发电量达307.47亿千瓦时。

7月12日，我国第九大水电工程——锦屏一级水电站6台单机60万千瓦机组全部投产。

11月29日，我国第六大水电工程——锦屏二级水电站8台单机60万千瓦机组全部投产。至此，锦屏电站一、二级全部建成，共装14台单机60万千瓦。

由此可见，2014年可称为我国大型水电站的收获之年。在装机容量前十名的电站中，有一半在2014年实现全部机组投产。这5个大型电站均为我国“西电东送”的骨干电源电站，对改善能源结构、保障能源安全意义重大。粗略算来，这5大电站每年将会提供1500亿度清洁电力，占全国用电量的3%。

在提供清洁电力的同时，5大电站的投产也奠定和巩固了我国在水电建设领域的世界领先地位。其中，向家坝电站单机容量80万千瓦的机组，为世界最大单机容量水电机组，对于我国水电设备的制造水平具有明显的带动效应。坝高305米的锦屏一级混凝土双曲拱坝，为世界上已建的第一高坝；糯扎渡水电站的心墙堆石坝最大坝高261.5米，居同类坝型世界第三；溪洛渡水电站拱坝坝高285.5米。这些300米级大坝的建设，也将我国大坝建设推升至世界领先水平。同时，近年来我国众多大型水电站的建设，也为我国培养了一批经验丰富的技术人员、管理人员、科研人员，为水电的持续健康发展提供了坚实的人才保障。二十一世纪最贵的是什么？是人才。

（三）世界上海拔最高的大型水电站——藏木水电站首台机组发电

2014年11月23日，历时近8年、总投资96亿元的藏木水电站首台机组正式投产发电，标志着西藏水电开发步入了快速发展的历史新阶段。这是西藏电力史上的第一座大型水电站，也是西藏电力发展史上由10万千瓦级到50万千瓦级水电站的标志性工程，6台机组总装机容量51万千瓦。藏木水电站第二台机组将于下月中旬并网发电，第三台机组将于春节前并网发电，6台机组明年8月底全部投产。

藏木水电站位于山南地区加查县，是西藏自治区“十一五”和“十二五”规划建设的重点能源项目。电站枢纽由混凝土大坝和坝后式厂房等建筑物组成，最大坝高 116米，坝顶高程3314米。电站安装6台8.5万千瓦水轮发电机组，总装机容量51万千瓦，年发电量25亿千瓦时，由中国华能集团公司投资建设运营。电站2007年11月开始筹建，2010年11月实现大江截流，2012年5月开始主体工程混凝土浇筑，2013年10月实现三期截流，2014年5月首台机组定子成功吊装，2014年11月1日正式下闸蓄水。

（四）三峡工程整体竣工验收启动

2014年6月24日，国务院副总理、国务院长江三峡工程整体竣工验收委员会主任汪洋主持召开验收委员会第一次全体会议，部署安排三峡工程整体竣工验收工作。他强调，要以对国家、对人民、对历史高度负责的精神，依法、严格、科学、规范地组织开展竣工验收，为进一步做好三峡后续工作、深化长江开发治理和长江经济带建设奠定坚实基础。

2014年12月14日，是三峡工程正式开工建设20周年纪念日。三峡工程具有防洪、发电、航运三大功能。从11年前开始蓄水发电，截至2014年底，三峡工程发电量已累计超过8000亿度，通过货物7亿吨，防洪效益显著。

（五）大力发展农村小水电

2014年，农村水电行业认真贯彻党的十八大以来的方针、政策，全力推进民生、平安、绿色、和谐水电建设，农村水电保持平稳、健康发展。

一是装机突破7300万千瓦。2014年，农村水电新增装机200多万千瓦，在建规模近1000万千瓦，总装机超过7300万千瓦，年发电量达到2200多亿千瓦时。二是增效扩容改造全面实施。增效扩容改造已涵盖全国28个省份和新疆兵团的4400多座电站，巩固和新增装机900多万千瓦，所有项目将在2015年底全面完成。为保障增效扩容改造顺利实施和可持续发展，12个省份分别调高农村水电上网电价0.01-0.17元/千瓦时。三是水电新农村电气化县提前完成规划装机目标。“十二五”期间水电新农村电气化县已累计有439个项目投产发电，带动电气化县新增农村水电装机容量500多万千瓦，提前完成“十二五”规划装机目标。四是小水电代燃料生态示范县建设启动。在建成1330个小水电代燃料村基础上，2014年水利部启动了全国小水电代燃料生态示范县试点建设，走出了规模推进，集中连片实施小水电代燃料的新路子。五是千座电站安全生产标准化建设试点启动。在完成违规水电站清查整改、全面落实农村水电站安全生产“双主体”责任基础上，以《农村水电技术管理规程》宣贯和安全生产标准化达标为抓手，水利部2014年在全国启动了1000座安全生产标准化试点电站建设。六是百座电站开展绿色小水电评价。水利部水电局组织对17个省（区、市）的117座水电站开展绿色小水电评价试点，完善了绿色小水电评价标准体系，推进了绿色小水电建设。七是农村水电技术标准体系修订完成。47项农村水电技术标准纳入2014版《水利技术标准体系表》，农村水电标准体系进一步完善。八是农村水电发展“十三五”规划编制全面启动。按照全国水利发展“十三五”规划总体部署，在完成全国农村水电发展“十三五”规划思路报告、确定新增装机1000万千瓦目标、编制“十三五”农村水电发展和水电新农村电气化规划大纲基础上，“十三五”农村水电规划编制工作全面启动。九是小水电增值税征收率下调。财政部、国家税务总局联合出台《关于简并增值税征收率政策的通知》，将小水电增值税征收率统一下调为3%。十是GEF批准中国小水电增效扩容改造增值项目概念书。按照概念书，联合国全球环境基金（GEF）赠款1000万美元，实施“中国小水电增效扩容改造增值”项目，按照国际先进标准，修复河流生态，提升生产安全和信息化水平。

2014年以来，水电虽然存在开工不足等一些问题。但前景乐观。根据普查，我国水能资源的总量超过6万亿千瓦时/年，按照水电专家潘家铮院士的“一度电一斤煤”的估算，我国的水能资源总量大约相当于每年30多亿吨原煤，目前已具备了技术开发条件的水能资源约为每年13亿吨。实际上已开发利用的还不到5亿吨。展望未来，到2020年水电总装机容量将达到4.2亿千瓦，也就是说，在未来五六年时间内，水电装机容量将增加1.3亿千瓦。

二、风电发电量成为我国第三大电源

作为世界第一风电大国，我国风电装机容量、发电量均已超过核电，成为继火电、水电后的第三大主力电源。截至2013年底，全国共有1352个风电场并网发电，累计吊装风电机组58601台。2013年底风电并网装机容量7716万千瓦，占全国电源总装机容量的6.2%；全年风电上网电量达1357亿千瓦时，占全国上网电量的2.5%。

2014年，全国风电产业继续保持强劲增长势头，全年风电新增装机容量1981万千瓦，新增装机容量创历史新高，累计并网装机容量达到9637万千瓦，占全部发电装机容量的7%，占全球风电装机的27%。2014年风电上网电量1534亿千瓦时，占全部发电量的2.78%。2014年中国风电的并网容量已接近1亿千瓦，从而提前一年完成“十二五”规划目标。风电发电量在整个电源结构中占比逐渐增长，连续两年超过核电，成为我国第三大电源。风电产业已经在科研、装备、建设、运行、管理方面，形成了一个比较完备的产业链。

——开发建设速度明显加快。2014年，全国新增风电核准容量3600万千瓦，同比增加600万千瓦，累计核准容量1.73亿千瓦，累计核准在建容量7704万千瓦，同比增加1600万千瓦。风电发展“十二五”第三批核准计划完成率76%，第四批核准计划完成率56%，完成率提高明显。此外，受价格政策调整因素影响，2014年下半年各地区不同程度出现了抢装现象。

内蒙古风能总储量居中国首位，技术可开发量达１．５亿千瓦，约占中国陆地的５０％，是我国发展风电产业较早的省份之一。目前，国家能源局已将内蒙古规划为全国７个千万千瓦风电基地之一。“十一五”以来，内蒙古大力推进新能源建设，打造草原“风电三峡”，风电装机容量从２００７年底为５８万千瓦，而2015年2月最新统计数据显示，内蒙古风电装机容量已达１８４８．８６万千瓦，占全国风电总装机容量的２４．５％，居全国第一位。约增长３２倍，绿色风电由补充能源向替代能源过渡，成为“缺水无核”的内蒙古西部地区第二大主力电源。为提高电网吸纳风电比例、最大限度减少风电“弃风”现象的发生，内蒙古不断优化电网运行方式、提高风电调度管理水平，积极开发风电供热项目、增加地区用电负荷，利用现有电力外送通道开展风电外送交易。内蒙古风能总储量居中国首位，技术可开发量达１．５亿千瓦，约占中国陆地的５０％，是我国发展风电产业较早的省份之一。目前，国家能源局已将内蒙古规划为全国７个千万千瓦风电基地之一。

——设备制造能力持续增强，技术水平显著提升。2014年，全国新增风电设备吊装容量2335万千瓦，同比增长45%，全国风电设备累计吊装容量达到1.15亿千瓦，同比增长25.5%。风电产业制造能力和集中度进一步增强，8家企业风机吊装机容量超过100万千瓦。风机单机功率显著提升，2兆瓦机型市场占有率同比增长9个百分点。风电机组可靠性持续提高，平均可利用率达到97%以上。由国网冀北电力公司牵头完成的科技项目“千万千瓦级风电汇集系统无功电压管控技术研究及应用”通过中国电机工程学会组织的成果鉴定，制约风电消纳能力的关键技术获突破。　鉴定专家认为，“千万千瓦级风电汇集系统无功电压管控技术研究及应用”具有完全自主知识产权，填补了国内外技术空白，研究成果达到国际领先水平。

但2014年，全国来风情况普遍偏小，全国陆地70米高度年平均风速约为5.5米/秒，比往年偏小8%-12%。受此影响，2014年全国风电平均利用小时数1893小时，同比下降181小时，最高的地区是云南2511小时，最低的地区是西藏1333小时。2014年弃风限电情况加快好转，全国风电平均弃风率8%，同比下降4个百分点，弃风率达近年来最低值，全国除新疆地区外弃风率均有不同程度的下降。

三、光伏产业正步入回暖期

从2012年5月美国对中国光伏产业展开“双反”调查，到9月6日欧盟对中国的光伏产品开始“双反”立案并扩大调查的产品范围，中国的光伏产业就不断地在承受着从欧美袭来的阵阵“寒气”。2013年光伏产业战胜“寒气”，步入回暖期，2013年底光伏发电累计装机容量为1745万千瓦，当年新增装机容量1095万千瓦。

2014年，全国光伏产业整体呈现稳中向好和有序发展局面。

一是全年光伏发电累计并网装机容量2805万千瓦，同比增长60%，其中，光伏电站2338万千瓦，分布式467万千瓦。光伏年发电量约250亿千瓦时，同比增长超过200%。

二是全国新增并网光伏发电容量1060万千瓦，总量达到30GW，成为仅次于德国的世界第二大光伏装机容量国家。2014年全球光伏新增容量为40GW，中国占据1/4，是增长最快的国家。实现了《关于促进光伏产业健康发展的若干意见》中提出的平均年增1000万千瓦目标；其中，新增光伏电站855万千瓦，分布式205万千瓦。

三是全国光伏发电呈现东、西部共同推进，并逐渐由西向东发展格局。东部地区新增装机560万千瓦，占新增装机的53%。江苏省和河北省新增装机容量均位居前列。四是光伏发电项目运行情况良好，全年累计利用小时数1580小时，比全国平均水平高出230小时，基本不存在弃光限电现象。2月19日，天津市首个地面光伏发电项目在滨海新区中新生态城并网发电，总容量9.6兆瓦，覆盖中央大道和北部高压带两片区域，总占地面积24万平方米。项目每年可发电约1110万千瓦时，供中新生态城4000余户居民使用，实现年均节煤3700吨，减排二氧化碳11000吨，二氧化硫50吨。考虑设备寿命，该项目预计运行20年，累计总发电量约2.2亿千瓦时。武汉供电公司共受理个人光伏电站159户，其中83户已并网发电，2014年全年共发电36万度，30万度卖给了供电公司，按0.4592元/度来计算，这些个人光伏电站的户主一共可从供电部门收到13.776万元电费。

2015年将是中国光伏市场发展之年，从单纯的低价竞争向精细化设计、精细化建设和高质量发展，无论在数量上还是在质量上都将上升到一个新的台阶，全年全国新增光伏发电并网容量目标为15GW左右，其中集中式光伏电站8GW，分布式光伏7GW。与这之前的“寒冬期”相比，中国光伏行业正步入回暖期。

（一）全国光伏发电应用模式不断创新

列入国家发展改革委鼓励社会投资基础设施项目中的30个分布式光伏发电示范区项目充分发挥示范引领作用，目前已建成50万千瓦，在建规模60万千瓦，带动社会投资超过100亿元。其中，青海龙羊峡水光互补项目实现累计并网60万千瓦，探索了水电和光伏电站协调运行、联合调度的创新模式；与农业相结合的光伏农业大棚、渔光互补电站逐渐成为市场热点；集合荒山荒坡治理、煤矿采空区治理和沙漠化治理的生态恢复与光伏发电建设相结合的项目不断推陈出新。

（二）我国光伏电池制造企业继续保持较强国际竞争力，2014年我国多晶硅产量达到13万吨，达到全球产量的43%

2014年在全球产量排名前10名企业中，我国占据6席，前4名均为我国企业。开工的企业逐渐增多，恢复到18家左右。开工企业的产能达到了15.6万吨。骨干企业出货质量高，部分企业产能利用率达到85%以上，盈利情况趋好。多晶硅、硅片、电池扩产较少，组件扩产相对较多；技术进步带来产能提升，利润提高促进科研投入，光伏企业发展逐步形成良性循环。从光伏上游产业发展情况来看，2014年，国内多晶硅产量约13万吨，同比增幅近50%，达到全球产量的43%。光伏电池组件总产量超过3300万千瓦，同比增长17%，出口占比约68%，多数企业产能利用率提高，前10家企业的平均产能利用率在87%以上。

2014年太阳能组件总出货量为2．9GW至3．2GW，占其2014年全球接近3GW出货量的50％。

（三）强力推进创新驱动

全国光伏发电应用模式不断创新。列入国家发展改革委鼓励社会投资基础设施项目中的30个分布式光伏发电示范区项目充分发挥示范引领作用，目前已建成50万千瓦，在建规模60万千瓦，带动社会投资超过100亿元。其中，青海龙羊峡水光互补项目实现累计并网60万千瓦，探索了水电和光伏电站协调运行、联合调度的创新模式；与农业相结合的光伏农业大棚、渔光互补电站逐渐成为市场热点；集合荒山荒坡治理、煤矿采空区治理和沙漠化治理的生态恢复与光伏发电建设相结合的项目不断推陈出新。

薄膜太阳能电池技术获得突破。薄膜太阳能电池也称非晶硅薄膜太阳能电池，是在玻璃衬底上沉积透明导电薄膜，具有重量轻、厚度薄、可弯曲、易携带，薄膜发电无污染、低耗能、应用范围广泛等优点。汉能集团等瞄准了薄膜太阳能电池技术方向，投入了大量资金进行技术研发和市场开发，掌握了技术，产品有了市场规模并取得了一定的优势。2012年汉能集团已投产的8大光伏基地总产能已经达到3GW，超越美国第一太阳能公司（First Solar），成为全球最大的薄膜太阳能企业以及太阳能发电系统集成商。据胡润研究院2015年2月3日出炉的《2015年胡润全球富豪榜》，从事新能源开发的汉能集团董事局主席李河君以1600亿元财富成为中国首富，他是16年来第12位中国首富。从未来发展方向上来看，这项技术应用的潜力和灵活性是受到市场青睐的，因为薄膜太阳能电池可以覆盖在建筑物表面，它的灵活性和操作性要比用晶硅材料制作的太阳能面板强得多，甚至可用于许多小型微型的建筑以及可穿戴的智能设备;另外，还可覆盖在汽车表面。

（四）强化引导与管理

2013年7月，《国务院关于促进光伏产业健康发展的若干意见》（国发〔2013〕24号）发布。2014年1月17日，国家能源局发出《关于下达2014年光伏发电年度新增建设规模的通知》（国能新能〔2014〕33号），称：根据《国务院关于促进光伏产业健康发展的若干意见》以及《光伏电站项目管理暂行办法》和《分布式光伏发电项目管理暂行办法》有关要求，自2014年起，光伏发电实行年度指导规模管理。2014年光伏发电建设规模在综合考虑各地区资源条件、发展基础、电网消纳能力以及配套政策措施等因素基础上，确定全年新增备案总规模。8月4日，国家能源局在浙江省嘉兴市组织召开分布式光伏发电现场交流会，总结交流典型经验，努力破解发展难题，进一步推动了分布式光伏发电的发展。9月，国家能源局下发《关于进一步落实分布式光伏发电有关政策的通知》，这份被业界誉为“光伏十五条”的重磅新政明确了政府对分布式光伏的长期支持态度，并针对上述难题制定了“全额上网”、电站享受标杆电价、增加发电配额、允许直接售电给用户、提供优惠贷款、按月发放补贴等一系列举措。新政策的出台不仅扩大了国内光伏电站的市场需求，也提高了电站并网运营的盈利预期。

为规范光伏发电开始秩序，国家能源局于2014年10月连续发布三个通知：《国家能源局关于进步一加强光伏电站建设及运行管理工作的通知》（国能新能〔2014〕445号）、《能源局关于开展新建电源项目投资开发秩序专项监管工作的通知》（国能监管〔2014〕450号）和《国家能源局关于规范光伏电站投资开发秩序的通知》（国能新能〔2014〕477号）。在《关于开展新建电源项目投资开发秩序专项监管工作的通知》中指出，“为规范新建电源项目投资开发秩序，控制电源项目工程造价，国家能源局将开展专项监管，对2013年7月至2014年9月各省电源项目备案、核准和投资开发情况摸底调查，并特别提出‘重点监管电源项目投产前的股权变动情况’”；在《关于进一步加强光伏电站建设与运行管理工作的通知》中，也强调“禁止买卖项目备案文件及相关权益，已办理备案手续的光伏电站项目，如果投资主体发生重大变化，应当重新备案。”《国家能源局关于规范光伏电站投资开发秩序的通知》中提出“制止光伏电站投资开发中的投机行为，已办理备案手续的项目的投资主体在项目投产之前，未经备案机关同意，不得擅自将项目转让给其他投资主体。项目实施中，投资主体发生重大变化以及建设地点、建设内容等发生改变，应向项目备案机关提出申请，重新办理备案手续。”三个“通知”的出台，规范了光伏行业前期工作，打击了倒卖路条现象，推进行业健康有序的发展。11月，国家能源局发布《关于推进分布式光伏发电应用示范区建设的通知》（国能新能〔2014〕512号）明确在国家能源局已公布的第一批18个分布式光伏发电应用示范区外，增加了嘉兴光伏高新区等12个园区，鼓励社会投资分布式光伏发电应用示范区。示范区将被优先纳入光伏发电的年度管理计划；如果规模指标不足，还可享受“先备案、后追加指标”等政策；2015年底将完成30个示范区的建设，总规模达335万千瓦。12月30日，工信部发布了《关于进一步优化光伏企业兼并重组市场环境的意见》，提出到2017年底，形成一批具有较强国际竞争力的骨干光伏企业，前5家多晶硅企业产量占全国80%以上，前10家电池组件企业产量占全国70%以上。

2015年6月1日，工业和信息化部与国家能源局、国家认监委联合印发《关于促进先进光伏技术产品应用和产业升级的意见》，通过采取综合性政策措施，支持先进光伏技术产品扩大应用市场，深入加强光伏行业管理，推动我国光伏产业健康持续发展。

四、核电收获丰硕，重启可期

与水电、风电、太阳能发电相比，在改善环境质量方面，核电具有明显的优势。核电单机容量大，运行稳定，利用小时数高，可以作为电网基荷运行，生产过程对环境基本上是零排放，改善环境的作用十分显著。据测算，每建成4000万千瓦的核电，每年可替代标煤消耗1亿吨。每100万千瓦的核电对标煤的替代效应分别相当于200万千瓦水电、350万千瓦风电、470万千瓦光伏发电（按照核电年利用小时数7000、水电3500、风电2000、光伏发电1500测算）。

60年前，党中央审时度势、高瞻远瞩，作出了发展我国原子能事业的战略决策。60年来，在党中央正确领导下，在全国各行各业大力协同和全国各族人民大力支持下，我国建立了世界上只有少数国家拥有的完整的核科技工业体系，实现了核能大规模和平利用，为国家经济社会发展、增强国家综合实力、保障国家能源安全、提高人民生活水平作出了积极贡献。

2014年，在我国核工业创建60周年之际，中共中央总书记、国家主席、中央军委主席习近平作出重要指示，对我国核工业取得的成就给予充分肯定，为新形势下我国核工业发展指明了方向。习近平指出，60年来，几代核工业人艰苦创业、开拓创新，推动我国核工业从无到有、从小到大，取得了世人瞩目的成就，为国家安全和经济建设作出了突出贡献。核工业是高科技战略产业，是国家安全重要基石。要坚持安全发展、创新发展，坚持和平利用核能，全面提升核工业的核心竞争力，续写我国核工业新的辉煌篇章。

中共中央政治局常委、国务院总理李克强作出批示指出，希望弘扬传统，聚焦前沿，全面提升核工业竞争优势，推动核电装备“走出去”，确保核安全万无一失，为把我国建成核工业强国而继续奋斗。2014年坚持安全发展、创新发展、和平利用，续写我国核工业新篇章，全年共有5台机组投产，分别为：阳江1号机组、宁德2号机组、红沿河2号机组、福清1号机组和方家山1号机组。我国在运核电机组至此增至22台，总装机容量突破2000万千瓦，达到2029.658万千瓦，在建26台机组，约2800万千瓦。投产高峰的出现，说明“十一五”期间开建的机组陆续商运已经来临，而在建规模依然保持着世界第一。截至2014年底，我国投入商业运行的核电机组共22台，总装机容量为20305.58兆瓦，约占全国电力总装机容量的1.49%。 2014年全国累计发电量为1305.80亿千瓦时，比2013年增长18.89%；累计上网电量为1226.84亿千瓦时，比2013年增长18.80%。

（一）保障“口粮”后端升级

核燃料前端生产和后端处理，即保障核电可持续发展，又关乎核安全。作为核电站的“粮食”，铀资源和核燃料元件的需求将伴随核电发展与日俱增，2014年年，这两个方面均有较大突破。

新疆、内蒙古两个CO_2+O_2地浸采铀矿山建成投产，我国成为继美国之后全球第二个成功掌握CO_2+O_2地浸采铀技术、并已工业化应用的国家。该技术盘活了我国北方地区数万吨复杂砂岩型铀资源，也加速提升了天然铀产品的生产能力。此外，中核建中核燃料元件生产线400吨扩建技改工程年中全线正式投产，实现了年产金属铀从400吨到800吨的跨越，产能跻身世界前列。同时，中核集团自主研制的CF3燃料元件于7月实现入堆，研究、设计、试验、制造等主要研制工作完成。

4月，中广核称已完成自主品牌核燃料组件结构设计，拥有自主知识产权的核级锆合金产品已完成工艺试制，自主核燃料性能分析软件已推出试用版。年末，通过与哈萨克斯坦国家原子能公司签署合作协议，中广核将在哈萨克斯坦建立合资企业生产燃料组件，继续改变在该领域的弱势角色。

而后端处理同样进行着升级。6月27日，国内首个处理高放废液玻璃固化工程正式进入工程建设阶段，填补了我国在高放废液处理方面的空白。

（二）核电投资终于向社会资本敞开紧闭多年的大门

进入“十二五”，中国核电投资主体多元化的格局逐步显现。2014年核电投资终于向社会资本敞开了紧闭多年的大门。11月26日，《国务院关于创新重点领域投融资机制鼓励社会投资的指导意见》发布并明确指出，在确保具备核电控股资质主体承担核安全责任的前提下，引入社会资本参与核电项目投资，鼓励民间资本进入核电设备研制和核电服务领域。2014年是中国核电资本化运作的元年，中广核旗下核电资产中广核电力12月10日成功实现在香港联交所上市，以282亿港元的集资额成为2014年港股集资额度第二大的股票(仅次于万达商业的288亿港元)，成为世界核电“第一股”。至此，四大涉核央企中的三家已经或者将要上市。目前，中电投、华能、大唐、国电集及华电等发电央企都在国内不同核电项目上持股，且持股项目和比例在不断增加。此外，三峡、神华等能源央企也在寻找机会参与核电开发建设。而未来几年，核电站的持股名单中很可能出现非国有资本的身影，发展核电的“红利”为社会分享，已是大势所趋。

（三）抱团出海

2014年，核电和高铁并论，成了国家领导人在出访和会见的时候常提的话题。中核在阿根廷签署的协议、中广核与法国电力公司签署协议有习近平出访背景，中广核在英国设立分公司，在哈萨克斯坦签订合作协议有李克强出访背景。除此之外，在国家领导人的出访或者会见中提及核能合作的还包括埃及、南非、捷克、匈牙利、罗马尼亚等多个国家。

2014年伊始，由中核、中广核和国家核电牵头联合发起，核电技术开发、工程建设、运营管理、装备制造、工程咨询以及相关金融机构等14家单位参加的“中国核电技术装备‘走出去’产业联盟”成立，外界称之为“抱团出海”。8月21-22日，“华龙一号”通过了由国家能源局、国家核安全局组织的权威评审，被确定为可以出口的核电机型。中核与中广核同日签署技术融合协议。

2014年，核电和高铁并论，成了国家领导人在出访和会见的时候常提的话题。中核在阿根廷签署的协议、中广核与法国电力公司签署协议有习近平出访背景；6月，李克强总理访英期间，中英在伦敦签署并发表的《民用核能合作联合声明》，中广核在英国设立分公司，在哈萨克斯坦签订合作协议有李克强出访背景。此外，在国家领导人的出访或者会见中提及核能合作的还包括埃及、南非、捷克、匈牙利、罗马尼亚等多个国家。全年以高层外交活动为背景，国内企业和核电主管部门还先后与意大利、西班牙、加拿大、捷克等国签署了核能核电领域的合作性文件，包括协议、备忘录等。而且，中国企业参与英国欣克利角C项目，以及阿根廷和罗马尼亚重水堆项目均已敲定，并以此为参与投资和建设的契机，积累经验、创造条件，为日后在其他项目上继续合作、甚至主导合作打下了基础。

2015年6月15日 国务院总理李克强先后到中国核电工程有限公司、工业和信息化部考察并主持召开座谈会。在中国核电工程公司，李克强详细了解我国第三代核电机组“华龙一号”各项性能。在观看数字化模拟事故应急处置演示后，总理说，核电开发安全大于天，从设计、验证到运行各环节绝不能有丝毫疏漏。你们责任重大，安全观念要时刻顶在头上，绝不允许有任何失误。李克强尤其关心中国企业联合研发的“华龙一号”核电技术堆芯是否使用同一标准。总理说，核电不光要在国内发展，还要“走出去”，这就要统一标准，“五个指头要攥成拳”，与欧美发达国家合作共同开发第三方市场。老中青三代核电人争相向总理表示一定把“华龙一号”打造成世界一流核电品牌。总理说，你们为我撑腰，我去国际舞台为你们扬名。要用最高标准、最优质量、最好性价比，提升中国核电装备在国际市场的竞争力。在座谈会上的讲话中，李克强明确表示，"国务院已经作出决定，在国内还要大规模的发展核电，在我们国家发展清洁能源，不仅如此，我们还要让中国核电走出去。"李克强透露，目前中法双方已谈妥，将于下个月访法期间与法国政府共同签署中法核能合作协议，意味着双方将共同开发第三方核电市场。

随着“走出去”战略的实施推进，中国核电产业正通过全面开放、全面合作的方式，搭建桥梁、建立关系、耕耘培育，以成功案例证明其在设计研发、建设运营、投资管理等方面坚实的能力。

（四）第四代核电技术产业化获进展

中国实验快堆是我国快堆发展的第一步，核热功率65兆瓦，实验发电功率20兆瓦，是目前世界上为数不多的具备发电功能的实验快堆。1995年立项至今研发已有19年历史。2014年12月15日，我国第一座钠冷快中子反应堆——中国实验快堆首次达到100%功率，到18日实现满功率稳定运行72小时，主要工艺参数和安全性能指标达到设计要求，这标志着我国全面掌握了快堆的设计、建造、调试、运行的核心技术，将为我国快堆技术研发和快堆电站开发提供坚强支撑，为我国核能发展及先进闭式燃料循环体系建立发挥重要作用。

美国能源部在20世纪末提出了发展第三代核电技术，并取得全世界的共识。第三代核电技术具有更好安全性的新一代先进核电站技术。它具有在经济上能与联合循环的天然气机组发电厂相竞争、在能源转换系统方面大量采用二代成熟技术的优势。第三代技术与第二代技术最为根本的一个差别，就是第三代核电技术把设置预防和缓解严重事故作为了设计核电站必须要满足的要求。也就是说，三代核电在安全问题上做到了“设计兜底”。

目前，具有代表性的第三代核电技术大致有6种堆型。分别是美国西屋电气公司的先进非能动压水堆（AP1000）、法国阿海珐公司的欧洲压水堆（EPR）、美国通用电气公司的先进沸水堆（ABWR）和经济简化型沸水堆（ESBWR）、日本三菱公司的先进压水堆（APWR）和韩国电力工程公司的韩国先进压水堆（APR1400）。

目前中国有5种符合要求的三代核电技术，分别是国家核电引进的AP1000，国家核电自主开发的CAP1400，中核和中广核联合开发的华龙一号技术，以及俄罗斯核电技术（VVER2006）和法国EPR核电技术。我国自主设计的CAP1400和“华龙一号”也是三代核电技术。

商用60万千瓦高温堆江西瑞金核电项目初步可行性研究报告通过专家评审，江西瑞金高温堆核电项目有望成为世界第一座商用第四代核电站。自2003年中国核工业建设集团公司与清华大学共推第四代核电站技术——高温堆技术产业化以来，高温堆技术从实验堆技术不断走向成熟，此次在60万千瓦高温堆商业化推广道路上又迈出重要一步，为我国第一座商用高温堆电站项目的顺利开展奠定了坚实基础。据中国核建董事长王寿君介绍，江西瑞金高温堆核电项目一期工程2台机组有望于2017年开工建设。

（五）重启可期

核电重启的安全是前提。三年多来，中国政府和核电行业以安全为核心，理性回归、反馈经验、改进升级，对30多年的核电发展进行了全面、系统的审视、总结，践行守护核安全。我国现役的23台核电机组，约占全球在建核电机组的三分之一。工程建造技术水平与国际保持同步，这些在建机组的建设质量均处于受控状态，一直保持着良好的安全业绩，迄今未发生国际核事件分级（INES）2级和以上级别的运行事件。多年的监测结果表明，我国核电厂周边环境辐射水平处于天然本底正常涨落范围内。在世界核电运营者协会（WANO）综合排名中，我国运行的核电机组各项性能指标均处于全球中上水平，部分机组处于世界先进水平。2015年1月，国家核安全局、国家能源局和国防科工局联合发布了《核安全文化政策声明》，这是我国首次发布与核安全相关的政策声明。核安全局表示，我国目前运行核电机组保持良好安全业绩，在建机组质量受控，我国已成为世界上最大的核技术利用国家之一，放射源事故发生率已降为1起/万枚源左右。

2014年是核电重启呼声最大的一年，首次写入政府工作报告。4月8日，国家核安全局批复通过对辽宁兴城徐大堡核电站厂址选择审查意见。4月18日，在李克强主持、张高丽出席的新一届国家能源委员会首次会议上，提出对核电“要在采用国际最高安全标准、确保安全的前提下，适时在东部沿海地区启动新的核电重点项目建设”;仅仅两个月后，在6月13日习近平主持的中央财经领导小组第六次会议上，研究能源安全战略，对核电又强调“在采取国际最高安全标准、确保安全的前提下，抓紧启动东部沿海地区新的核电项目建设”。8月19日，国务院正式印发了《国务院关于近期支持东北振兴若干重大政策举措的意见》。《意见》提出“开工建设辽宁红沿河核电二期项目，适时启动辽宁徐大堡核电项目建设”。 8月27日召开的国务院常务会议强调，“大力发展清洁能源，开工建设一批风电、水电、光伏发电及沿海核电项目。11月，国家能源局对福建省发改委、中核集团的请示报告发出复函，称为推进福清5、6号机组前期工作顺利开展，尽快验证我国自主三代核电技术，同意该工程采用融合后的华龙一号技术方案，建设国内示范工程。”2014年12月，国家发展改革委核电司司长刘宝华在新闻发布会上表示，今明两年可能启动沿海地区新的核电项目建设。国家能源局局长吴新雄在2014年12月25日全国能源工作会议上的讲话中说，广泛开展调查研究，充分听取专家意见，形成今明两年启动核电重点项目建设的意见，已上报国务院批准同意。

2014年11月发布的《能源发展战略行动计划（2014~2020年）》中，明确提出安全发展核电。“在采用国际最高安全标准、确保安全的前提下，适时在东部沿海地区启动新的核电项目建设，研究论证内陆核电建设。”计划同时指出，到2020年，核电装机容量达到5800万千瓦，在建容量达到3000万千瓦以上。以此计算，从2015年到2020年六年时间要新建4000万千瓦，即每年平均开工6台左右核电机组。所以，2015年既是“破冰年”，又是重启后的首个高峰，包括红沿河二期、CAP1400示范工程、“华龙一号”国内示范工程等在内的项目眼下万事俱备，只等开工，这三个项目已经保证了今年5台机组的开工量。预计到2015年，运行核电装机达到4000万千瓦，在建规模1800万千瓦；到2020年我国在运核电装机达到6000万千瓦。12月，国家发展改革委核电司司长刘宝华在新闻发布会上表示，今明两年可能启动沿海地区新的核电项目建设。据悉，近期有望获批的3个沿海项目应该是中广核集团的大连红沿河二期、华能集团的山东石岛湾核电站以及中核集团的福建福清核电5、6号机组。

五、页岩气、可燃冰、生物质能勘探开发取得重大进展

（一）发现首个大型页岩气田，中国坐上全球页岩气商采前三交椅

2014年7月17日，国土资源部发布数据称，中石化涪陵页岩气田为大型优质页岩气田，储量为1067.5亿立方米，成为中国第一个大型页岩气田。涪陵页岩气的发现，打破了中国页岩气勘探开发沉寂，证明了中国不仅有页岩气而且有优质页岩气存在，是中国页岩气发展的一个重要里程碑。

推进涪陵等国家级页岩气示范区产能建设，页岩气关键技术装备攻关取得重大进展。截至2014年12月18日，西南油气田公司累计将1.01亿立方米页岩气通过自贡输气作业区纳安线进入川滇渝用户管网。2014年中石油页岩气投入超过100亿元人民币；2015年，中石油页岩气产量将激增26倍，由2014年的1亿立方米增加至26亿立方米。

2014年10月，我国页岩气开采核心技术取得重大突破。用于地下水平井进行分段的分割器——桥塞等技术商用成功。这使得中国成为继美国和加拿大后，第三个使用自主技术装备进行页岩气商业开采的国家。

据国土资源部预计，预计我国2014年页岩气产量将达15亿立方米，2015年有望达到或超过65亿立方米的规划目标。2020年全国页岩气产量将超过300亿立方米。“如果措施得当，有望达到400～600亿立方米，占天然气总产量的1/5左右。”

（二）可燃冰资源勘查取得重大突破

可燃冰具有资源丰富、能量密度高、分布广、规模大、埋藏浅等特点，已成为国际公认的最具商业开发前景的新型清洁能源。

可燃冰勘查在世界上已有近50年的历史，最早可追溯至20世纪60年代。经过数十年的探索，在可燃冰资源特征、环境效应、海底安全及稳定性、开采技术等方面已取得了很大进展。研究结果表明，可燃冰将成为未来全球能源领域中最具发展潜力的战略接替资源之一。全球可燃冰资源量相当于21000万亿立方米的天然气。丰富的可燃冰资源具有巨大的经济价值和重要的战略意义，引起了世界各主要经济体的高度关注。自20世纪80年代初起，世界各主要经济体都将推动可燃冰开发列入国家重点发展战略，美、日、俄、加、英、德等国均相继投入巨资进行海洋可燃冰资源调查和开采技术研究。

目前，我国可燃冰资源勘查已取得重大突破，力争早日实现可燃冰的开发利用。1999年，我国正式启动了对海域内可燃冰资源的调查与研究专项。2007年，首次在南海北部神狐海域通过钻探成功获取了可燃冰实物样品。2008年，在青海祁连山冻土区成功钻获可燃冰样品，证实我国是既有海域可燃冰、又有陆域可燃冰的少数国家之一。2013年，在珠江口盆地东部海域首次钻获高纯度可燃冰，其具有埋藏浅、厚度大、类型多、纯度高四个特点。通过实施23口钻探井，控制可燃冰分布面积55平方公里，控制储量相当于1000亿～1500亿立方米天然气。经过近20年的不懈努力，我国已初步形成了可燃冰资源综合勘查技术体系，下一步将全面推动我国海域可燃冰资源的开发，2013年起用3年时间重点开展资源勘查工作，开展生产试验先期研究，并在陆域实施试采工程；2016年起用5年时间开展资源勘查工作，同时进行生产试验研究；2020年前后突破可燃冰的开采技术，基本形成能够适应工业化开发规模的工艺、技术和设备体系；基本形成能够适应工业化开发规模的工艺、技术和设备体系；2030年前后实现可燃冰的商业化开发。

（三）生物质能初具规模

我国生物质能发展已经形成一定规模，到2013年，生物质能年发电量为370亿千瓦时，已形成初具规模的产业。生物质能“十二五”规划中明确提出，到2015年，生物质年利用量超过5000万吨标准煤，其中生物质发电要达到1300万千瓦，年发电量约780亿千瓦时，生物质成型燃料1000万吨，生物液体燃料500万吨。

（二）可燃冰资源勘查取得重大突破

可燃冰具有资源丰富、能量密度高、分布广、规模大、埋藏浅等特点，已成为国际公认的最具商业开发前景的新型清洁能源。

可燃冰勘查在世界上已有近50年的历史，最早可追溯至20世纪60年代。经过数十年的探索，在可燃冰资源特征、环境效应、海底安全及稳定性、开采技术等方面已取得了很大进展。研究结果表明，可燃冰将成为未来全球能源领域中最具发展潜力的战略接替资源之一。全球可燃冰资源量相当于21000万亿立方米的天然气。丰富的可燃冰资源具有巨大的经济价值和重要的战略意义，引起了世界各主要经济体的高度关注。自20世纪80年代初起，世界各主要经济体都将推动可燃冰开发列入国家重点发展战略，美、日、俄、加、英、德等国均相继投入巨资进行海洋可燃冰资源调查和开采技术研究。

目前，我国可燃冰资源勘查已取得重大突破，力争早日实现可燃冰的开发利用。1999年，我国正式启动了对海域内可燃冰资源的调查与研究专项。2007年，首次在南海北部神狐海域通过钻探成功获取了可燃冰实物样品。2008年，在青海祁连山冻土区成功钻获可燃冰样品，证实我国是既有海域可燃冰、又有陆域可燃冰的少数国家之一。2013年，在珠江口盆地东部海域首次钻获高纯度可燃冰，其具有埋藏浅、厚度大、类型多、纯度高四个特点。通过实施23口钻探井，控制可燃冰分布面积55平方公里，控制储量相当于1000亿～1500亿立方米天然气。经过近20年的不懈努力，我国已初步形成了可燃冰资源综合勘查技术体系，下一步将全面推动我国海域可燃冰资源的开发，2013年起用3年时间重点开展资源勘查工作，开展生产试验先期研究，并在陆域实施试采工程；2016年起用5年时间开展资源勘查工作，同时进行生产试验研究；2020年前后突破可燃冰的开采技术，基本形成能够适应工业化开发规模的工艺、技术和设备体系；基本形成能够适应工业化开发规模的工艺、技术和设备体系；2030年前后实现可燃冰的商业化开发。

（三）生物质能初具规模

我国生物质能发展已经形成一定规模，到2013年，生物质能年发电量为370亿千瓦时，已形成初具规模的产业。生物质能“十二五”规划中明确提出，到2015年，生物质年利用量超过5000万吨标准煤，其中生物质发电要达到1300万千瓦，年发电量约780亿千瓦时，生物质成型燃料1000万吨，生物液体燃料500万吨。

中国碳交易现状与前瞻

《中国低碳年鉴》编辑部

碳交易即二氧化碳排放权交易，是在政府部门限定企业二氧化碳排放分配额基础上，多排放二氧化碳的企业从少排放的企业那里购买配额的一种交易。碳交易包括所有温室气体，不同温室气体最终全部折算成一定量的二氧化碳。通过排碳“有价”，倒逼企业节能减排，促进经济向低碳化转型。中国碳交易试点均实施总量控制下的碳排放权交易，同时接受国内核证的自愿减排量（CCER）抵消碳信用。目前中国的碳排放权交易所涉及的碳交易产品主要为：总量控制下的碳排放权配额和可用于抵消配额清缴的核证自愿减排量（CCER）。

借鉴国际经验，推行碳排放权交易是中国加快生态文明建设和经济体制改革的重大战略任务。建立全国碳排放权交易市场，进而同国际碳交易市场接轨，充分发挥市场在资源配置中的决定性作用，驱动绿色低碳发展，既是我国碳交易的总体目标，又是实施路线图。从2008年中国开始建立碳交易所以来，中国碳交易一直奔跑在这条大路上。目前构建全国碳排放市场只差“临门一脚”，中国成为世界第一大碳交易市场也足可期盼。

一、高度发挥党和政府引领作用，着力制度安排

2008 年，国家发改委首次提出建立国内的碳交易所。此后两个月，北京、上海、天津相继成立环境资源交易所。2009 年，中国正式对外宣布控制温室气体排放的行动目标，决定到2020 年单位国内生产总值二氧化碳排放比2005 年下降40%-45%。

2011 年，全国人大审议通过的《中华人民共和国国民经济和社会发展第十二个五年规划纲要》提出“十二五”时期中国应对气候变化约束性目标：到2015年，单位国内生产总值二氧化碳排放比2010 年下降17%，单位国内生产总值能耗比2010 年下降16%。 12 月，国务院关于印发《“十二五”控制温室气体排放工作方案》通知，再次明确到2015 年全国单位国内生产总值二氧化碳排放比2010 年下降17%的主要目标，研究温室气体排放权分配方案，逐步形成区域碳排放权交易体系。

2013年11月十八届三中全会通过的《中共中央关于全面深化改革若干重大问题的决定》中，提出“发展环保市场，推行节能量、碳排放权、排污权、水权交易制度，建立吸引社会资本投入生态环

2014年5月，国务院办公厅印发《2014-2015年节能减排低碳发展行动方案》，要求推动碳排放权交易试点，研究建立全国碳排放交易市场。9月，国务院发布《国务院办公厅关于进一步推进排污权有偿使用和交易试点工作的指导意见》，推进在天津、河北、内蒙古等11个省（区、市）开展的排污权试点工作。水利部提出将在宁夏、江西、湖北、内蒙古、河南、甘肃和广东7个省区开展水权试点。节能量交易也在多个地区试行。

2014年11 月12 日，北京APEC期间，国家主席习近平与到访的美国总统奥巴马发表中美两国气候变化联合声明，宣布2020 年后各自应对变化的行动目标。习近平主席宣布我国计划2030年左右二氧化碳排放达到峰值且将努力早日达峰，并计划到2030 年非化石能源占一次能源消费比重提高到20%左右。具体而言，就是“十三五”主要是落实2009年哥本哈根会议上对外宣布的2020年地区GDP排放下降40%—45%的目标；“十四五”到“十五五”则进一步落实到2030年碳排放达到峰值的目标。

2015年3月，国务院总理李克强在政府工作报告中特别提到，“将积极应对气候变化，扩大碳排放权交易试点”。5月，发布的中共中央、国务院《关于加快推进生态文明建设的意见》中明确提出，“要推行市场化机制，建立碳排放权交易制度，深化交易试点，推动建立全国碳排放权交易市场”。同时强调要“健全跨区域污染防治协调机制”、“建立生态保护修复和污染防治区域联动机制”。

按照中共中央、国务院的战略部署，国家发改委等部门着力加快推进全国碳排放权交易市场建设。

一是建立全国碳排放制度和机制。2013年8月15日，国家发改委印发《单位国内生产总值二氧化碳排放降低目标责任考核评估办法》，进一步将国内生产总值二氧化碳排放降低指标和完成情况，纳入到各地区（行业）经济社会发展综合评价体系和干部政绩考核体系，大大推进了碳市场的发展。2014年12月，国家发展改革委印发了《关于逐步建立全国碳排放总量控制制度和分解落实机制的通知》，明确提出建立全国碳排放总量控制制度和分解落实机制的总体部署和要求。

同时，组织专家结合“十三五”碳排放强度目标下降分解，对我国开展碳排放权交易的覆盖范围、国家和地方总量设定以及配额分配等问题开展研究。2015年1月，下发了《国家发展改革委办公厅关于开展下一阶段省级温室气体清单编制工作的通知》（发改办气候[2015]202号）、《国家发展改革委办公厅关于请报送重点企（事）业单位碳排放相关数据的通知》（发改办气候[2015]207号），大力推进各省、自治区、直辖市开展重点企（事）业单位碳排放报告工作。3月，组织专家对全国各地2005年和2010年温室气体清单进行了联审，同时部署地方启动编制

2012年和2014年温室气体清单，建立长效工作机制，提供保障措施，将清单编制工作常态化，为实施总量控制制度和分解落实机制奠定基础。

二是加强法制规章建设。构建全国碳排放权交易市场必须立法先行。2012 年6 月，国家发改委印发了《温室气体自愿减排交易管理暂行办法》，确立国家自愿减排交易机制，提出核证减排量（CCER）交易。规定对温室气体自愿减排交易采取备案管理。参与自愿减排交易的项目和项目产生的减排量在国家主管部门备案和登记，并在经国家主管部门备案的交易机构内交易，为全国自愿减排交易开展奠定了技术和规则基础。同时，该办法还公布了43家可直接向国家发改委申请自愿减排项目备案的中央企业名单，其中包括国家电网公司、华能集团、大唐集团、华电集团、国电集团以及中国电力投资集团等电力企业。2013年11 月，国家发改委印发了发电、电网、钢铁、水泥、电解铝、化工等10个行业企业温室气体排放核算方法与报告指南（试行）。12月10 日，经国务院同意，国家发改委发布了《碳排放权交易管理暂行办法》，包括总则、配额管理、排放交易、核查与配额清缴、监督管理、法律责任等方面，规范碳排放权交易市场的建设和运行，为推动建立全国碳市场奠定管理和规则基础，对于推动全国性碳排放权交易市场建设起到重要指导作用。

三是结合试点，抓紧碳市场基础支撑体系和能力建设。着力推进重点行业企业温室气体排放报告和盘查工作，推动出台第三方核查机构的管理办法和核查规则，建设运行碳交易注册登记系统，组织制定市场交易细则，建立健全监管制度，逐步充实市场交易品种，完善市场交易模式。通过试点，全面进行能力建设和基础设施，在实践中，培养和形成管理和技术支撑队伍，深入开展多层次、大面积、针对性强的各类国内外培训活动，不仅适应了各试点省市的需求，而且为建立全国碳市场提供了建立长效人才培养机制。2014年9月，国家发展改革委印发了《国家应对气候变化规划(2014-2020年)》，更明确提出为应对气候变化，我国将深化碳排放权交易试点，加快建立全国碳排放交易市场。

二、着力推进七省市碳交易试点

稳步推进的7省（市）碳交易试点，发挥市场机制促进低碳发展，为建立全国碳交易市场探路，积累经验，创造条件和基础。

2011 年11 月，国家发改委下发了《关于开展碳排放权交易试点工作的通知》，批准北京、天津、上海、重庆、湖北、广东、深圳等七省市开展碳排放权交易试点工作，要求七个试点省市的碳交易工作在2013年正式开展，并力争在2016年实现全国范围的碳交易市场。随之，各试点省市展开了大量基础工作，切实加强对试点工作的组织领导，建立了由发展改革委统筹协调、多部门联合参与、相关研究机构配合支持的协同工作机制，扎实推进各项试点工作，探索建立交易制度体系。经过一年多的紧锣密鼓筹划，2013 年七个碳排放权交易试点省市陆续启动碳排放交易。2013 年6 月18 日，中国第一个碳交易试点在深圳正式启动。 2014年6月19日，重庆碳排放权交易在重庆联合产权交易所举行开市仪式。至此，国家发展改革委２０１１年批准的北京、天津、上海、重庆、湖北、广东、深圳等7省（市）碳排放权交易试点全部启动交易。

根据我国减排目标，国家发改委首先确定各交易试点配额总量，然后各交易试点选择纳入的控排主体，多为能耗大的工业企业，基于历史排放法和行业基准线法等配额分配方法，采取免费或免费+有偿（拍卖或固定价格）的方式向相应的各个控排企业分配年度配额，履约期为每个自然年，履约期截至目前，控排单位须向主管部门提交与其上年度实际碳排放量相等的配额数量及其可使用的核证自愿减排量之和，否则，则会受到相应的处罚。

在此期间，7试点省市关于碳排放交易管理办法、温室气体的核查规范、配额分配、碳排放交易规则等分别制定和发布了相关政策、规定。

7省（市）碳排放权交易试点的共同特点是明确交易范围，设定控制碳排放的目标，建立碳排放核查体系，搭建注册登记系统和交易平台，并开展相关能力建设。同时也各有特点，积极进行探索和创新。北京有场外交易和场内交易，广东有拍卖，上海的交易主要集中在大型企业，重庆则充分尊重、听取企业对碳排放权分配的意见。

实际运行中，全国七大碳交易试点都通过一定的门槛标准，纳入了主要的控排单位，大多为能耗高的工业企业。随着交易试点运行机制的进一步完善，纳入控排的行业的覆盖范围将进一步扩大。从目前参与主体来看，主要利好以下四类企业：第一类是节能环保型企业，他们可以通过出售碳排放权（多余配额）获得营业外收入；第二类是具备环保项目资源，如具备林业资源的企业；第三类是为企业提供合同能源管理的节能服务性公司，通过为耗能建筑、工业企业节能减排，分享节能收益；第四类企业是从事替代技术、碳捕获或回收的企业。

在碳排放配额的分配方面，各试点交易所依据免费为主、适时推行拍卖等有偿方式为辅的原则，同时又各有特色，并且逐步扩大拍卖的比例。碳排放权的初始配额发放，由无偿发放到有偿发放的适当过渡，增强控排企业的碳交易积极性。碳配额市场是各试点独立的，但核证减排量（CCER）是全国统一的市场，不限制来源，由国家发改委签发，经过第三方机构认证之后可以在各个市场进行买卖，但有履约比例的限制，各地的限制比例都不超过10%。对于碳交易的交易运行，各交易试点单位都设置了不同的涨跌幅限制，从而防止了市场的过度动荡。

三、碳市场活跃，规模逐步扩大，新亮点频现

7个试点省市相继启动交易，市场活跃，规模逐步扩大。7个试点碳市场交易主体而言，不只控排单位和其他机构都可参与，而且均对社会投资者进行了不同程度的开放，不仅国内的投资机构、个人参与到了碳市场中，境外机构也开始在中国碳市的交易。

——交易总量跃居全球第二大碳市场。2014年七省市试点交易情况：1.深圳碳市场成交总量达到195万吨，成交额为1.22亿元，成交均价为60.21元/吨，最高价达到86元/吨，最低为30元/吨。作为运行时间最长的市场，深圳本年度价格波动有所放缓，市场更加平稳。2.上海市场成交总量为133万吨，成交额为0.226亿元，成交均价为49.9元/吨，最高达到45.4元/吨，最低为25元/吨；此外协议成交62万吨。进入12月以来，上海市场成交量稳定放大，市场活跃。3.北京成交总量为106万吨，成交额为0.628亿元，成交均价为59.29元/吨，最高达到77元/吨，最低为48元/吨，协议成交103万吨。年末，北京市场放低了机构投资者门槛，并对具有实力的个人投资者正式开放。4.广东全年成交总量为126万吨，成交额为0.5619亿吨，成交均价为44.28元/吨，最高达到77元/吨，最低为21元/吨。2014年下半年，广东开始采用阶梯底价方式拍卖，由于底价设置较2013年大为下调，市场价格下行。5.天津成交101万吨，成交额为0.2048亿元，成交均价为20.3元/吨，最高价达到50.1元/吨，最低价为17.0元/吨，履约期间，天津市场协议成交量上涨，共成交77万吨。6.湖北自4月开市以来成交总量为685万吨，成交额为1.60亿元，成交均价为23.4元/吨，最高价为26.59元/吨，最低价为22元/吨。市场交易活跃的湖北长期保持了良好的流动性，总成交量居各试点之首。7.重庆市场在开市后除首日外，暂未产生后续交易。目前共成交14.5万吨，成交均价30.74元/吨，成交额为445.75万。

2014年7个试点省市碳排放交易市场共交易1436万吨二氧化碳，累计成交金额突破了4.5亿元；配额总量已达到12亿吨，成为继EU ETS之后的全球第二大碳市场。截至2015年5月25日，7个试点省市碳市场累计成交量超过2000万吨二氧化碳，累计成交金额约7.1亿元人民币，市场运行总体平稳。 预计2016 年开始试行全国碳市场时将配额总量可能达到70亿吨，成为全球最大。2019年以后碳交易市场将承担温室气体减排核心的作用。预计到2020年，每年碳排放许可市场价值将达到600亿-4000亿元。

7个碳交易试点的交易价格水平和价格变化情况均有所不同。截至2014年10月31日，从平均交易价格来看，深圳市场最高，湖北市场最低。试点碳价波动范围较大，历史最高成交价出现在深圳市场，为144元/吨，而历史最低价则低至17元/吨，出现在天津市场。

——纳入企业渐成气候。2014年10月数据显示，根据其各自制定的纳入标准，拥有最多控排企业的深圳，除635家控排企业和197家建筑物外，还对机构和个人投资者开放，吸纳了各类会员约500户，使会员总量达到1302户。北京纳入企业约490家，上海纳入191家，广东202家，天津114家，湖北140家左右，重庆企业总数为242家，7个试点地区总共纳入企业和单位总数1900多家。目前大约2000家。

——履约情况良好。履约周期是一年。深圳、上海、广东、北京、天津五个碳市场均在2014年6-7月份完成了首次履约，即企业按照实际排放情况上缴配额。其中，上海191家企业实现了100%完成履约，其余试点地区的履约率也均在96%以上，试点履约率平均达到98%左右，体现纳入企业对碳交易的了解和认同已经加强。

各试点省市通过实施碳排放权交易，激励企业有效控制自身碳排放，促使市场在碳排放资源配置中逐步发力，对试点省市完成碳排放强度下降目标发挥了积极作用。同时，在制度、体制机制，建立市场体系和维护市场运行，敢为人先，积极进行探索，为建立全国碳市场铺路。

（一）深圳市

2013年6月18日，深圳排放权交易所在全国7个试点单位中率先启动碳交易，标志着以市场化手段推动国家低碳转型的进程正式拉开帷幕。

在启动仪式上，深圳市领导向国家发改委副主任解振华赠送深圳排放权交易所公益会员证书。公益会员是深圳排放权交易所独创的会员形式，其目的在于鼓励富有责任感的公民和社会团体在降低自身碳排放的同时，对于无法避免的碳排放，通过购买配额进行注销的方式来抵消。这一方式有效地将强制碳市场和公民及社会团体的自愿抵消行动相结合，体现碳交易除激励控排企业进行减排以外，还将积极影响公民和社会团体的减排意识，促进社会大众的减排活动。同时，深圳在全国首个明确允许个人投资者参与交易的碳市场，开户的个人不限深圳户籍。

主要覆盖电力、水务、建筑和制造业四大板块，2013年共有635家工业企业和200多家建筑企业。这些企业2010年碳排放总量合计3173万吨，占全市碳排放总量的38%，工业增加值合计占全市工业企业增加值的59%，占全市GDP的26%。635家工业企业2013~2015年获得的配额总量合计约1亿吨，到2015年这些企业平均碳强度将比2010年下降32%，2013~2015年均碳强度下降率达到6.68%。这一目标不仅高于全市平均21%的减排目标，也高于制造业25%的碳强度下降要求，为该市“十二五”节能减排目标的实现发挥了重要作用。

根据《2013年深圳碳市场运行报告》，深圳市场2013年8-12月份控排企业间交易、控排企业与投资者交易、投资者间交易的成交量比例大约为4.5：4.5：1。截至12月24日，深圳碳市总成交量已经达到167576吨，总成交额逾1105万元。与此同时，碳交易价格坐上了剧烈震荡的“过山车”，从起始交易的28元/吨一度飙升至10月中旬的140多元/吨，后又回落至80元/吨。

为了促进深圳碳交易市场的流动性和活跃性，从2013年12月16日起，深圳排放权交易所的个人投资者可以异地自助开户，从而全国各地的投资者足不出户就可以在深圳排放权交易所开立账户进行碳市场投资；并且从12月20日起实现“现货交易”。截至2014年2月12日，在深圳碳排放权交易所开户的有个人投资者363户(包括个人会员136户和经纪会员名下投资者227户），公益会员170户，机构投资者6户，经纪会员3户。截至2013年12月24日，深圳碳市总成交量已经达到167576吨，总成交额逾1105万元。截至2014年10月31日，深圳碳市场的有效交易日共有272天，线上累计交易量162万吨，成交额为11004.4万元，成交均价为67.9元/吨。企业履约率为99.4%，计有4 家企业未完成履约配额。

2014年12月16日市长许勤主持召开市政府五届一百二十二次常务会议。会议审议并原则通过了《深圳经济特区碳排放管理若干规定（修正案）》（草案），该修正案草案将提交市人大常委会审定。这是我国首部专门规范碳排放和碳交易的地方性法规。按照市场化、法治化、国际化的方向和要求，结合深圳碳市场发展实践，进一步完善碳交易体系，研究扩大管控范围，加大管控力度，增强政策法规的针对性、操作性，推动企业、组织和社会公众更好地履行碳减排责任，形成共建共享良好生态环境的社会氛围，进一步推进绿色低碳发展和美丽深圳建设，为中国碳市场乃至国际碳市场建设，积极应对气候变化作出更大的贡献。

深圳还成功发行首单碳债券，打响碳金融国内第一单。2014年5月，国内首只碳债券——中广核风电附加碳收益中期票据在银行间交易商市场成功发行，该碳债券发行金额总规模10亿，发行期限5年，其中浮动利率部分与CCER收益正向关联，成为国内碳金融市场的突破性创新。

值得关注的是，深圳将成为首个纳入交通板块的碳市场，政府计划在2015年将机动车纳入碳交易管控体系。机动车包括个人用车与公共交通，下一步都将按照管控类别、上牌时间等指标分批次纳入、分步骤实施。

2015年5月，《深圳市碳排放权交易市场抵消信用管理规定(暂行)》发布。至此，全国七个碳交易试点地区全部出台了CCER(中国经核证减排量)限制条件。与其他试点地区不同，深圳并没有对项目减排量产生时间做出限制。限制条件主要是针对项目类型和项目地区。从项目类型来看，可以用于深圳碳市场的项目类型包括可再生能源和新能源项目类型中的风力发电、太阳能发电、垃圾焚烧发电、农村户用沼气和生物质发电项目；清洁交通减排项目；海洋固碳减排项目；林业碳汇项目；农业减排项目五大类。针对不同的项目类型，深圳对项目地区做出了不同的限制。具体来说，林业碳汇项目、农业减排项目则不受项目地区限制。截至2015年6月15日17时，已有386家管控单位通过注册登记簿系统提交足额配额，完成履约义务，体现企业应尽的社会责任。

（二）北京市

经过近两年筹备，北京市建成了试点展开所需的企业温室气体报告报送、注册登记、电子交易平台等3个信息化平台系统，研究拟制了10余项碳交易配套细则，编制完成了2005-2010年全市温室气体排放清单，搭建了试点建设的组织体系和管理机制。2013年11月19日，北京市发布《关于发放2013年碳排放配额的通知》，并公布配额调整措施及时间。随后《关于开展碳排放权交易试点工作的通知》发布，公布了北京碳交易工作安排及核算报告指南、配额核定办法等。此后，北京市发改委又同北京市金融工作局共同发布《关于印发北京市碳排放配额场外交易实施细则(试行)的通知》，率先提出了对场外交易的实施。2013年12月27日，市十四届人大常委会第八次会议通过了《北京市在严格控制碳排放总量前提下开展碳排放权交易试点工作的决定》，首次提出在本市实行碳排放总量控制，建立碳排放配额管理和碳排放权交易制度、碳排放报告和第三方核查制度。

2013年11月28日北京正式开市交易，选择了六大行业，并有重点地选择了一些重点排放单位——年二氧化碳排放量超过1万吨(含)。同时建立了温室气体报送系统、注册登记系统和交易系统，并实现了3个系统的有机联动，这为完成碳排放权交易提供了信息化平台。 纳入2013年度重点排放单位的415家企业单位大都履行减排责任，主动履约率为97%，对未按规定履约的12家单位，市主管部门也开展了碳交易执法，根据其超出配额许可范围的碳排放量，按照市场均价的3至5倍予以处罚。在交易主体上，因为北京有很多行政单位，事业单位，比如政府机关、医院、学校等，不同于一般企业，在交易过程当中，处理这类企业开户、资金结算环节还是遇到了很多问题，他们积极应对复杂情况，积累了处理此类交易主体的经验。

2014年APEC会议前，作为主要场馆之一的“北京雁栖湖国际会展中心”的承建方，北控置业通过环交所购买碳减排量，抵消了会议场馆建设过程中所产生的3909吨碳排放。通过碳中和的方式，实现了我国首个国际首脑峰会“零碳”场馆。

为充分利用市场机制以推动节能减碳工作，北京针对抵消机制，北京也首发细则。2014年9月，北京发布《碳排放权抵消管理办法》，对碳市场抵消机制规则进行进一步细化，成为首个专门出台相关规则的试点。其中规定节能项目的碳减排量可成为碳抵消项目的一类，即抵消不仅限CCER；同时对CCER项目进行限制，排除工业气体和水电项目；优先津、冀等地项目，经备案但未签发的森林碳汇可以提前入市。北京市还适度放宽了非履约机构入市条件，探索放开自然人参与碳排放权交易、鼓励重点排放单位及其他配额持有者开展多项碳排放交易业务。个人参与投资碳排放交易设有一定“门槛”，即个人金融资产不少于100万元人民币。2014年12月30日，首个自然人在北京碳排放权交易市场成功开户并交易。

北京市市长王安顺表示，碳排放权交易试点是一次影响深远的全新探索，北京要扎实做好基础工作，加快建立绿色低碳发展的市场化机制，在解决首都资源环境问题方面迈出更大的步伐。首先，不断拓展完善市场交易体系，争取建成全国碳交易中心；其次，把研发、应用、推广节能低碳技术形成实际减排量，作为支撑碳交易的重要基础，大力培育发展节能环保产业；其三，结合碳交易市场建设，加快建立健全资源、能源集约使用制度，从源头降低能源消费强度和碳排放强度。

到2014年12月20日，线上和线下累计成交量212万吨，交易金额1.05亿。北京环境交易所公布的数据，2015年6月5日，北京市碳排放配额线上成交量49442吨，成交额229.35万元，成交均价46.39元/吨；协议转让成交量6万吨，累计成交量430.04万吨，成交额突破2亿元。

2015年6月15日第六届地坛论坛在北京举行，主题是“京津冀一体化与全国碳市场”，近两百人参加了会议。作为国家发改委“全国低碳日”系列活动的重要组成部分，本届论坛由国家发改委应对气候变化司、北京市金融工作局、国家应对气候变化战略研究和国际合作中心（国家气候战略中心）、北京环境交易所（环交所）和北京绿色金融协会共同举办。会议内容聚焦全国碳市场建设，围绕如何以京津冀协同发展为契机促进全国碳市场建设展开了充分研讨。

在本届论坛期间，中信证券股份有限公司、北京京能源创碳资产管理有限公司、北京环境交易所签署了国内首笔碳排放权场外掉期合约，交易量为1万吨。掉期合约交易双方以非标准化书面合同形式开展掉期交易，并委托环交所负责保证金监管与合约清算工作。此次场外掉期合约的签署，标志着北京碳排放权交易市场在碳金融产品创新方面又迈出了突破性的一步，实现了碳市场与金融市场的有机结合，有助于进一步发挥北京碳市场价格发现功能，拓宽交易参与人风险管理渠道，是北京市碳排放权交易试点建设过程中一个重要的里程碑。论坛期间，环交所还推出了“自愿减排量微商平台”。该平台是环交所倾力开发的全国首个基于微信系统的中国核证自愿减排量（CCER）销售平台，标志着CCER销售渠道由PC端延伸至移动端，更加方便机构、个人通过购买CCER践行低碳理念，体验绿色生活。同时，环交所与绿巨人能源有限公司、盐城日建现代农业发展有限公司签署了碳资产开发协议，帮助企业管理碳资产、实现碳收益；与兴业基金、神雾集团签署战略合作协议，进一步探索节能环保行业融资模式及产业和资本融合的新途径。

为更好地总结推广试点建设经验，充分挖掘区域环境协同治理潜力，推动京津冀协同发展，北京启动了国内首个跨区域碳市场。2013年11月28日，京津冀晋蒙鲁六省市签订跨区域碳排放权交易合作研究协议，拟在二氧化碳排放核算、核查、配额核定等方面开展合作研究，为建设区域性碳交易市场奠定了基础。2014年经北京发展改革委、河北省发展改革委、承德市政府三方研究决定，在全国率先探索开展跨区域交易试点。河北省先期选择承德市作为试点，与北京市正式启动跨区域碳排放权交易试点工作。承德市先期将6家水泥企业纳入跨区域碳排放权交易体系。承德市政府在参照北京市已有配额分配方法的基础上，使用相同的配额计算方法，与北京市建立配额分配协调机制，利用北京市碳排放权注册登记系统做好配额的核发和管理。跨区域碳排放权交易试点是一项创新性的系统工程。北京市有关部门将继续探索推进更大范围内的跨区域碳交易合作，更好地发挥市场机制对控制温室气体排放的重要作用。中共中央、国务院《关于加快推进生态文明建设的意见》强调要“健全跨区域污染防治协调机制”、“建立生态保护修复和污染防治区域联动机制”。京津冀协同发展已经成为重要的国家战略，三地应该坚持绿色循环低碳发展的理念，成为推进全国生态文明建设的先导区和示范区。跨区域碳排放权交易是一项创新性的系统工程。京津冀将继续探索推进更大范围内的跨区域碳交易合作，更好地发挥市场机制对控制温室气体排放的重要作用和市场在资源配置中的决定性作用，积极推进碳交易试点和跨区碳市场建设，不但为建设区域性碳市场奠定了基础，也为推动建设全国统一碳市场积累了宝贵经验。

（三）上海市

2013年11月26日碳交易开市，中国石化上海高桥分公司和上海石化共购买了申能集团6000吨碳配额，完成了基于配额的首笔碳排放权交易。

在推进碳交易试点工作中坚持制度先行，建立了《上海市碳排放管理试行办法》、《上海市2013-2015年碳排放配额分配和管理方案》等制度。借鉴国际经验，在国内率先制定出台了碳排放核算指南及各试点行业核算方法，确定了上海市碳排放统一的“度量衡”，并明确由上海环境能源交易所组织开展碳排放交易，交易标的为2013年至2015年碳排放配额。同时，在分配方法方面，采用了国际上较为普遍的“历史排放法”和“基准线法”，并结合上海实际对其进行了深化和完善。上海对工业（电力除外）以及商场、宾馆等建筑采取历史排放法，即基于企业历史排放水平，结合先期减排贡献确定其碳排放配额；对电力、港口、机场、航空等采用基准线法，即基于其排放效率和实际业务量确定企业年度碳排放配额。

根据总体安排，在2013年至2015年的试点阶段，上海纳入配额管理范围的试点企业主要来自钢铁、化工、电力等工业行业，以及宾馆、商场、机场等非工业行业。首批纳入企业191家，约占上海二氧化碳排放总量的50%以上。试点阶段，企业2013年至2015年各年度碳排放配额全部实行免费发放。

2014年10月31日，上海市有效交易日为154天，成交总量为161万吨，成交总额6299.4万元，成交均价为35.76元/吨。截止到2014年6月30日，上海碳交易试点191家控排企业完全完成清缴，按时完成2013年履约义务，履约率为100%。同时，上海碳市开始引入机构入场，大批的金融机构和投资者的进入将为碳价提供支撑。

进入2015年上海碳排放交易市场持续活跃。截至2015年5月8日，上海碳市场配额成交总量已实现311.54万吨，成交金额1.08亿元，其中，仅2015年内实现的成交量已超过100万吨。6月1日，上海市碳交易试点2014年度配额清缴工作正式启动，两成试点企业首日即完成履约清缴，清缴量超过47%。根据《上海市碳排放管理试行办法》有关规定，上海市碳交易试点企业应于6月1日至30日期间，依据经审定的年度碳排放量，通过登记系统足额提交配额，履行清缴义务。

CCER交易方面近期也比较活跃。2015年5月28日，上海电力吴泾热电厂通过上海环境能源交易所交易平台完成了10万吨可在上海碳交易试点履约用的CCER协议转让。吴泾热电厂成为首个在上海碳市场中购买可用于上海履约用途CCER的控排企业。截至5月28日，上海环境能源交易所CCER累计交易量110.39万吨。随着交易主体的多元化，也为上海碳市场注入更多社会资本，交易量及交易金额协同增长，市场流动性得到显著提高。2015年6月11日，上海市市场出现一笔交易量为29.3万吨的协议转让，为目前碳市场中的最大单笔协议转让交易。随后，6月12日，市场成交19.9万吨，刷新该市线上交易日成交量记录。同时，本月还出现多个交易日有2014、2015年配额成交行情。

（四）广东省

2013年12月19日，广东省碳排放权交易试点启动暨广州碳排放权交易所揭牌仪式在广州联合交易园区举行。广东省委副书记、省长朱小丹出席仪式并宣布广东省碳排放权交易试点启动。国家发展改革委副主任解振华在仪式上致辞。

广东的碳交易方案，结合广东特色，尽可能涵盖主要的排放行业，并率先探索省内不同区域之间开展交易的可行性。试点方案计划分三期，第一期为2012--2015年的试点试验期，其中2012--2013年上半年为筹备阶段，2013年下半年--2014年为实施阶段，2015年为深化阶段。第二期计划从2016年--2020年，为试验完善期；第三期计划从2020年以后，为运行成熟期。根据广东省政府《广东省碳排放权交易试点工作实施方案》，明确市场交易主体，排放2万吨二氧化碳或耗能1万吨标准煤以上的企业，主要涉及电力、水泥、钢铁、陶瓷、石化、纺织、有色、塑料、造纸等高耗能行业，首批共有九大行业827家企业纳入“控排企业范围”。“十二五”期末力争将交通运输、建筑行业的相关企业纳入碳排放总量控制和配额交易范围。

实行碳排放权有偿使用制度，碳排放权配额初期采取免费为主、有偿为辅的方式发放。广东引入有偿分配制度，并在首年履约时要求企业有偿购买3%。这一方法在初始受到了质疑，但也提供了国内唯一的配额有偿分配经验。广东省还计划将配额竞价募集到的6亿元用于筹建区域性碳基金—广东省低碳发展基金。这一思路突破了试点的常规模式，在交易之外建立了新的碳金融机制，将具有较大示范作用。

会员和金融产品获得进展。广东碳市场较早就对机构投资者和个人开放的一家机构，2014年6月已经成功引入第一家境外的投资者，11月又引入第二家，形成了境外机构、控排企业、个人、境内机构全方位的碳交易体系，控排企业和投资机构共200多家，个人会员50多位。 努力探讨一系列金融产品的研发，已和浦发银行合作的两款产品，一个是配额抵押融资和法人账户融资，并通过广东省发改委批准。同时和浦发银行探讨更多的一系列金融产品。

2014年7月15日为广东碳交易2013年清缴履约的最后一个交易日，广东有182家企业完成清缴义务，仅有2家企业未完成履约，企业履约率达98.9%，配额履约率达99.97%。截至2014 年10 月31 日，广东省碳交易市场有效交易日为102天。碳排放配额有偿竞价平台累计发放1112 万吨，共举行了5 次有偿竞价拍卖，成交金额共6.67亿元，碳排放市场累计成交132万吨，成交金额共7139 万元，平均价格为56.82 元/吨。配额竞价平台和碳排放交易市场累计成交1244万吨，累计成交金额7.38亿元。

目前广东的纳入范围扩大工作正在进行之中。据广东省发改委透露，发改委已组织有关机构开展新行业、新领域的方法学制定工作，包括陶瓷、有色、纺织、造纸、化工等行业，下一步将组织对这批新行业企业的排放盘查和分配，计划在2015年将这批企业逐步纳入。 广东还在进行碳市场普惠制的探索，即通过建立相应的方法学体系，把碳减排和普通老百姓的生活结合起来，将减碳量进行量化，可以形成积分或者与碳市场对接，从而鼓励市民减排。2015年5月，《2015年广东国家低碳省试点工作要点》发布。在该文件中，广东提出探索建立基于碳普惠制的省内自愿减排核证机制，推进自愿减排交易与配额交易市场的相互融合、相互促进。目前，政府正在委托相应机构规划方案，或将在广州市内开展试点。这一文件中亮点频现，其中包括探索建立碳排放总量控制和分解机制、适时扩大碳排放管理和交易范围、启动碳排放管理和交易省级立法工作、推进粤深碳交易市场的互联互通等。

广东还谋划加强与国内外碳交易市场的交流合作，主动参与全国碳交易市场建设工作。2015年5月18日，“中国碳市场交易监管体系研讨会”暨英国繁荣基金项目《广东碳交易市场监管体系建设》研究项目开题会议在广州举行。广州碳排放权交易所系统性介绍了该课题的研究思路和对碳市场交易监管的初步思考，建议国家碳市场应该在顶层设计初期充分借鉴试点地区经验，识别碳交易过程中的风险因素，搭建完善的交易监管框架，并通过一系列监管文件的制定确定碳交易监管主体、监管责任和监管方式。

（五）天津市

按照国务院《关于天津滨海新区综合配套改革试验总体方案的批复》中“在天津滨海新区建立清洁发展机制和排放权交易市场”的要求，早在2008年就成立了天津排放权交易所，并且在当年就组织了我国首笔基于互联网的主要污染物二氧化硫排放权交易，2009年又完成了我国首笔基于规范碳盘查的碳中和交易，2010年成功组织首批能效市场交易。在国家确定的7个试点省市中，天津市是唯一同时参与了低碳省区和低碳城市、温室气体排放清单编制及区域碳排放权交易试点的直辖市。在经历了一年多的市场基础体系建设，区域碳排放权交易市场的各项基本要素建设已经初步完成，包括制定区域碳市场管理办法，建设碳交易注册登记系统和交易平台，建立统一的监测、报告、核查体系，完善市场监管体系等，经国家发改委的批复同意，2013年2月5日天津市政府正式下发《天津市碳排放权交易试点工作实施方案》。2013年5月，天津市区域碳排放权交易市场试点工作推动会举行；12月20日，天津市人民政府办公厅公布了《天津市碳排放权交易管理暂行办法》，自发布之日起施行。作为“两省五市”七个碳交易试点之一，天津市是除上海之外第二个正式公布碳交易管理办法的试点地区。

天津碳交易试点的配额分配以免费发放为主、以拍卖或固定价格出售等有偿发放为辅。配额初始分配全部采用免费分配。纳入企业应于每年5月31日前，通过其在登记注册系统所开设的账户，注销至少与其上年度碳排放量等量的配额，履行遵约义务。根据《天津市碳排放权交易试点工作实施方案》，钢铁、化工、电力、热力、石化、油气开采等重点排放行业和民用建筑领域中2009年以来排放二氧化碳2万吨以上的企业或单位纳入试点初期市场范围。目前有100多家企业纳入交易体系。纳入企业可以使用一定比例的国家核证自愿减排量（CCER）抵消其碳排放量。抵消量不得超出其当年实际碳排放量的10%。未注销的配额可结转至下年度继续使用，直至2016年5月31日。2016年5月31日后，配额的有效期根据国家相关规定确定。

2013年12月26日，天津碳市场开锣。当天，天津碳市场协议交易分别以每吨28元成交4万吨、26元成交5000吨。

在交易体系设计中，天津碳市场的交易平台功能较全面的，挂牌、拍卖、协议转让和常态的网络现货都能在一个平台上实现。新产品加入，也不用再重新进行网络开发设计。在规则设计方面，天津碳排放权交易市场既为试点企业实现交易和完成履约提供了平台，也有利于吸引广大社会合格投资者进行交易和投资获利。天津市碳市场是继深圳之后，全国第二个开放个人投资者的市场，对社会参与方更加开放。此外，天津碳市场还制定了更为严格的市场监管和风险管理制度，实施了双重风险准备金、大户报告和最大持有量报告制度。在《天津排放权交易所碳排放权交易风险控制管理办法（试行）》中，明确规定设立交易所和会员双重风险准备金制度，除了针对会员提取风险准备金，交易所也要在指定的商业银行开立风险准备金专用账户，在自有资金中一次性提取100万元作为启动资金，此外还要按照月度净手续费收入总额的3%按月计提。截至2014 年10 月31 日，天津市碳交易市场有效交易日为156天，碳交易总量为105.8 万吨，其中协议交易82 万吨，占总成交量的77%，成交总额为2191.1 万元，平均价格为30.56 元/吨。7 月25日，天津完成2013 年碳排放配额履约，履约期期间的交易量占总交易量的59.3%。共有4家企业未完成履约，企业履约率为96.5%。首次履约期结束后，天津正在准备起草更加完善的管理办法。

2015年4月27日，天津排放权交易所完成国内最大单CCER交易，交易量为506125吨。

（六）湖北省

湖北是中部地区唯一的碳排放权交易试点省份。2013年2月18日，湖北省人民政府办公厅发出《关于印发湖北省碳排放权交易试点工作实施方案的通知》（鄂政办发〔2013〕9号）。3月5日，召开碳交易试点启动暨培训大会；2014年3月17日，湖北省政府审议通过《湖北省碳排放权管理和交易暂行办法》；4月2日，湖北碳交易中心正式上线运行。湖北省试点企业为本省行政区域内153余家，2010~2011年单年综合能源消费量达到或超过6万吨标准煤的重点工业企业，主要涉及钢铁、化工、水泥、电力、造纸等高能耗、高排放行业，其二氧化碳排放总量约占全省总量的35%。

2014年12月日均成交3.4万吨，占全国当日交易量的56%。仅8个月时间，湖北碳市就刷新了一个个行业纪录：单日最大成交量、国内市场规模第一、国内首单碳质押贷款、国内首只碳基金等。根据国家发改委规定，每个试点省市都应在2013年底建立一个试点区，湖北2013年11月在通山建立的试点区，为全国首个碳交易试点县。作为我国首个碳交易试点县，将在县域探索碳交易经验，必将对我国县域产业的发展理念、发展方向等产生积极影响，有力促进我国生态文明建设。

2014年11月，湖北碳市发布国内首只经监管部门备案的“碳排放权专项资产管理计划”基金，基金规模为3000万。该基金由诺安基金子公司诺安资产管理有限公司管理，华能碳资产经营有限公司作为该基金的投资顾问，基金主要用于投资湖北碳市场，主要通过交易配额获利。

碳交易的产品除了“碳配额”，还有“碳汇”即是指森林吸收CO_2的能力。不发达地区植树造林产生的碳汇，可以卖给发达地区用于排碳，这是一种生态补偿机制。湖北实施了神农架林区和通山县的林业碳汇项目试点，开发近200万亩林业碳汇项目，预计碳汇收入近千万元。

从2014年4月2日开市，截至2014年12月31日，湖北碳市场总成交量为1020万吨，其中公开拍卖200万吨、协议转让120万吨、二级市场交易700万吨。目前，二级市场交易量占全国的48%，居全国第一;交易总额1.6亿元，占全国的31%，居全国第一;累计日均成交量为3.8万吨，占全国的56%，居全国第一。业内人士分析，湖北产业结构偏重，控排企业多，有“刚需”。在规则设计上，放低门槛，鼓励个人和机构投资者的参与，这是湖北碳交易活跃的两个原因。2014年湖北碳交易中心累计开户925户，在全国7个试点中居于首位。包括超过600位个人。省外投资者占比55%，累计引进省外和境外资金1.5亿元。还有一家荷兰的石油公司参与交易，成为国内首个外资主体参与的碳市场。

2015年6月4日，湖北碳排放权交易中心通过定价转让系统完成湖北首单CCER在线交易。本次交易的卖方为中国风电集团有限公司，买方为一家专业碳资产管理公司。本次交易标志着湖北碳市场CCER在线交易正式启动，预计后续将迎来湖北CCER密集交易期。

从2014年4月2日到2015年6月12日，湖北碳市场配额总成交量1030万吨，总成交额2.5亿元，两项数据均居全国第一，分别占全国成交总量和成交额的1/2和1/3。

据有关部门和专家评价，湖北碳交易体系启动以来运行良好，在全国七个碳交易试点中特点突出、亮点鲜明，碳金融、碳期货、碳期权等新产品创新不断，为从2016年起建设全国统一的碳排放权交易市场提供了经验。

（七）重庆市

2013年7月，《重庆市低碳试点工作实施方案》获得国家发改委批复并发布，确定了重庆市低碳试点建设安排，包括结合能源消费总量控制，探索温室气体排放权交易试点；开展能源、产业、建筑、交通、技术等重点领域和园区、社区、小城镇低碳试点建设；制定地方低碳技术规范和标准、推行产品碳标准认证和碳标识制度。按照国家发改委的要求，重庆市要推动以低碳为特征的产业体系和消费模式，将重庆建设成为西南地区绿色低碳发展的示范城市。

2014年4月29日，发布《重庆碳排放权交易管理暂行办法》；6月6日，公布碳交易覆盖的242家企业名单；6月19日 ，重庆市碳排放权交易中心一声锣响宣布开市，改革探索特点比较鲜明。比如在试点企业选择方面，突出工业重点领域，确定试点范围。重庆工业的二氧化碳排放量占全市排放量的70%左右，本次试点范围确定在年碳排放超过2万吨二氧化碳的工业企业，其排放量占工业碳排放总量近60%。实行总量控制目标，以所有试点企业2008-2012年既有产能最高年度排放量之和作为基准量，在2013年-2015年逐年下降，实行总量控制。

在配额发放方式上进行了创新，采用了企业自主，以协议申报的方式进行碳排放权交易，由此给予企业更多自由度。这类似于证券市场的大宗交易平台。企业可以采取三种模式进行交易：定价申报，即卖方定好价格后在交易平台发布信息寻找买家；意向申报，仅发布买卖意向而未定价；成交申报则是买卖双方谈好价格后在平台上交易。首日开市的不到半小时内，重庆市碳排放交易中心达成16笔交易，成交量14.5万吨，成交总金额445.75万元，平均成交价约为每吨30.74元。

综上所述，我国碳交易开局良好，7个试点省市进展平稳、顺利，成效显著。

一是探索适合我国国情的碳市场模式，积累实践经验。碳市场在我国是崭新事物，我国国情与欧美等发达国家多有不同，适合我国国情的碳市场模式需要逐步摸索。通过7个试点省市的实践，在碳交易制度及碳市场建设等方面积累了的经验，培养了一批专业人才，为建立全国碳排放权交易市场奠定了良好基础。

二是利用市场手段推动节能减排效果初步显现。低碳试点省区和城市要编制低碳发展规划，积极探索具有本地区特色的低碳发展模式，率先形成有利于低碳发展的政策体系和体制机制。大部分低碳试点省市在实施方案中明确提出了峰值目标或总量控制目标，以此加快推动产业结构调整和能源结构低碳转型，提出控制高耗能行业耗能总量、化石能源消费总量、煤炭消费总量等目标。从对各省市碳排放情况的考核情况来看，试点省市均较好地完成了碳强度下降目标任务，碳强度下降显著高于全国平均碳强度降幅。深圳市与2010年相比，635家控排企业万元工业增加值碳强度下降了33.5%，提前超额完成了深圳“十二五”碳强度下降21%的要求。重点排放单位通过市场交易获得减排效益。北京市经初步测算，通过建立碳市场，全市重点单位碳减排综合成本平均降低2.5%左右。

三是加深碳市场认识，企业减排意识有所增强。碳交易市场启动以后，全社会加强了对碳市场的关注和认识，重点排放企业逐渐增强节能减碳意识。如电力行业中，华能集团组建了专业化的华能碳资产经营有限公司；国家电网公司于2013年11月正式成立了置信碳资产管理公司，专业从事碳资产经营业务。

四是碳交易的开展还带动中介服务和低碳环保产业发展。通过开展碳交易，带动了相关咨询、核查、交易服务、绿色金融等业务发展，培育和发展市场中介服务机构，培养了一批核查、咨询等专业人才。同时，碳交易也推动合同能源管理、节能改造、新能源与可再生能源发展，促进节能低碳环保产业的发展。

四、面临的挑战和对策研究

中国碳交易在路上，必然面临着一些问题和挑战。构建全国碳交易市场，更是一项综合性的重大机制创新，是一个社会经济发展系统工程。

随着碳交易试点的推进，加快建立全国碳排放交易市场被提上了议事日程。我国仍处在工业化、城镇化进程中，加快推进绿色低碳发展，有效控制温室气体排放，已成为我国转变经济发展方式、推进生态文明建设的内在要求。同时，气候变化对城市建设、农业、林业、水资源等影响加剧，也迫切需要采取积极的适应行动。从外部环境看，国际社会已就控制全球气温升高不超过2℃达成共识，并将进一步强化全球应对气候变化行动安排。因此，我国在试点的基础上，必须加快探索建立全国碳交易市场，使市场在资源配置中的决定性作用得到最大限度的发挥，构建起更有利于生态环境保护和节能减排的碳排放市场制度体系。

全国碳交易市场，应该是全国统一开放、政策公开透明、市场规则统一、监管体系完备、市场信息公开，竞争有序的市场；以现货交易为主，探索碳期货等金融产品的相关市场机制。随着全国碳市场建立与完善，逐步向碳金融市场过渡，建立完善市场机制，开发更丰富的交易产品，开展更多元化的交易类型，并实现与国际市场有效衔接。

根据国家发改委的规划，第一阶段(2013-2015年)：中国2013年正式启动碳交易试点，为全国性碳市场摸索和积累经验。第二阶段(2016-2020年)：全国将逐步建立统一的碳排放交易体系。在“五统一”原则下逐步建立全国统一的碳排放交易体系，即统一的注册登记平台、MRV规则、履约规则、配额分配方法、第三方核查机构以及交易机构资质的要求和监管办法，是确保每一个碳单位同质性的必要条件，是全国碳市建设的重要基础。第三阶段(2020-2030年)：运行完善阶段，全国统一碳排放交易体系逐渐成熟；国家制定绝对总量目标，进一步扩大覆盖行业、企业范围和温室气体种类，增加有偿配额分配比例；发展碳金融、碳期货品种，增加碳金融期货产品。第四阶段(2030年后)：拓展阶段，扩大参与企业范围和交易产品，探索与国际市场连接。

为了建立全国立统一的碳排放交易体系，如上所述，已做了大量基础和铺垫工作。国家发改委气候司司长苏伟日前表示，我们期待着在这个基础上能够抓紧开展相关工作，特别是把相关的基础数据，平台建设、机制规则，进一步完善，争取在明年年底，或2017年初，开始试运行全国碳排放权交易市场。

“行百里半九十”。行进中的中国碳交易，在建立全国立统一的碳排放交易体系进程中，面临的挑战和任务无疑是既紧迫又繁重，而且需要卓有成效地探索和创新。

（一）强化顶层设计，明晰建立全国碳排放交易市场路线图

一个完整、统一的中国碳市场，建立中国碳排放权交易体系必须在排放总量控制制度、交易市场的覆盖范围、交易主体、温室气体种类、交易配额分配方法、碳交易登记注册系统、统一市场规则和监管机制，统一监测、报告、核查制度、监测核实报告、惩罚机制、法律支持及配套政策等方面，使碳排放配额在全国范围内自由流通，最大限度实现资源优化配置，尽可能做到公平、可行。这都要在国家层面进行顶层设计。

建立中国碳排放权交易体系应以设定温室气体总量控制目标为前提。制定总量控制目标时应综合考虑中国的排放现状、趋势、国内经济和低碳发展和环境保护的要求、与其他政策目标的协调以及国际义务。应设定阶段性量化目标，如到2020年总量控制目标可基于国家已公布的单位GDP二氧化碳排放降低40%～45%的目标确定，2020-2030年期间过渡到绝对量化总量控制目标，2030年后实施绝对量化减排目标。碳交易体系的总量控制目标应从严制定，让广阔的市场去发现减排机会。同时，可通过抵消机制等调控手段提高总量目标的灵活性，降低减排成本。

建立完整、统一的中国碳市场，在顶层设计中，应确立基本目标： 1.满足中国经济社会发展必要以及保护气候环境所需的碳排放要求； 2.通过碳排放交易体系发现和形成中国的碳价格，使碳价格反映边际减排成本，使全社会减排以符合经济效益的原则推动和发展； 3.掌控企业和行业真实准确的排放现状与趋势； 4.强化企业应对气候变化、减少温室气体排放的意识和能力； 5.发展低碳服务业，打造具有国际竞争力的碳咨询和碳金融产业。

在全国碳市场建设的顶层设计过程中，还要协调和处理好三个关系：一是中央与地方的关系。核心是国家排放配额总量及地区排放配额总量确定问题。从中央角度，从整体把握全国碳市场总量控制目标，从国家层面统筹各地区发展和产业优化布局；从地方角度，更希望减排的同时能保障本地区发展。二者的目标并不完全一致，如何能实现协调和均衡是需要着重考虑的问题。二是地方与行业的关系。全国碳市场碳排放总量是按照地区分解，但行业的减排目标也需要考虑行业自身的特性，并需要在全国范围内进行行业统筹，因此如何协调地区和行业控排目标是需要重点考虑的问题，尤其是对于电力等需要跨地区、大范围优化配置的行业。三是政府与市场的关系。全国碳市场建设应将市场化运行和政府调控进行有机结合。政府负责碳市场的制度设计，完善市场配套政策和系，为市场发展提供政策支持及服务。市场机制建立后，更多是发挥市场的决定性作用，发挥市场发现价格、配置资源的作用。但由于碳市场涉及到很多行业，并且与经济发展密切相关，具有一定的复杂性，在市场发展初期需要充分发挥政府的调控作用，将碳市场带来的风险降至最低。四是试点和全面展开的关系。所有试点将在2016年到期。各个试点启动期(分配配额，公布规则)的时间各不相同，有的直至2014年6月才启动(重庆)，所以交易系统的运行期只有18个月。这就要研究确定试点期限延长的问题；同时，要充分考虑工作的连续性，承前启后。

在行进路径上，可考虑：

第一，以7个试点为核心，以点带面，向周边辐射，27个非试点的省级单位要从现行七个试点中择一加入，建设7个排放权交易中心，继而形成全国碳排放交易市场。

为了避免各个试点互相竞争，这样的做法可包含中央政府实施对排放权交易体系核心内容质与量的管控，出台相应的处罚条款以维持排放总量上限的完整性。

第二，建立一个或覆盖多个行业的全国性市场。诸如电力、钢铁、建材行业等。电力行业是碳排放的重要领域，2010 年电力行业碳排放约占全国碳排放总量的50%以上，2005-2012 年电力行业累计减排CO_2超过40亿吨。我国碳市场建立电力与热生产排放源的排放权交易体，能够有效的限制受控排放源的数量，同时也可大幅的简化配额分配、基准线界定、监测、报告及查核系统(MRV)，以及执法过程。同时，电力行业中发电企业和电网企业较早开发过CDM项目，对碳市场有一定认识，具备一定人才和技术基础。电力行业也开展跨省区电力交易、发电权交易等交易活动，市场意识和交易基础良好。这些经验有助于电力行业较快地适应碳市场。

第三，建立区域市场。诸如，以上海碳交所为基础，构建长江三角洲区域碳市场；以深圳、广东碳交所为基础构建珠江三角洲区域碳市场；以北京、天津碳交所为基础构建京津冀乃至华北地区区域碳市场；分别以湖北、重庆碳交所为基础，构建我国中、西部地区碳市场。建立“区域市场＋全国市场”的格局，如同在欧盟的碳交易体系

中，有的成员国（如英国）出于自身的考虑，既参与到整个欧盟的碳市场中，同时还拥有本地的碳交易市场。

（二）立法先行问题，加快建立和完善包括碳交易在内相关法律法规，强化碳交易政策的法律强制性和约束性

市场经济的本质是法制经济，一切市场行为都应符合法律要求。碳交易的发展和建立全国统一市场，关键是要建立、健全一个强有力的、严格的法律法规保障体系，保证碳市场的公平、公正和公开。党的十八届四中全会中审议通过的《中共中央关于全面推进依法治国若干重大问题的决定》中明确指出，在实现生态良好的战略目标时，必须更好发挥法治的引领和规范作用。《决定》的出台将对我国碳交易的立法先行发挥更强的促进作用，我国的碳市场应建设成为一个有法可依、严格依法运行的公平公正的市场。

目前，各试点地区中，只有深圳、北京和重庆通过了地方立法，对排放单位的约束力相对较强。其他试点地区基本以政府规章进行规制，个别试点地区如天津仅以部门文件为依据。天津处罚力度最轻，仅使用限期改正和3年不享受优惠政策。其他试点地区虽使用了不同程度的罚款措施，但惩罚力度有限，因此法律约束力较弱。各试点对于市场参与方资质的认证和交易行为的监管也存在着标准不一的情况。虽然《碳排放权交易管理暂行办法》已出台，我国仍应加快国家层面，即全国人大推进应对气候变化和碳交易方面的立法进程，出台上位法，增强碳交易政策的强制性和约束性，完善相关配套政策和监管制度，规范碳市场建设和发展。

中国应对气候变化的政策与实践在不断深入，为制订应对气候变化法提供了很好的基础。比如2007年发布的《中国应对气候变化国家方案》、2014年出台的《国家应对气候变化规划》，碳交易试点、低碳城市、低碳园区、低碳社区的试点等，同时我们也编制了温室气体排放清单，摸清了温室气体排放的家底。在温室气体排放的统计核算和报告这些基础能力建设上也有了显著进步。此外，国内现行的法律中大约有30部与气候变化相关。

国际上的有关法律也可资借鉴。如英国2008年出台了《气候变化法》，规定英国应对气候变化的法律制度框架。确定英国温室气体的减排目标，确定碳预算制度、报告制度及碳排放交易制度，规定适应气候变化措施，创设应对气候变化的专门机构。美国法律中也有体现气候变化立法要求的相关法律规定，这些构成了美国应对气候变化的立法体系。如《能源政策法》、《清洁空气法》、《环境政策法》、《清洁能源安全法》、《温室气体强制报告规则》等。

事实上，针对气候变化进行立法的呼声与研究工作由来已久。在2009年全国政协会议上，全国政协人口资源环境委员会副主任、中科院院士、中国气象局原局长秦大河曾建议，研究制订《中华人民共和国应对气候变化法》。2010年1月由国家发展改革委主导，来自全国人大、社科院、北京师范大学、中国政法大学等单位的20多位专家学者，曾对这部立法与《循环经济促进法》、《清洁生产促进法》、《大气污染防治法》等法律之间的关系展开研究。 2012年3月18日，社科院就《中华人民共和国气候变化应对法》（社科院建议稿）在网上征求意见，这是我国专门以“应对气候变化”为主题的第一个系统的法律建议文本。内容包括气候变化应对的职责、权利和义务、气候变化的减缓措施等。2014年7月21日，国家发展改革委就研究制订《应对气候变化法》草案召开研讨会，环保部、水利部、中国气象局、国家能源局等部委的相关人士以及相关学者参会。2015年5月19日《应对气候变化法（初稿）》交流研讨会在成都召开，国家发改委气候司李高副司长主持会议并总结发言。会议邀请湖北、广西、海南、重庆、四川、贵州、云南、西藏等省区发展改革委以及四川省相关单位的近40位代表参加了会议。与会代表就气候司牵头起草的《应对气候变化法（初稿）》进行了研讨。可以说，该项法律草案的制订正在紧锣密鼓进行。

不言而喻，我国的应对气候变化法应该是一部综合性的法律。要通过这部法律确定应对气候变化管理的体制和机制，同时确定社会各方在应对气候变化中的权责关系。既要突出应对气候变化制度设计和安排，也要兼顾法律的前瞻性、宣示性以及可操作性。同时也要与国际相关法规相衔接。

徒法不足以自行。通过应对气候变化立法建立起一整套完备的应对气候变化法律体系之后，更为关键的是实施。为此，必须建立起一套完善的配套实施机制。

（三）建立和完善适应市场经济和可持续的体制机制

碳交易的属性为市场经济，而且非实体经济，属于金融、保险、证券一类的虚拟经济范畴。因此，建立全国碳交易市场，就要按市场经济规律运行，逐步形成政府引导、企业主体、市场在配置资源中的决定作用。在目前的试点过程中，实际上政府是主体并起决定作用，既是“游戏规则”的制定者，又是指挥中枢和监管。这在初始和试点期间是必要的，可行的。不言而喻，建立全国碳交易市场，乃至和国际接轨，就要建立和完善可持续的、适应市场的体制机制了。

而目前试点省市的交易所，也都是处于国有资本控股或者国有全资，也没有建立现代企业制度。我国国有资本控股或者国有全资企业的改革，建立董事会决策、经理层执行、监事会监管的现代企业治理结构，已经历了20余年，至今仍在路上。因此，目前试点省市的交易所适应市场经济的改革，也会遇到一些难题。在走向上，国际上交易所有两种方式，一种是理事会式的。但是世界上的交易所发展趋势，是从理事会制走向上市公司制，比如像纽交所、CME、ICE等。这因为归根到底，规模化交易主体，金融化交易产品，开放化交易规则，以及信息化交易技术，都只是结果。国内外的实践证明，只有实行公司制，多元化投资主体、透明化的资本结构，乃至民众和民营企业投入，才能把交易所建成现代企业制度和构建现代企业治理结构，才能真正解决信息不对称、资产定价、风险管理、市场化运作等一系列关键。这也是世界交易所的走向。如果停留在目前，交易所国有资本一股独大和国有独资，它

的效能提高和改革将会步履艰难。

再就是，监督机制问题。监督机制是实施碳排放交易的一个重要方面。尤其是在国内的碳市场尚未完全建立起来的情况下，更为突出。在清洁发展机制方面，中国已经有了非常惨痛的教训。尽管有着严格的方法，但是很多企业还是想方设法造假，由此在国际市场上造成了不良影响。市场监管是实施碳排放交易的一个重要方面。我国在建立全国碳排放交易体系的过程中，应同股市、金融、保险等一样，设立国家层面的专门排放交易监督管理机构，确定监管规则，对排放配额分配、MRV、交易等一系列过程进行监管，保障碳市场依法依规、健康有序进行。

当前各碳试点均存在信息不透明的问题，主要表现在纳入企业排放数据、配额总量的确定、配额分配方案、交易数据等信息的不透明，其原因在于企业、地方政府和交易所均不愿意把相关数据公布于众，使得市场政策性明显，同时也大大增加了交易成本，降低了交易效率。

目前，国家发展改革委正在着力推进重点行业企业温室气体排放报告和盘查工作，推动出台第三方核查机构的管理办法和核查规则，建设运行碳交易注册登记系统，组织制定市场交易细则，建立健全监管制度，逐步充实市场交易品种，完善市场交易模式。所有这些，都是有益的探索。

（四）加快标准的研究与制定，建立国内外碳市场的基础

标准统一，形成一个有规模的整体化市场，才能确保市场的流动性。我国碳交易试点和多个地方能源环境交易机构，由于没有统一的标准作指导和规范，只能催生地方的、区域性的碳交易市场。如果继续割裂发展，不仅不利于全国性碳交易市场的形成，更不利于我国与国际碳交易市场的接轨。还应当认识到，全球应对气候变化的挑战，已使低碳发展成为国际共识和世界潮流，低碳产业和技术竞争已成为国际竞争的新领域，为抢占新一轮经济科技竞争制高点和“话语权”，发达国家一面利用自身技术和资本优势加快发展新能源、低碳节能等新兴产业，另一面借应对气候变化的名义，企图进一步对我国家设置碳关税、“环境标准”等贸易壁垒。我国作为最大的发展中国家，既要保障自身的发展权益又要积极应对气候变化，争夺碳金融的话语权，制定碳交易的统一标准就显得尤为重要。2014年12月，国家发改委首批发布的发电、电网、钢铁、化工、铝冶炼、镁冶炼、平板玻璃、水泥、陶瓷、民航等10个行业碳核算与报告指南，已完成征求意见阶段，在经过后续意见汇总、专家研讨、标准审定、标准报批等程序后，将于2015年成为国内首批关于碳排放的国家标准。这是一个良好的开局。

总之，从国内需求和借鉴国际上的经验，最成功的路径就是采用市场化手段应对气候变化，就是建立碳交易市场。而要在我国建立一个统一的碳交易市场，应尽快制定一套完整的、有公信力的、适合我国的标准体系。只有国内这个标准体系的建立和完善，才能与国际标准接轨。正是在这样的大背景下，我国近年来已在尝试运用自愿碳减排交易等市场手段，发布了一些自愿碳减排标准，为制定我国的碳减排标准体系奠定了一定基础。

但从总体上来看，有关碳排放等标准目前基本上停留在各交易所的研究摸索阶段，没有统一的标准作指导，各机构只能催生地方的、区域性的碳交易市场。如果如此继续发展，不仅不利于全国性碳交易市场的形成，更不利于中国与国际碳交易市场的接轨。国家有关主管部门应尽快联手相关部门和研究机构，结合中国国情，参照国际惯例，加快制定出台国家的碳减排标准体系。同时，还应研究提出低碳城市、园区、社区和商业等试点示范建设的规范和评价标准。

正是在这样的大背景下，我国近年来已在尝试运用自愿碳减排交易等市场手段，发布了一些自愿碳减排标准，为制定我国的碳减排标准体系奠定了一定基础。2009年12月哥本哈根气候变化大会上北京环境交易所联合其他参与方正式对外发布“熊猫标准”，迈出了我国参与碳交易标准建设的第一步，增强了我国在碳排放市场上的话语权，也是我国在探索建立自己的碳排放交易市场上迈出的重要一步。2010年10月19日，在上海世博会联合国馆，《我国自愿碳减排标准》正式发布。这是我国参照国际规则自主研发的首个完整的自愿碳减排标准体系。包括章程、碳减排技术标准、碳交易标准、登记注册核销流程、调解与仲裁规则等内容，是将国际形势与我国实际相结合、我国主导与借鉴国际经验相结合、科学性与适用性相结合、政府作用与市场作用相结合的我国自愿碳减排标准体系。

五、大力开发碳金融，进军碳交易市场

何谓碳金融，目前还没有一个统一的概念。一般而言，是指运用金融资本去驱动环境权益的改良，以法律法规作支撑，利用金融手段和方式在市场化的平台上使得相关投融资、碳指标及其衍生品得以交易或者流通，最终实现低碳发展、绿色发展、可持续发展的目的。

目前中国的碳排放权交易所涉及的碳交易产品主要为：总量控制下的碳排放权配额和可用于抵消配额清缴的核证自愿减排量（CCER）。碳市场归根到底是金融市场，设计这样的市场，需要符合金融市场的运行规律。充分利用已有的金融市场基础设施，包括交易、清算、结算、风险控制，为参与碳市场的实体企业服务。市场自身更要建立完善的治理结构，保障交易的公开、公正、透明。

“碳金融”的兴起源于国际气候政策的变化，准确地说是涉及两个具有重大意义的国际公约——《联合国气候变化框架公约》和《京都议定书》。一般来讲，在碳交易市场正式启动前，金融机构（包括交易所）就需要参与其中，提前组织远期市场的流动性。举例来说，2013年1月1日，美国加州碳市场正式启动。而早在2011年8月29日，在洲际交易所的平台上，就产生了加州碳市场的第一单远期交易，距加州碳市场正式启动提前了16个月。目前，在洲际交易所的平台上，加州碳市场衍生品合约的持仓量已经超过了2500万吨，形成了良好的流动性。

着力于建立两级碳金融市场。一级现货市场，是指基于真实排放权交易供求、实时交割的市场；二级金融市场，即期货和衍生品市场，基于金融资产配置要求、可以实现远期交割的市场。二级金融市场的根本作用主要在于：一是形成并发现长期的碳排放价格，从而引导碳交易市场资源的配置；二是提供足够的流动性，以保证碳市场的活跃程度和正常运行；三是使碳交易市场拥有足够的深度和广度，有利于各类主体在长期考虑下配置自身的碳资产，从而达到在经济整体最优化配置各类减排资源的目的。然而，二级金融市场在发挥不可或缺作用的同时，也可能会对碳交易市场的正常运行产生干扰，其突出的表现是由于大量资金尤其是投机性资金的介入，一方面可能会放大碳交易价格的波动范围，难以形成稳定的预期和引导社会各种减排资源的配置；另一方面可能会使碳交易的价格长期偏离真实的供求关系，使减排资源产生错配，影响碳交易市场功能的正常发挥。期货市场的发展对于碳排放权交易市场的成熟也极为关键。

欧洲排放权交易所的发展同样涉足了期货市场的发展，中国碳排放权期货产品的推出也在情理之中。2014年5月公布的《国务院关于进一步促进资本市场健康发展的若干意见》中，明确提出发展碳排放权等交易工具是推进期货市场建设的重点。同时，证监会也持续与国家发改委和七个试点地区交易所保持交流，讨论建立碳排放权期货市场的可能性。根据国务院2015年4月公布的《中国（广东）自由贸易试验区总体方案》，广东将研究设立以碳排放为首个品种的创新型期货交易所。

碳排放权期货市场的逐步建立，不仅可以让控排企业更好地对冲风险，吸引更多金融机构积极地参与到碳市场中。兴业银行与上海、深圳、广东等六个国家碳交易试点城市签署了合作协议，在碳交易制度设计咨询、交易及清算系统开发、碳资产质押授信、节能减排项目融资等方面提供一揽子产品与服务。2014年9月，兴业银行联合湖北省碳排放权交易中心等机构，单纯以国内碳排放权配额作为质押担保，无其他抵押担保条件，为宜化集团提供了4000万人民币贷款支持，有效盘活其碳配额资产，成为国内首笔碳配额质押贷款业务。11月，兴业银行正式上线全国首个基于银行系统的碳交易代理开户系统，成为深圳排放权交易所首家也是目前唯一一家利用银行网上平台进行碳交易代理开户的商业银行，参与碳交易市场的国内机构和个人可通过该行个人网银直接开通深圳排放权交易所账户。农业银行与企业达成了CDM项目合作意向书。民生银行推出了以CDM机制项下的CERs作为贷款还款来源之一的节能减排融资模式。浦发银行创新实践了国内碳交易资金结算清算、国内碳资产抵质押融资、碳债券、碳基金、碳交易经纪代理业务等金融服务。交通银行等银行也推出了二氧化碳挂钩型本外币理财产品。交通银行上海市分行积极引入“CDM认证”作为重要的信贷风险评判标准，并在同业中首创推出绿色信贷环保标识分类办法。汇丰银行、渣打银行等外资银行推出了碳交易的投融资、碳期权期货、碳指标交易和相关中介服务等业务。交易所也应配合银行、保险、证券公司等金融机构，积极开发碳排放权期货、期权、信托等金融产品，促进中国碳金融的发育与成熟。12月，国内首单CCER质押贷款在上海签约，上海银行为上海宝碳新能源环保科技有限公司的数十万吨CCER提供了500万元质押贷款。深圳碳排放权交易所与国内外金融机构加强碳排放权交易期货和衍生品市场的合作，开发低碳金融产品，以吸引更多机构参与到碳市场中来。所有这些，都为“碳金融”作了有益探索。

但从总体上来看，目前我国大多数金融机构进入碳市场仍处于试水阶段。开发碳金融市场对我国金融机构和金融人才提出了更高要求。一方面，碳金融的标的物是一种虚拟产品，交易规则严格，开发程序复杂，销售合同多涉及境外客户，合同期限长，风险评级技术要求高，非专业机构难以胜任碳金融项目的开发和执行能力。另一方面，我国还没有建立有效的碳金融交易制度，碳基金、碳期货、碳证券等各种碳金融创新产品更有待开发，这就使得碳交易市场缺乏合理的利益补偿机制，也没有充分发挥碳金融对于碳资产的价格发现和风险管理功能。

“风物长宜放眼量”。“碳金融”在我国发展空间非常广阔，蕴藏着巨大商机。我国必将建立起国家级总量控制强制减排体系，中国碳市场将迎来国内需求更加旺盛、市场发展空间大大增加的繁荣景象。适应低碳发展需求，利用、优化和创建金融工具进行碳资源配置的活动等，无不呼唤碳金融的发展。然而，“碳金融”具有政策性强、参与度高和涉及面广等特点，发展“碳金融”是一个系统工程，需要政府和监管部门制定一系列标准、规则，提供相应的投资、税收、信贷规模导向等政策配套，鼓励金融机构积极进军碳交易的广阔天地。

中国新能源汽车进入快速发展新阶段

《中国低碳年鉴》编辑部

近年来，我国新能源汽车产业发展迅猛，产销量从2012年的不足1万辆，达到2013年的两万辆。2014年国务院印发了《关于加快新能源汽车推广应用的指导意见》，推动出台了免征车购税、充电设施建设奖励、推广情况公示、党政机关采购等政策措施，实施了新能源汽车产业技术创新工程，完善了新能源汽车政策扶持体系，提振了汽车行业发展新能源汽车的信心。2014年新能源汽车出现了产销两旺的良好局面。全年300多款新车型上市，生产8.4万辆，同比增长近4倍，其中12月当月生产2.7万辆，创造了全球最高纪录；销售74763辆，比上年增长3.2倍。其中纯电动汽车产销分别完成48605辆和45048辆，比上年分别增长2.4倍和2.1倍；插电式混合动力汽车产销分别完成29894辆和29715辆，比上年分别增长8.1倍和8.8倍。行业上将2014年称作中国新能源汽车产业普及的元年。

我国新能源轿车技术产业化水平已居世界第二位，并且进入快速发展新阶段。美国仍然是最大的新能源轿车销售国，2014年累计销售约13万辆，其中插电式和纯电动轿车约各占一半。中国有望在2015年跃居第一位。加之近6万辆的新能源汽车保有量，预示着新能源汽车产业在未来5年将迎来巨大增长。

一、坚持政府引导，政策密集出台

2009年开始，财政部、科技部、工信部、发改委等四部门共同启动组织实施“十城千辆”节能与新能源汽车示范工程，我国新能源汽车发展由科技研发进入到示范推广阶段。2010年10月，国务院印发《关于加快培育和发展战略性新兴产业的决定》，将新能源汽车列为七大战略性新兴产业之一。

2012年6月，国务院颁布《节能与新能源汽车产业发展规划（2012-2020年）》(国发[2012]22号，简称《规划》)，开始将新能源汽车产业定位发展方向，其中特意指出新能源汽车是指采用新型动力系统，完全或主要依靠新型能源驱动的汽车，包括纯电动汽车、插电式混合动力汽车及燃料电池汽车。为全面贯彻落实《规划》，工业和信息化部、财政部、发展改革委、科技部等部门经国务院批准编制发布了《关于加快新能源汽车推广应用的指导意见》（简称《指导意见》），7月21日，工业和信息化部、财政部、发展改革委、科技部在北京召开新闻发布会，工业和信息化部副部长苏波主持会议并介绍了《指导意见》的出台背景、主要内容等相关情况。国务院有关部门积极推动新能源汽车产业发展和推广应用，研究制订了一系列政策措施。一是建立节能与新能源汽车产业发展规划部际联席会议制度，并召开了第一次部际联席会议，对新能源汽车发展和推广应用工作进行了研究部署。二是实施了新能源汽车产业技术创新工程。2012年启动了25个新能源汽车产业技术创新项目，包括11个乘用车、6个商用车、8个动力电池项目。三是实施新能源汽车示范推广补贴政策。对消费者购买新能源汽车给予补贴。已经发布了两批示范城市或地区，累计有88个城市。四是实施车船税优惠政策，对符合要求的新能源汽车免征车船税。五是国务院最近审议通过了免征新能源汽车车辆购置税方案，对纯电动汽车、插电式混合动力汽车和燃料电池汽车从2014年9月1日到2017年底，免征车购税。六是出台了《政府机关及公共机构购买新能源汽车实施方案》。七是加强企业平均燃料消耗量考核管理。

2013年3月，发布了《乘用车企业燃料消耗量核算办法》，对国产、进口汽车统一考核企业平均燃料消耗量，并对新能源汽车给予优惠。八是完善新能源汽车标准体系。截至目前，已经出台了电动汽车标准61项，涉及电动汽车整车、动力电池、充电接口及通信协议等。成立了电动汽车国际标准法规协调与制订工作组，参与电动汽车国际标准制订。九是完善新能源汽车企业准入政策。正在研究制定新建新能源汽车企业的准入方案，拟择优选择具有一定基础和能力的企业进入新能源汽车生产领域。

2014年5月23日习近平总书记明确指示“发展新能源汽车是我国由汽车大国迈向汽车强国的必由之路”。

2014年，国务院及有关部门先后发布多项加快新能源汽车发展的政策措施，新能源汽车市场发展出现快速增长的良好势头，成为新能源汽车进入家庭的元年。2014年7月14日，发布《国务院办公厅关于加快新能源汽车推广应用的指导意见》（国办发〔2014〕35号，以下称《指导意见》），明确以纯电驱动为新能源汽车发展的主要战略取向，重点发展纯电动汽车、插电式混合动力汽车和燃料电池汽车。对加快新能源汽车推广应用提出 6 个方面30条具体政策措施。一是加快充电设施建设，制定实施充电设施发展规划，将充电设施建设纳入城市总体规划，完善充电设施技术标准和建设标准，完善充电设施用地政策和用电价格政策，推进充电设施关键技术攻关，鼓励公共场所加快内部停车场充电设施建设，地方政府加大对充电设施建设支持。二是积极引导企业创新商业模式，加快售后服务体系建设，支持社会资本进入新能源汽车充电设施建设和运营，积极鼓励新能源汽车融资租赁，发挥信息技术的积极作用。三是推动公共服务领域率先推广应用，扩大公共服务领域新能源汽车应用规模，推进党政机关和公共机构、企事业单位使用新能源汽车。四是进一步完善政策体系，抓紧研究确定２０１６－２０２０年新能源汽车推广应用的财政支持政策，改革完善城市公交车成品油价格补贴政策，加快新能源汽车替代燃油公交车步伐，给予新能源汽车的车辆购置税、车船税、消费税税收优惠，多渠道筹集资金支持新能源汽车发展，完善新能源汽车金融服务体系，制定新建新能源汽车企业准入政策，建立企业平均燃料消耗量管理制度，实行差异化的新能源汽车交通管理政策。五是破除地方保护，各地区要执行全国统一的新能源汽车和充电设施国家标准和行业标准，执行全国统一的新能源汽车推广目录，进一步加强新能源汽车市场监管。六是加强技术创新和产品质量监管，集中力量突破共性关键技术，组织实施产业技术创新工程，加快建立新能源汽车产业技术创新体系。《指导意见》要求，进一步强化组织领导和统筹协调。地方政府要制订细化支持政策和配套措施，明确工作要求和时间进度；节能与新能源汽车产业发展部际联席会议及其办公室要及时协调解决新能源汽车推广应用中的重大问题；部门间要加强协同配合，提高工作效率。《指导意见》2014年9月1日至2017年12月31日，对纯电动汽车、插电式（含增程式）混合动力汽车和燃料电池汽车免征车辆购置税。进一步落实《中华人民共和国车船税法》及其实施条例，研究完善节约能源和新能源汽车车船税优惠政策，并做好车船税减免工作。继续落实好汽车消费税政策，发挥税收政策鼓励新能源汽车消费的作用。

截至2014年底，工业和信息化部、国家税务总局已发布三批免征车购税的车型目录，有57家企业的377款车型列入目录。据国家税务总局统计，2015年1月办理免征车购税手续新能源汽车3336辆；2014年9月至2015年1月，有32个省市共办理了免征车购税手续新能源汽车4.28万辆，其中乘用车3.66万辆，商用车6207辆。

2014年10月22日工信部、发改委、科技部等七部委联合印发《京津冀公交等公共服务领域新能源汽车推广工作方案》，提出2014年到2015年，在京津冀地区公共交通服务领域共推广20222辆新能源汽车。其中，北京市8507辆，天津市6000辆，河北省5715辆；到2015年底，京津冀地区公交车中新能源汽车比例不低于16%，京、津出租车中新能源汽车比例不低于5%，河北省继续做好示范城市新能源汽车的推广应用工作，新能源汽车在公交及公共服务领域的应用水平国内领先。新建充/换电站94 座，充电桩新增1.62万个。《方案》提出了非常明确的量化目标，并且从公共服务领域入手，对减少污染物排放效果最为明显，同时在公共服务领域，政府的介入程度较深，推进起来也较容易。我们对实现京津冀实现上述目标乐观，按照规划，到2015年底京津冀应该至少推广新能源公交车8600辆，新能源出租车5000辆。从受益角度来看，客车无疑是最受益的领域，主要的推广目标应该会在2015年完成，因此预计2015年新能源客车会有明显的放量。 各地制定本地区新能源汽车推广应用的支持政策，参考国家补贴标准，给予相应的配套资金支持，主要用于新能源汽车购置补贴、贷款贴息、运营补贴、充换电基础设施维护、推广应用宣传及科研补助等方面。将补贴额度与新能源公交车推广目标完成情况相挂钩，形成鼓励新能源公交车应用、限制燃油公交车增长的机制。

10月，发改委、环保部、财政部、交通部、质检总局等12部委联合印发的《加强“车、油、路”统筹，加快推进机动车污染综合防治方案》，就已明确提出“针对新能源汽车研究制定减免过路过桥费、免费停车等政策”。

据统计，截至2014年年底，中央及各省市政府先后共出台新能源汽车相关政策127项，其中国家层面出台了17项。

二、继续开展新能源汽车推广应用示范城市（群）试点

2013年9月，《财政部、科技部、工业和信息化部、发展改革委关于继续开展新能源汽车推广应用工作的通知》（财建〔2013〕551号）印发。北京市密集发布《北京市电动汽车推广应用行动计划（2014-2017年）》、《北京市2014-2017年清洁空气行动计划》、《北京市示范应用新能源小客车管理办法》，新能源汽车发展政策渐成体系。

根据各地新能源汽车推广应用方案申报情况，财政部、科技部、工业和信息化部、发展改革委分别于2013年11月、2014年1月发布了两批新能源汽车推广应用城市（群）名单，共39个城市（群）88个城市列入新能源汽车推广应用城市（群）。按照新能源汽车推广应用城市（群）申报计划，2013年至2015年39个推广应用城市（群）将累计推广新能源汽车33.6万辆。据统计，从2013年1月至2014年9月底，39个推广应用城市（群）累计推广新能源汽车3.86万辆，其中2014年1-9月推广2.05万辆。按照新能源汽车推广应用城市（群）申报计划，2013年至2015年39个推广应用城市（群）将累计推广新能源汽车33.6万辆。

截至2014年底，列入新能源汽车推广应用城市（群）的39个城市（群）88个城市中，有33个城市（群）70个城市出台了新能源汽车推广应用配套政策措施。在个人推广方面，政府为新能源汽车汽车送上超大礼包，国家补贴，地方补贴，免购置税，免摇号，真可谓诚意满满，日月可鉴。2014年8月，宁波出台《宁波市新能源汽车推广应用实施方案》，提出今年宁波要累计推广应用5000辆新能源汽车。按照2013年国家新能源汽车推广应用补助标准，纯电动乘用车每辆最高可获国家补助6万元，每一年的补贴金额会按年度下调，2014年在2013年标准基础上下降5%，2015年在2013年标准基础上下降10%，最高补助就是5.4万元。据国家税务总局统计，2014年9月至12月有29个省份办理新能源汽车免征车购税手续，共免征车购税新能源汽车3.94万辆，其中乘用车3.38万辆，商用车5615辆。

三、创新推广应用模式

国务院《指导意见》明确规范市场秩序。有关部门要加强对新能源汽车市场的监管，坚决清理取消各地区不利于新能源汽车市场发展的违规政策措施。各地不得阻碍外地生产的新能源汽车进入本地市场，不得限制消费者购买某一类新能源汽车。建立统一开发、有序竞争市场环境，进一步促进汽车企业和充电服务企业的公平竞争，促进新能源汽车健康可持续发展。

在交通运输行业加快研究完善新能源公交车“融资租赁”、“车电分离”和“以租代售”等多种运营模式。鼓励纯电动汽车生产企业或专门的充换电设施运营企业，推行纯电动城市公交车。

加强法规制度和标准规范建设。积极推动城市公共交通、出租汽车和城市物流配送相关法规制度建设，为新能源汽车推广应用规划编制、设施建设、车辆准入、驾驶员培训、安全管理和政策支持提供法制保障。加强新能源汽车推广应用技术支撑，研究制定新能源公交车、出租车、城市物流配送车技术准入和退出的标准规范、车辆和特有部件（电池等）维修服务规范等，建立完善使用环节的技术标准规范体系。

我国已发布电动汽车标准78项，标准体系基本建立。标准体系建设直接关系电动汽车产业的健康可持续发展。电动汽车正处于研发、试点示范向大规模推广的关键过渡期，整个过程发展得很快，国家层面也不断地完善相关政策和管理体系，以加快电动汽车的推广应用，这些都需要技术标准作为支撑。自2008年以来，工业和信息化部会同国标委、科技部、能源局等部委，研究制定了一系列电动汽车标准体系规划文件，如《电动汽车综合标准化技术体系》、《电动汽车充电技术及设施标准体系建设工作方案》、《战略性新兴产业标准化发展规划》等，完善了标准体系建设的顶层设计。在顶层设计的指导下，按步骤、分重点加快标准制定工作，在各行业的共同努力下，至2014年底共制定新能源汽车相关标准78项，涵盖电动汽车基础通用、整车、关键总成（含电池、电机、电控）、电动附件、基础设施、接口与界面等各领域，明确了电动汽车的分类和定义、动力性经济性安全性的测试方法和技术要求，规定了电池电机等关键零部件的技术条件，规范了充电基础设施建设，统一了车与设施之间的充电接口和通讯协议。可以说目前我国电动汽车标准体系已初步建立，对规范我国电动汽车产业发展具有重要意义。

在加强国内标准体系建设的同时，我国积极参与并致力于推动全球电动汽车标准法规的协调发展。在世界车辆法规协调论坛（WP29）的电动汽车安全（EVS）和电动汽车与环境（EVE）两个工作组中担任副主席，承担着电动商用车和整车防水安全等内容的制定工作。在国际电工委员会（IEC）下，我国的直流充电方案已和美、日、欧等共同成为国际标准的组成部分，并正在主导《电动汽车换电站》系列国际标准的起草。我们在国际上率先发布了电动汽车关键部件、充换电站等30多项标准，直接带动了相关国际标准的立项和制定。跟国外比，我国电动汽车标准基本处于国际前列，且具有较强的话语权。国外有的标准，我们都有，有些标准我们要求更严、更细、更全。

四、加快基础设施建设

国务院《指导意见》提出，要加快充电设施建设，制定实施充电设施发展规划，将充电设施建设纳入城市总体规划，完善充电设施技术标准和建设标准，完善充电设施用地政策和用电价格政策，推进充电设施关键技术攻关，鼓励公共场所加快内部停车场充电设施建设，地方政府加大对充电设施建设支持。

为加快新能源汽车充电设施建设，推进新能源汽车产业稳步发展，2014年11月18日财政部、科技部、工业和信息化部、国家发展改革委又发出《关于新能源汽车充电设施建设奖励的通知》（财建[2014]692号），京津冀、“长三角”和“珠三角”等大气污染治理重点区域中的城市或城市群，2013年度新能源汽车推广数量不低于2500辆，2014年度不低于5000辆，2015年度不低于10000辆;其他地区的城市或城市群，2013年度推广数量不低于1500辆，2014年度不低于3000辆，2015年度不低于5000辆。推广数量以纯电动乘用车为标准计算。

根据通知，奖励对象总体包括经4部门批复备案的、成效突出且不存在地方保护的新能源汽车推广城市或城市群。中央财政对这些城市或城市群，根据新能源汽车推广数量分年度安排充电设施奖励资金。对符合国家技术标准且日加氢能力不少于200公斤的新建燃料电池汽车加氢站，每站奖励400万元;对服务于钛酸锂纯电动等建设成本较高的快速充电设施，适当提高补助标准。奖励资金与各城市新能源汽车年度推广考核结果挂钩。4部委每年组织对新能源汽车推广城市或城市群进行综合考核，考核结果为优秀的，适当上浮奖励资金;考核结果较差的，相应扣减奖励资金。同时，奖励资金由地方政府统筹用于充电设施建设运营、改造升级、充换电服务网络运营监控系统建设等领域。

《通知》要求，地方政府要将中央财政奖励资金与地方投入统筹使用，结合本地新能源汽车推广应用情况研究制定具体落实办法;对快速充电等建设成本较高的设施适当加大奖励力度。此外，地方财政、科技、工业和信息化等部门须对本地申报材料的真实性、准确性负责，对弄虚作假、违规使用资金的城市或城市群，将追缴扣回奖励资金，取消该城市或城市群新能源汽车推广应用资格。

截至2014年底，我国共建设充换电站506个，充电桩3.73万个，公共充/换电站800座。加氢站4个。

为贯彻落实国家“积极构建高速公路城际快充网络”的要求，大力推进高速公路快充网络建设，国家电网公司在京沪高速沿线已建成50座快充站（平均单向每50千米一座），使其成为国内首条具备电动汽车快充服务功能的高速公路。每座快充站规划建设4台120千瓦直流充电机、8个充电桩，可同时为8辆电动汽车充电，30分钟内充满（80%电量），先期建设2台充电机、4个充电桩，支持所有符合中国标准的电动汽车充电。国家电网公司有关负责人在讲话中表示：2014年，国网在京沪、京港澳（北京—咸宁）、青银（青岛—石家庄）共建设快充站133座、快充桩532个，基本形成“两纵一横”高速公路快充网络，续行里程达2900千米，目前已建成世界上最大的充换电服务网络，充换电设施建设运营走在世界前列。2015年1月15日宣布全线贯通的京沪高速电动车快充网络（京沪沿线建成平均单向每50公里一座快充站，全程1262公里）。

五、回顾与展望

我国新能源汽车产业的发展经历了三个“五年”电动车研发创新获重要进展。“十五”期间，国家863计划“电动汽车”重大科技专项确立了以混合动力汽车、纯电动汽车、燃料电池汽车为“三纵”，以多能源动力总成控制系统、驱动电机和动力电池为“三横”的电动汽车“三纵三横”研发布局，全面组织启动大规模电动汽车技术研发，为我国电动汽车发展奠定了技术基础。“十一五”期间，组织实施了“节能与新能源汽车”重大项目，继续坚持“三纵三横”的总体布局，围绕“建立技术平台，突破关键技术，实现技术跨越”、“建立研发平台，形成标准规范，营造创新环境”和“建立产品平台，培育产业生态，促进产业发展”三大核心目标，全面展开电动汽车关键技术研究和大规模产业化技术攻关，并成功开展了“北京奥运”、“上海世博”、“深圳大运会”和“十城千辆”等示范推广工程。“十二五”期间，组织实施了“电动汽车科技发展”重大专项，紧紧围绕电动汽车科技创新与产业发展的三大需求，继续坚持“三纵三横”研发布局，更加突出“三横”共性关键技术，着力推进关键零部件技术、整车集成技术和公共平台技术的攻关与完善、深化与升级，形成“三横三纵三大平台”战略重点与任务布局。

经过近十五年的努力，我国电动汽车技术研发能力从无到有、从弱到强，自主创新取得重要进展，基本建立了适合中国国情、能有效联合产学研力量与汽车产业发达国家竞争的国家创新体系，搭建了自主知识产权的电动汽车动力系统技术研发平台，初步构成了关键零部件的配套研发体系。符合中国特色的各种动力系统技术不断创新和应用，形成了具有中国特色的技术特征与市场构成。以中美清洁汽车合作、中德电动汽车合作为代表的电动汽车国际合作平台已经逐步完善。

目前面临的问题，首先就是成本问题，主要指的就是购车成本，平民百姓不愿意买，成本就很难下降。其次是社会的使用环境问题，充电桩和充电站的建设缓慢，目前我国仅建成600座充电站、2.6万个充电桩，充电桩过少，充电难;三是续航里程一直是通病，由于受到电池技术的限制，电动汽车只能行驶200公里左右。四是，商业模式创新，还没有摆脱依赖政府的补贴，市场化模式还在路上。

展望前景光明。2015年3月5日，十二届全国人大三次会议在人民大会堂开幕，国务院总理李克强作政府工作报告。李克强在报告中明确指出，要：“推广新能源汽车，治理机动车尾气，提高油品标准和质量。”同时，2015年将有更多城市出于环保和交通压力，加入机动车限购行列，政府对于汽车生产企业各车型的油耗标准也将大幅提高，企业发展新能源汽车将迎来政策利好。随着新能源汽车销量增量，新能源汽车的金融、租赁、保险、维修等后市场服务将逐步形成。新型锂离子电池、超级电容器、金属空气电池，以及碳纤维车身、新型高效电机等技术在研发和产业化方面将进一步取得重大进展。

——在国内新能源汽车放量趋势保持下，实现结构性的优化调整，采购主体走向市场化的特征明显。科技部发布《国家重点研发计划新能源汽车重点专项实施方案（征求意见稿）》，明确到2020年，建立起完善的电动汽车动力系统科技体系和产业链，为实现新能源汽车保有量达到500万辆提供技术支撑。《方案》提出，实施新能源汽车“纯电驱动”技术转型战略；升级新能源汽车动力系统技术平台；超前研发下一代技术。具体来说，轿车动力电池的单体比能量2015年底达到200瓦时/公斤，比2010年提高一倍；2020年达到300瓦时/公斤，总体水平保持在国际前三名以内；驱动电机技术水平保持国际先进；燃料电池汽车技术取得突破，达到产业化要求，实现千辆级市场规模。此外，信息化、智能化的要求将促进汽车电子信息化行业发展，这也是该方案值得关注的亮点之一。

——新能源汽车推广市场容量巨大。根据2013年9月四部委《关于继续开展新能源汽车推广应用工作的通知》，2013年至2015年，推广计划应超过33万辆，而截至2014年年底，全国一共推广了9.2万辆。这意味着，为了顺利通过最终推广指标考核，今年各地必将进一步加大新能源车辆采购规模，新能源汽车推广市场容量巨大。2015年3月18日，交通运输部发布《关于加快推进新能源汽车在交通运输行业推广应用的实施意见》（简称《实施意见》），明确提出在公共交通领域优先推广新能源汽车，并积极拓展到出租汽车、汽车租赁、城市物流和邮政快递等领域。《实施意见》提出了新能源汽车在交通运输行业的具体推广目标：公交都市创建城市新增或更新城市公交车、出租汽车和城市物流配送车辆中，新能源汽车比例不低于30%；京津冀地区新增或更新城市公交车、出租汽车和城市物流配送车辆中，新能源汽车比例不低于35%。到2020年，新能源城市公交车达到20万辆，新能源出租汽车和城市物流配送车辆共达到10万辆。

——公交都市创建示范工程推动。目前，公交都市创建试点城市37个，31个省市自治区中，除了四川、西藏外，均有公交都市示范城市。而交通运输部门表示，“十三五”期间还将增加50个左右的公交都市创建试点城市。目前，37个公交都市创建试点城市的2015年公交车采购计划，新能源车的采购量都有大幅提升：《北京市2013-2017年机动车排放污染控制工作方案》，2014年至2017年，北京市每年配置新能源汽车指标分别为2万个、3万个、6万个、6万个。太原将新增新能源公交车450辆；大连将更新节能与新能源公交车2000辆，其中纯电动公交车600辆；青岛新增纯电动公交车800辆；哈尔滨拟新增、更新清洁能源公交车600辆；南京将新增节能与新能源公交车1243辆；济南将新增节能与新能源公交车800辆；郑州、武汉、长沙、重庆均承诺更新采购1000辆节能与新能源公交车。

在公交都市创建示范工程的引领下，省级“公交优先”示范城市也同步跟进，2015年的采购更新计划也将节能与新能源公交车作为重点。例如，江苏省15个地级市将新增更新公交车4123辆，其中苏州将新增公交车550辆，包括新能源公交车250辆；扬州将新增节能与新能源公交车350辆；常熟市将采购60辆新能源公交车。山东省17个省级“公交优先”示范城市将新增、更新公交车5272辆，其中淄博将新增更新纯电动公交车150辆、清洁能源公交车350辆；潍坊新增、更新新能源公交车480辆；菏泽新增新能源公交车100辆。

在政府、市场、技术、完善的配套政策等多元合力的作用下，2015年有望成为新能源汽车产销的“井喷”年。2015年5月，我国新能源汽车生产1.91万辆，同比增长3倍。1－5月，新能源汽车累计生产5.36万辆。其中，纯电动乘用车生产2.58万辆，同比增长近3倍，插电式混合动力乘用车生产1.37万辆，同比增长3倍；纯电动商用车生产9248辆，同比增长近6倍，插电式混合动力商用车生产4761辆，同比增长58%。 2015年1~6月，我国新能源汽车累计生产7.85万辆，仅6月份新能源汽车产量就达2.5万辆。这是一个好兆头。

——无线充电开辟新途径。目前，充电设施少依然严重困扰着新能源汽车的发展。2020年要实现500万辆的新能源汽车发展目标，据初步测算，届时集中式的充/换电站要从现在的593座增长到1.2万座，分散式充电桩要达到450万个。国网公司将在建成“两纵一横”高速公路快充网络基础上，进一步加大技术创新，加快推进高速公路快充网络和跨省充电服务结算系统建设。到2020年，规划建设以“四纵四横”（四纵：沈海、京沪、京台、京港澳，四横：青银、连霍、沪蓉、沪昆）为支撑的、覆盖国网公司经营区内所有示范城市的高速公路快充网络，续行里程达1.9万千米，大力促进我国电动汽车产业发展。

充电站和充电桩的选址、建设、维修维护都需要花费大量人力物力财力。据估计，充电桩建设全产业链的市场规模近百亿元。有些地方建了一些换电站，有的一个换电站就要投资近2亿元，占地几十亩，因此建设难度非常大。还有的由于规划原因，导致换电站的利用效率非常低。与主流的有线充电相比，新颖的无线充电则具有明显的优势。中兴新能源汽车公司董事长孙枕戈说：“无线充电可以在现有停车位上原地加装，我们花时间最长的建设项目是在大马路上施工，由于不用征地，从市政府批复到建完，满打满算30天。建好后平时不工作时，和普通道路一模一样。”2014年9月，中兴在湖北襄阳推出了国内首条大功率无线充电公交示范线，10月份在成都西博会发布了无线充电纯电动社区巴士。2015年1月，成都社区巴士成为国内首条正式载人商用的无线充电汽车。2015年，中兴将通过“一揽子”解决方案加快市场推广的步伐，预计年内新能源无线充电业务进入的城市数量将超过100个。有线充电的充电效率是93%，而中兴通讯无线充电的效率可以达到90%。

2014年:中国循环经济发展走向新常态

《中国低碳年鉴》编辑部

发展循环经济是节约资源、保护环境的基本途径，也是建设美丽中国、实现中华民族永续发展的必然要求。党中央、国务院高度重视循环经济发展，近十年来采取一系列强有力的政策措施，统筹规划，做好顶层设计；健全法律规范，强化制度创新；政策驱动，建立激励机制；科技支撑、注重技术引领；示范试点引路："10年树木"，我国循环经济发展从理念到实践，不断取得重大进展，已经从落地生根，长成参天大树，成为中国经济新的增长极。

"十一五"期间，我国资源循环利用总产值年均增长率达到15%，超出国内GDP增长率4个百分点。

"十二五"期间，随着工业化、城镇化进程的加快，我国资源的刚性需求进一步加大，资源综合利用作为战略性新兴产业重要组成部分，重要意义突显。为贯彻落实党的十八大精神，大力推进生态文明建设，进一步促进循环经济发展，各地、各有关部门积极开展资源综合利用，利用规模逐步扩大，利用水平不断提升，资源环境效益进一步显现。2013年，我国资源综合利用产值达1.3万亿元，部分矿山有色金属矿种的选矿回收率达到80%以上，工业固废综合利用量达20.59亿吨，主要再生资源回收量达1.6亿吨，回收总值4817亿吨，其中主要再生金属产量占当年十种有色金属总产量的26.6%。通过开展资源综合利用，减少堆存占地14万亩以上。农作物秸秆年利用量约6.4亿吨，生物质发电装机规模达到850万千瓦，年发电量达到370亿千瓦时。废钢铁、废有色金属、废塑料等主要再生资源回收总量达1.60亿吨，废钢铁利用量占当年粗钢产量的11%，废纸浆消耗量已占到总纸浆消耗量的65%以上。再生资源回收企业数已达10万余家，行业从业人员达到1800多万人。

2014年3月19日国家统计局发布消息称，以2004年为基期计算，2013年中国循环经济发展指数达到137.6，平均每年提高4个点，循环经济发展成效明显。

2014年以来，我国循环经济又获得重大突破，资源循环利用产业年产值超过1万亿元，就业人数超过2000万人，走向了发展新常态。

一、党和国家持续推进常态化，成为循环经济发展的巨大动力

战略构想，顶层设计，科学规划，无疑是发展循环经济的重要前提。国家"十一五"、"十二五"都把发展循环经济作为一项重大战略任务，纳入国民经济和社会发展规划。

在"十一五"时期，我国提出了建设资源节约型和环境友好型社会的目标。并通过各个层面全面部署，加强规划指导、加大资金投入、完善政策立法、加快技术开发，特别是从重点行业、重点领域、产业园区、省市区域四个方面开展了两批国家循环经济试点工作，取得了明显成效，形成了一些典型模式，并积累了一些成功经验。

进入"十二五"时期，发展循环经济被作为国民经济和社会发展的重大战略，提到了前所未有的高度。国家国家及其各部委制定了一系列重大规划，大力发展循环经济。《国民经济和社会发展第十二个五年规划纲要》将"大力发展循环经济"单列一章，提出了我国发展循环经济的总体要求，首次提出"资源产出效率提高15%"的目标，提出推行循环型生产方式、健全资源循环利用回收体系、推广绿色消费模式、强化政策和技术支撑；在党的十八大报告中，将生态文明建设纳入"五位一体"，循环经济又作为建设生态文明的根本路径之一，强调着力发展循环经济，促进生产、流通、消费过程的减量化、再利用、资源化。

根据这两项文件，进一步制定规划、计划，完善政策措施，大力发展循环经济。2011年8月31日，国务院印发《"十二五"节能减排综合性工作方案的通知》，对发展循环经济的安排进行了细化，要求循环经济从六个方面突破，提出了实施循环经济重点工程，包括建设100个资源综合利用示范基地，80个废旧商品回收体系示范城市，50个"城市矿产"示范基地，5个再制造产业集聚区，100个城市餐厨废弃物资源化利用和无害化处理和园区循环化改造。

2012年3月2日，工业和信息化部发布《大宗工业固体废物综合利用"十二五"规划》，3月21日，国家发展改革委、财政部联合发布《关于推进园区循环化改造的意见》；4月19日，国家发改委、住建部、环保部联合印发的《"十二五"全国城镇生活垃圾无害化处理设施建设规划》，4月24日，住房和城乡建设部公布《"十二五"绿色建筑和绿色生态城区发展规划》以及国家发改委、建设部、环保部 《"十二五"全国城镇污水处理及再生利用设施建设规划》；工信部制定的《工业清洁生产推行"十二五"规划》、《工业循环经济重大示范工程》（第一批）、《大宗工业固体废物综合利用"十二五"规划》等。

2013年1月23日，国务院发出《关于印发循环经济发展战略及近期行动计划的通知》（国发〔2013〕5号），这是我国制定的第一部循环经济发展规划，分析了现状与形势；提出了发展循环经济的指导思想、基本原则和主要目标。明确循环经济发展的中长期目标是：循环型生产方式广泛推行，绿色消费模式普及推广，覆盖全社会的资源循环利用体系初步建立，资源产出率大幅提高，可持续发展能力显著增强。到“十二五”末的目标（近期目标）是：主要资源产出率比“十一五”末提高15%，资源循环利用产业总产值达到1.8万亿元；就构建循环型工业体系、循环型农业体系、循环型服务业体系和推进社会层面循环经济发展等进行了全面规划，实施循环经济“十百千”示范行动，提出了8个方面共计26项保障措施。

《行动计划》提出重要的抓手是实施“十百千”示范工程。其目的是在全国范围内推广循环经济典型模式，构建循环经济产业体系。

“十”是指十大示范工程，包括：资源综合利用示范工程、产业园区循环化改造示范工程、再生资源回收体系示范工程、“城市矿产”基地建设示范工程、再制造产业化示范试点工程、餐厨废弃物资源化利用和无害处理示范试点工程、生产过程协同资源化处理废弃物示范工程、农业循环经济示范工程、循环型服务业示范工程、资源循环利用技术产业化示范和推广工程。

“百”是指百个循环经济示范城市（县），就是选择100个左右城市（县），示范在全部行政管辖范围内实现循环化发展，并与管辖区外实现物质流科学循环管理的模式与运行机制，示范城市（县）要全面推行循环型生产方式和绿色消费模式，率先构建起覆盖全社会的资源循环利用体系，资源产出率提高超出全国平均水平，探索实现经济发展模式向循环化转型发展经验。

“千”是指千家循环经济示范企业（园区），就是选择1000家不同行业不同类型的骨干企业或园区，在示范企业内部或园区范围内实现基于循环型基础设施建设的物质资源循环利用模式，使资源产出率、土地产出率、单位产值能耗、物耗、水耗、产业废弃物综合利用率、工业用水重复利用率等指标达到国内领先水平和国际先进水平。

循环经济“十百千”示范行动，以试点示范主体自主投资为主，各级政府通过现有政策和资金渠道给予必要的资金支持，重点支持相关公益性基础设施、公共服务平台、重点项目、能力建设、关键共性技术产业化示范及推广应用等。引导金融和投资机构投向循环经济重大工程。鼓励企业通过自有资本、银行贷款、上市融资、发行债券等方式实施循环经济重大工程。

《行动计划》提出了8个方面的保障措施。一是要完善国家促进循环经济政策，具体包括产业、投资、价格和收费、财政、税收、金融等方面的支持政策。二是健全法规和标准，完善《循环经济促进法》相关配套法规规章，研究制定限制商品过度包装条例、循环经济发展专项资金管理办法、汽车零部件再制造管理办法等，建立健全循环经济相关标准和计量检测体系。三是加强循环经济管理和监督，实行生产者责任延伸制度，加强循环经济管理，探索市场化管理机制，加强监督检查。四是强化循环经济技术和服务支撑，加快共性关键技术开发，加大技术装备产业化示范，加快先进适用技术推广应用，健全循环经济服务体系。五是建立循环经济统计评价制度，建立统计核算制度和数据发布制度，制定循环经济评价指标体系，把资源产出率作为评价循环经济发展成效的综合性指标，加强统计能力建设。六是强化循环经济宣传教育和人才培养，普及循环经济知识，宣传典型案例，推广示范经验，在全国建设一批循环经济教育示范基地，把循环经济理念和知识纳入基础教育、职业教育和高等教育相关课程。七是加强循环经济交流与合作，利用各种国际交流平台，创新合作方式，宣传循环经济理念和模式，建设中日韩循环经济示范基地，共同推动绿色发展。八是加强循环经济组织领导，国务院建立健全发展循环经济组织协调机制，研究有关重大问题，部署重大任务，把握实施进度和效果，进行定期监督检查。

2013年4月8日，中共中央总书记、国家主席、中央军委主席习近平在海南博鳌与参加博鳌亚洲论坛2013年年会的企业家代表座谈时进一步强调，我们确定了“两个一百年”的奋斗目标，中国将把推动发展的着力点转到提高质量和效益上来，下大力气推进绿色发展、循环发展、低碳发展。生态文明贵阳国际论坛2013年年会7月20日在贵阳开幕，中共中央总书记、国家主席习近平向论坛发来贺信。中共中央政治局常委、国务院副总理张高丽出席开幕式、宣读习近平的贺信并发表讲话。习近平在贺信中强调，走向生态文明新时代，建设美丽中国，是实现中华民族伟大复兴的中国梦的重要内容。中国将按照尊重自然、顺应自然、保护自然的理念，贯彻节约资源和保护环境的基本国策，更加自觉地推动绿色发展、循环发展、低碳发展，把生态文明建设融入经济建设、政治建设、文化建设、社会建设各方面和全过程，形成节约资源、保护环境的空间格局、产业结构、生产方式、生活方式，为子孙后代留下天蓝、地绿、水清的生产生活环境。10月2日，国务院总理李克强签署国务院令，公布《城镇排水与污水处理条例》，自2014年1月1日起施行。为促进污水再生利用，条例规定了以下六方面的内容：一是规定县级以上政府鼓励、支持城镇排水与污水处理科学技术研究，推广应用先进适用的技术、工艺等，促进污水的再生利用。二是将污水处理与再生利用作为地方城镇排水与污水处理规划的一项重要内容。三是规定地方政府应当依据规划，统筹安排再生水利用等设施的建设和改造。四是规定国家鼓励污水处理再生利用，工业生产、城市绿化、道路清扫、车辆冲洗、建筑施工以及生态景观等，应当优先使用再生水。五是规定地方政府应当根据当地水资源和水环境状况，合理确定再生水利用规模，制定促进再生水利用的保障措施。六是将再生水纳入水资源统一配置，地方政府水行政部门应当依法加强指导。

经国务院批准，国家发展改革委发出了《关于加大工作力度确保实现2013年节能减排目标任务的通知》，明确要求大力发展循环经济，并提出了具体任务，即：做好《循环经济发展战略及近期行动计划》宣传贯彻，编制循环经济年度推进计划。印发《关于加快发展农业循环经济的指导意见》、《关于促进生产过程协同资源化处理城市及产业废弃物的指导意见》。深化循环经济统计试点，发布国家层面资源产出率指标。继续开展循环经济“十百千”示范行动，2013年启动20个循环经济示范城市（县）、10个国家“城市矿产”示范基地、17个餐厨废弃物资源化利用城市试点和28个再制造试点，以及20个园区循环化改造。继续开展再生资源回收体系试点城市建设，建设分拣加工示范基地。开展消费者交回旧件并以置换价购买再制造产品的工作。完善老旧汽车淘汰和回收拆解体系，支持和培育回收拆解骨干企业，鼓励有条件地区建立区域性破碎示范中心。推进在工业生产过程中协同处理城市生活垃圾和污泥。深入推进清洁生产，编制国家清洁生产推行规划，发布清洁生产评价指标体系，加快重大清洁生产技术应用，建设一批清洁生产技术服务中心。发布《关于开展工业产品生态设计的指导意见》，选择汽车、电子等产品开展工业产品生态设计试点。开展铅循环利用体系建设试点。深入推进资源综合利用百个示范基地和百家骨干企业建设，新增粉煤灰等大宗固体废弃物综合利用能力1.6亿吨。编制实施赤泥、磷石膏等专项方案，开展工业固体废弃物综合利用基地建设试点，修订资源综合利用目录。推进墙体材料革新工作，完成183个城市限制黏土制品、397个县城禁止使用实心黏土砖任务。大力推进建筑废物和废旧路面材料再生利用。继续抓好农作物秸秆综合利用，加快秸秆收集储运体系建设，严格农作物秸秆焚烧监管。启动第三批国家级绿色矿山试点，推动首批40家矿产资源综合利用示范基地建设。全面落实最严格水资源管理制度，推进节水型社会建设，加快发展海水淡化产业。“通知”同时将上述任务、分解落实到国家发展改革委、财政部、国土资源部、工业和信息化部、环境保护部、住房城乡建设部、交通运输部、商务部、水利部、农业部负责。

2013年，按照党中央、国务院部署，国家各部委、各地区大力推进循环经济发展。2013年3月， 国家发改委环资司会同农业部科教司在河南省郑州市、江苏省南京市分别召开十三个粮食主产省（区）农作物秸秆综合利用规划中期评估座谈会。听取粮食主产省（区）农作物秸秆综合利用规划实施进展情况，研究提出秸秆综合利用目标完成倒逼机制和下一步工作措施，确保各地农作物秸秆综合利用规划顺利实施。4月13日，科技部、发展改革委、工业和信息化部、环境保护部、住房城乡建设部、商务部、中国科学院联合发出《关于印发“废物资源化科技工程十二五专项规划”的通知》，指导和推进全国废物资源化科技创新，支撑资源节约型和环境友好型社会建设明确了六大重点领域：城市矿产资源化技术、大宗工业废物资源化技术、废物资源化基础理论与前沿技术、生物质废物资源化技术、创新能力人才队伍、废物资源化决策与服务支撑。5月14日　国家发展改革委、农业部、环境保护部发出《关于加强农作物秸秆综合利用和禁烧工作的通知》（发改环资[2013]930号），要求加强组织领导，加大政策支持力度，严格执行相关标准，强化禁烧监管。10月12日，工业和信息化部关于印发《内燃机再制造推进计划》的通知（工信部节〔2013〕406号），推动内燃机再制造产业规模化、规范化发展，促进内燃机工业形成循环型生产方式和消费模式。10月30日，国家发展改革委解振华副主任带队赴浙江省诸暨市调研浙江富源再生资源有限公司废旧军服综合利用示范项目建设情况，并召开座谈会，听取有关单位关于推进我国废旧纺织品综合利用工作的经验介绍，就存在的问题和政策建议，与有关单位负责同志进行了深入探讨，研究部署下一步工作。

国务院及有关部门还相继印发了《“十二五”国家战略性新兴产业发展规划》、《“十二五”节能环保产业发展规划》、《矿产资源节约与综合利用“十二五”规划》、《关于加快发展节能环保产业的意见》等文件，在充分分析我国资源综合利用发展所取得的成效以及当前面临形势的基础上，提出了资源综合利用的中长期目标。国家发展改革委组织编写了《产业废弃物资源化利用实施方案》，纳入了战略性新兴产业发展规划。国家发展改革委会同有关部门发布了《煤炭工业发展“十二五”规划》、《页岩气发展规划（2011-2015）》、《钒钛资源综合利用和产业发展“十二五”规划》、《海水淡化产业发展“十二五”规划》等。国家能源局制定了《生物质能发展“十二五”规划》，商务部组织起草了《再生资源回收体系建设中长期规划（2014-2020）》，资源综合利用政策体系得到进一步完善。

2014年3月10日，国务院给各省、自治区、直辖市人民政府，国务院各部委、各直属机构发出《国务院关于支持福建省深入实施生态省战略加快生态文明先行示范区建设的若干意见》（国发〔2014〕12号），提出主要目标“到2015年，单位地区生产总值能源消耗和二氧化碳排放均比全国平均水平低20%以上，非化石能源占一次能源消费比重比全国平均水平高6个百分点；城市空气质量全部达到或优于二级标准；主要水系Ⅰ—Ⅲ类水质比例达到90%以上，近岸海域达到或优于二类水质标准的面积占65%；单位地区生产总值用地面积比2010年下降30%；万元工业增加值用水量比2010年下降35%；森林覆盖率达到65.95%以上。到2020年，能源资源利用效率、污染防治能力、生态环境质量显著提升，系统完整的生态文明制度体系基本建成，绿色生活方式和消费模式得到大力推行，形成人与自然和谐发展的现代化建设新格局。”“积极推进循环经济发展。加快构建覆盖全社会的资源循环利用体系，提高资源产出率。加强产业园区循环化改造，实现产业废物交换利用、能量梯级利用、废水循环利用和污染物集中处理。大力推行清洁生产。加快再生资源回收体系建设，支持福州、厦门、泉州等城市矿产示范基地建设。推进工业固体废弃物、建筑废弃物、农林废弃物、餐厨垃圾等资源化利用。支持绿色矿山建设。”

2015年4月20日，国家发改委印发《2015年循环经济推进计划》，提出要加快构建循环型产业体系、大力推进园区和区域循环发展、推行绿色生活方式等。其中有三大亮点，一是提出在加快构建循环型产业体系工作中，促进生物质能发展、深化农林废弃物资源化利用，制定《促进生物质能供热发展的指导意见》；国家发展改革委、农业部、林业局要研究出台《关于加快发展农业循环经济的意见》；在农林废弃物资源化利用方面，起草并报国务院印发《关于进一步加强秸秆综合利用和禁烧工作的通知》，重点在京津冀等大气污染防治区、粮棉主产区等区域构建秸秆收、储、运、用体系，到2015年底，秸秆综合利用率达到80%以上。二是，在推动社会层面循环经济发展工作中，针对废旧资源回收难的问题，提出了推动和引导回收模式创新，探索“互联网+回收”的模式及路径，目标是积极支持智能回收、自动回收机等新型回收方式发展；三是首次涉及循环经济工作的国务院各部门之间的分工协作，把《计划》提出的每一项工作都分解落实到国务院各相关部门，任务分工明确，责任明确，可控、可操作、可检查督促和问责。

2015年5月5日，中共中央、国务院印发《关于加快推进生态文明建设的意见》。文件共9个部分35条，包括总体要求；强化主体功能定位，优化国土空间开发格局；推动技术创新和结构调整，提高发展质量和效益；全面促进资源节约循环高效使用，推动利用方式根本转变；加大自然生态系统和环境保护力度，切实改善生态环境质量；健全生态文明制度体系；加强生态文明建设统计监测和执法监督；加快形成推进生态文明建设的良好社会风尚；切实加强组织领导。在“总体要求”中，“大力推进绿色发展、循环发展、低碳发展”作为指导思想提出；“全面促进资源节约循环高效使用，推动利用方式根本转变”部分，专列了一条：“发展循环经济。按照减量化、再利用、资源化的原则，加快建立循环型工业、农业、服务业体系，提高全社会资源产出率。完善再生资源回收体系，实行垃圾分类回收，开发利用“城市矿产”，推进秸秆等农林废弃物以及建筑垃圾、餐厨废弃物资源化利用，发展再制造和再生利用产品，鼓励纺织品、汽车轮胎等废旧物品回收利用。推进煤矸石、矿渣等大宗固体废弃物综合利用。组织开展循环经济示范行动，大力推广循环经济典型模式。推进产业循环式组合，促进生产和生活系统的循环链接，构建覆盖全社会的资源循环利用体系。”由此可见党和国家对发展循环经济是何等重视。

二、持续推进各类试点，大力发挥示范作用，全面推广提升

10年来，国家在重点行业、重点领域，从省、市、园区、企业等多个层面开展循环经济示范试点，探索出了循环经济发展模式，总结凝练了60个循环经济典型模式案例。2006年以来，国家累计支持了900多个循环经济示范试点项目，支持建设了45个“城市矿产”示范基地，20个循环经济教育示范基地，75个产业园区进行循环化改造，83个城市开展餐厨废弃物资源化利用。这些项目全部实施后，每年可资源化利用各类废弃物约2亿吨，与利用原生资源相比，相当于节能近1亿吨标煤。

（一）推进、总结、验收两批国家循环经济示范试点工作

2005年和2007年，经国务院批准，国家发展改革委，原国家环保总局、科技部、财政部、商务部、统计局等六部委组织开展了两批国家循环经济示范试点工作，试点范围涉及重点行业（企业）产业园区、重点领域以及省市，共计178家单位。示范试点工作得到了各地及各试点单位高度重视，制定了发展循环经济的实施方案和规划，推动了技术进步和节能减排，促进了新兴产业发展，在各自领域探索循环经济发展路径和模式，取得了良好的经济社会环境效益，为建设资源节约型、环境友好型社会发挥了重要作用。2013年7月30日，国家发展改革委、环境保护部、科学技术部、工业和信息化部、财政部、商务部、国家统计局发出《关于组织开展国家循环经济示范试点单位验收工作的通知》（发改环资[2013]1471号），对包括国家发展改革委正式批复实施方案（或规划）的循环经济试点单位，进行验收评估。通过验收，全面了解循环经济试点工作的推进情况，总结发展循环经济的成功经验，探索发展循环经济的不同途径，找出发展循环经济的瓶颈难点并提出解决思路，总结凝炼一批循环经济发展的典型模式。2014年11月5日，国家发展改革委、环境保护部、科学技术部、工业和信息化部、财政部、商务部、国家统计局发出2014年 第19号公告，称：根据《关于组织开展循环经济试点（第一批）工作的通知》（发改环资[2005]2199）、《关于组织开展循环经济示范试点（第二批）工作的通知》（发改环资[2007]3420）的要求，国家发展改革委、环境保护部、科学技术部、工业和信息化部、财政部、商务部、国家统计局组织开展了国家循环经济试点示范单位的验收工作，现将通过验收的单位名单（第一批）予以公布。

（二）启动100个循环经济示范城市（县）创建工作

2013年9月4日，国家发展改革委发出《关于组织开展循环经济示范城市（县）创建工作的通知》（发改环资[2013]1720号），到2015年，选择100个左右城市（区、县）开展国家循环经济示范城市（县）创建活动。通过创建活动，创建城市（县）的循环型生产方式初步形成，率先构建起覆盖全社会的资源循环利用体系，各主要品种废旧商品回收率高于全国平均水平，城市建筑、交通和基础设施基本实现绿色化，生产系统与社会生活系统的循环化程度明显提高，绿色生活方式普遍推行，形成浓厚的绿色循环文化氛围，循环经济发展长效机制基本建立，循环型社会建设取得实质性进展，生态文明建设取得阶段性成果。通过创建，各创建城市（县）的资源产出水平提高幅度超出国家平均水平，节能减排的约束性指标完成情况优于上级政府分解指标。

通过各省市区申报，组织专家评审、公示，12月31日，国家发展改革委确定北京市延庆县等40个地区为2013年国家循环经济示范城市（县）创建地区。

为把循环经济示范城市（县）真正打造成发展循环经济的典型，做到可衡量、可评价、可推广，创建工作以提高资源产出率为核心，从社会经济发展水平、资源产出水平、减量化、再利用和资源化、污染减量及效果、基础设施与生态环境、绿色消费、循环文化、保障条件等9个方面，制定了包含41个建设评价类别、67项具体评价内容的指标体系。这些指标涵盖经济、文化、社会建设各方面和全过程，按照这些指标创建，不仅可以把循环经济示范城

市（县）打造成全国循环经济发展的示范，也将为生态文明建设做出典范。这项工作的全面展开，标志着我国循环经济工作重心由点（企业、园区）、线（重点行业）为重点，向点、线、面全面推进的战略调整。

（三）推进再制造产业试点和规模化、集聚化、体系化、常态化发展

再制造是循环经济“再利用”的高级形式。多年来，我国对再制造产业发展甚为重视。“十一五”时期是我国再制造产业发展起步时期。2005年10月经国务院批准的首批国家循环经济试点就将再制造作为重要领域。2006年4月，国家发展改革委的《关于汽车零件再制造产业发展及有关对策措施建议的报告》，确定了再制造产业的发展基调：推进试点、探索经验、研发技术、修订有关法律法规，汽车零部件再制造产业序幕由此拉开。2008年1月颁布的《中华人民共和国循环经济促进法》第40条规定，国家支持企业开展机动车零部件、工程机械、机床等产品的再制造和轮胎翻新，将再制造纳入法制化轨道。2008年，国家发展改革委选择14家整车、零部件企业及部分专业再制造企业开展再制造试点。短短几年，再制造已经从理念变成行动，产业规模不断壮大。2010年初，国家发展改革委、国家工商总局联合启用汽车零部件再制造产品标识。2010年5月，国家发展改革委、科技部、工信部等11部委联合出台《关于推进再制造产业发展的意见》，明确了今后一段时期我国再制造产业的指导思想、重点领域和主要任务，提出了完善再制造产业发展的政策保障措施。

“十二五”规划《纲要》明确提出要大力发展再制造产业。为实现再制造产业规模化、规范化发展，根据国家发展改革委等部门印发的《关于推进再制造产业发展的意见》（发改环资[2010]911号）和《关于深化再制造试点工作的通知》（发改办环资[2011]2170号）的要求，结合再制造试点工作进展和验收总结情况，国家发展改革委、财政部、工业和信息化部、质检总局组织制定了《再制造单位质量技术控制规范（试行）》；2012年，国家发展改革委扩大了试点范围，有关部门也开展了工程机械、工业机电设备等机电装备再制造试点工作。

2013年1月，国务院印发的《循环经济发展战略及近期行动计划》中，把“再制造”作为重要组成部分，要求建立旧件逆向回收体系，支持建立以汽车4S店，特约维修站点为主渠道，回收拆解企业为补充的企业零部件回收体系。同时，开展消费者交回旧件并以置换价购买再制造产品（以旧换再）的工作，扩大再制造旧件的回收规模。同月，国家发展改革委、财政部、工信部、质检总局联合制订《再制造单位质量技术控制规范》。这是国家层面上第一个对如何保证再制造产品质量提出的要求，该规范在试点企业具有强制性。2月27日，国家发展改革委办公厅发出《关于确定第二批再制造试点的通知》（发改办环资[2013]506号），原则同意北京奥宇可鑫表面工程技术有限公司等28家单位的实施方案，并确定为第二批再制造试点单位。《通知》要求保障产品质量，分类探索推进，严格依法依规，完善支持措施；各级循环经济发展综合管理部门要加强对再制造试点单位的监督管理，确保试点单位严格执行国家产业政策，环保法规标准和职业安全标准。国家发改委将把各试点单位的承诺书在网站上进行公布，接受社会监督，并将会同有关部门不定期组织抽查，对达不到要求的，责令限期整改，经整改仍达不到要求的，取消再制造试点资格。国家发展改革委、财政部、工业和信息化部、商务部、质检总局等五部门还于2013年7月4日发布了《关于印发再制造产业“以旧换再”试点实施方案的通知》，正式启动再制造产品“以旧换再”试点工作。《通知》对推广企业、产品及旧件回收提出了严格的条件，并对“以旧换再”试点企业的确定、试点企业再制造产品的销售、再制造产品推广数据的审核、“以旧换再”补贴资金的拨付、“以旧换再”实施情况的动态监控等推广方式提出了要求。8月，国家发展改革委、财政部、工信部、商务部、质检总局联合印发《再制造“以旧换再”试点实施方案》，选择14家整车、零部件企业及部分专业再制造企业开展再制造试点，对推广企业、产品及旧件回收提出了严格要求，将再制造试点企业生产的部分量大面广、质量性能可靠、节能节材效果明显的再制造产品纳入财政补贴推广范围。9月，为推动再制造，经国家发改委批准，组织了由政府指导、企业积极参与并广泛深入民众的“北京—西藏行”大型活动。途经河北、河南、陕西、甘肃、青海等地，15天约五千公里的实际道路行驶，从东到西，沿途开展的宣传汽车零部件再制造及推进循环经济发展的系列活动。9月，为推动再制造，经国家发改委批准，组织了由政府指导、企业积极参与并广泛深入民众的“北京—西藏行”大型活动。

《2014年循环经济推进计划》，对再制造发展工作又提出明确要求，要求加快建立旧件逆向回收体系，同时加大再制造产品推广力度，严格再制造产品质量管理。并先后公布了两批通过验收的再制造试点企业名单，继续推进试点工作。同时，工信部深化机电产品再制造试点，开展第一批试点单位验收。

经过近10年努力，再制造已在我国“落地生根”，由试点探索，走向规模化、集聚化、体系化、常态化发展。

——规模化。从数量上看，再制造试点企业正在形成规模，据有关行业协会统计，2013年，我国再制造试点和再制造产业示范基地产值已超过40亿元，产值过亿元的企业由2家增加到8家。并且试点外的很多企业也按照试点要求推进相关工作，再制造呈现“百花齐放”的趋势。从种类上看，再制造在我国已不局限于汽车零部件、工程机械再制造，呈现多元化发展趋势，在计算机服务器、机床、办公用品等领域均有了一定发展，一些激光或表面修复技术的专业公司，为钢铁、冶金、化工、能源等领域企业开展再制造专业服务，增速较快。

——集聚化。产业集聚可以在产业间形成产业链条，共享基础设施和配套设施，降低运行成本，发挥协同效应，是经济发展的必然趋势，我国再制造产业也在呈现这种趋势。比如在建设再制造产业示范基地方面，目前我国已有3个地区开展相关建设或启动规划编制工作。张家港是其中的典型代表，在开展再制造产业建设的3年来，张家港在骨干企业入驻、配套体系建设等方面取得了一定进展。

——体系化。再制造自身体系和市场体系逐步完善。经过多年发展，再制造已逐渐由过去的单纯生产线建设转向全体系建设。在自身体系建设方面，加强旧件回收、推动再制造产品销售是再制造企业近两年着力打造的关键，一些再制造企业主动与主机厂对接，将产品纳入其售后体系，积极拓展旧件渠道，发挥售后体系的旧件回收和推广再制造产品的作用。随着再制造产业发展，为再制造提供技术装备、整体设计、旧件回收的专业化公司正在显现，针对我国国内企业量身定做的产品选型和产业配套日趋完善，市场机制在资源配置中的决定性作用正在逐渐发挥。

——常态化。再制造产业正逐步向目前的示范推广进行转化提升，把产品做好做优，把产业规模做大，把市场机制做通，把管理制度做实，向再制造产业常态化发展。

再制造产业在快速发展的同时也存在一些问题。国内消费者存在对于再制造产品接受程度不高的情况，尤其是大城市的私家车主。同时，价格优势并不明显。在国外再制造的整机与新机相比价格低近50%，而目前，国内工程机械市场上再制造产品的价格大概是新机的80%。

我国再制造产业前景乐观。目前汽车保有量超过了1.2亿辆，工程机械的保有量在世界上首屈一指。从这两方面来看，我国有基础有条件，实现再制造产业形成较大规模，并使其成为我国新型经济产业。

从世界范围看，目前我国多项再制造技术达到国际领先水平，大有后来居上之势。我国汽车零部件再制造技术已达到国际上较为领先水平；以徐滨士院士为领军人物的装备再制造国防科技重点实验室，在表面工程等再制造技术方面取得了突破，以我国自主研发的自动化纳米复合电刷镀等技术为基础，正在发展形成以自主创新技术为依托性能提升型的中国特色再制造产业化道路。

同时，按照“十二五”规划要求，国家将筛选、培育若干再制造产业示范基地，突出“企业集群、产业集聚、物质循环、园区管理”的要求，形成专业化回收、拆解、清洗、再制造、公共平台建设的再制造产业链条，促进产业集聚发展。还将研究完善再制造产业相关政策。如研究支持再制造服务业发展的措施；研究保险领域支持再制造产品推广的政策机制，并探索部分品种的可再制造旧件进口试点方式；鼓励废旧轮胎翻新；推进逆向物流体系建设；研究市场机制下再制造产业的规范管理方式，并更加注重发挥市场主体和社会组织的作用。

（四）再生资源回收体系建设试点

2011年国务院办公厅颁发《关于建立完整的先进的废旧商品回收体系的意见》（国办发[2011]49号）后，2012年开展了回收行业税收政策调研、生活垃圾分类与回收体系建设联动、绿色回收进社区、进机关、进园区、进高校、进商场的“五进”工程等重点工作，取得良好成效，形成了推动再生资源回收体系建设工作的合力。

近年来，商务部发挥政府对市场的引导作用，建立工作机制、强化行业基础工作，开展了再生资源回收体系建设试点，目前已有3批共90个城市列入试点，运用中央财政服务业发展专项资金，支持试点城市新建和改扩建51550个网点、341个分拣中心、63个集散市场，同时支持了123个再生资源回收加工利用基地建设。北京、上海等试点城市推动自助废弃物交售、回收热线等新型回收模式。

（五）推进各领域、各产业试点

国家“城市矿产”示范基地。在前两批试点的基础上，2013年国家发展改革委、财政部又确定了两批 17 个国家“城市矿产”示范基地，累计达到 39 个，新增再生资源加工能力 3566 万吨。2014年4月21日，国家发展改革委办公厅、财政部办公厅发出《关于组织推荐第五批国家“城市矿产”示范基地备选产业园的通知》（发改办环资[2014]855号），组织开展第五批国家“城市矿产”示范基地（以下简称示范基地）建设工作。5月9—10日，在河南省长葛市举召开了国家“城市矿产”示范基地建设经验交流会。

餐厨废弃物资源化利用和无害化处理试点。国家发展改革委、财政部、住房城乡建设部会同环境保护部、农业部确定了两批 33 个餐厨废弃物资源化利用和无害化处理试点城市，累计确定了 66个试点城市，新增餐厨废弃物处理能力 550 万吨/年。2014年4月28日，国家发展改革委办公厅、财政部办公厅、住房城乡建设部办公厅又发出《关于组织推荐第四批餐厨废弃物资源化利用和无害化处理试点备选城市的通知》（发改办环资[2014]892号），选择部分具备开展餐厨废弃物资源化利用和无害化处理条件的设区城市或直辖市市辖区进行试点。2014年6月24-25日，国家发展改革委、住房城乡建设部在江苏省苏州市联合召开“全国餐厨废弃物资源化利用和无害化处理现场会”，总结、交流试点经验，推广典型模式，推动餐厨废弃物资源化利用和无害化处理。66个试点城市就餐厨废弃物资源化利用和无害化处理工作进行了深入交流和探讨。国家发改委、财政部和住建部2015年4月16日联合发文，决定继续开展第五批餐厨废弃物资源化利用和无害化处理试点工作，选择部分具备开展餐厨废弃物资源化利用和无害化处理条件的设区城市或直辖市市辖区进行试点。

绿色矿山试点。国土资源部确定 183 家、239 家矿山为第二批、第三批国家级绿色矿山试点单位（累计 459 家），初步形成煤炭、石油、有色、冶金、化工矿产和建材非金属的绿色矿山建设标准。

工业和信息化部还开展 了12 个工业固体废物综合利用试点，会同安监总局组织开展尾矿综合利用示范工程。

三、坚持技术创新，发挥技术驱动作用

发展循环经济，科技创新是支撑，链接技术是关键。国家启动了“清洁生产与循环经济关键技术与示范”和“循环经济决策支持与系统构建关键技术研究与示范”等国家科技支撑重大项目。批准建设了机械产品再制造国家工程研究中心、废弃物资源化利用国家工程研究中心。发布了电力、钢铁、有色金属、建材等10个重点行业循环经济支撑技术和《国家鼓励的循环经济技术、工艺和设备名录》。诸如，2013年国家发展改革委会同有关部门对《产业结构调整指导目录（2011年本）》有关条目进行了调整，强化通过结构优化升级实现节能减排的战略导向。工信部发布了《工业固体废物综合利用先进适用技术目录（第一批）》、《再生资源综合利用先进适用技术目录（第二批）》，积极开展工业固废相关领域先进适用技术推广应用。国土资源部印发了《关于推广先进适用技术提高矿产资源节约与综合利用水平的通知》，对先进适用技术的推广工作做了全面部署，分两批公布了 99 项先进适用技术。2013年1月，农业部农村司在广州召开"十二五"国家科技支撑计划"循环农业科技工程"项目检查交流会。会议交流汇报了项目的总体设计思路、主要进展情况以及18个课题总体设计思路和2012年开展的主要工作和研究进展情况。循环农业科技工程是为了发展资源节约型、环境友好型现代农业以及农业节能减排的重大科技需求，在"十一五"基础上继续组织实施的重大科技支撑计划项目，2012年初启动。该项目体量大、参加单位多，通过一年的实施，项目全面部署核心试验区、示范区和各项研究与示范任务，在农业废弃物高效循环利用关键技术、不同模式物能循环调控与减排技术等方面取得了良好进展，在循环模式集成创新上取得重要突破。4月13日，科技部、发展改革委、工业和信息化部、环境保护部、住房城乡建设部、商务部、中国科学院联合发出《关于印发"废物资源化科技工程十二五专项规划"的通知》，指导和推进全国废物资源化科技创新，支撑资源节约型和环境友好型社会建设。9月7日，交通运输部发出《关于科技创新推动交通运输转型升级的指导意见》（交科技发[2013]540号），要求到2020年，形成开放协调、充满活力的创新发展体制机制，行业创新能力得到新提高，行业创新发展取得新成效。努力在工程建养、运输服务、安全应急、绿色循环低碳交通和信息化等领域共性关键技术研究取得一批国际领先、实用性强的自主创新成果，推动交通运输转型升级，行业科技进步贡献率达到60%。

经过近10年的努力，我国循环经济一些共性关键技术已取得重大突破。北京首创垃圾填埋气制液化天然气。垃圾资源化处理是垃圾处理的方向，以垃圾填埋气为原料制取清洁燃料是国内填埋气资源化利用的新举措，具有环保和节能的双重效应。近年来，北京市着力提升垃圾资源化利用的比例，加大相关技术研发应用，在全国率先研发出垃圾填埋气制液化天然气。该关键技术的创新点主要是：一是采用自主研发的新型高效填埋气收集工艺，强制将填埋气"吸"入厌氧集气罐。二是采取一整套完整的以垃圾填埋气为原料制取清洁燃料的技术路线，建成了填埋气年处理规模560万标方的示范工程。三是在填埋气体深度净化等关键技术方面取得了重要突破，实现对原料气中多重杂质组分的深度脱除、甲烷的回收率不低于95%，制成的清洁能源产品符合国家相关标准，实现了真正意义上的变废为宝。

四、优化配套政策措施，推进法制化、标准化

（一）优化配套政策措施，推进法制化

循环经济发展需要政策措施、规范与法规支撑，保障进入常态化。

——优化配套政策措施。在充分发挥市场决定性作用的前提下，努力建立促进循环经济发展的激励政策。中央财政设立了专项资金，支持实施循环经济重点项目和开展示范试点。深化资源性产品价格改革，实行了差别电价、惩罚性电价、阶梯水价和燃煤发电脱硫、脱硝、除尘加价政策，煤矸石、余热余压、垃圾和沼气发电的优惠政策。制定了鼓励生产和购买使用节能节水专用设备、资源综合利用产品和劳务等的税收优惠政策。出台了支持循环经济发展的投融资政策措施。2013年财政部、国家发展改革委开展了《资源综合利用企业所得税优惠目录（2008 年版）》修订工作，印发《资源综合利用电厂审核认定细化要求》和《资源综合利用电厂认定申报范本》，不断完善资源综合利用认定制度。安排中央预算内投资支持尾矿、煤矸石、粉煤灰、冶炼渣和化工废渣、建筑和道路废物、农作物秸秆等大宗固体废物综合利用项目，形成利用能力 1.7 亿吨/年。商务部会同财政部利用中央财政服务业发展专项资金支持再生资源回收体系建设，支持试点城市新建和改扩建 51550个网点、341 个分拣中心、63 个集散市场，同时支持了 123 个再生资源回收加工利用基地建设。国土资源部、财政部继续推进首批 40 家矿产资源综合利用示范基地建设，2012-2013 年度安排中央财政资金67 亿元，拉动企业投入 350多亿，在突破资源综合利用产业化技术、创新办矿模式、提高资源利用效率等方面进展显著。国家发展改革委出台《关于完善垃圾焚烧发电价格政策的通知》，利用价格杠杆促进垃圾焚烧发电产业健康发展。财政部、国家发展改革委、能源局联合印发了《可再生能源电价附加补助资金管理暂行办法》，对可再生能源电价进行全面的资金补助，进一步激励对可再生能源发电并网收购。国家发展改革委发布实施《煤炭矿区总体规划管理暂行规定》，要求矿区总体规划设计文件和规划评估报告，应包括与煤伴生资源、煤层气、矿井水和煤矸石等资源综合开发利用方案等内容。近两年共批复 25 个矿区总体规划，均对矿区资源综合利用提出明确要求。国土资源部出台了《进一步规范矿产资源补偿费征收管理的通知》，全面实行补偿费征收与开采回采率挂钩，充分发挥补偿费征收政策的引导和调节作用，激励矿山企业提高开发利用水平。

——法制化。循环经济发展过程也是制度创新过程，不断强化法律法规建设，使循环经济成为各级政府和社会各界普遍遵循的行为规范。《循环经济促进法》于2009年1月1日起施行，这是世界上继日本、德国之后，第三部专门的循环经济法律，将"减量化、再利用、资源化"和"减量化优先"作为中国经济社会发展的一条重要原则。2012年2月29日，十一届全国人大常委会第二十五次会议表决通过了《全国人民代表大会常务委员会关于修改〈中华人民共和国清洁生产促进法〉的决定》。在此前后，公布实施了《废弃电器电子产品回收处理管理条例》、《再生资源回收管理办法》、《粉煤灰综合利用管理办法》、《煤矸石综合利用管理办法》等法规规章，从而使我国循环经济法律法规体系初步形成，循环经济已经进入法制化轨道。

《2015年循环经济推进计划》提出了2015年着手起步的一系列制度建设计划。这些制度是在过去已经出台的制度体系基础上的完善和发展。首先，制定新的法规条例。包括研究制定《餐厨废弃物管理与资源化利用条例》，明确餐饮企业、回收和利用主体的权利义务，严格执法，杜绝“地沟油”、“垃圾猪”；研究起草《节约用水条例》，全面落实最严格水资源管理制度，建立健全覆盖省、市、县三级行政区域的用水总量控制、用水效率控制、水功能区限制纳污“三条红线”指标体系；完善报废机动车回收拆解方面的相关制度，加强对报废机动车回收拆解管理，规范报废机动车零部件再制造。研究出台《强制回收的产品和包装物名录及管理办法》，构建押金回收制度，提高价值低、难回收再生资源的回收利用率。其次，健全标准和认证体系。《计划》提出要制定《循环经济科技创新总体方案(2015~2020)》。制修订工业、服务业领域取水定额国家标准和用水产品水效国家标准。开展园区循环经济绩效评价、固体废物分类及利用、水的分类使用、废气综合利用、能源梯级利用等方面标准的研究制定。加强对循环经济相关领域的检验检测、建立认证评价服务体系，夯实质量评价技术基础，支撑循环经济产业创新发展。

——地方也制定了循环经济促进条例、规章。2004年7月8日贵阳市第十一届人民代表大会常务委员会第十四次会议通过《贵阳市建设循环经济生态城市条例》，9月24日贵州省第十届人民代表大会常务委员会第十次会议批准，9月29日公布，自2004年11月1日起施行。2006年7月1日，《深圳特区循环经济促进条例》实施，成为我国第一个专门关于循环经济的条例。之后，2010年10月1日，《大连市循环经济促进条例》实施。2011年12月1日陕西省颁布实施了全国第一部省级循环经济地方性法规《陕西省循环经济促进条例》。2012年3月28日，甘肃省十一届人大常委会第二十六次会议审议通过了《甘肃省循环经济促进条例》，于2012年6月1日起正式施行。2012年10月1日，《山西省循环经济促进条例》实施。12月26日，厦门制定《厦门市再生资源回收体系建设专项资金管理暂行办法》，设专项资金用于扶持再生资源的回收利用，建成一个城市再生资源回收体系。

青岛市作为国家首批资源综合利用“双百工程”唯一的建筑废物综合利用示范基地，制定了建筑废物综合利用实施方案，提出到2015年，建筑废物综合利用率超过50%，年利用量达到1000万吨，实现资源综合利用年产值10亿元的目标。为加快示范基地建设，全面提高资源综合利用水平，经山东省人大常委会批准，青岛市人大常委会公布了《青岛市建筑废弃物资源化利用条例》，自2013年1月1日起施行。2012年11月1日青岛市第十五届人民代表大会常务委员会第五次会议通过，2012年11月29日山东省第十一届人民代表大会常务委员会第三十四次会议批准，2012年11月29日青岛市人民代表大会常务委员会公告公布，自2013年1月1日起施行。

江苏、山东省《循环经济促进条例》草案目前正在征求意见中。

（二）健全标准和认证体系

标准是一种技术性制度，是保证循环经济规范高效发展的重要基础。

——开展循环经济标准化试点工作，发挥标准的规范、引领和倒逼作用。2007年3月启动37家企业进行国家循环经济标准化试点；2009年，国家标准委依据有关法律法规和国务院文件，联合国家发改委印发《循环经济标准化试点工作指导意见》，提出了试点的指导思想、任务和目标，试点的申报和审批流程，以及试点的管理与考核。2011年国家标准委和国家发改委联合印发《国家循环经济标准化试点考核评估方案（试行）》，考核评估内容分为4个方面：循环经济标准化工作模式、循环经济标准化基础性工作、循环经济标准的宣传及贯彻应用、循环经济标准信息平台建设。循环经济标准化试点项目采用全生命周期管理的理念和方法，依据有关文件，从申报、年度、中期、验收等全生命周期过程实现在线管理，大大提高了试点项目的运行管理效率。试点过程和试点后监管都设计了退出机制。对于试点的绩效评价，一是考核评估，二是编制循环经济标准化典型模式案例的报告，为其他企业、园区或城市提供范例。 据统计，目前已经验收的22家单位，共制定循环经济关键急需的国家和行业标准100多项，企业和园区标准（联盟标准）1000多项，促进了循环经济产业的规范化发展，提升了循环经济国家标准的实施率，大部分试点单位从试点前的70%左右上升到98%以上，促进了国家标准真正得到执行和贯彻落实。

通过试点，各试点单位实现效益化与标准化的有机融合，已验收的22家试点单位中有10多家入选国家发展改革委发布的全国60个循环经济典型模式案例。南京联合钢铁公司经过3年的试点，实现单位产品综合能耗下降7%，单位产品耗新水下降24%，增加经济效益7亿多元，超额完成政府下达的节能减排任务。同时，试点单位建立了独具特色的循环产业链标准综合体（标准体系），实现系统化与标准化的有机融合。江苏春兴合金集团建立了覆盖废铅酸蓄电池回收、破碎、分选、熔炼制精铅、再生铅废渣提炼锑和锡、铅泥无害化处置等工艺流程的循环经济标准综合体，提供了再生铅资源的回收率，避免了回收过程造成二次污染，为再生资源回收利用行业的循环经济发展提供了很好的范例。试点单位培养了一批既懂循环经济又懂标准化的复合型人才，为企业长期开展循环经济综合标准化工作提供智力支持。湖南省娄底市通过试点，积极推进国家循环经济综合标准化试点城市建设，成立了娄底市循环经济综合标准化技术委员会，构建循环经济标准体系，建立健全包括国家标准、行业标准、地方标准和企业标准在内的有色、钢铁、建材、电力、化工等循环经济标准体系，使“减量化、资源化、再利用”渗透在产品的研发、生产、检验、销售等环节。

——制定和发布循环经济国家标准。10年来，发布了200多项循环经济相关国家标准。2014年2月12日，中国民用航空局航空器适航审定司在京向中国石化颁发了1号生物航煤技术标准规定项目批准书（CTSOA），这标志着备受国内外关注的国产1号生物航煤正式获得适航批准，并可投入商业使用。4月，环保部审议并原则通过锅炉大气污染物、生活垃圾焚烧污染物、工业污染物以及非道路移动机械用柴油机污染物的排放新标准。 同时，环保部对现行的《生活垃圾焚烧污染控制标准》进行修订和完善，

与此同时，有关部门还出台了一系列贯彻落实节约资源和保护环境的产业政策，绿色信贷、绿色保险、绿色电价、生态补偿、排污收费、绿色贸易、排污权交易等也开展了尝试。

总起来来看，我国循环经济取得了重大进展，已经成为我国新的经济增长点，生态文明建设的重要路径和方式。但我们也应当看到我国循环经济发展还在路上，面临不少问题。一是认识方面。一些地方和部门对发展循环经济的重要战略意义和紧迫性认识不足，消费者对循环经济产品的接受度也很高。二是市场在配置资源中还没有达到决定性作用，推动循环经济发展的外在动力和内在利益机制还没有真正形成，一些地方和企业存在“叫好不叫座”现象。有的企业在经济活动中追求利润最大化，不愿意按照循环经济的原则行事，存在“循环经济不经济”问题和现象。三是法律法规方面。目前，我国循环经济法律还不够细化和配套；有关资源环境的法律法规中虽然体现了某些循环经济的内容，但从总体来看存在缺位的情况。

因此，推进我国循环经济向前发展，需要我们形成政府引导、市场驱动、企业主体、全社会共同参与的长效机制和社会大气候。当前，尤其应在以下几方面着力。

一是进一步完善循环经济发展政策体系机制，研究完善促进循环经济发展的财政、税收、价格、产业、投资、金融等政策措施。深化资源性产品价格和税费改革，理顺价格体制，建立反映市场供求和资源稀缺程度、体现生态价值和代际补偿的资源有偿使用制度和生态补偿制度，让市场完全充分地反映出自然资源的成本；形成循环经济发展的激励机制，对采用清洁生产工艺和资源循环利用的企业在税收减免、财政补贴、信贷优惠等方面给予支持，保证其产品的市场竞争力；通过政策调整，使循环利用资源和保护生态有利可图，使企业和个人对生态环境保护的外部效益内部化。

二是加大科研力度，强化技术支撑。贯彻循环经济的减量化、再利用和资源化原则，必须依靠科学进步，依靠先进的处理和转化技术、先进设施设备的开发和更新。必须加快关键共性技术研发和先进实用技术产业化，实现重点领域关键链接技术突破，为循环经济发展提供有力的技术支撑。除了国家组织实施科技重大专项、突破重大技术瓶颈外，还应重点支持科研机构和企业进行有关节约资源、保护环境的技术研究开发和推广应用，更重要的是促使科研机构和企业成为主力军。

三是加强制度建设，抓紧修订《循环经济促进法》，或是由国务院制定实施细则，细化其可控、可操作性，加快建立生产者责任延伸制、押金回收制、再生产品标识管理、生产企业和政府采购等强制使用一定比例再生资源等制度。

四是开展循环经济评价，建立以资源产出率为核心的评价指标体系，并纳入经济社会发展规划。

五是加大示范推广，实施园区循环化改造、建筑垃圾资源化、餐厨废弃物资源化、生产过程协同处置废弃物、农业循环经济等示范工程，继续开展国家循环经济示范城市建设工作。

六是持续广泛开展循环经济宣传教育，扩大公众参与度。循环经济既然属于经济范畴，就要适应市场规律，只有消费者愿意选择循环经济产品，才能形成绿色、低碳消费市场，引导企业发展循环经济。为此，要进一步加大宣传教育力度，使广大消费者树立资源节约型价值观和消费观，养成节约资源的生活习惯和消费行为。

地方报告

北京市2014年应对气候变化和低碳发展报告

北京市发展和改革委员会

一、2014年规划目标完成情况

经初步核算，2014年北京市单位地区生产总值二氧化碳排放同比下降7.17%，超额完成2.5%的年度目标，年度目标完成率282.8%。“十二五”前四年，全市以年均1.75%能耗增长支撑了年均7.7%的经济增长，万元GDP能耗、二氧化碳排放累计下降率分别达到20.15%和22.45%左右，提前一年超额完成“十二五”规划目标，0.32吨标准煤的万元GDP能耗约为全国最低，北京市绿色低碳发展取得明显成效。

进一步放开碳市场新闻发布会

二、政策基础与管理机制完善情况

（一）强化低碳发展政策保障

发布进一步推行合同能源管理促进节能服务产业发展意见、能源计量基础能力建设实施方案、能源管理体系和碳排放管理体系建设等相关管理办法。研究制定“1+1+N”的碳交易政策法规体系，包括：《关于北京市在严格控制碳排放总量前提下开展碳排放权交易试点工作的决定》、《北京市碳排放权交易管理办法（试行）》、配额核定方法、核查机构管理办法、场外交易实施细则、公开市场操作管理办法、行政处罚自由裁量权的规定、碳排放权抵消管理办法等17项配套政策文件。这些法规政策的出台，有力的支撑了北京节能减碳工作的顺利有序开展。

（二）严格落实节能减排目标责任制

率先实行能耗强度和能源消费总量“三级双控”机制，将节能目标下达到16个区县、17个重点行业领域主管部门和57家重点用能单位。市政府与区县政府、重点用能单位签订“十二五”节能目标责任书。实行节能减排年度目标考核，有效发挥目标评价考核的导向作用。

（三）注重应用多种源头减碳管理措施

强化能评审批的源头控制作用，新建项目单位产品（产值）能耗必须达到国际先进水平，将二氧化碳评价纳入节能评估与审查，进一步发挥协同控制作用。2014年通过能评和碳评从源头核减能耗约6.7万吨、核减碳排放23.3万吨。实施能源审计三年推广计划，推广能源管理体系和碳管理体系建设，发布23个行业41个细分行业的碳排放强度先进值，在发电、供热等6个行业率先启动能效领跑者试点，发挥标杆引领作用。多措并举，合力从源头控制碳排放。

（四）严格节能环保执法监管

加大对违法违规行为的打击力度和曝光力度，实现市区两级节能监察队伍的全覆盖，开展重点用能和排放单位节能措施和碳排放权交易履约等专项监察，设定“上不封顶”罚则，严格执法监督检查，扩大执法效果，震慑违法企业，切实保障节能减碳相关政策的贯彻落实。

（五）着力提升精细化管理水平

发挥标准引领和统计制度规范作用，在节能减碳领域开展了171项标准和25项统计制度的研究，已发布74项标准。支持247家重点用能单位开展能源管理体系建设及认证、163家重点排放单位探索开展碳排放管理体系建设及评价，编制市区两级温室气体排放清单，推进579家重点用能单位能源计量基础能力建设、16家重点用能单位能源管控中心建设和市级能耗在线监测系统建设，着力构建三位一体的节能减碳信息化管理体系。通过增强精细化管理能力进一步降低碳排放水平。

三、重点低碳行动与成效

（一）持续优化产业结构

发布《北京市新增产业的禁止和限制目录（2014年版）》，全面禁止建设钢铁、水泥、炼焦、有色等高耗能、高污染项目；发布《北京市工业污染行业、生产工艺调整退出和设备淘汰目录（2014年版）》，全年淘汰退出“三高”企业392家。经初步核算，2014年全市第三产业增加值（现价）占地区生产总值的比重为77.9%，同比提高1个百分点；生产性服务业实现增加值11072.5亿元，占地区生产总值的比重为51.9%，同比提高1.6个百分点；文化创意产业实现增加值2794.3亿元，占地区生产总值的比重为13.1%，同比提高4个百分点。高端引领、创新驱动、绿色低碳的经济发展格局逐步形成。

（二）大力调整能源结构

发布《北京市2013-2017年加快压减燃煤和清洁能源建设工作2014年任务措施》，关停大唐高井燃煤机组，西北燃气热电中心建成并投入运行，完成居民采暖“煤改电”1.8万户，全年改造燃煤锅炉6595蒸吨。因地制宜发展新能源与可再生能源，能源结构进一步优化。2014年，全市非化石能源消费量为80.53万吨标准煤，占一次能源消费的比重为1.18%。水电、风电和生物质能发电量9.76亿千瓦时，占一次能源消费比重为0.41%，同比略有提高。全市煤炭消费总量1736.5万吨，比上年度削减367.7万吨，占能源消费总量的比重为20.4%，同比下降2.4个百分点。国家发展改革委2014年度北京市节能目标责任评价初步考核结果为“超额完成”等级。

（三）规范碳排放权交易市场运行

在国家发展改革委的指导下，北京基本建成履约主体明确、规则清晰、监管到位的碳交易市场，实现碳排放数据报送、第三方核查、排放配额核定与发放、配额交易和清算（履约）等5个环节的碳交易流程在一个履约期内闭环运行。从2013年11月28日开市至2014年12月31日，北京碳市场累计实现交易量215.72万吨，成交额1.07亿元；在配额总量较少的情况下，市场累计成交量和成交额均位居国内7个试点前列。经初步核算，通过碳市场手段，重点排放单位2014年二氧化碳排放量同比降低5.96%，减排量达365.5万吨。同时，积极落实京津冀协同发展战略，充分挖掘区域协同减排潜力，率先启动京冀跨区域碳排放权交易试点，承德林业碳汇项目实现挂牌交易。国家发展改革委2014年度北京市碳强度降低目标责任评价初步考核结果为“优秀”等级。

（四）积极推进实施重点工程

贯彻落实国务院大气污染防治计划和北京市清洁空气行动计划，狠抓建筑、交通、环保领域的节能减碳工作。累计完成既有建筑节能综合改造4275万平方米，全市共热计量收费面积超过2亿平方米，完成29家市级公共机构节能改造，启动一批重点用能单位节能低碳改造工程和400余家单位清洁生产审核项目。推动鲁家山循环经济（静脉产业）基地建设和城市矿产及园区循环化改造项目建设，启动实施亦庄绿色低碳循环化示范园区三年行动计划。开展密云20兆瓦地面光伏发电、官厅风电四期和苏家坨保障房太阳能热水等一批新能源项目。加快轨道交通设施建设，全市轨道交通里程达到527公里，进一步优化调整公交线路，中心城公交出行比例达到48%。2014年，推广使用新能源车1.2万辆，在全国率先淘汰黄标车。

（五）提升林业碳汇能力

全面推进京津风沙源治理、三北防护林、太行山绿化等国家级生态工程和平原造林工程，2014年新增造林面积37.5万亩，超额完成36万亩的年度计划任务；新增森林健康经营面积60万亩，建成森林经营示范区22处；全市林木绿化率达到58.4%，同比增加1个百分点；森林覆盖率达到41%，同比增加1个百分点；全市森林系统固碳能力进一步提升。

（六）推进低碳试点示范建设

开展多项低碳试点工作，从园区、社区、小城镇等不同层面推进城市低碳化发展。北京被国家发展改革委确定为全国第二批低碳试点城市，被交通运输部确定为全国绿色循环低碳交通运输体系建设试点，有关项目实施方案已获得主管部门批复并正在积极推进实施。研究制定低碳社区和低碳园区评价技术标准，开展低碳社区创建工作，东城区民安社区和房山区加州水郡等5个社区入选首批低碳社区创建名单。密云县古北口镇被国家发展改革委、财政部和住房城乡建设部评定为全国首批试点示范绿色低碳重点小城镇；2014年北京中关村永丰高新技术产业基地、北京采育经济开发区被工业和信息化部、国家发展改革委评定为国家第一批低碳工业园区试点。

（七）大力推广绿色低碳技术产品

搭建节能低碳创新服务平台，促进供需对接。公开征集800余项节能低碳技术（产品），年度发布节能低碳技术产品推荐目录和典型案例。采取政府采购、项目示范、专场推介会等方式，推广238项新技术、新产品。开展高

首单配额回购与碳汇项目上线

第八届中国北京节能环保展览会

京津冀及周边地区节能低碳技术交流会

北京密云华电光伏电站

效节能家电促销试点，建设节能产品超市门店26家，全市二级及以上能效产品市场占有率将达到85%左右。实施绿色照明工程和淘汰白炽灯行动计划，在全国率先实现居民家庭及公共机构绿色照明全覆盖。

（八）探索研究前瞻性低碳课题

结合国家发展形势和相关要求，探索开展北京市碳排放总量控制机制、碳排放指标分解机制、节能减碳协同推进机制、跨区域碳排放权交易市场建设等综合性课题研究，以及平原造林、森林经营、垃圾焚烧处理、移动源碳排放核算等方法学研究，在能源、水资源、农业、园林绿化、公共健康等关键领域进行适应气候变化能力提升探索，初步建立气候变化脆弱性评价、关键领域和示范区及城市综合适应能力评估等指标体系，为推进北京十三五减缓和适应气候变化工作提供参考。

四、低碳工作主要特色

（一）先行先试，大胆探索，碳市场建设实现八个率先

碳排放权交易试点建设实现了“八个率先”：率先开展跨区域交易，与河北省承德市跨区域碳排放权交易取得突破性进展，承德碳汇项目实现在线交易；率先实行了第三方核查机构和核查员的双备案制度，切实保障碳排放数据质量；率先对新增固定资产投资项目实行碳排放的评价工作，从源头减少碳排放；率先出台碳排放权抵消管理办法，丰富了交易产品拓宽了重点排放单位的履约渠道；率先出台公开市场操作管理办法，促进碳交易市场的有序运行；率先开展碳排放权交易执法，保障法规制度有效实施；率先探索开展碳排放管理体系建设，增强重点排放单位节能减碳的管理能力；率先发布23个行业的碳排放强度先进值。同时，进一步开放市场，降低非履约机构参与交易的门槛，允许自然人参与碳交易，鼓励开展碳排放配额抵押式融资、配额回购式融资、配额托管等碳金融业务。

（二）全面夯实“六位一体”基础能力，提升城市节能降碳精细化管理水平

一是考核。发挥目标导向作用，完成历年区县、行业领域主管部门、在京万家企业和市级考核重点用能单位年度节能目标考核考评，定期发布区县节能形势晴雨表。

二是标准。突出标准引领，制定实施百项节能低碳标准制（修）订方案。全市新建居住建筑实行75%节能设计标准，城镇新建项目全面实行绿色建筑标准。

三是统计。制定实施节能减碳统计能力建设三年行动方案，完成建筑能耗统计指标体系、主要资源消耗量、工业产品能耗等能耗统计制度研究，启动应对气候变化统计体系建设，完善相应统计制度。

四是计量。发布《北京市能源计量基础能力建设实施方案》，全面推行5000吨标煤以上重点用能单位能源计量体系建设，计划于2015年底前基本完成水、电、气、热一级、二级能源计量器具的配置与智能化升级，为碳排放的精确核算奠定基础。

五是节能监测。“十二五”期间累计开展450家用能单位现场监测，促进重点用能单位科学合理用能。加快推进“1+4+N”北京市节能监测服务平台（一期）工程建设，竣工后可实现对230家重点用能单位电、气、热、煤、油的能耗数据进行实时在线采集和监测。着力构建能源计量、能耗智能化管控、能耗在线监测三位一体的信息化、智能化节能减碳管理体系。

六是节能监察。对重点用能单位、重点排放单位、公共机构、节能服务机构及固定资产投资项目，严格执法监督检查。全年共催报碳排放报告952份，催报第三方核查报告161份，对未按规定上报的排放单位下达责令改正17次，对未完成碳排放配额的清算（履约）单位下达责令改正257次，并对10家未完成碳排放配额的清算（履约）单位开展现场监察，最终对其中9家单位下达行政处罚决定书。

（三）强化低碳行为引导，完善市场化节能减碳模式

一是成功举办国际节能环保展览会。举办第八届中国北京国际节能环保展览会，打造了国家级权威性的节能环保与新能源领域专业展示平台，吸引了来自全球60多个国家的200多名代表参与，接待观众超过4.2万人次，成为我

国宣传节能环保政策、培育发展节能环保产业、展示推广节能环保新技术新产品的重要窗口，在国内外产生了广泛的影响。

二是实施节能减排全民行动计划。结合节能宣传周、全国低碳日等主题宣传活动，开展节能低碳专家行进社区、进政府机构、进学校等“十进活动”，走进30余家典型单位、社区开展节能减碳宣传活动。开展“畅通北京绿色出行月”、“垃圾减量日”、“限塑”和“限制过度包装”等主题活动，启动“节俭养德”全民节约行动，印发了《北京市厉行节约反对食品浪费实施方案》，增强市民绿色消费意识。

三是举办节能低碳环保大赛。组织节能低碳环保知识竞赛、低碳达人故事征集、变废为宝创意作品征集、创意涂鸦大赛和节能减排公益宣传片征集等系列活动，直接参与人数达80万人，进一步提升广大市民的节能减排低碳意识。

四是开展节能减碳专题培训。组织开展碳排放权交易、温室气体清单编制、能源计量、能源管理、能效领跑者等多项专题培训活动，累计培训3万人次、培养上岗能源管理师1152名。

五是完善市场化节能减碳模式。发布《关于进一步推行合同能源管理促进节能服务产业发展的意见》，提高奖励标准，降低准入门槛，率先试点将能源费用托管型项目纳入市级财政资金奖励范围，提升产业发展潜力。通过国家备案的节能服务公司达到448家，居全国首位，合同能源管理项目累计合同节能量34万吨，带动社会投资6.2亿元。在能源审计、清洁生产审核、碳核查、绿色金融等方面进一步放开市场，通过政府购买服务方式，培育一批从事节能服务、碳资产、碳金融等新兴企业。

（撰稿：张玉梅、任广桥、何桂梅，北京市发展和改革委员会应对气候变化处）

天津市2014年应对气候变化和低碳发展报告

天津市发展和改革委员会

在国家发展改革委的支持和指导下，2014年，天津市以加强生态文明建设为导向，以加快美丽天津建设为引领，认真落实“十二五”规划各项目标任务，积极推进各类低碳创新实践活动，着力提高发展质量和效益，碳排放强度同比下降6.92%，“十二五”前四年累计下降22.22%，提前一年完成国家下达的19%目标任务。

一、强化基础工作与能力建设

（一）加强低碳发展工作指导

市政府办公厅印发《天津市2014-2015年节能减排低碳发展行动方案》（津政办发〔2014〕85号），协调推进全市绿色低碳发展。谋划“十三五”应对气候变化重点工作，争取将主动控制温室气体排放纳入全市“十三五”规划。积极部署应对气候变化“十三五”专项规划，完成规划思路研究。

（二）开展碳排放强度下降目标考核评估

1.完成全市考核评估工作。积极组织2013年度碳排放强度降低目标责任自评估和现场考核，工作情况被国家评为优秀等级。按照国家要求，将“单位生产总值二氧化碳排放量”指标列入2015年全市国民经济和社会发展主要目标。

2.完善区县考核评估工作。参考国家考核评估办法，总结2012年度区县考评工作经验，修订形成“十二五”区县碳排放强度下降目标考核评估办法，同步启动2013年度区县考评工作，并向区县反馈考评结果。

（三）建立温室气体排放统计核算体系

1.推动建立基础统计报表制度。将碳排放总量、单位生产总值二氧化碳排放降低率等指标纳入统计体系，制定应对气候变化部门统计报表制度，并获得国家统计局批准。该项制度涵盖能源活动、工业生产过程、农业、土地利用变化与林业、废弃物处理等五个领域，设置1张综合指标报表和12张部门指标报表，并整合了相关部门统计指标，指标总数超过300个，涉及13个市级部门。

2.开发温室气体排放清单编制支持系统。对温室气体排放清单数据类项和部门分工进行梳理，开发建设交互式碳排放信息数据库及分析系统，提高温室气体清单编制的自动化和规范化程度，为清单编制常态化提供技术保障。

（四）加强低碳发展宣传

制定全国低碳日宣传主题活动方案，组织开展低碳知识进校园、低碳技术进企业、低碳生活进社区等活动，倡导社会各界携手节能低碳，共建碧水蓝天。天津广播电视台围绕气候变化、美丽天津建设、绿色低碳城镇试点、低碳社区等选题，及时报道各领域低碳发展举措，全方位展示全社会绿色发展成效，倡导公众自觉参与绿色低碳行动。北方网新媒体集团在网站主页、移动新闻客户端等平台开设节能降碳专题，在青年受众群体中有效传播低碳理念。

二、推进低碳试点示范建设

（一）提升碳排放权交易试点成效

1.开展碳排放报告核查。加强专题培训和技术指导，开发建设碳排放报告电子报送平台，组织纳入企业同步开展碳排放报告和配额调整申请。采用政府购买服务方式，选择第三方核查服务供应商，进场核查纳入企业生产运营、碳排放等情况，并按时提交碳排放核查报告及生产变化核实意见。

2.推动完成碳排放履约。结合产能和产出实际，对因扩大生产、新增设施等所需配额进行核算，核发纳入企业年度最终配额。从提高履约能力和降低履约成本出发，研究提出具体的履约解决方案。全市114家纳入企业中110家按期履约，履约率为96.5%。按照相关规定，通过网络平台向社会公布纳入企业履约情况。

3.发放2014年度基本配额。全面总结2013年度工作经验，严格配额发放标准，细化配额发放程序，确定分两个批次向纳入企业发放2014年度基本配额，其中的80%在7月免费发放，剩余20%待核查后依据实际情况调整发放。

（二）推进低碳交通运输体系建设

1.完善公共交通体系。大力开展快速公交系统（BRT）等大容量公共交通基础设施建设，市区建成41公里公交专用车道。地铁2号线机场延伸线建成使用，地铁5、6号线及1号线东延线等工程建设稳步推进，启动建设4、7、10号以及Z1、Z2、Z4、B2等线路。设立一站式注销登记服务站，全年淘汰黄标车14.3万辆。

2.提升公共交通服务水平。开辟、调整公交线路65条，填补位于支、次干道大型居民区公交线路空白，加强部分区域公交与地铁接驳，中心城区线路覆盖率提高到96%。新增更新公交车辆2607部，其中纯电动车辆146部，混合动力车辆524部，液化天然气车辆71部，新能源车辆比例达到24%。全市电子站牌达到176块，开通手机智能公交查询系统，244条公交线路实现线路实时查询，公共交通占机动化出行比例达到56%。

（三）深化低碳园区试点建设

1.经济技术开发区。成功入选国家首批低碳工业园区试点，引入第三方技术机构，组织完成年能耗达1000吨标煤以上企业的历史碳盘查工作，进一步加强碳排放管理。同时，推进可再生能源开发利用，长城汽车产业园屋顶光伏发电项目实现并网发电，年均发电量可达1842万千瓦时，年节约标准煤约6719吨。

2.滨海高新技术产业区。成功获批建设国家自主创新示范区，区内收入过亿元科技小巨人企业达到135家，拥有国家级孵化器9家，占全市的50%以上，初步形成5个具备较好发展基础的国家级科技产业化基地，华苑科技园入选国家首批低碳工业园区试点。

3.中新天津生态城。园区内光伏及风电总装机容量达到17.4兆瓦，建成动漫园和科技园两个分布式能源站项目，累计51个项目获得国家绿色建筑标志认证，组织开展首批绿色学校（绿色幼儿园）和星级绿色社区评选活动，国内首座城市生活垃圾管理体验馆免费向市民开放。

4.空港经济区。积极推进绿色建筑认证示范项目和低碳能源示范项目建设，到2014年，联合利华公司、万科新里程花园小区等6个项目通过国家绿色建筑等认证，光伏发电规模达到6.82兆瓦，地热利用项目达到65个。

（四）开展低碳社区建设

1.清洁社区（村庄）建设。积极开展清洁社区行动，完善社区服务设施，加强社区物业管理，累计完成62个社区居委会盲点和327个小区物业管理盲点覆盖任务，创建美丽社区299个。按照一村一策思路，推进村庄污水处理设施建设，推行农村生活垃圾“村收、镇运、区县处理”模式，重点开展村旁、宅旁、水旁、路旁等“四旁”绿化，建成清洁村庄2000个，农村环境面貌显著改善。

2.绿色社区建设。积极开展丰富多彩的环保宣传、培训和主题实践活动，倡导社区居民绿色低碳生活，增强绿色低碳发展的主动意识和自觉行动。到2014年，全市共命名表彰175个市级环境友好型社区（绿色社区）。其中经济技术开发区泰丰社区开展以绿色生活、低碳环保行等为主题的一系列活动，增强居民的低碳生活理念，提升共创低碳社区的责任意识。

（五）探索低碳技术试点示范

在全国率先建成了国际上覆盖范围最广、功能最齐全的中新天津生态城智能电网综合示范工程，并实现持续稳定运行。泰达低碳示范楼宇集成利用地源热泵、太阳能光伏发电、无机房电梯及电梯能源再生技术、地板送风空调系统等28项国际领先技术，2014年正式投入使用，在国家2005年公共建筑节能标准基础上可进一步实现节能30%，降低碳排放35%。

三、抓好重点工作任务落实

（一）加快产业结构调整

通过改造提升、关停重组、载体升级、重大项目建设等途径，加快推动企业转型，航空航天、装备制造、石油化工等产业聚集区形成规模。印发《中共天津市委天津市人民政府关于加快现代服务业发展的若干意见》（津党发〔2014〕8号），加大资金支持，着力构建与现代化大都市地位相适应的服务经济体系。大力推进科技创新，科技小巨人企业达到3000家。金融、物流、科技服务、文化创意等产业进一步壮大，恒隆广场、民园广场等一批商贸旅游设施投入使用，亿元楼宇达到150座。现代都市型农业加快发展，建成一批高水平农业产业园区，粮食生产实现“十一连增”。全市生产总值达到15722.47亿元，同比增长10%。其中，服务业实现增加值7755.03亿元，增速为10.2%，占全市生产总值的比重达到49.3%，比上年提高1.2个百分点，第二产业、第三产业“双轮驱动”的经济增长模式初步显现。

（二）加强节能和提高能效

继续将全市年度节能目标任务向各行业、区县、市属集团和重点企业逐级分解落实，组织开展区县和重点企业节能工作评价考核。严格执行固定资产投资项目节能评估审查制度细化评审制度和流程，建立节能评估和审查意见落实情况报送制度和监督检查制度。积极开展万家企业节能低碳行动和能效水平对标等活动，推进能源管理体系建设，推动企业树标杆、提能效。发挥市级节能专项资金作用，推行合同能源管理，支持节能项目建设。经国务院节能目标责任评价考核组核查评估，全市单位地区生产总值能耗同比下降6.04%，超额完成下降3.5%的年度节能目标，“十二五”前四年累计下降18.4%，提前一年完成“十二五”节能目标任务。

（三）进一步优化能源结构

1.控制燃煤消费增加。组织实施国家和天津市大气污染防治行动计划，建立由市领导牵头的煤炭削减专项工作联席会机制，制定并落实《天津市煤炭消费总量削减和清洁能源替代实施方案》（津发改能源〔2014〕758号），严格控制新增煤炭项目审批，推动燃煤锅炉改燃并网工程，并明确各区县和相关部门、领域的责任。全市煤炭消费比例下降到45.62%。

2.加强天然气供应保障。争取中石油增供陆上气，扩大中海油LNG在我市应用，推动中石化LNG项目获得国家核准，做好气源争取和落实。做好气量平衡，落实陈塘庄热电厂“煤改气”等重点用气需求，推动津沽高压、蓟汕联络线、港清三线、陕京四线等输气管线建设。天然气等清洁能源使用比例提高7%以上。

3.积极发展可再生能源。制定光伏发电项目并网服务工作流程、地热开发利用工作意见等文件，规范项目并网工作，指导推进地热资源开发利用。同时，将光伏发电由核准制改为备案制，备案权限下放区县。大神堂风电场、沙井子风电场、马棚口一期及二期工程、中新天津生态城南部片区蓟运河口风电工程等项目正常运行，武清开发区被列入国家能源局第一批分布式光伏发电应用示范区。水电、风电、太阳能发电占一次能源消费比重上升到0.3%。

（四）大力增加森林碳汇

重点围绕“一环两河七园”、高速公路、高速铁路、农田林网、城市周边绿化建设工程，实施大面积造林绿化，全年计划造林26.5万亩，实际造林38.5万亩，超额完成年度计划任务，新增人工造林合格面积10.6万亩，新增改造绿化面积2780万平方米，新建提升公园30个，城市绿化覆盖率达到36%。将高速公路绿化带、高速铁路绿化带、外环线外侧绿化带、京津城际铁路绿化带纳入市级重点生态林管护范围，由区县组织进行除草、涂白、浇水、扶直、病虫害防治、防火等管护工作，全市重点生态林管护面积达到9.5万亩。在全国率先以地方立法形式划定生态保护红线，将全市四分之一国土面积纳入永久性保护范围，构筑生态系统安全屏障，有效增加碳汇。

（撰稿：高迎春，天津市发展和改革委员会资源节约和环境气候处）

河北省2014年应对气候变化和低碳发展报告

河北省发展和改革委员会

2014年，河北省委、省政府认真贯彻落实党中央、国务院关于控制温室气体排放的工作部署，把绿色低碳循环发展作为生态文明建设的重要内容，作为推动经济转型升级的新动力，主动作为、积极探索，取得积极成效。全省单位GDP 二氧化碳排放同比下降7.05%，提前一年完成国家下达的“十二五”目标任务。

一、坚持有扶有控，产业结构低碳化步伐加快

一是加快发展现代服务业。支持32个省级物流产业聚集区壮大规模，推动石家庄国际贸易城等50个总投资超10亿元的项目建设，建成9个大宗商品交易平台和50个县域特色产业电商平台，北京银行、平安银行等金融机构入驻我省，国大连锁、乐仁堂医药等一批企业实现线上线下销售和供应链整合。2014年，全省第三产业增加值10956亿元，比2013年增长9.7%，占GDP比重为37.2%，比上年提高1.1个百分点，服务业对经济增长的贡献率首次超过50%。

二是培育壮大战略性新兴产业。出台实施创新驱动发展战略促进产业转型升级的意见，筛选83家高新技术产业领军企业重点扶持，支持保定新能源、石家庄通用航空等43个省级以上新兴产业基地壮大规模，新建4个省级高新技术产业开发区、25个省级重点工程实验室、7家产业技术研究院。2014年，全省高新技术企业达到1281家，高新技术产业增加值增长13.2%，占规模以上工业的13.1%，比上年提高0.2个百分点。

三是化解过剩产能。强力实施“6643”工程（到2017年底，压减钢铁产能6000万吨、水泥产能6000万吨、削减煤炭消费4000万吨、压减平板玻璃产能3600万重量箱），全年分别压减炼铁产能1547万吨、炼钢产能1500万吨、平板玻璃产能2534万重量箱、水泥产能3918万吨，超额完成国家下达任务。2014年，六大高耗能行业增加值占规模以上工业的比重为39.6%，同比降低1.85个百分点。

二、狠抓资源节约，节能降耗减碳效应增强

一是主动加压提标。2014年我省单位生产总值能耗只需下降3%即可完成国家下达的“十二五”目标任务，但省委、省政府从能耗总量大、单耗强度高、大气污染重的实际出发，积极落实国家节能减排力度不减弱的“十二五”目标要求，把前三年万元GDP能耗平均降幅4.97%作为工作目标，分解下达各设区市、省直管县（市），实行万元GDP能耗降低率、累计降低率及能源消费增量、煤炭消费总量四重控制。

二是开展专项行动。省政府出台《河北省钢铁水泥电力玻璃行业大气污染治理攻坚行动方案》，召开专题会议进行部署，全年共完成脱硫、脱硝和除尘改造项目577个，建成节能技术改造项目78项，其中余压余热发电项目68项，装机94万千瓦，钢铁、玻璃、水泥余压余热利用装置配置率分别达到95%、97%、98%。实施燃煤锅炉治理专项行动和煤电节能减排升级改造计划，全年淘汰燃煤锅炉3448台，完成35台1390万千瓦燃煤发电机组改造，其中三河热电厂“近零排放”改造获得国家验收，被命名为国家示范电站。

三是强化督导考核。坚持规模以上工业用能月分析、全省节能目标完成情况季通报制度，对上半年万元GDP能耗降幅未达到年度目标要求的承德等4市进行专项督导，对前三季度未达到年度目标的张家口等2市给予重点指导，力促各设区市和省直管县（市）按时完成年度目标任务。2014年全省单位GDP能耗比上年下降7.19%，为“十一五”以来的年度最高降幅，2011-2014年累计降幅达20.34%，提前一年超额完成国家下达的“十二五”节能目标任务。

三、碳源碳汇并重，碳减排重点领域取得新进展

一是控制生产过程二氧化碳排放。大力压减煤炭消费，首次将煤炭削减量纳入年度计划，分解下达各设区市和省直管县（市）煤炭消费总量控制和工程减煤目标，统筹推进化解过剩产能、关停小火电机组、取缔外来煤洗选等重点工程，严格实行新建耗煤项目等煤量替代，加快实施热电联产、煤改气等工程，着力治理城乡原煤散烧。与2012年相比，2014年全省规上工业煤炭消费量减少2241万吨，全社会减少2197万吨。

二是优化能源结构减少二氧化碳排放。大力发展风电、光电等可再生能源，可再生能源占比稳步提高。2014年，全省风电装机达到913万千瓦、新增138万千瓦，光电装机达到150万千瓦、新增97万千瓦，可再生能源电力装机占比达到20.5%，比上年提高3个百分点；地热供热面积新增1000万平方米，全省非化石能源比重达到4.5%，同比提高0.3个百分点。同时，积极协调中石油等气源单位增加天然气供应量，全省天然气利用规模达到58亿立方米，比上年增长6亿立方米。全省累计输入电量931.5亿千瓦时，同比增长14.39%。

三是增加造林绿化二氧化碳蓄积。制定出台《河北省山水林田湖生态修复规划》和《河北省人民政府关于加快山水林田湖生态修复的实施意见》，大力开展绿色河北攻坚行动，扎实推进京津风沙源治理二期、三北防护林、太行山绿化、巩固退耕还林成果等重点生态工程，启动实施张家口坝上地区退化林分改造和平原百万亩造林项目。2014年，全省完成造林绿化510万亩，中幼林抚育604万亩，均超额完成年度计划目标任务。

四、开展示范试点，低碳发展认识和实践不断深化

一是在城市层面推动结构调整和制度创新。《石家庄市绿色低碳发展促进条例》列入市人大立法规划，有望成为国内首个以低碳为主题的城市立法；保定市全力打造中国电谷，形成了光电、风电、节电、储电、输变电和电力电子六大产业体系，2014年新能源和能源设备制造业销售收入达到334.1亿元，增长60%；秦皇岛市编制了低碳经济发展规划、温室气体排放清单，开展低碳发展路径和考核体系研究，能力建设水平进一步提升。

二是在园区层面强化低碳管理和低碳技术应用。组织唐山国家高新技术产业开发区编制低碳工业园区试点实施方案，从低碳生产、低碳技术创新与应用、低碳管理及低碳基础设施建设等方面指导园区构建低碳发展模式。今年5月，园区试点实施方案通过国家评审。

三是在社会层面建设低碳交通运输体系。继保定市确定为绿色低碳交通运输体系区域性试点城市后，2014年邯郸市列为国家试点城市，编制了低碳交通城市建设实施方案，谋划实施客运枢纽、智能交通、公共交通等领域重点工程47项，总投资60亿元。截至2014年底，项目均开工建设，累计完成投资10.8亿元。

五、坚持协同推动，落实工作任务和责任

把单位GDP二氧化碳排放纳入国民经济和社会发展计划主要指标体系。坚持碳减排与节能降耗统一部署、统一推进、统一督导，在分解下达单位GDP能耗降低率的同时，将单位GDP二氧化碳排放降低目标增加0.2个百分点，一并分解下达到各设区市、省直管县，并逐级分解落实。突出碳排放强度降低目标的重要地位，将单位GDP二氧化碳排放目标作为约束性指标，纳入设区市党政领导班子和主要领导干部工作实绩综合考核评价体系。明确要求政府主要负责同志作为本行政区域第一责任人，亲自研究、亲自部署、亲自推动，确保责任到位、措施到位、工作到位。

六、加强政策引导，推动低碳产业发展

积极开展低碳认证工作，落实《国家发展改革委、国家认监委关于印发〈低碳产品认证管理暂行办法〉的通知》要求，在通用硅酸盐水泥、平板玻璃、铝合金建筑型材、中小型三项异步电动机等生产企业中，组织市、县质监部门积极为企业提供低碳产品认证方面的咨询服务。河北南玻玻璃有限公司已获得低碳产品认证证书，成为全国首批获得低碳产品认证证书的27家企业之一。加大财政资金支持力度，积极争取清洁发展机制基金委托贷款，2014年共支持智能充电机等6个产业化项目，申请清洁发展机制基金优惠贷款3.2亿元，项目建成后年可减排240万吨二氧化碳。

七、完善市场机制，释放低碳发展活力

探索开展跨区域碳排放权交易，与北京市发展改革委、承德市人民政府联合印发《关于推进跨区域碳排放权交易试点有关事项的通知》，选择承德市为试点，与北京市开展跨区域碳排放权交易市场建设，推动建立跨区域统一的核算方法、核查标准、交易平台。2014年12月30日，承德千松坝林场碳汇造林一期项目在北京环交所上线交易，首日成交量3450万吨，成交额13.1万元。建立企业温室气体排放报告制度，组织各设区市、省直管县对年耗能5000吨标准煤以上的企业进行二氧化碳排放调查，初步确定全省二氧化碳排放重点企业名单，掌握碳排放量基本情况。

（撰稿：袁业，河北省发展和改革委员会资源节约和环境保护处）

山西省2014年应对气候变化和低碳发展报告

山西省发展和改革委员会

2014年是应对气候变化工作任务十分繁重的一年。今年以来，根据国家发改委气候司工作部署和年初全省应对气候变化工作安排，我省扎实开展各项工作，不断夯实工作基础，应对气候变化工作取得了积极进展。

一、2014年应对气候变化工作开展情况

（一）发布山西省应对气候变化规划

应对气候变化规划是省政府确定的专项规划之一，也是应对气候变化工作的顶层设计，出台《山西省应对气候变化规划(2013-2020年)》（以下简称《规划》），对于确保我省实现“十二五”、“十三五”碳减排目标，促进全省经济转型跨越发展具有重要意义。《规划》由国家发改委审核并行文同意后，经省政府批准已正式发布执行。

（二）完成国家对我省单位GDP二氧化碳排放降低目标责任考核

2014年8月，经国务院批准，国家发展改革委启动了省级人民政府2013年度单位国内生产总值二氧化碳排放降低目标责任考核评估工作。按照考核评估程序，我省于2014年9月上报了《山西省人民政府关于我省2013年度单位国内生产总值二氧化碳排放降低目标责任考核自评估情况的报告》。10月，国家考核组赴我省进行现场实地考核。2015年2月，国家发改委公布了各省考核结果，我省为“优秀”等级，并予以通报表扬。

（三）启动地市人民政府单位GDP二氧化碳排放降低目标责任试评价考核

开展碳减排目标责任考核是推进应对气候变化工作的有力抓手。我省下发了《山西省“十二五”单位GDP二氧化碳排放降低目标考核体系实施方案》和《关于开展2013年度控制温室气体排放目标责任试评价考核的通知》。各市结合工作开展情况，编制了本地区2013年度控制温室气体排放目标责任试评价考核自评估报告，进行了自评估打分。我省组织专家就碳减排量核算方法对各市进行了培训，对各市自评估报告进行审查。目前已初步建立市级人民政府单位地区生产总值二氧化碳排放降低目标责任考核机制。

（四）推动晋城国家低碳城市试点示范

晋城市积极探索适合本地区低碳绿色发展模式，创新体制机制、完善工作机构，向各县（市、区）、市直相关部门分解年度碳减排目标，下达2014年低碳城市试点工作任务。组织召开了《晋城市温室气体排放清单》和《晋城市低碳发展规划（2013-2020）》专家评审会，制定了2023年碳排放峰值路线图。从园区、企业、乡镇、单位和家庭层面启动了低碳试点示范创建活动。开展“燃煤锅炉改造”和“运输车辆油改气”的“两改工程”。建设温室气体监测站和低碳生活体验馆，举办全市发改系统低碳大讲堂。低碳试点工作有序推进。

（五）开展省级低碳市县、低碳产业园区和低碳社区试点工作

为探索低碳发展经验和模式，从低碳市县、低碳工业园区和低碳社区三个层面启动试点工作。通过各市自主申报，经专家评审，确定了15个省级低碳试点市县，包括太原、朔州2个低碳试点城市，祁县、万荣等13个低碳试点区县。开展低碳产业园区、低碳社区试点范围、标准等摸查和研究，组织开展低碳产业园区和低碳社区申报工作。

（六）省级温室气体清单报告通过国家评审

编制温室气体清单是摸清全省温室气体排放量，掌握相关行业温室气体排放特征的一项基础性工作。2012年1月，我省启动了省级温室气体清单编制工作，成立了清单编制工作组，制定了清单编制工作方案，开展了大量数据收集、重点企业调研和专家咨询活动，在此基础上，编制完成山西省2005和2010年省级温室气体清单报告。2014年7月，国家发改委气候司组织专家召开省级温室气体清单审查会，我省清单报告顺利通过国家评审。

（七）积极争取国家CDM基金赠款支持，加强我省应对气候变化基础能力建设

在国家发改委的统一部署下，加快推动2013年以前的10项CDM基金赠款课题研究进度，使课题尽快具备验收条件。组织开展“350MW富氧燃烧发电碳捕集利用封存(CCUS)工程可行性研究”等5项CDM基金赠款课题中期评估。上述研究课题的实施为下一步有针对性地制定应对气候变化相关政策措施打下良好基础。经积极争取，2014年我省“山西省碳排放峰值预测及总量控制研究”等5项研究课题获得国家CDM基金赠款支持。

（八）精心安排重点行业温室气体减排示范项目

2014年安排省煤炭可持续发展基金2000万元支持太原市公共自行车低碳交通系统建设、山西环境能源交易所碳交易数据平台建设等7个项目。通过政府资金引导，由点到面，有效地带动了全省温室气体减排工作的全面开展。

（九）加强与兄弟省市合作交流

碳排放权交易可利用市场机制以较低成本减少温室气体排放，是国家应对气候变化、控制温室气体排放的重要手段之一。建立碳排放权交易市场是一项复杂的系统工程，国家发改委在北京、湖北等7省市开展了碳排放权交易试点。我省与北京、天津、河北、内蒙古、山东省签署了《关于开展跨区域碳排放权交易合作研究的框架协议》，拟在二氧化碳排放核算、核查、配额核定等方面开展合作研究，为建设区域碳交易市场奠定基础。

（十）组织开展应对气候变化培训宣传

受国家发改委气候司委托，承担了全国发展改革系统应对气候变化培训（华北地区）协办工作。北京、天津、河北、内蒙古等省（市、区），以及我省省直有关部门，各市发改委，相关技术支撑单位人员共90余人参加了培训。

根据省应对气候变化工作领导组办公室统一部署，按照2014年度省发改委人事教育培训计划安排，在世界自然基金会的支持下，在太原组织召开了全省应对气候变化及推进低碳试点培训会。各市发改委、各扩权强县试点县（市）和省级低碳试点市（县），各开发区和相关大型企业人员共180人参加了培训。

2014年6月10日是“全国低碳日”，以此为契机，组织举办了一系列宣传活动，包括开展电视、报纸等媒体宣传，公共交通工具LED显示屏滚动播出低碳宣传内容，在龙潭公园等公共场所定点布设节能低碳宣传展板，发放低碳宣传科普读物等活动。通过一系列的培训宣传活动，提高了相关工作人员应对气候变化工作能力，增强了全社会应对气候变化意识，营造了推动绿色低碳发展的良好社会氛围。

二、2015年应对气候变化工作形势分析

气候变化是当今世界最为关注的全球环境问题之一，事关人类的生存和发展。我国高度重视气候变化问题，党的“十八大”指出我国要着力推进绿色发展、循环发展、低碳发展，明确坚持共同但有区别的责任原则、公平原则、各自能力原则，同国际社会一道积极应对全球气候变化。2014年11月12日，中美两国元首发布了《中美气候变化联合声明》，达成了气候变化双边合作共识，我国计划在2030年左右二氧化碳排放达到峰值且将努力早日达峰，并计划到2030年非化石能源占一次能源消费比重提高到20%左右的。在国际国内携手努力应对气候变化，共谋低碳可持续发展的大环境下，山西省作为全国重要的煤炭生产大省，产业结构重型化问题突出，能源消费结构高碳特征明显，全省应对气候变化工作面临巨大的挑战和机遇。去年，国家给我省下达了2014-2015年碳排放增量控制目标，并且全国碳排放权交易市场建设已经加速，初步预计2016年全国碳市场将启动交易，在这种背景下，国家将实施能源消费总量控制和碳排放总量控制，通过能源消费和碳排放天花板真正倒逼产业转型升级。顺应当前形势，紧抓应对气候变化为我省加快转变经济发展方式带来的机遇，实施高碳产业低碳发展，成为我省当前面临的首要任务之一。

三、下一步应对气候变化工作思路

（一）贯彻落实既有政策和任务分工，确保完成“十二五”碳强度下降目标

（二）深入推进国家级低碳试点示范

继续推动晋城市国家低碳城市试点建设。2015年是晋城市推进国家低碳城市试点的阶段性总结年，工作重点包括加强低碳城市试点工作的考核评估，进一步建立完善低碳发展的体制机制，回顾总结试点工作经验和存在的问题，并做出调整。开展太原高新技术产业开发区国家低碳工业园区试点示范，争取低碳工业园区试点实施方案早日获得国家发改委的批复。2015年重点推动建立完善低碳试点工作组织机构，探索试点工作运行机制，启动一批基础能力建设项目。

（三）扎实开展省级低碳试点示范

2015年是我省全面推进省级低碳试点示范工作非常重要的一年，我省将从低碳市县、低碳产业园区、低碳社区三个层面开展试点工作。低碳市县方面，加快对各试点单位低碳试点实施方案的批复，推动试点示范工作尽快启动。低碳产业园区方面，组织专家严格把关，筛选出一批基础好、有特色、代表性强的工业园区开展试点工作。低碳社区方面，在全省范围内筛选出几家在探索建立低碳生活方式上有典型性和代表性的社区开展试点工作。

（四）积极筹备地市人民政府碳强度下降目标责任年度考核工作

（五）开展重点单位温室气体排放报告工作

（六）继续推动中国清洁发展机制基金赠款项目实施

（七）进一步加大应对气候变化培训宣传力度

（撰稿：武东升、李琳、胡慧东、王浩，山西省发展和改革委员会应对气候变化处）

内蒙古自治区2014年应对气候变化和低碳发展报告

内蒙古自治区发展和改革委员会

按照国家《2014-2015年节能减排低碳发展行动方案》的要求，内蒙古自治区着力推动绿色、循环、低碳发展，大力推进生态文明建设，通过调整产业结构、节能与提高能效、优化能源结构、控制非能源活动温室气体排放、增加碳汇等，应对气候变化工作取得显著成效。2014年全区单位地区生产总值二氧化碳排放量为2.37吨二氧化碳/万元，同比下降3.39%，超额完成了年度目标2.2%的任务；“十二五”前四年单位地区生产总值二氧化碳排放累计下降18.6%，完成“十二五”碳强度降低目标进度116.4%，提前一年完成“十二五”碳强度降低目标。

一、认真落实各项政策措施，扎实推进任务完成

（一）积极调整产业结构

以建设“五大基地”为重点，以提高经济发展质量和效益为目标，加大产业结构调整力度，加快构建多元发展的现代产业体系。2014年全区三次产业结构为9.1:51.9:39，与2013年相比，第三产业增加值比重提高2.5个百分点，第二产业比重下降2.1个百分点，三次产业结构得到进一步优化。

（二）大力推动节能和提高能效

强化用能管理，狠抓工业、建筑、交通、公共机构等重点领域节能，加大资金投入力度，组织实施节能重点工程，推进节能市场化机制，落实节能经济政策。研究制定了《内蒙古自治区2014-2015年节能减排低碳发展行动方案》，将2014-2015年能耗增量和能耗年均增速控制目标分解落实到各盟市，指导盟市把能耗增量目标和能耗强度目标衔接起来，确保“双控”任务落到实处。对全区固定资产投资项目严格执行节能评估审查制度。制定了《内蒙古自治区固定资产投资项目节能评估审查暂行办法》、《内蒙古自治区固定资产投资项目节能评估审查专项资金管理暂行办法》和《内蒙古自治区固定资产投资项目节能评估验收办法》，进一步完善了政策措施、细化了工作步骤、明确了工作职能，确保节能评估评审工作发挥实效，有效抑制了能源消费不合理增量。下发了《关于下达2014年度电网企业电力需求侧管理目标责任考核指标的通知》，确定了蒙西、蒙东电网节约电力、电量的指标，并对目标完成情况进行了考核。组织申报2014年电力需求侧管理专项资金项目16个，节约电量3.07亿千瓦时，节约电力约8.8万千瓦。在重点用能单位大力推广以合同能源管理方式实施节能改造的新模式，促进节能服务产业发展。落实合同能源管理项目财政预拨奖励资金，申报财政奖励合同能源管理项目8个，下达奖励资金695万元，奖励项目核定节能量2.32万吨标准煤。继续深入推进电力多边交易市场化改革，启动蒙东电网大用户直购电交易试点。

2014年全区单位GDP能耗下降3.93%，超额完成了2.2%的年度节能目标。“十二五”前四年，单位GDP能耗累计下降15.4%，完成“十二五”节能目标进度的102.9%，提前一年完成国家下达的“十二五”节能目标任务。

（三）调整优化能源结构

充分利用我区资源优势，大力发展风电、太阳能发电等非化石能源。先后制定出台了《内蒙古绿色能源发展规划》、《内蒙古“十二五”风电发展及接入电网规划》、《内蒙古清洁能源输出基地产业发展规划》。截至2014年底全区风电并网规模达到2070万千瓦；太阳能发电装机达到303万千瓦。风、光、水、生物质电力装机占总装机比重达到27%，同比提高4个百分点；风、光、水、生物质电力占全区用电量的18%，相当于节约标煤1000万吨，减少二氧化碳排放2600万吨。全年非化石能源占一次能源消费总量的比重为5.4%，较2013年提高0.6个百分点。

（四）有效增加森林碳汇

深入贯彻“加快国土绿化进程，增加森林碳汇，积极参与应对气候变化”发展战略，组织实施天然林保护、京津风沙源治理、退耕还林、“三北”防护林建设等重点生态工程。深化林业改革，提高林业治理能力，推进依法保护和规范化管理，顺利完成国家下达的任务。2014年国家下达我区中央预算内投资计划任务680.7万亩，我区共计完成834.4万亩，完成下达任务的122.5%。其中：人工造林475.9万亩，飞播造林86.2万亩，封山育林272.3万亩。2014年抚育补贴项目任务为192.9万亩，完成192.9万亩，全部完成下达任务。

（五）积极推动低碳试点示范建设

呼伦贝尔市于2012年底获批国家第二批低碳试点城市，2013年7月呼伦贝尔低碳试点城市实施方案通过了国家审查。2013年，呼和浩特市被交通运输部确定为公交都市建设示范工程第二批创建城市。2014年4月，《呼和浩特城市公共交通智能化应用示范工程建设方案》通过交通运输部运输司组织的评审。我区共有四个地区列入国家智慧城市试点，分别是乌海市、鄂尔多斯市、呼伦贝尔市、包头市石拐区，鄂尔多斯市智慧城市顶层设计方案已编制完成，并通过专家评审。2014年底我区共有4个国家可再生能源建筑示范市，14个国家可再生能源建筑应用示范县，1个国家可再生能源建筑应用集中连片示范镇，1个国家可再生能源建筑应用科技及产业化项目。乌海经济开发区、鄂托克经济开发区和赤峰红山经济开发区被列为第一批国家低碳工业园区试点单位。三个园区均已编制完成了实施方案，并上报工信部和国家发改委。2014年我区按照绿色低碳、便捷舒适、生态环保的要求，积极推动低碳社区建设。7个项目的设计方案通过自治区的绿色建筑评价标识专家委员会评审，其中，3个项目取得绿色建筑一星评价，1个项目通过了二星级绿色建筑设计评价，2个项目通过了二星级绿色建筑运行阶段评价，1个项目通过了三星级绿色建筑设计评价。

二、着力做好基础工作，加强能力建设

（一）加强盟市降碳目标任务分解与评价考核

自治区政府确定2014年二氧化碳排放降低目标为2.2%，将其纳入2014年度经济社会发展计划。同时下发了《内蒙古自治区人民政府关于下达2014年度盟市节能与碳排放控制目标的通知》（内政字[2014]105号），将2014年度目标任务分解下达至各盟市。印发了《内蒙古自治区发展和改革委员会关于开展2014年盟市单位国内生产总值二氧化碳排放降低目标责任考核的通知》（内发改环资字[2015]641号），制定了考核实施方案，对各盟市2014年碳排放强度降低目标完成情况进行了考核。

（二）推动温室气体排放统计核算制度建设及清单编制工作

1．落实《关于加强应对气候变化统计工作意见》具体要求

自治区统计局和发展改革委联合下发了《关于印发内蒙古自治区应对气候变化统计工作方案的通知》（内统字[2013]75号），加强对全区应对气候变化统计工作的组织协调，建立健全温室气体排放基础统计指标体系，明确了各相关部门职责分工。制定并组织实施了《应对气候变化部门统计报表制度》，向各相关部门收集了能源活动、工业生产过程、农业、土地利用变化与林业、废弃物处理等五个领域的温室气体排放活动水平指标数据。

2．成立清单编制小组，完成清单编制工作

按照能源活动、工业生产过程、农业、土地利用变化和林业、废弃物处理五大领域组成六个清单编制专题工作小组，组织统计、经信、农牧业、林业、环保、低碳院等相关部门共同参与清单编制。2014年7月完成了自治区2005年、2010年温室气体清单总报告和分报告的编制工作，并通过国家评审；2014年10月根据评审意见修改完善。

（三）积极开展低碳产品标准、标识和认证制度工作

印发了《关于做好鼓励引导低碳产品认证工作的通知》（内质监认发[2014]415号），多措并举推行低碳产品标准、标识和认证制度。一是建立了低碳产品生产企业目录，截至2014年底，我区低碳产品生产企业共计149家；二是通过世界认可日等宣传活动和监督检查工作，向消费者和相关企业宣传低碳产品、能源管理体系认证制度，引导低碳生产和消费；三是对申请或拟申请低碳产品认证的企业，提供计量、标准、认证、检验检测等相关技术指导与帮助。四是对通过低碳产品认证的企业，优先推荐其参加内蒙古名牌和自治区主席质量奖的评选（审），加强获证企业品牌建设，提升企业竞争力和信誉度，推动企业发展壮大。

（四）加大资金投入力度

建立应对气候变化及低碳发展专项资金。2014年安排3000万元应对气候变化专项资金，用于支持应对气候变化工作。同时安排资金重点扶持建筑节能工程、节能技术改造、淘汰落后产能和电力需求侧管理等领域工作。全年完成既有居住建筑节能改造1582.17万平方米，下达资金11.28亿元；安排节能技术改造财政奖励项目34个，下达奖励资金5006.4万元；淘汰落后产能项目64个，下达补助资金2.23亿元；组织申报电力需求侧管理项目16个，下达专项资金6907.8万元;争取中央民航机场节能减排专项资金718万元。

（五）组织领导和公众参与

1．进一步完善工作机制

2014年，自治区政府合并成立了应对气候变化及节能减排工作领导小组，形成合力，统筹推进全区应对气候变化工作。召开了全区应对气候变化及节能减排工作电视电话会议，部署全年应对气候变化及节能减排工作。

2．加强节能低碳宣传工作

下发了《关于做好2014年全区节能宣传周和低碳日活动有关事宜的通知》（内节能减排办字[2014]2号），分领域分地区开展丰富多彩的节能宣传周和低碳日活动。住房和城乡建设部门印制发放建筑节能和绿色建筑宣传册。教育领域开展国情和节约资源教育，利用校园网络、广播、黑板报等形式宣传应对气候变化知识，宣传低碳发展理念。商业领域在超市、商城等场所推行节能标签制度，减少使用一次性用品，引导消费能源资源节约型产品。交通领域倡导“绿色出行”，通过《内蒙古交通》宣传推广交通运输行业节能低碳经验。公共机构领域开展能源紧缺体验和绿色低碳出行活动，倡导办公人员减少一次性用品消耗。首府呼和浩特市举行了2014年全国节能宣传周和全国低碳日活动主题宣传万人签名活动，呼和浩特地区企业发起节能减排倡议。

三、开展体制机制等开创性探索工作

（一）探索跨区域碳排放权交易

加入华北六省区跨区域碳排放权交易合作，签订框架协议，同时积极推进京蒙跨区域碳排放权交易试点，2014年下发了《关于开展碳排放权交易试点工作的通知》（内节能减排办字[2014]7号），确定呼和浩特、包头、鄂尔多斯三地率先开展碳排放权交易试点工作。《通知》要求试点地区切实加强组织领导，扎实推进试点工作，抓紧编制碳排放权交易试点实施方案，明确总体思路、工作目标、主要任务、保障措施、试点进度。建立重点企（事）业温室气体排放报告制度，按照国家已颁布的温室气体排放核算方法和报告指南，确定本市推行温室气体排放报告的

重点行业（2-3个）、重点企业，组织开展温室气体排放报告试点工作。

（二）开展重点企业温室气体排放报告工作

印发了《关于组织开展重点企（事）业单位温室气体排放报告的通知》（内发改环资字[2014]951号），在发电、钢铁、电解铝、水泥等十个行业开展企业温室气体排放报告工作。在呼伦贝尔市举办了温室气体排放清单编制和报告工作相关业务知识培训班，就重点行业温室气体排放核算方法和报告编写等内容进行了培训。

（三）成立内蒙古自治区气候政策研究院

自治区政府与中国社会科学院合作成立了中国社科院可持续发展研究中心内蒙古气候政策研究院，为我区节能低碳发展提供智力支持。2014年研究院完成了《内蒙古草原可持续发展与生态文明制度建设研究》、《京津冀及周边地区大气污染联防联控内蒙古发展定位研究》两项课题研究，依据研究成果提出的6条政策建议，作为自治区政协参加全国“两会”的背景资料，在全国范围内引起了一定关注。此外，我区还开展了内蒙古自治区气候变化评估研究等工作。

（供稿：迟瑞平、王欢，内蒙古自治区发展和改革委员会环资气候处 ）

辽宁省2014年应对气候变化和低碳发展报告

辽宁省发展和改革委员会

辽宁省作为中国的老工业基地，正处于全面振兴的关键时期，工业化、城镇化步伐不断加快。作为国家首批低碳试点地区，生态环境建设不断得到重视和改善。积极推动应对气候变化，加快转变经济发展方式、实现可持续发展将是辽宁经济社会发展的一项长期战略任务，2014年，辽宁积极采取有效措施，加大工作力度，应对气候变化取得了新成效。

一、减缓气候变化措施与成效

（一）实施创新驱动，大力调整产业结构

2014年我省三次产业增加值占地区生产总值的比重由2013年的8.1：51.3：40.6变为8.0：50.2：41.8，三产占比提高1.2个百分点。

大力发展服务业。积极推进服务业发展提速、比重提高、水平提升，服务业发展四年行动计划加快实施，在建服务业集聚区实现营业收入增长15%，建成12个大宗商品现货电子商务平台，完成工业企业分立出生产性服务业1425户，旅游总收入增长13.8%，科技服务、软件信息、动漫游戏等产业加快发展。全年服务业增加值完成11956亿元，同比增长7.2%，占全省生产总值的比重达到41.8%。

加快发展战略性新兴产业。“十二五”以来，我省重点培育发展高端装备制造、新一代信息技术、新能源、新材料、生物医药和节能环保等6个新兴产业。智能制造、高速轨道交通、海洋工程等高端装备制造业比重达到24%；数控机床产量4.6万台，占全国产量22%；通用航空产业规模位居全国第4位。初步形成以集成电路、数字视听、现代通信、半导体照明、新型元器件、光伏、应用电子、工业软件、软件服务外包等为重点的新一代信息技术产业结构。风力发电装备形成较为完整的产业链，核电装备产业链逐步完善，单晶硅及硅片生产技术达到世界先进水平。核电用钢、大型水电用钢及高温合金等材料填补了国内空白；丁基橡胶、异戊橡胶、聚醚醚酮、碳纤维等新材料已投入工业化生产。以沈阳、大连为主的生物制药产业集群发展迅猛。

加快淘汰落后和过剩产能。2014年淘汰落后和过剩产能，炼铁、铁合金、焦炭、水泥、印染、造纸、镁制品、酒精等均完成计划目标。

（二）全面节能减排，不断提高能效

2014年，我省继续加强节能目标责任考核，制定出台控制能源消费总量和煤炭消费总量评价考核实施办法，加快实施节能重点工程，积极推进重点领域节能，工业、建筑、交通、公共机构等重点领域节能减排成效显著。同时，我省持续加大对重点用能单位的节能管理，开展了万家企业节能低碳行动，对524家万家企业实施了能源利用状况报告制度，启动了重点用能单位能耗在线监测，完成了万家企业年度节能评价考核工作，累计完成节能量1152万吨标准煤，完成“十二五”节能量目标的82.2%，超额完成进度目标。

（三）加快调整能源结构，非化石能源比重提升

2014年我省加快推进以核电、光伏发电和天然气利用为重点的能源结构调整，基本形成煤、油、气、核、可再生能源多轮驱动的能源供应格局，为全省经济平稳、较快和可持续发展提供了坚强的能源保障。2014年，全省煤品燃料消费比重为62.08%，比2013年下降0.37%。

平稳有序推进风电发展，投产装机达到608万千瓦，提前完成“十二五”规划目标，列全国第五位。全省80万千瓦风电规模列入国家“十二五”第四批核准计划，年内13个项目获得核准，装机51万千瓦。继续推进核电发展，辽宁红沿河核电厂2号机组百万千瓦5月份正式并网发电。大力发展光伏发电，全年新增装机10万千瓦，年底装机容量达到12万千瓦。

（四）扎实推进碧水青山蓝天三大工程，生态环境不断改善

扎实推进碧水、青山、蓝天三大环境治理工程。省内6条主要河流全年水质稳定达标。大伙房水源保护区综合治理取得阶段性成果。辽河流域、大伙房水源保护区被国家确定为首批生态文明先行示范区。造林绿化334万亩。草原沙化治理100万亩。开展“治理雾霾亮剑行动”，空气优良天数达标率70.9%。全面启动宜居乡村建设。

二、适应气候变化措施与成效

（一）农牧业领域

一是强化防灾减灾信息体系建设，提供及时快捷指导服务。制定了《辽宁省种植业重大自然灾害突发事件应急预案》健全灾害信息收集和发布体系，提高农业灾害预测、预警和应急防范能力。开展气象"直通式"服务。根据不同农事季节和气象特点需求，发布《气象与农事信息》，并通过利用"辽宁金农网"、"辽宁兴农网"、短信等平台向社会发布灾情信息和预防重点。二是全力推进水稻大棚育秧进程，水稻大棚育秧实现历史性突破。全省共建育秧大棚小区2360个，当年新增水稻育秧大棚16994栋，使全省水稻育秧实现了由小棚育秧向大棚机械化育秧的历史性转变。三是大力推进设施农业发展，实现干旱地区避灾生产。目前，全省设施农业规模稳定在1100万亩以上，其中日光温室规模位居全国首位。辽宁已经成为全国设施蔬菜强省和蔬菜生产大省。

（二）海洋领域

一是开展了辽宁省沿海警戒潮位核定工作。为提升辽宁省海洋防灾减灾能力，在辽宁沿岸选取丹东东港市、大连市中山区等19个岸段，开展了警戒潮位核定工作。二是连续五年开展海平面变化影响调整评估。组织沿海各市重点对海平面上升引起海岸侵蚀、海水入侵、土壤盐渍化、河口海水倒灌对情况进行监测并采集相关数据，编制完成并向国家海洋局报送了《辽宁省海平面变化影响评估报告》，为海洋领域应对气候变化提供基础数据和决策依据。三是加强海洋观测能力建设。重点加强海洋观测站和预报站建设，精细化预报工作经验逐步丰富。省海洋环境预报与减灾中心编写的《海冰冰情预报等级规范》填补了海冰预报相关工作的空白。海洋观测能力的提升将为我省应对气候变化，开展海洋防灾减灾提供基础支撑。四是全面加强应急保障能力建设。开展了海冰冰情调查与预报。加强汛期应急管理工作，开展了重点部位隐患排查。及时发布海洋灾害预警报。

(三)气象领域

完成中国气象局2013年气候变化专项《东北地区极端气候事件变化特征分析》。编制《2013年辽宁省气候变化监测公报》对于深入研究辽宁省的气候变化规律，提供了理论依据。撰写了《近50年辽宁省气候变化及其影响》、《辽宁省气候特征》、《辽宁省降水资源现状及未来趋势》等。开展了东北地区霾日变化规律分析及成因初步研究。

三、低碳试点工作稳步推进

低碳城市试点方面。鞍山市作为我省试点城市，正在稳步推进《鞍山市低碳综合配套改革试验区建设实施方案》，在环保低碳产业园、低碳产业集群等方面进行了开创性工作。正在开发建设《鞍山市低碳发展决策支持系统》，建立核心的碳清单信息数据库，对全市企业、行业、地域碳排放进行全面监测。

低碳产业园区、低碳社区试点方面。沈阳经济技术开发区、大连经济技术开发区获批为国家首批低碳工业试点园区。沈阳经济技术开发区国家低碳试点园区创建领导小组的筹建准备工作已完成。在全省开展低碳社区试点工作，已完成全省低碳社区上报工作。

专项试点方面。在交通领域，2012年沈阳市被交通运输部确定为全国第二批低碳交通运输体系建设试点城市，编制完成《沈阳市建设低碳交通运输体系试点实施方案》。贯彻落实绿色循环低碳交通运输发展理念，明确要求每年新增更新的公交车将全部选用清洁能源或新能源公交车型， 2014年新增、更新公交车辆130辆全部为LNG清洁能源车型。积极推进新能源和清洁能源车辆在出租汽车领域的推广，2014年共更新新能源和清洁能源出租车辆1613台。推广路面节能技术应用工程，提高公路建设材料循环利用率，回收旧路材料20多万吨，再利用率100%，为发展绿色低碳交通奠定了坚实基础。在建筑领域，2014年国家住建部将辽宁省列为全国建筑产业现代化的试点地区，将沈阳市作为全国的示范城市。沈阳市出台了《沈阳市人民政府办公厅关于印发加快推进现代建筑产业发展若干政策措施的通知》（沈政办发〔2014〕16 号），2014年，全省新增建筑产业现代化面积525万平方米，开发项目全部按照全装修要求建设，新开工装配式项目建筑面积242万平方米。

四、应对气候变化能力建设不断加强

（一）完善温室气体排放基础统计工作

一是加强温室气体排放统计核算制度建设。为建立和完善应对气候变化统计体系，制定《应对气候变化部门统计报表制度》（试行）。确定了能源、工业过程和产品使用、农业、林业和其他土地利用，废弃物等五大部门的温室气体排放测算方法及统计指标数据来源。二是完善温室气体排放清单编制。编制完成《辽宁省2005年省级温室气体排放清单》、《辽宁省2010年省级温室气体排放清单》，分别于2012年和2014年通过国家发改委组织的验收。同时编制完成市级2005年和2010年温室气体排放清单。开发建设温室气体排放信息数据库。组织省内相关部门，开发建设了辽宁省碳排放信息数据库及数据分析系统，逐步将温室气体排放管理工作常态化。

（二）启动低碳产品认证工作

开展泵类产品的低碳产品认证试点工作，对大型泵企进行实地调研，获取相关信息和数据，制定相应低碳产品

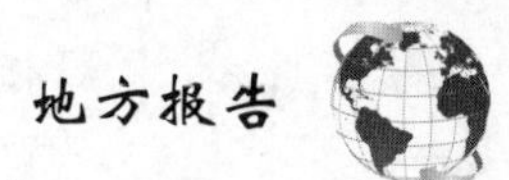

评价技术方法及标准。积极推动环境管理体系、量化温室气体排放和能源管理体系认证工作。截至2014年底，全省持有有效环境管理体系认证证书企业3489个；取得量化温室气体排放认证证书的企业1个；取得能源管理体系认证证书的企业5个。

（三）设立低碳发展专项资金

为支持全省低碳发展，从2011年起，我省设立了低碳发展专项资金。目前，已累计安排资金1800万元，共支持16个低碳项目。这些项目或通过技术创新或通过产品替代，均大幅度减少了温室气体的排放，促进了低碳发展。

（四）推动碳交易市场体系建设

开展了《辽宁碳排放权交易机制体系研究》，为全省碳排放权交易体系建设奠定基础。积极开展重点企（事）业单位温室气体排放报告工作。对全省2010年综合能源消费总量达到5000吨标煤以上的重点企（事）业单位进行了统计，并组建了十个重点排放行业的专家团队。开展相关课题研究，包括《辽宁省碳排放发展趋势研究》、《辽宁省重点行业碳减排潜力研究》、《辽宁省碳排放峰值测算研究》等。

（五）开展低碳宣传

组织“2014年辽宁（沈阳）节能宣传周和低碳日启动仪式暨逐梦绿色交通主题日”活动，省应对气候变化及节能减排小组成员各单位、各市分别组织内容丰富、形式多样的宣传活动。省内各大主流媒体进行了宣传。全省低碳宣传取得良好成效。

（撰稿：韩冰，辽宁省发展和改革委员会应对气候变化处）

吉林省2014年应对气候变化和低碳发展报告

吉林省发展和改革委员会

2014年，吉林省认真贯彻落实党的“十八大”和十八届四中全会精神，加强生态文明建设，树立绿色发展、循环发展、低碳发展理念，抓住振兴东北老工业基地的重要战略机遇，以降低单位GDP碳排放强度为核心，以减少温室气体排放、增强可持续发展能力为目标，积极调整产业结构和能源结构，节约能源和提高能效，开展各类低碳试点示范，努力增加森林碳汇，加强基础能力建设，促进了全省应对气候变化工作的开展。

一、提前完成“十二五”温室气体排放目标任务

“十二五”期间，国家下达我省单位GDP二氧化碳减排指标为17%，我省高度重视，将这一指标作为约束性指标纳入我省“十二五”规划。省政府出台了《吉林省“十二五”控制温室气体排放综合实施方案》，制定了《吉林省“十二五”单位GDP二氧化碳排放降低目标考核体系实施方案》，并认真贯彻落实。据统计，我省2014年单位地区生产总值二氧化碳排放为1.455吨/万元（2013年为1.547吨/万元），同比下降5.947%（目标值是3.66%），年度下降目标完成率为162%。

我省2014年单位地区生产总值二氧化碳排放累计下降20.24% “十二五”目标完成率为119%，提前完成“十二五”单位GDP二氧化碳减排任务。2014年国家考核组对我省二氧化碳减排工作给予了充分肯定和高度评价。

二、超额完成“十二五”单位GDP能耗下降任务

2014年，我省通过采取强化规划指导、优化产业结构、淘汰落后产能、严格监管、建立考核评价体系、出台政策法规等措施，全面推进了节能降耗工作进程。一是严格落实目标责任制，全面推进了节能减排。二是严格执行能评制度，积极推行节能新机制。三是深化试点示范，积极发展循环经济。四是积极争取国家资金支持，实施节能减排工程。我省2014年单位GDP能耗为0.74吨标准煤/万元(2013年为0.80吨标准煤/万元)，同比下降6.68%（目标值为2%），年度目标完成率为334%；我省单位GDP能耗累计下降21.68%，“十二五”目标完成率为135.5%（“十二五”目标值为16%）。在国家对各省2014年节能目标责任评价考核中，我省考核结果为完成等级。

三、调整产业结构促进低碳发展

我省积极推动战略性新兴产业，加快发展特色资源产业，强化科技创新支撑和载体平台建设，促进产业结构优化升级。一是积极推动战略性新兴产业。制定了战略性新兴产业九大专项计划，滚动实施了生物基材料等20项创新发展工程，加快推进了一批重大项目；组织创建战略性新兴产业集聚区；积极协调推动“吉林一号”卫星产业发展；组织长春市编制了生物基材料制品应用示范实施方案，获得国家发改委批复，长春市成为全国4家示范城市之一；长春光电创投基金获国家批复。二是加快发展特色资源产业。组织编制了生物质资源高端化利用产业发展规划，全面启动实施生物质经济“十大工程”，全面开展“禁塑”工作；组织编制了矿泉水资源保护开发利用规划，积极推进恒大千万吨矿泉饮品和深圳海王500万吨长白山冰泉等项目建设；加快推进人参产业发展，重点支持吉林敖东45万升大高酵素原液等一批项目建设，加快发展人参食品、保健品及生物制品，突出全产业链开发。三是抓好科技创新平台建设和科技成果转化。制定了贯彻落实国务院“十二五”国家自主创新能力实施意见；继续做好国家创新平台申报和地方创新平台认定工作，吉林大学高性能聚合物等3个工程研究中心（工程实验室）纳入国家地方联合计划；协调推动东北地区首个国家重大科技基础设施综合极端条件实验装置申报和落地；协调推动长春光机所光电子重大科技创新基地和长春应化所化工新材料重大创新基地建设；支持合成天然橡胶等一批重大技术创新成果熟化。四是积极化解产能过剩。加强对钢铁、水泥、平板玻璃、电解铝等产能过剩行业项目管理，严控新增产能；对已建成的违规钢铁产能，符合国家申请备案范围的，已向国家发改委上报备案；共淘汰炼钢165.3万吨、炼铁250万吨、水泥971.1万吨、平板玻璃130万重量箱。五是进一步加快发展服务业。启动了服务业发展三年行动计划；全面实施现代物流、信息服务等十大工程，重点推进700个亿元以上重大项目；加快建设东北亚文化创意科技园等30个省级现代服务业集聚区；贯彻落实支持文化产业、养老服务业和信息消费等政策；大力发展物联网、大数据、云计算、服务外包等产业；辽源、长春、四平纳入国家信息惠民试点计划；物联网区域重大应用示范工程试点方案获国家批准，支持“欧亚e购”、“购够乐”等电商示范企业加快发展；继续推进长春净月国家服务业综合改革试点和全省服务业综合改革试点，完成了300户企业非主营业务剥离任务；组织30户物流企业开展甩挂运输试点，开辟甩挂运输线路55条。

2014年，我省服务业增加值实现4992亿元，增长6.9%，占GDP的比重为36.2%，较上年同期提高0.3个百分点（2013年为35.9%）。

四、调整能源结构提升清洁能源比重

2014年，我省印发了《吉林省人民政府关于印发吉林省发展生物质经济实施方案的通知》（吉政发〔2014〕2号），提出了高起点谋划实施秸秆制糖基础原料、生物质液体燃料、生物质气态燃料等十大工程。继续推进丰满

水电站、敦化抽水蓄能、通榆500千伏送出和延吉500千伏输变电等4个重大项目。松花江13万千瓦背压机组、凯迪蛟河生物质发电等4个项目建成投运。全省风电装机规模接近408万千瓦，当年新增风电并网装机31万千瓦。庆铁四线原油管道已建成，沈阳-长春、四平-白山天然气管道正在紧张施工。长春储气库、双坨子储气库已开工建设。先后制定了《吉林省煤炭工业“十二五”发展规划》、《“气化吉林”工程总体规划》等，通过大力发展风电等新能源，实施“气化吉林”工程，加快油页岩综合开发利用等方式调整能源消费结构，逐步提高天然气、可再生能源等清洁能源品种消费比重，降低煤炭消费比重，合理控制能源消费总量。

2014年，我省水电、风电和太阳能发电占一次能源消费比重为2.10%，煤炭占能源消费总量比重为72.39%。

五、探索各具特色的低碳发展模式

我省积极组织开展各类低碳试点，探索实现低碳发展的有效途径。

一是开展国家级低碳城市试点。我省吉林市是国家第二批低碳城市试点， 2014年，吉林市按照《实施方案》要求，坚持以低碳城市建设为目标，以产业结构调整和发展方式转变为主线，深入推进产业结构调整，积极优化能源结构，努力提高能源利用效率，增加森林碳汇，倡导绿色消费模式和低碳生活方式，建立和完善有利于低碳发展的体制机制，积极寻求探索适合吉林市实际的低碳发展转型路径和模式，取得了积极进展和成效。

二是开展国家级低碳专项试点。2014年，我省开展了国家节能减排财政政策综合示范城市、“建设绿色循环低碳主题性公路”试点及国家生态文明先行示范区等3项国家级低碳专项试点建设。

国家节能减排财政政策综合示范城市。我省吉林市被列为国家节能减排财政政策综合示范城市，获得国家资金支持9.66亿元，项目实施期为2012-2014年。2014年，吉林市从提高城市规划建设水平、促进产业结构调整、改善城市环境质量和提升居民幸福指数出发，推进了“暖房子”工程、化工园区循环化改造、松花江流域治理、哈达湾老工业区升级改造等重点工程。

“建设绿色循环低碳主题性公路”试点。我省“鹤大高速建设绿色循环低碳公路主题性项目”以第一名的成绩通过评审，被交通运输部列为绿色循环低碳主题性项目，获得国家专项资金996万元。2014年，我省积极推进鹤大高速（吉林段）建设绿色循环低碳主题性示范公路，在项目规划、施工、运营管理等方面全面贯彻绿色循环低碳理念，开展了冬季冻区耐久性路面、火山灰利用等32个专项工程建设，为我省公路建设发挥示范引领作用。

国家生态文明先行示范区。我省延边州、四平市获得批复，列入国家生态文明先行示范区，在资源有偿使用制度、生态环境损害责任终身追究制度、流域内区域联动机制、落实主体功能区制度、差别化生态文明评价考核制度等方面进行了积极研究探索。

三是开展了国家低碳工业园区试点。我省按照国家要求，印发了《吉林省工信厅 吉林省发改委关于转发工业和信息化部 发展改革委关于组织开展国家低碳工业园区试点工作的通知》（吉工信办联〔2013〕66号），在全省范围组织开展国家低碳工业园区试点工作，经精心组织、积极推荐，长春经开区、吉林化工园区、延吉高新区通过审核，列入国家第一批试点名单。目前，我省已组织试点园区编制了实施方案并上报了国家，并积极推进相关工作。

四是省级低碳产业园区试点。2014年,我省继续推进东丰县低碳工业产业园、金州鸶鹭湖低碳农业产业园、长春高新区都市低碳旅游示范区等试点园区建设，印发了《吉林省发展改革委关于<长春莲花山生态旅游度假区低碳发展规划(2014-2020)>的批复》（吉发改环资〔2014〕89号），形成了低碳农业、低碳工业、低碳旅游等不同领域试点的低碳发展局面。目前，吉林省东丰低碳工业产业园围绕构建低碳能源体系、低碳产业体系和低碳社会体系，开展了风气互补发电、余热发电、TRT发电、矿渣微粉等重点项目，积极推进白云新城、冶金铸造低碳工业园、低碳产业孵化园、“气化东丰”工程建设，低碳园区建设取得了阶段性成果。吉林省金州鸶鹭湖低碳农业产业园按照低碳农业的发展思路，已累计完成投资4.2亿元，开展了鸶鹭湖湿地恢复和建设，被国家林业总局命名为鸶鹭湖国家级湿地公园，建设了生态农业观光园、低碳农业科技示范园、绿色有机粮食生产基地、生态林果示范园、低碳农民新型社区，园区建设初见成效。长春高新区正在加快推进前期工程筹备工作，进一步细化规划方案，完成区域建设投资测算和分期投资计划制定，争取早日实现项目实质性开工建设。

五是开展低碳社区试点。根据国家要求，我省印发了《吉林省发展和改革委关于印发<吉林省低碳社区试点工作方案>的通知》（吉发改环资〔2015〕205号），要求各地按照城市既有社区、城市新建社区、农村社区等3类，积极组织申报。同时，《吉林省应对气候变化规划（2013-2020年）》（吉发改环资〔2013〕661号）对全省低碳社区试点工作提出了要求，进行了规划，到2015年建成10个低碳社区，到2020年建成50个低碳社区。

六、大力发展林业实现减碳增汇

2014年，我省紧紧抓住保护生态、改善民生两大根本任务，围绕国有林场改革、停伐、国有林区改革、森林资源监管等方面，积极推进全省林业发展，增加森林碳汇。林业服务全局作用更加突出，系统性生态修复开局良好，森林资源管护取得重大突破，林业产业保增长、调结构稳步推进，林业改革逐步深入，民生改善迈出坚实步伐。2014年，我省新增造林合格面积为150万亩（目标值为125万亩），目标完成率为120%；森林抚育合格面积为331.5万亩（目标值为330万亩），目标完成率为100.5%。

七、 全面掌握全省温室气体排放现状

2014年，在完成2005年、2010年、2012年温室气体排放清单报告的基础上，我省安排了120万省级专项资金开展2013年吉林省温室气体排放清单编制工作。我省积极参加国家召开的温室气体清单评估验收会及联审会，并按照国家要求和专家评审意见，组织修改了我省温室气体排放清单并按时上报国家。我省的温室气体排放清单编制工作已经形成常态化管理，每年都将开展温室气体排放清单的编制工作。

八、加强基础统计和能力建设

我省认真贯彻《国家发展改革委 国家统计局印发关于加强应对气候变化统计工作的意见通知》精神，省发改委与省统计局多次研究讨论开展此项工作，并委托吉林省工程咨询服务中心、吉林省财经大学开展《吉林省应对气候变化统计核算制度研究及能力建设》研究。我省组织课题组赴广东、浙江等地，对应对气候变化统计核算体系建立工作进行了调研。在借鉴先进省份工作经验的基础上，我省从应对气候变化及涵盖能源活动、工业生产过程、农业活动、土地利用变化及林业、废弃物处理五个领域活动水平等方面初步建立了吉林省温室气体排放统计核算体系的框架，梳理了各项统计核算指标的数据来源，在分析现有统计基础及存在问题的基础上，积极与省统计局沟通，建立基础统计报表制度，改进统计数据汇总方式，进一步完善温室气体排放基础统计体系。

九、加强培训宣传提高低碳意识

2014年，我省对省直有关部门及全省发改系统从事应对气候变化工作的人员，围绕低碳发展与生态文明建设、适应气候变化、碳交易理论与实践、重点用能企业能源利用状况报告制度等方面，举办了应对气候变化能力建设培训班。按照国家要求，省发展改革委、省教育厅等省直15个部门联合印发了《关于开展2014年全省节能宣传周和低碳日活动的通知》（吉发改环资联〔2014〕391号），围绕“携手节能低碳，共建碧水蓝天”活动主题，开展了丰富多彩的节能低碳宣传活动。通过培训宣传等活动的开展，提高了我省从业人员的业务水平，提升了全社会对应对气候变化工作的关注度，营造了全民共同参与应对气候变化工作的良好氛围。

我省还利用吉林日报、吉林电视台等媒体，对全省应对气候变化工作取得的经验成果和低碳知识等方面工作进行了广泛的宣传报导。2014年，《吉林日报》出刊宣传报道13版，吉林电视台“吉林新闻联播”播出宣传报道3期，营造了全民共同参与应对气候变化工作的社会舆论氛围。

下一步，我省将按照国家的统一要求和部署，把积极应对气候变化作为全省经济社会发展的重大战略，把绿色低碳发展作为生态文明建设的重要内容，采取有效措施，加快产业结构和能源结构调整，大力开展节能减碳和生态建设，积极推动各类低碳试点示范，推进碳排放权交易市场建设。主动适应气候变化，完善预测预警和防灾减灾体系。进一步加强应对气候变化统计工作，建立健全温室气体排放统计核算体系和重点企事业单位温室气体排放报告制度，使全省应对气候变化工作取得新进展。

（撰稿：王农，吉林省发展和改革委员会应对气候变化处）

黑龙江省2014年应对气候变化和低碳发展报告

黑龙江省发展和改革委员会

2014年，黑龙江省积极贯彻落实国家应对气候变化、低碳发展工作要求，扎实推进控制温室气体排放相关工作，努力实现经济发展和社会生活向低碳方式的转变，控制温室气体排放取得一定成效。

2014年全省能源消费二氧化碳排放总量为27650.95万吨，节约能源626.5万吨标煤。按省统计局提供数据测算，2014年全省单位地区生产总值二氧化碳排放为1.893吨/万元（2013年为1.974吨/万元），同比降低4.1%，2014年下降目标为3.43%，实际年度降低目标完成率为119.5%。经测算，“十二五”前四年全省单位GDP能耗比2010年累计下降了15.6%，完成“十二五”降低16%目标的95.6%，超过进度目标15.6个百分点；单位GDP二氧化碳降低目标比2010年累计下降了15.8%，完成“十二五”降低16%目标的98.7%，超出预期进度目标18.7个百分点。

一、调整产业结构任务完成情况

2014年，黑龙江省贯彻执行《国务院关于加快发展生产性服务业促进产业结构调整升级的指导意见》等相关文件精神，把现代服务业和战略性新兴产业作为优化结构、减少碳排放的重要抓手，积极推进气候友好型的现代产业体系建设。2014年，全省第三产业增加值占GDP比重为41.8%，比2013年提高1.3个百分点（省统数据）。此外，全省各级节能主管部门共对2799各固定资产投资项目进行了节能评估和审查，从源头把控不合理能源消费。

二、节能和提高能效任务完成情况

一是“十二五”前四年全省单位GDP能耗比2010年累计下降了15.6%，完成“十二五”降低16%目标的95.6%，超过“十二五”目标进度15.6个百分点。其中，2014年全省单位GDP能耗为0.91吨标准煤/万元，比上年下降4.5%，比年度下降3.5%的目标超额完成了1个百分点。

二是2014年全省能源消费量增速为0.9%，比上年降低2.4个百分点，未超出《2014-2015年节能减排低碳发展行动方案》分解我省能源消费增速3.5%的控制目标。

三是严格淘汰落后产能。2014年，淘汰水泥65万吨、造纸4万吨、平板玻璃15万重箱、酒精3.5万吨、铅酸蓄电池8.4万千伏安、皮革3万标张、化纤1万吨、煤炭393万吨，圆满完成2014年落后产能淘汰目标。

三、调整能源结构任务完成情况

一是大力发展非化石能源。我省先后印发了《黑龙江省新能源和可再生能源产业发展规划（2010—2020年）》、《黑龙江省千万千瓦级风电基地规划》、《黑龙江省生物质发电规划》、《黑龙江省光伏发电规划》、《黑龙江省地热能开发利用规划（2015—2020）》等专项规划并推动实施。2014年，全省风能、水能、生物质能、垃圾、太阳能等新能源与可再生能源发电量为120亿千瓦时，比上年增加2亿千瓦时，节约标煤6.5万吨，减排二氧化碳17万吨。全省新能源与可再生能源装机容量达到607万千瓦，占总装机容量的24%，比上年增加2个百分点。

二是降低煤炭消费比重。我省下发了《关于严格控制燃煤污染的通知》，明确到2017年，全省煤炭占能源消费比重降低到65%以下，全面推进煤炭清洁利用，提高煤炭洗选比例，大幅压减工业用煤，推进工业企业锅炉“煤改气”，加快完成工业开发区、工业园区和产业基地清洁能源改造。2014年全省煤炭消费比重为66.5%，比去年下降0.3个百分点。

三、增加森林碳汇任务完成情况

2014年，我省以国家重点生态工程建设为依托，保持了造林绿化良好发展态势。地方林业中央预算内投资18150万元，用于我省防护林工程建设。完成人工造林48.03万亩、封山育林53.48万亩的年度营造林任务，完成年度森林抚育160万亩的计划目标。

四、低碳试点示范建设情况

（一）国家低碳城市试点

2013年，黑龙江省大兴安岭地区被列为国家第二批低碳城市试点。大兴安岭地区行署按照国家和我省有关要求部署，经过两年多的谋划落实，低碳城市建设工作取得了阶段性进展。截至目前，大兴安岭地区编制了《大兴安岭地区低碳试点工作初步实施方案》。成立了领导小组及低碳项目办公室，确立了生态发展战略思路，谋划了14类低碳产业项目。2014年，大兴安岭地区万元地区生产总值能耗由2013年度的0.8514吨标煤下降到0.8241吨标煤，同比下降3.21%；万元GDP二氧化碳由2011年度的2.95吨/万元下降到2014年度的2.12吨/万元，同比下降28.15%；第三产业增加值占地区生产总值比重的33.5%；新增造林3000亩，森林抚育305.9万亩，实现了低碳城市建设预期目标。

（二）国家级低碳专项试点

2013年，我省哈尔滨市被列入国家级低碳交通专项试点；2014年，伊春市获国家批准为首批国家生态文明先行示范区。

哈尔滨市建立并启动了交通行业节能减排统计监测考核体系，以“公交优先”战略出发点，加快推进公交基础

设施建设，并在营运车辆燃料消耗量限值标准、公路甩挂运输等方面强化了道路运输节能减排工作，低碳交通运输体系试点已见成效

伊春市将国家公园体制创新和国有林区经营管理体制创新列为重点工作任务，成立了国家公园体制创新专项推进组和国有林区经营管理体制创新专项推进组，出台了《关于推进伊春市国家生态文明先行示范区建设的落实意见》。伊春市通过整合统筹全市资源，初步形成了高位协调推进、部门协同合作、社会广泛参与的生态文明建设组织架构和管理体系，相关工作稳步推进中。

（三）低碳产业园区试点情况

2014年，齐齐哈尔市高新区被国家纳入国家低碳工业园区试点。齐齐哈尔市先后出台了《节能量交易管理办法》、《排污权有偿使用和交易管理办法》、《关于推进供热计量改革与既有建筑节能改造的实施意见》等5项配套政策，园区成立了领导小组和检查督办小组，设立了岗位负责人，健全了能源统计和能源计量器具，组织开展了对入园企业的低碳培训，高新区能源管理中心等配套建设项目正在建设中。

（四）低碳社区试点建设

结合我省社区普遍存在的小、散、档次不高的实际特点，我省正在研究编制低碳社区试点工作方案，积极组织各市地开展低碳社区试点建设。

五、设定地区二氧化碳降低目标情况

2014年，黑龙江省围绕“十二五”单位GDP碳排放下降16%的工作目标，提出加快建立以低碳为特征的工业、能源、建筑、交通、农业等产业体系、公共服务体系和消费模式，有效控制温室气体排放，提高应对气候变化能力，促进经济社会可持续发展等工作目标。

一是组织发改、工信、统计、机关事务管理等部门对各地年度二氧化碳排放降低目标完成情况进行了预考核。

二是发布本地区控制温室气体排放考核实施方案，并对所辖地市州或行业开展评价考核，制定并下发了《黑龙江省控制温室气体排放目标责任评价预考核工作方案（2014年度）》，对我省13个市（地）开展了二氧化碳排放降低目标评价考核工作。

六、建立温室气体排放统计核算制度建设及清单编制情况

一是省发展改革委会同省统计局，对省内能耗在5000标吨标煤或年排放13000吨二氧化碳当量的重点企（事）业单位历史排放数据进行了摸底和调查排放源清查，最终筛选个7个领域的900余家重点排放单位，初步建立了温室气体排放基本统计指标体系。

二是省统计局初步建立了应对气候变化统计体系，组织开展了对各市地统计部门的业务培训，省统计科学研究所正在开展黑龙江省应对气候变化统计核算制度研究及能力建设的课题研究，该课题研究将进一步完善我省应对气候变化统计指标体系及温室气体排放基础统计体系建设，将为计算全省各市地温室气体排放情况提供有力支撑。省内各相关职能部门均能各司其职，配合开展应对气候变化工作。

三是自2014年，我省开始逐年编制黑龙江省温室气体清单，目前完成了2005、2010年温室气体清单报告的编制工作，并根据验收评估和联审意见进行了修改完善，两份清单报告已顺利通过国家审核，现正筹备编制黑龙江省2012、2013、2014年温室气体清单。根据国家有关工作部署，我省下发了《关于开展市（地）级温室气体清单编制工作的通知》，要求各市（地）同步编制2012、2014年度温室气体清单，抓紧建立领导机制、明确工作任务、加强组织协调、保证数据可靠，将牡丹江、伊春、鸡西、绥化等4个市地列为试点地区，制订了5大领域温室气体清单报告参考样本，指导各市（地）有序开展温室气体清单编制相关工作。

七、资金支持情况

2014年，黑龙江省通过各项资金，重点推动低碳工程和示范项目建设、推广应用低碳新技术新产品和开展相关能力建设，为我省经济社会实现低碳发展提供了有力保障，如：省财政下达齐齐哈尔市中央奖励资金2亿元，用于促进节能减排财政政策综合示范城市工作；省级财政下达既有建筑供热计量及节能改造中央奖励资金1.6亿元，支持绿色建筑行动，推进建筑节能建设，有效带动我省7.5亿元资金投入;分别下达哈尔滨循环经济产业园区、齐齐哈尔市餐厨废弃物资源化利用和无害化处理、海林经济技术开发区循环化园区改造项目建设资金5000万元、600万元、2000万元，支持了我省绿色低碳项目建设和园区改造。

此外，为更好适应应对气候变化工作的实际需要，经请示省领导同意，拟在我省节能专项资金中设立1000万元左右的应对气候变化工作资金，支持清单编制、碳排放数据摸底与报送、碳排放权交易市场建设、技术专家团队建设和第三方服务机构培育等重点工作的开展。

八、公众参与情况

2014年，黑龙江省印发了《关于组织开展2014年全省节能宣传周和低碳日活动安排》，围绕“携手节能低碳，共建碧水蓝天”的活动主题，在6月份的全国低碳日和节能宣传周期间，开展了内容丰富的宣传活动，尤其开展了应对气候变化和低碳发展的主题宣传活动，普及应对气候知识，宣传低碳发展理念，切实提高了我省公众的应对气候变化和低碳意识。

（撰稿：尹中华，黑龙江发展和改革委员会资源节约与环境保护处）

江苏省2014年应对气候变化和低碳发展报告

江苏省发展和改革委员会

2014年，江苏省应对气候变化工作紧紧围绕降低单位GDP二氧化碳排放强度主线，强化责任考核、加强宏观指导、完善体制机制，绿色低碳发展稳步推进。

一、强化责任考核

把降低单位GDP二氧化碳排放强度作为控制温室气体排放的关键性工作。根据国家部署，对2013年度江苏省单位GDP二氧化碳排放下降目标责任完成情况进行了自评估，经国家考核确认，江苏省2013年当年及“十二五”前三年碳强度目标任务均超额完成国家下达的目标，被评定为“优秀”考核等次。为确保江苏省“十二五”应对气候变化目标任务的落实，进一步强化省辖市碳强度下降目标责任考核制度，按照应对气候变化目标完成、任务措施、基础能力、体制机制等4个方面共14项考核指标，对各省辖市2013年度完成情况进行了考核。通过碳强度目标责任评价考核，提高了各市应对气候变化工作的认识，促进“十二五”低碳发展目标和重点任务的进一步落实。

二、强化规划引导

（一）编制《江苏省应对气候变化规划（2014-2020）》

根据国家统一要求，《江苏省应对气候变化规划（2013-2020）》通过国家专家组评审，对规划的基础数据和主要指标做了进一步调整和测算，调整为《江苏省应对气候变化规划（2014-2020）》。规划设立了经济社会发展、控制温室气体排放、适应气候变化三大类20个指标，系统提出了全省2014-2020年应对气候变化重点领域的主要目标，安排了4大类25小类重点工程，在推动碳排放权交易，强化法制建设，促进全民参与等重点方面为江苏省低碳发展提供强有力的行动指南和面上指导。

（二）实施江苏省2014－2015年节能减排低碳发展行动

2014年9月19日，江苏省人民政府办公厅印发《江苏省2014－2015年节能减排低碳发展行动实施方案》。

《行动方案》提出了 2014－2015年节能减排低碳发展行动的工作目标：2014年，全省单位地区生产总值能耗下降3.6%，全省化学需氧量、二氧化硫、氨氮、氮氧化物分别削减3%、3%、3%、6%；单位地区生产总值二氧化碳排放量下降4.2%；到2015年年底，全面完成“十二五”节能减排降碳目标，全省单位地区生产总值能耗比2010年下降18%以上，全省化学需氧量、二氧化硫、氨氮、氮氧化物分别削减11.9%、12.9%、14.8%、17.5%（力争20.5%），单位地区生产总值二氧化碳排放量下降19%以上。

《行动方案》提出了 2014－2015年节能减排低碳发展行动的工作举措。江苏省将大力推进实施重点工程。大力组织实施节能改造工程。组织实施重点节能技术装备应用示范工程，形成节能能力400万吨标准煤。狠抓减排重点工程建设，2014年，全省共安排减排项目2106个，其中，水（工业和生活）减排项目671个，畜禽水产减排项目764个，大气减排项目671个。水减排项目中，污水处理厂项目356个，工程治理项目80个，结构调整项目235个，削减化学需氧量、氨氮分别为86151吨、10233吨。大气减排项目中，电力行业工程113个，完成脱硝改造824万千瓦；钢铁项目9个，钢铁烧结机脱硫2068平方米；水泥项目21个，脱硝2688万吨；其他行业工程减排项目109个，结构调整项目263个。减排工程项目累计削减化学需氧量、氨氮、二氧化硫、氮氧化物分别为9.82、1.15、10.32、23.04万吨。2014－2015年合计完成1313万千瓦火电机组脱硝、3692平方米烧结机脱硫、4080万吨水泥脱硝任务。实施降碳重点工程，实施重点行业工业过程控排工程、高排放产品节约替代工程、煤炭高效清洁利用工程、可再生能源规模化应用工程、绿色建筑推广工程、低碳交通创建工程、低碳产品认证和应用示范工程，有效控制温室气体排放。围绕温室气体排放清单信息系统、重点企业温室气体排放报告、低碳产品标准制定等领域实施一系列基础能力建设工程。

方案提出，地方各级人民政府对本行政区域内节能减排降碳工作负总责，主要领导是第一责任人。对未完成年度目标任务的地区，必要时请省政府领导约谈市政府主要负责人，有关部门按规定进行问责，相关负责人在考核结果公布后的一年内不得评选优秀和提拔任用。对超额完成“十二五”目标任务的地区，按照国家有关规定，根据贡献大小给予适当奖励。

（三）开展江苏省煤电节能减排升级与改造行动

2014年11月，省政府办公厅印发《关于转发省发展改革委省环保厅江苏省煤电节能减排升级与改造行动计划(2014-2020年)的通知》(苏政办发〔2014〕96号)，全面部署煤电节能减排工作。作为全国首个出台《行动计划》省份，进一步提出了“扩面”和“提速”的工作安排。关于“扩面”，是指全省单机10万千瓦及以上的燃煤机组大气污染物排放浓度基本达到燃机排放标准，单机10万千瓦以下的燃煤机组大气污染物排放浓度达到重点区域特别排放限值；关于“提速”，是指到2017年底，全面完成单机10万千瓦及以上机组节能环保改造任务，到2018年底，全面完成单机10万千瓦以下机组节能环保改造任务。研究出台了《关于组织编制煤电节能减排升级与改造实施方案和年度实施计划的通知》、《关于组织开展燃煤机组节能改造的实施意见》、《关于印发江苏省在役燃煤机组节能改造目标责任考核办法的通知》和《关于印发江苏省燃煤机组性能测试机构管理暂行办法的通知》等系列配套文件。

2014年共有228台2507万千瓦燃煤机组计划实施节能环保改造，其中47台848.8万千瓦仅实施节能改造、101台637.8万千瓦仅实施环保改造、80台1020.4万千瓦同步实施节能环保改造。截至2014年底，已有共219台2468.625万千瓦已开展改造工作，其中181台2413.225万千瓦完成改造，36台96.85万千瓦结转至2015年；另有9台8.375万千瓦未实施改造。已开展改造工作的机组中，仅节能改造42台854.025万千瓦，其中3台7.25万千瓦结转至2015年；仅环保改造108台643.7万千瓦，其中21台36万千瓦结转至2015年；同步实施69台1001.425万千瓦，其中12台53.6万千瓦结转至2015年。未开展改造工作的机组中，3台1.375万千瓦已停运拟关停，1台0.6万千瓦待替代项目建成后关停，5台6.4万千瓦推迟实施。

三、夯实工作基础

进一步完善全省低碳发展的机制，推进应对气候变化工作持续深入开展。一是建立应对气候变化统计核算体系。印发了《关于印发应对气候变化统计工作实施方案和应对气候变化部门统计报表制度（试行）的通知》，建立了江苏省应对气候变化统计体系及应对气候变化统计工作联席会议制度，为全面反映江苏省应对气候变化工作成效和编制温室气体清单奠定了基础。同时，为及时掌握碳强度数据，印发了《江苏省单位GDP二氧化碳排放强度监测统计实施方案》，对全省及各地碳强度下降进度进行监测。二是推动重点单位温室气体排放报告。开展了重点企业温室气体排放报告工作，对全省二氧化碳年排放量超过1.3万吨以上的重点企业实施强制性温室气体排放报告制度，开展了首批10个行业的能力建设。

（撰稿：彭飞，江苏省发展和改革委员会资源节约和环境保护处）

江西省2014年应对气候变化和低碳发展报告

江西省发展和改革委员会

2014年以来，江西省深入贯彻国务院关于应对气候变化工作的各项决策部署，认真落实“发展升级、小康提速、绿色崛起、实干兴赣”十六字方针，严格控制温室气体排放，取得了积极成效。现报告如下：

一、超额完成控制温室气体排放各项任务目标

2014年，江西省单位地区生产总值二氧化碳排放为1.3吨/万元，比2013年下降4.05%。年度降低目标为2.1%，年度降低目标完成率为192.85%。根据江西省2013年碳强度累计下降率和江西省2014年度碳强度下降率初步核算，2014年江西省单位地区生产总值二氧化碳排放累计下降率为16.19%，累计进度目标完成率为116.91%。

2014年，江西省第三产业增加值占地区生产总值比重为35.9%，比2013年提高0.8个百分点。全省万元GDP能耗为0.566吨标准煤，同比下降3.16%，超额完成3%的年度节能计划目标。全省完成人工造林面积215.76万亩、森林抚育改造面积574.92万亩，分别占国家下达任务的102.7%、102.5%。

二、继续推进低碳试点工作

为引导生产生活方式向低碳转型，省发展改革委启动了国家低碳工业园试点的工作和创建低碳示范社区活动。创建低碳示范社区活动计划在全省选取一批倡导低碳生活具有典型示范作用的社区授予“江西省低碳示范社区”荣誉称号，每两年复评一次。在2014年6月10日第二个全国低碳日，江西省南昌市青山湖区青山路街道满庭春社区被授予江西省第一个“低碳示范社区”称号。国家低碳工业园试点是由工信部和国家发改委联合开展的，我省新余高新技术产业开发区和南昌高新技术产业开发区被确认为第一批国家低碳工业园试点。

三、全面加强温室气体排放统计考核工作

为进一步摸清我省温室气体排放家底，省发展改革委继续完善省2005年和2010年温室气体排放清单。在2014年5月召开的华东7省（市）省级温室气体清单评估验收会上报告了我省清单编制的情况，并根据国家专家意见继续修改完善，加强清单的准确性和完整性。8月底，清单通过国家验收。

为确保完成省“十二五”应对气候变化目标任务，全面落实省政府关于“十二五”控制温室气体排放实施方案，省发展改革委在下半年开展了对设区市碳强度下降目标的正式考核工作。经省政府同意，印发了《江西省设区市单位地区生产总值二氧化碳排放降低目标责任评价考核办法》，牵头省直有关部门、科研机构组成考核组，于2014年11月6日至12日，分片对全省十一个设区市人民政府2013年度单位地区生产总值二氧化碳排放降低目标责任开展了现场考核评估工作。

为进一步完善应对气候变化统计体系，省发展改革委协调省统计局联合印发了《关于建立应对气候变化基础统计与调查制度及职责分工的通知》，为今后控制温室气体排放目标责任和评价考核奠定基础。

为全面掌握重点单位温室气体排放情况，启动了对2010年温室气体排放达到13000吨二氧化碳当量，或2010年综合能源消费总量达到5000吨标准煤的法人企(事)业单位温室气体排放情况摸底调查工作。

四、继续扩大应对气候变化国际合作

在国家发改委的支持下，省发展改革委与瑞士发展合作署召开了中瑞中国适应气候变化项目(ACCC)二期项目座谈会，瑞方表示会将江西省列项目试点省，提供技术、资金方面的帮助，并希望把江西省在应对气候变化方面的优秀经验向国际推广。

五、有序开展应对气候变化能力建设

在政府有关部门和全社会对气候变化问题和控制温室气体排放的重要性认识还够不充分的情况下，省发展改革委有针对性地开展能力建设，努力提高全省相关部门应对气候变化工作能力，提升全社会应对气候变化意识，引导市场消费向低碳转型。

为进一步推动应对气候变化工作，总结交流经验，省发展改革委在江西省南昌市召开部分省区应对气候变化工作座谈会。这是继去年贵阳生态文明国际论坛期间贵州省第一次工作座谈会后，由全国设立应对气候变化处的省区发改委有关人员出席的第二次工作座谈会。座谈会得到了国家发改委应对气候变化司的大力支持，贵州、湖北、广西、陕西、山西、吉林、辽宁、江西等省区发改委的分管领导和应对气候变化处的负责同志和国家发展改革委气候司领导参加了会议。

为了提高全社会应对气候变化意识，根据国家发改委部署，省发展改革委在2014年第二个“全国低碳日”期间，省发展改革委组织了“低碳走进校园宣传活动”、“低碳乡村、美丽家园”全国低碳日主题宣传活动、“低碳环保，我们行”主题培训等一系列宣传教育活动。

六、积极申报国家清洁发展机制基金赠款项目

根据我省应对气候变化工作需求，省发展改革委布置有关科研机构、大专院校编制国家清洁发展机制基金赠款项目研究课题，筛选出7个课题上报国家发改委。在国家发展改革委下达的2013年清洁发展机制赠款项目计划中，我省有2个项目进入计划。

七、探索筹建碳交易市场

为探索以市场化手段控制温室气体排放，发展碳排放权交易市场，在省发展改革委的指导和帮助下，新余市完成了全市能耗3000吨标煤以上49家企业的碳排放核算、核查工作，碳交易场所已经完成装修装饰，交易系统软硬件平台已开始安装调试，交易制度体系正在建立，计划于2014年内投入运行。

同时，省发展改革委协同省产权交易所进行了多次调研，开展了省碳排放权交易市场筹建方案的编制工作，计划在2014年下半年建立江西省碳排放权交易所。

（撰稿：唐正，江西省发展和改革委员会应对气候变化处）

河南省2014年应对气候变化和低碳发展报告

河南省发展和改革委员会

2014年，河南省深入贯彻落实中央关于生态文明建设一系列重大战略部署，把低碳发展作为转方式、调结构、促发展、惠民生和加快中原崛起、建设美丽河南的重要抓手，着力优化产业结构，推进能源生产和消费革命，控制非能源活动温室气体排放，努力增加森林碳汇，加强碳排放管理和基础能力建设，经济社会绿色低碳发展取得了新的成效。

一、产业结构逐步向低碳化转变

认真贯彻国家产业结构调整重大部署和《河南省人民政府关于加快推进产业结构战略性调整的指导意见》（豫政〔2013〕65号），围绕建设先进制造业大省、高成长服务业大省和现代农业大省，大力推进产业结构调整，积极发展低耗能、低排放、高附加值产业，改造提升传统产业，在构建结构优化、技术先进、附加值高的低碳产业体系上迈出坚实步伐。

一是持续推进工业结构优化升级。2014年，河南省政府印发了《关于先进制造业大省建设行动计划》，以培育产业集群为抓手，以承接转移、创新驱动、产业融合、集群发展、改革重组为主要途径，大力推进高成长性制造业发展、战略性新兴产业培育、传统支柱产业转型三大工程，聚焦重点方向，突破重大专项，发展优势产业，加快推进产业结构优化升级。2014年，河南省汽车及零部件行业、电子信息产业、装备制造业、食品工业、轻工业和新型建材工业等六大高成长性制造业增加值同比增长13.8%，高技术产业增加值同比增长22.6%，增速分别高于全省工业平均增速4.3个和13.1个百分点。

二是持续推进产业集聚区低碳发展。产业集聚区是河南省经济发展的主战场和重要载体。始终坚持绿色循环低碳发展，按照产业链上下游关联，集中优势要素资源，推动形成相互支撑、互补发展的千亿级主导产业集群，努力把产业集聚区打造成全省转变发展方式、建设美丽河南的先行区。2014年，全省产业集聚区规模以上工业增加值增长16.7%，高于全省工业平均增速7.1个百分点。

三是持续淘汰高耗能、高排放落后产能。在“十二五”前三年超额完成国家下达淘汰落后产能的基础上，河南省政府印发了《化解产能严重过剩矛盾实施方案》，按照“消化一批、转移一批、整合一批、淘汰一批”的要求，河南省发展改革委、工信委、环保厅、国土厅等部门对钢铁、水泥、电解铝、平板玻璃等行业的违规建设项目进行了清理，顺利完成了国家下达我省的年度淘汰落后产能目标任务。

四是持续推进服务业发展。省政府出台了建设高成长服务业大省若干意见、进一步促进服务业发展若干政策和促进快递、健康、养老、现代保险服务业发展等一系列文件，在投资、土地、财政、信贷等方面采取了一系列针对性措施，推进服务业加快发展。2014年，全省三产比重提高至36.9%，较上年提高了1.2个百分点，延续了近年来的增长态势。

二、节能工作取得明显成效

坚持节能优先的方针，不断创新工作方法，狠抓重点领域和关键环节节能降耗，推动全省节能工作取得新进展。经初步核定，2014年，全省万元生产总值能耗下降4.06%，继续保持较大降幅，超额完成了年初确定的下降1.5%的节能目标；累计完成“十二五”节能目标进度110.04%，提前一年超额完成国家下达我省的节能目标任务。

一是全面加强节能降耗综合协调。省政府印发了2014年度节能减排工作安排及2014—2015年节能减排低碳发展行动方案，安排部署了全省节能减排重点工作，分解落实了各省辖市、省直管县（市）的节能目标和省直各部门的重点节能任务，各地、各部门按要求进行了细化分工。省节能减排办组织实施了省辖市、省直管县（市）2013年度节能目标考核，公布了考核结果。省住建厅、事管局还组织开展了部门年度节能目标考核工作，通报了考核结果。

二是积极推进重点领域节能降耗。千家企业节能低碳行动计划深入开展，重点用能单位加快了能源管理体系建

低碳论坛

国家发展改革委气候司蒋兆理副司长在“中原经济区绿色低碳发展论坛”上发表演讲

河南大学低碳宣传

设进度，健全了节能管理制度，实施了一批节能技术改造项目，2014年实现节能量250万吨标准煤。绿色建筑行动计划顺利实施，全年完成既有居住建筑供热计量及节能改造面积403.87万平方米，超过国家下达年度目标任务3.87万平方米。建筑节能标准执行率连续七年达到100%，全年新增节能建筑面积5850万平方米。绿色循环低碳交通运输体系加快构建，建立健全了“车、船、路、港”交通运输企业能耗信息定期报送等制度。全年淘汰黄标车及老旧车辆28.43万辆，更新天然气营运车辆2181辆，替代石油燃料9.6万吨标准油。济源市成功入选全国绿色交通城市区域性试点。节约型公共机构示范单位创建活动取得明显效果，我省38家单位通过国家第一批节约型公共机构示范验收，66家单位通过省级验收。全省公共机构如期完成了单位综合能耗降低3.2%的年度工作目标。

三是节能基础能力进一步夯实。全省共有16个省辖市、72个县（市、区）成立了节能监察机构，分别占建制市、县的89%和45%，省、市、县三级节能监察体系初步构建。

三、能源消费结构调整稳步推进

近年来，河南省深入推进“内节外引”能源发展战略，在加大内部节能降耗和优化传统能源结构的同时，积极引进省外清洁能源，加快构建清洁低碳的能源体系。2014年，全省清洁能源利用量2420万吨标准煤，占能源消费总量的比重达到9.2%，其中，非化石能源占能源消费总量比重为3.9%。清洁能源发电装机占全省电力总装机的比重达到10.8%。重点采取了以下措施：

一是努力增加清洁能源利用量。2014年，全省可再生能源利用量1300万吨标准煤，同比增长3.4%；燃料乙醇消费量达到75万吨，同比增长7%；沼气用户达到440万户；利用地热能供暖制冷面积超过2200万平方米；“煤改气”用气量达到5亿立方米，占全省总用气量的7.4%，同比增长42%。

二是提高煤炭洗选比例。严格执行商品煤质量管理办法，提高煤炭洗选比例，煤炭清洁生产能力进一步加强。2014年，全省骨干煤炭企业煤炭洗选能力达到8681万吨，原煤入选率达到60%，煤矸石、煤泥和劣质煤等低热值煤综合利用电厂装机达到120万千瓦，年消耗低热值煤700万吨以上，煤矸石综合利用率达到69%，矿井水综合利用率达到72%。

三是积极开发利用新能源和可再生能源。截止2014年底，全省新能源和可再生能源发电装机530万千瓦，全年发电量115亿千瓦时，占全社会总用电量的3.9%。

四是实施“气化河南”提速工程。加快推进中石油西气东输三线河南段、中石化新粤浙线工程河南段，以及中原油田文23储气库、平顶山叶县储气库和一批LNG储气调峰设施建设。完善省内配套地方支线管网，2014年，全省新增天然气长输管道400公里，累计达到5564公里。

四、森林碳汇能力持续增长

重点围绕建设林业生态省，组织实施了天然林保护、退耕还林、重点地区防护林等国家重点林业生态工程，以及生态廊道网络、“百千万”农田防护林、城镇社区绿化美化、山区营造林等省级重点林业生态工程，努力增加森林碳汇。据核查，2014年，河南省完成造林面积354万亩，完成森林抚育和改培造林面积298.9万亩，完成义务植树1.9亿株，分别为年度计划任务的107.5%、105.5%和105.6%；河南省森林植被总碳储量达1.54亿吨，比2013年净增碳储量约0.05亿吨，相当于净增加吸收二氧化碳0.2亿吨。同时，还开展了森林城市、国土绿化模范单位、生态文化示范企业和生态文明乡村创建活动，2014年，郑州、鹤壁两市成功创建国家森林城市。

五、低碳试点示范取得积极进展

开展低碳试点示范建设，可以为建设以低碳排放为特征的产业体系和消费模式积累经验，是推动落实我省控制温室气体排放行动目标的重要抓手。2014年，我省在推进试点建设方面，做了积极的探索：

一是推进国家综合性低碳试点城市建设。济源市是国家第二批低碳城市试点，济源市委、市政府高度重视，成立了低碳工作领导小组，出台了关于建设低碳城市的指导意见和低碳发展规划等，2014年重点在加强基础能力建设、调整产业结构、发展低碳能源等方面，开展了试点和探索，完成了20家重点企业的碳盘查工作，出台了《济源市碳排放总量控制管理办法》，建成了一个低碳示范园区、两个低碳示范社区和一批风能、太阳能发电项目。

二是加快国家专项低碳试点建设。新乡市被交通运输部确定为国家“公交都市”示范城市，重点从提升公交服务、完善基础设施、公交智能化、绿色交通出行、交通需求管理等方面助推“公交都市”建设；济源是交通运输部确定的全国低碳交通运输体系建设试点城市，2014年5月，济源市绿色循环低碳交通运输城市区域性项目实施方案通过了国家交通运输部评审，为全面推动城市绿色交通体系建设明确了目标任务；鹤壁、济源两市是国家住建部确定的中美低碳生态试点城市，去年，两市围绕城市规划、基础设施建设与运营管理、绿色交通体系等开展试点工作。

三是组织开展低碳工业园区、低碳社区试点。郑州高新区、洛阳高新区成功入选国家第一批低碳工业园区试点。洛阳高新区在开展低碳工业园区试点前期工作的基础上，编制完成了实施方案，稳步推进试点工作。驻马店市新蔡县黄楼社区作为我省第一批省级低碳社区试点，编制完成了低碳社区实施方案，启动了低碳社区试点。

洛阳低碳日

六、提高应对气候变化基础能力

河南省碳排放控制和应对气候变化工作起步较晚，从组织机构、制度设计、统计数据等基础工作，到人员培训、资金投入等能力建设方面都较为薄弱。因此，在贯彻落实国家低碳发展和应对气候变化各项工作措施的同时，近年来我省十分注重加强基础工作和能力建设，为全面推进经济社会低碳发展创造了良好条件。

一是加强宏观指导。河南省政府印发了《河南省“十二五”应对气候变化规划》，是全国较早发布应对气候变化专项规划的省份之一。制订了《“十二五”控制温室气体排放工作实施方案》，将控制碳排放强度下降指标任务分解到了18个省辖市。2014年，我省将碳排放强度下降指标确定为万元生产总值二氧化碳排放较2013年下降1.5%，并纳入全省国民经济和社会发展计划。

二是温室气体排放清单编制工作顺利完成。河南省成立了由省政府主管省长为组长，省发展改革委、统计局等12个厅局为成员的温室气体排放清单工作领导小组，组织开展了全省能源、工业、农业、土地林业和废弃物等五大领域清单编制工作。截至2014年底，河南省2005年和2010年温室气体排放清单编制报告已通过国家单项和联审验收，并受到评审专家的一致好评。按照国家发展改革委、国家统计局等部门统一部署，正在建立应对气候变化基础统计制度和工作体系，已完成《河南省应对气候变化基础统计报表制度》初稿。

三是低碳产品认证工作启动实施。河南省相关部门发布了鼓励推广的节能产品和技术目录，开展了节能产品认定工作，引导社会和企业使用节能低碳产品；积极帮助企业申报低碳产品认证，其中，安阳中联水泥有限公司、南阳中联卧龙水泥有限公司和中国联合水泥集团有限公司南阳分公司获得了国家首批低碳产品认证证书。

七、加强应对气候变化保障

一是财政资金投入有所增加。2014年，河南省重新修订了《河南省节能减排专项资金及项目建设管理办法》，资金主要用于支持包括温室气体削减等方面的节能减排项目；河南省财政安排170万元经费用于省级温室气体清单编制工作。郑州、新乡、洛阳、商丘等10个省辖市共安排专项资金1000余万元，用于市级应对气候变化规划和温室气体排放清单编制工作。

二是应对气候变化工作体系不断完善。为进一步加强全省应对气候变化工作的领导，2013年11月，省政府在整合省政府节能减排工作领导小组和省循环经济发展领导小组的基础上，成立了河南省节能减排（应对气候变化）工作领导小组和办公室，重新调整了领导小组成员单位及组成人员。各省辖市、直管县政府也根据实际情况，相应调整了应对气候变化的组织领导机构。部分省辖市发展改革部门还调整充实了应对气候变化人员力量。同时，各地通过编制应对气候变化规划和温室气体排放清单，锻炼出一批熟悉应对气候变化工作的专家队伍。

八、开展低碳宣传活动

2014年，河南省充分利用“全国低碳日”、“世界气象日”、“世界无车日”、“全球关灯1小时”等活动，借助广播、电视、报刊、互联网、公益短信、微博、户外广告等各种媒介，大力宣传绿色低碳理念，努力提高全社会对绿色发展、低碳发展重要性的认识。2014年3月，河南省发展改革委和河南大学共同举办了“中原经济区绿色低碳发展论坛”，邀请了国家气候战略中心和海内外专家学者到会演讲，国家发展改革委气候司蒋兆理副司长到会讲话。在公共机构和部分高校开展了绿色回收活动，印制发放了绿色低碳宣传画，并在办公区、公共场所及宿舍区张贴。省直部门驻政府综合办公楼单位、省质监局等部门积极践行“一公里步行、三公里骑行、五公里公交”的“135”绿色低碳出行方案，绿色出行蔚然成风。省事管局在省直机关倡导绿色低碳办公模式，减少一次性办公用品使用，提高公众践行绿色低碳和积极应对气候变化的意识。

总体看，2014年河南省在应对气候变化和降低碳强度工作中，全省各级各部门认真贯彻落实国务院和国家发展改革委等部门的工作部署，围绕加快生态文明建设，制定实施控制温室气体排放方案，努力将低碳发展的要求融入经济社会的各方面。河南省在开展低碳试点示范建设、温室气体排放清单编制、宣传绿色低碳理念等方面取得了积极进展。但是，控制温室气体排放工作涉及面广、专业性强，温室气体排放的基础统计、测算及考核体系需要健全完善，低碳技术研发投入不足、支撑能力不强，控制温室气体排放配套资金、专业人才队伍建设需要进一步加强。在今后的工作中，河南省将进一步加大应对气候变化工作力度，加强基础能力建设，确保完成“十二五”时期碳强度下降目标，促进全省经济社会绿色低碳发展。

（撰稿：张志祥，河南省发展和改革委员会资源节约与环境保护处）

湖北省2014年应对气候变化和低碳发展报告

湖北省发展和改革委员会

2014年，是湖北省应对气候变化工作任务艰巨繁重的一年，同时也是收获沉甸、亮点纷呈之年。一年来，湖北省紧紧围绕低碳试点、碳排放权交易试点、应对气候变化能力建设等重点工作，务实推进，厚积薄发，应对气候变化各项工作取得了积极进展，在部分领域取得重大突破。主要表现在以下方面：

（一）努力控制温室气体排放

通过调整产业结构和能源结构，节约能源、提高能效，增加森林碳汇等手段，湖北经济在快速发展的同时，努力减缓温室气体排放增速，取得了积极成效。2014年，全省单位生产总值二氧化碳排放量比上年下降7.23%，“十二五”前四年累计下降17.28%，提前一年完成“十二五”单位生产总值二氧化碳排放累计下降17%的目标。一是调整优化产业结构。三次产业结构由2013年的12.2：47.6：40.2调整为11.6：46.9：41.5。大力发展先进制造业，重点培育新兴产业，加快发展新一代信息技术、高端装备制造、新材料等优势产业和生物技术、节能环保等特色产业。促进现代服务业加快发展，重点发展关联性强、拉动作用大的现代物流、金融、科技、信息和中介服务业；同时，加快发展软件、服务外包、创意设计、通用航空等新兴服务业。2014年，第三产业完成增加值11349.93亿元，增长10.5%。高新技术制造业增长较快，全年完成增加值比上年增长17.0%，占规模以上工业增加值的比重达7.9%。

二是全面推进重点领域的节能降耗。第一，扎实开展“万家企业节能低碳行动”。2014年，全省761家“万家企业”实现年节能267.12万吨标准煤，“十二五”前4年累计实现节能量1131.03万吨标准煤。第二，强化工业领域节能，依法淘汰落后产能。全年共淘汰炼钢产能462万吨、电石产能11万吨、电解铝产能2万吨、铜冶炼产能6.95万吨、造纸产能5.3万吨、水泥产能301万吨、平板玻璃产能85万重量箱、印染产能13800万米，全面超额完成了国家下达的目标任务，规模以上工业单位增加值能耗降低8.3%。第三，加强建筑领域节能。全省开展绿色建筑创建444.61万平方米，实施既有建筑和公共建筑节能改造276.82万平方米，对98栋公共建筑实施能耗动态监测；在巩固“城市限粘、县城禁实”的基础上，完成30个重点乡镇的“禁实”工作；全省城镇新建建筑设计阶段节能标准执行率100%，竣工验收阶段节能标准执行率98.3%，比2013年上升0.1个百分点。第四，推进交通领域节能。加快构建铁路、公路、水路、航空等多种运输方式高效衔接，努力实现无缝对接，开展“车船路港”千家企业低碳交通运输和节能减排科技专项行动，实施机场、码头、车站节能改造。营运车辆单位运输周转量能耗比上年下降1%，营运内河船舶单位运输周转量能耗下降1.6%，港口生产单位吞吐量综合能耗下降0.8%。第五，加强公共机构节能。据初步测算，全省公共机构人均用水、人均能耗、单位建筑面积能耗同比分别下降3.75%、3.75%、3.12%。通过采取上述措施，2014年全省单位国内生产总值能耗为0.793吨标准煤/万元（按2010年不变价），比上年下降5.24%，超额完成下降3%的年度目标任务；“十二五”前四年累计下降16.36%，提前一年完成“十二五”累计下降16%的目标任务。

三是改善能源结构，加快发展清洁能源。低碳能源建设步伐加快，加快发展清洁能源。率先发布大型火电项目建设中长期规划，创新大型火电项目管理机制，实施燃煤机组综合能效提升工程；推进水能、风能、太阳能、生物质能和天然气等清洁能源加快发展，能源结构多元化格局逐步显现。2014年度，煤炭占能源消费总量比重比上年下降3个百分点。截至2014年底，新能源和可再生能源发电装机容量达到195万千瓦，约占全省发电装机容量的3.2%，比2013年增加1个百分点，累计水电装机3626.71万千瓦，风电装机100万千瓦，光伏发电装机24万千瓦，生物质能发电装机71.16万千瓦，浅层地温能利用面积1450万平方米。推进8个金太阳示范项目、13个光电建筑应用示范项目，通山、大悟、谷城、鹤峰、利川、房县6个示范县的实施方案全部通过国家审查，进入全面建设阶段。积极组织宜昌、襄阳、鄂州、黄石等城市申报新能源示范城市。

中能盛华（湖北）光伏电站

四是碳汇建设进一步加强。先后实施了天然林保护工程、退耕还林工程、湖北华中林业生态屏障工程、三峡库区森林生态工程、湖北湿地保护与修复工程、自然保护区建设工程等。促进骨干交通和水系廊道生态景观建设，实施“一江（长江）两山（神农架、武当山）”生态景观工程。稳步推进仙（桃）洪（湖）新农村试验区林业建设，探索实施“林水结合”发展模式，成功破解了湖北平原湖区林业发展的难题，使林业生态建设和林业生产发展取得明显成效。2014年度全省新增造林计划面积340万亩，实际完成365.7万亩，完成率107.6%；2014年度全省森林抚育计划面积175.6万亩，实际完成175.6万亩，完成率100%。

（二）不断完善制度框架体系

2014年，出台了《湖北省碳排放权管理和交易暂行办法》、《湖北省碳排放配额分配方案》、《湖北省工业企业温室气体排放监测、量化和报告指南（试行）》、《湖北省温室气体排放核查指南（试行）》等一系列法规和文件，为控制温室气体排放工作提供了政策保障。合理分解碳强度下降目标，综合考虑经济发展水平、产业结构、能源结构、新能源发展状况和森林碳汇等因素，结合节能目标与分解情况，将全省碳强度下降目标分解到各市（州）。实施评价考核制度，省政府每年年初将年度目标任务分解到各市（州），并与各市（州）政府主要负责同志签订目标责任书，年终进行考核，考核结果纳入市（州）政府工作评价体系。

（三）切实增强适应气候变化能力

湖北是农业大省，同时也是气候变化敏感区域。为适应气候变化带来的影响，加强了适应气候变化与应对极端天气、气候事件的能力建设，加大了对水利设施、水资源、农业等敏感行业和领域适应能力的建设，适应气候变化明显增强。农业领域。大力推进生态农业建设，加强农田水利等农业基础建设，提升农业综合生产能力。实施农业面源污染防治工程，推广测土配方和合理使用农药技术，推广环保型化肥和秸秆还田，减少农田氧化亚氮排放。狠抓了大中型灌区续建配套节水改造和粮食主产区的灌排骨干工程建设，开展了田间节水灌溉示范与推广。水资源领域。大力推进节约用水和节水型社会建设，加大水资源治理和管理，水资源得到有效保护。确立了严格管理水资源的总体思路，推动水资源管理法规建设，重点审查项目对水功能区的影响。在全省开展“节水型企业”、“节水型灌区”创建活动。狠抓了节水型社会建设，制定出台了《湖北省节水型社会建设规划》、《武汉城市圈节水型社会建设规划》。鄂州市、襄阳市、孝昌县、武汉市、宜昌市节水型性社会建设取得积极进展。以重要湖泊水生态修复工程建设为重点，以点带面，全面推动水生态修复工作。开展对梁子湖、“四湖”流域等湖泊的综合治理。汉阳六湖连通工程全面完成，咸宁淦河、黄冈长河、十堰泗河、黄石磁湖、鄂州洋澜湖、孝感澴东湖泊等城市水生态保护与修复项目稳步推进。气象领域。充分发挥了气象灾害的预警预报作用，为应对气候变化变化提供科技支撑。启动了气象灾害防御规划编制工作，完善了气象灾害监测网络。加强气象灾害应急体制机制建设，提升气象灾害预警预报能力，预警信息快速发布绿色通道建成。深化气候变化科学研究，加强主要极端天气气候事件及重大气象灾害的监测评估关键技术研究。

（四）大力推进低碳试点示范建设

武汉市、十堰市是全国低碳交通运输体系建设试点，武汉市被纳入全国公交都市试点范围，两市在低碳交通建设方面都取得了一定成绩。2012年，武汉市成为第二批国家低碳试点城市，2014年，湖北省3个工业园区（武汉青山经济开发区、孝感高新技术产业开发区、黄石黄金山工业园）被工信部、国家发改委确定为国家首批低碳试点工业园区，武汉百步亭社区被授予“低碳中国行—低碳榜样优秀社区”称号。已起草上报了《湖北省低碳社区建设实施方案》，将在全省范围大力推行低碳社区建设，促进低碳生活概念深入人心。二是重点支持示范地区。2011年，省政府确定在2个城市（襄阳和咸宁）、2个园区（武汉东湖新技术开发区和黄石黄金山工业园）、2个社区（武汉百步亭社区和鄂州峒山社区）开展低碳试点示范。湖北省低碳试点专项资金每年2000万元，重点用于支持低碳试点示范地区示范项目和能力建设项目，2010年以来，省财政累计投入8000万元，重点用于支持试点地区太阳能路灯、社区地源热泵系统、沼气工程、低碳发展规划（方案）等低碳试点示范项目和能力建设项目。三是开展碳标识和低碳认证试点。为了有效推动碳标识和低碳认证工作，湖北省在水泥、浮法玻璃等行业的相关企业开展低碳认证和碳标识试点。在认真调研的基础上，制定了平板玻璃、水泥低碳产品认证实施规则。湖北大冶尖峰水泥有限公司普通硅酸盐水泥和武汉长利玻璃（汉南）有限公司浮法平板玻璃两项产品于2014年7月通过中国质量认证中心低碳产品认证审核，获得我国首批低碳产品认证证书。

中德（湖北）应对气候变化地方能力建设项目培训

（五）稳妥推进碳排放权交易试点工作

湖北将开展碳排放权交易试点作为“两型”社会和生态文明建设的重要工作，在配额分配、交易平台建设、制度设计等方面先行先试，努力建立要素明晰、制度健全、交易规范、监管严格的区域性碳排放权交易市场体系。湖北碳排放权交易自2014年4月2日启动以来，碳市场运行平稳，在全国7个试点中，湖北碳市场的成交量和成交额处于领先位置，具备较好的市场流动性，市场活力十足，同时推出了系列碳金融创新产品，获得国内外的关注和肯定。截至2014年12月31日，湖北碳排放权配额成交量820万吨，成交额1.94亿元，分别占全国碳市场的54.8%和38.8%；交易价格总体平稳，最高价格为29元/吨，最低价格为21元/吨。开展了碳金融授信、碳资产质押贷款、碳基金、碳债券、碳资产托管等碳金融创新业务。系列碳金融创新产品的推出，有利于控排企业扩大融资渠道，降低融资成本，也有利于形成“碳金融创新推动碳市场建设、碳市场建设促进碳金融创新”的互利共赢格局。

湖北仙居顶风电场

（六）加强国际合作，推广技术研发

积极推进与欧盟、英国、德国、美国等地区和国家的合作，学习借鉴发达国家先进的低碳技术、成熟的管理经验和碳排放交易机制。与美国环保协会、英国驻华使馆、德国国际合作机构（GIZ）等单位在低碳农业、低碳城镇、森林碳汇项目、碳交易、应对气候变化能力建设等方面开展务实合作。加强低碳技术的研发，低碳技术推广应用得到加强，其中华中科技大学二氧化碳捕集技术在全国处于领先地位，于2011年建成的国内首套世界第三套3MW规模全流程富氧燃烧试验平台，亚洲最大的35MW富氧燃烧示范项目正在湖北应城建设中。

（七）探索低碳消费模式，营造低碳发展氛围。低碳生活方面

启动了“酷中国——全民低碳行动”湖北巡回展活动，组织制作了反映低碳生活理念和行为的宣传片《赵先生的一天》，在电视台播放低碳公益广告，利用报纸、网络等媒体宣传湖北低碳试点建设情况。低碳交通方面，以“免费自行车服务网络”为代表的慢行交通系统进一步完善，武汉市免费自行车受到群众欢迎，管理模式不断完善。低碳创建活动方面，精心组织节能宣传周和“全国低碳日”宣传活动，印发低碳宣传画册、张贴低碳宣传画、开展低碳产品展、组织低碳交通自行车骑行体验等丰富活动。大力开展低碳机关、低碳校园、低碳商业场所的创建活动。

（八）强化基础工作，加强能力建设

一是根据《国家发展改革委 国家统计局关于加强应对气候变化统计工作的意见》精神，根据省内实际，湖北省发展改革委、省统计局印发了《关于加强应对气候变化统计工作的实施意见》，将相关工作责任落实到各地、各部门和各行业协会。开展了温室气体排放基础统计体系课题研究，努力及早建立健全温室气体排放基础统计制度。二是积极编制省级温室气体排放清单。湖北是温室排放清单编制试点省，已编制完成2005年、2010年、2011年温室气体排放清单。其中2005年清单已通过国家评审，2010年、2011年清单已通过本省评审，已启动2012年、2013年温室气体排放清单编制工作，为准确地掌握本省温室气体排放现状和趋势、夯实控制温室气体排放工作打下基础。三是加强能力建设，提高工作水平。组织和参加各种学习培训，抓紧锻炼队伍，培养人才。近几年，组织或参加各类应对气候变化工作培训30余次。

（撰稿：田啟，湖北省发展和改革委员会应对气候变化处）

广东省2014年以来应对气候变化和低碳发展报告

广东省发展和改革委员会

加快推进生态文明建设，推动绿色低碳发展，是党中央、国务院作出的一项重大决策部署。近年来，按照党中央、国务院的部署和要求，广东省以低碳试点为抓手，以改革创新为动力，大胆探索、勇于创新，推动低碳示范省建设、碳排放权交易试点等工作取得积极成效，“十二五”前四年全省单位生产总值二氧化碳排放累计下降超额完成总体进度目标。

一、积极先行先试，扎实推进国家低碳省试点

2010年7月，国家批准包括广东在内的五省八市为首批低碳试点省市。广东省委、省政府高度重视，要求发挥低碳的引领作用，将绿色化、低碳化发展上升为广东的永续发展战略，采取了一系列积极措施推进试点工作。

（一）加快完善有利于低碳发展的体制机制

首先健全工作机制，在省应对气候变化工作领导小组的基础上，推动省政府专门建立省开展国家低碳省试点工作联席会议制度，并印发《广东省低碳试点工作实施方案》，明确了由发改部门总牵头、总协调，各部门分工配合的工作机制，每年下发低碳试点工作要点，狠抓各项工作的落实。其次，将低碳理念融入经济社会发展各领域，提高低碳发展的战略地位，先后印发了《广东省“十二五”控制温室气体排放工作实施方案》、《广东省应对气候变化“十二五”规划》、《广东省主体功能区规划配套应对气候变化政策的指导意见》等文件，要求各地市在新区建设前必须编制低碳生态规划，出台《广东省低碳生态城市专项规划编制指引》，推动全省各市构建“碳规”体系，出台对工信、住建、交通、林业等部门制定的规划政策也要求体现低碳工作内容。第三，加大投入力度，省财政设立低碳发展专项资金，每年安排3000万元重点支持低碳发展的基础性和示范性工作。第四，完善决策咨询机制，成立了省级低碳发展专家委员会，组织省内外专家学者就我省低碳发展的重大问题提出意见建议。第五，加强基础研究与能力建设，组织开展广东省碳排放峰值、应对气候变化中长期战略规划、碳排放交易机制等研究，会同统计部门开展应对气候变化领域统计工作，组织编制温室气体排放清单，初步建立温室气体排放数据库，形成了以中山大学应对气候变化研究中心、中科院广州能源研究所等机构组成的科研支撑体系。

（二）深入开展多层次、多样化低碳试点示范

城市方面，组织广州、深圳等有条件的城市建设国家级低碳试点城市，推动深圳国际低碳城、珠海横琴新区纳入首批国家低碳城（镇）试点，推荐佛山西樵镇纳入首批国家绿色低碳示范小城镇；省内组织珠海、河源等四市八县开展省级低碳市县试点，探索在不同发展阶段、不同主体功能区实现低碳发展的有效路径。园区方面，推动东莞松山湖高新技术产业开发区列入国家第一批低碳工业园区，选取广东状元谷电子商务产业园等4个园区开展省级低碳园区改造示范。社区层面，组织中山小榄等5个地方开展低碳社区示范建设。企业层面，组织开展低碳产品认证试点工作，探索在中国（广东）自贸区积极推动低碳产品认证制度。社会公众层面，印发实施《广东省碳普惠制试点工作实施方案》，启动广州、东莞、中山、韶关、河源等首批碳普惠制试点城市，运用商业激励、政策鼓励、碳交易等机制，建立惠及社会公众的碳减排信用体系，将低碳权益合理分配给更多的企业和公众，鼓励全社会节能减碳。

（三）加快推进产业和能源低碳化发展

我省大力建设现代产业体系，加快发展高效益、低排放的现代服务业、先进制造业和战略性新兴产业，2013年第三产业比重首次超越第二产业，产业结构由“二三一”调整为“三二一”，2014年第三产业占全省地区生产总值比重为49.1%，比2013年上升0.3个百分点。大力淘汰落后产能，2014年共淘汰落后和过剩炼钢产能250万吨（超计划31%）、铜冶炼1.5万吨、水泥443万吨（超计划85%）、造纸21万吨（超计划250%）、制革60万标张（超计划20%）、印染17504万米（超计划17%），铅蓄电池59万千伏安时（超计划18%），电力43.35万千瓦，超额完成国家下达的年度淘汰任务，并提前一年完成国家下达的“十二五”期间淘汰任务。大力发展新能源和可再生能源，全省核电装机容量达到720万千瓦，水电823万千瓦，风电及其他装机容量约340万千瓦，2014年，广东省煤炭消费占能源消费总量比重为41%，比2013年下降0.9个百分点；水电、核电、风电和太阳能发电等非化石能源占能源消费的比重为18%，比2013年提高1.5个百分点。

（四）协调推动重点领域降碳增汇

实施万家企业节能减排低碳发展行动方案，狠抓工业、公共机构、交通运输、农业农村等重点领域节能减碳，

加快推进电机能效提升、万台注塑机节能改造试点、LED城市绿色照明等重点工程，2014年我省规模以上工业六大高耗能行业占地区规模以上工业能耗比重为22%，比上年下降0.4个百分，我省单位单位地区生产总值能耗累计下降16.19%，完成国家下达我省“十二五”单位地区生产总值能耗下降总目标任务的89.06%。深入实施绿色建筑行动计划，新建建筑强制执行节能标准，积极推广绿色建筑标准，2014年全省绿色建筑评价标识项目新增145个，新增标识面积达1635万平方米，全省累计绿色建筑评价标识项目超过322项，标识建筑面积超过4000万平方米。发展低碳交通，组织开展车船路港千家企业低碳交通运输专项行动，全省30万辆营运车辆全部符合燃料消耗量限值要求，并超额完成国家下达的淘汰“黄标车”和老旧车任务，加快推广新能源汽车。全面推进新一轮绿化广东大行动，积极增加森林碳汇，2014年，我省新增造林实际完成面积为388.5万亩，超额完成360万亩的年度计划任务，长隆碳汇造林项目成为全国首例CCER林业碳汇交易项目。开展美丽海湾建设试点，海洋生态修复和海洋保护区建设取得新成效。强化科技支撑，定期编制发布节能低碳技术目录，安排低碳技术创新与示范等专项资金，推动一批重大低碳技术攻关和示范推广。

（五）加强对外合作和宣传引导

省政府与英国签署低碳发展联合声明，与美国加州、美国能源基金会等签署低碳发展合作谅解备忘录，与香港特区政府发起成立粤港应对气候变化联络协调小组。推动广东省电力设计院与英国CCUS中心、苏格兰CCUS中心共同组建中英（广东）CCUS中心。定期组织编印广东低碳发展年度报告，精心策划“全国节能宣传周”和“全国低碳日”等系列宣传活动，取得较好效果。组织开展应对气候变化和低碳发展专题培训，与湖南、湖北、广西、海南等兄弟省市建立长期友好合作交流机制，共同提高低碳工作能力和水平。

下一步重点工作：

（一）探索建立碳排放总量控制和分解机制。加快我省碳排放峰值研究，合理制定峰值时间表和路线图。落实国家碳排放总量控制和强度下降目标任务，分区域、分行业逐步建立我省碳排放总量和强度“双控”工作机制，推动经济向绿色、低碳转型。

（二）深入开展低碳试点示范。加大对国家和省级低碳试点城市、市县建设的指导和支持，建立跟踪考核机制，及时总结推广试点经验。组织建设一批国家、省级低碳示范园区、社区，开展低碳企业、个人评优推优工作。推动低碳产品认证工作，制定我省低碳产品认证实施方案，选择有代表性的行业和产品类别，在我省自贸试验区企业中实施和推广低碳认证制度，研究建立粤港“碳标签”互认机制。落实省部共建低碳生态城市建设示范省合作框架协议，推进低碳生态城市建设示范省建设，探索资源节约、集约高效、绿色低碳的新型城镇化道路。

（三）加快建立温室气体排放统计核算体系。按照国家要求，在现有统计制度基础上，建立健全覆盖能源活动、工业生产过程等领域的温室气体基础统计和调查制度，加快构建省、市和重点企业的温室气体排放统计核算体系。按国家要求做好省级温室气体清单编制工作。加强目标责任评价考核。建立我省单位生产总值二氧化碳排放降低目标责任评价考核制度，对各地级以上市碳强度下降年度和总体进度目标完成情况进行考核。

（四）加强适应气候变化工作。组织编制全省适应气候变化中长期战略规划，强化防灾减灾体系建设。加强城乡建设过程中的气候变化风险评估工作，完善气候可行性论证制度。建立并完善全省温室气体监测网，为我省应对气候变化工作提供科学依据。

（五）加强对外交流与合作。推进我省分别与英国、美国加州、美国能源基金会等签署的关于低碳发展合作联合声明（谅解备忘录）及省领导出访确定的相关对外合作事项。在粤港应对气候变化联络协调小组机制下，加强粤港应对气候变化合作。

（六）加强宣传引导。通过举办节能宣传周、全国低碳日等专题活动，广泛开展低碳宣传活动，大力倡导绿色低碳行为和理念。加强对省市有关部门、重点企业和专业机构的应对气候变化及低碳发展专题培训。

二、创新市场机制，建立完善碳排放权交易制度

碳排放权交易是一项重大体制机制创新，扭转了以往节能减排主要靠行政手段推动的局面，提出了一条政府加市场的新模式。广东作为全国体量最大的碳排放权交易试点省份，既有自身独特的条件，又在全国具有较好的代表性。我们坚持把构建公开透明、严格规范、民主监督、先进示范的碳交易体系放在首位，大胆探索、稳步实施、及时改进，努力为全国碳市场建设积累提供有益经验。广东省碳排放权交易自2013年12月启动以来，碳排放管理和交易各项工作顺利开展，2014年以来工作成效：

一是碳排放管理制度进一步完善。在一年实践基础上，修订并报广东省政府法制办进行合规审查后，印发了《广东省碳排放配额管理实施细则》和《广东省企业碳排放信息报告与核查实施细则》；推动碳排放管理交易条例的地方立法相关工作，以提升碳排放管理的法治水平。

二是企业减排责任意识大大提高。大部分企业由被动接受转变为主动加强碳资产管理，并在履约截止期限前提前完成配额清缴（履约）；仅有1家企业未按期履约，经责令整改后也在7月上旬完成履约，全省履约率达100%。

三是碳市场交易趋于活跃。2014年度顺利完成四次配额有偿竞价发放，共计发放343万吨有偿配额。截至7月底，广东碳市场（含一级市场）累计成交2055万吨，成交金额突破9亿元，总成交量和成交金额稳居全国首位；二级市场屡屡刷新全国单日成交记录，2014年成交量比2013年增长129%，价格稳定在一定区间，市场基本平稳。

四是碳金融发展势头良好。投资机构会员从2013年的20家增加至50家，吸引BP（中国）、壳牌能源（中国）、华能碳资产、广发证券等一批境内外金融机构、碳资产管理公司等参与我省碳市场，培育粤电环保、广州微碳等一批本地优秀投资机构。广碳所与浦发银行联合推出国内首个配额在线抵押融资业务和碳交易法人账户透支业务，受到企业的广泛好评和欢迎。

五是市场机制减碳增效作用明显。据初步统计，控排企业碳排放总量比2013年减少1593万吨、下降4.55%，单位水泥熟料、粗钢、原油加工碳排放比2013年分别下降4.9%、4.6%和7.23%，为2014年我省超额完成单位生产总值二氧化碳排放下降目标作出了重要贡献。

三、主要经验和体会

（一）着力维护公开透明的市场环境。碳市场是一个政策主导性较强的市场，政策体系是否公开透明对于保障市场的健康可持续发展至关重要。我省一直致力于建立维护公开透明的市场环境，及时公布相关政策文件和市场信息，目前已连续三年公布年度配额分配方案，公布内容包括配额总量、分配方法、分配因子、行业基准值、有偿配额比例数量、调整机制、控排企业、新建项目企业名单等等，是有效信息公布最多的试点地区之一。2014年度我省根据经济发展总体形势、行业发展阶段性特征，对配额分配方法和调整机制进行了完善，使用基准线法分配的配额比例占到90%以上；企业可根据配额方案直接测算自身年度配额数量，并根据配额分配情况合理统筹安排全年生产与经营，进而有效锁定碳排放管理和交易成本，同时发挥碳排放配额最大效益，带来额外收益。2014年度企业配额调整申诉量大幅减少，申诉率从2013年60%下降至10%以下，主动公开透明大大提升了我省碳排放管理工作的规范性。

（二）着力建立严格规范的报告核查体系。企业碳排放信息报告与核查既是碳排放权交易机制重要组成部分，也是整项机制公平合理、高效运转的重要保障。我省按照严格规范、注重细节、符合实际的要求建设监测报告核查体系。首先，强化监测报告工作，一是从实际出发，对不同企业提出不同报告层级要求；二是积极鼓励有一定测量技量基础的企业采用实测数据，推动企业精细化管理水平；三是严格监测计划报备核查制度，确保监测边界、监测手段、排放因子等关键因素不会随意更改。其次，严格报告核查工作，一是建立严格规范的第三方核查制度，采取多层次招标、政府委托、财政保障的办法，组织第三方核查工作；二是建立核查机构黑名单制度和绩效考核机制，核查机构绩效考核排名靠后的将影响核查资质和任务分配，出现重大技术失误、违规行为等的机构将被黄牌警告、诫勉谈话，直至列入黑名单、取消核查资格。三是加强质量控制，每次核查前组织培训，成立技术小组全程解答核查遇到的问题，根据绩效考核结果，有针对性组织复查、复核，从严把好核查数据的质量关。严格规范的碳排放信息报告与核查工作，有力保证了碳排放管理和交易工作的科学公正性，增强了控排企业、投资机构接受管理和参与交易的信心。

（三）着力完善民主监督与协商机制。广东实施碳排放管理过程中，注重建立并不断完善民主监督与协商机制。一是年内多次组织召开座谈会，就石化行业国家标准调整、有偿配额发放、活跃二级市场等议题广泛听取行业协会、控排企业、研究机构、投资机构的意见，确保决策的科学性和有效性。二是坚持评审委员会审议制度，连续两年的全省年度配额分配方案均提请评委会评审，其中专家不得少于总人数的三分之二，确保方案客观、公正。三是依托行业协会组建了行业配额技术评估小组，负责收集反馈企业意见，对配额管理工作提出意见建议。目前，电力、钢铁、石化、水泥四个行业小组分别向我委报送了2014年度行业企业配额评估报告，为完善我省碳排放管理提供了参考依据。民主监督与协商机制既保证了政府能广泛听取各方意见建议，又对限制行政部门自由裁量权、有效降低行政管理廉政风险发挥了重要的作用。

（四）着力探索创新配额发放机制。广东是全国唯一尝试配额有偿发放制度化的试点地区。配额有偿发放既符合中央推行资源有偿使用制度的精神，也充分体现了“资源稀缺、排放有价”的总体要求。广东碳市场从2013年启动开始，即规定控排企业免费配额发放比例为97%，2014年电力企业免费配额比例进一步降低到95%。为进一步活跃广东碳市场，建立一、二级碳市场有效联动链接，2014年开始还允许符合要求的投资机构主体参与有偿配额竞价，同时还设计试行阶梯上升的底价，为全国碳市场配额有偿发放机制提供了有益探索。通过实践来看，控排企业承担一定的减排成本与压力，可有效提高企业主动降碳增效的意识。

（五）着力构建服务实体经济的碳金融体系。我省碳排放权交易试点除加强碳排放管理外，还注重通过创新发展碳金融衍生市场，实现支持和服务实体经济的最终目标。一是盘活企业碳资产，大力拓宽企业绿色融资渠道，已推出碳交易法人账户透支、配额抵押融资两项金融业务，其中配额抵押融资业务先后征得金融、证监、银监部门和相关银行分行、总行同意，有效降低了企业的融资成本。二是创新新型投融资工具，利用配额有偿发放收入设立广东省低碳发展基金，目前省政府已同意切块6亿元作为首期启动资金，争取1比10募集社会资本成立母子基金，专门用于支持企业减碳改造和低碳产业发展、碳金融市场培育等工作。三是开展碳普惠制试点，提升碳交易工作的内涵和外延，利用碳市场和碳金融支持低碳城市、低碳社会建设，目前已正式印发《广东省开展碳普惠制试点工作实施方案》，组织广州、东莞、中山、韶关、河源、惠州市启动首批试点城市。

目前，我省碳排放权交易试点也存在一些亟需解决的问题：一是企业履约强制约束力偏弱，亟需提高碳交易法律层级；二是配额总量设定和分配调整机制不够完善，容易造成部分行业配额供需失衡；三是配额流动性不足，交易价格波动大，市场稳定调节机制有待建立；四是市场创新力度不够，碳金融尚未起到有效服务实体经济的作用；五是试点市场与全国市场连接预期不明朗，影响市场参与者信心。

2015年我省碳排放权交易试点将进入深化阶段，同时全国碳市场建设也进入关键阶段，我委将按照国家和省委、省政府的工作部署，重点推进以下工作：

一是进一步完善政策体系。抓紧推进碳排放管理交易的地方立法工作，完善相关配套政策措施。按照《广东省2015年度配额分配实施方案》，做好2015年度配额发放和交易履约工作，继续探索有偿配额发放机制。推进重点企事业单位排放报告核查工作，适时把有色、陶瓷、航空等行业纳入碳排放交易范围。

二是进一步活跃市场交易。从方便企业锁定履约成本、盘活企业碳资产的角度出发，研究推出碳资产托管、回购，配额远期合约、现货延期交易、权证等创新型金融产品，进一步提高市场活跃度和参与便捷性。研究在广东开展碳期货交易试点的可行性。

三是进一步做好市场链接。制定《粤深碳市场链接方案》，积极稳妥推进全省碳市场链接工作，为全国碳市场统一提供鲜活经验。主动参与全国碳市场建设工作，做好本省市场过渡到全国市场的衔接工作。发挥示范引领作用，配合国家做好兄弟省份基础能力建设和培训等工作。

四是进一步发展绿色金融。出台支持鼓励金融机构发展碳金融业务的政策措施，继续开展碳资产抵押质押贷款、碳债券、碳信托计划等金融产品创新。年内正式成立广东省低碳发展基金，进一步活跃市场和反哺控排企业。推动首批碳普惠制试点城市取得实质成效。

（撰稿：谢健标，广东省发展和改革委员会资源节约与环境气候处）

四川省2014年应对气候变化和低碳发展报告

四川省发展和改革委员会

2014年，四川省认真贯彻落实党中央、国务院控制温室气体排放的各项决策部署，牢固树立生态文明理念，坚持把应对气候变化作为调结构、转方式和加快推进生态文明建设的重要抓手，在“十二五”前三年提前完成“十二五”减碳目标的情况下，继续坚持减碳意识不松懈、目标任务不动摇、工作力度不放松，加快推进全省绿色、循环、低碳发展，超额完成了2014年度碳减排目标和“十二五”进度目标，相关工作取得明显成效。

一、单位地区生产总值二氧化碳排放目标完成情况

国家下达我省“十二五”单位地区生产总值二氧化碳排放下降目标为17.5%，2014年度下降目标为2%。据初步测算，2014年我省单位地区生产总值二氧化碳排放量由1.351吨/万元下降到1.195吨/万元（2010年不变价），比上年下降11.56%，2014年度下降目标完成率为306.38%。“十二五”累计进度目标完成率为250.03%，超过进度目标150.03个百分点。“十二五”目标完成率为203.79%，超过“十二五”目标103.79%个百分点。

二、控制温室气体排放主要工作成效

（一）加强领导落实责任

省政府多次专题研究节能减排和应对气候变化工作，省应对气候变化领导小组多次召开成员单位联席会议，协调推进各项政策措施的落实。2014年，先后印发了《2014—2015年四川省节能减排低碳发展行动方案》和《四川省应对气候变化规划（2014—2020年）》，加强对应对气候变化和绿色低碳发展工作的指导，促进了控制温室气体排放工作的深入开展。

（二）积极优化调整产业结构

2014年，我省继续调整优化产业结构，大力发展战略性新兴产业，重点培育五大高端成长型产业和五大新兴先导型服务业，加快淘汰落后产能，从严控制新上高耗能行业项目等措施，有效抑制了高耗能行业的过快增长。2014年，我省高新技术产业产值增长19%，传统资源型产业和六大高耗能产业比重下降0.6个百分点，实现连续四年下降。严格执行《四川省人民政府关于化解产能过剩矛盾促进产业结构调整的实施意见》，提前一年完成“十二五”淘汰落后产能任务。依法开展固定资产投资项目节能评估审查和环境影响评价，有效遏制了产能过剩行业盲目扩张。加快推进现代服务业发展，服务业增加值突破1万亿元。2014年，我省第三产业增加值增长8.8%，占地区生产总值比重36.7%，比上年提高0.5个百分点。

（三）大力促进节能和提高能效

2014年我省单位GDP能耗下降4.64%，超年度目标2.64个百分点。“十二五”前四年，全省单位GDP能耗累计下降19.4%，完成国家下达我省“十二五”节能目标任务的123.7%，提前一年完成能耗强度下降五年目标。

（四）加快调整能源消费结构

按照控制能源消费总量工作方案要求，建立能源消费总量控制目标分解落实机制。研究推进煤炭消费总量控制，落实煤炭消费减量替代，降低煤炭消费比重，大力实施煤电节能减排升级与改造行动计划。2014年，煤炭占能源消费总量比重42.8%，比2013年下降4个百分点左右。继续优化能源消费结构，有序发展水电、天然气、太阳能、风能等清洁能源，提高非化石能源消费比重。2014年，全省非化石能源占一次能源消费比重达到23.7%，比2013年增加1个百分点；全省新增装机容量1051万千瓦，新增发电全部是清洁能源。

（五）努力增加森林碳汇

一是强化植树造林，森林面积稳步增长。2014年，通过工程造林、城乡绿化、义务植树等途径，我省高质量高标准完成营造林889.5万亩，为省政府下达目标任务的148%，其中人工造林340.6万亩、封山育林93.7万亩。全年新增森林面积186.8万亩，任务完成率102.5%，新增森林蓄积1685万立方米，森林覆盖率提高0.26个百分点。二是强化抚育经营，森林质量整体提升。制定了《四川省森林抚育技术指南（试行）》，形成了《四川省森林抚育规程》，研究提出了《低效林改造技术规程》修改建议。2013年度中央财政森林抚育补贴项目（2014年实施）建设成效良好，175.3万亩建设任务全面完成，顺利通过国家核查，合格率达100%，项目带动全省完成面上森林抚育240.4万亩。

（六）积极开展低碳试点示范

一是加快推进广元国家低碳试点城市建设。广元市成立了低碳发展局，编制了《广元市低碳发展规划》和《广元市国家低碳城市试点工作实施方案（2013—2016年）》。2014年，广元市单位地区生产总值二氧化碳排放比2010年下降33.4%，超额完成预期目标；全市人均二氧化碳排放量为1.5吨，清洁能源占全市一次能源消费结构的比重达到23.36%，森林覆盖率达54.6%，城市建成区绿化覆盖率达40%；中心城区优良天数比例为99.7%，较2013年升高3.8个百分点。截至2014年底，广元市已累计建成71个现代农业园区，创建低碳农业园区21个，在建14个低碳试点

社区。二是积极争取国家低碳专项试点和开展省级低碳城市试点。成都市纳入国家第二批交通运输低碳试点城市，2014年成都市城市公共交通设施、智能交通工程、城市绿道建设、新能源汽车推广等低碳交通建设试点工作顺利推进。在遂宁、雅安、阆中等城市开展省级低碳城市试点。三是大力推进国家和省低碳产业园区试点建设。2014年，达州经济开发区纳入国家第一批低碳工业试点园区。将绵阳市经济技术开发区纳入省级低碳产业试点园区，安排省预算内投资150万元支持园区低碳建设。四是积极推进低碳社区试点示范。印发《关于开展低碳社区建设试点工作的通知》，2014年安排省预算内资金200万元支持自贡市大安区新店镇新店铺社区、广元市利州区芸香社区等低碳试点建设。广元市确定了朝天区曾家镇社区等14个市级低碳试点社区，成都市开展了温江万春镇等5个低碳社区建设。截至2014年底，全省已开展低碳试点建设的社区达到30余个。同时，广元市利州区工农镇开展低碳小城镇试点建设加快推进。

（七）夯实低碳发展基础

一是科学分解碳强度目标，加强评价考核。将国家下达我省的单位地区生产总值二氧化碳排放下降17.5%的目标纳入应对气候变化、生态建设和环境保护等经济社会发展相关规划，制定了我省2014年度的二氧化碳强度降低目标。组织制定了《四川省单位地区生产总值二氧化碳排放目标责任考核实施方案》和《关于开展2014年度节能节水降碳和淘汰落后产能目标责任评价考核工作的通知》，开展了各市（州）2014年度降碳目标责任考核。二是编制温室气体排放清单，推动建立温室气体排放统计核算制度。成立了由省级相关部门组成的温室气体清单编制工作协调小组，组织编制完成了全省2005年和2010年温室气体排放清单，已通过了国家发展改革委组织的专家验收和联审。正在组织编制2012年和2014年全省温室气体排放清单。积极加强应对气候变化统计工作，省发展改革委、省统计局印发了《关于加强应对气候变化统计工作意见》，制订出台了《四川应对气候变化部门年度统计报表制度》（试行版），明确了相关数据的统计与调查制度及职责分工，并布置到省级有关部门填报。由省统计局牵头负责的《四川省应对气候变化统计核算制度研究及能力建设》清洁发展机制基金赠款项目已取得阶段性成果。三是推动建立低碳产品标准、标识和认证制度。开展低碳产品标准、标识和认证制度以及管理办法的研究，积极鼓励和引导我省企业获得低碳认证，成都八益家具集团木制居室家具、床垫和沙发三款产品通过了产品碳足迹认证，成为家具制造行业全国首家获得CQC产品碳足迹认证的企业。组织推荐国家重点节能低碳技术推广目录，成都东方实业等企业71个产品型号新列入节能产品惠民工程目录，四川长虹电器等企业1198个产品型号列入第十六批节能产品政府采购清单，节能产品认证获证企业达34家、证书519张。鼓励居民消费绿色低碳和节能环保产品，推动形成低碳生活方式和消费模式。四是加大财政资金支持力度。省级财政设立了环境监察监测能力、生态保护建设、环保专项转移支付、淘汰落后产能、工业节能节水、林业产业基地建设、森林抚育补贴、川西北防沙治沙工程及成果巩固补贴等应对气候变化和低碳发展的专项资金。2014年省级预算安排的涉及应对气候变化和促进绿色低碳发展资金共计27.36亿元，全省国税系统落实节能环保税收优惠政策，累计减免税收约27.51亿元。五是加大宣传力度，促进公众参与。积极开展低碳机关、低碳校园创建活动，出台了《四川省绿色建筑行动实施方案》，发布实施了《四川省〈公共机构节能条例〉实施办法》，制订了《四川省公共机构用能指南》等，省级13个部门联合印发了《关于开展2014年节能宣传周和低碳日活动的通知》，结合本地实际，开展了形式多样、内容丰富、贴近公众的节能减排低碳宣传活动。

（八）探索体制机制创新

一是推动完善应对气候变化地方法律法规和标准。2014年11月以省政府令形式出台了《四川省气候资源开发利用和保护办法》。《四川省〈中华人民共和国节约能源法〉实施办法》于2014年8月1日起正式施行。正在研究制定《四川省应对气候变化办法》，进一步增强四川应对气候变化的法律保障。二是积极推行总量控制。印发实施《四川省控制能源消费总量工作方案》和《2014—2015年四川省节能减排低碳发展行动方案》，积极推行能源消费总量和增量"双控"机制，将能源消费总量和增量目标分解下达到各市州。印发实施《四川省碳排放总量控制和分解落实方案》，将碳排放增量目标分解下达到各市州，并建立了工作推进机制。三是将开展碳排放权交易作为全省生态文明体制改革的重要事项。组织制订了《四川省碳排放权交易工作实施方案》、《四川省碳排放权交易管理暂行办法》等文件。依托四川联合环境交易所搭建了区域性碳排放权交易平台。支持企业参与国际和国内温室气体减排，截至2014年底已获批清洁发展机制项目551个，备案自愿减排项目19个。加强与省经济信息中心低碳和能源研究所、四川大学新能源与低碳技术研究院等相关机构开展低碳方面的战略研究和项目合作，推动完善碳排放权交易的基础条件，为融入全国统一的碳交易市场做好充分准备。四是抓好重点企事业单位温室气体排放报告工作。我省温室气体排放报告系统已在省发展改革委官方网站上线运行。在钢铁、化工、水泥等重点行业开展了重点企（事）业单位碳排放核查试点，组织开展了市州和重点企事业单位温室气体排放报告能力建设培训，进一步提高温室气体报告工作水平。

2014年，尽管我省应对气候变化工作取得了明显成效，但仍然存在一些困难和问题。四川正处于工业化中期阶段，第二产业占据GDP半壁江山，重工业增加值占全部工业增加值的2/3，传统粗放的经济增长方式难以在短期内实现根本转变，保持经济持续较快发展面临着能源消费增量和总量、污染物排放存量和增量减排的双重约束，节能减排降碳压力巨大。同时，控制温室气体排放的基础尚不牢固，促进控制温室气体排放的长效机制有待建立健全，市场化机制还不完善。今后的控制温室气体排放还面临着较为复杂严峻的形势。

三、下一步工作打算

我们将认真贯彻《党中央国务院关于加快推进生态文明建设的意见》精神，在提前完成“十二五”碳排放下降目标的基础上，抓紧研究部署“十三五”应对气候变化工作，保持意识不松懈、目标不动摇、力度不放松，以改革创新推进应对气候变化工作取得新成效。

（一）进一步强化目标责任

落实全省各级人民政府对减碳负总责、政府主要领导是第一责任人的工作要求，组织制定四川省加快推进生态文明建设的实施方案，加强督促检查和评价考核，开展对各市州的减碳目标考核和重点地区、重点行业、重点企业减碳专项督查，确保目标任务顺利完成。加强重大问题研究，谋划编制好“十三五”规划。

（二）进一步挖掘结构减碳潜力

加快发展战略性新兴产业，积极化解过剩产能，降低“两高”产业比重。大力实施锅炉窑炉改造、余热余压利用等节能减碳重点工程。加快发展现代服务业，加快推进成都国家服务业综合改革试点。加强低碳关键共性技术攻关，加快推进云计算、智能制造、宽带网络等高技术产业试点示范工程，以节能低碳产品技术升级换代支撑产业结构调整转型。

（三）进一步调整优化能源消费结构

坚持把水电开发摆在能源建设的优先位置，提高丰水期省内水电消纳能力，抓住国家输配电改革政策机遇，大力推进四川水电外送并参与全国一次能源平衡。鼓励发展风能、太阳能发电和天然气分布式能源，提高风电、太阳能并网装机水平。积极推动四川与清华大学联合参与中美智慧/低碳城市合作项目，推进新能源和智能电网等先进技术创新。

（四）探索创新应对气候变化工作机制

加快推进应对气候变化立法工作，加快推进省节能低碳中心和省节能低碳监察机构组建工作，推动建立碳排放权交易工作协调小组和应对气候变化专家指导委员会。积极争取四川联合环境交易所纳入国家温室气体自愿减排项目备案，大力推进碳排放权配额和自愿减排项目交易，深入开展低碳试点示范和重点企事业单位碳盘查，组织开展低碳标准制订和低碳产品认证，积极推进西部碳排放权交易中心建设。鼓励采用PPP模式引入社会资本推进绿色低碳项目建设。积极推进低碳日行动，营造良好的舆论环境和社会氛围。

（撰稿：易成波，四川省发展和改革委员会资源节约与环境保护处）

云南省2014年应对气候变化和低碳发展报告

云南省发展和改革委员会

云南省低碳发展工作扎实推进。2014年，全省提前完成了碳强度下降预期目标，产业结构进一步得到优化，林业碳汇持续增加，可再生能源发展迅速。

一、超额完成低碳发展有关目标任务

2014年，云南省碳强度顺利完成年度目标任务，提前完成了“十二五”下降16.5%的目标任务；第三产业增加值占地区生产总值比重达到43.24%，较2010年的40%提高3.24个百分点，提前完成“十二五”规划调整产业结构目标任务；2014年万元国内生产总值能耗较2013年下降3.98%，累计完成“十二五”节能目标进度为85.44%，顺利完成年度和“十二五”累计进度目标；非化石能源占一次能源消费比重从2010年的27.6%提高到2014年的41.93%，提前两年完成了“十二五”目标任务；“十二五”期间云南省造林任务为2885万亩，平均每年577万亩，2014年云南省完成造林面积600.5万亩，顺利完成年度目标任务。

二、全面落实低碳发展重点任务措施

（一）分解落实目标责任

一是分解落实碳强度降低目标。将降低目标纳入《云南省国民经济和社会发展第十二个五年规划纲要》，印发了《2014-2015年低碳发展工作方案》，省人民政府与16个州市人民政府签订了低碳节能减排目标责任书，把“十二五”期间云南省碳强度下降目标分解落实到全省16个州市。二是加强目标责任考核和奖惩。从2011年起，低碳发展目标完成情况被省委考评办列为常态化考核项目，印发了《云南省2014年度综合考核评价指标汇编》和《关于2014年度全省综合考核评价有关要求的通知》，明确低碳发展目标完成情况考评办法及评分标准，组织开展了省级对州市人民政府2014年度低碳发展目标完成情况的考评工作。创新激励机制。2014年，省政府安排资金对各州市人民政府及省级有关部门进行了低碳工作年度考评奖励，提高全省各级各部门低碳工作积极性，促进全省碳强度目标任务的完成。

（二）加快构建低碳产业体系

积极优化产业结构和布局，推进产业发展从低碳和零碳方向发展。扎实推进高原特色农业，新型农业稳步发展，粮食等主要农产品产量再创新高，农业产业化发展加快。全面部署工业转型升级，研究出台汽车等产业发展实施方案，加快中石油炼油项目建设，分类优化园区布局。果断关闭整合小煤矿，推进煤炭产业转型升级。分类推动钢铁、有色金属等行业结构调整。健全刺激消费政策，培育健康养老等消费热点，推动电子商务等新兴业态发展，旅游强省建设取得新进展。

（三）推进能源结构优化

大力发展非化石能源。截至2014年底，全省累计装机达到7257万千瓦，其中：水电装机5528万千瓦，火电及综合利用装机1422万千瓦，风电279万千瓦，太阳能28万千瓦。清洁能源与火电装机比例达80:20。鼓励使用非化石能源。制定《云南省2014年汛期富余水电市场化消纳工作方案》，鼓励工业企业消纳水电，促进非化石能源的消费；调整完善云南省丰枯分时电价政策，于2014年1月1日起实施上网侧丰枯电价政策，通过扩大丰枯浮动幅度引导载能工业增加丰水期用电量。

（四）强化节能降耗

进一步强化新建项目节能评估审查，确保固定资产投资项目能耗水平达到能效限额标准，严控高耗能行业和过剩产能过快增长。坚决淘汰炼铁、水泥、黄磷等落后产能，按照国家要求及时公告了《云南省2014年工业行业淘汰落后和过剩产能企业名单》，明确责任，强化监督，提前一年完成“十二五”目标任务。以工业、建筑、交通、公共机构、商业、农业为重点，开展万家企业节能低碳行动，千方百计提高能源利用效率。实施重点节能工程，以余热余压利用、电机系统节能、能量系统优化、能管中心建设等为重点，在全省组织实施100项重点节能示范项目。大力推进节能产品惠民、惠企工程，全省推广财政补贴节能灯338.6万只，推广高效风机、水泵等工业节能产品79台（9586千瓦）。

（五）增加森林碳汇

以实施林业十大行动计划为抓手，着力推进“森林云南”建设，省委、省政府先后召开了全省造林绿化暨林业改革电视电话会议、环境友好型生态胶园建设现场会、新一轮退耕还林电视电话会，派出8个督查组深入16个州市对造林绿化工作进行专项督查；各地积极探索创新植树造林模式，引入市场机制，大力加强交通沿线、江河流域、湖泊库区、城市面山生态治理，有力地促进了城乡绿化美化；积极推进由县级林业部门统一组织管护的公益林管护体系建设；组织开展了新一轮退耕还林工程摸底调查，编制了省级实施方案，完善了新一轮退耕还林与陡坡地治理政策，顺利启动了工程建设；进一步完善了低效林改造政策措施，创新森林抚育经营方式和机制，提升了改造质量和效益；顺利推进防护林建设、石漠化治理。全年完成营造林600.5万亩。

（六）扎实推进低碳试点示范建设

以建设国家低碳试点省市为契机，扎实推进低碳试点示范建设。

一是推动国家级低碳专项试点项目建设。2014年，印发了《云南省住房和城乡建设厅关于做好可再生能源建筑应用示范市县验收评估工作的通知》，对6个国家可再生能源建筑应用示范地区开展验收评估工作；为推动昆明市呈贡新区国家绿色生态城区示范建设，出台了地方奖励政策：对2014年10月31日前取得绿色建筑设计评价标识且开工建设的项目，补贴3元/平方米；取得绿色建筑标识后，再补贴7元/平方米；云南省高层住宅太阳能热水系统应用技术研究列入2014年住房和城乡建设部科学技术计划；香丽高速被交通运输部列为绿色公路建设试点，同时列为全国首批生态文明公路建设试点，该项目首次提出了“路与生态相融共生”的建设理念；组织推广隧道半导体照明应用示范工程，累计进行隧道节能改造129座；推进昆明市全国“公交都市”建设，截至2014年底，昆明公交集团拥有公交车3919辆，天然气车786辆，占总车辆的20.3%。

二是组织开展省级低碳社区、低碳产业园区示范项目建设。完成了省级低碳社区示范项目的组织申报、资金下达工作，启动了省级第一批14个低碳社区示范项目建设，并按照国家《低碳社区试点建设指南》修改完善14个低碳社区建设实施方案。

（七）加强基础能力建设

一是做好温室气体排放统计核算制度建设及清单编制工作。2014年，推动温室气体排放基础数据统计报表制度试点工作，编制完成云南省温室气体排放统计试点报表，印发了《关于报送云南省温室气体排放统计试点报表的通知》，明确了部门任务分工。2005年和2010年省级温室气体清单报告顺利通过国家验收，正在组织编制2012年和2014年省级温室气体清单报告。

二是着力推进低碳产品标准、标识和认证工作。组织了全省低碳产品认证宣贯会，在硅酸盐水泥、平板玻璃、中小型三相异步电动机、铝合金建筑型材等行业的重点企业开展试点，扶持引导相关企业获得低碳产品认证。

三是加强组织领导和公众参与。切实发挥省节能减排及应对气候变化领导小组作用，组织召开了2014年全省节能减排和应对气候变化工作电视电话会议，贯彻落实国家电视电话会议的主要精神和省政府关于节能减排降碳工作的安排部署，对2014～2015年全省节能减排降碳工作目标任务进行再部署、再安排、再要求。2014年与全国同步，开展了主题为“携手节能低碳 共建碧水蓝天”的低碳日宣传活动，举办了绿色出行、低碳生活进社区和云南省低碳试点成效图片展等形式多样的主题活动。

（八）创新体制机制

启动了温室气体排放总量控制工作，根据国家确定的碳排放总量控制目标，结合自身实际，正在研究制定云南省建立碳排放总量控制制度和分解落实机制工作方案。着力推进重点企（事）业单位温室气体排放报告制度建设，分行业组织了11期温室气体排放报告培训，开发了省级温室气体排放报告管理平台。

（撰稿：寸文娟，云南省发展和改革委员会应对气候变化处）

贵州省2014年应对气候变化和低碳发展报告

贵州省发展和改革委员会

2014年，贵州省全面完成了国家对我省单位生产总值二氧化碳降低目标考核任务，低碳城市、低碳园区试点建设工作进一步推进，重大基础课题研究顺利完成并开始新的基础课题研究，应对气候变化能力建设和宣传工作取得明显成效。

一、万元生产总值二氧化碳降低目标

全省单位地区生产总值二氧化碳排放年度下降目标完成率和二氧化碳排放累计进度目标完成率。国家下达我省“十二五”控制温室气体排放目标任务是单位国内生产总值二氧化碳排放比“十一五”下降16%。2014年比上年下降3.46%，年度下降目标完成率为101.89%；全省单位地区生产总值二氧化碳累计完成“十二五”降碳任务的83.31%，累计进度目标完成率为102.38%。

二、低碳能力建设和宣传工作

在能力建设方面主要开展的工作有：开展了“应对气候变化能力培训”，聘请国家领导、专家对全省九市州和所有县（区、市）发改系统负责应对气候变化工作人员进行能力培训，培训市（州）和县级发展改革委100多人次；通过安排专项资金，编制贵安新区和九市（州）《应对气候变化专项规划》、碳核查试点以及温室气体清单编制等工作，提升市州级发改委部门应对气候变化的总体能力；通过适应气候变化建设项目的安排，建设重大气象灾害动态监测、评估、预警、信息发布等平台，增强极端天气气候事件预测预警能力。

宣传工作上，根据国家发展改革委统一部署，今年我省积极组织开展全国低碳日“低碳中国行”贵州省主题活动，宣传活动主要有三个特点。一是宣传形式多样、内容广泛。如举行“城市低碳配送车辆交车仪式”、“低碳宣传进校园”等多种形式，宣传内容涵盖建筑材料节能、交通领域节能、家用电器节能、普通节能设备介绍、节能法律法规、可再生资源知识、全国资源利用情况、生态环境建设、生活主要污染物等。二是电视、报社及网络媒体等对宣传活动竞相进行报道，为宣传活动开展营造了良好的氛围。三是参与部门多，省、市（州）直各机关以及企业都积极参与宣传活动，社会影响面宽，宣传效果好，达到了预期目的。

三、重大基础课题研究

重大基础课题研究是推进应对气候变化工作的重要基础。2014年，我省完成了《2005年贵州省省级温室气体清单编制》、《2010年贵州省省级温室气体清单编制》，组织开始实施《应对气候变化统计核算制度研究及能力建设》、《贵州省气候变化影响评估及应对服务》和《贵州省实施重点企（事）业单位温室气体排放报告制度研究》等大基础课题研究。目前2005、2010年省级清单编制均已通过国家组织的验收，其结果将作为我省控制二氧化碳排放的基础数据。

四、低碳试点城市建设

（一）贵阳市低碳城市试点工作

一是开展低碳发展相关重大规划、课题研究。编制并印发了《贵阳市低碳发展中长期规划（2011-2020）》。《规划》从推进产业结构调整、构建低碳产业体系、推进低碳城市建设、发展低碳能源、推进交通低碳化、支撑保障等方面，系统阐述了至2020年贵阳市低碳发展的指导思想和发展战略，明确提出了贵阳市控制温室气体排放的行动目标、重点任务、试点示范和政策措施。成立了低碳发展专家顾问委员会，为相关重大规划、项目部署提供智力参考。

推进传统工业转型升级。围绕煤电磷、煤电铝、煤电钢、煤电化“四个一体化”，促进矿产资源综合开发利用。重点推进中铝贵州分公司清镇基地160万吨氧化铝、首钢贵钢新特材料循环经济工业基地、开磷集团煤电磷煤电化项目建设，推动产业转型升级。

贵阳还在工业、能源、交通等重点领域推进低碳发展。工业方面，加快淘汰落后产能。2014年淘汰炼铁、水泥、铜冶炼、铁合金等四个行业24家企业落后产能92.4万吨,实现减排二氧化碳43.78万吨。建立节能低碳监测平台，对全市部分重点用能企业、区市县及重点耗能建筑实现在线监测，测算能耗和碳排放水平，逐步推进重点用能单位低碳发展。

2014年，贵阳市已有300辆城市低碳配送车陆续上路营运。贵阳城市配送车使用双燃料动力系统的全封闭厢式货车，可有效减少城市二氧化碳的排放。贵阳智慧城市配送信息平台也于8月正式上线运营。

在交通低碳化方面，推广实现在线营运LNG车辆2323辆，气电(油气)混动力273辆，M100甲醇燃料980辆，纯电动小区示范公交两辆。2014年，贵阳市新增气电混合动力清洁能源车辆198辆，每车平均节约燃料达20%以上。此外，还启动《贵阳市快速公交系统(BRT)专项规划》编制工作。轨道交通和BRT建成后，贵阳将形成以轨道交通和BRT为骨干、普通交通为网络、出租车为补充的立体公交体系，进一步提高城市交通环境，缓解交通拥堵，减少城

市污染。

在能源领域，贵阳市推进风电资源开发。一期装机容量49.5兆瓦的花溪云顶风电场投入运行，二期装机容量30兆瓦已经开工。该风电场建成投运后，每年可节约标煤3.2万吨，减少二氧化碳约8.38万吨。通过水电、风电等低碳能源开发，贵阳市电力结构进一步改善，水电、风电发电量已占总发电量的47%。

在建筑领域，贵阳市加快绿色建筑推广。“贵阳国际生态会展中心”、“中天凯悦酒店”、“中天201大厦”获住建部三星级绿色建筑评价标识。贵阳还积极推动可再生能源的建筑应用。2014年，运用可再生能源技术项目共18个，总建筑面积449万平方米，可再生能源应用面积296万平方米。积极推动公共建筑低碳化改造。出台《贵阳市国家机关办公建筑和大型公共建筑能耗监测平台建设实施方案》，开展全市国家机关办公建筑和10000平方米以上大型公共建筑能耗统计；实施了节约型公共示范单位创建工程。

加强林业生态建设，持续增加森林碳汇能力。大力实施植树造林，持续增加森林面积，着力增加森林碳汇。加大城市绿化建设，运用森林城市和公园城市理念，提升城市生态承载能力。2014年，森林覆盖率达到45%、森林蓄积量2108.4万立方米。

实施“蓝天守护计划”，启动建立大气环境自动检测预报系统，加强水源保护和治理，完成南明河水环境综合治理一期工程，两湖一库水质稳定在三类。编制绿地系统规划，结合解决“活动空间少”的民生“十困问题”，制定《解决民生十困活动空间少实施方案》，加大新增绿地建设。

二是着力推进市级低碳试点。开展了市级低碳园区、低碳企业、低碳社区试点建设。在乌当区保利温泉新城一期实施第二期低碳社区试点工作，试点将进一步完善社区低碳指标统计办法，建立贵阳市低碳社区评价指标体系和模式研究，为低碳社区建设和改造提供可以量化的评价标准。

三是努力推进低碳理念宣传。在生态文明贵阳国际论坛期间，配合国家发改委召开了“南南合作应对气候培训班开班仪式”、“全国省区应对气候变化工作座谈会”，弘扬低碳发展理念，进一步展示贵阳市低碳、绿色发展成果。

（二）遵义市低碳城市试点工作

一是强化节能降碳，预计将顺利完成省下达的年度节能目标任务和“十二五”累计节能目标进度。

二是积极开展低碳发展试点。组织遵义经济技术开发区成功申报为国家低碳产业试点园区，同时全市以凤冈富锌富硒茶低碳示范区、中心城区生活垃圾和餐厨垃圾资源化利用项目、茅台镇绿色低碳集镇等作为首批低碳试点项目，对循环低碳发展作了专项部署，积极探索适合园区、集镇发展的低碳绿色发展模式。

三是强力推进低碳项目建设。拟建风电项目20余个；1*30MW的生物质能发电项目4个，装机总规模为4*30MW，总投资约15亿元；遵义至仁怀天然气支线主管网建设已全部完工通气。汇川区、桐梓县甲醇燃料项目正在进行前期建设和试点推广工作。凤冈、绥阳等县正在开展页岩气开发前期工作，习水县（丁页）页岩气项目已完成投资10亿元，试采试点点火成功。

四是大力发展绿色低碳交通体系。到2015年年10月底，全市已更新和新增LNG和电气混合公交车526辆，淘汰老旧柴油公交车256辆、出租车389辆，新增和更新燃气出租车1438辆。

五、面临的主要困难和今后工作安排

今后面临的主要困难：

一是能源消费结构不合理，煤炭在我省能源消费总量中所占比重仍然接近90%，受煤炭价格下行影响，煤炭在能源消费总量中所占比重甚至有回升的可能。

二是当前我省正处于经济社会快速发展阶段，工业化、城镇化处于加快发展时期，能源消耗仍处于爬坡阶段，短时期扭转温室气体排放增长势头，难度非常大。

三是由于我省处于工业化初期，第二产业比重将会大幅上升，服务业尽管增速较快，但比重预计将可能下降，从而与国家要求形成较大差距。

四是资金需求大、投入不足。

在今后工作中，我们将认真贯彻落实国家《“十二五”控制温室气体排放工作方案》，围绕国家下达的目标任务，继续抓好以下工作：

一是用好专项资金，发挥专项资金的引导作用。

二是继续抓好应对气候变化重大基础课题研究，通过重大课题的研究打好应对气候变化工作的基础。

三是开展对市州温室气体排放降低目标考核工作，推动应对气候变化工作在各市州的全面铺开。

四是继续抓好能力建设和宣传工作，不断夯实应对气候变化的工作基础。

（撰稿：雷电，贵州省发展和改革委员会应对气候变化处）

西藏自治区2014年应对气候变化和低碳发展报告

西藏自治区发展和改革委员会

2014年自治区在国家有关部委的关心支持下，认真贯彻落实党的十八大、十八届三中全会精神和中央第五次西藏工作座谈会精神，以“确保生态环境良好”和“建设美丽西藏”为新时期西藏生态环境建设的指导思想和重要任务，认真贯彻落实党中央、国务院关于应对气候变化和低碳发展工作的部署，始终把节能降碳作为加快经济发展方式转变、促进产业结构升级、节能提高能效、优化能源结构、强化生态建设的重要抓手，着力推进绿色、循环、低碳发展，应对气候变化和低碳发展工作取得了新成效。

一、相关工作实施情况

（一）完善相关政策法规，强化组织领导

自治区人民政府印发实施了《西藏自治区循环经济发展规划（2013-2020年）》、《西藏自治区人民政府关于加快发展节能环保产业的实施意见》和《西藏自治区2014-2015年节能减排低碳发展行动方案》，进一步完善了节能低碳发展相关政策。自治区人民政府及时调整更新自治区应对气候变化及气象灾害应急处置领导小组成员单位领导，积极研究全区应对气候变化和低碳发展的重大战略、方针和对策，协调解决应对气候变化和低碳发展工作中的重大问题，有效地推进了我区低碳工作的开展。

（二）加大产业结构调整，加快淘汰落后产能

认真贯彻落实《固定资产投资项目节能评估和审查暂行办法》（国家发展改革委第6号令）和《中华人民共和国环境影响评价法》规定，对新建、改建固定资产投资项目进行节能评估和环境影响评价，严格将节能评估文件及其审查意见、节能登记表及其登记备案意见、环境影响评价及其批复，作为项目审批、核准、备案或开工建设的前置条件，以及项目设计、施工和竣工验收的重要依据，坚持从根本上、全局上和发展源头上注重环境影响、节能降碳、控制污染、保护生态环境。完成了各类节能审批项目165项，组织审查了规划环评16项。认真贯彻落实《国务院关于化解产能严重过剩矛盾的指导意见》（国发〔2013〕41号），按照“上大关小”、“淘汰落后与调整发展相结合”的原则，自治区向国家申报了西藏高争（集团）昌都水泥有限公司等3家公司年产30万吨水泥立窑生产线落后产能淘汰计划，力争按期完成“十二五”重点行业淘汰落后产能目标任务。

（三）调整能源消费结构，大力发展清洁能源

《西藏自治区“十二五”时期综合能源发展规划》明确提出，加快转变能源发展方式，大力推进能源结构调整；科学规划，适度超前，构建以水电为主、多种能源互补，稳定、清洁、安全、经济、可持续发展的综合能源体系。我区大力发展清洁能源，不断提高非化石能源占一次能源消费比重，截至2014年底，全区电力总装机容量1697兆瓦。其中，水电装机容量1056.73兆瓦，太阳能光伏装机容量198.86兆瓦，地热电站装机容量27.18兆瓦，风电装机容量7.5兆瓦，火电（均为燃油机组）装机容量391.23兆瓦，其他机组（余热发电）装机容量15.5兆瓦，清洁能源发电装机容量占比达76%以上，较2013年增长3个百分点。太阳能热水器、太阳灶、被动式太阳房、太阳能供暖等产品和技术得以很好推广和应用。

（四）强化重点领域节能，不断提高能效水平

一是强化重点用能单位节能管理。由自治区人民政府办公厅组织自治区发展改革委、工业和信息化厅等部门组成考评组，对我区“万家企业”年度节能目标完成情况和节能措施落实情况进行现场评价考核，敦促相关目标任务落实；二是加快工业节能。制定并上报自治区年度落实产能淘汰工作计划，全区2014年规模以上工业增加值能耗比2013年降低11.6%，工业节能进展明显；三是逐步推进建筑节能。自治区编制完成《西藏自治区既有建筑节能改造规划》和《西藏自治区既有建筑节能改造导则》，为既有建筑节能改造提供技术支撑；四是做好交通节能。实施了淘汰黄标车和老旧汽车、小型旅游客运车辆强制报废工作，在城市交通运输体系中投入大量公共自行车、纯电动公交车和纯电动出租车，启动了适合高原特点、节能环保的新型营运客车研发生产工作；五是扎实推进公共机构领域节能工作。自治区印发了《西藏自治区公共机构能源资源消费统计工作实施方案》，在全区范围内开展公共机构能源资源消耗统计工作。自治区发展改革委会同国家机关事务管理局公共机构节能司和清华大学，在拉萨共同举办了自治区公共机构节能管理领导干部培训班，组织全区200余人参加了公共机构节能管理远程培训。积极组织开展节约型公共机构示范单位创建工作，经国家机关事务管理局、国家发展改革委和财政部审核，自治区发展改革委等7家单位被列入第二批节约型公共机构示范单位创建名单。

（五）强化全区植树造林，开展碳汇经济发展研究

2014年度，西藏自治区累计完成造林绿化任务124万亩，占年度计划的109.2%，较2013年提高23%。其中完成人工造林48.21万亩，占年度计划的125.42%；完成封山育林75.79万亩，占年度计划的100.92%。完成森林抚育36.8万亩，占国家下达年度任务的100%。自治区财政厅会同区环境保护厅、林业厅，组织中国科学院成都山地

所、区林业调查规划院、国家林业局中南院等区内外科研机构编制完成《西藏碳汇经济发展研究报告》，着手开展碳汇经济发展研究。

（六）大力发展循环经济，促进节能环保产业发展

自治区人民政府印发了《西藏自治区循环经济发展规划（2013-2020年）》，主要内容为:现状与形势、指导思想、基本原则和主要目标、构建三产和社会层面循环经济体系、实施“六五三”示范行动及保障措施。同时还制定了《西藏自治区加快发展节能环保产业实施意见》，明确了鼓励先进节能技术和设备的应用、发展节能服务产业等重点工作内容，成为我区“十二五”时期加快发展节能环保产业的纲领性文件。

（七）强化温室气体清单编制，加强统计核算制度建设

一是建立温室气体排放统计核算制度。自治区发展改革委、统计局、气象局联合印发了《西藏自治区加强应对气候变化统计工作意见》（以下简称《意见》）。《意见》提出要建立应对气候变化统计指标体系，进一步健全能源、工业相关统计与调查，完善农业、土地利用变化及林业、废弃物处理相关统计与调查；建立健全温室气体排放统计与核算、数据发布和数据使用管理制度；明确各行业部门工作责任，提出了落实资金保障、强化能力建设等保障措施。二是按时完成清单编制工作。自治区按时完成了2005、2010年省级温室气体清单编制工作，根据国家中期验收意见和专家评审意见，对清单报告进行修改后按时上报了国家发展改革委。同时，根据《国家发展改革委办公厅关于开展下一阶段省级温室气体清单编制工作的通知》（发改办气候〔2015〕202号）精神，自治区正着手开展2012、2014年省级温室气体清单编制工作，并将年度温室气体清单编制列入年度常态化工作。

（八）加大宣传力度，营造节能低碳氛围

根据国家发展改革委、教育部、科技部等14个部委《关于2014年全国节能宣传周和全国低碳日活动安排的通知》（发改环资〔2014〕926号）要求，我区围绕“携手节能低碳，共建碧水蓝天”活动主题，对2014年节能宣传周和低碳日宣传活动进行了总体部署，发动全区广大干部职工和社会各界人士踊跃参加，自治区和7地市顺利举办了2014年低碳日宣传活动。自治区相关部门结合各自行业管理职能，开展了形式多样的宣传活动，充分运用新闻媒体和宣传渠道，积极宣传节能降碳工作取得的新进展、新成效，为推动节能降碳工作营造了良好的社会舆论氛围。

二、存在问题和下一步工作重点

2014年，我区应对气候变化和低碳发展工作虽然取得了一定成效，但受客观条件制约，应对气候变化和低碳发展工作形势仍然十分严峻，仍存在体制机制不健全、专业技术人员匮乏、专项资金投入力度不足、公众低碳发展意识有待进一步提高等问题，2015年将着力做好以下工作：

一是加强组织领导，落实目标责任。按照国家要求，立足国际和国内大局，建立完善应对气候变化和低碳发展工作相关体制机制，加大应对气候变化数据统计核算、碳排放权交易和低碳试点示范建设等基础性工作力度，积极协调自治区财政部门加大应对气候变化专项资金投入，为应对气候变化工作向纵深推进提供坚强保障；继续加大对各地（市）控制温室气体排放目标责任评价考核工作力度，强化对重点碳排放企业考核和日常管理，严格实施问责和表彰奖励制度，确保各项目标任务的圆满完成。

二是做好“十三五”规划编制，形成稳定项目支撑机制。根据自治区应对气候变化和低碳发展工作实际，做好《西藏自治区“十三五”应对气候变化规划》编制工作。结合《西藏自治区循环经济发展规划（2013-2020年）》、《西藏自治区加快发展节能环保产业实施方案》和全区应对气候变化、低碳发展和生态文明先行示范区创建等工作实际，协调自治区相关部门，认真梳理全区生态、低碳发展项目，形成稳定项目支撑机制。

三是制定统计工作方案，强化碳排放统计核算。根据《西藏自治区加强应对气候变化统计工作意见》，自治区发改、统计和气象部门共同制定《西藏自治区加强应对气候变化统计工作实施方案》，建立应对气候变化统计指标体系，制定温室气体排放统计与核算、数据发布与使用管理制度，不断强化部门协调机制，推动西藏自治区应对气候变化工作有序开展。

四是优化产业结构，推进重点领域低碳发展。严格执行能评制度，落实能评工作经费。加大淘汰落后产能力度，遏制“三高”行业过快增长，贯彻执行《西藏自治区加快发展节能环保产业的实施意见》，大力发展节能环保产业，组织实施国家生态文明先行示范区创建工作。深入开展万家企业节能低碳行动，加强工业、建筑、交通运输、公共机构等领域节能低碳发展。

五是加强低碳宣传培训，倡导绿色低碳生活。积极与国家发展改革委和相关部委沟通，加强全区应对气候变化人才的培训。充分利用经济援藏、干部援藏、人才援藏、科技援藏为平台，加强与内地省份的应对气候变化工作经验交流，学习和引进先进经验。在低碳产业发展、科学研究、技术研发和能力建设等方面积极引进并消化吸收国外先进技术，学习借鉴国内外成功经验。强化节能低碳舆论宣传，倡导简约适度、绿色低碳、文明健康的生活方式和消费模式，努力在全社会营造低碳的氛围。

（撰 稿：罗永彬，西藏自治区发展和改革委员会资源节约和环境保护处）

新疆建设兵团2014年应对气候变化和低碳发展报告

新疆建设兵团发展和改革委员会

2014年，兵团深入贯彻落实中央关于生态文明建设一系列重大战略部署，紧紧围绕落实“十二五”应对气候变化目标任务，加快推进重大问题研究，出台《兵团“十二五”控制温室气体排放实施方案》，积极推动应对气候变化各项工作。使兵团各级、各部门了解兵团在应对气候变化方面采取措施行动，取得了一定成效。

一、2014年工作情况

（一）健全管理体制和工作机制。2014年6月，兵团对应对气候变化工作领导小组组成单位和人员进行了调整，刘新齐司令员任领导小组组长，增加了部分职能部门，召开专题会议安排部署低碳发展工作。领导小组办公室设在兵团发展改革委。目前，兵团已初步建立了应对气候变化领导小组统一领导、兵团发展改革委归口管理、相关部门协调配合、全社会广泛参与的应对气候变化管理体制和工作机制。

（二）积极落实适应气候变化战略。按照《国家适应气候变化战略》要求，组织专业机构启动编制兵团适应气候变化方案。积极开展调查研究，认真分析兵团气候变化趋势及影响，初步提出了兵团适应气候变化任务及措施，对开展适应气候变化工作进行了部署。

（三）推进应对气体变化统计核算体系建设。按照国家发展改革委、国家统计局《关于加强应对气候变化统计工作的意见》，组织兵团工程咨询有限责任公司开展《兵团应对气候变化统计核算工作方案研究》项目前期工作，加强与国家的汇报衔接，落实国家对该课题的审核工作，并签订了课题合同，逐步完善兵团温室气体排放基础统计工作。完成2005年温室气体清单编制，初步摸清了兵团的温室气体排放状况，为编制2010 年省级温室气体清单奠定了基础。

（四）加大应对气候变化研究力度。积极利用中国清洁发展机制基金的支持，开展了兵团应对气候变化的研究，积极探索适合兵团的低碳绿色发展模式，构建以低碳、绿色、环保、循环为特征的低碳产业体系。2014 年，组织申报《兵团实施重点企事业单位温室气体排放报告制度相关研究》、《兵团“十三五”应对气候变化工作目标及思路研究》、《新疆兵团低碳发展路径研究》等清洁发展机制基金赠款项目，协调并参与了国家对前两个申报项目的审查，已基本得到落实。

（五）强化应对气候变化基础能力建设。兵团发展改革委组织3家技术支撑机构专业人员，参加国家和欧盟在北京举办的“中欧碳交易能力建设项目”培训以及在比利时进行“中欧碳交易能力建设项目”培训，为兵团推进碳排放统计平台建设具有指导作用。参加了中欧ETS和MRV体系能力建设培训，为兵团今后分配碳交易总量和碳排放上报量，以及交易配额向企业分配方式及数量提供了技术保障。组织大型电力企业参加国家举办的“二氧化碳捕捉技术、装备及产业发展现场研讨会”，提升企业碳捕捉技术和能力，参加“国家低碳省区和低碳城市试点工作现场交流会”。全年共派出18人次参加了以上研讨培训交流，对推进兵团低碳发展、提高兵团应对气候变化能力起到积极的促进作用。

（六）探索碳排放权交易工作。2014年，重庆碳交易市场开市，签署了合作意向和倡议书，为西部省市碳排放交易提供了平台。积极鼓励企业在自愿减排交易机制基本管理框架下，开展碳排放交易活动，完成京能五家渠光伏发电一期、二期20mwp项目、库西工业园区光伏发电项目、芳草湖工业园区光伏发电示范项目等4个温室气体自愿减排项目初审和申报，年自愿减排量达10.11万吨。

（七）注重树立典型示范。按照国家发展改革委《关于组织开展“低碳中国行”活动并推选年度优秀低碳案例的通知》要求，为大力推进生态文明建设，加快绿色低碳发展，组织开展了优秀低碳案例推选工作。经国家发展改革委气候司、国家信息中心、中国民促会绿色出行基金会联合组织审查，兵团推选的五师84团、91团低碳案例分别入选2014年度“低碳中国行”园区类和企业类优秀低碳案例，是西北五省首次荣获这一奖项的单位。

（八）配合国家国际谈判和年鉴报送工作。完成了联合国气候变化利马会议国家报告中兵团应对气候变化工作报告、视频1级、图片12张及典型案例1个，均被国家采纳，推动了兵团应对气候变化工作的开展。完成了兵团应对气候变化和低碳发展工作年鉴编制和报送等工作。

（九）加大低碳宣传力度。2014年6月10日是第二个“全国低碳日”，为进一步广泛普及气候变化科学知识，宣传应对气候变化的政策、行动和成效，提高全社会应对气候变化意识，在“低碳日”当天，兵团机关率先示范，践行低碳生活理念，开展能源紧缺体验日活动，停开空调和公共区域照明、停电梯等方式进行能源紧缺体验。以机关家属楼前为宣传阵营，辐射周边人群，开展节能灯普及推广，让广大群众天天点亮“低碳日”。在节能宣传周的展板展示中专设了低碳发展宣传板，通过气候变化教育培训、节能减排、低碳生活等丰富活动，引导职工群众对气候变化的认知更加深入，提倡绿色低碳的行为方式更加自觉。

二、存在的问题及下一步工作计划

兵团处于西部欠发达地区，正处于经济社会快速发展时期，能源消费需求量大、结构性矛盾突出，温室气体减排难度大。同时，兵团经济基础薄弱，环境条件艰苦，维稳压力大，应对气候变化及低碳发展工作存在资金投入不足，科技创新能力较低、人才缺乏等困难和问题。下一步，要切实做好以下工作：

继续贯彻落实国务院节能减排及应对气候变化工作会议和全国节能减排和应对气候变化工作电视电话会议精神，坚持目标不降低，信心不动摇，力度不减弱，节奏要加快，以改革创新推进兵团应对气候变化和低碳发展工作取得新成效。

（一）积极落实国家应对气候变化政策。一是落实《国家应对气候变化规划（2014-2020年）》，开展《兵团“十三五”应对气候变化工作目标及思路研究》，启动编制兵团“十三五”应对气候变化规划。二是按照国家低碳技术目录推广应用低碳技术，鼓励煤炭、电力、钢铁、有色、石油石化、化工、建筑、纺织、农业、林业等企业推广应用低碳技术，在工业、建筑、农业等行业逐步建立以低碳为特征的产业体系。

（二）增强温室气体统计核算体系建设。一是继续开展《兵团应对气候变化统计核算工作方案研究》工作，推动建立温室气体统计核算体系。二是落实《兵团实施重点企事业单位温室气体排放报告制度相关研究》课题工作，启动重点企业碳排放报告工作，逐步建立重点企事业单位温室气体排放报告制度，控制温室气体排放。

（三）加强兵团碳排放权交易能力建设。探索兵团碳排放权交易相关问题，做好《碳排放权交易管理暂行办法》宣贯工作，组织开展能源消费核算和煤炭消费增长趋势研究。鼓励企业开展自愿减排。

（四）继续做好全国低碳日等宣传活动。倡导绿色、低碳消费理念，推动形成绿色低碳的生活方式和消费模式。

（撰稿：高瑞、秦武林，新疆生产建设兵团发展和改革委员会环资处）

深圳市2014年应对气候变化和低碳发展报告

深圳市发展和改革委员会

深圳市自成为国家首批低碳试点城市和碳排放权交易试点城市以来，就积极贯彻落实试点工作的要求，充分发挥经济特区改革创新、大胆实践、先行先试的优势，在国家发展改革委的关心和支持下，采取了一系列较为有效的政策措施，率先制定和实施《深圳市低碳发展中长期规划（2011-2020年）》（以下简称《规划》）和《深圳市低碳试点城市实施方案》（以下简称《实施方案》），探索建立碳排放权交易市场，形成具有深圳特色的低碳发展模式，应对气候变化和低碳发展取得了较好成效。

一、推动试点工作的主要成效

四年来，深圳围绕低碳试点工作方案的要求，锐意进取，狠抓落实，试点任务推进顺利，试点目标完成良好。《规划》确定的19项主要指标2015年的目标均应能完成，其中12项指标已经提前一年完成任务；《实施方案》确定的56项重点行动顺利推进。在试点工作的引领推动下，深圳在经济总量保持较高增长水平的情况下，能源消耗和碳排放增幅连续呈现下降趋势。经初步估算，万元GDP能耗从2010年0.51吨标准煤下降到2014年的0.404吨标准煤，在全国大中城市中处于领先水平；低碳发展协同效应不断显现，二氧化硫、化学需氧量分别从2010年的1.48万吨、10.61万吨下降到2014年的0.84万吨、5.88万吨；空气质量逐年提升，2014年PM2.5浓度为33.6微克/立方米，比上一年下降超过11%，是近八年来最好水平，处于内地副省级以上城市最低水平，空气质量在全国千万人口特大城市排名第一；森林碳汇资源不断增加，全市森林覆盖率从2010年的39.9%提高到2014年的41.5%，人均公园绿地面积从2010年的16.4平方米提高至2014年的16.8平方米，建成187公里、3.9万亩生态景观林带，建成绿道2210公里，全市每1平方公里土地拥有1公里绿道。深圳正在以更少的资源能源消耗和更低的环境代价实现着更高质量的发展。

（一）产业转型效应显著

一是产业低碳转型不断深化。坚持增量优质、存量优化思路，科学把握新常态下产业低碳转型的重点和力度，低碳产业对稳增长、调结构、促转型的作用更加明显。新能源产业产值从2010年的675亿元增加至2014年的2000亿元以上。出台节能环保产业振兴发展规划等政策，2014年节能环保产业产值达到1000亿元。低碳产业已经成为我市产业结构中的重要组成部分。

二是现代服务业发展迅速。服务业发展能力和规模不断提升，围绕提升经济发展质量和有效降低碳排放水平，出台了一系列鼓励服务业发展的专项规划和政策。服务业占本市生产总值比重从2010年的52.4%提高到近57.6%，金融业增加值从2010年1279.27亿元提高到2014年的2237.54亿元，金融业增加值占GDP比重达到13.98% ，金融业总资产突破7万亿元，金融中心地位更加稳固，产业低碳化发展趋势更加明显。

三是战略性新兴产业快速增长。战略性新兴产业增加值五年年均增速约20%，约为同期GDP增速的两倍。2014年，战略性新兴产业规模达到1.88万亿元，增加值为5645.33亿元，增加值占GDP比重达到35.9%，初步测算，可拉低全市碳排放强度下降1/5左右。

四是传统产业低碳化转型持续增强。服装、黄金珠宝、钟表、眼镜、家具等优势传统产业向创意、研发、设计、品牌、服务等高端环节发展，五年清理淘汰低端企业1.4万家，先进制造业占规模以上工业增加值比重从2010年的70.8%增加到2014年的 73.1%。

（二）能源结构持续优化

一是引进天然气为主的石油替代战略成效初显。天然气资源供应渠道不断拓展，西气东输二线正式供气，每年供应我市天然气达到40亿立方米；深圳迭福LNG接收站、西气东输二线深圳LNG应急调峰站、大鹏LNG接收站4号罐扩建等气源项目建设顺利。清洁能源供应比重大幅提高，非化石能源占一次能源比重超过15%。

二是电源装机和用电结构不断优化。截至2014年底已累计关停小火电240万千瓦，超额完成了国家下达的关停任务。全面完成了燃油发电机组的“油改气”工程，新建成天然气发电、核电等清洁电源约500万千瓦。2014年底，全市电源总装机容量达到1296.84万千瓦；核电、气电等清洁电源装机占全市电源总装机容量比重达到85.8%；清洁电源供电量占全社会用电量的比例达到88%，为全国平均水平的2倍。

三是可再生能源发展迅速。全市建成太阳能光伏发电项目装机规模已达50兆瓦，25个项目列入国家金太阳示范项目。垃圾焚烧发电总装机容量达14.5万千瓦，发电8.98亿度，居全国大中城市首位；垃圾填埋气体发电装机容量达到11.4MW。四是资源循环利用不断强化。建筑废弃物年处理量超过350万吨，建筑废弃物资源化率达40%。工业固体废物综合利用率居全国大中城市首位。

（三）低碳交通取得突破

一是交通方式不断优化。公共交通管理水平和运行效率不断提升，建立富有竞争力的公共交通体系，建成和在建轨道交通累积达到350公里；全市500米公交站点覆盖率提高至91%，公交机动化分担率提升至55%，达到欧美大城市水平。

二是新能源汽车推广应用加快。截至2014年底，推广新能源汽车超过1万辆，居全球前列，新能源公交大巴占公交车总量比重超过20%；建成快速充电站81座，私家车用慢速充电桩接近3000个，年节约燃油约7万吨，实现减碳22万吨。因新能源汽车推广的卓越表现，我市荣获C40城市气候领导联盟颁发的“全球城市气候领袖奖”。

三是绿色低碳港区建设效果良好。主要港区码头完成装卸作业机械“油改电”改造工程；13个绿色低碳港区主题性试点项目获得中央财政资金补助；蛇口集装箱码头公司完成了2个泊位的岸电示范工程建设，采用纯电动汽车作为码头作业巡逻车，成为全球率先在港区推广使用纯电动汽车的港口。

四是低碳化交通管理水平不断提升。构建交通运行指挥综合应用平台，采用智能化手段对城市交通运行数据进行实时监测和管理。全面推广使用国V汽油，2014年淘汰黄标车、老旧车12.2万辆，超过前三年淘汰总量。

（四）“绿建之都”初见成效

一是绿色建筑推广成效显著。出台了《关于打造绿色建筑之都的行动方案》等一系列政策文件，新建民用建筑100%按照绿色建筑标准设计和建设。截至2014年底，已建和在建绿色建筑面积达到2000万平方米，节能建筑达到8800万平方米，获得绿色建筑标识项目数量及规模稳居全国各大城市榜首。

二是可再生能源建筑推广加快。截至2014年底全市太阳能热水建筑应用面积超过739万平方米，建成和在建的太阳能光电建筑应用示范项目总装机容量超过46兆瓦。荣获国家可再生能源建筑应用示范城市称号。

三是建筑能耗管理加强。完成750栋政府办公建筑和大型公共建筑能源审计，实现500栋公共建筑能耗在线监测，完成197个能耗较高的既有建筑节能改造，改造面积达707万平方米，年减碳10万吨。机关事业单位建筑改造面积超过1000万平方米，年节电1亿度以上。公共机构合同能源管理面积突破700万平方米，年节电7600万度。荣获国家机关办公建筑和大型公共建筑节能监测示范城市称号。

（五）低碳试点示范效应显著

一是低碳试点工作推进顺利。积极组织开展深圳市低碳试点示范项目申报工作，从低碳政府机关、低碳企业、低碳城区、低碳园区和低碳社区五个层面开展试点，46家单位踊跃报名参加，涌现出一批典型案例，营造了良好的社会氛围。

二是深圳国际低碳城综合示范效果显现。低碳城建设摒弃大拆大建的思路，尊重现状、就地改造，积极开展生态本底诊断，对现有企业进行全面碳核查；编制低碳城指标体系，对低碳城土地拍卖、项目准入及开发建设实行碳指标控制；建立碳排放监测公共平台，对企业碳排放进行监测、管理、监督、考核；创建社区共享模式，探索开展社区、校区、园区共享公共设施。经过两年多建设，丁山河改造等一批低碳基础实施示范项目建成使用，启动区分布式能源站、东部环保产业园等低碳产业示范项目推进顺利，引进企业和科研机构超过20家，2014年获中美权威机构联合颁发的“可持续发展规划项目奖”，低碳城正逐步成为可复制、可推广的低碳发展样本。

三是深圳国际低碳城论坛影响力增强。每年举办一届低碳城论坛，广泛吸引国内外政府机构、国际组织和跨国企业参与，宣传试点示范经验，营造低碳发展氛围，逐步成为展示我国应对气候变化行动的窗口和汇聚低碳国际资源的重要平台。

（六）国际合作成果丰硕

一是积极参与国家低碳发展国际合作。按照国家发改委的要求，积极参加在美国纽约举行的联合国气候峰会以及在波兰华沙举行的联合国气候变化大会，宣传我市应对气候变化成效和碳排放权交易的做法。

二是与其他国家、地区合作良好。与美国、英国、荷兰、比利时、澳大利亚等国代表团就低碳领域发展进行过多次交流和探讨，与美国加州政府签署了碳交易市场交流与合作备忘录，与荷兰阿姆斯特丹、埃因霍温签署了地方政府层面的低碳城市建设合作框架协议，与美国环保协会合作举办四期深圳市碳交易机制研讨会。

三是与全球范围内的低碳组织广泛合作。与世界银行、全球环境基金、世界自然基金会（WWF）、C40城市气候领导联盟、R20国际区域气候组织等机构签署了16项合作协议，成为中国大陆第一个正式参加C40城市气候领导联盟的城市。四是企业间低碳国际合作逐步加强。我市企业与美国劳伦斯伯克利实验室、美国低影响开发中心等低碳领域国际知名机构建立良好的合作关系，市建筑科学研究院与美国劳伦斯伯克利实验室合作建设的中美低碳建筑与社区创新实验中心取得实质性进展。

（七）全国首个碳交易市场发展活跃

一是碳交易制度建设取得积极进展。出台《深圳经济特区碳排放管理若干规定》，发布实施《深圳市碳排放权交易管理暂行办法》和《深圳市碳排放权交易核查机构及核查员管理暂行办法》，制定完成深圳市碳配额分配方案以及回购、拍卖管理规定，统一了我市碳排放核查标准、技术规范以及碳排放配额管理具体规定。

二是多层次的碳交易市场逐步建立。2013年6月18日，在全国率先启动碳交易市场，将635家重点工业企业和197栋大型公共建筑纳入碳排放管控范围，并逐步研究将公共交通纳入碳交易管控范围。

三是碳交易市场活跃度稳步提高。截至2月底，碳交易市场配额成交总量达到249万吨，成交总额超过1.4亿元，配额流通量占签发总量的7.07%。与其他试点省市相比，我市碳交易市场签发配额总量最小，但市场成交量排名第二，成交额、市场均价、配额交易量占比均排名第一。

四是碳交易体系取得显著减排效果。截至2013年底，635家管控企业实现了绝对减排，在工业增加值增长了1051

亿元的前提下，碳排放绝对量下降了383万吨，下降幅度为11.7%，超额完成了“十二五”碳排放强度下降要求。

二、推动试点工作的主要做法

通过几年的低碳试点城市建设和探索，逐步形成了政府引导、立法先行、企业主体、创新驱动、点面结合、全民参与、国际合作的全方位推进低碳发展的有效做法。

（一）坚持顶层设计优先的工作思路

从立法、规划、制度建设抓起，谋划和构建试点工作的长效机制，为打造深圳质量积聚动能。一是建立健全组织架构体系。成立市应对气候变化及节能减排工作领导小组，市长任组长，全面统筹协调低碳发展工作，领导小组成员包含各区及各相关部门，共同推进应对气候变化和低碳发展工作。二是着力强化立法先行。颁布全国首个《深圳经济特区碳排放管理若干规定》，出台《深圳市碳排放权交易管理暂行办法》，制订实施《深圳市低碳发展中长期规划（2011-2020年）》和《深圳市低碳试点城市实施方案》，明确了应对气候变化和低碳发展的总体思路、主要目标和重点任务，基本形成法律法规、规划政策、标准规范等自上而下具有强制引导性和可操作实施性的政策法规体系。三是不断加强工作协调。认真梳理深圳在试点工作中需要国家和省支持的事项，主动加强与国家部委和省相关部门的沟通，积极争取各项政策支持，在国家发改委的支持下，碳排放权交易、深圳国际低碳城规划建设等工作取得突破性进展。

（二）坚持创新驱动的推进方式

一是创新市场化碳减排机制。结合深圳实际，积极开展碳排放权交易，创造性的应用了有限理性重复博弈理论，提出独特的碳配额预分配方法，较好的达到了既能控制碳排放总量目标，实现碳强度下降，又能适度调整预分配的配额，使配额分配与经济发展挂钩以减少经济波动对碳市场活跃度的影响，同时也使配额分配不会出现过多或过少的不公平现象。

二是创新废弃物资源化的价格机制。完善资源使用的定价制度，建立废弃物排放的收费制度和对循环利用资源、清洁生产、治理环境的补贴制度。出台深圳市城市生活垃圾处理费征收和使用管理办法以及管道天然气试行价格，确定了垃圾焚烧发电厂垃圾处理费支付标准，探索建立建筑废弃物排放收费制度。

三是创新自然资源资产负债表制度。率先在大鹏半岛建立自然资源资产负债表制度，首创性开展自然资源资产数据采集和台账编制工作。初步构建自然资源核算体系，推出了我国第一个县区级自然资源资产负债表，我市自然资源核算工作在国内率先进入实操阶段。

四是创新资源性产品价格机制。实施差别电价、惩罚性电价及居民用电阶梯价格政策，有力促进企事业单位和居民节约用电。调整污水处理收费标准，实行了差别化的污水计量政策，有效的引导全社会充分利用水资源，减少水污染物排放总量。

（三）坚持优势突破的发展路径

围绕我市现有优势，努力探索优势突破、特色发展新路径。

一是发挥创新优势，推进低碳科技发展。着力开展低碳技术研发平台建设，积极推动节能与提高能效、可再生能源、二氧化碳捕集利用与封存等方面开展技术攻关。

二是发挥产业优势，推进高质化发展。充分发挥我市现有产业优势，大力发展战略性新兴产业和未来产业，加快推动传统产业低碳化改造，培育和发展壮大了一批富有核心竞争力、碳排放强度较低的龙头企业，在推动经济较快发展的同时有效降低了全市碳排放强度。

三是发挥国际化优势，推进低碳领域全球合作。深圳是我国第一个经济特区，毗邻香港，面向东南亚，国际化程度较高。在推进低碳试点工作中，充分发挥国际化优势，通过举办国际论坛、签订合作协议、组建合作联盟、参与国家低碳外交战略等多种形式积极推进与国外政府和国际组织的密切合作，努力成为低碳领域国际合作的国家窗口和试验田。

（四）坚持试点示范的工作方法

坚持办好不同层面、不同类型的试点，发挥试点叠加效应，推进低碳试点工作建设由点到面有序展开。

一是实施节能减排财政政策综合示范工作。编制了《深圳市节能减排财政政策综合示范市总体实施方案（2012-2014）》以及主要污染物减量化、交通清洁化、产业低碳化、服务业集约化、建筑绿色化和可再生能源和新能源利用规模化六个分项方案（简称“1+6”方案），稳步有序推进示范工作，取得显著成果。

二是加强废弃物资源化利用试点。出台《深圳市餐厨废弃物收运信息化管理实施方案》和《深圳市建筑废弃物减排与利用条例》等相关政策。加快建立餐厨废弃物无害化处理收运体系，完善收运处理设施。开展建筑垃圾减排与综合利用试点。积极鼓励绿色施工，激励绿色再生建材生产。落实对建筑废弃物综合利用项目扶持政策，建立建筑节能专项资金，支持建筑废弃物减排与利用领域技术研发。

三是开展低碳城市建设综合试点示范。启动深圳国际低碳城建设，按照打造国家低碳发展综合试验区的战略定位，将低碳理念全面融入开发建设全过程，优化城市空间规划，建立低碳能源供应体系，推行低影响开发建设方式，提升基础设施低碳化水平，推进绿色建筑规模化和建筑工业化，推广低碳技术创新和示范，推动低碳产业集聚发展，形成低碳生产生活方式和城市运营模式，为探索低碳转型发展、加快新型城镇化建设积累了经验。

（撰稿：王凯，深圳市发展和改革委员会低碳办公室）

>>>

法律规章

碳排放权交易管理暂行办法

（国家发展和改革委员会第17号令　2014年12月10日）

第一章 总则

第一条 为推进生态文明建设，加快经济发展方式转变，促进体制机制创新，充分发挥市场在温室气体排放资源配置中的决定性作用，加强对温室气体排放的控制和管理，规范碳排放权交易市场的建设和运行，制定本办法。

第二条 在中华人民共和国境内，对碳排放权交易活动的监督和管理，适用本办法。

第三条 本办法所称碳排放权交易，是指交易主体按照本办法开展的排放配额和国家核证自愿减排量的交易活动。

第四条 碳排放权交易坚持政府引导与市场运作相结合，遵循公开、公平、公正和诚信原则。

第五条 国家发展和改革委员会是碳排放权交易的国务院碳交易主管部门（以下称国务

院碳交易主管部门），依据本办法负责碳排放权交易市场的建设，并对其运行进行管理、监督和指导。

各省、自治区、直辖市发展和改革委员会是碳排放权交易的省级碳交易主管部门（以下称省级碳交易主管部门），依据本办法对本行政区域内的碳排放权交易相关活动进行管理、监督和指导。

其他各有关部门应按照各自职责，协同做好与碳排放权交易相关的管理工作。

第六条 国务院碳交易主管部门应适时公布碳排放权交易纳入的温室气体种类、行业范围和重点排放单位确定标准。

第二章 配额管理

第六条 省级碳交易主管部门应根据国务院碳交易主管部门公布的重点排放单位确定标

准，提出本行政区域内所有符合标准的重点排放单位名单并报国务院碳交易主管部门，国务院碳交易主管部门确认后向社会公布。

经国务院碳交易主管部门批准，省级碳交易主管部门可适当扩大碳排放权交易的行业覆盖范围，增加纳入碳排放权交易的重点排放单位。

第七条 国务院碳交易主管部门根据国家控制温室气体排放目标的要求，综合考虑国家和各省、自治区和直辖市温室气体排放、经济增长、产业结构、能源结构，以及重点排放单位纳入情况等因素，确定国家以及各省、自治区和直辖市的排放配额总量。

第八条 排放配额分配在初期以免费分配为主，适时引入有偿分配，并逐步提高有偿分配的比例。

第九条 国务院碳交易主管部门制定国家配额分配方案，明确各省、自治区、直辖市免费分配的排放配额数量、国家预留的排放配额数量等。

第十一条 国务院碳交易主管部门在排放配额总量中预留一定数量，用于有偿分配、市场调节、重大建设项目等。有偿分配所取得的收益，用于促进国家减碳以及相关的能力建设。

第十二条 国务院碳交易主管部门根据不同行业的具体情况，参考相关行业主管部门的意见，确定统一的配额免费分配方法和标准。

各省、自治区、直辖市结合本地实际，可制定并执行比全国统一的配额免费分配方法和标准更加严格的分配方法和标准。

第十三条 省级碳交易主管部门依据第十二条确定的配额免费分配方法和标准，提出本行政区域内重点排放单位的免费分配配额数量，报国务院碳交易主管部门确定后，向本行政区域内的重点排放单位免费分配排放配额。

第十四条 各省、自治区和直辖市的排放配额总量中，扣除向本行政区域内重点排放单位免费分配的配额量后剩余的配额，由省级碳交易主管部门用于有偿分配。有偿分配所取得的收益，用于促进地方减碳以及相关的能力建设。

第十五条 重点排放单位关闭、停产、合并、分立或者产能发生重大变化的，省级碳交易主管部门可根据实际情况，对其已获得的免费配额进行调整。

第十六条 国务院碳交易主管部门负责建立和管理碳排放权交易注册登记系统（以下称注册登记系统），用于记录排放配额的持有、转移、清缴、注销等相关信息。注册登记系统中的信息是判断排放配额归属的最终依据。

第十七条 注册登记系统为国务院碳交易主管部门和省级碳交易主管部门、重点排放单位、交易机构和其他市场参与方等设立具有不同功能的账户。参与方根据国务院碳交易主管部门的相应要求开立账户后，可在注册登记系统中进行配额管理的相关业务操作。

第三章 排放交易

第十八条 碳排放权交易市场初期的交易产品为排放配额和国家核证自愿减排量，适时增加其他交易产品。

第十九条 重点排放单位及符合交易规则规定的机构和个人（以下称交易主体），均可参与碳排放权交易。

第二十条 国务院碳交易主管部门负责确定碳排放权交易机构并对其业务实施监督。具体交易规则由交易机构负责制定，并报国务院碳交易主管部门备案。

第二十一条 第十八条规定的交易产品的交易原则上应在国务院碳交易主管部门确定的交易机构内进行。

第二十二条 出于公益等目的，交易主体可自愿注销其所持有的排放配额和国家核证自愿减排量。

第二十三条 国务院碳交易主管部门负责建立碳排放权交易市场调节机制，维护市场稳定。

第二十四 国家确定的交易机构的交易系统应与注册登记系统连接，实现数据交换，确保交易信息能及时反映到注册登记系统中。

第四章 核查与配额清缴

第二十五条 重点排放单位应按照国家标准或国务院碳交易主管部门公布的企业温室气体排放核算与报告指南的要求，制定排放监测计划并报所在省、自治区、直辖市的省级碳交易主管部门备案。

重点排放单位应严格按照经备案的监测计划实施监测活动。监测计划发生重大变更的，应及时向所在省、自治区、直辖市的省级碳交易主管部门提交变更申请。

第二十六条 重点排放单位应根据国家标准或国务院碳交易主管部门公布的企业温室气体排放核算与报告指南，以及经备案的排放监测计划，每年编制其上一年度的温室气体排放报告，由核查机构进行核查并出具核查报告后，在规定时间内向所在省、自治区、直辖市的省级碳交易主管部门提交排放报告和核查报告。

第二十七条 国务院碳交易主管部门会同有关部门，对核查机构进行管理。

第二十八条 核查机构应按照国务院碳交易主管部门公布的核查指南开展碳排放核查工作。重点排放单位对核查结果有异议的，可向省级碳交易主管部门提出申诉。

第二十九条 省级碳交易主管部门应当对以下重点排放单位的排放报告与核查报告进行复查，复查的相关费用由同级财政予以安排：

（一）国务院碳交易主管部门要求复查的重点排放单位；

（二）核查报告显示排放情况存在问题的重点排放单位；

（三）除（一）、（二）规定以外一定比例的重点排放单位。

第三十条 省级碳交易主管部门应每年对其行政区域内所有重点排放单位上年度的排放量予以确认，并将确认结果通知重点排放单位。经确认的排放量是重点排放单位履行配额清缴义务的依据。

第三十一条 重点排放单位每年应向所在省、自治区、直辖市的省级碳交易主管部门提交不少于其上年度经确认排放量的排放配额，履行上年度的配额清缴义务。

第三十二条 重点排放单位可按照有关规定，使用国家核证自愿减排量抵消其部分经确认的碳排放量。

第三十三条 省级碳交易主管部门每年应对其行政区域内重点排放单位上年度的配额清缴情况进行分析，并将配额清缴情况上报国务院碳交易主管部门。国务院碳交易主管部门应向社会公布所有重点排放单位上年度的配额清缴情况。

第五章 监督管理

第三十四条 国务院碳交易主管部门应及时向社会公布如下信息：纳入温室气体种类，纳入行业，纳入重点排放单位名单，排放配额分配方法，排放配额使用、存储和注销规则，各年度重点排放单位的配额清缴情况，推荐的核查机构名单，经确定的交易机构名单等。

第三十五条 交易机构应建立交易信息披露制度，公布交易行情、成交量、成交金额等交易信息，并及时披露可能影响市场重大变动的相关信息。

第三十六条 国务院碳交易主管部门对省级碳交易主管部门业务工作进行指导，并对下列活动进行监督和管理：

（一）核查机构的相关业务情况；

（二）交易机构的相关业务情况；

第三十七条 省级碳交易主管部门对碳排放权交易进行监督和管理的范围包括：

（一）辖区内重点排放单位的排放报告、核查报告报送情况；

（二）辖区内重点排放单位的配额清缴情况；

（三）辖区内重点排放单位和其他市场参与者的交易情况。

第三十八条 国务院碳交易主管部门和省级碳交易主管部门应建立重点排放单位、核查机构、交易机构和其他从业单位和人员参加碳排放交易的相关行为信用记录，并纳入相关的信用管理体系。

第三十九条 对于严重违法失信的碳排放权交易的参与机构和人员，国务院碳交易主管部门建立“黑名单”并依法予以曝光。

第六章 法律责任

第四十条 重点排放单位有下列行为之一的，由所在省、自治区、直辖市的省级碳交易主管部门责令限期改正，逾期未改的，依法给予行政处罚。

（一）虚报、瞒报或者拒绝履行排放报告义务；

（二）不按规定提交核查报告。

逾期仍未改正的，由省级碳交易主管部门指派核查机构测算其排放量，并将该排放量作为其履行配额清缴义务的依据。

第四十一条 重点排放单位未按时履行配额清缴义务的，由所在省、自治区、直辖市的省级碳交易主管部门责令其履行配额清缴义务；逾期仍不履行配额清缴义务的，由所在省、自治区、直辖市的省级碳交易主管部门依法给予行政处罚。

第四十二条 核查机构有下列情形之一的，由其注册所在省、自治区、直辖市的省级碳交易主管部门依法给予行政处罚，并上报国务院碳交易主管部门；情节严重的，由国务院碳交易主管部门责令其暂停核查业务；给重点排放单位造成经济损失的，依法承担赔偿责任；构成犯罪的，依法追究刑事责任。

（一）出具虚假、不实核查报告；

（二）核查报告存在重大错误；

（三）未经许可擅自使用或者公布被核查单位的商业秘密；

（四）其他违法违规行为。

第四十三条 交易机构及其工作人员有下列情形之一的，由国务院碳交易主管部门责令限期改正；逾期未改正的，依法给予行政处罚；给交易主体造成经济损失的，依法承担赔偿责任；构成犯罪的，依法追究刑事责任。

（一）未按照规定公布交易信息；

（二）未建立并执行风险管理制度；

（三）未按照规定向国务院碳交易主管部门报送有关信息；

（四）开展违规的交易业务；

（五）泄露交易主体的商业秘密；

（六）其他违法违规行为。

第四十四条 对违反本办法第四十条至第四十一条规定而被处罚的重点排放单位，省级碳交易主管部门应向工商、税务、金融等部门通报有关情况，并予以公告。

第四十五条 国务院碳交易主管部门和省级碳交易主管部门及其工作人员，未履行本办法规定的职责，玩忽职守、滥用职权、利用职务便利牟取不正当利益或者泄露所知悉的有关单位和个人的商业秘密的，由其上级行政机关或者监察机关责令改正；情节严重的，依法给予行政处罚；构成犯罪的，依法追究刑事责任。

第四十六条 碳排放权交易各参与方在参与本办法规定的事务过程中，以不正当手段谋取利益并给他人造成经济损失的，依法承担赔偿责任；构成犯罪的，依法追究刑事责任。

第七章 附则

第四十七条 本办法中下列用语的含义：

温室气体：是指大气中吸收和重新放出红外辐射的自然和人为的气态成分，包括二氧化碳（CO_2）、甲烷（CH_4）、氧化亚氮（N_2O）、氢氟碳化物（HFCs）、全氟化碳（PFCs）、六氟化硫（SF_6）和三氟化氮（NF_3）。

碳排放：是指煤炭、天然气、石油等化石能源燃烧活动和工业生产过程以及土地利用、土地利用变化与林业活动产生的温室气体排放，以及因使用外购的电力和热力等所导致的温室气体排放。

碳排放权：是指依法取得的向大气排放温室气体的权利。

排放配额：是政府分配给重点排放单位指定时期内的碳排放额度，是碳排放权的凭证和载体。1单位配额相当于1吨二氧化碳当量。

重点排放单位：是指满足国务院碳交易主管部门确定的纳入碳排放权交易标准且具有独立法人资格的温室气体排放单位。

国家核证自愿减排量：是指依据国家发展和改革委员会发布施行的《温室气体自愿减排交易管理暂行办法》的规定，经其备案并在国家注册登记系统中登记的温室气体自愿减排量，简称CCER。

第四十八条 本办法自公布之日起30日后施行。

单位国内生产总值二氧化碳排放降低目标责任考核评估办法

（发改气候[2014]1828号　国家发展改革委2014年8月6日印发）

第一条 根据《中华人民共和国国民经济和社会发展第十二个五年规划纲要》和《国务院关于印发“十二五”控制温室气体排放工作方案的通知》（国发〔2011〕41号），为完成控制温室气体排放任务，扎实推进基础工作与能力建设，确保实现“十二五”单位国内生产总值二氧化碳排放降低目标，特制订本办法。

第二条 考核评估工作按照责任落实、措施落实、工作落实的总体要求，坚持目标导向、突出重点、易于操作、奖惩分明的原则。

第三条 考核评估对象为各省(自治区、直辖市)人民政府。

第四条 考核内容为单位地区生产总值二氧化碳排放降低目标完成情况，评估内容为任务与措施落实情况、基础工作与能力建设落实情况等。

第五条 考核评估采用百分制评分法，满分100分。考核评估结果划分为优秀、良好、合格、不合格四个等级。考核评估得分90分以上为优秀，80分以上、90分以下为良好，60分以上、80分以下为合格，60分以下为不合格（以上包括本数，以下不包括本数）。其中，“合格”的前提条件是单位地区生产总值二氧化碳排放年度降低目标和累计进度目标均如期完成。未完成以上两项指标的省（自治区、直辖市），无论总分是否超出60分，考核评估结果均为不合格。

第六条 考核评估工作与国民经济和社会发展五年规划相对应，五年为一个考核评估期，采用年度考核评估和期末考核评估相结合的方式进行。在考核评估期的每年下半年开展上年度考核，在考核评估期结束后的第二年下半年开展期末考核。

第七条 考核采取以下步骤：

(一) 考核对象自评。各省(自治区、直辖市)人民政府根据 “省级人民政府单位地区生产总值二氧化碳排放降低目标考核评估指标及评分细则”准备考核材料，填写“数据核查表”，开展自评估，并于每年7月底前将自评估报告报国务院，同时抄送发展改革委。

(二)初步审核。发展改革委会同工业和信息化部、统计局、能源局、林业局组成考核评估工作组，对各地提交的自评估报告和相关数据资料进行初步审核。

(三) 现场评价考核。考核评估工作组对各省（自治区、直辖市）进行集中核查和重点抽查，划定考核等级，形成综合考核评估报告，并反馈意见。

(四) 考核结果审定与公布。发展改革委在每年10月底前将综合考核评估报告上报国务院，经国务院审定后，向社会公告。

第八条 经国务院审定后的考核评估结果，交由干部主管部门，作为对各省（自治区、直辖市）人民政府领导班子和相关领导干部综合考核评价的重要内容。

第九条 对考核评估结果为优秀的省级人民政府，国务院予以通报表扬，有关部门在相关项目安排上优先予以考虑。

第十条 考核评估结果为不合格的省级人民政府，要在考核评估结果公告后一个月内，向国务院做出书面报告，提出限期整改措施，并抄送发展改革委。

第十一条 对在考核评估工作中瞒报、谎报情况的地区，予以通报批评；对因失职渎职等整改不到位造成严重后果的，移交监察机关依法依纪追究该地区有关责任人员的责任。

第十二条 本办法自发布之日起施行。

重点地区煤炭消费减量替代管理暂行办法

（发改环资[2014]2984号　国家发展改革委、工业和信息化部、财政部、环境保护部、统计局、能源局2014年12月29日印发）

第一章 总则

第一条　为进一步优化能源结构，落实煤炭消费总量控制目标，促进煤炭清洁高效利用，切实减少大气污染，改善空气质量，根据《国务院关于印发大气污染防治行动计划的通知》和《国务院办公厅关于印发 2014-2015 年节能减排低碳发展行动方案的通知》，制定本办法。

第二条　本办法所称重点地区，是指北京市、天津市、河北省、山东省、上海市、江苏省、浙江省和广东省的珠三角地区。

本办法所称煤炭减量，是指通过淘汰落后产能、压减过剩产能、提高煤炭等能源利用效率直接减少煤炭消费。本办法所称煤炭替代，是指利用可再生能源、天然气、电力等优质能源替代煤炭消费。

第二章 目标与方案

第三条　重点地区人民政府对本行政区域煤炭消费减量替代工作负总责。具体目标是：

到2017年，北京市煤炭消费量比2012年减少1300万吨，天津市减少1000万吨，河北省减少4000万吨，山东省减少2000万吨。

上海市、江苏省、浙江省、广东省人民政府要于2015年6月底前，研究提出煤炭消费减量目标，送国家发展改革委、环境保护部、国家能源局备案。

第四条　重点地区人民政府要制定煤炭减量替代工作方案（以下简称工作方案），明确煤炭减量年度目标，并分解落实到各市（区）县和重点耗煤行业、企业。

第五条　工作方案要提出煤炭减量具体措施和相应的削减数量，主要包括：

（一）淘汰效率低、煤耗高、污染重的项目，重点是电力、钢铁、水泥、炼焦等行业落后产能项目。（二）节能重点工程，余热余压利用、燃煤电厂升级改造、能量系统优化等节能改造项目。

（三）燃煤锅炉节能环保综合提升工程，燃煤锅炉改造和分散落后锅炉淘汰项目。

（四）“煤改气”、“煤改电”项目。

（五）焦化、煤化工、工业窑炉煤炭清洁高效利用改造项目。

（六）其他减量措施。

第六条　工作方案应提出能源替代供应方案，确保合理用能：

（一）因地制宜，优先利用核电、水电、风电、太阳能、生物质能、地热能等新能源和可再生能源替代煤炭消费。

创新城镇用能方式，鼓励有条件的地区发展太阳能、生物质能、地热能供暖以及热电冷联供。鼓励新建、改建、扩建的住宅和公共建筑安装太阳能热水或集热系统。加快新能源示范城市及其供热供气基础设施建设。积极推动生物质成型燃料锅炉供热在工业供热和民用供暖中的应用。积极推进北方地区利用风电供暖。

（二）“先规划、再发展”，积极协调落实气源，有序实施“煤改气”、“煤改电”工程。

（三）加快推进集中供热，优先利用背压热电联产机组替代分散燃煤锅炉。

（四）加强散煤治理，逐步削减分散用煤或用优质燃煤替代劣质燃煤。

（五）其他替代措施。

第七条　工作方案按年度进行滚动调整，重点地区人民政府应于每年12月底前将工作方案调整计划报国家发展改革委。

第八条　新建燃煤项目在进行节能评估审查和环境影响评价前，应满足所在地区煤炭消费总量削减要求。在建燃煤项目将产生的煤炭消费要纳入所在地区煤炭消费总量削减计划统筹平衡。

新建高耗能项目单位产品（产值）能耗要达到国内先进水平，用能设备达到一级能效标准，重点地区达到国际先进水平。

第三章 协调机制

第九条　国家建立重点地区煤炭消费减量替代工作协调小组　（以下简称协调小组），由国家发展改革委、工业和信息化部、财政部、环境保护部、国家统计局、国家能源局、重点地区人民政府组成，负责审议重点地区煤炭减量替代工作方案、年度调整计划和年度自查报告，协调解决有关重大事项，拟定相关政策措施。协调小组办公室设在国家发展改革委，负责日常工作。

第十条 协调小组定期召开会议，了解和掌握重点地区煤炭减量替代工作进展情况，协调解决工作中存在的问题。协调小组办公室原则上每季度召开一次会议，跟踪相关工作进展，提出拟请协调小组研究解决的事项。

第十一条 协调小组各成员单位要切实履行职责，认真落实煤炭减量替代工作目标和任务。国家发展改革委、环境保护部、国家能源局负责指导重点地区煤炭减量目标的分解和落实；工业和信息化部、国家能源局负责指导和督促重点地区做好重点高耗煤行业淘汰落后产能任务的分解和落实；国家统计局负责煤炭消费统计；财政部负责指导实施相关财政支持政策；有关油气、电力等企业要积极落实“气代煤”和“电代煤”等配套工程，确保天然气和电力供应。

第四章 支持政策

第十二条 加快电网通道建设，提高对优质电力的消纳能力，保障重点地区新增用电，在确保安全的前提下，合理提高外来电比例。

第十三条 适当提高能效和环保指标领先机组的利用小时数。燃煤机组排放基本达到燃气轮机组排放限值的，应适当增加其下一年度上网电量。

第十四条 完善环保电价政策，鼓励燃煤机组按照燃气轮机组排放水平建设或改造。深化天然气价格改革，在消费侧积极推行季节性价格、可中断气价等差别性价格政策，促进节约用气。

第十五条 支持跨行业实施煤炭消费减量替代，将淘汰落后钢铁、水泥产能和小锅炉等产生的减煤量用于支持煤炭利用效率高、污染物排放少的燃煤发电项目等。

第十六条 对列入煤炭减量替代工作方案的可再生能源代煤项目，可在该地区可再生能源年度规模安排上予以支持。

第十七条 有关中央企业要加快相关能源项目及其配套设施建设，进展情况定期报送协调小组办公室。

第五章 监督考核

第十八条 重点地区人民政府应于每年 6 月底前编制上一年度煤炭消费减量替代工作自查报告，报协调小组办公室。

第十九条 协调小组办公室于每年 7-8 月会同协调小组其他成员单位，对重点地区煤炭消费减量替代工作情况进行实地抽查，结果报告国务院，并向社会公告。

第二十条 对未完成煤炭减量年度目标的地区要给予通报批评，暂缓审批其新建燃煤项目，上一年度未完成的减量目标继续计入下一年度进行考核。

第六章 附则

第二十一条 本办法由国家发展改革委会同有关部门负责解释。非重点地区参照本办法合理控制煤炭消费。

第二十二条 本办法自发布之日起施行。

北京市碳排放权交易管理办法(试行)

(北京市人民政府2014年5月28日颁布)

第一章 总 则

第一条 为控制本市温室气体排放，协同治理大气污染，根据国家发展改革委开展碳排放权交易试点的相关部署要求和市人大常委会《关于北京市在严格控制碳排放总量前提下开展碳排放权交易试点工作的决定》(以下简称《决定》)，特制定本办法。

第二条 本办法适用于本市行政区域内碳排放权交易及其监督管理活动。

本办法所称碳排放权交易，是指由市人民政府设定年度碳排放总量及碳排放单位的减排义务，碳排放单位通过市场机制履行义务的碳排放控制机制，主要工作包括碳排放报告报送、核查，配额核发、交易以及履约等。

第三条 本市严格碳排放管理，实现碳排放强度逐年下降，确保完成全市碳排放总量控制目标。

碳排放权交易坚持政府引导与市场运作相结合，遵循诚信、公开、公平、公正的原则。

第四条 市发展改革委负责本市碳排放权交易相关工作的组织实施、综合协调与监督管理。市统计、金融、财政、园林绿化等行业主管部门按照职责分别负责相关监督管理工作。

第二章 碳排放管控和配额管理

第五条 根据国家和本市国民经济和社会发展计划确定的碳排放强度控制目标，科学设立年度碳排放总量控制目标，核算年度配额总量，对本市行政区域内重点排放单位的二氧化碳排放实行配额管理。

对新建及改扩建固定资产投资项目逐步实施碳排放评价和管理。

第六条 市发展改革委确定不超过年度配额总量的5%作为调整量，用于重点排放单位配额调整及市场调节。

第七条 重点排放单位应当在配额许可范围内排放二氧化碳。报告单位中自愿参与碳排放权交易的非重点排放

单位，参照重点排放单位进行管理。

第八条　市发展改革委设立碳排放权注册登记簿系统(以下简称“登记簿”)，用于配额的发放及履约管理等。重点排放单位及自愿参与交易的单位应进行注册登记，并通过登记簿管理本单位的碳排放权，包括碳排放权的持有、转移、变更、上缴、转存、抵消、注销等。

第九条　市发展改革委会同市统计局定期确定年度重点排放单位名单和报告单位名单，并向社会公布。

第十条　报告单位应当在规定的时间内按照要求向市发展改革委提交上年度碳排放报告。重点排放单位应当同时报送本年度碳排放监测计划，并按计划组织实施。

第十一条　市发展改革委应当对符合本市规定条件的第三方核查机构予以备案，建立第三方核查机构目录库，并加强动态管理。

重点排放单位应当委托目录库中的第三方核查机构对碳排放报告进行核查，并按照规定向市发展改革委报送核查报告。

第三方核查机构应当按照相关规定开展核查工作。

第十二条　市发展改革委结合本市碳排放控制目标，根据配额核定方法及核查报告，核定并发放重点排放单位的年度配额；并根据谨慎、从严的原则对重点排放单位配额调整申请情况进行核实，确有必要的，可对配额进行调整。

第十三条　重点排放单位应当按照规定上缴与其上年度碳排放量等量的配额，履行年度碳排放控制责任。

第十四条　重点排放单位可以用经过审定的碳减排量抵消其部分碳排放量，使用比例不得高于当年排放配额数量的5%。

来源于本市行政区域内重点排放单位固定设施化石燃料燃烧、工业生产过程和制造业协同废弃物处理以及电力消耗所产生的核证自愿减排量不得用于抵消。

1吨当量经审定的碳减排量可抵消1吨二氧化碳排放量。

第三章　碳排放权交易

第十五条　本市实行碳排放权交易制度，交易主体是重点排放单位及其他自愿参与交易的单位。

交易产品包括碳排放配额、经审定的碳减排量等，本市探索创新碳排放交易相关产品。

第十六条　市人民政府确定承担碳排放权交易的场所(以下简称“交易场所”)，交易场所应当制定碳排放权交易规则，明确交易参与方的权利义务和交易程序，披露交易信息，处理异常情况。

交易场所应当加强对交易活动的风险控制和内部监督管理，组织并监督交易、结算和交割等交易活动，定期向市发展改革委和市金融局报告交易情况。

第十七条　交易应当采用公开竞价、协议转让以及符合国家和本市规定的其他方式进行。

本市适时开展跨区域交易。

第四章　监督管理与激励措施

第十八条　市发展改革委应当加强对报告单位的碳排放报告、第三方核查机构的核查报告以及重点排放单位碳排放控制情况的监督检查。

第十九条　市发展改革委会同相关部门对违反碳排放权交易管理的报告单位和第三方核查机构依规处理，将违规行为予以通报，并向企业信用信息系统主管部门提供相关信息。

第二十条　市发展改革委应当加强对碳排放权交易市场价格监管，可以根据需要在配额调整量范围内通过拍卖、回购等市场手段调节市场价格，维护市场秩序。

第二十一条　市财政局安排专项资金，支持配额回购、交易管理等。具体管理办法由市发展改革委会同市财政局另行制定。

第五章　法律责任

第二十二条　报告单位违反本办法第十条、第十一条和第十三条规定的，由市发展改革委根据《决定》进行处罚，并按照相关规定进行处理。

第二十三条　交易场所及其工作人员违反法律法规规章及本办法规定的，责令限期改正；对交易主体造成经济损失的，依法承担赔偿责任；构成犯罪的，依法承担刑事责任。

第二十四条　承担碳排放权交易监管职责的行政部门及其工作人员，不履行本办法规定的职责，滥用职权、玩忽职守，利用职务便利牟取不正当利益的，依法追究法律责任。

第六章　附　则

第二十五条　碳排放权，是指碳排放单位在生产经营活动中直接和间接排放二氧化碳等温室气体的权益。包括二氧化碳排放配额和经审定的碳减排量。

二氧化碳排放配额，由市发展改革委核定的，允许重点排放单位在本市行政区域一定时期内排放二氧化碳的数量，单位以“吨二氧化碳(tCO2)”计。

经审定的碳减排量，由国家发展改革委或市发展改革委审定的核证自愿减排量、节能项目和林业碳汇项目的碳减排量等，单位以“吨二氧化碳当量(tCO2e)”计。

重点排放单位，是指本市行政区域内的固定设施年二氧化碳直接排放与间接排放总量1万吨(含)以上，且在中国境内注册的企业、事业单位、国家机关及其他单位。

报告单位，是指本市行政区域内年综合能源消费总量2000吨标准煤(含)以上，且在中国境内注册的企业、事业单位、国家机关及其他单位。

第二十六条　本办法自印发之日起施行，在碳排放权交易试点期间有效。

广东省碳排放管理试行办法

（粤府令第197号广东省人民政府2014年1月15日颁发）

第一章　总　则

第一条　为实现温室气体排放控制目标，发挥市场机制作用，规范碳排放管理活动，结合本省实际，制定本办法。

第二条　在本省行政区域内的碳排放信息报告与核查，配额的发放、清缴和交易等管理活动，适用本办法。

第三条　碳排放管理应当遵循公开、公平和诚信的原则，坚持政府引导与市场运作相结合。

第四条　省发展改革部门负责全省碳排放管理的组织实施、综合协调和监督工作。

各地级以上市人民政府负责指导和支持本行政辖区内企业配合碳排放管理相关工作。

各地级以上市发展改革部门负责组织企业碳排放信息报告与核查工作。

省经济和信息化、财政、住房城乡建设、交通运输、统计、价格、质监、金融等部门按照各自职责做好碳排放管理相关工作。

第五条　鼓励开发林业碳汇等温室气体自愿减排项目，引导企业和单位采取节能降碳措施。提高公众参与意识，推动全社会低碳节能行动。

第二章　碳排放信息报告与核查

第六条　本省实行碳排放信息报告和核查制度。

年排放二氧化碳1万吨及以上的工业行业企业，年排放二氧化碳5千吨以上的宾馆、饭店、金融、商贸、公共机构等单位为控制排放企业和单位（以下简称控排企业和单位）；年排放二氧化碳5千吨以上1万吨以下的工业行业企业为要求报告的企业（以下简称报告企业）。

交通运输领域纳入控排企业和单位的标准与范围由省发展改革部门会同交通运输等部门提出。根据碳排放管理工作进展情况，分批纳入信息报告与核查范围。

第七条　控排企业和单位、报告企业应当按规定编制上一年度碳排放信息报告，报省发展改革部门。

控排企业和单位应当委托核查机构核查碳排放信息报告，配合核查机构活动，并承担核查费用。

对企业和单位碳排放信息报告与核查报告中认定的年度碳排放量相差10%或者10万吨以上的，省发展改革部门应当进行复查。

省、地级以上市发展改革部门对企业碳排放信息报告进行抽查，所需费用列入同级财政预算。

第八条　在本省区域内承担碳排放信息核查业务的专业机构，应当具有与开展核查业务相应的资质，并在本省境内有开展业务活动的固定场所和必要设施。

从事核查专业服务的机构及其工作人员应当依法、独立、公正地开展碳排放核查业务，对所出具的核查报告的规范性、真实性和准确性负责，并依法履行保密义务，承担法律责任。

第九条　碳排放核查收费标准由省价格主管部门制定。

第三章　配额发放管理

第十条　本省实行碳排放配额（以下简称配额）管理制度。控排企业和单位、新建（含扩建、改建）年排放二氧化碳1万吨以上项目的企业（以下简称新建项目企业）纳入配额管理；其他排放企业和单位经省发展改革部门同意可以申请纳入配额管理。

第十一条　本省配额发放总量由省人民政府按照国家控制温室气体排放总体目标，结合本省重点行业发展规划和合理控制能源消费总量目标予以确定，并定期向社会公布。

配额发放总量由控排企业和单位的配额加上储备配额构成，储备配额包括新建项目企业配额和市场调节配额。

第十二条　省发展改革部门应当制定本省配额分配实施方案，明确配额分配的原则、方法、以及流程等事项，经配额分配评审委员会评审，并报省人民政府批准后公布。

配额分配评审委员会，由省发展改革部门和省相关行业主管部门，技术、经济及低碳、能源等方面的专家，行业协会、企业代表组成，其中专家不得少于成员总数的三分之二。

第十三条　控排企业和单位的年度配额，由省发展改革部门根据行业基准水平、减排潜力和企业历史排放水平，采用基准线法、历史排放法等方法确定。

第十四条　控排企业和单位的配额实行部分免费发放和部分有偿发放，并逐步降低免费配额比例。

每年7月1日，由省发展改革部门按照控排企业和单位配额总量的一定比例，发放年度免费配额。

第十五条　控排企业和单位发生合并的，其配额及相应的权利和义务由合并后的企业享有和承担；控排企业和单位发生分立的，应当制定配额分拆方案，并及时报省、市发展改革部门备案。

第十六条　因生产品种、经营服务项目改变，设备检修或者其他原因等停产停业，生产经营状况发生重大变化的控排企业和单位，应当向省发展改革部门提交配额变更申请材料，重新核定配额。

第十七条　控排企业和单位注销、停止生产经营或者迁出本省的，应当在完成关停或者迁出手续前1个月内提交碳排放信息报告和核查报告，并按要求提交配额。

第十八条　每年6月20日前，控排企业和单位应当根据上年度实际碳排放量，完成配额清缴工作，并由省发展改革部门注销。企业年度剩余配额可以在后续年度使用，也可以用于配额交易。

第十九条　控排企业和单位可以使用中国核证自愿减排量作为清缴配额，抵消本企业实际碳排放量。但用于清缴的中国核证自愿减排量，不得超过本企业上年度实际碳排放量的10%，且其中70%以上应当是本省温室气体自愿减排项目产生。

控排企业和单位在其排放边界范围内产生的国家核证自愿减排量，不得用于抵消本省控排企业和单位的碳排放。

1吨二氧化碳当量的中国核证自愿减排量可抵消1吨碳排放量。

第二十条　新建项目企业的配额由省发展改革部门根据地级以上市发展改革部门审核的碳排放评估结果核定。新建项目企业按照要求足额购买有偿配额后，方可获得免费配额。

第二十一条　省发展改革部门采取竞价方式，每年定期在省人民政府确定的平台发放有偿配额。竞价底价由省发展改革部门会同价格主管部门确定。

竞价发放的配额，由现有控排企业和单位、新建项目企业的有偿发放配额加上市场调节配额组成。

第二十二条　本省实行配额登记管理。配额的分配、变更、清缴、注销等应依法在配额登记系统登记，并自登记日起生效。

第四章　配额交易管理

第二十三条　本省实行配额交易制度。交易主体为控排企业和单位、新建项目企业、符合规定的其他组织和个人。

第二十四条　交易平台为省人民政府指定的碳排放交易所（以下简称交易所）。交易所应当履行以下职责：

（一）制定交易规则。

（二）提供交易场所、系统设施和服务，组织交易活动。

（三）建立资金结算制度，依法进行交易结算、清算以及资金监管。

（四）建立交易信息管理制度，公布交易行情、交易价格、交易量等信息，及时披露可能导致市场重大变动的相关信息。

（五）建立交易风险管理制度，对交易活动进行风险控制和监督管理。

（六）法律法规规定的其他职责。

交易规则应当报省发展改革部门、省金融主管部门审核后发布。

第二十五条　配额交易采取公开竞价、协议转让等国家法律法规、标准和规定允许的方式进行。

第二十六条　配额交易价格由交易参与方根据市场供需关系确定，任何单位和个人不得采取欺诈、恶意串通或者其他方式，操纵交易价格。

第二十七条　交易参与方应当按照规定缴纳交易手续费。交易手续费收费标准由交易所提出，报省价格主管部门核定后执行。

第二十八条　本省探索建立跨区域碳排放交易市场，鼓励其他区域企业参与本省碳排放权交易。

第五章　监督管理

第二十九条　省发展改革部门应当定期通过政府网站或者新闻媒体向社会公布控排企业和单位、报告企业履行本办法的情况。

省发展改革部门应当向社会公开核查机构名录，并加强对核查机构及其核查工作的监督管理。

第三十条　本省建立企业碳排放信息报告与核查系统和碳排放配额交易系统。控排企业和单位、报告企业应当按照要求在相应系统中开立账户和报送有关数据。

第三十一条　控排企业和单位对年度实际碳排放量核定、配额分配等有异议的，可依法向省发展改革部门提请复核。对年度实际碳排放量核定有异议的，省发展改革委部门应当委托核查机构进行复查；对配额分配有异议的，省发展改革部门应当进行核实，并在20日内作出书面答复。

第三十二条　省发展改革部门应当建立控排企业和单位、核查机构以及交易所信用档案，及时记录、整合、发布碳排放管理和交易的相关信用信息。

第三十三条　同等条件下，支持已履行责任的企业优先申报国家支持低碳发展、节能减排、可再生能源发展、循环经济发展等领域的有关资金项目，优先享受省财政低碳发展、节能减排、循环经济发展等有关专项资金扶持。

第三十四条　鼓励金融机构探索开展碳排放交易产品的融资服务，为纳入配额管理的单位提供与节能减碳项目相关的融资支持。

第三十五条　配额有偿分配收入，实行收支两条线，纳入财政管理。

第六章　法律责任

第三十六条　违反本办法第七条规定，控排企业和单位、报告企业有下列行为之一的，由省发展改革部门责令限期改正；逾期未改正的，并处罚款：

（一）虚报、瞒报或者拒绝履行碳排放报告义务的，处1万元以上3万元以下罚款。

（二）阻碍核查机构现场核查，拒绝按规定提交相关证据的，处1万元以上3万元以下罚款；情节严重的，处5万元罚款。

第三十七条　违反本办法第十八条规定，未足额清缴配额的企业，由省发展改革部门责令履行清缴义务；拒不履行清缴义务的，在下一年度配额中扣除未足额清缴部分2倍配额，并处5万元罚款。

第三十八条　交易所有下列行为之一的，由省发展改革部门责令改正，并处1万元以上5万元以下罚款：

（一）未按照规定公布交易信息的；

（二）未建立并执行风险管理制度的。

第三十九条　从事核查的专业机构违反本办法第八条第二款规定，有下列情形之一的，由省发展改革部门责令限期改正，并处3万元以上5万元以下罚款：

（一）出具虚假、不实核查报告的；

（二）未经许可擅自使用或者发布被核查单位的商业秘密和碳排放信息的。

第四十条　发展改革部门、相关管理部门及其工作人员，违反本办法规定，有下列行为之一的，由其上级主管部门或者监察机关责令改正并通报批评；情节严重的，对负有责任的主管人员和其他责任人员，由任免机关或者监察机关按照管理权限给予处分；涉嫌犯罪的，移送司法机关依法追究刑事责任：

（一）在配额分配、碳排放核查、碳排放量审定、核查机构管理等工作中，谋取不正当利益的；

（二）对发现的违法行为不依法纠正、查处的；

（三）违规泄露与配额交易相关的保密信息，造成严重影响的；

（四）其他滥用职权、玩忽职守、徇私舞弊的违法行为。

第七章　附　则

第四十一条　企业碳排放信息报告核查、配额分配、金融服务支持等具体规定由省发展改革、金融部门依据本办法另行制定。

第四十二条　本办法下列用语的含义：

（一）碳排放配额，是指政府分配给企业用于生产、经营的二氧化碳排放的量化指标。1吨配额等于1吨二氧化碳的排放量。

（二）新建项目配额，是指发展改革部门根据新建项目碳排放评估报告核定新建项目建成后预计年度碳排放量，并据此发放的配额。

（三）市场调节配额，是指政府为应对碳排放市场波动及经济形势变化，用于调节碳市场价格，预留的部分碳排放配额，其数量为现有控排企业和单位配额总量的5%。

（四）中国核证自愿减排量，是指国家发展改革委根据《温室气体自愿减排交易管理暂行办法》备案的温室气体自愿减排项目所产生的核证减排量。

第四十三条　本办法自2014年3月1日起施行。

重庆市碳排放权交易管理暂行办法

（重庆市人民政府2014年4月26日印发）

第一章　总　则

第一条　为规范本市碳排放权交易管理，促进碳排放权交易市场有序发展，推动运用市场机制实现控制温室气体排放目标，根据国务院《“十二五”控制温室气体排放工作方案》和有关法律、法规，结合工作实际，制定本办法。

第二条　本市行政区域内碳排放权交易和相关管理活动，适用本办法。

第三条　碳排放权交易坚持政府引导与市场运作相结合，遵循公开、公平、公正和诚信的原则。

第四条　市发展改革委作为全市应对气候变化工作的主管部门（以下简称主管部门），负责碳排放权的监督管理和交易工作的组织实施及综合协调。

市金融办作为全市交易场所的监督管理部门（以下简称监管部门），负责碳排放权交易的日常监管、统计监测及牵头处置风险等工作。

市财政局、市经济信息委、市城乡建委、市国资委、市质监局、市物价局等部门和单位按照各自职责做好碳排放权交易相关管理工作。

第二章　碳排放配额管理

第五条　本市实行碳排放配额（以下简称配额）管理制度。对年碳排放量达到规定规模的排放单位（以下简称配额管理单位）实行配额管理，鼓励其他排放单位自愿纳入配额管理。

纳入配额管理的行业范围和排放单位的碳排放规模标准，由主管部门会同相关部门确定和调整，报市政府批准。配额管理单位的名单由主管部门公布。

配额管理单位可以依照本办法通过配额交易或者其他合法方式取得收益，履行碳排放报告、接受核查和配额清缴等义务。

第六条　本市建立碳排放权交易登记簿（以下简称登记簿），对配额实行统一登记。

配额的取得、转让、变更、注销和结转等应当登记，并自登记日起生效。

登记簿由主管部门或者委托相关单位管理。

第七条　本市实行配额总量控制制度。配额总量控制目标在国家和本市确定的节能和控制温室气体排放约束性指标框架下，根据企业历史排放水平和产业减排潜力等因素确定。

第八条　主管部门应当会同相关部门制定本市碳排放配额管理细则，根据配额总量控制目标、企业历史排放水平、先期减排行动等因素明确配额分配的原则、方法及流程等事项。

配额管理细则制定过程中，应当听取市政府有关部门、配额管理单位、有关专家及社会组织的意见。

主管部门在年度配额总量控制目标下，结合配额管理单位碳排放申报量和历史排放情况，拟定年度配额分配方案，通过登记簿向配额管理单位发放配额。

第九条　因交易等原因发生配额转移的，应当通过登记簿予以变更。

第十条　配额管理单位应当在规定时间内通过登记簿提交与主管部门审定的年度碳排放量（以下简称审定排放量）相当的配额，履行清缴义务。

配额管理单位用于清缴的配额在登记簿予以注销。

配额管理单位的配额不足以履行清缴义务的，可以购买配额用于清缴；配额有结余的，可以在后续年度使用或者用于交易。

第十一条　配额管理单位发生排放设施转移或者关停等情形的，由主管部门组织审定其碳排放量后，无偿收回分配的剩余配额。

第十二条　配额管理单位的审定排放量超过年度所获配额的，可以使用国家核证自愿减排量（CCER）履行配额清缴义务，1吨国家核证自愿减排量相当于1吨配额。

国家核证自愿减排量的使用数量不得超过审定排放量的一定比例，且产生国家核证自愿减排量的减排项目应当符合相关要求。

国家核证自愿减排量的使用比例和对减排项目的要求由主管部门另行规定。

第十三条　鼓励配额管理单位使用林业碳汇项目等产生的经国家备案并登记的减排量，按照本办法第十二条的规定履行配额清缴义务。

第三章　碳排放核算、报告和核查

第十四条　配额管理单位应当加强能源和碳排放管理能力建设，自行或者委托有技术实力和从业经验的机构核算年度碳排放量。

第十五条　配额管理单位应当在规定时间内向主管部门报送书面的年度碳排放报告，同步通过电子报告系统提交。

配额管理单位对碳排放报告的完整性、真实性和准确性负责。

第十六条　主管部门在收到碳排放报告后5个工作日内委托第三方核查机构（以下简称核查机构）进行核查，核查机构应当在主管部门规定时间内出具书面核查报告。

在核查过程中，配额管理单位应当配合核查机构开展工作，如实提供有关文件和资料。核查机构及其工作人员应当遵守国家和本市相关规定，独立、客观、公正地开展核查工作。

核查机构应当对核查报告的规范性、真实性和准确性负责，并对配额管理单位的商业秘密和碳排放数据保密。

第十七条　主管部门应当建立向社会公开的核查机构名录，并加强对核查机构的监督管理。

第十八条　主管部门根据核查报告审定配额管理单位年度碳排放量，并及时通知各配额管理单位。

核查机构核定的碳排放量与配额管理单位报告的碳排放量相差超过10%或者超过1万吨的，配额管理单位可以向主管部门提出复查申请，主管部门委托其他核查机构对核查报告进行复查后，最终审定年度碳排放量。

第四章　碳排放权交易

第十九条　本市建立碳排放权交易制度。碳排放权交易平台设在重庆联合产权交易所集团股份有限公司（以下简称交易所）。交易所主要履行下列职责：

（一）为碳排放权交易提供交易场所、交易设施、资金结算、信息发布等服务；

（二）组织并监督交易行为、资金结算等；

（三）监管部门明确的其他职责。

交易所应当根据本办法制定本市碳排放交易细则，明确交易参与人的条件和权利义务、交易程序、交易信息管理、交易行为监管、异常情况处理、纠纷处理、交易费用等内容。

第二十条　交易品种为配额、国家核证自愿减排量及其他依法批准的交易产品，基准单元以“吨二氧化碳当量（tCO2e）”计，交易价格以“元/吨二氧化碳当量（tCO2e）”计。

第二十一条　配额管理单位、其他符合条件的市场主体及自然人可以参与本市碳排放权交易，但是国家和本市有禁止性规定的除外。

第二十二条　符合条件的市场主体和自然人参与本市碳排放权交易活动，应当在交易所开设交易账户，取得交易主体资格。

第二十三条　配额管理单位获得的年度配额可以进行交易，但卖出的配额数量不得超过其所获年度配额的50%，通过交易获得的配额和储存的配额不受此限。

第二十四条　本市碳排放权交易采用公开竞价、协议转让及其他符合国家和本市有关规定的方式进行。

第二十五条　交易所对碳排放权交易资金实行统一结算，交易资金通过交易所指定结算银行开设的专用账户办理。

碳排放权交易应当通过登记簿，实现交易产品交割。

第二十六条　交易所应当建立信息公开制度，公布交易行情、成交量、成交金额等交易信息，并及时披露可能对市场行情造成重大影响的信息。

第二十七条　交易所应当加强碳排放权交易风险管理，建立涨跌幅限制、风险警示、违规违约处理、交易争议处理等风险管理制度。

第二十八条　交易所对交易行为实行实时监控，并及时向监管部门和主管部门报告异常交易情况。

交易所可以对出现重大异常交易情况的交易主体行使有关监管职权和采取必要的处理措施，并报监管部门和主管部门备案。

第二十九条　发生不可抗力、意外事件或技术故障等异常情况，交易所可以采取暂时停止交易等紧急措施，并及时向监管部门和主管部门报告。

异常情况消除后，交易所应当及时恢复交易。

第三十条　交易所应当加强碳排放权交易内部管理，建立信息安全管理、交易系统维护、网络安全管理、资产及财务管理等内控制度，制定应急处理措施。

第三十一条　交易主体开展碳排放权交易，应当缴纳交易手续费等相关费用，收费标准由市价格主管部门核定。

第三十二条　鼓励银行等金融机构优先为配额管理单位提供与节能减碳相关的融资支持，探索配额担保融资等新型金融服务。

第五章　监督管理

第三十三条　主管部门应当会同相关部门建立对配额管理单位、核查机构、交易所、其他交易主体等的监管机制，按职责履行监管责任。

第三十四条　主管部门应当对配额管理单位的碳排放报告、接受核查和履行配额清缴义务等活动，核查机构的核查行为，交易产品交割，以及其他与碳排放权交易有关的活动加强监督管理。

监管部门应当对交易所的交易组织、资金结算等活动，交易主体的交易行为，以及其他与碳排放权交易有关的活动加强监督管理。

第三十五条　主管部门实施监督管理可以采取下列措施：

（一）对配额管理单位、核查机构、交易所、其他交易主体进行现场检查并取证；

（二）询问当事人和与被调查事件有关的单位和个人，要求其对被调查事件有关情况进行说明；

（三）查阅、复制当事人和与被调查事件有关的单位和个人的交易记录、财务会计资料以及其他相关资料；

（四）查询当事人和与被调查事件有关的单位和个人的登记簿账户、交易账户和资金账户；

（五）主管部门依法可以采取的其他措施。

第三十六条　配额管理单位未按照规定报送碳排放报告、拒绝接受核查和履行配额清缴义务的，由主管部门责令限期改正；逾期未改正的，可以采取下列措施：

（一）公开通报其违规行为；

（二）3年内不得享受节能环保及应对气候变化等方面的财政补助资金；

（三）3年内不得参与各级政府及有关部门组织的节能环保及应对气候变化等方面的评先评优活动；

（四）配额管理单位属本市国有企业的，将其违规行为纳入国有企业领导班子绩效考核评价体系。

第三十七条　核查机构未按规定开展核查工作的，由主管部门责令改正；情节严重的，公布其违法违规信息。给配额管理单位造成经济损失的，依法承担赔偿责任；涉嫌犯罪的，移送司法机关依法处理。

第三十八条　交易所在碳排放权交易活动中有违法违规行为的，由主管部门责令限期改正；给交易主体造成经济损失的，依法承担赔偿责任；涉嫌犯罪的，移送司法机关依法处理。

第三十九条　主管部门和其他有关部门的工作人员有违法违规行为的，依法给予处分；造成经济损失的，依法承担赔偿责任；涉嫌犯罪的，移送司法机关依法处理。

第六章　附　则

第四十条　本办法下列用语的含义：

（一）碳排放，是指二氧化碳、甲烷、氧化亚氮、氢氟碳化物、全氟化碳、六氟化硫6类温室气体的排放，计量单位为“吨二氧化碳当量（tCO2e）”。

（二）碳排放权，是指依法取得向大气直接或者间接排放温室气体的权利，量化为碳排放配额，1吨配额相当于1吨二氧化碳当量排放量。

（三）碳排放权交易，是指符合条件的市场主体通过交易机构对配额等产品进行公开买卖的行为。

（四）国家核证自愿减排量，是指根据《温室气体自愿减排交易管理暂行办法》有关规定，经国家发展改革委备案并登记的项目减排量，单位以“吨二氧化碳当量（tCO2e）”计。

第四十一条　本办法所称“内”含本数、“超过”不含本数。

第四十二条　国家对碳排放权交易另有规定的，从其规定。

第四十三条　本办法自公布之日起施行。

深圳市碳排放权交易管理暂行办法

（深圳市人民政府令第262号　2014年3月19日印发）

第一章　总 则

第一条　为建设环境资源友好型社会，加快经济发展方式转变，促进节能减排和绿色低碳发展，建立和规范碳排放权交易市场，实现温室气体排放控制目标，根据《深圳经济特区碳排放管理若干规定》，制定本办法。

第二条　本办法适用于本市行政区域内碳排放权交易及其监督管理活动。

本办法所称碳排放权交易，是指由市人民政府（以下简称市政府）设定碳排放单位的二氧化碳排放总量及其减排义务，碳排放单位通过市场机制履行义务的碳排放控制机制，包括碳排放量化、报告、核查，碳排放配额的分配和交易以及履约。

第三条　碳排放权交易坚持公开、公正和诚信原则，接受社会监督。

第四条　市发展和改革部门是本市碳排放权交易工作的主管部门（以下简称主管部门），主要履行下列职责：

（一）制定碳排放权交易相关规划、政策、管理制度并组织实施；

（二）负责提出碳排放权交易的总量设定以及配额分配方案；

（三）确定碳排放权交易的管控单位并监督其履约；

（四）监督碳排放权交易相关主体的碳排放权交易活动；

（五）建立并管理碳排放权注册登记簿和温室气体排放信息管理系统；

（六）统筹、指导、协调本市碳排放权交易工作。

第五条　市住房建设、交通运输等部门接受主管部门委托，负责本行业碳排放权交易的管理、监督检查与行政处罚。

市市场监督管理部门负责制定工业行业温室气体排放量化、报告、核查标准，组织对纳入配额管理的工业行业碳排放单位的碳排放量进行核查，并对工业行业碳核查机构和核查人员进行监督管理；市统计部门负责组织对纳入配额管理的工业行业碳排放单位的有关统计指标数据进行核算，并对统计指标数据核查机构进行监督管理。

各区政府和财政、金融、经贸信息、科技创新、税务、环境保护、规划国土、交通运输、水务等职能部门在各自职责范围内负责碳排放权交易相关管理工作。

供电、供气等单位应当积极配合有关部门做好碳排放权交易相关工作。

第六条　主管部门应当会同相关部门建立全市统一的温室气体排放信息管理系统，提高温室气体排放管理的信息化水平，及时掌握全市温室气体排放情况的动态。

主管部门应当会同相关部门建立碳排放权交易公共服务平台网站，及时披露和公开碳排放权交易相关管理信息。

第七条　主管部门应当探索建立统一、开放、公开、透明的区域碳排放权交易市场。

第八条　市政府应当对为本市碳排放权交易工作作出突出贡献的机构和个人进行表彰奖励。

第九条　主管部门及相关部门应当定期开展碳排放权交易的宣传和培训，鼓励、支持单位和个人参与碳排放权交易。

鼓励成立碳排放权交易行业协会。碳排放权交易行业协会应当加强行业自律，宣传和普及碳排放权交易相关知识，推动节能减排。

第二章　配额管理

第十条　本市碳排放权交易实行目标总量控制。全市碳排放权交易体系目标排放总量（以下简称目标排放总量）应当根据国家和广东省确定的约束性指标，结合本市经济社会发展趋势和碳减排潜力等因素科学、合理设定。

第十一条　符合下列条件之一的碳排放单位（以下简称管控单位），实行碳排放配额管理：

（一）任意一年的碳排放量达到三千吨二氧化碳当量以上的企业；

（二）大型公共建筑和建筑面积达到一万平方米以上的国家机关办公建筑的业主；

（三）自愿加入并经主管部门批准纳入碳排放控制管理的碳排放单位；

（四）市政府指定的其他碳排放单位。

市政府可以根据本市节能减排工作的需要和碳排放权交易市场的发展状况，调整管控单位范围。管控单位名单报市政府批准后应当在市政府和主管部门门户网站以及碳排放权交易公共服务平台网站公布。

第十二条　管控单位应当履行碳排放控制义务。管控单位为建筑物业主的，其碳排放控制义务可以委托建筑使用人、物业管理单位等代为履行。

第十三条　任意一年碳排放量达到一千吨以上但不足三千吨二氧化碳当量的企业，应当每年向主管部门报告二氧化碳排放情况，具体要求参照管控单位执行。

市政府可以根据工作需要逐步将前款规定的单位纳入配额管理。

第十四条　主管部门应当根据目标排放总量、产业发展政策、行业发展阶段和减排潜力、历史排放情况和减排效果等因素综合确定全市碳排放权交易体系的年度配额总量（以下简称年度配额总量）。

第十五条　配额的构成包括下列部分：

（一）预分配配额；

（二）调整分配的配额；

（三）新进入者储备配额；

（四）拍卖的配额；

（五）价格平抑储备配额。

第十六条　配额分配采取无偿分配和有偿分配两种方式进行。

无偿分配的配额包括预分配配额、新进入者储备配额和调整分配的配额。

有偿分配的配额可以采用拍卖或者固定价格的方式出售。

第十七条　管控单位为电力、燃气、供水企业的，其年度目标碳强度和预分配配额应当结合企业所处行业基准碳排放强度和期望产量等因素确定。

管控单位为前款规定以外其他企业的，其年度目标碳强度和预分配配额应当结合企业历史排放量、在其所处行业中的排放水平、未来减排承诺和行业内其他企业减排承诺等因素，采取同一行业内企业竞争性博弈方式确定。

建筑碳配额的无偿分配按照建筑功能、建筑面积以及建筑能耗限额标准或者碳排放限额标准予以确定。

预分配配额原则上每三年分配一次，每年第一季度签发当年度的预分配配额。配额预分配的方法和规则由主管部门制定，报市政府批准后实施，并且应当在主管部门门户网站以及碳排放权交易公共服务平台网站公布。配额预分配的结果由主管部门报市政府批准后下发。

第十八条　主管部门应当预留年度配额总量的百分之二作为新进入者储备配额。

新建固定资产投资项目，预计年碳排放量达到三千吨二氧化碳当量以上的，项目单位应当在投产前向主管部门报告项目碳排放评估情况。主管部门按照该单位所在行业的平均排放水平、产业政策导向和技术水平等因素在投产当年对其预分配配额，待投产年度的实际统计指标数据核准后由主管部门在下一年度重新对其预分配的配额进行调整。

第十九条　主管部门应当在每年5月20日前，根据管控单位上一年度的实际碳排放数据和统计指标数据，确定其上一年度的实际配额数量。

管控单位的实际配额数量按照下列公式计算：

（一）属于单一产品行业的，其实际配额等于本单位上一年度生产总量乘以上一年度目标碳强度；

（二）属于其他工业行业的，其实际配额等于本单位上一年度实际工业增加值乘以上一年度目标碳强度。

主管部门应当根据确定后的实际配额数量，对照管控单位上一年度预分配的配额数量，相应进行追加或者扣减，但追加配额的总数量不得超过当年度扣减的配额总数量。符合本办法第十八条规定情形的管控单位，其配额追加不受此限制，但追加的配额应当来源于新进入者储备配额。

配额调整的具体管理办法由主管部门另行制定，报市政府批准后实施。

第二十条　采取拍卖方式出售的配额数量不得低于年度配额总量的百分之三。市政府可以根据碳排放权交易市场的发展状况逐步提高配额拍卖的比例。

管控单位和碳排放权交易市场的投资者可以参加配额拍卖。

配额拍卖的具体管理办法由主管部门另行制定，报市政府批准后实施。

第二十一条　价格平抑储备配额包括主管部门预留的配额、新进入者储备配额和主管部门回购的配额，其中主管部门预留的配额为年度配额总量的百分之二。

价格平抑储备配额应当以固定价格出售，且只能由管控单位购买用于履约，不能用于市场交易。

价格平抑储备配额的具体管理办法由主管部门另行制定，报市政府批准后实施。

第二十二条　主管部门每年度可以按照预先设定的规模和条件从市场回购配额，以减少市场供给、稳定市场价格。

主管部门每年度回购的配额数量不得高于当年度有效配额数量的百分之十。

配额回购的具体管理办法由主管部门另行制定，报市政府批准后实施。

第二十三条　市政府设立碳交易市场稳定调节资金，专项用于开展市场价格调控、支持企业减排活动、市场服务机构培育、能力和平台建设、碳排放权交易管理等。

稳定调节资金主要来源于配额有偿分配的收入和社会捐赠以及市政府决定的其他资金。

稳定调节资金的具体管理办法由主管部门会同市财政部门另行制定，报市政府批准后实施。

第二十四条　管控单位与其他单位合并的，其配额及相应的权利义务由合并后存续的单位或者新设立的单位承担。

管控单位分立的，应当在分立时制定合理的配额和履约义务分割方案，并在作出分立决议之日起十五个工作日内报主管部门备案。未制定分割方案或者未按时报主管部门备案的，原管控单位的履约义务由分立后的单位共同承担。

第二十五条　管控单位迁出本市行政区域或者出现解散、破产等情形时，应当在办理迁移、解散或者破产手续之前完成碳排放量化、报告与核查，并提交与未完成的履约义务相等的配额。管控单位提交的配额数量少于未完成的履约义务的应当补足；预分配配额超出完成的履约义务部分的百分之五十由主管部门予以收回，剩余配额由管控单位自行处理。

第二十六条　管控单位获得的配额，可以依照本办法进行转让、质押，或者以其他合法方式取得收益。

第二十七条　碳排放权交易的履约期为每个自然年。上一年度的配额可以结转至后续年度使用。后续年度签发的配额不能用于履行前一年度的配额履约义务。

本市碳排放权交易的期限根据国家和广东省有关碳排放权交易试点的工作要求确定。

第三章　量化、报告、核查与履约

第二十八条　管控单位应当根据本办法的规定提交年度碳排放报告；管控单位属于工业企业的，还应当提交统计指标数据报告。

年度碳排放报告应当由管控单位依据温室气体排放量化、报告标准进行编制，并于每年3月31日前通过本市温室气体排放信息管理系统提交给主管部门。统计指标数据报告应当依据市统计部门的规范要求进行统计、编制，并于每年3月31日前提交给市统计部门。

管控单位统计指标数据的统计口径应当与碳排放量化、报告、核查的口径保持一致。

管控单位应当在每季度结束后十个工作日内，通过本市温室气体排放信息管理系统提交上一季度的碳排放报告。

第二十九条　管控单位在提交年度碳排放报告后，应当委托碳核查机构对碳排放报告进行核查，并于每年4月30日前向主管部门提交经核查的碳排放报告。

管控单位应当于每年5月10日前将经市统计部门核定后的统计指标数据提交给主管部门。

市统计部门可以委托统计指标数据核查机构对管控单位提交的统计指标数据报告进行核查。

第三十条　管控单位应当对其碳排放和统计指标数据报告的真实性、准确性和规范性负责，不得提供虚假数据或者与核查机构互相串通提供虚假数据。管控单位不得连续三年委托同一家碳核查机构或者相同的碳核查人员进行核查。

第三十一条　工业行业碳核查机构在本市开展碳核查业务，应当具备下列条件：

（一）在本市注册两年以上，具有独立法人资格的企事业单位、社会团体或者依法设立的分支机构；

（二）在本市拥有固定的办公场所和必要设施；

（三）具有十名以上经市市场监督管理部门备案的专职核查人员，其中至少有两名从事碳核查业务三年以上；

（四）具有符合核查工作要求的组织机构及内部管理制度；

（五）具有组织温室气体量化、核查等相关工作经验，且没有碳核查从业违法违规行为记录；

（六）具备一定的经济偿付能力，并设立了应对风险的基金或者购买相应的风险责任保险。

工业行业碳核查人员在本市开展碳核查业务，应当具备下列条件：

（一）属于核查机构的专职工作人员；

（二）具有本科以上学历、四年以上工作经历或者理工类大专学历、八年以上工作经历；

（三）个人信用良好，没有违法违规的从业记录；

（四）通过市市场监督管理部门组织的专业考核。

工业行业碳核查机构及碳核查人员应当向市市场监督管理部门备案。市市场监督管理部门应当在市政府和本单位门户网站以及碳排放权交易公共服务平台网站公布经备案的碳核查机构名录。

工业行业碳核查机构和碳核查人员的管理办法由市市场监督管理部门会同主管部门另行制定。

第三十二条　碳核查机构和统计指标数据核查机构应当履行下列义务：

（一）按照相关部门制定的核查规范要求，通过书面核查和实地核查等方式，独立、客观、公正地开展核查工作，并对其出具的碳排放或者统计指标数据核查报告的规范性、真实性和准确性负责；

（二）根据核查情况按时出具碳排放或者统计指标数据核查报告；

（三）核查机构及其核查人员与管控单位有利害关系的，应当回避；

（四）履行保密义务，不得非法披露碳排放数据、统计指标数据以及核查过程中获得的管控单位的相关信息。

第三十三条　管控单位对碳核查结果有异议的，可以向主管部门申请复核。主管部门应当在受理复核申请之日起十个工作日内作出复核决定。管控单位对主管部门的复核决定有异议的，可以依法申请行政复议或者提起行政诉讼。

主管部门可以将复核工作委托专门机构实施。

第三十四条　主管部门应当随机抽取一定比例的管控单位，对管控单位的碳排放报告及其委托的碳核查机构的核查报告进行抽样检查。抽查比例原则上不得少于管控单位总数量的百分之十。

主管部门应当根据管控单位碳排放报告风险等级评估结果，对风险等级高的管控单位的碳排放报告及其委托的碳核查机构的核查报告进行重点检查。

主管部门可以将检查工作委托专门机构实施。

第三十五条　管控单位对主管部门的抽样检查或者重点检查结果有异议的，可以依法申请行政复议或者提起行政诉讼。

第三十六条　管控单位应当于每年6月30日前向主管部门提交配额或者核证自愿减排量。管控单位提交的配额数量及其可使用的核证自愿减排量之和与其上一年度实际碳排放量相等的，视为完成履约义务。

管控单位出现本办法第二十五条规定情形的，应当在完成碳排放量化、报告和核查后三十个工作日内完成履约义务。

第三十七条　管控单位可以使用核证自愿减排量抵消年度碳排放量。一份核证自愿减排量等同于一份配额。最高抵消比例不高于管控单位年度碳排放量的百分之十。

管控单位在本市碳排放量核查边界范围内产生的核证自愿减排量不得用于本市配额履约义务。

碳排放抵消的具体管理办法由主管部门另行制定，报市政府批准后实施。

第三十八条　主管部门应当于每年7月31日前，在其门户网站和碳排放权交易公共服务平台网站，公布管控单位履约名单及履约状态。

第四章　碳排放权登记

第三十九条　主管部门应当建立碳排放权注册登记簿（以下简称登记簿）。登记簿是确定配额权利归属和内容的依据。登记簿应当载明下列内容：

（一）配额持有人的姓名或者名称；

（二）配额的权属性质、签发时间和有效期限、权利以及内容变化情况；

（三）与配额以及持有人有关的其他信息。

主管部门可以委托专门机构负责登记簿的日常管理。

注册登记簿管理规则由主管部门另行制定，报市政府批准后实施。

第四十条　持有碳排放配额的管控单位、其他组织和个人应当在登记簿进行注册登记。

管控单位和其他组织办理注册登记时，应当向主管部门提供下列资料：

（一）法人登记证书；

（二）税务登记证书；

（三）法定代表人身份证明；

（四）首席账户代表和一般账户代表的身份证明和联系方式。

法定代表人授权或者委托他人办理的，应当同时提供授权委托书以及办理人的身份证明和联系方式。

第四十一条　个人办理注册登记时，应当向主管部门提供下列资料：

（一）申请人的身份证明；

（二）账户代表身份证明和联系方式。

委托他人办理的，应当同时提供授权委托书以及办理人的身份证明和联系方式。

第四十二条　主管部门应当通过登记簿签发配额。配额一经有效签发即视为完成配额初始登记。

主管部门应当通过登记簿为核证自愿减排量进行初始登记。核证自愿减排量自进入减排项目业主在登记簿开立的注册账户时即视为完成初始登记。

第四十三条　经初始登记的配额或者核证自愿减排量，有下列情形之一的，应当办理转移登记：

（一）买卖；

（二）赠与；

（三）继承；

（四）公司合并、分立导致的转移；

（五）人民法院、仲裁机构判决或者裁定的强制性转移；

（六）依照法律、法规规定作出的其他强制性转移。

第四十四条　因买卖的原因需要办理转移登记的，交易双方应当通过交易机构的交易系统向登记簿提交申请，由登记簿自动完成转移登记。

因买卖以外其他的原因需要办理转移登记的，相关权利人应当向主管部门申请办理非交易转移登记，并提交下列资料：

（一）转移登记申请书；

（二）申请人身份证明；

（三）配额或者核证自愿减排量发生转移的证明材料。

第四十五条　以配额或者核证自愿减排量设定质押的，出质人与质权人应当办理质押登记，并向主管部门提交下列资料：

（一）质押登记申请书；

（二）申请人的身份证明；

（三）质押合同；

（四）主债权合同；

（五）质押监管见证书。

第四十六条　办理非交易转移登记或者质押登记，申请人提交的申请材料齐全、符合本办法规定形式的，主管部门应当当场作出书面的审查决定，并在三个工作日内完成登记工作。

第四十七条　管控单位分立的，应当在完成商事登记之日起十个工作日内申请配额的转移登记；未按规定申请配额转移登记的，原管控单位的履约义务由分立后的单位共同承担。

管控单位合并的，应当在完成商事登记之日起十个工作日内申请配额的转移登记。

第四十八条　有下列情形之一的配额，主管部门应当在登记簿及时进行注销：

（一）当年度配额拍卖中流拍的配额；

（二）每个配额预分配期结束时价格平抑储备配额中未出售的配额；

（三）根据本办法第二十五条规定由主管部门收回的配额；

（四）管控单位用于履约的配额；

（五）有效期届满的配额；

（六）市场参与主体自愿注销的配额；

（七）其他依法应当注销的情形。

核证自愿减排量有下列情形之一的，主管部门应当在登记簿进行扣减，并报国家注册登记簿进行注销：

（一）管控单位将其用于履约；

（二）市场参与主体自愿将其注销；

（三）其他依法应当予以注销的情形。

第四十九条　主管部门应当在办理配额或者核证自愿减排量质押登记之日起三个工作日内进行质押公告。质押公告包括下列内容：

（一）质押当事人；

（二）质押的配额或者核证自愿减排量数量；

（三）质押的配额或者核证自愿减排量的序列号；

（四）质押的时间期限。

第五十条　主管部门应当在登记簿注销配额或者扣减核证自愿减排量之日起三个工作日内，在指定交易机构的网站发布公告。公告包括下列内容：

（一）注销配额或者扣减排核证自愿减排量的原因；

（二）被注销配额或被扣减排核证自愿减排量的总量；

（三）被注销配额或被扣减排核证自愿减排量的序列号。

第五章　碳排放权交易

第五十一条　管控单位以及符合本市碳排放权交易规则规定的其他组织和个人，可以参与碳排放权交易活动。

第五十二条　深圳排放权交易所（以下简称交易所）是本市碳排放权交易活动的指定交易机构。交易所主要履行下列职责：

（一）为碳排放权交易提供交易场所、设施和服务；

（二）制定交易规则；

（三）实时披露、更新交易活动信息；

（四）设置市场监管与风险控制内部机构，监控交易系统的交易行为，预防交易风险和违规行为；

（五）配合主管部门和相关机构查处、纠正违规交易行为；

（六）主管部门规定的其他职责。

管控单位和投资机构从事碳排放权交易业务的工作人员应当取得交易所核发的交易员资格证书。

第五十三条　交易所应当结合本市市场特点，制定交易规则、结算细则等规章制度。交易规则应当报主管部门和相关机构备案。

第五十四条　交易所开展的碳排放权交易品种包括碳排放配额、核证自愿减排量和相关主管部门批准的其他碳排放权交易品种。

鼓励创新碳排放权交易品种。

第五十五条　市场交易主体应当遵循公平、自愿、诚实、守信的原则从事交易活动，不得有下列行为：

（一）交易已经注销的配额或者核证自愿减排量；

（二）交易非法取得的配额或者核证自愿减排量；

（三）超过自身配额、核证自愿减排量持有数量或者资金支付能力从事交易；

（四）主管部门或者交易所禁止的其他交易行为。

第五十六条　交易应当依法采用现货交易、电子拍卖、定价点选、大宗交易、协议转让等方式进行。

第五十七条　交易所应当建立信息公开制度。每个交易日公布当日成交量、成交金额等交易信息。

第五十八条　交易所统一组织交易清算和交收。交易资金实行第三方存管，存管银行应当按照交易所制定的交易规则和其他有关规定进行交易资金的管理与拨付。交易系统与登记薄应当实现信息互联，及时完成交易品种的清算和交收。

第五十九条　交易所应当建立大额交易监管、风险警示、涨跌幅限制等必要的风险控制制度，维护市场稳定，防范市场风险。

当发生重大交易异常情况时，交易所可以采取冻结交易账户、暂停交易等紧急措施，并及时向相关主管部门报告。

第六十条　交易所应当制定会员管理规则，对会员的交易行为进行严格监督，并可依管理规则对会员的违规行为进行处理。

第六十一条　交易活动应当按照规定缴纳交易手续费等相关费用。交易手续费标准由交易所制定，报本市价格主管部门核定后执行。

第六章　监督管理

第六十二条　主管部门和其他相关部门履行监管职责时可以采取下列措施：

（一）对管控单位、市场交易主体、碳核查机构、交易所进行现场检查并调查取证；

（二）询问当事人和与被调查事件有关的单位和个人；

（三）查阅、复制当事人和与被调查事件有关的单位和个人的注册登记记录、交易记录、财务会计资料以及其他相关文件和资料；

（四）查询当事人和与被调查事件有关的单位和个人的注册账户、交易账户和资金账户；

（五）冻结当事人和与被调查事件有关的单位和个人的注册账户和交易账户；

（六）法律、法规规定的其他监管措施。

第六十三条　主管部门、市市场监督管理和统计等部门应当加强对碳核查机构和统计指标数据核查机构的监督管理，将核查机构纳入本市企业信用体系进行管理，及时向企业信用信息管理机构提供核查机构的相关信用信息，并在碳排放权交易公共服务平台网站予以披露。

碳核查机构和统计指标数据核查机构与管控单位相互串通、虚构或者捏造数据，出具虚假报告或者报告严重失实，泄露企业信息，与管控单位有其他利害关系，违反公平竞争原则的，除依照本办法进行处罚外，由市市场监督管理和统计部门按照职责分工，将其从本市核查机构名录中除名。

第六十四条　主管部门支持管控单位优先申报国家、广东省和本市节能减排资助项目，支持管控单位在同等条件下优先申请金融机构的绿色信贷和其他融资服务，支持金融机构开展以增强管控单位减排能力及碳交易市场功能为目的的金融创新。

第六十五条　管控单位拒绝提交碳排放报告或者不足额履行配额履约义务的，除依照本办法进行处罚外，主管部门和相关职能部门还应当采取下列措施：

（一）主管部门将管控单位的信用信息提供给企业信用信息管理机构，并通过碳排放权交易公共服务平台网站、政府网站或者新闻媒体向社会公布；

（二）相关职能部门取消管控单位正在享受的所有财政资金资助，五年内不得批准管控单位取得本市任何财政资助；

（三）管控单位为市、区国有企业的，主管部门将管控单位的违规行为通报市、区国资监管机构。相关国资监管机构应当将碳排放控制责任纳入国有企业绩效考核评价体系。

第六十六条　管控单位持有的配额少于主管部门应当扣减的配额数量的，应当在每年5月30日前补足；逾期未补足的，未扣减部分视同超额排放量，由主管部门按照本办法第七十五条的规定处理。

第六十七条　管控单位未在本办法规定期限内提交年度碳排放报告且经催告仍未提交，或者虚构、捏造碳排放数据的，根据管控单位的能源消耗数据、统计指标数据的变化、同行业同类型企业的碳排放量等因素，从严确定其年度碳排放量。

管控单位未在本办法规定期限内提交统计指标数据报告且经催告仍未提交的，其统计指标数据认定为零。

第六十八条　任何单位和个人对管控单位的碳排放量化、报告，核查机构的核查活动以及市场参与主体交易过程中的违法违规行为，有权向主管部门或者其他部门举报。受理举报的部门应当及时调查处理并将处理结果反馈举报人，同时为举报人保密。

第六十九条　行政机关及其工作人员在碳排放权交易管理中不得泄漏国家秘密、工作秘密或者因履行职责掌握的商业秘密、个人隐私。

第七章　法律责任

第七十条　管控单位违反本办法第三十条的规定，虚构、捏造碳排放或者统计指标数据的，由主管部门责令限期改正，并处与实际碳排放量的差额乘以违法行为发生当月之前连续六个月碳排放权交易市场配额平均价格三倍的罚款。

第七十一条　管控单位和核查机构违反本办法第三十条的规定，相互串通虚构或者捏造数据的，由主管部门责令限期改正，并分别对管控单位和核查机构处与实际碳排放量的差额乘以违法行为发生当月之前连续六个月碳排放权交易市场配额平均价格三倍的罚款。

第七十二条　核查机构违反本办法第三十二条第一项的规定，出具虚假报告或者报告严重失实的，由主管部门责令限期改正，并处与实际碳排放量的差额乘以违法行为发生当月之前连续六个月碳排放权交易市场配额平均价格三倍的罚款。给管控单位造成损失的，依法承担赔偿责任。

第七十三条　核查机构违反本办法第三十二条第三项的规定，与控排单位有其他利害关系，违反公平竞争原则的，由主管部门责令限期改正，并处五万元罚款；情节严重的，处十万元罚款。

第七十四条　碳核查机构或者统计指标数据核查机构违反本办法第三十二条第四项的规定，泄露管控单位信息或者数据的，由主管部门或者市统计部门责令限期改正，并处五万元罚款；情节严重的，处十万元罚款。给管控单位造成损失的，应当依法承担赔偿责任。

第七十五条　管控单位违反本办法第三十六条第一款的规定，未在规定时间内提交足额配额或者核证自愿减排量履约的，由主管部门责令限期补交与超额排放量相等的配额；逾期未补交的，由主管部门从其登记账户中强制扣除，不足部分由主管部门从其下一年度配额中直接扣除，并处超额排放量乘以履约当月之前连续六个月碳排放权交易市场配额平均价格三倍的罚款。

管控单位违反本办法第三十六条第二款的规定，未在迁出、解散或者破产清算之前完成履约义务的，由主管部门责令限期补交与超额排放量相等的配额；逾期未补交的，由主管部门从其登记账户中强制扣除，不足部分由管控单位继续补足，并处超额排放量乘以履约当月之前连续六个月碳排放权交易市场配额平均价格三倍的罚款。

第七十六条　市场交易主体违反本办法第五十五条的规定，违法从事交易活动的，由主管部门责令停止违法行为，返还不当得利，并处五万元以下罚款；情节严重的，处十万元以下罚款。给其他交易方造成损失的，应当依法承担赔偿责任。

第七十七条　交易所违反本办法第五十九条的规定，在监管工作中不履行职责，或者不履行本办法规定的报告义务，由主管部门责令限期改正，并处五万元罚款；情节严重的，处十万元罚款。

交易所违反本办法第六十一条的规定，未按照规定的收费标准进行收费的，由主管部门责令限期改正，退回不符合标准的费用，处五万元罚款。

第七十八条　市场交易主体、核查机构违反本办法的规定，阻挠、妨碍主管部门监督检查的，由主管部门处五万元以下罚款；情节严重的，处十万元以下罚款；涉嫌犯罪的，依法移送司法机关处理。

第七十九条　主管部门、相关职能部门及其工作人员不依照本办法规定履行职责，在碳排放权交易管理中玩忽职守、滥用职权、徇私舞弊的，对负有责任的领导人员和直接责任人员依法给予处分；给他人造成经济损失的，依法承担赔偿责任；涉嫌犯罪的，依法移送司法机关处理。

第八章　附 则

第八十条　交易所开展的碳排放权以外的交易品种不适用本办法的规定。

第八十一条　本办法所称的各区政府含新区管理机构。

第八十二条　本办法下列用语的含义：

（一）碳排放，是指二氧化碳气体的排放，包括燃烧化石燃料或者生产过程中所产生的直接二氧化碳排放，以及因使用外购电力、热、冷或者蒸汽所产生的间接二氧化碳排放；

（二）碳排放单位，是指因为生产、经营、生活等活动，直接或者间接向大气中排放二氧化碳的企业、建筑或者其他排放源；

（三）大型公共建筑，是指根据住房与城乡建设部制定、国家统计局审批的《民用建筑能耗和节能信息统计报表制度》的规定，单体建筑面积大于两万平方米、供公众开展各种公共活动的建筑，包括办公建筑、商业建筑、旅游建筑、科教文卫建筑、通信建筑，以及交通客运用房、展览中心等；

（四）国家机关办公建筑物，是指根据住房与城乡建设部制定、国家统计局审批的《民用建筑能耗和节能信息统计报表制度》的规定，由政府财政资金建设、国家机关事务管理机构管理的办公建筑；

（五）预分配配额，是指由主管部门在每个配额分配期，根据配额预分配原则和方法确定，并且无偿分配给管控单位的配额；

（六）碳排放强度，是指管控单位年度碳排放量与其生产活动产出的比值；

（七）目标碳强度，是指由市政府根据国家和广东省分配给深圳市的碳强度目标，结合本市不同行业的发展状况、历史碳强度水平等因素确定的，要求管控单位应当实现的碳强度目标；

（八）生产活动产出，是指管控单位生产经营活动的量化结果，根据管控单位所属行业的不同，包括发电量、供水量或者工业增加值等统计指标数据；

（九）履约期，是指管控单位必须提交等额配额以抵消其实际产生的碳排放量的时间期间；我市碳排放权交易的履约期为一个自然年；

（十）结转，是指管控单位将本年度未使用的配额或者核证自愿减排量留存至后续年份使用的行为；

（十一）签发，是指主管部门将配额在本市注册登记簿系统中生成并分配至管控单位账户的行为；

（十二）履约，是指管控单位在规定的截止日期前向主管部门提交等同于其上一年度实际碳排放量的配额或者可使用的核证自愿减排量以抵消其上一年度碳排放的行为；

（十三）排放总量，是指所有管控单位在某个固定时期内允许排放二氧化碳的最大数量，等于主管部门在该固定时期内分配的配额总量和允许使用的核证自愿减排量之和；

（十四）配额总量，是指可以由主管部门分配给所有管控单位，允许管控单位排放二氧化碳的最大配额数量；

（十五）新进入者，是指新成立的、符合管控单位条件的新设单位，以及新增符合本办法第十八条规定条件的固定资产投资项目的既有单位；

（十六）年度有效配额数量，是指当年度预分配配额数量和以前年度结转的配额数量之和；

（十七）市场交易主体，是指在本市碳排放权交易市场从事碳排放权交易的管控单位、其他组织和个人；

（十八）核证自愿减排量，是指由符合国家发展和改革委员会规定条件的自愿减排项目产生的、并由国家发展和改革委员会根据《温室气体自愿减排交易管理暂行办法》备案签发的温室气体减排量；

（十九）首席账户代表，是指根据账户持有者的授权，对其账户中的重大操作予以确认的账户代表；非经首席账户代表确认，重大操作无法在注册登记簿中完成，但首席账户代表无法发起重大操作；

（二十）一般账户代表，是指根据账户持有者的授权，对其账户进行日常操作和管理，并发起重大操作的账户代表；

（二十一）现货交易，是指交易参与主体在交易所采用限价委托申报的方式进行交易申报，并由交易系统匹配

成交的交易方式；

（二十二）涨跌幅限制，是指交易所为控制配额市场价格波动程度而设置的价格波动幅度限制，可以由交易所根据市场实际情况进行调整；

（二十三）超额排放量，是指管控单位年度实际碳排放量超过其履约提交的配额和可以接受的核证自愿减排量之和的部分；

（二十四）履约当月之前连续六个月，是指管控单位履约截止日期之前的连续六个月；

（二十五）连续六个月碳排放权交易市场配额平均价格，是指由交易所公布的、履约当月之前连续六个月的配额平均价格，为连续六个月配额市场价格的加权平均数。

第八十三条　建筑、交通领域的碳交易管理参照本办法执行，具体实施办法由主管部门会同相关部门另行制定。

第八十四条　本办法所称的“以上”、“以下”、“高于”、“以后”，“之前”，包括本数；所称的“不足”、“小于”，不包括本数。

第八十五条　本办法规定由主管部门以及相关部门出台配套实施办法或者规则的，应当自本办法施行之日起三个月内制定并发布实施。

第八十六条　本办法自2014年3月19日起施行。

湖北省碳排放权交易管理暂行办法

（2014年3月）

第一章　总 则

第一条　为推进碳排放权交易市场建设，规范碳排放权交易活动，有效控制温室气体排放，根据国家有关规定，结合本省实际，制定本暂行办法。

第二条　本暂行办法适用于本省行政区域内碳排放权交易及其管理活动。

第三条　碳排放权交易及其管理应当遵循公开、公平、公正和诚信原则。

第四条　省发展改革委是本省碳排放权交易的主管部门，依据本暂行办法对本省行政区域内的碳排放权交易活动进行指导、监督与管理。

省财政厅、省物价局、省质监局、省国资委、省金融办等有关部门在各自的职权范围内履行相关职责。

市（州）、县（区）人民政府按照国家和省有关规定做好相关工作。

省碳排放权交易机构由省政府审查确定。

第三方核查机构由省碳排放权交易主管部门备案管理。

第五条　参与碳排放权交易，不免除纳入碳排放权交易企业节约资源和保护环境的法定义务。

从事碳排放权交易活动的机构及其人员对碳排放权交易主体的商业和技术秘密负有保密义务。

第二章　碳排放配额的分配与管理

第六条　碳排放权交易实行碳排放总量控制下的配额交易制度。省碳排放权交易主管部门根据国家及本省碳排放控制目标，设定年度碳排放总量，确定纳入碳排放权交易企业的标准和碳排放配额。纳入碳排放权交易企业可自愿对合法取得的碳排放配额在交易机构进行交易。

第七条　省碳排放权交易主管部门根据企业历史排放量核定纳入碳排放权交易企业的当年度碳排放配额，于每年6月30日前发放。（本文来源易碳家杂志）

省碳排放权交易主管部门预留全省年度配额总量中的5%用于碳排放权交易市场调控，15%用于新增企业或纳入碳排放权交易企业的新增设施。

第八条　企业新增设施引起产能变化或企业合并、分立、重组等变更行为的，相关企业须在发生变化、变更后的30日内，向省碳排放权主管部门申请，其碳排放配额须重新核定。

第九条　在本省行政区域内产生的中国核证自愿减排量（CCER）可用于抵消企业碳排放量，抵消额度不得超过该企业年度碳排放配额的10%。一吨二氧化碳当量（tCO2e）中国核证自愿减排量可以抵减一吨碳排放量。

第十条　每年5月份最后一个工作日前，企业须向省碳排放权交易主管部门缴纳与上一年度实际排放量相等的配额和（或）规定比例内的中国核证自愿减排量(CCER)。

省碳排放权交易主管部门于5月份最后一个工作日对企业缴纳的配额、未经交易的剩余配额以及预留的配额予以注销。

第三章 碳排放权交易

第十一条　碳排放权交易主体包括：

（一）纳入碳排放权交易的企业；

（二）合法拥有中国核证自愿减排量的法人机构和其他组织；

（三）省碳排放权储备机构；

（四）符合条件自愿参与碳排放权交易活动的法人机构和其他组织。

第十二条　碳排放权交易市场的交易产品包括：

（一）碳排放配额；

（二）中国核证自愿减排量（CCER）。

第十三条　碳排放权交易应当在省政府审定的交易机构公开进行，交易机构应保障碳排放权交易市场的规范、安全、透明运行。

第十四条　交易机构应当建立电子交易系统，采取电子竞价、网络撮合等方式实施交易。碳排放权交易主体必须向交易机构提交交易申请，建立交易账户，遵守交易规则。

第四章　报告与核查

第十五条　实行碳排放强制报告制度。纳入碳排放权交易企业必须于每年2月28日前向省碳排放权交易主管部门提交上一年度的碳排放报告，并接受第三方核查机构的核查。

第十六条　第三方核查机构必须独立、客观、公正地对企业的碳排放年度报告进行核查，并于每年4月30日前向省碳排放权交易主管部门提交核查报告。

第五章　监督管理

第十七条　省碳排放权交易主管部门建立并管理碳排放权交易注册登记系统，用于记录和监管碳排放配额的发放、持有、转移、变更、冻结、托管、缴纳、抵消、注销等情况，并定期发布相关信息。

第十八条　省碳排放权交易主管部门对企业的碳排放报告和第三方核查机构提交的核查报告进行监督检查。

第十九条　建立碳排放权交易市场风险监管机制，避免价格异常波动。

禁止通过操纵供求和发布虚假信息等方式扰乱碳排放权交易市场秩序。

第六章　法律责任

第二十条　企业在规定期限内因未能缴纳与实际排放量相等配额的，省碳排放权交易主管部门可以对其未缴纳的差额按照当年度碳排放配额市场均价的三倍予以处罚，同时在下一年度分配的配额中予以双倍扣除，并向社会公告。

企业未提供有效碳排放数据导致无法进行有效核查，并在规定期限内未整改的，其下一年度分配的配额按上一年度配额的一半予以发放。（本文来源易碳家杂志）

第二十一条　碳排放权交易主体在碳排放权交易活动过程中隐瞒有关情况或提供虚假资料等违反本暂行办法行为的，省碳排放权交易主管部门责令其改正或者予以警告、罚款、暂停或取消交易资格等处罚，并向社会公告。有违法所得的，处以违法所得3倍罚款，最高不超过15万元；没有违法所得的，处以5万元以下罚款。

第二十二条　碳排放权交易机构有违反本暂行办法的行为的，省碳排放权交易主管部门责令其改正或者予以警告、罚款等处罚，并向社会公告；有违法所得的处以违法所得3倍以下罚款，最高不超过15万元；没有违法所得的，处以5万元以下罚款。

第二十三条　第三方核查机构在核查过程中出现违反本暂行办法行为的，省碳排放权交易主管部门责令其改正或者给予警告、罚款、取消在本省核查的资格等处罚，并向社会公告。有违法所得的，处以违法所得3倍以下的罚款，最高不超过15万元；没有违法所得的，处以5万元以下罚款。

第二十四条　本暂行办法所涉及的行政机关及其工作人员，在碳排放权交易管理过程中玩忽职守、滥用职权、徇私舞弊的，依法给予行政处分；构成犯罪的，依法追究其刑事责任。

第七章 附 则

第二十五条　本暂行办法所称碳排放为化石燃料燃烧、工业生产过程中化学反应以及消耗电力等所产生的二氧化碳排放。

碳排放权是指依法取得向大气排放二氧化碳的权利，包括碳排放配额和中国核证自愿减排量。

碳排放配额是经省碳排放权交易主管部门核定、发放并允许纳入碳排放权交易的企业在特定时期内二氧化碳排放量，单位以“吨”计。

中国核证自愿减排量是指依据《温室气体自愿减排交易管理暂行办法》的相关规定所取得的项目减排量，单位以“吨二氧化碳当量”（tCO2e）计。

碳排放权交易是指在满足碳排放总量控制的前提下，碳排放权交易主体在特定交易场所对合法取得的碳排放权进行的公开买卖活动。

第二十六条　碳排放权交易管理实施细则由省碳排放权交易主管部门负责制定。

第二十七条　本暂行办法自　年　月　日起施行。

>>>

政策文件

中共中央 国务院政策文件

关于全面深化农村改革加快推进农业现代化的若干意见（节录）

（新华社北京1月19日播发）

开展农业资源休养生息试点。抓紧编制农业环境突出问题治理总体规划和农业可持续发展规划。启动重金属污染耕地修复试点。从2014年开始，继续在陡坡耕地、严重沙化耕地、重要水源地实施退耕还林还草。开展华北地下水超采漏斗区综合治理、湿地生态效益补偿和退耕还湿试点。通过财政奖补、结构调整等综合措施，保证修复区农民总体收入水平不降低。

加大生态保护建设力度。抓紧划定生态保护红线。继续实施天然林保护、京津风沙源治理二期等林业重大工程。在东北、内蒙古重点国有林区，进行停止天然林商业性采伐试点。推进林区森林防火设施建设和矿区植被恢复。完善林木良种、造林、森林抚育等林业补贴政策。加强沙化土地封禁保护。加大天然草原退牧还草工程实施力度，启动南方草地开发利用和草原自然保护区建设工程。支持饲草料基地的品种改良、水利建设、鼠虫害和毒草防治。加大海洋生态保护力度，加强海岛基础设施建设。严格控制渔业捕捞强度，继续实施增殖放流和水产养殖生态环境修复补助政策。实施江河湖泊综合整治、水土保持重点建设工程，开展生态清洁小流域建设。

中共中央 国务院关于加快推进生态文明建设的意见

（2015年4月25日）

生态文明建设是中国特色社会主义事业的重要内容，关系人民福祉，关乎民族未来，事关“两个一百年”奋斗目标和中华民族伟大复兴中国梦的实现。党中央、国务院高度重视生态文明建设，先后出台了一系列重大决策部署，推动生态文明建设取得了重大进展和积极成效。但总体上看我国生态文明建设水平仍滞后于经济社会发展，资源约束趋紧，环境污染严重，生态系统退化，发展与人口资源环境之间的矛盾日益突出，已成为经济社会可持续发展的重大瓶颈制约。

加快推进生态文明建设是加快转变经济发展方式、提高发展质量和效益的内在要求，是坚持以人为本、促进社会和谐的必然选择，是全面建成小康社会、实现中华民族伟大复兴中国梦的时代抉择，是积极应对气候变化、维护全球生态安全的重大举措。要充分认识加快推进生态文明建设的极端重要性和紧迫性，切实增强责任感和使命感，牢固树立尊重自然、顺应自然、保护自然的理念，坚持绿水青山就是金山银山，动员全党、全社会积极行动、深入持久地推进生态文明建设，加快形成人与自然和谐发展的现代化建设新格局，开创社会主义生态文明新时代。

一、总体要求

（一）指导思想

以邓小平理论、“三个代表”重要思想、科学发展观为指导，全面贯彻党的十八大和十八届二中、三中、四中全会精神，深入贯彻习近平总书记系列重要讲话精神，认真落实党中央、国务院的决策部署，坚持以人为本、依法推进，坚持节约资源和保护环境的基本国策，把生态文明建设放在突出的战略位置，融入经济建设、政治建设、文化建设、社会建设各方面和全过程，协同推进新型工业化、信息化、城镇化、农业现代化和绿色化，以健全生态文明制度体系为重点，优化国土空间开发格局，全面促进资源节约利用，加大自然生态系统和环境保护力度，大力推进绿色发展、循环发展、低碳发展，弘扬生态文化，倡导绿色生活，加快建设美丽中国，使蓝天常在、青山常在、绿水常在，实现中华民族永续发展。

（二）基本原则

坚持把节约优先、保护优先、自然恢复为主作为基本方针。在资源开发与节约中，把节约放在优先位置，以最少的资源消耗支撑经济社会持续发展；在环境保护与发展中，把保护放在优先位置，在发展中保护、在保护中发展；在生态建设与修复中，以自然恢复为主，与人工修复相结合。

坚持把绿色发展、循环发展、低碳发展作为基本途径。经济社会发展必须建立在资源得到高效循环利用、生态环境受到严格保护的基础上，与生态文明建设相协调，形成节约资源和保护环境的空间格局、产业结构、生产方式。

坚持把深化改革和创新驱动作为基本动力。充分发挥市场配置资源的决定性作用和更好发挥政府作用，不断深化制度改革和科技创新，建立系统完整的生态文明制度体系，强化科技创新引领作用，为生态文明建设注入强大动力。

坚持把培育生态文化作为重要支撑。将生态文明纳入社会主义核心价值体系，加强生态文化的宣传教育，倡导勤俭节约、绿色低碳、文明健康的生活方式和消费模式，提高全社会生态文明意识。

坚持把重点突破和整体推进作为工作方式。既立足当前，着力解决对经济社会可持续发展制约性强、群众反映强烈的突出问题，打好生态文明建设攻坚战；又着眼长远，加强顶层设计与鼓励基层探索相结合，持之以恒全面推进生态文明建设。

（三）主要目标

到2020年，资源节约型和环境友好型社会建设取得重大进展，主体功能区布局基本形成，经济发展质量和效益显著提高，生态文明主流价值观在全社会得到推行，生态文明建设水平与全面建成小康社会目标相适应。

——国土空间开发格局进一步优化。经济、人口布局向均衡方向发展，陆海空间开发强度、城市空间规模得到有效控制，城乡结构和空间布局明显优化。

——资源利用更加高效。单位国内生产总值二氧化碳排放强度比2005年下降40%—45%，能源消耗强度持续下降，资源产出率大幅提高，用水总量力争控制在6700亿立方米以内，万元工业增加值用水量降低到65立方米以下，农田灌溉水有效利用系数提高到0.55以上，非化石能源占一次能源消费比重达到15%左右。

——生态环境质量总体改善。主要污染物排放总量继续减少，大气环境质量、重点流域和近岸海域水环境质量得到改善，重要江河湖泊水功能区水质达标率提高到80%以上，饮用水安全保障水平持续提升，土壤环境质量总体保持稳定，环境风险得到有效控制。森林覆盖率达到23%以上，草原综合植被覆盖度达到56%，湿地面积不低于8亿亩，50%以上可治理沙化土地得到治理，自然岸线保有率不低于35%，生物多样性丧失速度得到基本控制，全国生态系统稳定性明显增强。

——生态文明重大制度基本确立。基本形成源头预防、过程控制、损害赔偿、责任追究的生态文明制度体系，自然资源资产产权和用途管制、生态保护红线、生态保护补偿、生态环境保护管理体制等关键制度建设取得决定性成果。

二、强化主体功能定位，优化国土空间开发格局

国土是生态文明建设的空间载体。要坚定不移地实施主体功能区战略，健全空间规划体系，科学合理布局和整治生产空间、生活空间、生态空间。

（四）积极实施主体功能区战略。全面落实主体功能区规划，健全财政、投资、产业、土地、人口、环境等配套政策和各有侧重的绩效考核评价体系。推进市县落实主体功能定位，推动经济社会发展、城乡、土地利用、生态环境保护等规划“多规合一”，形成一个市县一本规划、一张蓝图。区域规划编制、重大项目布局必须符合主体功能定位。对不同主体功能区的产业项目实行差别化市场准入政策，明确禁止开发区域、限制开发区域准入事项，明确优化开发区域、重点开发区域禁止和限制发展的产业。编制实施全国国土规划纲要，加快推进国土综合整治。构建平衡适宜的城乡建设空间体系，适当增加生活空间、生态用地，保护和扩大绿地、水域、湿地等生态空间。

（五）大力推进绿色城镇化。认真落实《国家新型城镇化规划（2014－2020年）》，根据资源环境承载能力，构建科学合理的城镇化宏观布局，严格控制特大城市规模，增强中小城市承载能力，促进大中小城市和小城镇协调发展。尊重自然格局，依托现有山水脉络、气象条件等，合理布局城镇各类空间，尽量减少对自然的干扰和损害。保护自然景观，传承历史文化，提倡城镇形态多样性，保持特色风貌，防止“千城一面”。科学确定城镇开发强度，提高城镇土地利用效率、建成区人口密度，划定城镇开发边界，从严供给城市建设用地，推动城镇化发展由外延扩张式向内涵提升式转变。严格新城、新区设立条件和程序。强化城镇化过程中的节能理念，大力发展绿色建筑和低碳、便捷的交通体系，推进绿色生态城区建设，提高城镇供排水、防涝、雨水收集利用、供热、供气、环境等基础设施建设水平。所有县城和重点镇都要具备污水、垃圾处理能力，提高建设、运行、管理水平。加强城乡规划“三区四线”（禁建区、限建区和适建区，绿线、蓝线、紫线和黄线）管理，维护城乡规划的权威性、严肃性，杜绝大拆大建。

（六）加快美丽乡村建设。完善县域村庄规划，强化规划的科学性和约束力。加强农村基础设施建设，强化山水林田路综合治理，加快农村危旧房改造，支持农村环境集中连片整治，开展农村垃圾专项治理，加大农村污水处理和改厕力度。加快转变农业发展方式，推进农业结构调整，大力发展农业循环经济，治理农业污染，提升农产品质量安全水平。依托乡村生态资源，在保护生态环境的前提下，加快发展乡村旅游休闲业。引导农民在房前屋后、道路两旁植树护绿。加强农村精神文明建设，以环境整治和民风建设为重点，扎实推进文明村镇创建。

（七）加强海洋资源科学开发和生态环境保护。根据海洋资源环境承载力，科学编制海洋功能区划，确定不同海域主体功能。坚持“点上开发、面上保护”，控制海洋开发强度，在适宜开发的海洋区域，加快调整经济结构和产业布局，积极发展海洋战略性新兴产业，严格生态环境评价，提高资源集约节约利用和综合开发水平，最大程度减少对海域生态环境的影响。严格控制陆源污染物排海总量，建立并实施重点海域排污总量控制制度，加强海洋环境治理、海域海岛综合整治、生态保护修复，有效保护重要、敏感和脆弱海洋生态系统。加强船舶港口污染控制，积极治理船舶污染，增强港口码头污染防治能力。控制发展海水养殖，科学养护海洋渔业资源。开展海洋资源和生态环境综合评估。实施严格的围填海总量控制制度、自然岸线控制制度，建立陆海统筹、区域联动的海洋生态环境保护修复机制。

三、推动技术创新和结构调整，提高发展质量和效益

从根本上缓解经济发展与资源环境之间的矛盾，必须构建科技含量高、资源消耗低、环境污染少的产业结构，加快推动生产方式绿色化，大幅提高经济绿色化程度，有效降低发展的资源环境代价。

（八）推动科技创新。结合深化科技体制改革，建立符合生态文明建设领域科研活动特点的管理制度和运行机制。加强重大科学技术问题研究，开展能源节约、资源循环利用、新能源开发、污染治理、生态修复等领域关键技术攻关，在基础研究和前沿技术研发方面取得突破。强化企业技术创新主体地位，充分发挥市场对绿色产业发展方向和技术路线选择的决定性作用。完善技术创新体系，提高综合集成创新能力，加强工艺创新与试验。支持生态文明领域工程技术类研究中心、实验室和实验基地建设，完善科技创新成果转化机制，形成一批成果转化平台、中介服务机构，加快成熟适用技术的示范和推广。加强生态文明基础研究、试验研发、工程应用和市场服务等科技人才队伍建设。

（九）调整优化产业结构。推动战略性新兴产业和先进制造业健康发展，采用先进适用节能低碳环保技术改造提升传统产业，发展壮大服务业，合理布局建设基础设施和基础产业。积极化解产能严重过剩矛盾，加强预警调控，适时调整产能严重过剩行业名单，严禁核准产能严重过剩行业新增产能项目。加快淘汰落后产能，逐步提高淘汰标准，禁止落后产能向中西部地区转移。做好化解产能过剩和淘汰落后产能企业职工安置工作。推动要素资源全球配置，鼓励优势产业走出去，提高参与国际分工的水平。调整能源结构，推动传统能源安全绿色开发和清洁低碳利用，发展清洁能源、可再生能源，不断提高非化石能源在能源消费结构中的比重。

（十）发展绿色产业。大力发展节能环保产业，以推广节能环保产品拉动消费需求，以增强节能环保工程技术能力拉动投资增长，以完善政策机制释放市场潜在需求，推动节能环保技术、装备和服务水平显著提升，加快培育新的经济增长点。实施节能环保产业重大技术装备产业化工程，规划建设产业化示范基地，规范节能环保市场发展，多渠道引导社会资金投入，形成新的支柱产业。加快核电、风电、太阳能光伏发电等新材料、新装备的研发和推广，推进生物质发电、生物质能源、沼气、地热、浅层地温能、海洋能等应用，发展分布式能源，建设智能电网，完善运行管理体系。大力发展节能与新能源汽车，提高创新能力和产业化水平，加强配套基础设施建设，加大推广普及力度。发展有机农业、生态农业，以及特色经济林、林下经济、森林旅游等林产业。

四、全面促进资源节约循环高效使用，推动利用方式根本转变

节约资源是破解资源瓶颈约束、保护生态环境的首要之策。要深入推进全社会节能减排，在生产、流通、消费各环节大力发展循环经济，实现各类资源节约高效利用。

（十一）推进节能减排。发挥节能与减排的协同促进作用，全面推动重点领域节能减排。开展重点用能单位节能低碳行动，实施重点产业能效提升计划。严格执行建筑节能标准，加快推进既有建筑节能和供热计量改造，从标准、设计、建设等方面大力推广可再生能源在建筑上的应用，鼓励建筑工业化等建设模式。优先发展公共交通，优化运输方式，推广节能与新能源交通运输装备，发展甩挂运输。鼓励使用高效节能农业生产设备。开展节约型公共机构示范创建活动。强化结构、工程、管理减排，继续削减主要污染物排放总量。

（十二）发展循环经济。按照减量化、再利用、资源化的原则，加快建立循环型工业、农业、服务业体系，提高全社会资源产出率。完善再生资源回收体系，实行垃圾分类回收，开发利用"城市矿产"，推进秸秆等农林废弃物以及建筑垃圾、餐厨废弃物资源化利用，发展再制造和再生利用产品，鼓励纺织品、汽车轮胎等废旧物品回收利用。推进煤矸石、矿渣等大宗固体废弃物综合利用。组织开展循环经济示范行动，大力推广循环经济典型模式。推进产业循环式组合，促进生产和生活系统的循环链接，构建覆盖全社会的资源循环利用体系。

（十三）加强资源节约。节约集约利用水、土地、矿产等资源，加强全过程管理，大幅降低资源消耗强度。加强用水需求管理，以水定需、量水而行，抑制不合理用水需求，促进人口、经济等与水资源相均衡，建设节水型社会。推广高效节水技术和产品，发展节水农业，加强城市节水，推进企业节水改造。积极开发利用再生水、矿井水、空中云水、海水等非常规水源，严控无序调水和人造水景工程，提高水资源安全保障水平。按照严控增量、盘活存量、优化结构、提高效率的原则，加强土地利用的规划管控、市场调节、标准控制和考核监管，严格土地用途管制，推广应用节地技术和模式。发展绿色矿业，加快推进绿色矿山建设，促进矿产资源高效利用，提高矿产资源开采回采率、选矿回收率和综合利用率。

五、加大自然生态系统和环境保护力度，切实改善生态环境质量

良好生态环境是最公平的公共产品，是最普惠的民生福祉。要严格源头预防、不欠新账，加快治理突出生态环境问题、多还旧账，让人民群众呼吸新鲜的空气，喝上干净的水，在良好的环境中生产生活。

（十四）保护和修复自然生态系统。加快生态安全屏障建设，形成以青藏高原、黄土高原—川滇、东北森林带、北方防沙带、南方丘陵山地带、近岸近海生态区以及大江大河重要水系为骨架，以其他重点生态功能区为重要支撑，以禁止开发区域为重要组成的生态安全战略格局。实施重大生态修复工程，扩大森林、湖泊、湿地面积，提高沙区、草原植被覆盖率，有序实现休养生息。加强森林保护，将天然林资源保护范围扩大到全国；大力开展植树造林和森林经营，稳定和扩大退耕还林范围，加快重点防护林体系建设；完善国有林场和国有林区经营管理体制，深化集体林权制度改革。严格落实禁牧休牧和草畜平衡制度，加快推进基本草原划定和保护工作；加大退牧还草力度，继续实行草原生态保护补助奖励政策；稳定和完善草原承包经营制度。启动湿地生态效益补偿和退耕还湿。加强水生生物保护，开展重要水域增殖放流活动。继续推进京津风沙源治理、黄土高原地区综合治理、石漠化综合治理，开展沙化土地封禁保护试点。加强水土保持，因地制宜推进小流域综合治理。实施地下水保护和超采漏斗区综合治理，逐步实现地下水采补平衡。强化农田生态保护，实施耕地质量保护与提升行动，加大退化、污染、损毁农田改良和修复力度，加强耕地质量调查监测与评价。实施生物多样性保护重大工程，建立监测评估与预警体系，健全国门生物安全查验机制，有效防范物种资源丧失和外来物种入侵，积极参加生物多样性国际公约谈判和履约工作。加强自然保护区建设与管理，对重要生态系统和物种资源实施强制性保护，切实保护珍稀濒危野生动植物、古树名木及自然生境。建立国家公园体制，实行分级、统一管理，保护自然生态和自然文化遗产原真性、完整性。研究建立江河湖泊生态水量保障机制。加快灾害调查评价、监测预警、防治和应急等防灾减灾体系建设。

（十五）全面推进污染防治。按照以人为本、防治结合、标本兼治、综合施策的原则，建立以保障人体健康为核心、以改善环境质量为目标、以防控环境风险为基线的环境管理体系，健全跨区域污染防治协调机制，加快解决人民群众反映强烈的大气、水、土壤污染等突出环境问题。继续落实大气污染防治行动计划，逐渐消除重污染天气，切实改善大气环境质量。实施水污染防治行动计划，严格饮用水源保护，全面推进涵养区、源头区等水源地环境整治，加强供水全过程管理，确保饮用水安全；加强重点流域、区域、近岸海域水污染防治和良好湖泊生态环境保护，控制和规范淡水养殖，严格入河（湖、海）排污管理；推进地下水污染防治。制定实施土壤污染防治行动计划，优先保护耕地土壤环境，强化工业污染场地治理，开展土壤污染治理与修复试点。加强农业面源污染防治，加大种养业特别是规模化畜禽养殖污染防治力度，科学施用化肥、农药，推广节能环保型炉灶，净化农产品产地和农村居民生活环境。加大城乡环境综合整治力度。推进重金属污染治理。开展矿山地质环境恢复和综合治理，推进尾矿安全、环保存放，妥善处理处置矿渣等大宗固体废物。建立健全化学品、持久性有机污染物、危险废物等环境风险防范与应急管理工作机制。切实加强核设施运行监管，确保核安全万无一失。

（十六）积极应对气候变化。坚持当前长远相互兼顾、减缓适应全面推进，通过节约能源和提高能效，优化能源结构，增加森林、草原、湿地、海洋碳汇等手段，有效控制二氧化碳、甲烷、氢氟碳化物、全氟化碳、六氟化硫等温室气体排放。提高适应气候变化特别是应对极端天气和气候事件能力，加强监测、预警和预防，提高农业、林业、水资源等重点领域和生态脆弱地区适应气候变化的水平。扎实推进低碳省区、城市、城镇、产业园区、社区试点。坚持共同但有区别的责任原则、公平原则、各自能力原则，积极建设性地参与应对气候变化国际谈判，推动建立公平合理的全球应对气候变化格局。

六、健全生态文明制度体系

加快建立系统完整的生态文明制度体系，引导、规范和约束各类开发、利用、保护自然资源的行为，用制度保护生态环境。

（十七）健全法律法规。全面清理现行法律法规中与加快推进生态文明建设不相适应的内容，加强法律法规间的衔接。研究制定节能评估审查、节水、应对气候变化、生态补偿、湿地保护、生物多样性保护、土壤环境保护等方面的法律法规，修订土地管理法、大气污染防治法、水污染防治法、节约能源法、循环经济促进法、矿产资源法、森林法、草原法、野生动物保护法等。

（十八）完善标准体系。加快制定修订一批能耗、水耗、地耗、污染物排放、环境质量等方面的标准，实施能效和排污强度"领跑者"制度，加快标准升级步伐。提高建筑物、道路、桥梁等建设标准。环境容量较小、生态环境脆弱、环境风险高的地区要执行污染物特别排放限值。鼓励各地区依法制定更加严格的地方标准。建立与国际接轨、适应我国国情的能效和环保标识认证制度。

（十九）健全自然资源资产产权制度和用途管制制度。对水流、森林、山岭、草原、荒地、滩涂等自然生态空间进行统一确权登记，明确国土空间的自然资源资产所有者、监管者及其责任。完善自然资源资产用途管制制度，明确各类国土空间开发、利用、保护边界，实现能源、水资源、矿产资源按质量分级、梯级利用。严格节能评估审查、水资源论证和取水许可制度。坚持并完善最严格的耕地保护和节约用地制度，强化土地利用总体规划和年度计划管控，加强土地用途转用许可管理。完善矿产资源规划制度，强化矿产开发准入管理。有序推进国家自然资源资产管理体制改革。

（二十）完善生态环境监管制度。建立严格监管所有污染物排放的环境保护管理制度。完善污染物排放许可证制度，禁止无证排污和超标准、超总量排污。违法排放污染物、造成或可能造成严重污染的，要依法查封扣押排放污染物的设施设备。对严重污染环境的工艺、设备和产品实行淘汰制度。实行企事业单位污染物排放总量控制制度，适时调整主要污染物指标种类，纳入约束性指标。健全环境影响评价、清洁生产审核、环境信息公开等制度。建立生态保护修复和污染防治区域联动机制。

（二十一）严守资源环境生态红线。树立底线思维，设定并严守资源消耗上限、环境质量底线、生态保护红线，将各类开发活动限制在资源环境承载能力之内。合理设定资源消耗"天花板"，加强能源、水、土地等战略性资源管控，强化能源消耗强度控制，做好能源消费总量管理。继续实施水资源开发利用控制、用水效率控制、水功能区限制纳污三条红线管理。划定永久基本农田，严格实施永久保护，对新增建设用地占用耕地规模实行总量控制，落实耕地占补平衡，确保耕地数量不下降、质量不降低。严守环境质量底线，将大气、水、土壤等环境质量“只能更好、不能变坏”作为地方各级政府环保责任红线，相应确定污染物排放总量限值和环境风险防控措施。在重点生态功能区、生态环境敏感区和脆弱区等区域划定生态红线，确保生态功能不降低、面积不减少、性质不改变；科学划定森林、草原、湿地、海洋等领域生态红线，严格自然生态空间征（占）用管理，有效遏制生态系统退化的趋势。探索建立资源环境承载能力监测预警机制，对资源消耗和环境容量接近或超过承载能力的地区，及时采取区域限批等限制性措施。

（二十二）完善经济政策。健全价格、财税、金融等政策，激励、引导各类主体积极投身生态文明建设。深化自然资源及其产品价格改革，凡是能由市场形成价格的都交给市场，政府定价要体现基本需求与非基本需求以及资源利用效率高低的差异，体现生态环境损害成本和修复效益。进一步深化矿产资源有偿使用制度改革，调整矿业权使用费征收标准。加大财政资金投入，统筹有关资金，对资源节约和循环利用、新能源和可再生能源开发利用、环境基础设施建设、生态修复与建设、先进适用技术研发示范等给予支持。将高耗能、高污染产品纳入消费税征收范围。推动环境保护费改税。加快资源税从价计征改革，清理取消相关收费基金，逐步将资源税征收范围扩展到占用各种自然生态空间。完善节能环保、新能源、生态建设的税收优惠政策。推广绿色信贷，支持符合条件的项目通过资本市场融资。探索排污权抵押等融资模式。深化环境污染责任保险试点，研究建立巨灾保险制度。

（二十三）推行市场化机制。加快推行合同能源管理、节能低碳产品和有机产品认证、能效标识管理等机制。推进节能发电调度，优先调度可再生能源发电资源，按机组能耗和污染物排放水平依次调用化石类能源发电资源。建立节能量、碳排放权交易制度，深化交易试点，推动建立全国碳排放权交易市场。加快水权交易试点，培育和规范水权市场。全面推进矿业权市场建设。扩大排污权有偿使用和交易试点范围，发展排污权交易市场。积极推进环境污染第三方治理，引入社会力量投入环境污染治理。

（二十四）健全生态保护补偿机制。科学界定生态保护者与受益者权利义务，加快形成生态损害者赔偿、受益者付费、保护者得到合理补偿的运行机制。结合深化财税体制改革，完善转移支付制度，归并和规范现有生态保护补偿渠道，加大对重点生态功能区的转移支付力度，逐步提高其基本公共服务水平。建立地区间横向生态保护补偿机制，引导生态受益地区与保护地区之间、流域上游与下游之间，通过资金补助、产业转移、人才培训、共建园区等方式实施补偿。建立独立公正的生态环境损害评估制度。

（二十五）健全政绩考核制度。建立体现生态文明要求的目标体系、考核办法、奖惩机制。把资源消耗、环境损害、生态效益等指标纳入经济社会发展综合评价体系，大幅增加考核权重，强化指标约束，不唯经济增长论英雄。完善政绩考核办法，根据区域主体功能定位，实行差别化的考核制度。对限制开发区域、禁止开发区域和生态脆弱的国家扶贫开发工作重点县，取消地区生产总值考核；对农产品主产区和重点生态功能区，分别实行农业优先和生态保护优先的绩效评价；对禁止开发的重点生态功能区，重点评价其自然文化资源的原真性、完整性。根据考核评价结果，对生态文明建设成绩突出的地区、单位和个人给予表彰奖励。探索编制自然资源资产负债表，对领导干部实行自然资源资产和环境责任离任审计。

（二十六）完善责任追究制度。建立领导干部任期生态文明建设责任制，完善节能减排目标责任考核及问责制度。严格责任追究，对违背科学发展要求、造成资源环境生态严重破坏的要记录在案，实行终身追责，不得转任重要职务或提拔使用，已经调离的也要问责。对推动生态文明建设工作不力的，要及时诫勉谈话；对不顾资源和生态环境盲目决策、造成严重后果的，要严肃追究有关人员的领导责任；对履职不力、监管不严、失职渎职的，要依纪依法追究有关人员的监管责任。

七、加强生态文明建设统计监测和执法监督

坚持问题导向，针对薄弱环节，加强统计监测、执法监督，为推进生态文明 建设提供有力保障。

（二十七）加强统计监测。建立生态文明综合评价指标体系。加快推进对能源、矿产资源、水、大气、森林、草原、湿地、海洋和水土流失、沙化土地、土壤环境、地质环境、温室气体等的统计监测核算能力建设，提升信息化水平，提高准确性、及时性，实现信息共享。加快重点用能单位能源消耗在线监测体系建设。建立循环经济统计指标体系、矿产资源合理开发利用评价指标体系。利用卫星遥感等技术手段，对自然资源和生态环境保护状况开展全天候监测，健全覆盖所有资源环境要素的监测网络体系。提高环境风险防控和突发环境事件应急能力，健全环境与健康调查、监测和风险评估制度。定期开展全国生态状况调查和评估。加大各级政府预算内投资等财政性资金对统计监测等基础能力建设的支持力度。

（二十八）强化执法监督。加强法律监督、行政监察，对各类环境违法违规行为实行“零容忍”，加大查处力度，严厉惩处违法违规行为。强化对浪费能源资源、违法排污、破坏生态环境等行为的执法监察和专项督察。资源环境监管机构独立开展行政执法，禁止领导干部违法违规干预执法活动。健全行政执法与刑事司法的衔接机制，加强基层执法队伍、环境应急处置救援队伍建设。强化对资源开发和交通建设、旅游开发等活动的生态环境监管。

八、加快形成推进生态文明建设的良好社会风尚

生态文明建设关系各行各业、千家万户。要充分发挥人民群众的积极性、主动性、创造性，凝聚民心、集中民智、汇集民力，实现生活方式绿色化。

（二十九）提高全民生态文明意识。积极培育生态文化、生态道德，使生态文明成为社会主流价值观，成为社会主义核心价值观的重要内容。从娃娃和青少年抓起，从家庭、学校教育抓起，引导全社会树立生态文明意识。把生态文明教育作为素质教育的重要内容，纳入国民教育体系和干部教育培训体系。将生态文化作为现代公共文化服务体系建设的重要内容，挖掘优秀传统生态文化思想和资源，创作一批文化作品，创建一批教育基地，满足广大人民群众对生态文化的需求。通过典型示范、展览展示、岗位创建等形式，广泛动员全民参与生态文明建设。组织好世界地球日、世界环境日、世界森林日、世界水日、世界海洋日和全国节能宣传周等主题宣传活动。充分发挥新闻媒体作用，树立理性、积极的舆论导向，加强资源环境国情宣传，普及生态文明法律法规、科学知识等，报道先进典型，曝光反面事例，提高公众节约意识、环保意识、生态意识，形成人人、事事、时时崇尚生态文明的社会氛围。

（三十）培育绿色生活方式。倡导勤俭节约的消费观。广泛开展绿色生活行动，推动全民在衣、食、住、行、游等方面加快向勤俭节约、绿色低碳、文明健康的方式转变，坚决抵制和反对各种形式的奢侈浪费、不合理消费。积极引导消费者购买节能与新能源汽车、高能效家电、节水型器具等节能环保低碳产品，减少一次性用品的使用，限制过度包装。大力推广绿色低碳出行，倡导绿色生活和休闲模式，严格限制发展高耗能、高耗水服务业。在餐饮企业、单位食堂、家庭全方位开展反食品浪费行动。党政机关、国有企业要带头厉行勤俭节约。

（三十一）鼓励公众积极参与。完善公众参与制度，及时准确披露各类环境信息，扩大公开范围，保障公众知情权，维护公众环境权益。健全举报、听证、舆论和公众监督等制度，构建全民参与的社会行动体系。建立环境公益诉讼制度，对污染环境、破坏生态的行为，有关组织可提起公益诉讼。在建设项目立项、实施、后评价等环节，有序增强公众参与程度。引导生态文明建设领域各类社会组织健康有序发展，发挥民间组织和志愿者的积极作用。

九、切实加强组织领导

健全生态文明建设领导体制和工作机制，勇于探索和创新，推动生态文明建设蓝图逐步成为现实。

（三十二）强化统筹协调。各级党委和政府对本地区生态文明建设负总责，要建立协调机制，形成有利于推进生态文明建设的工作格局。各有关部门要按照职责分工，密切协调配合，形成生态文明建设的强大合力。

（三十三）探索有效模式。抓紧制定生态文明体制改革总体方案，深入开展生态文明先行示范区建设，研究不同发展阶段、资源环境禀赋、主体功能定位地区生态文明建设的有效模式。各地区要抓住制约本地区生态文明建设的瓶颈，在生态文明制度创新方面积极实践，力争取得重大突破。及时总结有效做法和成功经验，完善政策措施，形成有效模式，加大推广力度。

（三十四）广泛开展国际合作。统筹国内国际两个大局，以全球视野加快推进生态文明建设，树立负责任大国形象，把绿色发展转化为新的综合国力、综合影响力和国际竞争新优势。发扬包容互鉴、合作共赢的精神，加强与世界各国在生态文明领域的对话交流和务实合作，引进先进技术装备和管理经验，促进全球生态安全。加强南南合作，开展绿色援助，对其他发展中国家提供支持和帮助。

（三十五）抓好贯彻落实。各级党委和政府及中央有关部门要按照本意见要求，抓紧提出实施方案，研究制定与本意见相衔接的区域性、行业性和专题性规划，明确目标任务、责任分工和时间要求，确保各项政策措施落到实处。各地区各部门贯彻落实情况要及时向党中央、国务院报告，同时抄送国家发展改革委。中央就贯彻落实情况适时组织开展专项监督检查。

生态文明体制改革总体方案

（中共中央、国务院2015年9月印发）

为加快建立系统完整的生态文明制度体系，加快推进生态文明建设，增强生态文明体制改革的系统性、整体性、协同性，制定本方案。

一、生态文明体制改革的总体要求

（一）生态文明体制改革的指导思想。全面贯彻党的十八大和十八届二中、三中、四中全会精神，以邓小平理论、“三个代表”重要思想、科学发展观为指导，深入贯彻落实

习近平总书记系列重要讲话精神，按照党中央、国务院决策部署，坚持节约资源和保护环境基本国策，坚持节约优先、保护优先、自然恢复为主方针，立足我国社会主义初级阶段的基本国情和新的阶段性特征，以建设美丽中国为目标，以正确处理人与自然关系为核心，以解决生态环境领域突出问题为导向，保障国家生态安全，改善环境质量，提高资源利用效率，推动形成人与自然和谐发展的现代化建设新格局。

（二）生态文明体制改革的理念

树立尊重自然、顺应自然、保护自然的理念，生态文明建设不仅影响经济持续健康发展，也关系政治和社会建设，必须放在突出地位，融入经济建设、政治建设、文化建设、社会建设各方面和全过程。

树立发展和保护相统一的理念，坚持发展是硬道理的战略思想，发展必须是绿色发展、循环发展、低碳发展，平衡好发展和保护的关系，按照主体功能定位控制开发强度，调整空间结构，给子孙后代留下天蓝、地绿、水净的美好家园，实现发展与保护的内在统一、相互促进。

树立绿水青山就是金山银山的理念，清新空气、清洁水源、美丽山川、肥沃土地、生物多样性是人类生存必需的生态环境，坚持发展是第一要务，必须保护森林、草原、河流、湖泊、湿地、海洋等自然生态。

树立自然价值和自然资本的理念，自然生态是有价值的，保护自然就是增值自然价值和自然资本的过程，就是保护和发展生产力，就应得到合理回报和经济补偿。

树立空间均衡的理念，把握人口、经济、资源环境的平衡点推动发展，人口规模、产业结构、增长速度不能超出当地水土资源承载能力和环境容量。

树立山水林田湖是一个生命共同体的理念，按照生态系统的整体性、系统性及其内在规律，统筹考虑自然生态各要素、山上山下、地上地下、陆地海洋以及流域上下游，进行整体保护、系统修复、综合治理，增强生态系统循环能力，维护生态平衡。

（三）生态文明体制改革的原则

坚持正确改革方向，健全市场机制，更好发挥政府的主导和监管作用，发挥企业的积极性和自我约束作用，发挥社会组织和公众的参与和监督作用。

坚持自然资源资产的公有性质，创新产权制度，落实所有权，区分自然资源资产所有者权利和管理者权力，合理划分中央地方事权和监管职责，保障全体人民分享全民所有自然资源资产收益。

坚持城乡环境治理体系统一，继续加强城市环境保护和工业污染防治，加大生态环境保护工作对农村地区的覆盖，建立健全农村环境治理体制机制，加大对农村污染防治设施建设和资金投入力度。

坚持激励和约束并举，既要形成支持绿色发展、循环发展、低碳发展的利益导向机制，又要坚持源头严防、过程严管、损害严惩、责任追究，形成对各类市场主体的有效约束，逐步实现市场化、法治化、制度化。

坚持主动作为和国际合作相结合，加强生态环境保护是我们的自觉行为，同时要深化国际交流和务实合作，充分借鉴国际上的先进技术和体制机制建设有益经验，积极参与全球环境治理，承担并履行好同发展中大国相适应的国际责任。

坚持鼓励试点先行和整体协调推进相结合，在党中央、国务院统一部署下，先易后难、分步推进，成熟一项推出一项。支持各地区根据本方案确定的基本方向，因地制宜，大胆探索、大胆试验。

（四）生态文明体制改革的目标。到2020年，构建起由自然资源资产产权制度、国土空间开发保护制度、空间规划体系、资源总量管理和全面节约制度、资源有偿使用和生态补偿制度、环境治理体系、环境治理和生态保护市场体系、生态文明绩效评价考核和责任追究制度等八项制度构成的产权清晰、多元参与、激励约束并重、系统完整的生态文明制度体系，推进生态文明领域国家治理体系和治理能力现代化，努力走向社会主义生态文明新时代。

构建归属清晰、权责明确、监管有效的自然资源资产产权制度，着力解决自然资源所有者不到位、所有权边界模糊等问题。

构建以空间规划为基础、以用途管制为主要手段的国土空间开发保护制度，着力解决因无序开发、过度开发、分散开发导致的优质耕地和生态空间占用过多、生态破坏、环境污染等问题。

构建以空间治理和空间结构优化为主要内容，全国统一、相互衔接、分级管理的空间规划体系，着力解决空间性规划重叠冲突、部门职责交叉重复、地方规划朝令夕改等问题。

构建覆盖全面、科学规范、管理严格的资源总量管理和全面节约制度，着力解决资源使用浪费严重、利用效率不高等问题。

构建反映市场供求和资源稀缺程度、体现自然价值和代际补偿的资源有偿使用和生态补偿制度，着力解决自然资源及其产品价格偏低、生产开发成本低于社会成本、保护生态得不到合理回报等问题。

构建以改善环境质量为导向，监管统一、执法严明、多方参与的环境治理体系，着力解决污染防治能力弱、监管职能交叉、权责不一致、违法成本过低等问题。

构建更多运用经济杠杆进行环境治理和生态保护的市场体系，着力解决市场主体和市场体系发育滞后、社会参与度不高等问题。

构建充分反映资源消耗、环境损害和生态效益的生态文明绩效评价考核和责任追究制度，着力解决发展绩效评价不全面、责任落实不到位、损害责任追究缺失等问题。

二、健全自然资源资产产权制度

（五）建立统一的确权登记系统。坚持资源公有、物权法定，清晰界定全部国土空间各类自然资源资产的产权主体。对水流、森林、山岭、草原、荒地、滩涂等所有自然生态空间统一进行确权登记，逐步划清全民所有和集体所有之间的边界，划清全民所有、不同层级政府行使所有权的边界，划清不同集体所有者的边界。推进确权登记法治化。

（六）建立权责明确的自然资源产权体系。制定权利清单，明确各类自然资源产权主体权利。处理好所有权与使用权的关系，创新自然资源全民所有权和集体所有权的实现形式，除生态功能重要的外，可推动所有权和使用权相分离，明确占有、使用、收益、处分等权利归属关系和权责，适度扩大使用权的出让、转让、出租、抵押、担保、入股等权能。明确国有农场、林场和牧场土地所有者与使用者权能。全面建立覆盖各类全民所有自然资源资产的有偿出让制度，严禁无偿或低价出让。统筹规划，加强自然资源资产交易平台建设。

（七）健全国家自然资源资产管理体制。按照所有者和监管者分开和一件事情由一个部门负责的原则，整合分散的全民所有自然资源资产所有者职责，组建对全民所有的矿藏、水流、森林、山岭、草原、荒地、海域、滩涂等各类自然资源统一行使所有权的机构，负责全民所有自然资源的出让等。

（八）探索建立分级行使所有权的体制。对全民所有的自然资源资产，按照不同资源种类和在生态、经济、国防等方面的重要程度，研究实行中央和地方政府分级代理行使所有权职责的体制，实现效率和公平相统一。分清全民所有中央政府直接行使所有权、全民所有地方政府行使所有权的资源清单和空间范围。中央政府主要对石油天然气、贵重稀有矿产资源、重点国有林区、大江大河大湖和跨境河流、生态功能重要的湿地草原、海域滩涂、珍稀野生动植物种和部分国家公园等直接行使所有权。

（九）开展水流和湿地产权确权试点。探索建立水权制度，开展水域、岸线等水生态空间确权试点，遵循水生态系统性、整体性原则，分清水资源所有权、使用权及使用量。在甘肃、宁夏等地开展湿地产权确权试点。

三、建立国土空间开发保护制度

（十）完善主体功能区制度。统筹国家和省级主体功能区规划，健全基于主体功能区的区域政策，根据城市化地区、农产品主产区、重点生态功能区的不同定位，加快调整完善财政、产业、投资、人口流动、建设用地、资源开发、环境保护等政策。

（十一）健全国土空间用途管制制度。简化自上而下的用地指标控制体系，调整按行政区和用地基数分配指标的做法。将开发强度指标分解到各县级行政区，作为约束性指标，控制建设用地总量。将用途管制扩大到所有自然生态空间，划定并严守生态红线，严禁任意改变用途，防止不合理开发建设活动对生态红线的破坏。完善覆盖全部国土空间的监测系统，动态监测国土空间变化。

（十二）建立国家公园体制。加强对重要生态系统的保护和永续利用，改革各部门分头设置自然保护区、风景名胜区、文化自然遗产、地质公园、森林公园等的体制，对上述保护地进行功能重组，合理界定国家公园范围。国家公园实行更严格保护，除不损害生态系统的原住民生活生产设施改造和自然观光科研教育旅游外，禁止其他开发建设，保护自然生态和自然文化遗产原真性、完整性。加强对国家公园试点的指导，在试点基础上研究制定建立国家公园体制总体方案。构建保护珍稀野生动植物的长效机制。

（十三）完善自然资源监管体制。将分散在各部门的有关用途管制职责，逐步统一到一个部门，统一行使所有国土空间的用途管制职责。

四、建立空间规划体系

（十四）编制空间规划。整合目前各部门分头编制的各类空间性规划，编制统一的空间规划，实现规划全覆盖。空间规划是国家空间发展的指南、可持续发展的空间蓝图，是各类开发建设活动的基本依据。空间规划分为国家、省、市县（设区的市空间规划范围为市辖区）三级。研究建立统一规范的空间规划编制机制。鼓励开展省级空间规划试点。编制京津冀空间规划。

（十五）推进市县“多规合一”。支持市县推进“多规合一”，统一编制市县空间规划，逐步形成一个市县一个规划、一张蓝图。市县空间规划要统一土地分类标准，根据主体功能定位和省级空间规划要求，划定生产空间、生活空间、生态空间，明确城镇建设区、工业区、农村居民点等的开发边界，以及耕地、林地、草原、河流、湖泊、湿地等的保护边界，加强对城市地下空间的统筹规划。加强对市县“多规合一”试点的指导，研究制定市县空间规划编制指引和技术规范，形成可复制、能推广的经验。

（十六）创新市县空间规划编制方法。探索规范化的市县空间规划编制程序，扩大社会参与，增强规划的科学性和透明度。鼓励试点地区进行规划编制部门整合，由一个部门负责市县空间规划的编制，可成立由专业人员和有关方面代表组成的规划评议委员会。规划编制前应当进行资源环境承载能力评价，以评价结果作为规划的基本依据。规划编制过程中应当广泛征求各方面意见，全文公布规划草案，充分听取当地居民意见。规划经评议委员会论证通过后，由当地人民代表大会审议通过，并报上级政府部门备案。规划成果应当包括规划文本和较高精度的规划图，并在网络和其他本地媒体公布。鼓励当地居民对规划执行进行监督，对违反规划的开发建设行为进行举报。当地人民代表大会及其常务委员会定期听取空间规划执行情况报告，对当地政府违反规划行为进行问责。

五、完善资源总量管理和全面节约制度

（十七）完善最严格的耕地保护制度和土地节约集约利用制度。完善基本农田保护制度，划定永久基本农田红线，按照面积不减少、质量不下降、用途不改变的要求，将基本农田落地到户、上图入库，实行严格保护，除法律规定的国家重点建设项目选址确实无法避让外，其他任何建设不得占用。加强耕地质量等级评定与监测，强化耕地质量保护与提升建设。完善耕地占补平衡制度，对新增建设用地占用耕地规模实行总量控制，严格实行耕地占一补一、先补后占、占优补优。实施建设用地总量控制和减量化管理，建立节约集约用地激励和约束机制，调整结构，盘活存量，合理安排土地利用年度计划。

（十八）完善最严格的水资源管理制度。按照节水优先、空间均衡、系统治理、两手发力的方针，健全用水总量控制制度，保障水安全。加快制定主要江河流域水量分配方案，加强省级统筹，完善省市县三级取用水总量控制指标体系。建立健全节约集约用水机制，促进水资源使用结构调整和优化配置。完善规划和建设项目水资源论证制度。主要运用价格和税收手段，逐步建立农业灌溉用水量控制和定额管理、高耗水工业企业计划用水和定额管理制度。在严重缺水地区建立用水定额准入门槛，严格控制高耗水项目建设。加强水产品产地保护和环境修复，控制水产养殖，构建水生动植物保护机制。完善水功能区监督管理，建立促进非常规水源利用制度。

（十九）建立能源消费总量管理和节约制度。坚持节约优先，强化能耗强度控制，健全节能目标责任制和奖励制。进一步完善能源统计制度。健全重点用能单位节能管理制度，探索实行节能自愿承诺机制。完善节能标准体系，及时更新用能产品能效、高耗能行业能耗限额、建筑物能效等标准。合理确定全国能源消费总量目标，并分解落实到省级行政区和重点用能单位。健全节能低碳产品和技术装备推广机制，定期发布技术目录。强化节能评估审查和节能监察。加强对可再生能源发展的扶持，逐步取消对化石能源的普遍性补贴。逐步建立全国碳排放总量控制制度和分解落实机制，建立增加森林、草原、湿地、海洋碳汇的有效机制，加强应对气候变化国际合作。

（二十）建立天然林保护制度。将所有天然林纳入保护范围。建立国家用材林储备制度。逐步推进国有林区政企分开，完善以购买服务为主的国有林场公益林管护机制。完善集体林权制度，稳定承包权，拓展经营权能，健全林权抵押贷款和流转制度。

（二十一）建立草原保护制度。稳定和完善草原承包经营制度，实现草原承包地块、面积、合同、证书“四到户”，规范草原经营权流转。实行基本草原保护制度，确保基本草原面积不减少、质量不下降、用途不改变。健全草原生态保护补奖机制，实施禁牧休牧、划区轮牧和草畜平衡等制度。加强对草原征用使用审核审批的监管，严格控制草原非牧使用。

（二十二）建立湿地保护制度。将所有湿地纳入保护范围，禁止擅自征用占用国际重要湿地、国家重要湿地和湿地自然保护区。确定各类湿地功能，规范保护利用行为，建立湿地生态修复机制。

（二十三）建立沙化土地封禁保护制度。将暂不具备治理条件的连片沙化土地划为沙化土地封禁保护区。建立严格保护制度，加强封禁和管护基础设施建设，加强沙化土地治理，增加植被，合理发展沙产业，完善以购买服务为主的管护机制，探索开发与治理结合新机制。

（二十四）健全海洋资源开发保护制度。实施海洋主体功能区制度，确定近海海域海岛主体功能，引导、控制和规范各类用海用岛行为。实行围填海总量控制制度，对围填海面积实行约束性指标管理。建立自然岸线保有率控制制度。完善海洋渔业资源总量管理制度，严格执行休渔禁渔制度，推行近海捕捞限额管理，控制近海和滩涂养殖规模。健全海洋督察制度。

（二十五）健全矿产资源开发利用管理制度。建立矿产资源开发利用水平调查评估制度，加强矿产资源查明登记和有偿计时占用登记管理。建立矿产资源集约开发机制，提高矿区企业集中度，鼓励规模化开发。完善重要矿产资源开采回采率、选矿回收率、综合利用率等国家标准。健全鼓励提高矿产资源利用水平的经济政策。建立矿山企业高效和综合利用信息公示制度，建立矿业权人“黑名单”制度。完善重要矿产资源回收利用的产业化扶持机制。完善矿山地质环境保护和土地复垦制度。

（二十六）完善资源循环利用制度。建立健全资源产出率统计体系。实行生产者责任延伸制度，推动生产者落实废弃产品回收处理等责任。建立种养业废弃物资源化利用制度，实现种养业有机结合、循环发展。加快建立垃圾强制分类制度。制定再生资源回收目录，对复合包装物、电池、农膜等低值废弃物实行强制回收。加快制定资源分类回收利用标准。建立资源再生产品和原料推广使用制度，相关原材料消耗企业要使用一定比例的资源再生产品。完善限制一次性用品使用制度。落实并完善资源综合利用和促进循环经济发展的税收政策。制定循环经济技术目录，实行政府优先采购、贷款贴息等政策。

六、健全资源有偿使用和生态补偿制度

（二十七）加快自然资源及其产品价格改革。按照成本、收益相统一的原则，充分考虑社会可承受能力，建立自然资源开发使用成本评估机制，将资源所有者权益和生态环境损害等纳入自然资源及其产品价格形成机制。加强对自然垄断环节的价格监管，建立定价成本监审制度和价格调整机制，完善价格决策程序和信息公开制度。推进农业水价综合改革，全面实行非居民用水超计划、超定额累进加价制度，全面推行城镇居民用水阶梯价格制度。

（二十八）完善土地有偿使用制度。扩大国有土地有偿使用范围，扩大招拍挂出让比例，减少非公益性用地划拨，国有土地出让收支纳入预算管理。改革完善工业用地供应方式，探索实行弹性出让年限以及长期租赁、先租后让、租让结合供应。完善地价形成机制和评估制度，健全土地等级价体系，理顺与土地相关的出让金、租金和税费关系。建立有效调节工业用地和居住用地合理比价机制，提高工业用地出让地价水平，降低工业用地比例。探索通过土地承包经营、出租等方式，健全国有农用地有偿使用制度。

（二十九）完善矿产资源有偿使用制度。完善矿业权出让制度，建立符合市场经济要求和矿业规律的探矿权采矿权出让方式，原则上实行市场化出让，国有矿产资源出让收支纳入预算管理。理清有偿取得、占用和开采中所有者、投资者、使用者的产权关系，研究建立矿产资源国家权益金制度。调整探矿权采矿权使用费标准、矿产资源最低勘查投入标准。推进实现全国统一的矿业权交易平台建设，加大矿业权出让转让信息公开力度。

（三十）完善海域海岛有偿使用制度。建立海域、无居民海岛使用金征收标准调整机制。建立健全海域、无居民海岛使用权招拍挂出让制度。

（三十一）加快资源环境税费改革。理顺自然资源及其产品税费关系，明确各自功能，合理确定税收调控范围。加快推进资源税从价计征改革，逐步将资源税扩展到占用各种自然生态空间，在华北部分地区开展地下水征收资源税改革试点。加快推进环境保护税立法。

（三十二）完善生态补偿机制。探索建立多元化补偿机制，逐步增加对重点生态功能区转移支付，完善生态保护成效与资金分配挂钩的激励约束机制。制定横向生态补偿机制办法，以地方补偿为主，中央财政给予支持。鼓励各地区开展生态补偿试点，继续推进新安江水环境补偿试点，推动在京津冀水源涵养区、广西广东九洲江、福建广东汀江－韩江等开展跨地区生态补偿试点，在长江流域水环境敏感地区探索开展流域生态补偿试点。

（三十三）完善生态保护修复资金使用机制。按照山水林田湖系统治理的要求，完善相关资金使用管理办法，整合现有政策和渠道，在深入推进国土江河综合整治的同时，更多用于青藏高原生态屏障、黄土高原－川滇生态屏障、东北森林带、北方防沙带、南方丘陵山地带等国家生态安全屏障的保护修复。

（三十四）建立耕地草原河湖休养生息制度。编制耕地、草原、河湖休养生息规划，调整严重污染和地下水严重超采地区的耕地用途，逐步将25度以上不适宜耕种且有损生态的陡坡地退出基本农田。建立巩固退耕还林还草、退牧还草成果长效机制。开展退田还湖还湿试点，推进长株潭地区土壤重金属污染修复试点、华北地区地下水超采综合治理试点。

七、建立健全环境治理体系

（三十五）完善污染物排放许可制。尽快在全国范围建立统一公平、覆盖所有固定污染源的企业排放许可制，依法核发排污许可证，排污者必须持证排污，禁止无证排污或不按许可证规定排污。

（三十六）建立污染防治区域联动机制。完善京津冀、长三角、珠三角等重点区域大气污染防治联防联控协作机制，其他地方要结合地理特征、污染程度、城市空间分布以及污染物输送规律，建立区域协作机制。在部分地区开展环境保护管理体制创新试点，统一规划、统一标准、统一环评、统一监测、统一执法。开展按流域设置环境监管和行政执法机构试点，构建各流域内相关省级涉水部门参加、多形式的流域水环境保护协作机制和风险预警防控体系。建立陆海统筹的污染防治机制和重点海域污染物排海总量控制制度。完善突发环境事件应急机制，提高与环境风险程度、污染物种类等相匹配的突发环境事件应急处置能力。

（三十七）建立农村环境治理体制机制。建立以绿色生态为导向的农业补贴制度，加快制定和完善相关技术标准和规范，加快推进化肥、农药、农膜减量化以及畜禽养殖废弃物资源化和无害化，鼓励生产使用可降解农膜。完善农作物秸秆综合利用制度。健全化肥农药包装物、农膜回收贮运加工网络。采取财政和村集体补贴、住户付费、社会资本参与的投入运营机制，加强农村污水和垃圾处理等环保设施建设。采取政府购买服务等多种扶持措施，培育发展各种形式的农业面源污染治理、农村污水垃圾处理市场主体。强化县乡两级政府的环境保护职责，加强环境监管能力建设。财政支农资金的使用要统筹考虑增强农业综合生产能力和防治农村污染。

（三十八）健全环境信息公开制度。全面推进大气和水等环境信息公开、排污单位环境信息公开、监管部门环境信息公开，健全建设项目环境影响评价信息公开机制。健全环境新闻发言人制度。引导人民群众树立环保意识，完善公众参与制度，保障人民群众依法有序行使环境监督权。建立环境保护网络举报平台和举报制度，健全举报、听证、舆论监督等制度。

（三十九）严格实行生态环境损害赔偿制度。强化生产者环境保护法律责任，大幅度提高违法成本。健全环境损害赔偿方面的法律制度、评估方法和实施机制，对违反环保法律法规的，依法严惩重罚；对造成生态环境损害的，以损害程度等因素依法确定赔偿额度；对造成严重后果的，依法追究刑事责任。

（四十）完善环境保护管理制度。建立和完善严格监管所有污染物排放的环境保护管理制度，将分散在各部门的环境保护职责调整到一个部门，逐步实行城乡环境保护工作由

一个部门进行统一监管和行政执法的体制。有序整合不同领域、不同部门、不同层次的监管力量，建立权威统一的环境执法体制，充实执法队伍，赋予环境执法强制执行的必要条件和手段。完善行政执法和环境司法的衔接机制。

八、健全环境治理和生态保护市场体系

（四十一）培育环境治理和生态保护市场主体。采取鼓励发展节能环保产业的体制机制和政策措施。废止妨碍形成全国统一市场和公平竞争的规定和做法，鼓励各类投资进入

环保市场。能由政府和社会资本合作开展的环境治理和生态保护事务，都可以吸引社会资本参与建设和运营。通过政府购买服务等方式，加大对环境污染第三方治理的支持力度。

加快推进污水垃圾处理设施运营管理单位向独立核算、自主经营的企业转变。组建或改组设立国有资本投资运营公司，推动国有资本加大对环境治理和生态保护等方面的投入。支持生态环境保护领域国有企业实行混合所有制改革。

（四十二）推行用能权和碳排放权交易制度。结合重点用能单位节能行动和新建项目能评审查，开展项目节能量交易，并逐步改为基于能源消费总量管理下的用能权交易。建立用能权交易系统、测量与核准体系。推广合同能源管理。深化碳排放权交易试点，逐步建立全国碳排放权交易市场，研究制定全国碳排放权交易总量设定与配额分配方案。完善碳交易注册登记系统，建立碳排放权交易市场监管体系。

（四十三）推行排污权交易制度。在企业排污总量控制制度基础上，尽快完善初始排污权核定，扩大涵盖的污染物覆盖面。在现行以行政区为单元层层分解机制基础上，根据行业先进排污水平，逐步强化以企业为单元进行总量控制、通过排污权交易获得减排收益的机制。在重点流域和大气污染重点区域，合理推进跨行政区排污权交易。扩大排污权有偿使用和交易试点，将更多条件成熟地区纳入试点。加强排污权交易平台建设。制定排污权核定、使用费收取使用和交易价格等规定。

（四十四）推行水权交易制度。结合水生态补偿机制的建立健全，合理界定和分配水权，探索地区间、流域间、流域上下游、行业间、用水户间等水权交易方式。研究制定水权交易管理办法，明确可交易水权的范围和类型、交易主体和期限、交易价格形成机制、交易平台运作规则等。开展水权交易平台建设。

（四十五）建立绿色金融体系。推广绿色信贷，研究采取财政贴息等方式加大扶持力度，鼓励各类金融机构加大绿色信贷的发放力度，明确贷款人的尽职免责要求和环境保护法律责任。加强资本市场相关制度建设，研究设立绿色股票指数和发展相关投资产品，研究银行和企业发行绿色债券，鼓励对绿色信贷资产实行证券化。支持设立各类绿色发展基金，实行市场化运作。建立上市公司环保信息强制性披露机制。完善对节能低碳、生态环保项目的各类担保机制，加大风险补偿力度。在环境高风险领域建立环境污染强制责任保险制度。建立绿色评级体系以及公益性的环境成本核算和影响评估体系。积极推动绿色金融领域各类国际合作。

（四十六）建立统一的绿色产品体系。将目前分头设立的环保、节能、节水、循环、低碳、再生、有机等产品统一整合为绿色产品，建立统一的绿色产品标准、认证、标识等体系。完善对绿色产品研发生产、运输配送、购买使用的财税金融支持和政府采购等政策。

九、完善生态文明绩效评价考核和责任追究制度

（四十七）建立生态文明目标体系。研究制定可操作、可视化的绿色发展指标体系。制定生态文明建设目标评价考核办法，把资源消耗、环境损害、生态效益纳入经济社会发展评价体系。根据不同区域主体功能定位，实行差异化绩效评价考核。

（四十八）建立资源环境承载能力监测预警机制。研究制定资源环境承载能力监测预警指标体系和技术方法，建立资源环境监测预警数据库和信息技术平台，定期编制资源环境承载能力监测预警报告，对资源消耗和环境容量超过或接近承载能力的地区，实行预警提醒和限制性措施。

（四十九）探索编制自然资源资产负债表。制定自然资源资产负债表编制指南，构建水资源、土地资源、森林资源等的资产和负债核算方法，建立实物量核算账户，明确分类标准和统计规范，定期评估自然资源资产变化状况。在市县层面开展自然资源资产负债表编制试点，核算主要自然资源实物量账户并公布核算结果。

（五十）对领导干部实行自然资源资产离任审计。在编制自然资源资产负债表和合理考虑客观自然因素基础上，积极探索领导干部自然资源资产离任审计的目标、内容、方法和评价指标体系。以领导干部任期内辖区自然资源资产变化状况为基础，通过审计，客观评价领导干部履行自然资源资产管理责任情况，依法界定领导干部应当承担的责任，加强审计结果运用。在内蒙古呼伦贝尔市、浙江湖州市、湖南娄底市、贵州赤水市、陕西延安市开展自然资源资产负债表编制试点和领导干部自然资源资产离任审计试点。

（五十一）建立生态环境损害责任终身追究制。实行地方党委和政府领导成员生态文明建设一岗双责制。以自然资源资产离任审计结果和生态环境损害情况为依据，明确对地方党委和政府领导班子主要负责人、有关领导人员、部门负责人的追责情形和认定程序。区分情节轻重，对造成生态环境损害的，予以诫勉、责令公开道歉、组织处理或党纪政纪处分，对构成犯罪的依法追究刑事责任。对领导干部离任后出现重大生态环境损害并认定其需要承担责任的，实行终身追责。建立国家环境保护督察制度。

十、生态文明体制改革的实施保障

（五十二）加强对生态文明体制改革的领导。各地区各部门要认真学习领会中央关于生态文明建设和体制改革的精神，深刻认识生态文明体制改革的重大意义，增强责任感、使命感、紧迫感，认真贯彻党中央、国务院决策部署，确保本方案确定的各项改革任务加快落实。各有关部门要按照本方案要求抓紧制定单项改革方案，明确责任主体和时间进度，密切协调配合，形成改革合力。

（五十三）积极开展试点试验。充分发挥中央和地方两个积极性，鼓励各地区按照本方案的改革方向，从本地实际出发，以解决突出生态环境问题为重点，发挥主动性，积极探索和推动生态文明体制改革，其中需要法律授权的按法定程序办理。将各部门自行开展的综合性生态文明试点统一为国家试点试验，各部门要根据各自职责予以指导和推动。

（五十四）完善法律法规。制定完善自然资源资产产权、国土空间开发保护、国家公园、空间规划、海洋、应对气候变化、耕地质量保护、节水和地下水管理、草原保护、湿地保护、排污许可、生态环境损害赔偿等方面的法律法规，为生态文明体制改革提供法治保障。

（五十五）加强舆论引导。面向国内外，加大生态文明建设和体制改革宣传力度，统筹安排、正确解读生态文明各项制度的内涵和改革方向，培育普及生态文化，提高生态文明意识，倡导绿色生活方式，形成崇尚生态文明、推进生态文明建设和体制改革的良好氛围。

（五十六）加强督促落实。中央全面深化改革领导小组办公室、经济体制和生态文明体制改革专项小组要加强统筹协调，对本方案落实情况进行跟踪分析和督促检查，正确解读和及时解决实施中遇到的问题，重大问题要及时向党中央、国务院请示报告。

国务院关于支持福建省深入实施生态省战略加快生态文明先行示范区建设的若干意见（节录）

国发〔2014〕12号

各省、自治区、直辖市人民政府，国务院各部委、各直属机构：

福建省是我国南方地区重要的生态屏障，生态文明建设基础较好。为支持福建省深入实施生态省战略，加快生态文明先行示范区建设，增强引领示范效应，现提出以下意见：

（三）主要目标。

到2015年，单位地区生产总值能源消耗和二氧化碳排放均比全国平均水平低20%以上，非化石能源占一次能源消费比重比全国平均水平高6个百分点；城市空气质量全部达到或优于二级标准；主要水系Ⅰ—Ⅲ类水质比例达到90%以上，近岸海域达到或优于二类水质标准的面积占65%；单位地区生产总值用地面积比2010年下降30%；万元工业增加值用水量比2010年下降35%；森林覆盖率达到65.95%以上。

到2020年，能源资源利用效率、污染防治能力、生态环境质量显著提升，系统完整的生态文明制度体系基本建成，绿色生活方式和消费模式得到大力推行，形成人与自然和谐发展的现代化建设新格局。

二、优化国土空间开发格局

（四）加快落实主体功能区规划。健全省域空间规划体系，划定生产、生活、生态空间开发管制界限，落实用途管制。沿海城市群等重点开发区域要加快推进新型工业化、城镇化，促进要素、产业和人口集聚，支持闽江口金三角经济圈建设。闽西北等农产品主产区要因地制宜发展特色生态产业，提高农业可持续发展能力。重点生态功能区要积极开展生态保护与修复，实施有效保护。坚持陆海统筹，合理开发利用岸线、海域、海岛等资源，保护海洋生态环境，支持海峡蓝色经济试验区建设。

（五）推动城镇化绿色发展。坚持走以人为本、绿色低碳的新型城镇化道路。深入实施宜居环境建设行动计划，保护和扩大绿地、水域、湿地，提高城镇环境基础设施建设与运营水平，大力发展绿色建筑、绿色交通，建设一批美丽乡村示范村。

三、加快推进产业转型升级

（六）着力构建现代产业体系。全面落实国家产业政策，严控高耗能、高排放项目建设。推进电子信息、装备制造、石油化工等主导产业向高端、绿色方向发展，加快发展节能环保等战略性新兴产业。积极发展现代种业、生态农业和设施农业。推动远洋渔业发展，推广生态养殖，建设一批海洋牧场。发展壮大林产业，推进商品林基地建设，积极发展特色经济林、林下种养殖业、森林旅游等产业。加快发展现代物流、旅游、文化、金融等服务业。

（七）调整优化能源结构。稳步推进宁德、福清等核电项目建设。加快仙游、厦门等抽水蓄能电站建设。有序推进莆田平海湾、漳浦六鳌、宁德霞浦等海上风电场建设。积极发展太阳能、地热能、生物质能等非化石能源，推广应用分布式能源系统。加快天然气基础设施建设。

（八）强化科技支撑。完善技术创新体系，加强重点实验室、工程技术（研究）中心建设，开展高效节能电机、烟气脱硫脱硝、有机废气净化等关键技术攻关。健全科技成果转化机制，促进节能环保、循环经济等先进技术的推广应用。

四、促进能源资源节约

（九）深入推进节能降耗。全面实施能耗强度、碳排放强度和能源消费总量控制，建立煤炭消费总量控制制度，强化目标责任考核。突出抓好重点领域节能，实施节能重点工程，推广高效节能低碳技术和产品。开展重点用能单位节能低碳行动和能效对标活动，实施能效“领跑者”制度。

（十）合理开发与节约利用水资源。严格实行用水总量控制，统筹生产、生活、生态用水，大力推广节水技术和产品，强化水资源保护。科学规划建设一批跨区域、跨流域水资源配置工程，研究推进宁德上白石、罗源霍口等大中型水库建设。

（十一）节约集约利用土地资源。严守耕地保护红线，从严控制建设用地。严格执行工业用地招拍挂制度，探索工业用地租赁制。适度开发利用低丘缓坡地，积极稳妥推进农村土地整治试点和旧城镇旧村庄旧厂房、低效用地等二次开发利用，清理处置闲置土地。鼓励和规范城镇地下空间开发利用。

（十二）积极推进循环经济发展。加快构建覆盖全社会的资源循环利用体系，提高资源产出率。加强产业园区循环化改造，实现产业废物交换利用、能量梯级利用、废水循环利用和污染物集中处理。大力推行清洁生产。加快再生资源回收体系建设，支持福州、厦门、泉州等城市矿产示范基地建设。推进工业固体废弃物、建筑废弃物、农林废弃物、餐厨垃圾等资源化利用。支持绿色矿山建设。

五、加大生态建设和环境保护力度

（十三）加强生态保护和修复。划定生态保护红线，强化对重点生态功能区和生态环境敏感区域、生态脆弱区域的有效保护。加强森林抚育，持续推进城市、村镇、交通干线两侧、主要江河干支流及水库周围等区域的造林绿化，优化树种、林分结构，提升森林生态功能。加强自然保护区建设和湿地保护，维护生物多样性。支持以小流域、坡耕地、崩岗为重点的水土流失治理。推进矿山生态环境恢复治理。实施沿海岸线整治与生态景观恢复。完善防灾减灾体系，提高适应气候变化能力。

（十四）突出抓好重点污染物防治。深入开展水环境综合整治和近岸海域环境整治，抓好畜禽养殖业等农业面源污染防治，推进重点行业废水深度治理，完善城乡污水处理设施。加大大气污染综合治理力度，实施清洁能源替代，加快重点行业脱硫、脱硝和除尘设施建设，强化机动车尾气治理，进一步提高城市环境空气质量。加快生活垃圾、危险废物、放射性废物等处理处置设施建设。加强铅、铬等重金属污染防治和土壤污染治理。

国务院

2014年3月10日

国务院办公厅关于加快新能源汽车推广应用的指导意见

国办发〔2014〕35号

各省、自治区、直辖市人民政府，国务院各部委、各直属机构：

为全面贯彻落实《国务院关于印发节能与新能源汽车产业发展规划（2012—2020年）的通知》（国发〔2012〕22号），加快新能源汽车的推广应用，有效缓解能源和环境压力，促进汽车产业转型升级，经国务院批准，现提出以下指导意见：

一、总体要求

（一）指导思想。

贯彻落实发展新能源汽车的国家战略，以纯电驱动为新能源汽车发展的主要战略取向，重点发展纯电动汽车、插电式（含增程式）混合动力汽车和燃料电池汽车，以市场主导和政府扶持相结合，建立长期稳定的新能源汽车发展政策体系，创造良好发展环境，加快培育市场，促进新能源汽车产业健康快速发展。

（二）基本原则。

创新驱动，产学研用结合。新能源汽车生产企业和充电设施生产建设运营企业要着力突破关键核心技术，加强商业模式创新和品牌建设，不断提高产品质量，降低生产成本，保障产品安全和性能，为消费者提供优质服务。

政府引导，市场竞争拉动。地方政府要相应制定新能源汽车推广应用规划，促进形成统一、竞争、有序的市场环境。建立和规范市场准入标准，鼓励社会资本参与新能源汽车生产和充电运营服务。

双管齐下，公共服务带动。把公共服务领域用车作为新能源汽车推广应用的突破口，扩大公共机构采购新能源汽车的规模，通过示范使用增强社会信心，降低购买使用成本，引导个人消费，形成良性循环。

因地制宜，明确责任主体。地方政府承担新能源汽车推广应用主体责任，要结合地方经济社会发展实际，制定具体实施方案和工作计划，明确工作要求和时间进度，确保完成各项目标任务。

二、加快充电设施建设

（三）制定充电设施发展规划和技术标准。完善充电设施标准体系建设，制定实施新能源汽车充电设施发展规划，鼓励社会资本进入充电设施建设领域，积极利用城市中现有的场地和设施，推进充电设施项目建设，完善充电设施布局。电网企业要做好相关电力基础网络建设和充电设施报装增容服务等工作。

（四）完善城市规划和相应标准。将充电设施建设和配套电网建设与改造纳入城市规划，完善相关工程建设标准，明确建筑物配建停车场、城市公共停车场预留充电设施建设条件的要求和比例。加快形成以使用者居住地、驻地停车位（基本车位）配建充电设施为主体，以城市公共停车位、路内临时停车位配建充电设施为辅助，以城市充电站、换电站为补充的，数量适度超前、布局合理的充电设施服务体系。研究在高速公路服务区配建充电设施，积极构建高速公路城际快充网络。

（五）完善充电设施用地政策。鼓励在现有停车场（位）等现有建设用地上设立他项权利建设充电设施。通过设立他项权利建设充电设施的，可保持现有建设用地已设立的土地使用权及用途不变。在符合规划的前提下，利用现有建设用地新建充电站的，可采用协议方式办理相关用地手续。政府供应独立新建的充电站用地，其用途按城市规划确定的用途管理，应采取招标拍卖挂牌方式出让或租赁方式供应土地，可将建设要求列入供地条件，底价确定可考虑政府支持的要求。供应其他建设用地需配建充电设施的，可将配建要求纳入土地供应条件，依法妥善处理充电设施使用土地的产权关系。严格充电站的规划布局和建设标准管理。严格充电站用地改变用途管理，确需改变用途的，应依法办理规划和用地手续。

（六）完善用电价格政策。充电设施经营企业可向电动汽车用户收取电费和充电服务费。2020年前，对电动汽车充电服务费实行政府指导价管理。对向电网经营企业直接报装接电的经营性集中式充电设施用电，执行大工业用电价格；对居民家庭住宅、居民住宅小区等非经营性分散充电桩按其所在场所执行分类目录电价；对党政机关、企事业单位和社会公共停车场中设置的充电设施用电执行一般工商业及其他类用电价格。电动汽车充电设施用电执行峰谷分时电价政策。将电动汽车充电设施配套电网改造成本纳入电网企业输配电价。

（七）推进充电设施关键技术攻关。依托国家科技计划加强对新型充电设施及装备技术、前瞻性技术的研发，对关键技术的检测认证方法、充电设施消防安全规范以及充电网络监控和运营安全等方面给予科技支撑。支持企业探索发展适应行业特征的充电模式，实现更安全、更方便的充电。

（八）鼓励公共单位加快内部停车场充电设施建设。具备条件的政府机关、公共机构及企事业等单位新建或改造停车场，应当结合新能源汽车配备更新计划，充分考虑职工购买新能源汽车的需要，按照适度超前的原则，规划设置新能源汽车专用停车位、配建充电桩。

（九）落实充电设施建设责任。地方政府要把充电设施及配套电网建设与改造纳入城市建设规划，因地制宜制定充电设施专项建设规划，在用地等方面给予政策支持，对建设运营给予必要补贴。电网企业要配合政府做好充电设施建设规划。

三、积极引导企业创新商业模式

（十）加快售后服务体系建设。进一步放宽市场准入，鼓励和支持社会资本进入新能源汽车充电设施建设和运营、整车租赁、电池租赁和回收等服务领域。新能源汽车生产企业要积极提高售后服务水平，加快品牌培育。地方政府可通过给予特许经营权等方式保护投资主体初期利益，商业场所可将充电费、服务费与停车收费相结合给予优惠，个人拥有的充电设施也可对外提供充电服务，地方政府负责制定相应的服务标准。研究制定动力电池回收利用政策，探索利用基金、押金、强制回收等方式促进废旧动力电池回收，建立健全废旧动力电池循环利用体系。

（十一）积极鼓励投融资创新。在公共服务领域探索公交车、出租车、公务用车的新能源汽车融资租赁运营模式，在个人使用领域探索分时租赁、车辆共享、整车租赁以及按揭购买新能源汽车等模式，及时总结推广科学有效的做法。

（十二）发挥信息技术的积极作用。不断提高现代信息技术在新能源汽车商业运营模式创新中的应用水平，鼓励互联网企业参与新能源汽车技术研发和运营服务，加快智能电网、移动互联网、物联网、大数据等新技术应用，为新能源汽车推广应用带来更多便利和实惠。

四、推动公共服务领域率先推广应用

（十三）扩大公共服务领域新能源汽车应用规模。各地区、各有关部门要在公交车、出租车等城市客运以及环卫、物流、机场通勤、公安巡逻等领域加大新能源汽车推广应用力度，制定机动车更新计划，不断提高新能源汽车运营比重。新能源汽车推广应用城市新增或更新车辆中的新能源汽车比例不低于30%。

（十四）推进党政机关和公共机构、企事业单位使用新能源汽车。2014—2016年，中央国家机关以及新能源汽车推广应用城市的政府机关及公共机构购买的新能源汽车占当年配备更新车辆总量的比例不低于30%，以后逐年扩大应用规模。企事业单位应积极采取租赁和完善充电设施等措施，鼓励本单位职工购买使用新能源汽车，发挥对社会的示范引领作用。

五、进一步完善政策体系

（十五）完善新能源汽车推广补贴政策。对消费者购买符合要求的纯电动汽车、插电式（含增程式）混合动力汽车、燃料电池汽车给予补贴。中央财政安排资金对新能源汽车推广应用规模较大和配套基础设施建设较好的城市或企业给予奖励，奖励资金用于充电设施建设等方面。有关方面要抓紧研究确定2016—2020年新能源汽车推广应用的财政支持政策，争取于2014年底前向社会公布，及早稳定企业和市场预期。

（十六）改革完善城市公交车成品油价格补贴政策。城市公交车行业是新能源汽车推广的优先领域，通过逐步减少对城市公交车燃油补贴和增加对新能源公交车运营补贴，将补贴额度与新能源公交车推广目标完成情况相挂钩，形成鼓励新能源公交车应用、限制燃油公交车增长的机制，加快新能源公交车替代燃油公交车步伐，促进城市公交行业健康发展。

（十七）给予新能源汽车税收优惠。2014年9月1日至2017年12月31日，对纯电动汽车、插电式（含增程式）混合动力汽车和燃料电池汽车免征车辆购置税。进一步落实《中华人民共和国车船税法》及其实施条例，研究完善节约能源和新能源汽车车船税优惠政策，并做好车船税减免工作。继续落实好汽车消费税政策，发挥税收政策鼓励新能源汽车消费的作用。

（十八）多渠道筹集支持新能源汽车发展的资金。建立长期稳定的发展新能源汽车的资金来源，重点支持新能源汽车技术研发、检验测试和推广应用。

（十九）完善新能源汽车金融服务体系。鼓励银行业金融机构基于商业可持续原则，建立适应新能源汽车行业特点的信贷管理和贷款评审制度，创新金融产品，满足新能源汽车生产、经营、消费等各环节的融资需求。支持符合条件的企业通过上市、发行债券等方式，拓宽企业融资渠道。鼓励汽车金融公司发行金融债券，开展信贷资产证券化，增加其支持个人购买新能源汽车的资金来源。

（二十）制定新能源汽车企业准入政策。研究出台公开透明、操作性强的新建新能源汽车生产企业投资项目准入条件，支持社会资本和具有技术创新能力的企业参与新能源汽车科研生产。

（二十一）建立企业平均燃料消耗量管理制度。制定实施基于汽车企业平均燃料消耗量的积分交易和奖惩办法，在考核企业平均燃料消耗量时对新能源汽车给予优惠，鼓励新能源汽车的研发生产和销售使用。

（二十二）实行差异化的新能源汽车交通管理政策。有关地区为缓解交通拥堵采取机动车限购、限行措施时，应当对新能源汽车给予优惠和便利。实行新能源汽车独立分类注册登记，便于新能源汽车的税收和保险分类管理。在机动车行驶证上标注新能源汽车类型，便于执法管理中有效识别区分。改进道路交通技术监控系统，通过号牌自动识别系统对新能源汽车的通行给予便利。

六、坚决破除地方保护

（二十三）统一标准和目录。各地区要严格执行全国统一的新能源汽车和充电设施国家标准和行业标准，不得自行制定、出台地方性的新能源汽车和充电设施标准。各地区要执行国家统一的新能源汽车推广目录，不得采取制定地方推广目录、对新能源汽车进行重复检测检验、要求汽车生产企业在本地设厂、要求整车企业采购本地生产的电池、电机等零部件等违规措施，阻碍外地生产的新能源汽车进入本地市场，以及限制或变相限制消费者购买外地及某一类新能源汽车。

（二十四）规范市场秩序。有关部门要加强对新能源汽车市场的监管，推进建设统一开放、有序竞争的新能源汽车市场。坚决清理取消各地区不利于新能源汽车市场发展的违规政策措施。

七、加强技术创新和产品质量监管

（二十五）加大科技攻关支持力度。通过国家科技计划，对新能源汽车储能系统、燃料电池、驱动系统、整车控制和信息系统、充电加注、试验检测等共性关键技术以及整车集成技术集中力量攻关，不断完善科技创新体系建设。

（二十六）组织实施产业技术创新工程。加快研究和开发适应市场需求、有竞争力的新能源汽车技术和产品，加大研发和检测能力投入，通过联合开发，加快突破重大关键技术，不断提高产品质量和服务能力，降低能源消耗，加快建立新能源汽车产业技术创新体系。

（二十七）完善新能源汽车产品质量保障体系。新能源汽车产品质量的责任主体是生产企业，生产企业要建立质量安全责任制，确保新能源汽车安全运行。支持建立行业性新能源汽车技术支撑平台，提高新能源汽车技术服务和测试检验水平。建立新能源汽车产品抽检制度，通过市场抽样和性能检测，加强对产品的质量监管和一致性监管。研究建立车用动力电池准入管理制度。

八、进一步加强组织领导

（二十八）加强地方政府的组织推动作用。各有关地方政府要切实加强组织领导，建立由主要负责同志牵头、各职能部门参加的新能源汽车工作联席会议制度，结合本地实际制定细化支持政策和配套措施，形成多方合力。要加强指标考核，建立以实际运营车辆和便利使用环境为主要指标的考核体系，明确工作要求和时间进度，确保按时保质完成各项目标任务。

（二十九）加强部门间的统筹协调。节能与新能源汽车产业发展部际联席会议及其办公室要及时协调解决新能源汽车推广应用中的重大问题，部门间要加强协同配合，提高工作效率。要加强对各地区的督促考核，定期在媒体公开各地区任务完成情况。财政奖励资金要与推广目标完成情况、基础设施网络配套及社会使用环境建设等挂钩，建立新能源汽车推广城市退出机制。要及时总结成功经验，在全国组织推广交流活动，促进各地相互学习借鉴、共同提高。

（三十）加强宣传引导和舆论监督。各有关部门和新闻媒体要通过多种形式大力宣传新能源汽车对降低能源消耗、减少污染物排放的重大作用，组织业内专家解读新能源汽车的综合成本优势。要通过媒体宣传，提高全社会对新能源汽车的认知度和接受度，同时对损害消费者权益、弄虚作假等行为给予曝光，形成有利于新能源汽车消费的氛围。

国务院办公厅
2014年7月14日

国务院办公厅关于进一步推进排污权有偿使用和交易试点工作的指导意见

国办发〔2014〕38号

各省、自治区、直辖市人民政府，国务院各部委、各直属机构：

排污权是指排污单位经核定、允许其排放污染物的种类和数量。2007年以来，国务院有关部门组织天津、河北、内蒙古等11个省（区、市）开展排污权有偿使用和交易试点，取得了一定进展。为进一步推进试点工作，促进主要污染物排放总量持续有效减少，经国务院同意，现提出以下指导意见：

一、总体要求

（一）高度重视排污权有偿使用和交易试点工作。建立排污权有偿使用和交易制度，是我国环境资源领域一项重大的、基础性的机制创新和制度改革，是生态文明制度建设的重要内容，将对更好地发挥污染物总量控制制度作用，在全社会树立环境资源有价的理念，促进经济社会持续健康发展产生积极影响。各地区、各有关部门要充分认识做好试点工作的重要意义，妥善处理好政府与市场、制度改革创新与保持经济平稳发展、新企业与老企业、试点地区与非试点地区的关系，把握好试点政策出台的时机、力度和节奏，因地制宜、循序渐进推进试点工作。

（二）工作目标。以邓小平理论、“三个代表”重要思想、科学发展观为指导，贯彻落实党的十八大和十八届二中、三中全会精神，按照党中央、国务院的决策部署，充分发挥市场在资源配置中的决定性作用，积极探索建立环境成本合理负担机制和污染减排激励约束机制，促进排污单位树立环境意识，主动减少污染物排放，加快推进产业结构调整，切实改善环境质量。到2017年，试点地区排污权有偿使用和交易制度基本建立，试点工作基本完成。

二、建立排污权有偿使用制度

（三）严格落实污染物总量控制制度。实施污染物排放总量控制是开展试点的前提。试点地区要严格按照国家确定的污染物减排要求，将污染物总量控制指标分解到基层，不得突破总量控制上限。试点的污染物应为国家作为约束性指标进行总量控制的污染物，试点地区也可选择对本地区环境质量有突出影响的其他污染物开展试点。

（四）合理核定排污权。核定排污权是试点工作的基础。试点地区应于2015年底前全面完成现有排污单位排污权的初次核定，以后原则上每5年核定一次。现有排污单位的排污权，应根据有关法律法规标准、污染物总量控制要求、产业布局和污染物排放现状等核定。新建、改建、扩建项目的排污权，应根据其环境影响评价结果核定。排污权以排污许可证形式予以确认。试点地区不得超过国家确定的污染物排放总量核定排污权，不得为不符合国家产业政策的排污单位核定排污权。排污权由地方环境保护部门按污染源管理权限核定。

（五）实行排污权有偿取得。试点地区实行排污权有偿使用制度，排污单位在缴纳使用费后获得排污权，或通过交易获得排污权。排污单位在规定期限内对排污权拥有使用、转让和抵押等权利。对现有排污单位，要考虑其承受能力、当地环境质量改善要求，逐步实行排污权有偿取得。新建项目排污权和改建、扩建项目新增排污权，原则上要以有偿方式取得。有偿取得排污权的单位，不免除其依法缴纳排污费等相关税费的义务。

（六）规范排污权出让方式。试点地区可以采取定额出让、公开拍卖方式出让排污权。现有排污单位取得排污权，原则上采取定额出让方式，出让标准由试点地区价格、财政、环境保护部门根据当地污染治理成本、环境资源稀缺程度、经济发展水平等因素确定。新建项目排污权和改建、扩建项目新增排污权，原则上通过公开拍卖方式取得，拍卖底价可参照定额出让标准。

（七）加强排污权出让收入管理。排污权使用费由地方环境保护部门按照污染源管理权限收取，全额缴入地方国库，纳入地方财政预算管理。排污权出让收入统筹用于污染防治，任何单位和个人不得截留、挤占和挪用。缴纳排污权使用费金额较大、一次性缴纳确有困难的排污单位，可分期缴纳，缴纳期限不得超过五年，首次缴款不得低于应缴总额的40%。试点地区财政、审计部门要加强对排污权出让收入使用情况的监督。

三、加快推进排污权交易

（八）规范交易行为。排污权交易应在自愿、公平、有利于环境质量改善和优化环境资源配置的原则下进行。交易价格由交易双方自行确定。试点初期，可参照排污权定额出让标准等确定交易指导价格。试点地区要严格按照《国务院关于清理整顿各类交易场所切实防范金融风险的决定》（国发〔2011〕38号）等有关规定，规范排污权交易市场。

（九）控制交易范围。排污权交易原则上在各试点省份内进行。涉及水污染物的排污权交易仅限于在同一流域内进行。火电企业（包括其他行业自备电厂，不含热电联产机组供热部分）原则上不得与其他行业企业进行涉及大气污染物的排污权交易。环境质量未达到要求的地区不得进行增加本地区污染物总量的排污权交易。工业污染源不得与农业污染源进行排污权交易。

（十）激活交易市场。国务院有关部门要研究制定鼓励排污权交易的财税等扶持政策。试点地区要积极支持和指导排污单位通过淘汰落后和过剩产能、清洁生产、污染治理、技术改造升级等减少污染物排放，形成“富余排污权”参加市场交易；建立排污权储备制度，回购排污单位“富余排污权”，适时投放市场，重点支持战略性新兴产业、重大科技示范等项目建设。积极探索排污权抵押融资，鼓励社会资本参与污染物减排和排污权交易。

（十一）加强交易管理。排污权交易按照污染源管理权限由相应的地方环境保护部门负责。跨省级行政区域的排污权交易试点，由环境保护部、财政部和发展改革委负责组织。排污权交易完成后，交易双方应在规定时限内向地方环境保护部门报告，并申请变更其排污许可证。

四、强化试点组织领导和服务保障

（十二）加强组织领导。试点地区地方人民政府要加强对试点工作的组织领导，制定具体可行的工作方案和配套政策规定，建立协调机制，加强能力建设，主动接受社会监督，积极稳妥推进试点工作。财政部、环境保护部、发展改革委负责对地方人民政府的试点申请进行确认，并加强对试点工作的指导、协调，对排污权交易平台建设等给予适当支持，按照各自职能分别研究制定排污权核定、使用费收取使用和交易价格等管理规定。

（十三）提高服务质量。试点地区要及时公开排污权核定、排污权使用费收取使用、排污权拍卖及回购等情况以及当地环境质量状况、污染物总量控制要求等信息，确保试点工作公开透明。要优化工作流程，认真做好排污单位“富余排污权”核定、排污许可证发放变更等工作；加强部门协作配合，积极研究制定帮扶政策，为排污单位参与排污权交易提供便利。

（十四）严格监督管理。排污单位应当准确计量污染物排放量，主动向当地环境保护部门报告。重点排污单位应安装污染源自动监测装置，与当地环境保护部门联网，并确保装置稳定运行、数据真实有效。试点地区要强化对排污单位的监督性监测，加大执法监管力度，对于超排污权排放或在交易中弄虚作假的排污单位，要依法严肃处理，并予以曝光。

试点省份每年要向国务院报告试点工作进展情况，其他地方可参照本意见开展试点工作。财政部、环境保护部、发展改革委要跟踪总结试点地区的经验做法，加强政策研究，为全面推行排污权有偿使用和交易制度奠定基础。

国务院办公厅

2014年8月6日

国务院关于依托黄金水道推动长江经济带发展的指导意见（节录）

国发〔2014〕39号

基本原则

江湖和谐、生态文明。建立健全最严格的生态环境保护和水资源管理制度，加强长江全流域生态环境监管和综合治理，尊重自然规律及河流演变规律，协调好江河湖泊、上中下游、干流支流关系，保护和改善流域生态服务功能，推动流域绿色循环低碳发展。

（三）战略定位

生态文明建设的先行示范带。统筹江河湖泊丰富多样的生态要素，推进长江经济带生态文明建设，构建以长江干支流为经脉、以山水林田湖为有机整体，江湖关系和谐、流域水质优良、生态流量充足、水土保持有效、生物种类多样的生态安全格局，使长江经济带成为水清地绿天蓝的生态廊道。

（二十一）打造沿江绿色能源产业带。积极开发利用水电，在做好环境保护和移民安置的前提下，以金沙江、雅砻江、大渡河、澜沧江等为重点，加快水电基地和送出通道建设，扩大向下游地区送电规模。加快内蒙古西部至华中煤运通道建设，在中游地区适度规划布局大型高效清洁燃煤电站，增加电力、天然气等输入能力。研究制定新城镇新能源新生活行动计划，大力发展分布式能源、智能电网、绿色建筑和新能源汽车，推进能源生产和消费方式变革。立足资源优势，创新体制机制，推进页岩气勘查开发，通过竞争等方式出让页岩气探矿权，建设四川长宁—威远、滇黔北、重庆涪陵等国家级页岩气综合开发示范区。稳步推进沿海液化天然气接收站建设，统筹利用国内外天然气，提高居民用气水平。

七、建设绿色生态廊道

顺应自然，保育生态，强化长江水资源保护和合理利用，加大重点生态功能区保护力度，加强流域生态系统修复和环境综合治理，稳步提高长江流域水质，显著改善长江生态环境。

（三十七）切实保护和利用好长江水资源。。

（三十八）严格控制和治理长江水污染。

（四十一）强化沿江生态保护和修复。坚定不移实施主体功能区制度，率先划定沿江生态保护红线，强化国土空间合理开发与保护，加大重点生态功能区建设和保护力度，构建中上游生态屏障。推进太湖、巢湖、滇池、草海等全流域湿地生态保护与修复工程，加强金沙江、乌江、嘉陵江、三峡库区、汉江、洞庭湖和鄱阳湖水系等重点区域水土流失治理和地质灾害防治，中上游重点实施山地丘陵地区坡耕地治理、退耕还林还草和岩溶地区石漠化治理，中下游重点实施生态清洁小流域综合治理及退田还草还湖还湿。加大沿江天然林草资源保护和长江防护林体系建设力度，加强沿江风景名胜资源保护和山地丘陵地区林草植被保护。加强长江物种及其栖息繁衍场所保护，强化自然保护区和水产种质资源保护区建设和管护。探索建立沿江国家公园。研究制定长江生态环境保护规划。

国务院

2014年9月12日

国务院办公厅关于促进内贸流通健康发展的若干意见（节录）

国办发〔2014〕51号

（六）推进绿色循环消费设施建设。大力推广绿色低碳节能设备设施，推动节能技术改造，在具备条件的企业推广分布式光伏发电，试点夹层玻璃光伏组件等新材料产品应用，培育一批集节能改造、节能产品销售和废弃物回收于一体的绿色市场、商场和饭店。推广绿色低碳采购，支持流通企业与绿色低碳商品生产企业（基地）对接，打造绿色低碳供应链。支持淘汰老旧汽车，加大黄标车淘汰力度，促进报废汽车回收拆解体系建设，推进报废汽车资源综合利用。

国务院办公厅

2014年10月24日

国务院关于落实《政府工作报告》重点工作部门分工的意见（节录）

国发〔2015〕14号

五、加强环境治理和生态保护

（二十八）继续抓好节能减排和环境治理。1. 今年能耗强度下降3.1%以上，二氧化碳排放强度降低3.1%以上，化学需氧量、氨氮排放均减少2%左右，二氧化硫、氮氧化物排放分别减少3%左右和5%左右。深入实施大气污染防治行动计划，实行区域联防联控，加强煤炭清洁高效利用，推动燃煤电厂超低排放改造，促进重点区域煤炭消费零增长。推广新能源汽车，治理机动车尾气，提高油品标准和质量，在重点区域内重点城市全面供应国五标准车用汽柴油。2005年底前注册营运的黄标车今年要全部淘汰。实施水污染防治行动计划，加强江河湖海水污染、水污染源和农业面源污染治理，实行从水源地到水龙头全过程监管。加强土壤污染防治。推行环境污染第三方治理。做好环保税立法工作。严格环境执法，对偷排偷放者出重拳，让其付出沉重的代价；对姑息纵容者严问责，使其受到应有的处罚。（环境保护部、发展改革委、科技部、工业和信息化部、财政部、商务部、公安部、国土资源部、住房城乡建设部、交通运输部、农业部、水利部、卫生计生委、海关总署、税务总局、质检总局、林业局、国管局、法制办、气象局、证监会、能源局、海洋局等负责）2. 积极应对气候变化，扩大碳排放权交易试点。（发展改革委

牵头）

（二十九）推动能源生产和消费方式变革。大力发展风电、光伏发电、生物质能，积极发展水电，安全发展核电，开发利用页岩气、煤层气。控制能源消费总量，加强工业、交通、建筑等重点领域节能。积极发展循环经济，大力推进工业废物和生活垃圾资源化利用。把节能环保产业打造成新兴的支柱产业。（发展改革委、工业和信息化部、财政部、国土资源部、环境保护部、住房城乡建设部、交通运输部、水利部、科技部、海关总署、质检总局、统计局、林业局、能源局等负责）

（三十）推进生态保护与建设。推进重大生态工程建设，拓展重点生态功能区，办好生态文明先行示范区，开展国土江河综合整治试点，扩大流域上下游横向补偿机制试点，保护好三江源。扩大天然林保护范围，有序停止天然林商业性采伐。今年新增退耕还林还草66.7万公顷，造林600万公顷。（发展改革委、环境保护部、科技部、财政部、国土资源部、农业部、水利部、质检总局、审计署、林业局、气象局、能源局、海洋局等负责）

七、促进产业结构调整和科技创新

（三十七）推动产业结构迈向中高端。实施“中国制造2025”，坚持创新驱动、智能转型、强化基础、绿色发展，加快从制造大国转向制造强国。采取财政贴息、加速折旧等措施，推动传统产业技术改造。坚持有保有压，化解过剩产能，支持企业兼并重组，在市场竞争中优胜劣汰。促进工业化和信息化深度融合，开发利用网络化、数字化、智能化等技术，着力在一些关键领域抢占先机、取得突破。（工业和信息化部、发展改革委、教育部、科技部、财政部、人力资源社会保障部、国土资源部、环境保护部、商务部、交通运输部、文化部、卫生计生委、税务总局、质检总局、银监会、自然科学基金会、证监会、保监会、国防科工局、铁路局、人民银行、国资委、网信办等负责）

（三十八）培育新兴产业和新兴业态。1．实施高端装备、信息网络、集成电路、新能源、新材料、生物医药、航空发动机、燃气轮机等重大项目，把一批新兴产业培育成主导产业。（发展改革委、科技部、工业和信息化部、财政部、卫生计生委、质检总局、国防科工局、民航局、能源局、网信办等负责）2．制定“互联网+”行动计划，推动移动互联网、云计算、大数据、物联网等与现代制造业结合，促进电子商务、工业互联网和互联网金融健康发展，引导互联网企业拓展国际市场。（发展改革委、工业和信息化部、财政部、商务部、公安部、人民银行、银监会、证监会、保监会、网信办等负责）3．国家已设立400亿元新兴产业创业投资引导基金，要整合筹措更多资金，为产业创新加油助力。（发展改革委、财政部、科技部等负责）

国务院

2015年3月25日

中国制造2025（节录）

（国务院 2015年5月8日印发）

制造业是国民经济的主体，是立国之本、兴国之器、强国之基。十八世纪中叶开启工业文明以来，世界强国的兴衰史和中华民族的奋斗史一再证明，没有强大的制造业，就没有国家和民族的强盛。打造具有国际竞争力的制造业，是我国提升综合国力、保障国家安全、建设世界强国的必由之路。

当前，新一轮科技革命和产业变革与我国加快转变经济发展方式形成历史性交汇，国际产业分工格局正在重塑。必须紧紧抓住这一重大历史机遇，按照“四个全面”战略布局要求，实施制造强国战略，加强统筹规划和前瞻部署，力争通过三个十年的努力，到新中国成立一百年时，把我国建设成为引领世界制造业发展的制造强国，为实现中华民族伟大复兴的中国梦打下坚实基础。

二、战略方针和目标

（一）指导思想。

全面贯彻党的十八大和十八届二中、三中、四中全会精神，坚持走中国特色新型工业化道路，以促进制造业创新发展为主题，以提质增效为中心，以加快新一代信息技术与制造业深度融合为主线，以推进智能制造为主攻方向，以满足经济社会发展和国防建设对重大技术装备的需求为目标，强化工业基础能力，提高综合集成水平，完善多层次多类型人才培养体系，促进产业转型升级，培育有中国特色的制造文化，实现制造业由大变强的历史跨越。基本方针是：

——创新驱动。

——质量为先。

——绿色发展。坚持把可持续发展作为建设制造强国的重要着力点，加强节能环保技术、工艺、装备推广应用，全面推行清洁生产。发展循环经济，提高资源回收利用效率，构建绿色制造体系，走生态文明的发展道路。

——结构优化。坚持把结构调整作为建设制造强国的关键环节，大力发展先进制造业，改造提升传统产业，推动生产型制造向服务型制造转变。优化产业空间布局，培育一批具有核心竞争力的产业集群和企业群体，走提质增效的发展道路。

（三）战略目标。

立足国情，立足现实，力争通过“三步走”实现制造强国的战略目标。

第一步：力争用十年时间，迈入制造强国行列。

到2020年，基本实现工业化，制造业大国地位进一步巩固，制造业信息化水平大幅提升。掌握一批重点领域关键核心技术，优势领域竞争力进一步增强，产品质量有较大提高。制造业数字化、网络化、智能化取得明显进展。重点行业单位工业增加值能耗、物耗及污染物排放明显下降。

到2025年，制造业整体素质大幅提升，创新能力显著增强，全员劳动生产率明显提高，两化（工业化和信息化）融合迈上新台阶。重点行业单位工业增加值能耗、物耗及污染物排放达到世界先进水平。形成一批具有较强国际竞争力的跨国公司和产业集群，在全球产业分工和价值链中的地位明显提升。

第二步：到2035年，我国制造业整体达到世界制造强国阵营中等水平。创新能力大幅提升，重点领域发展取得重大突破，整体竞争力明显增强，优势行业形成全球创新引领能力，全面实现工业化。

第三步：新中国成立一百年时，制造业大国地位更加巩固，综合实力进入世界制造强国前列。制造业主要领域具有创新引领能力和明显竞争优势，建成全球领先的技术体系和产业体系。

2020年和2025年制造业主要指标（摘要）

类别	指标	2013年	2015年	2020年	2025年
绿色发展	规模以上单位工业增加值能耗下降幅度	–	–	比2015年下降18%	比2015年下降34%
单位工业增加值二氧化碳排放量下降幅度	–	–	比2015年下降22%	比2015年下降40%	
单位工业增加值用水量下降幅度	–	–	比2015年下降23%	比2015年下降41%	
工业固体废物综合利用率（%）	62	65	73	79	

三、战略任务和重点

（五）全面推行绿色制造。

加大先进节能环保技术、工艺和装备的研发力度，加快制造业绿色改造升级；积极推行低碳化、循环化和集约化，提高制造业资源利用效率；强化产品全生命周期绿色管理，努力构建高效、清洁、低碳、循环的绿色制造体系。

加快制造业绿色改造升级。全面推进钢铁、有色、化工、建材、轻工、印染等传统制造业绿色改造，大力研发推广余热余压回收、水循环利用、重金属污染减量化、有毒有害原料替代、废渣资源化、脱硫脱硝除尘等绿色工艺技术装备，加快应用清洁高效铸造、锻压、焊接、表面处理、切削等加工工艺，实现绿色生产。加强绿色产品研发应用，推广轻量化、低功耗、易回收等技术工艺，持续提升电机、锅炉、内燃机及电器等终端用能产品能效水平，加快淘汰落后机电产品和技术。积极引领新兴产业高起点绿色发展，大幅降低电子信息产品生产、使用能耗及限用物质含量，建设绿色数据中心和绿色基站，大力促进新材料、新能源、高端装备、生物产业绿色低碳发展。

推进资源高效循环利用。支持企业强化技术创新和管理，增强绿色精益制造能力，大幅降低能耗、物耗和水耗水平。持续提高绿色低碳能源使用比率，开展工业园区和企业分布式绿色智能微电网建设，控制和削减化石能源消费量。全面推行循环生产方式，促进企业、园区、行业间链接共生、原料互供、资源共享。推进资源再生利用产业规范化、规模化发展，强化技术装备支撑，提高大宗工业固体废弃物、废旧金属、废弃电器电子产品等综合利用水平。大力发展再制造产业，实施高端再制造、智能再制造、在役再制造，推进产品认定，促进再制造产业持续健康发展。

积极构建绿色制造体系。支持企业开发绿色产品，推行生态设计，显著提升产品节能环保低碳水平，引导绿色生产和绿色消费。建设绿色工厂，实现厂房集约化、原料无害化、生产洁净化、废物资源化、能源低碳化。发展绿色园区，推进工业园区产业耦合，实现近零排放。打造绿色供应链，加快建立以资源节约、环境友好为导向的采购、生产、营销、回收及物流体系，落实生产者责任延伸制度。壮大绿色企业，支持企业实施绿色战略、绿色标准、绿色管理和绿色生产。强化绿色监管，健全节能环保法规、标准体系，加强节能环保监察，推行企业社会责任报告制度，开展绿色评价。

专栏4 绿色制造工程

组织实施传统制造业能效提升、清洁生产、节水治污、循环利用等专项技术改造。开展重大节能环保、资源综合利用、再制造、低碳技术产业化示范。实施重点区域、流域、行业清洁生产水平提升计划，扎实推进大气、水、土壤污染源头防治专项。制定绿色产品、绿色工厂、绿色园区、绿色企业标准体系，开展绿色评价。

到2020年，建成千家绿色示范工厂和百家绿色示范园区，部分重化工行业能源资源消耗出现拐点，重点行业主要污染物排放强度下降20%。到2025年，制造业绿色发展和主要产品单耗达到世界先进水平，绿色制造体系基本建立。

（六）大力推动重点领域突破发展。

瞄准新一代信息技术、高端装备、新材料、生物医药等战略重点，引导社会各类资源集聚，推动优势和战略产业快速发展。

5. 先进轨道交通装备。

加快新材料、新技术和新工艺的应用，重点突破体系化安全保障、节能环保、数字化智能化网络化技术，研制先进可靠适用的产品和轻量化、模块化、谱系化产品。研发新一代绿色智能、高速重载轨道交通装备系统，围绕系统全寿命周期，向用户提供整体解决方案，建立世界领先的现代轨道交通产业体系。

6. 节能与新能源汽车。

继续支持电动汽车、燃料电池汽车发展，掌握汽车低碳化、信息化、智能化核心技术，提升动力电池、驱动电机、高效内燃机、先进变速器、轻量化材料、智能控制等核心技术的工程化和产业化能力，形成从关键零部件到整车的完整工业体系和创新体系，推动自主品牌节能与新能源汽车同国际先进水平接轨。

7. 电力装备。

推动大型高效超净排放煤电机组产业化和示范应用，进一步提高超大容量水电机组、核电机组、重型燃气轮机制造水平。推进新能源和可再生能源装备、先进储能装置、智能电网用输变电及用户端设备发展。突破大功率电力电子器件、高温超导材料等关键元器件和材料的制造及应用技术，形成产业化能力。

（七）深入推进制造业结构调整。

推动传统产业向中高端迈进，逐步化解过剩产能，促进大企业与中小企业协调发展，进一步优化制造业布局。

（八）积极发展服务型制造和生产性服务业。

国家发展和改革委政策文件

国家发展改革委关于开展低碳社区试点工作的通知

发改气候[2014]489号

各省、自治区、直辖市及计划单列市、新疆生产建设兵团发展改革委：

根据《国务院关于印发“十二五”控制温室气体排放工作方案的通知》（国发[2011] 41 号）有关工作部署，为积极探索新型城镇化道路，加强低碳社会建设，倡导低碳生活方式，推动社区低碳化发展，国家发展改革委决定组织开展低碳社区试点工作。现将有关事项通知如下：

一、充分认识开展低碳社区试点工作的重要意义

本《通知》中的“社区”是指城市居民委员会辖区和农村村民委员会辖区，包括辖区内的居民小区、社会单位、配套基础设施等。社区作为城乡居民生活的基本单元，是建设资源节约型和环境友好型社会的基础载体。低碳社区是指通过构建气候友好的自然环境、房屋建筑、基础设施、生活方式和管理模式，降低能源资源消耗，实现低碳排放的城乡社区。通过开展低碳社区试点，将低碳理念融入社区规划、建设、管理和居民生活之中，探索有效控制城乡社区碳排放水平的途径，对于实现我国控制温室气体排放行动目标，推进生态文明和“美丽中国”建设具有重要意义。

（一）开展低碳社区试点是我国走新型低碳城镇化道路的重要探索。当前我国正处于快速城镇化阶段，城镇化发展模式对碳排放具有锁定效应，城乡社区的发展方向，对我国城镇化模式和温室气体排放水平有重要影响。开展低碳社区试点，是走集约、智能、绿色、低碳城镇化道路的具体探索，对我国加快实现低碳发展意义重大。

（二）开展低碳社区试点是倡导和谐社会下低碳生活方式的重要探索。通过开展低碳社区试点，形成以人为本、绿色低碳的社区运行新模式，培育社区和谐共生、尊重自然的低碳文化和生活方式，营造健康、舒适的社区生态和人文环境，对弘扬生态文明理念、构建和谐社会具有重要意义。

（三）开展低碳社区试点是控制居民生活领域温室气体排放过快增长的重要探索。随着城乡居民生活水平的不断提高，居民生活和消费将成为我国能源消耗和碳排放增长的重要领域。开展低碳社区试点，有利于形成针对不同类型社区的控制温室气体排放有效模式，发挥示范带动效应，在有效提升居民生活质量的同时，控制城乡居民生活领域温室气体排放过快增长。

二、指导思想和工作目标

（一）指导思想。以科学发展观为指导，深入贯彻落实党的十八大、十八届三中全会和中央城镇化工作会议精神，坚持从各地经济社会发展实际出发，按照绿色低碳、便捷舒适、生态环保、经济合理、运营高效的要求，坚持规划先行、循序渐进、因地制宜、广泛参与，打造一批符合不同区域特点、不同发展水平、特色鲜明的低碳社区试点，有效控制城乡建设和居民生活领域温室气体排放，为推进生态文明建设、加强和创新社会管理、构建社会主义和谐社会、提高城镇化发展质量做出积极贡献。

（二）工作目标。重点在地级以上城市开展低碳社区试点工作。国家低碳试点省市要率先垂范，大力推动低碳社区试点工作。到“十二五”末，全国开展的低碳社区试点争取达到1000个左右，择优建设一批国家级低碳示范社区。

三、低碳社区试点建设主要内容

低碳社区试点可选择在具备条件的城乡既有社区开展，也可选择在以新开发小区为主的社区开展。“十二五”时期，重点结合国家保障性住房建设、新型城镇化建设和社会主义新农村建设，开展低碳社区试点工作。试点社区要根据实际情况，坚持量力而行、因地制宜、突出特色、注重效果，重点围绕以下六个方面开展创建活动。

（一）以低碳理念统领社区建设全过程。按照绿色低碳的要求完善试点社区建设规划方案，倡导功能混合的土地利用模式与紧凑的空间布局形态，优化社区土地使用空间、功能布局和社区生活圈，形成低碳高效的空间开发模式。将社区碳排放指标纳入社区规划和建设指标体系，对新开发小区建设方案和既有社区改造方案开展低碳专项评审，促进社区生活方式、运营管理、楼宇建筑、基础设施、生态环境等各方面的绿色低碳化。提高社区建筑和基础设施建设标准，延长建筑使用寿命，避免大拆大建，增强社区适应气候变化和防灾减灾能力。

（二）培育低碳文化和低碳生活方式。引导居民树立尊重自然、顺应自然、保护自然的生态文明理念，形成以低碳生活为荣的社会风尚和共建和谐低碳家园的社区文化。开展低碳家庭创建活动，鼓励社区内居民在衣、食、住、用、行等各方面践行低碳理念。制定和发布社区低碳装修、低碳生活指南，引导居民自觉减少能源和资源浪费。倡导清洁炉灶、低碳烹饪、健康饮食，减少食品浪费。鼓励选用低碳节能节水家电产品以及简约包装商品，鼓励采用步行、自行车、公共交通、拼车、搭车等低碳出行方式。完善社区居民低碳生活服务设施，打造社区商业低碳供应链。设立社区低碳宣传教育平台，组织开展多种形式的宣教引导和实践体验活动，推介低碳知识，宣传低碳典型。

（三）探索推行低碳化运营管理模式。加强智慧社区建设，充分利用现代信息手段，实现社区运营管理高效低碳化。推行低碳物业管理和服务新模式，建立居民出行、出游、购物、旧物处置等生活信息电子化智能服务平台，设立方便居民旧物交换和回收利用的“社区低碳小站”。加强垃圾分类管理，提高垃圾资源化率和社区化处理率。开展家庭碳排放统计调查，建立社区水电气热等能源资源数据信息采集平台和社区温室气体排放信息系统。完善社区节能减碳监督管理和奖惩制度，鼓励社区居民、社会组织参与低碳社区建设和管理。通过努力，使试点社区公交分担率达到60%以上，非传统水源利用率达到40%以上，垃圾分类收集率达到30%以上、资源化利用率达到50%以上。

（四）推广节能建筑和绿色建筑。建筑布局、设计要充分考虑气候条件，最大化利用自然采光通风。尽量采用当地建筑材料和低碳建筑材料，大力推广可再生能源建筑应用，鼓励采用低碳技术和低碳设备。执行更严格的绿色建筑和建筑节能标准，试点社区内新建保障性住房应全部达到绿色建筑一星级标准，新建商品房应全部达到绿色建筑二星级及以上标准，既有建筑低碳化改造后应达到当地强制性建筑节能标准。在有条件的地区推广建筑工业化建设模式。

（五）建设高效低碳的基础设施。合理配置社区内商业、休闲、公共服务等设施，提升社区总体服务效率，降低碳排放水平。科学布局社区内公共交通、慢行交通设施，大力发展低碳公共交通工具。加强社区低碳生活配套设施建设，统一规划建设社区公共自行车租赁和电动车充电设施，鼓励在社区发展公共电动车租赁，建设社区配餐服务中心和自助洗衣店等生活服务设施。完善社区给排水、污水处理、中水利用、雨水收集设施。建设社区垃圾分类收集、分选回收、预处理和处理系统。鼓励社区采用太阳能公共照明系统。

（六）营造优美宜居的社区环境。遵从自然规律，社区绿化尽量采用原生植物，建设适合本地气候特色的自然生态系统。加强社区生态环境规划设计，充分利用绿化带隔声减噪，建设满足居民休闲需要的公共绿地和步行绿道。加强社区生态环境用水节约、集约、循环利用，尽量采用雨水、再生水等非传统水源。加强社区公园、广场、文体娱乐场所等公共服务场所建设。

四、组织实施

（一）加强对试点工作的指导。国家发展改革委将牵头建立部门间工作协调机制，制定《低碳社区试点建设指南》和《低碳社区试点评价指标体系》，研究低碳社区碳减排量核算方法学，加强对试点工作任务的指导和监督，总结推广成功经验，积极推动相关法规制度建设。

（二）抓好试点工作组织落实。低碳社区试点工作是推进低碳发展、创新社会管理的一项重要工作。国家发展改革委将把低碳社区试点开展情况纳入对各省（区、市）碳强度下降目标责任考核体系。各级发展改革部门要高度重视，加强统筹协调，立足当地实际抓好落实。省级发展改革部门要组织编制本地区低碳社区试点工作方案，报经国家发展改革委备案后实施，负责本地区试点社区评选、指导和验收工作。试点社区要编制实施方案，报经省级发展改革部门审核备案后组织实施。根据试点推进情况，省级发展改革部门可适时组织对本地区试点社区进行评估验收，验收合格的将授予“低碳示范社区”称号。国家发展改革委将选择一批示范效果特别突出的社区，授予“国家低碳示范社区”称号。

（三）研究制定试点配套支持政策。积极支持试点社区按现有渠道申请享受国家节能减排低碳扶持政策和投资补助。国家发展改革委将会同有关部门，研究制定低碳社区试点激励和扶持政策。鼓励外资、社会资本参与低碳社区试点。各地要结合本地低碳社区试点工作，研究制定相关支持政策。

国家发展改革委
2014年3月21日

国家发展改革委办公厅关于印发低碳社区试点建设指南的通知

发改办气候[2015]362号

各省、自治区、直辖市及计划单列市、新疆生产建设兵团发展改革委：

为进一步加强对低碳社区试点建设工作的指导，根据《国家发展改革委关于开展低碳社区试点工作的通知》（发改气候[2014]489号）的要求，我们组织编制了《低碳社区试点建设指南》（以下简称《指南》），现印发给你们，请根据《指南》要求，结合本地实际情况，开展低碳社区试点工作。

附件：低碳社区试点建设指南

国家发展改革委办公厅
2015年2月12日

附件 低碳社区试点建设指南

前言

根据《国务院关于印发“十二五”控制温室气体排放工作方案的通知》（国发〔2011〕41 号）和《国家发展改革委关于开展低碳社区试点工作的通知》（发改气候〔2014〕489 号）相关要求，为指导和推进低碳社区试点建设工作，国家发展改革委组织编制了《低碳 社区试点建设指南》（以下简称《指南》）。

本《指南》中的“社区”是指城市居民委员会辖区或农村村民委员会辖区，包括辖区内的居民小区、社会单位、配套设施等。“低碳社区”是指通过构建气候友好的自然环境、房屋建筑、基础设施、生活方式和管理模式，降低能源资源消耗，实现低碳排放的城乡社区。《指南》明确了低碳社区试点的基本要求和组织实施程序，提出按照城市新建社区、城市既有社区和农村社区三种类别开展试点，并详细阐述了每类社区试点的选取要求、建设目标、建设内容及建设标准。

各级发展改革部门及参与试点建设的其他政府部门、企事业单位和社会团体等试点实施主体，可参照本《指南》，立足本地实际情况，本着因地制宜、分类推进的原则，科学有序开展低碳社区试点建设工作。

第一章 基本要求

1.1 指导思想

以科学发展观为指导，深入贯彻落实党的十八大和十八届三中、四中全会、中央城镇化工作会议精神，坚持从各地经济社会发展实际出发，按照绿色低碳、便捷舒适、生态环保、经济合理、运营高效的要求，坚持规划先行、循序渐进、因地制宜、广泛参与，打造一批符合不同区域特点、不同发展水平、特色鲜明的低碳社区试点，有效控制城乡建设和居民生活领域温室气体排放，为推进生态文明建设、加强和创新社会管理、构建社会主义和谐社会、提高城镇化发展质量做出积极贡献。

1.2 建设原则

1.2.1 贯彻落实国家战略要求

低碳社区试点建设要积极贯彻落实大力推进生态文明建设、主体功能区和新型城镇化战略、建设资源节约型和环境友好型社会、积极应对气候变化等重大战略部署，将有关理念和要求融入到社区规划、建设、运营管理和居民生活的全过程。

1.2.2 科学衔接相关工作部署

低碳社区试点建设要结合低碳省区和城市试点、智慧城市、社会主义新农村建设、棚户区改造、保障性住房建设、绿色建筑、战略性新兴产业、循环经济等各项工作部署，加强统筹规划和系统实施，把低碳社区试点打造为集成生态文明建设相关工作的综合平台。

1.2.3 突出反映地域发展特色

各地低碳社区试点建设要充分考虑不同地域的气候特征、地理特点、发展水平、发展模式等因素，坚持因地制宜、突出特色、量力而行、注重效果，科学确定本地区试点工作目标、建设重点，探索各具特色的低碳社区发展模式。

1.2.4 注重前瞻创新性探索

低碳社区试点建设要贯彻改革创新的精神，加强制度创新、管理创新、技术创新、模式创新，发挥好政府引导作用和市场决定性作用，推动各类社会主体广泛参与，积累社区低碳发展的新经验、新方法、新技术和新模式，为全国低碳发展发挥示范引领作用。

第二章 试点实施

2.1 实施主体

2.1.1 国家发展改革委

国家发展改革委负责全国低碳社区试点工作部署和统筹推进，将低碳社区试点进展情况纳入国家对各省（区、市）碳排放目标责任考核，制定低碳社区试点评价指标体系，加强对试点建设的指导，组织相关政策培训和经验交流，会同有关部门拟定并落实支持政策，开展“ 国家低碳示范社区” 申报、评审和创建指导工作。

2.1.2 省级发展改革委

省级发展改革委负责牵头推进本地区低碳社区试点创建工作，拟定本地区低碳社区试点工作方案，并组织实施。负责本地区低碳社区试点实施方案评审和试点确定工作，指导本地区下级发展改革部门开展试点创建工作，会同本地区有关部门制定支持政策，根据试点工作进展适时组织对本地区试点进行评估验收，验收合格的授予“低碳示范社区”称号。

2.1.3 市县级发展改革部门

市县级发展改革部门应按照国家和本省的建设要求，组织试点社区申报，根据区域实际确定各类社区创建主体。市县级发展改革部门会同所在地规划、住建、交通、市政市容、财政、园林、水务等相关部门，建立低碳社区试点建设组织协调机制，指导落实本地低碳社区试点建设工作。

2.1.4 新区管委会、街道办事处、乡镇政府

新区管委会、街道办事处、乡镇政府是低碳社区试点建设工作具体组织单位，负责低碳社区试点的选取和申报工作，编制低碳社区试点建设实施方案，并组织社区居委会、村委会、开发建设单位、社区内相关企事业单位、社会机构和物业公司等参与试点工作。

2.1.5 新区开发投资主体、社区居民委员会、村民委员会　新区开发投资主体、社区居民委员会、村民委员会是低碳社区试点建设工作具体实施单位，根据低碳社区试点建设实施方案，协助所在地新区管委会、街道办事处和乡镇政府等相关部门，做好社区低碳制度的建立和完善、低碳设施的建设和运营、低碳社区服务的引入和规范、低碳文化生活的宣传和推广等工作。

2.1.6 其他参与机构

结合低碳社区试点建设的实际需求，充分调动房地产开发企业、村镇集体企业、物业公司、业主委员会、规划咨询机构、金融机构、科研机构、碳咨询管理机构、非政府组织和中介服务组织等社会机构积极性，鼓励其参与到试点规划建设、运营管理和低碳生活方式创建的全过程。充分利用各社会机构的专业优势，有效整合低碳建设多种资源，创新多元化服务体系，切实发挥其在试点建设中的专业化服务职能。

2.2 创建流程

2.2.1 工作方案编制

省级发展改革委根据国家低碳社区试点工作确定的总体要求，结合本地区低碳发展工作实际，制定工作方案，明确本地区低碳社区试点工作目标、进度安排、基本要求、保障措施。

2.2.2 试点申报和名单确定

根据国家统一部署和本地区试点申报要求，市县级发展改革部门组织辖区内社区进行申报。省级发展改革委根据本地区试点工作方案，兼顾城市新建社区试点、城市既有社区试点、农村社区试点三大类别，对申报社区进行评审，确定本地区开展的低碳社区试点名单，并抄报国家发展改革委。

2.2.3 实施方案制定和审核

纳入本地区试点名单的社区，由主管社区的新区管委会、街道办事处、乡镇政府负责组织编制低碳社区试点建设实施方案，并经市县级发展改革部门上报省级发展改革委审核通过。实施方案的内容应根据本《指南》确定的目标要求、建设内容，结合本社区实际，突出特色，确保切实可行。

2.2.4 组织实施

试点实施主体应根据确定的实施方案，做好任务分工、目标分解和进度安排。各级发展改革部门应对本地区试点进行跟踪指导，及时反馈试点进展情况和存在问题，指导试点社区对实施方案适时调整完善，加大对试点政策支持力度。效果突出的试点社区可组织申报“ 国家低碳示范社区”。

2.2.5 试点验收

试点建设周期一般为3 年左右。试点期结束前，由试点实施主体编制试点工作总结报告，提请省级发展改革委组织验收。验收工作应参照国家发展改革委发布的《低碳社区试点建设评价指标体系》，验收合格的授予“低碳示范社区”称号，效果突出的授予“ 国家低碳示范社区”称号。

2.2.6 经验总结与推广

各级发展改革部门应对本地区低碳试点经验及时进行总结，对效果突出的典型案例，加强经验交流和宣传推广。国家发展改革委对各地成功经验，特别是“ 国家低碳示范社区” 的典型做法和建设模式，在全国范围内进行推广，并作为我国积极应对气候变化的重要创新成果，在国际交流合作中进行展示和推介。

2.3 分类实施

综合考虑城乡社区开发建设成熟度、生活方式特点和低碳建设重点内容等因素，将低碳社区试点划分为城市新建社区试点、城市既有社区试点、农村社区试点三大类，并探索形成符合实际、各具特色的建设模式。

2.3.1 城市新建社区试点

城市新建社区是指规划建设用地50%以上未开发或正在开发的城市新开发社区。城市新建社区试点应按高标准做好源头控制，以低碳规划为统领，在社区建设、运营、管理全过程和居民生活等方面践行低碳理念。整体拆迁的旧城改造、棚户区改造、城中村改造项目可按城市新建社区开展试点。

尚未建立街道办事处、居民委员会等社区管理机构的城市新建社区，由新区管委会或投资开发主体负责创建，调动多方主体共同参与，构建政府管理机构、开发企业、社会组织多维组合的建设模式；政府规划建设相关部门应加强协作，采取联席会、一站式审批等多种方式，强化新建社区的统一规划和滚动开发建设。鼓励探索由专业化大型物业管理集团对低碳社区统一运营管理的新模式。

2.3.2 城市既有社区试点

城市既有社区是指已基本完成开发建设、基本形成社区功能分区、具有较为完备的基础设施和管理服务体系的成熟城市社区。城市既有社区试点建设要以控制和削减碳排放总量为目标，以低碳理念为指导，对社区建筑、基础

设施进行低碳化改造，完善社区低碳管理和运营模式，推广低碳生活方式。

街道办事处、居民委员会作为试点创建主体，应根据社区空间特征、设施状况、管理方式、居民构成等基本情况，制定符合本社区实际情况、具有特色的试点实施方案，鼓励通过政府购买服务和市场化运作相结合，引入社会资本，推广应用合同能源管理、公私合作、特许经营等新型市场化运营方式，探索政府引导、市场主导和多主体推进等不同建设运营模式。鼓励联合社区内企业和社会单位共同创建。

2.3.3　农村社区试点

农村社区是指未纳入城区规划范围的行政建制村域。农村社区试点建设要紧扣改善农村人居环境的目标，根据本地资源、气候特点，科学规划村域建设，加强绿色农房和低碳基础设施建设，推进低碳农业发展和产业优化升级，推广符合农村特点的低碳生活方式。

乡镇政府、村民委员会作为试点创建主体应根据本地发展环境、建设基础、产业特色、文化特征、气候特点等实际情况，创新农村低碳社区试点建设模式，积极探索由乡镇政府主导、村镇集体企业、第三方开发主体、社会机构等多方力量共同参与的农村低碳社区建设运营模式。

第三章　城市新建社区试点

3.1　试点选取

城市新建社区试点选取应遵循以下原则：

（1）纳入城市总体规划，符合土地利用规划，有明确四至范围；

（2）社区开发建设责任主体明确；

（3）属于地方城镇化建设的重点区域，对带动当地低碳发展具有示范引领作用；

（4）优先考虑国家低碳城（镇）试点、低碳工业园区试点、国家绿色生态示范城区、国家新能源示范城市、绿色能源示范县、新能源示范园区等范围内的社区；

（5）优先考虑开展保障性住房开发、城市棚户区改造、城中村改造等项目的社区。

3.2　建设指标

3.2.1　指标体系

试点建设指标体系设置强调从规划建设环节提出高标准的准入要求，基于前瞻性和可操作性，设定了10 类一级指标和46 个二级指标，覆盖了社区低碳规划、建设、运营管理的全过程。其中，约束性指标是试点建设必须要达到目标参考值要求的指标，引导性指标是试点建设可根据自身情况确定目标参考值的指标。

试点社区应参照本指标体系，考虑自身实际情况，确定本社区各项指标的目标值，并适当增加有地域特色的指标。

3.2.2　指标运用

试点社区应根据本指标体系，科学推进社区规划、建设、运营和管理。在规划环节，应把相关指标要求贯彻到经济社会发展、土地利用和城市建设等规划中，落实到空间布局，分解至地块、建筑和配套设施；在建设环节，应把相关指标要求体现在社区建筑、交通、基础设施等领域质量标准和项目管理中；在运营管理环节，应按相关指标要求，建立相应的制度规范、组织机构、管理体系和应用平台。

3.3　规划引导

3.3.1　贯彻低碳规划理念

优化空间布局。将低碳理念贯穿到社区土地利用规划、城市建设规划、控制性详细规划，实行“多规合一”，倡导产城融合，推行紧凑型空间布局，鼓励以公共交通为导向（TOD ）的开发模式，倡导建设“ 岛式商业街区”。统筹已建区域改造与新区开发的关系，合理配置居住、产业、公共服务和生态等各类用地，科学布局基础设施，加强地下空间开发利用，推行社区“15 分钟生活圈” ，强化社区不同功能空间的联通性和共享性。

加强低碳论证。根据审核通过的低碳社区试点实施方案，对已有土地利用规划、城市建设规划、控制性详细规划组织开展低碳论证，对上述规划进行完善和补充，并将建筑、交通、能源、水资源、公共配套设施等各项低碳建设指标纳入规划。对新开发小区建设方案开展低碳专项评审。

3.3.2　低碳规划管理

强化土地出让环节的低碳准入要求。试点社区在土地出让条件中应将主要低碳建设指标纳入土地使用权出让合同，纳入控规指标体系，进入“一书两证”　（城市规划选址意见书、建设用地规划许可证、建设工程规划许可证）审批流程。

强化项目的低碳管理要求。将试点社区低碳规划建设指标体系要求纳入社区建设管理工作，对试点社区内项目开展低碳评估。

强化开发单位的主体责任。建立覆盖一、二级开发和分领域规划设计管控机制。试点社区开发主体应按照低碳理念和低碳建设指标体系要求，进行项目规划和设计。项目单位提交的项目建议书、可行性研究报告等相关项目文件应包括低碳建设指标体系落实情况。

3.4　设施建设

3.4.1 绿色建筑

加强设计管控。根据试点社区相关指标要求，建设单位应从设计、选材、施工全过程严格落实试点社区绿色建筑比重和标准要求。

建设单位在进行项目设计发包时，应在委托合同中明确绿色建筑指标、绿色建筑级别、低碳技术应用要求和建筑全生命周期低碳运营管理要求。设计单位应充分考虑当地气候条件，因地制宜采用被动式设计策略，最大限度地利用自然采光通风，合理选用可再生能源

利用技术，做到可再生能源利用系统与建筑一体化同步设计，延长建筑使用寿命，降低建筑能源资源消耗。加强对项目设计图纸的低碳审查。支持试点社区进行国内外绿色建筑相关认证。

推行绿色施工。优先选择国家和地方推荐和认证的节能低碳建筑材料、设备和技术，鼓励利用本地材料和可循环利用材料。施工单位参照《建筑工程绿色施工评价标准》，严格做好施工过程节能降耗及环境保护。积极推广工业化和设计装修一体化的建造方式。

鼓励开展项目节能低碳评估验收。

3.4.2 低碳交通设施

路网布局。推行网格式道路布局，实现社区与周边路网有效衔接，做好社区微路网建设，优化社区出行道路与城市主干道接驳设计。合理规划校园、医院等人流车流密集区域交通设施。统筹考虑社区及周边公共交通站点设置，建设以人为本的慢行交通系统，提高公交车、地铁、自行车等不同交通方式换乘便利化程度，构建紧凑高效社区公交和慢行交通网络。在交通路网建设中尽可能利用循环再生材料。

新能源汽车配套设施。按照《国务院办公厅关于加快新能源汽车推广应用的指导意见》要求，优先支持试点社区同步规划建设新

能源汽车充电桩等配套设施。设立社区新能源汽车租赁服务站点，开展电动汽车接驳服务。试点社区公交、环卫、邮政等领域和学校、医院等公共机构优先配备新能源汽车，支持社区内购物班车和物流配送采用新能源汽车。

静态交通设施。合理设置公共自行车租赁、拼车搭乘和出租车停靠设施。优先建设立体停车、地下停车设施。鼓励建设港湾式公交停靠站，在地铁始发站建设停车换乘（P+R ）停车场。

智慧交通系统。应用现代信息技术，开发社区智慧交通服务系统，建设覆盖试点社区主要道路、公交场站、居民小区、公共场所的智慧交通出行引导设施，建立交通数据实时采集发布共享和运营调度平台，提供道路交通实时路况、出租车即时呼叫、智能停车引导、公共交通信息等服务，打造智慧交通出行服务体系。

3.4.3 低碳能源系统

常规能源高效利用。试点社区能源系统应优先接驳市政能源供应体系。市政管网未通达社区，应建设集中供热设施，优先采用燃气供热方式，有条件的地区应积极利用工业余热或采用冷热电三联供。

可再生能源利用设施。鼓励可再生能源丰富的试点社区，积极建设太阳能光电、太阳能光热、水源热泵、生物质发电等可再生能源利用设施。采用太阳能路灯、风光互补路灯，在公交车站棚、自行车棚、停车场棚等建设光伏发电系统。鼓励利用生物质能、地热能等进行集中供暖。鼓励构建智能微电网系统。

能源计量监测系统。试点社区应在建筑及市政基础设施的建设过程中，同步设计安装电、热、气等能源计量器具，倡导建设能源利用在线监测系统，实现能源利用的分类、分项、分户计量。

3.4.4 水资源利用系统

给排水设施。统筹社区内、外水资源，优先接驳市政给排水体系，同步规划建设供水、排放和非传统水源利用一体化设施，鼓励雨污分流，倡导污水社区化分类处理和回用，构建社区循环水务系统。给排水管网建设同步安装智能漏损监测设备，实现实时监测、分段控制。

非传统水源利用。从单体建筑、小区、社区三个层面统筹建设中水回用系统。采用低影响开发理念，建设雨水收集、利用、控制系统，优先采用透水铺装，合理采用下凹式绿地、雨水花园和景观调蓄水池等方式利用雨水，实现与其他自然水系和排水系统的有效衔接。

3.4.5 固体废弃物处理设施

创新社区垃圾处理理念。按照"减量化、资源化、就地化" 的处理原则，把循环经济理念全面贯彻到低碳社区建设过程中，更加注重分类回收利用，优先采用社区化处理方式，从建筑设计理念、基础设施配套、管理方式创新、居民生活行为等多层面，探索建立节约、高效、低碳、环保的社区垃圾处理系统，使社区成为"静脉产业"与"动脉产业"耦合的微循环平台。根据不同地域社区居民生活消费习惯和垃圾成份特点，探索采用不同技术、工艺和管理手段，形成各具特色的社区化处理模式。

合理布局便捷回收设施。鼓励社区设立旧物交换站，商场、超市等设立以旧换新服务点。支持专业回收企业或资源再生利用企业在社区布置自动回收机等便捷回收装置，在有条件的社区设置专门的垃圾分类、收集、处理岗位，实现社区垃圾高效、专业化分类、回收利用和处理。

科学配置社区垃圾收集系统。科学布局社区内的固体废弃物分类收集和中转系统，减少固体废弃物的长距离运输。预留垃圾分类、中转、预处理场地空间。鼓励建设厨余、园林等废弃物社区化处理设施，促进社区内资源化利

用。有效衔接市政固废处理系统，配备标准化的分类收集箱和封闭式运输车等设施。

3.4.6 低碳生活设施

便利服务设施。倡导规划建设配餐服务中心、公共食堂、自助洗衣店、家政服务点等便民生活配套设施，鼓励建立面向社区的出行、出游、购物、旧物处置等生活信息电子化智能服务平台。合理布局社区物流配送服务网点，打造社区商业低碳供应链。

公共服务场所。按照“15 分钟生活圈” 的规划理念，合理建设社区公园、文化广场、文体娱乐等公共服务空间，鼓励有条件的社区建设集商业、休闲、娱乐、教育等功能于一体的服务综合体。

宣传引导设施。社区内居民小区和社会单位均应在公共活动空间设立宣传低碳理念和社区低碳试点工作的展示栏、电子屏、互动式体验设施等社区宣传设施。

3.4.7 社区生态环境

保护自然景观。社区开发建设过程中，优先保护自然林地、湿地等自然生态景观，保护生物多样性，鼓励划定禁止开发的生态功能区。社区景观绿化中，优先选用栽植本地植物，强化乔、灌、草相结合，维护社区生态系统平衡，促进社区景观绿化与自然生态系统有机协调。

推行立体式绿化。充分利用建筑屋顶和墙面、道路两侧、过街天桥等公共空间，开展垂直绿化、屋顶绿化、树围绿化、护坡绿化、高架绿化等立体绿化，最大限度提高社区绿化率。

3.5 运营管理

3.5.1 推行低碳物业管理

强化物业服务低碳准入管理。试点社区所在地政府管理部门、 相关建设单位应加强物业服务单位的准入管理，提出低碳物业服务相关标准和低碳运营管理要求，把低碳运营管理作为选聘物业公司的重要依据，把低碳配套设施的运营维护作为移交物业的重要内容。

鼓励引入市场化专业运营服务。鼓励社区通过特许经营等多种方式，在社区开发建设阶段，引入再生资源回收、固体废弃物处理、水资源利用、园林绿化等专业公司参与投资、建设和运营，推行合同能源管理和第三方环境服务等市场机制。

提升低碳物业管理能力。物业服务单位应依据国家和地方物业管理和低碳发展相关要求，制定低碳管理制度，设立低碳管理岗位，建立标准化的低碳管理模式。加强对社区内入驻单位、物业公司低碳物业管理培训和服务考核工作。发挥社区居民自治组织和其他社会组织的作用，鼓励社区居民、社会单位等参与低碳社区建设和管理。

3.5.2 建立社区碳排放管理系统

建立碳排放管理体系。试点社区应建立覆盖社区内各类主体的碳排放管理体系，制定碳排放管理制度，明确各主体责任和义务，建立社区重点排放单位目标责任制。社区内企事业单位和住宅小区物业单位应设置碳排放管理岗，负责日常低碳管理工作。

加强社区碳排放统计核算。试点社区应结合实际情况，明确碳排放统计核算对象和范围，建立社区碳排放统计调查制度和碳排放信息管理台账，按照社区碳排放核算相关方法学，综合采用统计数据、动态监测、抽样调查等手段，组织开展统计核算工作。

建立碳排放评估和监管机制。试点社区应定期开展碳排放评估工作，并定期向社区居民和有关单位公示反映社区低碳发展水平的 指标信息。针对碳排放重点领域、重点单位、重点设施，鼓励推行碳排放报告、第三方盘查制度和目标预警机制，制定有针对性的碳排放管控措施。

3.5.3 建立智慧管理平台

建立社区综合服务信息系统。结合各地电子政务、智慧城市建设，鼓励试点社区同步建设完善的信息服务平台，建立多功能综合性社区政务服务系统和社区生活、商业、娱乐信息在线服务系统。

建立数字化碳排放监测系统。有条件的社区，应统筹建立社区碳排放信息管理系统，实现对社区内重点单位、重点建筑和重点用能设施的全覆盖，对社区水、电、气、热等资源能源利用情况进行动态监测。鼓励有条件的地区建设社区能源管控中心，安装智能化的自动控制设施，加强社区公共设施碳排放智慧管控。面向家庭、楼宇、社区公共场所，推广智能化能效分析系统。

3.6 低碳生活

3.6.1 培育低碳文化

在社区建设过程中，项目建设单位应通过悬挂标语、制作墙板、印制宣传手册等多种方式，广泛宣传低碳建设内容。在社区建成投运后，面向社区居民和单位发放低碳生活、低碳办公指南，张贴低碳相关标识和说明，指引入驻单位和社区居民科学利用社区内的公共设施，培养低碳消费行为和生活方式。

3.6.2 推行低碳服务

强化社区服务企业的低碳责任，在社区引入商场、超市、酒店、餐饮、娱乐等服务企业时，应将建设低碳商业作为准入要求，把低碳理念融入到采购、销售和售后服务的全过程，积极推广低碳产品和服务，为社区居民提供绿色消费环境。

3.6.3 推广低碳装修

制定并发布绿色低碳装修指南，引导装修企业从设计、施工、选材等方面提供低碳装修服务，引导企事业单位和居民科学选择装修单位、选购低碳装修装饰材料和产品。试点社区应加强对室内装修活动的规范管理。

第四章 城市既有社区试点

4.1 试点选取

城市既有社区试点选取应遵循以下原则：

（1）体现地域特色文化、城市建设特点，考虑社区类型，具有典型性；

（2）社区管理主体明确，符合城市总体规划和土地利用规划；

（3）低碳发展潜力较大或节能低碳、循环经济、资源综合利用等相关工作基础较好，能够对当地低碳发展产生引领示范作用；

（4）优先考虑国家低碳城市试点、国家智慧城市试点、国家循环经济城市试点、节能减排综合示范城市建设、低碳工业园区试点、餐厨废弃物资源化利用和无害化处理试点城市等范围内的社区；

（5）优先选择开展老旧小区节能改造和综合整治、居住建筑节能改造、大型公共建筑节能改造等工作的社区。

4.2 建设指标

4.2.1 指标体系

试点建设指标体系设置突出降低社区碳排放量，覆盖了既有建筑、基础设施的改造和社区环境、运营管理和生活方式的提升等方面，共设定了9 类一级指标和32 个二级指标。其中，约束性指标是试点建设必须要达到目标参考值要求的指标，引导性指标是试点建设可根据自身情况确定目标参考值的指标。

试点社区应参照本指标体系，按照试点先进性要求，在开展现状评估和减碳潜力分析基础上，合理确定试点社区各指标目标值。

各地区可根据社区类型的差异性和区域特点，适当增加特色指标。

4.3.1 现状评估

调查分析。针对辖区内建筑、能源、交通、水资源、固体废弃物及生态环境等各领域，组织开展现状摸底调研，梳理总结社区在发展绿色建筑和节能建筑、节水节地节材、资源循环利用、交通出行、绿化等方面的工作基础、存在不足和问题，深入了解居民、企事业单位和市政基础设施管理运营机构等各类主体的改造需求和意愿。

碳盘查。根据现状评估情况，综合采用社区碳排放核算相关方法学，核算二氧化碳排放总量以及领域构成、人均碳排放量、单位面积碳排放量等数据信息。各地区相关部门应组织开展社区碳排放调研统计分析的专项培训工作。

4.3.2 方案编制

明确目标任务。立足社区基础条件和碳排放现状，科学预测未来碳排放趋势，研究分析社区碳减排潜力，提出试点改造目标，明确具体指标要求，确立低碳改造的重点领域、重点任务，编制实施方案。试点任务既包括硬件设施改造，也包括运营模式和管理手段改进。要充分考虑既有社区设施类型复杂、产权多样等因素，科学确定具体项目的实施主体、实施方式，合理配置资金投入与相关资源。

建立推进机制。实施方案应明确政府部门、社区居委会以及相关参与主体的责任，明确工作程序和组织落实模式，加强建筑、供热、道路、电力等领域的统筹协调。针对拟实施的重点改造项目，建立项目专项论证和专家咨询机制。在方案制定和落实中，要广泛邀请相关单位和居民讨论参与，积极开展宣传引导，调动社会主体支持配合改造实施工作。相关部门应对试点改造方案组织开展低碳专项评审。

4.4 设施改造

4.4.1 既有建筑改造

根据改造方案目标，制定具体的既有建筑节能低碳改造实施方案，将目标任务落实到社区每栋建筑。建筑节能设计、施工单位应根据建筑节能改造相关标准，科学开展设计施工。设计单位应根据试点社区详细踏勘结果，结合当地气候条件，按照经济合理的原则，做好综合节能低碳改造设计。改造施工单位应编制施工组织设计和专项施工方案，抓好质量控制，做到绿色施工、文明施工。相关行业监督管理部门要做好改造工程的监督管理与验收，改造完成后，对改造工程节能低碳效果进行评估。发挥居民在节能低碳改造中的监督作用。对社区内的规划新建建筑，应尽可能按绿色建筑设计标准设计建设。

4.4.2 交通基础设施

优化社区路网结构。充分考虑社区的出行需求和交通流特征，通过加强社区支路建设，打通断头路和瓶颈路，改善社区交通微循环。合理配置社区内公共自行车道、人行道及车辆通行道，加强社区与公共交通“最后一公里”无缝接驳系统建设。

改善社区交通配套设施。试点社区应增设社区公共自行车租赁服务站点和设施，统筹规划充电桩、充电站等新能源汽车配套设施。

充分利用社区边角空地，在不影响小区绿化面积情况下，增设绿荫停车场、立体停车设备，因地制宜地新建、扩建、改建机动车位和非机动车位，解决占道停车和路内停车现象。完善无障碍设施和道路指示牌、人行横道线、减速标志、信号灯设置和道路照明等。

4.4.3　能源基础设施

优化能源供应系统。结合本地能源禀赋和供应条件，通过煤改电、煤改气等多种方式，积极推进燃煤替代。对必须保留的现有燃煤设施，要加强技术升级和环保升级，推广优质型煤，进行散煤替代和治理，实现达标排放。在有条件的社区，优先推广分布式能源和地热、太阳能、风能、生物质能等可再生能源。加强供热资源整合，以热电联产和容量大、热效率高的锅炉取代分散小锅炉，提高社区集中供热率。对周边区域有工业余热的社区，供暖系统优先采用工业余热。鼓励专业机构以合同能源管理模式投资社区节能改造。

推广利用新设备新技术。鼓励在社区改造中选用冷热电三联供、地源热泵、太阳能光伏并网发电技术，鼓励安装太阳能热水装置，实施阳光屋顶、阳光校园等工程。在供热系统节能改造中，鼓励采用余热回收、风机水泵变频、气候补偿等技术，推广新型高效燃煤炉具。在社区照明改造中，推广太阳能照明、LED 灯等高效照明设备。

加强社区能源计量改造。结合能源系统改造优化，提升能源计量仪表及设备的技术水平，完善水、电、气、热分类计量体系，实现能耗数据采集智能化，鼓励建设社区能源管控中心。推广家庭能源管理系统或软件，完善家庭能源计量器配备。

4.4.4　水资源利用系统

给排水管网综合改造。统筹供水管网、排水管网、中水管网改造和消防专项整治等工作，优化升级社区给排水管网，综合解决给排水管网老化、跑冒滴漏、水质安全隐患、污水外溢等问题。有条件的社区，探索建立社区内污水分类处理设施，尽可能实现中水社区内回用。

社区节水改造。考虑平房、别墅、高层楼房等不同建筑类型，完善水资源计量管理，对按总水表计量的已建楼房，实施“计量出 户、一户一表” 改造。推行小区绿化用水单独计量，尽量采用中水。

实施社区绿化节水技术改造，推广应用喷灌、滴灌等技术和调节控制器等节水器具。

雨水综合利用。根据降雨量和地形地貌特点，建设适宜的雨洪水资源化利用系统，通过采取建造蓄水池、渗水井和对硬质铺装地面进行透水化改造等措施、加强相关配套输送管网建设，提高雨洪水综合利用能力。

4.4.5　固体废弃物处理设施

完善垃圾分类收运系统。完善社区内的垃圾分类引导标识，加强家庭分类收集装置和社区垃圾分类投放容器的标准化配置，重点强化废纸、废塑料和厨余垃圾分类收集。推进社区清洁站分类装卸存储与清洁密闭化改造，提升垃圾分类中转效率，避免二次污染。

完善社区可再生资源回收站点布局，支持专业回收企业或生产企业在社区布置自动回收机等便利有偿回收装置，完善社区回收网络。

建设垃圾社区化处理设施。鼓励社区在有场地条件的餐馆、商场、酒店、菜市场等场所，就近建设餐厨垃圾处理设施，开展就地化处理和利用。在大型公共绿地、公园、绿化面积较大的小区和社会单位，鼓励就地处置，实现绿肥就地回用。严格社区建筑垃圾管理，鼓励采用多种就地消纳方式进行建筑垃圾处理利用。

4.4.6　生活服务设施

构建便捷的生活服务网络。深入开展社区居民需求调查，配套完善社区餐饮、洗衣店、菜市场、家政和老年生活服务网点，推进“15 分钟生活圈”建设，为社区居民提供高效、便利的生活服务。支持社区建设旧物交换及回收利用设施，开设定期、定点交换集市。

充分利用公共空间，建设低碳科普宣传设施。完善社区信息化服务平台。加快社区物流信息化建设，支持社区便利店等传统设施与电子商务服务有效衔接，开发面向社区居民 的消费信息服务系统，提供在线销售服务。

4.4.7　社区生态环境

拓展社区绿色空间。因地制宜推广建筑外墙绿化、屋顶绿化、家庭绿化等。结合“城中村” 、“边角地” 、老旧小区和胡同街巷的市容市貌整治工作，加强社区闲置土地整治，通过见缝插绿、拆墙透绿、腾地造绿，最大限度增加绿化面积，提升社区环境质量。

改善社区水环境。结合雨洪调蓄利用等城市水利工程建设，完善社区雨水排水系统，改善社区积水问题。加强社区过境河流、湖泊水体水岸整治，加强水岸景观建设，营造洁净宜居的水域环境。

推进社区内水体疏浚治理改造。

4.5　运营管理

4.5.1　健全物业低碳管理体系

对物业缺失、服务体系不健全的老旧小区，应以试点建设为契机，积极引入第三方运营机构，加快建立物业管理体系，同步推行低碳管理模式。对已有物业管理的社区，加快建立低碳物业管理制度、流程、标准，完善低碳管理岗位设置和人员配置。鼓励物业公司集成社会资源，丰富服务内容，提供“一站式”低碳生活服务。加强水、电、气、热等市政设施和园林绿化的日常维护。

4.5.2　强化社区碳排放管理

试点社区应建立覆盖社区内各类主体的碳排放管理体系，制定碳排放管理制度，建立社区碳排放统计调查制度和碳排放信息管理台账，组织开展统计核算和碳排放评估工作，加强碳排放信息公示，制定有针对性的碳排放管控措施。

4.6　低碳生活

4.6.1　加强低碳生活理念宣传普及

研究制定有针对性的宣传方案。充分利用社区公共空间，通过专题展板、报栏、社区电子屏，宣传社区低碳改造建设计划、进展及取得成就，鼓励居民参与。举办社区特色低碳宣传活动，定期在学校、展览馆、公共活动广场等开展低碳生活、低碳消费、低碳建筑、低碳技术等低碳体验活动，组织低碳家庭评选。

4.6.2　推广低碳生活方式

制定低碳生活指南。从衣、食、住、行、用等方面，引导居民日常生活从传统的高碳模式向低碳模式转变，养成健康、低碳的生活方式和生活习惯。倡导清洁炉灶、低碳烹饪、健康饮食，减少食品浪费。鼓励总结节电、节油、节气、节煤、节水和资源回收及废料应用等低碳生活小诀窍，指导居民学习运用节能低碳新知识和新技能。

推广低碳消费模式。引导社区商场、超市、餐饮等服务机构提供绿色低碳的产品和服务，打造社区商业低碳供应链。鼓励社区居民在房屋装修、电器更换、商品采购各方面选购低碳产品和简约包装商品，推广使用可循环利用的环保购物袋。

倡导绿色低碳出行。支持购买混合动力汽车、电动车等低碳交通工具，发展电动车租赁服务。鼓励居民采用步行、自行车、拼车、搭车等低碳出行方式，宣传低碳旅游方式。

第五章　农村社区试点

5.1　试点选取

试点选取可重点遵循以下几点原则：

（1）体现所在地区农村建设发展的特点，具有典型性、代表性；

（2）有健全的村民自治组织或社区管理主体，具备较强的试点建设组织能力，社区居民有参与试点建设的积极意愿；

（3）具有开展低碳建设工作的基础条件，能够显著改善农村人居环境；

（4）优先支持列入国家扶贫开发地区、生态移民区的农村社区，优先选取国家生态县、生态文明建设试点县、可再生能源示范区等县（市）范围内的社区。

5.2　建设指标

5.2.1　指标体系

试点建设指标体系设置突出以低碳发展支撑农村人居环境改善，围绕村庄规划、建设和管理，设定了10 类一级指标和28 个二级指标，其中约束性指标是试点建设必须要达到目标参考值要求的指标，引导性指标是试点建设可根据自身情况确定目标参考值的指标。

试点社区应结合自身发展基础，参照同类农村低碳发展先进水平，在开展现状评估和分析减碳潜力基础上，确定各项指标的目标值。根据不同地区的自然气候、区位条件、资源禀赋等差异，各地区可适当增加反映地域特色的指标。

5.2.2　指标运用

试点社区应参照本指标体系，科学指导村庄规划、建设和管理工作。在规划环节，将低碳指标要求贯彻到农村生产生活服务设施建设、自然资源和历史文化遗产保护的用地布局与具体安排中；在村庄建设环节，把各项指标融入落实到绿色农房、低碳交通、垃圾处理、水系统设施、环境治理等各领域的具体工作中；在运营管理环节，要按照指标要求完善村庄管理制度和管理体系。

5.3　低碳规划

5.3.1　规划编制

试点社区要依据所在区域总体规划，突出农村人居环境改善，立足农村实际，体现乡村特色，编制符合低碳理念和试点目标要求的村庄低碳建设规划。规划编制应突出生产、生活功能分区，科学划定村庄空间布局，建设符合农村特点的基础设施，传承乡村风貌和历史文化，确定试点目标和改造、新建内容。规划编制要深入实地调查，坚持问题导向，鼓励村民参与。对已经编制村庄规划的试点社区应参照试点建设指标体系对规划进行碳评估，补充低碳建设内容或制定社区低碳化改造方案。

5.3.2　规划落实

试点社区所在地相关部门应做好试点低碳规划审查工作，将规划中低碳试点建设相关要求落实到农村土地流转、项目招标和土地审批等具体环节中。要加强基层管理人员业务培训，定期评估试点规划实施情况。充分利用村庄广播、村民会议等方式，加强村庄低碳建设相关工作的宣传，发挥村务监督委员会、村民理事会等村民组织作用，引导村民全过程参与试点规划、建设、管理和监督。

5.4 低碳建设

5.4.1 绿色农房

新建农房。按照国家绿色农房、农村居住建筑节能设计等相关标准，对政府统一规划建设的农房提出明确的建设标准要求，对农民自建住房给予有针对性的指导。新建农房设计应充分考虑当地气候条件，最大化利用自然采光通风，推广太阳能建筑一体化应用。

优先采用本地化的建筑材料。在满足居住所需建筑面积的同时，提倡紧凑型农宅庭院布局。鼓励有条件的地区推进住宅产业化建造，组织提供专业的农房设计服务。

既有农房。农房低碳改造工作应与危房改造、抗震节能改造、灾区重建等工作统筹推进。既有农房应按照当地建筑节能设计标准开展节能改造，推广应用保温隔热围护结构材料、绿色建材产品，加强全流程的改造监管工作。对于改造中的建筑废弃物，倡导转化为可用建材，提高资源化利用率。

5.4.2 交通设施

在有条件地区，合理设置公交站点、公交线路，因地制宜开通城、镇、村之间的客运车辆，为农村居民提供便捷的绿色出行条件。

加快淘汰不符合国家和地方环保标准的高耗能、高排放的燃油机动车（船）、农用机械，抓好农村机动车、农用机械的检测维修和保养。在有条件的地区，推广使用液化天然气（LNG ）等清洁能源车辆。在风景名胜区和特色旅游村，全面推广新能源车辆，提供低碳的景点游览和接驳服务。

5.4.3 低碳能源系统

能源供应系统。加快淘汰低质燃煤，积极推进型煤、液化石油气下乡配送，实现农村住户炊事低碳化。结合集中连片的新农村建设，在农业秸秆、畜禽养殖粪便等生物质资源丰富的地区，推广建设规模化的沼气场站，推进沼气在炊事、发电、供热、取暖等方面的综合利用。在居住点较为分散的社区，推广建设户用沼气池，提高家用沼气覆盖率。在沿海、草原牧场等风能资源丰富区域，推广中小型风力发电和风光互补等技术应用。

节能低碳设施和设备。针对不同地区农村的炊事、采暖等用能特点，推广省柴节煤炉、生物质炉、节薪灶等清洁节能炉灶及节能吊炕等。推广应用太阳能热水器、太阳能采暖设备、小型光伏发电系统、太阳能光伏大棚，以及节能低碳农业机械和农产品加工设备、低碳农业设施。

5.4.4 垃圾处理设施

垃圾收运体系。因地制宜构建农村生活垃圾分类收集处理体系，合理配置村域垃圾收集设施，分户配置标准化的垃圾分类收集容器，指导村民科学分类投放。鼓励资源化优先和“就近就地” 的无害化处理方式，健全“村收集、镇转运” 的收运体系。

垃圾综合处理系统。加强农村社区再生资源回收利用，设置回收站点，构建县、乡、村三级再生资源回收利用网络。加大秸秆露天焚烧整治力度，推进秸秆综合利用。推广使用可降解地膜。对人畜粪便、厨余垃圾、农林废弃物等有机垃圾采用堆肥方式处理。加强农村非正规垃圾堆放点综合整治，科学建设就地无害化处理设施。

5.4.5 水资源利用设施

加强农村安全饮用水集中供给系统建设，鼓励建设联村联片、规模适度的供水系统。建设适宜的小型污水处理设施，优先采用人工湿地、好氧塘等低碳生态处理工艺。加强农村畜牧养殖废水的收集，严格做好污水处理。干旱缺水区域要推广应用适宜的雨水收集利用设施。推广滴灌、喷灌等节水灌溉技术，推广水肥一体化模式。

推广应用节水、节能、减排型水产养殖技术和模式。

5.4.6 村域生态环境

环境绿化美化。加强农村自然景观保护，保留有地域特色的田园风貌。立足自然地理和气候资源条件，选用适宜的乡土植物种类，加强村域林木环境、道路林荫和庭院美化，构建不同层次的绿色景观。因地制宜建设碳汇林，综合运用草畜平衡、休牧、围栏等措施，加强草原保护。

生态修复建设。推进农村土地综合整治，加强植树造林、退耕还林还草，加快废弃矿山治理、荒漠化防治。加强荒山荒地造林，实施河道清淤和排洪沟建设，加强小流域综合治理，提高应对洪涝、水土流失等防灾减灾能力。加强对自然保护区、重要生态功能区和生态脆弱地区生态环境保护和监管。

5.5 低碳管理

5.5.1 完善村庄公共服务

借鉴城市社区管理和服务模式，在试点村庄推行社区化管理。

加强网络、广电通讯等信息设施和便民超市、农资超市等服务设施建设。依靠政府、企业、社会组织等多方力量，提升农村教育、卫生、劳动就业、法律、社会保障等公共服务水平。

5.5.2 健全村庄公共管理

加强农村公用设施管理，建立村庄道路、给排水、垃圾和污水处理、沼气等公用设施和水体、湿地、林地等生态系统的长效管护制度，培育市场化的专业管护队伍，做好专业管护人员技能培训。

加强历史文化名村、古村落保护，建立健全保护和传承历史文化的监管机制。鼓励引入专业化物业管理公司，探索农村社区物业管理新模式。鼓励社会企业通过捐赠、投资等方式，在试点农村社区开展公益碳汇林建设。

5.5.3 加强村庄碳排放管理

加强农村电力、煤炭、燃气等能源资源计量工作，科学配置入村、入户的电表、水表、气表，建立村庄资源能源统计调查制度和碳排放信息管理台账。定期开展能源资源调查统计，分析能源资源消耗总量、结构和变化情况，评估碳排放水平，制定有针对性的碳排放管控措施。

5.6 低碳生活

5.6.1 宣传低碳文化

把低碳文化融入农村文化建设，开展反映本地特色的低碳文化活动。充分利用农村广播、文化活动室、农家书屋、宣传栏等，加大低碳文化传播。建立城乡低碳资源联动、低碳信息共享机制，组织开展低碳科技、低碳文化下乡活动，支持开办低碳专题展览，提高村民低碳意识，营造低碳村风、家风和民风。

5.6.2 倡导低碳生活方式

引导村民低碳消费行为，编制农村社区低碳生活指南，在社区超市、小卖部、集贸市场等悬挂张贴低碳产品选购常识、倡议书，鼓励居民选用低碳产品。提倡以勤俭节约方式举办婚丧嫁娶等活动，反对铺张浪费、大操大办。在学校开设低碳教育课堂，普及节水、节电、垃圾分类回收等低碳生活知识，组织评选低碳生活示范户，带动村民形成低碳消费行为习惯。

第六章 保障措施

6.1 加强组织领导

6.1.1 建立协调联络机制

要将低碳社区试点作为生态文明建设、全面深化改革的重要创新举措，列入政府重要工作日程。建立以发展改革部门为主导，财政、规划、市政、交通、住建、环保、园林、农业、科技等各部门协同配合的低碳社区试点建设工作协调机制。

6.1.2 落实目标责任

将试点建设相关目标任务纳入地方政府工作计划，分解落实目标责任，加强督促检查。将低碳社区试点工作进展和目标完成情况纳入国家碳强度下降目标责任考核。

6.2 完善配套政策

6.2.1 整合相关政策

将低碳社区试点建设作为生态文明建设和推进政府管理体制改革的重要创新平台，创新工作思路，整合节能减排、循环经济、科技创新、可再生能源、智慧城市等各项支持政策，对低碳社区试点建设项目优先支持，形成政策合力。

6.2.2 加大财政投入

鼓励地方设立低碳社区试点建设专项资金，通过财政补贴、以奖代补、贷款贴息等方式对低碳社区试点建设加大投入力度。研究建立国家支持低碳社区建设的长效机制。

6.2.3 创新支持政策

加强税收、金融、价格、土地、产业等相关政策创新，激发社会主体参与低碳社区试点建设的积极性，鼓励政策性银行、商业银行、投资银行、保险机构等金融机构参与低碳社区试点，拓宽融资渠道，研究利用BOT 、PPP 、特许经营等新型融资模式，探索利用碳排放市场支持低碳社区试点的有效模式。

6.3 健全服务体系

6.3.1 加强低碳技术推广应用

研究建立低碳社区规划、设计、建设、管理的技术标准、行业规范，加强低碳社区相关技术和产品研发，编制推广应用目录。鼓励建立低碳社区技术和产业联盟。

6.3.2 搭建试点建设服务平台

鼓励建立产学研一体化的低碳社区服务平台，为低碳社区试点建设提供技术支持、产品供应、咨询服务、业务培训和投融资服务。

6.4 增强交流合作

6.4.1 加强试点建设经验交流

注重总结试点建设成功经验，开展多层次交流活动，推动试点社区在建设模式、推进机制、管理运营等方面互学、互鉴，形成各具特色的低碳社区试点建设模式。

6.4.2 加强低碳社区国际合作和宣传

将低碳社区试点建设作为应对气候变化国际合作和南南合作的重要领域，加强国内试点社区与国外低碳社区、国际研究机构等的合作交流。充分利用多种形式和多种渠道，广泛宣传低碳社区试点建设工作中取得的经验和典型做法，将社区打造为科普宣传教育、技术产品示范、低碳行为推广的重要展示和体验平台，将低碳社区建设打造成我国生态文明建设的亮点。

附件 名词解释

1. 社区二氧化碳排放量降低率

社区通过采取各种低碳措施而实现的碳减排量与该社区基准情景碳排放量的比例。其中，城市新建社区的基准情景碳排放量为不采用低碳发展策略且符合国家、地方各类节能减排现行标准的社区碳排放水平，城市既有社区和农村社区的基准情景碳排放量为社区试点前基准年碳排放水平。

2. 社区绿色建筑达标率

社区内所有满足绿色建筑评价标准的建筑面积占社区新建建筑面积的比例，满足绿色建筑评价标准的建筑含达到国家绿色建筑评价标准的绿色建筑一星级、二星级、三星级标准的建筑。

3. 新建建筑产业化建筑面积占比

社区内采用工业化方式建设的建筑面积占社区新建建筑面积的比例，建筑工业化包括采用装配式混凝土结构、建筑装修一体化等满足国家建筑工业化标准要求的方式。

4. 可再生能源替代率

可再生能源的使用量占建筑总能耗的比例，可再生能源是指风能、太阳能、水能、生物质能、地热能和海洋能等非化石能源的统称。

5. 能源分户计量率

社区内实现电、天然气、热分户计量的家庭户数占社区内家庭总户数的比例。

6. 生活垃圾资源化处理率

以焚烧发电、堆肥、再利用等方式处理而非简单填埋和焚烧等方式处理的生活垃圾量占社区内总的生活垃圾量的比例。

7. 社区公共服务新能源汽车占比

提供社区劳动就业社会保障服务、社会救助服务、社区计生服务、住房保障服务、综合治理和安全管理服务、城市管理和爱国卫生服务、统计调查服务等机构使用新能源汽车数量占汽车总量的比例，新能源汽车包括纯电动汽车、插电式（含增程式）混合动力汽车和燃料电池汽车。

8. 公交分担率

城市居民出行方式中选择公共交通（包括常规公交和轨道交通）的出行量占总出行量的比例。

9. 绿地率

社区用地范围内各类绿地的总面积与社区占地面积的比例，绿地包括公共绿地（居住区公园、小游园、组团绿地及其他的一些块状、带状化公共绿地）、宅旁绿地、配套公建所属绿地和道路绿地等。

10. 绿化覆盖率

社区内绿化覆盖面积与社区占地面积的比例。绿化覆盖面积指城市中的乔木、灌木、草坪等所有植被的垂直投影面积，包括公共绿地、居住区绿地、单位附属绿地、防护绿地、生产绿地、道路绿地、风景林地的绿化种植覆盖面积、屋顶绿化覆盖面积以及零散树木的覆盖面积。乔木树冠下重叠的灌木和草本植物不能重复计算。

11. 污水社区化分类处理

根据社区产生的生活污水的成分特点和处理难易程度进行分类收集处理，可在社区内进行处理的生活污水尽量在社区内处理并就地回用，难以在社区内处理的生活污水排入社区周边市政污水管网，减少生活污水长距离运输产生的能源资源消耗。

国家发展改革委关于组织开展重点企（事）业单位温室气体排放报告工作的通知

发改气候[2014]63号

各省、自治区、直辖市及计划单列市、新疆生产建设兵团发展改革委：

为贯彻落实《中华人民共和国国民经济和社会发展第十二个五年规划纲要》和《国务院关于印发“十二五”控制温室气排放工作方案的通知》（国发[2011]41号）的要求，实行重点企（事）业单位（以下简称“重点单位”）温室气体排放报送制度，为落实我国控制温室气体排放行动目标、加快生态文明制度建设奠定基础，现就组织开展重点单位温室气体排放报告工作的有关事项通知如下。

一、工作目的

开展重点单位温室气体排放报告工作，目的是全面掌握重点单位温室气体排放情况，加快建立重点单位温室气体排放报告制度，完善国家、地方、企业三级温室气体排放基础统计和核算工作体系，加强重点单位温室气体排放管控，为实行温室气体排放总量控制、开展碳排放权交易等相关工作提供数据支撑。同时，也加快培育和提高广大企（事）业单位的低碳意识，强化减排社会责任，落实节能减碳措施，加强基础能力建设，进一步提高我国自主减缓行动的透明度。

二、指导原则

（一）报告方法规范统一。重点单位温室气体排放的核算与报告应采用国家主管部门统一出台的重点企业温室气体排放核算与报告指南，确保核算方法与报告格式的规范性和可比性，也有助于主管部门对数据信息进行汇总和对比分析。

（二）报告程序公正透明。重点单位温室气体排放报告应通过公正、透明的程序开展。地方主管部门应开设统一的报送渠道，组织第三方机构对重点单位报告的数据信息进行必要的核查，对报告过程中出现的问题要及时与报告主体进行沟通，保证报告工作的顺利开展。

（三）管理模式协调高效。国家和地方主管部门应共同参与、协同推进重点单位温室气体排放报告工作。国家做好总体协调和顶层设计，明确报告要求和有关规范，地方负责具体的落实与实施，组织开展排放数据的报告、核查与汇总。中央企业按照属地原则，在注册所在地区应对气候变化主管部门组织下开展温室气体排放报告工作。

三、报告主体

开展重点单位温室气体排放报告的责任主体为：2010年温室气体排放达到13000吨二氧化碳当量，或2010年综合能源消费总量达到5000吨标准煤的法人企（事）业单位，或视同法人的独立核算单位。

报告主体的具体名单由各省、区、市应对气候变化主管部门确定并报我委。为保证温室气体排放报告工作的连续性，在国民经济五年规划期间，原则上不对报告主体名单进行大的调整。在规划期末，我委将组织各省、区、市主管部门对报告主体名单进行评估和调整。报告期间如报告主体出现破产、兼并、关闭、改组改制，或生产规模和温室气体排放发生较大变化等情况时，或根据实际情况确需增加报告主体时，由各省、区、市应对气候变化主管部门自行调整后报我委。

四、报告内容

纳入报告名单的重点单位根据自身实际排放情况，报告二氧化碳（CO2）、甲烷（CH4）、氧化亚氮（N20）、氢氟碳化物（HFCs）、全氟化碳（PFCs）、六氟化硫（SF6）共6种温室气体的排放。具体报告内容包括：

（一）报告主体基本情况。包括单位名称、单位性质、报告年份、所属行业、组织机构代码、法定代表人、填报负责人和联系人信息等。

（二）温室气体排放情况。报告主体应报告年度温室气体排放总量，并分别报告化石燃料燃烧温室气体排放量、工业生产过程温室气体排放量、净购入电力和热力消费所对应的温室气体排放量。如报告主体存在注册所在地之外的温室气体排放，还应参照上述范围单独报告该部分温室气体排放情况。

（三）其他相关的情况。报告主体应同时报告核算温室气体排放所涉及的各个环节活动水平数据及其来源、排放因子数据及其来源，以及其他需要特殊说明的情况。

报告主体温室气体排放具体的核算方法以及详细的报告内容请参照《国家发展改革委办公厅关于印发首批10个行业企业温室气体排放核算方法与报告指南(试行)的通知》[发改办气候[2013]2526号]。其他行业企业的核算方法与报告指南将由我委另行组织制定和印发。

五、报告程序

重点单位温室气体排放报告工作应按照以下程序开展：

（一）报告主体报送。每年年初报告主体按照本通知要求，认真核算本单位上年度温室气体排放情况，并在3月30日前将上年度的温室气体排放情况报送所在地省级应对气候变化主管部门。上报的电子文件应以光盘作为介质，已建立温室气体排放在线报告系统的省、区、市，应采用在线报告的方式。

（二）省级主管部门核查。各地省级应对气候变化主管部门接到报告主体报送的温室气体排放情况后，应在3个月内组织对报告内容进行评估和核查。核查可根据实际，采用抽查等各种形式。对核查不合格的，应要求报告主体限期整改、重新报送。

（三）省级主管部门汇总上报。省级应对气候变化主管部门对通过评估核查的报告数据进行汇总，在每年6月30日前将本地区重点单位温室气体排放情况汇总报告上报我委。

六、保障措施

（一）加强组织领导。各省、区、市应对气候变化主管部门要高度重视重点单位温室气体排放报告工作，按照我委的统一部署，切实加强组织领导，明确责任分工，建立工作机制，制定出台详细的工作方案，抓好本辖区内报告主体温室气体排放情况的核算、报告、核查、汇总和上报工作。

（二）建立健全基础支撑体系。各省、区、市应对气候变化主管部门要尽快开展温室气体排放报告基础支撑建设，加快建立温室气体排放数据信息管理系统，组织开发在线报送平台，提升对报告数据的管理能力和分析水平。同时，进一步做好排放因子测算和数据质量控制，提高报告结果的准确性。

（三）加大资金投入力度。各省、区、市政府应为开展重点单位温室气体报告工作提供资金保障，加大财政资金支持力度，争取安排专项资金，确保相关工作顺利开展。我委也将通过清洁发展机制基金等渠道，对各地开展重点单位温室气体排放报告工作给予一定的资金支持。

（四）加强能力建设

各省、区、市应对气候变化主管部门要结合重点单位温室气体排放报告工作的实际需要，切实加强重点单位和管理部门能力建设，推动重点单位建立专职的核算报告队伍，培育第三方核查机构，培养管理部门专职人员，切实提高从业人员的业务水平和工作能力，为报告工作的顺利开展提供切实的保障。

在开展重点单位温室气体排放报告工作中的问题和建议，请及时反馈我委。

特此通知。

国家发展改革委
2014年1月13日

关于做好国家电力需求侧管理平台建设和应用工作的通知

发改办运行[2014]734号

北京市、河北省、江西省、河南省、陕西省、西藏自治区发展改革委，各省、自治区、直辖市经信委（工信委、工信厅、经贸委、经委），国家电网公司、南方电网公司：

为贯彻落实国务院关于转变政府职能的部署，充分运用现代信息技术推动电力需求侧管理工作开展，有效发挥电力需求侧管理在保障电力供应、提高电能利用效率、加强经济运行监测分析等方面的积极作用，按照我委工作部署，我们会同有关方面组织开发的国家电力需求侧管理平台（www.dsm.gov.cn，以下简称平台）已取得阶段性成果。为加快建设进程，规范建设标准，提前做好平台应用准备工作，现将有关事项通知如下：

一、充分认识平台的重要作用

国内外实践充分表明，电力需求侧管理是提高电能利用效率，促进电力资源优化配置，保障用电秩序，推动节能减排的重要举措。平台是运用信息化手段促进电力需求侧管理广泛深入开展的重要技术支撑。加快平台推广应用，有利于帮助用户实时、形象了解用电情况，提升管理水平，降低用电成本；有利于帮助电能服务企业拓展市场，持续深入开展电能服务；有利于引导电网企业从传统的能源供应商向现代能源供应服务商转变；有利于创新电力运行调节手段，加强信息引导服务和事中事后监管，强化经济运行监测分析，更好发挥政府的作用。

加快平台推广应用，既是适应信息化发展趋势，更好发挥电力需求侧管理作用的必然要求，也是更好发挥政府作用、提升经济运行调节水平的重要途径。各地经济运行调节部门要切实把握好当前加快平台建设的重要意义和有利时机，加强组织和协调，密切与相关部门和单位的沟通，营造好的环境与条件，促使平台建设顺利进行，并提前做好平台应用的开发与管理工作。

二、科学把握平台总体架构和主要功能

（一）平台的逻辑架构包括主站、子站两个层级。主站主要是实现在全国开展电力需求侧管理工作所需的共性功能，提供权威信息和不存在地方差异的公共服务。各地方政府平台、电网企业平台、电能服务商平台、大用户平台均为子站，统一在主站上展示，主要是满足各相关主体的个性化需求，如地方政府平台主要是提供相应行政区域的信息、与行政区域相关的差异化公共服务。主站和子站之间通过统一的规约实现数据传输和共享。

（二）平台的物理架构为分布式布局。根据功能、数据来源的不同，主站目前由国家电网公司、南方电网公司、江苏省经信委、电力需求侧管理培训办公室等单位和机构分别组织开发、维护，子站由各单位自行开发维护或委托主站运维单位开发维护。为节约资源、实现地方政府平台的可持续发展，每个省（自治区、直辖市）、试点城市可以建设一个物理子站或逻辑子站，不宜建设多个物理子站。电能服务商平台、大用户平台实行市场化运作，由平台所有者自愿选择是否在主站展示。对在主站展示的电能服务商平台和大用户平台，我委予以必要的支持和鼓励。

（三）平台功能主要包括门户和业务两类。门户类主要包括新闻动态、政策法规、标准规范、机构名录等，用于满足各类用户的信息需求。业务类主要包括电网企业实施电力需求侧管理目标责任考核、网络培训、有序用电管理、经济分析、需求响应等内容，用于实施相关业务并进行管理。

三、加快平台体系建设

（一）上半年完成主站开发。请国家电网公司组织所属有关机构尽快实现国家平台基本功能，完成安全评价，加快开发经济分析功能，丰富有序用电、需求响应等功能模块。请南方电网公司尽快实现所属区域相应功能的开发，提供相关数据，设立南方电网子站，并加强对相关省区平台建设的支持。请江苏省经信委组织有关单位加强对在线监测功能的管理和监督，规范数据接入和运用，为电能服务商平台和大用户平台接入主站提供服务。电力需求侧管理培训办公室负责网络培训功能的实现。争取于6月底前主站投入运行。

（二）今年完成省级子站开发。省级政府子站可以委托省级电网企业代建，委托主站运维单位在主站上建立逻辑子站，或自行组织建设。请各地电力运行主管部门充分考虑开发、运行维护的工作难度，于4月底前确定建设方式，组织开展相应的开发工作，尽量避免重复建设。请国家电网公司、南方电网公司安排部署相应省级电网企业支持配合有关地方政府子站的开发建设。原则上年底完成省级子站的开发，并上线运行。

（三）坚持统一标准。为确保数据、信息的互联互通及管理规范，平台建设应满足《电力需求侧管理平台建设技术规范（试行）》、《国家电力需求侧管理平台管理规定（试行，2014）》的相关要求（详见附件1、2）。

四、提前做好平台应用准备工作

（一）强化用电数据的精确采集和安全使用。请国家电网公司、南方电网公司进一步完善用电信息采集系统建设及用电数据的收集、整理和分析，尽快实现用户分类统一编码，确保用电数据及时、准确，创造性开发有关分析模块，向主站、政府子站提供相应的数据，为提高经济运行监测分析水平奠定基础，并注意保证数据安全。各地电力运行主管部门应全力支持，协调相关单位，实现有关数据的收集，并定期向主站报送。

（二）做好在线监测和管理、改造服务。各地经济运行调节部门要通过加强和改进服务，强化宣传培训和动员，大力支持电能服务商的发展，帮助用户实施在线监测，特别是加强对参与用电直接交易、执行差别电价的重点用电企业的引导。着重推进用电诊断，实现用电的“数字化、网络化、可视化”，促进科学用电、节约用电、安全用电，提升企业管理水平和竞争力。

附件：1、电力需求侧管理平台建设技术规范（试行）（略）

2、国家电力需求侧管理平台管理规定（试行，2014）（略）

国家发展改革委办公厅

2014年4月8日

国家发展改革委关于建立保障天然气稳定供应长效机制若干意见

（国办发〔2014〕16号国务院办公厅　2014年4月14日转发）

近年来，我国天然气供应能力不断提升，但由于消费需求快速增长、需求侧管理薄弱、调峰应急能力不足等原因，一些地区天然气供需紧张情况时有发生，民生用气保障亟待加强。为保障天然气长期稳定供应，现提出以下意见：

一、总体要求

贯彻落实党中央、国务院各项决策部署，按照责任要落实、监管要到位、长供有规划、增供按计划、供需签合同、价格要理顺的原则，统筹规划，合理调度，保障民生用气，努力做到天然气供需基本平衡、长期稳定供应。

二、主要任务

（一）增加天然气供应。到2020年天然气供应能力达到4000亿立方米，力争达到4200亿立方米。

（二）保障民生用气。基本满足新型城镇化发展过程中居民用气（包括居民生活用气、学校教学和学生生活用气、养老福利机构用气等）、集中供热用气，以及公交车、出租车用气等民生用气需求，特别是要确保居民用气安全稳定供应。

（三）支持推进“煤改气”工程。落实《国务院关于印发大气污染防治行动计划的通知》（国发〔2013〕37号）要求，到2020年累计满足“煤改气”工程用气需求1120亿立方米。

（四）建立有序用气机制。坚持规划先行、量入为出、全国平衡、供需协商，科学确定各省（区、市）的民生用气和“煤改气”工程用气需求量，加强需求侧管理，规范用气秩序。

三、保障措施

（一）统筹供需、做好衔接。

加大对天然气尤其是页岩气等非常规油气资源勘探开发的政策扶持力度，有序推进煤制气示范项目建设。落实鼓励开发低品位、老气田和进口天然气的税收政策。各地区要综合考虑民生改善和环境保护等因素，优化天然气使用方式。做好天然气与其他能源的统筹平衡，优先保障天然气生产。利用各种清洁能源，多渠道、多途径推进煤炭替代。制定有序用气方案和调度方案，加强本行政区域内地区之间、民生用气与非民生用气之间用气调度。在落实气源的基础上，科学制定实施年度“煤改气”工程计划，防止一哄而上。

天然气销售企业要落实年度天然气生产计划和管道天然气、液化天然气（LNG）进口计划，履行季（月）调峰及天然气购销合同中约定的日调峰供气义务。执行应急处置“压非保民”（压非民生用气、保民生用气）等措施，保证民生用气供应的调度执行到位。城镇燃气经营企业要严格执行需求侧管理措施和应急调度方案，落实小时调峰以及天然气购销合同中约定的日调峰供气义务。

（二）多方施策、增加储备。

支持各类市场主体依法平等参与储气设施投资、建设和运营，研究制定鼓励储气设施建设的政策措施。优先支持天然气销售企业和所供区域用气峰谷差超过3∶1、民生用气占比超过40%的城镇燃气经营企业建设储气设施。符合条件的企业可发行项目收益债券筹集资金用于储气设施建设。对独立经营的储气设施，按补偿成本、合理收益的原则确定储气价格。对储气设施建设用地优先予以支持。各地区要加强储气调峰设施和LNG接收、存储设施建设，有效提高应急储备能力，至少形成不低于保障本地区平均三天需求量的应急储气能力。对城镇燃气经营企业的储气设施，将投资、运营成本纳入配气成本统筹考虑。

天然气销售企业和城镇燃气经营企业可以单独或者共同建设储气设施，也可委托其他企业代储，增强应急调峰能力。将增供气量与储气设施规模相挂钩，天然气销售企业在同等条件下优先向有储气设施的地区增加供气。

（三）预测预警、加强监管。

建立天然气监测和预测、预警机制，对天然气供应风险做到早发现、早协调、早处置。对无序推进“煤改气”工程特别是无序新建和改建燃气发电、中断或影响民生用气、没有制定并执行“压非保民”措施的地区要予以通报批评。各地区要建立重点城市高峰时段每日天然气信息统计制度，并按要求报送国务院能源主管部门。督促签订天然气购销合同和供气、用气合同，做好合同备案管理，加强对天然气销售企业和城镇燃气经营企业落实合同和保障民生用气情况的监督管理。推动城镇燃气经营企业建立信息系统，全面掌握市场用户及用气结构，及时准确报送天然气供需情况信息。

（四）推动改革、理顺价格。

稳步推进天然气领域改革。做好油气勘探开发体制改革试点工作，研究制定天然气管网和LNG接收、存储设施向第三方公平接入、公平开放的政策措施。

进一步理顺天然气与可替代能源价格关系，抓紧落实天然气门站价格调整方案。加快理顺车用天然气与汽柴油的比价关系。建立健全居民生活用气阶梯价格制度，研究推行非居民用户季节性差价、可中断气价等价格政策。

四、加强组织领导

地方各级人民政府要把保障民生用气供应作为改善民生的重要任务，加强组织领导，落实主体责任，科学制定应急预案，妥善处置突发事件，正确引导舆论，维护社会稳定。国务院能源主管部门要加强综合协调，组织制定并实施天然气发展规划，制定清洁能源保障方案，提出年度全国天然气商品量平衡计划，做好天然气年度供需平衡和日常运行协调监管工作，及时协调天然气供需矛盾，提出解决的办法和措施。国务院有关部门要按照职能分工，密切配合，抓紧细化相关政策措施，扎实做好相关工作，确保取得实效。

关于2014年全国节能宣传周和全国低碳日活动安排的通知

发改环资[2014]926号

各省、自治区、直辖市及计划单列市、副省级省会城市、新疆生产建设兵团发展改革委、教育厅（教委、教育局）、科技厅（科委）、工业和信息化主管部门、环保厅（局）、住房和城乡建设厅（建委、建设交通委、建设局）、交通运输厅（局）、农业厅（委、办、局）、商务主管部门、国资委、新闻出版广电局、机关事务管理部门、总工会、团委，国务院有关部门，全国妇联、解放军总后勤部：

为深入宣传贯彻党的十八大、十八届三中全会精神，广泛宣传生态文明主流价值观，努力建设资源节约型和环境友好型社会，加强节能减排降碳、应对气候变化舆论宣传，充分调动全社会参与生态文明建设，培育生态文化，珍爱自然，保护生态，建设美丽家园，转变生产生活方式。经研究，决定今年6月8日至14日为全国节能宣传周，6月10日为全国低碳日。为做好2014年全国节能宣传周和全国低碳日活动安排，现将有关事项通知如下。

一、今年全国节能宣传周和全国低碳日活动的主题是“携手节能低碳，共建碧水蓝天”。

二、节能宣传周期间，要加大对《2014-2015年节能减排低碳发展行动方案》和《关于厉行节约反对食品浪费的意见》的宣传力度。以建设生态文化为主线，以动员社会各界参与节能减排降碳为重点，普及生态文明理念和知识，推动全民在衣食住行游等方面加快向简约适度、绿色低碳、文明健康的方式转变，反对各种形式的奢侈浪费、讲排场、摆阔气等行为，形成崇尚节约、绿色低碳的社会风尚。通过群众喜闻乐见的各种宣传形式，广泛动员全社会参与节能减排降碳。充分发挥电视、广播、报纸等传统媒体优势，积极运用网络、微信、微博、短信等新兴媒体加大宣传力度。

三、今年6月10日为全国低碳日，要高度重视低碳日活动组织安排，动员社会各界广泛开展主题宣传活动，普及应对气候变化知识，宣传低碳发展理念，提高公众应对气候变化和低碳意识，在低碳日掀起节能减碳活动高潮。

四、各地节能宣传周和低碳日活动牵头部门要切实发挥牵头作用，加强沟通协作，会同联合主办部门做好本地区节能宣传周和低碳日的组织工作。国家节能中心、中国节能协会、中国质量认证中心、国家气候变化战略研究和国际合作中心、各级节能监察机构和节能技术服务中心等单位要积极配合开展宣传活动，鼓励相关社会组织、企事业单位积极参与宣传活动，在更大范围内推动开展节能减排全民行动。国家发展改革委、北京市人民政府，定于6月8日举办第八届中国北京国际节能环保展览会暨2014年全国节能宣传周活动启动仪式。国家发展改革委将于6月10日举办2014年“低碳中国行”主题活动。要坚决贯彻执行中央八项规定有关要求，既要保证宣传活动有声势有影响，又要坚持节俭办活动。

五、活动结束后，各联合主办部门、各省级节能宣传周和低碳日活动牵头部门要对本年度节能宣传周和低碳日活动情况进行总结。

附件：2014年全国节能宣传周和全国低碳日宣传重点（略）

国家发展改革委　教育部
科技部　工业和信息化部
环保部　住房城乡建设部
交通运输部　农业部
商务部　国资委
新闻出版广电总局　国管局
中华全国总工会　共青团中央
2014年5月13日

国家发展改革委关于海上风电上网电价政策的通知

发改价格[2014]1216号

各省、自治区、直辖市发展改革委、物价局，华能、大唐、华电、国电、中电投集团公司，国家电网公司，南方电网公司：

进海上风电产业健康发展，鼓励优先开发优质资源，经研究，现就海上风电上网电价有关事项通知如下：

一、对非招标的海上风电项目，区分潮间带风电和近海风电两种类型确定上网电价。2017年以前（不含2017年）投运的近海风电项目上网电价为每千瓦时0.85元（含税，下同），潮间带风电项目上网电价为每千瓦时0.75元。

二、鼓励通过特许权招标等市场竞争方式确定海上风电项目开发业主和上网电价。通过特许权招标确定业主的海上风电项目，其上网电价按照中标价格执行，但不得高于以上规定的同类项目上网电价水平。

三、2017年及以后投运的海上风电项目上网电价，我委将根据海上风电技术进步和项目建设成本变化，结合特许权招投标情况研究制定。

国家发展和改革委
2014年6月5日

关于促进抽水蓄能电站健康有序发展有关问题的意见（节录）

发改能源[2014]2482号

各省、自治区、直辖市发展改革委、能源局，国家能源局各派出机构，国家电网公司、南方电网公司，中国华能集团公司、中国华电集团公司、中国大唐集团公司、中国国电集团公司、中国电力投资集团公司、中国长江三峡集团公司、国家开发投资公司：

抽水蓄能电站运行灵活、反应快速，是电力系统中具有调峰、填谷、调频、调相、备用和黑启动等多种功能的特殊电源，是目前最具经济性的大规模储能设施。为保障电力系统安全稳定经济运行，适应新能源发展需要，促进抽水蓄能电站持续健康有序发展，现提出以下意见：

一、发展意义

随着我国经济社会的发展，电力系统规模不断扩大，用电负荷和峰谷差持续加大，电力用户对供电质量要求不断提高，随机性、间歇性新能源大规模开发，对抽水蓄能电站发展提出了更高要求。统筹规划、建管并重、适度加快抽水蓄能电站发展，对保障我国电力系统安全稳定经济运行、缓解电网调峰矛盾、增加新能源电力消纳、促进清洁能源开发利用和能源结构调整、实现可持续发展意义重大。

二、总体要求

（一）指导思想

以保障电力系统安全稳定经济运行、促进能源结构调整、提高新能源利用率、减少温室气体排放、实现经济社会可持续发展为目标，把发展抽水蓄能电站作为构建安全、稳定、经济、清洁现代能源体系的重要战略举措，促进抽水蓄能产业持续健康有序发展。

（三）发展目标

根据电力发展需要和抽水蓄能产业发展要求，今后十年抽水蓄能电站发展的主要目标是：

电站建设步伐适度加快。把抽水蓄能电站作为优化能源结构、促进新能源开发利用和保护生态环境的重要手段。着力完善火电为主和大规模电力受入地区电网抽水蓄能电站布局，适度加快新能源开发基地所在电网抽水蓄能电站建设，使抽水蓄能电站建设满足电力发展需要。到2025年，全国抽水蓄能电站总装机容量达到约1亿千瓦，占全国电力总装机的比重达到4%左右。

管理体制机制逐步健全。把创新体制机制、完善支持政策、加强监督管理作为促进抽水蓄能电站持续健康发展的基本保障。抽水蓄能电站规划编制和动态调整机制有效建立，规划、设计、管理、运行标准体系基本健全，建设管理体制进一步规范，运行监督、行业监管和价格机制基本完善，辅助服务市场和产业发展政策逐步建立和健全。

科技装备水平明显提升。把科技创新作为促进抽水蓄能产业发展的根本动力。大型地下洞室、高水头输水系统设计和施工等工程技术水平进一步提升，工程建设关键技术取得重大突破。装备制造能力明显加强，500米及以上水头和单机容量40万千瓦级机组实现自主化，抽水蓄能机组的技术经济性能进一步提升，基本具备国际竞争力。

三、加强规划工作

（一）深化战略研究。鼓励建设运行单位和科研设计机构开展抽水蓄能电站与风电、光电、核电、煤电等电源的优化配合运行研究，加强用电负荷中心、大规模电能输送和受电端、新能源基地合理配置抽水蓄能机组的研究；支持企业开展符合我国国情的抽水蓄能电站各种创新研究，积极开展抽水蓄能电站辅助服务作用和效益研究，国家适时启动海水抽水蓄能电站研究论证工作。

（二）做好选点规划。根据抽水蓄能电站特点，国家能源主管部门统一组织开展选点规划工作，统筹考虑区域电网调峰资源、系统需要和站址资源条件，分析研究抽水蓄能电站建设规模和布局，合理确定推荐站点、建设时序和服务范围，将选点规划作为各地抽水蓄能电站规划建设的基本依据。结合电力系统发展需要，对已完成选点规划的地区适时进行滚动调整，对尚未开展选点规划的地区适时启动规划工作。

（三）明确发展规划。根据抽水蓄能电站发展需要，按照区域统筹协调、发挥地区优势的原则，在选点规划基础上，结合电力规划编制，制定全国和各区域抽水蓄能电站五年及中长期发展规划。依据全国抽水蓄能电站发展规划，各省（自治区、直辖市）将本地区抽水蓄能电站发展规划纳入当地能源发展规划。

（四）保障规划实施。地方政府要认真做好站点资源的保护工作，做好与国土、城乡建设等相关规划的衔接，制定落实规划的各项措施，保障规划实施。抽水蓄能电站投资建设单位要根据规划制定实施方案，研究确定电站的服务范围以及在电网运行中承担的主要任务和功能定位，积极落实电站的各项建设条件。

六、促进技术进步

（一）健全技术标准体系。标准化管理机构应加强基础研究，认真总结抽水蓄能电站的经验教训，借鉴国外先进经验，及时制定和修订抽水蓄能电站勘测、设计、建设、运行、管理、设备制造等规程规范和技术标准，形成适应抽水蓄能电站持续健康发展的技术标准体系。

（二）创新工程建设技术。坚持技术创新与工程应用相结合，重点开展大型地下洞室变形和稳定、高水头输水系统关键技术、水库防渗、复杂地形地质条件下筑坝与成库、变速机组等技术攻关，解决工程建设重大技术问题。积极研究和推广应用新技术、新工艺、新设备和新材料，提高工程设计和建设技术水平。合理控制建设周期，降低工程造价，保证工程质量。

（三）提升设备技术能力。坚持自主创新和引进消化吸收相结合，设备制造企业应超前攻关，依托具体抽水蓄能电站建设，实现500米水头及以上、单机容量40万千瓦级高水头、大容量机组设计制造的自主化，积极推进励磁、调速器、变频装置等辅机设备国产化，着力提高主辅设备的独立成套设计和制造能力；启动海水抽水蓄能机组设备研究，适时开展试验示范工作。逐步引入竞争机制，放开机组设备市场，不断提升自主化设备的国际竞争力。

七、强化监督管理

八、完善发展政策

（一）明确建设管理体制。根据抽水蓄能电站功能定位和深化电力体制改革的要求，进一步规范和落实抽水蓄能电站建设管理体制，有序推进抽水蓄能电站市场化改革。抽水蓄能电站目前以电网经营企业全资建设和管理为主，逐步建立引入社会资本的多元市场化投资体制机制。在具备条件的地区，鼓励采用招标、市场竞价等方式确定抽水蓄能电站项目业主，按国家规划和政策要求独立投资建设抽水蓄能电站。

（二）完善电站运营机制。电网经营企业应按照统筹为电力系统服务和统一核算原则，科学、统一调度运行抽水蓄能电站。针对目前我国电力市场尚不完善的情况，为发挥电站的系统效益和作用，现阶段按照发改价格[2014]1763号文要求，实行两部制电价政策。电力市场化前，抽水蓄能电站容量电费和抽发损耗纳入当地省级电网（或区域电网）运行费用统一核算，并作为销售电价调整因素统筹考虑。根据电力市场化改革进程，不断调整完善电价机制，制定电力系统辅助服务政策，最终形成以市场起决定性作用的抽水蓄能电站运营机制。

（三）研究与新能源协调发展政策。风能和太阳能具有波动性和间歇性特点，在新能源基地配套建设一定规模的抽水蓄能电站，可提高新能源利用率和输电经济性，保证我国节能减排目标的实现，促进能源结构调整。研究建立新能源基地抽水蓄能电站和新能源电源联合运行、电力系统协调发展机制，研究探索新能源基地抽水蓄能电站等各类电源协调配套的投资体制、价格机制等发展政策。

（四）开展体制机制改革试点。按照党的十八届三中全会关于加快完善现代市场体系的要求，积极开展抽水蓄能电站建设运营管理体制机制创新研究和改革试点。综合考虑电网实际情况和地方积极性，选择抽水蓄能电站建设任务重、新能源开发集中或电力系统相对简单的浙江、内蒙古、海南等省份，深入开展抽水蓄能建管体制和运营机制创新改革研究，重点研究探索抽水蓄能电站价值机理和效益实现形式，体现电力系统多方受益的电站价值，落实“谁受益、谁承担”的市场经济规则，并适时开展试点工作。

请各省（自治区、直辖市）发展改革委、能源局，国家能源局各派出机构，各有关电网公司、发电企业，按照上述要求认真做好抽水蓄能电站的各项工作，促进抽水蓄能产业持续健康发展。

国家发展改革委
2014年11月1日

2013年万家企业节能目标责任考核结果公告

（国家发展和改革委员会2014年 第20号）

根据《关于印发万家企业节能低碳行动实施方案的通知》（发改环资[2011]2873号）和《关于印发万家企业节能目标责任考核实施方案的通知》（发改办环资[2012]1923号）要求，各省、自治区、直辖市和新疆生产建设兵团节能主管部门组织对本辖区内2013年万家企业节能目标完成情况进行了评价考核，并将考核结果报送我委。我们对各地报送的考核结果进行了汇总。现将2013年万家企业节能目标责任考核结果公告如下。

国家发展改革委公布的万家企业共16078家，2013年参加考核企业14119家；有1959家企业因重组、关停、搬迁、淘汰等原因未参加考核。参加考核企业中，3975家考核结果为“超额完成”等级，占28.15%；7117家考核结果为“完成”等级，占50.41%；1836家考核结果为“基本完成”等级，占13.00%；1191家考核结果为“未完成”等级，占8.44%。2011-2013年，万家企业累计实现节能量2.49亿吨标准煤，完成“十二五”万家企业节能量目标的97.72%。各地区万家企业节能目标完成情况见附件1，未完成节能目标企业情况见附件2。

2013年，参加万家企业节能目标责任考核的中央企业和单位共1414家。其中，631家考核结果为“超额完成”等级，占44.63%；551家考核结果为“完成”等级，占38.97%；88家考核结果为“基本完成”等级，占6.22%；144家考核结果为“未完成”等级，占10.18%。各地区中央企业和单位节能目标完成情况见附件3。

按照《关于印发万家企业节能目标责任考核实施方案的通知》（发改办环资[2012]1923号）要求，对节能工作成绩突出的企业（单位），各地区和有关部门要进行表彰奖励。对考核为未完成等级的企业，由所在地区节能主管部门组织进行强制能源审计，责令限期整改，整改结果要向社会公开通报。未完成等级的企业一律不得参加年度评奖、授予荣誉称号，对其新建高耗能项目能评暂缓审批；在企业信用评级、信贷准入和退出管理以及贷款投放等方面，由银行业监管机构督促银行业金融机构按照有关规定落实相应限制措施；对国有独资、国有控股企业的考核结果，由各级国有资产监管机构根据有关规定落实奖惩措施。

附件：1、2013年各地区万家企业节能目标完成情况汇总表（略）
2、2013年各地区未完成节能目标企业汇总表（略）
3、2013年各地区中央企业和单位节能目标完成情况汇总表（略）

国家发展改革委
2014年12月3日

关于印发第二批4个行业企业温室气体排放核算方法与报告指南（试行）的通知

发改办气候[2014]2920号

各省、自治区、直辖市及计划单列市、副省级省会城市、新疆生产建设兵团发展改革委：

为落实《国民经济和社会发展第十二个五年规划纲要》提出的建立完善温室气体统计核算制度，逐步建立碳排放交易市场的目标，推动完成国务院《“十二五”控制温室气排放工作方案》（国发[2011]41号）提出的加快构建国家、地方、企业三级温室气体排放核算工作体系，实行重点企业直接报送温室气体排放数据制度的工作任务，为建立全国碳排放权交易市场等重点改革任务提供支持，我委正组织制定重点行业企业温室气体排放核算方法与报告指南。第二批4个行业企业温室气体排放核算方法与报告指南（试行）已制定完成，现予印发，供开展碳排放权交易、实施企业温室气体排放报告制度、完善温室气体排放统计核算体系等相关工作参考使用。使用过程中的问题和意见，请及时反馈我委。

特此通知。

附件：1、《中国石油和天然气生产企业温室气体排放核算方法与报告指南（试行）》（略）

2、《中国石油化工企业温室气体排放核算方法与报告指南（试行）》（略）

3、《中国独立焦化企业温室气体排放核算方法与报告指南（试行）》（略）

4、《中国煤炭生产企业温室气体排放核算方法与报告指南（试行）》（略）

国家发展改革委办公厅
2014年12月3日

关于加强和规范生物质发电项目管理有关要求的通知

发改办能源[2014]3003号

各省（自治区、直辖市）发展改革委、能源局，国家电网公司、南方电网公司、内蒙古电力有限公司，华能、大唐、国电、华电、中电投集团公司，中节能集团公司，水电水利规划设计总院，有关企业：

为加强和规范生物质发电项目管理，促进生物质发电可持续健康发展，现将有关要求通知如下：

一、鼓励发展生物质热电联产，提高生物质资源利用效率。具备技术经济可行性条件的新建生物质发电项目，应实行热电联产；鼓励已建成运行的生物质发电项目根据热力市场和技术经济可行性条件，实行热电联产改造。

二、加强规划指导，合理布局项目。国家或省级规划是生物质发电项目建设的依据。新建农林生物质发电项目应纳入规划，城镇生活垃圾焚烧发电项目应符合国家或省级城镇生活垃圾无害化处理设施建设规划。

三、农林生物质发电项目严禁掺烧化石能源。已投产和新建农林生物质发电项目严禁掺烧煤炭等化石能源。加强对农林生物质发电项目运行的监督，依据职责分工，能源、财政、价格主管部门按照有关规定对农林生物质发电项目掺烧煤炭等违规行为进行调查和处理，收回骗取的国家可再生能源基金补贴，并依据情节轻重处以罚款、取消补贴、追究项目法人法律责任等处罚。

四、规范项目管理。农林生物质发电非供热项目由省级政府核准；农林生物质热电联产项目，城镇生活垃圾焚烧发电项目由地方政府核准。

国家发展改革委办公厅
2014年12月9日

关于组织开展低碳节能绿色流通行动的实施方案

（国家发展和改革委员会办公厅、商务部办公厅、中宣部2014年12月29日印发）

为深入推进节俭养德全民节约行动，发展绿色流通，在流通领域推广绿色理念，促进绿色消费，拟开展低碳节

能绿色流通行动。现制定实施方案如下：

一、总体要求

坚持以培育和弘扬社会主义核心价值观为统领，围绕节俭养德主题，通过开展系列活动，发挥流通环节引导消费和生产的作用，提高流通领域节能发展水平，培养消费者绿色消费、节约消费的意识和习惯，促进全社会充分认识绿色流通的重要性，形成勤俭节约、保护环境的良好社会氛围。

二、主办单位

商务部、中宣部、发展改革委。

三、具体安排

在节俭养德全民节约行动的整体安排下，结合流通领域的特点，拟开展绿色供应链培育行动、绿色回收推广计划、宣传节约之星三项主题活动，有重点地推进低碳节能绿色流通行动。具体如下：

（一）绿色供应链培育行动。

1．绿色商场创建行动。创建一批绿色商场。引导企业按照有关国家标准和行业标准，做好建筑、照明、空调、电梯、冷藏等耗能关键领域的技术改造和能源管理，推广使用LED灯等节能照明产品，淘汰高耗能照明设备；引导和鼓励企业使用屋顶、墙壁光伏发电等节能设备和技术，开展合同能源管理，建立商场节能量交易机制和温室气体排放核查制度。

2．绿色采购推广行动。发布《企业绿色采购指南》，鼓励企业借助实体店、网店及互联网平台采购绿色、低碳产品，与绿色低碳商品的生产企业建立战略合作，从产品源头抓起，引导生产企业低碳化、标准化和品牌化生产，限制和拒绝高耗能、高污染、过度包装产品，打造绿色低碳供应链。

3．绿色消费引导行动。在大中城市利用群众性休闲场所或大型旧货市场开展“城市闲置物品交易大集”活动，鼓励有条件的地区开设跳蚤市场，方便居民互通有无、交换闲置旧货，实现闲置物品共享；鼓励企业开设闲置物品网络交易平台，运用互联网和移动互联网等新型传播手段，最大程度地促进闲置物品流通，实现物尽其用。配合“节能利民行动”，引导消费者购买节能环保汽车和新能源汽车，推动落实淘汰“黄标车”任务。在商品零售场所开展节能产品宣传促销活动，引导消费者购买节能产品。

4．绿色餐饮自律行动。配合“曝光泔水缸”行动，组织有关行业协会对餐饮企业开展自查自律行动，坚决反对铺张浪费、奢侈浮华的餐饮风气。同时，倡导餐饮企业提供小份餐饮、自主餐饮、分餐制等节俭用餐服务，引导餐饮企业减少浪费，并为消费者“打包”提供方便；减少一次性筷子、一次性餐盒、桌布等一次性用品使用量，使崇尚绿色餐饮在行业和消费者之间蔚然成风。

（二）绿色回收推广计划。

1．绿色回收进机关。结合党政机关“俭以养德 向我看齐”教育实践活动，引导公共机构开展“资源回收 向我看齐”行动，要求广大干部职工增强节约意识，减少一次性用品使用；开展垃圾分类，鼓励干部职工按照便于交售的原则，将废纸、废塑料等再生资源分类放置，规范处理打印机硒鼓、办公耗材、废旧电器等办公用品，实现资源应收尽收和规范化处理。

2．绿色回收进校园。结合“俭以养德 从小做起”主题实践活动，发挥实践育人作用，开展“绿色知识进校园”行动，通过举办节能知识讲座、节能口号和宣传画征集等活动，广泛宣传绿色发展理念，树立节能光荣思想。选择工作开展基础较好的流通企业、回收企业，建设节能教育实践基地，组织开展参观活动，使广大学生从实践中接受节能教育，了解企业节能工作成效，掌握回收知识和节约技能。

3．绿色回收进社区。选择有条件的再生资源回收体系建设试点城市，开展回收利用知识系列宣传和普及活动，组织变废为宝竞赛、垃圾分类竞赛、回收知识竞赛等活动，组织“企业对外开放日”，由回收利用企业面向居民开放，组织代表参观循环再生流程，讲解企业运行情况，介绍典型回收模式。

4．绿色回收进商场。结合流通领域节能示范店创建和“资源循环利用行动”，开展绿色回收进商场活动，贯彻落实《商品零售场所塑料袋有偿使用管理办法》，宣传限制塑料袋使用的积极意义，减少塑料袋使用量。在示范店内举办再生资源回收与节能活动宣传行动，开展废电器电子产品等回收活动和宣传教育。

（三）宣传节约之星。结合“俭以养德 人人行动”教育实践活动，及时发现各地各部门在节俭养德全民节约行动中涌现出来的先进典型，通过宣传“节约之星”的先进事迹和经验做法，深入开展节俭节约教育，倡导文明节俭消费理念和健康文明生活方式。

四、宣传活动安排

低碳节能绿色流通行动是节俭养德全民节约行动的重要组成部分，对转变流通发展方式，实现流通业提质增效具有积极作用，对促进国民经济健康可持续发展，构建节约资源和保护环境的生产方式和生活方式具有重要意义。为配合低碳节能绿色流通行动方案的实施，商务部、中宣部、发展改革委将加大宣传力度，组织开展形式多样的宣传活动，围绕此次活动主题制作公益广告和宣传片，在报刊、电视、电台和网络媒体进行重点宣传，同时借助短信、微信等移动平台及城市建筑围挡、公交车等各类社会媒介，组织开展相关宣传报道。各地商务、宣传、发展改革部门要高度重视，提高认识，从各地实际出发，设计宣传方案，充分调动各方面的积极性，开展形式多样的宣传活动，办出声势、办出成果。要明确目标责任，推动工作落实，及时总结宣传工作经验并予以推广，形成促进绿色流通发展的良好氛围。各地商务主管部门请于2015年10月底前上报宣传活动工作总结。

关于适当调整陆上风电标杆上网电价的通知

发改价格[2014]3008号

各省、自治区、直辖市发展改革委、物价局：

为合理引导风电投资，促进风电产业健康有序发展，提高国家可再生能源电价附加资金补贴效率，依据《中华人民共和国可再生能源法》，决定适当调整新投陆上风电上网标杆电价。现就有关事项通知如下：

一、对陆上风电继续实行分资源区标杆上网电价政策。将第I类、II类和III类资源区风电标杆上网电价每千瓦时降低2分钱，调整后的标杆上网电价分别为每千瓦时0.49元、0.52元和0.56元；第IV类资源区风电标杆上网电价维持现行每千瓦时0.61元不变。

二、鼓励通过招标等竞争方式确定业主和上网电价，但通过竞争方式形成的上网电价不得高于国家规定的当地风电标杆上网电价水平。具体办法由国家能源主管部门会同价格主管部门另行制定。

三、继续实行风电价格费用分摊制度。风电上网电价在当地燃煤机组标杆上网电价（含脱硫、脱硝、除尘）以内的部分，由当地省级电网负担；高出部分，通过国家可再生能源发展基金分摊解决。燃煤机组标杆上网电价调整后，风电上网电价中由当地电网负担的部分相应调整。

四、各风力发电企业和电网企业必须真实、完整地记载和保存风电项目上网交易电量、价格和补贴金额等资料，接受有关部门监督检查。各级价格主管部门要加强对风电上网电价执行和电价附加补贴结算的监管，督促风电上网电价政策执行到位。

五、上述规定适用于2015年1月1日以后核准的陆上风电项目，以及2015年1月1日前核准但于2016年1月1日以后投运的陆上风电项目。

国家发展改革委

2014年12月31日

国家能源局政策文件

关于加快培育分布式光伏发电应用示范区有关要求的通知

各省(区、市)发展改革委(能源局)、新疆生产建设兵团发展改革委，各派出机构，国家电网公司、南方电网公司、水电水利规划设计总院：

为加快落实国务院稳增长、促改革、调结构、惠民生有关政策，决定在已有分布式光伏发电应用示范区建设工作基础上培育一批分布式光伏发电示范区，进一步加大分布式光伏的推进力度。现将有关工作和要求通知如下：

根据发展条件选择示范区。各地根据本地分布式光伏发电规划和布局，结合已有国家示范区及本省(区、市)培育的重点示范区，选择若干具有一定规模的区域纳入今明两年培育重点，编制重点培育示范区建设方案。各示范区在优先发展屋顶光伏同时，可就近开发就地消纳的小型光伏电站(接入电压等级不超过35千伏，容量不超过2万千瓦)。

二、加强已有示范区的建设工作。请各相关省(区、市)能源主管部门认真落实《国家能源局关于开展分布式光伏发电应用示范区建设的通知》(国能新能[2013]296号)要求，进一步推进已批复分布式光伏发电示范区建设。对于2014年9月底前未开工建设，或年底建成规模低于2万千瓦的示范区，取消其示范区称号。

示范区应加强统筹协调。示范区应成立相关协调机制，统筹规划管理示范区屋顶资源，制定协调开发企业与电力用户(建筑业主)关系的相关政策，明确光伏建筑标准规范，协调推动项目备案和电网接入手续，鼓励统一开展项目建设运行维护和建筑管理。鼓励将建筑光伏发电应用纳入节能减排考核及奖惩制度，在已试行节能量交易和碳减排交易的地区，有关项目可参加交易活动。

四、探索专业化的服务模式。鼓励示范区成立由园区管委会、投资方与电网企业共同参与管理的专业运维公司，统一负责辖区内所有分布式光伏项目的电费结算和建设服务。鼓励示范区分布式光伏发电项目按照统一标准规范开展项目设计、施工、建设、管理及运营服务，推动形成专业化服务能力。

五、创新分布式光伏发电示范区建设。在加快推进示范区建设中，重点开展商业模式、投融资模式创新。探索分布式光伏发电区域电力交易试点、适应新能源发展的发配电一体化智能配电网试点、金融模式创新试点等。国家能源局将加大上述示范区相关问题的协调支持力度。

请按照上述要求，加快培育若干分布式光伏发电应用示范区，可根据自身条件确立培育重点。各示范区应编制实施方案于9月30日前向国家能源局备案，按季度将进展情况报告国家能源局。

2014年能源工作指导意见

（国能规划[2014]38号 国家能源局2014年1月20日）

一、总体要求

2014年能源工作的指导思想是：全面贯彻党的十八大和十八届二中、三中全会精神，认真落实党中央、国务院各项决策部署，围绕确保国家能源战略安全、转变能源消费方式、优化能源布局结构、创新能源体制机制等四项基本任务，着力转方式、调结构、促改革、强监管、保供给、惠民生，以改革红利激发市场动力活力，打造中国能源“升级版”，为经济社会发展提供坚实的能源保障。

二、主要目标

（一）提高能源效率。2014年，单位GDP能耗0.71吨标准煤/万元，比2010年下降12%。

（二）优化能源结构。2014年，非化石能源消费比重提高到10.7%，非化石能源发电装机比重达到32.7%。天然气占一次能源消费比重提高到6.5%，煤炭消费比重降低到65%以下。

（三）增强能源生产能力。2014年，能源生产总量35.4亿吨标准煤，同比增长4.3%。其中，煤炭生产38亿吨，增长2.7%；原油生产2.08亿吨，增长0.5%；天然气生产（不含煤制气）1310亿立方米，增长12%；非化石能源发电1.3万亿千瓦时，增长11.8%。

（四）控制能源消费。2014年，能源消费总量38.8亿吨标准煤左右，同比增长3.2%；用电量5.72万亿千瓦时，同比增长7%；煤炭消费量38亿吨，增长1.6%；石油表观消费量5.1亿吨，增长1.8%；天然气表观消费量1930亿立方米，增长14.5%。

三、重点任务

（一）转变能源消费方式，控制能源消费过快增长

以提高能源效率为主线，保障合理用能，鼓励节约用能，控制过度用能，限制粗放用能，以尽可能少的能源消费支撑经济社会发展。2014年，单位GDP能耗比2013年下降3.9%左右。

1、推行“一挂双控”措施。将能源消费与经济增长挂钩，对高耗能产业和过剩产业实行能源消费总量控制强约束，能源消费总量只减不增。对其他产业按平均先进能效标准实行能耗强度约束，现有产能能效限期达标，新增产能必须符合先进能效标准，促进优胜劣汰。

2、推行区域差别化能源政策。在能源资源丰富的西部地区，根据水资源和生态承载能力，在节能环保、技术先进的条件下，合理增强能源开发力度，加大跨区调出能力。合理控制中部地区能源开发强度。大力优化东部地区能源开发利用结构，严格控制化石能源消费过快增长。

3、实施控制能源消费总量工作方案。坚持能源消费总量和能耗强度双控考核，指导各地编制和落实具体实施方案，切实控制能源消费总量过快增长。加强监督检查，确保各地区目标落实到位。

（二）认真落实大气污染防治措施，促进能源结构优化

以大气污染防治为契机，加快淘汰能源行业落后产能，着力降低煤炭消费比重，提高天然气和非化石能源比重。2014年，京津冀鲁分别削减原煤消费300万吨、200万吨、800万吨和400万吨，合计1700万吨；全国淘汰煤炭落后产能3000万吨，关停小火电机组200万千瓦；力争实现煤电脱硫比重接近100%，火电脱硝比重达到70%。

1、落实大气污染防治行动计划年度重点任务。健全工作协调机制，加强京津冀及其周边地区联防联控，制订出台重点省区能源保障方案，抓好增供外来电力、保障天然气供应、发展核电和可再生能源以及提前供应国五油品等5个方面127个重大项目落地，优化调整能源消费结构和空间布局，促进重点区域空气质量改善。

2、降低煤炭消费比重。出台并组织实施煤炭减量替代管理办法。研究制订商品煤质量国家标准，发布煤炭质量管理办法。提高煤炭洗选加工比例。完善差别化煤炭进口关税政策，鼓励优质煤炭进口，限制高灰、高硫劣质煤炭进口。转变农村用煤方式，逐步降低分散用煤比例。

3、严格控制京津冀、长三角、珠三角等区域煤电项目。新建工业项目禁止配套建设自备燃煤电站。除热电联产外，禁止审批新建燃煤发电项目。现有多台燃煤机组装机容量合计达到30万千瓦以上的，可按照煤炭等量替代的原则改建为大容量机组。

4、有序实施“煤改气”。在落实气源、签订供气合同的地区，有序推进“煤改气”，避免一哄而上和供需严重失衡。

5、加快推进油品质量升级。出台成品油质量升级行动计划（2014~2017），大力推进炼油企业升级改造和先进产能布局，确保2015年底前京津冀、长三角、珠三角等区域内重点城市供应国五标准的车用汽、柴油，2017年底前全国供应国五标准的车用汽、柴油。

6、提高天然气供气保障能力。结合各省市天然气需求情况，制订天然气中长期供应计划。增加常规天然气生产供应，加快开发煤层气、页岩气等非常规天然气，推进煤制气产业科学有序发展。加快推进输气管道、储气设施和LNG接收站项目建设。完善天然气利用政策，加强需求侧管理，制订有序用气方案和应急预案。

7、加大淘汰落后产能和节能减排工作力度。停止核准新建低于30万吨/年的煤矿和低于90万吨/年的煤与瓦斯突出矿井。逐步淘汰9万吨/年及以下煤矿，加快关闭其中煤与瓦斯突出等灾害隐患严重的煤矿，继续推进煤矿企业兼并重组。完善火电淘汰落后产能和“上大压小”后续政策，更多运用市场手段，促进落后火电机组自然淘汰。科学安排电力行业脱硫、脱硝、除尘改造工程，加大节能减排监管力度，确保相关设施稳定、达标运行。2015年前，完成京津冀、长三角、珠三角区域燃煤电厂污染治理设施建设和改造。

（三）大力发展清洁能源，促进能源绿色发展

坚持集中式与分布式并重、集中送出与就地消纳结合，稳步推进水电、风电、太阳能、生物质能、地热能等可再生能源发展，安全高效发展核电。2014年，新核准水电装机2000万千瓦，新增风电装机1800万千瓦，新增光伏发电装机1000万千瓦（其中分布式占60%），新增核电装机864万千瓦。

1、积极开发水电。加快推动重点流域规划制订。在做好生态环境保护和移民安置的前提下，加快金沙江、澜沧江、大渡河、雅砻江等大型水电基地建设，抓紧外送输电工程建设。研究制订抽水蓄能发展政策，完善抽水蓄能电站建设运行管理。研究优化流域水电站运行管理，提高水能资源梯级利用效能。推动完善水电环境影响评价标准，探索移民土地补偿费用入股和流域梯级效益补偿机制，研究制定龙头水库征地补偿机制和利益共享机制。

2、有序发展风电。制订、完善并实施可再生能源电力配额及全额保障性收购等管理办法，逐步降低风电成本，力争2020年前实现与火电平价。下达“十二五”第四批风电项目核准计划。优化风电开发布局，加快中东部和南方地区风能资源开发。修订和完善可再生能源发电工程质量监督管理办法，规范风电开发秩序，保障工程建设质量。有序推进酒泉、蒙西、蒙东、冀北、吉林、黑龙江、山东、哈密、江苏等9个大型风电基地及配套电网工程建设，合理确定风电消纳范围，缓解弃风弃电问题。稳步发展海上风电。

3、加快发展太阳能发电。落实国务院《关于促进光伏产业健康发展的若干意见》，加强光伏发电并网服务、

保障性收购等全过程监管，确保补贴资金及时到位。重点抓好北京海淀区等18个分布式光伏发电应用示范区建设，在大型公用建筑、工商企业、观光农业、居民住宅等领域拓展分布式光伏发电。协调地方政府、电网企业和金融机构做好项目建设、并网接入和金融支持等配套服务。探索形成符合实际的分布式光伏商业模式，逐步降低发电成本，力争2020年光伏发电实现用户侧平价上网。

4、积极推进生物质能和地热能开发利用。完善有关政策措施，积极推进生物质能和地热能供热示范工程建设，大力推广生物质能和地热能在民用和工业供热中的应用，鼓励生物质热电联产，在资源条件具备的区域优先使用地热能供热。年内新增生物质能民用供热面积800万平方米，新增生物质能工业供热折合100万吨标准煤。加快非粮燃料乙醇试点、生物柴油和航空涡轮生物燃料产业化示范。

5、安全高效发展核电。加强在运核电站安全管理，确保核电站安全运行。加快完成AP1000设计固化、主设备定型，推动AP1000自主化依托工程建设。适时启动核电重点项目审批，稳步推进沿海地区核电建设，做好内陆地区核电厂址保护。加快推进国内自主技术研发和工程验证，重点做好大型先进压水堆和高温气冷堆重大科技专项示范工程建设，加快融合技术的论证，避免多种堆型重复建设。制订核燃料技术发展总体战略规划，保障核电安全高效可持续发展。

（四）加快石油天然气发展，提高安全保障能力

按照常规非常规并重、陆上海上并举的方针，加强油气资源勘探开发，提升油气自给能力。2014年，国内原油产量达到2.1亿吨，天然气产量（不含煤制气）达到1310亿立方米，其中页岩气生产量15亿立方米，煤层气（煤矿瓦斯）抽采量180亿立方米。

1、加大油气资源勘探开发力度。做好深层、近海和深水油气田勘探，以松辽、渤海湾、鄂尔多斯、西北、四川和海上6大油气生产基地为重点，切实提高油气资源探明率和采收率，努力实现增储上产。推动出台差别化的财税政策，鼓励老油田和低品位油气资源开发。

2、着力突破页岩气等非常规油气和海洋油气资源开发。总结推广中石化涪陵示范区经验，加快页岩气示范区建设，力争在川渝地区加快勘探开发步伐，在湘鄂、云贵和苏皖等地区取得突破。加快沁水盆地和鄂尔多斯盆地东缘煤层气产业基地建设，积极推进新疆等地区煤层气勘查开发步伐。制订和实施海洋能源发展规划和周边海域油气开发规划。按照“以近养远、远近结合”的发展模式，积极推进南海、东海油气资源开发。

3、稳妥推进煤制油气产业示范。研究制定政策措施，按照最严格的能效和环保标准，积极稳妥推进煤制气、煤制油产业化示范，鼓励煤炭分质利用，促进自主技术研发应用和装备国产化。

4、加快油气基础设施建设。加快推动西气东输三线、陕京四线、新疆煤制气外输管道、庆铁三四线等油气管道建设。完善天然气输配管网，大力推动LNG接收站及应急调峰储气设施建设。

5、积极推进石油和天然气期货贸易。加快上海国际能源交易中心建设，搭建油气现货和期货交易平台。

（五）优化布局，推进煤炭煤电大基地和大通道建设

按照“安全、绿色、集约、高效”的原则，重点建设14个大型煤炭基地、9个大型煤电基地、12条“西电东送”输电通道，优化能源发展空间布局，提高能源资源配置效率。2014年，煤炭基地产量达到34.6亿吨，占全国的91.1%。煤电基地开工和启动前期工作规模7000万千瓦，占全国煤电总装机比重达到8%。

1、加强大型煤炭基地建设。按照优化结构、扶强限劣，综合施策、挖潜增效，分质利用、抓好示范的方针，推进神东、陕北、蒙东、宁东、新疆、云贵等14个大型煤炭基地建设。加强煤炭矿区总体规划管理，发挥矿区总体规划的引导和约束作用，规范煤炭资源勘查开发秩序，稳步推进大中型现代化煤矿项目前期工作和核准工作；以大型煤炭企业为主体，推进煤炭安全绿色开采，推广煤矿充填开采技术；加快煤矿瓦斯规模化抽采利用矿区和瓦斯治理示范矿井建设，提高瓦斯利用水平；稳步推进煤炭深加工产业升级示范，促进煤炭资源高效清洁转化和综合利用。

2、加快清洁煤电基地和输电通道建设。出台煤电基地科学开发指导意见，在新疆、内蒙古、山西、宁夏等煤炭资源富集地区，按照最先进的节能节水环保标准，建设大型燃煤电站（群）。推进鄂尔多斯、锡盟、晋北、晋中、晋东、陕北、宁东、哈密、准东等9个以电力外送为主的千万千瓦级现代化大型煤电基地建设。鼓励低热值煤发电。加大西电东送力度，加快推进鄂尔多斯、山西、锡林郭勒盟能源基地向华北、华中、华东地区输电通道建设，规划建设蒙西~天津南、锡盟~山东、锡盟~江苏、宁东~浙江、准东~华东等12条电力外输通道，提高跨省区电力输送能力。

（六）以重大项目为载体，大力推进能源科技创新

坚持自主创新，鼓励引进消化吸收再创新，以能源重大工程为载体，以政府为主导、以企业为主体，建立政、产、学、研、用相结合的自主创新体制机制，推动能源装备国产化，打造能源科技装备“升级版”。

1、抓好重大技术研究和重大科技专项。充分发挥国家能源研发中心（重点实验室）骨干作用，重点推进非常规油气、深水油气、先进核电、新能源、700℃超超临界燃煤发电、符合燃机排放标准的燃煤发电、煤炭深加工、煤层气（煤矿瓦斯）开发利用、智能电网、分布式能源、大容量储能、高效节能、新材料等重大技术研究。启动并抓好24项国家能源重大应用技术研究及工程示范专项，力争页岩油气、致密油气等非常规油气和深海油气、新一代

核能等核心技术取得新突破。

2、依托重大工程推动关键装备国产化。重点推动页岩气和煤层气勘探开发、海洋油气开发、天然气液化和接收、核电、抽水蓄能等重大装备国产化。推进大型燃气轮机自主研发，加快高温部件研制和验证平台建设。制订出台促进能源装备制造业健康发展的指导意见。加快能源企业及能源装备制造企业自主创新技术平台建设，推进能源装备国产化，提升能源装备自主化水平，形成有国际竞争力的能源装备工业体系，积极支持能源装备企业"走出去"。

3、加强能源行业标准制订和管理。有序推进重点领域标准制修订。加强行业标准实施宣贯力度。成立海洋深水石油工程等新兴重点领域标准化技术委员会。

（七）深化能源国际合作，拓展我国能源发展空间

以建设丝绸之路经济带和21世纪海上丝绸之路为重大契机，统筹国际国内两个大局、两个市场、两种资源，围绕确保国家能源战略安全核心目标，按照"总体谋划、多元合作、分类施策、掌握主动"的方针，全面落实能源国际合作成果，巩固深化能源国际合作重大关系，推动能源企业"走出去"，增强全球能源治理的话语权和影响力，进一步提升能源国际合作水平。

（八）加快能源民生工程建设，提高能源普遍服务水平

以逐步推进城乡能源基本公共服务均等化为导向，以解决无电地区用电问题为重点，全面推进能源民生工程建设，满足人民群众日益增长的生产生活用能需要。

1、加强无电地区电力建设。实施全面解决无电人口用电问题三年行动计划，确保年内全部建成无电地区光伏独立供电工程，基本完成电网延伸工程建设任务，解决120万无电人口的用电问题。

2、深入推进人民群众用电满意工程。加大城市配网建设和农村电网改造力度，提高配网投资比重。加强电网安全运行和应急管理，提高电网供电可靠率和居民用户受电端电压合格率，促进电网企业提高供电服务水平，确保人民群众放心用电、可靠用电、满意用电。

3、提高民用天然气供给普及率。加快天然气输配管网和储气设施建设，扩大天然气供应覆盖面，优先保障民生用气，确保居民生活等重点用气需求。2014年，全国用气人口达到2.5亿。

3、积极推进"新城镇、新能源、新生活"行动。结合新能源示范城市和绿色能源县建设，因地制宜、科学布局城镇天然气热电冷三联供、分布式光伏发电、地热能和生物质能供热，促进城乡用能清洁化，为推进新型城镇化建设、改善人民群众生活质量提供能源保障。

（九）推进体制机制改革，强化能源市场监管

全面贯彻党的十八届三中全会精神，研究拟订全面深化能源领域体制机制改革方案，推进能源领域体制机制创新，为能源科学发展提供保障。

1、鼓励和引导民间资本进一步扩大能源领域投资。继续清理和修订有关能源领域民间投资的法规文件，建立健全相关配套政策，积极为民间资本进入能源领域创造制度条件。推出一批有利于激发民间投资活力的煤炭深加工、新能源、生物液体燃料等示范项目，积极探索民间资本参与配电网、购售电、油气勘探开采及进出口、天然气管网等业务的有效途径。

2、进一步深化电力改革。推动尽快出台进一步深化电力体制改革的意见。积极支持在内蒙古、云南等省区开展电力体制改革综合试点。积极推进电能直接交易和售电侧改革。推动探索有利于能效管理和分布式能源发展的灵活电价机制。推进输配电价改革，提出单独核定输配电价的实施方案。

3、稳步推进石油天然气改革。认真研究油气管网投资体制改革方案，促进油气管网尤其是天然气管网设施公平接入和开放，推动完善油气价格机制，理顺天然气与可替代能源的比价关系。推动油气勘探、开发、进口等环节的市场化改革，建立规范有序、公平合理的市场准入机制。

4、加快煤炭改革。以清费立税为主线，清理整顿涉煤收费基金，加快推进煤炭资源税从价计征改革。实施煤矿生产能力登记和公告制度，促进煤炭产业平稳运行。推进煤炭市场建设，探索创新煤炭市场监管机制，推动电煤运输市场化改革。

5、加强能源市场监管。加强能源相关法律法规、规划、政策、标准、项目落实情况监管，确保行业规范有序发展。加强对电网、油气管网等垄断环节监管，确保准入公平、接网公平、交易公平、价格合理、结算及时。加强能源项目核准事后监管。加强电力普遍服务监管，提高用电服务质量。加强监管执法能力和制度建设，切实维护市场秩序。

6、加强能源安全监管。按照"管行业必须管安全、管业务必须管安全"的要求，健全能源安全监管工作机制，落实能源企业安全生产主体责任。深入开展安全生产大检查，重点做好电网安全、油气管网运行安全、石油储备库安全、核电站并网和应急管理、电力建设施工安全、煤矿建设生产、煤矿瓦斯防治、能源企业网络与信息安全等监管和大检查工作。强化安全生产隐患排查治理和危险源管控，突出抓好重点地区、重点企业和重要部位隐患治理，有效防范和坚决遏制重特大事故发生。

（十）加强能源行业管理，转职能改作风抓大事解难题办实事建机制

转变政府职能，减少行政审批，创新能源管理方式，强化战略、规划、政策、监管与服务，切实提高能源管理效能。

1、推进能源法制建设。推进《电力法》修订。推动出台海洋石油天然气管道保护条例、核电管理条例、国家石油储备管理条例。完善《可再生能源法》、《石油天然气管道保护法》配套办法。研究拟订能源监管条例，健全能源监管规章制度。推进能源执法体系和执法能力建设。

2、强化战略规划政策引导。出台国家能源战略行动计划等重大能源战略规划，启动能源“十三五”规划前期研究工作，拟定实施能源发展年度计划，加强能源政策研究，完善重大能源产业政策。

3、创新审批（核准）备案机制。创新能源项目管理方式，更多地通过规划、计划、政策和监管“四位一体”实施项目管理。继续取消和下放行政审批事项，凡是能下放的一律下放到地方，凡是能交给市场的一律交给市场。落实《政府核准的投资项目目录（2013年本）》，对于保留的审批、核准、备案事项，进一步优化行政审批程序，简化项目审批前置条件，建立网上公示和审批制度，加快推进阳光审批、限时办结，提高服务效率和透明度。

4、做好服务能源大省和能源企业工作。发挥对口服务联系能源资源大省工作机制和对口服务地方能源工作联络员机制的作用，及时了解和合理解决有关诉求，落实区域差别化能源政策，促进东、中、西部地区经济社会协调、可持续发展。发挥服务能源企业科学发展协调工作机制作用，及时帮助企业把握机遇，应对挑战、化解难题，在市场竞争中做强做大。

5、加强能源统计监测和预警。加强能源行业统计能力建设，研究制订能源行业统计规范，完善能源统计监测预警机制，启动实施国家能源安全保障信息化工程，加快推进全国能源统计监测信息系统建设，为能源科学发展提供决策支撑。

关于下达2014年光伏发电年度新增建设规模的通知

国能新能〔2014〕33号

各省（自治区、直辖市）发展改革委（能源局），新疆生产建设兵团发展改革委，国家电网公司、南方电网公司、水电水利规划设计总院：

根据《国务院关于促进光伏产业健康发展的若干意见》以及《光伏电站项目管理暂行办法》和《分布式光伏发电项目管理暂行办法》有关要求，自2014年起，光伏发电实行年度指导规模管理。现将2014年度新增建设规模安排及有关要求通知如下：

一、2014年光伏发电建设规模在综合考虑各地区资源条件、发展基础、电网消纳能力以及配套政策措施等因素基础上确定，全年新增备案总规模1400万千瓦，其中分布式800万千瓦，光伏电站600万千瓦。各省（区、市）具体新增规模指标见附件。

二、各省（区、市）2014年新增享受国家补贴资金的光伏发电项目备案总规模原则上不得超过下达的规模指标，超出规模指标的项目不纳入国家补贴资金支持范围。个人在住宅区域内建设的小型分布式光伏发电项目，在受到地区规模指标限制时，省级能源主管部门可向国家能源局申请增加相应规模指标。鼓励各地优先备案采用新技术、新产品的光伏发电项目。

三、请各省（区、市）严格按照年度建设规模指标实施项目备案管理，密切跟踪建设进度，确保备案项目如期建成投产。国家能源局将根据各省（区、市）光伏发电建设和运行情况，在年中对建设规模指标进行少量调整。

四、对于甘肃、青海、新疆（含兵团）等光伏电站建设规模较大的省（区），如发生限电情况，将调减当年建设规模，并停止批复下年度新增备案规模。对于青海省海西地区、甘肃省武威、张掖和金昌等地区，青海省和甘肃省能源主管部门安排新建项目时应关注弃光限电风险。

五、请电网企业依据年度建设规模安排，及时制定配套电网建设方案，协调推进配套电网建设和改造，及时做好光伏发电项目的电网接入和并网运行服务工作。对分布式光伏发电项目，电网企业要保障用户安全可靠用电，及时做好电量计量、电费结算和国家补贴资金转拨等工作。

六、请各省级能源主管部门、能源监管派出机构加强项目建设运行情况的监督检查，确保光伏发电健康有序发展。国家太阳能发电技术归口管理单位加强光伏发电项目建设、运行情况的监测和信息统计。

附件：各地区2014年新增光伏发电建设规模表

国家能源局

2014年1月17日

各地区2014年新增光伏发电建设规模表

序号	省（自治区、直辖市）	2014年新增光伏发电建设规模（单位：万千瓦）		
		合计	分布式光伏	光伏电站
合计	全国	1405	800	605
1	北京	30	20	10
2	天津	22	20	2
3	河北	100	60	40
4	山西	45	10	35
5	内蒙古	55	5	50
6	山东	120	100	20
7	辽宁	25	20	5
8	吉林	15	10	5
9	黑龙江	10	5	5
10	上海	20	20	
11	江苏	120	100	20
12	浙江	120	100	20
13	安徽	55	30	25
14	福建	35	30	5
15	河南	75	55	20
16	湖北	40	20	20
17	湖南	25	20	5
18	江西	38	30	8
19	四川	10	2	8
20	重庆	1	1	
21	西藏	6	1	5
22	陕西	50	10	40
23	甘肃	55	5	50
24	宁夏	50	10	40
25	青海	55	5	50
26	新疆	65	5	60
	兵团	20		20
27	广东	100	90	10
28	广西	15	10	5
29	云南	11	1	10
30	贵州	6	3	3
31	海南	11	2	9

关于做好2014年煤炭行业淘汰落后产能工作的通知

国能煤炭〔2014〕135号

有关省、自治区、直辖市人民政府，新疆生产建设兵团：

根据《国务院关于进一步加强淘汰落后产能工作的通知》（国发〔2010〕7号）和《工信部 国家发展改革委 国家能源局等部门关于印发淘汰落后产能工作考核实施方案的通知》（工信部联产业〔2011〕46号）要求，经研究，现将2014年煤炭行业淘汰落后产能工作有关事项通知如下：

一、淘汰煤炭落后产能作为调整优化煤炭产业结构的重要手段，对转变煤炭发展方式、提高煤炭生产力水平、促进煤炭工业健康发展具有重要意义。各地要充分认识此项工作的重要性，加强组织领导，采取切实有效措施，加大监督检查力度，加快淘汰煤炭落后产能，确保完成2014年淘汰落后产能计划（附后）。

二、请按照《国务院办公厅关于进一步加强煤矿安全生产工作的意见》（国办发〔2013〕99号）和《国务院办公厅关于促进煤炭行业平稳运行的意见》（国办发〔2013〕104号）要求，逐步淘汰9万吨/年及以下煤矿；对非法违法开采和不具备安全生产条件的煤矿，坚决予以关闭；对安全基础条件差且难以改造，以及煤与瓦斯突出等灾害严重的小煤矿，要加强监管，加快引导其退出煤炭生产领域；对具备资源优势和改造提升条件的小煤矿，鼓励其参与煤矿企业兼并重组，实施改造升级。

三、请认真组织淘汰落后产能煤矿的检查验收，并将淘汰煤炭落后产能完成情况在省级人民政府网站向社会公告。公告中安全生产许可证编号，以及淘汰完成时间等内容应据实填写，并与淘汰煤矿一一对应。

四、各地方有关部门要大力支持大中型煤矿企业发挥资金、技术和管理优势，兼并重组小型煤矿企业，提高小煤矿的技术、装备及管理水平。要积极研究出台煤炭行业淘汰落后产能相关政策，充分发挥财政资金引导作用，强化环境保护、安全生产、职业健康等对落后产能的约束，推进淘汰煤炭落后产能工作落实。

附件：2014年煤炭行业淘汰落后产能计划

国家能源局 国家煤矿安全监察局

2014年3月27日

附件：2014年煤炭行业淘汰落后产能计划

单位：处、万吨/年

序号	省别	淘汰煤矿数量	淘汰落后产能	关闭退出		改造升级		兼并重组	
				数量	产能	数量	产能	数量	产能
	全国	1725	11748	800	4070	402	1766	523	5912
1	北京	0	0	0	0	0	0	0	0
2	河北	12	50	6	30	6	20	0	0
3	山西	0	0	0	0	0	0	0	0
4	内蒙古	0	0	0	0	0	0	0	0
5	辽宁	61	100	36	65	25	35	0	0
6	吉林	13	55	13	55	0	0	0	0
7	黑龙江	75	210	75	210	0	0	0	0
8	江苏	0	0	0	0	0	0	0	0
9	安徽	10	60	10	60	0	0	0	0
10	福建	15	111	15	111	0	0	0	0

11	江西	80	192	23	50	57	142	0	0
12	山东	28	444	7	87	21	357	0	0
13	河南	0	0	0	0	0	0	0	0
14	湖北	45	135	15	45	30	90	0	0
15	湖南	170	850	156	779	14	71	0	0
16	广西	1	3	1	3	0	0	0	0
17	重庆	390	1270	30	90	80	200	280	980
18	四川	250	1050	100	600	150	450	0	0
19	贵州	400	6540	170	1440	10	300	220	4800
20	云南	120	360	120	360	0	0	0	0
21	陕西	8	85	5	20	3	65	0	0
22	甘肃	40	180	15	45	5	30	20	105
23	青海	2	12	1	6	1	6	0	0
24	宁夏	0	0	0	0	0	0	0	0
25	新疆	5	41	2	14	0	0	3	27
注：北京、山西、内蒙古、江苏、河南、宁夏基本完成淘汰落后小煤矿任务									

关于做好2014年风电并网消纳工作的通知

国能新能〔2014〕136号

各省（自治区、直辖市）发展改革委、能源局，各派出机构，国家电网公司、南方电网公司、中国华能集团公司、中国大唐集团公司、中国华电集团公司、中国国电集团公司、中国电力投资集团公司、中国神华集团公司、中国华润集团公司、中国长江三峡集团公司、国家开发投资公司、中国核工业集团公司、中国广核集团公司、中国电力建设集团公司、中国能源建设集团公司、中国风能协会、国家可再生能源中心：

2013年，我国风电并网和消纳取得积极成效，严重的弃风限电问题得到有效缓解，全国除河北省张家口地区外，内蒙古、吉林、甘肃酒泉等弃风严重地区的限电比例均有所下降，全国风电平均利用小时数同比增长180小时左右，弃风电量同比下降约50亿千瓦时。但弃风限电问题并未根本解决，局部地区弃风仍制约着我国风电产业的发展。为促进风电产业持续健康发展，充分发挥风电节能环保和治理大气污染的作用，现将2013年度各省（区、市）风电年平均利用小时数予以公布，并就做好2014年风电并网和消纳工作通知如下：

一、 充分认识风电消纳的重要性。作为较成熟的新能源发电技术，经过近年来的快速发展，风电已成为我国第三大电源，在调整能源消费结构、增加清洁能源供应、实现节能减排等方面发挥了重要作用，未来发展潜力很大。各省（区、市）、有关部门和企业要充分认识风电消纳的重要性，结合推动能源生产消费革命的要求，把不断提高风电等清洁能源在电力消费中的比重作为产业发展的核心目标，积极创新体制机制，采取有效的技术和政策措施，做好风电消纳，确保风电产业持续健康发展。我局将按照"加强事中和事后监管"的要求，监测各省（区、市）风电并网运行和市场消纳情况，及时向社会公布情况，并以此为风电行业宏观管理的依据。弃风限电较严重的地区，在问题解决前原则上不再扩大风电建设规模。

二、 着力保障重点地区的风电消纳。目前弃风限电问题仍较严重的河北省张家口、吉林省、内蒙古自治区锡林郭勒盟、呼伦贝尔市和兴安盟等地区，要深入分析和研究弃风的根本性原因，提出针对性的整体解决方案，切实采取有效措施，力争尽快解决弃风限电问题。河北省要继续加快张家口地区与京津唐电网和河北南网的输电通道建设，力争年底前投入运行。内蒙古自治区要在保障风电利用小时数不下降的基础上，重点解决兴安盟和呼伦贝尔市的风电并网运行困难。吉林省要有效深挖调度潜力，妥善处理供暖和发电关系，确保2014年度风电利用小时数达到

1800小时。

三、 加强风电基地配套送出通道建设。风能资源丰富地区建设风电基地，是我国风电发展的重要内容。电网企业要根据风电基地建设规划，认真建设风电基地配套送出通道，不断完善网架结构，扩大风能资源配置范围，提高电网消纳风电的能力。2014年，要根据我局工作部署，重点保障哈密风电基地二期、酒泉风电基地二期第一批项目和增加京津冀地区清洁能源供应而规划建设的张家口风电基地二期、承德风电基地二期以及内蒙古自治区乌兰察布市风电基地、锡林郭勒盟风电基地等项目的配套送出通道的规划和建设，确保上述项目如期、顺利并网运行。

四、 大力推动分散风能资源的开发建设。随着低风速风电技术的不断进步，中东部和南方地区的分散风能资源的开发价值也逐渐提高，这些区域市场消纳能力较强，大力开发利用风电将进一步促进我国风电产业持续健康发展。各相关省（区、市）要在科学规划的基础上，以本地电网就近消纳为原则，合理确定项目建设规模和时序，不断完善风电开发建设的技术标准，协调项目建设与环境保护、水土保持等的关系，充分发挥风电节能减排和环境保护的重要作用。

五、 优化风电并网运行和调度管理。内蒙古自治区等地的运行实践表明，深入挖掘系统调峰潜力，不断提高本地电网消纳风电的能力是促进风电发展的有效措施。风电规模较大的内蒙古、黑龙江、吉林、河北、辽宁、甘肃、宁夏和新疆等地，要进一步优化和创新本地电网的运行管理机制，统筹协调系统内调峰电源配置，协调风电、光伏发电等清洁能源与传统化石能源发电之间的调度次序，深入挖掘系统调峰潜力，确保风电等清洁能源优先上网和全额收购。对国家能源局部署的示范项目，不得采取限制出力等措施。

六、 做好风电并网服务。电网企业对已列入核准计划或国家重点规划的风电基地项目，要积极开展接入系统设计和评审工作，原则上应在核准计划下发当年出具所列项目的并网承诺函，避免因电力配套设施建设滞后导致的弃风限电。我局将重点跟踪各批计划的执行情况，对因并网条件不落实而未能在文件有效期内完成核准的风电项目，将及时向全社会公布。

附件：2013年度各省级电网区域风电利用小时数统计表（略）

国家能源局
2014年3月12日

关于进一步落实分布式光伏发电有关政策的通知

国能新能[2014]406号

各省（区、市）发展改革委（能源局）、新疆生产建设兵团发展改革委，各派出机构，国家电网公司、南方电网公司、内蒙古电力（集团）有限公司，华能集团、大唐集团、华电集团、国电集团、中国电力投资集团、神华集团公司、国家开发投资公司、中国节能环保集团公司、中国广核集团公司，水电水利规划设计总院、电力规划设计总院：

《国务院关于促进光伏产业健康发展的若干意见》（国发[2013]24号）发布以来，各地区积极制定配套政策和实施方案，有力推动了分布式光伏发电在众多领域的多种方式利用，呈现出良好发展态势。但是各地区还存在不同程度的政策尚未完全落实、配套措施缺失、工作机制不健全等问题。为破解分布式光伏发电应用的关键制约，大力推进光伏发电多元化发展，加快扩大光伏发电市场规模，现就进一步落实分布式光伏发电有关政策通知如下：

一、高度重视发展分布式光伏发电的意义。光伏发电是我国重要的战略性新兴产业，大力推进光伏发电应用对优化能源结构、保障能源安全、改善生态环境、转变城乡用能方式具有重大战略意义。分布式光伏发电应用范围广，在城乡建筑、工业、农业、交通、公共设施等领域都有广阔应用前景，既是推动能源生产和消费革命的重要力量，也是促进稳增长调结构促改革惠民生的重要举措。各地区要高度重视发展分布式光伏发电的重大战略意义，主动作为，创新机制，全方位推动分布式光伏发电应用。

二、加强分布式光伏发电应用规划工作。各地区要将光伏发电纳入能源开发利用和城镇建设等相关规划，省级能源主管部门要组织工业企业集中的市县及各类开发区，系统开展建筑屋顶及其他场地光伏发电应用的资源调查工作，综合考虑屋顶面积、用电负荷等条件，编制分布式光伏发电应用规划，结合建设条件提出年度计划。各新能源示范城市、绿色能源示范县、新能源应用示范区、分布式光伏发电应用示范区要制定分布式光伏发电应用规划，并按年度落实重点建设项目。优先保障各类示范区和其它规划明确且建设条件落实的项目的年度规模指标。

三、鼓励开展多种形式的分布式光伏发电应用。充分利用具备条件的建筑屋顶（含附属空闲场地）资源，鼓励屋顶面积大、用电负荷大、电网供电价格高的开发区和大型工商企业率先开展光伏发电应用。鼓励各级地方政府在国家补贴基础上制定配套财政补贴政策，并且对公共机构、保障性住房和农村适当加大支持力度。鼓励在火车站（含高铁站）、高速公路服务区、飞机场航站楼、大型综合交通枢纽建筑、大型体育场馆和停车场等公共设施系统推广光伏发电，在相关建筑等设施的规划和设计中将光伏发电应用作为重要元素，鼓励大型企业集团对下属企业统一组织建设分布式光伏发电工程。因地制宜利用废弃土地、荒山荒坡、农业大棚、滩涂、鱼塘、湖泊等建设就地消纳的分布式光伏电站。鼓励分布式光伏发电与农户扶贫、新农村建设、农业设施相结合，促进农村居民生活改善和农业农村发展。对各类自发自用为主的分布式光伏发电项目，在受到建设规模指标限制时，省级能源主管部门应及时调剂解决或向国家能源局申请追加规模指标。

四、加强对建筑屋顶资源使用的统筹协调。鼓励地方政府建立光伏发电应用协调工作机制，引导建筑业主单位（含使用单位）自建或与专业化企业合作建设屋顶光伏发电工程，主动协调电网接入、项目备案、建筑管理等工作。对屋顶面积达到一定规模且适宜光伏发电应用的新建和改扩建建筑物，应要求同步安装光伏发电设施或预留安装条件。政府投资或财政补助的公共建筑、保障性住房、新城镇和新农村建设，应优先考虑光伏发电应用。地方政府可根据本地实际，通过制定示范合同文本等方式，引导区域内企业建立规范的光伏发电合同能源管理服务模式。地方政府可将建筑光伏发电应用纳入节能减排考核及奖惩制度，消纳分布式光伏发电量的单位可按折算的节能量参与相关交易。鼓励分布式光伏发电项目根据《温室气体自愿减排交易管理暂行办法》参与国内自愿碳减排交易。

五、完善分布式光伏发电工程标准和质量管理。加强光伏产品、光伏发电工程和建筑安装光伏发电设施的安全性评价和管理工作，对载荷校核、安装方式、抗风、防震、消防、避雷等要严格执行国家标准和工程规范。并网运行的光伏发电项目和享受各级政府补贴的非并网独立光伏发电项目，须采用经国家认监委批准的认证机构认证的光伏产品。建设单位进行设备的采购招标时，应明确要求采用获得认证的光伏产品，施工单位应具备相应的资质要求。各地区的市县（区）政府要建立建筑光伏发电应用的统筹协调管理工作机制，加强分布式光伏发电项目的质量管理和安全监督。各级地方政府不得随意设置审批和收费事项，不得限制符合国家标准和市场准入条件的产品进入本地市场，不得向项目单位提出采购本地产品的不合理要求，不得以各种方式为低劣产品提供市场保护。

六、建立简便高效规范的项目备案管理工作机制。各级能源主管部门要抓紧制定完善分布式光伏发电项目备案管理的工作细则，督促市县（区）能源主管部门设立分布式光伏发电项目备案受理窗口，建立简便高效规范的工作流程，明确项目备案条件和办理时限，并向社会公布。鼓励市县（区）政府设立"一站式"管理服务窗口，建立多部门高效协调的管理工作机制，并与电网企业衔接好项目接网条件和并网服务。对个人利用住宅（或个人所有的营业性建筑）建设的分布式光伏发电项目，电网企业直接受理并网申请后代个人向当地能源主管部门办理项目备案。

七、完善分布式光伏发电发展模式。利用建筑屋顶及附属场地建设的分布式光伏发电项目，在项目备案时可选择"自发自用、余电上网"或"全额上网"中的一种模式。"全额上网"项目的全部发电量由电网企业按照当地光伏电站标杆上网电价收购。已按"自发自用、余电上网"模式执行的项目，在用电负荷显著减少（含消失）或供用电关系无法履行的情况下，允许变更为"全额上网"模式，项目单位要向当地能源主管部门申请变更备案，与电网企业签订新的并网协议和购售电合同，电网企业负责向财政部和国家能源局申请补贴目录变更。在地面或利用农业大棚等无电力消费设施建设、以35千伏及以下电压等级接入电网（东北地区66千伏及以下）、单个项目容量不超过2万千瓦且所发电量主要在并网点变电台区消纳的光伏电站项目，纳入分布式光伏发电规模指标管理，执行当地光伏电站标杆上网电价，电网企业按照《分布式发电管理暂行办法》的第十七条规定及设立的"绿色通道"，由地级市或县级电网企业按照简化程序办理电网接入并提供相应并网服务。

八、进一步创新分布式光伏发电应用示范区建设。继续推进分布式光伏发电应用示范区建设，重点开展发展模式、投融资模式及专业化服务模式创新。在示范区探索分布式光伏发电区域电力交易试点，允许分布式光伏发电项目向同一变电台区的符合政策和条件的电力用户直接售电，电价由供用电双方协商，电网企业负责输电和电费结算。鼓励示范区政府与银行等金融机构合作开展金融服务创新试点，通过设立公共担保基金、公共资金池等方式为本地区光伏发电项目提供融资服务。各省级能源主管部门组织具备条件的地区提出示范区实施方案报国家能源局，国家能源局会同有关部门研究确定有关政策条件后指导示范区组织实施。对示范区内的分布式光伏发电项目（含就近消纳的分布式光伏电站），可按照"先备案，后追加规模指标"方式管理，以支持示范区建设持续进行。

九、完善分布式光伏发电接网和并网运行服务。在市县（区）电网企业设立分布式光伏发电 "一站式"并网服务窗口，明确办理并网手续的申请条件、工作流程、办理时限，并在电网企业相关网站公布。对法人单位申请并网的光伏发电项目，电网企业应及时出具项目接入电网意见函，在项目完成备案后开展相关配套并网工作，对个人利用住宅（或个人所有的营业性建筑）建设的分布式光伏发电项目，电网企业直接受理并及时开展相关并网服务。电网企业应按规定的并网点及时完成应承担的接网工程，在符合电网运行安全技术要求的前提下，尽可能在用户侧以较低电压等级接入，允许内部多点接入配电系统，避免安装不必要的升压设备。项目单位和电网企业要相互配合，如对接网方式存在争议，可申请国家能源局派出机构协调。电网企业提供的电能计量表应可明确区分项目总发电量、"自发自用"电量（包括合同能源服务方式中光伏企业向电力用户的供电量）和上网电量，并具备向电力运行调度机构传送项目运行信息的功能。

十、加强配套电网技术和管理体系建设。各级电网企业在进行配电网规划和建设时，要充分考虑当地分布式光伏发电的发展潜力、规划和建设情况，采用相应的智能电网技术、配置相应的安全保护和运行调节设施。对分布式光伏发电规模大的新能源示范城市、绿色能源示范县、分布式光伏发电应用示范区，应同步制定相应的智能配电网建设方案，建设双向互动、控制灵活、安全可靠的配电网系统。建立包含分布式光伏发电功率预测和实时运行监测等功能的配电网运行信息管理系统，开展需求侧响应负荷管理，对区域内的分布式光伏发电实现实时动态监控和发输用一体化控制。鼓励探索微电网技术并在相对独立的区域应用，提高局部电网接纳高比例分布式光伏发电的能力。

十一、完善分布式光伏发电的电费结算和补贴拨付。各电网企业按月（或双方约定）与分布式光伏发电项目单位（含个人）结算电费和转付国家补贴资金，要做好分布式光伏发电的发电量预测，按分布式光伏发电项目优先原则做好补贴资金使用预算和计划，保障分布式光伏发电项目的国家补贴资金及时足额转付到位。电网企业应按照有关规定配合当地税务部门处理好购买分布式光伏发电项目电力产品发票开具和税款征收问题。对已备案且符合年度规模管理的项目，电网企业应做好项目电费结算和补贴发放情况的统计，并按要求向国家和省级能源主管部门及国家能源局派出机构报送相关信息。项目并网验收后，电网企业代理按季度向财政部和国家能源局上报项目补贴资格申请。

十二、创新分布式光伏发电融资服务。鼓励银行等金融机构结合分布式光伏发电的特点和融资需求，对分布式光伏发电项目提供优惠贷款，采取灵活的贷款担保方式，探索以项目售电收费权和项目资产为质押的贷款机制。鼓励银行等金融机构与地方政府合作建立分布式光伏发电项目融资服务平台，与光伏发电骨干企业建立银企战略合作关系，探索对有效益、有市场、有订单、有信誉的“四有企业”实行封闭贷款。鼓励地方政府结合民生项目对分布式光伏发电提供贷款贴息政策。鼓励采用融资租赁方式为光伏发电提供一体化融资租赁服务，鼓励各类基金、保险、信托等与产业资本结合，探索建立光伏发电投资基金，鼓励担保机构对中小企业建设分布式光伏开展信用担保，在支农金融服务中开展支持光伏入户和农业设施光伏利用业务。建立以个人收入等为信用条件的贷款机制，逐步推行对信用度高的个人安装分布式光伏发电设施提供免担保贷款。

十三、完善产业体系和公共服务。通过市场机制培育分布式光伏发电系统规划设计、工程建设、评估认证、运营维护等环节的专业化服务能力。鼓励技术先进、投资能力强、经营规范的企业按照统一标准规范开展项目设计、施工、建设、管理及运营一体化服务，建立网络化的营销和技术服务体系。完善光伏发电工程设计、施工和运行维护的从业资格认证制度,健全相关从业机构和企业的资信管理体系。建立光伏产业监测和预警机制，及时发布技术、市场、产能、质量等信息和预警预报，引导行业理性健康发展。

十四、加强信息统计和监测体系建设。国家能源局建立并完善覆盖光伏发电项目备案、接网申请、建设进度、并网容量、发电量、利用方式等情况的信息管理系统，委托国家可再生能源信息管理中心（依托中国水电水利规划设计总院）管理。各市县（区）能源主管部门按月在信息管理系统填报项目备案情况，各省级能源主管部门及时督促并汇总，国家能源局派出机构及时查询跟踪情况。国家电网公司、南方电网公司等电网企业按月进行接网申请、并网容量、发电量信息、电费结算、补贴发放等情况的信息统计，按月报送国家能源局并抄送国家可再生能源信息管理中心。各省级能源主管部门按季度在信息管理系统报送项目备案、建设和运行的汇总信息，按半年、全年向国家能源局上报发展情况的总结报告。国家可再生能源信息管理中心按季度、半年、全年向国家能源局报送全国光伏发电统计及评价报告。

十五、加强政策落实的监督检查和市场监管。国家能源局派出机构会同地方能源主管部门等加强分布式光伏发电相关国家和地方政策落实的监督检查。国家能源局派出机构负责对分布式光伏发电的并网安全进行监管，电网企业应配合做好安全监管的技术支持工作。建立对电网企业的接网服务、接入方案、并网运行、电能计量、电量收购、电费结算、补贴资金发放各环节进行全程监管的工作机制。加强对分布式光伏发电合同能源服务以及电力交易的监管，相关方发生争议时，可向国家能源局派出机构申请协调，也可通过12398举报投诉电话反映，国家能源局派出机构应会同当地能源主管部门协调解决。如电网公司未按照规定接入和收购光伏发电的电量，按照《可再生能源法》第二十九条规定承担法律责任。国家能源局派出机构会同省级能源主管部门对分布式光伏发电开展专项监管，按半年、全年向国家能源局上报专项监管报告，并以适当方式向社会公布，发现重大问题及时上报。

国家能源局

2014年9月2日

工业和信息化部政策文件

关于印发《2015年工业绿色发展专项行动实施方案》的通知

工信部节〔2015〕61号

各省、自治区、直辖市及计划单列市、新疆生产建设兵团工业和信息化主管部门：

为加快实施工业绿色发展战略，提高能源资源利用效率，减少污染物排放，促进工业可持续发展，我部决定2015年继续组织实施工业绿色发展专项行动。现将《2015年工业绿色发展专项行动实施方案》印发给你们，请结合实际，加强组织协调，认真贯彻落实。

附件：2015年工业绿色发展专项行动实施方案

工业和信息化部
2015年2月27日

附件：2015年工业绿色发展专项行动实施方案

为加快实施工业绿色发展战略，构建资源节约型环境友好型的工业体系，按照我部工业转型升级行动计划统一要求，制定本实施方案。

一、指导思想

贯彻落实生态文明建设和全面深化改革总体要求，顺应人民群众对良好生态环境的期待，以生态文明建设与工业发展相互促进、和谐发展为目标，以重点领域、重点区域节能减排为着力点，突出机制模式创新与务实推动，加快利用信息技术促进节能减排，强化支撑服务与考核评估，力争在重点领域、重点区域工业绿色发展上取得新突破，实现以点带面，推动工业节能与综合利用工作再上新台阶。

二、主要目标

通过实施2015年工业绿色发展专项行动，预期实现以下目标：

（一）提升重点区域重点行业煤炭清洁高效利用水平，到2015年底，减少煤炭消耗400万吨以上。指导京津冀及周边地区、长三角等重点工业企业实施清洁生产技术改造，预计全年削减二氧化硫7万吨、氮氧化物6万吨、工业烟（粉）尘4万吨、挥发性有机物2万吨。

（二）建立覆盖2000家以上重点用能企业的全国工业节能监测分析平台，实现对试点地区工业能耗数据的动态监控及预警预测。推进企业能源管理中心建设，完成钢铁、建材、石化等200家企业能源管理中心项目验收工作，新启动100家项目建设。在通信、金融、电力等部门启动30家绿色数据中心试点建设。

（三）初步建立京津冀及周边地区工业资源综合利用协同发展机制，完善产业链。实现京津冀及周边地区尾矿、冶炼渣等工业固废综合利用量约6000万吨/年。

三、重点工作

（一）推进重点行业清洁生产和结构优化，减少大气污染物排放

1.推进工业领域煤炭清洁高效利用。印发煤炭清洁高效利用行动计划，指导煤炭消耗大的城市，结合本地产业实际，围绕焦化、煤化工、工业炉窑和工业锅炉等编制具体实施方案，加大地方政府组织协调力度，实施燃煤锅炉节能环保综合提升工程。推动辖区内相关企业实施工业用煤技术改造和节能技术改造，培育一批技术创新能力强、拥有自主知识产权和品牌、高能效的锅炉生产企业和节能服务企业，优化产品结构、加强产业融合，综合提升区域煤炭清洁高效利用水平，实现控煤、减煤，降低大气污染物排放，促进环境质量改善。

2.提升重点行业能效水平。实施高耗能行业能效“领跑者”制度，在水泥、平板玻璃行业推进贯彻强制性能耗限额标准，制定能效“领跑者”试点实施方案并组织实施。指导和督促地方按照《大气污染防治重点工业行业清洁生产技术推行方案》和地方编制的实施计划，加快钢铁、建材、石化、化工、有色金属冶炼等重点行业实施清洁生产技术改造，大幅削减工业烟（粉）尘、二氧化硫、氮氧化物和挥发性有机物。出台《绿色建材评价标识管理办法实施细则》，开展绿色建材评价，加快绿色建材推广应用。

3.加强对重点区域工业清洁生产工作的指导。落实《国务院大气污染防治行动计划》及《京津冀及周边地区重点工业企业清洁生产水平提升计划》，对有关地方工业主管部门管理人员及工业企业负责人开展培训，指导地方和

重点企业加快实施清洁生产技术改造。按照全国大气污染防治部际协调会议和京津冀及周边地区大气污染防治协调小组、长三角区域大气污染防治协调小组会议部署，履行成员单位职责，指导重点地区做好工业领域大气污染防治工作。

（二）组织实施数字能效推进计划

1. 推进重点行业企业能管中心建设。制定发布钢铁、化工、建材、轻工等行业《重点用能行业企业能源管理中心建设实施方案》，规范企业能源管理中心的建设标准、验收标准，指导支持各行业加快建设能源管理中心，提升企业能源管理信息化水平。

2. 推进绿色数据中心试点建设。制定绿色数据中心试点建设方案,组织试点省市围绕生产制造、能源、电信、互联网、公共机构、金融等重点领域开展绿色数据中心试点建设，宣传和推广一批先进适用的节能环保技术、产品和运维管理方法，引导和培育数据中心联盟、中国信息通信研究院、通信标准化协会等一批绿色数据中心技术、解决方案、运维服务的第三方机构。

3. 推进全国工业节能监测分析平台建设。充分利用现有监测工作基础，编制工业节能监测分析平台系统对接建设方案，推动全国系统与上海、山东等试点省市系统联网，按月自动采集工业能耗数据。通过部分地区的试点连接，规范与国家系统相一致的平台连接、数据传输方式，研究建立数据共享机制，制订相关标准规范并予逐步扩大试点范围，确保系统对接的顺利完成。

（三）组织推进京津冀地区工业资源综合利用协同发展

1. 制定专项行动计划。研究制定《京津冀及周边地区工业资源综合利用协同发展行动计划》，明确京津冀地区工业资源综合利用产业协同发展的思路，推进尾矿、废石、粉煤灰、废旧电子电器等资源跨区域协同利用，加强产业对接，探索大宗工业固废及资源化产品区域协同发展新模式，完善工业资源综合利用产业链。

2. 指导地方制定具体实施方案。指导京津冀及周边地区工业和信息化主管部门根据《京津冀及周边地区工业资源综合利用协同发展行动计划》确定的重点任务，协同制定各地区具体实施方案，提出工业固废协同利用目标，确定重点领域，明确协同发展的骨干企业、重点任务和重点工程，并提出保障措施。

3. 加强督促与协调。建立统一协调指导机制，加强对地方实施方案制定及实施情况监督检查，督促京津冀及周边地区工业资源综合利用协同发展项目实施，促进京津冀及周边地区产业和生态一体化发展。

四、进度安排

——印发实施方案，启动工业绿色发展专项行动。（一季度）

——发布《重点用能行业企业能源管理中心建设实施方案》及《工业领域煤炭清洁高效利用行动计划》。（一季度）

——制定《京津冀及周边地区工业资源综合利用协同发展行动计划》，启动区域协调发展机制。（二季度）

——指导省级工业主管部门制定工业节能监测分析平台对接建设实施方案及工业资源综合利用协同发展的实施方案，试点省市完成与国家系统联网，初步建立全国工业节能监测分析平台。（二季度）

——积累监测分析平台运行经验，逐步完善系统建设、数据采集传输等方面的标准和规范要求，组织现场验收。（四季度）

——组织开展京津冀及周边地区清洁生产能力培训和重点地区煤炭清洁高效利用培训，督导地方落实工作职责，编制煤炭清洁高效利用实施方案。（全年）

五、保障措施

（一）加强机制模式创新。我部将联合中国工程院、中国科学院等机构，整合相关行业协会、科研设计单位、节能减排咨询服务公司、投融资机构等资源，加强机制模式创新。组建多领域、跨学科的创新联盟，指导关键共性节能减排技术方案的研发设计，增加针对性和实用性。培育一批资源整合能力强、规范化服务的节能服务公司，加快规模化节能减排技术改造。加强与产业基金、投资公司、银行等金融机构的对接，探索政府组织协调、企业为主体、第三方机构担保、金融机构支持的投融资模式，为工业绿色发展提供支撑。

（二）推动形成工作合力。紧紧抓住国务院实施大气污染防治行动计划及京津冀协同发展上升为国家战略的有利时机，注重发挥地方政府作用，加强与发改、环保、财政、科技等部门紧密合作，推动建立部门互动、区域联动、上下齐动的工作机制，营造工业绿色发展的政策环境。建立大气污染防治及工业资源综合利用产业发展跨区域协调联动工作机制，加强产业对接，加强对地方工作的指导，促进区域间节能环保产业实质性合作。

（三）加大政策支持。利用中央财政技术改造、清洁生产等专项资金，支持工业绿色发展专项行动重点项目建设。研究利用产业基金等资金渠道，支持重点工业企业节能减排技术改造。请地方工业主管部门加大工作力度，充分利用节能减排、技术改造、中小企业、信息化等专项资金，支持工业绿色发展专项行动。

（四）加强督导考核评价。严格落实大气污染防治计划考核实施方案，加强对地方清洁生产等相关工作的考核督导。充分发挥地方各级节能监察及质监系统监督机构作用，加强对能效提升计划执行情况的监督评价，开展专项检查，推动建立公开、公平、公正、有效管用的监督检查机制。

全国工业能效指南（2014年版）（节录）

（工信厅节〔2014〕222号 工业和信息化部2014年12月5日印发）

前言

推进工业绿色转型、提升工业能效是贯彻落实党的十八届三中全会精神，推进生态文明建设的重大措施。《工业节能 “十二五”规划》提出到2015年规模以上工业增加值能耗比2010年下降21%左右，主要工业产品单位能耗持续下降；《大气污染防治行动计划》（国发〔2013〕37号）和《2014 —2015年节能减排低碳发展行动方案》（国办发〔2014〕23号）都提出新建高耗能项目单位产品 （产值）能耗要达到国内先进水平，用能设备达到一级能效标准。

“十二五”以来，我国已制修定了73项单位产品能耗限额标准和54项终端用能产品能效标准，基本覆盖了主要高耗能行业。这些标准体系的制定和贯彻落实，有力地支撑了能效对标达标、淘汰落后用能设备、发布能效标杆、淘汰落后化解过剩产能等工作的开展，保障了工业节能目标的顺利完成。为更好地发挥能效标准、标识在政府监管企业用能行为、企业贯标等方面的支撑作用，按照发挥市场在资源配置中的决定性作用的改革精神，参照负面清单等管理模式，我们系统整理了主要工业领域的节能数据、标准、标识，编制完成了全国工业能效指南，主要内容包括：“工业能效概况”主要系统分析整理了全国2000年以来重要节点年份的工业尤其是六大高耗能行业能源消费总量和结构数据。这些数据反映了我国工业节能的基本情况。

“行业和地区工业能效概况”主要收集整理了分行业工业能源消费量，以及分地区的工业规模、能源消费总量和工业能源结构数据。这些数据主要用于指导地方政府总体把握工业节能工作。

“重点行业产品和工序能效”主要收集整理了重点用能行业单位产品能耗限额标准限定值、准入值和先进值，并汇编了行业能效标杆指标、行业平均指标和国际先进指标些数据主要用于指导开展工业能效对标达标等工作。

“高耗能设备 （终端用能产品）能效”主要收集整理了风机、水泵、电机、锅炉、通用设备等工业领域主要耗能设备能效标准，汇编了能效限定值、节能评价值或1级能效指标，以及部分能效标杆设备指标。这些数据主要用于指导淘汰落后设备，推广先进节能设备产品。 全国工业能效指南（2014年版）的编制得到了国家统计局、各地工业和信息化主管部门和有关行业协会，特别是江苏省经信委、江苏省节能技术服务中心的大力支持和配合。由于是首次编制发布，还有很多需要改进的地方，希望指南的使用者予以批评指正，使之不断充实完善，更好地指导工业能效提升工作，服务工业绿色转型。

（以下略）

关于推进全国工业节能测分析平台建设的通知

工信厅节函〔2014〕826号

各省、自治区、直辖市及计划单列市、新疆生产建设兵团工业和信息化主管部门：

各级节能减排监测系统既是政府实施节能管理、制定调整宏观政策的依据，也是用能企业交流信息、对标达标的服务平台，对于做好工业节能减排工作意义重大。为进一步加强工业能源消费监测分析，提高工业能源利用状况预测预警能力，推动信息化和工业化深度融合，经研究，决定加快推进全国工业节能监测分析平台建设。现将有关事项通知如下：

一、总体思路

在前期国家工业节能减排信息监测系统、各省级节能减排监测系统基础上，按照转变政府职能、加强事中事后监管的要求，充分运用网络信息技术，采用“整体规划，分步实施”的模式，分阶段推动国家系统与地方系统联网、地方系统与企业信息系统连接，实现节能数据共享，建立覆盖全国工业领域的统一、高效、实用节能监测平台。

二、工作目标

第一阶段。建立完善全国工业节能监测分析平台，编制系统对接建设方案，推动国家系统与试点省市系统联网，覆盖重点用能企业2000家以上，实现对试点地区工业能耗数据的动态掌握及预警预测。

第二阶段。制定全国工业节能监测分析平台接口的统一标准，推动各地区节能减排监测系统与国家系统联网对接，覆盖重点用能企业20000家以上，实现全国工业能源消费监测的“一张网”。

三、工作安排

（一）进度安排。第一阶段（2015年年底前），试点省市完成与国家系统联网，按月自动采集有关地区工业能源消费数据并上报国家系统，建立国家、地方数据共享机制，积累监测分析平台运行经验，逐步完善系统建设、数据采集传输等方面的标准和规范要求，初步建立全国工业节能监测分析平台。第二阶段（2016年年底前），扩大平台连接范围，推动各地区健全完善省级节能减排监测系统，完成与国家系统联网，基本建成覆盖全国的工业节能监测分析平台。

（二）试点省市。第一阶段开展省级节能减排监测系统联网并入国家系统的试点省市为辽宁省、上海市、山东省。其他具备相应条件、拟开展试点连接的地区，可向我部提出申请，鼓励有条件的地区加强本地区工业企业用能监测体系建设，进一步建立完善省级节能减排监测系统。

（三）组织落实。有关试点省市要统筹部署推进工业节能监测分析平台对接建设工作，充分利用现有监测工作基础，紧密结合地方实际，构建高效、安全的监测分析平台架构，提出通用性强的监测指标建议，规范与国家系统相一致的平台连接、数据传输方式，确保系统对接的顺利完成。请有关试点省市认真组织编制系统对接建设方案，于2015年1月20日前报送我部备案。试点方案应包含以下内容：工作目标、实施进度、现有工作基础、监测指标建议、平台技术路径、组织保障措施、监测覆盖企业名单等。

（四）验收和推广。有关试点省市按照方案完成平台对接建设后，由工业和信息化部组织进行总结验收，审定平台建设、运行等是否达到目标要求，并在现场召开验收推广会，交流试点省市建设经验，凝练相关标准规范并予以推广，推动其他地区参照试点省市开展系统对接建设工作。

四、工作要求

（一）建立工作机制。有关地区工业和信息化主管部门要加强对平台建设工作的组织领导，建立由该地区各级工业和信息化主管部门、节能监察机构、技术支撑机构、相关重点用能企业共同参与的工作机制，细化工作进度要求，落实责任部门和责任人，按时按质完成各项工作任务。

（二）提高基础能力。工业和信息化部研究建立节能监测数据共享机制，将全国工业节能监测分析平台内有关数据按月反馈给各地区工业和信息化主管部门，并定期组织开展有关培训和交流。支持未建省级系统的地区按月梳理掌握本地区重点企业节能情况，加快开发建设省级节能减排监测系统，进一步夯实节能管理基础。

（三）加大支持力度。有关地区工业和信息化主管部门要加强统筹协调，保障省级节能减排监测系统的运行维护经费，利用现有资金渠道对平台建设予以支持，推动其区域内管理基础较好、信息化水平较高的重点用能企业加快建设能源管理中心并纳入被监测企业范围。

工业和信息化部办公厅

2014年12月18日

财政部政策文件

关于调整公布第十五期节能产品政府采购清单的通知

财库[2014]6号

党中央有关部门，国务院各部委、各直属机构，全国人大常委会办公厅，全国政协办公厅，高法院，高检院，有关人民团体，各省、自治区、直辖市、计划单列市财政厅（局）、发展改革委（经贸委、经委、经信委、工信厅、工信委、经发局）、新疆生产建设兵团财务局、发展改革委、工信委：自治区、直辖市、计划单列市局）、发展改革委（计委）、经贸委（经委），新疆生产建设兵团财务局、发展改革委、经委：

为了加大节能产品政府采购工作力度，根据《国务院办公厅关于建立政府强制采购节能产品制度的通知》（国办发〔2007〕51号）和财政部、国家发展改革委发布的《节能产品政府采购实施意见》（财库〔2004〕185号）的规定，我们对已发布的“节能产品政府采购清单”（以下简称节能清单）进行了调整。现将调整后的第十五期节能清单印发给你们，并将有关事项通知如下：

一、第十五期节能清单中的计算机设备（台式计算机、便携式计算机和平板式微型计算机）、输入输出设备（激光打印机、针式打印机、液晶显示器）、制冷空调设备、镇流器（管型荧光灯镇流器）、生活用电器（空调机、电热水器）、照明设备（普通照明用自镇流荧光灯、普通照明用双端荧光灯和高压钠灯）、电视设备、便器、水嘴等为政府强制采购节能产品（以“★”标注）。采购人需购买的产品属于政府强制采购节能产品范围，但在第十五期节能清单中无对应细化分类且节能清单中的产品确实无法满足工作需要的，允许在节能清单之外采购。

二、相关企业应当保证节能清单所列型号/系列的产品在本期节能清单有效期内稳定供货，凡发生制造商及其代理商不接受参加政府采购活动邀请、列入节能清单的产品无法正常供货以及其他违反《承诺书》内容情形的，采购人及其他相关当事人应当及时将有关情况向财政部反映，财政部经核实，根据具体违规情形，对制造商做出列入不良供应商行为记录、暂停列入节能清单三个月至两年的处理，并在中华人民共和国财政部网站、中国政府采购网、国家发展改革委网站和中国质量认证中心网站上公告。

三、第十五期节能清单自发布之日起执行。在此之后开展的政府采购活动，应当执行第十五期节能清单，不再执行此前公布的节能清单。未列入本期节能清单的产品不属于政府优先采购和强制采购的范围。凡违反上述规定的，财政部门将依照有关规定严肃处理。

四、已经确定实施的政府集中采购协议供货产品涉及强制类产品的，集中采购机构应当按照本期节能清单重新组织协议供货活动或进行调整。

五、政府采购工程项目应当严格执行节能产品政府优先采购和强制采购制度。在确定工程总包单位时，采购人及其委托的采购代理机构应当明确落实节能产品政府采购政策要求。

六、节能清单在中华人民共和国财政部网站、中国政府采购网、国家发展改革委网站和中国质量认证中心网站上发布，请各采购当事人到上述网站查阅、下载。

七、节能清单中产品的相关销售渠道和联系方式将在上述网站公布。

八、第十五期节能清单中的台式计算机产品性能参数作为附件予以强制执行，即凡与附件所列性能参数不一致的产品，不得参加政府采购活动。

九、节能清单将于2014年7月再次调整并公布，财政部将会同国家发展改革委对2014年5月31日前取得节能认证证书的产品进行审核和公示。

财政部　国家发展改革委
2014年1月15日

关于支持沈阳长春等城市或区域开展新能源汽车推广应用工作的通知

财建〔2014〕10号

有关省、自治区财政厅（局）、科技厅（局、科委）、工业和信息化主管部门、发展改革委：

你们报来的新能源汽车推广应用实施方案收悉。经研究，现批复如下：

根据《财政部　科技部　工业和信息化部?发展改革委关于继续开展新能源汽车推广应用工作的通知》（财建〔

2013〕551号），经专家审核，支持沈阳、长春等12个城市或区域（具体名单见附件）开展新能源汽车推广应用工作。有关城市或区域及所在省（区、市）财政、科技、工业和信息化、发展改革等部门要按照上报的实施方案及有关文件规定，认真组织实施，扎实推进工作。

各城市或区域应创造良好的新能源汽车应用环境，加快建设符合国家标准要求的基础设施，尽快明确并落实地方性鼓励政策；不得设置或变相设置障碍限制采购外地品牌新能源汽车，如设置地方性标准、地方性车型目录等，对已经施行的应尽快整改。

各城市或区域相关主管部门于每季度末前，逐级向四部委报送本季度新能源汽车推广应用实施情况报告，详细说明推广进展、基础设施建设、体制机制创新等情况。

财政部　科技部　工业和信息化部　发展改革委

2014年1月27日

附件:第二批新能源汽车推广应用城市名单

序号	省份	城市/区域
1	内蒙古自治区	城市群（呼和浩特市、包头市）
2	辽 宁 省	沈 阳 市
3	吉 林 省	长 春 市
4	黑龙江省	哈尔滨市
5	江 苏 省	城市群（南京市、常州市、苏州市、南通市、盐城市、扬州市）
6	山 东 省	淄 博 市
7		临 沂 市
8		潍 坊 市
9		聊 城 市
10	四 川 省	泸 州 市
11	贵 州 省	城市群（贵阳市、遵义市、毕节市、安顺市、六盘水市、黔东南州）
12	云 南 省	城市群（昆明市、丽江市、玉溪市、大理市）

关于进一步做好新能源汽车推广应用工作的通知

财建[2014]11号

各省、自治区、直辖市、计划单列市财政厅（局）、科技厅（局、科委）、工业和信息化主管部门、发展改革委：

为加快新能源汽车产业发展，推进节能减排，促进大气污染治理，经国务院批准，2013年，财政部、科技部、工业和信息化部、发展改革委启动了新能源汽车推广应用工作。从实施情况看，各项工作进展顺利，推广数量快速增加，市场规模不断拓展，政策效果已逐步显现。为进一步做好相关工作，现将有关事项通知如下：

一、按照《财政部?科技部　工业和信息化部　发展改革委关于继续开展新能源汽车推广应用工作的通知》（财建〔2013〕551号，以下简称《通知》）规定，纯电动乘用车、插电式混合动力（含增程式）乘用车、纯电动专用车、燃料电池汽车2014和2015年度的补助标准将在2013年标准基础上下降10%和20%。现将上述车型的补贴标准调整为：2014年在2013年标准基础上下降5%，2015年在2013年标准基础上下降10%，从2014年1月1日起开始执行。

二、按照相关文件规定，现行补贴推广政策已明确执行到2015年12月31日。为保持政策连续性，加大支持力度，上述补贴推广政策到期后，中央财政将继续实施补贴政策。具体办法另行公布。

三、按现行办法规定，补助资金按季预拨、年度清算。请各生产企业于每年4月底、7月底和10月底前将上一季度的新能源汽车销售情况及相关证明材料，通过注册所在地财政、科技部门，逐级上报至财政部、科技部，财政部、科技部将根据企业销售情况预拨补助资金。每年1月底前，按上述程序提交上年度的清算报告及产品销售、运营情况，包括销售发票、产品技术参数和牌照信息等，财政部等四部委组织专家审核清算。各级财政等部门要做好中央财政预拨付资金申请及年度清算工作，并按照财政国库管理制度规定及时拨付补助资金。

财政部 科技部 工业和信息化部 发展改革委
2014年1月28日

2014年政府采购工作要点

（财办库[2014]50号 财政部二〇一四年二月二十五日印发）

2014年全国政府采购工作的指导思想是：深入学习贯彻党的十八届三中全会精神，认真落实全国财政工作会议和全国政府采购工作会议精神，统筹国内改革和对外开放，加快完善政府采购法规和政策，积极推进政府购买服务工作，全面加强监督管理，逐步推动政府采购管理从程序导向型向结果导向型转变。

一、建立健全政府采购法规体系

推动出台《政府采购法实施条例》。研究修订政府采购货物服务招标投标、投诉处理、信息公告等部门规章。研究制定政府采购协议供货、服务定点采购、监督检查、社会代理机构监督管理、涉密项目采购管理、中央单位政府采购工作规程等制度办法。各地各部门要根据工作实际，不断加强政府采购法规制度体系建设工作。

二、积极推进政府购买服务工作

制定推进和规范服务项目政府采购工作的相关措施，鼓励各地积极开展政府购买服务试点。在对服务项目需求进行科学分类的基础上，按照方式灵活、程序简便、竞争有效、结果评价的原则组织开展政府购买服务工作。同时，围绕财政支出保障重点，继续推进政府采购扩面增量工作。

三、不断丰富政府采购政策功能体系

加快制定政府采购本国产品、监狱企业、残疾人就业等政府采购政策。研究完善节能环保等绿色采购政策体系，建立绿色采购标准体系和执行机制。继续推进实施《政府采购促进中小企业发展暂行办法》，全面推广政府采购信用担保工作。继续推动各地将通用办公软件列入集中采购目录，做好正版软件政府采购工作。落实招标投标法实施条例，推动在工程项目采购中执行政府采购政策。

四、着力推进政府采购科学管理

适应预算管理制度改革的要求，着力规范和细化政府采购预算编制。贯彻厉行节约要求，加强政府采购计划管理。强化部门和单位的需求管理责任。进一步推进批量集中采购改革工作。在中央层面全面实施新的协议供货办法。全面推进公务机票购买改革工作。加强政府采购履约管理，建立科学合理的采购结果评价依据和指标体系。配合有关部门研究制定公共资源交易平台建设方案。继续推进政府采购管理交易系统建设工作。

五、努力完善政府采购监管机制

完善集中采购机构考核机制，加强集中采购活动监管。会同有关部门继续开展对政府采购社会代理机构的专项检查。依法做好供应商投诉举报处理工作。探索建立供应商、代理机构和评审专家违法违规“黑名单”制度。加大政府采购预算、采购过程、采购结果及采购合同等信息公开力度，强化审计及社会监督。

六、扎实开展政府采购宣传和队伍建设工作

加强政府采购宣传和舆情监测工作，做好社会关注热点、难点问题的释疑解惑工作。强化采购能力建设，多形式多渠道开展采购人、采购监管机构、采购代理机构等各类从业人员的职业道德、业务和系统操作培训工作。推进成立全国和地方政府采购协会，加强行业自律。继续开展中央与地方协作调研，加强对深化政府采购制度改革发展的重大问题以及改革中具体问题的研究。

七、积极开展加入世贸组织《政府采购协议》（GPA）谈判应对工作

按照国务院的统一部署，继续积极稳妥开展GPA谈判，深入推进谈判应对工作，抓紧研究进一步改进出价方案，为今年提交第六份GPA出价做好相关准备。

关于调整公布第十六期节能产品政府采购清单的通知

财库[2014]90号

党中央有关部门,国务院各部委、各直属机构,全国人大常委会办公厅,全国政协办公厅,高法院,高检院,有关人民团体,各省、自治区、直辖市、计划单列市财政厅(局)、发展改革委(经贸委、经委、经信委、工信厅、工信委、经发局)、新疆生产建设兵团财务局、发展改革委、工信委:

为了加大节能产品政府采购工作力度,根据《国务院办公厅关于建立政府强制采购节能产品制度的通知》(国办发〔2007〕51号)和财政部、国家发展改革委发布的《节能产品政府采购实施意见》(财库〔2004〕185号)的规定,我们对已发布的"节能产品政府采购清单"(以下简称节能清单)进行了调整。现将调整后的第十六期节能清单印发给你们,并将有关事项通知如下:

一、第十六期节能清单中的计算机设备(台式计算机、便携式计算机和平板式微型计算机)、输入输出设备(激光打印机、针式打印机、液晶显示器)、制冷空调设备、镇流器(管型荧光灯镇流器)、生活用电器(空调机、电热水器)、照明设备(普通照明用自镇流荧光灯、普通照明用双端荧光灯和高压钠灯)、电视设备、便器、水嘴等为政府强制采购节能产品(以"★"标注)。采购人需购买的产品属于政府强制采购节能产品范围,但在第十六期节能清单中无对应细化分类且节能清单中的产品确实无法满足工作需要的,允许在节能清单之外采购。

二、相关企业应当保证节能清单所列型号/系列的产品在本期节能清单有效期内稳定供货,凡发生制造商及其代理商不接受参加政府采购活动邀请、列入节能清单的产品无法正常供货以及其他违反《承诺书》内容情形的,采购人及其他相关当事人应当及时将有关情况向财政部反映,财政部经核实,根据具体违规情形,对制造商做出列入不良供应商行为记录、暂停列入节能清单三个月至两年的处理,并在中华人民共和国财政部网站(http://www.mof.gov.cn)、中国政府采购网(http://www.ccgp.gov.cn/)、国家发展改革委网站(http://hzs.ndrc.gov.cn/)和中国质量认证中心网站(http://www.cqc.com.cn/)上公告。

三、第十六期节能清单自发布之日起执行。在此之后开展的政府采购活动,应当执行第十六期节能清单,不再执行此前公布的节能清单。未列入本期节能清单的产品不属于政府优先采购和强制采购的范围。凡违反上述规定的,财政部门将依照有关规定严肃处理。

四、已经确定实施的政府集中采购协议供货产品涉及强制类产品的,集中采购机构应当按照本期节能清单重新组织协议供货活动或进行调整。

五、政府采购工程项目应当严格执行节能产品政府优先采购和强制采购制度。在确定工程总包单位时,采购人及其委托的采购代理机构应当明确落实节能产品政府采购政策要求。

六、节能清单在中华人民共和国财政部网站、中国政府采购网、国家发展改革委网站和中国质量认证中心网站上发布,请各采购当事人到上述网站查阅、下载。

七、节能清单中产品的相关销售渠道和联系方式将在上述网站公布。

八、第十六期节能清单中的台式计算机产品性能参数作为附件予以强制执行,即凡与附件所列性能参数不一致的产品,不得参加政府采购活动。

九、节能清单将于2015年1月再次调整并公布,财政部将会同国家发展改革委对2014年11月30日前取得节能认证证书的产品进行审核和公示。

请遵照执行。

财政部 国家发展改革委
2014年7月24日

附件:第十六期节能产品政府采购清单(略)

关于免征新能源汽车车辆购置税的公告

(2014年第53号 财政部、国家税务总局、工业和信息化部公告2014年8月1日)

为促进我国交通能源战略转型、推进生态文明建设、支持新能源汽车产业发展,经国务院批准,现将免征新能源汽车车辆购置税有关事项公告如下:

一、自2014年9月1日至2017年12月31日,对购置的新能源汽车免征车辆购置税。 二, 对免征购置税的新能源汽车，有工业和信息化部、国家税务总局通过发布《免征车辆购置税的新能源汽车车型目录》（以下简称《目录》）实施管理。

（一）列入《目录》的新能源汽车须同时符合以下条件：

1， 获得许可在中国境内销售的纯电动汽车、插电式(含增程式)混合动力汽车、燃料电池汽车。

2， 使用的动力电池不包括铅酸电池。

3， 纯电动续驰里程须符合附件1要求。

4， 插电式混合动力乘用车综合燃料消耗量(不含电能转化的燃料消耗量)与现行的常规燃料消耗量国家标准中对应目标值相比小于60%；插电式混合动力商用车综合燃料消耗量(不含电能转化的燃料消耗量)与现行的常规燃料消耗量国家标准中对应限值相比小于60%。

5， 通过新能源汽车专项检测，符合新能源汽车标准要求。

（二）汽车生产企业或进口汽车经销商(以下简称企业)向工业和信息化部提交《目录》申请报告。

提出申请的企业须同时符合以下条件：

1， 生产或进口符合列入《目录》条件的新能源汽车。

2， 对新能源汽车动力电池、电机、电控等关键零部件提供不低于5年或10万公里(以先到者为准)质保。

3， 有较强的售后服务保障能力。

（三）工业和信息化部会同国家税务总局等部门，对企业提交的申请材料进行审查；通过审查的车型列入《目录》，由工业和信息化部、国家税务总局发布。

自《目录》发布之日起，购置列入《目录》的新能源汽车免征车辆购置税；购置时间为机动车销售统一发票(或有效凭证)上注明的日期。

(四)财政部、国家税务总局、工业和信息化部等部门将适时组织开展《目录》车型专项检查。企业对申报材料的真实性和产品质量负责。对产品与申报材料不符，产品性能指标未达到要求，或者提供其他虚假信息骗取列入《目录》 车型资格的企业，取消该申报车型享受免征车辆购置税政策资格，并依照相关规定予以处理。 (五)财政部、国家税务总局、工业和信息化部将根据我国新能源汽车标准体系发展、技术进步和车型变化，适时修订、调整列入《目录》车型的条件。

三、工业和信息化部根据《目录》确定免征车辆购置税的车辆，税务机关据此办理免税手续。

(一)标注免税标识。

1. 工业和信息化部在机动车合格证电子信息中增加“是否列入《免征车辆购置税的新能源汽车车型目录》”字段。

2. 对列入《目录》的新能源汽车，企业上传机动车整车出厂合格证信息时，在“是否列入《免征车辆购置税的新能源汽车车型目录》”字段标注“是”，即免税标识。

3. 工业和信患化部对企业上传的机动车整车出厂合格证信息中的免税标识进行审核，并将通过审核的信急传送给国家税务总局。

(二)税务机关依据工业和信息化部传送的车辆合格证电子信息中的免税标识，办理免税手续。

关于新能源汽车充电设施建设奖励的通知

财建[2014]692号

各省、自治区、直辖市、计划单列市财政厅（局）、科技厅（局、科委）、工业和信息化主管部门、发展改革委：

为加快新能源汽车充电设施建设，推进新能源汽车产业稳步发展，按照《国务院办公厅关于加快新能源汽车推广应用的指导意见》（国办发〔2014〕35号）等文件精神，中央财政拟安排资金对新能源汽车推广城市或城市群给予充电设施建设奖励。现将有关事项通知如下：

一、奖励对象是经财政部、科技部、工业和信息化部、发展改革委（下称四部委）批复备案的、成效突出且不存在地方保护的新能源汽车推广城市或城市群；其他尚未备案但推广效果较好的城市或城市群，可按程序报经四部委备案后，比照本通知执行。

二、京津冀、长三角和珠三角地区等大气污染治理重点区域中的城市或城市群，2013年度新能源汽车推广数量不低于2500辆（标准车，下同），2014年度不低于5000辆，2015年度不低于10000辆；其他地区的城市或城市群，2013年度推广数量不低于1500辆，2014年度不低于3000辆，2015年度不低于5000辆。推广数量以纯电动乘用车为标准进行计算，其他类型新能源汽车按照相应比例进行折算。不同类型新能源汽车折算系数见附件1。

三、中央财政对符合上述条件的城市或城市群，根据新能源汽车推广数量分年度安排充电设施奖励资金，具体奖励标准见附件2；对符合国家技术标准且日加氢能力不少于200公斤的新建燃料电池汽车加氢站每个站奖励400万元；对服务于钛酸锂纯电动等建设成本较高的快速充电设施，适当提高补助标准。

四、奖励资金与各城市新能源汽车年度推广考核结果挂钩。四部委每年组织对新能源汽车推广城市或城市群进行综合考核，考核结果为优秀的，适当上浮奖励资金，考核结果较差的，相应扣减奖励资金。

五、奖励资金由地方政府统筹用于充电设施建设运营、改造升级、充换电服务网络运营监控系统建设等领域，不得用于新能源汽车购置补贴等。纳入奖励范围的充电设施应符合相应国家和行业标准，具体要求见附件3。

六、地方政府要加大支持力度，将中央财政奖励资金与地方投入统筹使用，结合本地新能源汽车推广应用情况研究制定具体落实办法；对快速充电等建设成本较高的设施适当加大奖励力度；鼓励创新投入方式，采取公私合营（PPP）等建设运营新能源汽车充电设施。

七、符合条件的城市或城市群，由当地财政、科技、工业和信息化、发展改革等部门，按照本通知要求对推广的新能源汽车进行统计折算，编制奖励资金申请报告，提交上年度新能源汽车车辆推广信息，经省级财政、科技、工业和信息化、发展改革部门审核后，联合上报四部委。四部委对各城市或城市群资金申请报告进行审核后按程序拨付奖励资金。

八、地方财政、科技、工业和信息化、发展改革等部门须对本地申报材料的真实性、准确性负责，并加强资金使用的监督管理。对弄虚作假、违规使用资金的城市或城市群，将追缴扣回奖励资金，取消该城市或城市群新能源汽车推广应用资格。

九、本政策执行期限为2013-2015年；2016年以后，财政部等四部委将根据新能源汽车推广应用规模和充电设施建设运营成本等情况，对奖励政策进行适当调整。

财政部　科技部　工业和信息化部　发展改革委

2014年11月18日

环境保护部政策文件

2013年度各省、自治区、直辖市和八家中央企业主要污染物总量减排考核结果公告

（环境保护部 国家统计局 国家发展和改革委员会2014年9月发布）

根据有关规定，环境保护部会同统计局、发展改革委，对2013年度各省、自治区、直辖市和八家中央企业主要污染物总量减排情况进行考核。现公告如下：

党中央、国务院高度重视节能减排工作。国务院常务会议专题研究环保工作，出台《大气污染防治行动计划》，颁布《畜禽规模养殖污染防治条例》。各地区、各部门坚决贯彻国务院部署，综合运用法律、经济、技术、行政等手段，加大工作力度，着力推进“六厂（场）一车”（城镇污水处理厂、造纸厂、火电厂、钢铁厂、水泥厂、畜禽养殖场和机动车）重点工程建设，总量减排工作取得新进展。

2013年，全国新增城镇（含建制镇、工业园区）污水日处理能力1194万吨、再生水日利用能力319万吨，842个造纸、印染等重点项目实施废水深度治理及回用工程；新增脱硝机组2.05亿千瓦，脱硝装机容量累计达4.3亿千瓦，占火电总装机容量的50%；3400万千瓦现役火电机组脱硫设施实施增容改造； 2.03亿千瓦现役火电机组拆除脱硫设施的烟气旁路，无旁路运行脱硫机组累计达4亿千瓦，占火电总装机容量的46%；2.36万平方米钢铁烧结机新增烟气脱硫设施，已脱硫烧结机面积累计达8.7万平方米，占烧结机总面积的63%，平均脱硫效率为26%；5.7亿吨水泥熟料产能新型干法生产线新建脱硝设施，脱硝水泥熟料产能累计达7.2亿吨，占全国新型干法总产能的50%，但仍存在脱硝设施实际投运率较低的问题。石油炼制行业18套、3150万吨催化裂化装置新建脱硫设施，占全国总产能的18%；“煤改气”工程新增用气量26亿立方米，替代原煤490万吨；12724个畜禽规模养殖场完善废弃物处理和资源化利用设施，化学需氧量和氨氮去除效率分别提高7个和27个百分点；淘汰黄标车和老旧车183万辆，持续推进造纸、印染、电力、钢铁、水泥等落后产能淘汰工作。

2013年，全国化学需氧量排放总量2352.7万吨，同比下降2.93%；氨氮排放总量245.7万吨，同比下降3.14%；二氧化硫排放总量2043.9万吨，同比下降3.48%；氮氧化物排放总量2227.3万吨，同比下降4.72%，四项污染物排放量均同比下降。

附：表1. 2013年各省、自治区、直辖市主要污染物总量减排考核结果

表1 2013年各省、自治区、直辖市主要污染物总量减排考核结果

地区	化学需氧量			氨氮			二氧化硫			氮氧化物		
	2012年排放量（万吨）	2013年排放量（万吨）	较2012年增减（%）	2012年排放量（万吨）	2013年排放量（万吨）	较2012年增减（%）	2012年排放量（万吨）	2013年排放量（万吨）	较2012年增减（%）	2012年排放量（万吨）	2013年排放量（万吨）	较2012年增减（%）
北 京	18.65	17.85	-4.30	2.05	1.97	-3.80	9.38	8.70	-7.25	17.75	16.63	-6.29
天 津	22.95	22.15	-3.48	2.55	2.48	-2.82	22.45	21.68	-3.43	33.42	31.17	-6.75
河 北	134.91	130.99	-2.90	11.07	10.71	-3.31	134.12	128.47	-4.21	176.11	165.24	-6.18
山 西	47.68	46.13	-3.24	5.69	5.53	-2.77	130.18	125.54	-3.56	124.40	115.78	-6.93
内蒙古	88.39	86.32	-2.34	5.27	5.11	-3.01	138.50	135.87	-1.90	141.90	137.76	-2.92
辽 宁	130.59	125.26	-4.08	10.75	10.33	-3.89	105.87	102.70	-2.99	103.63	95.54	-7.81
吉 林	78.75	76.12	-3.34	5.63	5.47	-2.85	40.35	38.15	-5.45	57.59	56.05	-2.66
黑龙江	149.87	144.73	-3.43	9.28	8.77	-5.40	51.43	48.91	-4.90	78.06	75.16	-3.72
上 海	24.26	23.56	-2.87	4.74	4.58	-3.50	22.82	21.58	-5.46	40.16	38.03	-5.32
江 苏	119.71	114.89	-4.03	15.31	14.74	-3.73	99.20	94.17	-5.07	147.96	133.80	-9.57
浙 江	78.62	75.51	-3.95	11.23	10.75	-4.26	62.58	59.34	-5.18	80.88	75.30	-6.90
安 徽	92.43	90.27	-2.34	10.61	10.33	-2.65	51.96	50.13	-3.51	92.13	86.37	-6.25
江 西	74.83	73.45	-1.85	9.10	8.88	-2.45	56.77	55.77	-1.76	57.71	57.04	-1.16

山东	192.12	184.57	-3.93	16.86	16.15	-4.19	174.88	164.50	-5.94	173.90	165.13	-5.04
河南	139.36	135.42	-2.82	14.98	14.42	-3.70	127.59	125.40	-1.72	162.59	156.56	-3.71
湖北	108.66	105.82	-2.61	12.89	12.49	-3.17	62.24	59.94	-3.70	64.00	61.24	-4.31
湖南	126.33	124.90	-1.13	16.13	15.77	-2.25	64.50	64.13	-0.57	60.72	58.82	-3.14
广东	180.29	173.39	-3.83	22.42	21.64	-3.47	79.92	76.19	-4.67	130.34	120.42	-7.61
广西	78.03	75.94	-2.68	8.26	8.10	-1.90	50.41	47.20	-6.38	49.83	50.43	1.21
海南	19.74	19.44	-1.52	2.25	2.26	0.67	3.41	3.24	-4.78	10.33	10.02	-2.98
重庆	40.28	39.18	-2.73	5.34	5.22	-2.34	56.48	54.77	-3.03	38.27	36.20	-5.39
四川	126.87	123.20	-2.89	14.07	13.70	-2.62	86.44	81.67	-5.52	65.90	62.43	-5.27
贵州	33.30	32.82	-1.45	3.88	3.82	-1.41	104.11	98.65	-5.25	56.36	55.73	-1.11
云南	54.86	54.72	-0.24	5.87	5.81	-1.02	67.23	66.31	-1.36	54.43	52.38	-3.77
西藏	2.57	2.57	0.00	0.33	0.33	0.00	0.42	0.42	0.00	4.42	4.42	0.00
陕西	53.62	51.92	-3.17	6.19	5.95	-3.80	84.38	80.62	-4.46	80.82	75.89	-6.10
甘肃	38.93	37.91	-2.62	4.10	3.92	-4.48	57.25	56.20	-1.84	47.34	44.29	-6.43
青海	10.37	10.34	-0.35	0.98	0.97	-1.05	15.39	15.67	1.85	12.61	13.23	4.91
宁夏	22.80	22.19	-2.66	1.74	1.70	-2.34	40.66	38.97	-4.16	45.55	43.74	-3.96
新疆 自治区	57.95	57.37	-0.99	4.19	4.12	-1.66	66.30	67.55	1.88	70.47	75.42	7.02
新疆 兵团	9.97	9.86	-1.09	0.53	0.53	-0.05	13.31	15.40	15.65	11.47	13.27	15.67
全国	2423.7	2352.7	-2.93	253.6	245.7	-3.14	2117.6	2043.9	-3.48	2337.8	2227.3	-4.72

交通运输部政策文件

关于交通运输行业贯彻落实《2014—2015年节能减排低碳发展行动方案》的实施意见

（交办法〔2014〕110号　交通运输部2014年6月5日 印发）

为贯彻落实党的十八大、十八届三中全会精神和《国务院办公厅关于印发2014—2015年节能减排低碳发展行动方案的通知》（国办发〔2014〕23号）要求，加快推进绿色交通发展，确保实现国家和行业提出的公路水路交通运输节能减排“十二五”规划目标，交通运输部组织制定了《交通运输行业贯彻落实<2014—2015年节能减排低碳发展行动方案>的实施意见》。请各单位结合本单位实际，认真贯彻执行。

工作目标：到2015年，交通运输能源利用效率显著提高，用能结构得到改善，交通环境污染得到有效控制，二氧化碳排放强度明显降低，绿色交通发展取得显著成效。与2013年相比，公路运输、水路运输单位周转量能耗分别下降4.7%、4.6%，港口生产单位吞吐量综合能耗下降4.9%。与2010年相比，化学需氧量（COD）、总悬浮颗粒物（TSP）等主要污染物排放强度下降20%。

2014—2015年，公路运输实现节能量1100万吨标准煤，减少二氧化碳排放量2386万吨；水路运输实现节能量279万吨标准煤，减少二氧化碳排放量628万吨；港口实现节能量21万吨标准煤，减少二氧化碳排放量34万吨。

一、加快推进重点领域节能减排降碳工作

（一）加强绿色基础设施建设。

加强综合交通运输体系建设。落实国务院《“十二五”综合交通运输体系规划》，发挥各种运输方式比较优势，降低运输能耗强度。加快推进高速公路“断头路”建设，确保“十二五”末完成国家高速公路省际“断头路”项目约367公里，确保“十二五”期开工建设纳入国家公路网规划中的国家高速公路新增路线和纳入国家区域发展规划内高速公路省际“断头路”项目约340公里。加快推进普通国道“瓶颈路段”建设，在确保“十二五”规划目标实现的前提下，根据资金可能，抓紧安排。加快形成公路主干线高速化、次干线快速化、支线加密化的路网结构，稳步提升路网技术等级和路面等级。加快形成以高等级航道为主体的内河航道网。推进港口结构调整，发展专业化、规模化港区。推进综合客货运枢纽建设和集疏运体系建设，大力促进城乡客运一体化进程。推动以公共交通为导向的城市交通发展模式，加快城市轨道交通、公交专用道、快速公交系统（BRT）等大容量公共交通基础设施建设。鼓励引导自行车道和行人步道等城市慢行系统建设。

加强资源节约利用。在交通基础设施设计、施工和监理过程中，严格贯彻执行有关环评和能评要求。全面推行现代公路工程管理，深入开展高速公路施工标准化活动。对改扩建工程，试点应用温拌沥青、沥青冷再生等低碳铺路技术和路面材料循环利用技术。大力推广隧道通风照明节能控制技术。促进太阳能、风能等可再生能源在隧道、服务区、收费站等领域的应用。

（二）推广应用绿色交通运输装备。

推广节能和清洁能源交通运输装备。严格执行营运车辆燃料消耗量限值标准，不达标的车辆不准进入道路运输市场。继续推进天然气汽车在道路运输和城市公交中的应用。贯彻落实国家关于新能源汽车推广应用的战略部署，研究制定在城市公交、出租汽车、城市配送等领域推广应用新能源汽车的指导意见。推进新建船舶燃料消耗量和二氧化碳排放量准入管理。落实交通运输部《推进水运行业应用液化天然气的指导意见》，稳步推进内河天然气动力船舶推广应用及海船和其他类型船舶天然气燃料应用试点工作。推进内河船型标准化，鼓励建造高能效示范船。推动靠港船舶使用岸电技术应用，鼓励港口开展装卸工艺节能改造。推广港区电网动态无功补偿及谐波治理技术。

加强交通运输装备绿色维护管理。严格落实交通运输装备废气净化、噪声消减、污水处理、垃圾回收等设备设施的安装使用要求，提升运输场站、港口码头、高速公路服务区等环境基础设施建设水平。推进模拟驾驶和施工、装卸机械设备模拟操作装置应用。积极推广应用机动车绿色检测维修设备及工艺。继续开展码头油气回收技术试点示范。

（三）加快构建绿色交通运输组织体系。

构建衔接高效的综合运输体系。促进铁路、公路、水路、民航和城市交通的高效组织和顺畅衔接，加快形成便捷、安全、经济、高效的综合运输体系。

推进现代物流发展。加快发展道路甩挂运输、滚装运输、驮背运输、江海直达运输等高效运输方式。继续推进集装箱铁水联运示范项目建设和集装箱铁水联运物联网工作。组织开展第四批甩挂运输试点，重点推进渤海湾、长江沿线等区域的滚装甩挂运输、网络型甩挂运输、甩挂运输联盟发展。研究制定零担快运、城市配送有关服务标准和规范，开展城市绿色货运配送示范行动。

优化客运组织管理。推进接驳运输、滚动发班等先进客运组织方式，深化和扩大长途旅客运输接驳运输试点。推广联程售票、网络订票、电话预订等方便快捷的售票方式及信息服务，启动首批省域道路客运联网售票系统建设。

优化城市交通组织。推进公交都市示范城市创建活动。优化城市公共交通线路和站点设置，科学组织调度，逐步提高站点覆盖率、车辆准点率和乘客换乘效率，增强公交吸引力。加强静态交通管理，推动实施差别化停车收费。综合运用多种交通需求管理措施，加大城市交通拥堵治理力度。

（四）推进交通运输信息化智能化建设。

加快智能交通技术推广应用。推广符合国家技术标准的无线射频识别、智能标签、智能化分拣、条形码技术等，提高运输生产能效。推广城市公交智能调度系统、出租车服务管理信息系统、自动化大型化码头、集装箱码头集卡全场智能调度系统、内河船舶免停靠报港信息服务系统、内河智能导航系统、内河智能航道系统等。完善公众出行信息服务系统。

继续推动信息化重大试点示范工程。制定交通运输物流公共信息平台建设工作计划，指导国家平台管理中心开展园区互联应用试点、平台国家级管理服务系统建设。推进城市公共交通智能化试点工作，启动第二批城市公共交通智能化示范工程。加快推进部省两级路网管理平台建设和联网运行。全面推广高速公路不停车收费系统，基本实现全国联网。

二、深入开展试点示范和专项行动

（五）深化绿色循环低碳交通运输试点。继续做好绿色循环低碳交通运输体系建设城市试点。加快推进绿色循环低碳交通运输体系建设“十百千”工程，做好2014和2015年绿色循环低碳交通省份（城市）区域性项目和公路、港口、航道、天然气车船等主题性项目的评选与创建活动。组织评选交通运输绿色循环低碳示范项目，加大推广力度。

（六）持续开展“车、船、路、港”千家企业低碳交通运输专项行动。指导参与企业强化企业内部能源管理，落实参与企业节能减排目标责任制，加强参与企业能源消耗和二氧化碳排放信息报送和分析工作。

（七）组织开展交通运输节能减排科技专项行动。发布交通运输节能减排科技专项行动方案。发布“十二五”第三批全国重点推广公路水路交通运输节能产品（技术）目录。积极推动交通运输行业低碳技术创新及产业化示范工程。深入推进“基于物联网的城市智能交通应用示范”、“长三角航道网及京杭运河水系智能航运信息服务应用示范”国家物联网应用示范工程。加强连云港绿色智能港口建设与运营、长白山鹤大高速公路资源节约循环利用等科技示范工程的组织实施。加强建筑垃圾在交通运输领域规模化综合利用技术、清洁能源和可再生能源应用技术等绿色循环低碳交通运输技术研发。

三、加强制度建设，强化保障措施

（八）完善交通运输节能减排政策制度。研究提出绿色交通制度体系框架。完成《公路水路交通运输节能减排“十二五”规划》中期评估，启动节能减排“十三五”规划的编制。发布交通运输行业应对气候变化工作实施方案。开展“交通运输节约能源条例”前期研究。

（九）完善交通运输节能减排标准体系。研究提出交通运输行业节能减排标准体系表。加快制定交通运输用能设备、设施能效和二氧化碳排放标准。完成港口能效管理技术规范等标准制定。严格执行天然气动力货船在内河运输中的相关标准和规定。

（十）加强交通运输节能减排监测考核。完善交通运输能耗统计监测报表制度。研究提出营运货车和内河船舶能源消耗在线监测技术要求和组织方案，初步构建部省两级在线监测信息平台并组织开展试点。推动交通环境统计平台和监测网络建设。研究提出公路水路交通运输行业重点用能单位能源审计导则。组织开展绿色交通评价试点。

（十一）引导行业建立激励政策。积极争取中央财政资金加大对交通运输节能减排投入力度。鼓励地方交通运输主管部门向地方政府争取交通运输节能减排相关政策和资金支持。鼓励交通运输企业增加节能减排技改投入。

（十二）积极探索和运用市场机制。研究提出交通运输二氧化碳排放清单编制指南。研究提出关于推进交通运输企业参与碳排放权交易的意见。积极组织交通运输企业参与实施清洁发展机制（CDM）项目。鼓励交通企业采用能源合同管理、租赁代购等方式扩大节能减排融资渠道。

（十三）加强绿色交通文化宣传与交流。配合国家发展改革委组织做好全国节能宣传周和全国低碳日活动。组织开展“逐梦绿色交通”主题宣传活动，推动绿色交通进车船、进站场、进校园，引导公众绿色低碳出行。组织开展节能驾驶、操作技能竞赛。发布2014年和2015年绿色循环低碳交通运输发展年度报告。继续利用多双边渠道，加强与国际组织、国外政府机构、企业、研究咨询机构等的交流合作，促进交通运输绿色循环低碳发展交流平台，为我国内行动创造良好外部条件。

附件：年度目标分解表（略）

关于公布交通运输行业首批绿色循环低碳示范项目的通知

（交办法〔2014〕122号）

各省、自治区、直辖市、新疆生产建设兵团交通运输厅（局、委），天津市市政公路管理局，天津市交通运输和港口管理局，部属各单位，部内各单位，部管各社团，有关交通运输企业：

根据《交通运输部办公厅关于开展交通运输行业绿色循环低碳示范项目评选活动的通知》（厅政法字〔2013〕209号），经各省级交通运输主管部门推荐、专家评审及公示，“沥青拌合设备‘油改气’技术”等30个项目被评为交通运输行业首批绿色循环低碳示范项目，经交通运输部同意，现予公布。

交通运输部办公厅（印）
2014年6月17日

关于加快推进新能源汽车在交通运输行业推广应用的实施意见

交运发〔2015〕34号

各省、自治区、直辖市、新疆生产建设兵团交通运输厅（局、委）：

为深入贯彻落实《国务院办公厅关于加快新能源汽车推广应用的指导意见》（国办发〔2014〕35号，以下简称《指导意见》），加快推进新能源汽车在交通运输行业的推广应用，现提出以下实施意见：

一、总体要求

1. 深刻领会《指导意见》的精神实质。

新能源汽车作为战略性新兴产业，代表汽车产业的发展方向，发展新能源汽车，对我国改善能源消费结构、减少空气污染、推动汽车产业和交通运输行业转型升级具有积极意义。党中央、国务院高度重视新能源汽车产业发展，将发展新能源汽车确定为国家战略。《指导意见》针对我国新能源汽车发展现状，明确了推进新能源汽车发展的指导思想、基本原则、发展政策和保障机制，是加快新能源汽车推广应用的重要纲领。交通运输行业是新能源汽车推广应用的重要领域之一，是在公共服务领域推广应用的主力军，各级交通运输主管部门要认真学习领会《指导意见》的精神实质，认真进行贯彻落实。要以加快转变交通运输发展方式为主线，以服务绿色交通建设为目标，以优化交通运输能源消费结构为核心，创新推广应用模式、落实扶持政策、完善体制机制，加快推进新能源汽车在交通运输行业的推广应用。

2. 基本原则。

——坚持政策引导。完善和落实对新能源汽车推广应用的扶持政策，营造有利于新能源汽车在交通运输行业推广应用的政策环境，引导交通运输企业主动、更多选择新能源汽车。

——坚持市场主导。坚持企业的主体地位，发挥市场配置资源的决定性作用，创新推广应用模式，规范市场运行规则，努力降低新能源汽车购买、运营、维护、电池回收的全寿命成本，激发企业积极性，实现新能源汽车在交通运输行业的可持续应用。

——坚持重点推进。车型选择上，重点推广应用插电式（含增程式）混合动力汽车、纯电动汽车，积极推广应用燃料电池汽车，研究推广应用储能式超级电容汽车等其他新能源汽车。行业选择上，重点在城市公交、出租汽车和城市物流配送领域，并积极拓展到汽车租赁和邮政快递等领域。

——坚持因地制宜。在地方人民政府领导下，结合交通运输运营组织的实际情况和发展需要，做好新能源汽车技术选型论证及相关工作，积极稳妥地推进新能源汽车在交通运输行业的推广应用工作。

3. 总体目标。

至2020年，新能源汽车在交通运输行业的应用初具规模，在城市公交、出租汽车和城市物流配送等领域的总量达到30万辆；新能源汽车配套服务设施基本完备，新能源汽车运营效率和安全水平明显提升。具体体现在：

——应用规模显著扩大。新能源汽车占城市公交车、出租汽车和城市物流配送车辆的比例显著提升，充换电配套设施服务更加完善。公交都市创建城市新增或更新城市公交车、出租汽车和城市物流配送车辆中，新能源汽车比例不低于30%；京津冀地区新增或更新城市公交车、出租汽车和城市物流配送车辆中，新能源汽车比例不低于35%。到2020年，新能源城市公交车达到20万辆，新能源出租汽车和城市物流配送车辆共达到10万辆。

——使用效果显著提升。新能源汽车在交通运输行业的运营效率明显提升，纯电动汽车运营效率不低于同车长燃油车辆的85%。投入交通运输行业的新能源汽车可靠性显著增强，车辆故障率明显降低。

——可持续发展能力显著提升。新能源汽车在交通运输行业推广应用的法规政策和标准规范体系基本建立，可持续发展的机制比较完善；新能源汽车购买、运营、维护成本显著下降，交通运输企业购买使用新能源汽车的主动性明显增强。

二、主要任务

4. 加强规划引领。结合城市经济社会发展特点、城市交通发展和居民出行需要，将新能源汽车推广应用纳入城市公共交通规划和城市综合交通运输体系规划，明确新能源汽车推广应用目标、技术路线、重点任务和配套政策，并按照“适度超前、科学布局”的原则，提出充换电设施总量和布局需求。要积极配合有关部门，将必要的充换电设施纳入城市电力发展规划和城市电网的建设与改造规划。

5. 完善实施方案。按照“统筹规划、分步实施”原则，编制交通运输行业新能源汽车推广应用实施方案和年度实施计划，并合理确定车型和运力规模。鼓励集约化程度高、管理制度完善、运营规范的交通运输企业投资使用新能源汽车和建设充换电设施。根据新能源汽车技术特点、本地实际和运营需求，优化运营调度和设施布局，提高新能源汽车的运营效率。

6. 严格新能源汽车技术选型。结合本地城市交通通行和公交线网、出租汽车车型结构、城市物流配送通行管理状况，科学选择新能源汽车车型。新能源汽车必须符合国家有关技术标准，新能源公交车还应满足《公共汽车类型划分及等级评定》（JT/T888-2014），配置安全监控管理系统、电池箱专用自动灭火装置等安全设备；车辆内饰及地板阻燃性能符合国家和行业相关标准要求。新能源城市物流配送车辆还应满足《城市物流配送汽车选型技术要求》（GB/T29912-2013）。新能源汽车整车及关键部件（电机及其控制器、电池及管理系统、车载充电设备等）质量保证期不低于3年，并通过15000km可靠性检测；核定成员数不低于同车长燃油车辆的85%；动力电池系统总质量与整车整备质量的比值不大于20%，质保期内电池容量衰减率不超过15%，整车动力电池组循环寿命达到1000次以上。优先选择续驶里程长、可靠性高的新能源汽车，对纯电动公交车（超级电容、钛酸锂快充纯电动公交车除外），原则上应选择续驶里程不低于200km的汽车车型。鼓励新能源汽车生产企业研究开发适合交通运输运营组织需要的新能源汽车专用车型。

7. 推动完善充换电设施。积极争取城市人民政府支持，在旧城改造和新城规划建设时，结合城市公交车、出租汽车、城市物流配送和邮政快递车辆的实际需求，配合有关部门加快配套建设必要的充换电设施。在规划建设城市综合客运枢纽、公交枢纽、出租汽车运营站、城市物流配送中心和服务区、快递物流园区时，要根据需求配建快速充换电设施；在规划建设城市公交停车场、保养场、维修厂、出租汽车停车场时，要考虑配建“慢充为主、快充为辅”的充电设施。对现有城市公交、出租汽车、城市物流配送场站，符合配建条件的，结合实际需求，加快建设完善充换电设施。鼓励和支持社会资本进入交通运输行业新能源汽车充换电设施建设和运营、整车租赁、电池租赁和回收等服务领域。

8. 推动落实扶持政策。积极配合同级财政、税务等部门，做好车辆购置税优惠政策落实工作，在2014年9月1日至2017年12月31日间，对纯电动汽车、插电式（含增程式）混合动力汽车和燃料电池汽车免征车辆购置税。要积极配合同级财政、发展改革部门，制定本地区新能源汽车推广应用的支持政策，在新能源汽车购置补贴、贷款贴息、运营补贴、充换电基础设施维护、推广应用宣传及科研补助等方面给予必要的支持。要配合做好城市公交车成品油价格补贴政策改革，积极落实相关政策要求，将补贴额度与新能源公交车推广目标完成情况相挂钩，形成鼓励新能源公交车应用、限制燃油公交车增长的机制。积极配合有关部门，推动落实新能源汽车车船税优惠政策、消费税政策、充换电设施用地政策和用电价格优惠政策。

9. 完善新能源汽车运营政策。城市公交车、出租汽车运营权优先授予新能源汽车，并向新能源汽车推广应用程度高的交通运输企业倾斜或成立专门的新能源汽车运输企业。争取当地人民政府支持，对新能源汽车不限行、不限购，对新能源出租汽车的运营权指标适当放宽。

10. 创新推广应用模式。在交通运输行业研究完善新能源公交车“融资租赁”、“车电分离”和“以租代售”等多种运营模式。鼓励纯电动汽车生产企业或专门的充换电设施运营企业，推行纯电动公交车电池租赁；鼓励新能源汽车生产企业或融资租赁经营企业，推行新能源公交车整车租赁，降低公交企业一次性购买支出。

11. 加强安全和应急管理。督促相关交通运输企业落实安全生产主体责任，切实加强对所属驾驶员、乘务员和车辆的管理。加强新能源汽车运营安全监控，纳入城市交通智能化运营监控平台，并完善新能源汽车基础信息。督促相关交通运输企业在新能源公交车、出租汽车上加快安装实时监控装置，对车辆运行技术状态、充电状态、电池单体进行实时监控和动态管理，并建立新能源汽车运行数据采集和统计分析系统，为新能源汽车安全运行提供基础支撑。督促交通运输企业建立健全新能源汽车定期检查、维护和修理制度，加强新能源汽车技术管理，建立新能源汽车全生命周期运营档案。制定新能源汽车抛锚、运营周转不畅、恶劣天气、客流激增下的应急处置程序和措施，提高应急处置能力。

三、保障措施

12. 加强组织领导。按照各地新能源汽车推广应用工作联席会议制度的有关要求，主动作为，加强协调配合，推动细化新能源汽车在交通运输行业推广应用的支持政策和配套措施，形成多方合力，推进政策落实。紧密结合当地实际，加快制定交通运输行业贯彻落实《指导意见》的具体实施意见和行动计划，明确工作要求和时间进度，推进新能源汽车在交通运输行业的健康发展。

13.加强法规制度和标准规范建设。积极推动城市公共交通、出租汽车和城市物流配送相关法规制度建设，为新能源汽车推广应用的方案编制、设施建设、车辆准入、驾驶员培训、安全管理和政策支持提供法制保障。加强新能源汽车推广应用技术支撑，研究制定新能源公交车、出租汽车、城市物流配送和邮政快递车辆技术准入和退出的标准规范、车辆和特有部件（电池等）维修服务规范等，建立完善新能源汽车使用环节的技术标准规范体系。

14.加强技术保障。按照国家和行业有关标准要求，加强新能源汽车日常维护工作，保障车辆技术性能。加强城市公交线路布局、充换电设施配置、车线匹配等方面的研究，提高车辆运营效率。充分利用物联网、云计算等新技术，加强对新能源汽车运行数据的采集和分析，建立交通运输行业新能源汽车应用效果评估和反馈机制。积极协调有关部门，建立新能源汽车召回机制，及时召回故障率高，可靠性差的新能源汽车。引导新能源汽车生产企业加快建设售后服务体系，为新能源汽车正常运营提供及时高效的维修服务和必要的技术支撑。

15.加强人才保障。重视发展职业教育和岗位技能培训，加大新能源汽车工程技术人员和专业技能人才的培养。开展对经营管理、车辆驾驶、维修保养、运营调度、应急管理等从业人员的专业技术培训，为新能源汽车的安全运营和管理提供人才保障。

16.加强监督检查。各省级交通运输主管部门要加强对本辖区内各城市新能源公交车、出租汽车、城市物流配送车辆的推广应用情况的监督检查，全面评价推广应用目标完成情况、基础设施网络配套情况，并分别于每年6月底和12月底前向部报送新能源汽车推广应用情况（含分类保有量、分类新增数量及采取的主要措施）。部将适时组织对各省、自治区、直辖市在交通运输行业推广应用新能源汽车的情况进行监督检查。

17.加强舆论宣传和引导。开展多层次、多样化的宣传活动，充分发挥媒体的舆论导向作用，大力宣传新能源汽车推广应用在环境改善、能源节约等方面的显著效果和重大作用。组织专家解读新能源汽车全寿命周期成本优势，提高公众对交通运输行业推广应用新能源汽车的认知度和接受度，形成有利于新能源汽车大规模推广应用的良好氛围。

交通运输部

2015年3月13日

国土资源部政策文件

国土资源部关于推进土地节约集约利用的指导意见

国土资发〔2014〕119号

各省、自治区、直辖市及计划单列市国土资源主管部门，新疆生产建设兵团国土资源局，解放军土地管理局，中国地质调查局及部其他直属单位，各派驻地方的国家土地督察局，部机关各司局：

土地节约集约利用是生态文明建设的根本之策，是新型城镇化的战略选择。党中央、国务院高度重视土地节约集约利用，针对我国经济发展进入新常态，处于经济增长换挡期、结构调整阵痛期、前期刺激政策消化期“三期叠加”的阶段特征，对大力推进节约集约用地提出了新要求。近年来，各地采取措施推进土地节约集约利用，取得了积极进展，但是，土地粗放利用状况没有根本改变，建设用地低效闲置现象仍较普遍。为了深入贯彻落实党中央、国务院的决策部署，切实解决土地粗放利用和浪费问题，以土地利用方式转变促进经济发展方式转变，推动生态文明建设和新型城镇化，提出如下指导意见。

一、总体要求

（一）指导思想。以邓小平理论、“三个代表”重要思想和科学发展观为指导，认真贯彻生态文明建设和新型城镇化战略部署，紧紧围绕使市场在资源配置中起决定性作用和更好发挥政府作用，坚持和完善最严格的节约用地制度，遵循严控增量、盘活存量、优化结构、提高效率的总要求，全面做好定标准、建制度、重服务、强监管工作，大力推进节约集约用地，促进土地利用方式和经济发展方式加快转变，为全面建成小康社会和实现中华民族伟大复兴的中国梦提供坚实保障。

（二）主要目标。

——建设用地总量得到严格控制。实施建设用地总量控制和减量化战略，城乡建设用地总量控制在土地利用总体规划确定的目标之内，努力实现全国新增建设用地规模逐步减少，到2020年，单位建设用地二、三产业增加值比2010年翻一番，单位固定资产投资建设用地面积下降80%，城市新区平均容积率比现城区提高30%以上。

——土地利用结构和布局不断优化。实施土地空间引导和布局优化战略，完成全国城市开发边界、永久基本农田和生态保护红线划定，引导城市建设向组团式、串联式、卫星城式发展，工业用地逐步减少，生活和基础设施用地逐步增加，中西部地区建设用地占全国建设用地的比例有所提高。

——土地存量挖潜和综合整治取得明显进展。实施土地内涵挖潜和整治再开发战略，“十二五”和“十三五”期间，累计完成城镇低效用地再开发750万亩、农村建设用地整治900万亩、历史遗留工矿废弃地复垦利用300万亩，土地批后供应率、实际利用率明显提高。

——土地节约集约利用制度更加完善，机制更加健全。“党委领导、政府负责、部门协同、公众参与、上下联动”的国土资源管理新格局基本形成，节约集约用地制度更加完备，市场配置、政策激励、科技应用、考核评价、共同责任等机制更加完善，建成一批国土资源节约集约利用示范省、模范县（市）。

二、严格用地规模管控

（三）严格控制城乡建设用地规模。实行城乡建设用地总量控制制度，强化县市城乡建设用地规模刚性约束，遏制土地过度开发和建设用地低效利用。加强相关规划与土地利用总体规划的协调衔接，相关规划的建设用地规模不得超过土地利用总体规划确定的建设用地规模。依据二次土地调查成果和土地变更调查成果，按照国家统一部署，调整完善土地利用总体规划，从严控制城乡建设用地规模。探索编制实施重点城市群土地利用总体规划和村土地利用规划，强化对城镇建设用地总规模的控制，合理引导乡村建设集中布局、集约用地。严格执行围填海造地政策，控制围填海造地规模。

（四）逐步减少新增建设用地规模。与国民经济和社会发展计划、节约集约用地目标要求相适应，逐步减少新增建设用地计划和供应，东部地区特别是优化开发的三大城市群地区要以盘活存量为主，率先压减新增建设用地规模。严格核定各类城市新增建设用地规模，适当增加城区人口100万～300万的大城市新增建设用地，合理确定城区人口300万～500万的大城市新增建设用地，从严控制城区人口500万以上的特大城市新增建设用地。

（五）着力盘活存量建设用地。着力释放存量建设用地空间，提高存量建设用地在土地供应总量中的比重。制定促进批而未征、征而未供、供而未用土地有效利用的政策，将实际供地率作为安排新增建设用地计划和城镇批次用地规模的重要依据，对近五年平均供地率小于60%的市、县，除国家重点项目和民生保障项目外，暂停安排新增建设用地指标，促进建设用地以盘活存量为主。严格执行依法收回闲置土地或征收土地闲置费的规定，加快闲置土地的认定、公示和处置。建立健全低效用地再开发激励约束机制，推进城乡存量建设用地挖潜利用和高效配置。完善土地收购储备制度，制定工业用地等各类存量用地回购和转让政策，建立存量建设用地盘活利用激励机制。

（六）有序增加建设用地流量。按照土地利用总体规划和土地整治规划，在安排新增建设用地时同步减少原有存量建设用地，既保持建设用地总量不变又增加建设用地流量，保障经济社会发展用地，提高土地节约集约利用水平。在确保城乡建设用地总量稳定、新增建设用地规模逐步减少的前提下，逐步增加城乡建设用地增减挂钩、工矿废弃地复垦利用和城镇低效用地再开发等流量指标，统筹保障建设用地供给。建设用地流量供应，主要用于促进存量建设用地的布局优化，推动建设用地在城镇和农村内部、城乡之间合理流动。各地要探索创新“以补充量定新增量、以压增量倒逼存量挖潜”的建设用地流量管理办法和机制，合理保障城乡建设用地，促进土地利用和经济发展方式转变。

（七）提高建设用地利用效率。合理确定城市用地规模和开发边界，强化城市建设用地开发强度、土地投资强度、人均用地指标整体控制，提高区域平均容积率，优化城市内部用地结构，促进城市紧凑发展，提高城市土地综合承载能力。制定地上地下空间开发利用管理规范，统筹地上地下空间开发，推进建设用地的多功能立体开发和复合利用，提高空间利用效率。完善城市、基础设施、公共服务设施、交通枢纽等公共空间土地综合开发利用模式和供地方式，提高土地利用强度。统筹城市新区各功能区用地，鼓励功能混合和产城融合，促进人口集中、产业集聚、用地集约。加强开发区用地功能改造，合理调整用地结构和布局，推动单一生产功能向城市综合功能转型，提高土地利用经济、社会、生态综合效益。

三、优化开发利用格局

（八）优化建设用地布局。发挥国土规划和土地利用总体规划的引导管控作用，最大限度保护耕地、园地和河流、湖泊、山峦等自然生态用地，促进形成规模适度、布局合理、功能互补的城镇空间体系，加快构建以城市群为主体、大中小城市和小城镇协调发展的城镇化格局。加快划定城市开发边界、永久基本农田和生态保护红线，促进生产、生活、生态用地合理布局。结合农村土地综合整治，因地制宜、量力而行，在具备条件的地方对农村建设用地按规划进行区位调整、产权置换，促进农民住宅向集镇、中心村集中。完善与区域发展战略相适应、与人口城镇化相匹配、与节约集约用地相挂钩的土地政策体系，促进区域、城乡用地布局优化。

（九）严控城市新区无序扩张。严格城市新区用地管控，除因中心城区功能过度叠加、人口密度过高或规避自然灾害等原因外，不得设立城市新区；确需设立城市新区的，必须以人口密度、用地产出强度和资源环境承载能力为基准，以符合土地利用总体规划为前提。按照《城市新区设立审核办法》，严格审核城市新区规划建设用地规模和布局。制定新区用地扩张与旧城改造相挂钩的方案，促进新旧城区联动发展。

（十）加强产业与用地的空间协同。强化产业发展规划与土地利用总体规划的协调衔接，统筹各业各类用地，重点保障与区域资源环境和发展条件相适应的主导产业用地，合理布局战略性新兴产业、先进制造业和基础产业用地，引导产业集聚、用地集约。完善用地激励和约束机制，严禁为产能严重过剩行业新增产能项目提供用地，促进落后产能淘汰退出和企业兼并重组。推动特大城市中心城区部分产业向卫星城疏散，强化大中城市中心城区现代商贸、现代服务等功能，提高城市土地产业支撑能力。

（十一）合理调整建设用地比例结构。与新型城镇化和新农村建设进程相适应，引导城镇建设用地结构调整，控制生产用地，保障生活用地，增加生态用地；优化农村建设用地结构，保障农业生产、农民生活必需的建设用地，支持农村基础设施建设和社会事业发展；促进城乡用地结构调整，合理增加城镇建设用地，加大农村空闲、闲置和低效用地整治，力争到2020年，城镇工矿用地在城乡建设用地总量中的比例提高到40%左右。调整产业用地结构，保障水利、交通、能源等重点基础设施用地，优先安排社会民生、扶贫开发、战略性新兴产业以及国家扶持的健康和养老服务业、文化产业、旅游业、生产性服务业发展用地。

四、健全用地控制标准

（十二）完善区域节约集约用地控制标准。继续落实“十二五”单位国内生产总值建设用地下降30%的目标要求。探索开展土地开发利用强度和效益考核，依据区域人口密度、二三产业产值、产业结构、税收等指标和建设用地结构、总量的变化，提出控制标准，加快建立综合反映土地利用对经济社会发展承载能力和水平的评价标准。

（十三）引导城乡提高土地利用强度。加强对城镇和功能区土地利用强度的管控和引导，依据城镇建设用地普查，开展人均城镇建设用地、城市土地平均容积率、各功能区容积率和不同用途容积率、建筑密度、单位土地投资等土地利用效率和效益的控制标准研究。提出“十三五”平均容积率等节约集约用地考核具体指标。逐步确立由国家和省市调控城镇区域投入产出、平均建筑密度、平均容积率控制标准，各城镇自主确定具体地块土地利用强度的管理制度，实现城镇整体节约集约、功能结构完整、利用疏密有致、建筑形态各具特点的土地利用新格局。

（十四）严格执行各行各业建设项目用地标准。在建设项目可行性研究、初步设计、土地审批、土地供应、供后监管、竣工验收等环节，严格执行建设用地标准，建设项目的用地规模和功能分区，不得突破标准控制。各地要在用地批准文件、出让合同、划拨决定书等法律文本中，明确用地标准的控制性要求，加强土地使用标准执行的监督检查。鼓励各地在严格执行国家标准的基础上，结合实际制定地方土地使用标准，细化和提高相关要求。对国家和地方尚未编制用地标准的建设项目，国家和地方已编制用地标准但因安全生产、地形地貌、工艺技术有特殊要求需要突破标准的建设项目，必须开展建设项目节地评价论证，合理确定用地规模。

五、发挥市场机制作用

（十五）发挥市场机制的激励约束作用。深化国有建设用地有偿使用制度改革，扩大国有土地有偿使用范围，逐步对经营性基础设施和社会事业用地实行有偿使用，缩小划拨供地范围。加快形成充分反映市场供求关系、资源稀缺程度和环境损害成本的土地市场价格机制，通过价格杠杆约束粗放利用，激励节约集约用地。完善土地租赁、转让、抵押二级市场。健全完善主体平等、规则一致、竞争有序的市场规制，营造有利于土地市场规范运行、有效落实节约集约用地的制度环境。

（十六）鼓励划拨土地盘活利用。按照促进流转、鼓励利用的原则，进一步细化原划拨土地利用政策，加快推进原划拨土地入市交易和开发利用，提高土地要素市场周转率和利用效率。符合规划并经市、县人民政府批准，原划拨土地可依法办理出让、转让、租赁等有偿使用手续。符合规划并经依法批准后，原划拨土地既可与其他存量土地一并整体开发，也可由原土地使用权人自行开发。经依法批准后，鼓励闲置划拨土地上的工业厂房、仓库等用于养老、流通、服务、旅游、文化创意等行业发展，在一定时间内可继续以划拨方式使用土地，暂不变更土地使用性质。

（十七）完善土地价租均衡的调节机制。完善工业用地出让最低价标准相关实施政策，建立有效调节工业用地和居住用地合理比价机制，提高工业用地价格，优化居住用地和工业用地结构比例。实行新增工业用地弹性出让年期制，重点推行工业用地长期租赁。加快制订有利于节约集约用地的租金标准，根据产业类型和生产经营周期确定各类用地单位的租期和用地量，引导企业减少占地规模，缩短占地年期，防止工业企业长期大量圈占土地。进一步完善土地价租税体系，提高土地保有成本，强化对土地取得、占有和使用的经济约束，提高土地利用效率和效益。

六、实施综合整治利用

（十八）推动城乡土地综合利用。在符合建设要求、不影响质量安全和生态环境的基础上，因地制宜推动城市交通、商业、娱乐、人防、绿化等多功能、一体化、综合型公共空间立体开发建设，引导城镇建设提高开发强度和社会经济活动承载力。引导工业企业通过技改、压缩绿地和辅助设施用地，扩大生产用地，提高工业用地投资强度和利用效率。推动农村各类用地科学布局，鼓励农用地按循环经济模式引导、组合各类生产功能，实现土地复合利用、立体利用。结合永久基本农田和生态保护红线的划定，保留连片优质农田和菜地，作为城市绿心、绿带，发挥耕地的生产、生态和景观等多重功能。

（十九）大力推进城镇低效用地再开发。坚持规划统筹、政府引导、市场运作、公众参与、利益共享、严格监管的原则，在严格保护历史文化遗产、传统建筑和保持特色风貌的前提下，规范有序推进城镇更新和用地再开发，提升城镇用地人口、产业承载能力。结合城市棚户区改造，建立合理利益分配机制，采取协商收回、收购储备等方式，推进“旧城镇”改造；依法办理相关手续，鼓励“旧工厂”改造和产业升级；充分尊重权利人意愿，鼓励采取自主开发、联合开发、收购开发等模式，分类推动“城中村”改造。

（二十）强化开发区用地内涵挖潜。推动开发区存量建设用地盘活利用，鼓励对现有工业用地追加投资、转型改造，提高土地利用强度。提高开发区工业用地准入门槛，制订各开发区亩均投资强度标准和最低单独供地标准，并定期更新。推动开发区建设一定规模的多层标准厂房，支持各类投资开发主体参与建设和运营管理。加强标准厂房建设的土地供应，国家级和省级开发区建设标准厂房容积率超过1.2的，所需新增建设用地年度计划指标由省级国土资源主管部门单列。各地可结合实际，制订扶持标准厂房建设和鼓励中小项目向标准厂房集中的政策，促进中小企业节约集约用地。

（二十一）因地制宜盘活农村建设用地。统筹运用土地整治、城乡建设用地增减挂钩等政策手段，整合涉地资金和项目，推进田、水、路、林、村综合整治，促进农村低效和空闲土地盘活利用，改善农村生产生活条件和农村人居环境。土地整治和增减挂钩要按照新农村建设、现代农业发展和农村人居环境改造的要求，尊重农民意愿，坚持因地制宜、分类指导、规划先行、循序渐进，保持乡村特色，防止大拆大建；要坚持政府统一组织和农民主体地位，增加工作的公开性和透明度，维护农民土地合法权益，确保农民自愿、农民参与、农民受益。在同一乡镇范围内调整村庄建设用地布局的，由省级国土资源部门统筹安排，纳入城乡建设用地增减挂钩管理。

（二十二）积极推进矿区土地复垦利用。按照生态文明建设和矿区可持续发展的要求，坚持强化主体责任与完善激励机制相结合，综合运用矿山地质环境治理恢复、土地复垦等政策手段，全面推进矿区土地复垦，改善矿区生态环境，提高矿区土地利用效率。依法落实矿山土地复垦主体责任，确保新建在建矿山损毁土地及时全面复垦。创新土地管理方式，在集中成片、条件具备的地区，推动历史遗留工矿废弃地复垦和挂钩利用，确保建设用地规模不增加、耕地综合生产能力有提高、生态环境有改善，废弃地得到盘活利用。

七、推动科技示范引领

（二十三）推广应用节地技术和模式。及时总结提炼各类有利于节约集约用地的建造技术和利用模式，完善激励机制和政策，加大推广应用力度。要重点推广城市公交场站、大型批发市场、会展和文体中心、城市新区建设中的地上地下空间立体开发、综合利用、无缝衔接等节地技术和节地模式，鼓励城市内涵发展；加快推广标准厂房等节地技术和模式，降低工业项目占地规模；引导铁路、公路、水利等基础设施建设采取措施，减少工程用地和取弃土用地；推进盐碱地、污染地、工矿废弃地的治理与生态修复技术创新，加强暗管改碱节地技术研发和应用，实现土地循环利用。

（二十四）研究制定激励配套政策。加大节地技术和节地模式的配套政策支持力度，在用地取得、供地方式、土地价格等方面，制定鼓励政策，形成节约集约用地的激励机制。对现有工业项目不改变用途前提下提高利用率和新建工业项目建筑容积率超过国家、省、市规定容积率部分的，不再增收土地价款。在土地供应中，可将节地技术和节地模式作为供地要求，落实到供地文件和土地使用合同中。协助相关部门，探索土地使用税差别化征收措施，按照节约集约利用水平完善土地税收调节政策，鼓励提高土地利用效率和效益。

（二十五）组织开展土地整治技术集成与应用。加强土地整治技术集成方法研究，组织实施一批土地整治重大科技专项，选取典型区域开展应用示范攻关。在土地整理、土地复垦、土地开发和土地修复中，综合运用先进科学技术，推进农村土地整治和城市更新，修复损毁土地，保障土地可持续利用，提高节约集约用地水平。

（二十六）深入开展节约集约用地模范县市创建。完善创建活动指标标准体系和评选考核办法，深化创建活动工作机制建设，定期评选模范县市，引导开展节约集约示范省建设。以创建活动引导各地树立正确的政绩观和科学发展理念；广泛动员社会各方力量，推进土地节约集约利用进社区、进企业、进家庭、进课堂。

八、加强评价监管宣传

（二十七）全面清查城乡建设用地情况。以第二次全国土地调查和城镇地籍调查为基础，通过年度土地变更调查和年度城镇地籍调查数据更新汇总，全面掌握城乡建设用地的结构、布局、强度、密度等现状及其变化情况。在此基础上，各地可根据需要开展补充调查，为充分利用各类闲置、低效和未利用土地及开展节约集约用地评价考核提供详实的建设用地基础数据。

（二十八）全面推进节约集约用地评价。持续开展单位国内生产总值建设用地消耗下降目标的年度评价。进一步完善开发区建设用地节约集约利用评价，适时更新评价制度。部署开展城市节约集约用地初始评价，在初始评价基础上开展区域和中心城区更新评价。加快建立工程建设项目节地评价制度，明确节地评价的范围、原则和实施程序，通过制度规范促进节约集约用地。

（二十九）加强建设用地全程监管及执法督察。全面落实土地利用动态巡查制度，超过土地使用合同规定的开工时间一年以上未开工、且未开工建设用地总面积已超过近五年年均供地量的市、县，要暂停新增建设用地供应。建立健全土地市场监测监管实地核查办法，加大违法违规信息的网上排查和实地核查。充分运用执法、督察手段，加强与审计、纪检监察、检察等监督或司法机关的联动，有效制止和严肃查处违法违规用地行为。

（三十）强化舆论宣传和引导。充分利用多种媒体渠道和“6.25”土地日等活动平台，广泛宣传我国土地资源国情和形势，增强社会各界的资源忧患意识，促进形成节约集约用地全民共识。深入宣传全面落实节约优先战略，提高土地利用效率和效益的做法和典型经验。加强科普宣传和人才培训，普及推广节约集约用地知识。

推进土地节约集约利用，是各级国土资源部门的中心工作和主要职责。各省（区、市）国土资源部门积极争取党委、政府的支持，结合实际制定细化方案和配套措施，认真贯彻落实本指导意见。部机关各司局、各派驻地方的国家土地督察局及相关单位要结合职责，明确目标任务、具体措施、责任分工和推进时限，确保指导意见的落实。

本文件有效期为8年。

2014年9月12日

农业部政策文件

关于深入推进草原生态保护补助奖励机制政策落实工作的通知

农办财〔2014〕42号

有关省、自治区农牧（畜牧、农业）厅（局）、财政厅，新疆生产建设兵团畜牧兽医局、财务局，黑龙江省农垦总局：

2014年，草原生态保护补助奖励机制政策（以下简称草原补奖政策）继续在内蒙古、四川、云南、西藏、甘肃、青海、宁夏、新疆和河北、山西、辽宁、吉林、黑龙江等13个省区，以及新疆生产建设兵团、黑龙江省农垦总局实施。为深入推进草原补奖政策落实，现将有关事项通知如下。

一、加快补奖任务资金落实

各省区要进一步加大工作力度，按照目标、任务、责任、资金“四到省”的总体要求和任务落实、补助发放、服务指导、监督管理、建档立卡“五到户”的工作原则，切实把各年度任务资金落实到草场牧户，补奖资金不得长期滞留在各级财政。要将任务资金落实情况纳入绩效考核指标体系，扎实开展绩效评价，深化评价结果与绩效考核奖励资金安排相挂钩的机制。任务资金落实情况较差的地区，不得安排奖励资金，并在适当范围予以通报。要严格补奖资金专账管理，严禁自行跨科目调剂或挪作他用。年度结余资金要及时上报财政和农牧部门，申请结转下年同科目使用。资金发放到“一卡通”或“一折通”的，要注明资金项目名称，强化农牧民对草原补奖政策的认知。牧草良种补贴实行项目管理的，要加强项目资金的使用监管。加强对禁牧和草畜平衡工作的组织指导，完善草原载畜量标准和草畜平衡管理办法，健全禁牧管护和草畜平衡核查机制。各级草原监理机构要严格巡查禁牧区、休牧期的牲畜放牧情况，发现问题及时处理，努力确保补奖政策实施成效。

二、及时准确填报补奖信息

为全面及时掌握草原补奖政策任务资金落实情况，农业部组织开发了草原补奖机制管理信息系统，建立了补奖信息定期报送制度。目前，信息系统和报送制度总体运行情况良好，但部分地区仍存在信息系统填报进度较慢、月报表格报送不及时、数据质量较差等问题。请各地高度重视，加大投入力度，明确专人管理，开展技术培训，确保及时准确完成补奖信息填报工作。请于今年6月底前完成2012年牧户信息采集录入工作，8月底前完成2013年牧户信息采集录入工作，10月底前完成牧草良种补贴信息和草地地块信息的采集录入工作。严格按照时间节点要求报送补奖信息定期月报表格。财政部和农业部将在今年对各省区的绩效考核评价指标体系中，增加补奖信息填报方面的指标赋分权重。请各省区在对下开展绩效考核评价中，也相应增加赋分权重，并在督导检查时，注意提前抽取补奖信息系统数据，实地比对审核，审核不合格的不能评定为优秀等次。

三、开展政策实施成效评估研究

四、划定和保护基本草原

今年的中央1号文件明确提出，要稳定和完善草原承包经营制度，2015年基本完成草原确权和基本草原划定工作。要继续按照“权属明确、管理规范、承包到户”的要求，明确草原权属及用途，加强承包合同管理，做到承包草原地块、面积、合同、证书“四到户”。要加快划定基本草原，划定的基本草原面积不应少于本地草原面积的80%。草原补奖政策涉及的禁牧区和草畜平衡区草原，以及享受牧草良种补贴的人工草地，要全部划为基本草原。划定的基本草原要进行县级公告，设立保护标志，统一绘图建档。推进基本草原划定和保护的立法进程，制定出台符合本地实际的地方性法律法规和规章制度。探索建立最严格的损害赔偿制度和责任追究制度，对破坏草原生态环境、造成严重后果的单位和个人，要求恢复、修复、赔偿，实行终身追究制。要采取切实措施，确保基本草原用途不改变、数量不减少、质量不下降。

五、扶持草原畜牧业转型发展

各省区要用足用好绩效考核奖励资金中扶持草原畜牧业发展的资金，推动牧区草原畜牧业转型升级。扶持的主体，既可以是纳入草原补奖政策的家庭牧场和专业大户，也可以是农牧民合作社和农牧业企业。合作社成员要以纳入草原补奖政策的农牧户为主体，农牧业企业要与补奖政策户签订生产购销合同，开展订单生产经营。通过草原补奖政策的实施，不断改善草原畜牧业基础设施和科技支撑条件，优化生产经营方式和产业体系，提高草原资源利用率和劳动生产率，逐步提升草原畜牧业综合生产能力，保障和促进牛羊肉生产供给与农牧民增收，最终实现“禁牧不禁养、减畜不减肉、减畜不减收”。各省区2012年和2013年草原畜牧业发展资金的使用分配方案，务必于6月20日前报送财政部农业司、农业部财务司和畜牧业司。

农业部办公厅 财政部办公厅

2014年5月20日

商务部政策文件

企业绿色采购指南（试行）

（商流通函[2014]973号 商务部、环境保护部、工业和信息化2014年12月22日印发）

第一章 总则

第一条 根据《环境保护法》、国务院印发的《社会信用体系建设规划纲要（2014-2020年）》和《节能减排“十二五”规划》等有关规定，为推进建设资源节约型、环境友好型社会，充分发挥市场配置资源的决定性作用，促进绿色流通和可持续发展，引导企业积极构建绿色供应链，实施绿色采购，制订本指南。

第二条 本指南所称绿色采购，是指企业在采购活动中，推广绿色低碳理念，充分考虑环境保护、资源节约、安全健康、循环低碳和回收促进，优先采购和使用节能、节水、节材等有利于环境保护的原材料、产品和服务的行为。

本指南所称绿色供应链，是指将环境保护和资源节约的理念贯穿于企业从产品设计到原材料采购、生产、运输、储存、销售、使用和报废处理的全过程，使企业的经济活动与环境保护相协调的上下游供应关系。

第三条 具有供应链上下游供应关系的供应商企业与采购商之间采购原材料、产品和服务，鼓励适用本指南。

用于最终消费的各种产品和服务的采购，以及原材料、制成品、半成品等生产资料的采购，鼓励适用本指南。

鼓励网上采购适用本指南。

第四条 国家鼓励企业建立绿色供应链管理体系，主动承担环境保护等社会责任，自觉实施和强化绿色采购。

各级商务、环境保护、工业和信息化部门指导本地区企业的绿色采购行为和绿色供应链管理。

第二章 采购原则

第五条 企业采购应遵循以下原则：

（一）经济效益与环境效益兼顾。企业在采购活动中，应充分考虑环境效益，优先采购环境友好、节能低耗和易于资源综合利用的原材料、产品和服务，兼顾经济效益和环境效益。

（二）打造绿色供应链。企业应不断完善采购标准和制度，综合考虑产品设计、采购、生产、包装、物流、销售、服务、回收和再利用等多个环节的节能环保因素，与上下游企业共同践行环境保护、节能减排等社会责任，打造绿色供应链。

（三）企业主导与政府引导相结合。坚持市场化运作，以企业为主体，充分发挥企业的主导作用。政府通过制度改革、政策引导、信息公开和促进行业规范等方式，推进企业绿色采购。充分发挥行业协会的桥梁和纽带作用，强化行业自律。

第六条 鼓励企业树立绿色采购理念，将绿色采购理念融入经营战略，贯穿原材料、产品和服务采购的全过程，不断改进和完善采购标准和制度，推动供应商持续提高环境管理水平，共同构建绿色供应链。

第七条 鼓励企业制定和实施具体可行的绿色采购方案，并适时调整和完善。

绿色采购方案应当包括且不限于以下内容：

（一）绿色采购目标、标准；

（二）绿色采购流程；

（三）绿色供应商筛选、认定的条件和程序；

（四）绿色采购合同履行过程中的检验和争议处理机制；

（五）绿色采购信息公开的范围、方式、频次等；

（六）绿色采购绩效的评价；

（七）实施产品下架、召回和追溯制度；

（八）实施绿色采购的其他有关内容。

第八条 鼓励企业要求供应商在产品设计过程中更多采用生态设计技术，以减少环境污染和能源资源消耗，使产品和零部件能够回收循环利用。

鼓励企业围绕企业经营战略和绿色采购目标制定绿色采购标准。

鼓励企业在采购原材料、产品和服务的标准中提出与环境保护相关的要求，体现绿色环保理念，严格按照采购标准进行采购。

第九条 鼓励企业建立产品可追溯体系，建立对采购的产品从原材料到交货的全程跟踪管理。

第十条 鼓励企业完善采购流程，主动参与供应商的产品研发、制造过程，引导供应商通过价值分析等方法减少各种原辅和包装材料用量、用更环保的材料替代、避免或者减少环境污染等。

鼓励企业要求供应商供应产品或原材料符合绿色包装的要求，不使用含有有毒、有害物质作为包装物材料，使用可循环使用、可降解或者可以无害化处理的包装物，避免过度包装；在满足需求的前提下，尽量减少包装物的材料消耗。

第十一条 鼓励企业对所采购的产品或原材料在仓储和物流运输等环节，推行智能化、信息化和便捷化的节约能源和减少污染物排放的措施。

第十二条 鼓励企业对采购的产品和原材料建立废弃物回收处理流程，以实现循环利用或无害化处理。

第三条 采购商和供应商可以通过以下方式带动全社会绿色消费：

（一）向消费者宣传引导低碳、节约等绿色消费理念，改善消费者的产品选择方式；

（二）发掘消费者绿色需求并在采购过程中予以满足；

（三）建立绿色品牌，提高绿色品牌知名度；

（四）开展“绿色商场”等创建活动，推广门店节能改造，促进环境标志产品和节能产品销售以及废弃电器电子产品回收；

（五）抵制商品过度包装，引导广大消费者积极主动参与绿色消费，减少一次性用品及塑料购物袋的使用。

第三章 采购原材料、产品与服务

第十四条 鼓励企业采购绿色产品。绿色产品至少符合以下条件：

（一）产品设计过程中树立全生命周期理念，充分考虑环境保护，减少资源能源消耗，关注可持续发展；

（二）产品在生产过程中使用更环保的原材料，采用清洁生产工艺，资源能源利用效率高， 污染物排放优于相应的排放标准；

（三）产品在使用过程中能源消耗低，不会对使用者造成危害，污染物排放符合环保要求；

（四）产品废弃后可以回收，易于拆卸、翻新，能够安全处置。

鼓励企业采购通过环境标志产品认证、节能产品认证或者国家认可的其他认证的节能环保产品。

第十五条 企业不宜采购以下产品：

（一）不符合商务主管部门防止过度包装及回收促进要求的；

（二）被列入环境保护部制定的《环境保护综合名录》中的“高污染、高环境风险”产品名录的；

（三）产品或所采用的生产工艺、设备被列入工业和信息化部公布的《部分工业行业淘汰落后生产工艺装备和产品指导目录》的；

（四）国家限制或不鼓励生产、采购、使用的其他高耗能、高污染类产品。

第十六条 鼓励企业采购绿色原材料。

绿色原材料选材应优先选用符合环保标准和节能要求的、具有低能耗、低污染、无毒害、资源利用率高、可回收再利用等各种良好性能的材料。

鼓励企业参照本章第十四条、第十五条的内容采购绿色原材料。

鼓励企业在满足有关环境标准、产品质量和安全要求的情况下，优先采购和利用废钢铁、废有色金属、废塑料、废纸、废弃电器电子产品、废旧轮胎、废玻璃、废纺织品等可再生资源作为原材料。

第十七条 鼓励企业采购绿色服务。绿色服务至少需要符合以下条件：

（一）服务内容对环境总体损害的程度很小，污染物排放少、不产生有毒有害或者难处理的污染物，对固体废弃物实现分类收集和合理处置等；

（二）服务内容符合节能降耗的要求，在服务过程中少用资源和能源，对自然资源总体消耗的量较低；

（三）服务内容有益于人类健康。

第四章 选择供应商

第十八条 鼓励企业结合行业特点，借鉴国内外先进经验，制定绿色供应商筛选和认定条件，并通过多种途径公开筛选和认定条件。

第十九条 鼓励企业优先选择具备以下条件的供应商：

（一）根据环境保护部、发展改革委、人民银行、银监会印发的《企业环境信用评价办法(试行)》有关规定及地方关于企业环境信用评价管理规定，被环境保护部门评定为环保诚信企业或者环保良好企业的；

（二）在污染物排放符合法定要求的基础上，自愿与环境保护部门签订进一步削减污染物排放量的协议，并取得协议约定的减排效果的；

（三）自愿实施清洁生产审核并通过评估验收的；

（四）自愿申请环境管理体系、质量管理体系和能源管理体系认证并通过认证的；

（五）因环境保护工作突出，受到国家或者地方有关部门表彰的；

（六）采用的工艺被列入发展改革委发布的《产业结构调整指导目录》鼓励类目录的；

（七）符合工业和信息化部公布的相关行业准入条件的；

（八）及时、全面、准确地公开环境信息，积极履行社会责任，主动接受有关部门和社会公众监督的；

（九）符合有关部门和机构依法提出的采购商应当优先采购的其他条件的。

第二十条 企业不宜选择具有下列任一情形的供应商：

（一）根据《企业环境信用评价办法(试行)》有关规定和地方关于企业环境信用评价管理规定，被环境保护部门评定为环保不良企业；

（二）因环境违法构成环境犯罪的；

（三）因环境违法行为，受到环境保护部门依法处罚、尚未整改完成的；

（四）一年内发生较大以上突发环境事件的；

（五）未达到国家或者地方污染物排放标准、污染物总量控制目标要求或者节能目标要求的；

（六）未依照《清洁生产促进法》规定开展强制性清洁生产审核的；

（七）当年危险废物规范化管理督查考核不达标的；

（八）未按照法律法规规定公开环境信息的；

（九）具有其他违反国家环境保护相关法律法规、标准、政策要求的。

第二十一条 企业在采购合同中，可以明确约定以下内容：

（一）供应商应将其绿色供应链管理的相关信息，及时、准确地通报采购商；

（二）供应商出现本指南第二十条所列情形或者其他环境问题的，采购商可以降低采购份额、暂停采购或者终止采购合同；

（三）因供应商隐瞒环保违法行为，造成采购商损失的，采购商有权依法维护其权益；

（四）供应商通过努力，在技术进步、产品生产、流通销售等方面实现比采购合同约定的环境要求更优的环境绩效的，采购商可以通过适当提高采购价格、增加采购数量、缩短付款期限等方式对供应商予以激励。

第二十二条 鼓励企业建立供应商绩效监控体系，对供应商在环境保护、资源节约、企业社会责任及可持续发展方面进行监督。

鼓励企业建立本企业的绿色供应商数据库，并与行业绿色采购信息平台和数据库实现对接共享。

鼓励企业定期向地方有关部门和其他机构、社会公众报告或者公布绿色采购的成效，接受监督。

第五章 政府引导与行业规范

第二十三条 各地商务、环境保护、工业和信息化部门应当支持和引导采购商建立绿色供应链管理体系，主动承担环境保护社会责任，自觉实施和强化绿色采购，并通过公开绿色承诺等方式，接受社会和政府监督。

第二十四条 各地商务、环境保护、工业和信息化部门应当支持和指导企业绿色采购标准和规范的制定和修订。

第二十五条 各地商务、环境保护、工业和信息化部门应当会同有关部门，向社会公布下列信息并定期更新：

（一）通过有关节能、节水、环境标志、有机、绿色无公害等认证或认定的产品及其供应商的信息；

（二）供应商环境信用评价信息；

（三）行业协会等中介组织、具有代表性的采购商制定的绿色采购规范；

（四）采购商的绿色采购承诺书或者绿色采购协议；

（五）采购商实施绿色采购的典型经验；

（六）有利于推动绿色采购的其他相关信息。

第二十六条 鼓励新闻媒体对推动绿色采购的意义、有效实施绿色采购的企业和完整的绿色供应链进行报道宣传，不断提高公众的环保理念和绿色消费观念。

第二十七条 鼓励行业协会等中介组织建立本行业绿色采购信息平台和绿色原材料、绿色产品、绿色服务以及绿色供应商数据库，供有关企业共享，并接受政府有关部门和机构、社会公众监督。

鼓励行业协会等中介组织加强行业自律，举办有关绿色采购的宣传、培训、推广等活动。

鼓励行业协会等中介组织开展有关绿色采购的国际合作与交流。

第六章 附则

第二十八条 本指南自2015年1月1日起生效。

第二十九条 中国企业从国外采购原材料、产品和服务，参照适用本指南。

第三十条 各地商务、环境保护、工业和信息化部门可以结合本指南和地方实际情况，制定适合于本地区的企业绿色采购细则。

国家林业局政策文件

关于做好2014年造林绿化工作的通知

全绿字〔2014〕4号

各省、自治区、直辖市绿化委员会、林业厅（局），各有关部门（系统）绿化委员会，中国人民解放军、中国人民武装警察部队绿化委员会，内蒙古、吉林、龙江、大兴安岭森工（林业）集团公司，新疆生产建设兵团绿化委员会、林业局：

根据《全国造林绿化规划纲要（2011-2020年）》及林业发展“十二五”规划，经研究确定，2014年全国计划造林9000万亩，中幼龄林抚育1.05亿亩，任务仍很繁重。各地、各部门（系统）要认真贯彻落实党的十八大、十八届三中全会、中央经济工作会议、中央城镇化工作会议以及全国林业厅局长会议精神，深入学习贯彻习近平总书记关于生态建设的重要论述，以确保全面造林、抚育任务为总目标，以推进造林绿化制度建设为抓手，以政策机制创新为动力，紧紧围绕生态林业民生林业建设大局，积极探索科学推进造林绿化的新举措，扎实做好2014年造林绿化工作，为如期实现林业“双增”目标，建设生态文明和美丽中国奠定坚实基础。现就有关事项通知如下：

一、深入学习贯彻习近平总书记生态建设重要论述，掀起造林绿化新高潮

党的十八大以来，习近平总书记从中国特色社会主义事业五位一体总布局的战略高度，对生态文明建设提出了一系列新思想、新观点、新论断、新要求，揭示了生态决定人类文明兴衰的客观规律，阐述了生态就是生产力的战略思想，作出了生态就是民生福祉的科学论断，确定了林业要为实现中国梦创造更好生态条件的重大任务，提出了建立生态文明建设责任追究制度的工作要求，阐明了山水林田湖的关系，批评了破坏自然生态、不计成本搞“假生态”的不科学做法。习近平总书记的系列重要讲话，为建设美丽中国提供了根本遵循，为实现中华民族永续发展和中华民族伟大复兴的中国梦规划了蓝图，为加快发展生态林业民生林业指明了方向，注入了强大动力。各地、各部门（系统）要认真学习习近平总书记系列重要讲话精神，深刻领会内涵和精髓，结合造林绿化工作实际，强化各项保障措施，将习近平总书记关于生态文明建设的系列指示落到实处。要切实加强组织领导，强化造林绿化工作责任，落实目标考核。要加大宣传力度，营造全社会崇尚生态文明、关心支持造林绿化事业的良好氛围，提升广大人民群众积极参与造林绿化的积极性，掀起造林绿化新高潮。

二、创新政策机制，提升造林绿化管理水平

各地、各部门（系统）要深入贯彻十八届三中全会精神，创新造林绿化政策机制，开创政府主导、部门联动、多元投入、公众参与、社会协同的造林绿化工作新局面。积极研究出台鼓励扶持造林绿化的政策措施，化解造林地落实困难、造林绿化投融资渠道少、投资标准低等难题，充分调动社会力量造林、育林、护林积极性。建立健全造林绿化工程法人制、合同制、报帐制、资质管理等制度，积极推动出台适合造林绿化特点的招投标管理办法，促进营造林施工、监理和林业有害生物防治向专业化、社会化、规模化方向发展。进一步探索林业重点工程科学管理模式，充分发挥重点工程在林业生态体系和林业产业体系建设中的重要带动作用。创新检查考核形式，突出考核重点，注重绩效评价。加强国有林区和国有林场改革。深入推进集体林权制度改革，进一步完善落实和稳定家庭承包经营权。加强林权流转监管制度建设，抓好林地承包经营纠纷调解仲裁工作。积极培育家庭林场、林业专业合作社、龙头企业等新型造林经营主体，发挥混合所有制经济在造林绿化发展中的积极作用。

三、抓好重点工程造林，大力推进义务植树和部门绿化

各地、各部门（系统）要加大力度，强化措施，落实《全国造林绿化规划纲要（2011-2020年）》确定的各项造林绿化任务，统筹抓好造林绿化重点工程、义务植树和部门绿化。要实施好天然林资源保护、退耕还林还草、京津风沙源治理、石漠化综合治理、三北和长江流域等防护林体系建设等重点生态工程，进一步强化工程管理，确保工程建设质量。加快推进木材战略储备基地建设。抓好中央财政造林补贴和森林抚育补贴工作。推进林业应对气候变化、珍贵树种培育示范、特色经济林和生物质能源林培育。抓好退化防护林更新改造试点。大力推进义务植树，丰富义务植树尽责形式，搞好各类植树活动，营造多种形式的纪念林，强化属地管理，进一步提高义务植树尽责率。加大部门绿化力度，落实部门绿化责任，搞好部门绿化检查考核，推进部门绿化向纵深发展。

四、科学推进城乡绿化，严格规范大树使用

各地、各部门（系统）要以身边增绿为突破口，发挥自身优势，科学推进城乡绿化，改善人居环境。推进节约型、生态型、功能完善型绿化建设，选择节水、节电、节地的绿化模式。发展立体绿化，垂直绿化，增加总体绿量，突出打造一批绿色营区、校园、庭院、村屯、矿区、河湖、通道等绿化先进典型。要认真履职尽责，加大造林绿化科学指导力度，充分认识大树移植的危害性，正确认识树木移植的利与弊，切实加强和严格规范树木采挖移植管理。严格把好造林绿化苗木规格、树种结构的设计和使用监管关口。除因实施基本建设工程确需对大树古树采取保护性移植、按造林技术规程允许扦插造林的以外，其他从异地违法采挖、不能全冠栽植的大树一律不准用于城乡绿化，杜绝大树古树的违法采挖、运输和经营行为，坚决遏制大树古树移植之风。

五、抓好薄弱区域，扎实推进干旱半干旱地区造林绿化

干旱半干旱地区造林绿化难度大，是推进造林绿化均衡发展的薄弱区域，也是实现林业“双增”目标的潜力所在。要充分认识加快推进干旱半干旱地区造林绿化的重要性和紧迫性。相关省区要进一步加大干旱半干旱地区造林绿化力度，加强造林绿化科学指导，全面总结造林模式和成功经验，根据立地困难的实际，科学选择造林方式，宜封则封、宜飞则飞、宜造则造；科学确定造林树种，灌草乔树种合理配置，快速增加林草植被。要积极探索新的管理、技术模式，大力发展具有区域特色和优势的各类林业基地。加大干旱半干旱地区植被重建的基础理论研究支持力度，大力选育抗旱、抗盐、抗病虫害的林木良种和探索集成抗旱造林模式。牢固树立抗旱意识，积极推广地膜覆盖、滴灌微灌、配方施肥、有害生物统防统治等综合技术措施，提高集水抗旱造林能力。

六、强化质量管理，促进提质增效

各地、各部门（系统）要努力构建系统完善、科学规范、运行有效的造林绿化质量管理体系、技术指标体系和绩效评价体系。严格按照规程编制审核营造林作业设计。作业设计须详细踏勘现场，执行相关技术标准，具有科学性和可操作性。严格依照作业设计组织施工、监理、验收，杜绝边施工、边设计，先施工、后设计，设计施工“两张皮”的现象。造林所用苗木必须具备“四证一签”，达不到国家、行业和地方种苗标准或未经检验检疫的种苗不得用于造林绿化。要加强本地珍贵树种、优质乡土树种、名特优经济林、优良生物质能源林品种的选育和扩繁，推广使用林木良种壮苗。推行由有资质和从业资格的单位和个人承揽造林、抚育、更新和有害生物防治等项目的设计、施工和监理工作。要落实责任，加强未成林地抚育管护，确保种一棵、活一棵、成材一棵。要强化森林抚育工作，对结构欠佳的中幼林和低效林要采取有效措施，调整树种组成，优化林分结构，增强林分抵御自然灾害的能力，提高林地生产力。要强化事中事后监管和服务指导，严格执行营造林任务完成情况和质量成效的检查验收制度，不得擅自调整检查核查内容、范围和时限，加大现代先进技术手段在检查验收中的应用力度，提高检查验收工作效率，切实减轻基层负担。

七、加强资源保护，巩固国土绿化成果

各地、各部门（系统）要牢固树立红线意识和底线思维，严守红线，保护好森林资源，巩固好绿化成果。造林整地要注重原生植被保护，结合水土保持措施，积极保护生态群落完整性、生物多样性，除地势平坦易于机械耕作的地区外，严禁全垦整地造林。要进一步加强林业有害生物防控，全面落实防控责任制，推行绿色防控，加大松材线虫、美国白蛾、松树蜂等重大有害生物防治力度，确保森林生态系统健康稳定安全。要进一步强化森林草原火灾防控，落实各项长效机制，健全应急处置预案，提高防控水平和应急能力，坚决避免重特大森林草原火灾和人员伤亡事故发生。

各地、各部门（系统）要紧紧抓住造林绿化面临的新机遇，认真践行党的群众路线，坚决抵制“四风”，加强统筹协调，搞好造林绿化检查、督导、服务和信息报送工作，确保全年造林绿化任务保质保量完成，为实现“双增”目标、加快建设生态文明和美丽中国作出新的贡献。

全国绿化委员会 国家林业局
2014年2月12日

关于推进林业碳汇交易工作的指导意见

（林造发〔2014〕55号）

各省、自治区、直辖市林业厅（局），内蒙古、吉林、龙江、大兴安岭森工（林业）集团公司，新疆生产建设兵团林业局：

为深入贯彻落实党的十八届三中全会和全国林业厅局长会议精神，指导各地规范有序推进林业碳汇交易工作，根据《国务院关于印发“十二五”控制温室气体排放工作方案的通知》（国发〔2011〕41号）、《清洁发展机制项目运行管理办法》（国家发展改革委、科技部、外交部、财政部第11号令）、《国家发展改革委关于印发温室气体自愿减排交易管理暂行办法的通知》（发改气候〔2012〕1668号）、《国家发展改革委办公厅关于开展碳排放权交易试点工作的通知》（发改办气候〔2011〕2601号）等有关规定，经商国家发展改革委并结合我国林业实际，提出以下指导意见。

一、指导思想

（一）以党的十八大和十八届三中全会精神为指导，按照建设生态文明、应对气候变化的目标要求，根据国家构建碳市场的总体部署，加快生态林业和民生林业建设，努力增加林业碳汇，积极推进林业碳汇交易，为实现2020年我国控制温室气体排放行动目标作出贡献。

二、基本原则

（二）坚持清洁发展机制（以下简称CDM）林业碳汇项目交易、林业碳汇自愿交易、碳排放权交易下的林业碳汇交易统筹推进，重点探索推进碳排放权交易下的林业碳汇交易的原则。

（三）坚持统筹兼顾、分类指导、试点先行、稳步推进的原则。

（四）坚持公开、公平、公正、诚信和林业碳汇的可测量、可报告、可核查的原则。

（五）坚持有助于保护和建设森林生态系统、管理和恢复湿地生态系统、改善和治理荒漠生态系统、维护和增加生物多样性的原则。

（六）坚持有助于实现2020年国家控制温室气体排放行动目标的原则。

三、完善CDM林业碳汇项目交易

（七）CDM林业碳汇项目交易按照国家发展改革委、科技部、外交部、财政部联合制定的《清洁发展机制项目运行管理办法》执行。

（八）为确保CDM林业碳汇项目科学实施，在开展相关项目活动时，项目实施单位应就土地合格性、权属、项目组织实施等问题与林业主管部门沟通协商。项目申请按照《清洁发展机制项目运行管理办法》要求，报国家发展改革委批准。

（九）省级林业主管部门要为项目实施单位在本辖区内开展CDM林业碳汇项目相关活动提供相应业务指导，积极做好协调和服务工作。

（十）省级林业主管部门要及时掌握本辖区内所开展的CDM林业碳汇项目活动有关情况，主要包括资金来源、国内审批、国际注册、项目组织实施、碳汇计量与监测、碳汇审定与核证，以及碳汇量签发与转让等情况，及时报告国家林业局。

四、推进林业碳汇自愿交易

（十一）林业碳汇自愿交易按照国家发展改革委制定的《温室气体自愿减排交易管理暂行办法》开展。

（十二）在遵守我国相关法律法规和政策规定的前提下，国内外相关机构、企业、团体、个人均可参与林业碳汇自愿交易。

（十三）国家发展改革委依据《温室气体自愿减排交易管理暂行办法》，对林业碳汇自愿交易采取备案管理。申请备案的林业碳汇自愿交易项目应是2005年2月16日后开工建设的项目。

（十四）鼓励各地根据实际需求，积极组织开发林业碳汇项目方法学，为开展林业碳汇自愿交易提供必要的技术规范。林业碳汇项目方法学的开发主体在向国家发展改革委申请方法学备案前，应先征求国家林业局的意见。林业碳汇自愿交易项目产生的碳汇量，须采用经备案的方法学进行科学测算。

（十五）林业碳汇自愿交易项目有关审定与核证，依据国家发展改革委制定的《温室气体自愿减排项目审定与核证指南》，应由具备相应资格的单位开展。各有关单位要创造条件，组织林业系统符合条件的单位申请温室气体自愿减排项目审定与核证机构资格。

（十六）林业碳汇自愿交易项目产生的碳汇量经备案后，在国家登记簿中登记，并在经国家发展改革委备案的交易机构内交易。已用于抵消碳排放的碳汇量，应于交易完成后在国家登记簿中注销。

五、探索碳排放权交易下的林业碳汇交易

（十七）碳排放权交易下的林业碳汇交易原则上按照国家“十二五”规划纲要提出的“逐步建立碳排放交易市场”的部署、十八届三中全会明确的“推行碳排放权交易制度”的决定和《国家发展改革委办公厅关于开展碳排放权交易试点工作的通知》的要求，积极探索推进。

（十八）国家发展改革委已确定北京、天津、上海、重庆、湖北、广东、深圳（以下简称七省市）为国家碳排放权交易试点地区，要求试点地区结合本地实际情况，研究考虑通过包括林业在内的相关措施，积极探索推进碳排放权交易试点，促进国家温室气体排放控制目标实现。

（十九）七省市林业主管部门要积极协调本级发展改革部门，主动参与本地区碳排放权交易制度设计及有关法律法规、实施方案、管理办法等研究制定，体现林业碳汇的作用和内容。要抓住试点机遇，结合本地实际，用改革的精神和创新的思路，积极探索碳排放权交易下的林业碳汇交易模式，努力作出样板。

（二十）七省市林业主管部门在探索碳排放权交易下的林业碳汇交易模式的过程中，要积极研究林业碳汇交易与碳排放权交易的关系。一方面，要支持和鼓励林业碳汇自愿交易项目作为抵消项目，参与碳排放权交易；另一方面，要结合本地实际，加强森林管理，控制森林温室气体排放。针对森林温室气体排放，研究探索推进排放配额管理，参与碳排放权交易。

（二十一）七省市林业主管部门要积极参与全国林业碳汇计量监测体系建设，依托体系建设，准确掌握本地区森林碳储量与森林碳汇量的现状、变化与潜力情况，查实摸清林业碳汇资源本底，为研究制定推进本地区碳排放权交易下的林业碳汇交易相关政策提供科学依据。

（二十二）碳排放权交易下的林业碳汇交易是一项全新的工作，是利用市场机制拓展林业融资渠道的重要途径和促进实现国家控制温室气体排放目标的重要手段，是加强生态文明制度建设的内在要求。七省市之外的其他省（区、市），可结合自身实际，参照上述有关要求探索推进相关工作。

六、保障措施

（二十三）加强组织领导。省级林业主管部门要把林业碳汇交易工作列入重要议事日程，切实加强组织领导，明确目标任务，充分发挥管理、指导、协调和服务的作用。要在相关政策、资金、人员等方面统筹考虑，确保相关工作稳步推进、规范开展、取得实效。

（二十四）加强立法研究。有关单位要在加强林业应对气候变化立法研究的同时，积极参与国家应对气候变化立法进程，在有关制度设计、条款设置上，努力体现林业碳汇相关内容，积极推进确立林业碳汇交易的法律基础。

（二十五）认真研究碳价。林业碳汇交易价格对林业碳汇交易市场的健康发展影响重大。要加强林业碳汇交易的成本研究分析，为科学确定碳价提供依据。要体现市场对碳价的基础作用，同时切实注重有效发挥政府对碳价的宏观调控作用，确保碳价在合理的区间运行。

（二十六）搞好学习宣传。要认真学习领会国家建立碳市场、推进碳交易的有关政策，学以致用。要加强宣传和技术培训，正确引导舆论，引导社会公众深刻认识林业增汇减排对于建设生态文明、应对气候变化、拓展发展空间的重大意义。要严防利用林业碳汇交易炒作，确保国家和人民群众利益得到有效保护。

（二十七）开展国际合作。要适应气候变化国际谈判形势变化，积极参与相关国际交流与合作，借鉴国际碳市场做法和经验，与时俱进地完善推进林业碳汇交易工作的政策措施，逐步推动林业碳汇交易由点及面，由省域走向区域、全国乃至国际。

本意见自2014年6月1日起实施，有效期至2017年5月31日。

国家林业局
2014年4月29日

>>>

规划方案

国家发展改革委关于印发国家应对气候变化规划（2014-2020年）的通知

发改气候[2014]2347号

各省、自治区、直辖市及计划单列市人民政府、新疆生产建设兵团，党中央、国务院有关部委、直属机构，总装备部、总后勤部：

根据《国务院关于国家应对气候变化规划（2014-2020年）的批复》（国函[2014]126号），现将《国家应对气候变化规划（2014-2020年）》（以下简称《规划》）印发给你们，并就有关事项通知如下：

一、积极应对气候变化事关中华民族和全人类的长远利益，事关我国经济社会发展全局。要牢固树立生态文明理念，坚持节约能源和保护环境的基本国策，统筹国内与国际、当前与长远，减缓与适应并重，坚持科技创新、管理创新和体制机制创新，健全法律法规标准和政策体系，不断调整经济结构、优化能源结构、提高能源效率、增加森林碳汇，有效控制温室气体排放，努力走一条符合中国国情的发展经济与应对气候变化双赢的可持续发展之路。要坚持共同但有区别的责任原则、公平原则、各自能力原则，深化国际交流与合作，同国际社会一道积极应对全球气候变化。

二、各地方、各部门要从全局和战略的高度，充分认识加强应对气候变化工作的重要性和紧迫性，把应对气候变化工作摆在更加突出、更加重要的位置，增强责任感和使命感，研究制定贯彻落实《规划》的具体措施，健全组织机构和体制机制，加大资金和政策支持力度，确保完成《规划》确定的各项目标任务。

三、我委将会同有关部门加强对《规划》实施的指导，强化协作配合，对《规划》目标任务进行分解落实，建立评价考核机制，做好跟踪分析和督促检查，并及时向国务院报告实施情况。

附件：国家应对气候变化规划（2014-2020年）

国家发展改革委
2014年9月19日

附件：

国家应对气候变化规划(2014-2020年)

二〇一四年九月

前言

气候变化关系全人类的生存和发展。我国人口众多，人均资源禀赋较差，气候条件复杂，生态环境脆弱，是易受气候变化不利影响的国家。气候变化关系我国经济社会发展全局，对维护我国经济安全、能源安全、生态安全、粮食安全以及人民生命财产安全至关重要。积极应对气候变化，加快推进绿色低碳发展，是实现可持续发展、推进生态文明建设的内在要求，是加快转变经济发展方式、调整经济结构、推进新的产业革命的重大机遇，也是我国作为负责任大国的国际义务。

根据全面建成小康社会目标任务，国家发展和改革委员会会同有关部门，组织编制了《国家应对气候变化规划(2014-2020年)》，提出了我国应对气候变化工作的指导思想、目标要求、政策导向、重点任务及保障措施，将减缓和适应气候变化要求融入经济社会发展各方面和全过程，加快构建中国特色的绿色低碳发展模式。

第一章 现状与展望

第一节 全球气候变化趋势及对我国影响

科学研究和观测数据表明，近百年来全球气候正在发生以变暖为主要特征的变化。工业革命以来，人类活动特别是发达国家工业化过程中大量排放温室气体，是当前全球气候变化的主要因素。气候变化导致冰川和积雪融化加速，水资源分布失衡，生物多样性受到威胁，灾害性气候事件频发。气候变化还引起海平面上升，沿海地区遭受洪涝、风暴潮等自然灾害影响更为严重。气候变化对农、林、牧、渔等经济社会活动产生不利影响，加剧疾病传播，威胁经济社会发展和人群健康。未来全球气候变化的不利影响还将进一步增大。

我国是易受气候变化不利影响的国家。近一个世纪以来，我国区域降水波动性增大，西北地区降水有所增加，东北和华北地区降水减少，海岸侵蚀和咸潮入侵等海岸带灾害加重。全球气候变化已对我国经济社会发展和人民生活产生重要影响。自上世纪50年代以来，我国冰川面积缩小了10%以上，并自90年代开始加速退缩。极端天气气候事件发生频率增加，北方水资源短缺和南方季节性干旱加剧，洪涝等灾害频发，登陆台风强度和破坏度增强，农业生产灾害损失加大，重大工程建设和运营安全受到影响。

第二节 应对气候变化工作现状

党中央、国务院高度重视应对气候变化工作，采取了一系列积极的政策行动，成立了国家应对气候变化领导小组和相关工作机构，积极建设性参与国际谈判。编制并实施《中国应对气候变化国家方案》、《“十二五”控制温室气体排放工作方案》和《国家适应气候变化战略》，加快推进产业结构和能源结构调整，大力开展节能减碳和生态建设，积极推动低碳试点示范，加强应对气候变化能力建设，努力提高全社会应对气候变化意识，应对气候变化各项工作取得积极进展。2013年，我国单位国内生产总值二氧化碳排放比2005年下降28.5%，非化石能源在一次能源中的比重提高到9.8%，水电装机容量、风电装机容量、核电在建规模、太阳能热水器集热面积、农村沼气用户量均居世界第一位，森林覆盖率由2005年的18.21%提高到21.6%。水资源、农林、防灾减灾等重点领域适应气候变化能力有所增强。

同时，我国应对气候变化工作基础还相对薄弱，相关法律法规、体制机制、政策体系、标准规范还不健全，相关财税、投资、价格、金融等政策机制需要进一步创新，市场化机制需要进一步强化，统计核算等能力建设亟需加强，气候友好技术研发和推广应用能力需要进一步提高，人才队伍建设相对滞后，全社会应对气候变化的认识水平和能力亟待提高。

第三节 应对气候变化面临的形势

今后一个时期是我国全面建成小康社会的关键时期，也是我国大力推进生态文明建设、转变经济发展方式、促进绿色低碳发展的重要战略机遇期，应对气候变化工作面临新形势、新任务和新要求。

从国际看，国际社会已就控制全球气温升高不超过2℃达成政治共识，并将进一步强化全球应对气候变化行动安排。同时，绿色低碳发展逐渐成为全球经济发展的方向和潮流，成为产业和科技竞争的关键领域。各国都在加快制定绿色低碳发展战略和政策。

从国内看，改革开放以来，我国经济社会发展取得了举世瞩目的成就，但由于经济发展方式粗放，能源消费结构不合理，单位国内生产总值能耗水平偏高，资源环境瓶颈制约不断加剧。当前，我国仍处在工业化、城镇化进程中，加快推进绿色低碳发展，有效控制温室气体排放，已成为我国转变经济发展方式、大力推进生态文明建设的内在要求。同时，气候变化对城市建设、农业、林业、水资源等影响加剧，气候灾害频发，也迫切需要采取积极的适应行动。

第四节 积极应对气候变化的战略要求

我国经济社会发展新阶段、新态势和国际发展潮流，对应对气候变化工作提出了新的要求。

把积极应对气候变化作为国家重大战略。统筹国内国际两个大局，统筹当前利益和长远发展，实施积极应对气候变化国家战略，明确应对气候变化在经济社会发展中的定位、政策框架和制度安排，努力形成全社会积极应对气候变化的整体合力，促进发展方式转变和经济结构调整，推动经济社会可持续发展。

把积极应对气候变化作为生态文明建设的重大举措。以应对气候变化为契机，大幅降低碳排放强度，形成绿色低碳发展的倒逼机制；根据适应气候变化的需要，提高城乡建设、农、林、水资源等重点领域和脆弱地区适应气候变化能力，切实提高防灾减灾水平。

充分发挥应对气候变化对相关工作的引领作用。按照绿色低碳发展和控制温室气体排放行动目标的要求，统筹推进调整产业结构、优化能源结构、节能提高能效、增加碳汇等工作；发挥应对气候变化工作对节能、非化石能源发展、生态建设、环境保护、防灾减灾等工作的引领作用。

第二章 指导思想和主要目标

第一节 指导思想和基本原则

以邓小平理论、“三个代表”重要思想、科学发展观为指导，深入贯彻党的十八大和十八届二中、三中全会精神，认真落实党中央、国务院的各项决策部署，牢固树立生态文明理念，坚持节约能源和保护环境的基本国策，统筹国内与国际、当前与长远，减缓与适应并重，坚持科技创新、管理创新和体制机制创新，健全法律法规标准和政策体系，不断调整经济结构、优化能源结构、提高能源效率、增加森林碳汇，有效控制温室气体排放，努力走一条符合中国国情的发展经济与应对气候变化双赢的可持续发展之路。坚持共同但有区别的责任原则、公平原则、各自能力原则，深化国际交流与合作，同国际社会一道积极应对全球气候变化。

我国应对气候变化工作的基本原则：

——坚持国内和国际两个大局统筹考虑。从现实国情和需要出发，大力促进绿色低碳发展。积极建设性参与国际合作应对气候变化进程，发挥负责任大国作用，有效维护我国正当发展权益，为应对全球气候变化作出积极贡献。

——坚持减缓和适应气候变化同步推动。积极控制温室气体排放，遏制排放过快增长的势头。加强气候变化系统观测、科学研究和影响评估，因地制宜采取有效的适应措施。

——坚持科技创新和制度创新相辅相成。加强科技创新和推广应用，增强应对气候变化科技支撑能力。注重制度创新和政策设计，为应对气候变化提供有效的体制机制保障，充分发挥市场机制作用。

——坚持政府引导和社会参与紧密结合。发挥政府在应对气候变化工作中的引导作用，形成有效的激励机制和良好的舆论氛围。充分发挥企业、公众和社会组织的作用，形成全社会积极应对气候变化的合力。

第二节 主要目标

到2020年，应对气候变化工作的主要目标是：

——控制温室气体排放行动目标全面完成。单位国内生产总值二氧化碳排放比2005年下降40%-45%，非化石能源占一次能源消费的比重到15%左右，森林面积和蓄积量分别比2005年增加4000万公顷和13亿立方米。产业结构和能源结构进一步优化，工业、建筑、交通、公共机构等重点领域节能减碳取得明显成效，工业生产过程等非能源活动温室气体排放得到有效控制，温室气体排放增速继续减缓。

——低碳试点示范取得显著进展。支持低碳发展试验试点的配

套政策和评价指标体系逐步完善，形成一批各具特色的低碳省区、低碳城市和低碳城镇，建成一批具有典型示范意义的低碳城区、低碳园区和低碳社区，推广一批具有良好减排效果的低碳技术和产品，实施一批碳捕集、利用和封存示范项目。

——适应气候变化能力大幅提升。重点领域和生态脆弱地区适应气候变化能力显著增强。初步建立农业适应技术标准体系，农田灌溉水有效利用系数提高到0.55以上；沙化土地治理面积占可治理沙化土地治理面积的50%以上，森林生态系统稳定性增强，林业有害生物成灾率控制在4‰以下；城乡供水保证率显著提高；沿海脆弱地区和低洼地带适应能力明显改善，重点城市城区及其他重点地区防洪除涝抗旱能力显著增强；科学防范和应对极端天气与气候灾害能力显著提升，预测预警和防灾减灾体系逐步完善。适应气候变化试点示范深入开展。

——能力建设取得重要成果。应对气候变化的法规体系基本形成，基础理论研究、技术研发和示范推广取得明显进展。区域气候变化科学研究、观测和影响评估水平显著提高。气候变化相关统计、核算和考核体系逐步健全。人才队伍不断壮大。全社会应对气候变化意识进一步增强。应对气候变化管理体制和政策体系更加完备，全国碳排放交易市场逐步形成。

——国际交流合作广泛开展。气候变化国际交流、对话和务实合作不断加强，“南南合作”进一步深化。我国在国际谈判中的核心关切和正当权益得到切实维护，积极建设性作用得到有效发挥。

第三章 控制温室气体排放

第一节 调整产业结构

抑制高碳行业过快增长。控制高耗能、高排放行业产能扩张，修订产业结构调整指导目录，提高新建项目准入门槛，制定重点行业单位产品温室气体排放标准，优化品种结构。优化工业空间布局，在符合国家产业政策的前提下，鼓励高碳行业通过区域有序转移、集群发展、改造升级降低碳排放。

推动传统制造业优化升级。运用高新技术和先进适用技术改造提升传统制造业，支持企业提升产品节能环保性能，打造绿色低碳品牌。加快淘汰落后产能，争取超额完成“十二五”淘汰落后产能目标任务。

大力发展战略性新兴产业和服务业。实施产业创新发展工程，2020年战略性新兴产业增加值占国内生产总值比重达到15%左右。提高服务业增加值占国内生产总值的比重，2020年达到52%以上。

第二节 优化能源结构

调整化石能源结构。合理控制煤炭消费总量，加强煤炭清洁利用，优化煤炭利用方式，制定煤炭消费区域差别化政策，大气污染防治重点地区实现煤炭消费负增长。加快石油、天然气资源勘探开发力度，推进页岩气等非常规油气资源调查评价与勘探开发利用。积极开发利用海外油气资源。继续推进煤层气(煤矿瓦斯)开发利用。2020年天然气消费量在一次能源消费中的比重达到10%以上，利用量达到3600亿立方米。

有序发展水电。科学规划建设抽水蓄能电站。2020年常规水电装机容量力争达到3.5亿千瓦，年发电量1.2万亿千瓦时。

安全高效发展核电。在确保安全的基础上高效发展核电，提升核电厂安全水平，稳步有序推进核电建设。2020年总装机容量达到5800万千瓦。

大力开发风电。加快建设“三北地区”和沿海地区的八大千万千瓦级风电基地，因地制宜建设内陆中小型风电和海上风电项目，加强各类并网配套工程建设。2020年并网风电装机容量达到2亿千瓦。

推进太阳能多元化利用。建设一批“万千瓦级”大型光伏电站。开展以分布式太阳能光伏为主的新能源城市和微网系统示范建设，加快实施光伏发电建筑一体化应用项目。扩大太阳能热利用技术的应用领域，支持开展太阳能热发电项目示范。2020年太阳能发电装机容量达到1亿千瓦，太阳能热利用安装面积达到8亿平方米。

发展生物质能。优先建设生物质多联产项目，加快发展沼气发电，推动城市垃圾焚烧和填埋气发电。实现生物质成型燃料产业化，加快生物质液体燃料产业化进程，积极发展生物质供气。2020年全国生物质能发电装机容量达到3000万千瓦，生物质成型燃料年利用量5000万吨，沼气年利用量440亿立方米，生物液体燃料年利用量1300亿立方米。

推动其他可再生能源利用。提高地热、海洋能等开发利用水平。建设地热能发电示范项目。鼓励因地制宜推进浅层地温能冬季供暖、夏季制冷示范。建设一批潮汐能、潮流能示范电站，结合海岛用能需求，建设海洋能与风能、太阳能发电等多能互补独立示范电站。

第三节 加强能源节约

控制能源消费总量。按照目标明确、责任落实、措施到位、奖惩分明的总体要求，建立能源消费总量控制和评价考核制度，强化政府责任和政策导向，严格执行固定资产投资项目节能评估和审查制度，实施终端用能产品强制性能效标识制度，制定和完善高耗能产品能耗限额标准。到2020年，一次能源消费总量控制在48亿吨标准煤左右。

加强重点领域节能。重点推进电力、钢铁、建材、有色、化工等行业节能。强化新建建筑节能，加大既有建筑节能改造力度，实施绿色建筑行动方案。推进交通运输节能，加快构建绿色低碳安全高效的综合交通运输体系。推进商业和民用、农业和农村以及公共机构节能。实施节能改造工程、节能产品惠民工程、合同能源管理推广工程、节能技术产业化示范工程等重大节能工程。继续开展万家企业节能低碳行动。

大力发展循环经济。在农业、工业、建筑、商贸服务等重点领域推进循环经济发展，从源头和全过程控制温室气体产生和排放。健全资源循环利用回收体系，制定循环经济技术和产品目录。

第四节 增加森林及生态系统碳汇

增加森林碳汇。实施应对气候变化林业专项行动计划，统筹城乡绿化，加快荒山造林，推进“身边增绿”和城市园林绿化，深入开展全民义务植树活动，继续实施天然林保护、退耕还林、防护林建设、石漠化治理等林业生态重点工程。强化现有森林资源保护，切实加强森林抚育经营和低效林改造，减少毁林排放。

增加农田、草原和湿地碳汇。加强农田保育和草原保护建设，提升土壤有机碳储量，增加农业土壤碳汇。推广秸秆还田、精准耕作技术和少免耕等保护性耕作措施。建立草原生态补偿长效机制，进一步在草原牧区落实草畜平衡和禁牧、休牧、划区轮牧等草原保护制度，控制草原载畜量，遏制草场退化；继续实施退牧还草、京津风沙源草地治理等生态工程建设，恢复草原植被，提高草原覆盖度。加强湿地保护，增强湿地储碳能力，开展滨海湿地固碳试点。

第五节 控制工业领域排放

实施工业应对气候变化行动计划，到2020年，单位工业增加值二氧化碳排放比2005年下降50%左右。

能源工业。在电力行业加快建立温室气体排放标准，到2015年大型发电企业集团单位供电二氧化碳排放水平控制在650克/千瓦时。优先发展高效热电联产机组，以及大型坑口燃煤电站和低热值煤炭资源、煤矿瓦斯等综合利用电站，鼓励采用清洁高效、大容量超超临界燃煤机组。开展整体煤炭气化燃气-蒸汽联合循环发电和燃煤电厂碳捕集、利用和封存示范工程建设。2015年全国火电单位供电二氧化碳排放比2010年下降3%左右。在石油天然气行业推广放空天然气和油田伴生气回收利用技术、油气密闭集输综合节能技术、利用二氧化碳驱油等技术。禁止新开发二氧化碳气田，逐步关停现有气井。煤炭行业要加快采用高效采掘、运输、洗选工艺和设备，加快煤层气抽采利用，推广应用二氧化碳驱煤层气技术。

钢铁工业。严格控制产能规模，推动产品升级，推广高温高压干熄焦、焦炉煤调湿烧结余热发电、高炉炉顶余压余热发电、资源综合利用等技术。建设废钢回收、加工、配送体系，积极发展以废钢为原料的电炉短流程工艺，建设循环型钢铁工厂。2020年钢铁行业二氧化碳排放总量基本稳定在“十二五”末的水平。

建材工业。优化品种结构，进一步降低单位产品二氧化碳排放强度。水泥行业要鼓励采用电石渣、造纸污泥、脱硫石膏、粉煤灰、冶金渣尾矿等工业废渣和火山灰等非碳酸盐原料替代传统石灰石原料，加快推广纯低温余热发电技术和水泥窑协同处置废弃物技术，发展散装灰泥、高等级水泥和新型低碳水泥。玻璃行业要加快开发低辐射玻璃、光伏发电用太阳能玻璃等新型低碳产品，推广先进的浮法工艺、玻璃熔窑富氧燃烧、余热回收利用等技术。陶瓷行业加快发展薄形化、减量化、节水型产品，研究推广干法制粉等工艺技术，加快高效节能窑炉、耐火材料和新型燃料的开发利用。2020年水泥行业二氧化碳排放总量基本稳定在“十二五”末的水平。

化学工业。重点发展高端石化产品。合成氨行业要重点推广先进煤气化技术、高效脱硫脱碳、低位能余热吸收制冷等技术。乙烯行业要优化原料结构，重点推广重油催化热裂解等新技术。电石行业要加快采用大型密闭式电石炉，重点推广炉气利用、空心电极等低碳技术。已二酸、硝酸和含氢氯氟烃行业要通过改进生产工艺，采用控排技术显著减少氧化亚氮和氢氟碳化物的排放。加大氢氟碳化物替代技术和替代品的研发投入，鼓励使用六氟化硫混合气和回收六氟化硫。

有色工业。电解铝行业要推广大型预焙电解槽技术，重点推广新型阴极结构、新型导流结构、高阳极电流密度超大型铝电解槽等先进低碳工艺。铜熔炼行业要采用先进的富氧闪速及富氧熔池熔炼工艺，铅熔炼行业要采用氧气底吹炼铅新工艺及其他氧气直接炼铅技术，锌冶炼行业要发展新型湿法工艺，镁冶炼行业要积极推广新型竖窑煅烧技术。

轻纺工业。造纸工业要推进林纸一体化，加大废纸资源综合利用，科学合理使用非木纤维。食品、医药等行业要加快生物酶催化和应用等关键技术推广。纺织工业要优化工艺路线，加强新型纺纱织造工艺技术及设备应用。

第六节 控制城乡建设领域排放

优化城市功能布局。加强城市低碳发展规划，优化城市组团和功能布局，提高建成区人口密度和基础设施使用效率，降低城市远距离交通出行需求。城市新区建设规划要探索进行碳排放评估。

强化城市低碳化建设和管理。建设以节能低碳为特征的煤、气、电、热等能源供应设施、给排水设施、生活污水和垃圾处理等城市基础设施。研究制定建筑物使用年限管理的法律法规，建立建筑使用全寿命周期管理制度，严格建筑拆除管理。改进工程技术标准，通过广泛应用高强度、高性能混凝土和钢材，提高工程建筑质量，延长使用寿命。因地制宜适度发展木结构建筑。推广屋顶和墙体绿化。统筹城市低碳发展和绿色转型，协同治理城市大气污染物和温室气体排放。加强城市照明管理，实施城市绿色照明专项行动，创建绿色照明示范城市，推进供热计量改革，实施供热计量收费和能耗定额管理，开展“节能暖房”工程。

发展绿色建筑。采用先进的节能减碳技术和建筑材料，因地制宜推动太阳能、地热能、浅层地温能等可再生能源建筑一体化应用。太阳能富集地区要出台强制性太阳能推广应用措施。加强建筑节能管理，提升并严格执行新建建筑节能标准，推广绿色建筑标准。力争到2020年城镇绿色建筑占新建建筑比重达到50%。加快公共建筑节能改造，对重点能耗建筑实行动态监测。鼓励农村新建节能建筑和既有建筑的节能改造，引导农民建设可再生能源和节能型住房。

第七节 控制交通领域排放

城市交通。合理配置城市交通资源。逐步建立特大城市机动车保有总量调控机制。积极发展城市公共交通，完善城市步行和自行车交通系统，加快建设公交专用道、公交场站等设施和公共自行车服务系统。积极推广天然气动力汽车、纯电动汽车等新能源汽车。2020年，大中城市公交出行分担比率达到30%。

公路运输。完善公路交通网络。推广应用温拌沥青、沥青路面材料再生利用等低碳铺路技术和养护技术，推广隧道通风照明智能控制技术，对高速公路服务区等进行节能低碳改造，推广应用电子不停车收费、检测、信息传输系统。重点推进公路集装箱多式联运、甩挂运输等高效运输组织方式。研究建立新车碳排放标准，提高燃油经济性，加快淘汰老旧车辆，鼓励发展低排放车辆。2020年，单位客运周转量二氧化碳排放比2010年降低5%，单位货运周转量二氧化碳排放比2010年降低13%。

铁路运输。完善铁路运输网络，加快铁路电气化改造，提高电力机车承担铁路客货运输工作量比重，提升铁路运输能力，推行铁路节能调度。积极发展集装箱海铁联运，加快淘汰老旧机车，发展节能低碳机车、动车组。加强车站等设施低碳化改造和运营管理。2020年铁路单位运输工作量二氧化碳排放比2010年降低15%。

水路运输。促进运输船舶向大型化、专业化方向发展。加快推进内河船型标准化。完善老旧船舶强制报废制度。推进船舶混合动力、替代能源技术和太阳能、风能、天然气、热泵等船舶生活用能技术研发应用。在有条件的港口逐步推广液化天然气及新能源利用，积极推进靠港船舶使用岸电。加强港口、码头低碳化改造和运营管理。2020年，单位客货运周转量二氧化碳排放比2010年降低13%。

航空运输。完善空中交通网络，优化机队结构。积极推动航空生物燃料使用，加快应用节油技术和措施。加强机场低碳化改造和运营管理。2020年，民用航空单位客货运周转量的二氧化碳排放比2010年降低11%左右。

第八节 控制农业、商业和废弃物处理领域排放

控制农业生产活动排放。积极推广低排放高产水稻品种，改进耕作技术，控制稻田甲烷和氧化亚氮排放。开展低碳农业发展试点。鼓励使用有机肥，因地制宜推广“猪-沼-果”等低碳循环生产方式。发展规模化养殖。推动农作物秸秆综合利用、农林废物资源化利用和牲畜粪便综合利用。积极推进地热能在设施农业和养殖业中的应用。控制林业生产活动温室气体排放。加快发展节油、节电、节煤等农业机械和渔业机械、渔船。加强农机农艺结合，优化耕作环节，实行少耕、免耕、精准作业和高效栽培。

控制商业和公共机构排放。开展低碳机关、低碳校园、低碳医院、低碳场馆、低碳军营等建设。针对商店、宾馆、饭店、旅游景区等商业机构，通过加强节能、可再生能源等新技术应用，加强资源节约和综合循环利用，加强运营管理，有效控制商业机构二氧化碳排放。严格执行夏季、冬季空调温度设置标准等用能管理制度。加强国家机关办公区和大型公共建筑节能管理。

控制废弃物处理领域排放。加大生活垃圾无害化处理设施建设力度。健全生活垃圾分类、资源化利用、无害化处理相衔接的收转运体系，对生活垃圾进行统一收集和集中处理。推进餐厨垃圾无害化处理和资源化利用，鼓励残渣无害化处理后制作肥料。在具有甲烷收集利用价值的垃圾填埋场开展甲烷收集利用及再处理工作。在具备条件的地区鼓励发展垃圾焚烧发电。

第九节 倡导低碳生活

鼓励低碳消费。抑制不合理消费，限制商品过度包装，减少一次性用品使用。各级国家机关、事业单位、团体组织等公共机构要率先践行勤俭节约和低碳消费理念。鼓励使用节能低碳产品，加快建设高效快捷的低碳产品物流体系，拓宽低碳产品销售渠道，设立低碳产品销售专区和低碳产品超市，建立节能、低碳产品信息发布和查询平台。

开展低碳生活专项行动。开展“低碳饮食行动”，推进餐饮点餐适量化，公务接待简约化，遏制食品浪费。倡导消费者减少不必要的衣物消费，加快衣物再利用。制定合理的住房消费标准，引导消费者使用绿色建筑。深入开展低碳家庭创建活动，提倡公众在日常生活中养成节水、节电、节气、垃圾分类等低碳生活方式。倡导公众参与造林增汇活动。

倡导低碳出行。积极倡导“135”绿色出行方式(1公里以内步行，3公里以内骑自行车，5公里左右乘坐公共交

通工具)。鼓励公众采用公共交通出行方式，支持购买小排量汽车、节能汽车和新能源车辆。向公众提供专业信息服务。倡导“每周少开一天车”、“低碳出行”等活动，鼓励共乘交通和低碳旅游。

第四章 适应气候变化影响

第一节 提高城乡基础设施适应能力

城乡建设。城乡建设规划要充分考虑气候变化影响，新城选址、城区扩建、乡镇建设要进行气候变化风险评估；积极应对热岛效应和城市内涝，修订和完善城市防洪治涝标准，合理布局城市建筑、公共设施、道路、绿地、水体等功能区，禁止擅自占用城市绿化用地，保留并逐步修复城市河网水系，鼓励城市广场、停车场等公共场地建设采用渗水设计；加强雨洪资源化利用设施建设；加强供电、供热、供水、排水、燃气、通信等城市生命线系统建设，提升建造、运行和维护技术标准，保障设施在极端天气气候条件下平稳安全运行。

水利设施。优化调整大型水利设施运行方案，研究改进水利设施防洪设计建设标准。继续推进大江大河干流综合治理。加快中小河流治理和山洪地质灾害防治，提高水利设施适应气候变化的能力，保障设施安全运营。加强水文水资源监测设施建设。

交通设施。加强交通运输设施维护保养，研究改进公路、铁路、机场、港口、航道、管道、城市轨道等设计建设标准，优化线路设计和选址方案，对气候风险高的路段采用强化设计；研究运用先进工程技术措施，解决冻土等特殊地质条件下的工程建设难题，加强对高寒地区铁路和公路路基状况的监测。

能源设施。评估气候变化对能源设施影响；修订输变电设施抗风、抗压、抗冰冻标准，完善应急预案；加强对电网安全运行、采矿、海上油气生产等的气象服务；研究改进海上油气田勘探与生产平台安全运营方案和管理方式。

第二节 加强水资源管理和设施建设

加强水资源管理。实行最严格的水资源管理制度，大力推进节水型社会建设。加强水资源优化配置和统一调配管理，加强中水、海水淡化、雨洪等非传统水源的开发利用。完善跨区域作业调度运行决策机制，科学规划、统筹协调区域人工增雨(雪)作业；加强水环境保护，推进水权改革和水资源有偿使用制度，建立受益地区对水源保护地的补偿机制；严格控制华北、东北、黄淮、西北等地区地下水开发。

加快水资源利用设施建设。继续开展工程性缺水地区重点水源建设，加快农村饮水安全工程建设，推进城镇新水源、供水设施建设和管网改造，加强西北干旱区、西南喀斯特地貌地区水利设施建设。加快重点地区抗旱应急备用水源工程及配套设施建设。在西北地区建设山地拦蓄融雪性洪水控制工程，实现化害为利。

第三节 提高农业与林业适应能力

种植业。加快大型灌区节水改造，完善农田水利设施配套，大力推广节水灌溉、集雨补灌和农艺节水，积极改造坡耕地控制水土流失，推广旱作农业和保护性耕作技术，提高农业抗御自然灾害的能力；修订粮库、农业温室等设施的隔热保温和防风荷载设计标准。根据气候变化趋势调整作物品种布局和种植制度，适度提高复种指数；培育高光效、耐高温和耐旱作物品种。

林业。坚持因地制宜，宜林则林、宜灌则灌，科学规划林种布局、林分结构、造林时间和密度。对人工纯林进行改造，提高森林抚育经营技术。加强森林火灾、野生动物疫源疾病、林业有害生物防控体系建设。

畜牧业。坚持草畜平衡，探索基于草地生产力变化的定量放牧、休牧及轮牧模式。严重退化草地实行退牧还草。改良草场，建设人工草场和饲料作物生产基地，筛选具有适应性强、高产的牧草品种，优化人工草地管理。加强饲草料储备库与保温棚圈等设施建设。

第四节 提高海洋和海岸带适应能力

加强海洋灾害防护能力建设。修订和提高海洋灾害防御标准，完善海洋立体观测预报网络系统，加强对台风、风暴潮、巨浪等海洋灾害预报预警，健全应急预案和响应机制，提高防御海洋灾害的能力。

加强海岸带综合管理。提高沿海城市和重大工程设施防护标准。加强海岸带国土和海域使用综合风险评估。严禁非法采砂，加强河口综合整治和海堤、河堤建设。控制沿海地区地下水超采，防范地面沉降、咸潮入侵和海水倒灌。

加强海洋生态系统监测和修复。完善海洋生态环境监视监测系统，加强海洋生态灾害监测评估和海洋自然保护区建设，推进海洋生态系统保护和恢复，大力营造沿海防护林，开展红树林和滨海湿地生态修复。

保障海岛与海礁安全。加强海平面上升对我国海域岛、洲、礁、沙、滩影响的动态监控，提高岛、礁、滩分布集中海域特别是南海地区气候变化监测观测能力。实施海岛防风、防浪、防潮工程，提高海岛海堤、护岸等设防标准，防治海岛洪涝和地质灾害。

第五节 提高生态脆弱地区适应能力

推进农牧交错带与高寒草地生态建设和综合治理。严格控制牲畜数量，强化草畜平衡管理；加强草地防火与病虫鼠害防治；严格控制新开垦耕地，巩固退耕还林还草成果，加强防护林体系建设；推广生态畜牧业和“农繁牧育”生产方式。加强重点地区草地退化防治和高寒湿地保护与修复。

加强黄土高原和西北荒漠区综合治理。加强黄土高原水土流失治理，实施陡坡地退耕还林还草，大力加强小流域综合治理；加强西北内陆河水资源合理利用；严格禁止荒漠化地区的农业开发，实施禁牧封育；开展沙荒地和盐碱地综合治理，推广生物治理措施，探索盐碱地的资源化开发与利用。

开展石漠化地区综合治理。以林草植被恢复重建为核心，转变农业经济发展模式，发展特色立体农业，加快退耕还林还草、封山育林、人工造林步伐。坚决制止滥垦、滥伐、滥挖，推广坡改梯、坡面水系、雨水集蓄利用等工程措施和生物篱等生物措施，减轻山地灾害和水土流失。

第六节 提高人群健康领域适应能力

加强气候变化对人群健康影响评估。完善气候变化脆弱地区公共医疗卫生设施；健全气候变化相关疾病，特别是相关传染性和突发性疾病流行特点、规律及适应策略、技术研究，探索建立对气候变化敏感的疾病监测预警、应急处置和公众信息发布机制；建立极端天气气候灾难灾后心理干预机制。

制定气候变化影响人群健康应急预案。定期开展风险评估，确定季节性、区域性防治重点。加强对气候变化条件下媒介传播疾病的监测与防控。加强与气候变化相关卫生资源投入与健康教育，增强公众自我保护意识，改善人居环境，提高人群适应气候变化能力。

第七节 加强防灾减灾体系建设

加强预测预报和综合预警系统建设。加强基础信息收集，建立气候变化基础数据库，加强气候变化风险及极端气候事件预测预报。开展关键部门和领域气候变化风险分析，建立极端气候事件预警指数和等级标准，实现各类极端气候事件预测预警信息的共享共用和有效传递。建立多灾种早期预警机制，健全应急联动和社会响应体系。

健全气候变化风险管理机制。健全防灾减灾管理体系，改进应急响应机制。完善气候相关灾害风险区划和减灾预案。开发政策性与商业性气候灾害保险，建立巨灾风险转移分担机制。针对气候灾害新特征调整防灾减灾对策，科学编制极端气候事件和灾害应急处置方案。

加强气候灾害管理。科学规划、合理利用防洪工程。严禁盲目围垦、设障、侵占湖泊、河滩及行洪通道，研究探索水库汛限水位动态控制。完善地质灾害预警预报和抢险救灾指挥系统。采取导流堤、拦砂坝、防冲墙等工程治理措施，合理实施搬迁避让措施。

第五章 实施试点示范工程

第一节 深化低碳省区和城市试点

低碳省区试点。落实试点省区低碳发展规划和实施方案，加大财政投入和政策支持力度，鼓励体制机制创新，率先形成绿色低碳发展模式。2020年试点省区碳强度下降幅度超过全国平均水平。积极利用“两型”社会建设试验区、可持续发展实验区等开展低碳试点示范工作。

低碳城市试点。制定低碳发展路线图和时间表。加快建立以低碳为特征的城市工业、建筑、交通、能源体系，倡导绿色低碳的生活方式和消费模式。开展低碳城(镇)试点，从规划、建设、运营、管理全过程探索产业低碳发展与城市低碳建设相融合的新模式，为全国新型城镇化和低碳发展提供有益经验。扎实推进绿色低碳重点小城镇试点示范工作。

专栏1　部分新建低碳城(镇)试点

广东深圳国际低碳城：以低碳服务业和低碳技术应用为重点，构建完整的低碳产业链，打造以智能交通、无线网络、智能电网、绿色建筑等基础设施为支撑的低碳发展示范区。建成低碳技术研发中心、低碳技术集成应用示范中心、低碳产业和人才集聚中心和低碳发展服务中心。

山东青岛中德生态园：以泛能网为平台，发展分布式能源和绿色建筑，加强可再生能源应用，大力发展绿色建材、绿色金融、高端制造业、职业教育等，打造具有可持续发展示范意义的生态低碳产业园区。

江苏镇江官塘低碳新城：通过强化园区低碳规划、优化园区产业链，发展商贸、物流、旅游等现代服务业，抓好可再生能源、绿色建筑、碳汇、低冲击开发雨水收集处理、绿道慢行系统、智慧管理等六大工程建设，探索园区低碳化公共服务管理模式，打造新型示范城区。

云南昆明呈贡低碳新区：切实转变城市经济发展方式，大力发展第三产业和都市型低碳农业，坚持产城融合和公交引导开发的建设理念，通过科学的城区低碳规划，优化城市空间布局，加强可再生能源应用，大力发展低碳建筑，建设集湖光山色，融人文景观和自然景观于一体的环保型、园林化、可持续发展的现代化城市。

湖北武汉花山生态新城：重点发展软件研发、港口与保税物流、旅游与养生等低碳产业，建设花山生态艺术馆，加强光伏发电示范应用，新能源利用率超过15%，实现绿色建筑全覆盖，绿色交通出行率大于40%，中水回用率达40%，建成国际一流生态城、新型城镇化示范区。

江苏无锡中瑞低碳生态城：按照可持续城市功能、可持续生态环境、可持续能源利用、可持续水资源利用、可持续固废处理、可持续绿色交通和可持续建筑设计等原则要求，重点建设低碳展示中心、垃圾收集系统、生态住宅小区等低碳项目，打造具有完全自我平衡开发建设运营能力、可示范、可推广的低碳生态示范区。

第二节 开展低碳园区、商业和社区试点

低碳园区试点。深入开展低碳产业园区和低碳工业园区试点，高标准新建一批低碳产业示范园区。加强园区低碳规划，优化园区产业链和生产组织模式，建设园区低碳能源供应和利用、低碳物流、低碳建筑支撑体系，积极探索低碳产业园区管理模式，试点园区碳排放强度达到同类园区先进水平，新建园区达到领先水平。到2020年，建成150家左右低碳产业示范园区。制定低碳产业园区试点评价指标体系和建设规范。

低碳商业试点。选择具有代表性的商店、宾馆、饭店、旅游景区等商业机构开展试点，通过加强节能、可再生能源等新技术应用，加强运营和供应链管理，显著降低试点商业机构二氧化碳排放。2020年前创建低碳商业试点1000个左右。

专栏2 低碳商业试点

低碳商贸试点：开展低碳商场试点，在设计、建设、运营、物流和废弃物处理等方面，坚持安全、环保、健康、低碳理念，加强低碳管理，通过在商场内采用高效节能照明、空调、冷柜等设备，设定各类用电设备开启和关闭时间，限制专柜单位面积用电量，禁止销售过度包装商品，鼓励销售低碳产品等措施，建立绿色低碳供应链，显著降低试点商场碳排放强度。开展低碳配送中心试点和低碳会展试点。

低碳宾馆试点：选择具有代表性的宾馆开展低碳宾馆试点，在宾馆设计、建筑装饰、节约用水、能源管理、餐饮娱乐和废弃物处理等方面，加强低碳管理和服务，显著降低试点宾馆碳排放强度。

低碳餐饮试点：选择具有代表性的餐饮机构开展低碳餐饮试点，在餐饮机构设计、建设、运营等方面，使用环保建筑装修材料、节能空调、节能冰箱、节能灯具和节能灶具，拒绝或逐步减少一次性餐具，推广使用电子菜谱，引导顾客理性消费、适度消费。通过开展试点工作，显著降低试点餐饮机构碳排放强度。

低碳旅游试点：选择具有代表性的旅游景区开展低碳旅游试点，在景区规划设计、建设、运营和废弃物处理等方面践行低碳，鼓励景区照明使用太阳能、生物能等清洁能源，景区内交通使用电瓶车、自行车等交通工具，提倡游客入住舒适、便捷的经济型酒店，拒绝或逐步减少一次性餐具。通过开展试点工作，显著降低试点旅游景区碳排放强度。

低碳社区试点。结合新型城镇化建设和社会主义新农村建设，扎实推进低碳社区试点。在社区规划设计、建筑材料选择、供暖供冷供电供热水系统、社区照明、社区交通、建筑施工等方面，实现绿色低碳化。推广绿色建筑，加快绿色建筑节能整装配套技术、室内外环境健康保障技术、绿色建造和施工关键技术和绿色建材成套应用技术研发应用，推广住宅产业化成套技术，鼓励建立高效节能、可再生能源利用最大化的社区能源、交通保障系统，积极利用地热、浅层地温能、工业余热为社区供暖供冷供热水，积极探索土地节约利用、水资源和本地资源综合利用，加强社区生态建设，建立社区节电节水、出行、垃圾分类等低碳行为规范，倡导建立社区二手生活用品交换市场，引导社区居民普遍接受绿色低碳的生活方式和消费模式，建立社区生活信息化管理系统。重点城市制订低碳社区建设规划，明确工作任务和实施方案。鼓励军队开展低碳营区试点。“十二五”末全国开展的低碳社区试点争取达到1000个左右。

第三节 实施减碳示范工程

低碳产品推广工程。研究制定低碳产品推广目录，“十二五”时期优先推广低碳空调、冰箱和电视以及带有低碳标识的平板玻璃、通用硅酸盐水泥和电动机等产品。

高排放产品节约替代示范工程。实施水泥、钢铁、石灰、电石等高耗能、高排放产品替代工程。鼓励开发和使用高性能、低成本、低消耗的新型材料替代传统钢材，大力开展建筑材料替代。鼓励使用缓控释肥产品、有机肥等替代传统化肥。

工业生产过程温室气体控排示范工程。在水泥、石灰、有色金属、钢铁、电石、己二酸、硝酸、含氢氯氟烃、输配电设备、家电等行业重点企业，加强原料替代，通过改进生产工艺，采用控排技术，减少工业生产过程温室气体排放。

碳捕集、利用和封存示范工程。在火电、化工、油气开采、水泥、钢铁等行业中实施碳捕集试验示范项目，在地质条件适合的地区，开展封存试验项目，实施二氧化碳捕集、驱油、封存一体化示范工程。积极探索二氧化碳资源化利用的途径、技术和方法。

第四节 实施适应气候变化试点工程

城市气候灾害防治试点工程。开展内涝、高温、干旱等灾害的综合防治试点，评估气候变化对我国不同区域城市的影响，探索城市在气候变化条件下加强灾害监测预警、提高规划建设标准、保障生命线系统等方面的有效措施与做法。

海岸带综合管理和灾害防御试点工程。通过加强海岸带管理和生态保护，采取营造沿海防护林、加强沿海设施建设、水资源调配以淡压咸等针对性措施，保护和修复海岸带生态系统，提高沿海地区防御风暴潮灾害的能力，探索防治咸潮入侵和海水侵入地下含水层的有效方法。

草原退化综合治理试点工程。通过加强草地资源与环境监测、水资源利用与管理，采取退牧还草、围栏封育、人工饲草基地建设、耐旱牧草与适应性牲畜品种推广等措施，综合治理退化草原，促进基于草畜平衡的草原畜牧业发展。

城市人群健康适应气候变化试点工程。编制和修订应对极端天气气候事件的卫生应急预案，建立极端天气气候事件与人体健康监测预警网络，修订职业劳动防护标准，加强气候变化敏感行业的医疗救治能力建设；完善卫生设施配置，加强媒介传播疾病的监测、预警和防控，探索气候变化条件下保障人群健康的有效途径。

森林生态系统适应气候变化试点工程。通过营造乡土树种混交林，加强森林抚育和低效林改造，调整林分结构，促进形成异龄、复层、混交林分，加强林业有害生物和森林火灾等森林灾害监测预警和应急防控体系建设，提高森林生态系统适应气候变化和抵御灾害能力。

湿地保护与恢复试点工程。在长江、黄河、太湖等重点领域、沿海地区、重要生态功能区选择典型湿地，开展湿地保护和恢复试点工程，恢复退化湿地，提高相应区域、流域适应气候变化能力。

第六章 完善区域应对气候变化政策

第一节 城市化地区应对气候变化政策

城市化地区主要包括《全国主体功能区规划》划定的东部环渤海、长三角、珠三角三个优化开发区域和海峡西岸经济区、冀中南、北部湾地区、哈长地区、中原经济区、太原城市群、东陇海地区、长江中游地区、皖江城市带、呼包鄂榆地区、关中—天水地区、成渝地区、黔中地区、滇中地区、宁夏沿黄经济区、兰州—西宁地区、藏中南地区、天山北坡等18个重点开发区域，以及各省级主体功能区规划划定的城市化地区。

优化开发区域。确立严格的温室气体排放控制目标。建立重点行业单位产品温室气体排放标准，加快转变经济发展方式，调整产业结构，提高产业准入门槛，严格限制高耗能、高排放产业发展，大力发展战略性新兴产业和现代服务业，构建低碳产业体系和消费模式；加快现有建筑和交通体系的低碳化改造，大力发展低碳建筑和低碳交通，加快产业园区低碳化建设和改造，重点工业企业单位产品碳排放水平达到国内领先，大力建设低碳社区，倡导低碳消费和低碳生活方式；严格控制能源消费总量特别是煤炭消费总量，优化能源结构，加快发展风电、太阳能等低碳能源。在适应气候变化方面，提高沿海城市和重大工程设施的防护标准，提升应对风暴潮、咸潮、强台风、城市内涝等灾害的能力，完善城市公共设施建设标准，重点加强对城市生命线系统与交通运输及海岸重要设施的安全保障，增强应对极端气候事件的防灾减灾水平，加强气候变化相关疾病预警预防和应急响应体系建设。

重点开发区域。坚持走低消耗、低排放、高附加值的新型工业化道路，降低经济发展的碳排放强度，加快技术创新，加大传统产业的改造升级，发展低碳建筑和低碳交通，大力推动天然气、风能、太阳能、生物质能等低碳能源开发应用。实施积极的落户政策，加强人口集聚和吸纳能力建设，科学规划城市建设，完善城市基础设施和公共服务，进一步提高城市的人口承载能力。支持老工业基地和资源型城市加快绿色低碳转型。在中西部地区加快推进低碳发展试点示范。在适应气候变化方面，中部城市化地区要加强应对干旱、洪涝、高温热浪、低温冰雪等极端气象灾害能力建设；西部城市化地区重点加强应对干旱、风沙、城市地质灾害等防治。

第二节 农产品主产区应对气候变化政策

农产品主产区包括《全国主体功能区规划》划定的“七区二十三带”为主体的农产品主产区，以及各省级主体功能区规划划定的其他农产品主产区。

减缓方面。农产品主产区要把增强农业综合生产能力作为发展的首要任务，保护耕地，积极推进农业的规模化、产业化，限制进行高强度大规模工业化、城镇化开发，以县城为重点，推进城镇建设和工业发展，控制农业农村温室气体排放，发展沼气、生物质发电等可再生能源。鼓励引导人口分布适度集中，加强中小城镇规划建设，形成人口大分散小聚居的布局形态。

适应方面。提高农业抗旱、防洪、排涝能力，加大中低产田盐碱和渍害治理力度，选育推广抗逆优良农作物品种。提高东北平原适应气候变暖作物栽培区域北移影响的能力，加强黑土地保护，大力开展保护性耕作，适当扩大晚熟、中晚熟品种比重，大力发展优质粳稻、专用玉米、高油大豆和优质畜产品，扩大品种栽培界线。

加强黄淮海平原地区地下水资源的监测和保护，压缩南水北调受水区地下水开采量，有条件的地区要开展地下水回灌，增强水源应急储备，开发替代型水源，促进适应型灌溉排水的设计和管理。积极调整品种结构，大力发展优质专用小麦、优质棉花、专用玉米、高蛋白大豆。加强汾河渭河平原、河套灌区农田旱作节水设施建设，促进水资源保护和土壤盐渍化防治，合理利用引、调水工程，积极发展山区水窖，建设淤地坝，控制水土流失。加强华南主产区近岸海域保护，健全沿海海洋灾害应急响应系统，建设沿海防护林体系，提高沿海地区抵御海洋灾害的能力；积极建设优质水稻产业带、甘蔗产业带和水产品产业带。提高甘肃新疆农产品主产区抗旱能力，积极发展绿洲农业，保护绿洲人工生态，构建局地小气候。保护性开发利用黑河、塔里木河等河流水资源，大力发展节水设施和节水农业。

第三节 重点生态功能区应对气候变化政策

重点生态功能区分为限制开发的重点生态功能区和禁止开发的重点生态功能区，限制开发的重点生态功能区包括《全国主体功能区规划》确定的25个国家级重点生态功能区，以及省级主体功能区规划划定的其他省级限制开发的重点生态功能区。禁止开发的重点生态功能区是指依法设立的各级各类自然文化资源保护区，以及其他需要特殊保护，禁止进行工业化、城市化开发，并点状分布于优化开发、重点开发和限制开发区域之中的重点生态功能区。

限制开发的重点生态功能区。严格控制温室气体排放增长。制定严格的产业发展目录，严格控制开发强度，限制新上高碳工业项目，逐步转移高碳产业，对不符合主体功能定位的现有产业实行退出机制，因地制宜发展特色低碳产业，以保护和修复生态环境为首要任务，努力增加碳汇，引导超载人口逐步有序转移。在条件适宜地区，积极推广沼气、风能、太阳能、地热能等清洁能源，努力解决农村特别是山区、高原、草原和海岛地区农村能源需求。加大气候变化脆弱地区生态工程建设与扶贫力度，加强国家扶贫政策和应对气候变化政策协调，推动贫困地区加快脱贫致富的同时增强应对气候变化能力，研究建立贫困地区应对气候变化扶持机制。

禁止开发区域。依据法律和相关规划实施强制性保护，严禁不符合主体功能定位的各类开发活动，按核心区、缓冲区、实验区的顺序，引导人口逐步有序转移，逐步实现“零排放”。严格保护风景名胜区内自然环境。禁止在风景名胜区从事与风景名胜资源无关的生产建设活动。根据资源状况和环境容量对旅游规模进行有效控制。加强生物多样性保护，根据气候变化状况科学调整各类自然保护区的功能区。

第七章　健全激励约束机制

第一节　健全法规标准

制定应对气候变化法规。研究制定应对气候变化法律法规，建立应对气候变化总体政策框架和制度安排，明确各方权利义务关系，为相关领域工作提供法律基础。研究制定应对气候变化部门规章和地方法规。

完善应对气候变化相关法规。根据需要进一步修改完善能源、节能、可再生能源、循环经济、环保、林业、农业等相关领域法律法规，发挥相关法律法规对推动应对气候变化工作的保障作用，保持各领域政策与行动的一致性，形成协同效应。

建立低碳标准体系。研究制定电力、钢铁、有色、建材、石化、化工、交通、建筑等重点行业温室气体排放标准。研究制定低碳产品评价标准及低碳技术、温室气体管理等相关标准。鼓励地方、行业开展相关标准化探索。

第二节　建立碳交易制度

推动自愿减排交易活动。实施《温室气体自愿减排交易管理办法》，建立自愿减排交易登记注册系统和信息发布制度，推动开展自愿减排交易活动。探索建立基于项目的自愿减排交易与碳排放权交易之间的抵销机制。

深化碳排放权交易试点。深入开展北京、天津、上海、重庆、湖北、广东、深圳等碳排放权交易试点，研究制定相关配套政策，总结评估试点工作经验，完善试点实施方案。

加快建立全国碳排放交易市场。总结温室气体自愿减排交易和碳排放权交易试点工作，研究制订碳排放交易总体方案，明确全国碳排放交易市场建设的战略目标、工作思路、实施步骤和配套措施。

做好碳排放权分配、核算核证、交易规则、奖惩机制、监管体系等方面制度设计，制定全国碳排放交易管理办法。培育和规范交易平台，在重点发展好碳交易现货市场的基础上，研究有序开展碳金融产品创新。

健全碳排放交易支撑体系。制定不同行业减排项目的减排量核证方法学。制定工作规范和认证规则，开展温室气体排放第三方核证机构认可。研究制定相关法律法规、配套政策及监管制度。建立碳排放交易登记注册系统和信息发布制度。统筹规划碳排放交易平台布局，加强资质审核和监督管理。加快碳排放交易专业人才培养。

研究与国外碳排放交易市场衔接。积极参与全球性和行业性多边碳排放交易规则和制度的制定。密切跟踪其他国家（地区）碳交易市场发展情况。根据我国国情，研究我国碳排放交易市场与国外碳排放交易市场衔接可行性。在条件成熟的情况下，探索我国与其他国家（地区）开展双边和多边碳排放交易活动相关合作机制。

第三节　建立碳排放认证制度

建立碳排放认证制度。研究产品、服务、组织、项目、活动等层面碳排放核算方法和评价体系。加快建立完整的碳排放基础数据库。建立低碳产品认证制度，制定相应技术规范、评价标准、认证模式、认证程序和认证监管方式。推进各种低碳标准、标识的国际交流和互认。

推广低碳产品认证。选择碳排放量大、应用范围广的汽车、电器等用能产品，日用消费品及重要原材料行业典型产品，率先开展低碳产品认证。选择部分地区开展低碳产品推广试点。开展低碳认证宣传活动。

加强碳排放认证能力建设。加强认证机构能力建设和资质管理，规范第三方认证机构服务市场。在产品、服务、组织、项目、活动等层面建立低碳荣誉制度。支持出口企业建立产品碳排放评价数据库，提高企业应对新型贸易壁垒的能力。

第四节　完善财税和价格政策

加大财政投入。进一步加大财政支持应对气候变化工作力度。在财政预算中安排资金，支持应对气候变化试点示范、技术研发和推广应用、能力建设和宣传教育；加快低碳产品和设备的规模化推广使用，对购买低碳产品和服务的消费者提供补贴。积极创新财政资金使用方式。

完善税收政策。综合运用免税、减税和税收抵扣等多种税收优惠政策，促进低碳技术研发应用。研究对低碳产品（企业）的增值税（所得税）优惠政策。企业购进或者自制低碳设备发生的进项税额，符合相关规定的，允许从销项税额中抵扣。实行鼓励先进节能低碳技术设备进口的税收优惠政策。落实促进新能源和可再生能源发展的税收优惠政策。在资源税、环境税、消费税、进出口税等税制改革中，积极考虑应对气候变化需要。研究符合我国国情

的碳税制度。

完善政府采购政策。逐步建立完善强制性政府绿色低碳采购政策体系，有效增加绿色低碳产品市场需求。在低碳产品标识、认证工作基础上，研究编制低碳产品政府采购目录。财政资金优先采购低碳产品。研究将专业化节能服务纳入政府采购。

完善价格政策。加快推进能源资源价格改革，建立和完善反映资源稀缺程度、市场供求关系和环境成本的价格形成机制。逐步理顺天然气与可替代能源比价关系、煤电价格关系。积极推行差别电价、惩罚性电价、居民阶梯电价、分时电价，引导用户合理用电。

深化供热体制改革，全面推进供热计量收费。积极推进水价改革，促进水资源节约合理配置。完善城市停车收费政策，建立分区域、分时段的差别收费政策。完善生活垃圾处理收费制度。

第五节　完善投融资政策

完善投资政策。研究建立重点行业碳排放准入门槛。探索运用投资补助、贷款贴息等多种手段，引导社会资本广泛投入应对气候变化领域，鼓励拥有先进低碳技术的企业进入基础设施和公用事业领域。支持外资投入低碳产业发展、适应气候变化重点项目及低碳技术研发应用。

强化金融支持。引导银行业金融机构建立和完善绿色信贷机制，鼓励金融机构创新金融产品和服务方式，拓宽融资渠道，积极为符合条件的低碳项目提供融资支持。提高抵抗气候变化风险的能力。根据碳市场发展情况，研究碳金融发展模式。引导外资进入国内碳市场开展交易活动。

发展多元投资机构。完善多元化资金支持低碳发展机制，研究建立支持低碳发展的政策性投融资机构。吸引社会各界资金特别是创业投资基金进入低碳技术的研发推广、低碳发展重大项目建设领域。积极发挥中国清洁发展机制基金和各类股权投资基金在低碳发展中的作用。

第八章　强化科技支撑

第一节　加强基础研究

加强气候变化监测预测研究。加强温室气体本底监测及相关研究。建立长序列、高精度的历史数据库和综合性、多源式的观测平台，重点推进气候变化事实、驱动机制、关键反馈过程及其不确定性等研究，提高对气候变化敏感性、脆弱性和预报性的研究水平。

专栏3　气候变化观测基础设施建设

气候观测：完成国家基准气候站优化调整，建设一批基准气候站、无人自 动气候站、辐射观测站和高空基准气候观测站。

大气成分观测：对已建全球大气本底站和区域大气本底站进行升级改造， 根据需要新建若干区域大气本底站。

海洋基本气候变量观测：建设近海及海岸带基准气候站海洋基本气候变量 观测系统及海洋气候观测站。

陆地基本气候变量观测：建设基准气候站陆地基本气候变量观测系统。

数据共享平台：组建气候基本变量数据汇集中心，搭建气候观测系统数据处理与共享平台，开发数据产品，对社会提供共享和产品服务。

加强地球气候系统研究。重点推进气候变化的事实、机制、归因、模拟、预测研究，完善地球系统模式设计，开发高性能集成环境计算方法和高分辨率气候系统模式，实现关键过程的参数化和重要过程的耦合，模拟重要气候事件，为研究气候变化发展规律提供必要的定量工具。跟踪评估气候变化地球工程国际研究进展，有序开展相关科学研究。加强全球气候变化地质记录研究，揭示气候变化周期事件以及气候变化幅度、频率等差异性特征。

加强气候变化影响及适应研究。围绕水资源、农业、林业、海洋、人体健康、生态系统、重大工程、防灾减灾等重点领域和北方水资源脆弱区、农牧交错带、脆弱性海洋带、生态系统脆弱带、青藏高原等典型区域，加强气候变化影响的机理与评估方法研究，建立部门、行业、区域适应气候变化理论和方法学。

加强人类活动对气候变化影响研究。建立全球温室气体排放、碳转移监测网络，重点加强土地开发、近海利用、人为气溶胶排放与全球气候变化关系研究，客观评估人类活动对全球气候变化的影响。

加强与气候变化相关的人文社会科学研究。研究气候变化问题对人类社会政治、经济、社会发展、伦理道德、文化等各层面的影响，完善相关学科体系，加强系统性综合研究，为提升应对气候变化的公众意识和社会管理能力提供科学基础。

第二节　加大技术研发力度

能源领域。重点推进先进太阳能发电、先进风力发电、先进核能、海洋能、一体化燃料电池、智能电网、先进储能、页岩气煤层气开发、煤炭清洁高效开采利用等技术研发。研发二氧化碳捕集、利用和封存、干热岩科学钻探、人工储流层建造、中低温地热发电、浅层地温能高效利用等技术。

工业领域。重点推进电力、钢铁、建材、有色、化工和石化等高能耗行业重大节能技术与装备研发，开展能源梯级综合利用技术研发。

交通领域。重点推进新能源汽车关键零部件、高效内燃机、大涵道比涡扇发动机、航空动力综合能量管理、高效通用航空器发动机、航空生物燃料、节能船型、轨道交通等方面的技术研发。

建筑领域。重点推进集中供热、管网热量输送、绿色建筑、阻燃和不燃型节能建材、高效节能门窗、清洁炉灶、绿色照明、高效 节能空调以及污水、污泥、生活垃圾和建筑垃圾无害化处置和资源化利用等技术研发。

农业和林业领域。重点推进农业生产过程减排、高产抗逆作物育种和栽培、森林经营、湿地保护与恢复、荒漠化治理等技术研发。

发展生态功能恢复关键技术与珍稀濒危物种保护技术。加强农（林）业气候变化相关方法学研究。

专栏4　重点发展的低碳技术

1. 高参数超超临界关键技术；
2. 整体煤气化联合循环技术；
3. 非常规天然气资源的勘探与开发技术；
4. 先进太阳能、风能发电及大规模可再生能源储能和并网技术；
5. 新能源汽车技术及低碳替代燃料技术；
6. 被动式绿色低碳建筑技术；
7. 高效节能工艺及余能余热规模利用技术；
8. 城市能源供应侧和需求侧节能减碳技术；
9. 农林牧业及湿地固碳增汇技术；
10. 碳捕集、利用和封存技术。

专栏5　重点发展的适应气候变化技术

1. 极端天气气候事件预测预警技术；
2. 非传统水资源开发利用技术；
3. 植物抗旱耐高温品种选育与病虫害防治技术；
4. 典型气候敏感生态系统的保护与恢复技术；
5. 气候变化影响与风险评估技术；
6. 应对极端天气气候事件的城市生命线工程安全保障技术；
7. 人工影响天气技术；
8. 媒介传播疾病防控技术；
9. 生物多样性保育与资源利用技术。

第三节　加快推广应用

加强技术示范应用。编制重点节能低碳技术推广目录，实施一 批低碳技术示范项目。加快推进低碳技术产业化、低碳产业规模化发展，在钢铁、有色、石化、电力、煤炭、建材、轻工、装备、建筑、交通等领域组织开展低碳技术创新和产业化示范工程。对减排效果好、应用前景广阔的关键产品或核心部件组织规模化生产，提高研发、制造、系统集成和产业化能力。在农业、林业、水资源等重点领域，加强适应气候变化关键技术的示范应用。

健全相关支撑机制。形成低碳技术遴选、示范和推广的动态管理机制。加快建立政产学研用有效结合机制，引导企业、高校、科研院所等根据自身优势建立低碳技术创新联盟，形成技术研发、示范应用和产业化联动机制。强化技术产业化环境建设，增强大学科技园、企业孵化器、产业化基地、高新区等对技术产业化的支持力度。推动技术转移体系的完善和发展。

专栏6　重点推广的应对气候变化技术

低碳技术：

1. 能源领域：高效超超临界燃煤发电技术、高效燃气蒸汽联合循环发电技术、　热电联产、分布式能源技术、大规模风力并网发电技术、太阳能光伏并网发电技　术、先进核能技术、大容量长距离输电技术、智能微电网技术、高效变压器、煤 电热一体化（多联产）技术、煤层气（煤矿瓦斯）规模开发和利用技术等。

2. 工业领域：高温高压干熄焦技术、转炉负能炼钢技术、新型结构铝电解槽 技术、大型煤气化炉成套技术、余热余压综合利用技术、矿物节能粉磨技术等。

3. 交通领域：高效内燃机、混合动力汽车、纯电动汽车、替代燃料汽车、智 能交通技术等。

4. 建筑领域：阻燃型节能建材、超低能耗建筑、可再生能源一体化建筑等。

5. 通用技术：高效热泵技术、高效电机、高效供热技术、高效供冷技术、绿 色照明技术、高效换热技术、节能控制技术、先进材料技术等。

适应技术：

旱作节水农艺栽培技术、抗霜冻害小麦品种选育技术、小麦冬季旱冻减灾技 术、农作物田间自动观测技术、草地畜牧业适应气候变化综合技术、林火和林业 有害生物防控技术、高温热浪预警防范技术、虫媒传播疾病防控技术等。

第九章　加强能力建设

第一节　健全温室气体统计核算体系

建立健全温室气体排放基础统计制度。将温室气体排放基础统计指标纳入政府统计指标体系，建立健全涵盖能源活动、工业生产过程、农业、土地利用变化与林业、废弃物处理等领域、适应温室气体排放核算要求的基础统计体系。根据温室气体排放统计需要，扩大能源统计调查范围，细化能源统计品种和指标分类。重点排放单位要健全能源消费和温室气体排放原始记录和统计台账。实行重点企事业单位温室气体排放数据报告制度。完善温室气体排放计量体系，加强排放因子测算和数据质量监测，确保数据真实准确。

加强温室气体排放核算工作。完善地方温室气体清单编制指南，规范清单编制方法和数据来源。制定重点行业和重点企业温室气体排放核算指南。建立健全温室气体排放数据信息系统。定期编制国家和省级温室气体清单。加强对温室气体排放核算工作的指导，做好年度核算工作。构建国家、地方、企业三级温室气体排放基础统计和核算工作体系。建立地方和企业温室气体排放核算系统。

第二节　加强队伍建设

健全工作协调机制和机构。健全国家应对气候变化组织构，在国家应对气候变化领导小组统一领导下，强化归口管理，充分发挥国家气候变化领导小组协调联络办公室职能，加强各部门应对气候变化机构和能力建设，完善工作机制。发挥气候变化专家咨询机构作用。

加强学科和研究基地建设。加强应对气候变化学科建设，提倡自然科学与社会科学的学科交叉与结合，逐步建立应对气候变化学科体系。加强应对气候变化基础研究、技术研发及战略政策研究基地建设，健全长期研究支撑机制。加强财政资金支持的气候变化科研项目的统筹协调。

健全相关支撑和服务机构。发挥行业协会和专业服务机构在应对气候变化工作中的作用，加强社会中介组织的功能建设，大力发展市场中介组织，鼓励低碳资质管理和培训机构、金融、检测、评级、核查、技术成果转化等专业服务机构发展。规范中介服务市场秩序。

强化人才培养和队伍建设。建立和完善应对气候变化人才培养激励机制。鼓励我国科学家和研究人员参与国际研究计划。加强统计核算、新闻宣传、战略与政策专家队伍建设，逐步建立一支人员稳定、结构合理、具备专业知识、开阔视野、实践经验和奉献精神的国际谈判队伍。编制低碳人才体系建设方案，建立规范化、制度化的低碳人才培养、技能认定机制。

第三节　加强教育培训和舆论引导

加强教育培训。将应对气候变化教育纳入国民教育体系，推动应对气候变化知识进学校、进课堂，普及应对气候变化科学知识。

加强应对气候变化培训工作，提高政府官员、企业管理人员、媒体从业人员及相关专业人员应对气候变化意识和工作能力。开展应对气候变化职业培训，将低碳职业培训纳入国家职业培训体系。

营造良好氛围。大力宣传低碳发展和应对气候变化先进典型及成功经验。积极发挥社会组织作用，促进公众和社会各界参与应对气候变化行动。建立鼓励公众参与应对气候变化的激励机制，拓展公众参与渠道，创新参与形式。做好“全国低碳日”等宣传活动。完善应对气候变化信息发布渠道和制度，增强有关决策透明度。充分发挥媒体监督作用。发挥新型媒体在气候变化宣传中的作用。

加强外宣工作。将应对气候变化纳入国家对外宣传重大活动计划，制定工作方案，有针对性地编制外宣材料，以国际化的传播理念和方式，大力开展应对气候变化对外宣传，营造良好的国际舆论环境。

第九章 加强能力建设

第一节 健全温室气体统计核算体系

建立健全温室气体排放基础统计制度。将温室气体排放基础统计指标纳入政府统计指标体系，建立健全涵盖能源活动、工业生产过程、农业、土地利用变化与林业、废弃物处理等领域、适应温室气体排放核算要求的基础统计体系。根据温室气体排放统计需要，扩大能源统计调查范围，细化能源统计品种和指标分类。重点排放单位要健全能源消费和温室气体排放原始记录和统计台账。实行重点企事业单位温室气体排放数据报告制度。完善温室气体排放计量体系，加强排放因子测算和数据质量监测，确保数据真实准确。

加强温室气体排放核算工作。完善地方温室气体清单编制指南，规范清单编制方法和数据来源。制定重点行业和重点企业温室气体排放核算指南。建立健全温室气体排放数据信息系统。定期编制国家和省级温室气体清单。加强对温室气体排放核算工作的指导，做好年度核算工作。构建国家、地方、企业三级温室气体排放基础统计和核算工作体系。建立地方和企业温室气体排放核算系统。

第二节 加强队伍建设

健全工作协调机制和机构。健全国家应对气候变化组织机构，在国家应对气候变化领导小组统一领导下，强化归口管理，充分发挥国家气候变化领导小组协调联络办公室职能，加强各部门应对气候变化机构和能力建设，完善工作机制。发挥气候变化专家咨询机构作用。

加强学科和研究基地建设。加强应对气候变化学科建设，提倡自然科学与社会科学的学科交叉与结合，逐步建立应对气候变化学科体系。加强应对气候变化基础研究、技术研发及战略政策研究基地建设，健全长期研究支撑机制。加强财政资金支持的气候变化科研项目的统筹协调。

健全相关支撑和服务机构。发挥行业协会和专业服务机构在应对气候变化工作中的作用，加强社会中介组织的功能建设，大力发展市场中介组织，鼓励低碳资质管理和培训机构、金融、检测、评级、核查、技术成果转化等专业服务机构发展。规范中介服务市场秩序。

强化人才培养和队伍建设。建立和完善应对气候变化人才培养激励机制。鼓励我国科学家和研究人员参与国际研究计划。加强统计核算、新闻宣传、战略与政策专家队伍建设，逐步建立一支人员稳定、结构合理、具备专业知识、开阔视野、实践经验和奉献精神的国际谈判队伍。编制低碳人才体系建设方案，建立规范化、制度化的低碳人才培养、技能认定机制。

第三节 加强教育培训和舆论引导

加强教育培训。将应对气候变化教育纳入国民教育体系，推动应对气候变化知识进学校、进课堂，普及应对气候变化科学知识。加强应对气候变化培训工作，提高政府官员、企业管理人员、媒体从业人员及相关专业人员应对气候变化意识和工作能力。开展应对气候变化职业培训，将低碳职业培训纳入国家职业培训体系。

营造良好氛围。大力宣传低碳发展和应对气候变化先进典型及成功经验。积极发挥社会组织作用，促进公众和社会各界参与应对气候变化行动。建立鼓励公众参与应对气候变化的激励机制，拓展公众参与渠道，创新参与形式。做好“全国低碳日”等宣传活动。完善应对气候变化信息发布渠道和制度，增强有关决策透明度。充分发挥媒体监督作用。发挥新型媒体在气候变化宣传中的作用。

加强外宣工作。将应对气候变化纳入国家对外宣传重大活动计划，制定工作方案，有针对性地编制外宣材料，以国际化的传播理念和方式，大力开展应对气候变化对外宣传，营造良好的国际舆论环境。

第十章 深化国际交流与合作

第一节 推动建立公平合理的国际气候制度

坚持联合国气候变化框架公约原则和基本制度。坚持共同但有区别的责任原则、公平原则、各自能力原则，推动《联合国气候变化框架公约》及其《京都议定书》的全面、有效和持续实施，积极建设性参与全球2020年后应对气候变化强化行动目标的谈判，与国际社会共同努力，建立公平合理的全球应对气候变化制度。

积极建设性参与国际气候谈判多边进程。坚持和维护联合国气候变化谈判的主渠道地位，积极参与气候变化相关多边进程，发挥负责任大国作用。加强发展中国家整体团结协调，维护发展中国家共同利益。加强与发达国家气候变化对话与交流，增进相互理解。反对以应对气候变化为名设置贸易壁垒。

承担与发展阶段、应负责任和实际能力相称的国际义务。落实我国2020年控制温室气体排放行动目标，在可持续发展的框架下积极应对气候变化。认真履行《联合国气候变化框架公约》和《京都议定书》，承担与我国发展阶段、应负责任和实际能力相称的国际义务，为保护全球气候做出积极贡献。

第二节 加强与国际组织、发达国家合作

加强与国际组织合作。深化与联合国相关机构、政府间组织、国际行业组织及世行、亚行、全球环境基金等多边机构的合作，建立长期性、机制性的气候变化合作关系。积极参与公约下绿色气候基金、适应气候变化委员会、技术执行委员会、气候技术中心和网络等机构建设及业务运营，引进国际资金和先进气候友好技术。

推动与发达国家合作。积极借鉴和引进发达国家先进气候友好技术和成功经验，加强重点领域和行业对外合作。与主要发达国家建立双边合作机制，加强气候变化战略政策对话和交流，开展务实合作。鼓励和引导国内外企业参与双边合作项目。

建立多领域、多层面的国际合作网络。引导地方、企业、科研机构、行业协会等参与应对气候变化国际合作，强化国际合作平台建设。促进企业和地方参与国际技术合作和经验交流，开展应对气候变化国内外省州合作，组织开展国际交流与培训。以务实行动倡议推动国际应对气候变化进程。继续参与清洁发展机制项目合作。

三节 大力开展南南合作

加强南南合作机制建设。拓展合作机制，积极推动与发展中国家的交流合作。创新南南合作多边合作模式，与有关国际机构探讨建立“南南合作基金”，扩大应对气候变化南南合作资金规模，有效提高南南合作工作效果。鼓励地方政府、国内企业和非政府组织利用自身技术和资金优势参与气候变化南南合作，积极推动我国低碳技术、适应技术及产品“走出去”，实现互利共赢。

支持发展中国家能力建设。结合发展中国家需求，拓展物资赠送种类，增强对有关发展中国家应对气候变化实物支持力度。支持发展中国家节能、可再生能源应用、增加碳汇及适应气候变化能力建设。强化气候变化和绿色低碳发展培训交流，拓展培训领域，创新培训形式，帮助有关国家培训气候变化领域各类人才。重点加强与最不发达国家、小岛屿国家、非洲国家等发展中国家的合作，逐步拓展务实合作方式和领域。

第十一章 组织实施

第一节 加强组织领导

明确实施责任。按照权责明确、分工协作的原则，明确各项任务责任主体。有关部门要加强对规划实施的指导，并为规划有效实施创造条件。充分发挥企业、社会团体、公众等在规划实施中的作用。

加强跟踪评估。建立科学合理的评估机制，完善规划实施评估指标体系，制定监测评估办法，做好规划实施评估，根据评估结果调整工作力度，促进规划任务和目标顺利实现，并视情况对规划进行调整修订。

第二节 强化统筹协调

做好规划衔接。加强省级应对气候变化专项规划与本规划的衔接。做好本规划与有关部门相关领域专项规划之间的衔接，确保各相关规划目标一致、各有侧重、协调互补。

加强部门协作。国务院各有关部门要按照职责分工，加强协作，建立信息共享机制，共同推动规划各项任务落实。

强化政策协调。深化相关领域改革，加强财税、金融、价格、土地、产业等政策协调配合，研究分领域、分阶段相应支持政策，形成整体合力，加大政策支持力度。

落实资金保障。完善多元化资金投入机制，充分发挥财政资金、企业资金、民间资本、外资等多种资金渠道的作用，确保规划重点目标任务和重点工程建设的资金投入。

第三节 建立评价考核机制

分解目标任务。对本规划确定的目标、指标和任务要分解落实到具体的地区、部门，纳入到各地区、各部门经济社会发展综合评价和绩效考核体系，保证规划实施的系统性、连续性和针对性。

健全考核机制。制定规划目标任务完成情况评价考核办法，建立有效的指标体系和科学、合理的评价考核机制。按照责任落实、措施落实、工作落实的总体要求，对各省(自治区、直辖市)人民政府完成碳强度下降等约束性指标情况、有关任务与措施落实情况、基础工作与能力建设落实情况、气候变化试点示范进展情况实行年度考核。综合评价考核的结果要向社会公开，接受舆论监督。

强化问责制度。建立完善应对气候变化工作问责机制，将应对气候变化工作目标任务完成情况作为各级政府政绩考核的重要内容。加强专项督查工作，研究建立应对气候变化工作奖惩制度，推动规划各项目标任务的实现。

能源发展战略行动计划（2014-2020年）（节录）

（国务院办公厅2014年6月7日印发）

能源是现代化的基础和动力。能源供应和安全事关我国现代化建设全局。新世纪以来，我国能源发展成就显著，供应能力稳步增长，能源结构不断优化，节能减排取得成效，科技进步迈出新步伐，国际合作取得新突破，建成世界最大的能源供应体系，有效保障了经济社会持续发展。

当前，世界政治、经济格局深刻调整，能源供求关系深刻变化。我国能源资源约束日益加剧，生态环境问题突出，调整结构、提高能效和保障能源安全的压力进一步加大，能源发展面临一系列新问题新挑战。同时，我国可再生能源、非常规油气和深海油气资源开发潜力很大，能源科技创新取得新突破，能源国际合作不断深化，能源发展面临着难得的机遇。

从现在到2020年，是我国全面建成小康社会的关键时期，是能源发展转型的重要战略机遇期。为贯彻落实党的十八大精神，推动能源生产和消费革命，打造中国能源升级版，必须加强全局谋划，明确今后一段时期我国能源发展的总体方略和行动纲领，推动能源创新发展、安全发展、科学发展，特制定本行动计划。

一、总体战略

（一）指导思想。

高举中国特色社会主义伟大旗帜，以邓小平理论、“三个代表”重要思想、科学发展观为指导，深入贯彻党的十八大和十八届二中、三中全会精神，全面落实党中央、国务院的各项决策部署，以开源、节流、减排为重点，确保能源安全供应，转变能源发展方式，调整优化能源结构，创新能源体制机制，着力提高能源效率，严格控制能源消费过快增长，着力发展清洁能源，推进能源绿色发展，着力推动科技进步，切实提高能源产业核心竞争力，打造中国能源升级版，为实现中华民族伟大复兴的中国梦提供安全可靠的能源保障。

（二）战略方针与目标。

坚持“节约、清洁、安全”的战略方针，加快构建清洁、高效、安全、可持续的现代能源体系。重点实施四大战略：

1. 节约优先战略。把节约优先贯穿于经济社会及能源发展的全过程，集约高效开发能源，科学合理使用能源，大力提高能源效率，加快调整和优化经济结构，推进重点领域和关键环节节能，合理控制能源消费总量，以较少的能源消费支撑经济社会较快发展。

到2020年，一次能源消费总量控制在48亿吨标准煤左右，煤炭消费总量控制在42亿吨左右。

2. 立足国内战略。坚持立足国内，将国内供应作为保障能源安全的主渠道，牢牢掌握能源安全主动权。发挥国内资源、技术、装备和人才优势，加强国内能源资源勘探开发，完善能源替代和储备应急体系，着力增强能源供应能力。加强国际合作，提高优质能源保障水平，加快推进油气战略进口通道建设，在开放格局中维护能源安全。

到2020年，基本形成比较完善的能源安全保障体系。国内一次能源生产总量达到42亿吨标准煤，能源自给能力保持在85%左右，石油储采比提高到14-15，能源储备应急体系基本建成。

3. 绿色低碳战略。着力优化能源结构，把发展清洁低碳能源作为调整能源结构的主攻方向。坚持发展非化石能源与化石能源高效清洁利用并举，逐步降低煤炭消费比重，提高天然气消费比重，大幅增加风电、太阳能、地热能等可再生能源和核电消费比重，形成与我国国情相适应、科学合理的能源消费结构，大幅减少能源消费排放，促进生态文明建设。

到2020年，非化石能源占一次能源消费比重达到15%，天然气比重达到10%以上，煤炭消费比重控制在62%以内。

4. 创新驱动战略。深化能源体制改革，加快重点领域和关键环节改革步伐，完善能源科学发展体制机制，充分发挥市场在能源资源配置中的决定性作用。树立科技决定能源未来、科技创造未来能源的理念，坚持追赶与跨越并重，加强能源科技创新体系建设，依托重大工程推进科技自主创新，建设能源科技强国，能源科技总体接近世界先进水平。

到2020年，基本形成统一开放竞争有序的现代能源市场体系。

二、主要任务

（一）增强能源自主保障能力。

立足国内，加强能源供应能力建设，不断提高自主控制能源对外依存度的能力。

1. 推进煤炭清洁高效开发利用。

按照安全、绿色、集约、高效的原则，加快发展煤炭清洁开发利用技术，不断提高煤炭清洁高效开发利用水平。

清洁高效发展煤电。转变煤炭使用方式，着力提高煤炭集中高效发电比例。提高煤电机组准入标准，新建燃煤发电机组供电煤耗低于每千瓦时300克标准煤，污染物排放接近燃气机组排放水平。

推进煤电大基地大通道建设。依据区域水资源分布特点和生态环境承载能力，严格煤矿环保和安全准入标准，推广充填、保水等绿色开采技术，重点建设晋北、晋中、晋东、神东、陕北、黄陇、宁东、鲁西、两淮、云贵、冀中、河南、内蒙古东部、新疆等14个亿吨级大型煤炭基地。到2020年，基地产量占全国的95%。采用最先进节能节水环保发电技术，重点建设锡林郭勒、鄂尔多斯、晋北、晋中、晋东、陕北、哈密、准东、宁东等9个千万千瓦级大型煤电基地。发展远距离大容量输电技术，扩大西电东送规模，实施北电南送工程。加强煤炭铁路运输通道建设，重点建设内蒙古西部至华中地区的铁路煤运通道，完善西煤东运通道。到2020年，全国煤炭铁路运输能力达到30亿吨。

提高煤炭清洁利用水平。制定和实施煤炭清洁高效利用规划，积极推进煤炭分级分质梯级利用，加大煤炭洗选比重，鼓励煤矸石等低热值煤和劣质煤就地清洁转化利用。建立健全煤炭质量管理体系，加强对煤炭开发、加工转化和使用过程的监督管理。加强进口煤炭质量监管。大幅减少煤炭分散直接燃烧，鼓励农村地区使用洁净煤和型煤。

2. 稳步提高国内石油产量。

坚持陆上和海上并重，巩固老油田，开发新油田，突破海上油田，大力支持低品位资源开发，建设大庆、辽河、新疆、塔里木、胜利、长庆、渤海、南海、延长等9个千万吨级大油田。

稳定东部老油田产量。以松辽盆地、渤海湾盆地为重点，深化精细勘探开发，积极发展先进采油技术，努力增储挖潜，提高原油采收率，保持产量基本稳定。

实现西部增储上产。以塔里木盆地、鄂尔多斯盆地、准噶尔盆地、柴达木盆地为重点，加大油气资源勘探开发力度，推广应用先进技术，努力探明更多优质储量，提高石油产量。加大羌塘盆地等新区油气地质调查研究和勘探开发技术攻关力度，拓展新的储量和产量增长区域。

加快海洋石油开发。按照以近养远、远近结合，自主开发与对外合作并举的方针，加强渤海、东海和南海等海域近海油气勘探开发，加强南海深水油气勘探开发形势跟踪分析，积极推进深海对外招标和合作，尽快突破深海采油技术和装备自主制造能力，大力提升海洋油气产量。

大力支持低品位资源开发。开展低品位资源开发示范工程建设，鼓励难动用储量和濒临枯竭油田的开发及市场化转让，支持采用技术服务、工程总承包等方式开发低品位资源。

3.大力发展天然气。

按照陆地与海域并举、常规与非常规并重的原则，加快常规天然气增储上产，尽快突破非常规天然气发展瓶颈，促进天然气储量产量快速增长。

加快常规天然气勘探开发。以四川盆地、鄂尔多斯盆地、塔里木盆地和南海为重点，加强西部低品位、东部深层、海域深水三大领域科技攻关，加大勘探开发力度，力争获得大突破、大发现，努力建设8个年产量百亿立方米级以上的大型天然气生产基地。到2020年，累计新增常规天然气探明地质储量5.5万亿立方米，年产常规天然气1850亿立方米。

重点突破页岩气和煤层气开发。加强页岩气地质调查研究，加快“工厂化”、“成套化”技术研发和应用，探索形成先进适用的页岩气勘探开发技术模式和商业模式，培育自主创新和装备制造能力。着力提高四川长宁-威远、重庆涪陵、云南昭通、陕西延安等国家级示范区储量和产量规模，同时争取在湘鄂、云贵和苏皖等地区实现突破。到2020年，页岩气产量力争超过300亿立方米。以沁水盆地、鄂尔多斯盆地东缘为重点，加大支持力度，加快煤层气勘探开采步伐。到2020年，煤层气产量力争达到300亿立方米。

积极推进天然气水合物资源勘查与评价。加大天然气水合物勘探开发技术攻关力度，培育具有自主知识产权的核心技术，积极推进试采工程。

4.积极发展能源替代。

坚持煤基替代、生物质替代和交通替代并举的方针，科学发展石油替代。到2020年，形成石油替代能力4000万吨以上。

稳妥实施煤制油、煤制气示范工程。按照清洁高效、量水而行、科学布局、突出示范、自主创新的原则，以新疆、内蒙古、陕西、山西等地为重点，稳妥推进煤制油、煤制气技术研发和产业化升级示范工程，掌握核心技术，严格控制能耗、水耗和污染物排放，形成适度规模的煤基燃料替代能力。

积极发展交通燃油替代。加强先进生物质能技术攻关和示范，重点发展新一代非粮燃料乙醇和生物柴油，超前部署微藻制油技术研发和示范。加快发展纯电动汽车、混合动力汽车和船舶、天然气汽车和船舶，扩大交通燃油替代规模。

5.加强储备应急能力建设。

完善能源储备制度，建立国家储备与企业储备相结合、战略储备与生产运行储备并举的储备体系，建立健全国家能源应急保障体系，提高能源安全保障能力。

扩大石油储备规模。建成国家石油储备二期工程，启动三期工程，鼓励民间资本参与储备建设，建立企业义务储备，鼓励发展商业储备。

提高天然气储备能力。加快天然气储气库建设，鼓励发展企业商业储备，支持天然气生产企业参与调峰，提高储气规模和应急调峰能力。

建立煤炭稀缺品种资源储备。鼓励优质、稀缺煤炭资源进口，支持企业在缺煤地区和煤炭集散地建设中转储运设施，完善煤炭应急储备体系。

完善能源应急体系。加强能源安全信息化保障和决策支持能力建设，逐步建立重点能源品种和能源通道应急指挥和综合管理系统，提升预测预警和防范应对水平。

（二）推进能源消费革命。

调整优化经济结构，转变能源消费理念，强化工业、交通、建筑节能和需求侧管理，重视生活节能，严格控制能源消费总量过快增长，切实扭转粗放用能方式，不断提高能源使用效率。

1.严格控制能源消费过快增长。

按照差别化原则，结合区域和行业用能特点，严格控制能源消费过快增长，切实转变能源开发和利用方式。

推行“一挂双控”措施。将能源消费与经济增长挂钩，对高耗能产业和产能过剩行业实行能源消费总量控制强约束，其他产业按先进能效标准实行强约束，现有产能能效要限期达标，新增产能必须符合国内先进能效标准。

推行区域差别化能源政策。在能源资源丰富的西部地区，根据水资源和生态环境承载能力，在节水节能环保、技术先进的前提下，合理加大能源开发力度，增强跨区调出能力。合理控制中部地区能源开发强度。大力优化东部地区能源结构，鼓励发展有竞争力的新能源和可再生能源。

控制煤炭消费总量。制定国家煤炭消费总量中长期控制目标，实施煤炭消费减量替代，降低煤炭消费比重。

2.着力实施能效提升计划。

坚持节能优先，以工业、建筑和交通领域为重点，创新发展方式，形成节能型生产和消费模式。

实施煤电升级改造行动计划。实施老旧煤电机组节能减排升级改造工程，现役60万千瓦（风冷机组除外）及以上机组力争5年内供电煤耗降至每千瓦时300克标准煤左右。

实施工业节能行动计划。严格限制高耗能产业和过剩产业扩张，加快淘汰落后产能，实施十大重点节能工程，深入开展万家企业节能低碳行动。实施电机、内燃机、锅炉等重点用能设备能效提升计划，推进工业企业余热余压利用。深入推进工业领域需求侧管理，积极发展高效锅炉和高效电机，推进终端用能产品能效提升和重点用能行业能效水平对标达标。认真开展新建项目环境影响评价和节能评估审查。

实施绿色建筑行动计划。加强建筑用能规划，实施建筑能效提升工程，尽快推行75%的居住建筑节能设计标准，加快绿色建筑建设和既有建筑改造，推行公共建筑能耗限额和绿色建筑评级与标识制度，大力推广节能电器和绿色照明，积极推进新能源城市建设。大力发展低碳生态城市和绿色生态城区，到2020年，城镇绿色建筑占新建建筑的比例达到50%。加快推进供热计量改革，新建建筑和经供热计量改造的既有建筑实行供热计量收费。

实行绿色交通行动计划。完善综合交通运输体系规划，加快推进综合交通运输体系建设。积极推进清洁能源汽车和船舶产业化步伐，提高车用燃油经济性标准和环保标准。加快发展轨道交通和水运等资源节约型、环境友好型运输方式，推进主要城市群内城际铁路建设。大力发展城市公共交通，加强城市步行和自行车交通系统建设，提高公共出行和非机动出行比例。

3. 推动城乡用能方式变革。

按照城乡发展一体化和新型城镇化的总体要求，坚持集中与分散供能相结合，因地制宜建设城乡供能设施，推进城乡用能方式转变，提高城乡用能水平和效率。

实施新城镇、新能源、新生活行动计划。科学编制城镇规划，优化城镇空间布局，推动信息化、低碳化与城镇化的深度融合，建设低碳智能城镇。制定城镇综合能源规划，大力发展分布式能源，科学发展热电联产，鼓励有条件的地区发展热电冷联供，发展风能、太阳能、生物质能、地热能供暖。

加快农村用能方式变革。抓紧研究制定长效政策措施，推进绿色能源县、乡、村建设，大力发展农村小水电，加强水电新农村电气化县和小水电代燃料生态保护工程建设，因地制宜发展农村可再生能源，推动非商品能源的清洁高效利用，加强农村节能工作。

开展全民节能行动。实施全民节能行动计划，加强宣传教育，普及节能知识，推广节能新技术、新产品，大力提倡绿色生活方式，引导居民科学合理用能，使节约用能成为全社会的自觉行动。

（三）优化能源结构。

积极发展天然气、核电、可再生能源等清洁能源，降低煤炭消费比重，推动能源结构持续优化。

1. 降低煤炭消费比重。

加快清洁能源供应，控制重点地区、重点领域煤炭消费总量，推进减量替代，压减煤炭消费，到2020年，全国煤炭消费比重降至62%以内。

削减京津冀鲁、长三角和珠三角等区域煤炭消费总量。加大高耗能产业落后产能淘汰力度，扩大外来电、天然气及非化石能源供应规模，耗煤项目实现煤炭减量替代。到2020年，京津冀鲁四省市煤炭消费比2012年净削减1亿吨，长三角和珠三角地区煤炭消费总量负增长。

控制重点用煤领域煤炭消费。以经济发达地区和大中城市为重点，有序推进重点用煤领域“煤改气”工程，加强余热、余压利用，加快淘汰分散燃煤小锅炉，到2017年，基本完成重点地区燃煤锅炉、工业窑炉等天然气替代改造任务。结合城中村、城乡结合部、棚户区改造，扩大城市无煤区范围，逐步由城市建成区扩展到近郊，大幅减少城市煤炭分散使用。

2. 提高天然气消费比重。

坚持增加供应与提高能效相结合，加强供气设施建设，扩大天然气进口，有序拓展天然气城镇燃气应用。到2020年，天然气在一次能源消费中的比重提高到10%以上。

实施气化城市民生工程。新增天然气应优先保障居民生活和替代分散燃煤，组织实施城镇居民用能清洁化计划，到2020年，城镇居民基本用上天然气。

稳步发展天然气交通运输。结合国家天然气发展规划布局，制定天然气交通发展中长期规划，加快天然气加气站设施建设，以城市出租车、公交车为重点，积极有序发展液化天然气汽车和压缩天然气汽车，稳妥发展天然气家庭轿车、城际客车、重型卡车和轮船。

适度发展天然气发电。在京津冀鲁、长三角、珠三角等大气污染重点防控区，有序发展天然气调峰电站，结合热负荷需求适度发展燃气—蒸汽联合循环热电联产。

加快天然气管网和储气设施建设。按照西气东输、北气南下、海气登陆的供气格局，加快天然气管道及储气设施建设，形成进口通道、主要生产区和消费区相连接的全国天然气主干管网。到2020年，天然气主干管道里程达到12万公里以上。

扩大天然气进口规模。加大液化天然气和管道天然气进口力度。

3. 安全发展核电。

在采用国际最高安全标准、确保安全的前提下，适时在东部沿海地区启动新的核电项目建设，研究论证内陆核电建设。坚持引进消化吸收再创新，重点推进AP1000、CAP1400、高温气冷堆、快堆及后处理技术攻关。加快国内自主技术工程验证，重点建设大型先进压水堆、高温气冷堆重大专项示范工程。积极推进核电基础理论研究、核安全技术研究开发设计和工程建设，完善核燃料循环体系。积极推进核电“走出去”。加强核电科普和核安全知识宣传。到2020年，核电装机容量达到5800万千瓦，在建容量达到3000万千瓦以上。

4.大力发展可再生能源。

按照输出与就地消纳利用并重、集中式与分布式发展并举的原则，加快发展可再生能源。到2020年，非化石能源占一次能源消费比重达到15%。

积极开发水电。在做好生态环境保护和移民安置的前提下，以西南地区金沙江、雅砻江、大渡河、澜沧江等河流为重点，积极有序推进大型水电基地建设。因地制宜发展中小型电站，开展抽水蓄能电站规划和建设，加强水资源综合利用。到2020年，力争常规水电装机达到3.5亿千瓦左右。

大力发展风电。重点规划建设酒泉、内蒙古西部、内蒙古东部、冀北、吉林、黑龙江、山东、哈密、江苏等9个大型现代风电基地以及配套送出工程。以南方和中东部地区为重点，大力发展分散式风电，稳步发展海上风电。到2020年，风电装机达到2亿千瓦，风电与煤电上网电价相当。

加快发展太阳能发电。有序推进光伏基地建设，同步做好就地消纳利用和集中送出通道建设。加快建设分布式光伏发电应用示范区，稳步实施太阳能热发电示范工程。加强太阳能发电并网服务。鼓励大型公共建筑及公用设施、工业园区等建设屋顶分布式光伏发电。到2020年，光伏装机达到1亿千瓦左右，光伏发电与电网销售电价相当。

积极发展地热能、生物质能和海洋能。坚持统筹兼顾、因地制宜、多元发展的方针，有序开展地热能、海洋能资源普查，制定生物质能和地热能开发利用规划，积极推动地热能、生物质和海洋能清洁高效利用，推广生物质能和地热供热，开展地热发电和海洋能发电示范工程。到2020年，地热能利用规模达到5000万吨标准煤。

提高可再生能源利用水平。加强电源与电网统筹规划，科学安排调峰、调频、储能配套能力，切实解决弃风、弃水、弃光问题。

（四）拓展能源国际合作。

统筹利用国内国际两种资源、两个市场，坚持投资与贸易并举、陆海通道并举，加快制定利用海外能源资源中长期规划，着力拓展进口通道，着力建设丝绸之路经济带、21世纪海上丝绸之路、孟中印缅经济走廊和中巴经济走廊，积极支持能源技术、装备和工程队伍“走出去”。

加强俄罗斯中亚、中东、非洲、美洲和亚太五大重点能源合作区域建设，深化国际能源双边多边合作，建立区域性能源交易市场。积极参与全球能源治理。加强统筹协调，支持企业“走出去”。

（五）推进能源科技创新。

按照创新机制、夯实基础、超前部署、重点跨越的原则，加强科技自主创新，鼓励引进消化吸收再创新，打造能源科技创新升级版，建设能源科技强国。

1.明确能源科技创新战略方向和重点。

抓住能源绿色、低碳、智能发展的战略方向，围绕保障安全、优化结构和节能减排等长期目标，确立非常规油气及深海油气勘探开发、煤炭清洁高效利用、分布式能源、智能电网、新一代核电、先进可再生能源、节能节水、储能、基础材料等9个重点创新领域，明确页岩气、煤层气、页岩油、深海油气、煤炭深加工、高参数节能环保燃煤发电、整体煤气化联合循环发电、燃气轮机、现代电网、先进核电、光伏、太阳能热发电、风电、生物燃料、地热能利用、海洋能发电、天然气水合物、大容量储能、氢能与燃料电池、能源基础材料等20个重点创新方向，相应开展页岩气、煤层气、深水油气开发等重大示范工程。

2.抓好科技重大专项。

加快实施大型油气田及煤层气开发国家科技重大专项。加强大型先进压水堆及高温气冷堆核电站国家科技重大专项。加强技术攻关，力争页岩气、深海油气、天然气水合物、新一代核电等核心技术取得重大突破。

3.依托重大工程带动自主创新。

依托海洋油气和非常规油气勘探开发、煤炭高效清洁利用、先进核电、可再生能源开发、智能电网等重大能源工程，加快科技成果转化，加快能源装备制造创新平台建设，支持先进能源技术装备“走出去”，形成有国际竞争力的能源装备工业体系。

4.加快能源科技创新体系建设。

制定国家能源科技创新及能源装备发展战略。建立以企业为主体、市场为导向、政产学研用相结合的创新体系。鼓励建立多元化的能源科技风险投资基金。加强能源人才队伍建设，鼓励引进高端人才，培育一批能源科技领军人才。

三、保障措施

（一）深化能源体制改革。

坚持社会主义市场经济改革方向，使市场在资源配置中起决定性作用和更好发挥政府作用，深化能源体制改革，为建立现代能源体系、保障国家能源安全营造良好的制度环境。

完善现代能源市场体系。建立统一开放、竞争有序的现代能源市场体系。深入推进政企分开，分离自然垄断业务和竞争性业务，放开竞争性领域和环节。实行统一的市场准入制度，在制定负面清单基础上，鼓励和引导各类市场主体依法平等进入负面清单以外的领域，推动能源投资主体多元化。深化国有能源企业改革，完善激励和考核机制，提高企业竞争力。鼓励利用期货市场套期保值，推进原油期货市场建设。

推进能源价格改革。推进石油、天然气、电力等领域价格改革，有序放开竞争性环节价格，天然气井口价格及销售价格、上网电价和销售电价由市场形成，输配电价和油气管输价格由政府定价。

深化重点领域和关键环节改革。重点推进电网、油气管网建设运营体制改革，明确电网和油气管网功能定位，逐步建立公平接入、供需导向、可靠灵活的电力和油气输送网络。加快电力体制改革步伐，推动供求双方直接交易，构建竞争性电力交易市场。

健全能源法律法规。加快推动能源法制定和电力法、煤炭法修订工作。积极推进海洋石油天然气管道保护、核电管理、能源储备等行政法规制定或修订工作。

进一步转变政府职能，健全能源监管体系。加强能源发展战略、规划、政策、标准等制定和实施，加快简政放权，继续取消和下放行政审批事项。强化能源监管，健全监管组织体系和法规体系，创新监管方式，提高监管效能，维护公平公正的市场秩序，为能源产业健康发展创造良好环境。

（二）健全和完善能源政策。

完善能源税费政策。加快资源税费改革，积极推进清费立税，逐步扩大资源税从价计征范围。研究调整能源消费税征税环节和税率，将部分高耗能、高污染产品纳入征收范围。完善节能减排税收政策，建立和完善生态补偿机制，加快推进环境保护税立法工作，探索建立绿色税收体系。

完善能源投资和产业政策。在充分发挥市场作用的基础上，扩大地质勘探基金规模，重点支持和引导非常规油气及深海油气资源开发和国际合作，完善政府对基础性、战略性、前沿性科学研究和共性技术研究及重大装备的支持机制。完善调峰调频备用补偿政策，实施可再生能源电力配额制和全额保障性收购政策及配套措施。鼓励银行业金融机构按照风险可控、商业可持续的原则，加大对节能提效、能源资源综合利用和清洁能源项目的支持。研究制定推动绿色信贷发展的激励政策。

完善能源消费政策。实行差别化能源价格政策。加强能源需求侧管理，推行合同能源管理，培育节能服务机构和能源服务公司，实施能源审计制度。健全固定资产投资项目节能评估审查制度，落实能效“领跑者”制度。

（三）做好组织实施。

加强组织领导。充分发挥国家能源委员会的领导作用，加强对能源重大战略问题的研究和审议，指导推动本行动计划的实施。能源局要切实履行国家能源委员会办公室职责，组织协调各部门制定实施细则。

细化任务落实。国务院有关部门、各省（区、市）和重点能源企业要将贯彻落实本行动计划列入本部门、本地区、本企业的重要议事日程，做好各类规划计划与本行动计划的衔接。国家能源委员会办公室要制定实施方案，分解落实目标任务，明确进度安排和协调机制，精心组织实施。

加强督促检查。国家能源委员会办公室要密切跟踪工作进展，掌握目标任务完成情况，督促各项措施落到实处、见到实效。在实施过程中，要定期组织开展评估检查和考核评价，重大情况及时报告国务院。

国家新型城镇化规划（2014－2020年）（节录）

中共中央、国务院 二○一四年三月印发

第二篇 指导思想和发展目标

我国城镇化是在人口多、资源相对短缺、生态环境比较脆弱、城乡区域发展不平衡的背景下推进的，这决定了我国必须从社会主义初级阶段这个最大实际出发，遵循城镇化发展规律，走中国特色新型城镇化道路。

第四章 指导思想

高举中国特色社会主义伟大旗帜，以邓小平理论、“三个代表”重要思想、科学发展观为指导，紧紧围绕全面提高城镇化质量，加快转变城镇化发展方式，以人的城镇化为核心，有序推进农业转移人口市民化；以城市群为主体形态，推动大中小城市和小城镇协调发展；以综合承载能力为支撑，提升城市可持续发展水平；以体制机制创新为保障，通过改革释放城镇化发展潜力，走以人为本、四化同步、优化布局、生态文明、文化传承的中国特色新型城镇化道路，促进经济转型升级和社会和谐进步，为全面建成小康社会、加快推进社会主义现代化、实现中华民族伟大复兴的中国梦奠定坚实基础。

要坚持以下基本原则：

——优化布局，集约高效。根据资源环境承载能力构建科学合理的城镇化宏观布局，以综合交通网络和信息网络为依托，科学规划建设城市群，严格控制城镇建设用地规模，严格划定永久基本农田，合理控制城镇开发边界，优化城市内部空间结构，促进城市紧凑发展，提高国土空间利用效率。

——生态文明，绿色低碳。把生态文明理念全面融入城镇化进程，着力推进绿色发展、循环发展、低碳发

展，节约集约利用土地、水、能源等资源，强化环境保护和生态修复，减少对自然的干扰和损害，推动形成绿色低碳的生产生活方式和城市建设运营模式。

第十八章 推动新型城市建设

顺应现代城市发展新理念新趋势，推动城市绿色发展，提高智能化水平，增强历史文化魅力，全面提升城市内在品质。

第一节 加快绿色城市建设

将生态文明理念全面融入城市发展，构建绿色生产方式、生活方式和消费模式。严格控制高耗能、高排放行业发展。节约集约利用土地、水和能源等资源，促进资源循环利用，控制总量，提高效率。加快建设可再生能源体系，推动分布式太阳能、风能、生物质能、地热能多元化、规模化应用，提高新能源和可再生能源利用比例。实施绿色建筑行动计划，完善绿色建筑标准及认证体系、扩大强制执行范围，加快既有建筑节能改造，大力发展绿色建材，强力推进建筑工业化。合理控制机动车保有量，加快新能源汽车推广应用，改善步行、自行车出行条件，倡导绿色出行。实施大气污染防治行动计划，开展区域联防联控联治，改善城市空气质量。完善废旧商品回收体系和垃圾分类处理系统，加强城市固体废弃物循环利用和无害化处置。合理划定生态保护红线，扩大城市生态空间，增加森林、湖泊、湿地面积，将农村废弃地、其他污染土地、工矿用地转化为生态用地，在城镇化地区合理建设绿色生态廊道。

第四节 健全防灾减灾救灾体制

完善城市应急管理体系，加强防灾减灾能力建设，强化行政问责制和责任追究制。着眼抵御台风、洪涝、沙尘暴、冰雪、干旱、地震、山体滑坡等自然灾害，完善灾害监测和预警体系，加强城市消防、防洪、排水防涝、抗震等设施和救援救助能力建设，提高城市建筑灾害设防标准，合理规划布局和建设应急避难场所，强化公共建筑物和设施应急避难功能。完善突发公共事件应急预案和应急保障体系。加强灾害分析和信息公开，开展市民风险防范和自救互救教育，建立巨灾保险制度，发挥社会力量在应急管理中的作用。

全国人工影响天气发展规划（2014～2020年）

（发改农经[2014]2864号 国家发展改革委、中国气象局2014年12月17日印发）

一、前言

人工影响天气工作在服务农业生产、缓解水资源紧缺、防灾减灾、保护生态以及保障重大活动等方面具有重要作用。党中央、国务院高度重视人工影响天气工作。

近年来，在全球气候变化背景下，我国资源环境生态问题更加凸显，防灾减灾形势更加严峻，农业、生态、环境、交通等行业对干旱、冰雹、雾霾、高温热浪等灾害的敏感性不断增强。为贯彻落实党中央、国务院的战略部署，实现 44号文件提出的发展目标，适应我国人工影响天气工作面临的新形势和新要求，提高人工影响天气在防灾减灾、生态文明建设、应对气候变化等方面的能力和效益，国家发展改革委、中国气象局在认真总结《人工影响天气发展规划（2008-2012 年）》实施情况的基础上，组织编制了《全国人工影响天气发展规划（2014-2020年）》（以下简称《规划》），作为当前和今后一个时期全国人工影响天气发展的行动纲领。

《规划》在内容上体现了新时期人工影响天气发展的特点：一是确定了发展布局，包括区域布局、重点保障区布局、飞机和地面作业布局、试验示范基地布局；二是创新完善体制机制，特别是区域级人工影响天气业务管理体制和指挥调度机制；三是明确了能力建设任务，重点加强飞机人工影响天气能力建设，增强科技支撑能力。

二、目标和原则

（一）指导思想

以邓小平理论、“ 三个代表”重要思想、科学发展观为指导，以党的十八大和十八届三中、四中全会精神为统领，贯彻落实 44 号文件，把人工影响天气作为防灾减灾、农业公共服务体系建设和水资源安全保障的有力手段、重要举措和有效途径，科学合理布局，增强区域统筹能力，完善体制机制，加快关键技术的科技创新，强化基础设施和装备建设，不断提高作业能力、管理水平和服务效益，为经济社会发展和人民群众安全福祉提供坚实保障。

（二）发展目标

规划任务完成后，建立较为完善的人工影响天气工作体系，基本形成六大区域发展格局，基础研究和应用技术研发取得重要成果，基础保障能力显著提升，协调指挥和安全监管水平得到增强，人工增雨（雪）作业年增加降水 600 亿立方米以上，人工防雹保护面积由目前的 47 万平方千米增加到 54 万平方千米以上，人工消减雾、霾试验取得成效，服务经济社会发展的效益明显提高。

三、总体布局

按照 44 号文件要求，根据《全国主体功能区规划》等国家粮食、生态、水资源战略和区域发展、地方需求，结合我国开展跨省（区、市）作业实际，进行区域布局，设立重点作业保障区，合理布设作业飞机，适当建立飞机作业保障基地。以提高作业水平为目的，建立若干试验示范基地，开展作业示范和技术推广。

（一）区域布局

2．区域划分方案

根据.区域划分原则，将全国分为东北、西北、华北、中部、西南和东南 6 个人工影响天气区域（见图 8 全国人工影响天气区域布局示意图），其中东北、中部和东南 3 个区域分别与我国三大粮食生产核心区对应，西北区域重点保障生态环境安全，华北区域重点保障京津冀首都圈水资源安全，西南区域重点保障特色农业生产和水库蓄水发电。

2.布局方案

（1）重点增雨（雪）保障区

东北区域：以保障粮食生产为主，兼顾生态和水源涵养需要。重点保障区包括东北平原粮食生产保障区（22.7万平方千米）、大小兴安岭森林草原生态与防火保障区（34.7万平方千米）、长白山水源涵养生态保障区（11.2万平方千米）和黑松辽上游生态保障区 （5.1万平方千米）。

西北区域：以水源涵养型生态保护为主，兼顾农业生产需要。重点保障区包括祁连山水源涵养型生态保障区（18.5 万平方千米）、三江源生态保障区（36.3 万平方千米）、青海湖流域生态环境保障区（2.9万平方千米）、新疆天山生态保障区（8.2万平方千米）和红碱淖流域生态保障区（1万平方千米）。

华北区域：以首都圈水资源安全保障为主，兼顾华北平原粮食生产需要。重点保障区包括冀晋蒙水源涵养生态保障区（16.9 万平方千米）、晋南冀南粮食生产保障区（3.2 万平方千米）和京津风沙源治理保障区（27.5 万平方千米）。

中部区域：以保障粮食生产为主，兼顾水源涵养型生态保护。重点保障区包括黄淮海和江汉平原粮食生产保障区（48.7万平方千米）、南水北调中线工程水源保障区（7.1万平方千米）、大别山伏牛山生态保障区（8.8 万平方千米）和太湖巢湖蓝藻防治保障区（2.7万平方千米）。

西南区域：以保障特色农业生产为主，兼顾粮食生产和水库增水发电。重点保障区包括川渝黔粮食主产保障区（22 万平方千米）、西南水电开发集水保障区（25万平方千米）、藏东南森林生态保障区（30万平方千米）和桂滇黔石漠化生态防治保障区（25万平方千米）。

东南区域：以保障长江中下游粮食生产区为主，兼顾大湖区湿地生态保护。重点保障区包括长江中下游粮食生产保障区（17.5 万平方千米）、鄱阳湖洞庭湖湿地生态保障区（10.6 万平方千米）、南岭水源涵养生态保障区（22.3 万平方千米）和海南粤西热带经济作物生产保障区（6.7 万平方千米）。

（2）重点防雹保障区

东北区域：主要保障粮食生产。重点保障区包括三江平原粮食生产保障区、内蒙古东部粮食生产保障区。

西北区域：主要保障农业生产。重点保障区包括新疆棉花生产保障区和陕甘宁果业生产保障区。

华北区域：主要保障华北平原农业生产。重点保障区包括汾河谷地果业生产保障区和冀东平原经济作物生产保障区。

中部区域：主要保障农业生产。重点保障区包括豫鄂西部烟叶林果生产保障区和黄淮海平原经济作物生产保障区。

西南区域：主要保障特色农业生产。重点保障区为云黔川渝经济作物生产保障区。

东南区域：主要保障经济作物生产。重点保障区包括赣南等原中央苏区农经作物生产保障区、武夷山茶叶生产保障区、武陵山烟叶生产保障区。

六、环境影响评价

（一）规划实施对环境的有利影响

规划的实施，将为生态文明建设提供更有效的保障。其有利影响主要包括：一是将加大人工增雨（雪）作业力度，直接增加生态用水，开展人工影响天气生态修复工作；二是将加大森林草原防火扑火人工影响天气作业力度，预防和减轻对生态环境的损害；三是将加强以改善空气质量和应对突发环境污染等为目的的人工增雨（雪）、消雾和消雨等应急作业，稀释河流水系化学、生物等污染，加强核应急技术储备等；四是将通过人工防雹、防霜作业和抗旱增雨（雪），稳定和增加农牧民收入，引导其从事特色农业果业和林下经济，减少因生存所迫而人为破坏生态环境现象。

规划实施后，通过人工增雨（雪）作业飞机和地面人工增雨（雪）、防雹、消雾等作业装置的建设，扩大作业覆盖面积，将显著提高我国人工影响天气的作业能力；通过试验示范基地等建设和跨省（区、市）作业的实施，将使我国人工影响天气各类作业技术和组织实施的效率明显提高，可以有效提升人工增雨（雪）、防雹、防霜、消减雨雾等的能力和水平。围绕重点生态保障区的需求，组织实施长期性、增蓄型国家行为的增雨（雪）作业计划，为改善环境提供更多的生态用水，服务于预防和扑救森林草原火灾、稀释河流湖泊污染。增加的降雨，一方面直接作用于当地的生态系统，另一方面将通过自然水系和水利设施为更大范围地方提供生态用水。增加的降雪，在低海拔地区融化后转化为雨水，在高海拔地区增加高山积雪、冰川，储备生态用水。人工增雨（雪）和消雨等技术能力的提升，还将同时成为核污染应急的技术储备之一。

七、实施安排

（三）效益分析

1. 经济效益

规划实施后，可有效提高人工影响天气作业能力和技术水平，形成更加科学、统一协调的作业指挥体系。建立以飞机作业为主、地面作业为辅的增雨（雪）作业力量，完善防雹作业布局，在重点保障区开展规模化、常态化跨省（区、市）作业。在现有人工增雨（雪）、防雹作业效益基础上，每年可多增加降水100　亿立方米以上，每立方米按 0.5 元计算，增加经济效益约 50 亿元；再增加防雹作业保护面积 7　万平方千米以上，按 2011 年防雹效益平均为 2 亿元/ 万平方千米估算，增加经济效益 14 亿元。仅人工增雨（雪）和防雹两项作业，每年即新增直接经济效益64 亿元。

2. 社会效益

人工影响天气是党和政府促进经济社会发展、保障人民群众安全福祉的民生工程，是保障国家粮食安全、水资源安全、生态安全、的公益事业，是提高气象防灾减灾能力、应对气候变化能力、开发利用气候资源能力的基础工作。规划实施后，将显著提升空中云水资源的开发利用水平，提高人工影响天气在服务农业生产、缓解水资源紧缺、防灾减灾、保护生态以及保障重大活动等方面的社会效益，强化政府公共服务和社会管理职能，促进经济社会持续发展。

3. 生态效益

规划实施后，可加快综合环境治理进程、促进生态环境改善、增强抵御各种气象灾害的能力、提高土地生产能力，为生态经济的发展、提高创造良好的生态环境。提高人工影响天气开发利用空中云水资源能力，可以进一步保护生态环境，促进地表植被生长和恢复，减少森林火灾，增加水源涵养，增加地表和地下水，改善局地气候条件，增加空气湿度，净化大气等。提高人工影响天气消除或减少冰雹灾害能力，还可以促进农牧民增产增收，为生态移民提供有利条件。

关于印发全国海上风电开发建设方案（2014-2016）的通知

天津、河北、上海、江苏、浙江、福建、山东、广东、广西、海南、大连发展改革委（能源局），国家电网公司、南方电网公司，华能、大唐、华电、国电、中电投、中广核、神华、三峡，国家海洋局海洋咨询中心、水电水利规划设计总院、国家可再生能源中心、中国风能协会：

为落实风电发展“十二五”规划，做好海上风电发展工作，根据《海上风电开发建设管理暂行办法实施细则》，结合沿海地区风能资源、项目前期工作进展和海上风电价格政策，编制了全国海上风电开发建设方案（2014-2016），现印发你们，并将有关要求通知如下：

一、海上风电是可再生能源发展的重要领域，是推动风电技术进步和产业升级的重要力量，是促进能源结构调整的重要措施。我国海上风能资源丰富，加快海上风电项目建设，对于促进沿海地区治理大气雾霾、调整能源结构和转变经济发展方式具有重要意义。各有关单位要充分认识做好海上风电工作的重要性，采取有效措施积极推进海上风电项目建设，不断提升产业竞争力，促进海上风电持续健康发展。

二、列入全国海上风电开发建设方案（2014-2016）项目共44个，总容量1053万千瓦，具体项目见附表。列入开发建设方案的项目视同列入核准计划，应在有效期（2年）内核准。在有效期内尚未完成核准的项目须说明原因，重新申报纳入开发建设方案。对于今后具备条件需纳入开发建设方案的新项目，待开发建设方案滚动调整时一并纳入。

三、各省（区、市）发展改革委、能源局要加强与海洋、海事、军事等部门沟通协调，简化管理程序，认真落实项目建设条件，督促项目建设单位深化前期工作，协调解决项目建设面临的矛盾和问题，积极有序推进项目建设，保证项目建设秩序，按风电项目核准权限核准项目建设，做好监督管理。

四、电网企业要积极做好列入海上风电开发建设方案项目的配套电网建设工作，落实电网接入和消纳市场，及时办理并网支持性文件和安排建设资金，加快配套电网送出工程建设，确保海上风电项目与配套电网同步建成投产。

五、开发企业要认真做好海上风电开发建设方案内项目的建设工作，加大资金投入，制定合理工期，在保证施工安全、工程建设质量和可靠性的前提下，有序推进项目建设，要加强科技攻关，推进技术进步和降低成本，配合相关单位做好技术标准和相关政策研究工作。

六、为合理高效利用海洋资源，有效指导海上风电海域利用，经商国家海洋局，委托国家海洋局海洋咨询中心牵头，会同水电水利规划设计总院等单位研究制定海上风电海域利用管理指导意见，要求在建设、运行期间对相关数据和事项进行监测，请国家海洋局海洋咨询中心提出具体方案和要求，各开发企业做好配合和落实工作。

七、为规范海上风电设备市场秩序，开发企业选用的海上风电机组须经有资质的第三方认证机构的认证，未通过认证的设备不能参加投标。为进一步提升风电机组设计水平和整体性能，现委托中国风能协会牵头，会同水电水利规划设计总院对风电机组的可靠性和基础结构状况等进行监测和对比研究。请中国风能协会提出具体方案和要求，各开发企业做好配合和落实工作。

八、为健全海上风电技术标准和规程规范，指导海上风电开发建设，委托能源行业风电标委会风电规划设计分标委牵头，研究制定《海上风电场工程风电机组基础设计规范》、《海上风电场交流海底电缆选型敷设技术导则》、《海上升压站变电站设计技术导则》、《海上风电场工程施工安装技术规程》和《海上风电场防腐蚀技术规范》等技术标准和规程规范，风电标委会风电规划设计分标委主任委员单位应组织对风电场的建设技术方案进行咨询和审查，对各关键技术节点要组织验收，有关信息要汇总共享。请风电标委会风电规划设计分标委提出具体方案和要求，各开发企业做好配合和落实工作。

九、为开展海上风电成本影响因素和关键环节分析研究，对完善海上风电政策提供依据，委托国家可再生能源中心牵头，会同水电水利规划设计总院开展海上风电建设成本分析和政策研究工作，请国家可再生能源中心提出具体方案和要求，各开发企业做好配合和落实工作。

十、为及时掌握列入开发建设方案项目的进展情况，各项目单位要定期上报项目的各项进展情况，请国家可再生能源信息管理中心提出信息监测相关要求，各开发企业做好配合和落实工作。

请各有关单位和部门按照上述要求，认真开展相关工作，国家能源局将加强监管，定期开展检查和评估，不断完善海上风电管理和服务体系，促进海上风电产业持续健康发展。

附件：全国海上风电开发建设方案（2014-2016）

国家能源局
2014年12月8日

附件：

全国海上风电开发建设方案（2014-2016）

省份	项目名称	项目规模（万千瓦）	开发企业	场址位置
天津	中水电新能源开发有限责任公司南港海上风电项目一期工程	9	中国水电建设集团新能源开发有限责任公司	滨海新区南港工业区南防波堤
	小计	9		
河北	唐山乐亭菩提岛海上风电场300兆瓦示范工程	30	乐亭建投风能有限公司	唐山市乐亭县
	国电唐山乐亭月坨岛海上风电场一期项目	30	国电电力河北新能源开发有限公司	唐山市乐亭县
	河北建投唐山海上风电场二期工程	20	河北建投新能源有限公司	唐山市海港区
	华电唐山曹妃甸海上风电场	20	华电国际电力股份有限公司	唐山市曹妃甸区
	唐山乐亭海域五场址Ⅱ号区域300兆瓦海上风电项目	30	唐山建设投资有限责任公司、华能国际电力股份有限公司河北分公司	唐山市乐亭县
	小计	130		
辽宁	辽宁省大连市庄河近海II号风电场	30	大连市建设投资集团公司	大连市庄河海域
	辽宁省大连市庄河近海III号风电场	30	大连市建设投资集团公司	大连市庄河海域
	小计	60		

省份	项目名称	项目规模（万千瓦）	开发企业	场址位置
江苏	江苏如东10万千瓦潮间带海上风电项目	10	中国水电建设集团新能源开发有限公司	南通市如东县
	中广核如东海上风电场项目	15.2	中广核如东海上风力发电有限公司	南通市如东县
	江苏响水近海风电场项目	20	响水长江风力发电有限公司	盐城市响水县
	龙源如东试验风电场扩建项目	4.92	江苏海上龙源风力发电有限公司	南通市如东县
	江苏大丰200MW海上风电项目	20	龙源大丰海上风力发电有限公司	盐城市大丰市
	东台200MW海上风电项目	20	江苏广恒新能源有限公司	盐城市东台市
	江苏滨海300MW海上风电项目	30	大唐国信滨海海上风力发电有限公司	盐城市滨海县
	响水C1#	1.25	响水长江风力发电有限公司	盐城市响水县
	滨海北区H1#	10	中电投江苏新能源有限公司	盐城市滨海县
	大丰H7#	20	龙源大丰海上风力发电有限公司	盐城市大丰市
	东台H2#	30	国华（江苏）风电有限公司	盐城市东台市
	蒋家沙H1#	30	江苏龙源海安海上风电项目筹建处	省管区蒋家沙
	如东C4#	20	龙源黄海如东海上风力发电有限公司	南通市如东县
	如东C1#	7.6	中国水电建设集团新能源开发有限公司	南通市如东县
	如东H12#	30	华能江苏风电分公司	南通市如东县
	大丰H3#	30	上海电力股份有限公司	盐城市大丰市
	竹根沙H1#	20	国华（江苏）风电有限公司	省管区
	如东H3#	30	盛东如东海上风力发电有限责任公司	南通市如东县
	小计	348.97		
浙江	国电舟山普陀6#海上风电场2区工程	25	国电电力浙江舟山海上风电开发有限公司	舟山市普陀区
	国电象山1#海上风电项目	15	国电电力浙江分公司	宁波市象山县
	琥珀台州2#海上风电项目	15	琥珀能源有限公司	台州市
	温岭1#海上风电项目	15	浙江龙源风力发电有限公司	台州市温岭市
	舟山金塘大桥2#海上风电项目	20	浙江龙源风力发电有限公司	舟山市金塘
	小计	90		

省份	项目名称	项目规模（万千瓦）	开发企业	场址位置
福建	福建省莆田市南日岛一期400MW近海风电项目	40	福建龙源海上风力发电有限公司	莆田市秀屿区
	福建省莆田市平海湾50MW近海风电项目	5	福建中闽海上风电有限公司	莆田市秀屿区
	福建省莆田市平海湾二期250MW近海风电项目	25	福建中闽海上风电有限公司	莆田市秀屿区
	福建省莆田市平海湾DE区600MW近海风电项目	60	福建省能源集团有限责任公司	莆田市秀屿区
	福建省福州市福清海坛海峡300MW近海/潮间带风电项目	30	华电集团公司	福州市福清市
	福建省平潭综合实验区大练300MW近海风电项目	30	中广核集团公司	平潭综合实验区
	福建省平潭综合实验区长江澳200MW近海风电项目	20	大唐集团公司	平潭综合实验区
	小计	210		
广东	珠海桂山海上风电项目	19.8	南方海上风电联合开发有限公司	珠海市万山区
	湛江外罗海上风电项目	20	广东粤电徐闻风力发电有限公司	湛江市徐闻县
	粤电阳江沙扒海上风电项目	30	广东省风力发电有限公司	阳江市阳西县
	华能阳江沙扒海上风电项目	60	华能明阳新能源投资有限公司	阳江市沙扒镇
	中广核阳江南鹏岛海上风电项目	40	中广核风电有限公司	阳江市东平镇
	小计	169.8		
海南	海南省东方市感城近海风电项目	35	国电海控新能源有限公司	东方市感城镇
	小计	35		
	合计	1052.77		

>>>

低碳科技

2014-2015年节能减排科技专项行动方案

（国科发计〔2014〕45号　科技部 工业和信息化部2014年2月19日印发）

为贯彻党的十八大关于大力推进生态文明建设的总体要求，深入落实《节能减排“十二五”规划》和《“十二五”节能减排综合性工作方案》提出的目标和任务，发挥科技对加快转变经济发展方式，调整优化能源结构，缓解资源环境约束，应对全球气候变化的支撑引领作用，全面推进2014-2015年节能减排科技工作，特制定本方案。

一、现状和形势

“十一五”期间，国家把节能减排作为建设资源节约型、环境友好型社会，实现全面建设小康社会战略目标的重要途径。围绕节能减排工作对科技创新的需求，科技部会同有关部门组织实施了节能减排科技专项行动和节能减排全民科技行动，累计安排项目研发经费超过100亿元，有力地推进了关键技术研发、产业化示范和推广应用，科技进步对节能减排贡献率显著提升。

“十二五”以来，我国经济社会发展与资源环境约束的矛盾日益凸显，产业结构调整和经济发展方式转变对节能减排的要求日益迫切。与此同时，国际上围绕能源安全与气候变化的博弈愈发激烈，绿色贸易壁垒日益突出，发达国家纷纷抢占节能环保、新能源和低碳技术等未来发展制高点。面临新的形势，节能减排科技创新工作也存在几个突出问题：一是部分高效节能减排核心技术和关键装备尚未完全掌握，一些自主研发的节能环保装备性能和效率不高；二是技术集成不够，装备成套化、系列化、标准化水平低，难以提供系统性解决方案；三是以企业为主体的技术创新体系尚未形成，科技创新对重点行业转型升级和区域节能减排效果不显著；四是鼓励科技创新和成果产业化的配套政策不健全，技术服务推广市场机制亟待完善。这些都要求我们必须加快核心技术突破以及关键技术集成，大规模推广应用节能减排新装备和新产品，进一步依靠科技创新推进节能减排。

二、总体思路和主要目标

（一）总体思路。

落实生态文明建设总体要求，以科学发展观为指导，以国家能源安全、产业结构调整和发展方式转型战略需求为导向，紧密围绕节能减排重点行业、关键领域和典型区域节能减排科技需求，攻克重点行业关键共性技术，加大关键领域技术集成应用力度，提升节能减排相关产业科技创新能力，推动新技术、新产品的大规模应用，坚持以企业为创新主体，加速科技成果转化和产业化，提升节能减排产业技术创新能力和产业化水平，有效支撑国家“十二五”节能减排目标的实现。

（二）基本原则。

1. 科技引领，协同推进。实施节能减排科技专项行动，强化节能减排科技工作的组织领导和总体布局，加强与各部门的统筹协调，实现部省、部际协调联动。

2. 突出重点，持续支持。针对重点行业、重点区域、重点领域节能减排及相关产业发展的重大科技需求，加大研发力度，重点支持当前突出环境污染问题所需技术装备的研发和推广应用，解决制约全局的瓶颈问题，发挥科技创新的支撑作用。

3. 系统集成，工程带动。加强多学科、跨领域、全产业链的技术集成，依托国家重大工程，加大节能减排科技成果的推广力度，服务相关产业转型升级。

4. 创新机制，政策引导。创新节能减排科技工作推进机制和管理机制，调动行业、区域节能减排科技创新积极性，推动建立“产、学、研、用”相结合的节能减排技术创新平台和服务平台，培育区域节能减排科技创新综合示范。

5. 企业主体，公众参与。突出企业作为技术创新主体的地位，加强指导和服务，完善产业发展环境；继续开展面向社会公众的节能减排科学普及和宣传教育，提高全社会的节能减排科技意识与能力。

（三）主要目标。

至2015年末，科技创新对国家实现节能减排目标的支撑能力明显增强，自主知识产权节能减排技术和装备体系初步形成，节能减排相关技术标准与规范体系进一步完善，节能减排科技创新与服务能力体系初步建立，节能减排技术推广应用形成规模效应。

1．突破共性和关键技术150项，相关关键设备能效提高10%以上，制修订国家或行业技术标准100项。

2．在重点行业组织推广先进适用技术300项，实施节能减排重大技术示范工程100项，应用普及率提高30%。

3．建设20个国家节能减排科技创新示范基地，具备技术创新、集成服务和产业化推广能力。

4．形成节能减排相关产业技术创新战略联盟20个以上，形成一批节能减排国家重点实验室、国家工程技术研究中心和创新团队，完善国家节能减排技术服务平台。

三、重点任务

（一）加快节能减排关键共性技术研发。

围绕工业、能源、交通、农业、建筑、资源环境等相关领域节能减排和优化升级的重大科技需求，加快电力、钢铁、建材、有色等重点行业能源梯级利用、源头减量化、资源循环利用等共性关键技术研发，突破交通运输工具的燃料利用效率、轻量化、尾气污染物削减等关键技术，加快农业面源污染控制、小型分散污染物处理等技术研发，加强绿色建筑与建筑节能新技术、新材料、新装备的研发，推进再生资源利用、生活垃圾和污染能源化资源化关键技术及成套装备研究。

专栏1　节能减排关键共性技术攻关重点

工业领域

重点突破超高效电机及电机控制系统、稀土永磁无铁芯电机、特种非晶电机和非晶电抗器、大型钢铁联合企业重点工序能源资源减量化及废物循环利用、烧结烟气脱硫脱硝除尘一体化、大宗工业固体废物高值化和规模化综合利用、工业余热余压综合利用、窑炉协同处置废物、有色冶金重金属减排与废物循环利用、绿色制造、冶炼固废有价元素协同提取、工业生物废物转化与燃气化利用等关键技术，以及新能源与可再生能源装备关键部件和材料制备、物理储能和化学储能、高光效半导体照明材料、芯片、器件和光源产品等关键技术。

能源领域

重点突破煤炭清洁高效加工及利用技术；发展超高参数超超临界发电、燃煤电站CO2（二氧化碳）减排与利用技术，节能型循环流化床发电技术，空冷机组、IGCC发电系统（整体煤气化联合循环发电系统）辅机节能技术；发展工业过程余热余压综合利用、锅炉余热利用及燃煤污染物控制技术；开发降低输配电网损技术；发展公共机构耗能设备节能及大型数据中心冷却节能技术。

交通领域

重点突破车用能量型动力电池产业化技术瓶颈，攻克轨道交通列车再生能量利用和大型综合交通枢纽节能技术，研究载运工具氮氧化物等污染物排放控制技术、高效通用航空器发动机技术和航空器轻量低阻技术，发展节能船型及其关键装备技术。

农业领域

重点突破农业面源污染治理、规模化畜禽养殖业废物处理处置、低值和废弃农业生物质高效综合利用、低成本可降解农用地膜生产技术、村镇生活污水污泥共处理与资源化利用、纤维素制备液体生物燃料等技术。

绿色建筑领域

重点突破新型节能保温一体化结构体系、围护结构与通风遮阳建筑一体化产品、高强钢筋性能优化及生产技术研究、高效新型玻璃及门窗幕墙产业化技术、新型建筑供暖与空调设备系统、新型冷热量输配系统、可再生能源与建筑一体化利用技术、公共机构等建筑用能管理与节能优化技术、既有建筑节能和绿色化改造技术、建筑工业化设计生产与施工技术、建筑垃圾资源化循环利用技术。

资源环境领域

重点突破煤炭、油气、金属矿产等资源开采、选冶及综合利用等过程中“三废”减排，尾矿废渣回收利用，绿色智能矿山，大气、水、土壤污染防治，燃煤电站CO2捕集、利用与封存技术，行业清洁生产及循环经济，城市垃圾、工业固废等资源化利用、污染监测等技术及装备。

（二）加强节能减排先进适用技术推广应用。

研究编制与产业政策、环境准入政策、污染排放标准等有效衔接的节能减排技术政策大纲。支持编制重点节能减排技术推广目录，重点筛选出一批节能减排效果显著、产业化前景好的重大技术成果，通过节能减排技术与标准信息服务平台、技术成果推介会、产业技术创新战略联盟、合同能源环境管理等多种形式，促进先进适用技术成果的推广应用，鼓励地方积极探索节能减排技术推广机制和创新模式。

专栏2　节能减排先进适用技术推广应用

节能技术

重点推广低温低电压电解铝、低温余热发电、吸收式热泵供暖、冰蓄冷、新型冷凝器、蒸发冷却高效换热器、高效电机及电机系统、先进节能工业锅炉/窑炉技术、循环流化床技术、太阳能锅炉技术、新型通断供热计量装置节能技术、室内温湿度分控的新型空调系统、高效辐射制冷空调末端。大型热轧带钢新一代超快速冷却技术、干法窑外分解技术、分布式冷热电联供技术等。

减排技术

大力推广高效清洁煤炭锅炉技术、燃煤污染物一体化控制技术、流化床污泥焚烧炉、烧结烟气复合污染物脱除技术和设备、餐厨垃圾预处理成套设备、生活垃圾焚烧飞灰稳定化处理设备、膜生物反应器、选择性催化还原氮氧化物控制、生物质基材料开发技术及设备、船舶压载水处理装置、应急用多功能移动式高温固废处理设备、高效细颗粒物净化技术、中小工业锅炉烟气一体化净化装备、重金属脱除及回收装备、高效内燃机技术及排放控制技术、工业化保障型住宅设计与建造成套技术、基于吸收式热泵的大温差集中供热技术、污水源热泵技术等。

资源循环利用技术

着力推广废旧高分子材料再生利用技术与装备、废物处置与资源化技术、大中型沼气综合利用开发配套技术及设备、建筑垃圾处理和再生利用技术设备、废旧汽车大型拆解装备等。

（三）深入实施节能减排科技创新示范工程。

以示范工程为抓手，促进节能减排协同控制技术的研发与示范，发挥辐射引领作用，形成可复制的科技成果推广模式。围绕重点行业节能减排工作的重大需求，创新实施机制，实施一批节能减排技术示范项目。建立节能减排技术产业化示范区域，提高节能减排关键产品或核心技术研发、制造、系统集成和产业化能力，扶持一批研发能力强、市场占有率高的企业。

专栏3　重点节能减排科技创新示范工程

新能源汽车科技创新示范工程

重点推进新能源汽车在公共交通等领域的规模化推广示范，结合青奥会等大型运动会和大型活动，实施新能源汽车示范项目。继续推进“十城千辆”节能与新能源汽车示范工程，推动新能源汽车技术进步和产业发展。

重点行业节能减排技术示范工程

针对电力、煤炭、钢铁、有色、建材等重点行业，积极开展节能减排系统技术集成和示范应用，建设“两型”企业关键技术示范工程，大力实施智能电网综合集成示范项目、低温低电压铝电解技术集成应用示范项目、新一代可循环钢铁流程工艺集成应用示范项目、绿色建筑技术集成应用示范项目、太阳能光热技术与传统技术的结合推广项目。

重大节能减排技术产业化示范工程

鼓励半导体照明、光伏发电、风力发电、生物质发电、分布式冷热电联供等具有明确产业化前景的重大节能减排技术，通过进一步深化实施“十城万盏”半导体照明应用工程、“金太阳”示范工程等产业化示范工程，鼓励企业加大研发投入，通过技术创新进一步扩大市场份额。

首都蓝天行动

结合北京市大气污染治理的重点需求，加强新技术研究和新产品的集成示范应用，提高大气污染治理能力和水平。开展以治理细颗粒物(PM2.5)为重点的技术创新示范项目，实施烟气脱硝、挥发性有机物废气治理、机动车污染治理、清洁生产工艺和绿色产品开发的综合示范，以及高效燃煤工业锅炉技术创新与应用推广。

区域节能减排综合示范工程

针对资源能源特点突出、节能减排潜力空间较大的地区，实施一批节能减排见效快、示范带动效应强、技术和产业集成度高的综合示范项目，加快固体废弃物资源化、工业挥发性有机物污染防治、工业废水综合利用、高效电机及电机系统节能改造、燃煤工业锅炉高效脱硫脱硝除尘、水泥行业脱硝、燃煤电厂脱硫脱硝除汞等节能减排系统技术集成示范。选择典型城市或工业园区，加速科技成果转化和集成应用，并将节能减排科技创新工作与本地区相关产业政策密切结合,推动生态农业园区、国家低碳工业园区、循环型工业园区、节能环保新兴产业园区的发展，努力实现示范区域单位GDP（地区生产总值）能耗、污染物排放和温室气体排放持续下降，形成若干具有辐射引领作用的节能减排科技示范区。

（四）完善节能减排科技创新平台和服务体系。

加强节能减排条件平台建设，充分发挥相关国家重点实验室、国家工程技术研究中心、产业技术创新战略联盟创新平台作用，提升企业作为科技创新主体的创新能力，完善节能减排相关科技政策、措施和推进机制，制定和完善节能减排技术标准体系，推动建立节能减排先进技术和产品的检测认证服务机制，促进形成技术服务政策环境、投资环境和产业环境，培育一批具有核心竞争力的节能减排技术服务基地。

（五）积极开展全民节能减排科技行动。

组织研究开发全民节能减排科技行动系列宣传品，开发基于互联网的全民节能减排科技教育工具。建立完善全民节能减排适用技术成果库及信息网，开辟节能减排科技成果信息化服务的新途径。依托国家可持续发展实验区、国家高新技术开发区、国家星火密集区等科技示范平台，开展多种形式的全民节能减排综合科技示范活动，集成、推广先进适用的节能减排技术、产品和装备。

四、保障措施

（一）加强统筹协调。

科技部、工业和信息化部会同相关单位，建立节能减排科技专项行动组织协调机制，通过部省会商、部际合作，建立与节能减排重点地区的部省联动机制，各地科技主管部门、工业和信息化主管部门加强合作，将节能减排科技工作作为一项重要工作纳入年度工作计划和考核目标，明确具体任务，加大支持力度，落实配套措施，确保各项工作落到实处。

（二）创新实施机制。

组建由多学科、多领域专家参与的节能减排科技行动专家组，为专项行动的实施提供战略咨询。创新科研项目的遴选机制和绩效评价机制，发挥行业部门、产业技术创新战略联盟、创新服务平台、高校院所和相关行业协会的积极作用，实现协同创新。完善节能减排技术遴选标准，筛选节能减排效果显著、产业化前景好的重大技术成果，建立节能减排技术信息发布共享机制。推动合同能源管理和合同环境服务等市场化机制中促进节能减排新技术应用的政策措施，联合有关部门共同构建节能减排技术政策、产业政策和标准规范，推动节能减排技术集成、工艺创新和商业模式创新的深度融合与有机衔接。

（三）拓展多元投入。

加大公共财政对节能减排科技研发经费投入力度和科技成果示范补贴力度，将节能减排科技专项行动的有关工作纳入各类科技计划并给予重点支持。多渠道、多层次筹集社会资金，通过引导资金、贷款贴息、补助资金、风险补偿、后补助等手段，增加节能减排科技领域的资金投入。加强财税、金融等节能减排科技创新财税激励机制研究，引导和鼓励企业增加研究开发投入。

（四）培养创新人才和团队。

抓好创新人才队伍建设，提升科研人员队伍的整体素质和创新能力，以高层次创新型科技人才为重点，努力造就一批世界水平的节能减排领域科技领军人才和高水平创新团队。加强地方节能减排科技队伍建设，增强地方节能减排专业人员的科技能力。建立和完善人才激励机制，加大对取得重大创新成果人才的奖励力度。

（五）加强国际交流与合作。

将节能减排作为优先领域纳入双边或多边政府间科技合作协议框架，并作为科技援外的重点领域，深化研发、示范、标准、能力建设及政策等方面的合作。有针对性地参与节能减排领域的国际组织和国际研究计划，鼓励并支持我国科学家和科研管理人员在相关国际组织及国际研究计划中任职，牵头或承担重要的研究或管理工作。加强战略性新兴产业及主要行业节能减排等领域关键技术的引进、消化、吸收、再创新及联合研发。

关于印发《节能低碳技术推广管理暂行办法》的通知

发改环资[2014]19号

各省、自治区、直辖市及计划单列市、副省级省会城市、新疆生产建设兵团发展改革部门、经信委（经委、工信委、工信厅、工信局），计划单列企业集团和中央管理企业，有关行业协会：

根据《中华人民共和国节约能源法》、《国务院关于印发“十二五”节能减排综合性工作方案的通知》（国发[2011]26号）、《国务院关于印发“十二五”控制温室气体排放工作方案的通知》（国发[2011]41号）、《国务院关于加快发展节能环保产业的意见》（国发[2013]30号）规定和要求，为加快节能低碳技术进步和推广普及，引导用能单位采用先进适用的节能低碳新技术、新装备、新工艺，促进能源资源节约集约利用，缓解资源环境压力，减少二氧化碳等温室气体排放，我们制定了《节能低碳技术推广管理暂行办法》，现印发你们，请按照执行。

附件：节能低碳技术推广管理暂行办法

国家发展改革委
2014年1月6日

附件：

节能低碳技术推广管理暂行办法

第一章 总则

第一条 为引导用能单位采用先进适用 的节能低碳技术装备，加快节能低碳技术进步和推广普及，建立节能低碳技术遴选、评定和推广机制，根据《中华人民共和国节约能源法》、《“十二五”节能减排综合性工作方案》、《“十二五”控制温室气体排放工作方案》和《国务院关于加快发展节能环保产业的意见》，制订本办法。 内*嫆唻@洎：狆國湠椲第二条 本办法所称节能技术，是指促进能源节约集约使用、提高能源资源开发利用效率和效益、减少对环境影响、遏制能源资源浪费的技术。节能技术主要包括能源资源优化开发技术，单项节能改造技术与节能技术的系统集成， 节能型的生产工艺、高性能用能设备，可直接或 间接减少能源消耗的新材料开发应用技术，以及节约能源、提高用能效率的管理技术等。

本办法所称低碳技术，是指以资源的高效 利用为基础，以减少或消除二氧化碳排放为基本特征的技术，广义上也包括以减少或消除其 他温室气体排放为特征的技术。

第三条 本办法适用于国家发展改革委管理的《国家重点节能低碳技术推广目录》（以 下简称《目录》）申报、遴选和推广工作。

第四条 国家发展改革委负责重点节能低碳技术申报、遴选和推广的组织工作，实行自申报、科学遴选，坚持企业为主、政府引导、社会参与、重点推广和动态更新的原则。

第五条 重点节能低碳技术申报、遴选、 评定、推广、培训等，不向技术提供单位收取任何费用。

第二章 重点节能低碳技术申报

第六条 国家发展改革委定期印发通知征 集重点节能低碳技术，明确申报范围、申报要 求、申报程序、时限要求等。

第七条 各省、自治区、直辖市和计划单 列市、新疆生产建设兵团发展改革部门、经信委（经委、工信委、工信厅），计划单列企业集团 和中央管理企业，国家节能中心，有关行业协会 为节能技术组织申报单位；各省、自治区、直辖 市、新疆生产建设兵团发展改革部门，计划单列 企业集团和中央管理企业，有关行业协会为低碳 技术组织申报单位。

第八条 申报技术应符合节能降碳效果显著、技术先进、经济适用、有成功实施案例等条 件。重点节能技术提供单位应编写重点节能技术 申请报告（见附件2），以及重点节能技术申报 表（见附件3），提交组织申报单位。

第三章 重点节能低碳技术遴选

第九条 重点节能低碳技术遴选采用定量 与定性相结合、通用指标和特征指标相结合的方式，重点节能低碳技术主要评价指标包括：

1、节能减碳能力：预计能形成的节能 量（建筑、交通等行业主要参考节能率指标）， 预计能形成的二氧化碳减排量（其他温室气体减 排量可根据进行折算）；2、经济效益：单位节能量投资额和静 态投资回收期，单位二氧化碳减排量投资额和静 态投资回收期；3、技术先进性；4、技术可靠性；5、行业特征指标。

第十条 国家发展改革委受理重点节能低 碳技术申请材料后，对申报材料是否符合通知要 求进行核对。符合要求的，进入专家遴选环节； 不符合要求的，通知组织申报单位补充完善，补充完善后还不能达到要求的或未按要求进行补充的，不进入专家遴选环节。

第十一条 国家发展改革委委托有关机构进行遴选。

第十二条 《目录》由国家发展改革委以公告方式向全社会发布，主要包括技术内容、应用案例和技术提供单位、技术评定情况等，供用能单位、碳排放单位和个人查询使用。

第十三条 《目录》实施动态更新，根据技术进步情况，定期更新技术指标和技术提供单位，用先进的同类技术替换原有技术。

第十四条 国家发展改革委委托有关机构，就申报要求、遴选程序、遴选标准等内容，开展对组织申报单位和技术提供单位的培训。

第四章 重点节能低碳技术推广

第十五条 国家发展改革委优先支持技术 提供单位新建、参与新建或改扩建重点节能低碳 技术装备生产线；

优先支持用能单位使用重点节 能低碳技术实施改造。

第十六条 鼓励技术提供单位建立重点节能 低碳技术示范推广中心，展示宣传重点节能低碳技 术；鼓励用能单位分行业集成应用重点节能低碳技 术，建立教育示范基地，定期组织行业重点用能单 位开展技术交流和培训，推广集成应用典型模式。

第十七条 各级固定资产投资项目节能评估和审查负责部门在开展项目节能评估和审查 时，鼓励用能单位采用重点节能低碳技术；鼓励 节能服务公司在实施合同能源管理项目过程中采 用重点节能低碳技术。

第十八条 鼓励能源审计单位在开展能源审计时，参照重点节能低碳技术能效水平，在审计报告中提出相应改造措施建议；鼓励各级节能 监察机构在节能监察中参照重点节能低碳技术能 效水平，对高耗能行业企业建议采用重点节能低 碳技术进行改造。

第十九条 国家发展改革委委托有关单位编制重点节能技术最佳实践案例，包括重点节能技术基本情况、节能改造前后情况、第三方机构检测报告、用户意见反馈等，对节能效果突出的案例进行重点宣传。第二十条 国家发展改革委委托有关单位组织召开重点节能低碳技术的现场推广会及技术 对接会，开展技术提供单位与用能单位和节能服务公司交流。

第二十一条 重点节能低碳技术提供单位要制定推广方案，每年向国家发展改革委提交上 年度推广情况，由国家发展改革委委托有关机构 进行整理分析，跟踪评估推广效果，适时发布推广报告。

第五章 附则

第二十二条 本办法自发布之日起实施。

煤电节能减排升级与改造行动计划（2014—2020年）（节录）

（发改能源[2014]2093号 国家发展改革委、环境保护部、国家能源局2014年9月12日印发）

为贯彻中央财经领导小组第六次会议和国家能源委员会第一次会议精神，落实《国务院办公厅关于印发能源发展战略行动计划（2014—2020年）的通知》（国办发〔2014〕31号）要求，加快推动能源生产和消费革命，进一步提升煤电高效清洁发展水平，制定本行动计划。

一、指导思想和行动目标

（一）指导思想。全面落实“节约、清洁、安全”的能源战略方针，推行更严格能效环保标准，加快燃煤发电升级与改造，努力实现供电煤耗、污染排放、煤炭占能源消费比重“三降低”和安全运行质量、技术装备水平、电煤占煤炭消费比重“三提高”，打造高效清洁可持续发展的煤电产业“升级版”，为国家能源发展和战略安全夯实基础。

（二）行动目标。全国新建燃煤发电机组平均供电煤耗低于300克标准煤/千瓦时（以下简称“克/千瓦时”）；东部地区新建燃煤发电机组大气污染物排放浓度基本达到燃气轮机组排放限值，中部地区新建机组原则上接近或达到燃气轮机组排放限值，鼓励西部地区新建机组接近或达到燃气轮机组排放限值。

到2020年，现役燃煤发电机组改造后平均供电煤耗低于310克/千瓦时，其中现役60万千瓦及以上机组（除空冷机组外）改造后平均供电煤耗低于300克/千瓦时。东部地区现役30万千瓦及以上公用燃煤发电机组、10万千瓦及以上自备燃煤发电机组以及其他有条件的燃煤发电机组，改造后大气污染物排放浓度基本达到燃气轮机组排放限值。

在执行更严格能效环保标准的前提下，到2020年，力争使煤炭占一次能源消费比重下降到62%以内，电煤占煤炭消费比重提高到60%以上。

二、加强新建机组准入控制

（三）严格能效准入门槛。新建燃煤发电项目（含已纳入国家火电建设规划且具备变更机组选型条件的项目）原则上采用60万千瓦及以上超超临界机组，100万千瓦级湿冷、空冷机组设计供电煤耗分别不高于282、299克/千瓦时，60万千瓦级湿冷、空冷机组分别不高于285、302克/千瓦时。

30万千瓦及以上供热机组和30万千瓦及以上循环流化床低热值煤发电机组原则上采用超临界参数。对循环流化床低热值煤发电机组，30万千瓦级湿冷、空冷机组设计供电煤耗分别不高于310、327克/千瓦时，60万千瓦级湿冷、空冷机组分别不高于303、320克/千瓦时。

（四）严控大气污染物排放。新建燃煤发电机组（含在建和项目已纳入国家火电建设规划的机组）应同步建设先进高效脱硫、脱硝和除尘设施，不得设置烟气旁路通道。东部地区（辽宁、北京、天津、河北、山东、上海、江苏、浙江、福建、广东、海南等11省市）新建燃煤发电机组大气污染物排放浓度基本达到燃气轮机组排放限值（即在基准氧含量6%条件下，烟尘、二氧化硫、氮氧化物排放浓度分别不高于10、35、50毫克/立方米），中部地区（黑龙江、吉林、山西、安徽、湖北、湖南、河南、江西等8省）新建机组原则上接近或达到燃气轮机组排放限值，鼓励西部地区新建机组接近或达到燃气轮机组排放限值。支持同步开展大气污染物联合协同脱除，减少三氧化硫、汞、砷等污染物排放。

（五）优化区域煤电布局。严格按照能效、环保准入标准布局新建燃煤发电项目。京津冀、长三角、珠三角等区域新建项目禁止配套建设自备燃煤电站。耗煤项目要实行煤炭减量替代。除热电联产外，禁止审批新建燃煤发电项目；现有多台燃煤机组装机容量合计达到30万千瓦以上的，可按照煤炭等量替代的原则建设为大容量燃煤机组。

统筹资源环境等因素，严格落实节能、节水和环保措施，科学推进西部地区锡盟、鄂尔多斯、晋北、晋中、晋东、陕北、宁东、哈密、准东等大型煤电基地开发，继续扩大西部煤电东送规模。中部及其他地区适度建设路口电站及负荷中心支撑电源。

（六）积极发展热电联产。坚持“以热定电”，严格落实热负荷，科学制定热电联产规划，建设高效燃煤热电机组，同步完善配套供热管网，对集中供热范围内的分散燃煤小锅炉实施替代和限期淘汰。到2020年，燃煤热电机组装机容量占煤电总装机容量比重力争达到28%。

在符合条件的大中型城市，适度建设大型热电机组，鼓励建设背压式热电机组；在中小型城市和热负荷集中的工业园区，优先建设背压式热电机组；鼓励发展热电冷多联供。

（七）有序发展低热值煤发电。严格落实低热值煤发电产业政策，重点在主要煤炭生产省区和大型煤炭矿区规划建设低热值煤发电项目，原则上立足本地消纳，合理规划建设规模和建设时序。禁止以低热值煤发电名义建设常规燃煤发电项目。

根据煤矸石、煤泥和洗中煤等低热值煤资源的利用价值，选择最佳途径实现综合利用，用于发电的煤矸石热值不低于5020千焦（1200千卡）/千克。以煤矸石为主要燃料的，入炉燃料收到基热值不高于14640千焦（3500千卡）/千克，具备条件的地区原则上采用30万千瓦级及以上超临界循环流化床机组。低热值煤发电项目应尽可能兼顾周边工业企业和居民集中用热需求。

三、加快现役机组改造升级

（八）深入淘汰落后产能。完善火电行业淘汰落后产能后续政策，加快淘汰以下火电机组：单机容量5万千瓦及以下的常规小火电机组；以发电为主的燃油锅炉及发电机组；大电网覆盖范围内，单机容量10万千瓦级及以下的常规燃煤火电机组、单机容量20万千瓦级及以下设计寿命期满和不实施供热改造的常规燃煤火电机组；污染物排放不符合国家最新环保标准且不实施环保改造的燃煤火电机组。鼓励具备条件的地区通过建设背压式热电机组、高效清洁大型热电机组等方式，对能耗高、污染重的落后燃煤小热电机组实施替代。2020年前，力争淘汰落后火电机组1000万千瓦以上。

（九）实施综合节能改造。因厂制宜采用汽轮机通流部分改造、锅炉烟气余热回收利用、电机变频、供热改造等成熟适用的节能改造技术，重点对30万千瓦和60万千瓦等级亚临界、超临界机组实施综合性、系统性节能改造，改造后供电煤耗力争达到同类型机组先进水平。20万千瓦级及以下纯凝机组重点实施供热改造，优先改造为背压式供热机组。力争2015年前完成改造机组容量1.5亿千瓦，“十三五”期间完成3.5亿千瓦。

（十）推进环保设施改造。重点推进现役燃煤发电机组大气污染物达标排放环保改造，燃煤发电机组必须安装高效脱硫、脱硝和除尘设施，未达标排放的要加快实施环保设施改造升级，确保满足最低技术出力以上全负荷、全时段稳定达标排放要求。稳步推进东部地区现役30万千瓦及以上公用燃煤发电机组和有条件的30万千瓦以下公用燃煤发电机组实施大气污染物排放浓度基本达到燃气轮机组排放限值的环保改造，2014年启动800万千瓦机组改造示范项目，2020年前力争完成改造机组容量1.5亿千瓦以上。鼓励其他地区现役燃煤发电机组实施大气污染物排放浓度达到或接近燃气轮机组排放限值的环保改造。

因厂制宜采用成熟适用的环保改造技术，除尘可采用低（低）温静电除尘器、电袋除尘器、布袋除尘器等装置，鼓励加装湿式静电除尘装置；脱硫可实施脱硫装置增容改造，必要时采用单塔双循环、双塔双循环等更高效率脱硫设施；脱硝可采用低氮燃烧、高效率SCR（选择性催化还原法）脱硝装置等技术。

（十一）强化自备机组节能减排。对企业自备电厂火电机组，符合第（八）条淘汰条件的，企业应实施自主淘汰；供电煤耗高于同类型机组平均水平5克/千瓦时及以上的自备燃煤发电机组，应加快实施节能改造；未实现大气污染物达标排放的自备燃煤发电机组要加快实施环保设施改造升级；东部地区10万千瓦及以上自备燃煤发电机组要逐步实施大气污染物排放浓度基本达到燃气轮机组排放限值的环保改造。

在气源有保障的条件下，京津冀区域城市建成区、长三角城市群、珠三角区域到2017年基本完成自备燃煤电站的天然气替代改造任务。

四、提升机组负荷率和运行质量

（十二）优化电力运行调度方式。完善调度规程规范，加强调峰调频管理，优先采用有调节能力的水电调峰，充分发挥抽水蓄能电站、天然气发电等调峰电源作用，探索应用储能调峰等技术。

合理确定燃煤发电机组调峰顺序和深度，积极推行轮停调峰，探索应用启停调峰方式，提高高效环保燃煤发电机组负荷率。完善调峰调频辅助服务补偿机制，探索开展辅助服务市场交易，对承担调峰任务的燃煤发电机组适当给予补偿。

完善电网备用容量管理办法，在区域电网内统筹安排系统备用容量，充分发挥电力跨省区互济、电量短时互补能力。合理安排各类发电机组开机方式，在确保电网安全的前提下，最大限度降低电网旋转备用容量。支持有条件的地区试点实行由“分机组调度”调整为“分厂调度”。

（十三）推进机组运行优化。加强燃煤发电机组综合诊断，积极开展运行优化试验，科学制定优化运行方案，合理确定运行方式和参数，使机组在各种负荷范围内保持最佳运行状态。扎实做好燃煤发电机组设备和环保设施运行维护，提高机组安全健康水平和设备可用率，确保环保设施正常运行。

（十四）加强电煤质量和计量控制。发电企业要加强燃煤采购管理，鼓励通过“煤电一体化”、签订长期合同等方式固定主要煤源，保障煤质与设计煤种相符，鼓励采用低硫分低灰分优质燃煤；加强入炉煤计量和检质，严格控制采制化偏差，保证煤耗指标真实可信。

限制高硫分高灰分煤炭的开采和异地利用，禁止进口劣质煤炭用于发电。煤炭企业要积极实施动力煤优质化工程，按要求加快建设煤炭洗选设施，积极采用筛分、配煤等措施，着力提升动力煤供应质量。

（十五）促进网源协调发展。加快推进“西电东送”输电通道建设，强化区域主干电网，加强区域电网内省间电网互联，提升跨省区电力输送和互济能力。完善电网结构，实现各电压等级电网协调匹配，保证各类机组发电可靠上网和送出。积极推进电网智能化发展。

（十六）加强电力需求侧管理。健全电力需求侧管理体制机制，完善峰谷电价政策，鼓励电力用户利用低谷电力。积极采用移峰、错峰等措施，减少电网调峰需求。引导电力用户积极采用节电技术产品，优化用电方式，提高电能利用效率。

五、推进技术创新和集成应用

（十七）提升技术装备水平。进一步加大对煤电节能减排重大关键技术和设备研发支持力度，通过引进与自主开发相结合，掌握最先进的燃煤发电除尘、脱硫、脱硝和节能、节水、节地等技术。

以高温材料为重点，全面掌握拥有自主知识产权的600℃超超临界机组设计、制造技术，加快研发700℃超超临界发电技术。推进二次再热超超临界发电技术示范工程建设。扩大整体煤气化联合循环（IGCC）技术示范应用，提高国产化水平和经济性。适时开展超超临界循环流化床机组技术研究。推进亚临界机组改造为超（超）临界机组的技术研发。进一步提高电站辅机制造水平，推进关键配套设备国产化。深入研究碳捕集与封存（CCS）技术，适时开展应用示范。

（十八）促进工程设计优化。制（修）订燃煤发电产业政策、行业标准和技术规程，规范和指导燃煤发电项目工程设计。支持地方制定严于国家标准的火电厂大气污染物排放地方标准。强化燃煤发电项目后评价，加强工程设计和建设运营经验反馈，提高工程设计优化水平。积极推行循环经济设计理念，加强粉煤灰等资源综合利用。

（十九）推进技术集成应用。加强企业技术创新体系建设，推动产学研联合，支持电力企业与高校、科研机构开展煤电节能减排先进技术创新。积极推进煤电节能减排先进技术集成应用示范项目建设，创建一批重大技术攻关示范基地，以工程项目为依托，推进科研创新成果产业化。积极开展先进技术经验交流，实现技术共享。

六、完善配套政策措施

（二十）促进节能环保发电。兼顾能效和环保水平，分配上网电量应充分考虑机组大气污染物排放水平，适当提高能效和环保指标领先机组的利用小时数。对大气污染物排放浓度接近或达到燃气轮机组排放限值的燃煤发电机组，可在一定期限内增加其发电利用小时数。对按要求应实施节能环保改造但未按期完成的，可适当降低其发电利用小时数。

（二十一）实行煤电节能减排与新建项目挂钩。能效和环保指标先进的新建燃煤发电项目应优先纳入各省（区、市）年度火电建设方案。对燃煤发电能效和环保指标先进、积极实施煤电节能减排升级与改造并取得显著成效的企业，各省级能源主管部门应优先支持其新建项目建设；对燃煤发电能效和环保指标落后、煤电节能减排升级与改造任务完成较差的企业，可限批其新建项目。

对按煤炭等量替代原则建设的燃煤发电项目，同地区现役燃煤发电机组节能改造形成的节能量（按标准煤量计算）可作为煤炭替代来源。现役燃煤发电机组按照接近或达到燃气轮机组排放限值实施环保改造后，腾出的大气污染物排放总量指标优先用于本企业在同地区的新建燃煤发电项目。

（二十二）完善价格税费政策。完善燃煤发电机组环保电价政策，研究对大气污染物排放浓度接近或达到燃气轮机组排放限值的燃煤发电机组电价支持政策。鼓励各地因地制宜制定背压式热电机组税费支持政策，加大支持力度。

对大气污染物排放浓度接近或达到燃气轮机组排放限值的燃煤发电机组，各地可因地制宜制定税收优惠政策。支持有条件的地区实行差别化排污收费政策。

（二十三）拓宽投融资渠道。统筹运用相关资金，对煤电节能减排重大技术研发和示范项目建设适当给予资金补贴。鼓励民间资本和社会资本进入煤电节能减排领域。引导银行业金融机构加大对煤电节能减排项目的信贷支持。

支持发电企业与有关技术服务机构合作，通过合同能源管理等方式推进燃煤发电机组节能环保改造。对已开展排污权、碳排放、节能量交易的地区，积极支持发电企业通过交易筹集改造资金。

七、抓好任务落实和监管

（二十四）明确政府部门责任。

（二十五）强化企业主体责任。

（二十六）实行严格检测评估。

（二十七）严格目标任务考核。

（二十八）实施有效监管检查。

（二十九）积极推进信息公开。

（三十）发挥社会监督作用。

燃煤锅炉节能环保综合提升工程实施方案（节录）

（发改环资[2014]2451号 国家发展改革委、环境保护部、财政部、国家质检总局、工业和信息化部、国管局国家能源局2014年10月29日印发）

为贯彻落实《关于加快发展节能环保产业的意见》(国发[2013]30号)、《大气污染防治行动计划》(国发[2013]37号)、《2014-2015年节能减排低碳发展行动方案》(国办发[2014]23号)有关要求，制定本方案。

一、现状和问题

(一)现状

锅炉是重要的能源转换设备，也是能源消费大户和重要的大气污染源。我国锅炉以燃煤为主，其中燃煤电站锅炉近年来向大容量、高参数方向快速发展，无论是生产制造还是运营管理均已接近国外先进水平;而燃煤工业锅炉保有量大、分布广、能耗高、污染重，能效和污染控制整体水平与国外相比有一定的差距，节能减排潜力巨大。截至2012年底，我国在用燃煤工业锅炉达46.7万台，总容量达178万蒸吨，年消耗原煤约7亿吨，占全国煤炭消耗总量的18%以上。我国燃煤工业锅炉整体能效水平较低，其实际运行效率比国际先进水平低15个百分点左右，具有较大的节能潜力。同时，燃煤工业锅炉污染物排放强度较大，是重要污染源,年排放烟尘、二氧化硫、氮氧化物分别约占全国排放总量的33%、27%、9%。近年来，我国出现的大范围、长时间严重雾霾天气，与燃煤工业锅炉区域高强度、低空排放的特点密切相关。

(二)存在的主要问题

“十一五”以来，我国加大了锅炉节能和污染控制工作的力度，通过实施节能改造工程、污染综合整治、推动能效对标、强化监督执法、加强能力建设等工作，取得了积极成效，但仍存在一些问题，主要表现在：

一是技术装备落后。

二是经济运行水平不高。

三是燃料匹配性差。

四是环保设施不到位。

五是政策法规不完善。

二、指导思想和主要目标

(一)指导思想

牢固树立生态文明理念，以保障燃煤锅炉安全经济运行、提高能效、减少污染物排放为目标，建立政府引导、企业主体、市场有效驱动、全社会共同参与的工作机制，以推广高效锅炉、淘汰落后锅炉、实施工程改造、提升运行水平、调整燃料结构为主要手段，强化法规标准约束，加强政策激励，推进能力建设，构建锅炉安全、节能与环保三位一体的监管体系，实现安全性与经济性的协调统一，确保实现“十二五”节能减排约束性目标。

(二)基本原则

企业主体，政府引导。明确政府和企业的事权，充分发挥市场配置资源的决定性作用，增强市场主体的内生动力，形成锅炉节能减排的长效机制;更好地发挥政府作用，形成有效激励，加大资金投入，完善激励约束政策。

标准驱动，加强监管。强化法规标准约束，提高节能环保准入门槛。依托现行的锅炉安全监察体系、节能监察体系和环境监管体系，将节能环保要求作为锅炉监管的重要内容，加大监督力度。

重点突破，系统提升。以推广高效和淘汰落后锅炉为重点，大幅度提升锅炉本质效率;加强锅炉辅机匹配、系统优化、燃料结构调整、运行管理、污染治理、服务支撑等工作，提高锅炉系统整体运行效率和环境管理水平。

(三)主要目标

到2018年，推广高效锅炉50万蒸吨，高效燃煤锅炉市场占有率由目前的不足5%提高到40%;淘汰落后燃煤锅炉40万蒸吨;完成40万蒸吨燃煤锅炉的节能改造;推动建成若干个高效锅炉制造基地，培育一批大型高效锅炉骨干企业；燃煤工业锅炉平均运行效率在2013年的基础上提高6个百分点，形成年4000万吨标煤的节能能力；减排100万吨烟尘、128万吨二氧化硫、24万吨氮氧化物。

三、实施内容

(一)加快推广高效锅炉

以锅炉定型产品能效测试结果为主要依据遴选推广产品，公告高效锅炉型号目录和能效参数。加强推广信息监管和产品质量监督，确保高效锅炉用户得到实惠。新改扩建固定资产投资项目和政府采购项目应优先选用列入高效锅炉推广目录或能效等级达到1级的产品。严格落实现行税收优惠政策，适(二)加速淘汰落后锅炉

严格落实政府工作报告、国发[2013]37号文、国办发[2014]23号文要求，2014年淘汰燃煤小锅炉5万台，2014-2015年淘汰20万蒸吨落后锅炉，各地区淘汰任务见国办发[2014]23号文附表。除必要保留的以外，到2015年底，京津冀及周边地区地级及以上城市建成区全部淘汰10吨/时及以下燃煤锅炉，北京市建成区取消所有燃煤锅炉；到2017年，地级及以上城市建成区基本淘汰10吨/时及以下的燃煤锅炉，天津市、河北省地级及以上城市建成区基本淘汰35吨/时及以下燃煤锅炉。在城市热力管网覆盖区域，加快淘汰小型分散燃煤锅炉，推行城市集中供热。逐步禁止生产和使用手烧锅炉及其他落后炉型。妥善处理淘汰的旧锅炉，研究建立统一回收机制，已淘汰锅炉要及时报废，采取去功能化处理并注销使用登记证，严格控制已淘汰锅炉重新进入市场，防止落后锅炉移装到农村或偏远地区继续使用。

(三)加大节能改造力度

积极开展燃煤锅炉“以大代小”工作，重点开展燃烧优化、低温余热回收、太阳能预热，热泵(水源、地源、污水源)技术、自动控制、主辅机优化和变频控制，改善水质及冷凝水回收利用等方面的节能技术改造。鼓励通过产品能效测试、系统能效诊断等工作，提高节能改造的科学性和有效性。开展基于能效测试的锅炉改造项目节能量审核试点，推动建立统一规范的锅炉改造节能量计算方法。到2017年年底前，基本完成能效不达标的在用锅炉节能改造。

(四)提升锅炉系统运行水平

加强锅炉能效测试工作，2017年底前完成对10吨/时及以上的在用燃煤工业锅炉能效普查，将锅炉能效数据纳入现有锅炉动态监管系统，实现信息共享。对于投用时间大于10年的锅炉，应每2年开展能效和环保测试。推进锅炉系统的安全、节能、环保标准化管理，开展达标试点示范，推进500个标杆锅炉房建设。鼓励企业和公共机构建立锅炉能源管理系统，加强计量管理，开展在线节能监测和诊断。加强锅炉安装环节节能监管，改善锅炉、辅机不匹配或与设计不一致的状况。整合锅炉司炉工培训资源，统编培训教材，强化锅炉运行及管理人员节能专项培训，并在锅炉操作人员资质考核中加大节能减排知识技能的比重，切实提高运行人员操作技能。

(五)提升锅炉污染治理水平

按照全面整治小型燃煤锅炉的要求，地级及以上城市建成区禁止新建20吨/时以下的燃煤锅炉，其他地区原则上不得新建10吨/时及以下的燃煤锅炉。北京、天津、河北、山西、山东等地区地级及以上城市建成区原则上不得新建燃煤锅炉。新生产和安装使用的20吨/时及以上燃煤锅炉应安装高效脱硫和高效除尘设施。提升在用燃煤锅炉脱硫除尘水平，10吨/时及以上的燃煤锅炉要开展烟气高效脱硫、除尘改造，积极开展低氮燃烧技术改造示范，实现全面达标排放。大气污染防治重点控制区域的燃煤锅炉，要按照国家有关规定达到特别排放限值要求。20吨/时及以上燃煤锅炉应安装在线监测装置，并与当地环保部门联网。纳入国家重点监控名单的企业应按照要求建立企业自行监测制度，向属地环境保护主管部门备案，并在环保部门统一组建的平台上公布监测信息。支持锅炉能效测试机构开展锅炉环保检测工作，实施节能环保综合检测试点。鼓励锅炉制造企业提供锅炉及配套环保设施设计、生产、安装、运行等一体化服务。

(六)推动高效锅炉产业化

加大对锅炉节能环保基础性、前沿性和共性关键技术研发力度，攻克高效燃烧、高效余热利用、自动控制、污染控制等关键技术，加强对科技成果推广应用的支持力度。实施重大节能技术与装备产业化工程，培育一批技术创新能力强、拥有自主知识产权和品牌，融研发、设计、制造、服务于一体，具备核心竞争力的锅炉生产企业成为行业骨干。以骨干企业为核心，促进产业要素集聚，发展一批高效锅炉制造基地。

时研究完善《节能节水专用设备所得税优惠目录》。

(七)推进燃料结构优化调整

落实《商品煤质量管理暂行办法》，加强煤炭质量管理，实现煤炭分质分级利用。加快制定锅炉燃煤技术条件，提高燃煤品质及使用等级，推进煤炭清洁化燃烧。推广使用洗选煤，燃煤锅炉不得直接燃用高硫高灰份的原煤。在主要煤炭消费地、沿海沿江主要港口和重要铁路枢纽，建设大型煤炭储配基地和煤炭物流园区，开展集中配煤、物流供应试点示范，提高煤炭洗选加工能力，推广符合细分市场要求的专用煤炭产品，到2018年，配煤中心示范地区50%以上的工业锅炉燃用专用煤。在燃气管网覆盖且气源能够保障的区域，可将燃煤锅炉改为燃气锅炉；在供热和燃气管网不能覆盖的区域，可建设大型燃煤高效锅炉或背压热电实现区域集中供热，或改用电、生物质成型燃料等清洁燃料锅炉。

四、保障措施

(一)完善法规标准

适时修订《产业结构调整指导目录》，明确限制类、淘汰类炉型。加快制修订相关法规标准，在锅炉制造许可、使用登记、设计文件鉴定、制造监督检验和安装监督检验等方面，增加节能的强制性要求;加快修订工业锅炉能效限定值及能效等级等强制性标准，提高节能环保准入门槛;不符合排放标准的制订严格的惩罚措施。加快制修订锅炉水动力计算、热力计算、烟风阻力计算、锅炉选型及配套辅机选择、经济运行、能效测试评价方法等标准;加快制定燃煤质量分等分级系列标准。

(二)加大资金投入

(三)强化监督管理

(四)落实工作责任

关于组织开展工业产品生态设计示范企业创建工作的通知

工信部节函[2014]308号

各省、自治区、直辖市及计划单列市、新疆生产建设兵团工业和信息化主管部门，有关行业协会，中央企业：

为贯彻落实《国务院关于加强环境保护重点工作的意见》（国发〔2011〕35号），按照《工业和信息化部 发展改革委 环境保护部关于开展工业产品生态设计的指导意见》（工信部联节〔2013〕58号）要求，我部决定组织开展工业产品生态设计示范企业创建工作，并研究制定了《生态设计示范企业创建工作方案》。现印发你们，请结合实际，认真做好创建工作。

按照工作方案要求，2014年，选择钢铁、有色、石化、建材、机械、电子电器、汽车、纺织等8个行业进行生态设计示范企业创建工作，省级工业和信息化主管部门在每个行业限推荐1家企业，有关行业协会在本行业内限推荐2家企业，有关中央企业限推荐本集团内1家企业。请各地区工业和信息化主管部门、有关行业协会及中央企业组织申报，并于2014年9月30日前将申报材料报送我部（节能与综合利用司）。

工业和信息化部

2014年7月2日

附件：

生态设计示范企业创建工作方案

生态设计是工业设计的重要内容，是按照全生命周期的理念，在产品设计开发阶段系统考虑原材料选用、生产、销售、使用、回收、处理等各个环节对资源环境造成的影响，力求产品在全生命周期中最大限度降低资源消耗、尽可能少用或不用含有有毒有害物质的原材料，减少污染物产生和排放，从而实现环境保护的活动。创建生态设计示范企业是工业领域落实生态文明建设战略部署的重要措施之一，有利于引领行业企业绿色低碳循环发展，提升创新开发能力和管理水平，培育产品和品牌影响力，促进工业文明与生态文明协调发展。

一、总体要求

（一）基本思路

以探索建立我国工业产品生态设计的激励机制和推行模式，引导工业污染防治从“末端治理”向“全生命周期控制”转变为目标，在资源消耗高、环境污染重、产业关联度大、产品影响广泛的工业行业，选择一批代表性强、产品市场影响力大、设计开发基础好、管理水平高、经济实力强的企业，开展生态设计示范企业创建试点工作。

经过2-3年试点，每个行业树立1-2家示范企业；探索建立不同行业和产品的生态设计评价体系；总结示范企业推进模式和有益经验在全行业推广，引导工业行业和企业走绿色低碳循环发展之路。

（二）主要原则

坚持以提高企业绿色发展意识和生态设计能力为核心。以企业为主体，充分发挥生态设计在企业实施绿色发展战略中的作用，充分体现企业在产品设计开发过程中贯彻生态设计要求的能力。

坚持以推进生态设计制度建设和技术进步为支撑。推动企业建立有利于持续推进生态设计的管理制度，按照“两化融合”基本要求，促进生态设计与产品创新开发、技术工艺改进相结合。

坚持以提升品牌和产品影响力为着力点。创建活动要与企业品牌建设紧密结合，充分发挥政策引导和市场机制作用，提升企业产品的市场影响力。

（三）目标任务

到2017年，创建百家生态设计示范企业。试点企业通过2-3年的努力，在绿色发展意识、生态设计能力、管理制度建设、清洁生产水平、产品开发和品牌影响等方面都达到行业先进水平，成为引领行业绿色发展的典范，成为生态设计示范企业。

二、组织实施

（一）试点范围

每年确定当年申报的重点领域，逐步拓展试点范围，基本覆盖工业领域的主要行业。

（二）申报条件

1. 具有独立法人资格；

2.具有较强的行业代表性；

3.具有较完善的能源资源和环境管理体系，各项管理制度健全；

4.具有健全的财务管理制度，销售盈利能力处于行业领先水平，具有较强的节能环保投入能力；

5.节能降耗、环境保护、综合利用措施符合国家和地方的法律法规及标准规范要求，清洁生产水平行业领先，污染物排放稳定达标，近三年无重大安全和环境污染事故；

6.具有较强的产品设计开发能力，按照《国家级工业设计中心认定管理办法（试行）》（工信部产业〔2012〕422号）有关要求，已建成或正在建立工业设计中心，科技研发资金有保障，技术创新体系完善，具有较强的产品和品牌影响力。

（三）创建方案编制及申报

省级工业和信息化主管部门负责组织本地区工业企业的申报工作，有关中央企业和行业协会负责组织本集团和本行业的申报工作。申报企业参照《生态设计示范企业创建实施方案编制指南》（见附件1）编制创建方案，填写《生态设计示范企业创建申报书》（见附件2）。创建方案要提出创建生态设计示范企业的目标，明确落实目标的具体计划和措施。

省级工业和信息化主管部门、有关中央企业和行业协会按照《生态设计示范企业创建工作方案》，组织遴选并推荐试点企业，提出推荐意见，连同正式上报文件、企业实施方案等（纸质材料一式三份）报送我部节能与综合利用司，电子版同时发送至huanbaochu123@163.com。

（四）审核确定

工业和信息化部组织专家分行业对被推荐企业进行初评，对通过初评的企业，网上公示其试点方案摘要，最终确定试点企业名单。

（五）创建方案组织实施

试点企业要部署落实和组织实施生态设计示范企业创建工作。成立生态设计示范企业创建工作班子，加强组织领导，完善配套管理制度，明确任务分工和实施进度，确保资金投入，落实目标责任，每年根据要求上报创建工作进展情况。通过2-3年的试点工作，达到生态设计示范企业创建方案中提出的目标要求。

（六）评价验收

完成各项创建工作任务、达到生态设计示范企业要求的试点企业，向工业和信息化部提出验收申请。工业和信息化部组织实施对试点企业的评价验收工作。试点结束后，企业应继续开展自评估，不断提升生态设计水平。

三、保障措施

（一）加强组织领导。各级工业和信息化主管部门要加强对试点工作的组织实施。建立试点工作进展情况阶段性总结和督查制度，对试点工作实施阶段性评估和监督检查。

（二）充分发挥院士专家对试点工作的支撑作用。成立试点工作专家组，充分发挥有关院士、专家作用，做好试点企业的评审、评估和审核验收等工作，深入分析试点工作中出现的问题，为决策提供科学依据和建设性意见。

（三）加强现有政策对试点企业的引导和扶持。对生态设计示范企业创建工作方案中提出的项目，符合国家清洁生产专项资金支持范围的，予以优先支持；地方工业和信息化主管部门要将其列入节能减排、技术改造、清洁生产、循环经济等财政引导资金支持的重点。同时，要加强对试点企业的指导，对试点工作中反映出的问题抓紧研究，协调有关部门制定鼓励扶持政策。

（四）对试点先进企业予以表扬。完成各项试点工作任务、达到生态设计示范创建要求的试点企业经验收合格后，授予“工业生态设计示范企业”称号，并可申报国家级工业设计中心。对试点先进企业予以表扬，对试点先进经验及时进行系统总结、评估和组织推广。

附件：1.生态设计示范企业创建实施方案编制指南（略）

2.生态设计示范企业创建申报书（略）

关于组织开展2014年度“能效之星”产品评价的通知

工信厅节函[2014]495号

各省、自治区、直辖市及计划单列市、新疆生产建设兵团工业和信息化主管部门，有关行业协会：

开展“能效之星”产品评价，是鼓励生产企业创新节能技术、扩大节能产品推广应用的重要措施。为加大节能产品推广应用力度，我部决定启动2014年度评价工作。现就有关事项通知如下：

一、评价原则、范围及依据

（一）评价原则

“能效之星”产品评价，按照企业自愿申报、科学评价、能效领先、市场监督的原则，在符合法律法规、质量、安全与环境等基本要求的前提下，对符合《“能效之星”产品评价规范》要求的产品授予“能效之星”称号并允许使用“能效之星”标志。

（二）评价范围

1.消费类产品：电动洗衣机、热水器、液晶电视、房间空气调节器和家用电冰箱（详细产品范围及分类情况见附件1）。

2.工业装备：在我部印发的《节能机电设备（推荐）目录》的基础上，选择能效水平领先的产品（具体要求另行通知）。

（三）评价依据

依据工业和信息化部发布的《“能效之星”产品评价规范》开展“能效之星”产品评价（能效之星产品评价规范见附件2）。

二、实施程序

（一）申报要求

1.申报的生产企业应填写《“能效之星”产品评价申报表》（评价申报表见附件3），并提供以下材料：

（1）企业法人营业执照（副本）复印件；

（2）生产许可证（适用时）；

（3）产品符合《“能效之星”产品评价规范》基本要求的相关证明材料（以下材料需提交复印件）：

强制性产品认证证书（适用时）；

产品能效标识备案公告；

申报产品能效检测报告；

生态设计报告。

2.各省级工业和信息化主管部门、有关行业协会根据申报材料要求组织生产企业进行申报，并按本通知要求对申报材料进行审核汇总后，以正式公文的形式将书面申报材料（A4纸装订成册，一式二份）和电子版申报材料统一报送至工业和信息化部（节能与综合利用司）。

申报表格请登录我部网站（http://www.miit.gov.cn）节能司子网站下载。

3.申报材料报送截至2014年9月18日。

4.“能效之星”产品评价不收取企业任何费用。

（二）能效之星产品评价

工业和信息化部组织专家对申报产品是否符合《“能效之星”产品评价规范》的基本要求和能效指标要求进行评审，对于符合《“能效之星”产品评价规范》基本要求，且达到能效指标要求的申报产品，列入《“能效之星”产品目录（2014年）》（网上公示稿）。

1.专家评审组由相关行业专家组成。

2.专家评审组对申报材料的真实性进行审查。

3.专家评审组依据《“能效之星”产品评价规范》对申报产品的符合性进行评审并出具评审报告。

4.评审专家应按相关要求恪守诚信义务，履行公平公正责任，遵守保密纪律。

5.评审过程接受相关部门监督管理。

（三）网上公示和社会监督

工业和信息化部对《“能效之星”产品目录（2014年）》进行网上公示，广泛接受社会监督。公示信息包括企业名称、产品名称与型号、产品能效数据。

任何企业或个人都可对评审结果向工业和信息化部提出异议，同时应提交相关证明材料。工业和信息化部将会对有异议的产品信息进行核实处理，对提出异议的产品能效数据，工业和信息化部将根据实际情况安排产品能效测试。

（四）目录发布

工业和信息化部将根据公示情况和异议处理结果，将符合要求的产品列入《“能效之星”产品目录（2014年）》。以公告形式发布，目录中产品允许使用“能效之星”标志。

三、激励措施

消费类产品“能效之星”称号有效期为2年，工业装备“能效之星”称号有效期为3年。工业和信息化部将会同相关部门进一步研究制定“能效之星”产品在政府采购、企业大宗采购和日常消费中的鼓励政策，不断提升“能效之星”产品的市场认可度和普及率。

四、监督管理

工业和信息化部将不定期对获得“能效之星”称号的产品进行监督检查。

（一）对于提供虚假申报材料的，撤销其已获得的称号，且该生产企业自撤销称号之日起3年内不得申报，并将其列入诚信企业黑名单，在相关媒体上公告。

（二）发生下列情况之一者将撤销其称号：

1.企业法人营业执照被吊销或注销；

2.产品能效水平已不符合评价要求；

3.在国家或省级产品质量监督抽查的结果为不合格；或因质量问题导致客户重大投诉并最终确认为企业责任；

4.发生重大环境、安全事故等。

工业和信息化部办公厅

2014年7月24日

关于印发重大节能技术与装备产业化工程实施方案的通知

发改环资[2014]2423号

各省、自治区、直辖市及计划单列市、新疆生产建设兵团发展改革委，工业和信息化主管部门：

为落实国务院印发的《“十二五”国家战略新兴产业发展规划》（国发[2012]28号）、《关于加快发展节能环保产业的意见》（国发[2013]30号），加快提升我国节能技术装备水平，培育节能产业，为提高全社会能源利用效率提供强有力的技术支撑，特制定了《重大节能技术与装备产业化工程实施方案》。现印发你们，请结合实际，认真贯彻实施。

附件：重大节能技术与装备产业化工程实施方案

国家发展改革委

工业和信息化部

2014年10月27日

附件：

重大节能技术与装备产业化工程实施方案

为贯彻落实《关于加快培育和发展战略性新兴产业的决定》（国发〔2010〕32号）、《“十二五”国家战略性新兴产业发展规划》（国发〔2012〕28号）、《“十二五”节能环保产业发展规划》（国发〔2012〕19号）、《关于加快发展节能环保产业的意见》（国发〔2013〕30号）等文件精神，加快重大节能技术与装备产业化和推广应用，特制定本方案。

一、现状与形势

（一）产业现状

加快节能技术与装备产业化是增强全社会节能能力，促进产业转型升级的重要举措。近年来，我国不断加强节能技术创新，积极推进节能技术与装备产业化，一批先进适用的节能技术与装备逐步推广应用，钢铁行业干熄焦技术普及率提高到80%以上，水泥行业低温余热回收发电技术普及率达到80%以上，高效节能家电、节能机电设备、绿色照明、节能建材等节能产品的市场占有率大幅提高，节能产品和装备制造业已初具规模，不仅对推动节能降耗、提高全社会能源利用效率提供了有力支撑，而且对培育新的经济增长点，保护生态环境，改善民生做出了重要贡献。

但总体看，我国节能技术装备产业化水平与节能挖潜需求相比仍有一定差距，主要表现在：一是自主创新能力不强。以企业为主体的节能技术创新体系不完善，产学研结合不够紧密，技术开发投入不足，一些核心技术尚未完全掌握，部分关键设备依靠进口。二是产业集中度低。企业规模普遍偏小，龙头骨干企业带动作用不强，节能产品设备成套化、系列化、标准化水平低。三是政策不完善。相关法规、标准体系以及财税、金融政策不健全，中小型节能产品制造企业融资困难。四是市场化推广体系不健全。用户与供应商之间的节能技术产品信息传播途径较少，第三方评价机制不完善，用户对新型节能技术装备认知程度低、识别成本高，合同能源管理、设备租赁等市场化推广模式没有得到普遍应用。

（二）面临的形势

当前，绿色、循环、低碳发展已成为全球发展的大趋势。许多国家都在向绿色低碳经济转型。我国正处于工业化、城镇化和农业现代化加快发展，全面建设小康社会的关键阶段。未来相当长时期，能源需求仍将不断增长，面临巨大的节能减排压力。特别是随着节能工作深入推进，进一步挖掘节能潜力的难度加大，节能的任务更加艰巨。这迫切需要在节能技术装备创新、产业化和推广应用方面，实现更大突破。

为加快节能技术与装备产业化步伐，我国先后发布了《关于加快培育和发展战略性新兴产业的决定》、《“十二五”国家战略性新兴产业发展规划》、《“十二五”节能环保产业发展规划》和《关于加快发展节能环保产业的意见》，明确把推进重大节能技术与装备产业化作为发展节能环保产业的重要内容，各项政策措施力度不断加大，这为推进节能技术创新和产业化工作营造了良好的政策环境，节能装备制造业面临重大发展机遇。

二、工程目标

强化科技创新体系建设，形成一批支撑节能技术与装备研发的高水平、基础性、战略性和前沿性机构；研发、示范30项以上重大节能技术，在高效锅炉、电机系统、余热余能利用、节能家电等领域形成一批拥有自主知识产权和核心竞争力的重大装备与产品，显著提高节能装备核心元器件、生产工艺核心技术以及先进仪器仪表的国产化水平；支持、引导节能关键材料、装备和产品制造业做大做强，形成一批有国际竞争力的骨干企业；推广重大节能技术与装备，到2017年，高效节能技术与装备市场占有率由目前不足10%提高到45%左右，产值超过7500亿元，实现年节能能力1500万吨标准煤。

三、主要任务

（一）培育节能科技创新能力

加强自主创新支撑体系建设。结合国家创新能力建设总体布局，政、产、学、研、用紧密结合，培育一批以企业为主体、市场为导向，具有国际影响力的节能科技研发和产品设计队伍，打造节能科技创新的智力优势和人才高地。

加快节能领域研发创新平台建设。依托国家工程（技术）研究中心、重点实验室、工程实验室和企业技术中心，推动建立节能技术装备研发制造行业公共测试平台、基础信息数据库、专家诊断系统等，提高企业节能技术原始创新和集成创新能力。

强化协同创新能力建设。推动专业化节能研发机构、制造企业、服务公司加强上下游合作，鼓励商业模式创新，为用能单位提供“一站式”整体解决方案，提升节能技术装备产业系统集成和协同创新能力。

推动产业技术创新联盟建设。鼓励以企业为主体，围绕产业技术创新链条，运用市场机制集聚创新资源，形成技术标准合作、人才信息交流、知识产权共享的创新集群，加快节能技术创新成果向现实生产力转化。

（二）突破重大关键节能技术

围绕节能领域重大、关键、共性材料、技术和装备，加大研发投入力度，开展节能科技研发攻关，突破核心技术瓶颈，掌握专利技术和自主知识产权，为大规模推广节能产品和装备奠定科技基础。

锅炉窑炉领域，重点突破煤炭高效清洁燃烧、锅炉自动控制技术、节能高效循环流化床技术、主辅机匹配优化、锅炉智能燃烧控制技术、锅炉系统能效诊断与专家咨询系统、燃料品种适应、高效换热等关键技术。电机系统领域，集中突破高效电机新材料、绝缘栅极型功率管（IGBT）、高效电机专用制造设备、稀土永磁无铁芯电机、特种非晶电机和非晶电抗器、特大功率高压变频、无功补偿控制系统、高效风机水泵等机电装备整体化设计等核心技术瓶颈，推动电机及拖动系统与电力电子技术、现代信息控制技术相融合。内燃机及汽车领域，重点攻克汽油直喷、涡轮增压柴油直喷、汽车轻量化、高效变速器、新型混合动力汽车机电耦合等核心关键技术，提高国产化水平。余能回收利用领域，重点攻克余热余压直接转换为机械能回收利用、中低品位余能有机朗肯循环发电、基于吸收式换热的集中供热和低浓度瓦斯安全利用等重大技术。家电照明领域，推动高效压缩机及节能控制器、高效换热与相变储能装置、家电节能自动控制、低待机能耗技术、温湿度独立调节系统、动态冰蓄冷、发光二极管（LED）用大尺寸开盒即用蓝宝石、高纯金属有机化合物（MO源）、生产型金属有机源化学气相沉积设备（MOCVD）等关键技术和设备研发取得突破。

（三）推动形成节能装备制造产业集聚

鼓励若干具有产业基础、区位优势和智力资源优势的地区率先发展，加快形成节能装备制造集聚优势。培育一批具有自主知识产权和核心竞争力的节能技术装备大型骨干生产企业和“专精特新”中小企业，鼓励龙头企业加快实施兼并重组，提升产业集中度和市场竞争优势。

整合现有资源，在高效锅炉（窑炉）、高效电机等节能机电设备、余能回收、内燃机及汽车、电器照明等领域，推动一批有条件的地区加快形成产业链完善、竞争优势突出、协同创新能力较强的节能装备制造集聚区，提高关键技术装备国产化率和本地化配套能力。鼓励采取原始创新、技术引进、消化吸收、系统整合等多种方式，增强新一代节能装备开发能力，发挥行业示范引领作用。

（四）加快节能装备推广应用

推动高效电机等节能机电设备、节能与新能源汽车等重大节能技术装备产业化示范和规模化利用。实施能效领跑者计划，定期公布能源利用效率最高的空调、冰箱、风机、水泵、空压机等量大面广终端用能产品目录，鼓励家庭和工业用户购买高效节能产品与装备，使高效节能产品与装备市场占有率从目前的10%左右提高到45%以上。将能效领跑者指标纳入强制性国家标准，规定若干年后市场销售的同类产品必须要达到目前能效领跑者已达到的效率水平，推动产品能效持续迈上新台阶。

锅炉窑炉领域，鼓励用户采用高效煤粉工业锅炉、节能高效循环流化床锅炉，以及采用优化炉膛结构、蓄热式高温空气预热、太阳能工业热利用系统、强化辐射传热等技术的节能环保锅炉等，推动锅炉房系统节能改造，推广锅炉用煤洗选及集中供应系统。电机系统领域，重点推广达到国家1、2级能效标准的电动机、变压器、高压变频器、无功补偿设备、风机、水泵、空压机系统等，加快现有电机系统节能改造。余能回收领域，推广低温烟气余热深度回收、空气源低温热泵供暖等低品位余热回收利用技术，支持余能发电上网，推动能源按品质高低实现梯级利用。家电照明领域，推广达到国家1、2级能效标准的节能家用电器、办公和商用设备，以及半导体照明等高效照明产品。

（五）强化节能技术装备市场需求

认真落实国务院办公厅印发的《2014-2015年节能减排低碳发展行动方案》和国务院印发的《大气污染防治行动计划》，进一步强化对用能单位的节能法规标准约束，加强节能评估审查，加快淘汰落后产能，加大万家企业节能考核力度，强化节能执法工作。加快调整能源税费价格改革，推动差别电价、峰谷电价、惩罚性电价的覆盖范围和实施力度，增强用能单位节能的内生动力，提高企业采购节能设备的积极性，进一步激发节能技术装备市场需求，实现由节能潜在需求向装备采购使用的现实市场转变。

四、年度工作

（一）2014年

完善节能服务公司扶持政策，实行节能服务产业负面清单管理。培育一批“节能医生”、节能量审核、节能低碳认证等第三方机构。利用中央预算内资金支持13个重大节能技术装备产业化项目。落实《2014-2015年节能减排低碳发展行动方案》，发布《燃煤锅炉节能环保综合提升工程实施方案》。制定能效领跑者制度。组织发布第七批重点节能低碳技术推荐目录。组织实施工业能效提升计划，开展能效对标，加强工业企业能源管控中心建设。制定发布《能效信贷指引》。

（二）2015年

利用现有资金渠道支持10个左右重大节能技术产业化示范项目，支持一批技术改造和合同能源管理项目。贯彻落实节能技术推广管理办法，组织发布第八批国家重点节能低碳技术推广目录。发布一批能效领跑者目录，对能效领跑者给予奖励。组织实施燃煤锅炉节能环保综合提升工程，推广高效节能锅炉。

（三）2016年

着力把节能减排的法规标准约束和政策要求有效转化为节能产业发展的市场需求，促进重大节能技术装备的创新开发与产业化应用。支持约20个重大节能技术装备产业化与推广应用示范项目，在高效锅炉窑炉、换热器、高效电机拖动系统和控制设备、余热余压回收利用等领域，培育一批大型节能装备制造企业。组织发布第九批国家重点节能低碳技术推广目录。进一步扩大能效领跑者产品范围，将一批能效领跑者标准纳入国家强制性节能标准，发挥能效标准的引领作用。

（四）2017年

支持约30个节能技术装备产业化与推广应用项目。完善节能技术产品认证制度，强化节能技术产品认证采信。扩大实施能效标识的产品范围。组织发布第十批国家重点节能低碳技术推广目录。初步建立政策引导与市场驱动并重的节能技术装备产业应用体系。

五、保障措施

（一）严格落实目标责任。完善节能目标责任考核制度，将重大节能技术与装备产业化工作情况纳入对地方政府节能目标责任评价考核范围；强化万家企业节能考核，严格落实企业节能任务目标；加强节能考核结果运用，强化社会舆论监督；通过加大节能目标责任考核问责力度，形成促进重大节能技术与装备产业化应用的倒逼机制。

（二）强化政策扶持。利用中央预算内资金加大对重点节能技术与装备产业化项目的支持。鼓励政策性银行、商业银行、融资担保机构开展金融产品和服务方式创新，加大对节能技术与装备产业化的支持；建立多元化投资机制，鼓励风险投资基金、民间投资和外资加大对节能技术研发示范和节能装备制造企业的投入；支持符合条件的节能技术装备制造企业上市融资、发行企业债券；通过完善和落实相关金融政策，建立促进重大节能技术与装备产业化的绿色融资机制。

（三）加快推行市场化机制。建立并实施能效“领跑者”制度，推广超高能效产品，通过评选、宣传能效“领跑者”促进先进节能技术装备应用；鼓励采用合同能源管理、设备租赁等方式，促进节能技术装备的推广应用；加强节能产品认证，扩大能效标识实施范围，及时发布能效标识产品目录；落实政府向社会力量购买公共服务的有关要求，积极培育节能服务第三方机构。

（四）加强法规标准引导。推动修订节约能源法，完善能评、节能监察等相关制度；加强节能标准制修订工作，健全节能标准体系，建立节能标准动态更新机制；鼓励地方制定更加严格的能效标准；严格节能执法监察，依法查处各类违反节能法律法规和标准的行为；加快落后用能工艺和设备退出市场，支撑淘汰落后、化解过剩产能。

（五）营造良好氛围。充分发挥舆论导向和社会监督作用，积极开展多种形式的宣传教育活动，加大节能法规政策和相关知识科普宣传，增强用能单位的节能意识，推动用能单位由要我节能向我要节能转变。加强复合型节能人才培养，为推进节能技术装备开发创新与产业化应用提供人才支撑。积极倡导节约、绿色、低碳的生产、生活方式和消费模式。加强节能技术对外交流合作，搭建多种形式的平台，鼓励引进来、走出去，提升我国节能技术装备的研发、制造水平。

六、组织实施

着力构建企业主体、地方组织、国家政策引导的实施格局。充分发挥战略性新兴产业发展部际联席会议的统筹协调作用，明确有关部门职责分工，加强协调配合，突出各自优势，推动节能技术与装备产业化工程的各项工作任务落到实处。

国家发展改革委、工业和信息化部会同相关部门依据职责共同落实本方案。地方政府有关主管部门要按照国家统一部署，加强组织领导，结合当地实际，抓好相关任务的落实。有关行业协会和中介机构要充分发挥专业技术和信息优势，配合有关部门做好技术论证、项目评审和政策咨询等工作，为企业开展节能技术装备研发、产业化和推广应用提供支持。

关于《国家重点推广的低碳技术目录》的公告

2014年 第13号

为贯彻落实“十二五”规划《纲要》和《“十二五”控制温室气体排放工作方案》的有关要求，加快低碳技术的推广应用，促进2020年我国控制温室气体行动目标的实现，我们组织编制了《国家重点推广的低碳技术目录》（以下简称《目录》），现予以公告，在国家发展改革委网站（www.ndrc.gov.cn）上发布。

《目录》涉及煤炭、电力、钢铁、有色、石油石化、化工、建筑、轻工、纺织、机械、农业、林业等12个行业，共33项国家重点推广的低碳技术。

附件：

国家重点推广的低碳技术目录

一、 非化石能源类技术

1.基于微结构通孔阵列平板热管的太阳能集热器技术，2.多能源互补的分布式能源技术，3.太阳能热泵分布式采暖系统技术 ，4.太阳能热利用与建筑一体化技术 ，5.高效光伏逆变器技术 ，6.直驱永磁风力发电技术 ，7.低风速风力发电技术，8.生物质成型燃料规模化利用技术，9.生物燃气高效制备热电联产技术，10.农作物秸秆规模化收集装备技术 ，11.生物质热解炭气油联产技术，12.微电网并网运行及接入控制关键技术

二、 燃料及原材料替代类技术

13.生活垃圾焚烧发电技术，14 有机废气吸附回收技术，15.有机废弃物厌氧发酵制备车用燃气技术 ，16.低碳喷射混凝土技术 ，17.低水泥用量堆石混凝土技术，18.电石渣制水泥规模化应用技术 ，19.发动机再制造技术 ，20.全生物二氧化碳基降解塑料制造技术，21.废聚酯瓶片回收直纺工业丝技术 ，22.沥青混凝土拌合站天然气替代燃油改造技术 ，23.罐式煅烧炉密封改造技术

三、工艺过程等非二氧化碳减排类技术

24.低浓度瓦斯真空变压吸附提浓技术 ，25.降低铝电解生产全过程全氟化碳（PFCs）排放技术，26.等离子体焚烧处理三氟甲烷(HFC-23)技术，27.HFC-23高温焚烧分解技术，28.应用副产四氯化碳制备含氟单体三氟丙烯技术

四、碳捕集、利用与封存类技术

29.二氧化碳的捕集驱油及封存技术 ，30.二氧化碳捕集生产小苏打技术

五、碳汇类技术，

31.秸秆生物质炭农业应用技术，32.杉木人工林增汇减排经营技术 ， 33.油料植物能源化利用过程的CO减排技术

国家重点推广的电机节能先进技术目录（第一批）

（工业和信息化部2014年第44号公告，2014年7月8日）

1.伺服电机永磁高效节能技术　武汉华中数控股份有限公司
2.伺服电机及其驱动控制技术　浙江琦星电子有限公司
3.稀土永磁伺服电机高动态响应控制技术　武汉登奇机电技术有限公司
4.数控机床电主轴及控制技术　北京索德电气工业有限公司
5.永磁同步无齿轮曳引机技术　浙江西子富沃德电机公司
6.永磁变频螺杆泵专用电机系统　山东力久特种电机股份有限公司
7.高速永磁同步变频调速电动机　南车株洲电机有限公司
8.高压电动机变频调速技术　广东明阳龙源电力电子有限公司
9.中压大功率一体化变频调速系统　南阳防爆集团电气系统工程有限公司
10.高效电机智能控制系统　山东开元电机有限公司
11.无刷双馈电动机变频调速技术　大禹电气科技股份有限公司、华中科技大学
12.变极多速高压异步电动机设计制造技术　湖北华博电机有限公司
13.无触点切换绕线转子起动电阻电动机　湖北华博电机有限公司
14.无滑环绕线转子异步电动机　湖北华博电机有限公司
15.单速电动机变极再制造技术　上海电机系统节能工程技术研究中心有限公司
16.存量老旧电动机铸铜转子高效再制造技术　云南铜业压铸科技有限公司、南阳防爆集团股份有限公司
17.高压永磁同步电动机　山西北方机械制造有限责任公司
18.永磁自起动同步电动机　安徽明腾永磁机电设备有限公司
19.三相永磁同步电动机设计技术　江苏爱尔玛科技有限公司
20.开关磁阻电机及调速系统技术　成都伟瓦节能科技有限公司
21.开关磁阻电机设计及控制技术　山东科汇电力自动化股份有限公司
22.永磁涡流柔性传动节能技术　鞍山钦元节能设备制造有限公司
23.永磁传动控制技术　河南瑞生磁动力科技有限公司
24.水泵系统优化控制技术　上海瑞晨环保科技有限公司
25.关联预测控制技术　北京星达科技发展有限公司

>>>

试点示范

中国低碳年鉴

试点示范单位名单

国家低碳省低碳城市试点名单

第一批（经国务院领导同意，国家发展和改革委员会二〇一〇年七月十九日公布）：
广东省　辽宁省　湖北省　陕西省　云南省　天津市　重庆市　深圳市　厦门市　杭州市　南昌市
贵阳市　保定市

第二批（国家发展和改革委员会二〇一二年十一月二十六日公布）：
北京市　上海市　海南省　石家庄市　秦皇岛市　晋城市　呼伦贝尔市　吉林市　大兴安岭地区
苏州市　淮安市　镇江市　宁波市　温州市　池州市　南平市　景德镇市　赣州市　青岛市
济源市　武汉市　广州市　桂林市　广元市　遵义市　昆明市　延安市　金昌市　乌鲁木齐市

碳排放权交易试点名单

（国家发展改革委办公厅二〇一一年十月二十九日公布）

北京市　天津市　上海市　重庆市　广东省　湖北省　广东省　深圳市

国家低碳工业园区试点名单（第一批）

（工业和信息化部 国家发展和改革委员会 2014年7月公布）

北京中关村永丰高新技术产业基地　北京采育经济开发区
天津滨海高新技术产业开发区华苑科技园　天津经济技术开发区
河北唐山国家高新技术产业开发区　山西太原高新技术产业开发区
内蒙古自治区乌海经济开发区　内蒙古自治区鄂托克经济开发区
内蒙古自治区赤峰红山经济开发区　辽宁沈阳经济技术开发区
辽宁大连经济技术开发区　吉林吉林化学工业循环经济示范园区
吉林长春经济技术开发区　吉林延吉国家高新技术产业开发区
黑龙江齐齐哈尔高新技术产业开发区　黑龙江大庆高新技术产业开发区
上海化学工业区　上海金桥经济技术开发区
江苏宜兴环保科技工业园　江苏苏州工业园区
江苏泰州医药高新技术产业开发区　浙江嘉兴秀洲工业园区
浙江杭州经济技术开发区　浙江温州经济技术开发区
浙江宁波经济技术开发区　安徽合肥经济技术开发区
安徽池州经济技术开发区　福建长泰经济开发区
江西新余国家高新技术产业开发区　江西南昌国家高新技术产业开发区
山东临沂经济技术开发区　山东日照经济技术开发区
山东青岛国家高新技术产业开发区　河南郑州高新技术产业开发区
河南洛阳国家高新技术产业开发区　湖北武汉青山经济开发区
湖北孝感高新技术产业开发区　湖北黄金山工业园区
湖南湘潭国家高新技术产业开发区　湖南岳阳绿色化工产业园
湖南益阳高新技术产业开发区　广东东莞松山湖高新技术产业开发区
广西壮族自治区南宁高新技术产业开发区　海南老城经济开发区
重庆璧山工业园区　重庆双桥工业园区
四川达州经济开发区　贵州贵阳国家高新技术产业开发区
贵州遵义经济技术开发区　陕西西安高新技术产业开发区

甘肃嘉峪关经济技术开发区　青海格尔木昆仑经济技术开发区（格尔木工业园）
青海西宁经济技术开发区甘河工业园区　宁夏回族自治区石嘴山高新技术产业开发区
新疆维吾尔自治区乌鲁木齐高新技术产业开发区（新市区）

绿色循环低碳交通运输省试点名单

江苏省

交通运输部绿色循环低碳交通运输城市试点名单

北京　重庆　深圳　厦门　杭州　南昌　贵阳　保定　无锡　武汉　天津　邯郸　济源　鞍山　蚌埠　南平　烟台

交通运输部绿色循环低碳公路试点名单

广东广中江高速　云南麻昭高速　河南三淅高速　河北京港澳高速（京石段）　河北京港澳高速（石安段）
江苏宁宣高速公路　成渝高速　鹤大高速　昌樟高速　道安高速　花久高速　港珠澳大桥

交通运输部绿色循环低碳港口试点名单

天津港　青岛港　蛇口集装箱码头有限公司　广州港　大连港　福州港　日照港

全国试点示范绿色低碳重点小城镇名单（第一批）

（财政部 住房城乡建设部 国家发展改革委二〇一一年九月二十六日公布）

北京市密云县古北口镇　天津市静海县大邱庄镇　江苏省苏州市常熟市海虞镇　安徽省合肥市肥西县三河镇
福建省厦门市集美区灌口镇　广东省佛山市南海区西樵镇　重庆市巴南区木洞镇

国家低碳生态城示范区试点名单

（住房城乡建设部与江苏省无锡市人民政府共建　2012年7月公布）

无锡太湖新城

国家低碳生态示范市试点名单

（住房和城乡建设部与深圳市人民政府共建　二〇一一年一月三十一日公布）

深圳市

全国林业碳汇交易试点名单

（经国家林业局同意，由中国绿色碳汇基金会与华东林业产权交易所二〇一一年十一月启动）

浙江义乌

全国低碳旅游示范区试点名单

（中华环保联合会和中国旅游景区协会2012年9月16日公布）

安徽•黄山风景区　陕西•华山风景区　陕西曲江大雁塔•大唐芙蓉园　江苏水乡•周庄景区
江苏南京•夫子庙秦淮风光带　江苏古淮河文化生态景区　江苏常州•春秋淹城景区
江苏无锡太湖鼋头渚风景区　上海野生动物园　四川青城山•都江堰风景区　四川•九寨沟风景区
四川峨眉山•乐山大佛风景区　山西•平遥古城　山东威海•刘公岛风景区　广东深圳•观澜湖旅游度假区
河南•嵩山少林寺风景区　吉林•通榆向海风景区　黑龙江伊春•梅花河山庄度假村　宁夏•沙湖旅游区

上海市低碳发展实践区试点名单

（上海市发展和改革委员会二〇一一年五月公布）

虹桥商务区　崇明县　长宁区虹桥地区　临港地区（包括产业区和主城区）
卢湾区中南部地区　徐汇区滨江地区　金桥出口加工区　奉贤区南桥新城

天津首批低碳示范建设单位

（天津市发展和改地委员会二〇一二年三月十九日公布）

一、低碳产业示范

天津经济技术开发区新材料和新能源低碳产业试验区

二、低碳能源示范

空港经济区

三、低碳建筑示范

低碳楼宇建设示范：天津经济技术开发区建设低碳大楼示范工程。

绿色建筑认证示范：空港经济区办公区A地块和研发区B地块

四、低碳交通示范

中新天津生态城

五、低碳技术示范

碳捕获与封存（CCS）技术示范：联合临港经济区、南港工业区绿色煤电IGCC项目和大港油田

智能电网示范：中新天津生态城智能电网综合配套示范工程

六、低碳园区示范

天津经济技术开发区　中新天津生态城　于家堡中心商务区　滨海高新区　空港经济区

七、低碳社区示范

天津经济技术开发区西区和南港生活区建设低碳社区示范项目

八、低碳小城镇示范

静海县大邱庄镇

江苏省低碳经济试点单位

（江苏省发展和改革委员会二〇一〇年九月公布）

一、低碳试点城市

无锡市 淮安市 如皋市 溧阳市

二、低碳试点园区

南京江宁经济技术开发区 江苏宜兴经济开发区　徐州经济技术开发区 新沂—无锡工业园
金坛光伏产业　园 苏州工业园区　昆山国家高新技术产业开发区　江苏盐城环保产业园
扬州经济技术开发区　泰州医药高科技术产业开发区

三、低碳试点企业

江苏高淳陶瓷股份有限公司　江苏花厅酒业有限公司　常州天合光能有限公司　江苏恒盛化肥有限公司
江苏沙钢集团有限公司　江苏九九久科技股份有限公司　连云港三吉利化学工业有限公司
江苏淮河化工有限公司　江苏丹阳富丽华有限公司　江苏绿陵润发化工有限公司

江西省低碳发展试点县（市、区）

（江西省发展和改革委员会二〇一〇年四月三十日公布）

贵溪市 浮梁县 共青城 婺源县 分宜县 袁州区 芦溪县 吉安市吉州区 大余县 资溪县

广东省第一批低碳试点示范单位

（广东省发展和改革委员会二〇一一年十一月二十九日公布）

广州市　珠海市　河源市　江门市　珠海市横琴新区　佛山市禅城区　佛山市顺德区
韶关市乳源县　河源市和平县　梅州市兴宁市　梅州市大埔县　云浮市云安县

湖北省首批省级低碳试点示范单位

（湖北省发展和改革委员会二〇一一年十一月二十五日公布）

襄阳市　咸宁市　东湖新技术开发区　黄石经济开发区黄金山工业园　武汉市百步亭社区　鄂州市长港镇峒山社区

海南省低碳发展试点示范单位

（海南省人民政府二〇一〇年十一月三十日公布）

一、 低碳城市试点
海口市 三亚市
二、低碳城镇试点
保亭黎族苗族自治县 海口市秀英区永兴镇 博鳌乐城太阳与水示范区
三、低碳园区试点
澄迈老城经济开发区 三亚创意产业园为试点园区
四、低碳景区试点
保亭黎族苗族自治县呀诺达热带雨林景区

陕西省首批省级低碳试点单位名单

（陕西省发展和改革委员会二〇一一年十一月二十五日公布）

一、低碳试点市、县
渭南市 凤县 彬县 安塞县 靖边县 西乡县 镇安县
二、低碳试点园区
西安浐灞生态区 西安市大兴新区 商丹循环工业经济园区 宝鸡高新技术产业开发区 榆横工业园区
三、低碳试点企业
陕西重型汽车有限责任公司　青岛啤酒西安汉斯集团有限公司　陕西交运运输集团有限公司
西安市宝润实业发展有限公司　陕西东岭集团股份公司　宝鸡市海浪锅炉设备有限公司
陕西宝鸡第二发电有限责任公司　彬长新生能源有限公司　榆林云化绿能有限公司
神木晶元清洁发展有限公司　陕西奥维加能焦电化工有限公司　府谷镁业集团
延长油田股份有限公司　汉川机床集团有限公司　陕西春光生物质能源开发有限公司

山西省低碳市县试点名单

太原市　朔州市　大同市阳高县　忻州市忻府区　吕梁市文水县　晋中市昔阳县和祁县　阳泉市平定县
长治市黎城县和沁县　晋城市高平市和泽州县　临汾市古县　运城市万荣县　垣曲县

山西省省级低碳产业园区试点名单

（山西省发改委2015年5月18日公布）

太原不锈钢产业园区　太原工业园区（太原市民营经济开发区）
山西大同经济开发区（大同市经济技术开发区）　山西长治高新技术产业园区（长治高新技术产业开发区）
山西运城经济开发区（运城经济技术开发区）

深圳国际低碳城

深圳国际低碳城于2012年5月3日，深圳市市长许勤在“中欧城镇化伙伴关系高层会议”上重点提出合作建设深圳国际低碳城，打造中欧可持续城镇化合作旗舰项目，位于深圳市龙岗区坪地街道，总规划面积约53平方公里，以坪地街道高桥工业园区及周边共5平方公里范围为拓展区，其中核心启动区域约1平方公里，建设周期为7年。

2013年6月16日，深圳碳排放交易启动，国家发改委副主任解振华、广东省常务副省长徐少华等出席启动仪式

深圳国际低碳城的战略定位为气候友好城市先行区、新型低碳产业集聚区、低碳生活方式引领区和低碳国际合作示范区。通过产城融合的城市规划、碳指标约束下的城市管理和利益共享的低碳绿色开发实现落后区域跨越式发展，探索和示范可复制、可推广的新型城镇化低碳发展之路，打造国家低碳发展综合实验区和全国新型城镇的典范，也为国家应对气候变化谈判提供支撑。

深圳低碳城从可持续的SMART规划（碳汇网络、微气候优化、绿色建筑、低碳市政、低碳交通）策略入手，全方位统筹规划建设。

在环境治理方面，深圳国际低碳城以综合治水、生态治河、系统规划为原则，整体考虑河道与城市关系，重点整治生态破坏和工业污染的丁山河，实现了防洪达标、水质改善、生态修复、资源利用的目标，打造出一条水清、景美和配套丰富的城市活力带。

荣获2014年保尔森基金奖

在低碳技术运用方面，低碳城全面推广绿色建筑和低碳技术集成。首座示范性建筑——绿坊，应用了适应当地和华南气候的10大技术系统97项技术策略，达到国家绿色建筑三星级标准，实现年均减碳1000吨以上。由低碳技术展示交易馆、低碳国际会议馆和展示馆三个主体建筑组成，是深圳国际低碳城论坛举办的主要会场。

在低碳经济效益方面，深圳国际低碳城坚持“高端引领、创新驱动”，导入高端低碳研发资源，通过加大产值低污染高企业的淘汰力度，大力发展低碳产业，引进以节能环保、新能源、新材料等战略性新兴产业及航空航天、生命健康等未来产业为主的高端优质项目。三年来，引进了太空科技南方中心三位一体项目、中物功能材料研究院产业化项目、节能环保产业园、分布式能源、中美低碳建筑与社区创新实验中心等一批高端低碳研发资源和产业化项目，低碳经济转型初步显现，经济增长质量显著提升。引进规模以上高新企业近40家，总投资达96亿元，占坪地街道工业总产值的35%以上。

第二届论坛期间成功举办应对气候变化南南合作政策与行动研讨会

深圳国际低碳城通过前瞻性的建设理念和探索实践，赢得了国内外的关注和认可：入选全国十大新兴城镇化范例、2014年低碳中国行“优秀低碳案例”暨年度低碳榜样、国家首批低碳城（镇）试点和全国第一批APEC低碳城镇优秀规划项目；2014年11月，中国国际经济交流中心与保尔森基金会在北京共同宣布，2014年“可持续发展规划项目奖”授予深圳国际低碳城。评委会一致认为深圳国际低碳城项目为了推动可持续发展，进行了深度的经济环境分析和全面、具有前瞻意识的设计，创造性地解决城镇化、工业化进程中的资源、环境、人口等约束性问题，成为在碳排放约束条件下新型城市开发的领先者。

深圳国际低碳城论坛：创办于2013年6月，由国家发展和改革委员会指导，深圳市人民政府和国家发改委应对气候变化司联合主办，目前已成功举办三届，共吸引了来自近50个国家与地区的政府机关、国际组织、跨国公司、著名智库和科研机构4200余名嘉宾参加。经过三年的积累，深圳国际低碳城论坛逐步成为展示我国应对气候变化行动、促进低碳发展国际合作和政府、企业、智库共商应对气候变化治理能力及可持续发展问题的重要平台。深圳国际低碳城论坛的目标是打造全球低碳交流合作平台。

主论坛

广元市纵深推进国家低碳城市试点工作

广元市发展和改革委员会 广元市低碳发展局

广元市委书记王菲调研低碳工业园区

四川省工商联合会与广元市人民政府签订《共建低碳产业园区战略框架协议》

自2012年12月我市被确定为四川省唯一的国家低碳试点城市以来，按照国家发改委批复“将广元建成国家低碳绿色示范区”的总体要求，我市高度重视、精心谋划、科学组织，全市各级各部门积极创新，大胆实践，全面有力有序推进国家低碳城市试点各项工作，全市产业结构、能源结构和生活方式低碳化日渐凸显，国家低碳城市试点工作取得显著成效。低碳发展已经成为我市一张城市名片。

一、“十二五”期间低碳发展工作成效

（一）经济社会快速发展，低碳发展主要目标任务全面完成。

我市坚持“生态立市”总体发展思路，大力实施“低碳发展”战略，“十二五”期间，在低碳发展和国家低碳城市试点工作主要目标任务全面完成的基础上，经济社会发展也保持了较快速度增长。2015年地区生产总值达到605.43亿元，是2010年的1.88倍，年均增长11.5%，分别高于全国、全省3.5个和0.7个百分点。主要经济指标实现翻番，工业增加值比2010年增长2.33倍，年均增长16.5%。

截止2015年，全市单位生产总值二氧化碳排放比2010年下降18%，超额完成“十二五”既定目标1个百分点。万元GDP综合能耗2010年—2015（1-9月份）年累计下降 23.79%，超“十二五” 万元GDP综合能耗下降15%目标8.79个百分点。全市人均二氧化碳排放量控制在1.5吨内，清洁能源占全市一次能源消费结构的比重已经达到23.36%，森林覆盖率达55.3%，市建成区绿化覆盖率达40%，中心城区优良天数比例为99.7%，城市生活污水集中处理率达到87%。各项任务均超额完成“十二五”低碳规划既定目标。

（二）低碳经济基础初步形成，产业结构发生显著变化。

随着“生态立市”发展思路的贯彻和“低碳发展”战略的大力实施，绿色、循环、低碳的现代产业结构已初步成形。三次产业结构由2010年的23.8:39:37.2调整为2015年的16.5：47.2：36.3。一是低碳农业成效显著。以低碳农业园区为载体，已累计建成现代农业园区总数达到79个，创建低碳农业园区29个，面积达25万亩。二是循环工业加速推进。坚持产业低碳化与低碳产业高端化，大力发展高新技术产业，加快传统产业的改造，淘汰落后产能。以国家级广元经济技术开发区为载体，与四川省工商业联合会共建广元低碳工业园区，编制完善了《广元市低碳园区建设实施方案》，引进、推动实施一批重大低碳产业发展项目，探索并推广适合广元市情的产业园区低碳管理模式和企业管理模式，引导和带动产业低碳绿色发展。全市单位工业增加值能耗同比下降4.37%，超全年目标进度1.37个百分点，“十二五”单位工业增加值能耗累计下降29%左右，超目标任务7个百分点。“十二五”期间全市已累计淘汰落后和关闭小企业162户，实现节能约60万吨标准煤。

三是生态旅游蓬勃发展。全市以生态旅游园区为载体，进一步加强自然景观利用，着力提升景区智慧化管理，大力推动生态低碳旅游。目前全市A级景区已达23个，A级景区数量居全省第二、全国第五，并成功举办“旺苍米仓山红叶节”等生态旅游节会。

2015年广元低碳日活动启动仪式

市级低碳示范社区——利州区芸香社区

（三）新能源开发利用加速，能源结构调整基础夯实。

广元已初步形成以低碳为导向的清洁能源开发和利用体系。一是天然气勘探开发和利用步伐加快。"十二五"期间，天然气勘探开发利用取得突破，农村户用沼气逐渐普及，目前已探明天然气储量4000亿立方米以上，建成城镇燃气管网3161公里，已发展民用天然气36.4万户、气化率超过85%。全市累计建设沼气池达到38.68万口，占宜建农户总数的80%，被省政府命名为沼气化市。二是水电资源开发有序推进。"十二五"期末全市水电装机总容量达到216万千瓦，占全市电站总装机容量的98.4%，比2010年增加122万千瓦。三是新能源开发利用取得突破。大唐广元芳地坪风电场（总装机3万千瓦）实现投产发电，运行良好。新开工风电项目大唐广元望江坪风电场项目一座（总装机5万千瓦）。

（四）低碳发展氛围初步形成，低碳社会建设取得突破

一是生态广元建设持续推进。2015年全市完成营造林40.16万亩，新增森林面积17.52万亩、森林蓄积78万立方米，全市森林覆盖率达55.3%，分别占目标任务的134%、110.1%、122%、109%，市城区绿化覆盖率40.3%。二是城乡低碳设施基础夯实。2015年，建成小型湿地177座，新增城市步行和自行车道约15公里，全市现役2家燃煤电厂和5家新型干法水泥企业已全部建成脱硫脱硝设施。三是人居环境质量稳中有升。2015年，全市化学需氧量、氨氮、二氧化硫、氮氧化物排放量同比分别下降3.34%、1%、0%和3.04%。城区环境空气质量优良天数比例达到95.2%，环境空气质量排名全省前列。四是美丽新村和绿色小城镇建设稳步推进。五是公共机构节能减排扎实有效，"十二五"期间全市共计实施节能节水项目23个，节约标煤20万吨左右，节水15万吨左右。六是生态文明建设取得突破。市委、市政府出台了《关于加快推进生态立市的意见》，制定了《广元市国家生态文明先行示范区建设实施方案（2015-2020年）》，被国家发改委等9部委确定为第二批45个国家生态文明先行示范区建设单位。

（五）低碳发展体制机制基本建立，基础能力显著提升。

一是试点示范领域拓宽。低碳交通试点成效明显。全市已建自行车步行绿道和生态廊道150多公里，累计发展天然气汽车6300余台，投放便民自行车1000余辆。低碳建筑试点全面开展。2015年度全市新增节能建筑面积409万平方米，新型墙材使用率达65%以上。城乡低碳社区建设有序推进。在全省率先出台《广元市低碳示范社区创建工作指导意见》和已创建12个市级低碳试点社区（村）、24个县级低碳试点社区（村）的基础上，2015年，命名了广元市第一批低碳示范社区。碳交易取得突破。实施了农村温室气体减排及交易项目、"世博绿色出行"、" 广州亚运会绿色出行"低碳交通卡碳中和、中国清洁机制赠款项目等六个碳交易项目。二是基础能力建设成果巩固。低碳发展标准体系进一步完善。在全面完成《广元市低碳试点实施方案》完善工作基础上，先后编制完成《国家级广元经济技术开发区低碳园区实施方案》、《嘉陵江流域国家生态文明先行示范区建设实施方案》等一批方案，并编制完成《广元市低碳（生态）住宅小区评价细则（试行）》、《广元市低碳循环工业园区标准》、《广元市低碳农业万亩示范片考核验收标准》等一批低碳标准。项目课题研究成果丰硕。在完成《广元市低碳发展路线图研究报告》和《广元市低碳适用技术需求评估报告》等课题成果基础上，中国清洁发展机制基金赠款项目形成了《广元市碳排放指标分解和考核体系研究》、《利州曙光低碳农业园区建设实施方案》等研究成果，高质量完成了调研文章7篇。碳排放各体系建设分步推进。低碳宣传活动特色突出。第六个"广元低碳日"活动中举办了《广元市低碳试点工作成果展》，举办了"低碳旅游发展及模式"主题征文活动。三是合作交流形成常态。交流领域得到扩展，合作内容得到深化邀请日本地球环境战略研究机关事务局、清华大学核能与新能源研究院等低碳发展和应对气候变化相关专家来我市开展低碳交流合作访问，并达成多项意向性合作协议。

国家AAAAA级生态旅游景区剑门关旅游区

大唐广元芳地坪风电

中国杭州低碳科技馆

中国杭州低碳科技馆（以下称“低碳科技馆”）以“低碳生活，人类必将选择的未来”为主题，以低碳为主线，拥有3万多平方米建筑面积和七个主题展厅以及两个特种影院，坐落在钱江之滨，是第一家以低碳为主题的大型科技馆。

低碳科技馆集低碳科技普及、绿色建筑展示、低碳学术交流和低碳信息传播等职能为一体，科学性、趣味性和互动性相结合的展项吸引来国内外的热情观众；各类精彩纷呈的主题活动与中小学紧密结合；各种低碳专题学术交流活动紧跟时代步伐。

低碳科技馆在低碳专题展教，以及特色专项活动上所做的不懈努力，受到了社会各界的肯定，2014年度先后获得浙江省第四届绿色低碳经济标兵企业、市委宣传部颁发的“我最喜爱的悦学体验点”称号，以及团市委颁发的“2012-2013年杭州市杰出志愿者服务集体”称号，市级“青年文明号”称号，杭州市“金城标”奖、杭州市青少年科普教育基地、杭州市环境教育基地等荣誉称号。各类主题活动报道多次登上国家级、省市级媒体。

参观接待

2014年低碳科技馆以推进生态文明，建设美丽中国、美丽杭州为目标，把全国低碳日、节能周、科技周、科普周等重大活动和重要节假日作为工作重点，针对相应观众组织优惠场次来馆体验；同时顺利保障国家发改委、国家纲要办、国外学术机构等各类重要团体参观场馆共逾300批次，截止2014年12月底，参观人数逾55万人次。

科普宣教

1. 青少年教育开发

作为全国唯一一家低碳主题的公益性科技馆，低碳科技馆在作好青少年春秋游、亲子游等日常接待外，在科学教育工作方面，不断开发与尝试，2014年基于普通课程开发的《能量探秘》主题之旅，获得了中国科协青少年科技中心、中国科技馆、中国自然科学博物馆协会、中国青少年科技辅导员协会共同举办的第二届科技场馆科学教育项目“网络期待奖”和“优秀奖”两大奖项。

2. 青少年专题活动

以“馆校共建”、“志愿者服务总队”、杭州市中小学创新展品制作大赛、科技课程拓展、低碳游园、科技嘉年华、绿色循环日等多种形式持续性专项活动，吸引青少年进馆学习并参与活动。2014年，低碳科技馆先后举办了“第二十八届杭州市青少年科技创新大赛优秀少儿科幻画作品展”、“食品与健康”等4场大规模的临时展览，举办的“六一科技嘉年华”、“走进科普基地，感受科普魅力”科普体验营、“潮小孩未来星”少儿模特大赛半决赛、“低碳之中，沃享科技”体验、“速度与激情”意念车对抗赛、“青春正能量 保护母亲河”实验、“绿色浙江”循环日等20多个大型专题活动也深受学校、家长及孩子们的喜爱。

同时以小型流动科技馆进社区、进学校形式开展社会展览（馆外展）10余次，参与活动人数逾12000余人次，丰富了常设展览的内涵，扩大了科技馆的影响力。

学术交流

紧紧围绕低碳热点，编译低碳信息140余篇，编辑发行《低碳信息快报》24期，其中发行专题快报9期，创办中国杭州低碳科技馆官方微信，截止到12月底，“粉丝”量已超过8000人，总发送量87条，总阅读量超过5.5万次。

2014年，低碳科技馆邀请中科院院士、学界专家做低碳环保专题的学术报告会，并与国家有关政府部门、NGO组织等，联合主办系列低碳学术交流活动，先后举办“低碳中国院士专家行‘问计低碳’杭州高端对话”、“IPCC第五次评估报告”专题报告、中国“清水梦”主题讲座、绿色建筑与智慧城市主题研讨会等4场院士专家报告会；同时举办了世界水日“五水共治、法治五水”主题研讨会、杭州市水质改善创意大赛成果交流及颁奖会、绿色浙江循环日公益创意活动等8场学术论坛、主题活动。在有效提升学术层次，加深了学术认知，低碳科技馆做出了不懈努力。

打造品牌

绿建典范：低碳科技馆是国内第一家获得三星级绿色建筑标识 “运行证书”的绿色建筑示范工程，是杭州绿色建筑的典范。自建成运营以来，低碳科技馆深入贯彻执行节约资源和环境保护的国家技术经济政策，作为弘扬低碳环保科技理念的窗口单位，馆员工在日常运营工作中充分利用场馆十大节能技术，在工作中力所能及地节能、低

碳，员工在场馆日常运行中，自觉将各类废弃物，进行改造，身体力行地将低碳科技馆真正用低碳的方式持续运行下去。同时打造了一系列旧物改造的科普实验手工课程，在场馆内授课，受到孩子们的喜爱。

“全国低碳日”2014年度，承接省市发改、环保等部门低碳宣传教育任务，举办第二届“全国低碳日”系列活动，在馆内召开《IPCC第五次评估报告》，会议通过了《浙江省气候变化专家委员会章程》，并宣布了我省首份低碳发展报告--《2013年浙江省低碳发展报告》。低碳日当日，我馆开展“绿色兑换 环保同行”公益活动、“杭州市社区废旧衣服回收再利用项目”滨江站启动仪式、“用低碳开启地球绿色模式”科普图板展、小志愿者低碳服务秀等一系列低碳科普绿色实践活动。活动受到了社会的关注与好评，新华社专门进行了报道。

科普剧　举办首届杭州原创微型科普剧剧本创作大赛暨青少年科普剧表演大赛，在社会各届的努力配合下取得了初步的成功。低碳科技馆在科普剧表演大赛中组建了一个自己的表演团队，带出了一支小志愿者表演队伍，创作编排出三个精彩的科普剧；获得了2014年首届全市科普剧大赛二等奖、如此大规模的科普剧创作和表演，在杭州实属首次。科普剧表演不仅发掘了青少年喜闻乐见的新形式，还整合出丰富社会资源；同时依托小志愿者平台发挥科普宣传作用。鲜明的科普主题、社会热点、民生焦点，孩子、家长、老师们精心地创作表演，让观众在形象生动的表演中深入学习科普知识，更让孩子们在参与的过程中主动学、勇敢问。

自身建设

开展文明服务。各展厅设立服务台，严格执行首问负责制，第一时间解决参观者提出的问题和需要帮助的困难；开展展厅定时讲解工作，要求每个展厅根据本展厅人流特点安排定时讲解服务工作。建立完善业绩考核评估机制，开展如“全馆十佳”、“星级讲解员”等岗位评优活动。

2014年度，经过开馆以来的长效努力，低碳科技馆青年文明号创建工作取得跨越式进展，市直机关争创活动领导小组

现场考评并公示后，获颁市级“青年文明号”称号。

展品维护　低碳科技馆展品通过日常及定期维保，完好率均值达90%以上。通过系列展厅工作人员考核制度，实现对讲解辅导员的科学化管理，充分调动工作积极性，确保全年接待，尤其是重大接待任务圆满完成。

热心公益

1. 极尽社会责任、做好老年人科普服务工作

先后开展《美丽杭州•环境与我》杭州市老年人科普系列宣传、杭州市第二个敬老月低碳科技馆老年人免费参观、《老年人的健康生活》敬老讲座等活动，上半年向社区分发老年人免费参观券5万张，下半年8万张；

2. 关爱社会特殊群体

热情周到的接待务工子女、盲人残障等社会特殊群体，实行优惠政策，在各类活动中举办专场，如第二届科普特种电影放映活动、为留守儿童举行“小候鸟公益放映专场”、组织边远山区的孩子参加“青少年电影伙伴计划”专场、球幕影院天文天象演示活动等电影主题活动。

自运营以来，中国杭州低碳科技馆充分发挥资源及场馆优势，过硬的业务能力，优良的展教服务质量，为公众提供了优质参观体验，切实履行着社会责任。如今，中国杭州低碳科技馆已真正成为市民特别是青少年了解低碳知识的“第二课堂”，成为广大市民感受低碳氛围、学习低碳知识、践行低碳生活的科普平台。

开放时间：

周三—周日 9:30—16:30 周一、周二休馆（国定假日除外）

地址：杭州市滨江区江汉路1888号　邮编：310051

电话：0571-87119500　网站：www.dtkjg.com　官方微信号：zghzdtkjg

打造“立足广东，服务全国

广州碳排放权交易所是国家级碳交易试点交易所，是广东省政府、广州市政府联办和唯一指定的碳排放配额偿发放及市场交易平台，也是国家核证自愿减排量（CCER）的指定交易机构。自2012年挂牌成立至今，广碳所直致力于打造“立足广东，服务全国，面向世界”的绿色金融服务平台，通过碳排放权交易促进节能减排，降低室气体排放，为应对全球气候变化贡献力量。

一、经营范围

广州碳排放权交易所将依法开展碳排放权、排污权、节能量等交易；碳资产、碳金融创新产品的开发和交易；提供节能减排技术和碳排放权益投融资综合服务及相关咨询和培训服务。

揭牌仪式

二、业务发展情况

广东是全球第三大（仅次于欧盟和韩国）、国内第一大碳交易市场，按试点工作推进部署，现已经历了两个完整的履约年度，履约率稳居试点地区前列。2013年度，企业履约率达到98.9%，配额履约率达到99.97%。2014年度，企业和配额履约率均达到100%。

- 2012年9月11日，广碳所挂牌成立，广东省碳交易试点正式启动；
- 2013年12月16日，广碳所举行首次碳排放配额有偿竞价发放，这也是全国首个碳排放配额拍卖活动；
- 2013年12月19日，广东省碳排放权交易二级市场启动，首日交易创下中国碳市场的五个第一，迅速引发全球关注；
- 2015年3月9日，广碳所完成国内第一单核证自愿减排量（CCER）线上交易。

三、碳金融创新业务

为丰富企业碳资产管理模式，广碳所已推出了碳排放权抵押融资、法人账户透支、碳排放配额回购、绿色融资租赁、碳收益附加超短融资券（EA-SCP）等创新型碳金融产品。

面向世界”的绿色金融服务平台

四、国际交流合作

广碳所十分注重开展国际交流与合作，并且迅速吸引了全球关注,英国伦敦金融城代表团、新西兰工党领袖利特尔一行等国外政要先后到访广碳所。广碳所还与欧盟委员会气候行动总司、国际金融公司、日本贸易振兴机构、德国国际合作机构、澳大利亚全球市场司、国际排放贸易协会以及各国驻华领事馆建立了良好的合作关系，并通过参与中欧碳市场能力建设论坛和承担英国繁荣基金项目课题等形式加强国际合作。

广碳所第一届会员大会

新西兰工党领袖一行来访

伦敦金融城来访

四川联合环境交易所

Sichuan United Environment Exchange

中共四川省委常委、组织部部长范锐平在四川环交所调研

四川省副省长甘霖在四川环交所调研

四川联合环境交易所有限公司（以下简称环交所）是经四川省人民政府批准，并经国务院有关部际联席会议备案的环境交易机构，是按照现代企业制度规范设立的，利用市场化方式推进节能减排，促进绿色经济、循环经济和低碳经济持续健康发展，集各类环境权益交易服务、投融资服务和其他增值服务于一体的专业化综合性资本市场服务平台。

环交所经营范围包括：碳排放权交易、温室气体自愿减排交易、节能量交易、电力交易、排污权交易、水权交易、矿业权交易、矿产品交易、生态农林产品交易、合同能源管理项目交易、生态补偿项目交易、可再生能源项目交易、新能源项目交易；环境资源项目投融资中介服务、低碳环保和节能减排咨询服务、其他与环境资源相关的股权、物权、债权、专利技术、创新成果等权益交易服务和商务服务；与环境资源交易相关的投融资中介服务。同时提供节能减排和环境保护知识技术普及推广的公益服务。

主要业绩

一、碳市场能力建设

环交所紧紧抓住生态文明建设和应对气候变化工作给碳市场带来的市场机遇，着力推进四川碳市场能力建设工作，不断增强企事业单位的低碳建设和碳资产管理能力，培育碳交易和投资意识，宣传低碳发展理念，培育碳市场，先后组织或承办了“企业碳管理及碳交易培训会”、“城市温室气体核算与低碳社区建设培训会”和“可持续性水资源管理培训会”等，2015年参训人数逾400人次，反响强烈并得到社会各界的广泛认可。

二、系统建设有首创

环交所自主成功研发了全国首个企业温室气体自查计算系统——“企业温室气体排放云计算报告系统”，通过了第三方认证机构对系统计算的可靠性和准确性审核，并取得国家版权局颁发的《计算机软

国家发展和改革委员会应对气候变化司副司长李高在四川环交所调研

国家发展和改革委员会应对气候变化司副司长蒋兆理在四川环交所调研

件著作权登记证书》。目前，根据省发改委的要求对该系统进行了更新和完善并移交省发改委作为工作平台运行，环交所在省发改委的重点企业温室气体排放报送工作中负责提供持续的技术支持，帮助重点企业正确的进行温室气体填报，并在地方发改委的请求下提供现场培训支持。

关怀与支持

环交所成立以来得到了国家发改委、四川省委省政府、成都市委市政府及有关部门的大力支持。2015年5月和8月，国家发展改革委应对气候变化司李高副司长和蒋兆理副司长先后调研考察了环交所，对环交所的工作给予了充分肯定，并为环交所下一步的发展提出了指导性意见。省委书记王东明，省委常委、常务副省长王宁，省人大党组书记、省人大副主任陈光志，省人大副主任、阿坝州委书记刘作

四川代表出席2015年巴黎气候变化大会及“中国角”系列边会

四川环交所董事长何锦峰在巴西市长峰会暨国际城市与交通大会上介绍WRI“可持续及宜居城市”成都项目的成果和经验

中美气候圆桌会议美国低碳专家低碳城市行成都研讨会在环交所召开

四川环交所团队和愿景

四川省铁路投资集团党委书记、董事长孙云带队进行出资人监管调研

组织星船城水泥能耗控制优化项目签约

四川环交所碳交易能力建设

举办节能减排（天府）论坛暨中欧低碳合作项目总结会

明，成都市市长唐良智等领导就支持环交所的建设发展多次作出重要批示，省委常委、组织部长范锐平，省政府副省长甘霖，时任西藏自治区副主席多吉泽仁等领导多次深入环交所现场调研指导工作。

中华人民共和国国家版权局

计算机软件著作权登记证书

软件名称：企业温室气体排放云计算报告系统V1.0

著作权人：四川联合环境交易所有限公司

开发完成日期：2014年09月01日

首次发表日期：2014年09月02日

权利取得方式：原始取得

权利范围：全部权利

登记号：2014SR160141

根据《计算机软件保护条例》和《计算机软件著作权登记办法》的规定，经中国版权保护中心审核，对以上事项予以登记。

中华人民共和国国家版权局 计算机软件著作权登记专用章

自主研发的企业温室气体排放云计算报告系统《计算机软件著作权登记证书》

交流与合作

四川虽然地处内陆地区，但从不缺少世界眼光和开放胸怀。环交所积极与中国质量认证中心、中国绿色碳汇基金会、北京中创碳投科技公司、兴业银行、碳交易试点机构、世界资源研究所、国际中国环境基金会、南德意志集团、VCS等中外机构开展广泛深入的交流与合作，努力推动我省环境资源市场的建设。2015年，环交所与有关部门联合举办了“第三届低碳与节能减排（天府）论坛暨中欧低碳合作项目总结会”、“2015 年中美气候圆桌会议美国低碳专家低碳城市行成都研讨会”等国际会议；与省发改委、省外办共同接待了德国绿党主席约茨德米尔对四川应对气候变化和碳市场的考察访问；应邀出席巴西市长峰会暨国际城市与交通大会，分享了世界资源研究所“可持续及宜居城市成都项目”的成果和经验；应联合国气候大会秘书处邀请，以观察员身份参加了在巴黎召开的《联合国气候变化框架公约》第21次缔约方会议暨《京都议定书》第11次缔约方会议，出席了中国角系列边会，并与魁北克交易所、欧中投资协会等国际机构广泛交流，多形式宣传四川、宣传成都、宣传环交所以及中国西部碳市场。一系列工作的顺利开展，促使环交所在国际上形成了一定的影响力。

绿色热线Tel：028-962553
传真Fax：028-85050324
微信公众号：四川联合环境交易所
Wechat: Sceex962553
邮箱Email: info@sceex.com.cn
网站Web: http://www.sceex.com.cn
地址：四川省成都市高新区天泰路120号交易所大厦（610041）
Add: Exchange plaza,No.120 tiantai Road,Gaoxin District,Chengdu,China/ Zip 610041

深圳排放权交易所

绿色发展新实践　社会进步新亮点

敲响中国碳市场开市之锣——深圳碳排放交易启动

应邀参加联合国多哈气候变化大

2010年9月30日，以深圳成为国家首批低碳试点城市为契机，深圳排放权交易所（以下简称"交易所"）成立。2013年6月18日正式启动碳排放权交易，成为国内首个启动碳排放权交易的交易平台。

交易所成立以来，紧紧围绕深圳市"有质量的稳定增长、可持续的全面发展"的指导思想，以碳交易为核心，以开拓的视野推动碳金融创新、开展区域碳交易合作、拓展境外市场，致力于建设成为：

全国排放权交易中心、低碳产业核心枢纽和低碳金融创新平台。

一、经营范围

交易所经营范围包括为温室气体、节能量及其相关指标、主要污染物、能源权益化产品等能源及环境权益现货及其衍生品合约交易提供交易场所及相关配套服务;为碳抵消项目、节能减排项目、污染物减排项目、合同能源管理项目以及能源类项目;能源及环境权益投资项目提供咨询、设计、交易、投融资等配套服务;为环境资源、节能环保及能源等领域股权、物权、知识产权(技术)、债权等各类权益交易提供专业化的资本市场平台服务；信息咨询、技术咨询及培训等等。

二、业务发展成果

（一）拉开中国碳交易帷幕，全力打造最具投资价值碳市场。2013年6月18日交易所正式启动

碳交易，拉开中国碳交易帷幕。2014年6月成为全国首个总成交量达到百万吨、总成交额突破亿元大关的碳市场。在七个碳交易试点中，深圳碳市场的配额规模最小、配额流转率最高：2013年-2015年度配额流转率达到13%，连续三年在全国碳市场拔得头筹；2013年-2015年连续三年市场平均价格保持在40元/吨以上，居七个试点市场首位；2015年6月正式启动CCER挂牌交易，2015年全年CCER总成交量超200万吨，管控单位用于履约CCER数量位于全国首位。

（二）大力推动碳金融创新，引领碳市发展新方向。和国内外金融机构、低碳企业广泛开展合

作，开发碳金融产品：2014年4月，成为世界银行国际金融公司（IFC）首个国内碳交易合作伙伴；2014年5月，协助中广核风电发行国内首支金融与绿色低碳相结合的绿色债券；2014年11月，与兴业银行合作推出国内首笔"绿色结构性存款"业务；2014年11月，推出国内首个"配额托管"业务形态及相关的管理制度；2015年3月，在交易所支持下，国内首支成立的碳基金嘉碳开元基金成功设立；2015年11，联合南粤银行完成国内首单纯配额抵押品碳配额质押业务。

（三）全面开展碳交易区域合作，携手开拓碳市建设新局面。2014年11月，深圳与江苏省

淮安市签订碳交易区域合作战略协议；2014年11月，深圳与内蒙古包头市签订碳交易区域合作战略协议；2015年深圳先后与四川省、甘肃省金昌市、酒泉市签订碳交易区域合作战略协议，区域碳市场合作不断深化。

（四）率先发力境外市场，培育碳市发展新动力。2014年8月，深圳碳市场获批成为全国

首家向境外投资者开放的碳市场；2015年5月，在西班牙巴塞罗那Carbon Expo 2015成功举办中国碳市场首次国际推广活动；2015年6月，"深圳国际城市低碳论坛"举办之际，首倡"绿色一带一路"；2015年12月，全国首家境外机构托管会员VIRTUSE落户交易所。

三、社会发展贡献

（一）依托碳市推动节能减排，打造城市绿色发展新支点。深圳碳市场依托碳交易平台，服务

管控单位履约行为，促进节能减排持续、全面展开。2013年度、2014年度深圳碳市场管控企业履约率分别达到99.40%、99.70%，碳排放绝对量较2010年分别下降386万吨、下降402万吨，碳排放强度分别较"十一五"末下降33.5%、34.2%，超额完成深圳市"十二五"期间碳排放强度下降21%的目标，城市环境质量继续领跑全国，并初步实现经济发展和碳排放增长之间的脱钩。

（二）积极履行社会责任，探索低碳公益新模式。2011年8月，实施深圳第26届世界大学生运

动夏季运动会"我为大运碳抵消行动"；2013年-2015年依托"深圳国际城市低碳论坛"，宣传倡导开展碳交易，促进节能减排，减少环境污染；未来交易所将尝试碳交易与低碳公益相结合，让碳交易发展成果惠及社会。

深圳排放权交易所挂牌成立

与世界银行国际金融公司开展碳金融创新合作

兰州交易中心建设的兰州市节能减排环境治理成果展示厅

兰州
环境能源交易中心

兰州环境能源交易中心（以下简称“环交中心”）是经兰州市人民政府批准设立的唯一一家集各类环境权益交易服务为一体的特许经营专业化市场平台。于2014年4月30日注册成立，注册资本为1亿元人民币，股东分别是市国资委、市环保局下设二级机构兰州市环保研究所和甘肃中城环境科技有限公司。主营业务包括碳交易，排污权交易，节能量交易，水权交易及相关政策研究、合同环境服务机制、生态补偿机制信息咨询、环境事业投融资、节能减排技术交易服务等涵盖节能减排产业链上的各类交易、咨询、研究等综合服务。

环交中心秉承 “诚信、创新、卓越、共赢”的企业精神和“公开、公平、公正”的经营原则，致力于环境权益交易的规范化、透明化、公开化、专业化建设，致力于打造利用市场机制和经济手段解决环境问题的公共平台；国内、省内环境市场化运作的合作平台；重要的环境金融衍生品的运营平台和西部最有活力的环境权益交易平台。

兰州环交中心董事长张月女士参加巴黎世界气候大会“中国碳市场建设路径”主题边会，中国气候变化事务特别代表解振华等出席会议

职能定位：一是通过协助环保部门开展排污权有偿使用和交易工作，行使部分行政管理功能，协助行政主管部门做好一级市场排污权（排污量）的初始分配。同时为实现其他环境资源的有偿使用和平台交易积累经验，提供科学方案。二是统筹搭建各类环境资源有偿使用和交易二级市场平台；三是通过链接绿色金融和绿色技术，推动绿色供应，服务绿色产业，助力我市绿色发展；四是努力打造成为我市环境治理信息中心和数据中心，服务于环境治理大数据建设，助力我市迈入2.0时代智慧城市的同时，通过汇聚和集散环境治理、节能减排产业链综合信息，为各行业、企业提供“造血”和“输血”平台；五是努力建设成为兰州市标杆型的环境治理综合示范成果展示窗口和能力建设基地。

现阶段围绕我市在环境治理领域取得的阶段性成效，主要开展了以下业务：

一、在体制机制创新工作方面以环境治理、节能减排市场交易体系构建为主，主要开展排污权交易、水权试点交易、碳排放权交易、节能量交易的环境资源交易工作。

（一）在机制探索和建设方面，通过科学系统的研究，为我市环境资源的交易制度的建立，积累了宝贵经验，探明了行动路径。

环交中心成立以来主要开展了我市环境资源有偿使用和交易价格形成机制研究和制定、环境资源有偿使用和指标初始核定统计及基础档案建立、交易后评估研究、全市联网的环境资源有偿使用和交易管理系统研发、排污绩效核算等方面的工作。全市联网的环境资源有偿使用和交易管理系统能够对我市环境资源有偿使用和交易的指标初始分配、竞价交易、排放跟踪、配额指标剩余信息进行综合管理，并形成环境资源有偿使用和交易动态数据库，做到有据可依，各类交易统计分析为宏观决策提供了数据支撑，为排污绩效核算和交易后评估工作奠定了基础，可以实现对全市污染物动

联合国巴黎世界气候大会期间国家发改委应对气候变化司副司长蒋兆理向兰州市人民政府市长袁占亭颁发“今日变革进步奖”

中央党校罗志先副巡视员到环交中心调研时给予中心“堪称楷模”赞誉

态监控数据的掌握和动态监控。

（二）以排污权作为环境资源有偿使用制度创新及实践的突破口，为环境资源权益制度体系的全面构建夯实了基础。

为保证我市环境资源有偿使用工作顺利实施，以排污权作为环境资源有偿使用创新及实践的突破口，市政府制定了《关于开展环境资源有偿使用工作的实施意见》（兰政发〔2014〕87号），出台了《兰州市排污权有偿使用交易管理办法》和《兰州市排污权有偿使用交易资金管理规定》（兰政办发〔2014〕272号），市环保局根据实际情况制定了《兰州市排污权有偿使用交易管理办法实施细则》（兰环发〔2014〕775号），经省政府授权，市财政、物价、环保部门联合下发了《关于兰州市环境资源有偿使用和排污权交易基准价格及有关问题的批复》（兰价费发〔2015〕55号），通过一系列政策文件的颁发，系统性的建立和完善了排污权有偿使用和交易的制度，为我市环境资源有偿使用制度体系的全面构建夯实了基础。

（三）率先完成我市与省政府签订的2015年排污权试点交易工作任务，完成了我市环境资源“大交易平台”的基础建设工作。

围绕排污权交易工作，环交中心制定了详实的交易规则、交易流程和信息公开、资金结算及审核办法，专门开发了符合我市特点的排污权电子交易系统，在全省率先顺利开展了新、改、扩建工业项目新增排污量的交易工作，提前完成了我市与省政府签订的2015年排污权交易试点目标责任书。通过三次七场公开挂牌竞拍，完成138.17吨二氧化硫、199.66吨氮氧化物、15.29吨化学需氧量、1.41吨氨氮的现场拍卖，累计交易额达到327.32万元。交易取得的阶段性成效得到了国家环保部和省环保厅的肯定和表扬。我中心在实现排污权试点交易常态化发展的同时，圆满完成了我市环境资源“大交易平台”的基础建设工作，既为我市全行业、全区域开展排污权有偿使用和交易做好了充分准备，也为其他环境资源的有偿使用和交易奠定了良好基础。

（四）将排污权交易与节能量交易体系进行有机联合，发挥协同效应转化和实现节能收益，以项目为载体，开展节能量交易工作，形成全方位、立体化的创新模式。

国家环保部东北督查中心主任文毅、时任甘肃省环保厅副厅长吴德凯和市环保局闫子江在中心董事长张月陪同下调研环交中心

2015年4月28日，兰州环交中心成功举办兰州市首场排污权交易

充分挖掘我市近几年来环境治理、节能改造项目产生的节能空间，将排污权交易与节能量交易体系进行有机联合，发挥协同效应转化和实现节能收益。以项目为载体，开展节能量交易工作，形成全方位、立体化的创新模式，以实际效益鼓励企业提升节能减排的积极性，推动我市资源、容量节约管理和有偿使用制度的建立和完善，为我市打造节能量交易长效创新机制。今年上半年环交中心在配合市国资委积极开展市属国有企业落实节能减排工作的过程中，已与市公交集团、昆仑燃气、水源地、轨道交通等项目达成了“一揽子”节能减排服务战略合作。并完成了《兰州市开展节能量交易工作的实施方案》。

作为我省排污权交易的两个试点之一，我市推行排污权有偿使用和交易是我省利用市场经济手段解决环境问题的有益探索，是一项全新的制度安排和重大改革创新，是优化配置环境资源、发展和规范市场经济条件下环境监督管理体制的一项创新与大胆尝试。这项工作的实施，不仅有利于还原环境资源的内在价值、增强全社会的环保意识，更增强了排污单位“容量有限、资源有价、使用有偿”理念，有利于调动排污单位减排的积极性，更有利于促进产业结构调整和经济转型升级，对于促进我省环境管理机制的创新、推动经济增长方式的转变都具有深远的意义。

二、低碳城市发展能力建设

（一）开展了低碳城市发展前瞻性研究工作。

按照市委、市政府工作要求，在市环保局的指导和监管下，在2015年5月开始了城市发展与节能减排的内在关系研究，现完成了《兰州市碳排放峰值及实现路径研究》、《“一带一路”下的西部低碳城市运营指标体系构建》两个前瞻性课题的研究，并以此获得了联合国世界气候大会“今日变革进步奖”的荣誉。

（二）积极构建环境治理示范型宣传培训基地与能力发展平台。

建设了市环境治理节能减排成果展示厅，展示厅作为我市标杆性的环保展示基地，先后接待了国家、兄弟省、市等部门的参观和学习，最大限度的传播和展示我市治理污染的先进经验和显著成效。同时结合排污权交易工作为参与企业提供了系统性的交易培训和节能减排理念强化宣导，为构建我市环境治理示范型宣传培训基地和能力发展平台打造了良好的开局。

三、绿色金融体系构建

打通了我市环境治理向外融资的通道，与世界银行、亚洲银行建立了合作关系；针对企业节能减排短期流动资金融资难问题，协调市金融办出台了《排污权抵质押管理办法》。

以排污权有偿使用和交易为突破口为我市治理污染工作提供绿色金融平台。环交中心在金融创新领域，积极发挥平台优势，联合多家金融机构为参与排污权有偿使用和交易的企业提供一揽子绿色金融增值服务和绿色融资渠道。排污权有偿使用和交易的企业可以通过环交中心开辟的绿色金融通道，进行排污权抵、质押贷款、融资租赁和节能改造项目的短期流动资金贷款等金融创新，有效的协助参与企业解决了融资难问题，也为参与企业进行节能改造项目开辟了融资渠道。

同时，这些举措为配合、协助兰州市金融办联合中国人民银行兰州中心支行及相关部门共同围绕 “节能减排长效机制金融创新”颁布相关绿色配套政策、制度，提供了可行性的实践范例。此外，环交中心还将通过其他环境资源交易的有序实现和稳步发展，配合服务市金融办和相关部门，为治理污染的长效机制金融创新配套政策体系的完善和优化，进行平台化的业务实践和市场验证。

四、切实加强对碳交易的宣传力度

兰州市在“全国低碳日”以及各类节能低碳宣传活动中，对全社会开展形式多样的宣传教育活动，广泛宣传碳排放权交易的原理、规则和相关政策措施，引导市场主体积极落实控制温室气体排放责任并参与碳市场，营造良好的外部环境。为进一步推动节能减排工作，提高广大市民的低碳环保意识，环交中心还举办了“低碳达人”等一系列主题宣传活动，提升人们对“生活方式绿色化”的认识和理解，并自觉转化为实际行动；实现生活方式和消费模式向勤俭节约、绿色低碳、文明健康的方向转变。

兰州市国资委在兰州交易中心召开市属国有企业落实节能减排工作会议

兰州环交中心董事长张月女士在巴黎世界气候大会

国家环保部东北督查中心主任文毅、时任甘肃省环保厅副厅长吴德凯和兰州市环保局局长闫子江在中心董事长张月陪同下调研环交中心

展望兰州低碳发展新未来

兰州环境能源交易中心（以下简称环交中心）作为兰州市开展环境权益交易的技术支撑机构，作为西部唯一受邀的企业随同兰州市参加了2015年11月30—12月12日在巴黎召开的世界气候大会。亲历了中国政府在应对气候变化领域做出的努力和贡献，见证了兰州市在践行创新、协调、绿色、开放、共享的发展理念。

兰州环交中心董事长张月女士在巴黎世界气候大会期间国家发改委应对气候变化司等相关主办的“中国碳市场建设路径”主题边会上做了《兰州市配合全国碳市场建设的行动和计划》主题发言。

中国碳市场将于2017年正式启动。甘肃省政府在《甘肃省贯彻落实〈国家应对气候变化规划（2014—2020年）〉实施意见》中，明确了建立碳交易制度是控制温室气体排放，完成甘肃省应对气候变化目标。

下一步，根据国家和甘肃省推动全国碳排放权交易市场建设的部署，兰州环交中心将积极协助兰州市政府开展如下几个方面的工作：

（一）协助兰州市开展重点企业碳排放数据报送与核查工作，重点开展碳盘查；

（二）根据国家和甘肃省的要求完善兰州市的碳交易管理体系；

（三）根据报送及核查的结果，配合甘肃省确定兰州市辖区内的碳交易纳入企业名单；

（四）积极开展纳入企业的能力建设，推动纳入企业在碳交易启动前建立自己内部的碳管理体系。

（五）在全省乃至整个西北地区发挥着“率先、带动、辐射、示范”的中心作用，抓住兰州在国家整体经济版图中战略地位的重要机遇，率先在国内提出并实践碳峰值；结合国家“一带一路”战略方向、兰州市整体发展规划和相关政策要求，构建兰州低碳城市运营指标体系，为兰州市“十三五”期间低碳运营提供具体的可量化目标，为兰州低碳发展战略举措制定提供依据和输入，为其它类似西部城市低碳运营效果评估提供参考。

在全国碳市场建设进程中，兰州面临巨大挑战的同时，也迎来了地方经济发展转型的契机。作为非试点地区，兰州作为中西部最具代表性的重工业城市和国家西部大开发的重要战略支点，积极参与碳交易市场，不仅可以推动全国碳市场建设顺利进行，还有助于非试点地区破解发展与减排之间的矛盾，充分发挥市场机制，促进节能减排和经济发展转型。环交中心将通过环境资源交易的有序实现和稳步发展，以及长效机制金融创新配套政策体系的完善和平台的不断优化，为碳交易做准备，迎接全国性碳市场的到来。应对气候变化只有进行时，没有完成时，“如兰之州”尚需你、我共同努力，依然任重道远。

生态南山 绿色官塘

镇江官塘新城2015年低碳发展

官塘新城地处江苏省镇江市主城中南部，东至沪宁城际铁路，与丁卯科技城相望，西至南山国家森林公园，与南徐新城对接，南至312国道-沿江高等级公路，北与中心城区相连。总规划用地面积13.92平方公里，规划居住人口约15万人。

以“国家级低碳生态示范区”为目标，打造“镇江山水花园城市样板区”

在指导思想上，官塘新城深入贯彻科学发展观，立足自身发展优势，科学把握低碳发展内涵，坚持规划先行、市场运作、产城融合、综合创新的原则，以增强可持续发展能力为主题，以转变经济发展方式为主线，以技术进步和制度创新为支撑，以减少碳排放为目标，加快构建低碳产业体系，全力构筑低碳社会模式，不断完善低碳基础设施，逐步增强低碳支撑能力，努力实现经济效益、社会效益和环境效益的和谐统一，将新城打造为“国家级低碳生态示范区”。

在产城融合上，官塘新城将着力构建以四平山、大莱山为中心的旅游休闲与生产性服务业，包括主题公园、生态公园、体育公园、智慧产业园等，以及以312国道为轴线，由商贸中心、物流中心组成的门户产业带，形成以主题旅游为先导，文化创意、商务会展为亮点，商贸物流为主体，城市功能配套产业为支撑的产业架构，将官塘新城打造为现代服务业集聚区。

在建设目标上，官塘新城将依托南山、安基山、四平山、大莱山、回龙水库、四明河等优越的生态环境与资源，加快低碳系列规划实施，逐步将新城打造为“一半山水一半城”的“山水花园城市样板区”。到2020年，单位地区生产总值二氧化碳排放比2010年下降70%，达到0.57吨/万元GDP；可再生能源利用率20%；绿色建筑、节能建筑比例100% ；绿地率49%。

碳平台

生态滤污池

四明河边公园

四明河生态坡岸

多项低碳规划，构建完备的低碳规划体系

官塘新城自目前已经编制完成《镇江官塘新城低碳发展战略研究》、《官塘新城低碳专项规划》、《官塘新城能源专项规划》、《官塘新城水务专项规划》、《官塘新城绿地景观专项规划》、《官塘新城生态化排水工程方案》和《官塘新城生态化排水设计、建设和管理导则》等。其中，《官塘新城低碳规划》于2014年8月20日通过国家能源局组织的APEC低碳专家组的评审，成为首批"APEC低碳城镇优秀规划项目"。

官塘新城低碳规划构建了包括空间规划与建设、低碳交通、碳汇、低碳生活与文化4个层次14个目标共99个指标的低碳指标体系。大力发展绿色节能建筑，绿色建筑率为100%，其中三星级绿色建筑占全部新建建筑面积的5%，建筑节能率达到65%以上；官塘新城还将充分利用太阳能、浅层地热能、风能、生物质能等可再生能源，使可再生能源替代率达到20%。

五大重点工程，实现88万吨的年碳减排量

——可再生能源工程。以地源热泵、光热和分布式光伏发电为主要能源利用方式的分布式能源站，每个能源站（除分布式光伏发电能源站之外）在本区域内的供能半径为 1～4km，各能源站借助城市基础供热（制冷）管网、基础配电网，实现互联互通，互相调剂。一是采用地源热泵、水源热泵，在官塘新城内布局建设七个分布式可再生能源站，为周边商业、办公建筑及部分居住建筑进行集中供冷、供热，最大限度地降低采暖空调系统的运行费用，降低碳排放。二是将区域内所有建筑物屋顶统筹布置太阳能光伏板，布局若干个分布式光伏能源站（总规模约15～20MW），构建官塘新城新能源微电网。并配备国际先进的智能化手段优化能源调度、实现能源需求和供应的智能监控、分析、输配和管理。能源站采用国际先进技术及设备，清洁能源利用率100%，可再生能源利用率不低于20%，通过梯级利用使能源综合利用效率达到70%以上，能源供应上比常规同面积区域碳减排大于50%，能有效减少源头碳排放，对提高城市能源综合利用效率起到示范推广作用。能源站全部建成后，按官塘新城规划建筑总面积900万平方米计算，年均节约标准煤10万吨，减少二氧化碳排放量36.7万吨。

中央水景公园

沙山公园

——绿色建筑新建工程。官塘新城获批江苏省2012年度建筑节能与绿色建筑示范区。官塘新城内的新建项目要求100%的绿色建筑，总建筑面积约900万平方米。目前，已开工示范项目6个，建筑面积约120万平方米，建成面积约55万平方米，其中三星级绿建项目2个。当官塘片区内规划建筑完成时，其建筑全年能耗总量达到61470.62万千瓦时，比按现行标准建设节约用电18461万千瓦时，减排19.2万吨二氧化碳/年。

——海绵城市建设工程。官塘新城内海绵城市建设工程包括雨水收集、路网生态排水、景观水系蓄水等项目，综合采用低影响开发技术，合理利用景观空间来处理面源污染和控制暴雨径流，通过建设都市自然排水系统、可渗透路面、生态屋顶、雨水花园、生态滞留草沟和雨水再生系统，达到水源的自给、自流、自净。雨水收集主要是指开发小区内设置雨水回收系统，进行雨水回用。总建筑面积100万平方米的官塘绿苑为大型安置房项目，小区内部设置了雨水回收系统，路面铺设透水砖，增设雨水收集井。基本满足小区内部植物的灌溉及小区内部公用设施洒水量，综合可利用雨水量及用水量数据平衡，形成水资源的绿色循环。路网生态排水系统主要为官塘新城70公里路网范围内构建生态排水系统，计划建设生态化排水沟80公里，生态化滤污池3808座，新建雨水管道70公里。目前已建设生态化排水沟4500米，生态化滤污池141座。景观水系主要建设目标是实现雨水的回收与再利用，建设内容包括水面面积达270亩的凤栖湖开挖与四明河两岸的雨水收集、生态净化工程。低影响开发（LID）可以减少暴雨径流30～90%、延迟暴雨径流的峰值5～20分钟，减轻市政排水管网系统的压力及雨水泵站运行成本；LID还可有效去除雨水径流中的磷、氮、油脂、重金属等污染物，及中和酸雨的效果，可以节省雨水回用成本；生态型屋顶可以降低室内温度2摄氏度左右。

——碳汇工程。新城区域内将建设5600亩的碳汇林，包括四平山、大莱山、安基山、沙山、四明河沿岸，以及沪宁城际铁路、京沪高铁沿线的绿化整治工程。通过自然公园体验、游览、低碳展示等功能与城市建设相呼应，打造园与城共融共生的示范基地。并通过种植高固碳量植被实现对二氧化碳的吸收与转化。重点工程包括：大莱山航天科普教育园、沙山体育公园等。公园建成后将作为低碳环保理念的重要宣传基地。碳汇林每年可吸收32.16万吨二氧化碳。

——碳排放实施监测公共平台。官塘新城碳排放实时监测公共平台是低碳城启动区开发、建设、运营和管理全过程碳排放监测的公共管理信息平台，主要功能是监控低碳城指标落实，实现生产、生活各领域节能减排数据的集中监测、实时展示和管理应用。建设内容：开发碳排放实时监测与评估信息处理及数据储存系统，包括产业、建筑、交通、碳汇四大子系统，以及环境、能耗、水耗、废弃物等终端数据采集与传输系统，实现碳排放数据采集、处理、查询、公示、预警和企业碳排放监管与启动区智慧管理等功能。该平台的开发与建设将提高低碳城开发、建设和运营过程中碳排放的信息化、智能化监督管理水平，形成以碳排放管理为工具的城市智能化管理方式，为全国新型城镇化管理方式提供示范。

国家低碳发展城镇（区）试点项目

2015年10月，官塘新城获批成为由国家发改委组织实施的国家首批低碳发展城区试点。同时亦被纳入全国首批13个APEC低碳发展城镇推广入库项目之一。并分别于14年9月召开的第11届APEC能源部长会议及15年9月在美国洛杉矶召开的首届中美气候领袖峰会进行了现场集中展示。

航天科普园

台江未来馆（三星级绿建）

珠海横琴新区

2009年8月14日，国务院正式批复《横琴总体发展规划》，将横琴岛纳入珠海经济特区，2009年12月，横琴新区正式挂牌成立，成为继天津滨海新区和上海浦东新区之后的中国第三个国家级新区。2015年4月23日，中国（广东）自由贸易试验区珠海横琴新区片区成立，在建设国际化、市场化、法治化营商环境方面，深入推进粤港澳服务贸易自由化，强化国际贸易功能集成，深化金融领域开放创新，增强自贸试验区辐射带动功能等方面明确了90项改革创新举措，取得了显著的成效。

中电投珠海横琴热电有限公司

在城市建设上，横琴新区明确了“山脉田园、水脉都市”的城市目标，确立了“双核、双环、绿楔交织”的城市绿网格局；土地利用上，将七成以上的土地列为禁建区和限建区，整个横琴岛占地面积106.46平方公里，只有余下的28平方公里的土地可以用来建设；城市规划上，坚持功能与景观并重的规划设计要求，深度实施了景观规划和城市设计，明确了城市天际线，重点推广运用曲线、连廊、骑楼等建筑构件，美化第五立面，有效融合了岭南特色和南欧风格。横琴专门实施了9个专题的《横琴“生态岛”建设总体规划》、《横琴低碳发展规划》、《横琴生态城区建设规划》，着力推进绿色建筑、低碳交通、低碳产业，在提高城市活力的同时，最大限度地提高城市的生态环保效益。大力推进总部经济建设，重点发展旅游休闲、商务服务、金融服务、文化创意、中医保健、科教研发和高技术等高端现代服务业，提出产业准入目录和条件，禁止一般工业和污染类项目入岛，引进一批符合横琴产业定位和功能的大项目、好项目，推动产业低碳化发展。

基础设施建设方面，在全国率先建设33.4公里的共同综合管沟，将城市各类市政管线集约化布置建设，横琴综合管廊分为一仓室、二仓室和三仓室三种类型，总长约33.4公里，可容纳电力、通讯、给水、中水、供冷、供热及垃圾真空系统7种市政管线，在岛内呈“日”字型分布，是目前国内单项工程建设长度最长、一次性投资最大的综合管沟，减少了对未来城市道路的开挖。横琴新区打造横琴滨海湿地公园，公园总面积约392公顷，包括芒洲湿地片区和二井湾红树林湿地片区。将建成珠江口区域珍稀的红树林湿地资源区、东亚及澳大利亚候鸟迁徙的舒适驿站，打造国际一流的精品湿地公园、鸟类生态家园。目前，滨海湿地公园修复工程项目建议书、性研究报告已获得批复，一期已种植红树林树种12万余株，二期工程正在抓紧实施。同时，横琴新区在市政道路、海堤、河道等的整治建设中，高标准落实了低冲击开发的开发建设理念，对原有生态体系给予了最大的尊重和保护，并规划建设了大面积的绿地。

在横琴新区引进了横琴多联供燃气能源站项目，统一推广多联供燃气清洁能源技术，将形成覆盖横琴新区，集电、热（冷）、汽、水多联供为特色的新型绿色能源基地，为全区提供集电，热（冷）汽、水多联供为特色的绿色清洁能源，将来整个全岛不使用煤炭，实现横琴“无煤岛”。该项目占地36万平方米，规划建设8台9F级燃气机组，总投资约120亿元，首期建设2台9F级390MW燃气-蒸汽联合循环机组目前已投入使用，该项目建成后将成为横琴全岛的能源供应中枢，除向南方电网供电外，它还将向岛内及其周边用户提供区域供冷、蒸汽和集中供热等服务。该项目利用清洁能源为初次燃料，通过对初次能源的梯度利用及用户负荷的统筹安排，有效地提高了能源利用效率及本地的供电安全性，并降低城市开发的初投资，体现了低碳高效的科学发展理念。

2012年，横琴新区成功申报为首批国家级海洋生态文明建设示范区和广东省首批低碳试点县（区），毗邻港澳，拥有保存完备的海洋、森林、湿地等三大生态系统，四周水体环绕，岸线优美，植被茂盛，原始生态保持十分完好，成为了国家低碳发展宏观战略案例研究区。2013年，经国家住建部验收审定，横琴全面启动了全国绿色生态城区创建工作。2014年，由我区组织编报的“全国优秀低碳园区”建设个案经国家发改委评审，已正式确认我区为全国2014年度优秀低碳案例（园区）。2015年4月，国家发改委等11部门联合发布《关于印发生态保护与建设示范区名单的通知》，横琴新区入选为国家级生态保护与建设示范区。8月，被列为首批国家低碳城（镇）试点名单，为全国新型城镇化和低碳发展提供实践经验，发挥引领和示范作用。

综合管廊

\>\>\>

大事记

2014年中国应对气候变化和低碳发展大事记

一 月

1月1日 国务院转发《绿色建筑行动方案》，切实转变城乡建设模式和建筑业发展方式，提高资源利用效率，实现节能减排约束性目标，积极应对全球气候变化。

《方案》提出，要切实抓好新建建筑节能工作，大力推进既有建筑节能改造，开展城镇供热系统改造，推进可再生能源建筑规模化应用，加强公共建筑节能管理，加快绿色建筑相关技术研发推广，大力发展绿色建材。“十二五”期间，完成新建绿色建筑10亿平方米；到2015年末，全国20%的城镇新建建筑达到绿色建筑标准要求。“十二五”期间，完成北方采暖地区既有居住建筑供热计量和节能改造4亿平方米以上，夏热冬冷地区既有居住建筑节能改造5000万平方米，公共建筑和公共机构办公建筑节能改造1.2亿平方米，实施农村危房改造节能示范40万套。到2020年末，基本完成北方采暖地区有改造价值的城镇居住建筑节能改造。

1月1日 财政部等部委发出通知，从2014年1月1日起，对纯电动乘用车、插电式混合动力（含增程式）乘用车、纯电动专用车、燃料电池汽车车型的补贴标准调整为：2014年在2013年标准基础上下降5%，2015年在2013年标准基础上下降10%。

1月6日 国家发展改革委印发关于《节能低碳技术推广管理暂行办法》的通知，要求加快节能低碳技术进步和推广普及，引导用能单位采用先进适用的节能低碳新技术、新装备、新工艺，促进能源资源节约集约利用，缓解资源环境压力，减少二氧化碳等温室气体排放。

《办法》共分为5个章节，22条规定，明确重点节能低碳技术申报、重点节能低碳技术遴选、重点节能低碳技术推广等各项要求。《办法》自2014年1月6日发布之日起实施。

1月6日 国务院法制办、环境保护部、农业部今日联合召开《畜禽规模养殖污染防治条例》学习贯彻工作电视电话会议，学习贯彻《条例》。《条例》致力于解决畜禽养殖生产布局与环境保护不够协调、畜禽养殖者的污染防治义务不够明确、畜禽养殖废弃物综合利用的规范和要求不够具体、畜禽养殖污染防治和综合利用的激励机制不够完善等突出问题，本着源头控制、分类管理、综合利用、激励引导的原则，对畜禽养殖污染预防、综合利用与治理、激励扶持、法律责任等作了全面规定。《条例》着力于通过简政放权释放畜禽养殖产业发展活力，通过强化激励扶持促进废弃物综合利用，通过规范引导推动畜禽养殖产业转型升级。

1月7日 为贯彻落实《大气污染防治行动计划》，环境保护部与全国31个省(区、市)签署了《大气污染防治目标责任书》，明确了各地空气质量改善目标和重点工作任务。除了明确考核PM2.5年均浓度下降指标外，目标责任书还包括《大气污染防治行动计划》中的主要任务措施。对于京津冀及周边地区6省(区、市)，目标责任书明确了煤炭削减、落后产能淘汰、大气污染综合治理、锅炉综合整治等各项工作的量化目标，并将工作任务分解至年度；对于其他省(区、市)，提出了任务措施的原则性要求。

1月7日 长三角区域大气污染防治协作机制在上海召开第一次工作会议。中共中央政治局委员、上海市委书记韩正主持会议。周生贤、杨雄、李学勇、李强、王学军、丁向阳出席会议。会议指出，三省一市和国家八部委深入贯彻中央要求，以共识、共治、共赢为基础，不断完善落实“协商统筹、责任共担、信息共享、联防联控”的区域协作机制，各项工作取得良好开端。一是重点治理任务有效实施，主要体现在燃煤电厂污染治理全面落实，燃煤锅炉和炉窑清洁能源替代取得较快进展，黄标车和老旧车辆淘汰力度进一步加大，工业污染治理加快推进，秸秆禁烧和综合利用得到明显加强。二是以区域大气污染防治协作机制为平台，共同协商制定工作方案，成功保障南京青奥会环境质量。三是其他协作重点工作有序落实，出台《长三角区域空气重污染应急联动工作方案》；启动和加强区域空气质量预测预报体系和区域环境气象预报预警体系建设；启动“区域大气污染源解析”和“大气质量改善关键措施”两项区域大气重点科研项目；开展车、船等区域大气重点问题调研和重点行业排放标准对接的前期沟通。

1月8日 环境保护部与31个省（区、市）签署《大气污染防治目标责任书》，明确了各地空气质量改善目标和重点工作任务，进一步落实了地方政府环境保护责任，为实现全国环境空气质量改善目标提供了坚实保障。

为保障目标如期实现，国务院将颁布考核办法，每年对各省（区、市）环境空气质量改善和任务措施完成情况进行考核。

各省（区、市）空气质量改善目标是目标责任书的核心内容。京津冀及周边地区（北京、天津、河北、山西、内蒙古、山东）、长三角、珠三角区域内的10个省及重庆市重点考核PM2.5年均浓度下降情况，其中，北京、天津、河北确定了下降25%的目标，山西、山东、上海、江苏、浙江确定了下降20%的目标，广东、重庆确定了下降

15%的目标，内蒙古确定了下降10%的目标。其他20个省（区、市）重点考核PM10年均浓度下降情况，并根据各地环境质量状况，将空气质量改善目标划分为五档：PM10年均浓度远低于新空气质量二级标准的省份要求其持续改善，PM10年均浓度接近二级标准或超标的省份，根据超标程度，要求其分别下降5%、10%、12%、15%。目标责任书还包括《大气污染防治行动计划》中的主要任务措施。

1月上旬 北京新能源汽车体验中心建成并投入运营。新能源汽车体验中心的建设，成为为广大民众建立集新能源汽车政策宣传、理念培养、知识普及、模拟体验、试乘试驾、用车文化建设为一体的综合平台。体验中心建成并运营半年以来，已累计接待8000人次参观与体验，并被授予北京市科普基地。

1月8日 据国家标准委发布的第五阶段车用汽油国家标准规定，自2018年1月1日起，全国范围内供应第五阶段车用汽油。与第四阶段车用汽油国家标准相比，新标准将硫含量指标限值由50ppm（百万分之一）降为10ppm；新标准中锰含量的指标限值由8mg/L（毫克/升）降为2mg/L，并禁止人为加入含锰添加剂；烯烃含量由第四阶段的28%降低到24%。

1月8日 国家能源局公布北京市昌平区等81个城市和8个产业园区为第一批创建新能源示范城市和产业园区名单。

1月8日 北京、天津、上海、重庆、广东等十余个环境交易机构8日在北京共同发起成立“中国环境交易机构合作联盟”，以碳交易为起点，将逐步在排污权交易、节能量交易、水权交易等更广泛的环境交易市场领域加深合作。组成单位包括北京、天津、上海、重庆、广东、湖北、深圳、河北、山西、内蒙古、辽宁、四川、贵州、云南和青海等地的环境交易机构。

1月9日 全国政协在京召开双周协商座谈会，围绕“核电和清洁能源发展”建言。全国政协主席俞正声主持会议并讲话。座谈会提出意见建议，要在确保安全的基础上稳步有序推进核电建设，优化核电项目布局，理顺监管体制，强化核安全监管，杜绝发生核泄漏事故；同时，要加快发展水电，积极发展风电，大力发展光伏发电。俞正声认真听取发言，同大家一起讨论。

1月10日 工业和信息化部日前印发《京津冀及周边地区重点工业企业清洁生产水平提升计划》。《计划》提出，到2017年底，京津冀及周边地区重点工业企业，通过实施清洁生产技术改造，实现年削减主要污染物二氧化硫25万吨、氮氧化物24万吨、工业烟(粉)尘11万吨、挥发性有机物7万吨。

据测算，2011年，京津冀及周边地区排放主要大气污染物二氧化硫638万吨、氮氧化物685万吨、烟(粉)尘421万吨，均占全国相应总排放量的30%左右。钢铁、有色金属、水泥、焦化等重点工业行业，将推广采用先进、成熟、适用的清洁生产技术和装备，实施工业企业清洁生产的技术改造，以削减二氧化硫、氮氧化物、烟(粉)尘和挥发性有机物产生量和控制排放量为目标，有效减少大气污染物的产生量和排放量，促进区域环境大气质量持续改善。

1月10日 住房城乡建设部发出通知，要求各地积极推进在保障性住房建设中实施绿色建筑行动，同时具备政府投资等4项条件的率先实施。各地要本着经济、适用、环保、安全、节约资源的原则，统一规划，精心组织，分步实施。2014年起直辖市、计划单列市及省会城市市辖区范围内的保障性住房，同时具备政府投资、2014年及以后新立项、集中兴建且规模在两万平方米以上、公共租赁住房（含并轨后的廉租住房）4项条件的，应率先实施绿色建筑行动，至少达到绿色建筑一星级标准。

1月13日 国家发改委下发《关于组织开展重点企（事）业单位温室气体排放报告工作的通知》，明确了报告主体、内容、程序及相关保障措施。根据《通知》，构建国家、地方、企业三级温室气体排放基础统计和核算工作体系、实行重点企业直接报送能源和温室气体排放数据制度。

按照《通知》，开展重点单位温室气体排放的责任主体为：2010年温室气体排放达到13000吨二氧化碳当量，或2010年综合能源消费总量达到5000吨标准煤的法人、企（事）业单位，或视同法人的独立核算单位，需每年上报六种温室气体的排放情况。据粗略估计，按此门槛，全国纳入报告企业总数约在两万家以上。

《通知》要求，国家和地方主管部门应共同参与、协同推进重点单位温室气体排放报告工作。国家做好总体协调和顶层设计，明确报告要求和有关规范，地方负责具体的落实与实施，组织开展排放数据的报告、核查与汇总。

《通知》要求的报告内容包括二氧化碳（CO_2）、甲烷（CH_4）、氧化亚氮（N_2O）、氢氟碳化物（HFCs）、全氟化碳（PFCs）和六氟化硫（SF_6）等六种温室气体的排放。如报告主体存在注册所在地之外的温室气体排放，还应单独报告温室气体排放情况。

1月13日 全国能源工作会议在京召开。国家发展改革委主任徐绍史出席会议并作重要讲话。国家发展改革委副主任、国家能源局局长吴新雄在会上作了题为“转方式调结构促改革 强监管保供给惠民生 扎实做好2014年能源工作”的报告。

1月13日 国家林业局湿地保护管理中心在国新办举行的新闻发布会上说，“十二五”期间，我国湿地保护与恢复计划投资129亿元，其中中央投资55亿元，共738个项目，目前已完成115个。国务院于2003年正式批准《2002—

2030年的全国湿地保护规划》。

1月15日 科技部中国生产力促进中心协会宣布，经过多年研究和试验，我国科学家将甲醇氧化成醚类物质二甲氧基甲烷（三碳醚），并将这种液态物质掺入汽油，从而混合出一种高效的醚类清洁汽油——二甲氧基甲烷汽油。测试结果表明，这种新配方的醚类清洁汽油比乙醇汽油点燃速度更快、燃烧效率更高。与标准汽油比，加入二甲氧基甲烷的汽油减少了约70%一氧化碳和碳氢化合物的排放，减少了汽车尾气对PM2.5的贡献。

科研人员还找到一条用生物质合成二甲氧基甲烷的技术路线：在荒山河滩地上种植一种巨能草，然后进行气化合成甲醇，并进而将甲醇氧化成二甲氧基甲烷。

1月17日 国家能源局发出《关于下达2014年光伏发电年度新增建设规模的通知》（国能新能〔2014〕33号）。2014年新增备案总规模1400万千瓦，其中分布式800万千瓦，光伏电站600万千瓦。

1月17日 为推进农村生态文明建设，打造国家级生态村镇的升级版，环境保护部印发《国家生态文明建设示范村镇指标（试行）》。

1月20日 国家能源局发出《关于印发2014年能源工作指导意见的通知》（国能规划[2014]38号），2014年能源工作主要目标：（一）提高能源效率。2014年，单位GDP能耗0.71吨标准煤/万元，比2010年下降12%。（二）优化能源结构。2014年，非化石能源消费比重提高到10.7%，非化石能源发电装机比重达到32.7%。天然气占一次能源消费比重提高到6.5%，煤炭消费比重降低到65%以下。（三）增强能源生产能力。2014年，能源生产总量35.4亿吨标准煤，同比增长4.3%。其中，煤炭生产38亿吨，增长2.7%；原油生产2.08亿吨，增长0.5%；天然气生产（不含煤制气）1310亿立方米，增长12%；非化石能源发电1.3万亿千瓦时，增长11.8%。（四）控制能源消费。2014年，能源消费总量38.8亿吨标准煤左右，同比增长3.2%；用电量5.72万亿千瓦时，同比增长7%；煤炭消费量38亿吨，增长1.6%；石油表观消费量5.1亿吨，增长1.8%；天然气表观消费量1930亿立方米，增长14.5%。

1月23日 林业公益性行业科研重大专项“中国森林对气候变化的响应与林业适应对策研究”项目通过国家林业局组织的专家组验收。项目研究成果为我国开展林业应对气候变化工作，制定林业应对气候变化战略、气候变化履约中林业议题的谈判对策等提供了科学依据和决策参考。

自2008年立项以来，项目取得了多项创新性研究成果。一是揭示了过去50年来我国三大林区的气候变化情况，定量预估了三大林区的未来气候变化趋势。二是建立了多尺度的气候变化、植被动态和流域水文响应之间的耦合关系，定量区分了气候变化和人类活动对径流的长期影响。三是建立了气候变化对森林影响的综合评估模型，揭示了我国森林植被/树种分布、森林生产力和植被物候对气候变化的响应规律。四是揭示了祁连山、藏东南气候变化敏感地区林线与生长更新响应规律，以及未来气候变暖情况下的林线变化趋势。五是揭示了干旱、低温等极端气候条件下我国主要病虫害爆发的诱因、病虫害发生规律及寄主应答响应特征，建立了我国西南林区和东北林区森林火险预测评估模型，预测了林区历史和未来林火火险期和林火时空动态变化特征。六是建立了多源卫星遥感及辅助数据库和区域森林植被类型分类系统，研发了机载激光雷达估测森林生物量和碳储量的技术方法，采取多尺度观测、多过程融合、多途径印证、跨尺度推绎的方法，构建了中国温带森林碳源汇动态模拟体系。

项目由国家林业局科技司组织实施，中国林科院承担，中国气象局国家气候中心、北京林业大学、东北林业大学、中南林业科技大学和中科院沈阳应用生态研究所协作完成。

截至目前，本研究共发表学术论文136篇，获得授权国家发明专利5项，发布林业行业标准2项，建成试验基地18个；培养中青年学术带头人14名。提交政府咨询报告11份。

1月27日 财政部、科技部、工业和信息化部、国家发展改革委发出《关于支持沈阳长春等城市或区域开展新能源汽车推广应用工作的通知》。

1月28日 财政部、科技部、工业和信息化部、发展改革委四部门联合发出《 关于进一步做好新能源汽车推广应用工作的通知》（财建[2014]11号），纯电动乘用车、插电式混合动力（含增程式）乘用车、纯电动专用车、燃料电池汽车2014和2015年度的补助标准将在2013年标准基础上下降10%和20%。

二 月

2月8日 国家发展改革委、科技部、财政部、国土资源部、环境保护部、住房城乡建设部、水利部、农业部、统计局、林业局、气象局、海洋局发出《关于印发全国生态保护与建设规划（2013-2020年）的通知》（发改农经[2014]226号）。

总体目标是：到2020年，全国生态环境得到改善，国家重点生态功能区生态服务功能增强，重点治理地区生态实现良性循环，生态系统的稳定性明显加强，防灾减灾、净化空气和应对气候变化能力明显提升，生物多样性下降趋势得到遏制，生态保护与建设和区域经济发展协调推进，基本构筑“两屏三带一区多点”的国家生态安全屏障骨架，努力建成生态环境良好国家。

具体目标：到2020年，森林覆盖率、蓄积量继续实现双增长，森林生态功能显著提高；全面实现草畜平衡，草原生态步入良性循环；初步遏制自然湿地萎缩和河湖生态功能下降趋势，主要河湖生态水量得到基本保证；重点治理区域水土流失和土地沙化、石漠化得到有效防控；重点生态区农田基本实行保护性耕作；城市建成区绿化覆盖率稳定并有所提升，大气粉尘吸附和阻隔能力增强；有效保护重要海洋环境和海洋景观，大幅提升近岸受损海域修复率，局部海域生态恶化趋势得到遏制；生物多样性丧失的速度得到基本控制。生态脆弱区贫困人口生产生活水平明显提高。

2月8日　科技部社发司在北京组织召开“废物资源化科技工程”重点专项工作会议，分别听取了“工业生物质废物热解气化制气装备研发与示范”等12个项目进展汇报，并就进一步做好重点专项工作提出了要求。根据《废物资源化科技工程“十二五”专项规划》，提出了再生资源利用技术、工业固废资源化技术、垃圾与污泥能源化资源化技术、废物资源化全过程控制技术、废物清洁循环利用理论研究、创新能力与人才队伍建设等六个方面的任务，并在国家科技计划中启动了“废物资源化科技工程”重点专项。截止2013年底，科技部通过863计划、科技支撑计划等渠道，已在“废物资源化科技工程”中累积安排中央专项资金超过7亿元。该专项在工业生物质热解气化、城市生物质垃圾发酵气化、稀贵金属再生利用、废旧橡胶复合改性利用、冶炼废渣规模化消纳等技术研发、示范及产业化方面已经取得重要进展，为促进废弃物处理处置、提高资源产出率提供了有力的科技支撑。

2月8日　我国全面启动最严格水资源管理考核问责。水利部、国家发展改革委、工信部、财政部等十部门近日联合印发《实行最严格水资源管理制度考核工作实施方案》，全面启动最严格水资源管理制度考核工作。其中明确，考核结果作为对各省级行政区人民政府主要负责人和领导班子综合考评的重要依据。目标完成情况主要考核用水总量、万元工业增加值用水量、农田灌溉水有效利用系数和重要江河湖泊水功能区水质达标率等4项指标。

2月11日　环保部在国新办举行的新闻发布会上称，《大气污染防治行动计划》目前各地、各部门正在全力落实中。近期环保部会同有关部门细化分解梳理了22项政策措施，其中包括6条能源结构调整政策、10项环境经济政策以及6个方面的管理政策。到2013年底，按照空气质量新标准开展监测的地级及以上城市达到161个，共884个国控监测点，实时发布PM2.5等6项指标的监测数据和空气质量指数。目前水污染物排放量远远超过环境容量，这些总量必须要削减30％至50％，水环境才会有根本性改变。新增城镇污水日处理能力超过1400万吨，1.9亿千瓦燃煤机组建成脱硝设施，500万千瓦燃煤机组脱硫设施实施增容改造，1.5亿千瓦现役机组拆除烟气旁路，新型干法水泥脱硝比例达60%。2013年批复项目环评文件241件，涉及总投资1.9万亿元，其中民生工程、基础设施、生态环保等项目106个，约占总投资的64%。对不符合要求的32个项目退回报告书、不予审批或暂缓审批，涉及总投资1184亿元。发布国家环保标准135项。全国共出动执法人员183万余人（次），检查企业71万余家（次），查处环境违法问题近6500件，挂牌督办1520多件。七大水系监测的577个国控断面中，Ⅰ~Ⅲ类水质断面占66.7%，劣Ⅴ类占10.8%，分别比2012年上升2.6个百分点，下降1.5个百分点。中央财政安排60亿元专项资金，支持农村环境综合整治。

2月12日　国务院总理李克强主持召开国务院常务会议，研究部署进一步加强雾霾等大气污染治理工作。会议认为，打好防治大气污染的攻坚战、持久战，是改善民生的当务之急，是转方式、调结构的关键举措，也是推进生态文明建设的重大任务。

会议要求在抓紧完善现有政策的基础上，进一步推出以下措施：一是加快调整能源结构。实施跨区送电项目，合理控制煤炭消费总量，推广使用洁净煤。促进车用成品油质量升级，今年年底前全面供应国四车用柴油。推行供热计量改革，开展建筑节能，促进城镇污染减排。加快淘汰老旧低效锅炉，提升燃煤锅炉节能环保水平。提前一年全面完成“十二五”落后产能淘汰任务。二是发挥价格、税收、补贴等的激励和导向作用。对煤层气发电等给予税收政策支持。中央财政设立专项资金，今年安排100亿元，对重点区域大气污染防治实行“以奖代补”。制定重点行业能效、排污强度“领跑者”标准，对达标企业予以激励。完善购买新能源汽车的补贴政策，加大力度淘汰黄标车和老旧汽车。大力支持节能环保核心技术攻关和相关产业发展。三是落实各方责任。实施大气污染防治责任考核。健全国家监察、地方监管、单位负责的环境监管体制。完善水泥、锅炉、有色等行业大气污染物排放标准。规范环境信息发布。

2月12日　全国绿化委员会、国家林业局发出《关于做好2014年造林绿化工作的通知》，确定2014年全国计划造林9000万亩，中幼龄林抚育1.05亿亩。《通知》要求以确保全面造林、抚育任务为总目标，以推进造林绿化制度建设为抓手，以政策机制创新为动力，紧紧围绕生态林业民生林业建设大局，积极探索科学推进造林绿化的新举措，扎实做好2014年造林绿化工作，为如期实现林业“双增”目标，建设生态文明和美丽中国奠定坚实基础。

2月12日　中国民用航空局航空器适航审定司在京向中国石化颁发了1号生物航煤技术标准规定项目批准书（CTSOA），这标志着备受国内外关注的国产1号生物航煤正式获得适航批准，并可投入商业使用。生物航煤以植物油脂、餐饮废油、动物脂肪等可再生资源为原料生产。本次审定意味着中国生物航煤行业实现了从无到有的突破，中国石化由此成为国内首家拥有自主生物航煤生产技术且具有批量生产能力的企业，成为世界上少数几个掌握生物航煤自主研发生产技术的企业之一。2013年4月，中石化1号生物航煤试飞已获成功。

2月12日　国家海洋局获悉宣布，我国重大基础研究计划项目南海天然气水合物富集规律与开采基础研究通过验收，建立起我国南海天然气水合物基础研究系统理论。南海天然气水合物基础研究系统理论提出了渗漏型天然气水合物重要概念，将天然气水合物矿藏划分为扩散型和渗漏型两种，并揭示了南海北部天然气水合物富集规律。理论同时提出天然气水合物成核机制的笼子吸附假说，预测了天然气水合物在成核过程中，形成水合物非晶相的新观点，建立了南海北部天然气水合物的综合识别方法。

2月13日　国家气候变化专家委员会召开工作会议，对2013年工作进行总结并讨论确定2014年工作计划。国家发改委副主任解振华对当前气候变化的国际国内形势以及我国低碳发展面临的挑战进行了介绍，并对专家委员会2014年工作提出了要求。2014年专家委员会将紧密围绕国家需求、围绕国际国内形势的变化和发展，做好气候变化的战略咨询，推进与国际智库之间交流，并做好面向社会的科学普及和宣传工作。

2月13日　最新统计数据显示，截至目前，内蒙古风电装机容量达1848.86万千瓦，占全国风电总装机容量的24.5%，居全国第一位。2013年，内蒙古风电发电量达368.37亿千瓦时，占全国风电发电量的26.29%，居全国第一位；风电发电量占全区发电量的10.17%，占全区全社会用电量15.88%，风电消纳水平达到国际先进水平。

2月15日　中美气候变化联合声明在北京发表。双方重申将致力于为2015年全球应对这一挑战的成功努力做出重要贡献。中美两国将利用去年成立的中美气候变化工作组机制，通过强化政策对话，包括交流各自2020年后控制温室气体排放计划的有关信息，开展合作。双方已就工作组下启动的五个合作领域实施计划达成一致，包括载重汽车和其他汽车减排、智能电网、碳捕集利用和封存、温室气体数据的收集和管理、建筑和工业能效，并承诺投入相当精力和资源以确保在第六轮中美战略与经济对话前取得实质性成果。

2月19日　天津市首个地面光伏发电项目在滨海新区中新生态城并网发电，总容量9.6兆瓦。项目每年可发电约1110万千瓦时，供中新生态城4000余户居民使用，实现年均节煤3700吨，减排二氧化碳11000吨，二氧化硫50吨。

2月20日　中国科学院宣布，由王中林院士等科研人员组成的研究小组日前首次实现利用摩擦效应的高效能声音发电。 研究人员将镀有金属电极的聚四氟乙烯膜和具有孔洞结构的金属电极膜贴合在一起，构成摩擦电纳米发电机，然后将其用于声转换敏感单元。据介绍，聚四氟乙烯膜轻薄且具有弹性，能够与金属电极膜产生不同程度的分离与接触摩擦，造成表面摩擦电荷与感应电荷之间的平衡关系发生变化，从而驱动电子通过外电路发生转移，即形成电流，实现从声能到电能的转化。

业内专家认为，该研究结果在环境声音能量高效采集、噪声抑制以及声传感探测(如航空动力声传感、军事侦察以及个人电子设备)等领域有广泛的应用前景。

2月21日　由国网冀北电力公司牵头完成的科技项目“千万千瓦级风电汇集系统无功电压管控技术研究及应用”通过中国电机工程学会组织的成果鉴定，制约风电消纳能力的关键技术获突破，填补了国内外技术空白，研究成果达到国际领先水平。

2月24日　在有24个国家和地区的政府官员、专家学者参加的“第二届中国美丽乡村万峰林峰会”上，农业部正式对外发布“美丽乡村”建设十大模式，为全国的美丽乡村建设提供范本和借鉴。

“中国美丽”乡村建设十大模式为：产业发展型、生态保护型、城郊集约型、社会综治型、文化传承型、渔业开发型、草原牧场型、环境整治型、休闲旅游型、高效农业型。每种模式分别代表了某一类型乡村在各自的自然资源禀赋、社会经济发展水平、产业发展特点以及民俗文化传承等条件下，建设美丽乡村的成功路径和有益启示。

2013年7月　农业部决定在全国广大农村关于开展“美丽乡村”创建活动，从全面、协调、可持续发展的角度，构建科学、量化的评价目标体系，建设一批天蓝、地绿、水净，安居、乐业、增收的“美丽乡村”，加快我国农业农村生态文明建设进程。

2月下旬　国家973计划“超临界二氧化碳强化页岩气高效开发基础”项目正式启动。该项目通过超临界二氧化碳破岩、压裂增渗、置换页岩气机理等方面的基础理论研究与关键技术攻关，最终形成超临界二氧化碳强化页岩气高效开发理论体系与技术方法，为我国页岩气高效开发和二氧化碳大规模减排提供重要支撑，并促进相关学科的发展。

2月27日　国家能源局在河北雄县召开全国地热能开发利用现场会。国家发展改革委副主任、国家能源局局长吴新雄指出，到2015年全国地热能供暖面积力争达到5亿平方米，地热发电装机容量达到10万千瓦，地热能年利用量折合标煤2000万吨。河北雄县开发利用地热能集中供热，满足了县城90%以上的供热需求，建成了华北首座“无烟城”，为全国开发利用地热能提供了宝贵经验。

2月27日　国家统计局和国家发改委在京联合召开应对气候变化统计工作领导小组会议，21个部门将齐心协力推动我国应对气候变化统计工作全面展开。会上成立了应对气候变化统计工作领导小组成立。该领导小组由国家发改委、国家统计局和科技部等21个部门和行业协会组成。

目前国家统计局已经制定了《应对气候变化统计工作方案》、《应对气候变化统计指标体系》、《应对气候变化部门统计报表制度》、《政府综合统计系统应对气候变化统计数据需求表》等一系列文件，并与国家发展改革委

联合发文布置《应对气候变化部门统计报表制度》，为开展应对气候变化统计工作奠定了良好的制度和方法的基础

2月28日 住房城乡建设部建筑节能与科技司印发《2014年工作要点》。主要工作包括大力推进绿色建筑发展；实施“建筑能效提升工程” 积极推广绿色建材；推动建筑产业现代化深化智慧城市试点，注重绩效成果；创建与应用继续做好国家科技重大专项实施与管理，切实完成“十二五”阶段目标任务；加强科技创新平台建设，进一步促进科技成果转化；深化国际科技交流与合作，做好住房城乡建设领域应对气候变化工作。

2月 《内蒙古自治区十二五应对气候变化规划》印发。

三 月

3月3日 科技部召开雾霾治理科技工作情况新闻通气会，向媒体介绍了科技部开展大气污染与雾霾治理相关科技工作进展情况和下一步工作安排。科技部高度重视大气污染治理相关科技工作。2012年，科技部、环境保护部联合发布了《蓝天科技工程“十二五”专项规划》，启动了“蓝天科技工程”国家科技重点专项。2013年，科技部联合环境保护部、北京市政府启动了“首都蓝天行动”，推动能源结构调整、新能源汽车、工业和建筑节能、监测预警等领域的科技成果转化和示范应用。

3月4日 国家发改委和国家标准委启动实施“百项能效标准推进工程”以来，两年发布了105项标准，取得了显著的成效。

3月6日 交通运输部办公厅发出《关于开展首批建设低碳交通运输体系城市试点工作总结的通知》。交通运输部决定在天津、重庆、深圳、厦门、杭州、南昌、贵阳、保定、无锡、武汉10个城市开展低碳交通运输体系建设首批试点工作，试点期限原则定为2011年至2013年，目前试点工作已基本完成。

3月10日 全国人大常委会委员长张德江在十二届全国人大二次会议今天举行第二次全体会议作全国人大常委会工作报告指出，2013年，全国人大常委会加强对生态环境保护的监督。常委会听取审议了关于生态补偿机制建设工作情况的报告，开展了可再生能源法、气象法执法检查。常委会组成人员指出，保护生态环境、建设美丽中国需要全社会共同参与，要按照谁开发谁保护、谁受益谁补偿的原则，加快生态补偿机制建设，落实生态补偿政策。要依法加强对可再生能源发展规划的修编和管理，继续加大财政补贴和税收优惠力度，大力加强关键技术研发应用，为可再生能源发展提供有力支撑。要加强气象现代化建设，增强气象防灾减灾能力，提高气象预报和灾害性天气预警准确率，强化气候资源科学利用和有效保护。2014年全国人大常委会要修改环境保护法、大气污染防治法，完善严格监管所有污染物排放的环境保护管理制度，实行最严格的源头保护制度、损害赔偿制度、责任追究制度。

3月11日 《天津生态城建设国家绿色发展示范区实施方案》通过由国家发改委副主任解振华主持召开的专家评审会的评审。专家们对实施方案给予了充分肯定。示范区的创建将为我国推动城市绿色发展提供有效模式和可行路径，为探索集约、智能、绿色、低碳的新型城镇化道路发挥示范引领作用。2013年，国务院批复同意天津生态城建设国家绿色发展示范区。

3月11日 全国“我为家乡种棵许愿树”公益项目同步启动。公众通过网络捐款1元，百度钱包向中国绿色碳汇基金会再捐款10元。除设在国家林业局的主会场外，还在20多个市（县）、高校、企业等设立同步视频分会场，全国有近万人参加了当天活动。

3月13日 国务院总理李克强在会见中外记者时强调，要向雾霾等污染宣战，向我们自身粗放的生产和生活方式来宣战。李克强强调，对包括雾霾在内的污染宣战，就要铁腕治污加铁规治污，对那些违法偷排、伤天害人的行为，政府决不手软，要坚决予以惩处。对那些熟视无睹、监管不到位的监管者要严肃追查责任。李克强表示，雾霾的形成有复杂的原因，治理也是一个长期的过程。但是我们不能等风盼雨，还是要主动出击，希望全社会，政府、企业、社会成员，大家一起努力，持续不懈地奋斗，来打这场攻坚战。

3月14日 工业和信息化部印发《2014年工业绿色发展专项行动实施方案》（工信部节〔2014〕109 号），决定在2014年继续组织开展工业绿色发展专项行动。《实施方案》提出，以提高能源资源利用效率、降低污染物排放为目标，在重点区域、重点领域制定专项工作方案，分解目标任务，强化标准约束，加强政策引导和监督管理，动员全系统力量，整合各方面资源，加强制度创新和模式创新，实施一批对全行业有重大影响、资源环境效益显著、推广前景广阔的试点示范工程，引领推动工业绿色发展。

《专项行动》的主要目标是：（一）组织京津冀及周边地区重点工业企业实施清洁生产技术改造，促进区域大气环境质量改善。（二）开展区域工业绿色转型发展试点，以节能减排工作为主线，推动结构调整和产业升级，探索工业绿色转型发展模式和途径。（三）组织开展电机生产企业贯标核查及高耗能落后电机淘汰情况专项监察，加快推广先进适用的电机系统节能改造技术。

3月15～16日 磁约束核聚变能发展研究战略研讨会在北京召开，国家磁约束核聚变专家委员会成员和相关专家、科技部基础研究司和中国国际核聚变能源计划执行中心相关人员参加会议，科技部副部长曹健林出席会议并讲

话。会议共12个报告，研讨分析了磁约束核聚变能研究国际动态、我国磁约束核聚变能专项部署情况、研究基础和进展，从国内两大托卡马克装置能力提升、聚变堆设计研究、等离子体物理理论与实验、聚变材料、安全与防护、高校人才培养的效果评估与模式等方面对我国磁约束核聚变能发展战略进行了研讨。

3月17日 《2014年中印低碳研究报告》预发布仪式在联合国开发计划署驻华代表处举行。《2014年中印低碳研究报告》是中印两国气候变化主要研究机构的首次合作成果之一。报告深入探讨了促成低碳发展的主要因素，包括资金支持、低碳技术及当地具体实施情况等，并为促进中印两个人口大国之间的合作提供了切实可行的建议。《报告》确定了中印技术合作的若干重点部门和领域。

项目报告是在联合国开发计划署倡议和资金支持及国家发展改革委气候变化司的指导协调下，由国家发改委委气候战略中心、中央财经大学、浙江大学和印度能源与资源研究所等两国智库专家历时一年共同参与完成。

3月17日 全球气候观测系统(GCOS)中国委员会联络员会议在北京召开。会议认为应积极支持中国气候观测系统的建设和气候观测资料共享工作，并就中国气候观测系统项目建议书编写工作安排进行了热烈讨论。GCOS中国委员会启动中国气候观测系统项目建议书的编写工作。

3月18日 中国国家发改委副主任解振华与美国气候变化特使斯特恩作为双方组长在华盛顿共同主持召开了中美气候变化工作组会议。会议听取了工作组框架下载重汽车和其他汽车减排、智能电网、碳捕集利用和封存、温室气体数据收集和管理、建筑和工业能效五个合作领域的进展汇报，总结了过去一年的工作，讨论了存在的问题和下一步工作安排。会议还探讨了在新的领域开展合作的可能性，以及工作组向中美战略与经济对话汇报的成果。

3月18日 由中国社会科学院法学研究所草拟的《中华人民共和国气候变化应对法》（建议稿）初稿在北京发布，并已提交给国家发改委。这是中国专门以“应对气候变化”为主题的第一个系统的法律建议文本。正在尝试起草“气候变化应对法”或为这部法律的起草提供意见的研究机构还有清华大学环境资源能源法学研究中心、中国科学院科技政策与管理科学研究所、中国政法大学、中国民间气候变化行动网络等4家。国家发改委应对气候变化司也要起草一份。

3月18日 全球变化研究国家重大科学研究计划 “大气物质沉降对海洋氮循环与初级生产过程的影响及其气候效应”项目工作部署会在青岛召开。会议介绍了项目的总体情况，各课题负责人介绍了课题的准备情况，项目研究团队交流了项目和课题的研究内容和方案，与会专家进行了深入的讨论，提出了许多针对性的建议。

国家重大科学研究计划项目“大气物质沉降对海洋氮循环与初级生产过程的影响及其气候效应”主要聚焦东部陆架海与开阔大洋海域，针对“大气物质沉降—海洋氮循环/初级生产过程—海洋生物源气溶胶排放—区域云特征改变并产生气候效应”的链过程进行对比研究，阐明大气物质沉降对海洋氮循环关键过程的影响，揭示海洋氮循环与海洋初级生产过程产生的直接和间接气候效应，为进一步认识气候变化机理和提高气候预测水平提供科学依据。

3月18日 交通运输部发布《关于加快推进新能源汽车在交通运输行业推广应用的实施意见》，明确提出在公共交通领域优先推广新能源汽车，并积极拓展到出租汽车、汽车租赁、城市物流和邮政快递等领域。

《实施意见》提出，城市公交、出租汽车运营权优先授予新能源汽车，相关优惠政策向新能源汽车推广应用程度高的交通运输企业倾斜或成立专门的新能源汽车运输企业。争取当地政府支持，对新能源汽车不限行、不限购，对新能源出租汽车的运营权指标适当放宽。

《实施意见》提出了新能源汽车在交通运输行业的具体推广目标：公交都市创建城市新增或更新城市公交车、出租汽车和城市物流配送车辆中，新能源汽车比例不低于30%；京津冀地区新增或更新城市公交车、出租汽车和城市物流配送车辆中，新能源汽车比例不低于35%。到2020年，新能源城市公交车达到20万辆，新能源出租汽车和城市物流配送车辆共达到10万辆。

3月21日 中共中央政治局常委、国务院总理李克强在北京主持召开节能减排及应对气候变化工作会议，推动落实《政府工作报告》，促进节能减排和低碳发展，研究应对气候变化相关工作。中共中央政治局委员、国务院副总理马凯，国务委员杨晶、杨洁篪、王勇参加会议。

李克强强调，要加强政策引导，更多引入和运用市场机制，推进工业、建筑、交通运输、公共机构等重点领域和重点单位节能，加大污染特别是大气污染治理，努力改善重点地区雾霾状况。建立和实施能效“领跑者”等制度，增强全社会特别是企业节能减排的内在动力。李克强要求，必须用硬措施完成节能减排硬任务。要强化责任，把燃煤锅炉改造、淘汰黄标车、电厂脱硫脱硝除尘等任务指标分解到各地区，对完不成任务的，要加大问责力度。严格执法，对非法偷排、超标排放、逃避监测等“伤天害人”行为和监管失职渎职重拳打击，对相关企业、单位和责任人严惩不贷。

会议原则通过《2014—2015年节能减排低碳发展行动方案》，并研究讨论了我国应对气候变化的行动方案。5月15日，国务院办公厅发出《关于印发2014-2015年节能减排低碳发展行动方案的通知》（国办发〔2014〕23号），要求各省、自治区、直辖市人民政府，国务院各部委、各直属机构认真贯彻落实。

3月21日 国家发展和改革委员会发出《关于开展低碳社区试点工作的通知》（发改气候[2014]489号），在全国范围内组织开展低碳社区试点工作，重点结合国家保障性住房建设、新型城镇化建设和社会主义新农村建设，打造一批符合不同区域特点、不同发展水平、特色鲜明的低碳社区试点。到“十二五”末，全国开展的低碳社区试点争取达到1000个左右，择优建设一批国家级低碳示范社区。

本次低碳社区试点建设主要围绕低碳理念引领、低碳文化和低碳生活方式培育、低碳运营模式推行、绿色节能建筑推广、低碳基础设施建设、社区环境营造等六个方面开展创建活动。

3月21日　2014年“清洁节水中国行　一家一年一万升”宣传活动在京正式启动，倡导节水理念，呼吁市民“节水一家一年一万升”。该活动还将于4月12-~20日先后在广州、上海开展，带动更多家庭、社区、学校进行节水实践。

3月21日　国家863计划先进能源技术领域燃气轮机重大项目“R0110重型燃气轮机研制与调试”课题通过科技部组织的专家验收，为我国进一步自主研制系列化重型燃气轮机奠定了良好的基础。

该课题以中航工业集团沈阳黎明航空发动机公司为依托单位，组成了产学研用相结合的研发团队，以我国现有航机、燃机技术为基础，经过多年自主研发，突破了一系列关键技术，完成了我国首台R0110重型燃机的研制，建立了重型燃气轮机试验平台，完成了厂内全转速空负荷调试，通过了电厂简单循环72小时试运行和联合循环168小时试运行考核。

3月22日　《中国低碳发展报告(2014)》在京发布，该报告由清华大学气候政策研究中心研究编写。《报告》指出，现有的能效投融资模式难以有效地带动社会投资，主要表现是能效融资缺乏多样化的市场融资渠道等。

3月24日　国家发展改革委、国家能源局和环境保护部三部委联合发布《能源行业加强大气污染防治工作方案》，对能源领域大气污染防治工作进行全面部署，要求按照“远近结合、标本兼治、综合施策、限期完成”的原则，通过加快重点污染源治理、加强能源消费总量控制、着力保障清洁能源供应以及推动转变能源发展方式等多种措施，显著降低能源生产和使用对大气环境的负面影响，为全国空气质量改善目标的实现提供坚强保障。

《能源大气方案》提出了能源行业大气污染防治工作的指导思想和总体目标，确定了4个方面13项重点任务。一是加强对火电、石化、燃煤锅炉以及分散燃煤等能源领域重点污染源的治理，突出解决目前较为严重和迫切的污染问题，减少能源生产和利用过程中的大气污染物排放。二是控制能源消费过快增长，逐步降低煤炭消费比重，通过强化能源消费总量控制来减轻日益增长的环境压力。三是通过加大向重点区域送电规模、推进油品质量升级、增加天然气供应、安全高效推进核电建设以及有效利用可再生能源等措施，大幅提高清洁能源供应能力，为能源结构调整提供保障。四是从长远出发，加快转变能源发展方式，重点推动煤炭高效清洁转化、促进可再生能源就地消纳、推广分布式供能方式和加快储能技术研发应用，实现能源行业与生态环境的协调和可持续发展。

《能源大气方案》同时提出建立国家有关部门、有关地方政府及重点能源企业共同参与的工作协调机制，要求进一步强化规划政策引导、加大能源科技投入、明确总量控制责任、推进重点领域改革、强化监管措施、完善能源价格机制以及加大财金支持力度，共同落实好能源领域大气污染防治各项任务。

国家能源局已部署和安排了增供外来电力、天然气供应、提前供应国V油品、核电以及可再生能源等一系列重大能源保障项目。相关部门还将陆续出台《商品煤质量管理暂行办法》、《燃煤发电机组环保电价及环保设施运行监管办法》、《煤电节能减排升级改造运行行动计划》、《京津冀散煤清洁化治理行动计划》、《关于天然气合理使用的指导意见》、《关于严格控制重点区域燃煤发电项目规划建设有关要求的通知》、《煤炭消费减量替代管理办法》、《大气污染防治成品油质量升级行动计划》、《加快电网建设落实大气污染防治行动计划实施方案》、《生物质能供热实施方案》、《清洁高效循环利用地热指导意见》等一系列配套政策，确保《能源大气方案》取得实效。

3月24日　我国页岩气勘探开发取得重大突破，将在2017年建成我国首个百亿方页岩气田——涪陵页岩气田。标志着我国页岩气开发实现重大战略性突破，提前进入规模化商业化发展阶段。

3月25日　政府间气候变化专门委员会(IPCC)第38次全会及第二工作组第10次会议在日本横滨开幕，中国气象局副局长沈晓农率中国代表团参加会议。在为期5天的会议上，各国政府代表团逐行审议并通过了IPCC第五次评估报告第二工作组报告——《气候变化2014：影响、适应和脆弱性》的决策者摘要，并在全会上接受报告全文。

3月27～28日　国家发改委应对气候变化司、全球碳捕集与封存研究院（简称GCCSI）主办的“二氧化碳捕集技术、装备及产业发展现场研讨会”在上海召开。与会代表就全球和国内二氧化碳捕集技术、装备和产业发展状况、经验和挑战进行了深入的讨论，并实地考察了中国华能集团上海石洞口第二电厂碳捕集装置。

3月28日　由住房城乡建设部倡导发起、中国城市科学研究会等单位联合主办的“第十届国际绿色建筑与建筑节能大会暨新技术与产品博览会”在北京国际会议中心召开。住房城乡建设部副部长、中国城市科学研究会理事长仇保兴主持开幕式。来自国内外的代表共3000余人出席会议。本届大会以“普及绿色建筑，促进节能减排”为主题，包括研讨会、博览会两大部分。研讨会设有1个综合论坛和31个分论坛。

四 月

4月1～3日 江西省发展改革委在南昌组织召开了部分省区发展改革委应对气候变化工作座谈会，这是继去年贵阳生态文明国际论坛期间贵州省第一次工作座谈会后，由全国设立应对气候变化处的省区发展改革委有关人员出席的第二次工作座谈会。会上，各省区代表交流了应对气候变化工作经验，探讨了地方减缓温室气体排放、适应气候变化、加强统计核算体系及能力建设等方面的工作，国家发展改革委应对气候变化司领导作了讲话，并对2014年工作进行了布置。

4月2日 湖北省碳排放权交易市场正式启动。国家发展改革委副主任解振华和湖北省常务副省长王晓东为湖北碳排放权交易中心揭牌并鸣钟开市。纳入碳排放配额管理的企业为湖北省2010、2011年任一年综合能耗6万吨及以上的工业企业共138家，涉及电力、钢铁、水泥、化工等12个行业。2014年，湖北省碳排放配额总量为3.24亿吨二氧化碳。

4月2日 住房城乡建设部办公厅发出《关于做好2014年全国城市节约用水宣传周工作的通知》，要以全国城市节约用水宣传周为契机，进一步加大城市节水工作力度。今年全国城市节约用水宣传周（5月11日至17日）的主题是：全面推进城市节水，点滴铸就生态文明。

3月25日 环境保护部近日印发《关于落实大气污染防治行动计划 严格环境影响评价准入的通知》。《通知》要求，要进一步发挥规划环境影响评价的调控、引领和约束作用，强调规划环境影响评价在促进产业结构调整和优化城市总体规划中的作用和地位。要以促进大气污染物减排、改善环境空气质量为重点，充分考虑大气环境承载力，进一步优化石化、火电等大气污染物排放重点产业、产业园区和城市总体规划的规模、布局和结构，推动形成与区域承载能力相适应的产业布局和国土空间开发格局。

《通知》还强调，要严格控制高耗能、高污染行业和产能严重过剩行业的新增产能项目，对此类项目建设要以产能的等量或减量置换为前提。对大气污染防治重点区域，禁止受理审批除热电联产以外的燃煤发电项目和自备燃煤发电项目。实行煤炭总量控制地区的新建耗煤项目，要有明确的煤炭减量替代方案。

4月上旬 国家发展改革委气候司组织召开中国低碳发展宏观战略研究项目中期评审会，中国低碳发展宏观战略领导小组组长解振华副主任、专家委员会主任厉以宁教授、杜祥琬院士等专家分批听取了研究课题中期进展成果汇报。会议要求各课题组下一步要根据项目的总体要求和专家的意见进一步聚拢深化，按照党的十八大和十八届三中全会精神，进一步在顶层设计上下功夫，研究低碳发展方面的体制机制和政策措施，根据"中国梦"2020、2050各阶段的奋斗目标研究低碳发展的制度建设和制度创新。

中国低碳发展宏观战略研究项目是2012年由国家发展改革委会同有关部门启动开展的重大研究项目，重点对我国到2020年、2030年和2050年的低碳发展总体趋势和重点领域进行分析判断，提出低碳发展的目标任务、实现途径、政策体系以及保障措施。

4月11～14日 由国家发展改革委应对气候变化司支持指导，国家信息中心和中国民促会绿色出行基金承办的首次"低碳中国•院士专家行"活动举行。来自中国工程院、中国科学院、国家气候变化专家委员会的院士专家赴杭州、宁波、镇江三地围绕低碳城市试点、低碳经济发展、低碳社会建设等议题与地方政府、知名企业家、社会知名人士等进行高峰对话，就当地低碳发展问题问诊把脉、建言献策。国家发展改革委应对气候变化司苏伟司长及有关负责同志参加了上述活动。

4月14日 国务院以国函〔2014〕46号文正式批复《洞庭湖生态经济区规划》，5月2日国家发展改革委印发《规划》。出台并组织实施《规划》，推动洞庭湖生态经济区建设，是深入实施促进中部地区崛起战略的重大举措，对于探索大湖流域以生态文明建设引领经济社会全面发展新路径，促进长江中游城市群一体化发展和长江全流域开发开放具有重要意义。

4月15日 中英气候变化工作组会议在京举行。国家发改委应对气候司司长苏伟和英国能源与气候变化部国际谈判司长彼德•贝茨作为双方首席代表出席会议，并就各自国内应对气候变化政策、双边务实合作、气候变化国际谈判等问题交换了意见。

4月18日 李克强总理主持召开新一届国家能源委员会首次会议，审议通过了《能源发展战略行动计划(2014—2020年)》，明确了"节约、清洁、安全"三大能源战略方针和"节能优先、绿色低碳、立足国内、创新驱动"四大能源发展战略，部署了增强能源自主保障能力、推进能源消费革命、优化能源结构、拓展能源国际合作、推进能源科技创新等能源发展改革的重点任务。中共中央政治局常委、国务院副总理张高丽出席。

李克强讲话强调，要在采用国际最高安全标准、确保安全的前提下，适时在东部沿海地区启动新的核电重点项目建设。在做好生态保护和移民安置的基础上，有序开工合理的水电项目。加强风能、太阳能发电基地和配套电力送出工程建设。发展远距离大容量输电技术，今年要按规划开工建设一批采用特高压和常规技术的"西电东送"输电通道，优化资源配置，促进降耗增效。积极推进电动车等清洁能源汽车产业化，加快高效清洁燃煤机组的核准进度，对达不到节能减排标准的现役机组坚决实施升级改造，促进煤炭集中高效利用代替粗放使用，保护大气环境。调整能源结构，关键要推进能源体制改革。要放开竞争性业务，鼓励各类投资主体有序进入能源开发领域公平竞争。积极推进清费立税，深化煤炭资源税改革。

4月22日　为落实3月中美气候变化工作组会议有关共识，国家发展改革委和美国能源部在京联合举办中美气候变化工作组碳捕集、利用和封存研讨会。会议就中美各自碳捕集、利用和封存试验示范项目进展、相关技术经验、潜在合作领域和项目等问题进行了交流讨论，为下一步在中美气候变化工作组下识别确定双方合作项目奠定了基础。

4月21日　受国务院委托，国家发展和改革委员会主任徐绍史向全国人大常委会作国务院关于节能减排工作情况的报告。《报告》强调，“十二五”节能减排目标是全国人大通过的、具有法律约束力的指标。按时保质实现节能减排目标，是政府对人民群众的庄严承诺，也是破解资源环境约束、实现可持续发展的必然选择。

徐绍史指出，按2014至2015年GDP年均增长7.5%测算，要实现“十二五”节能目标，后两年需节能3.2亿吨标准煤。我国将把节能减排作为向环境污染和低效浪费宣战的有力武器，坚持用“铁规”和“铁腕”推进节能减排，采取多项措施确保实现“十二五”节能减排约束性指标。

根据报告，我国还将采取重点推进关键领域节能减排、完善激励约束机制、动员全民参与等措施，确保实现“十二五”节能减排目标任务。

4月24日　十二届全国人大常委会第八次会议审议通过了新修订的《环境保护法》，于2015年1月1日施行。新修订的《环保法》将“推进生态文明建设，促进经济社会可持续发展”列入立法目的，将保护环境确立为基本国策，将“保护优先”作为第一基本原则，将“生态红线”等首次写入法律，明确提出对违法排污企业实行按日连续计罚，罚款上不封顶。专家们认为，修订后的环保法将成为“史上最严”的环保法律，对于保护和改善环境，保障公众健康，推进生态文明建设，促进经济社会可持续发展，具有重要意义。

4月25日　住房城乡建设部通报全国建筑节能检查情况。通报显示，2013年度，在新建建筑执行节能强制性标准方面，全国新增节能建筑14.4亿平方米，可形成1300万吨标准煤节能能力；全国城镇累计建成节能建筑88亿平方米，约占城镇民用建筑面积的30%，共形成8000万吨标准煤节能能力。

在既有居住建筑节能改造方面，财政部、住房城乡建设部安排2013年度北方采暖地区既有居住建筑供热计量及节能改造计划1.9亿平方米，截至2013年年底，各地共计完成改造面积2.24亿平方米。

在公共建筑节能监管体系建设方面，截至2013年年底，全国累计完成公共建筑能源审计1万余栋，能耗公示近9000栋建筑，对5000余栋建筑进行了能耗动态监测。在33个省市（含计划单列市）开展能耗动态监测平台建设试点。

在可再生能源建筑应用方面，截至2013年年底，全国城镇太阳能光热应用面积27亿平方米，浅层地能应用面积4亿平方米，建成及正在建设的光电建筑装机容量达1875兆瓦。

在绿色建筑与绿色生态城区建设方面，截至2013年年底，全国共有1446个项目获得了绿色建筑评价标识，建筑面积超过1.6亿平方米，其中2013年度有704个项目获得绿色建筑评价标识，建筑面积为8690万平方米。

4月25日　中国清洁发展机制基金2013年度赠款项目工作部署会在京召开，来自国家应对气候变化领导小组各成员单位、省级发展改革部门以及项目承担单位相关同志参加了会议。气候司领导介绍了2013年度基金赠款项目评审工作情况，并就加强赠款项目管理和开展2014年度项目组织申报工作提出了具体要求。会议就2013年度赠款项目合同签署和执行相关工作进行了具体布置。

4月29日　“2013年度中国应对气候变化和低碳发展十大新闻”评选结果在北京揭晓。

“2013年中国应对气候变化和低碳发展十大新闻”是：一、全面落实十八大精神，中共中央、国务院大力推进生态文明建设和低碳发展。二、中国为联合国气候大会华沙会议取得三项成果作出最大努力，《国家适应气候变化战略》在华沙会议发布受到积极评价。三、首个“全国低碳日”活动异彩纷呈。四、“碳交易元年”深、沪、京、粤、津碳交易相继鸣锣开市。五、国家低碳工业园区试点展开。六、全年气候灾害比较突出，《大气污染防治行动计划》强力推动低碳发展。七、“贵阳共识”聚焦“绿色转型”，中国将更加自觉地推动绿色发展、循环发展、低碳发展。八、国务院批转《绿色建筑行动方案》，我国首个“被动式超低能耗住宅”绿色建筑示范工程建成促传统供暖方式变革。九、我国首条绿色循环低碳高速公路主题示范项目建成通车。十、“中国低碳联盟”成立，300多家企业及非政府组织加入，承诺共建低碳中国。

国家发展改革委应对气候变化司苏伟司长出席新闻发布会致辞说，应对气候变化和低碳发展十大新闻评选活动对推动全社会关注气候变化问题，提升低碳发展意识具有积极促进作用。

本次评选活动为连续第四年举办，由国家发展改革委应对气候变化司、科技部社会发展科技司、工业和信息化部综合利用与节能司、环境保护部科技标准司、住房和城乡建设部建筑节能与科技司、交通运输部法制司、农业部科技教育司等多部门指导，中国经济导报社、《中国低碳年鉴》编委会、首都师范大学管理学院、北京现代循环经济研究院联合主办,中国发展网、中国经济导报网、广州赛宝认证中心服务有限公司协办。经过为期19天的网民评选，共产生32万多张有效投票，在此基础上，经权威专家初评、定评等多个程序环节，最终评选出“2013年度中国应对气候变化和低碳发展十大新闻”。

新闻发布会会上还举行了《中国低碳年鉴2013》首发仪式。

4月29日 为深入贯彻落实党的十八届三中全会和全国林业厅局长会议精神，指导各地规范有序推进林业碳汇交易工作，国家林业局印发《关于推进林业碳汇交易工作的指导意见》（林造发〔2014〕55号），加快生态林业和民生林业建设，努力增加林业碳汇，积极推进林业碳汇交易，为实现2020年我国控制温室气体排放行动目标作出贡献。《指导意见》提出了指导思想、基本原则、完善CDM林业碳汇项目交易、推进林业碳汇自愿交易、保障措施等内容。

4月29日 工业和信息化部部长苗圩主持召开节能与新能源汽车产业发展部际联席会议第一次会议，发展改革委、科技部、财政部等18个部门有关同志参加了会议。会议传达学习了近期国务院领导同志关于节能与新能源汽车发展有关指示精神，各部门围绕节能与新能源汽车发展中存在的主要问题和困难进行研究讨论，提出下一步工作设想。会议还进一步明确了《节能与新能源汽车产业发展规划（2012-2020年）》主要任务的各部门分工。

4月29日 江苏华海航运集团自主研发建成的6600吨级节能散货船——“华海601”轮，向中国船级社申请国内海船EEDI能效附加标志获得批准签发。这是该社为国内船舶签发出的第一张EEDIⅢ级入籍证书，标志着国内海船在节能环保方面已经达到世界先进水平。该轮试航试验期间，中国船级社武汉分社、中国船舶工业舰船总体性能试验检测中心对其进行了符合性测试和计算，实船实测值比规范要求的参考值低35%，船舶操纵性能，机器性能等均有良好的表现。

4月30日 经国务院同意，国务院办公厅发出《关于印发大气污染防治行动计划实施情况考核办法（试行）的通知》（国办发〔2014〕21号），考核指标包括空气质量改善目标完成情况和大气污染防治重点任务完成情况两个方面。

空气质量改善目标完成情况以各地区细颗粒物（PM2.5）或可吸入颗粒物（PM10）年均浓度下降比例作为考核指标。

京津冀及周边地区（北京市、天津市、河北省、山西省、内蒙古自治区、山东省）、长三角区域（上海市、江苏省、浙江省）、珠三角区域（广东省广州市、深圳市、珠海市、佛山市、江门市、肇庆市、惠州市、东莞市、中山市等9个城市）、重庆市以PM2.5年均浓度下降比例作为考核指标。其他地区以PM10年均浓度下降比例作为考核指标。

大气污染防治重点任务完成情况包括产业结构调整优化、清洁生产、煤炭管理与油品供应、燃煤小锅炉整治、工业大气污染治理、城市扬尘污染控制、机动车污染防治、建筑节能与供热计量、大气污染防治资金投入、大气环境管理等10项指标。

4月30日 环保部发出关于《“十二五”主要污染物总量减排目标责任书》要求2014年完成的减排项目公告，称：为推进“六厂（场）一车”（火电厂、钢铁厂、水泥厂、污水处理厂、造纸厂、畜禽养殖场和机动车）重点减排工程建设，确保实现2014年度污染减排目标，现将国家《“十二五”主要污染物总量减排目标责任书》要求2014年完成的重点项目予以公告。

4月30日 由国家发展改革委应对气候变化司支持指导，国家信息中心和中国民促会绿色出行基金承办的“低碳中国•院士专家行”保定站活动举行。来自国家气候变化专家委员会、国家信息中心、国家气候战略中心、北京环境交易所的专家团队赴河北省保定市围绕京津冀协同发展下的保定低碳战略与地方政府、知名企业家、社会知名人士等进行高端对话，就当地低碳发展问诊把脉、建言献策。国家发展改革委应对气候变化司苏伟司长及有关负责同志参加了活动。

院士专家团队还赴英利集团和国电联合动力技术有限公司对光伏发电和风电装机情况进行了考察。亚洲开发银行、美国能源基金会、美国环保协会等国际机构和非政府组织也参加了此次活动。中央电视台、中新社、新华网、中国经济导报、中国改革报、21世纪报以及当地媒体对活动进行了跟踪报道。

4月30日 上海市碳排放交易试点工作领导小组办公室与上海市征信管理办公室、上海市公共信用信息服务中心在上海市公共信用信息服务平台开通仪式上，就设立“碳排放信用管理服务应用”共同签署合作协议，标志着上海市碳排放信用管理体系正式建立。即日起，上海市纳入碳排放配额管理的单位、碳排放核查第三方机构以及各交易参与方在开展碳排放监测、报告、核查、清缴及交易过程中的违法违规行为及其他失信记录，将被载入本市公共信用信息服务平台。

4月 环保部审议并原则通过锅炉大气污染物、生活垃圾焚烧污染物、工业污染物以及非道路移动机械用柴油机污染物的排放新标准。修订后的《锅炉大气污染物排放标准》增加了燃煤锅炉氮氧化物和汞及其化合物的排放限值，规定了大气污染物特别排放限值，取消了按功能区和锅炉容量执行不同排放限值的规定，以及燃煤锅炉烟尘初始排放浓度限值，提高了各项污染物排放控制要求。环保部对现行的《生活垃圾焚烧污染控制标准》进行修订和完善。

五 月

5月6日　2014年全国低碳日“书香•传爱”活动启动仪式在北京举行。本次活动内容以生动活泼且易被国际社会接受的形式展示了中国，特别是青少年在应对气候变化方面的信心与行动。

5月5日　由80多位来自政府部门、研究机构、产业界的官员、学者、企业家共同发起的中“国电动汽车百人会”在清华大学举办成立大会暨2014年重点工作研讨会。全国政协副主席、科技部部长万钢出席并讲话。“电动汽车百人会”以促进电动汽车发展为目标，意图打破行业、学科、所有制和部门局限，为产业发展搭建起一个多领域融合、协同创新的发展论坛。主要任务是开展关系电动汽车行业发展的重大课题研究，举办各种专题研讨会和年度论坛，促进不同产业、部门、企业之间的交流和互动，最终形成研究成果为政府部门决策提供参考。

5月9日　由中国气象局主办的政府间气候变化专门委员会（IPCC）第五次评估报告（AR5）宣讲会在北京举行。本次宣讲会主要基于IPCC第五次评估报告第二工作组报告《气候变化影响、适应和脆弱性》与第三工作组报告《气候变化减缓》的评估结论，对适应和减缓气候变化的理念、政策措施进行宣讲。来自60多家单位的近200位专家和新闻媒体参加了本次宣讲会。IPCC中国政府首席代表、中国气象局局长郑国光，IPCCAR5第二工作组报告作者、中国农业科学院林而达研究员，第三工作组报告作者、国家发改委能源所周大地研究员分别做主题发言。

IPCC评估报告由全球优秀科学家组成的作者团队义务编写。报告经过两轮专家和政府的严格评审，确保其全面、客观反映气候变化科学认知水平。在此之前，IPCC已经发布的四次评估报告，有力推动了《联合国气候变化框架公约》、《京都议定书》等的诞生和签署，已经成为国际社会建立应对气候变化制度、采取应对气候变化行动最重要的科学基础，成为国际社会对气候变化科学认识方面权威和主流的共识性文件，极大地推动了国际社会应对气候变化行动的进程。

5月9日　国务院印发的《关于进一步促进资本市场健康发展的若干意见》第五条“推进期货市场建设”部分明确提出：推进期货市场建设，继续推出大宗资源性产品期货品种、碳排放权等交易工具，丰富股指期货、期权等新型品种，加强发展国债期货。

5月9日　中国科学院宣布，该院大连化学物理研究所包信和院士团队在甲烷高效转化相关研究中获重大突破，成功实现了甲烷在无氧条件下选择活化，高效生产乙烯、芳烃和氢气等高值化学品。相关成果发表在9日出版的美国《科学》杂志上。专家认为，该项技术极具创新性和引领作用，为高效利用丰富的天然气资源和在中国形成具有原创知识产权的甲烷绿色转化新技术奠定了理论基础，为天然气、页岩气的高效利用开辟一条全新途径。与传统路线相比，这种技术耗能低，缩短了工艺路线，反应过程实现了碳原子100％利用、 二氧化碳零排放。该技术公布后震惊学界和业界。目前相关专利申请已进入美国、俄罗斯、日本、欧洲等国家和地区。

5月9日　生物质能源产业化推进会在青岛召开。与会专家结合我国的能源、资源、环境等方面特点，深入剖析了当前我国生物质能源产业化发展存在的主要问题，并从国家政策扶持、关键技术攻关、技术资本融合、商业化运行模式和人才队伍建设等方面，探讨并提出了下一步推动我国生物质能源产业化发展的策略和建议。

5月10日　中国国务院总理李克强访问肯尼亚期间，中国国家发改委主任徐绍史与联合国副秘书长兼联合国环境署执行主任阿齐姆•施泰纳签署《中华人民共和国国家发展和改革委员会与联合国环境规划署关于应对气候变化南南合作方面加强合作的谅解备忘录》。该谅解备忘录为框架性文件，旨在加强双方在气候变化南南合作方面的交流与合作，帮助包括非洲在内的发展中国家共同应对气候变化。

5月13日　国家发展改革委、教育部、科技部、工业和信息化部、环保部、住房城乡建设部等14个单位联合发出《关于2014年全国节能宣传周和全国低碳日活动安排的通知》（发改环资[2014]926号），决定今年6月8日至14日为全国节能宣传周，6月10日为全国低碳日。

5月14日　国家发展改革委副主任解振华会见英国能源和气候变化部国务部长巴克，双方就气候变化国际谈判进程、国际气候融资、中英气候变化合作等深入交换了意见。气候司和外事司负责同志陪同会见。

5月15日　国务院办公厅印发《关于印发2014-2015年节能减排低碳发展行动方案的通知》（国办发〔2014〕23号）。5月25日　国务院办公厅印发《2014－2015年节能减排低碳发展行动方案》，进一步硬化节能减排降碳指标、量化任务、强化措施，对今明两年节能减排降碳工作作出具体要求。

《行动方案》提出了今明两年节能减排降碳的具体目标：2014－2015年，单位GDP能耗、化学需氧量、二氧化硫、氨氮、氮氧化物排放量分别逐年下降3.9%、2%、2%、2%、5%以上，单位GDP二氧化碳排放量两年分别下降4%、3.5%以上。

《行动方案》从八个方面明确了推进节能减排降碳的三十项具体措施。一是大力推进产业结构调整。积极化解产能严重过剩矛盾，加大淘汰落后产能力度，加快发展低能耗低排放产业。调整优化能源消费结构，降低煤炭消费比重，推进煤炭清洁高效利用，大力发展非化石能源。严格实施能评和环评制度。二是加快建设节能减排降碳工程。大力实施节能技术改造、节能技术装备产业化示范工程。加快更新改造燃煤锅炉，实施燃煤锅炉节能环保综合提升工程。推进脱硫脱硝和污水处理设施建设，加大机动车减排力度，强化水污染防治。三是狠抓重点领域节能降碳。加强工业、建筑、交通和公共机构节能降碳工作，确保完成各领域节能目标任务。四是强化技术支撑。加强技术创新，实施节能减排科技专项行动。加快先进技术推广应用，完善节能低碳技术遴选、评定及推广机制。五是进一步加强政策扶持。完善价格政策，清理高耗能企业优惠电价政策，落实差别电价和惩罚性电价政策。强化财税支持，整合各领域节能减排资金，加大节能减排投入。落实税收减免政策。推进绿色融资。六是积极推行市场化节能减排机制。实施能效领跑者制度，定期发布领跑者目录。建立碳排放权、节能量和排污权交易制度，开展项目节能量交易。推行能效标识和节能低碳产品认证。强化电力需求管理。七是加强监测预警和监督检查。推进能耗和污染物排放在线监测系统建设，加强运行监测，强化统计预警。完善节能环保法规标准，强化执法监察。八是落实目标责任。强化地方政府特别是节能减排降碳目标完成进度滞后地区和能耗排放大省的责任，严格控制地区能源消费增长，加强节能减排目标责任考核。强化企业主体责任，动员公众参与，共同做好节能减排降碳工作。

《行动方案》将今明两年能耗增量控制目标、燃煤锅炉淘汰任务、主要大气污染物减排工程任务、黄标车及老旧车辆淘汰任务分解落实到了各地区。同时，提出了重点任务分工及进度安排，将重点工作落实到国务院有关部门，并明确了时间要求。

5月15日　京津冀及周边地区并邀请长三角、珠三角有关省市参加的大气污染防治协作机制会议在京召开，中共中央政治局常委、国务院副总理张高丽出席讲话指出，要深入贯彻落实党中央、国务院关于加强大气污染防治工作的重要部署，要把治理大气污染和改善环境生态作为京津冀协同发展的重要突破口，抓住机遇、改革创新、攻坚克难，持续改善全国重点区域的空气环境质量。国家能源局会上与北京、天津、河北及中石油、中石化、神华集团分别签订《“煤改气”保供协议》和《散煤清洁化治理协议》。

5月15日　中科院华南植物园等单位研究人员在能源碳排放研究方面获进展。相关论文发表于《可再生与可持续能源评论》杂志。研究人员基于夜间灯光影像，构建了一套中国地市级能源碳排放的遥感评估方法，并研究了中国19年来能源碳排放的时空变化及机理。研究发现，我国二氧化碳排放总量持续增长，各地区、省市增速各不相同，空间聚集程度越来越明显，基本形成“东部沿海城市高高集聚，西部欠发达城市低低集聚”的格局。

5月19日　国家卫生和计划生育委员会副主任王国强在第67届世界卫生大会上表示，全球气候变化成为21世纪人类健康的主要威胁，中国政府和公众高度关注气候变化对人类健康、社会和经济带来的负面影响。气候变化对全球卫生安全的威胁日益增长，国际社会必须采取有力措施，加强卫生系统适应气候变化能力建设。

5月20日　中国与欧盟将正式启动全新的碳排放交易合作项目。新的合作项目为期三年，其中欧盟出资500万欧元。在新的合作项目下，欧方专家将与中国七个碳交易试点城市的专家和政策制定者分享欧盟碳交易领域的经验，并为中国建立国家层面的碳交易体系提供支持，包括支持一些关键系统“模块”的设计，如设立碳排放上限、配额的发放、建立关键的市场架构以及设立监督、报告、核查与认证体系等。

5月20日　中欧气候变化双边磋商会议在京召开，中方由国家发改委应对气候变化司司长苏伟率团出席，欧方由欧委会气候行动总司司长德尔贝克率团出席。双方就气候变化国际谈判、国内政策、双边合作等问题交换了意见。

5月20日　环境保护部在浙江召开全国生态文明建设现场会。中共中央政治局常委、国务院副总理张高丽作出重要批示。在总结16个省和1000多个市、县多年开展生态示范创建工作的基础上，授予37个市（县、区）“国家生态文明建设示范区”称号，强调生态文明示范区建设应在更高层次、更高目标上全面推进，拓展提升，深化固化。

5月19～20日　全球清洁炉灶联盟、农业部和国家发改委委在京共同举办“中国清洁炉灶与燃料国际研讨会”。会上，联盟穆斯哈执行主任向中国国家发改委副主任解振华授予“全球清洁炉灶联盟领导理事会中国理事”聘书。会前，解振华与美国驻华大使博卡斯举行会见，就合作应对全球气候变化问题交换了意见。

5月21日　全国人大常委会在北京组织召开了大气污染防治法执法检查组第一次全体会议，介绍了大气污染防治法执法检查工作安排，听取了环境保护部、科技部等有关部门关于大气污染防治工作情况的报告。全国人大常委会陈昌智、沈跃跃、艾力更•依明巴海三位副委员长出席了会议，

5月21日　国家发改委应对气候变化司司长苏伟应约会见瑞典气候变化大使安娜•林德斯特一行，双方就气候变化国际谈判、联合国气候峰会、各自应对气候变化的行动、中瑞气候变化合作等交换了意见。

5月26日　国家发展改革委、环境保护部召开全国节能减排和应对气候变化工作电视电话会议，部署2014-2015年节能减排低碳发展工作。国家发展改革委主任徐绍史、环境保护部部长周生贤出席会议并讲话，国家发展改革委副主任解振华主持会议。

徐绍史指出，实现“十二五”节能减排降碳约束性目标形势十分严峻，部分指标进度滞后，环境事件时有发生，认识不完全适应新形势要求等。强调要多管齐下，扎实推进节能减排低碳发展：一是优化产业结构。遏止“两

高”行业过快增长，大力发展服务业，加快发展节能环保产业。二是推动能源生产和消费方式变革。加快发展新能源和可再生能源，推进煤炭清洁高效利用。三是发展循环经济。推广循环经济典型模式，加快推动产业之间、生产和生活之间的循环式链接，开展资源综合利用，推行清洁生产。四是扭住重点企业、重点领域、重点地区。开展万家企业节能低碳行动，加强工业、建筑、交通运输、公共机构等领域节能减排，抓好节能减排进度滞后、京津冀等地区节能减排工作。五是治理环境污染。加大大气污染治理力度，改善水环境质量，加强土壤污染防治。六是积极应对气候变化。加强顶层设计，控制温室气体排放，确保我国应对气候变化各项目标任务实现，积极建设性参与气候变化国际谈判。

徐绍史要求，要以改革精神，开拓思路、对症下药，通过体制机制创新激发节能减排降碳内生动力。一要强化目标责任。二要控制能源消费总量。三要完善政策机制，发挥好价格、财税、金融等政策作用，引导各类资金进入节能减排降碳领域。四要健全管理制度，抓好节能评估审查、能效“领跑者”等制度的落实，加快推进碳排放权、节能量和排污权交易等市场化机制建设。五要加强能力建设，完善标准体系，强化统计监测。六要开展全民行动，倡导简约适度、绿色低碳、文明健康的生活方式和消费模式。

5月27日　中宣部、国家发改委召开节俭养德全民节约行动电视电话会议。中共中央政治局委员、中央书记处书记、中宣部部长刘奇葆出席会议并讲话。

刘奇葆指出，勤劳节俭是中华民族的优良品德，是国家发展、社会进步的精神需求和实际需要，是社会主义核心价值观的重要内容。要广泛开展全民性节粮、节水、节电、节约钱物等活动，把节俭节约落实到生产建设各领域、体现到社会生活各方面。要把群众发动起来，让群众参与进来，形成全民节约、全面节约的生动局面，努力让勤俭节约在全社会蔚然成风。国家发展改革委主任徐绍史作了《深入开展全民节约行动　加快凝聚节俭养德的正能量》讲话。

5月29日　“十二五”国家科技支撑计划“碳排放和碳减排认证认可关键技术研究与示范”项目通过国家科技部的验收。该项目由国家质量监督检验检疫总局、国家认证认可监督管理委员会组织实施，中国合格评定国家认可中心、中国质量认证中心、环保部环境发展中心、北京鉴衡认证有限公司、中国标准化研究院等科研单位共同承担。

项目以构建既与国际接轨又符合我国国情的碳排放和碳减排认证认可制度为目标，研究制定碳排放和碳减排评价机构的认可要求，针对组织、项目、产品、技术等不同层面，研究碳排放和碳减排评价的通用要求及评价技术；研究碳减排技术评价基准线界定、企业碳排放核查、建筑节能项目碳排放评价、产品碳足迹评价中的数据质量保证等关键技术，建立碳排放和碳减排评价技术体系。

项目共研制《工业企业碳排放核查通用规范及指南》等国家标准（草案）18项，行业标准1项，国际标准提案1项，《温室气体审定和核查机构要求》等碳排放和碳减排认证认可技术规范文件30份，开发碳排放评价基础数据库1个，典型行业碳排放评价数据库3个，申请国家专利3项，获得软件著作权4项，撰写碳排放和碳减排认证认可著作8部，建立了涉及电力、电子、纺织、机械、建筑、建材、水泥、汽车、印刷、造纸等行业的碳排放和碳减排研发及示范基地23家。培养学术带头人、硕士/博士研究生38人。

六　月

6月3日　国家发展改革委应对气候变化司发出《关于发布2014年全国低碳日有关宣传口号、招贴画的通知》。

6月4日　国务院新闻办公室在京举行新闻发布会，发布《2013年中国环境状况公报》。一年来各地区、各有关部门和社会各方面的共同努力，环境保护工作取得了积极成效。全国化学需氧量排放总量为2352.7万吨，比上年下降2.9%；氨氮排放总量为245.7万吨，比上年下降3.1%。二氧化硫排放总量为2043.9万吨，比上年下降3.5%；氮氧化物排放总量为2227.3万吨，比上年下降4.7%。总的来看，全国环境质量状况有所改善，但生态环境保护形势依然严峻，还面临不少困难和挑战。

6月4日　由天津大学和山西易通环能科技集团有限公司自主研发的低温余热发电机组经过一年多的工艺改进，实现产品大型化生产。专家称，这一产品技术填补了国际上60~70℃的余热发电空白，具有巨大节能潜力和应用前景。低温余热用来发电，可为企业节省电耗、变废为宝，在带来经济效益的同时，也是降低综合能耗、解决环境热污染的主要途径。据中国科学技术发展战略研究院测算，如果这项技术得到广泛推广，全国的工业余热都被有效利用，中国的综合能耗率有望下降5个百分点，相当于节约3亿吨标煤。

6月5日　交通运输部办公厅发出《关于交通运输行业贯彻落实<2014—2015年节能减排低碳发展行动方案>的实施意见》，提出工作目标：到2015年，交通运输能源利用效率显著提高，用能结构得到改善，交通环境污染得到有效控制，二氧化碳排放强度明显降低，绿色交通发展取得显著成效。与2013年相比，公路运输、水路运输单位周转量能耗分别下降4.7%、4.6%，港口生产单位吞吐量综合能耗下降4.9%。与2010年相比，化学需氧量（COD）、总悬浮颗粒物（TSP）等主要污染物排放强度下降20%。2014~2015年，公路运输实现节能量1100万吨标准煤，减少二氧化碳排放量2386万吨；水路运输实现节能量279万吨标准煤，减少二氧化碳排放量628万吨；港口实现节能量21万吨标准煤，减少二氧化碳排放量34万吨。

6月5～24日 首届中国绿色碳汇节举办在北京举办。其主要活动有：林业应对气候变化宣传讲座、世界竹乐器暨竹文化艺术品展览、竹乐器演奏音乐会、竹子之乡主题活动日、竹文化、竹产业及等，吸引了大量观众，在普及绿色碳汇的科学知识方面取得了显著成效。

6月8日 2014中国（北京）清洁空气暨应对气候变化南南合作国际研讨会在北京举办。

6月8～14日 由国家发展改革委等14个部门联合主办的主题为“携手节能低碳 共建碧水蓝天”的我国第24个全国节能宣传周举行。宣传周期间，各地区、各部门通过举办展览展示、开展技术交流、组织现场体验等活动，通过发送短信、印制宣传品等多种形式，充分调动各方面力量积极参与生态文明建设和节能低碳行动，在全社会树立和普及生态文明理念，努力建设美丽中国。6月8日起国家发展改革委、北京市人民政府在北京展览馆举办第八届中国北京国际节能环保展览会。工业和信息化部将举办电子产品绿色消费知识讲座。国管局、教育部、共青团中央将举办厉行节约高校在行动主题宣传活动。交通运输部将举办节能低碳体验活动、交通运输节能减排大讲堂等系列宣传活动。同时，各有关部门和相关单位也将举办一系列节能宣传活动。

6月9日 中央政治局委员、北京市委书记郭金龙，市长王安顺，市政协主席吉林及参观了第八届中国北京国际节能环保展览会。国家发改委解振华副主任陪同参观。

本届展览会以“节能低碳，清洁空气”为主题，包括展览展示、主题研讨和宣传推介三大板块内容。展览展示包括政府展区、馆外互动体验展区、专业展区、公共服务区等16个展区，面积2.1万平方米。主题研讨包括中美能效论坛、清洁空气暨应对气候变化南南合作等研讨会，以及瑞典主题日等活动。宣传推介包括政策信息发布、行业对接洽谈、企业专场推介、新闻发布等活动。

6月9日 主题为“京津冀协同发展下的低碳新机遇”的第五届地坛论坛在北京举行。国家发改委副主任解振华、北京市副市长杨晓超等出席并致辞。论坛重点围绕“碳交易与碳金融”、“碳披露先锋企业低碳实践”、“农林碳汇与生态补偿市场机制”和“创新节能融资模式”等领域的前沿话题展开讨论。“京津冀一体化”和“碳市场建设”是本届论坛的两大热点。论坛上发布了多项低碳创新研究成果，包括中碳指数、中国企业碳披露报告和电力行业模拟碳交易研究报告等。来自中外低碳企业与能源公司、金融投资机构、非政府组织、智库和媒体代表共三百余人参加了会议。

6月10日 第二个“全国低碳日”，全国各地举办了形式各异的低碳主题活动，在北京举办的“凝聚低碳力量 共筑中国梦想”主题展览、地坛论坛、王府井低碳影像展以及在深圳举办的“2014年度优秀低碳案例暨‘年度低碳榜样’”遥相呼应，与重庆、海南、新疆建设兵团等地举行的形式各样的活动，共同烘托出全民提升应对气候变化意识，共同寻求低碳发展之路的良好社会氛围，为推动公共意识，固化“全国低碳日”公益性社会效用开拓了新的局面。

由国家发展和改革委员会和北京市人民政府主办、以“凝聚低碳力量，共筑中国梦想”为主题的第二届应对气候变化主题展览同期在北京举办。展览通过大量的图片和文字，分6个主单元全面展示全球气候变化成因与挑战、国际谈判与合作历程、我国积极应对气候变化的政策与行动，系统介绍低碳试点示范，呈现低碳生活美好未来。在深圳举办的“全国低碳日—2014低碳中国行主题活动”中，“2014年度优秀低碳案例暨‘年度低碳榜样’”发布，深圳国际低碳城等20家产业业园区、社区和企业获评2014年度优秀低碳案例。

6月10日 由国家发展改革委、财政部共同主办的应对气候变化南南合作政策与行动研讨会暨2014年第一期应对气候变化与绿色低碳发展培训班开班仪式，在深圳第二届深圳国际低碳城论坛暨2014年低碳中国行主题活动期间举行。来自最不发达国家、小岛屿国家和非洲国家等22个发展中国家45名学员参加开班仪式。国家发展改革委副主任解振华出席并致辞。会议围绕加强应对气候变化“南南合作”、促进绿色低碳发展主题进行了广泛交流。

6月10日 交通运输部组织的绿色循环低碳公路建设现场交流会在江苏南京召开。与会代表参观了全国首批绿色循环低碳公路主题性试点项目之一的宁宣高速公路和全国首个高速公路节能减排示范工程——溧马高速公路荷叶山绿色服务区。作为立足于高速公路改建工程的主题性试点项目，宁宣高速公路创新集成应用了30余项节能减排新材料、新技术、新工艺，涉及路面工程、桥梁工程等9大项、32分项的指标项目基本完成任务，总节能量达到12.7万吨标准煤，减排二氧化碳27.6万吨。

6月12日 国家能源局在京组织召开光伏发电建设和产业发展座谈会。国家发展改革委副主任、国家能源局局长吴新雄出席会议并讲话。

吴新雄指出，要更加深刻地把握大力发展光伏产业和光伏应用对于优化能源结构、实现绿色低碳发展，进一步培育和壮大具有国际竞争力的战略新兴产业以及实现产业与应用有机结合、培育新的经济增长点、促进经济持续健康发展。

6月13日 中共中央总书记、国家主席、中央军委主席、中央财经领导小组组长习近平主持召开中央财经领导小组第六次会议，听取国家能源局关于能源安全战略的汇报并发表重要讲话，明确提出了我国能源安全发展的“四个革命、一个合作”战略思想：推动能源消费革命，抑制不合理能源消费；推动能源供给革命，建立多元供应体系；推动能源技术革命，带动产业升级；推动能源体制革命，打通能源发展快车道；全方位加强国际合作，实现开放条件下能源安全。这是新中国成立以来，党中央首次专门召开会议研究能源安全问题，标志着我国进入了能源生产和消费革命的新时代。

习近平强调，能源安全是关系国家经济社会发展的全局性、战略性问题，对国家繁荣发展、人民生活改善、社会长治久安至关重要。面对能源供需格局新变化、国际能源发展新趋势，保障国家能源安全，必须推动能源生产和消费革命。推动能源生产和消费革命是长期战略，必须从当前做起，加快实施重点任务和重大举措。中共中央政治局常委、国务院总理、中央财经领导小组副组长李克强，中共中央政治局常委、国务院副总理、中央财经领导小组成员张高丽出席会议。

习近平指出，尽管我国能源发展取得了巨大成绩，但也面临着能源需求压力巨大、能源供给制约较多、能源生产和消费对生态环境损害严重、能源技术水平总体落后等挑战。我们必须从国家发展和安全的战略高度，审时度势，借势而为，找到顺应能源大势之道。

习近平就推动能源生产和消费革命提出5点要求。第一，推动能源消费革命，抑制不合理能源消费。坚决控制能源消费总量，有效落实节能优先方针，把节能贯穿于经济社会发展全过程和各领域，坚定调整产业结构，高度重视城镇化节能，树立勤俭节约的消费观，加快形成能源节约型社会。第二，推动能源供给革命，建立多元供应体系。立足国内多元供应保安全，大力推进煤炭清洁高效利用，着力发展非煤能源，形成煤、油、气、核、新能源、可再生能源多轮驱动的能源供应体系，同步加强能源输配网络和储备设施建设。第三，推动能源技术革命，带动产业升级。立足我国国情，紧跟国际能源技术革命新趋势，以绿色低碳为方向，分类推动技术创新、产业创新、商业模式创新，并同其他领域高新技术紧密结合，把能源技术及其关联产业培育成带动我国产业升级的新增长点。第四，推动能源体制革命，打通能源发展快车道。坚定不移推进改革，还原能源商品属性，构建有效竞争的市场结构和市场体系，形成主要由市场决定能源价格的机制，转变政府对能源的监管方式，建立健全能源法治体系。第五，全方位加强国际合作，实现开放条件下能源安全。在主要立足国内的前提条件下，在能源生产和消费革命所涉及的各个方面加强国际合作，有效利用国际资源。

习近平强调，要抓紧制定2030年能源生产和消费革命战略，研究“十三五”能源规划。抓紧修订一批能效标准，只要是落后的都要加快修订，定期更新并真正执行。继续建设以电力外送为主的千万千瓦级大型煤电基地，提高煤电机组准入标准，对达不到节能减排标准的现役机组限期实施改造升级，继续发展远距离大容量输电技术。在采取国际最高安全标准、确保安全的前提下，抓紧启动东部沿海地区新的核电项目建设。务实推进“一带一路”能源合作，加大中亚、中东、美洲、非洲等油气的合作力度。加大油气资源勘探开发力度，加强油气管线、油气储备设施建设，完善能源应急体系和能力建设，完善能源统计制度。积极推进能源体制改革，抓紧制定电力体制改革和石油天然气体制改革总体方案，启动能源领域法律法规立改废工作。

6月16日　中国社会科学院研究生院国际能源安全研究中心编写的《世界能源蓝皮书：世界能源发展报告(2014)》发布。 本报告以全球的视角，对东北亚、东南亚、中东北非、欧盟、俄罗斯中亚、北美、拉丁美洲等重要能源板块的发展现状及其战略进行了研究和阐述，对石油、天然气、电力等能源的供求、贸易、投资等情况进行了分析，并重点研究了中亚的能源状况及中国与中亚的能源合作。

6月16日　“2012～2013绿色中国年度人物”颁授暨“绿色唱响 向污染宣战”群众歌咏活动在京举行。环境保护部副部长潘岳出席活动并讲话。全国人大环资委、全国政协人资环委、共青团中央、中国人民解放军环保绿化委员会等主办。

6月16日　环保部发布《关于国家级生态乡镇的公告》，授予北京市门头沟区军庄镇等829个乡镇国家级生态乡镇称号。

6月17日　中华人民共和国和大不列颠及北爱尔兰联合王国6月17日于伦敦发表《中英气候变化联合声明》。《联合声明》称，中英两国均已采取切实行动实施了控制或减少排放、推动低碳发展的政策。我们欢迎双方已有的在低碳合作方面的紧密关系，这也将巩固我们的国际努力。双方同意，通过中英气候变化工作组加强双边政策对话和务实合作。

6月17日　交通运输部公布沥青拌合设备“油改气”技术等30个项目为交通运输行业首批绿色循环低碳示范项目。

6月19日　重庆碳排放权交易在重庆联合产权交易所正式开市。重庆工业的二氧化碳排放量占全市排放量的70%左右，本次试点范围确定在254家年碳排放超过2万吨二氧化碳的工业企业，其排放量占工业碳排放总量近60%。至此，国家发展和改革委员会2011年批准的北京、天津、上海、重庆、湖北、广东、深圳等7省（市）碳排放权交易试点全部启动交易，参加碳交易的企业达2000多家。截至2014年10月底，共完成二氧化碳交易1375万吨，累计成交金额破5亿元。

6月23～27日 环境保护部部长周生贤率领中国政府代表团参加在内罗毕举行的联合国环境大会首届会议。周生贤针对“可持续发展目标与2015年后发展议程，可持续消费与生产”主题做了专门发言。周生贤强调，中国政府正大力推进生态文明建设，努力形成节约资源和保护环境的空间格局、产业结构、生产方式、生活方式。过去三年中国单位国内生产总值能耗和二氧化碳排放强度分别下降9.03%、10.68%，相当于减少二氧化碳排放8.4亿吨，化学需氧量、二氧化硫排放总量分别下降7.8%、9.9%。通过倡导绿色低碳生活，适度合理消费的社会风尚正在形成。来自160多个国家、20多个国际组织和非政府组织的1000多名代表出席会议。

6月23～27日 国家能源局在京组织召开全国“十三五”能源规划工作会议，部署动员“十三五”能源规划编制工作。国家发展改革委副主任、国家能源局局长吴新雄要求，科学编制“十三五”能源规划，必须贯彻党中央、国务院的决策部署，坚持“节约、清洁、安全”的发展方针，落实“节能优先、立足国内、绿色低碳、创新驱动”四大战略，围绕加快建立安全、清洁、高效、可持续的现代能源体系的目标任务，立足当前，着眼长远，突出重点，认真研究准确把握“十三五”能源规划的重大问题，从根本上解决影响我国能源科学发展的长期性、深层次问题。

6月26日 全球契约中国网络轮值主席、中国石油化工集团公司董事长傅成玉在全球契约中国网络主办的2014关注气候中国峰会上呼吁，企业应更积极地参与到应对气候变化的挑战中。他表示，中国企业应把应对气候变化纳入到企业长期发展战略中，推动重点行业进一步转变发展方式，做关注气候和绿色变革的典范。

6月26日 由中国新闻社主办的第五届“低碳发展•绿色生活”公益展开幕仪式在北京王府井举行。国家发改委、工信部、环保部、国资委、国新办、北京市人民政府等有关负责人参加。“低碳发展 绿色生活”公益展，对于培育公众意识、推广节能低碳技术产品、扩大对外影响产生积极影响。

6月27日 凤铝集团、中联集团等企业代表从国家发改委、国家认监委等部门领导的手中接过了我国首批低碳产品认证证书，这标志着我国首次在产品层面开展的低碳行动已经开花结果，成为落实国家2020年控制温室气体排放行动目标的一项重要举措。

低碳产品认证制度的实施填补了我国在这一领域的制度空白，将推进我国运用认证认可等市场化手段应对气候变化的工作力度，引导高碳产业逐步实现低碳发展，影响和带动能源及产业结构调整和升级，确保我国温室气体排放控制工作形成有机整体。我国低碳产品认证制度的建立工作于2010年9月启动，由国家发展改革委和国家认监委共同组织实施，工信部、环保部等部委共同参与，中国质量认证中心牵头承担。2013年8月，国家认监委发布第一批《低碳产品认证目录》公告，将通用硅酸盐水泥、平板玻璃、铝合金建筑型材、中小型三相异步电动机等4种产品列入其中。

6月30日 2014中国汽车峰会——新能源汽车发展研讨会在沈阳召开。科技部部长万钢在讲话中指出，我国已明确汽车产业纯电驱动技术转型升级路径，在节能减排到实现零排放的过程中还面临较大压力。要在电动汽车设计开发过程中，重视与互联网技术、信息技术等高技术发展融合；要加强对汽车节能减排测试工况及相关标准研究，满足不同技术发展和油耗限值阶段需求；整车企业要进一步规范生产管理流程，保障整车产品品质；要加大动力电池研发力度，加强正负极材料、隔膜、制造工艺、热管理等方面技术研究；新能源汽车推广中要不断探索新型商业模式，针对不同领域及客户需求开展商业模式创新。

七 月

7月4日 据中国科学网报道，中科院院士、中科院植物所所长方精云领导的团队发现，过去25年间环境变化(主要包括二氧化碳浓度、氮沉降、温度和降水量)显著增加了4种森林类型的生长。在这4类环境因子中，二氧化碳浓度增加是最主要原因。研究还发现，森林生长对环境变化的响应随森林类型和年龄的变化而不同。相关成果在线发表于美国《国家科学院院刊》。研究人员首先提出了一种概念模型及其计算体系。并在此基础上，利用6个森林资源清查时期(1980～2005年)的龄级和生物量密度数据，研究了日本4种主要森林类型25年间的生长量变化。

7月7日 工业和信息化部 和国家发展和改革委员会发出通知，印发55家第一批国家低碳工业园区试点名单。《通知》要求以推进生态文明建设、加快转变经济发展方式为主线，以探索园区低碳发展模式、提升碳生产力和产业竞争力为目标，结合园区产业特色和当地基础条件，突出重点，突出创新，突出特色，突出落实，编制可行性、可操作性强的实施方案，确保低碳工业园区试点工作顺利推进，探索形成一批园区低碳发展模式。试点期限为2014～2016年。

工业和信息化部、发展改革委按照《工业和信息化部、国家发展改革委关于组织开展国家低碳工业园区试点工作的通知》要求，经组织推荐、遴选和评审、公示，7月工信部确定了北京中关村永丰高新技术产业基地等第一批55家试点园区。

7月8日 2014中美绿色合作伙伴计划研讨会在京举行。国家发展改革委副主任解振华与来京出席第六轮中美战略与经济对话的美国白宫气候变化事务特别顾问波德斯塔、气候变化特使斯特恩举行“中美气候政策与行动”对话会谈，双方就中美气候变化工作组进展和成果、2020年前目标完成进展及2020后行动目标等问题深入交换了意见。此外，双方参与相关决策的技术专家还就气候变化行动目标的经济社会情景，涉及的相关模型、假设及方法学问题，相关的潜力、成本及困难和挑战等话题进行了研讨。

当天下午，中美气候变化工作组举行了成果签约仪式。八对两国相关企业和研究机构签署了项目合作文件，将在碳捕集、利用和封存、削减氢氟碳化物、城市和水泥行业的低碳转型等应对气候变化相关领域开展合作。该批项目的签约和实施标志着中美气候变化工作组在推动两国企业和研究机构开展气候变化合作方面取得了重要进展。

7月9日 国务院总理李克强主持召开国务院常务会议，部署加快发展现代保险服务业，决定免征新能源汽车车辆购置税，围绕推进简政放权，通过相关法律修正案草案和行政法规修改决定。

会议强调，发展新能源汽车是我国交通能源战略转型、推进生态文明建设的重要举措。支持新能源汽车这一战略性新兴产业发展，对于实施创新驱动，促进节能减排和污染防治，拉动国内市场需求、培育新的增长点，实现产业发展和环境保护“双赢”，具有重要意义。会议决定，自2014年9月1日至2017年底，对获得许可在中国境内销售（包括进口）的纯电动以及符合条件的插电式（含增程式）混合动力、燃料电池三类新能源汽车，免征车辆购置税。有关部门要抓紧制定公布车型目录。让更多人选择绿色出行，为可持续发展增添能量。

7月9日 第六轮中美战略与经济对话气候变化问题特别联合会议在京举行。中国国家主席习近平特别代表、国务院副总理汪洋和国务委员杨洁篪同美国总统奥巴马特别代表、国务卿克里和财政部长雅各布•卢以及两国相关部门负责人出席，国家发改委副主任解振华和美国气候变化特使斯特恩向两国元首特别代表汇报了工作组的进展。会议肯定了工作组一年来的工作，核准了工作组进展报告，并同意继续在工作组框架下，进一步深化协调与合作，全面落实两国元首共识，为中美新型大国关系注入新动力。

7月9日 国家863计划项目“3000吨/日级大型煤气化关键技术研发及示范”的应用研究及工程示——兖州煤业鄂尔多斯能化荣信化工项目全系统贯通，生产出纯度为99.9%的合格甲醇产品，装置运行安全稳定。这项具有自主知识产权、目前世界上单炉规模最大、单炉日处理煤3000吨级的超大型水煤浆气化技术正式投入生产，标志着我国自主超大型煤气化技术示范取得重要突破，进一步加强了我国在国际大型煤气化技术领域的领先地位。

7月9日 中欧对话会议暨中欧社会论坛第四届大会（简称“2014巴黎气候大会”）中国筹备会暨新闻发布会（北京站），在北京法国文化中心召开。2014巴黎气候大会以应对气候变化、反思发展模式、共建公民伦理为主题，将于今年12月在法国巴黎举行。本次筹备会由中欧社会论坛、阿拉善SEE基金会与法国驻华使馆联合举办

中方起草委员会完成的《共识文本》初稿在此次筹备会上正式发布并征求意见。《共识文本》初稿由“气候变化与全球应对”、“从气候变化反思全球发展模式”、“中欧民间社会应对气候变化的立场与行动方案”、“贡献名单”四部分组成

7月10日 工业和信息化部发出《关于做好部分产能严重过剩行业产能置换工作的通知》（工信部产业〔2014〕296号），要求严禁产能严重过剩行业新增产能，现就做好钢铁、电解铝、水泥、平板玻璃行业产能置换工作。

7月10～12日 生态文明贵阳国际论坛2014年年会举行。国务院总理李克强致信祝贺。贺信强调，生态文明源于对发展的反思，也是对发展的提升，事关当代人的民生福祉和后代人的发展空间。国家副主席李源潮发表致辞，强调人类必须自觉地与自然友好相处，人类的发展必须与生态的发展平衡共进。联合国秘书长潘基文发来贺信，对论坛取得的成果给予高度评价，对推进可持续发展的国际合作、制度约束、改革创新等阐述主张。

会议期间，来自60多个国家和地区的2000余名嘉宾，围绕“改革驱动，全球携手，走向生态文明新时代——政府、企业、公众：绿色发展的制度架构和路径选择”主题，举办了近100场主题论坛及相关活动。

7月15日 全国碳排放管理标准化技术委员会成立。成立会上宣读了国家标准委对全国碳排放管理标准化技术委员会的批复，并向委员颁发证书。与会委员审议讨论并原则通过了全国碳排放管理标准化技术委员会章程、秘书处工作细则、标准体系框架以及第一届委员会工作计划。

全国碳排放管理标准化技术委员会主要负责碳排放管理术语、统计、监测，区域碳排放清单编制方法，企业、项目层面的碳排放核算与报告，低碳产品、碳捕获与碳储存等低碳技术与设备，碳中和与碳汇等领域国家标准制修订工作；并对口国际标准化组织二氧化碳捕集、运输与地质封存技术委员会（ISO/TC265）和环境管理技术委员会温室气体管理及相关活动分技术委员会（ISO/TC207/SC7）。第一届全国碳排放管理标准化技术委员会由27名委员组成。

7月14日 国务院办公厅印发《关于加快新能源汽车推广应用的指导意见》，明确以纯电驱动为新能源汽车发展的主要战略取向，重点发展纯电动汽车、插电式混合动力汽车和燃料电池汽车。

总体要求是：贯彻落实发展新能源汽车的国家战略，以纯电驱动为新能源汽车发展的主要战略取向，重点发展纯电动汽车、插电式（含增程式）混合动力汽车和燃料电池汽车，以市场主导和政府扶持相结合，建立长期稳定的

新能源汽车发展政策体系，创造良好发展环境，加快培育市场，促进新能源汽车产业健康快速发展。

主要任务是：加快充电设施建设，积极引导企业创新商业模式 ，推动公共服务领域率先推广应用，进一步完善政策体系 ，坚决破除地方保护 ，加强技术创新和产品质量监管，进一步加强组织领导。

7月17日　国土资源部称，中石化涪陵页岩气田为大型优质页岩气田，储量为1067.5亿立方米，成为中国第一个大型页岩气田。涪陵页岩气的发现，打破了中国页岩气勘探开发沉寂，证明了中国不仅有页岩气而且有优质页岩气存在，是中国页岩气发展的一个重要里程碑。2014年10月，我国页岩气开采核心技术取得重大突破。用于地下水平井进行分段的分割器——桥塞等技术商用成功。这使得中国成为继美国和加拿大后，第三个使用自主技术装备进行页岩气商业开采的国家。

7月18日　第六届国际青年能源与气候变化峰会在清华园开幕，国家发展和改革委员会应对气候变化司司长苏伟，联合国环境规划署驻中国代表处项目官员蒋南青，国家气候变化专家委员会副主任何建坤等出席开幕式并致辞。

第六届国际青年能源与气候变化峰会以“‘智’‘能’时代，‘创’绿未来”为主题。近百名在能源与气候变化领域做出杰出贡献的商业、政府、非营利机构杰出代表和近200名青年代表将围绕“智慧城市、能源革新和青年绿色创业”三个领域进行深入讨论。会议期间，青年代表听取了“数字智慧助力节能减排”“数字地图撬动的环保革命”等主题演讲，参与了“中国水资源监测现状”“绿色消费的健康可持续思维”“智能交通的低碳、人性化设计”“智能建筑的节能实践”“智能电网带来的能源新机遇”等主题论坛，以及“中美节能、能源创新实践分享”“低碳未来与煤炭的争锋”等别具特色的分论坛和工作坊。

7月21日　由中国汽车技术研究中心等单位承担的 863计划“电动汽车整车及零部件技术标准研究”课题在天津通过验收。课题在对我国及世界电动汽车标准进行全面梳理和研究的基础上，研究提出了我国电动汽车技术标准的发展战略和中长期标准体系规划，在电动汽车通用安全、插电式混合动力汽车、电动汽车能耗排放以及电动汽车动力电池、驱动电机等方面组织和参与编制、修订了多项重要标准。特别是在电动汽车整车安全、电池安全及性能等方面开展了大量研究工作，累计完成15项电动汽车标准报批稿、2个标准草案、1个标准送审稿，并开展了电动汽车国际标准法规的交流与合作，向国际组织提供了4项国际标准法规提案。

课题还研究了我国电动汽车标准化工作路线图，全面总结了我国电动汽车标准发展历程，按照紧急、短期、中期和长期四个阶段提出了我国电动汽车标准化工作的具体目标和计划。

7月21日　国家发改委主持召开中国《气候变化应对法》草案论证会。草案综合了中科院、社科院和中国政法大学各自起草的专家建议稿，并在其基础上，取众家之长编写而成。2008年社科院已经开始研究气候变化立法，2009年，全国人大常委会发布了一个关于气候变化的决定，开始考虑制定法律。2010年1月，社科院正式启动该法案起草项目。2012年3月18日，社科院将草案意见稿全文公布。

7月22日　国家发展改革委、财政部、国土资源部、水利部、农业部、国家林业局发出《关于开展生态文明先行示范区建设（第一批）的通知》，原则同意北京市密云县等55个地区《方案》的思路与框架，并将此前国务院印发的《支持福建省深入实施生态省战略加快建设生态文明先行示范区的若干意见》；经国务院同意，六部委联合印发的《关于印发浙江省湖州市生态文明先行示范区建设方案的通知》，一并纳入第一批生态文明先行示范区建设。

7月22日　国家科技支撑计划重点项目“风光储输示范工程关键技术研究”项目通过国家发改委高新司组织专家验收。“风光储输示范工程关键技术研究”项目依托风光储输示范工程（一期）于2010年立项实施。项目目标是，研究风光储联合发电系统在设计集成、检测控制、预测调度、大规模储能中的关键技术，开发关键装置和系统，建立标准规范体系，并实现工程应用。所依托的示范工程规划建设500兆瓦风电场、100兆瓦光伏发电站和110兆瓦储能电站，规划总投资100多亿元。工程的目标是建设世界首座风光储输“四位一体”的高智能化水平的新能源示范电站，建成世界上规模最大的多机型并网友好型风电场、功率调节型光伏电站和多类型化学储能电站。

通过技术攻关和工程示范，我国在风光储联合发电互补机制及系统集成、风光储联合发电监控、大规模多类型电池储能电站集成及调控技术等方面已达到国际领先水平。该项目所取得的成果已成为电网消纳大规模可再生能源的重要解决方法，具备良好的推广应用价值。

7月24日　中国首个燃煤发电机组烟气超低排放改造项目——浙江能源集团所属嘉兴发电厂三期8号、7号百万机组主要污染物排放水平均低于天然气机组排放标准，达到国际领先水平。

经中国环境监测总站等权威机构检测，浙能嘉电7号、8号机组在不同工况时，烟囱总排口烟尘、二氧化硫、氮氧化物三项主要烟气污染物的排放数据分别比被称为“史上最严”的国家《火电厂大气污染物排放标准》中规定的重点地区排放标准下降84.6%、70%、76.3%，明显低于天然气燃气轮机组排放水平。

7月25日　由中国气象局主办的“第十一届气候系统与气候变化国际讲习班(ISCS)”在南京结束。本次讲习班共共有来自24个国家和地区，包括16名国际学员在内的100多名学员圆满完成了此次讲习班的课程。

7月25日　能源领域“十三五”规划战略研究工作启动会在北京 召开。科技部相关同志介绍了国家科技工作

“十三五”规划战略研究的背景、意义和总体要求；洁净煤、智能电网、可再生能源、核能等子领域的牵头专家分别就各自子领域“十三五”战略研究情况进行了汇报。与会专家从国家对能源领域科技发展的整体战略需求出发，统筹规划，对各子领域技术方向进行了深入的讨论。

会议还对“十三五”能源领域科技发展战略研究的总体思路进行了研讨，明确了今后的工作方向，将进一步统筹安排、推进技术预测与“十三五”战略研究工作的结合。

7月22日 国家发展改革委印发《关于电动汽车用电价格政策有关问题的通知 》，对电动汽车充换电设施用电实行扶持性电价政策 ，对电动汽车充换电服务费实行政府指导价管理，将电动汽车充换电设施配套电网改造成本纳入电网企业输配电价。

8月初财政部发布免征车辆购置税政策，从9月1日起对符合条件的新能源汽车免征车辆购置税， 8 月底工业和信息化部发布了第一批免征车购税车型目录。

八 月

8月6日 国务院办公厅发出《关于进一步推进排污权有偿使用和交易试点工作的指导意见》（国办发〔2014〕38号），要求各地区、各有关部门要充分认识做好试点工作的重要意义，妥善处理好政府与市场、制度改革创新与保持经济平稳发展、新企业与老企业、试点地区与非试点地区的关系，把握好试点政策出台的时机、力度和节奏，因地制宜、循序渐进推进试点工作。按照党中央、国务院的决策部署，充分发挥市场在资源配置中的决定性作用，积极探索建立环境成本合理负担机制和污染减排激励约束机制，促进排污单位树立环境意识，主动减少污染物排放，加快推进产业结构调整，切实改善环境质量。到2017年，试点地区排污权有偿使用和交易制度基本建立，试点工作基本完成。试点省份每年要向国务院报告试点工作进展情况，其他地方可参照本意见开展试点工作。财政部、环境保护部、发展改革委要跟踪总结试点地区的经验做法，加强政策研究，为全面推行排污权有偿使用和交易制度奠定基础。

8月6日 国国家发展和改革委员会发布2014年 第9号公告，国家发展改革委会同国务院有关部门，对各地区2013年度节能和控制能源消费总量目标完成情况、措施落实情况进行了现场评价考核结果公告：北京、河北、上海为超额完成等级，天津、山西、内蒙古、辽宁、吉林、黑龙江、江苏、浙江、福建、江西、山东、河南、湖北、湖南、广东、广西、四川、贵州、云南、西藏、陕西、甘肃等22个地区为完成等级，安徽、海南、重庆、青海、宁夏等5个地区为基本完成等级，新疆因新上项目多、新增能耗大等原因为未完成等级。

8月6日 国家发展改革委发出《关于印发“单位国内生产总值二氧化碳排放降低目标责任考核评估办法”的通知》（发改气候[2014]1828号），建立健全二氧化碳强度降低目标责任评价考核制度，并将二氧化碳排放强度降低指标完成情况纳入各地区（行业）经济社会发展综合评价体系和干部政绩考核体系，对各地单位国内生产总值二氧化碳排放降低目标完成情况进行考核，。

8月初 广东长隆碳汇造林项目通过国家发展改革委的审核备案。是全国第一个可进入碳市场交易的中国林业温室气体自愿减排（CCER）项目。中国林业温室气体自愿减排（CCER）项目于2011年在广东省欠发达地区河源和梅州市的宜林荒山，实施碳汇造林，造林规模为1.3万亩。项目在20年计入期内，预计产生34.7万吨减排量（CCER），年均减排量为1.74万吨。

8月7～8日 中国国家发改委副主任解振华率团参加在印度新德里举行的第十八次“基础四国”气候变化部长级会议。四国部长就联合国气候变化利马会议成果、2015年国际气候协议、提高2020年前行动力度、联合国气候峰会等问题深入交换意见，取得广泛共识。部长级会议后发表了联合声明。四国商定，下一次“基础四国”气候变化部长级会议将于今年10月在南非举行。

8月14日 国家发改委会同有关部门正式启动单位国内生产总值二氧化碳排放降低目标责任现场考核评估工作。10月15日，国家发改委气候司司长苏伟带队对河北省进行了现场考核。 截至10月，国家发改委四次CCER项目备案审核会议共通过90个备案项目，其中的14个项目已经进入减排量备案的审核程序，减排量共计894万吨。这意味着中国CCER项目及减排量备案流程将全部走通。

8月中旬 环境保护部发布《“同呼吸 共奋斗”公民行为准则》，倡导公众践行低碳、绿色生活方式和消费模式，积极参与大气污染防治和环境保护。

8月30～31日 由国家气候战略中心主办单位主办的2014年中国低碳发展战略高级别研讨会在北京召开，国家发展改革委副主任解振华、国务院发展研究中心主任李伟、国务院扶贫办主任刘永富等出席了研讨会开幕式并致辞。此次研讨会作为中国低碳发展宏观战略项目研究的阶段性成果之一，以“2050年的低碳中国”为主题，邀请项目各课题负责人及国内外相关领域专家学者、政府官员共同聚焦我国低碳发展思路，向全社会宣传和展示最新研究成果，探讨低碳发展涉及的重要领域和关键问题。

九 月

9月2日　亚太经合组织第十一届能源部长会议在北京召开，会议的主题为“携手通向未来的亚太可持续能源发展之路”。会议通过的《2014年亚太经合组织能源部长会议北京宣言》明确，21个成员国将共同致力于构建亚太能源安全新体系，承诺2030年APEC地区可再生能源发电量在地区能源结构中的比重比2010年翻一番，同时就加强能源安全和促进亚太地区能源投资和贸易、提高能源效率和发展可持续社区、促进清洁能源资源开发和化石能源的清洁化利用等议题达成了一系列共识。

9月2日　由中国气象局主办的“2014应对气候变化中国行——丝绸之路的气候变迁科考活动”在兰州大学启动。由气象专家、主流媒体记者等组成的考察团，对我省河西气候变迁进行实地考察，收集当地受气候变化影响情况案例，验证应对气候变化科研及实践成果，形成专业报告、系列报道、书籍图册及专题纪录片等成果。

9月5日　由国家发展改革委、住房城乡建设部和亚洲开发银行共同组织的“城市适应气候变化国际研讨会”在北京举行。会议以“城市适应气候变化”为主题，就城市发展与气候监测及气象预警、适应气候与城市建设环境以及适应气候的城市基础设施等问题进行了讨论，介绍了城市适应气候变化领域的最新成果。解振华、王宁、哈米德•谢里夫等出席会议并致辞。来自国内外的代表共约200人参加了会议。

9月12日　国家发展改革委、环境保护部、国家能源局发出《关于印发《煤电节能减排升级与改造行动计划（2014-2020年）》的通知》（发改能源[2014]2093号），旨在打造高效清洁可持续发展的煤电产业“升级版”，为国家能源发展和战略安全夯实基础。

9月12日　国土资源部日前制定下发《关于推进土地节约集约利用的指导意见》。《意见》提出，优化建设用地布局，加快划定城市开发边界、永久基本农田和生态保护红线，促进生产、生活、生态用地合理布局。《意见》明确了未来一个时期节约集约用地的主要目标。

9月12日　国土资源部宣布，我国油气核能源勘探取得历史性突破。最近三年来，全国新发现中型及以上矿产地451个，其中大型矿产地162个。天然气、铀、钼、钨等发现了一批世界级大矿床。这三年成为新中国成立以来找矿成果最为显著的三年。三年间，我国石油、天然气探明地质储量高位增长，新增石油、天然气分别是以往累计探明储量的12.57%、25.3%。

9月16日　住房城乡建设部召开2014年中国城市无车日活动新闻发布会。截至2013年9月，中国城市无车日活动已经连续开展七届。自2007年首次开展中国城市无车日活动以来，承诺参加活动的城市已达154个，无车日活动的影响逐年增强。

9月16日　住房城乡建设部印发《可再生能源建筑应用示范市县验收评估办法》。

9月17日　国务院批复同意《国家应对气候变化规划（2014-2020年）》。9月19日，国家发展改革委发出《关于印发国家应对气候变化规划（2014-2020年）的通知》（发改气候[2014]2347号）。同日，《国家应对气候变化规划（2014-2020年）》新闻发布会在国务院新闻办举行，国家发展改革委副主任解振华在发布会上介绍了《国家应对气候变化规划（2014-2020年）》和我国参加联合国气候峰会有关情况。

《规划》提出，到2020年，实现单位国内生产总值二氧化碳排放比2005年下降40%-45%、非化石能源占一次能源消费的比重达到15%左右、森林面积和蓄积量分别比2005年增加4000万公顷和13亿立方米的目标，低碳试点示范取得显著进展，适应气候变化能力大幅提升，能力建设取得重要成果，国际交流合作广泛开展。

国务院批复强调，积极应对气候变化事关中华民族和全人类的长远利益，事关我国经济社会发展全局。各地区、各部门要从全局和战略的高度，充分认识加强应对气候变化工作的重要性和紧迫性，把应对气候变化工作摆在更加突出、更加重要的位置，增强责任感和使命感，采取更加有力的措施，确保完成《规划》确定的各项任务，努力实现绿色发展、低碳发展、循环发展，为携手应对全球气候变化作出积极贡献。

9月23日　国家主席习近平特使、国务院副总理张高丽在纽约联合国总部出席联合国气候峰会，在峰会全会上发表题为《凝聚共识　落实行动构建合作共赢的全球气候治理体系》的讲话。

张高丽在讲话中说，中国高度重视应对气候变化，愿与国际社会一道，积极应对气候变化的严峻挑战。作为一个负责任的大国，今后中国将以更大力度和更好效果应对气候变化，主动承担与自身国情、发展阶段和实际能力相符的国际义务。中国将尽快提出2020年后应对气候变化行动目标，碳排放强度要显著下降，非化石能源比重要显著提高，森林蓄积量要显著增加，努力争取二氧化碳排放总量尽早达到峰值。中国将加快推动能源生产和消费革命，坚决控制能源消费总量，提高能源利用效率，大力发展非化石能源，加强大气污染治理和生态建设，加快建立碳交易市场，强化技术创新，增强全社会绿色低碳发展意识，努力走出一条发展经济与应对气候变化双赢的可持续发展之路。

张高丽表示，中国将大力推进应对气候变化南南合作，从明年开始在现有基础上把每年的资金支持翻一番，建立气候变化南南合作基金。中国还将提供600万美元资金，支持联合国秘书长推动应对气候变化南南合作。

张高丽强调，中国坚定支持2015年巴黎会议如期达成协议。他提出三点倡议：一要坚持公约框架，遵循公约原则。二要兑现各自承诺，巩固互信基础。三要强化未来行动，提高应对能力。

9月23日 由国家发展改革委气候司主办、宏观经济研究院承办的应对气候变化南南合作政策交流与技术合作研讨会暨2014年第三期应对气候变化与绿色低碳发展培训班开班仪式在天津滨海新区举行。来自20多个发展中国家近80名官员和学者参加。

9月23日 “创新征程—2014年新能源汽车万里行”北京站活动在北京汽车博物馆举行。来自联合国开发计划署、上海市科委、北京市科委、上汽集团、法液空公司、北京汽车博物馆等代表参加活动。 新能源汽车车队自9月3日从上海发车，途径连云港、青岛、烟台、大连等城市，9月21抵达北方段巡游终点站北京，与北汽、比亚迪等企业生产的新能源汽车共同进行为期3天的宣传体验活动。

9月28日 中德应对气候变化第五次工作组会议在京举行。中国国家发改委委气候司司长苏伟和德国环境、自然保护、建筑与核安全部气候政策、欧洲和国际政策司沙夫豪森•约瑟夫司长主持磋商。双方就气候变化国际谈判、国内应对气候变化政策最新进展及双边务实合作等交换了意见。

十 月

10月9日 全国煤电节能减排升级与改造动员电视电话会议召开。国家发展改革委副主任、国家能源局局长吴新雄强调，要进一步提升煤电高效清洁发展水平，努力打造煤电产业“升级版”。

煤电节能减排升级改造的基本目标就是要实现“三降低三提高”，即降低供电煤耗、降低污染物排放、降低煤炭占能源消费比重，提高安全运行质量、提高技术装备水平、提高电煤占煤炭消费的比重。

10月9日 国家能源局 发出《关于进一步加强光伏电站建设与运行管理工作的通知》，要求高度认识有序推进光伏电站建设的重要性，加强光伏电站规划管理工作，统筹推进大型光伏电站基地建设，创新光伏电站建设和利用方式，以年度规模管理引导光伏电站与配套电网协调建设，规范光伏电站资源配置和项目管理，加强电网接入和并网运行管理，创新光伏电站金融产品和服务，加强工程建设质量管理，加强光伏电站建设运行监管工作，加强监测及信息统计和披露。

10月14日 国家发改委副主任解振华在2014年世界标准日宣传周中国主题日活动称，近年来，国家标准委、我委在节能减排降碳标准方面做了不少工作，取得了积极成效，发布了近200项节能节水、资源综合利用、循环经济、环保产品等方面的国家标准。自2012年开始，发展改革委、国家标准委联合启动“百项能效标准推进工程”，两年来共发布105项标准，其中高耗能行业能耗限额标准和用能产品能效标准等强制性国家标准达71项。下一步加强节能低碳标准顶层设计，加快完善标准体系，不断提高标准水平，强化标准执行，推进标准国际合作。

10月15日 住房城乡建设部办公厅、国家发展改革委办公厅、国家机关事务管理局办公室发出《关于在政府投资公益性建筑及大型公共建筑建设中全面推进绿色建筑行动的通知》（建办科[2014]39号）明确建设各方主体责任；要求加强建设全过程管理，完善实施保障机制。住房城乡建设部、国家发展改革委、国家机关事务管理局将把此项工作推进情况作为国家节能减排专项检查、大气污染防治专项检查的考核内容，进行考核评价。

10月15日 全国首个农户森林经营碳汇交易体系——《临安农户森林经营碳汇交易体系》在临安发布。建行浙江省分行通过华东林权交易所平台，率先响应购买近4千余吨临安农户森林经营碳汇，当地42户农户成为首批受益者。这是我国农户森林经营碳汇交易的首单，也是林改后农户首次获得森林生态经营的货币收益，对扩大中国林业碳汇交易市场提供了有益借鉴。2010年，国家林业局批复浙江省临安市建立全国首个“碳汇林业试验区”，当地首批农民随即获得“林业碳汇证”。

10月21～23日 “第四届南南科技合作应对气候变化国际研讨会”在昆明召开。本次会议的主题为“应对气候变化：减缓、适应与共同发展”。 研讨会上，介绍了多/双边气候变化科技合作的典型成果。介绍了联合国环境规划署在南南合作气候变化方面的主要项目。强调了联合国开发计划署对气候变化行动的重视以及所作出的努力。侯树谦副厅长介绍了云南省在应对气候变化领域的政策与行动。由北京理工大学承办的“南南科技合作应对气候变化”发展中国家培训班于10月24日-11月4日在昆明举行。

10月22日 国家发展改革委发出《关于印发中国-新加坡天津生态城建设国家绿色发展示范区实施方案的通知》（发改环资[2014]2364号）。天津市人民政府上报国务院的《中国一新加坡天津生态城建设国家绿色发展示范区实施方案》已经国务院批准。中国一新加坡天津生态城是中国与新加坡两国间的重大合作项目，是深入贯彻落实中央加快建设生态文明战略部署的重要举措，对于探索新型城镇化道路、推动城市绿色循环低碳发展、彰显中国应对全球气候变化的决心、促进绿色发展的国际交流与合作具有重要意义。

10月23日 中国共产党十八届四中全会通过的《中共中央关于全面推进依法治国若干重大问题的决定》提出，

用严格的法律制度保护生态环境，加快建立有效约束开发行为和促进绿色发展、循环发展、低碳发展的生态文明法律制度，强化生产者环境保护的法律责任，大幅度提高违法成本。建立健全自然资源产权法律制度，完善国土空间开发保护方面的法律制度，制定完善生态补偿和土壤、水、大气污染防治及海洋生态环境保护等法律法规，促进生态文明建设。

10月24日　国务院副总理张高丽出席在北京召开的京津冀及周边地区大气污染防治协作小组第三次会议讲话，部署亚太经合组织领导人非正式会议空气质量保障和今冬明春区域大气污染防治工作。由六省区七部委协作联动的京津冀及周边地区大气污染防治协作机制在北京启动。

10月27日　国家发展改革委、工业和信息化部印发《重大节能技术与装备产业化工程实施方案》。

10月27日　亚太经济合作组织（APEC）气候研讨会在南京信息工程大学召开。50余名气候专家围绕“极端气候和水文灾害管理：科学预报和应急预警”主题，交流研讨全球极端气候和水文灾害的应对方法，探索未来的研究方向，以促进地区间的科技合作，增强灾害应急预警、恢复和管理能力。

10月28日　中国国务院副总理张高丽28日在北京会见了美国总统顾问波德斯塔一行，双方就全球应对气候变化及进一步加强中美在气候变化领域的交流与合作等交换了意见。

张高丽表示，中美作为最大的发展中国家和最大的发达国家，加强应对气候变化领域的合作，符合两国的共同利益，有利于促进中美关系健康稳定发展。希望中美双方坚持共同但有区别的责任原则，在尊重彼此核心关切的基础上，进一步加强关于各自国内政策及国际谈判的对话交流，深化相关领域务实合作，实现优势互补、互利共赢，把气候变化合作打造成中美构建新型大国关系中的一大亮点。

10月28日　以“拼车出行，用低碳换植树”为主题的公益活动和第八届中国绿色宝贝评选活动同时在北京广播大厦内启动。本活动是针对大都市日益拥堵的交通现状和不断出现的雾霾而特别设计推出的，旨在号召每一个人身体力行，加入拼车出行的队伍，提升私家车的利用效率，为节能减排做出自己的贡献。

“拼车出行，用低碳换植树”公益活动，联合“同楼拼车”APP的平台资源，让低碳环保人士通过手机，非常方便地找到同路人一起拼车出行，从而减少碳排放，达到“用低碳换植树”的目的。

10月28日　第七届国际高温气冷堆技术会议在山东荣成召开，来自中国、国际原子能机构、美国、俄罗斯、法国、日本等16个国际组织、国家和地区的400多名专家学者参加会议。会议期间，与会代表现场参观了位于荣成石岛湾的高温气冷堆核电站示范工程。　　石岛湾高温气冷堆核电站示范工程，为世界首台商业运行目标的模块式高温气冷堆核电站。

10月30日　中国工程院发布了“气候变化对我国重大工程的影响与对策研究”咨询课题的报告，这是我国首次将气候变化对重大工程的影响进行系统梳理研究。课题启动于2013年12月，综合报告将作为《第三次气候变化国家评估报告》的特别报告出版，期待在重大工程建设方面引起社会各界对气候变化的重视。

该课题受科技部委托，杜祥琬院士担任该课题组组长，由10位院士和60余位专家参与研究。课题下设水工程和水安全、道路工程、能源工程和安全、沿海工程安全、生态环境与安全、电网安全6个专题。

十一月

11月1～12日　北京APEC会议期间，城区被久违的多日蓝天所拥抱，空气质量连续优良，交通顺畅。北京市空气中各项污染物平均浓度均达到近5年同期最低水平。媒体和网民将这种难得一见的好天气称作“APEC蓝”。

11月2日　有中国专家参加撰写的联合国政府间气候变化专门委员会（IPCC）IPCC第五次评估报告的《综合报告》在丹麦哥本哈根发布。《综合报告》不仅对气候系统的变化、原因、影响及气候变化的减缓和适应进行了全面分析和评估，而且提出诸如加强风险管理等的新理念，对于人类社会应对气候变化、实现经济社会可持续发展提供了科学依据。来自20个部门、科研机构和高校的44名中国科学家、研究人员参与此次评估报告的撰写。

综合报告的核心结论是：人类对气候系统的影响是明显的；人类对气候的干扰越大，面临的风险就越高；人类可以采取措施限制气候变化，建立一个更加繁荣、可持续发展的未来。郑国光提出，应根据国家应对气候变化战略，科学认知气候变化，高度重视气候安全，将气候安全作为国家安全体系和经济社会可持续发展战略的重要组成部分统筹考虑，确定中长期气候安全目标，减轻气候变化对粮食生产、水资源、生态、能源、城镇化建设和人民生命财产的威胁，保障我国经济社会可持续发展。

《综合报告》是对先前相继发布的三个工作组报告成果的高度凝练与综合，包括气候变化及原因、未来气候变化与风险、适应和减缓气候变化与可持续发展路径、适应与减缓气候变化措施等内容，反映了近年来科学界对气候变化的最新研究成果，以及人类社会对气候变化的最新认知与理解。

IPCC第五次评估报告编写工作于2008年正式启动，共有800多名科学家作为主要作者参与，历时近六年时间。5月9日，我国举行了IPCC第五次评估报告第二、三工作组报告宣讲会在北京举行。11月24日，IPCC第五次评估报告综合宣讲会在北京举行。政府间气候变化专门委员会中国政府首席代表郑国光、中国科学院院士秦大河等分别做了主题报告，介绍综合报告的评估背景、内容，分析其对国际社会应对气候变化的影响、对我国应对气候变化政策与行动的借鉴意义。

11月3日　2014年亚太经合组织（APEC）会议碳中和林项目植树启动仪式在京举行。据测算，交通、住宿、会议等共产生约6371吨二氧化碳当量的碳足迹，相当于1274亩新造林20年的固碳量。项目将在北京市和张家口市康保县造林1274亩，以中和APEC会议周造成的碳排放。这在APEC会议史上还是第一次。

11月6日　中国国务院副总理张高丽出席在纽约联合国总部召开的联合国气候峰会讲话提出，将显著提高非化石能源比重作为应对气候变化的关键行动之一。这意味着作为非化石能源的主力，风能和太阳能将获得应有的战略定位和巨大发展空间。

张高丽在联合国气候峰会表示，中国政府积极布局2020年之后的去碳化路径。中国将尽快提出2020年后应对气候变化行动目标，碳排放强度要显著下降，非化石能源比重要显著提高。

11月10～11日　联合国环境规划署（UNEP）全球高效照明论坛在北京召开，来自全球60多个国家的政府部门、相关机构和企业的300多名代表参加了会议。联合国秘书长潘基文先生、联合国副秘书长兼联合国环境规划署执行主任Achim Steiner先生向论坛发来致辞视频。

11月12日　APEC会议期间，国家主席习近平和美国总统奥巴马在北京发布中美《气候变化联合声明》。中美两国元首在《联合声明》中首次宣布两国各自2020年后应对气候变化行动。美国计划于2025年实现在2005年基础上减排26%-28%的全经济范围减排目标并将努力减排28%。中国计划2030年左右二氧化碳排放达到峰值且将努力早日达峰，并计划到2030年非化石能源占一次能源消费比重提高到20%左右。

《联合声明》首次明确了2020年后中美的减排目标和时间表，既使中美两国未来实施低碳发展的国家战略高度契合，又能对全球温室气体减排产生实质性的推动作用，同时还能对其他国家产生强大的示范效应，最终为2015年在巴黎举行的国际气候谈判注入强大推动力。

《联合声明》强调，两国元首决定来年紧密合作，解决妨碍巴黎会议达成一项成功的全球气候协议的重大问题。双方计划继续加强政策对话和务实合作，包括在先进煤炭技术、核能、页岩气和可再生能源方面的合作。扩大清洁能源联合研发，进碳捕集、利用和封存重大示范，加强关于氢氟碳化物的合作，启动气候智慧型/低碳城市倡议，推进绿色产品贸易同，实地示范清洁能源。

目前，中国和美国是全球最大的两个温室气体排放国，其排放占全球总排放的42%。此前美国一直拒不做具体指标承诺。

11月13日　外交部发言人洪磊在例行记者会上表示，中国应对气候变化的决心是坚定的，行动是有力的，中方愿与各方一道共同努力，推动2015年如期达成应对气候变化新协议。

11月17日　中共中央政治局常委、中国国务院副总理张高丽在中南海紫光阁会见了联合国气候变化框架公约秘书处执行秘书菲格雷斯。

张高丽表示，中国政府高度重视应对气候变化问题，已宣布2020年后行动目标，这将有力推动中国加快转变经济发展方式，走绿色、低碳的可持续发展道路，并为全球应对气候变化作出贡献。

11月18日　财政部、科技部、工业和信息化部、发展改革委四部委发出《关于新能源汽车充电设施建设奖励的通知　》，奖励对象是经四部委批复备案的、成效突出且不存在地方保护的新能源汽车推广城市或城市群；其他尚未备案但推广效果较好的城市或城市群，可按程序报经四部委备案后，比照本通知执行。京津冀、长三角和珠三角地区等大气污染治理重点区域中的城市或城市群，2013年度新能源汽车推广数量不低于2500辆（标准车，下同），2014年度不低于5000辆，2015年度不低于10000辆；其他地区的城市或城市群，2013年度推广数量不低于1500辆，2014年度不低于3000辆，2015年度不低于5000辆。推广数量以纯电动乘用车为标准进行计算，其他类型新能源汽车按照相应比例进行折算。不同类型新能源汽车折算系数。

11月21日　第三届世界低碳生态经济高峰论坛在南昌召开，国家发展改革委副主任解振华应邀出席论坛并发表致辞。

11月24日　政府间气候变化专门委员会(IPCC)第五次评估报告(AR5)综合宣讲会在北京举行。本次宣讲会基于IPCC AR5的结论，重点介绍了AR5综合报告的背景、内容，阐述了综合报告的发布对国际社会应对气候变化的影响和对我国应对气候变化政策与行动的借鉴意义。宣讲会提出，应高度重视气候安全，将气候安全作为国家安全体系和经济社会可持续发展战略的重要组成部分统筹考虑。

IPCC中国政府首席代表、中国气象局局长郑国光，中国科学院院士、IPCC AR5第一工作组联合主席秦大河以及IPCC AR5第三工作组作者、国家发展和改革委员会能源研究所研究员姜克隽分别以“科学认知气候变化，高度重视气候安全”“气候变化与可持续发展”和“实现全球气候变化减缓目标：全球和中国”为主题作了报告。。

11月25日　新闻办公室举行新闻发布会，发布《中国应对气候变化的政策与行动2014年度报告》。国家发展改革委副主任解振华地发布会上介绍了2013年以来我国应对气候变化主要工作进展及我国参加联合国气候变化利马会议有关情况，并就中国对利马会议成果期待及2015年气候协议的立场、中美气候变化联合声明、中国二氧化碳排放峰值、“十二五”碳强度下降目标完成情况、我国碳排放权交易试点及全国碳排放权交易市场建设、我国煤炭消费总量、经济增长与控制温室气体排放关系、气候变化立法等问题回答了中央电视台、中国日报、中国新闻社、中国人民广播电台、南方日报、解放军报、路透社、金融时报等多家中外媒体记者的提问，共有来自境内外60多家媒体、100余名记者参加了发布会。国家发展改革委应对气候变化司苏伟司长共同出席发布会并回答了有关记者提问。

解振华强调，根据公约和历次缔约方大会的要求，中国在认真地履行自己的承诺。2013年已实现单位GDP二氧化碳排放比2005年累计下降28.56%。今年前三季度，全国能耗强度和碳强度进一步降低。按照现在这样一个力度，到今年年底实现能耗强度下降4.6%、碳强度下降5%没有什么问题。

苏伟表示，下一步要重点推动立法进程尽快出台，尽快出台碳排放权交易管理办法，同时进一步加快全国碳排放权交易市场建设。

发布会由国务院新闻办一局胡凯红副局长主持，国家发展改革委政策研究室文步高副主任参加了发布会。

十二月

12月1日（当地时间） 联合国气候变化利马会议在秘鲁首都利马开幕，秘鲁环境部长普尔加当选利马会议主席。华沙会议主席克罗莱茨、利马会议主席普尔加、联合国气候变化框架公约秘书处执行秘书菲格里斯、利马市长苏珊娜分别致开幕辞，秘鲁总统乌马拉通过视频向大会致辞，均表示希望此次利马会议能够形成2015年协议草案要素，在气候资金问题上去的进展，进一步挖掘减缓和适应行动潜力，提高各方行动力度，为明年巴黎会议如期达成协议奠定良好基础，推动各方采取积极行动共同应对气候变化这一全球性挑战。

政府间气候变化专门委员会（IPCC）主席帕乔里介绍了IPCC第五次评估综合报告的主要结论，强调人为排放温室气体对气候变化的影响，呼吁各方尽快采取有力度的行动。

来自公约缔约方和观察员国家、公约秘书处及联合国有关组织、政府间国际组织、非政府组织、媒体的代表出席了开幕式。气候公约第二十次缔约方会议、京都议定书第十次缔约方会议、公约附属机构第41次会议于同日开幕。

12月1日（当地时间） 在《联合国气候变化框架公约》第20次缔约方会议(COP20)和《京都议定书》第10次缔约方会议(CMP 10)在秘鲁首都利马开幕式后。中国代表团副团长、首席谈判代表、国家发改委应对气候变化司司长苏伟接受了中外媒体的集体采访。此前的11月30日，中国代表团新闻组召开媒体吹风会，苏伟就中方对利马会议的立场和期待、中美气候变化联合声明、南南合作等有关问题，介绍有关情况。人民日报、新华社、中央电视台等媒体的20多名记者参加吹风会。

12月1日 由沪苏浙皖长三角三省一市和国务院八部委组成的“长三角区域大气污染防治协作机制”，在上海召开第二次工作会议。会议在总结2014年工作的基础上，形成了《长三角区域大气污染防治协作2015年重点工作建议》。中央政治局委员、上海市委书记韩正主持会议。

12月3日 国家发展和改革委员会公告2013年万家企业节能目标责任考核结果：国家发展改革委公布的万家企业共16078家，2013年参加考核企业14119家；有1959家企业因重组、关停、搬迁、淘汰等原因未参加考核。参加考核企业中，3975家考核结果为“超额完成”等级，占28.15%；7117家考核结果为“完成”等级，占50.41%；1836家考核结果为“基本完成”等级，占13.00%；1191家考核结果为“未完成”等级，占8.44%。2011-2013年，万家企业累计实现节能量2.49亿吨标准煤，完成“十二五”万家企业节能量目标的97.72%。

2013年，参加万家企业节能目标责任考核的中央企业和单位共1414家。其中，631家考核结果为“超额完成”等级，占44.63%；551家考核结果为“完成”等级，占38.97%；88家考核结果为“基本完成”等级，占6.22%；144家考核结果为“未完成”等级，占10.18%。

按照《关于印发万家企业节能目标责任考核实施方案的通知》（发改办环资[2012]1923号）要求，对节能工作成绩突出的企业（单位），各地区和有关部门要进行表彰奖励。对考核为未完成等级的企业，由所在地区节能主管部门组织进行强制能源审计，责令限期整改，整改结果要向社会公开通报。

12月3日 2014年节能砖与农村节能建筑市场转化项目交流活动在湖北武汉举办。该项目实施4年来，推动和建立了10家节能砖示范企业和22家节能砖推广企业，形成了近9亿块节能砖的年生产能力，砖厂直接节能12万吨标煤，二氧化碳减排量30万吨；有近1.5万个农户住进了节能型新民居。通过在全国13个省（区、市）开展节能砖与农村节能建筑示范推广，不仅取得了显著的节能减排效果，还探索并形成了不同地区的节能砖生产与节能建筑建设和应用的示范模式，有力促进了我国砖瓦生产企业的升级转型和技术进步，同时把节能建筑建设与农村可再生能源综合利用相结合，探索了农村节能减排的新途径。

12月6日（当地时间） 中国《第三次气候变化国家评估报告》在联合国利马气候大会期间发布。报告显示，到本世纪末，气温最高或将增长5摄氏度，海平面比上世纪高出约半米，极端天气将频繁出现，灾害损失呈上升趋势。

《报告》认为，未来中国区域气温将继续上升，到本世纪末可能增温1.3～5摄氏度；暴雨、强风暴潮、大范围干旱等极端天气发生的频次和强度将增加；中国海区海平面到本世纪末将比上世纪高出0.4～0.6米。

该《报告》的编撰工作从2011年开始，由科技部、中国气象局、中国科学院等多部门共同组成的专家组完成。本次报告分为7卷，新增了“方法与数据”、“企业应对气候变化案例”，报告共形成13项结论。

12月6日（当地时间） 在秘鲁首都利马召开的第二十次联合国气候变化框架公约缔约方大会（COP20）期间，中国代表团举办了“中国第三次气候变化国家评估报告”主题边会，就《报告》的主要结论进行了介绍。中国代表团副团长、国家发改委气候司司长苏伟，科技部社会发展科技司孙成永参赞，中国气象局科技司高云副司长，第三次《气候变化国家评估报告》编写专家组组长刘燕华国务参事，评估报告各卷领衔专家周大地研究员等共计40余人出席了边会。

《气候变化国家评估报告》编制工作由科技部、中国气象局、中科院和中国工程院共同牵头，联合国家发改委、环保部、交通部等16个部门于2012年8月启动国内500多位气候变化领域专家参与编写工作。

刘燕华介绍了《气候变化国家评估报告》的编制背景、重要结论和亮点工作。《报告》主要内容包括：气候变化的科学问题、气候变化影响与适应、减缓气候变化、经济社会影响、政策行动及国际合作、数据与方法、应对气候变化企业案例等七个部分。

《报告》从一个侧面反映了中国针对气候变化问题的研究成果，展现了中国在世界背景下的气候变化的特殊情况。中国在特殊的地理环境背景下，更容易受到气候变化的影响。从1909年至2011年，中国陆地区域平均增温0.9-1.5℃，未来，中国区域气温将继续上升，到本世纪末，可能增温1.3-5.0℃。气候变化对我国影响利弊共存，总体上弊大于利。我国自然灾害风险等级处于全球较高水平，对气候变化敏感性高，气候变化不利影响呈现向经济社会系统深入的显著趋势。2013年二氧化碳排放强度比2005年下降了28.5%，经过进一步努力，2020年可实现二氧化碳排放强度下降40-45%的上线目标。各行业部门均具有较大的温室气体减排潜力，林业碳汇是当前和未来重要的增加碳汇途径，减排与增汇应并举。2030年左右我国基本完成工业化与城镇化，为二氧化碳排放达到峰值提供了条件，但发展方式、政策导向和科技创新等都将对峰值时间和水平带来不确定性。随着世界经济和排放格局的变化，我国参与应对气候变化国际治理角色的重要性不断增强，应统筹国际国内两个大局，扎实走出一条既符合中国国情、又能适应全球挑战的可持续发展道路。

12月8日（当地时间） 由中国国家发展改革委、联合国开发计划署、联合国环境规划署共同举办的“应对气候变化南南合作高级别研讨会”在秘鲁利马举行。联合国气候变化利马会议中国政府代表团团长、中国国家发展改革委副主任解振华，以及联合国开发计划署署长海伦•克拉克、联合国环境规划署执行主任阿希姆•施泰纳出席开幕式并致辞。联合国气候变化框架公约秘书处执行秘书菲格里斯和部分发展中国家部长及国际机构高级代表在开幕式上作了演讲。

解振华在致辞中表示，中国是南南合作的积极倡导者和忠实实践者，下一步将继续积极支持和参与各领域的南南合作。一是结合有关国家需求，继续为发展中国家提供实物支持。二是做好培训交流，加强人力资源建设。三是建立气候变化南南合作基金，扩大应对气候变化南南合作的资金规模。四是打造气候变化南南合作促进平台，开展气候变化领域的知识共享、技术转让和人才流通，为南南合作注入新活力。

12月9～11日 在北京举行的中央经济工作会议强调，从资源环境约束看，过去能源资源和生态环境空间相对较大，现在环境承载能力已经达到或接近上限，必须顺应人民群众对良好生态环境的期待，推动形成绿色低碳循环发展新方式。

12月9日（当地时间） 联合国气候变化利马会议高级别会议开幕。中国政府代表团团长、国家发展改革委副主任解振华代表中国作国别发言。

解振华在发言中提出了三点建议。一是加速实施，提高力度。二是坚守公约，细化协议。三是加强行动，多做贡献。

解振华强调，我们将不断加大力度，争取完成到2020年碳强度下降40%—45%的上限目标。同时加快氢氟碳化物销毁和替代，“十二五”期间实现减排2.8亿吨二氧化碳当量。

12月9日（当地时间） 出席联合国气候变化利马会议的中国代表团团长、国家发展改革委副主任解振华与联合国秘书长潘基文举行会谈，就气候变化相关问题交换了意见。

解振华强调了中国及“基础四国”对2015年协议的谈判有几点基本立场。一是必须坚持“共同但有区别的责任”原则、公平原则和各自能力原则。二是国家自主决定的贡献范围应全面涵盖减缓、适应、资金、技术、能力建设等各个要素。三是2015年对各方贡献开展事前评估将分散各方谈判精力和时间，不利于2015年协议如期达成。四是应落实巴厘路线图谈判成果，推动议定书第二承诺期尽快生效，明确到2020年每年1000亿美元筹资目标的时间表和路线图。五是2015年协议应平衡全面反映各方观点，通过多边谈判找到妥善解决方案。

潘基文高度评价中方在气候变化问题上的领导力，表示中美气候变化联合声明具有历史性意义，将对气候变化谈判和行动产生重大影响，中美两国为解决“共同但有区别的责任”问题树立了典范。联合国方面和相关发展中国家对中国建立南南合作基金，并向联合国捐款专门用于应对气候变化南南合作表示高度赞赏。

12月9日（当地时间） 联合国气候变化利马会议中国政府代表团在利马会场中国角分别举行“中国应对气候变化纵向一体化战略”、“国际合作：迈向2015年气候协议——国际智库的视角”、“中国碳市场展望”3场主题边会，解振华团长致辞。当日，解振华还出席了“气候传播与公众意识主题边会”、“中国企业低碳发展论坛”及“今日变革进步奖”颁奖典礼并致辞。

12月10日 国家发展和改革委发布第17号令，为落实党的十八届三中全会决定、“十二五”规划《纲要》和国务院《“十二五”控制温室气体排放工作方案》的要求，推动建立全国碳排放权交易市场，发布《碳排放权交易管理暂行办法》，于自发布之日起30日后施行。

国家发展和改革委员会是碳排放权交易的国务院碳交易主管部门，依据本办法负责碳排放权交易市场的建设，并对其运行进行管理、监督和指导。各省、自治区、直辖市发展和改革委员会是碳排放权交易的省级碳交易主管部门，依据本办法对本行政区域内的碳排放权交易相关活动进行管理、监督和指导。

《暂行办法》包括总则、配额管理、排放交易、核查与配额清缴共四章31条。

12月10日 《中国科学报》报道，中国工程院院士、四川大学校长谢和平课题组提出了一种利用二氧化碳直接发电的新矿化反应及化学原理。这是国际上首次开发出二氧化碳矿化发电的cmfc（二氧化碳矿化燃料电池）新方法和技术，攻克了将二氧化碳作为潜在低位能源来直接发电的世界性难题。采用这一研究成果，矿化1吨二氧化碳，能够产出140度电能，同时产出1.91吨、价值人民币2000元到3000元的碳酸氢钠。

“二氧化碳矿化发电”是将二氧化碳矿化过程中产生的化学能，直接转化成电能。目前在谢和平院士课题组的小试实验中，二氧化碳矿化发电的cmfc新方法能够稳定输出电能，最大输出功率为5.5瓦/平方米，高于部分生物燃料电池0.01～0.530瓦/平方米，最大输出电压为0.452伏；与此同时，不同浓度的二氧化碳均可直接进行矿化发电，不需要进行二氧化碳捕捉过程。

课题组目前已经成功实现了采用电石渣、有机废碱、水泥粉尘以及钢渣等工业碱性废物，作为二氧化碳矿化发电的原料来稳定输出电能，在利用二氧化碳矿化发电的同时还联产高附加值的化工产品碳酸氢钠，同时又处理了危害环境的工业废物，形成了一条对环境友好的，可持续循环经济发展的二氧化碳减排利用新途径。

12月11日（当地时间） 联合国气候变化利马会议中国政府代表团团长、国家发展改革委副主任解振华，在利马会场中国角出席“建立基于土地恢复适应气候变化的联合指标”主题边会活动，并发表致辞。

解振华在致辞中指出，中国是世界上受荒漠化影响最为严重的国家之一，也是荒漠化防治成效最为显著的国家。经过半个多世纪的艰苦努力，荒漠化总体趋势得到了基本遏制。中国防治荒漠化的实践充分证明，土地退化零增长的目标是可以实现的。

联合国防治沙漠化公约秘书处执行秘书莫妮卡•巴布出席边会并致辞。哥斯达黎加、摩洛哥、巴拿马、塞内加尔、纳米比亚、缅甸等国部长或部长代表出席边会并进行对话。

12月14日（当地时间） 联合国气候变化框架公约第二十次缔约方会议及京都议定书第十次缔约方会议在延期32个小时后闭幕。中国代表团团长、国家发展改革委副主任解振华在闭幕式上作了发言。闭幕式后，解振华在会场外接受了中外媒体记者的联合采访，阐述了中国代表团对利马会议的看法及对今后气候变化国际谈判的期待。

中国代表团认为，利马会议进一步细化了2015年协议的要素，为各方明年进一步起草并提出协议草案奠定了坚实基础，向国际社会发出了确保多边谈判于2015年达成协议的积极强有力信号。会议达成了关于继续推动德班平台谈判的决定，进一步明确并强化2015年协议在公约下，遵循“共同但有区别的责任”原则的基本政治共识，初步明确了各方2020年后应对气候变化国家自主贡献所涉及的信息，为各方于明年巴黎会议前尽早提出各自2020年后应对气候变化行动目标提供了参考依据。尽管发达国家落实京都议定书第二承诺期减排指标的进展仍然有限，2020年前行动力度仍有待提高，但会议还是就加速落实2020年前巴厘路线图成果并提高力度作出了进一步安排，有助于增进各方互信。

中国代表团称，利马会议前夕，习近平主席与奥巴马总统举行会晤，中美两国一起宣布了各自2020年后应对气候变化行动目标，为利马会议营造了积极的政治氛围。利马会议期间，中国代表团全面、广泛、深入地参加了各个议题的磋商，以理性、务实、建设性的姿态与各方对话沟通协调，全力支持东道国秘鲁的工作，为会议取得成功作出了重要贡献。

12月14日 （当地时间）《联合国气候变化框架公约》第20次缔约方大会暨《京都议定书》第10次缔约方大会

在秘鲁首都利马闭幕。大会就2015年巴黎大会协议草案的要素基本达成一致意见，为各方明年进一步起草并提出协议草案奠定了基础。

会议还就继续推动德班平台谈判达成共识，进一步明确并强化2015年的巴黎协议在《联合国气候变化框架公约》下，遵循“共同但有区别的责任原则”的基本政治共识，初步明确了各方2020年后应对气候变化国家自主贡献所涉及的信息。利马大会还就加速落实2020年前巴厘路线图成果、提高执行力度作出了进一步安排，增进了各方互信。以中国国家发展和改革委员会副主任解振华为团长的中国代表团在联合国利马气候大会上与各方积极磋商，为大会取得积极成果推进全球应对气候变化做出了积极努力与贡献。

12月15日　我国第一座钠冷快中子反应堆——中国实验快堆首次达到100%功率，到18日实现满功率稳定运行72小时，主要工艺参数和安全性能指标达到设计要求，这标志着我国全面掌握了快堆的设计、建造、调试、运行的核心技术，将为我国快堆技术研发和快堆电站开发提供坚强支撑，为我国核能发展及先进闭式燃料循环体系建立发挥重要作用。

中国实验快堆是我国快堆发展的第一步，核热功率65兆瓦，实验发电功率20兆瓦，是目前世界上为数不多的具备发电功能的实验快堆。1995年立项至今研发已有19年历史。

12月20日　上海西站绿色低碳交通枢纽建设关键技术研究与集成示范”课题通过验收，这标志着全国领先的绿色低碳交通枢纽建成，预计碳排放强度比普通交通枢纽减少30％。

上海西站在占地1.5万平方米的地下空间设计装置引下“天光”，只有在没有日光照射的时候，内置灯才会自动亮起。其南广场一共布设了29个导光管，阳光透过玻璃射入导光管中，管四周的锡箔纸最大限度地将光的折射引入10米下的地下广场，由此替代电灯照明。据估算，引下的“天光”每年能为交通枢纽节电1.6万度。阳光不仅能用来照明，还能用来发电。其地下停车场出入口顶棚采用太阳能光伏电池一体化设计，规划并网后不但能给交通枢纽供电，也能给城市电网输送“绿电”。

12月22日　十二届全国人大常委会第十二次会议审议了国务院关于提请审议大气污染防治法修订草案的议案。这次27年来的第三次修订，也是首次大规模修订。

相比现行大气法，修订草案新增了标准规划制定、区域联防联控、重污染天应对三个章节，并强化了企业和政府的法律责任。特别对于重点领域大气污染防治，加大了对污染的处罚力度，采取更为严厉的限批措施。草案还取消了现行法中50万元的处罚上限，代以倍数类惩罚标准。

12月24日　“节能与低碳发展论坛”在北京举行。来自有关部委、科研院所、国内外知名企业共300余人参加论坛。

国家发改委副主任解振华介绍，今年全年单位GDP能耗大体上将下降4.6%—4.7%，现在看来能够超额完成任务。工业和信息化部副部长苏波指出，苏波强调，当前资源约束趋紧、环境污染严重、生态系统退化的形势依然严峻，工业和信息化部将会同相关部委和有关机构从四个方面推动工业绿色发展、低碳发展、循环发展。一是继续完善有利于绿色发展的政策法规。二是加强体制模式创新。三是抓好重点领域污染防治。四是进一步推进节能减排技术改造。

本次节能与低碳发展论坛由中国节能协会主办，以“创新驱动发展，低碳助力节能减排”为主题，论坛还同期举办了五个分论坛，围绕节能减排、清洁能源、节能服务、绿色发展等进行了广泛研讨。

12月　中国风电的并网容量已接近1亿千瓦，提前一年完成“十二五”规划目标。风电发电量在整个电源结构中占比逐渐增长，连续两年超过核电，成为我国第三大电源。风电产业已经在科研、装备、建设、运行、管理方面，形成了一个比较完备的产业链。

12月　杭州加快推广新能源汽车应用，探索出纯电动汽车自驾分时租赁的“微公交”新模式。12月在杭州召开的中国电动汽车城市公共交通模式创新研讨会上，这一创新模式受到科技部部长万钢和与会专家的高度关注与肯定。

杭州“微公交”模式全部采用纯电动汽车，结合城市出租车、私家车、城际自驾租车和传统公交模式等优点，集可充换电智能立体车库和平面站点于一体，实现了动态交通和静态交通的协和，是一种全新的城市公共交通运营模式。目前，杭州市区已拥有微公交5142辆，充电点51个。

12月　商务部、环境保护部、工业和信息化部发出《关于印发〈企业绿色采购指南（试行）〉的通知》，引导和促进企业积极履行环境保护责任，建立绿色供应链，实现绿色、低碳和循环发展。

12月　据国家统计局公布的数据，2014年全国单位GDP能耗下降4.8%，超额完成年度3.9%以上的目标。其中能耗强度下降和氮氧化物减排创下“十二五”以来最好成绩，成为新常态下的新亮点。2014年全年万元工业增加值能耗同比下降7%左右，万元工业增加值用水量同比下降5.8%。“十二五”前四年，工业能耗、水耗累计下降21%和28%左右，基本提前一年实现了下降21%和30%的“十二五”目标。

>>>

附录

国家统计局统计数据

（国家统计局提供）

一、经济社会主要指标

表1-1 东、中、西部及东北地区国民经济和社会发展主要指标（2014年）

指标	全国总计	东部地区		中部地区		西部地区		东北地区	
		绝对数	占全国比重(%)	绝对数	占全国比重(%)	绝对数	占全国比重(%)	绝对数	占全国比重(%)
总人口(年末)（万人）	136782	52169	38.3	36262	26.6	36839	27.0	10976	8.1
国内(地区)生产总值（亿元）	636139	350101	51.2	138680	20.3	138100	20.2	57469	8.4
第一产业（亿元）	58336	20132	34.5	15351	26.3	16433	28.2	6421	11.0
第二产业（亿元）	271764	159086	49.6	68771	21.5	65441	20.4	27216	8.5
第三产业（亿元）	306038	170883	55.9	54558	17.9	56227	18.4	23832	7.8
全社会固定资产投资额(亿元)	512021	206412	40.8	124250	24.6	129191	25.5	45899	9.1
房地产开发投资额（亿元）	95036	47639	50.1	18308	19.3	21433	22.6	7656	8.1
社会消费品零售总额（亿元）	271896	140948	51.8	56145	20.6	49850	18.3	24953	9.2
货物进出口总额（亿美元）	43015	35411	82.3	2470	5.7	3342	7.8	1793	4.2
出口（亿美元）	23423	18846	80.5	1584	6.8	2174	9.3	819	3.5
进口（亿美元）	19592	16565	84.5	886	4.5	1168	6.0	974	5.0
地方一般公共预算收入(亿元)	75877	40814	53.8	13490	17.8	15875	20.9	5697	7.5
地方一般公共预算支出(亿元)	129215	51379	39.8	27612	21.4	38797	30.0	11428	8.8
主要农产品产量									
粮食（万吨）	60703	14768	24.3	18248	30.1	16158	26.6	11529	19.0
棉花（万吨）	618	132	21.4	106	17.1	380	61.5	0	0.0
油料（万吨）	3507	813	23.2	1528	43.6	1001	28.5	167	4.7
主要工业产品产量									
原煤（亿吨）	39	3	6.7	13	33.4	22	55.9	2	3.9
原油（万吨）	21143	7866	37.2	549	2.6	7042	33.3	5686	26.9
天然气（亿立方米）	1302	144	11.1	38	2.9	1053	80.9	66	5.1
水泥（万吨）	249207	86388	34.7	68605	27.5	80972	32.5	13242	5.3

表1-1　东、中、西部及东北地区国民经济和社会发展主要指标（2013年）（续一）

指　　标	全国总计	东部地区		中部地区		西部地区		东北地区	
		绝对数	占全国比重(%)	绝对数	占全国比重(%)	绝对数	占全国比重(%)	绝对数	占全国比重(%)
粗钢（万吨）	82231	44502	54.1	16833	20.5	12647	15.4	8249	10.0
钢材（万吨）	112513	66665	59.3	20651	18.4	16350	14.5	8847	7.9
汽车（万辆）	2373	1102	46.5	385	16.2	526	22.2	360	15.2
发电量（亿千瓦小时）	56496	21272	37.7	11980	21.2	19943	35.3	3301	5.8
邮电业务总量（亿元）	21834	11790	54.0	3982	18.2	4656	21.3	1406	6.4
铁路营业里程（公里）	111821	26507	23.7	26040	23.3	43605	39.0	15669	14.0
公路里程（公里）	4463913	1102793	24.7	1193364	26.7	1793824	40.2	373935	8.4
#高速公路（公里）	111936	33364	29.8	29695	26.5	38272	34.2	10604	9.5
客运量（万人）	2209391	770852	35.5	644264	29.7	579062	26.7	176017	8.1
货运量（万吨）	4386800	1509972	35.1	1305709	30.4	1149799	26.8	330662	7.7
普通高等学校									
学校数（个）	2529	980	38.8	668	26.4	627	24.8	254	10.0
本专科招生数（万人）	721	280	38.8	199	27.6	178	24.7	64	8.9
本专科在校学生数（万人）	2548	998	39.2	695	27.3	621	24.4	235	9.2
本专科毕业生数（万人）	659	262	39.8	185	28.0	154	23.4	58	8.9
卫生机构数（个）	981432	319062	32.5	273276	27.8	312533	31.8	76561	7.8
#医院（个）	25860	8975	34.7	5968	23.1	8371	32.4	2546	9.8
卫生技术人员（万人）	759.0	309.2	40.8	185.1	24.4	201.7	26.6	62.0	8.2
#执业(助理)医师（万人）	289.3	119.7	41.4	71.7	24.8	73.2	25.3	24.6	8.5
医疗机构床位数（万张）	660.1	235.5	35.7	174.9	26.5	190.0	28.8	59.8	9.1
#医院（万张）	496.1	184.2	37.1	124.9	25.2	138.3	27.9	48.7	9.8
居民人均可支配收入（元）	20167	25954		16868		15376		19604	
城镇居民人均可支配收入(元)	28844	33905		24733		24391		25579	
农村居民人均可支配收入(元)	10489	13145		10011		8295		10802	

注：东部10省市、中部6省、西部12省市区和东北3省合计占全国的比重以全国各地区合计数为100计算。

表1-2 京津冀及长江经济带国民经济和社会发展主要指标(2014年)

指 标	全国总计	京津冀地区		长江经济带	
		绝对数	占全国比重(%)	绝对数	占全国比重(%)
总人口(年末) (万人)	136782	11052	8.1	58426	42.9
国内(地区)生产总值 (亿元)	636139	66479	9.7	284689	41.6
第一产业 (亿元)	58336	3806	6.5	23800	40.8
第二产业 (亿元)	271764	27290	8.5	132488	41.3
第三产业 (亿元)	306038	35383	11.6	128401	42.0
全社会固定资产投资额(亿元)	512021	44114	8.7	209459	41.4
房地产开发投资额 (亿元)	95036	9475	10.0	44283	46.6
社会消费品零售总额 (亿元)	271896	26197	9.6	112693	41.4
货物进出口总额 (亿美元)	43015	6093	14.2	17568	40.8
出口 (亿美元)	23423	1506	6.4	10718	45.8
进口 (亿美元)	19592	4586	23.5	6850	35.1
地方一般公共预算收入(亿元)	75877	8864	11.7	32918	43.4
地方一般公共预算支出(亿元)	129215	12087	9.4	55136	42.7
主要农产品产量					
粮食 (万吨)	60703	3600	5.9	23024	37.9
棉花 (万吨)	618	47	7.6	108	17.6
油料 (万吨)	3507	151	4.3	1625	46.3
主要工业产品产量					
原煤 (亿吨)	39	1	2.0	6	15.2
原油 (万吨)	21143	3667	17.3	310	1.5
天然气 (亿立方米)	1302	51	4.0	266	20.5
水泥 (万吨)	249207	12496	5.0	119661	48.0
粗钢 (万吨)	82231	20820	25.3	28613	34.8
钢材 (万吨)	112513	31494	28.0	37796	33.6
汽车 (万辆)	2373	355	15.0	1018	42.9
发电量 (亿千瓦小时)	56496	3489	6.2	22681	40.1
邮电业务总量 (亿元)	21834	1959	9.0	9202	42.1

表1-2 京津冀及长江经济带国民经济和社会发展主要指标(2014年)(续)

指　　标		全国总计	京津冀地区		长江经济带	
			绝对数	占全国比重(%)	绝对数	占全国比重(%)
铁路营业里程	(公里)	111821	8508	7.6	32397	29.0
公路里程	(公里)	4463913	217159	4.9	1936515	43.4
#高速公路	(公里)	111936	7983	7.1	43191	38.6
客运量	(万人)	2209391	144088	6.6	1110908	51.2
货运量	(万吨)	4386800	286250	6.7	1871000	43.6
普通高等学校						
学校数	(个)	2529	262	10.4	1083	42.8
本专科招生数	(万人)	721	61	8.5	306	42.3
本专科在校学生数	(万人)	2548	227	8.9	1079	42.4
本专科毕业生数	(万人)	659	62	9.4	284	43.0
卫生机构数	(个)	981432	93523	9.5	381795	38.9
#医院	(个)	25860	2322	9.0	10619	41.1
卫生技术人员	(万人)	759.0	65.0	8.6	313.0	41.3
#执业(助理)医师	(万人)	289.3	27.1	9.4	119.4	41.3
医疗机构床位数	(万张)	660.1	49.4	7.5	289.5	43.8
#医院	(万张)	496.1	39.2	7.9	213.7	43.1

注：京津冀3省市及长江经济带11省市(上海、江苏、浙江、安徽、江西、湖南、湖北、重庆、四川、贵州、云南)合计占全国的比重以全国各地区合计数为100计算。

二、自然资源

表2–1　土地状况

项　　目	面积(万平方公里)
总面积	960
#耕地	135
园地	14
林地	253
牧草地	219
其他农用地	24
居民点及独立工矿用地	31
交通运输用地	3
水利设施用地	4

注：本表数据来源于国土资源部，为2013年全国土地变更调查数据。

表2–2　主要河流基本情况

名　　称	流 域 面 积(平方公里)	河长(公里)	年 径 流 量(亿立方米)
长　　江	1782715	6300	9857
黄　　河	752773	5464	592
松 花 江	561222	2308	818
辽　　河	221097	1390	137
珠　　江	442527	2214	3381
海　　河	265511	1090	163
淮　　河	268957	1000	595

注：本表数据由水利部提供，为2002年至2005年进行的第二次水资源评价数据。

表2-3　河流流域面积

流域名称	流 域 面 积(平方公里)	占外流河、内陆河流域面积合计
合计	9506678	100.00
外流河	6150927	64.70
黑龙江及绥芬河	934802	9.83
辽河、鸭绿江及沿海诸河	314146	3.30
海滦河	320041	3.37
黄河	752773	7.92
淮河及山东沿海诸河	330009	3.47
长江	1782715	18.75
浙闽台诸河	244574	2.57
珠江及沿海诸河	578974	6.09
元江及澜仓江	240389	2.53
怒江及滇西诸河	157392	1.66
雅鲁藏布江及藏南诸河	387550	4.08
藏西诸河	58783	0.62
额尔齐斯河	48779	0.51
内陆河	3355751	35.30
内蒙内陆河	311378	3.28
河西内陆河	469843	4.94
准噶尔内陆河	323621	3.40
中亚细亚内陆河	77757	0.82
塔里木内陆河	1079643	11.36
青海内陆河	321161	3.38
羌唐内陆河	730077	7.68
松花江、黄河、藏南闭流区	42271	0.44

注：本表数据由水利部提供，为2002年至2005年进行的第二次水资源评价数据。

表2-4 主要矿产基础储量

项 目		2014
石油	(万吨)	343335.00
天然气	(亿立方米)	49451.78
煤炭	(亿吨)	2399.93
铁矿	(矿石，亿吨)	206.56
锰矿	(矿石，万吨)	21415.44
铬矿	(矿石，万吨)	419.75
钒矿	(万吨)	900.17
原生钛铁矿	(万吨)	21611.22
铜矿	(铜，万吨)	2836.36
铅矿	(铅，万吨)	1720.82
锌矿	(锌，万吨)	4034.06
铝土矿	(矿石，万吨)	98321.90
镍矿	(镍，万吨)	252.98
钨矿	(WO3，万吨)	233.30
锡矿	(锡，万吨)	110.58
钼矿	(钼，万吨)	836.55
锑矿	(锑，万吨)	53.23
金矿	(金，吨)	2016.66
银矿	(银，吨)	38503.99
菱镁矿	(矿石，万吨)	108366.98
普通萤石	(矿物，万吨)	3975.84
硫铁矿	(矿石，万吨)	133859.93
磷矿	(矿石，亿吨)	30.73
钾盐	(KCl，万吨)	59475.91
盐矿	(NaCl，亿吨)	831.70
芒硝	(Na2SO4，亿吨)	55.13
重晶石	(矿石，万吨)	3029.14
玻璃硅质原料	(矿石，万吨)	190392.05
石墨	(矿物，万吨)	4128.95
滑石	(矿石，万吨)	8395.39
高岭土	(矿石，万吨)	57521.17

注：本表资料由国土资源部提供。其中，石油和天然气的数据为剩余技术可采储量(下表同)。

表2-5 分地区主要能源、黑色金属矿产基础储量（2014年）

地 区	石 油 (万吨)	天然气 (亿立方米)	煤 炭 (亿吨)	铁 矿 (矿石,亿吨)	锰 矿 (矿石,万吨)	铬 矿 (矿石,万吨)	钒 矿 (万吨)	原生钛铁矿 (万吨)
全 国	343335.00	49451.78	2399.93	206.56	21415.44	419.75	900.17	21611.22
北 京			3.75	1.33				
天 津	3048.60	278.53	2.97					
河 北	26724.90	324.49	40.97	28.54	7.05	4.64	10.28	283.68
山 西		75.95	920.89	16.92	12.90			
内蒙古	8354.40	8098.14	490.02	25.32	567.55	56.29	0.77	
辽 宁	15777.40	156.57	27.57	51.67	1386.50			
吉 林	18122.30	667.81	9.71	4.67	0.40			
黑龙江	45373.80	1344.51	62.12	0.35				
上 海								
江 苏	2965.40	24.02	10.71	1.72			4.51	
浙 江			0.43	0.54			3.75	
安 徽	253.10	0.26	83.96	8.75	4.06		5.89	
福 建			4.22	3.24	132.04			
江 西			3.43	1.47			6.52	
山 东	32627.40	348.35	77.22	9.06				786.87
河 南	4876.80	70.79	86.49	1.36	0.82			0.46
湖 北	1284.90	4.42	3.19	4.51	657.44		29.22	1053.23
湖 南			6.68	1.78	1913.92		2.90	
广 东	13.80	0.50	0.23	1.00	75.23			
广 西	131.60	1.32	2.27	0.29	8486.60		171.49	
海 南	277.90	3.69	1.19	0.90				
重 庆	267.70	2456.55	18.03	0.13	1393.33			
四 川	661.80	11708.56	54.10	25.92	100.04		567.27	19438.13
贵 州		6.31	93.98	0.13	4417.10			
云 南	12.20	0.80	59.47	4.18	1152.27		0.07	3.12
西 藏			0.12	0.17		169.22		
陕 西	36300.80	8047.88	95.48	3.98	289.02		7.47	
甘 肃	21878.40	256.09	32.86	3.39	259.00	141.24	89.87	
青 海	7524.50	1457.94	11.82	0.03		3.68		
宁 夏	2180.60	272.76	38.04					
新 疆	58878.60	9746.20	158.01	5.21	560.17	44.68	0.16	45.73
海 域	55798.20	4099.34						

表2-6　分地区主要有色金属、非金属矿产基础储量（2014年）

地　区	铜　矿 (铜,万吨)	铅　矿 (铅,万吨)	锌　矿 (锌,万吨)	铝土矿 (矿石,万吨)	菱镁矿 (矿石,万吨)	硫铁矿 (矿石,万吨)	磷　矿 (矿石,亿吨)	高岭土 (矿石,万吨)
全　国	2836.36	1720.82	4034.06	98321.90	108366.98	133859.93	30.73	57521.17
北　京	0.02							
天　津								
河　北	13.54	23.69	72.92	28.01	882.34	1089.31	1.93	58.30
山　西	156.01	0.46	0.17	14481.50		1058.11	0.17	160.20
内蒙古	415.67	584.78	1178.88			14865.81	0.11	4813.18
辽　宁	29.26	13.19	46.74		92453.66	1240.03	0.81	536.93
吉　林	20.65	13.95	18.92		1.10	730.70		47.90
黑龙江	111.45	6.37	26.61			48.20		
上　海								
江　苏	5.75	24.34	40.51			566.97	0.13	148.99
浙　江	5.33	8.21	18.44			461.66		830.02
安　徽	167.01	13.27	12.63			14848.78	0.20	176.51
福　建	127.02	28.10	69.96			1160.20		5363.15
江　西	576.82	53.18	77.56			13996.05	0.62	2975.75
山　东	8.83	0.63	0.75	158.90	14793.49	3.18		314.08
河　南	11.23	57.74	46.37	14933.61		5960.77	0.03	
湖　北	102.14	5.13	20.23	502.87		4717.38	8.00	418.37
湖　南	10.11	51.13	73.12	311.43		728.04	0.24	1986.07
广　东	30.11	119.38	210.48			16013.29		5396.73
广　西	3.33	44.54	147.08	46644.67		6141.93		31906.65
海　南	3.52	6.68	16.99					1916.80
重　庆		5.41	17.30	6409.21		1453.10		0.40
四　川	67.77	99.28	231.42	51.60	186.49	37956.92	4.70	56.10
贵　州	0.28	9.53	85.24	13322.27		5721.90	6.64	15.00
云　南	295.59	213.43	905.84	1476.94		4878.86	6.48	311.10
西　藏	274.40	92.93	43.34					
陕　西	19.95	29.92	72.19	0.89		108.30	0.06	81.10
甘　肃	144.62	76.60	312.75			1.00		
青　海	25.08	51.58	109.74		49.90	50.08	0.60	
宁　夏							0.01	
新　疆	210.87	87.37	177.88			59.36		7.84
海　域								

三、土地利用与生态

表3-1 分地区耕地面积

单位：千公顷

地 区	2009	2010	2011	2012	2013
地方合计	135384.6	135268.3	135238.6	135158.4	135163.4
北 京	227.2	223.8	222.0	220.9	221.2
天 津	447.2	443.7	441.1	439.3	438.3
河 北	6561.4	6551.4	6565.0	6558.3	6551.2
山 西	4068.4	4064.2	4064.5	4064.2	4062.0
内蒙古	9189.3	9187.6	9189.4	9186.9	9199.0
辽 宁	5041.9	5031.2	5013.2	4998.9	4989.7
吉 林	7030.4	7017.4	7021.2	7013.7	7006.5
黑龙江	15865.9	15858.0	15849.1	15845.9	15864.1
上 海	189.8	188.2	187.6	188.2	188.0
江 苏	4612.9	4595.5	4587.8	4584.7	4581.6
浙 江	1986.7	1983.7	1981.6	1979.4	1978.5
安 徽	5907.0	5894.9	5886.5	5881.3	5883.1
福 建	1341.8	1338.3	1337.9	1338.4	1338.7
江 西	3089.1	3085.0	3085.3	3083.5	3087.3
山 东	7668.3	7658.1	7646.9	7635.7	7633.5
河 南	8192.0	8177.5	8161.9	8156.8	8140.7
湖 北	5323.0	5312.3	5301.5	5290.0	5281.8
湖 南	4135.0	4137.5	4138.0	4146.2	4149.5
广 东	2532.2	2569.4	2601.3	2614.4	2621.8
广 西	4430.5	4424.7	4421.5	4414.2	4419.4
海 南	729.8	729.9	726.6	726.7	726.7
重 庆	2438.4	2442.9	2449.7	2451.3	2455.8
四 川	6720.0	6720.1	6735.6	6732.1	6734.8
贵 州	4562.5	4566.2	4560.7	4552.2	4548.1
云 南	6243.9	6240.1	6233.5	6224.9	6219.8
西 藏	443.0	442.4	442.4	442.2	441.8
陕 西	3997.6	3991.7	3989.9	3985.5	3992.0
甘 肃	5410.2	5396.5	5388.0	5383.5	5378.8
青 海	588.0	587.9	588.3	588.5	588.2
宁 夏	1288.1	1286.7	1285.0	1282.7	1281.1
新 疆	5123.1	5121.5	5135.4	5148.1	5160.2

注：本表数据来源于国土资源部，2009年为《第二次全国土地调查》数据，其余年份为当年全国土地变更调查数据。

表3-2 分地区土地利用情况（2013年）

单位：万公顷

地区	农用地			建设用地			
		#园地	#草地		城镇村及工矿用地	交通运输用地	水域及水利设施用地
全国	64616.8	1445.5	21951.4	3745.6	3060.7	334.5	350.4
北京	115.1	13.6	0.02	35.3	30.1	3.2	2.1
天津	70.1	3.0		40.6	32.5	2.7	5.3
河北	1312.0	84.5	40.3	212.4	184.4	17.4	10.6
山西	1003.6	40.9	3.4	100.1	86.8	9.6	3.7
内蒙古	8291.1	5.7	4958.9	157.6	130.9	20.0	6.7
辽宁	1155.3	47.1	0.3	159.8	131.3	14.7	13.8
吉林	1661.6	6.6	23.8	107.4	85.1	8.7	13.5
黑龙江	3993.6	4.5	109.9	160.0	120.9	15.0	24.1
上海	31.7	1.7	0.000	30.2	27.0	2.9	0.3
江苏	652.7	30.6	0.01	222.6	185.2	20.7	16.6
浙江	864.2	59.8	0.03	124.1	96.7	13.5	13.9
安徽	1118.5	35.3	0.1	194.3	161.0	12.7	20.7
福建	1090.8	78.2	0.03	78.7	60.9	10.7	7.1
江西	1447.3	32.9	0.1	122.3	92.4	9.6	20.2
山东	1156.8	72.8	0.6	276.4	232.9	20.4	23.1
河南	1272.5	22.3	0.03	251.9	216.4	16.9	18.6
湖北	1582.3	48.8	0.2	163.2	125.8	10.9	26.4
湖南	1822.5	67.2	1.4	158.2	129.8	13.2	15.2
广东	1502.9	128.9	0.3	193.2	157.3	16.5	19.4
广西	1959.0	108.9	0.5	118.1	87.4	12.8	17.9
海南	298.1	92.8	1.4	33.2	25.3	2.2	5.7
重庆	710.1	27.2	4.6	63.8	54.4	5.7	3.8
四川	4223.5	74.0	1096.1	174.8	150.0	13.7	11.1
贵州	1478.8	16.8	7.3	63.3	51.1	8.2	4.0
云南	3299.5	164.3	14.8	99.4	81.2	10.3	7.9
西藏	8724.5	0.2	7069.8	13.8	9.6	3.6	0.6
陕西	1862.5	82.6	218.2	90.8	77.6	9.6	3.6
甘肃	1855.6	25.9	592.3	86.4	75.1	7.5	3.8
青海	4510.8	0.6	4081.5	33.7	23.0	4.5	6.2
宁夏	381.1	5.2	150.1	30.0	25.7	3.4	0.9
新疆	5168.7	62.7	3575.7	150.1	113.0	13.6	23.5

表3–3　分地区森林资源情况

地　区	林业用地面积（万公顷）	森林面积（万公顷）		森林覆盖率（%）	活立木总蓄积量（万立方米）	森林蓄积量（万立方米）
			#人工林			
全　国	31259.00	20768.73	6933.38	21.63	1643280.62	1513729.72
北　京	101.35	58.81	37.15	35.84	1828.04	1425.33
天　津	15.62	11.16	10.56	9.87	453.98	374.03
河　北	718.08	439.33	220.90	23.41	13082.23	10774.95
山　西	765.55	282.41	131.81	18.03	11039.38	9739.12
内蒙古	4398.89	2487.90	331.65	21.03	148415.92	134530.48
辽　宁	699.89	557.31	307.08	38.24	25972.07	25046.29
吉　林	856.19	763.87	160.56	40.38	96534.93	92257.37
黑龙江	2207.40	1962.13	246.53	43.16	177720.97	164487.01
上　海	7.73	6.81	6.81	10.74	380.25	186.35
江　苏	178.70	162.10	156.82	15.80	8461.42	6470.00
浙　江	660.74	601.36	258.53	59.07	24224.93	21679.75
安　徽	443.18	380.42	225.07	27.53	21710.12	18074.85
福　建	926.82	801.27	377.69	65.95	66674.62	60796.15
江　西	1069.66	1001.81	338.60	60.01	47032.40	40840.62
山　东	331.26	254.60	244.52	16.73	12360.74	8919.79
河　南	504.98	359.07	227.12	21.50	22880.68	17094.56
湖　北	849.85	713.86	194.85	38.40	31324.69	28652.97
湖　南	1252.78	1011.94	474.61	47.77	37311.50	33099.27
广　东	1076.44	906.13	557.89	51.26	37774.59	35682.71
广　西	1527.17	1342.70	634.52	56.51	55816.60	50936.80
海　南	214.49	187.77	136.20	55.38	9774.49	8903.83
重　庆	406.28	316.44	92.55	38.43	17437.31	14651.76
四　川	2328.26	1703.74	449.26	35.22	177576.04	168000.04
贵　州	861.22	653.35	237.30	37.09	34384.40	30076.43
云　南	2501.04	1914.19	414.11	50.03	187514.27	169309.19
西　藏	1783.64	1471.56	4.88	11.98	228812.16	226207.05
陕　西	1228.47	853.24	236.97	41.42	42416.05	39592.52
甘　肃	1042.65	507.45	102.97	11.28	24054.88	21453.97
青　海	808.04	406.39	7.44	5.63	4884.43	4331.21
宁　夏	180.10	61.80	14.43	11.89	872.56	660.33
新　疆	1099.71	698.25	94.00	4.24	38679.57	33654.09

注：1.本表为第八次全国森林资源清查（2009–2013)资料。
　　2.全国总计数包括台湾省和香港、澳门特别行政区数据。

表3-4 造林面积

单位：公顷

年份 地区	造林总面积	按造林方式分			按林种用途分				
		人工造林	飞播造林	无林地和疏林地新封山育林	用材林	经济林	防护林	薪炭林	特种用途林
2000	5105138	4345008	760130		1218461	1350277	2430834	82338	23228
2005	3647942	3231556	416386		607547	337816	2678214	16074	8291
2006	2717925	2446122	271803		481629	403322	1824687	4837	3450
2007	3907711	2738521	118671	1050519	610367	478417	2790172	7993	20762
2008	5354387	3684913	154065	1515409	782109	850774	3697812	4020	19672
2009	6262330	4156293	226337	1879700	801317	1002555	4407654	23705	27099
2010	5909919	3872762	195948	1841209	809937	1110896	3943432	18887	26767
2011	5996613	4065693	196931	1733989	1019320	1218281	3688827	36805	33380
2012	5595791	3820704	136409	1638678	774398	1101053	3650842	41145	28353
2013	6100057	4209686	154400	1735971	1057558	1233676	3748409	24898	35516
2014	5549612	4052912	108055	1388645	1092351	1139192	3238663	36950	42456
北　京	22937	22937				131	22482		324
天　津	7061	7061			1320	355	5386		
河　北	340042	274554		65488	50741	56183	232724		394
山　西	303501	233191	3333	66977	1887	85791	200489	15334	
内蒙古	559247	320254	57434	181559	9780	10285	538515		667
辽　宁	226471	126407		100064	13466	25443	187562		
吉　林	108523	108523			58331	7784	42399	9	
黑龙江	101079	49276		51803	7142	1794	91567	66	510
上　海	899	899				236	663		
江　苏	59209	59209			6660	11771	39685		1093
浙　江	39396	26720		12676	4930	9035	25328	1	102
安　徽	157745	150871		6874	51701	44584	54826	426	6208
福　建	44346	44346			28714	5677	7984	4	1967
江　西	131973	130751		1222	82696	29371	18232	1025	649
山　东	224972	223560		1412	43411	66219	113208		2134

表3-4　造林面积（续）

单位：公顷

年份 地区	造林总面积	按造林方式分			按林种用途分				
		人工造林	飞播造林	无林地和疏林地新封山育林	用材林	经济林	防护林	薪炭林	特种用途林
河　南	260003	201251	13334	45418	67178	48996	143082	667	80
湖　北	243799	168867		74932	85622	51338	105254	13	1572
湖　南	391942	229614		162328	203574	47356	134519	1393	5100
广　东	151473	133218		18255	43889	7793	98293	89	1409
广　西	143651	117985		25666	80908	30552	30496		1695
海　南	8802	8802			1483	4148	2425		746
重　庆	191001	138820		52181	45535	52923	82823	9700	20
四　川	98226	67812		30414	20366	30324	47128		408
贵　州	320000	233361		86639	96000	140800	73967	6833	2400
云　南	400355	334593		65762	72512	216588	108257	365	2633
西　藏	82668	32140		50528		17012	65656		
陕　西	335362	251125	32000	52237	10739	70697	253793	133	
甘　肃	214025	152502		61523	133	20451	184760	381	8300
青　海	132044	28444		103600		979	131065		
宁　夏	84191	49723		34468		4232	79959		
新　疆	151336	112763	1954	36619	3633	40344	106803	511	45

注：2014年全国合计造林面积中包括军事管理区人工营造的9333公顷防护林和4000公顷特种用途林。

表3–5　分地区草原建设利用情况(2013年)

单位：千公顷

地　区	草原总面积	可利用草原面积	累计种草保留面积	当年新增种草面积	草原鼠害		草原虫害		草原火灾受害面积
					危害面积	治理面积	危害面积	治理面积	
全　国	392832.7	330995.4	20867.1	6915.3	36776.0	7585.3	15307.3	4641.3	35.3
北　京	394.8	336.3	19.6	18.2					
天　津	146.6	135.4	9.0	8.3					
河　北	4712.1	4085.3	626.0	147.7	392.0	236.9	443.3	256.0	
山　西	4552.0	4552.0	434.9	147.9	412.7	114.7	434.7	100.0	
内蒙古	78804.5	63591.1	4499.4	1926.4	4835.3	1310.2	6103.3	1522.7	30.7
辽　宁	3388.8	3239.3	725.5	366.8	277.3	193.0	296.0	143.3	
吉　林	5842.2	4379.0	663.6	263.3	396.7	268.7	290.7	125.3	0.8
黑龙江	7531.8	6081.7	462.1	195.9	615.3	128.0	469.3	102.0	0.1
上　海	73.3	37.3	47.7	41.3					
江　苏	412.7	325.7	115.3	70.5					
浙　江	3169.9	2075.2	55.0	30.5					
安　徽	1663.2	1485.2	233.0	132.3					
福　建	2048.0	1957.1	168.2	68.8					
江　西	4442.3	3847.6	235.8	150.4					
山　东	1638.0	1329.2	238.5	97.8					0.4
河　南	4433.8	4043.3	224.4	42.6					
湖　北	6352.2	5071.5	48.4	37.0					
湖　南	6372.7	5666.3	89.1	24.2					
广　东	3266.2	2677.2	18.3	0.3					
广　西	8698.3	6500.3	94.7	42.8					
海　南	949.8	843.3	2183.4						
重　庆	2158.4	1867.2	620.7	158.7					
四　川	20380.4	17753.1	974.9	315.7	3016.0	935.0	868.7	382.0	
贵　州	4287.3	3759.7	154.4	64.8					
云　南	15308.4	11925.6	856.3	136.9					
西　藏	82051.9	70846.8	2828.5	537.3	7410.0	157.3	9.3	5.3	0.2
陕　西	5206.2	4349.2	1560.9	826.4	648.0	208.5	352.7	63.3	0.2
甘　肃	17904.2	16071.6	732.9	281.9	4596.7	884.7	1390.7	302.7	1.7
青　海	36369.7	31530.7	1712.9	731.0	8718.7	1129.3	1654.7	443.3	
宁　夏	3014.1	2625.6	233.6	49.7	335.3	589.1	446.0	118.0	0.8
新　疆	57258.8	48006.8	1767.6	586.9	5122.0	1429.9	2548.0	1077.3	0.5

表3-6 分地区湿地面积

地 区	湿地面积(千公顷)	天然湿地	近海与海岸	河 流	湖 泊	沼 泽	人工湿地	湿地面积占辖区面积比重(%)
全 国	53602.6	46674.7	5795.9	10552.1	8593.8	21732.9	6745.9	5.56
北 京	48.1	24.2		22.7	0.2	1.3	23.9	2.86
天 津	295.6	151.1	104.3	32.3	3.6	10.9	144.5	23.94
河 北	941.9	694.6	231.9	212.5	26.6	223.6	247.3	5.04
山 西	151.9	108.1		96.9	3.1	8.1	43.8	0.97
内蒙古	6010.6	5878.8		463.7	566.2	4848.9	131.8	5.08
辽 宁	1394.8	1077.7	713.2	251.5	2.9	110.1	317.1	9.42
吉 林	997.6	862.9		223.5	112.0	527.4	134.7	5.32
黑龙江	5143.3	4953.8		733.5	356.0	3864.3	189.5	11.31
上 海	464.6	409.0	386.6	7.3	5.8	9.3	55.6	73.27
江 苏	2822.8	1948.8	1087.5	296.6	536.7	28.0	874.0	27.51
浙 江	1110.1	843.3	692.5	141.2	8.9	0.7	266.8	10.91
安 徽	1041.8	713.6		309.6	361.1	42.9	328.2	7.46
福 建	871.0	711.2	575.6	135.1	0.3	0.2	159.8	7.18
江 西	910.1	710.7		310.8	374.1	25.8	199.4	5.45
山 东	1737.5	1103.0	728.5	257.8	62.6	54.1	634.5	11.07
河 南	627.9	380.7		368.9	6.9	4.9	247.2	3.76
湖 北	1445.0	764.2		450.4	276.9	36.9	680.8	7.77
湖 南	1019.7	813.5		398.4	385.8	29.3	206.2	4.81
广 东	1753.4	1158.1	815.1	337.9	1.5	3.6	595.3	9.76
广 西	754.3	536.6	259.0	268.9	6.3	2.4	217.7	3.20
海 南	320.0	242.0	201.7	39.7	0.6		78.0	9.14
重 庆	207.2	87.7		87.3	0.3	0.1	119.5	2.51
四 川	1747.8	1665.6		452.3	37.4	1175.9	82.2	3.61
贵 州	209.7	151.6		138.1	2.5	11.0	58.1	1.19
云 南	563.5	392.5		241.8	118.5	32.2	171.0	1.43
西 藏	6529.0	6524.0		1434.5	3035.2	2054.3	5.0	5.35
陕 西	308.5	276.2		257.6	7.6	11.0	32.3	1.50
甘 肃	1693.9	1642.4		381.7	15.9	1244.8	51.5	3.73
青 海	8143.6	8001.0		885.3	1470.3	5645.4	142.6	11.27
宁 夏	207.2	169.5		97.9	33.5	38.1	37.7	4.00
新 疆	3948.2	3678.3		1216.4	774.5	1687.4	269.9	2.38

注：1.本表为中国第二次湿地调查资料。
2.全国总计数包括台湾省和香港、澳门特别行政区数据。

表3-7　分地区自然保护基本情况（2014年）

地区	自然保护区个数(个)	#国家级	自然保护区面积（万公顷）	#国家级
全　国	2729	428	14699.2	9651.6
北　京	20	2	13.4	2.6
天　津	8	3	9.1	3.8
河　北	44	13	70.5	25.3
山　西	46	7	110.3	11.7
内蒙古	182	29	1264.3	428.4
辽　宁	104	17	274.3	97.5
吉　林	48	20	245.2	110.7
黑龙江	250	36	747.4	303.1
上　海	4	2	13.6	6.6
江　苏	30	3	53.0	29.9
浙　江	33	10	19.9	14.7
安　徽	104	7	45.5	13.9
福　建	90	16	43.3	24.0
江　西	202	14	129.0	23.1
山　东	88	7	111.9	22.0
河　南	33	12	74.1	43.7
湖　北	70	18	101.7	42.8
湖　南	128	23	131.0	63.6
广　东	390	15	185.4	32.6
广　西	77	22	142.1	38.9
海　南	49	10	270.5	15.7
重　庆	57	6	83.8	27.5
四　川	168	30	829.8	293.6
贵　州	124	8	89.0	24.4
云　南	157	20	283.2	150.3
西　藏	47	9	4136.9	3715.3
陕　西	60	22	113.1	60.0
甘　肃	60	20	916.8	687.7
青　海	11	7	2166.5	2073.4
宁　夏	14	9	53.3	46.0
新　疆	31	11	1971.2	1218.9

表3-8　林业投资完成情况(2014年)

单位：万元

地　区	本年完成投资					
		生态建设与保护	林业支撑与保障	林业产业发展	林业民生工程	其他投资
全　国	43255140	19479662	2327390	16200261	1532407	3715420
北　京	2353682	1846078	96093	72172	18701	320638
天　津	203034	188278	5874	600	1410	6872
河　北	897626	636325	62486	108679	8654	81482
山　西	1465912	1166426	30636	22353	112431	134066
内蒙古	1513615	1082552	72233	2277	196776	159777
辽　宁	1227495	781595	39826	342937	12665	50472
吉　林	678177	367106	85035	39983	129695	56358
黑龙江	974013	723416	34022	12437	132519	71619
上　海	147768	134958	4125	4849		3836
江　苏	1493080	1011884	217647	242449	14191	6909
浙　江	876555	471349	71568	187851	46703	99084
安　徽	971859	696468	60251	172604	6771	35765
福　建	2643740	762165	9330	1716691	687	154867
江　西	973325	330446	212313	144681	123659	162226
山　东	3250914	1076388	391811	1702881	12949	66885
河　南	1102935	644795	19236	302224	6596	130084
湖　北	940769	424381	47151	359967	57451	51819
湖　南	1908333	834469	86544	761109	66085	160126
广　东	732897	447850	72347	37323	23780	151597
广　西	10861358	1298740	233678	8203230	290778	834932
海　南	136712	77869	17846	7658	10119	23220
重　庆	463092	321367	31913	43476	10254	56082
四　川	2403437	987846	80985	1137631	49254	147721
贵　州	402000	352282	11854	12000	2238	23626
云　南	904811	544312	82849	133286	17762	126602
西　藏	188309	128958	13830		44621	900
陕　西	1091744	693360	38482	137308	29548	193046
甘　肃	837211	396063	45636	158734	53156	183622
青　海	281662	203853	18069	26635	3900	29205
宁　夏	164160	132263	9345	15029	3472	4051
新　疆	730509	453909	66438	91207	12530	106425
大兴安岭	280982	231571	1856		33052	14503

四、能源

表4-1 能源生产总量及构成

年份	能源生产总量（万吨标准煤）	占能源生产总量的比重（%）			
		原煤	原油	天然气	一次电力及其他能源
1978	62770	70.3	23.7	2.9	3.1
1980	63735	69.4	23.8	3.0	3.8
1985	85546	72.8	20.9	2.0	4.3
1990	103922	74.2	19.0	2.0	4.8
1991	104844	74.1	19.2	2.0	4.7
1992	107256	74.3	18.9	2.0	4.8
1993	111059	74.0	18.7	2.0	5.3
1994	118729	74.6	17.6	1.9	5.9
1995	129034	75.3	16.6	1.9	6.2
1996	133032	75.0	16.9	2.0	6.1
1997	133460	74.3	17.2	2.1	6.5
1998	129834	73.3	17.7	2.2	6.8
1999	131935	73.9	17.3	2.5	6.3
2000	138570	72.9	16.8	2.6	7.7
2001	147425	72.6	15.9	2.7	8.8
2002	156277	73.1	15.3	2.8	8.8
2003	178299	75.7	13.6	2.6	8.1
2004	206108	76.7	12.2	2.7	8.4
2005	229037	77.4	11.3	2.9	8.4
2006	244763	77.5	10.8	3.2	8.5
2007	264173	77.8	10.1	3.5	8.6
2008	277419	76.8	9.8	3.9	9.5
2009	286092	76.8	9.4	4.0	9.8
2010	312125	76.2	9.3	4.1	10.4
2011	340178	77.8	8.5	4.1	9.6
2012	351041	76.2	8.5	4.1	11.2
2013	358784	75.4	8.4	4.4	11.8
2014	360000	73.2	8.4	4.8	13.7

注：电力折算标准煤的系数根据当年平均发电煤耗计算(下表同)。

表4-2 能源消费总量及构成

年份	能源消费总量(万吨标准煤)	占能源消费总量的比重(%)			
		煤炭	石油	天然气	一次电力及其他能源
1978	57144	70.7	22.7	3.2	3.4
1980	60275	72.2	20.7	3.1	4.0
1985	76682	75.8	17.1	2.2	4.9
1990	98703	76.2	16.6	2.1	5.1
1991	103783	76.1	17.1	2.0	4.8
1992	109170	75.7	17.5	1.9	4.9
1993	115993	74.7	18.2	1.9	5.2
1994	122737	75.0	17.4	1.9	5.7
1995	131176	74.6	17.5	1.8	6.1
1996	135192	73.5	18.7	1.8	6.0
1997	135909	71.4	20.4	1.8	6.4
1998	136184	70.9	20.8	1.8	6.5
1999	140569	70.6	21.5	2.0	5.9
2000	146964	68.5	22.0	2.2	7.3
2001	155547	68.0	21.2	2.4	8.4
2002	169577	68.5	21.0	2.3	8.2
2003	197083	70.2	20.1	2.3	7.4
2004	230281	70.2	19.9	2.3	7.6
2005	261369	72.4	17.8	2.4	7.4
2006	286467	72.4	17.5	2.7	7.4
2007	311442	72.5	17.0	3.0	7.5
2008	320611	71.5	16.7	3.4	8.4
2009	336126	71.6	16.4	3.5	8.5
2010	360648	69.2	17.4	4.0	9.4
2011	387043	70.2	16.8	4.6	8.4
2012	402138	68.5	17.0	4.8	9.7
2013	416913	67.4	17.1	5.3	10.2
2014	426000	66.0	17.1	5.7	11.2

4-3 综合能源平衡表

单位：万吨标准煤

项 目	1990	1995	2000	2005	2010	2012	2013
可供消费的能源总量	96138	129535	144234	254619	365588	407594	417415
一次能源生产量	103922	129034	138570	229037	312125	351041	358784
回收能		2312	3087	7452	8958		
进口量	1310	5456	14327	26823	57671	68701	73420
出口量(-)	5875	6776	9327	11257	8803	7374	8005
年初年末库存差额	-3219	-491	-2424	2564	-4363	-4773	-6784
能源消费总量	98703	131176	146964	261369	360648	402138	416913
在总量中：							
农、林、牧、渔、							
水利业	4852	5505	4233	6860	7266	7804	8055
工 业	67578	96191	103014	187914	261377	284712	291131
建筑业	1213	1335	2207	3486	5533	6337	7017
交通运输、仓储和							
邮政业	4541	5863	11447	19136	27102	32561	34819
批发、零售业和							
住宿、餐饮业	1247	2018	3251	5917	7847	10012	10598
其他行业	3473	4519	6118	10484	15052	18407	19763
生活消费	15799	15745	16695	27573	36470	42306	45531
在总量中：							
终端消费	94289	124252	140476	250877	337469	386888	403814
#工业	63239	89473	96871	177775	238652	269900	278514
加工转换损失量	2264	3634	2472	3882	14294	16763	15994
#炼焦	905		526	855	1595	2179	2433
炼油	326		781	1273	1960	2153	1899
回收能						11239	13333
损失量	2150	3289	4016	6610	8885	9726	10439
平衡差额	-2565	-1641	-2730	-6751	4940	5456	502

注：1.电力、热力按等价热值折算，因此加工转换损失量中不包括发电、供热损失量。村办工业包括在工业中(下表同)。

2.进口量包括我国飞机、轮船在国外加油量；出口量包括外国飞机、轮船在我国加油量。

表4-4 石油平衡表

单位：万吨

项　目	1990	1995	2000	2005	2010	2012	2013
可供量	11435.0	16072.7	22631.4	32539.1	44178.4	47864.7	49993.9
生产量	13830.6	15005.0	16300.0	18135.3	20301.4	20747.8	20991.9
进口量	755.6	3673.2	9748.5	17163.2	29437.2	33088.8	34264.8
出口量(-)	3110.4	2454.5	2172.1	2888.1	4079.0	3884.3	4176.7
年初年末库存差额	-40.8	-151.0	-1245.0	128.8	-1481.2	-2087.6	-1086.1
消费量	11485.6	16064.9	22495.9	32547.0	44101.0	47797.3	49970.6
在消费量中：							
农、林、牧、渔、							
水利业	1033.6	1203.2	788.5	1451.7	1382.5	1537.9	1650.3
工　业	7321.6	9349.3	11248.5	14030.4	18555.0	17753.2	17594.6
建筑业	327.3	242.8	840.6	1502.2	2483.1	2740.7	3090.6
交通运输、仓储							
和邮政业	1683.2	2863.6	6399.0	10928.5	15079.3	17863.634	18967.585
批发、零售业和							
住宿、餐饮业	77.6	333.9	247.0	375.6	481.0	542.4	565.4
其他行业	757.8	1390.3	1635.9	1974.2	2578.2	3067.8	3349.7
生活消费	284.5	682.0	1336.5	2284.4	3541.9	4291.6	4752.4
在消费量中：							
终端消费	9304.7	13676.3	19950.1	29495.6	41243.4	45080.7	47458.8
#工　业	5180.4	7095.5	8860.0	11107.5	15857.8	15160.4	15235.4
中间消费							
（用于加工转换）	1630.4	2230.0	2352.9	2896.0	2663.3	2534.6	2295.7
发　电	1234.4	1358.5	1178.2	1306.4	385.3	292.4	265.1
供　热	356.3	399.9	427.0	429.1	593.1	493.5	448.2
制　气	39.7	51.6	25.9	14.4			
炼油损失量	295.8	420.1	721.9	1146.1	1684.8	1748.7	1582.4
损失量	254.7	158.6	192.9	155.4	194.4	182.0	216.1
平衡差额	-50.6	7.8	135.4	-7.9	77.4	67.4	23.3

注：1.生产量为原油产量。

2.进口量包括我国飞机、轮船在国外加油量；出口量包括外国飞机、轮船在我国加油量。

表4-5 煤炭平衡表

单位：万吨

项 目	1990	1995	2000	2005	2010	2012	2013
可供量	102221.1	133461.7	131894.5	235507.7	355577.6	418654.4	425014.8
生产量	107988.3	136073.1	138418.5	236514.6	342844.7	394512.8	397432.2
进口量	200.3	163.5	217.9	2621.6	18306.9	28841.1	32701.8
出口量(-)	1729.0	2861.7	5506.5	7173.1	1910.6	927.5	750.8
年初年末库存差额	-4238.5	86.8	-1235.3	3544.6	-3663.4	-3772.0	-4368.4
消费量	105523.0	137676.5	135689.7	243375.4	349008.3	411726.9	424425.9
在消费量中：							
农、林、牧、渔、							
水利业	2095.2	1856.7	1050.9	1801.7	2147.1	2266.1	2450.6
工 业	81090.9	117570.7	121806.7	224766.1	329728.5	391191.2	403157.0
建筑业	437.6	439.8	536.8	603.6	730.6	766.7	811.4
交通运输、仓储							
和邮政业	2160.9	1315.1	882.2	811.2	639.2	614.3	615.4
批发、零售业和							
住宿、餐饮业	1058.3	977.4	1461.0	2626.7	3192.0	3752.0	3966.2
其他行业	1980.4	1986.7	1495.1	2727.3	3411.6	3883.2	4135.6
生活消费	16699.7	13530.1	8457.0	10039.0	9159.2	9253.4	9289.8
在消费量中：							
终端消费	60205.9	66156.1	50511.0	86385.6	114825.7	118957.0	119491.4
#工 业	35773.8	46050.3	36628.0	67776.3	95545.9	98421.3	98222.5
中间消费							
(用于加工转换)	41257.8	69487.6	81987.4	152207.7	222947.9	266015.9	282355.3
#发 电	27204.3	44440.2	55811.2	103662.9	153742.5	183531.0	195177.4
供 热	2995.5	5887.3	8794.1	13542.0	17553.1	23779.7	22709.5
炼 焦	10697.6	18396.4	16496.4	33445.7	49950.4	56768.4	62535.6
炼油及煤制油					213.4	378.0	459.3
制 气	360.4	763.7	960.0	1277.0	1040.1	848.6	845.6
洗选损耗	4059.3	2032.8	3191.2	4782.1	11234.6	26754.0	22579.2
平衡差额	-3302.0	-4214.8	-3795.1	-7867.8	6569.3	6927.5	588.8

注：生产量为原煤产量。

表4-6　电力平衡表

单位：亿千瓦小时

项　目	1990	1995	2000	2005	2010	2012	2013
可供量	6230.4	10023.4	13472.7	24940.8	41936.5	49767.7	54204.1
生产量	6212.0	10077.3	13556.0	25002.6	42071.6	49875.5	54316.4
水　电	1267.2	1905.8	2224.1	3970.2	7221.7	8721.1	9202.9
火　电	4944.8	8043.2	11141.9	20473.4	33319.3	38928.1	42470.1
核　电		128.3	167.4	530.9	738.8	973.9	1116.1
风　电					446.2	959.8	1412.0
进口量	19.3	6.4	15.5	50.1	55.5	68.7	74.4
出口量(-)	0.9	60.3	98.8	111.9	190.6	176.5	186.7
消费量	6230.4	10023.4	13472.4	24940.3	41934.5	49762.6	54203.4
在消费量中：							
农、林、牧、渔、							
水利业	426.8	582.4	533.0	776.3	976.5	1012.6	1026.9
工　业	4873.3	7659.8	10004.6	18521.7	30871.8	36232.2	39236.9
建筑业	65.0	159.6	159.8	233.9	483.2	608.4	675.1
交通运输、仓储							
和邮政业	105.9	182.3	281.2	430.3	734.5	915.4	1000.9
批发、零售业和							
住宿、餐饮业	76.2	199.5	418.7	752.3	1292.0	1691.5	1876.9
其他行业	202.4	234.2	623.2	1340.9	2451.8	3083.6	3397.6
生活消费	480.8	1005.6	1452.0	2884.8	5124.6	6219.0	6989.2
在消费量中：							
终端消费	5795.8	9278.9	12535.7	23233.8	39366.3	46866.5	51062.7
#工　业	4438.7	6915.3	9067.9	16815.2	28303.5	33336.1	36096.2
输配电损失量	434.6	744.5	936.7	1706.5	2568.2	2896.2	3140.7

表4-7　能源生产弹性系数

年　份	能源生产比上年增长（%）	电力生产比上年增长（%）	国内生产总值比上年增长（%）	能源生产弹性系数	电力生产弹性系数
1985	9.9	8.9	13.5	0.73	0.66
1990	2.2	6.2	3.9	0.56	1.59
1991	0.9	9.1	9.3	0.10	0.98
1992	2.3	11.3	14.3	0.16	0.79
1993	3.6	15.3	13.9	0.26	1.10
1994	6.9	10.7	13.1	0.53	0.82
1995	8.7	8.6	11.0	0.79	0.78
1996	3.1	7.2	9.9	0.31	0.73
1997	0.3	5.1	9.2	0.03	0.55
1998	-2.7	2.7	7.8		0.35
1999	1.6	6.3	7.6	0.21	0.83
2000	5.0	9.4	8.4	0.60	1.12
2001	6.4	9.2	8.3	0.77	1.11
2002	6.0	11.7	9.1	0.66	1.29
2003	14.1	15.5	10.0	1.41	1.55
2004	15.6	15.3	10.1	1.54	1.51
2005	11.1	13.5	11.3	0.98	1.19
2006	6.9	14.6	12.7	0.54	1.15
2007	7.9	14.5	14.2	0.56	1.02
2008	5.0	5.6	9.6	0.52	0.58
2009	3.1	7.1	9.2	0.34	0.77
2010	9.1	13.3	10.6	0.86	1.25
2011	9.0	12.0	9.5	0.95	1.26
2012	3.2	5.8	7.7	0.41	0.75
2013	2.2	8.9	7.7	0.29	1.16
2014	0.5	4.0	7.4	0.07	0.54

注：国内生产总值增长速度按不变价格计算（下表同）。

表4-8 能源消费弹性系数

年 份	能源消费比上年增长（%）	电力消费比上年增长（%）	国内生产总值比上年增长（%）	能源消费弹性系数	电力消费弹性系数
1985	8.1	9.0	13.5	0.60	0.67
1990	1.8	6.2	3.9	0.46	1.59
1991	5.1	9.2	9.3	0.55	0.99
1992	5.2	11.5	14.3	0.36	0.80
1993	6.3	11.0	13.9	0.45	0.79
1994	5.8	9.9	13.1	0.44	0.76
1995	6.9	8.2	11.0	0.63	0.75
1996	3.1	7.4	9.9	0.31	0.75
1997	0.5	4.8	9.2	0.05	0.52
1998	0.2	2.8	7.8	0.03	0.36
1999	3.2	6.1	7.6	0.42	0.80
2000	4.5	9.5	8.4	0.54	1.13
2001	5.8	9.3	8.3	0.70	1.12
2002	9.0	11.8	9.1	0.99	1.30
2003	16.2	15.6	10.0	1.62	1.56
2004	16.8	15.4	10.1	1.67	1.52
2005	13.5	13.5	11.3	1.19	1.19
2006	9.6	14.6	12.7	0.76	1.15
2007	8.7	14.4	14.2	0.61	1.01
2008	2.9	5.6	9.6	0.31	0.58
2009	4.8	7.2	9.2	0.53	0.78
2010	7.3	13.2	10.6	0.69	1.25
2011	7.3	12.1	9.5	0.77	1.27
2012	3.9	5.9	7.7	0.51	0.77
2013	3.7	8.9	7.7	0.48	1.16
2014	2.2	3.8	7.4	0.30	0.51

表4-9　按行业分能源消费量（2013年）

行　　业	能源消费总量(万吨标准煤)	煤炭消费量(万吨)	焦炭消费量(万吨)	原油消费量(万吨)	汽油消费量(万吨)
消 费 总 量	416913.02	424425.94	45851.87	48652.15	9366.35
农、林、牧、渔、水利业	8054.80	2450.57	69.17		198.72
工业	291130.63	403157.01	45693.96	48503.42	523.38
采掘业	23924.43	39164.74	281.78	1059.21	52.04
煤炭开采和洗选业	14179.99	36772.30	80.45	0.04	14.41
石油和天然气开采业	4088.42	481.14		1034.66	13.92
黑色金属矿采选业	2223.59	481.30	180.04		5.54
有色金属矿采选业	1280.19	205.92	10.22		7.15
非金属矿采选业	1380.16	1036.61	11.05		5.43
开采辅助活动	406.85	184.59	0.02	24.51	5.51
其他采矿业	365.22	2.88			0.08
制造业	239053.40	173152.33	45401.13	47441.96	437.57
农副食品加工业	3904.82	3211.25	9.94	0.24	32.98
食品制造业	1890.21	1961.39	2.27		12.59
酒、饮料和精制茶制造业	1609.55	1586.99	0.90		7.53
烟草制品业	255.72	62.47			0.74
纺织业	7365.72	2895.63	2.81	0.01	15.45
纺织服装、服饰业	971.28	315.29	1.58	0.02	13.94
皮革、毛皮、羽毛及其制品和制鞋业	652.33	184.71	0.81	0.05	7.55
木材加工和木、竹、藤、棕、草制品业	1521.85	620.98	0.39	0.16	7.66
家具制造业	247.05	70.80	2.39	0.01	5.27
造纸和纸制品业	4153.00	5302.65	0.61	0.09	8.29
印刷和记录媒介复制业	448.30	69.38	0.27		6.29
文教、工美、体育和娱乐用品制造业	368.36	110.37	4.08	0.01	7.77
石油加工、炼焦和核燃料加工业	19255.13	47649.32	67.53	44315.76	4.34
化学原料和化学制品制造业	44081.46	25788.71	3200.02	3123.70	39.47
医药制造业	2179.11	1381.54	0.99		11.46
化学纤维制造业	1909.22	1122.85	0.25		1.03

表4-9 按行业分能源消费量（2013年）（续一）

行业	能源消费总量（万吨标准煤）	煤炭消费量（万吨）	焦炭消费量（万吨）	原油消费量（万吨）	汽油消费量（万吨）
橡胶和塑料制品业	4350.01	1143.38	3.32	0.02	24.06
非金属矿物制品业	36561.02	31633.31	1047.55	1.08	33.15
黑色金属冶炼和压延加工业	68838.89	34531.35	39313.48	0.02	13.96
有色金属冶炼和压延加工业	16617.34	9377.69	585.90	0.24	7.83
金属制品业	4704.49	646.32	141.36	0.02	22.86
通用设备制造业	3571.03	411.80	694.73	0.07	34.73
专用设备制造业	1914.14	389.97	53.50	0.15	26.77
汽车制造业	3068.95	562.71	198.93	0.16	32.08
铁路、船舶、航空航天和其他运输设备制造业	1044.52	285.19	8.00	0.06	8.97
电气机械和器材制造业	2606.11	707.76	17.43	0.07	27.97
计算机、通信和其他电子设备制造业	2801.59	161.39	10.74		13.83
仪器仪表制造业	329.45	40.65	5.25	0.01	5.48
其他制造业	1597.33	850.37	0.33		1.78
废弃资源综合利用业	169.46	62.83	25.65		0.63
金属制品、机械和设备修理业	65.98	13.28	0.12	0.01	1.11
电力、煤气及水生产和供应业	28152.81	190839.94	11.05	2.25	33.77
电力、热力生产和供应业	26294.82	189848.48	6.60	2.25	27.28
燃气生产和供应业	697.09	934.96	4.40		2.92
水的生产和供应业	1160.90	56.50	0.05	0.00	3.57
建筑业	7016.97	811.39	7.69		326.46
交通运输、仓储和邮政业	34819.02	615.41	2.21	148.73	4381.80
批发、零售业和住宿、餐饮业	10598.16	3966.18	35.83		220.86
其他行业	19762.59	4135.56	4.97		1818.68
生活消费	45530.84	9289.83	38.04		1896.45

表4-9 按行业分能源消费量（2013年）（续二）

行业	煤油消费量（万吨）	柴油消费量（万吨）	燃料油消费量（万吨）	天然气消费量（亿立方米）	电力消费量（亿千瓦小时）
消费总量	2164.07	17150.65	3953.97	1705.37	54203.41
农、林、牧、渔、水利业	1.19	1441.53	2.05	0.69	1026.87
工业	27.41	1675.88	2421.05	1129.06	39236.88
采掘业	2.94	597.21	23.79	156.09	2573.16
煤炭开采和洗选业	2.43	211.58	0.71	9.50	955.77
石油和天然气开采业		61.01	19.20	138.23	414.36
黑色金属矿采选业	0.04	109.96	0.03	0.02	469.69
有色金属矿采选业	0.40	35.09	1.78	0.01	351.56
非金属矿采选业	0.07	71.67	0.17	0.08	240.79
开采辅助活动		107.61	1.90	8.25	24.60
其他采矿业		0.29			116.39
制造业	24.41	1001.40	2371.00	715.74	28987.01
农副食品加工业	0.18	51.17	4.10	2.19	574.03
食品制造业	0.04	20.65	5.09	7.32	230.47
酒、饮料和精制茶制造业	0.01	12.10	2.04	4.25	167.60
烟草制品业		3.18	0.74	1.76	53.73
纺织业	0.16	17.67	7.41	2.87	1532.86
纺织服装、服饰业	0.06	17.51	1.34	1.44	214.23
皮革、毛皮、羽毛及其制品和制鞋业	0.11	7.25	2.05	0.22	151.81
木材加工和木、竹、藤、棕、草制品业	0.12	13.84	0.17	0.39	268.93
家具制造业	0.05	7.61	0.25	0.77	49.55
造纸和纸制品业	0.13	19.90	13.21	5.66	599.23
印刷和记录媒介复制业	0.13	6.45	0.79	1.59	110.38
文教、工美、体育和娱乐用品制造业	0.06	9.29	0.71	2.20	69.12
石油加工、炼焦和核燃料加工业	0.17	20.32	1398.75	137.14	677.49
化学原料和化学制品制造业	3.22	73.11	614.58	305.42	4341.38
医药制造业	0.30	11.39	2.08	6.04	283.06
化学纤维制造业		1.74	5.18	2.62	349.66

表4-9　按行业分能源消费量（2013年）（续三）

行　业	煤油消费量（万吨）	柴油消费量（万吨）	燃料油消费量（万吨）	天然气消费量（亿立方米）	电力消费量（亿千瓦小时）
橡胶和塑料制品业	0.10	28.08	10.24	5.08	1098.91
非金属矿物制品业	1.27	282.38	213.88	80.30	3148.49
黑色金属冶炼和压延加工业	0.22	80.93	7.99	38.20	5704.23
有色金属冶炼和压延加工业	1.35	50.63	53.38	34.32	4113.91
金属制品业	1.12	36.92	8.39	11.86	1213.22
通用设备制造业	2.52	42.27	1.33	9.22	746.09
专用设备制造业	0.63	56.96	0.98	8.49	409.24
汽车制造业	0.92	39.05	1.26	18.46	673.68
铁路、船舶、航空航天和其他运输设备制造业	8.74	28.92	7.38	10.91	211.15
电气机械和器材制造业	0.41	28.88	4.25	7.56	650.46
计算机、通信和其他电子设备制造业	0.35	16.70	1.97	6.96	808.76
仪器仪表制造业	0.16	4.91	0.51	0.65	83.41
其他制造业	0.06	3.35	0.13	0.91	416.24
废弃资源综合利用业	0.01	5.14	0.39	0.38	23.51
金属制品、机械和设备修理业	1.81	3.10	0.43	0.56	12.20
电力、煤气及水生产和供应业	0.06	77.27	26.26	257.24	7676.71
电力、热力生产和供应业	0.06	73.54	26.04	244.47	7183.50
燃气生产和供应业		1.97	0.21	12.57	131.24
水的生产和供应业		1.76	0.01	0.20	361.97
建筑业	11.42	556.97	59.46	1.98	675.07
交通运输、仓储和邮政业	1998.18	10920.53	1428.99	175.78	1000.92
批发、零售业和住宿、餐饮业	13.39	233.51	19.07	39.31	1876.89
其他行业	84.56	1339.76	23.36	35.61	3397.62
生活消费	27.92	982.47		322.93	6989.16

表4-10　能源加工转换效率

单位：%

年　份	总效率	发电及电站供热	炼　焦	炼　油
1983	69.93	36.94	91.18	99.16
1984	69.16	36.95	90.08	99.17
1985	68.29	36.85	90.79	99.10
1986	68.32	36.69	90.63	99.04
1987	67.48	36.75	90.46	98.81
1988	66.54	36.34	90.77	98.76
1989	66.51	36.74	90.30	98.57
1990	66.48	37.34	91.28	90.19
1991	65.90	37.60	89.90	98.10
1992	66.00	37.80	92.70	96.80
1993	67.32	39.90	98.05	98.49
1994	65.20	39.35	89.62	97.48
1995	71.05	37.31	91.99	97.67
1996	70.19	36.63	94.07	97.46
1997	69.76	35.89	94.01	97.37
1998	69.28	37.09	94.97	96.41
1999	69.25	37.04	96.13	97.51
2000	69.38	37.78	96.20	97.32
2001	69.70	38.15	96.47	97.60
2002	68.99	38.67	96.63	96.73
2003	69.38	38.46	96.13	96.38
2004	70.60	38.64	97.10	96.48
2005	71.11	38.97	97.14	96.94
2006	70.87	39.08	97.02	96.90
2007	71.23	39.80	97.54	97.17
2008	71.46	40.47	98.46	96.22
2009	72.41	41.23	98.00	96.74
2010	72.52	41.99	96.38	97.00
2011	72.19	42.13	96.30	97.41
2012	72.68	42.81	95.65	97.11
2013	72.96	43.12	95.60	97.65

表4-11 平均每天能源消费量

能源品种	1990	1995	2000	2005	2010	2011	2012	2013
合计 （万吨标准煤）	270.4	359.4	401.5	716.1	988.1	1060.4	1098.7	1142.2
煤炭 （万吨）	289.1	377.2	370.7	666.8	956.2	1065.6	1124.9	1162.8
焦炭 （万吨）	18.9	29.4	29.6	68.8	106.0	115.2	122.4	125.6
原油 （万吨）	32.2	40.8	58.0	82.4	117.5	120.5	127.5	133.3
燃料油 （万吨）	9.2	10.2	10.6	11.6	10.3	10.0	10.1	10.8
汽油 （万吨）	5.2	8.0	9.6	13.3	19.1	20.8	22.3	25.7
煤油 （万吨）	1.0	1.4	2.4	3.0	4.8	5.0	5.3	5.9
柴油 （万吨）	7.4	11.8	18.6	30.1	40.3	42.8	46.4	47.0
天然气 （亿立方米）	0.4	0.5	0.7	1.3	3.0	3.7	4.1	4.7
电力 （亿千瓦小时）	17.1	27.5	36.8	68.3	114.9	128.8	136.0	148.5

表4-12 生活能源月消费量

能源品种	1990	1995	2000	2005	2010	2011	2012	2013
合计 （万吨标准煤）	15799	15745	16695	27573	36470	39584	42306	45531
煤炭 （万吨）	16700	13530	8457	10039	9159	9212	9253	9290
煤油 （万吨）	105	64	72	25	21	23	26	28
液化石油气 （万吨）	159	534	858	1329	1537	1607	1635	1846
天然气 （亿立方米）	19	19	32	79	227	264	288	323
煤气 （亿立方米）	29	57	126	145	167	146	137	107
热力 （万百万千焦）	8972	12637	23234	52044	67410	70044	77608	81472
电力 （亿千瓦小时）	481	1006	1452	2885	5125	5620	6219	6989

表4–13 人均生活能源消费量

年 份	平均每人生活消费能源(千克标准煤)	煤 炭(千克)	电 力(千瓦小时)	液化石油气(千克)	天然气(立方米)	煤 气(立方米)
1983	106.6	127.7	13.4	0.6	0.1	1.5
1984	113.5	134.9	15.3	0.6	0.4	1.6
1985	126.7	148.7	21.2	0.9	0.4	1.3
1986	127.3	148.3	23.2	1.1	0.6	1.3
1987	132.1	152.1	26.4	1.1	0.7	1.6
1988	141.0	159.1	31.2	1.2	1.4	1.6
1989	139.3	152.4	35.3	1.4	1.5	2.4
1990	139.2	147.1	42.4	1.4	1.6	2.5
1991	139.0	143.0	47.2	1.8	1.6	3.2
1992	134.2	126.9	54.9	2.1	1.8	4.4
1993	133.5	123.2	62.5	2.5	1.5	4.6
1994	129.3	109.5	72.7	3.2	1.7	6.3
1995	130.7	112.3	83.5	4.4	1.6	4.7
1996	120.5	83.0	87.7	5.9	1.7	6.4
1997	119.3	77.2	98.6	6.2	1.7	8.9
1998	119.0	73.1	104.2	6.9	1.9	9.7
1999	121.8	69.9	108.6	6.8	2.1	9.3
2000	132.0	67.0	115.0	6.8	2.6	10.0
2001	136.0	66.1	126.5	6.7	3.3	9.4
2002	146.0	65.7	138.3	7.6	3.6	9.8
2003	166.0	69.9	159.7	8.6	4.0	10.1
2004	191.0	75.4	184.0	10.4	5.2	10.7
2005	211.0	77.0	221.3	10.2	6.1	11.1
2006	230.0	76.6	255.6	11.5	7.8	12.7
2007	250.0	74.1	308.3	12.4	10.9	14.1
2008	254.0	69.1	331.9	11.0	12.8	13.9
2009	264.0	68.5	366.0	11.2	13.3	12.5
	273.0	68.5	383.1	10.5	17.0	12.5
2010						
2011	294.0	68.5	418.1	12.0	19.7	10.9
2012	313.0	69.0	460.4	12.1	21.3	10.2
2013	335.0	68.0	515.0	13.6	23.8	7.9

注：计算消费量所使用的人口数为平均人口数。

表4-14 分地区电力消费量

单位：亿千瓦小时

地 区	1995	2000	2005	2010	2013	2014
北 京	261.74	384.43	570.54	809.90	913.11	937.05
天 津	178.99	234.05	384.84	645.74	774.49	794.36
河 北	602.68	809.34	1501.92	2691.52	3251.19	3314.11
山 西	399.16	501.99	946.33	1460.00	1832.35	1822.63
内蒙古	186.83	254.21	667.72	1536.83	2181.90	2416.74
辽 宁	622.81	748.89	1110.56	1715.26	2008.46	2038.73
吉 林	267.60	291.37	378.23	576.98	653.85	667.81
黑龙江	409.38	442.28	555.85	747.84	845.20	859.42
上 海	403.27	559.45	921.97	1295.87	1410.60	1369.03
江 苏	684.80	971.34	2193.45	3864.37	4956.62	5012.54
浙 江	439.59	738.05	1642.31	2820.93	3453.05	3506.39
安 徽	288.97	338.93	582.16	1077.91	1528.07	1585.18
福 建	261.28	401.51	756.59	1315.09	1700.73	1855.79
江 西	181.21	208.15	391.98	700.51	947.11	1018.52
山 东	741.07	1000.71	1911.61	3298.46	4083.12	4223.49
河 南	571.48	718.52	1352.74	2353.96	2899.18	2919.57
湖 北	414.99	503.02	788.91	1330.44	1629.75	1656.54
湖 南	374.76	406.12	674.43	1171.91	1423.09	1430.88
广 东	787.66	1334.58	2673.56	4060.13	4830.13	5235.23
广 西	220.77	314.44	510.15	993.24	1237.74	1307.99
海 南	32.00	38.37	81.61	159.02	232.02	251.88
重 庆		307.61	347.68	626.44	813.26	867.24
四 川	582.85	521.23	942.59	1549.03	1948.95	2014.79
贵 州	203.70	287.78	486.97	835.38	1126.27	1173.74
云 南	223.71	273.58	557.25	1004.07	1459.81	1529.38
西 藏				20.41	30.65	33.98
陕 西	239.68	292.76	516.43	859.22	1152.22	1226.01
甘 肃	241.06	295.33	489.48	804.43	1073.25	1095.48
青 海	69.02	109.10	206.56	465.18	676.29	723.21
宁 夏	92.38	136.17	302.88	546.77	811.18	848.75
新 疆	119.67	182.98	310.14	661.96	1539.75	1900.24

注：2000年及以后为电力企业联合会数据。

表4-15 发电装机容量

单位：万千瓦

年份	发电装机容量	火电	水电	核电	风电	太阳能发电	其他
2000	31932	23754	7935	210	34		
2001	33849	25301	8301	210	38		
2002	35657	26555	8607	447	47		
2003	39141	28977	9490	619	55		
2004	44239	32948	10524	696	82		
2005	51718	39138	11739	696	106		
2006	62370	48382	13029	696	207		
2007	71822	55607	14823	908	420		
2008	79273	60286	17260	908	839		
2009	87410	65108	19629	908	1760	3	3
2010	96641	70967	21606	1082	2958	26	3
2011	106253	76834	23298	1257	4623	212	19
2012	114676	81968	24947	1257	6142	341	20
2013	125768	87009	28044	1466	7652	1589	8
2014	137018	92363	30486	2008	9657	2486	19

注：本表数据根据中国电力企业联合会统计数据整理。

表4-16 平均每万元国内生产总值能源消费量

年份	万元国内生产总值能源消费量(吨标准煤/万元)	万元国内生产总值煤炭消费量(吨/万元)	万元国内生产总值焦炭消费量(吨/万元)	万元国内生产总值石油消费量(吨/万元)	万元国内生产总值原油消费量(吨/万元)	万元国内生产总值燃料油消费量(吨/万元)	万元国内生产总值电力消费量(万千瓦小时/万元)
国内生产总值按1980年可比价格计算							
1980	13.20	13.36	0.94	1.92	2.02	0.67	0.66
1981	12.37	12.60	0.82	1.94	1.82	0.59	0.64
1982	11.84	12.23	0.76	1.57	1.66	0.54	0.63
1983	11.36	11.82	0.71	1.44	1.56	0.49	0.61
1984	10.59	11.20	0.66	1.29	1.38	0.43	0.56
1985	10.10	10.74	0.62	1.21	1.25	0.37	0.54
1986	9.78	10.40	0.63	1.18	1.24	0.36	0.55
1987	9.39	10.06	0.62	1.12	1.16	0.34	0.54
1988	9.06	9.68	0.59	1.08	1.09	0.32	0.53
1989	9.07	9.68	0.60	1.08	1.09	0.32	0.55
1990	8.90	9.51	0.62	1.04	1.06	0.30	0.56
国内生产总值按1990年可比价格计算							
1990	5.32	5.69	0.37	0.62	0.63	0.18	0.34
1991	5.12	5.45	0.35	0.61	0.61	0.17	0.34
1992	4.72	4.93	0.34	0.58	0.57	0.15	0.33
1993	4.40	4.59	0.33	0.56	0.52	0.14	0.32
1994	4.12	4.31	0.31	0.50	0.47	0.12	0.31
1995	3.97	4.16	0.32	0.49	0.45	0.11	0.30
1996	3.69	3.83	0.32	0.48	0.43	0.10	0.29
1997	3.40	3.44	0.27	0.48	0.43	0.09	0.28
1998	3.16	3.13	0.27	0.46	0.40	0.09	0.27
1999	3.03	3.00	0.23	0.45	0.41	0.08	0.26
2000	2.89	2.80	0.22	0.45	0.42	0.08	0.27
国内生产总值按2000年可比价格计算							
2000	1.47	1.36	0.11	0.23	0.20	0.04	0.14
2001	1.44	1.32	0.11	0.21	0.18	0.03	0.14
2002	1.44	1.30	0.11	0.21	0.17	0.03	0.14
2003	1.52	1.42	0.12	0.21	0.18	0.03	0.15
2004	1.61	1.49	0.13	0.22	0.17	0.03	0.15
2005	1.64	1.53	0.16	0.20	0.17	0.02	0.16
国内生产总值按2005年可比价格计算							
2005	1.41	1.31	0.14	0.18	0.14	0.02	0.13
2006	1.37	1.29	0.14	0.17	0.13	0.02	0.14
2007	1.30	1.21	0.13	0.15	0.13	0.02	0.14
2008	1.22	1.15	0.12	0.14	0.12	0.01	0.13
2009	1.17	1.13	0.13	0.13	0.12	0.01	0.13
2010	1.14	1.10	0.12	0.14	0.12	0.01	0.13
国内生产总值按2010年可比价格计算							
2010	0.88	0.85	0.09	0.11	0.10	0.01	0.10
2011	0.86	0.87	0.09	0.10	0.09	0.01	0.10
2012	0.83	0.85	0.09	0.10	0.09	0.01	0.10
2013	0.80	0.82	0.09	0.10	0.09	0.01	0.10

五、气候变化与自然灾害

表5-1　主要城市平均气温(2014年)

单位：摄氏度

城　市	1月	2月	3月	4月	5月	6月	7月	8月	9月	10月	11月	12月	年平均
北京	-0.6	-0.4	10.1	17.1	22.2	25.1	28.1	26.3	21.0	14.0	6.4	-0.5	14.1
天津	-1.0		9.7	16.7	22.3	25.1	28.0	26.2	21.1	14.6	6.8	-1.1	14.0
石家庄	0.4	0.5	11.3	16.8	23.9	26.2	28.1	26.5	20.9	15.3	7.8	1.4	14.9
太原	-2.9	-2.3	7.8	13.7	19.5	22.4	23.2	21.3	17.4	12.1	3.3	-4.2	10.9
呼和浩特	-7.7	-5.9	3.6	12.1	15.5	20.0	21.9	19.4	14.8	9.5	-0.9	-10.2	7.7
沈阳	-8.5	-5.7	3.7	13.5	17.1	22.2	24.9	24.2	16.7	10.7	1.9	-10.3	9.2
长春	-13.0	-9.1	1.2	11.4	15.2	22.4	23.5	22.5	15.9	8.6	0.3	-13.2	7.1
哈尔滨	-18.3	-15.5	-1.0	10.3	14.3	22.9	23.1	21.9	15.5	6.4	-1.9	-16.9	5.1
上海	6.8	6.1	11.5	15.7	21.7	23.3	27.4	26.3	24.2	20.2	14.8	5.7	17.0
南京	5.6	4.7	11.8	16.3	22.6	24.6	27.1	25.3	23.2	18.9	12.6	4.6	16.4
杭州	7.0	6.0	12.7	17.0	22.5	24.7	28.4	26.7	24.6	20.3	14.1	6.4	17.5
合肥	5.2	3.8	12.1	16.6	22.9	25.4	27.6	25.7	23.2	19.0	11.9	4.6	16.5
福州	11.8	11.5	14.9	19.2	22.5	26.5	30.1	29.1	28.6	23.3	19.3	12.3	20.8
南昌	8.6	7.3	13.7	19.4	22.6	26.5	29.0	27.7	26.9	21.8	14.7	7.6	18.8
济南	2.9	1.9	12.4	17.2	24.1	25.0	27.3	25.3	21.1	16.9	9.0	1.5	15.4
郑州	4.0	2.6	13.0	17.1	24.1	26.8	28.8	25.8	21.2	17.6	10.1	4.5	16.3
武汉	5.3	5.1	12.9	17.3	21.9	25.7	27.7	26.1	23.7	18.6	11.7	4.8	16.7
长沙(望城)	9.2	6.5	13.6	18.8	22.6	26.1	29.2	27.5	25.2	21.7	14.4	8.4	18.6
广州	13.0	13.0	17.3	22.6	24.9	28.2	28.9	28.0	27.5	24.0	20.1	12.8	21.7
南宁	12.6	12.8	17.0	23.7	26.9	28.2	28.2	27.4	27.1	23.9	19.3	12.5	21.6
海口	17.7	18.1	22.6	25.9	28.8	29.3	28.8	28.5	27.9	26.3	24.1	17.9	24.7
重庆(沙坪坝)	8.5	9.2	14.5	19.7	21.2	24.1	29.7	27.5	24.7	20.4	14.0	9.1	18.6
成都(温江)	6.0	6.7	11.9	17.9	20.4	22.9	25.3	24.0	21.6	17.7	11.8	5.8	16.0
贵阳	6.2	4.3	10.3	16.4	18.0	21.0	23.0	22.7	21.4	17.3	10.6	5.3	14.7
昆明	8.9	12.3	15.6	19.3	21.1	21.2	20.7	20.1	19.8	16.0	13.1	8.5	16.4
拉萨		3.7	5.8	9.1	14.5	18.3	16.4	15.4	14.1	8.9	4.9	1.7	9.4
西安(泾河)	2.9	2.3	12.0	16.1	21.1	26.0	29.1	25.1	20.3	16.4	8.9	2.2	15.2
兰州(皋兰)	-7.5	-3.9	4.7	10.4	14.7	19.3	20.7	18.0	14.6	8.8	0.4	-7.8	7.7
西宁	-7.5	-4.0	2.9	7.9	11.7	15.4	17.1	14.8	12.6	7.0	-1.4	-7.9	5.7
银川	-3.9	-2.6	7.0	14.0	18.5	22.6	24.7	21.4	18.0	11.9	2.3	-5.6	10.7
乌鲁木齐	-10.9	-13.7	-0.2	10.4	17.7	22.1	24.3	23.4	16.9	9.3	-0.1	-10.8	7.4

注：从2004年1月份开始成都站被温江站替代、兰州站被皋兰站替代；从2006年1月份开始重庆被沙坪坝站替代、西安站被泾河站替代(以下相关表同)。

表5-2　主要城市平均相对湿度（2014年）

单位：%

城　市	1月	2月	3月	4月	5月	6月	7月	8月	9月	10月	11月	12月	年平均
北京	45	55	37	45	40	59	61	62	66	65	52	34	52
天津	60	62	52	49	45	63	66	69	71	67	58	41	59
石家庄	46	64	44	59	39	56	63	64	75	70	53	32	55
太原	37	64	45	59	39	57	72	74	80	71	61	38	58
呼和浩特	40	52	25	34	34	47	57	57	60	53	48	44	46
沈阳	55	49	49	38	59	72	72	71	64	57	55	62	59
长春	58	52	47	33	59	62	69	72	63	52	50	69	57
哈尔滨	65	65	58	42	66	63	73	74	67	55	54	69	63
上海	70	80	69	75	64	80	81	82	80	68	71	60	73
南京	66	80	67	73	62	76	83	87	85	74	76	59	74
杭州	66	81	69	74	67	78	78	83	82	68	76	56	73
合肥	69	86	71	78	67	77	81	85	85	74	78	59	76
福州	64	76	75	74	81	80	73	78	72	64	72	60	72
南昌	61	80	80	78	78	79	80	80	77	67	73	57	74
济南	48	57	39	52	34	60	66	71	76	58	57	37	55
郑州	48	68	52	61	45	56	61	69	79	66	62	33	58
武汉	73	82	76	80	76	78	81	84	85	82	82	70	79
长沙(望城)	56	78	76	74	72	76	70	72	75	62	69	51	69
广州	70	79	83	83	88	82	80	82	79	72	78	67	79
南宁	79	82	88	84	79	83	84	84	82	80	85	75	82
海口	79	87	87	86	80	79	82	81	83	78	85	84	83
重庆(沙坪坝)	82	78	76	80	78	85	68	75	82	80	87	82	79
成都(温江)	80	83	79	78	74	84	84	87	87	86	85	79	82
贵阳	74	86	86	83	83	88	84	79	81	81	89	77	83
昆明	64	50	49	44	56	73	78	76	77	77	72	71	66
拉萨	24	16	26	34	35	39	60	62	55	40	25	21	36
西安(泾河)	40	75	54	70	53	57	56	67	82	71	67	43	61
兰州(皋兰)	36	61	39	57	42	58	64	70	79	79	71	53	59
西宁	40	51	38	60	50	67	68	73	72	71	68	51	59
银川	38	56	31	45	30	49	54	62	64	62	64	41	50
乌鲁木齐	78	77	68	45	31	37	40	37	40	55	66	76	54

表5-3 主要城市降水量（2014年）

单位：毫米

城　市	3月	4月	5月	6月	7月	8月	9月	10月	11月	12月	全年
北京	0.9	20.8	33.7	91.8	119.8	50.1	127.6	12.0			461.5
天津	0.6	12.8	46.4	87.0	87.7	142.5	30.7	27.9	0.1	2.0	441.4
石家庄	0.9	24.9	28.7	38.7	80.9	12.3	86.6	14.8			294.8
太原	19.4	20.9	45.8	70.5	97.3	67.5	83.2	9.6	5.9		428.7
呼和浩特		16.3	45.4	49.9	108.9	57.0	81.7	25.7	2.3	0.2	394.8
沈阳	7.2		97.8	96.6	60.2	13.8	27.5	28.5	8.9	12.9	362.9
长春	27.7	1.8	79.2	78.6	116.7	49.5	62.1	5.7	6.7	11.8	446.0
哈尔滨	1.3	6.1	91.4	56.8	115.5	83.8	32.2	14.1	1.2	11.4	415.8
上海	59.6	139.4	61.5	175.9	192.2	229.3	196.0	37.3	34.6	5.8	1295.3
南京	68.4	97.6	26.3	111.8	263.5	158.8	89.2	32.0	97.9	3.8	1091.1
杭州	78.9	82.7	159.8	178.5	196.3	203.3	170.6	32.1	62.3	7.5	1359.9
合肥	47.4	186.7	61.4	116.2	217.0	162.0	91.5	48.5	103.1	1.7	1180.2
福州	88.5	167.6	304.1	261.7	210.0	363.6	42.0	3.6	27.3	34.6	1628.0
南昌	236.3	172.8	306.1	382.2	328.4	60.6	118.9	27.9	101.1	11.2	1890.5
济南		29.1	47.6	90.5	112.2	106.6	80.6	9.2	23.3	1.4	521.4
郑州	6.9	56.4	57.6	27.5	50.3	67.7	228.0	15.1	17.6	0.1	551.6
武汉	94.1	147.3	77.1	65.4	151.7	145.1	113.7	140.9	141.2	1.7	1208.6
长沙(望城)	210.0	107.3	226.3	158.7	250.1	127.6	40.6	53.4	79.3	14.9	1386.8
广州	274.6	177.1	542.9	300.7	199.8	513.1	96.1	1.2	35.9	58.2	2234.0
南宁	30.9	52.2	51.7	147.8	274.8	122.2	329.2	86.9	74.8	47.1	1234.7
海口	23.4	73.9	247.9	116.7	599.8	171.7	353.9	154.7	26.7	62.1	1861.3
重庆(沙坪坝)	187.5	110.3	120.4	252.7	107.0	239.0	233.0	73.4	88.5	18.4	1452.1
成都(温江)	13.0	46.2	51.9	132.2	389.5	180.8	51.6	77.8	16.5	5.7	975.0
贵阳	89.1	46.2	224.4	303.4	419.0	167.2	101.3	88.3	55.7	13.1	1562.0
昆明	8.1	16.2	79.1	276.7	182.9	271.5	149.9	29.8	31.8	5.9	1078.3
拉萨	5.7	13.3	9.5	55.8	258.9	213.8	75.0	2.3	2.3		637.8
西安(泾河)	13.9	65.6	53.4	62.7	80.3	96.8	230.3	20.7	19.5	0.5	660.2
兰州(皋兰)	7.0	59.0	12.9	50.6	66.0	42.4	80.8	28.2	1.1		355.6
西宁	1.9	48.0	26.1	109.3	86.4	59.3	71.6	32.2	9.4		446.5
银川		30.6	1.7	34.0	22.8	31.6	14.5	22.5	7.1		169.2
乌鲁木齐	26.4	68.1	32.5	6.1	21.3	6.1	29.9	24.0	31.6	22.2	297.0

表5-4 主要城市日照时数（2014年）

单位：小时

城 市	1月	2月	3月	4月	5月	6月	7月	8月	9月	10月	11月	12月	全年
北京	192.4	107.9	233.8	231.1	274.1	237.1	174.4	224.9	157.3	122.9	167.2	221.0	2344.1
天津	164.4	115.1	228.3	235.0	286.5	224.2	185.3	202.4	151.8	136.2	138.0	198.4	2265.6
石家庄	123.2	25.4	169.9	141.0	232.5	130.8	115.6	135.7	82.1	90.3	132.8	206.1	1585.4
太原	205.5	103.4	249.6	209.3	285.7	248.1	268.1	236.0	148.6	182.5	156.4	220.3	2513.5
呼和浩特	141.9	146.3	242.8	242.2	265.3	268.7	240.8	216.1	192.4	203.6	167.9	189.2	2517.2
沈阳	202.6	190.7	267.1	285.1	244.6	197.0	226.2	252.2	246.3	200.1	194.3	183.8	2690.0
长春	198.3	202.4	232.5	277.6	215.1	236.7	260.6	270.2	263.9	179.7	187.8	149.7	2674.5
哈尔滨	129.6	164.1	228.7	267.0	127.5	216.8	159.9	208.1	184.4	120.4	149.5	99.9	2055.9
上海	161.2	60.0	164.7	119.9	186.2	74.1	129.4	84.1	118.0	208.6	128.8	177.6	1612.6
南京	158.9	87.4	186.0	161.9	219.0	144.4	156.8	102.7	100.8	220.9	127.8	197.2	1863.8
杭州	143.8	55.3	127.2	106.4	142.7	90.0	155.8	88.2	77.6	166.9	94.7	158.6	1407.2
合肥	136.2	56.2	145.6	135.5	185.7	108.4	146.3	86.8	61.2	183.6	103.7	190.2	1539.4
福州	164.0	66.7	95.2	118.9	76.2	129.9	239.3	189.3	157.2	166.8	69.0	119.2	1591.7
南昌	150.8	63.6	112.7	129.5	120.5	110.0	200.0	183.9	206.6	235.3	103.6	194.0	1810.5
济南	157.8	118.5	207.1	193.8	302.3	191.1	194.1	170.6	103.3	191.2	141.2	197.0	2168.0
郑州	136.6	70.2	186.0	154.5	242.3	165.5	220.4	154.8	109.2	140.0	127.7	187.0	1894.2
武汉	143.0	62.5	145.5	113.0	141.2	102.0	171.5	142.0	126.3	183.2	98.5	167.6	1596.3
长沙(望城)	161.5	54.5	93.3	117.0	126.6	107.1	228.0	187.0	150.9	204.7	72.7	131.1	1634.4
广州	187.0	70.5	38.0	55.7	64.8	132.5	210.5	190.6	208.8	213.2	104.9	137.1	1613.6
南宁	141.2	35.5	9.3	21.1	168.4	119.6	173.8	185.0	196.4	177.6	73.1	115.4	1416.4
海口	196.8	90.8	114.2	118.5	246.5	242.2	258.3	234.6	234.4	204.3	114.4	57.0	2112.0
重庆(沙坪坝)	10.5	14.1	51.4	30.4	44.2	27.8	179.9	119.0	52.4	64.8	3.9		598.4
成都(温江)	98.1	13.0	45.1	88.8	102.0	55.5	145.8	86.1	56.8	63.2	39.2	82.2	875.8
贵阳	92.1	32.3	54.9	96.4	46.9	17.4	121.4	138.9	142.8	132.7	22.5	57.7	956.0
昆明	254.4	269.3	295.4	287.3	285.3	138.2	155.5	161.4	188.0	186.8	217.4	197.4	2636.4
拉萨	263.7	239.8	250.5	255.5	291.8	279.9	206.7	217.7	232.6	282.3	278.0	255.0	3053.5
西安(泾河)	181.5	55.4	162.5	126.0	209.3	193.9	288.0	191.4	112.0	105.0	141.0	175.8	1941.8
兰州(皋兰)	225.1	166.3	262.8	197.8	264.9	204.5	251.7	207.5	166.3	187.8	150.6	207.5	2492.8
西宁	224.7	206.3	271.4	209.5	248.7	206.1	252.8	197.7	196.7	186.7	165.3	205.4	2571.3
银川	202.3	151.4	244.6	194.7	297.6	267.8	312.9	250.9	206.6	225.7	169.1	215.2	2738.8
乌鲁木齐	139.7	127.8	245.9	273.9	338.2	330.9	325.5	327.5	285.1	261.2	177.3	153.9	2986.9

表5-5　分地区自然灾害损失情况(2014年)

单位：千公顷

地　区	农作物受灾面积合计		旱　灾		洪涝、山体滑坡、泥石流和台风		风雹灾害	
	受灾	绝收	受灾	绝收	受灾	绝收	受灾	绝收
全　国	24890.7	3090.3	12271.7	1484.7	7222.0	976.9	3225.4	457.7
北　京	53.3	11.3	26.1	6.8			27.2	4.5
天　津	10.3	4.3					10.3	4.3
河　北	1435.7	176.7	1027.9	107.8	48.4	4.5	254.2	26.3
山　西	1173.5	113.7	721.6	41.4	90.3	13.7	153.9	19.9
内蒙古	1878.3	258.9	1313.6	183.5	77.8	24.3	439.4	50.9
辽　宁	1931.4	550.6	1811.4	543.7	23.0	1.4	24.1	5.5
吉　林	689.3	117.8	568.3	97.3	24.3	6.1	89.2	14.4
黑龙江	810.0	114.3	61.8	10.8	513.3	68.8	234.9	34.7
上　海								
江　苏	554.1	39.8	473.9	34.5	23.4	0.3	56.3	5.0
浙　江	204.0	13.8			192.2	13.6	5.3	0.2
安　徽	641.3	22.0	283.3	16.5	307.2	5.4	9.8	
福　建	102.6	11.1			97.8	10.9	2.7	0.2
江　西	487.1	46.6			416.3	42.1	42.4	4.4
山　东	886.1	76.7	688.5	60.0	139.7	2.9	57.7	13.8
河　南	1905.2	210.4	1809.3	203.8	48.3	3.7	37.7	2.9
湖　北	1058.8	72.8	633.5	21.8	293.6	36.1	48.8	4.2
湖　南	1136.1	192.0			1041.5	182.9	21.4	4.2
广　东	842.4	159.5			821.8	158.8	15.3	0.6
广　西	1212.7	61.1	15.6	0.2	1167.2	58.9	14.8	1.1
海　南	309.4	110.8			309.4	110.8		
重　庆	280.9	34.4	7.6	1.1	250.9	31.0	20.7	2.0
四　川	919.3	80.9	576.8	21.3	292.5	52.1	29.8	5.0
贵　州	626.7	97.4	9.5		411.7	65.1	160.9	30.4
云　南	882.0	87.4	332.0	19.1	282.7	41.2	157.1	19.3
西　藏	12.9	4.6	4.1	1.5	3.9	1.1	4.7	2.0
陕　西	772.2	102.6	434.7	42.7	143.2	27.0	189.8	31.8
甘　肃	1618.4	66.8	644.2	13.9	155.3	8.0	143.1	22.1
青　海	169.8	18.1	23.9	0.1	14.1	2.8	67.5	9.7
宁　夏	438.3	38.8	227.8	12.9	1.6		94.2	23.1
新　疆	1848.6	195.1	576.3	44.0	30.6	3.4	812.2	115.2

注：死亡人口(含失踪)和直接经济损失含森林、海洋等灾害。

表5-5　分地区自然灾害损失情况(2014年)(续)

单位：千公顷

地　区	低温冷冻和雪灾		人口受灾		直　接
	受灾	绝收	受灾人口(万人次)	死亡人口(含失踪)(人)	经济损失(亿元)
全　国	2132.5	168.2	24353.7	1818	3373.8
北　京			32.1	1	10.5
天　津			3.7	1	1.3
河　北	105.2	38.1	1716.1	13	135.1
山　西	207.7	38.7	476.0	9	50.8
内蒙古	47.5	0.2	644.5	17	113.1
辽　宁	72.9		746.7	8	169.6
吉　林	7.5		545.5	1	117.4
黑龙江			257.4	11	55.8
上　海					
江　苏	0.5		548.4	1	14.0
浙　江	6.5		471.4	20	64.4
安　徽	41.0	0.1	1201.6	6	29.4
福　建	2.1		155.8	23	45.4
江　西	28.4	0.1	634.2	50	72.8
山　东	0.2		959.8	1	82.4
河　南	9.9		2491.0	10	118.7
湖　北	82.9	10.7	986.9	24	68.4
湖　南	73.2	4.9	1704.9	71	206.5
广　东	5.3	0.1	742.8	71	337.1
广　西	15.1	0.9	1100.5	60	191.7
海　南			621.4	34	177.4
重　庆	1.7	0.3	649.7	129	98.5
四　川	17.5	2.5	1611.9	63	205.4
贵　州	43.9	1.9	1493.8	146	198.0
云　南	74.5	5.0	1414.8	942	444.2
西　藏	0.2		17.6	18	1.9
陕　西	4.5	1.1	1208.5	37	93.4
甘　肃	675.8	22.8	1052.7	9	74.6
青　海	64.3	5.5	129.8	10	9.3
宁　夏	114.7	2.8	220.6	4	16.6
新　疆	429.5	32.5	513.6	28	170.1

注：死亡人口(含失踪)和直接经济损失含森林、海洋等灾害。

表5–6　地质灾害及防治情况

年份 地区	发生地质灾害数量（处）	#滑坡	#崩塌	#泥石流	#地面塌陷	人员伤亡（人）	#死亡人数	直接经济损失（万元）	地质灾害防治项目数（个）	地质灾害防治投资（万元）
2000	19653	13431	2945	1958	347	27697	1179	494201	429	33197
2005	17751	9367	7654	566	137	1223	578	357678	3179	166860
2006	102804	88523	13160	417	398	1227	663	431590	2914	193570
2007	25364	15478	7722	1215	578	1123	598	247528	3492	244885
2008	26580	13450	8080	843	454	1598	656	326936	5325	529939
2009	10580	6310	2378	1442	326	845	331	190109	28061	542368
2010	30670	22250	5688	1981	478	3445	2244	638509	28106	1159813
2011	15804	11504	2445	1356	386	413	244	413151	20871	928085
2012	14675	11112	2152	952	364	636	293	625253	26882	1024183
2013	15374	9832	3288	1547	385	929	482	1043568	36984	1235363
北　京	40	3	32		5			44	42	10000
天　津									6	701
河　北	19	6	8		4	16	8	113	195	36188
山　西	38	9	24		4	29	27	769	68	28979
内蒙古	2	1	1					100	4	4346
辽　宁	95	40	3	48	4	4	2	30913	6	9000
吉　林	76	34	16	22	4			1799	23	19553
黑龙江	2		2					600	23	10860
上　海	1								2	4051
江　苏	11	7	2		2			1190	91	15804
浙　江	778	428	254	94	2	9	7	3830	1549	44167
安　徽	261	147	108	3	3	2	1	2248	624	29280
福　建	175	65	109			6	4	1981	1765	44967
江　西	281	199	52	6	24	6	3	1395	106	17080
山　东	29	7	12		10			19	109	33734
河　南	29	2		1	25	1	1	135	27	9230
湖　北	311	228	46	7	30	19	8	6511	228	87346
湖　南	2140	1770	184	132	43	29	15	16322	422	56031
广　东	2500	1463	944	22	42	45	34	20516	2283	81144
广　西	481	152	275	4	47	63	35	2918	940	38546
海　南	30	6	24					24	95	1319
重　庆	347	268	52	2	24	5	2	6495	665	50498
四　川	2758	1855	442	442	9	266	79	189587	24183	198007
贵　州	98	63	21		9	53	36	7704	287	109372
云　南	424	245	83	69	9	105	69	51672	2910	200001
西　藏	138	50	13	75		83	66	16611	6	4926
陕　西	345	168	149	12	12	70	29	9011	157	32957
甘　肃	3860	2562	410	583	69	98	53	667296	130	33622
青　海	37	21	10	6		16		668	21	19035
宁　夏	32	27	2		3			2800	1	1697
新　疆	36	6	10	19	1	4	3	298	16	2922

表5-7　森林火灾情况(2014年)

地　区	森林火灾次　　数(次)					火　场总面积(公顷)	受害森林面　　积(公顷)	伤亡人数(人)	其他损失折　　款(万元)
		一　般火　灾	较　大火　灾	重　大火　灾	特别重大火灾				
全　国	3703	2080	1620	2	1	55340	19110	112	42512.8
北　京	1	1				1	1		
天　津	2	2				2	2		
河　北	93	78	15			1168	165	3	1.2
山　西	10		10			760	165	2	210.6
内蒙古	160	80	79		1	5950	3426	1	418.2
辽　宁	105	77	28			1045	378		16.5
吉　林	71	58	13			134	52	1	378.0
黑龙江	33	27	6			301	142		
上　海									
江　苏	31	29	2			45	5		8.5
浙　江	155	25	130			1749	786	9	
安　徽	140	72	68			749	265	1	5.4
福　建	130	10	120			1644	1145	2	33773.7
江　西	158	29	129			3635	1579	4	1401.5
山　东	25	7	18			272	160		
河　南	265	210	55			975	334	4	18.4
湖　北	235	208	27			1223	185	1	25.4
湖　南	259	78	181			3728	1935	5	369.4
广　东	128	36	92			2364	930	14	189.8
广　西	403	186	217			6244	1241	10	854.5
海　南	91	49	42			389	268		88.5
重　庆	9	6	3			16	3		5.8
四　川	442	365	77			4713	766	3	1113.8
贵　州	201	136	65			1982	488	7	253.7
云　南	365	164	199	2		15345	4236	34	3112.2
西　藏	1	1				0.4	0.1		0.3
陕　西	109	78	31			441	288	9	212.9
甘　肃	21	18	3			101	37		36.5
青　海	8	7	1			49	38		11.2
宁　夏	24	24				198	4		
新　疆	28	19	9			118	87	2	6.9

表5-8　林业有害生物防治情况

单位：万公顷

年份地区	合计			森林病害		森林虫害		森林鼠害		有害植物	
	发生面积	防治面积	防治率(%)	发生面积	防治面积	发生面积	防治面积	发生面积	防治面积	发生面积	防治面积
2000	851.86	574.19	67.4	93.45	61.95	669.28	456.59	89.12	55.65		
2005	961.03	640.75	66.7	101.20	70.62	726.09	498.51	133.73	71.62		
2006	1100.67	735.47	66.8	103.87	71.80	829.87	557.20	166.93	106.47		
2007	1209.68	801.20	66.2	110.95	85.88	887.72	604.53	211.02	110.79		
2008	1141.84	783.96	68.7	116.83	90.48	843.19	590.23	181.81	103.25		
2009	1141.97	819.38	71.8	103.12	81.88	850.30	638.14	188.55	99.36		
2010	1164.24	812.36	69.8	129.06	89.56	852.32	628.70	182.86	94.11		
2011	1168.14	728.50	62.4	119.72	79.23	845.91	546.58	202.51	102.69		
2012	1176.90	782.59	66.5	131.16	84.26	846.29	572.93	199.45	125.41		
2013	1223.05	766.83	62.7	139.17	89.88	847.46	589.56	224.25	82.97	12.16	4.43
2014	1206.45	787.43	65.3	137.28	86.71	841.28	599.54	211.60	96.03	16.29	5.16
北　京	3.96	3.96	100.0	0.20	0.20	3.76	3.76				
天　津	4.77	4.77	100.0	0.69	0.69	4.08	4.08				
河　北	53.18	44.61	83.9	2.79	2.44	46.01	38.45	4.38	3.71		
山　西	24.21	11.23	46.4	0.68	0.61	18.85	8.35	4.55	2.21	0.13	0.07
内蒙古	122.73	52.64	42.9	21.28	1.23	76.32	37.72	25.12	13.69		
辽　宁	65.90	51.35	77.9	6.39	4.86	59.16	46.15	0.35	0.34		
吉　林	26.34	15.70	59.6	2.61	2.34	21.08	11.03	2.66	2.33		
黑龙江	44.56	39.89	89.5	4.52	3.82	18.97	17.03	21.07	19.04		
上　海	0.50	0.49	98.9	0.04	0.04	0.46	0.45				
江　苏	9.24	8.72	94.4	1.03	0.99	8.21	7.73				
浙　江	10.25	9.46	92.3	1.41	1.25	8.84	8.22				
安　徽	38.42	31.27	81.4	5.58	2.98	32.85	28.29				
福　建	23.12	21.56	93.3	1.05	0.96	22.07	20.60	0.004	0.004		
江　西	26.59	17.78	66.9	5.63	3.59	20.96	14.18				
山　东	52.23	51.34	98.3	8.53	8.32	43.69	43.02				

表5-8　林业有害生物防治情况（续）

单位：万公顷

年份 地区	合计			森林病害		森林虫害		森林鼠害		有害植物	
	发生面积	防治面积	防治率(%)	发生面积	防治面积	发生面积	防治面积	发生面积	防治面积	发生面积	防治面积
河　南	57.30	48.12	84.0	11.17	9.86	46.13	38.26				
湖　北	39.35	23.46	59.6	4.27	2.34	24.48	17.74	0.22	0.19	10.38	3.19
湖　南	35.03	32.93	94.0	3.63	3.40	31.40	29.53				
广　东	30.67	11.43	37.3	1.29	0.87	26.88	9.68			2.49	0.87
广　西	34.89	9.68	27.7	3.91	0.94	30.94	8.70			0.04	0.04
海　南	2.07	0.79	37.9	0.04	0.021	0.80	0.72			1.23	0.05
重　庆	28.94	15.99	55.3	2.15	2.14	20.13	11.88	6.66	1.97		
四　川	74.40	52.09	70.0	9.10	4.44	61.17	44.75	4.12	2.90		
贵　州	23.46	20.52	87.5	1.35	1.12	21.47	18.83	0.64	0.57		
云　南	30.33	28.30	93.3	4.39	4.18	24.40	23.10	0.32	0.32	1.22	0.70
西　藏	27.72	16.34	58.9	8.76	4.96	13.13	8.78	5.83	2.59		
陕　西	42.95	34.23	79.7	3.03	2.79	30.90	23.68	9.02	7.76		
甘　肃	35.46	20.06	56.6	8.80	6.50	15.86	7.80	10.79	5.76		
青　海	22.52	9.28	41.2	0.05		7.81	1.52	14.67	7.76		
宁　夏	26.98	16.25	60.2	1.78	1.11	11.89	7.93	12.52	6.98	0.79	0.23
新　疆	173.30	79.88	46.1	9.24	6.99	82.74	56.97	81.32	15.91		
大兴安岭	15.08	3.31	22.0	1.89	0.72	5.83	0.60	7.35	1.99		

表5-9 主要海洋灾害情况（2014年）

灾　种	发生次数(次)	人员死亡、失踪(人)	直接经济损失(亿元)
合　计	100	24	136.14
风暴潮	9	6	135.78
赤　潮	56		
海　浪	35	18	0.12
海　冰			0.24

表5-10 全海域未达到第一类海水水质标准的海域面积(2014年)

单位：平方公里

项　目	第二类水质海域面积	第三类水质海域面积	第四类水质海域面积	劣于第四类水质海域面积
总　计	43280	42740	21550	41140
渤　海	8180	6600	3770	5750
黄　海	12510	13540	4990	2970
东　海	17470	10700	11200	28330
南　海	5120	11900	1590	4090

六、水资源与废水处理

表6-1　水资源情况

年　份 地　区	水资源总量 (亿立方米)				人均水资源量 (立方米/人)
		地　　表 水资源量	地　　下 水资源量	地表水与地下 水资源重复量	
2000	27700.8	26561.9	8501.9	7363.0	2193.9
2005	28053.1	26982.4	8091.1	7020.4	2151.8
2006	25330.1	24358.1	7642.9	6670.8	1932.1
2007	25255.2	24242.5	7617.2	6604.5	1916.3
2008	27434.3	26377.0	8122.0	7064.7	2071.1
2009	24180.2	23125.2	7267.0	6212.1	1816.2
2010	30906.4	29797.6	8417.0	7308.2	2310.4
2011	23256.7	22213.6	7214.5	6171.4	1730.2
2012	29526.9	28371.4	8416.1	7260.6	2186.1
2013	27957.9	26839.5	8081.1	6962.7	2059.7
2014	27266.9	26263.9	7745.0	6742.0	1998.6
北　京	20.3	6.5	16.0	2.2	95.1
天　津	11.4	8.3	3.7	0.6	76.1
河　北	106.2	46.9	89.3	30.1	144.3
山　西	111.0	65.2	97.3	51.4	305.1
内蒙古	537.8	397.6	236.3	96.1	2149.9
辽　宁	145.9	123.7	82.3	60.1	332.4
吉　林	306.0	251.0	120.2	65.2	1112.2
黑龙江	944.3	814.4	295.4	165.5	2463.1
上　海	47.1	40.1	10.0	2.9	194.8
江　苏	399.3	296.4	118.9	16.0	502.3
浙　江	1132.1	1118.2	231.8	217.9	2057.3
安　徽	778.5	712.9	178.9	113.3	1285.4
福　建	1219.6	1218.4	330.5	329.3	3218.0
江　西	1631.8	1613.3	397.2	378.7	3600.6
山　东	148.4	76.6	116.9	45.0	152.1
河　南	283.4	177.4	166.8	60.9	300.7
湖　北	914.3	885.9	282.0	253.6	1574.3
湖　南	1799.4	1791.5	434.1	426.2	2680.1
广　东	1718.4	1709.0	420.5	411.1	1608.4
广　西	1990.9	1989.6	403.0	401.7	4203.3
海　南	383.5	378.7	96.7	91.9	4266.0
重　庆	642.6	642.6	121.8	121.8	2155.9
四　川	2557.7	2556.5	606.2	605.1	3148.5
贵　州	1213.1	1213.1	294.4	294.4	3461.1
云　南	1726.6	1726.6	558.4	558.4	3673.3
西　藏	4416.3	4416.3	985.1	985.1	140200.0
陕　西	351.6	325.8	124.1	98.3	932.8
甘　肃	198.4	190.5	112.6	104.7	767.0
青　海	793.9	776.0	349.4	331.5	13675.5
宁　夏	10.1	8.2	21.3	19.4	153.0
新　疆	726.9	686.6	443.9	403.6	3186.9

表6–2　供水用水情况

年份 地区	供水总量（亿立方米）				用水总量（亿立方米）					人均用水量（立方米/人）
		地表水	地下水	其他		农业	工业	生活	生态	
2000	5530.7	4440.4	1069.2	21.1	5497.6	3783.5	1139.1	574.9		435.4
2005	5633.0	4572.2	1038.8	22.0	5633.0	3580.0	1285.2	675.1	92.7	432.1
2006	5795.0	4706.8	1065.5	22.7	5795.0	3664.4	1343.8	693.8	93.0	442.0
2007	5818.7	4723.9	1069.1	25.7	5818.7	3599.5	1403.0	710.4	105.7	441.5
2008	5910.0	4796.4	1084.8	28.7	5910.0	3663.5	1397.1	729.3	120.2	446.2
2009	5965.2	4839.5	1094.5	31.2	5965.2	3723.1	1390.9	748.2	103.0	448.0
2010	6022.0	4881.6	1107.3	33.1	6022.0	3689.1	1447.3	765.8	119.8	450.2
2011	6107.2	4953.3	1109.1	44.8	6107.2	3743.6	1461.8	789.9	111.9	454.4
2012	6141.8	4963.0	1134.2	44.6	6141.8	3880.3	1423.9	728.8	108.8	454.7
2013	6183.4	5007.3	1126.2	49.9	6183.4	3921.5	1406.4	750.1	105.4	455.5
2014	6094.9	4920.5	1116.9	57.5	6094.9	3869.0	1356.1	766.6	103.2	446.7
北　京	37.5	9.3	19.6	8.6	37.5	8.2	5.1	17.0	7.2	175.7
天　津	24.1	15.9	5.3	2.8	24.1	11.7	5.4	5.0	2.1	161.2
河　北	192.8	46.8	142.1	4.0	192.8	139.2	24.5	24.1	5.1	262.0
山　西	71.4	32.8	35.1	3.5	71.4	41.5	14.2	12.2	3.4	196.1
内蒙古	182.0	89.1	90.8	2.2	182.0	137.5	19.7	10.5	14.3	727.6
辽　宁	141.8	80.0	58.4	3.3	141.8	89.6	22.8	24.4	4.9	322.9
吉　林	133.0	87.5	44.9	0.6	133.0	89.8	26.8	12.8	3.6	483.3
黑龙江	364.1	196.3	167.6	0.2	364.1	316.1	29.0	17.7	1.3	949.7
上　海	105.9	105.9	0.1		105.9	14.6	66.2	24.4	0.8	437.6
江　苏	591.3	574.7	9.7	6.9	591.3	297.8	238.0	52.8	2.7	743.8
浙　江	192.9	189.7	2.2	0.9	192.9	88.2	55.7	43.8	5.2	
安　徽	272.1	239.9	30.3	1.8	272.1	142.8	92.7	31.9	4.7	449.3
福　建	205.6	198.5	6.5	0.7	205.6	95.6	75.3	31.5	3.2	542.6
江　西	259.3	248.3	9.1	2.0	259.3	168.6	61.3	27.4	2.1	572.2
山　东	214.5	121.3	86.0	7.3	214.5	146.7	28.6	33.4	5.8	219.8
河　南	209.3	88.6	119.4	1.3	209.3	117.6	52.6	33.4	5.7	222.1
湖　北	288.3	279.1	9.2		288.3	156.9	90.2	40.7	0.6	496.5
湖　南	332.4	314.6	17.8	0.02	332.4	200.2	87.7	41.8	2.7	495.1
广　东	442.5	425.5	15.3	1.7	442.5	224.3	117.0	96.1	5.1	414.2
广　西	307.6	295.2	11.6	0.8	307.6	209.2	56.8	39.2	2.4	649.4
海　南	45.0	41.9	3.0	0.1	45.0	33.4	3.9	7.5	0.2	500.7
重　庆	80.5	78.9	1.5	0.1	80.5	23.7	36.7	19.1	0.9	270.0
四　川	236.9	217.9	17.3	1.7	236.9	145.4	44.7	42.5	4.2	291.6
贵　州	95.3	90.9	2.8	1.7	95.3	50.4	27.7	16.6	0.7	271.9
云　南	149.4	142.5	5.8	1.1	149.4	103.3	24.6	19.5	2.0	317.9
西　藏	30.5	26.7	3.8		30.5	27.7	1.7	1.1	0.05	967.3
陕　西	89.8	55.2	33.3	1.3	89.8	57.9	14.0	15.4	2.5	238.3
甘　肃	120.6	90.9	28.1	1.6	120.6	97.8	12.8	8.2	1.8	466.2
青　海	26.3	22.6	3.6	0.1	26.3	21.0	2.4	2.5	0.4	453.8
宁　夏	70.3	64.7	5.5	0.2	70.3	61.3	5.0	1.7	2.3	1068.6
新　疆	581.8	449.4	131.4	1.1	581.8	551.0	13.3	12.3	5.3	2550.7

注：1.生态用水仅包括部分河湖、湿地人工补水和城市环境用水。

2.2012年起，生活用水量中的牲畜用水量调整至农业用水量中。

表6-3 分地区废水中主要污染物排放情况（2014年）

地 区	废 水 排放总量 (万吨)	废水中主要污染物排放量					
		化学需氧量 (万吨)	氨氮 (万吨)	总氮 (万吨)	总磷 (万吨)	石油类 (吨)	挥发酚 (吨)
全 国	7161751	2294.59	238.53	456.14	53.45	16203.6	1378.4
北 京	150714	16.88	1.90	3.71	0.48	51.1	0.4
天 津	89361	21.43	2.45	3.68	0.47	58.8	1.1
河 北	309824	126.85	10.27	38.54	4.72	964.1	33.9
山 西	145033	44.13	5.37	9.25	1.03	957.6	653.5
内蒙古	111917	84.77	4.93	18.88	2.15	1226.5	183.5
辽 宁	262879	121.70	10.01	20.78	2.89	789.7	8.4
吉 林	122171	74.30	5.31	12.83	1.59	231.9	3.9
黑龙江	149644	142.39	8.49	27.56	2.84	223.3	4.3
上 海	221160	22.44	4.46	1.50	0.20	656.0	1.7
江 苏	601158	110.00	14.25	17.42	1.86	1160.1	44.8
浙 江	418262	72.54	10.32	9.59	1.16	506.2	5.0
安 徽	272313	88.56	10.05	18.62	2.00	709.8	5.4
福 建	260579	62.98	8.93	9.32	1.29	373.4	1.9
江 西	208289	72.01	8.60	11.24	1.52	687.5	14.2
山 东	514423	178.04	15.50	57.42	6.37	507.4	35.2
河 南	422832	131.87	13.90	42.72	5.08	1069.7	116.2
湖 北	301704	103.31	12.04	19.28	2.38	939.6	12.9
湖 南	309960	122.90	15.44	22.29	2.71	542.7	18.4
广 东	905082	167.06	20.82	18.82	2.83	450.5	10.0
广 西	219304	74.40	7.93	11.43	1.41	269.9	10.0
海 南	39351	19.60	2.29	4.09	0.52	47.3	0.1
重 庆	145822	38.64	5.13	5.44	0.68	328.8	8.5
四 川	331277	121.63	13.47	22.49	2.64	545.5	2.8
贵 州	110912	32.67	3.80	4.70	0.49	330.8	0.6
云 南	157544	53.38	5.65	7.67	0.77	319.3	2.1
西 藏	5450	2.79	0.34	0.62	0.05	0.8	5.4
陕 西	145785	50.49	5.82	10.00	1.00	621.6	5.3
甘 肃	65973	37.32	3.81	5.12	0.46	281.0	4.4
青 海	23001	10.50	0.98	0.79	0.08	339.3	1.0
宁 夏	37277	21.98	1.66	3.08	0.33	165.5	156.9
新 疆	102748	67.02	4.59	17.27	1.44	847.9	26.8

表6-3 分地区废水中主要污染物排放情况（2014年）（续）

地 区	废水中主要污染物排放量					
	铅	汞	镉	六价铬	总铬	砷
	（千克）	（千克）	（千克）	（千克）	（千克）	（千克）
全 国	73184.7	745.9	17251.1	34925.3	132797.4	109729.8
北 京	41.2	0.1	0.6	157.4	266.6	8.0
天 津	95.5	5.4	2.9	67.3	299.4	12.5
河 北	321.7	2.5	14.5	2619.3	5650.0	52.4
山 西	299.3	42.8	52.0	19.3	802.2	264.5
内蒙古	7057.9	44.0	760.5	37.1	88.7	15637.9
辽 宁	130.5	6.8	24.3	199.2	684.8	71.1
吉 林	165.1	6.3	30.2	135.0	216.4	889.8
黑龙江	44.0	1.6	3.9	40.2	100.3	12.8
上 海	131.6	8.2	6.9	1108.8	2523.9	71.4
江 苏	1204.1	3.9	26.5	3553.8	9676.5	307.6
浙 江	454.3	6.5	244.4	4708.7	12902.6	185.5
安 徽	1345.4	6.4	144.9	221.4	757.9	2244.6
福 建	3727.2	12.6	633.9	2145.6	10390.5	3754.0
江 西	6145.3	74.8	1769.5	570.7	922.3	7355.3
山 东	876.6	11.2	1050.7	509.0	7859.6	2400.0
河 南	3138.0	20.3	784.2	966.0	27844.0	1083.9
湖 北	5881.8	35.6	1039.0	10223.9	13538.7	12448.0
湖 南	21609.3	151.7	6536.5	1252.5	5918.9	35794.2
广 东	2277.9	20.3	396.3	3278.8	13355.1	855.8
广 西	5009.3	90.6	953.8	132.2	1353.4	5012.2
海 南	2.5	3.7	0.5	0.3	101.0	13.2
重 庆	112.7	0.5	4.8	352.2	706.0	63.4
四 川	1208.8	15.3	86.2	751.2	1790.4	1678.7
贵 州	396.6	9.9	197.4	70.3	9351.4	276.3
云 南	4846.4	16.4	845.7	105.5	189.7	7354.1
西 藏	5.0	0.1	1.0	0.6	2.0	5203.5
陕 西	1426.1	28.9	512.1	165.5	696.0	1017.5
甘 肃	4382.2	88.1	824.4	498.7	3406.1	3265.5
青 海	692.7	8.3	244.1	5.5	12.6	1479.0
宁 夏	30.5	1.8	2.5	20.1	105.3	70.0
新 疆	125.1	21.6	56.9	1009.3	1285.2	847.1

表6-4 主要城市废水中主要污染物排放情况（2014年）

城 市	工业废水排放量（万吨）	工业化学需氧量排放量（吨）	工业氨氮排放量（吨）	城镇生活污水排放量（万吨）	生活化学需氧量排放量（吨）	生活氨氮排放量（吨）
北 京	9174	6050	328	141374	82194	13672
天 津	19011	28269	3708	70303	80459	15456
石家庄	24024	36695	4527	34127	1940	1898
太 原	3975	4042	436	20407	8385	2895
呼和浩特	7249	15174	652	13654	19111	2908
沈 阳	9134	9614	842	38668	12955	12185
长 春	5564	11968	1406	21590	31659	7144
哈尔滨	5188	7588	1070	34472	83290	12784
上 海	43939	24766	1798	176940	163438	39438
南 京	21561	21568	1221	55336	58525	12860
杭 州	35370	30639	1260	59060	36603	7798
合 肥	6920	7828	337	43809	45502	6318
福 州	4681	4837	360	33077	65889	9315
南 昌	8656	7539	380	34736	41110	6308
济 南	7880	5289	346	31005	28704	4909
郑 州	13039	12548	568	53122	21398	7888
武 汉	17097	14874	1388	71572	82571	11705
长 沙	4397	13253	409	49006	51021	8021
广 州	22444	23341	1565	142149	104238	17374
南 宁	9097	22204	1231	27436	58843	7621
海 口	776	750	54	11677	6978	3691
重 庆	34968	53360	3453	110705	212663	35407
成 都	10064	11600	773	112228	100515	12638
贵 阳	2895	9070	319	22427	28180	4875
昆 明	3747	7001	201	44520	14154	4973
拉 萨	326	592	27	2385	8049	1117
西 安	6340	20137	1583	44770	61593	10386
兰 州	4563	4006	2648	13773	35269	5243
西 宁	2555	15821	490	7633	17007	3560
银 川	5496	13995	2563	12951	3872	2737
乌鲁木齐	4849	5352	650	19735	11074	4330

七、废气排放及处理

表7-1 分地区废气中主要污染物排放情况（2014年）

单位：万吨

地　区	二氧化硫	氮氧化物	烟(粉)尘
全　国	1974.42	2078.00	1740.75
北　京	7.89	15.10	5.74
天　津	20.92	28.23	13.95
河　北	118.99	151.25	179.77
山　西	120.82	106.99	150.68
内蒙古	131.24	125.83	102.15
辽　宁	99.46	90.20	112.07
吉　林	37.23	54.92	47.51
黑龙江	47.22	73.06	79.35
上　海	18.81	33.28	14.17
江　苏	90.47	123.26	76.37
浙　江	57.40	68.79	37.97
安　徽	49.30	80.73	65.28
福　建	35.60	41.17	36.79
江　西	53.44	54.01	46.23
山　东	159.02	159.33	120.81
河　南	119.82	142.20	88.21
湖　北	58.38	58.02	50.40
湖　南	62.37	55.28	49.62
广　东	73.01	112.21	44.95
广　西	46.66	44.24	40.29
海　南	3.26	9.50	2.32
重　庆	52.69	35.50	22.61
四　川	79.64	58.54	42.86
贵　州	92.58	49.11	37.79
云　南	63.67	49.89	36.68
西　藏	0.42	4.83	1.39
陕　西	78.10	70.58	70.91
甘　肃	57.56	41.84	34.58
青　海	15.43	13.45	23.99
宁　夏	37.71	40.40	23.92
新　疆	85.30	86.28	81.39

表7-2　主要城市废气中主要污染物排放情况（2014年）

单位：吨

城　市	工业二氧化硫排放量	工业氮氧化物排放量	工业烟(粉)尘排放量	生活二氧化硫排放量	生活氮氧化物排放量	生活烟尘排放量
北　京	40347	64400	22710	38475	14109	31556
天　津	195395	216947	112187	13767	9517	21072
石家庄	156030	159807	104277	15564	5755	7271
太　原	83648	92979	59441	35647	6738	19408
呼和浩特	91360	98837	67616	9832	5359	16777
沈　阳	131344	80459	83226	7251	2564	13115
长　春	56210	96025	70944	7344	1600	17800
哈尔滨	60028	88163	130401	59983	20798	100594
上　海	155360	228621	131433	32765	18734	4017
南　京	103949	103633	96177	1750	400	1000
杭　州	80349	61627	70346	633	335	135
合　肥	42364	61923	106284	2790	413	3317
福　州	56385	71392	105713	1279	169	547
南　昌	37049	16511	29435	615	59	244
济　南	67842	64861	90082	29270	3629	13828
郑　州	90859	115866	46037	13744	1845	16150
武　汉	84481	84202	119433	5720	1416	1001
长　沙	19576	14357	17323	3097	203	2869
广　州	61059	51607	22136	2363	720	214
南　宁	32077	37286	27563	8748	1068	4631
海　口	1773	172	998	15	19	229
重　庆	474805	233690	214774	52129	4310	4106
成　都	50754	45249	25574	4814	2071	651
贵　阳	70533	28177	29669	36557	1806	2848
昆　明	61457	44683	26161	4847	586	1711
拉　萨	865	2407	2576	727	85	320
西　安	62604	31823	21985	29806	11698	15131
兰　州	67616	66026	64214	6385	2831	5569
西　宁	66772	47286	71622	8259	2059	22027
银　川	67563	69085	27473	5637	1248	3316
乌鲁木齐	71251	92239	77076	7018	1495	5161

表7–3　分地区城市生活垃圾清运和处理情况（2014年）

地　区	生活垃圾清运量（万吨）	无害化处理厂数（座）	#卫生填埋	#焚　烧	#其　他	无害化处理能力（吨/日）	#卫生填埋	#焚　烧	#其　他
全　国	17860.2	818	604	188	26	533455	335316	185957	12182
北　京	733.8	25	16	3	6	21371	12121	5200	4050
天　津	215.9	8	4	4		9400	5100	4300	
河　北	614.1	40	32	7	1	17184	10524	6500	160
山　西	445.0	23	17	5	1	10525	7115	3350	60
内蒙古	324.6	26	24	1	1	11190	9890	1200	100
辽　宁	917.1	29	25	2	2	22657	20075	1780	802
吉　林	504.6	17	14	3		10893	7443	3450	
黑龙江	553.4	22	16	3	3	10995	8355	1000	1640
上　海	608.4	12	5	5	2	20530	11230	8300	1000
江　苏	1352.4	58	29	28	1	50574	20257	29817	500
浙　江	1229.1	59	26	32	1	45981	16076	29705	200
安　徽	464.8	26	20	6		15153	10203	4950	
福　建	598.9	27	13	13	1	18149	5349	12300	500
江　西	308.5	17	17			9273	9273		
山　东	958.5	59	41	16	2	35171	19211	14700	1260
河　南	832.8	43	39	4		23207	19257	3950	
湖　北	739.3	39	28	11		24016	13066	10950	
湖　南	600.8	34	32	2		21609	20009	1600	
广　东	2214.2	65	40	21	4	64901	39906	23235	1760
广　西	338.9	19	17	2		8091	7491	600	
海　南	144.2	9	6	3		3880	2230	1650	
重　庆	399.4	16	14	2		8710	5110	3600	
四　川	780.0	40	32	8		21677	14217	7460	
贵　州	273.8	14	14			5545	5545		
云　南	349.5	23	16	7		9943	3583	6360	
西　藏	30.8								
陕　西	517.9	17	16		1	15047	14897		150
甘　肃	253.0	16	16			4475	4475		
青　海	77.6	5	5			2110	2110		
宁　夏	118.4	8	8			2980	2980		
新　疆	360.6	22	22			8218	8218		

表7-3　分地区城市生活垃圾清运和处理情况（2014年）（续）

地　区	无害化处理量（万吨）				粪　便清运量（万吨）	粪便无害化处理量（万吨）	生活垃圾无害化处理率（%）
		#卫生填埋	#焚　烧	#其　他			
全　国	16393.7	10744.3	5329.9	319.6	1552.0	692.0	91.8
北　京	730.8	488.6	156.1	86.2	216.1	197.4	99.6
天　津	208.7	102.1	106.6		32.7	14.0	96.7
河　北	531.9	376.3	150.5	5.1	96.9	14.2	86.6
山　西	409.7	292.2	117.5		34.1	0.7	92.1
内蒙古	311.8	286.4	24.5	0.9	48.1	9.7	96.1
辽　宁	840.0	737.3	70.6	32.1	90.4	18.3	91.6
吉　林	312.4	216.2	96.2		65.1	42.7	61.9
黑龙江	325.7	277.6	12.3	35.9	134.8	29.7	58.9
上　海	608.4	328.8	238.5	41.2	199.9	59.3	100.0
江　苏	1326.9	455.2	871.6		82.4	41.3	98.1
浙　江	1229.0	460.4	768.6		71.0	57.4	100.0
安　徽	462.5	333.0	129.5		18.5	4.4	99.5
福　建	586.1	188.5	376.9	20.7	4.0	2.9	97.9
江　西	287.1	287.1			8.1	8.1	93.1
山　东	958.5	533.9	386.9	37.6	127.2	57.5	100.0
河　南	773.1	635.8	137.3		44.4	12.7	92.8
湖　北	666.6	322.4	344.2		19.5	4.6	90.2
湖　南	599.0	568.4	30.6		14.4	7.3	99.7
广　东	1912.7	1196.0	661.7	55.1	85.1	51.6	86.4
广　西	323.3	311.2	12.0		9.8	3.2	95.4
海　南	144.0	82.3	61.6		5.3		99.8
重　庆	396.2	261.0	135.2		67.0	17.3	99.2
四　川	743.9	494.2	249.7		18.0	7.0	95.4
贵　州	255.3	255.3			4.2	3.0	93.3
云　南	323.2	132.0	191.2		16.1	7.0	92.5
西　藏							
陕　西	496.1	491.1		4.9	16.0	6.6	95.8
甘　肃	158.4	158.4			17.6	11.4	62.6
青　海	67.0	67.0			1.3		86.3
宁　夏	110.4	110.4			3.9	2.7	93.3
新　疆	295.3	295.3			0.4	0.3	81.9

表7-4 环保重点城市空气质量情况（2014年）

城　市	二氧化硫年平均浓度（μg/m^3）	二氧化氮年平均浓度（μg/m^3）	可吸入颗粒物(PM10)年平均浓度（μg/m^3）	一氧化碳日均值第95百分位浓度(mg/m^3)	臭氧(03)日最大8小时第90百分位浓度（μg/m^3）	细颗粒物(PM2.5)年平均浓度（μg/m^3）	空气质量达到及好于二级的天数(天)
北　京	22	57	116	3.2	200	86	168
天　津	49	54	133	2.9	157	83	175
石家庄	62	53	206	4.2	161	124	97
唐　山	73	60	163	4.7	169	101	133
秦皇岛	54	49	113	3.5	114	61	239
邯　郸	57	51	186	3.9	147	115	93
保　定	67	55	224	5.4	178	129	79
太　原	73	36	138	3.2	125	72	197
大　同	46	32	95	3.6	114	43	300
阳　泉	88	44	154	2.8	101	71	96
长　治	38	39	116	3.5	102	67	235
临　汾	60	32	94	4.2	95	63	240
呼和浩特	50	44	122	4.0	117	46	240
包　头	54	46	151	3.3	140	55	187
赤　峰	56	25	112	1.6	108	47	257
沈　阳	82	52	124	2.0	165	74	190
大　连	30	39	85	1.4	110	53	276
鞍　山	57	38	133	3.8	146	76	198
抚　顺	38	37	103	2.2	165	58	240
本　溪	46	40	97	4.0	126	61	239
锦　州	62	42	102	2.4	155	63	236
长　春	41	47	118	1.5	132	68	239
吉　林	24	38	109	2.5	141	66	240
哈尔滨	57	52	111	1.6	111	72	241
齐齐哈尔	29	21	63	1.5	92	39	300
牡丹江	25	32	91	1.7	119	59	264
上　海	18	45	71	1.3	149	52	278
南　京	25	54	124	1.6	183	74	188
无　锡	29	45	106	1.7	182	68	210
徐　州	38	37	119	2.0	152	67	238
常　州	36	40	104	1.7	171	67	231
苏　州	25	53	86	1.5	164	66	227

表7-4　环保重点城市空气质量情况（2014年）（续一）

城　　市	二氧化硫年平均浓度（μg/m³）	二氧化氮年平均浓度（μg/m³）	可吸入颗粒物（PM10）年平均浓度（μg/m³）	一氧化碳日均值第95百分位浓度（mg/m³）	臭氧（O3）日最大8小时第90百分位浓度（μg/m³）	细颗粒物（PM2.5）年平均浓度（μg/m³）	空气质量达到及好于二级的天数（天）
南　通	26	40	96	1.3	153	62	257
连云港	30	35	111	2.0	145	61	250
扬　州	34	37	106	1.5	130	65	222
镇　江	24	46	107	1.6	147	68	240
杭　州	21	50	98	1.3	169	65	216
宁　波	17	41	73	1.4	140	46	302
温　州	17	50	75	1.7	134	46	299
湖　州	22	48	87	1.4	166	64	222
绍　兴	36	50	96	1.4	167	63	228
合　肥	23	31	113	1.6	69	83	151
芜　湖	27	28	96	1.9	72	67	249
马鞍山	29	35	108	2.1	105	67	247
福　州	8	36	65	1.3	137	34	310
厦　门	16	37	59	1.0	128	37	344
泉　州	9	24	68	1.2	96	34	346
南　昌	25	33	85	1.6	129	52	294
九　江	30	31	86	1.4	136	46	280
济　南	69	57	172	2.4	190	87	107
青　岛	38	45	107	1.6	154	58	236
淄　博	123	67	171	3.1	187	97	91
枣　庄	74	47	170	1.8	195	92	103
烟　台	28	40	84	1.6	152	52	246
潍　坊	59	42	146	2.2	209	78	123
济　宁	73	47	154	2.2	184	88	125
泰　安	50	46	132	2.6	146	76	193
日　照	31	38	112	2	148	62	231
郑　州	43	51	158	3.1	116	88	135
开　封	34	37	128	3.2	130	83	150
洛　阳	49	42	129	3.3	143	74	151
平顶山	56	46	141	2	146	88	171
安　阳	58	54	154	4.9	160	97	113
焦　作	62	46	134	3.7	166	80	181
三门峡	56	40	130	2.9	165	76	188
武　汉	21	55	114	1.8	156	82	177
宜　昌	49	36	137	2.1	110	93	173
荆　州	43	39	150	2.3	138	88	173
长　沙	24	42	84	1.8	117	74	224
株　洲	36	39	102	1.7	139	74	229
湘　潭	34	45	108	1.7	131	73	219
岳　阳	30	29	130	2.2	74	58	271
常　德	36	25	101	2.9	98	71	227

表7-4 环保重点城市空气质量情况（2014年）（续二）

城　市	二氧化硫年平均浓度（μg/m³）	二氧化氮年平均浓度（μg/m³）	可吸入颗粒物（PM10）年平均浓度（μg/m³）	一氧化碳日均值第95百分位浓度（mg/m³）	臭氧（03）日最大8小时第90百分位浓度（μg/m³）	细颗粒物（PM2.5）年平均浓度（μg/m³）	空气质量达到及好于二级的天数（天）
张家界	18	18	91	2.6	114	65	229
广　州	17	48	67	1.5	165	49	282
韶　关	33	31	66	2.7	152	49	269
深　圳	9	35	53	1.4	126	34	348
珠　海	11	33	53	1.4	138	34	321
汕　头	14	22	63	1.3	133	40	328
湛　江	13	15	47	1.6	134	29	318
南　宁	15	37	84	1.6	126	49	292
柳　州	32	30	92	1.7	155	67	240
桂　林	22	28	86	2	136	66	250
北　海	13	14	58	1.9	144	29	322
海　口	6	16	42	0.9	102	23	346
重　庆	24	39	98	1.8	146	65	246
成　都	19	59	123	2	147	77	216
自　贡	22	26	108	1.5	75	74	217
攀枝花	51	32	83	3.2	99	40	336
泸　州	25	38	93	1.5	137	65	262
德　阳	21	35	89	1.8	141	62	264
绵　阳	16	39	82	1.4	131	56	270
南　充	25	35	108	1.5	76	73	241
宜　宾	27	31	97	3.3	138	66	245
贵　阳	24	31	74	1.3	103	48	301
遵　义	25	31	91	1.2	103	57	281
昆　明	20	36	70	1.5	111	35	350
曲　靖	27	21	58	1.8	118	35	353
玉　溪	28	22	53	3.4	122	30	337
拉　萨	10	20	59	1.8	134	25	321
西　安	32	47	152	3	128	77	172
铜　川	35	40	118	3.4	148	69	219
宝　鸡	24	36	120	3.4	120	70	220
咸　阳	31	38	132	2.3	131	71	202
渭　南	35	37	127	2.3	122	75	202
延　安	35	51	121	3.8	138	53	254
兰　州	29	48	126	2.7	108	61	247
金　昌	59	20	118	2.5	132	41	276
西　宁	41	38	121	2.5	89	63	261
银　川	69	42	112	2.4	124	53	255
石嘴山	81	31	127	1.8	151	51	230
乌鲁木齐	25	56	146	3.4	109	61	202
克拉玛依	8	28	78	2.2	123	42	179

表7-5　按地区类别及路边情况划分的大气质量(2014年)

单位：微克 / 立方米

地区类别及路边	全年平均大气污染浓度			
	二氧化硫	二氧化氮	微细总悬浮粒子	可吸入悬浮粒子
市区①	13	57	30	43
新市镇②	9	47	28	42
郊区③	9	10	27	44
路边④	9	102	32	50

注：①包括葵涌、中西区、深水　、观塘、东区及荃湾。
②包括大埔、沙田、元朗及东涌。
③包括塔门。
④包括铜锣湾、中环及旺角。

表7-6　按种类划分的日均产生的固体废物量

单位：吨（每日计）

种　类	2010	2011	2012	2013
于堆填区弃置的固体废物				
都市固体废物①				
家居废物②	6135	5973	6286	6359
商业废物③	2352	2360	2260	2408
工业废物④	627	663	732	780
小计	9114	8996	9278	9547
整体建筑废物①⑤	3584	3331	3440	3591
特殊废物⑥	1119	1131	1127	1173
总计	13817	13458	13844	14311
已回收都市固体废物⑦	9872	8272	5909	5503

注：①都市固体废物包括运往弃置设施的家居废物、商业废物及工业废物，但不包括建筑废物及已回收都市固体废物。

②家居废物包括使用后的住宅固体废物，以及由公共洁净服务收集的废物。

③商业废物包括所有类型的商业活动产生的固体废物。

④工业废物包括由工业活动产生的固体废物，但不包括化学废物及建筑废料。自2007年开始，运往堆填区处置并包括在工业废物类别的废弃混凝土已被重新归类于整体建筑废物，有关的数量已从工业废物类别中扣除。

⑤建筑废物包括由建筑及拆卸活动所产生的废物，但不包括可运往公众填土区作填海用途的物料。在堆填区弃置的整体建筑废物包括来自建筑地盘的建筑废物，以及在建筑地盘以外设立的混凝土配料厂和水泥/砂浆生产厂所产生的废弃混凝土。

⑥特殊废物包括弃置于堆填区的动物尸体、屠房废物、报废货物、滤水厂及污水处理后的污泥、污水处理厂的隔滤物、禽畜废物、医疗废物及化学废物。

⑦都市固体废物回收后会在本地或香港以外地方循环再造。

八、城市建设

表8-1　全部地级及以上城市数(2014年)

单位：个

地　区	合　计	按城市市辖区年末总人口分组					
		400万以上	200-400万	100-200万	50-100万	20-50万	20万以下
全部地级及以上城市	292	17	35	91	98	47	4
北　京	1	1					
天　津	1	1					
河　北	11	1	1	2	7		
山　西	11		1	1	7	2	
内蒙古	9			3	3	3	
辽　宁	14	1	1	2	9	1	
吉　林	8		1	1	3	3	
黑龙江	12	1		2	8	1	
上　海	1	1					
江　苏	13	1	8	4			
浙　江	11	1	2	3	4	1	
安　徽	16		2	7	5	2	
福　建	9		2	2	3	2	
江　西	11		1	3	4	3	
山　东	17		5	11	1		
河　南	17	1		8	6	2	
湖　北	12	1	1	4	5	1	
湖　南	13		1	5	5	2	
广　东	21	2	4	8	5	2	
广　西	14		1	6	4	3	
海　南	3			1	1		1
重　庆	1	1					
四　川	18	1		12	5		
贵　州	6		1	1	2	2	
云　南	8	1	1		2	3	1
西　藏	3					1	2
陕　西	10	2		2	5	1	
甘　肃	12		1	2	3	6	
青　海	2				1	1	
宁　夏	5			1		4	
新　疆	2		1			1	

注：本表为公安部的户籍人口数(下表同)。

表8-2　省会城市和计划单列市主要经济指标（2014年）

城市名称	年末总人口（万人）	地区生产总值（当年价格）（亿元）				客运量（万人）	货运量（万吨）	公共财政收入（万元）
			第一产业	第二产业	第三产业			
北　京	1333	21330.8	159.0	4544.8	16627.0	71715	26697	40271609
天　津	1017	15726.9	199.9	7731.9	7795.2	19600	49751	23903518
石家庄	1025	5170.3	487.5	2417.5	2265.2	6932	24538	3434745
太　原	370	2531.1	38.9	1012.3	1479.9	4441	18540	2588527
呼和浩特	238	2894.1	125.5	848.2	1920.4	1346	16330	2115389
沈　阳	731	7098.7	325.3	3541.1	3232.3	25397	23488	7855020
大　连	594	7655.6	441.8	3697.4	3516.4	13580	43670	7808645
长　春	755	5342.4	332.0	2813.6	2196.8	12378	10544	3973249
哈尔滨	987	5340.1	626.5	1784.0	2929.5	13989	10169	4235203
上　海	1439	23567.7	124.3	8167.7	15275.7	20762	90128	45855536
南　京	649	8820.8	214.3	3623.5	4983.0	16088	30904	9034890
杭　州	716	9206.2	274.3	3845.6	5086.2	24070	29335	10273169
宁　波	584	7610.3	275.7	3980.4	3354.2	16722	40406	8606109
合　肥	713	5158.0	257.6	2872.0	2028.3	20094	42194	5003420
福　州	675	5169.2	415.9	2352.2	2401.1	13785	23093	5108707
厦　门	203	3273.6	23.7	1460.3	1789.5	7916	23545	5437986
南　昌	518	3668.0	162.7	2017.0	1488.2	6970	12709	3422065
济　南	622	5770.6	290.3	2261.7	3218.6	4241	19558	5431278
青　岛	781	8692.1	349.6	3890.4	4452.1	9854	26061	8952450
郑　州	938	6777.0	147.1	3487.1	3142.7	18413	22737	8338761
武　汉	827	10069.5	350.1	4785.7	4933.8	28145	48530	11010207
长　沙	671	7824.8	311.9	4241.2	3271.7	12745	30251	6327992
广　州	842	16706.9	218.7	5591.0	10897.2	98062	95645	12431035
深　圳	332	16001.8	5.6	6812.0	9184.2	15113	29384	20824400
南　宁	730	3148.3	369.6	1251.5	1527.2	8697	33582	2748517
海　口	165	1091.7	57.1	217.5	817.1	6898	12319	1001174
重　庆	3375	14262.6	1061.0	6529.1	6672.5	70056	97287	19220159
成　都	1211	10056.6	357.1	4508.5	5191.0	21523	28051	10251696
贵　阳	383	2497.3	108.0	976.6	1412.7	72527	26421	3315962
昆　明	551	3713.0	181.6	1538.5	1992.9	13237	27703	4779736
拉　萨	53	347.5	12.9	127.8	206.8	724	1010	829378
西　安	815	5492.6	214.6	2194.8	3083.3	25719	42039	5837888
兰　州	375	2000.9	52.4	824.9	1123.6	5673	11147	1523299
西　宁	203	1065.8	37.4	530.7	497.7	2232	6219	838821
银　川	196	1388.6	52.8	750.2	585.6	4062	15711	1535998
乌鲁木齐	267	2461.5	27.4	906.0	1528.0	3030	13688	3406243

注：年末实有公共(汽)电车营运车辆数不包括市辖县。

表8–2　省会城市和计划单列市主要经济指标（2014年）(续一)

城市名称	公共财政支出（万元）	固定资产投资总额（万元）	城乡居民储蓄存款年末余额（万元）	在岗职工平均工资（元）	年末邮政局（所）数（处）	年末固定电话用户数（万户）	社会消费品零售总额（万元）
北　　京	45246690	75114785	241584000	103400.4	953	831.1	96379959
天　　津	28846993	116262649	79168974	76920.6	876	360.6	47386543
石 家 庄	5664878	48839608	43876724	48272.1	259	151.5	24234663
太　　原	3226934	17460868	33257782	57770.6	140	121.0	14501658
呼和浩特	3109084	17364557	14808828	50468.9	111	82.8	12560778
沈　　阳	9143712	65640596	51476332	56589.6	226	250.5	35701083
大　　连	9894552	67736333	46667061	63609.4	240	240.3	28284239
长　　春	6758377	37463792	33801096	56977.0	205	181.7	22175471
哈 尔 滨	7400780	41759761	37688193	51554.1	368	225.3	30708871
上　　海	49234377	60129660	212693000	92189.8	537	840.2	93034907
南　　京	9212047	54307699	50557718	77286.3	179	282.5	41671947
杭　　州	9611771	49527010	66945512	70823.4	281	311.1	42014577
宁　　波	10008563	39894626	47803126	70227.6	271	270.0	29920297
合　　肥	6987901	53026372	25394998	59648.4	188	171.1	16667504
福　　州	5748081	43886168	34837219	58838.1	237	194.6	30629431
厦　　门	5482525	15621577	19720201	63062.5	91	135.9	10722833
南　　昌	4731561	34342514	21493277	51848.1	161	111.6	13048814
济　　南	5714138	30634425	35413602	62322.6	216	176.9	30876494
青　　岛	10747138	57660308	44358964	62096.8	270	206.6	33617217
郑　　州	9185111	52596482	48392619	49756.0	238	225.1	29136117
武　　汉	11751039	69625338	53521348	60624.5	261	255.0	43693155
长　　沙	8023838	54357478	38667891	61846.6	235	194.7	31620746
广　　州	14362226	48895026	128256427	74246.1	244	502.9	71444503
深　　圳	21661400	27174226	99740100	73492.4	687	529.5	48439983
南　　宁	4657759	28866773	25298556	54330.3	193	103.5	16169020
海　　口	1509200	8215298	11194789	50652.5	58	56.9	5412718
重　　庆	33043884	131062188	107741199	56851.3	1720	583.0	57106660
成　　都	13400037	66203700	89769401	63201.4	480	438.4	44688846
贵　　阳	4486298	23360600	20105843	59330.5	185	102.9	8885848
昆　　明	5936558	31381657	34958025	58153.4	301	126.3	19058927
拉　　萨	7158535	4553866	5592769	72468.0	44	21.0	1803277
西　　安	8195366	58245332	56874866	54097.7	280	306.7	30938909
兰　　州	2801041	12741436	22629407	54008.4	150	80.3	9448645
西　　宁	2481367	11520755	10930883	54914.1	105	64.4	4140886
银　　川	2639036	13719186	10898949	59079.7	97	53.0	3824721
乌鲁木齐	4048053	15263119	19748400	61617.4	188	144.6	10699649

注：年末实有公共(汽)电车营运车辆数不包括市辖县。

表8-2　省会城市和计划单列市主要经济指标（2014年）（续二）

城市名称	货物进出口总额（万美元）	年末实有公共(汽)电车营运车辆数（辆）	剧场、影剧院（个）	普通高等学校在校学生数（人）	医院、卫生院（个）	执业(助理)医师（人）	工业废水排放量（万吨）
北　京	41553810	23667	251	594614	672	89590	9174
天　津	16084657	11164	27	505795	631	33340	19011
石家庄	1440000	4764	20	393559	386	25523	24024
太　原	1067105	3071	24	400915	240	19306	3975
呼和浩特	219500	2643	14	232481	161	5600	7249
沈　阳	1580029	5573	49	399694	340	23815	9134
大　连	6577426	5155	6	286224	295	17914	40150
长　春	2072875	4750	35	414582	301	18818	5564
哈尔滨	680796	6270	80	506425	456	20400	5188
上　海	46662226	16155	81	506644	637	48981	43939
南　京	5722077	8134	63	805338	207	21602	21561
杭　州	6799775	8656	78	474700	307	31977	35370
宁　波	10470406	4516	90	150854	233	20984	16546
合　肥	2008700	4251	49	497305	481	17163	6920
福　州	3466317	3686	36	320844	230	17847	4681
厦　门	8355311	4345	5	158346	56	9185	27380
南　昌	1222643	3219	9	554360	198	12349	8656
济　南	1050014	5099	30	700394	265	24783	7880
青　岛	7988833	6515	43	313486	297	24946	10989
郑　州	4643090	6297	14	783240	313	28912	14704
武　汉	2642887	7767	123	962106	266	29523	17097
长　沙	1256130	5517	16	547514	276	24340	4397
广　州	13058980	13610	53	1019291	255	40715	19181
深　圳	48776501	31349		87674	124	26858	12115
南　宁	481410	2866	21	356236	211	21174	9087
海　口	340090	1515	9	180565	105	6883	776
重　庆	9545024	8641	12	740534	1510	58007	34968
成　都	5584439	11447	9	729338	746	48200	10064
贵　阳	1511409	2855	22	359318	249	12935	2895
昆　明	2939432	5462	40	409933	380	22595	3747
拉　萨	207629	338	4	24936	67	1718	
西　安	2498297	7769	62	766373	381	24820	6340
兰　州	455649	2769	22	414182	167	12252	4563
西　宁	159674	1915	12	67257	114	7243	2555
银　川	450000	1616	17	93508	92	7059	5496
乌鲁木齐	828458	4567	4	167580	173	12976	4849

注：年末实有公共(汽)电车营运车辆数不包括市辖县。

表8-3 城市公用事业基本情况

本表各项指标按全社会范围计算。

项 目	1990	1995	2000	2010	2013	2014
城市建设						
城区面积 (平方公里)	1165970	1171698	878015	178692	183416	184099
建成区面积 (平方公里)	12856	19264	22439	40058	47855	49773
城市建设用地面积 (平方公里)	11608	22064	22114	39758	47109	49983
城市人口密度 (人/平方公里)	279	322	442	2209	2362	2419
城市供水、燃气及集中供热						
全年供水总量 (亿立方米)	382.3	481.6	469.0	507.9	537.3	546.7
#生活用水	100.1	158.1	200.0	238.8	267.6	275.7
人均生活用水 (吨)	67.9	71.3	95.5	62.6	63.3	63.4
用水普及率 (%)	48.0	58.7	63.9	96.7	97.6	97.6
人工煤气供气量 (亿立方米)	174.7	126.7	152.4	279.9	62.8	56.0
#家庭用量	27.4	45.7	63.1	26.9	16.8	14.6
天然气供气量 (亿立方米)	64.2	67.3	82.1	487.6	901.0	964.4
#家庭用量	11.6	16.4	24.8	117.2	185.4	196.9
液化石油气供气量 (万吨)	219.0	488.7	1053.7	1268.0	1109.7	1082.8
#家庭用量	142.8	370.2	532.3	633.9	613.1	586.2
供气管道长度 (万公里)	2.4	4.4	8.9	30.9	43.2	47.5
燃气普及率 (%)	19.1	34.3	45.4	92.0	94.3	94.6
集中供热面积 (亿平方米)	2.1	6.5	11.1	43.6	57.2	61.1
城市市政设施						
年末实有道路长度 (万公里)	9.5	13.0	16.0	29.4	33.6	35.2
每万人拥有道路长度 (公里)	3.1	3.8	4.1	7.5	7.8	7.9
年末实有道路面积(亿平方米)	10.2	16.5	23.8	52.1	64.4	68.3
人均拥有道路面积 (平方米)	3.1	4.4	6.1	13.2	14.9	15.3
城市排水管道长度 (万公里)	5.8	11.0	14.2	37.0	46.5	51.1
城市公共交通						
年末公共交通车辆运营数(万辆)	6.2	13.7	22.6	38.3	46.1	47.6
每万人拥有公交车辆 (标台)	2.2	3.6	5.3	11.2	12.8	13.0
出租汽车数 (万辆)	11.1	50.4	82.5	98.6	105.4	107.4
城市绿化和园林						
城市绿地面积 (万公顷)	47.5	67.8	86.5	213.4	242.7	252.8
人均公园绿地面积 (平方米)	1.8	2.5	3.7	11.2	12.6	13.1
公园个数 (个)	1970	3619	4455	9955	12401	13037
公园面积 (万公顷)	3.9	7.3	8.2	25.8	33.0	35.2
城市环境卫生						
生活垃圾清运量 (万吨)	6767	10671	11819	15805	17239	17860
粪便清运量 (万吨)	2385	3066	2829	1951	1682	1552
每万人拥有公厕 (座)	3.0	3.0	2.7	3.0	2.8	2.8

注：1.2006年以前“城区面积”为“城市面积”。

2.计算人均和普及率指标所使用的人口数2006年以前为城市人口，2006年起为城区人口与城区暂住人口之和，以公安部门的户籍统计和暂住人口统计为准。

表8-4 分地区城市建设情况（2014年）

地 区	城区面积（平方公里）	建成区面积（平方公里）	城市建设用地面积（平方公里）	本年征用土地面积（平方公里）	城市人口密度（人/平方公里）
全 国	184098.6	49772.6	49982.7	1475.9	2419
北 京	12187.0	1385.6	1586.4	14.4	1525
天 津	2363.1	797.1	786.8	16.6	3328
河 北	6412.4	1833.2	1719.1	33.0	2540
山 西	2729.0	1097.4	1034.3	25.3	3974
内蒙古	6764.6	1184.8	1265.7	25.2	1291
辽 宁	14084.2	2422.0	2444.9	70.0	1615
吉 林	3642.9	1362.8	1281.8	36.1	3171
黑龙江	2786.8	1785.1	1773.7	24.3	4946
上 海	6340.5	998.8	2915.6	35.5	3826
江 苏	14609.8	4019.8	4067.9	146.9	2038
浙 江	11094.6	2489.2	2532.0	105.5	1828
安 徽	5929.7	1835.2	1830.1	107.3	2416
福 建	4318.1	1326.4	1208.1	75.6	2627
江 西	2114.8	1201.3	1123.5	39.7	4671
山 东	21310.9	4400.1	4278.5	88.1	1426
河 南	4662.5	2374.7	2232.9	36.7	5149
湖 北	7680.6	2077.6	2422.7	115.3	2448
湖 南	4285.8	1540.2	1479.5	48.9	3402
广 东	17036.4	5398.1	4415.6	78.8	2999
广 西	5886.6	1192.8	1141.3	62.0	1684
海 南	1276.7	303.1	258.3	5.8	2069
重 庆	6643.4	1231.4	1028.8	88.6	1872
四 川	6426.2	2216.6	2138.5	50.8	3068
贵 州	2643.6	723.8	635.7	16.1	2393
云 南	2903.3	977.0	910.5	40.3	2853
西 藏	361.6	126.3	124.7		1857
陕 西	1610.3	967.6	946.4	22.5	5474
甘 肃	1554.8	779.3	756.6	39.4	3682
青 海	635.8	165.8	156.5	4.2	2604
宁 夏	2111.0	441.3	376.4	2.9	1295
新 疆	1691.8	1118.4	1110.1	19.9	4280

表8-5 分地区城市供水情况（2014年）

地 区	年末供水综合生产能力（万立方米/日）	年末供水管道长度（公里）	全年供水总量（万立方米）	#生活用水	#生产用水	用水人口（万人）	人均日生活用水量（升）
全 国	28673.3	676727	5466613	2756911	1623837	43476.3	173.7
北 京	2439.8	27286	182419	127239	27472	1859.0	187.5
天 津	447.2	14369	81249	35691	30036	786.5	124.3
河 北	809.0	15528	151478	69005	59074	1617.1	116.9
山 西	453.7	9727	83155	44695	29995	1068.6	114.6
内蒙古	425.5	10619	73864	32268	27554	854.2	103.5
辽 宁	1338.1	36706	272641	108025	93146	2245.6	131.8
吉 林	680.2	11764	106813	48546	28097	1083.2	122.8
黑龙江	811.1	14120	150272	56401	59771	1325.9	116.5
上 海	1137.0	35068	317260	165034	53542	2425.7	186.4
江 苏	2961.6	78477	488062	227293	184371	2970.7	209.6
浙 江	1720.5	53604	308411	145737	115740	2026.7	197.0
安 徽	1074.8	22247	167781	85973	49957	1412.8	166.7
福 建	717.2	16539	156464	74539	41633	1128.4	181.0
江 西	457.7	13714	106053	63007	16056	965.9	178.7
山 东	1725.2	47373	347781	153802	144396	3036.3	138.8
河 南	1083.6	20590	191001	87546	68254	2232.5	107.4
湖 北	1354.3	29644	269558	142701	66115	1856.4	210.6
湖 南	1031.8	20498	192647	104817	42044	1414.9	203.0
广 东	3555.4	95463	840259	448943	220198	4969.3	247.5
广 西	644.6	15857	162236	80236	61421	935.5	235.0
海 南	153.4	3864	42580	23035	8073	259.1	243.5
重 庆	506.9	11601	112859	64190	29474	1203.4	146.1
四 川	950.5	27461	221021	141622	41278	1796.3	216.0
贵 州	246.2	8685	55793	34822	7598	597.6	159.7
云 南	357.0	9587	77708	38183	18430	810.6	129.1
西 藏	64.5	1059	12437	7182	1933	59.8	329.0
陕 西	379.4	6820	92911	47734	30292	849.0	154.1
甘 肃	380.8	5265	54565	29015	19420	543.6	146.3
青 海	95.0	2231	25031	10638	9824	165.1	176.5
宁 夏	146.8	2309	30343	14425	11635	266.0	148.6
新 疆	524.7	8652	91961	44570	27008	710.7	171.8

表8-6 分地区城市燃气情况（2014年）

地　区	人工煤气生产能力（万立方米/日）	管道长度（公里）			全年供气总量			用气人口（万人）		
		人工煤气	天然气	液化石油气	人工煤气（万立方米）	天然气（万立方米）	液化石油气（吨）	人工煤气	天然气	液化石油气
全　国	2102.1	29043	434571	10986	559513	9643783	10828490	1757.0	25972.9	14378.4
北　京			20574	414		1136874	546293		1424.6	434.5
天　津			16108	184		301000	43154		771.6	14.9
河　北	88.1	3145	12760	271	56763	257439	161923	172.7	1028.4	334.2
山　西	10.0	3952	6520	275	46851	177638	69557	85.2	826.5	126.9
内蒙古	164.0	507	6713	73	3500	110922	63069	41.2	504.7	260.1
辽　宁	338.0	5835	13468	679	63604	126814	492406	591.3	995.7	601.1
吉　林	88.1	1881	6330	84	12827	115404	184553	117.2	538.6	406.5
黑龙江	122.8	783	7261	28	7783	116623	214429	94.2	725.7	368.7
上　海	146.6	2109	26057	516	31379	696093	418013	35.0	1553.9	836.8
江　苏	38.0	270	55594	720	612	842071	651779	9.0	2125.0	828.9
浙　江	1.8	112	25647	3330	478	328121	701812	4.3	937.2	1082.6
安　徽			17155	270		219684	752627		1083.1	303.6
福　建	8.0	321	7499	216	2977	132312	298252	21.4	375.2	724.4
江　西	67.0	1059	8314	112	30991	69115	237316	18.4	473.7	448.2
山　东	11.6	361	40616	560	9438	627532	395521	18.5	2280.1	724.6
河　南	327.7	573	17412	17	59436	305240	223532	28.8	1448.9	533.2
湖　北			20893	265		309438	350092		1174.9	605.6
湖　南		440	11741	19	2765	217162	189230	32.0	761.2	537.0
广　东			25541	2338		1291347	3684390		1618.7	3319.1
广　西	10.6	463	3377	12	4739	28510	267632	47.4	266.4	607.8
海　南			2201	18		27635	89419		127.9	127.0
重　庆			17973			321485	95672		1070.9	101.3
四　川	511.0	601	31382	148	165113	610050	175131	50.3	1595.2	146.3
贵　州	102.0	2954	965	125	16034	29011	76043	127.5	138.0	217.1
云　南	10.0	3164	1173	230	40722	4414	210629	239.1	110.3	281.7
西　藏			1350	1		16	62481		8.2	30.2
陕　西			10527			285839	28635		766.9	71.2
甘　肃	10.8	400	2087		1676	159230	59662	15.5	298.0	164.4
青　海			1061			129793	6250		126.7	20.4
宁　夏		42	4123		70	218700	19885	3.2	188.3	52.5
新　疆	46.0	71	12147	81	1752	448271	59105	5.0	628.7	67.7

表8-7 分地区城市集中供热情况（2014年）

地区	供热能力		供热总量		管道长度		供热面积（万平方米）
	蒸汽（吨/小时）	热水（兆瓦）	蒸汽（万吉焦）	热水（万吉焦）	蒸汽（公里）	热水（公里）	
全国	84664	447068	55614	276546	12476	174708	611246
北京	300	40445	166	35300	44	12038	56786
天津	3769	22596	1538	11254	362	17352	34240
河北	7142	29554	5684	19144	1094	10040	52296
山西	1225	26412	834	15067	49	8339	42916
内蒙古	342	38000	182	27585	28	9224	41967
辽宁	12776	69158	7505	44083	1373	32045	96587
吉林	1598	41998	457	22465	294	17309	45006
黑龙江	4874	44551	2497	35482	423	16797	57656
上海							
江苏							
浙江	8914	20	10857		1196		8001
安徽	4493	20182	2870	46	606	15	2304
福建							
江西							
山东	23396	43427	14020	25005	3442	30787	83003
河南	6088	9544	3150	5572	1484	3583	18993
湖北	2080	278	1279	44	237	20	1765
湖南							
广东							
广西							
海南							
重庆							
四川							
贵州		240		132		38	191
云南							
西藏	13		130		620		22
陕西	3708	11428	2150	5872	311	1630	19825
甘肃	200	14146	88	9175	101	4313	15270
青海		348		290		179	456
宁夏	1687	7138	985	4109	713	2428	8757
新疆	2060	27604	1221	15920	100	8572	25205

表8-8　分地区城市市政设施（2014年）

地　区	年末实有道路长度（公里）	年末实有道路面积（万平方米）	城市桥梁（座）	城市排水管道长度（公里）	城市污水日处理能力（万立方米）	城市道路照明灯（千盏）
全　国	352333	683028	61872	511179	15123.5	23019.1
北　京	8107	13834	2244	14290	442.0	248.7
天　津	7275	13144	869	18748	262.6	309.9
河　北	12859	30113	1378	15924	523.2	624.6
山　西	7107	14470	640	7428	208.5	436.7
内蒙古	8612	18432	374	12123	189.5	746.5
辽　宁	16692	28997	1663	16783	783.8	1562.2
吉　林	8922	16887	750	9870	262.8	500.7
黑龙江	12252	18359	1032	9922	690.8	622.2
上　海	4851	9964	2439	20972	788.0	523.8
江　苏	39070	71151	14013	66256	1622.4	3198.4
浙　江	19382	37323	9732	35960	838.5	1392.1
安　徽	12932	29124	1441	24580	616.2	809.8
福　建	7987	15436	1799	12709	434.4	689.6
江　西	7250	15578	659	10814	242.4	602.3
山　东	39404	78308	5109	49554	935.1	1789.7
河　南	11627	28017	1287	19348	562.8	825.5
湖　北	18209	31145	1917	21484	610.4	641.7
湖　南	10947	20062	728	12612	551.3	642.8
广　东	38213	67446	6377	50320	1857.5	2124.0
广　西	7638	15614	735	8771	672.2	590.7
海　南	2188	4747	151	3522	87.6	169.0
重　庆	6893	14528	1379	11081	257.8	449.6
四　川	12488	26264	2027	20606	527.6	929.4
贵　州	3295	6531	573	5577	140.8	401.3
云　南	7338	14182	653	10136	233.5	413.2
西　藏	585	970	10	610	6.2	28.8
陕　西	6170	13557	678	7237	280.5	622.2
甘　肃	4151	8758	445	5016	161.0	265.5
青　海	925	1835	127	1469	34.2	115.8
宁　夏	2134	6332	183	1460	65.5	227.0
新　疆	6831	11917	460	5997	234.4	515.9

表8-9　分地区城市公共交通情况（2014年）

地　区	年末公共交通车辆运营数（辆）	公　共汽、电车	轨　道交　通	运营线路总长度（公里）	公　共汽、电车	轨　道交　通	公共交通客运总量（万人次）	公　共汽、电车	轨　道交　通	出租汽车（辆）
全　国	476255	458955	17300	620051	617235	2816	8495033	7228457	1266576	1074386
北　京	28331	23667	4664	20776	20249	527	815848	477180	338668	67546
天　津	11770	11144	626	15028	14881	147	181072	151011	30061	31940
河　北	15977	15977		20305	20305		205342	205342		50435
山　西	8301	8301		13658	13658		131496	131496		30401
内蒙古	6836	6836		11109	11109		107099	107099		38347
辽　宁	21872	21386	486	23603	23462	141	440165	405165	35000	80951
吉　林	11723	11343	380	13129	13074	55	176867	169206	7661	55725
黑龙江	15706	15640	66	17930	17913	17	251360	245973	5387	65068
上　海	19832	16155	3677	24475	23897	578	549257	266530	282727	50738
江　苏	36016	34745	1271	54797	54484	313	506163	442725	63438	53488
浙　江	27048	26532	516	50273	50186	87	357679	341776	15903	36732
安　徽	13915	13915		12319	12319		211631	211631		38792
福　建	13426	13426		19675	19675		225977	225977		20380
江　西	7307	7307		11718	11718		129185	129185		13369
山　东	34138	34138		59238	59238		403854	403854		60119
河　南	20417	20267	150	20866	20840	26	263819	257033	6786	46247
湖　北	18249	17671	578	18541	18446	95	367410	331786	35624	35182
湖　南	15745	15649	96	14698	14676	22	280807	276227	4580	25846
广　东	56862	53866	2996	94568	94131	437	1089333	757868	331465	66135
广　西	7774	7774		10699	10699		130990	130990		16592
海　南	2879	2879		4758	4758		43815	43815		6105
重　庆	11769	10881	888	12191	11989	202	292391	240681	51710	19629
四　川	22797	22407	390	20883	20824	59	413075	390383	22692	34304
贵　州	5834	5834		6269	6269		142596	142596		15967
云　南	9334	9100	234	16679	16620	59	152878	147956	4922	17746
西　藏	451	451		997	997		8380	8380		1554
陕　西	11647	11365	282	9470	9419	51	269246	239293	29953	23766
甘　肃	5488	5488		5872	5872		113738	113738		20337
青　海	2113	2113		1978	1978		34971	34971		7269
宁　夏	3296	3296		5890	5890		42744	42744		12831
新　疆	9402	9402		7663	7663		155845	155845		30845

表8–10　分地区城市绿地和园林（2014年）

地　区	城　市 绿地面积 （公顷）	#公园绿地	公　园 （个）	公园面积 （公顷）	建成区 绿化覆盖率 (%)
全　国	2527962	576817	13037	352423	40.2
北　京	68438	23223	245	13294	49.1
天　津	25307	7652	94	2124	34.9
河　北	79393	23541	479	16373	41.9
山　西	40448	12253	259	9417	40.1
内蒙古	57372	16423	260	12090	39.8
辽　宁	121982	26406	374	13829	40.1
吉　林	45263	13912	183	6231	35.8
黑龙江	76346	16681	331	9626	36.0
上　海	125741	17789	161	2301	38.4
江　苏	265543	42901	883	21879	42.6
浙　江	132619	26155	1106	15949	40.8
安　徽	89512	18909	348	11303	41.2
福　建	60396	14475	557	11402	42.8
江　西	50809	13955	310	8596	44.6
山　东	205208	51952	790	32621	42.8
河　南	85661	23834	306	12002	38.3
湖　北	75546	20866	329	11206	37.9
湖　南	57273	14355	247	9555	38.6
广　东	421884	83195	3408	70151	41.4
广　西	72414	11086	196	7767	39.3
海　南	14672	3437	58	2074	41.3
重　庆	52515	21107	307	10751	40.6
四　川	82116	22191	466	12369	37.5
贵　州	35721	7906	63	5066	34.0
云　南	37309	9113	646	6673	38.1
西　藏	4195	725	59	723	43.8
陕　西	36354	10999	191	5417	40.5
甘　肃	22342	7320	116	4079	30.8
青　海	5340	1786	29	949	31.6
宁　夏	23195	4897	73	2282	38.0
新　疆	57050	7774	163	4325	36.8

注：公园绿地面积包括综合公园、社区公园、专类公园、带状公园和街旁绿地。

表8-11 分地区城市市容环境卫生情况（2014年）

地区	清扫保洁面积（万平方米）	生活垃圾清运量（万吨）	粪便清运量（万吨）	市容环卫专用车辆设备总数（台）	公共厕所（座）	#三类以上
全国	676093	17860.2	1552.0	141431	124410	93086
北京	15104	733.8	216.1	10255	5429	5429
天津	10879	215.9	32.7	3036	1206	786
河北	24549	614.1	96.9	4820	6391	3743
山西	15527	445.0	34.1	4895	3234	1576
内蒙古	18207	324.6	48.1	2717	4075	1864
辽宁	33721	917.1	90.4	6097	5353	1896
吉林	14504	504.6	65.1	5973	3729	1061
黑龙江	22716	553.4	134.8	6887	7064	2560
上海	17490	608.4	199.9	5371	6168	4967
江苏	55132	1352.4	82.4	11227	11178	9255
浙江	36843	1229.1	71.0	6483	8026	6441
安徽	26370	464.8	18.5	3116	3192	2684
福建	16243	598.9	4.0	2578	3113	3092
江西	12893	308.5	8.1	1630	1982	1524
山东	65422	958.5	127.2	10324	6084	5266
河南	27197	832.8	44.4	4203	7218	6545
湖北	30527	739.3	19.5	8851	5130	4171
湖南	18032	600.8	14.4	3642	3373	2611
广东	84873	2214.2	85.1	11729	9666	9076
广西	14065	338.9	9.8	3442	2129	2035
海南	6084	144.2	5.3	1503	484	474
重庆	12304	399.4	67.0	2448	2843	2234
四川	28574	780.0	18.0	4436	4280	3040
贵州	5129	273.8	4.2	2352	1375	1142
云南	15547	349.5	16.1	2314	2374	1995
西藏	2413	30.8		251	303	172
陕西	15338	517.9	16.0	2938	3794	3707
甘肃	7478	253.0	17.6	1717	1430	1153
青海	2529	77.6	1.3	475	669	302
宁夏	7482	118.4	3.9	1099	687	576
新疆	12921	360.6	0.4	4622	2431	1709

表8-12 分地区城市设施水平（2014年）

地　区	城市用水普及率(%)	城市燃气普及率(%)	每万人拥有公共交通车辆(标台)	人均城市道路面积(平方米)	人均公园绿地面积(平方米)	每万人拥有公共厕所(座)
全　国	97.64	94.57	12.99	15.34	13.08	2.79
北　京	100.00	100.00	24.84	7.44	15.94	2.92
天　津	100.00	100.00	18.14	16.71	9.73	1.53
河　北	99.29	94.26	11.34	18.49	14.45	3.92
山　西	98.54	95.77	8.85	13.34	11.30	2.98
内蒙古	97.79	92.28	9.01	21.10	18.80	4.67
辽　宁	98.72	96.19	11.79	12.75	11.61	2.35
吉　林	93.79	91.98	10.32	14.62	12.05	3.23
黑龙江	96.20	86.23	12.78	13.32	12.10	5.13
上　海	100.00	100.00	11.97	4.11	7.33	2.54
江　苏	99.75	99.49	15.08	23.89	14.41	3.75
浙　江	99.93	99.81	15.46	18.40	12.90	3.96
安　徽	98.63	96.81	11.60	20.33	13.20	2.23
福　建	99.49	98.83	13.33	13.61	12.76	2.74
江　西	97.78	95.18	8.56	15.77	14.13	2.01
山　东	99.92	99.49	13.17	25.77	17.10	2.00
河　南	92.99	83.76	9.75	11.67	9.93	3.01
湖　北	98.75	94.71	11.91	16.57	11.10	2.73
湖　南	97.05	91.24	12.46	13.76	9.85	2.31
广　东	97.26	96.64	13.28	13.20	16.28	1.89
广　西	94.40	92.99	9.19	15.75	11.19	2.15
海　南	98.10	96.49	11.97	17.97	13.01	1.83
重　庆	96.78	94.27	11.18	11.68	16.97	2.29
四　川	91.12	90.89	14.22	13.32	11.26	2.17
贵　州	94.47	76.30	10.61	10.33	12.50	2.17
云　南	97.85	76.18	12.36	17.12	11.00	2.87
西　藏	89.07	57.13	8.43	14.44	10.80	4.51
陕　西	96.31	95.08	15.85	15.38	12.48	4.30
甘　肃	94.95	83.48	9.67	15.30	12.79	2.50
青　海	99.71	88.81	14.40	11.08	10.78	4.04
宁　夏	97.26	89.23	13.17	23.16	17.91	2.51
新　疆	98.15	96.87	15.54	16.46	10.74	3.36

注：人均和普及率指标按城区人口与暂住人口之和计算，以公安部门的户籍统计和暂住人口统计为准。

表8–13 分地区县城市政公用设施水平（2014年）

地　区	人口密度（人/平方公里）	人均日生活用水量（升）	用水普及率（%）	燃气普及率（%）	建成区供水管道密度（公里/平方公里）	人均道路面积（平方米）	建成区排水管道密度（公里/平方公里）
全　国	1958	118.23	88.89	73.24	10.12	15.39	7.97
北　京							
天　津	1880	99.89	100.00	100.00	13.49	17.12	9.62
河　北	2277	113.00	95.77	87.37	8.67	21.32	7.53
山　西	3468	83.90	96.02	70.77	11.36	13.97	8.85
内蒙古	750	76.92	92.30	77.66	9.73	24.14	6.88
辽　宁	1532	96.82	85.19	71.60	12.65	10.92	5.81
吉　林	2890	102.70	74.97	76.56	10.56	9.07	6.37
黑龙江	2856	80.84	79.01	48.48	9.34	11.95	5.33
上　海							
江　苏	1950	131.76	99.63	98.21	14.93	18.92	11.40
浙　江	911	155.84	99.74	98.36	23.36	20.09	14.30
安　徽	1836	120.94	91.57	80.98	10.90	18.90	10.00
福　建	2325	164.05	97.17	95.45	11.38	13.11	10.00
江　西	4760	114.97	93.61	82.33	9.88	16.80	9.19
山　东	1183	125.73	97.57	91.03	7.56	23.14	9.58
河　南	2448	117.63	67.81	42.35	5.93	13.34	7.29
湖　北	3122	126.82	91.47	79.65	9.01	14.46	6.76
湖　南	3873	140.10	88.66	75.31	11.34	12.77	8.70
广　东	1247	142.61	89.25	81.03	14.95	9.83	6.38
广　西	1549	161.62	88.58	77.35	10.53	13.04	8.38
海　南	3091	154.85	95.21	90.18	8.11	20.03	4.72
重　庆	1905	102.02	91.70	91.42	13.08	9.43	12.79
四　川	1214	132.84	84.16	74.88	10.88	10.26	7.56
贵　州	2339	101.38	85.10	41.19	7.61	9.01	5.06
云　南	3978	109.86	89.30	46.91	12.36	12.22	9.97
西　藏	1275	164.98	46.79	23.38	3.90	9.46	2.54
陕　西	3795	84.70	89.85	73.17	6.56	12.45	6.38
甘　肃	4709	63.17	89.83	52.99	8.43	12.67	5.94
青　海	1840	102.29	94.24	45.92	8.84	15.29	5.01
宁　夏	2956	87.31	89.41	68.31	7.53	30.41	5.44
新　疆	3097	115.19	92.79	81.51	10.02	19.10	5.78

表8-13　分地区县城市政公用设施水平(2014年)(续)

地　区	污水处理率(%)	污水处理厂集中处理率	人均公园绿地面积(平方米)	建成区绿化覆盖率(%)	建成区绿地率(%)	生活垃圾处理率(%)	生活垃圾无害化处理率
全　国	82.12	80.19	9.91	29.80	25.88	85.66	71.60
北　京							
天　津	88.00	88.00	12.36	40.10	34.65	75.81	75.81
河　北	92.95	92.91	10.69	36.55	32.17	87.54	79.82
山　西	84.30	84.30	11.00	37.37	32.01	59.54	54.86
内蒙古	88.29	88.29	18.15	29.16	25.50	88.42	85.53
辽　宁	91.46	91.46	8.71	18.01	16.05	78.58	48.75
吉　林	73.98	73.98	7.88	25.19	20.81	81.25	39.74
黑龙江	70.89	70.19	9.84	19.88	16.42	35.46	12.89
上　海							
江　苏	81.69	77.17	11.72	40.83	37.91	98.72	83.67
浙　江	85.56	82.35	12.60	39.51	35.85	99.86	99.74
安　徽	92.05	90.88	10.21	31.83	27.45	95.22	72.01
福　建	84.20	83.14	13.25	42.20	38.81	96.36	87.18
江　西	72.35	72.35	13.54	40.40	36.48	99.69	60.51
山　东	94.80	94.73	15.03	39.36	33.63	99.18	99.18
河　南	83.74	83.74	6.01	18.03	14.78	79.61	79.61
湖　北	74.92	70.38	8.39	25.34	22.67	70.50	52.17
湖　南	88.14	85.53	8.04	32.64	28.02	97.78	96.84
广　东	81.01	73.30	11.59	32.96	29.71	95.28	60.18
广　西	83.29	78.95	7.79	28.97	24.65	93.96	86.69
海　南	66.40	66.40	8.84	31.82	27.21	99.28	99.28
重　庆	94.66	94.66	13.10	36.47	32.84	99.40	99.40
四　川	68.86	65.23	8.59	30.23	26.07	85.25	74.02
贵　州	70.36	70.36	4.11	13.59	10.34	60.59	60.59
云　南	74.82	74.38	7.94	28.25	24.48	91.96	74.66
西　藏			2.17	11.17	9.23	15.61	
陕　西	86.09	86.09	8.21	27.88	23.85	91.94	84.43
甘　肃	61.39	61.39	6.92	16.63	13.49	90.31	60.87
青　海	33.86	33.86	4.16	13.81	9.63	92.43	53.65
宁　夏	62.39	50.49	11.80	27.97	21.22	74.38	15.85
新　疆	71.45	59.57	10.73	30.71	27.74	90.53	32.52

表8-14　分地区建制镇市政公用设施水平(2014年)

地　区	人口密度(人/平方公里)	人均日生活用水量(升)	供水普及率(%)	燃气普及率(%)	人均道路面积(平方米)	排水管道暗渠密度(公里/	人均公园绿地面积(平方米)	绿化覆盖率(%)	绿地率(%)
全　国	4937	98.68	82.77	47.77	12.63	5.94	2.39	15.90	8.96
北　京	3973	106.00	87.59	56.28	15.26	6.71	5.86	23.49	15.22
天　津	4304	87.73	94.14	70.21	14.72	6.00	1.14	18.78	7.62
河　北	4608	68.38	77.30	35.62	10.52	2.68	0.45	9.45	4.18
山　西	5088	75.39	87.39	15.97	13.01	5.01	0.91	19.95	7.90
内蒙古	3124	57.35	65.39	15.76	11.93	2.24	0.16	9.77	4.65
辽　宁	3644	90.88	72.41	30.68	12.79	4.18	1.12	13.24	3.58
吉　林	3797	79.91	73.67	20.82	10.87	1.99	0.88	5.51	2.14
黑龙江	3687	66.63	83.54	18.59	15.61	2.31	1.16	5.40	2.44
上　海	5083	143.19	93.86	87.08	9.89	4.59	2.11	16.34	10.93
江　苏	5790	103.85	96.72	86.80	17.89	10.50	6.10	26.98	20.17
浙　江	5076	127.74	78.85	51.96	13.14	7.38	2.34	14.91	9.67
安　徽	4880	102.35	70.41	43.55	11.66	7.23	2.94	19.44	11.21
福　建	5885	117.43	89.33	66.50	13.42	6.44	7.34	25.87	16.32
江　西	4367	95.45	68.40	33.95	10.21	4.67	0.98	8.70	4.67
山　东	4555	75.79	91.64	63.74	18.17	8.05	5.47	26.34	16.74
河　南	5544	82.34	75.71	8.42	11.59	4.74	1.54	21.65	4.49
湖　北	4825	97.59	86.25	41.90	10.28	5.84	0.92	15.23	7.89
湖　南	5056	103.13	72.34	35.08	9.28	4.62	1.11	14.68	8.17
广　东	5124	136.41	87.41	68.87	13.74	6.94	2.49	14.89	9.48
广　西	6959	106.61	86.02	70.55	11.45	8.10	0.44	8.69	4.13
海　南	3792	101.66	85.50	76.09	14.05	5.20	1.92	20.15	12.20
重　庆	6901	93.94	90.28	57.03	7.64	6.94	0.41	8.04	4.42
四　川	5299	94.02	81.12	48.91	10.39	6.16	0.70	8.16	4.02
贵　州	4840	96.36	78.97	12.10	10.61	4.13	0.27	10.25	3.86
云　南	5865	90.26	85.29	13.53	8.90	4.49	0.71	6.20	3.87
西　藏									
陕　西	4965	57.34	78.83	17.09	9.52	4.86	0.66	7.70	3.14
甘　肃	4163	56.15	71.52	5.62	12.23	2.97	0.63	6.58	3.13
青　海	4175	62.26	72.24	18.16	10.47	2.38	2.09	10.80	6.55
宁　夏	3365	77.54	72.14	31.91	12.87	6.38	0.59	7.76	4.44
新　疆	3109	80.79	82.39	13.70	19.29	2.35	1.26	15.63	11.54

表8-15 分地区乡市政公用设施水平（2014年）

地　区	人口密度（人/平方公里）	人均日生活用水量（升）	供水普及率（%）	燃气普及率（%）	人均道路面积（平方米）	排水管道暗渠密度（公里/	人均公园绿地面积（平方米）	绿　化覆盖率（%）	绿地率（%）
全　国	4428	83.08	69.26	20.32	12.63	3.83	1.07	12.98	5.50
北　京	5862	65.77	95.24	80.46	5.35	4.59	0.37	21.55	12.80
天　津	3205	83.28	92.67	36.18	10.58	2.28	0.02	27.53	0.34
河　北	4167	67.48	65.08	21.59	11.50	1.64	0.40	9.39	3.64
山　西	4479	65.93	82.49	10.37	13.45	3.46	1.25	19.69	7.88
内蒙古	2781	53.69	54.21	12.24	11.70	0.94	0.36	7.48	3.52
辽　宁	3812	83.20	47.56	13.54	14.68	3.01	0.53	12.19	2.35
吉　林	3181	75.85	49.22	11.11	14.99	1.47	0.41	5.42	2.58
黑龙江	3142	65.33	76.33	10.00	21.52	1.39	0.56	5.77	2.57
上　海	3302	138.05	99.12	99.12	17.44	12.61	10.50	37.50	28.55
江　苏	5189	107.47	97.07	79.18	16.62	8.79	4.46	24.87	16.09
浙　江	4878	116.43	80.76	45.31	15.00	7.85	1.37	11.12	6.51
安　徽	4561	94.95	61.13	40.27	12.40	5.25	3.27	19.30	11.18
福　建	6493	107.38	88.16	60.82	14.45	7.34	7.76	27.82	15.32
江　西	4496	92.54	63.32	30.45	12.20	5.83	0.77	10.05	5.50
山　东	4063	79.48	85.48	45.02	18.94	7.80	1.64	18.85	8.52
河　南	5771	75.87	67.83	4.24	12.01	4.88	1.02	22.32	4.51
湖　北	4219	94.75	77.72	27.44	10.55	4.68	0.88	10.51	4.84
湖　南	3992	101.74	54.24	24.89	10.12	3.78	0.71	14.85	6.77
广　东	3357	119.62	81.35	53.33	19.80	7.81	1.44	18.72	4.47
广　西	7239	99.40	83.76	55.42	10.52	6.40	0.36	10.31	5.71
海　南	2627	83.18	93.77	77.10	19.86	3.37	0.52	31.19	19.35
重　庆	5872	84.29	78.72	23.06	11.48	8.15	0.48	8.88	4.74
四　川	4365	78.53	65.07	17.82	9.66	3.96	0.07	6.77	1.67
贵　州	4346	87.00	79.05	5.94	10.83	2.81	0.47	9.43	4.12
云　南	5151	93.71	81.51	9.60	10.62	5.01	0.29	5.63	2.93
西　藏									
陕　西	4202	53.45	65.37	3.23	9.90	3.14	0.28	4.76	2.08
甘　肃	3716	54.10	51.14	2.97	13.84	2.65	0.38	8.65	3.21
青　海	5236	61.40	46.78		11.15	0.56		6.04	2.47
宁　夏	3913	60.73	73.13	18.84	15.73	4.33	0.20	9.89	4.59
新　疆	3064	76.14	77.62	5.45	22.82	1.05	1.30	16.23	11.50

表8–16　农村水电建设和发电量、农村用电量

年　份 地　区	本年完成投资额（万元）	年末发电设备容量（千瓦）	#本年新增发电设备容量	在建电站规模（千瓦）	#当年新开工电站规模	发电量（万千瓦时）	农村用电量（亿千瓦时）
1978							253.1
1980							320.8
1985							508.9
1990	348848	13978100	791000			4181100	844.5
1995	1321689	18721073	1207854	10760000		6316247	1655.7
2000	2220993	27487791	2060127	7459500	2384000	8755014	2421.3
2005	4343826	43090145	4964672	17727677	4284511	13571702	4375.7
2006	4604296	47196651	6403520	20653424	4501575	14835889	4895.8
2007	5117926	53855597	6578193	20944545	4498420	16346041	5509.9
2008	4568884	51274371	4194106	21239258	3787365	16275902	5713.2
2009	4563240	55121211	3807072	12890100	2194445	15672471	6104.4
2010	4398453	59240191	3793551	13700560	2425973	20444256	6632.3
2011	4243988	62123430	3277465	10309266	1585709	17566867	7139.6
2012	3671548	65686071	3399616	9947388	1658258	21729246	7508.5
2013	3457047	71186268	2460601	9477045	1357859	22327712	8549.5
2014	3171306	73221047	2553873	9666971	939855	22814929	8884.4
北　京		42920				2714	50.6
天　津		5800	3300			1819	109.0
河　北	17451	388728	15645	34000	800	46936	631.3
山　西	9846	191296	19340	66090	2390	30859	97.1
内蒙古		93475				16885	63.1
辽　宁	6425	435243	7870	26515	10400	79344	433.1
吉　林	68833	572280	57860	202290		140707	48.8
黑龙江	7510	294425		119220	6000	75986	69.6
上　海							885.6
江　苏	2676	36512	640	640		5318	1834.9
浙　江	123759	3924061	36725	67095	9380	1061271	905.3

表8-16　农村水电建设和发电量、农村用电量（续）

年份 地区	本年完成投资额（万元）	年末发电设备容量（千瓦）	#本年新增发电设备容量	在建电站规模（千瓦）	#当年新开工电站规模	发电量（万千瓦时）	农村用电量（亿千瓦时）
安　徽	39118	1076280	178125	25640	6630	236293	147.5
福　建	43476	7341376	48640	36570		2426558	367.7
江　西	35418	3103986	71210	206210	13945	886115	97.6
山　东		83887	235			2781	480.0
河　南	28997	490987	11495	2235	2235	69586	313.2
湖　北	206894	3416222	62340	360390	7540	877254	142.2
湖　南	178685	5921007	94000	254080	47220	1854824	123.8
广　东	34296	7272926	43741	137960	10930	1931347	1314.0
广　西	237036	4292311	124220	429785	106330	1392894	76.2
海　南		403120	7495	41990		139429	10.9
重　庆	93288	2255419	54365	531830	13230	688512	78.3
四　川	569782	10760671	465970	2383215	78125	4099217	169.6
贵　州	318372	3152760	190530	821736	133360	1048995	71.3
云　南	572985	11072770	521010	2085970	398155	3479164	87.1
西　藏	85505	313419	11700	54600	4000	85386	1.2
陕　西	109824	1308112	155845	430340	38075	363783	109.0
甘　肃	216878	2376698	130352	830220	12100	863394	51.3
青　海	60695	954245	71260	239660	23400	364192	5.0
宁　夏		5440				1800	13.6
新　疆	103556	1519771	159160	298670	37980	496591	96.5
水利部							
直属		114900	10800			44976	

注：本表由水利部农村水电及电气化发展局提供。农村水电是以小水电为主体，直接为农村经济社会发展服务的水电站及其供电网络。

2014年农村水电统计制度变化，“完成投资额”统计项只包括装机5万及5万千瓦以下的水电站及其配套电网的投资资金。

九、交通运输

表9-1 交通运输业基本情况

指　　标	2011	2012	2013	2014
运输线路长度　　（万公里）				
铁路营业里程	9.32	9.76	10.31	11.18
公路里程	410.64	423.75	435.62	446.39
#高速公路	8.49	9.62	10.44	11.19
内河航道里程	12.46	12.50	12.59	12.63
定期航班航线里程	349.06	328.01	410.60	463.72
管道输油(气)里程	8.33	9.16	9.85	10.57
客运量总计　　（万人）	3526319	3804035	2122992	2209391
铁路	186226	189337	210597	235704
公路	3286220	3557010	1853463	1908198
水运	24556	25752	23535	26293
民航	29317	31936	35397	39195
旅客周转量总计　（亿人公里）	30984.0	33383.1	27571.7	30097.4
铁路	9612.3	9812.3	10595.6	11604.8
公路	16760.2	18467.5	11250.9	12084.1
水运	74.5	77.5	68.3	74.3
民航	4537.0	5025.7	5656.8	6334.2
货运量总计　　（万吨）	3696961	4100436	4098900	4386800
铁路	393263	390438	396697	381334
公路	2820100	3188475	3076648	3332838
水运	425968	458705	559785	598283
民航	557.5	545.0	561.3	594.1
管道	57073	62274	65209	73752
货物周转量　　（亿吨公里）	159324	173804	168014	185837
铁路	29466	29187	29174	27530
公路	51375	59535	55738	61017
水运	75424	81708	79436	92775
民航	173.9	163.9	170.3	187.8
管道	2885	3211	3496	4328

表9-1　交通运输业基本情况（续）

指　　标	2011	2012	2013	2014
民用汽车拥有量　（万辆）	9356.32	10933.09	12670.14	14598.11
#私人汽车	7326.79	8838.60	10501.68	12339.36
其他机动车拥有量　（万辆）	11549.16	11322.30	10546.65	9852.40
民用运输船舶拥有量　（艘）	179242	178591	172554	171977
机动船	157950	158309	155340	154974
驳船	21292	20282	17214	17003
沿海规模以上港口货物吞吐量（万吨）	616292	665245	728098	769557

注：1.2004年起内河航道里程为内河航道通航里程数(以下各表同)。

2.2005年起公路里程包括村道(以下各表同)。

3.2008年公路、水路运输量统计口径有调整(以下各表同)。

4.从2009年起，沿海规模以上港口统计范围为年吞吐量1000万吨以上的沿海港口，内河规模以上港口统计范围为年吞吐量200万吨以上的内河港口(以下各表同)。

5.2011年起民航航线里程改为定期航班航线里程(以下各表同)。

6.2013年，管道运输统计口径在原中国石油天然气集团公司、中国石油化工集团公司基础上增加中国海洋石油总公司，2012年管道数据按同口径调整(以下各表同)。

7.2013年公路水路客货运输数据，源自2013年交通运输业经济统计专项调查，统计范围口径有所调整(以下各表同)。按可比口径计算，

2013年公路客运量、旅客周转量、货运量、货物周转量比上年分别增长4.2%、1.0%、10.9%和11.2%;水运客运量、旅客周转量、货运量、货物周转量比上年分别增长3.0%、2.9%、10.4%和4.8%。

表9–2　运输线路长度

单位：万公里

年份	铁路营业里程	#国家铁路电气化里程	公路里程	#高速公路	内河航道里程	定期航班航线里程	#国际航线	管道输油(气)里程
1978	5.17	0.10	89.02		13.60	14.89	5.53	0.83
1980	5.33	0.17	88.83		10.85	19.53	8.12	0.87
1981	5.39	0.17	89.75		10.87	21.82	8.28	0.97
1982	5.33	0.18	90.70		10.86	23.27	9.99	1.04
1983	5.46	0.23	91.51		10.89	22.91	9.99	1.08
1984	5.48	0.30	92.67		10.93	26.02	10.74	1.10
1985	5.52	0.41	94.24		10.91	27.72	10.60	1.17
1986	5.58	0.44	96.28		10.94	32.31	10.76	1.30
1987	5.60	0.46	98.22		10.98	38.91	14.89	1.38
1988	5.62	0.57	99.96	0.01	10.94	37.38	12.83	1.43
1989	5.70	0.64	101.43	0.03	10.90	47.19	16.64	1.51
1990	5.79	0.69	102.83	0.05	10.92	50.68	16.64	1.59
1991	5.78	0.78	104.11	0.06	10.97	55.91	17.74	1.62
1992	5.81	0.84	105.67	0.07	10.97	83.66	30.30	1.59
1993	5.86	0.89	108.35	0.11	11.02	96.08	27.87	1.64
1994	5.90	0.90	111.78	0.16	11.02	104.56	35.19	1.68
1995	6.24	0.97	115.70	0.21	11.06	112.90	34.82	1.72
1996	6.49	1.01	118.58	0.34	11.08	116.65	38.63	1.93
1997	6.60	1.20	122.64	0.48	10.98	142.50	50.44	2.04
1998	6.64	1.30	127.85	0.87	11.03	150.58	50.44	2.31
1999	6.74	1.40	135.17	1.16	11.65	152.22	52.33	2.49
2000	6.87	1.49	167.98	1.63	11.93	150.29	50.84	2.47
2001	7.01	1.69	169.80	1.94	12.15	155.36	51.69	2.76
2002	7.19	1.74	176.52	2.51	12.16	163.77	57.45	2.98
2003	7.30	1.81	180.98	2.97	12.40	174.95	71.53	3.26
2004	7.44	1.86	187.07	3.43	12.33	204.94	89.42	3.82
2005	7.54	1.94	334.52	4.10	12.33	199.85	85.59	4.40
2006	7.71	2.34	345.70	4.53	12.34	211.35	96.62	4.81
2007	7.80	2.40	358.37	5.39	12.35	234.30	104.74	5.45
2008	7.97	2.50	373.02	6.03	12.28	246.18	112.02	5.83
2009	8.55	3.02	386.08	6.51	12.37	234.51	91.99	6.91
2010	9.12	3.27	400.82	7.41	12.42	276.51	107.02	7.85
2011	9.32	3.43	410.64	8.49	12.46	349.06	149.44	8.33
2012	9.76	3.55	423.75	9.62	12.50	328.01	128.47	9.16
2013	10.31	3.60	435.62	10.44	12.59	410.60	150.32	9.85
2014	11.18	3.69	446.39	11.19	12.63	463.72	176.72	10.57

十、固体废物与生活垃圾处理利用

表10-1 分地区固体废物处理利用情况（2014年）

单位：万吨

地区	一般工业固体废物产生量	一般工业固体废物综合利用量	一般工业固体废物处置量	一般工业固体废物贮存量	一般工业固体废物倾倒丢弃量	危险废物产生量	危险废物综合利用量	危险废物处置量	危险废物贮存量
全　国	325620.02	204330.25	80387.54	45033.19	59.38	3633.52	2061.80	929.02	690.62
北　京	1020.76	894.98	125.92	0.01		14.83	8.21	6.61	0.02
天　津	1734.62	1723.94	10.64	0.05		12.11	3.99	8.15	
河　北	41927.59	18227.68	22926.89	1511.75		38.95	19.52	19.14	0.52
山　西	30198.69	19680.89	7716.43	2867.26		22.24	17.24	4.76	0.33
内蒙古	23191.30	13259.98	8272.22	2255.74	0.44	112.54	34.71	38.30	40.21
辽　宁	28666.32	10719.24	9421.72	8725.33	5.93	98.08	33.41	49.76	16.41
吉　林	4944.11	3477.91	1115.57	592.51		104.94	62.10	42.02	0.82
黑龙江	6312.27	4069.40	1557.91	776.08	3.29	31.38	8.50	22.51	0.53
上　海	1924.79	1876.86	47.01	1.51	0.03	62.84	26.79	35.73	1.13
江　苏	10924.73	10577.77	278.92	182.75	0.29	243.33	125.25	113.07	7.02
浙　江	4541.72	4302.79	204.89	41.16	0.00	157.92	62.35	89.83	11.39
安　徽	12000.00	10466.33	1078.81	893.34		78.08	65.08	13.18	0.61
福　建	4834.90	4277.69	585.08	51.38	0.04	28.23	10.47	14.11	5.00
江　西	10821.21	6120.56	232.02	4475.97	3.15	46.91	29.51	17.70	1.62
山　东	19199.44	18380.19	581.74	428.35	0.00	709.77	639.77	62.77	12.39
河　南	15917.40	12319.32	3012.83	716.85	0.01	66.98	39.75	26.76	0.54
湖　北	8006.35	6139.42	1700.93	221.03	0.46	73.41	37.77	29.77	6.20
湖　南	6933.77	4410.16	1876.26	707.30	0.59	260.64	232.54	7.49	22.74
广　东	5665.09	4893.04	630.56	149.95	1.89	169.41	85.77	82.80	1.29
广　西	8037.55	5057.71	1454.36	1791.72	0.37	105.71	71.82	27.52	9.24
海　南	515.42	273.93	34.47	207.03		2.22	0.17	2.08	0.19
重　庆	3067.78	2648.22	407.45	72.37	6.70	37.62	21.92	14.99	1.04
四　川	14246.37	6185.29	5512.35	2848.98	1.12	133.39	68.89	66.23	1.42
贵　州	7394.22	4312.91	1382.22	1818.57	1.46	32.95	24.81	5.97	3.07
云　南	14480.63	7215.67	4632.60	2826.08	6.73	240.00	137.08	28.58	79.93
西　藏	383.09	8.03	34.36	357.57					
陕　西	8682.50	5464.23	2136.13	1092.66	0.03	63.70	21.21	34.78	10.02
甘　肃	6140.54	3086.26	2044.09	1013.74		35.00	9.81	19.83	6.37
青　海	12423.29	6998.64	3.22	5448.90	0.03	325.68	146.03	5.00	176.81
宁　夏	3693.91	2927.59	563.15	329.34		5.34	3.08	2.13	0.16
新　疆	7789.67	4333.62	806.79	2627.91	26.84	319.33	14.26	37.44	273.60

表10-2　主要城市固体废物处理利用情况(2014年)

单位：万吨

城　市	一般工业固体废物产生量	一般工业固体废物综合利用量	一般工业固体废物处置量	一般工业固体废物贮存量
北　京	1020.76	894.98	125.92	0.01
天　津	1734.62	1723.94	10.64	0.05
石家庄	1500.93	1480.33	18.84	57.30
太　原	2449.53	1353.83	954.27	143.75
呼和浩特	1129.90	447.84	625.58	75.06
沈　阳	813.14	768.47	12.37	32.30
长　春	582.86	582.42	0.44	
哈尔滨	684.71	671.50	16.76	
上　海	1924.79	1876.86	47.01	1.51
南　京	1750.68	1608.11	42.95	99.66
杭　州	719.86	656.21	61.06	2.82
合　肥	1001.22	931.37	8.13	62.96
福　州	782.14	750.62	31.21	0.32
南　昌	194.69	186.72	8.01	0.02
济　南	1022.86	1019.40	4.43	0.02
郑　州	1400.13	1027.25	333.14	39.96
武　汉	1407.06	1285.83	139.79	18.00
长　沙	106.95	91.48	12.20	4.34
广　州	495.88	468.47	24.71	2.71
南　宁	361.15	346.57	147.36	1.10
海　口	5.22	4.02	1.19	
重　庆	3067.78	2648.22	407.45	72.37
成　都	452.74	441.13	10.80	0.07
贵　阳	1097.79	546.14	549.46	11.97
昆　明	2152.03	801.21	1330.82	39.57
拉　萨	285.88	8.03	9.35	272.37
西　安	249.37	233.23	14.55	1.61
兰　州	638.58	628.73	7.22	2.67
西　宁	542.21	551.66	3.20	14.85
银　川	652.46	518.27	75.57	58.61
乌鲁木齐	962.36	901.31	25.30	35.76

十一、环境污染治理投资

表11–1 环境污染治理投资

指　　标	2010	2011	2012	2013	2014
环境污染治理投资总额(亿元)	7612.2	7114.0	8253.5	9037.2	9575.5
#城镇环境基础设施建设投资	5182.2	4557.2	5062.7	5223.0	5463.9
#燃气	357.9	444.1	551.8	607.9	574.0
集中供热	557.5	593.3	798.1	819.5	763.0
排水	1172.7	971.6	934.1	1055.0	1196.1
园林绿化	2670.6	1991.9	2380.0	2234.9	2338.5
市容环境卫生	423.5	556.2	398.6	505.7	592.2
工业污染源治理投资	397.0	444.4	500.5	849.7	997.7
当年完成环保验收项目环保投资	2033.0	2112.4	2690.4	2964.5	3113.9
环境污染治理投资总额占国内生产总值比重(%)	1.86	1.47	1.55	1.54	1.51

注：城镇环境基础设施建设投资中增加了县城基础设施建设投资。

表11-2 工业污染治理投资完成情况

单位：万元

年份 地区	工业污染治理完成投资					
		治理废水	治理废气	治理固体废物	治理噪声	治理其他
2000	2347895	1095897	909242	114673	13692	214390
2005	4581909	1337147	2129571	274181	30613	810396
2006	4839485	1511165	2332697	182631	30145	782848
2007	5523909	1960722	2752642	182532	18279	606838
2008	5426404	1945977	2656987	196851	28383	598206
2009	4426207	1494606	2324616	218536	14100	374349
2010	3969768	1295519	1881883	142692	14193	620021
2011	4443610	1577471	2116811	313875	21623	413831
2012	5004573	1403448	2577139	247499	11627	764860
2013	8496647	1248822	6409109	140480	17628	680608
2014	9976511	1152473	7893935	150504	10950	768649
北　京	75695	2957	62281	408	27	10023
天　津	220923	12218	151108			57597
河　北	889518	59925	779803	2324	36	47430
山　西	311477	34594	230646	12587	180	33470
内蒙古	775439	20939	708403	17731	1042	27325
辽　宁	382184	25256	326098	2350	332	28148
吉　林	163707	2795	153382	928	299	6304
黑龙江	177572	5544	160834	1290		9903
上　海	177859	62702	98400	8	43	16706
江　苏	485096	75936	383361	411	557	24832
浙　江	675944	175141	414013	3157	390	83243
安　徽	176220	21612	149590	2008	210	2800
福　建	423817	117694	183548	8699	720	113157
江　西	123466	18646	101458	745	112	2506

表11-2 工业污染治理投资完成情况

单位：万元

年 份 地 区	工业污染治理完成投资	治理废水	治理废气	治理固体废物	治理噪声	治理其他
山 东	1416464	82522	1281351	8365	1531	42695
河 南	554592	60750	464979	140	20	28703
湖 北	262884	19609	232512	2752	104	7906
湖 南	173424	23655	133227	3605	35	12903
广 东	378641	62914	271987	4619	418	38703
广 西	178909	32927	106049	17201		22731
海 南	56152	90	55649		83	330
重 庆	50284	4954	34278	4296	132	6624
四 川	232452	54168	164883	1689	3929	7783
贵 州	184765	13117	169146	665		1837
云 南	244003	31218	134079	33521	215	44971
西 藏	10283	7723	1453	260		847
陕 西	334478	23732	255980	2306	498	51962
甘 肃	176244	19548	137981	230		18485
青 海	74508	11752	48768	3328		10659
宁 夏	272967	30829	219777	14840		7522
新 疆	316542	37007	278911	42	38	543

联合国气候变化框架公约

2015年12月12日 巴黎

通过《巴黎协议》主席的提案第-/CP.21 号决定草案缔约方会议，忆及关于设立德班加强行动平台问题特设工作组的第 1/CP.17 号决定， 又忆及《公约》第二、第三和第四条，还忆及缔约方会议的相关决定，包括第 1/CP.16、第 2/CP.18、第 1/CP.19 和第1/CP.20 号决定，欢迎联合国大会通过的题为“改变我们的世界：2030 年可持续发展议程”的A/RES/70/1 号决议，特别是其目标 13，第三次发展筹资问题国际会议通过的《亚的斯亚贝巴行动议程》，以及在另外会议上通过的《仙台减少灾害风险框架》，认识到气候变化对人类社会和地球构成紧迫的可能无法逆转的威胁，这就要求所有国家尽可能开展最广泛的合作，参与有效和适当的国际应对行动，以期更快地减少全球温室气体排放，又认识到，为实现《公约》最终目标就需要大幅度减少全球排放，并强调在处理气候变化问题时要有紧迫感，承认气候变化是人类的共同关切，缔约方在制定政策和采取行动处理气候变化问题时，应当尊重、促进、考虑到它们各自在人权、健康权、土著人民权利、当地社区权利、移民权利、儿童权利、残疾人权利、处境脆弱的人民的权利、发展权以及性别平等、妇女赋权及代际公平方面的义务，又承认发展中国家缔约方因执行应对措施及在这方面执行第 5/CP.7、第 1/CP.10、第 1/CP.16 和第 8/CP.17 号决定的影响而产生的具体需要和关切，严重关切地强调，迫切需要解决以下两者之间存在的很大差距，一是缔约方关于 2020 年之前全球温室气体年排放的减缓保证的总合效果，二是与前工业化时期相比将全球平均温度升幅控制在 2℃以内并继续争取把温度升幅限定在1.5℃而需要的总合排放路径， 又强调加强 2020 年之前的力度可为加强 2020 年之后的力度奠定坚实的基础，强调迫切需要加快执行《公约》及其《京都议定书》，以加强 2020 年之前的力度，认识到迫切需要发达国家缔约方以可预测的方式进一步提供资金、技术和能力建设支持，以增强发展中国家 2020 年前的行动，强调有力度的早期行动带来的持久效益，包括可大量减少未来减缓和适应工作的费用，承认有必要通过加强可再生能源的利用，促进发展中国家尤其是非洲国家普遍获得可持续的能源，同意维护和促进区域和国际合作，以动员所有缔约方和非缔约方利害关系方，包括民间社会、私营部门、金融机构、城市和其他次国家级主管部门、地方社区和土著人民大力开展更有力度、更有雄心的气候行动，

一．通过

1. 决定通过附件所载《联合国气候变化框架公约》下的《巴黎协议》(下称“本协议”)；

2. 请联合国秘书长担任本协议的保存人，并自2016年4月22日至2017年4月21日将本协议在美利坚合众国纽约开放供签署；

3. 请秘书长在2016年4月22日召集高级别签署仪式；

4. 又请《公约》所有缔约方在秘书长召集的仪式上签署本协议或尽早签署，并酌情尽快交存各自的批准、接受、核准或加入书；

5. 确认《公约》缔约方在本协议生效之前可暂行适用本协议的所有条款，并请缔约方将任何此种暂行适用通知保存人；

6. 注意到按照第 1/CP.17 号决定第4段，德班加强行动平台问题特设工作组的工作已经完成；

7. 决定设立《巴黎协议》特设工作组，有关安排比照适用选举德班加强行动平台问题特设工作组主席团成员的相同安排1；

8. 又决定《巴黎协议》特设工作组应为本协议的生效以及作为《巴黎协议》缔约方会议的《公约》缔约方会议第一届会议的召开做准备；

9. 还决定监督本决定所载相关要求所产生的工作方案的执行情况；

10. 请《巴黎协议》特设工作组定期向《公约》缔约方会议报告其工作进展，并在作为《巴黎协议》缔约方会议的《公约》缔约方会议第一届会议之前完成其工作；

11. 决定《巴黎协议》特设工作组应从2016年起结合《公约》附属机构届会举行其届会，还应拟订决定草案，作为通过《公约》缔约方会议向作为《巴黎协议》缔约方会议的《公约》缔约方会议提出的建议，供其第一届会议审议和通过；

二．国家自主贡献

12. 欢迎缔约方根据第 1/CP.19 号决定第 2(b)段通报的国家自主贡献；

13. 重申请所有尚未这样做的缔约方尽快并在《公约》缔约方会议第二十二届会议(2016年11月)之前，向秘书处通报用以实现《公约》第二条所载目标的国家自主贡献，通报方式应有利于国家自主贡献清晰、透明，便于理解；

14. 请秘书处继续在《气候公约》网站上公布缔约方通报的国家自主贡献；

15. 重申吁请发达国家缔约方、资金机制经营实体及其他任何有能力的组织为可能需要此种支持的缔约方提供拟定和通报国家自主贡献方面的支持；

16. 注意到 FCCC/CP/2015/7号文件所载缔约方截至2015年10月1日通报的国家自主贡献总合效果的综合报告；

17. 关切地指出，估计 2025 年和 2030 年由国家自主贡献而来的温室气体排放合计总量达不到最低成本2℃设想情景范围，而是在2030年会达到预计的550亿吨水平，

又指出，需要做出的减排努力应远远大于与国家自主贡献相关的减排努力，才能将排放量减至 400 亿吨，才能将与工业化前水平相比的全球平均温度升幅维持在 2℃以下，或减至下面第 21 段提到的特别报告所指出的水平，使温度升幅限定在比工业化前水平高 1.5℃；

18. 在这方面，还注意到许多发展中国家缔约方在其国家自主贡献中表示的适应需要；

19. 请秘书处更新以上第 16 段所指综合报告，以涵盖缔约方根据第 1/CP.20 号决定在 2016 年 4 月 4 日之前通报的国家自主贡献的所有信息，并在 2016 年 5 月 2 日之前提供更新报告；

20. 决定在 2018 年召开缔约方之间的便利性对话，以总结缔约方在争取实现本协议第 4 条第 1 款所指长期目标方面的进展情况，并按照本协议第 4 条第 8 款为拟定国家自主贡献提供资料；

21. 请政府间气候变化专门委员会在 2018 年就与工业化前水平相比全球升温 1.5℃影响与有关的全球温室气体排放路径提交一份技术文件；

三. 关于实施本协议的决定

减缓

22. 请各缔约方最晚于提交各自《巴黎协议》批准、加入或核准书之时通报它们的第一次国家自主贡献。如果缔约方在加入本协议之前就已经通报了国家自主贡献，该缔约方应视为已经满足了本项规定，除非该缔约方另有决定；

23. 敦促那些根据第1/CP.20号决定提出的国家自主贡献内包含到2025年的时间框架的缔约方在 2020 年前通报一次新的国家自主贡献，并根据本协议第 4 条第 9 款此后每五年通报一次；

24. 请那些根据第1/CP.20号决定提出的国家自主贡献内包含一个到2030年时间框架的缔约方到 2020 年通报或更新它们的国家自主贡献，并根据本协议第 4 条第 9款此后每五年通报一次；

25. 决定各缔约方应在作为《巴黎协议》缔约方会议的《公约》缔约方会议的有关会议之前至少提前 9 至 12 个月向秘书处提交本协议第 4 条提及的它们的国家自主贡献，以便促进国家自主贡献清晰、透明，便于理解，包括通过秘书处编写一份综合报告达到此目的；

26. 请《巴黎协议》特设工作组就国家自主贡献的特征制定进一步的指南，供作为《巴黎协议》缔约方会议的《公约》缔约方会议第一届会议审议和通过；

27. 同意缔约方为了促进清晰、透明和理解，在提供的通报本国国家自主贡献的信息时，酌情包括，除其他外，关于参考点的量化信息(酌情包括基准年)、执行时限和/或时期、范围和覆盖面、规划进程、假设和方法，包括人为温室气体排放量估计和核算方法，还可酌情包括清除量估计和核算方法，以及缔约方何以认为其国家自主贡献就本国国情而言公平而有力度，以及该国家自主贡献如何能为实现《公约》第二条的目标作出贡献；

28. 请《巴黎协议》特设工作组就缔约方应提供的信息拟订进一步指导，以促进国家自主贡献清晰、透明，便于理解，供作为《巴黎协议》缔约方会议的《公约》缔约方会议第一届会议审议通过；

29. 又请附属履行机构为本协议第 4 条第 12 款所述公共登记册的运作和使用制定模式和程序，供作为《巴黎协议》缔约方会议的《公约》缔约方会议第一届会议审议和通过；

30. 又请秘书处在 2016 年上半年提供临时登记册，以便在作为《巴黎协议》缔约方会议的《公约》缔约方会议第一次会议通过以上第 29 段所述模式和程序之前，记录根据《巴黎协议》第4条提交的国家自主贡献；

31. 请《巴黎协议》特设工作组酌情借鉴《公约》及其有关法律文书下制定的各种方法，拟订本协议第 4 条第 13 款提及的国家自主贡献核算指南，供作为《巴黎协议》缔约方会议的《公约》缔约方会议第一届会议审议通过，确保：

(a) 各缔约方根据政府间气候变化专门委员会评估并得到作为《巴黎协议》缔约方会议的《公约》缔约方会议通过的共同方法和标准对人为排放和清除进行核算；

(b) 各缔约方确保方法的连贯一致，包括对国家自主贡献的通报和执行的基线保持方法上的连贯一致；

(c) 各缔约方努力在其国家自主贡献中将人为排放或清除的所有类别包括在内，一旦已纳入一个源、汇或活动，就继续将其纳入；

(d) 各缔约方应对为何不纳入任何类别的人为排放或清除提供解释；

32. 决定缔约方应对第 2 次和其后的国家自主贡献适用以上第31段所述指南。各缔约方也可自愿将这些指南适用于其第1次国家自主贡献；

33. 还决定附属机构下的“执行应对措施的影响问题论坛”应继续运作，并应为本协议服务；

34. 又决定附属科学技术咨询机构和附属履行机构应就“执行应对措施的影响问题论坛”的模式、工作方案和

职能提出建议，供作为《巴黎协议》缔约方会议的《公约》缔约方会议第一届会议审议通过，以便在本协议下处理执行应对措施的影响，为此在本协议下加强缔约方在理解减缓行动的影响方面的合作，并加强缔约方之间的信息、经验和最佳做法的交流，以提高它们对这些影响的抗御力；

35 决定以上第 31 段下的指南应确保以双方对其在本协议下的国家自主贡献所涵盖的源的人为排放和/或汇的清除做出的相应调整为基础避免重复计算；

36. 请缔约方根据本协议第 4 条第 19 款，于 2020 年前向秘书处通报本世纪中叶长期温室气体低排放发展战略，并请秘书处在《气候公约》网站上公布缔约方所通报的温室气体低排放发展战略；

37. 请附属科学技术咨询机构拟订并作为建议提出本协议第6条第2款所述的指南，供作为《巴黎协议》缔约方会议的《公约》缔约方会议第一届会议通过，包括旨在确保以缔约方对其在本协议下的国家自主贡献所涵盖的源的人为排放和汇的清除两方面做出的相应调整为基础避免重复计算的指南；

38. 建议作为《巴黎协议》缔约方会议的《公约》缔约方会议通过根据本协议第 6条第 4 款设立的可持续发展机制的规则、模式和程序，以下列内容为基础：

(a) 经每一有关缔约方授权自愿参加；

(b) 与减缓气候变化相关的实际、可衡量的长期效益；

(c) 活动的具体范围；

(d) 否则会出现的任何减排量以外的排放减少；

(e) 指定经营实体对减缓活动所产生的减排量的核查和认证；

(f) 从《公约》及其相关法律文书下通过的现有机制和方法中获得的经验和学到的教训；

39. 请附属科学技术咨询机构拟订并作为建议提出以上第 38 段所述机制的规则、模式和程序，供作为《巴黎协议》缔约方会议的《公约》缔约方会议第一届会议审议通过；

40. 还请附属科学技术咨询机构在本协议第 6 条第 8 款所述可持续发展非市场方针框架内开展一项工作方案，以便审议如何加强减缓、适应、资金、技术转让和能力建设等工作之间的联系并在它们之间创造协同作用，并审议如何便利非市场方针的执行和协调；

41. 又请附属科学技术咨询机构在考虑到缔约方观点的情况下，作为建议提出一项关于以上第 40 段所述工作方案的决定草案，供作为《巴黎协议》缔约方会议的《公约》缔约方会议第一届会议审议通过；

适应

42. 请适应委员会和最不发达国家专家组共同拟订模式，用于确认本协议第 7 条第3 款所述发展中国家缔约方作出的适应努力，并提出建议，供作为《巴黎协议》缔约方会议的《公约》缔约方会议第一届会议审议通过；

43. 还请适应委员会在考虑到其任务授权和第二个三年工作计划的情况下，为拟订供作为《巴黎协议》缔约方会议的《公约》缔约方会议第一届会议审议通过的建议：

(a) 于 2017 年审议《公约》下与适应有关的体制安排的工作，以期确定如何酌情加强其工作的连贯性，从而充分回应缔约方的需要；

(b) 审议评估适应需要的方法，以期协助发展中国家，而不对其造成不当负担；

44. 请联合国所有相关机构以及国际、区域和国家金融机构通过秘书处向缔约方提供信息，说明它们的发展援助和气候融资方案如何纳入耐气候和气候抗御力措施；

45. 请缔约方在考虑到 1/CP.16 号决定第 13 段的情况下，酌情加强适应方面的区域合作，并在必要时设立区域中心和网络，特别是在发展中国家；

46. 还请适应委员会和最不发达国家专家组与融资问题常设委员会和其他相关机构合作，就下列问题拟订方法，并提出建议，供作为《巴黎协议》缔约方会议的《公约》缔约方会议第一届会议审议通过：

(a) 采取必要步骤，便利为发展中国家在本协议第 2 条所述全球平均升温极限框架内开展适应工作筹集资源；

(b) 审查本协议第 7 条第 14 款(c)项所述适应和支助的充足性和效力；

47. 又请绿色气候基金加快支持最不发达国家和其它发展中国家按照第 1/CP.16 和5/CP.17 号决定编拟国家适应计划，并随后落实它们确定的政策、项目和方案；

损失和损害

48. 决定气候变化影响相关损失和损害华沙国际机制经 2016 年审查之后将继续运作；

49. 请华沙国际机制执行委员会设立一个风险转移信息交换所，作为保险和风险转移有关信息的储存点，从而便利缔约方制定和实施风险管理战略工作；

50. 还请华沙国际机制执行委员会根据其程序和任务授权设立一个工作组，以补充、借鉴《公约》之下的现有机构和专家组，包括适应委员会和最不发达国家专家组，以及《公约》之外的相关组织和专家机构的工作，并酌情吸收它们参与，以便为避免、尽量减少和处理与气候变化不利影响有关的流离失所问题的综合办法拟订建议；

51. 又请华沙国际机制执行委员会在下次会议上启动工作，落实以上第 49 段和第50 段所述规定，并在年度报告中报告其进展情况；

52. 商定本协议第 8 条并不涉及任何义务或赔偿，或为任何义务或赔偿提供依据；

资金

53. 决定，为执行本协议，向发展中国家提供的资金应加强执行发展中国家减缓和适应两方面的政策、战略、规章、行动计划和气候变化行动，从而协助实现本协议第 2 条所规定的宗旨；

54. 又决定，根据本协议第 9 条第 3 款，发达国家有意在有意义的减缓行动和执行工作的透明度框架内，继续它们现有的到 2025 年的集体筹资目标；在 2025 年前，作为《巴黎协议》缔约方会议的《公约》缔约方会议将在考虑到发展中国家的需要和优先事项的情况下，设定一个新的集体定量目标，每年最低 1,000 亿美元；

55. 确认至关重要的是充分和可预测的资金，包括酌情为基于成果的支付提供资金，以落实旨在减少毁林和森林退化所致排放量的政策办法和积极激励，森林养护、可持续森林管理和提高森林碳储量的作用；以及替代性政策办法，例如为实现综合和可持续森林管理而实施的联合减缓和适应办法；同时重申此类办法的非碳效益的重要性；鼓励除其他外，根据缔约方会议相关决定，协调公共和私人、双边和多边来源，例如绿色气候基金提供的支助，以及其他来源的支助；

56. 决定在第二十二届会议上启动一个进程，明确缔约方将根据本协议第 9 条第 5款提供的信息，以期提出一项建议，供作为《巴黎协议》缔约方会议的《公约》缔约方会议第一届会议审议并通过；

57. 还决定确保根据本协议第 9 条第 7 款提供信息的工作应按照下文第 96 段提到的模式、程序和指南进行；

58. 请附属科学技术咨询机构根据本协议第 9 条第 7 款，制定核算通过公共干预措施提供和调集的资金的模式，供缔约方会议第二十四届会议(2018 年 11 月)审议，以期提出一项建议，供作为《巴黎协议》缔约方会议的《公约》缔约方会议第一届会议审议并通过；

59. 决定，受托经营《公约》资金机制的实体——绿色气候基金和全球环境基金，以及全球环境基金管理的最不发达国家基金和气候变化特别基金应为本协议服务；

60. 确认适应基金可根据作为《京都议定书》缔约方会议的《公约》缔约方会议以及作为《巴黎协议》缔约方会议的《公约》缔约方会议的相关决定，为本协议服务；

61. 请作为《京都议定书》缔约方会议的《公约》缔约方会审议上文第 60 段所指问题，向作为《巴黎协议》缔约方会议的《公约》缔约方会议第一届会议提出一项建议；

62. 建议作为《巴黎协议》缔约方会议的《公约》缔约方会议就与本协议有关的政策、方案优先事项和资格标准，向受托经营《公约》资金机制的实体提供指导，由缔约方会议转交；

63. 决定缔约方会议相关决定中对受托经营《公约》资金机制的实体所作的指导，包括本协议通过之前议定的那些指导应比照适用；

64. 还决定融资问题常设委员会应按照缔约方会议确定的该委员会的职能和责任，为本协议服务；

65. 促请为本协议服务的机构通过简化和高效率的申请和批准程序，并酌情通过继续为发展中国家缔约方，包括最不发达国家和小岛屿发展中国家提供准备方面的支持，为支持国家驱动的战略加强协调和交付资源；

技术开发和转让

66. 注意到 FCCC/SB/2015/INF.3 号决定提到的技术执行委员会关于加强落实技术需求评估结果的指导意见的临时报告；

67. 决定加强技术机制，请技术执行委员会和气候技术中心与网络在为本协议的执行提供支持时，除其他外，进一步就以下问题开展工作：

(a) 技术研究、开发和示范；

(b) 开发和加强自有能力和技术；

68. 请附属科学技术咨询机构第四十四届会议(2016 年 5 月)开始详细拟订本协议第10 条第 4 款设立的技术框架，并向缔约方会议报告其结果，以期缔约方会议就该框架向作为《巴黎协议》缔约方会议的《公约》缔约方会议提出建议，供其第一届会议审议并通过，同时考虑到该框架除其他外，应当便利：

(a) 开展和更新技术需求评估，并通过拟定银行可担保的项目，加强落实其结果，特别是技术行动计划和项目意向；

(b) 为落实技术需求评估的结果提供更强的资金和技术支持；

(c) 对准备好转让的技术进行评估；

(d) 为开发和转让无害社会和环境的技术增强扶持型环境和消除障碍；

69. 决定技术执行委员会和气候技术中心与网络应通过附属机构，向作为《巴黎协议》缔约方会议的《公约》缔约方会议报告它们为支持本协议的执行所开展的活动；

70. 还决定定期评估就执行本协议与技术开发和转让有关的事项向技术机制提供的支持的成效和适足性；

71. 请附属履行机构结合第2/CP.17号决定附件七第20段提到的对气候技术中心与网络的审查，以及本协议第

14 条提到的全球总结模式，在第四十四届会议上开始详细拟订上文第 70 段所述定期评估的范围和模式，供缔约方会议第二十五届会议(2019 年 11 月)审议并通过；

能力建设

72. 决定设立巴黎能力建设委员会，目的是处理发展中国家缔约方在执行能力建设方面现有的和新出现的差距和需要，以及进一步加强能力建设工作，包括加强《公约》之下能力建设活动的连贯性和协调。

73. 还决定巴黎能力建设委员会将管理和监督下文第 74 段所述工作计划；

74. 又决定启动 2016-2020 年工作计划，包括下列活动：

(a) 评估如何加强《公约》下设立的开展能力建设活动的现有机构之间在合作方面的协同增效，并避免重复工作，包括与《公约》下和《公约》以外的机构合作；

(b) 查明能力方面的差距和需要，并就如何填补这些差距提出建议；

(c) 促进开发和推广实施能力建设的工具和方法；

(d) 促进全球、区域、国家和次国家层面的合作；

(e) 查明并收集《公约》下设立的机构所开展的能力建设工作中的良好做法、

挑战、经验和教训；

(f) 探索发展中国家如何能够随着时间和空间的推移，逐步自主建设和保持能力；

(g) 确定在国家、区域和次国家层面加强能力的机遇；

(h) 促进《公约》下相关进程和倡议之间的对话、协调、合作和连贯性，包括为此就《公约》下设立的机构的能力建设活动和战略交流信息；

(i) 就维护和进一步开发基于网络的能力建设门户网站向秘书处提供指导；

75. 决定，巴黎能力建设委员会每年将聚焦加强能力建设技术交流的某一个领域或主题，以便了解在某一特定领域切实开展建设能力的最新成功故事和挑战；

76. 请附属履行机构安排巴黎能力建设委员会的年度会期会议；

77. 还请附属履行机构在对能力建设框架执行情况的第三次全面审查中拟定巴黎能力建设委员会的职权范围，同时考虑到上文第 75、76、77、78 段和下文第 82、83 段，以期作为建议就此事项提出一份决定草案，供缔约方会议第二十二届会议审议并通过；

78. 请缔约方在 2016 年 3 月 9 日之前就巴黎能力建设委员会的成员问题提出意见；

79. 请秘书处将上文第 78 段所述提交材料汇编成一份杂项文件，供附属履行机构第四十四届会议审议；

80. 决定，对巴黎能力建设委员会的投入除其他外将包括，提交的材料、能力建设框架执行情况第三次全面审查的结果、秘书处关于在发展中国家执行能力建设框架的年度综合报告、秘书处关于《公约》及其《京都议定书》下设机构开展的能力建设工作的汇编和综合报告、关于德班论坛的报告以及能力建设门户网站；

81. 请巴黎能力建设委员会就其工作编写年度技术进展报告，并向与缔约方会议届会同时举行的附属履行机构届会提供这些报告；

82. 还请缔约方会议在第二十五届会议(2019 年 11 月)上审议巴黎能力建设委员会的进展、延期需求、效力和加强问题，并采取其认为适当的任何行动，以期向作为《巴黎协议》缔约方会议的《公约》缔约方会议第一届会议提出建议，涉及按照本协议第 11 条第 5 款加强促进能力建设的体制安排；

83. 吁请所有缔约方确保在能力建设贡献中适当考虑《公约》第六条以及本协议第

12 条所反映的教育、培训和宣传方面；

84. 请作为《巴黎协议》缔约方会议的《公约》缔约方会议在第一届会议上探讨加强开展培训、公众宣传、公众参与和公众获取信息的方式，以便加强本协议之下的行动；

行动和支助的透明度

85. 决定设立一个透明度能力建设倡议，以便在 2020 年之前和之后建设体制和技术能力。这一倡议将应发展中国家缔约方要求，支持这些缔约方及时满足本协议第13 条界定的加强的透明度要求；

86. 还决定透明度能力建设倡议将致力于：

(a) 根据国家优先事项，加强负责透明度相关活动的国家机构；

(b) 提供相关工具、培训和援助，以满足本协议第 13 条规定的条款；

(c) 随着时间推移，协助提高透明度；

87. 促请并要求全球环境基金作出安排，支持透明度能力建设倡议的设立和实施，将之视作与报告有关的优先需求，包括在全球环境基金第六个充资期和今后的充资周期内通过自愿捐款为发展中国家提供支持，以补充全球环境基金下的现有支助；

88. 决定在资金机制第七次审评的背景下，评估透明度能力建设倡议的执行情况；

89. 请全球环境基金作为资金机制的经营实体，从 2016 年开始在其提交缔约方会议的年度报告中包括以上第 85 段所述透明度能力建设倡议的设计、制定和执行工作的进展情况；

90. 决定，根据本协议第 13 条第 2 款，应为发展中国家缔约方执行该条的规定提供灵活性，包括报告范围、频率和详细程度方面的灵活性，以及审评范围方面的灵活性，且审评范围应规定国内审评为可选，同时这种灵活性应反映在以下第 92 段所述模式、程序和指南的制定工作中；

91. 还决定除最不发达国家缔约方和小岛屿发展中国家之外的所有缔约方应酌情提交第 13 条第 7、第 8、第 9 和第 10 款所述信息，频率不低于每两年一次，最不发达国家缔约方和小岛屿发展中国家可自由斟酌提交这一信息；

92. 请《巴黎协议》特设工作组根据本协议第 13 条第 13 款，拟定模式、程序和指南的建议，并确定首次和后续定期审评及酌情更新这些模式、程序和指南的年份，供缔约方会议第二十四届会议审议，以期转交作为《巴黎协议》缔约方会议的《公约》缔约方会议第一届会议通过；

93. 还请《巴黎协议》特设工作组在拟定以上第 92 段所述模式、程序和指南的建议时，除其他外，考虑到：

(a) 为随着时间的推移改善报告情况和透明度提供便利的重要性；

(b) 必须向根据本国能力情况需要灵活性的发展中国家缔约方提供灵活性；

(c) 必须促进透明、精确、完整、一致和可比；

(d) 必须避免重复以及对缔约方和秘书处造成不应有的负担；

(e) 必须确保缔约方按照《公约》下各自承担的义务，至少保持报告的频率和质量；

(f) 必须确保没有双重计算；

(g) 必须确保环境完整性；

94. 又请《巴黎协议》特设工作组在制定以上第 92 段所述模式、程序和指南时，借鉴《公约》下其他现行相关进程的经验并将这些进程纳入考虑；

95. 请《巴黎协议》特设工作组在制定以上第 92 段所述模式、程序和指南时，除其他外，考虑：

(a) 可供根据本国能力情况需要灵活性的发展中国家使用的灵活性的类型；

(b) 国家自主贡献中所通报的方法与缔约方各自国家自主贡献的实现进展报告方法之间的一致性；

(c) 由缔约方报告适应行动和规划的有关信息，包括酌情报告其国家适应计划，以期集体交流信息并分享经验教训；

(d) 所提供的支助，同时促进为适应和减缓均提供支助，除其他外，包括采用报告支助情况的通用表格格式，并考虑到附属科学技术咨询机构审议的关于财务信息报告方法的问题，并加强发展中国家对收到支助情况的报告，包括支助的使用、影响以及预计结果等情况；

(e) 融资问题常设委员会和《公约》下其他相关机构的两年期评估和其他报告中所载的信息；

(f) 关于应对措施的社会和经济影响的信息；

96. 还请《巴黎协议》特设工作组在拟定以上第 92 段所述模式、程序和指南的建议时，加强根据本协议第 9 条提供的支助的透明度；

97. 又请《巴黎协议》特设工作组向缔约方会议今后届会报告以上第 92 段所述模式、程序和指南的工作进展情况，且这一工作应不迟于 2018 年完成；

98. 决定应自《巴黎协议》生效之时起适用根据以上第 92 段制定的模式、程序和指南；

99. 还决定这一透明度框架的模式、程序和指南应立足于并最终在最后的两年期报告和两年期更新报告提交之后立即取代第 1/CP.16 号决定第 40 至 47 段和第 60 至64 段及第 2/CP.17 号决定第 12 至 62 段设立的衡量、报告和核实制度；

全球总结

100. 请《巴黎协议》特设工作组查明本协议第 14 条所述全球总结的投入来源，并向缔约方会议报告，以便缔约方会议向作为《巴黎协议》缔约方会议的《公约》缔约方会议提出一项建议，供其在第一届会议上审议和通过，来源包括但不限于：

(a) 关于以下内容的信息：

(i) 缔约方通报的国家自主贡献的总体影响；

(ii) 本协议第 7 条第 10 和第 11 款所述信息通报及本协议第 13 条第 7 款所述报告中所载的适应工作、支助、经验和优先事项的现状；

(iii) 支助的调集和提供情况；

(b) 政府间气候变化专门委员会的最新报告；

(c) 附属机构的报告；

101. 还请附属科学技术咨询机构提供咨询意见，说明如何利用政府间气候变化专门委员会的评估，为根据本协议第 14 条对本协议执行情况进行的全球总结提供信息，并就此事项向《巴黎协议》特设工作组第二届会议报告；

102. 又请《巴黎协议》特设工作组制定本协议第 14 条所述全球总结的模式，并向缔约方会议提交报告，以

期向作为《巴黎协议》缔约方会议的《公约》缔约方会议提出一项建议，供其在第一届会议上审议和通过；

为执行和遵约提供便利

103. 决定本协议第 15 条第 2 款所述委员会应由作为《巴黎协议》缔约方会议的《公约》缔约方会议根据地域公平分配原则选出的在相关的科学、技术、社会经济或法律领域具备公认才能的 12 名成员组成，联合国五个区域集团各派两名成员，小岛屿发展中国家和最不发达国家各派一名成员，并兼顾性别平衡的目标；

104. 请《巴黎协议》特设工作组制定模式和程序，促进本协议第 15 条第 2 款所述委员会的有效运作，以期《巴黎协议》特设工作组完成关于这些模式和程序的工作，以便作为《巴黎协议》缔约方会议的《公约》缔约方会议第一届会议审议和通过这些模式和程序；

最后条款

105. 还请秘书处仅出于本协议第 21 条的目的，在协议通过之日在其网站上公布信息，并在缔约方会议第二十一届会议报告中列入资料，说明《公约》缔约方在其国家信息通报、温室气体清单报告、两年期报告或两年期更新报告中通报的最新温室气体排放总量和百分比；

四．2020 年之前的强化行动

106. 决心在 2020 年之前时期确保尽可能作出最大的减缓努力，包括采取以下行动： (a) 促请所有尚未批准和执行《京都议定书》多哈修正案的《京都议定书》缔约方批准和执行该修正案；

(b) 促请所有尚未在《坎昆协议》下作出和执行减缓承诺的缔约方作出并执行承诺；

(c) 重申根据第 1/CP.19 号决定第 3 和第 4 段，决心加速充分执行构成根据第1/CP.13 号决定达成的议定结果的决定，加大 2020 年之前时期的力度，以便确保所有缔约方在《公约》下作出尽可能最大的减缓努力；

(d) 请尚未提交第一份两年期更新报告的发展中国家缔约方尽快提交报告；

(e) 促请所有缔约方及时参与《坎昆协议》下已有的衡量、报告和核实进程，以期展示其在执行减缓承诺方面取得的进展； 107. 鼓励缔约方促进缔约方利害关系方和非缔约方利害关系方在不双重核算在

《京都议定书》下发放的减排单位的前提下做出自愿取消，包括在第二承诺期内有效的核证减排量的自愿取消；

108. 促请缔约方买卖双方以透明方式报告国际转让的减缓成果，包括用于履行国际承诺的成果和在《京都议定书》下发放的减排单位，以期促进环境完整性和避免重复核算；

109. 认识到自愿减缓行动的社会、经济及环境价值，以及在适应、健康和可持续发展方面的共同效益；

110. 决心在 2016 至 2020 年期间加强第 1/CP.19 号决定第 5(a)段和第 1/CP.20 号定第 19 段界定的关于减缓的现有技术审查进程，考虑最新的科学知识，方法包括：

(a) 鼓励缔约方、《公约》各机构和国际组织参与这一进程，包括酌情与有关非缔约方利害关系方合作，分享其经验和建议，包括来自区域活动的经验和建议，并根据国家可持续发展优先事项开展合作，为执行在该进程期间查明的各项政策、做法和行动提供便利；

(b) 通过与缔约方协商，努力促进发展中国家缔约方和非缔约方专家加入和参与这一进程；

(c) 请技术执行委员会和气候技术中心和网络根据各自的授权任务：

(i) 参加技术专家会议，并加大努力促进和支持缔约方扩大执行在该进程期间查明的各项政策、做法和行动；

(ii) 在技术专家会议期间定期提供有关促进执行此前在该进程期间查明的各项政策、做法和行动的最新进展；

(iii) 在向缔约方会议提交的联合年度报告中列入资料，说明在此进程下开展的各项活动；

(d) 鼓励缔约方有效利用气候技术中心和网络，以便获得援助，在该进程查明的减缓潜力高的领域提出在经济、环境和社会方面可行的项目建议；

111. 鼓励《公约》资金机制经营实体参与技术专家会议，并告知与会者他们为推动执行技术审查进程期间查明的政策、做法和行动取得进展作出的贡献；

112. 请秘书处开展以上第 110 段所述进程，并传播其成果，方法包括：

(a) 与技术执行委员会和相关专家组织协商，举办定期技术专家会议，侧重于体现最佳做法并且具有规模可调及复制潜力的具体政策、做法和行动；

(b) 在以上第 112(a)段所述会议之后每年更新一份技术文件，说明促进减缓力度的政策、做法和行动产生的减缓效益及共同效益，以及支持其执行的备选办法，技术文件及时作为对以下第 112(c)段所述决策者摘要的投入，相关信息应以便利用户使用的格式在网上提供；

(c) 与以下第 122 段所述倡导者协商，编写一份决策者摘要，说明体现最佳做法并且具有规模可调及复制潜力的具体政策、做法和行动；支持其执行的备选办法；

以及相关的合作倡议，决策者摘要至少在每届缔约方会议之前两个月发表，作为对以下第 121 段所述高级别会议的投入；

113. 决定以上第 110 段所述进程应在附属履行机构和附属科学技术咨询机构合作下继续进行，持续至 2020

年；

114. 还决定在 2017 年对以上第 110 段所述进程进行一次评估，以促进其成效；

115. 决心推动发达国家缔约方紧急提供充足的资金、技术和能力建设支持，以加强各缔约方 2020 年之前行动的力度，在这方面，强烈促请发达国家缔约方提高其资金支持水平，制定切实的路线图，以实现在 2020 年之前每年为减缓和适应提供1,000 亿美元共同资金以及大幅提高当前适应融资水平的目标，并进一步提供适当的技术和能力建设支持；

116. 决定在举行缔约方会议第二十二届会议的同时举办一次促进对话，以评估执行第 1/CP.19 号决定第 3 和第 4 段的进展，并查明促进为技术开发和转让及能力建设支助等活动提供资金资源的相关机遇，从而查明以哪些方式促使所有缔约方加大减缓努力的力度，包括查明促进提供和调动支助和扶持型环境的相关机遇；

117. 赞赏地承认利马－巴黎行动议程在联合国秘书长于 2014 年 9 月 23 日召集的气候峰会基础上取得的成果；

118. 欢迎非缔约方利害关系方努力加强气候行动，并鼓励在非国家行为方气候行动区门户网站平台3 上登记这类行动；

119. 鼓励缔约方与非缔约方利害关系方密切合作，促进加强减缓和适应行动的努力；

120. 还鼓励非缔约方利害关系方更多地参与以上第 110 段和以下第 125 段所述进程；

121. 商定根据第 1/CP.20号决定第 21段，在利马－巴黎行动议程的基础上，在2016年至 2020 年期间在每届缔约方会议召开的同时召集一次高级别会议，旨在：

(a) 进一步加强高级别参与执行以上第 110 段和以下段落所述进程中产生的政策选择和行动，参考以上第 112(c)段所述决策者摘要；

(b) 提供机会宣布新的或强化的自愿努力、举措和联盟，包括执行从以上第110 段和以下第 125 段所述进程中产生并在以上第 112(c)段所述决策者摘要中介绍的政策、做法和行动；

(c) 总结有关进展，承认新的或强化的自愿努力、举措和联盟；

(d) 为缔约方、国际组织、国际合作倡议和非缔约方利害关系方政要的有效高级别参与提供有意义的定期机会；

122. 决定任命两名高级别倡导者，代表缔约方会议主席行事，通过在 2016 至 2020年期间强化高级别参与，为成功落实当前工作及扩大和启动新的努力或强化自愿努力、倡议和联盟提供便利，包括：

(a) 与缔约方会议执行秘书和现任及继任主席合作，以协调以上第 121 段所述年度高级别会议；

(b) 与相关缔约方和非缔约方利害关系方接触，包括推动利马－巴黎行动议程的自愿举措；

(c) 就举办以上第 112(a)段和以下第 130(a)段所述技术专家会议向秘书处提供指导；

123. 还决定以上第 122 段所述高级别倡导者的任期通常为两年，为确保连续性，其任期相互重叠一整年，例如：

(a) 缔约方会议第二十一届会议主席应任命一名倡导者，任期一年，从任命之日起，到缔约方会议第二十二届会议最后一天为止；

(b) 缔约方会议第二十二届会议主席应任命一名倡导者，任期两年，从任命之日起，到缔约方会议第二十三届会议(2017 年 11 月)最后一天为止；

(c) 以此类推，其后每位缔约方会议主席应任命一名倡导者，任期两年，接替此前任命的任期已结束的倡导者；

124. 请所有有关缔约方和相关组织为以上第 122 段所述倡导者的工作提供支持；

125. 决定在 2016 至 2020 年期间启动一项有关适应的技术审查进程；

126. 还决定以上第 125 段所述关于适应的技术审查进程将努力查明加强抗御力、降低脆弱性和增加对适应行动的了解和执行的实际机遇；

127. 又决定以上第 125 段所述技术审查进程应由附属履行机构和附属科学技术咨询机构共同组织，由适应委员会执行；

128. 决定通过以下行动开展以上第 125 段所述进程：

(a) 推动良好做法、经验和教训的共享；

(b) 查明可大幅加强执行适应行动的行动，包括可促进经济多样化以及带来减缓共同效益的行动；

(c) 促进适应方面的合作行动；

(d) 在具体政策、做法和行动背景下查明加强扶持型环境和增强为适应提供支助的机会；

129. 还决定以上第 125 段所述关于适应的技术审查进程将考虑以上第 110 段所述关于减缓的技术审查进程的程序、模式、产出、成果和经验教训；

130. 请秘书处通过以下方式为以上第 125 段所述技术审查进程提供支助：

(a) 以具体政策、战略和行动为重点定期举行技术专家会议；

(b) 基于以上第 130(a)段所述会议，每年编写一份关于强化适应行动的机会以及为其执行提供支助的备选办法的技术文件，作为向以上第 112(c)段所述决策者摘要的投入及时提交，应以便利用户使用的格式在网上提供这类信息；

131. 决定适应委员会在开展以上第 125 段所述进程时要让《公约》下的适应相关工作方案、机构和体制现有的安排介入，并探讨兼顾这些安排、与之建立协同增效和依托这些安排的途径，以确保连贯性和实现最大价值；

132. 还决定在进行以上第 120 段所述评估的同时，对以上第 125 段所述进程进行一次评估，以促进其成效；

133. 请缔约方和观察员组织在 2016 年 2 月 3 日之前提交资料，说明以上第 126段所述机遇；

五．非缔约方利害关系方

134. 欢迎所有非缔约方利害关系方，包括民间社会、私营部门、金融机构、城市和其他次国家级主管部门努力处理和应对气候变化；

135. 请以上第 134 段所述非缔约方利害关系方加大努力和支助行动，以减少排放和/或建设抗御力，降低对气候变化不利影响的脆弱性，并通过以上第 118 段所述非国家行为方气候行动区门户网站平台4展示这些努力；

136. 认识到需要加强地方社区和土著人民与处理和应对气候变化相关的知识、技术、做法和努力，并设立一个平台，用于以全面和综合方式交流和分享有关减缓和适应的经验和最佳做法；

137. 还认识到为减排活动提供激励，包括国内政策和碳定价等工具的重要作用；

六．行政和预算事务

138. 注意到秘书处执行本决定所述活动所涉经费估算，请秘书处根据资金到位情况执行本决定中提出的行动；

139. 强调迫切需要提供更多的资源，用于执行包括本决定所述行动在内的相关行动，以及用于执行以上第 9 段所述工作方案；

140. 促请缔约方为及时执行本决定提供自愿捐款。

附件：巴黎协议

本协议缔约方， 作为《联合国气候变化框架公约》(下称“《公约》”)的缔约方， 根据《公约》缔约方会议第十七届会议第 1/CP.17 号决定建立的德班加强行动平台， 推行《公约》目标，并遵循其原则，包括以公平为基础并体现共同但有区别的责任和各自能力的原则，同时要根据不同的国情，认识到必须根据现有的最佳科学知识，对气候变化的紧迫威胁作出有效和逐渐的应对，还认识到按《公约》的规定，发展中国家缔约方的具体需要和特殊情况，特别是那些对气候变化不利影响特别脆弱的发展中国家缔约方的具体需要和特殊情况，充分考虑到最不发达国家在筹资和技术转让行动方面的具体需要和特殊情况，认识到缔约方不仅可能受到气候变化的影响，而且还可能受到为应对气候变化而采取的措施的影响，强调气候变化行动、应对和影响与平等获得可持续发展和消除贫穷有着内在的关系，认识到保障粮食安全和消除饥饿的根本性优先事项，以及粮食生产系统对气候变化不利影响的具体脆弱性，考虑到务必根据国家制定的发展优先事项，实现劳动力公正过渡以及创造体面工作和高质量就业岗位，承认气候变化是人类共同关注的问题，缔约方采取行动处理气候变化，尊重、促进和考虑它们各自对人权的义务、健康权、土著人民权利、当地社区权利、移徙者权利、儿童权利、残疾人权利、弱势人权利、发展权，以及性别平等、妇女赋权和代间公平，认识到必须酌情养护和加强《公约》所述的温室气体的汇和库，注意到必须确保包括海洋在内的所有生态系统的完整性，保护被有些文化认作大地母亲的生物多样性，并注意到在采取行动处理气候变化时关于“气候公正”的某些概念的重要性，申明必须就本协议处理的事项在各级开展教育、培训、宣传，公众参与和公众获得信息和合作，认识到在本协议处理的事项方面让各级参与的重要性，并认识到按照缔约方各自的国内立法使各级政府和各行为者参与处理气候变化的重要性，认识到在发达国家缔约方带头下的可持续生活方式以及可持续的消费和生产模式，对处理气候变化所发挥的重要作用，协议如下：

第一条

为本协议的目的，《公约》第一条所载的定义都应适用。此外：

1. “公约”指 1992 年 5 月 9 日在纽约通过的《联合国气候变化框架公约》；

2. “缔约方会议”指《公约》缔约方会议；

3. “缔约方”指本协议的缔约方。

第二条

1. 本协议在加强《公约》，包括其目标的执行方面，旨在联系可持续发展和消除贫穷的努力，加强对气候变化威胁的全球应对，包括：

(a) 把全球平均气温升幅控制在工业化前水平以上低于 2℃之内，并努力将气温升幅限制在工业化前水平以上 1.5℃之内，同时认识到这将大大减少气候变化的风险和影响；

(b) 提高适应气候变化不利影响的能力并以不威胁粮食生产的方式增强气候抗御力和温室气体低排放发展；

(c) 使资金流动符合温室气体低排放和气候适应型发展的路径。

2. 本协议的执行将按照不同的国情反映平等以及共同但有区别的责任和各自能力的原则。

第三条

作为应对全球气候变化的国家自主贡献，所有缔约方将保证并通报第三条、第四条、第六条、第七条、第八条和第九条所界定的有力度的努力，以实现本协议第二条所述的目的。所有缔约方的努力将随着时间的推移而逐渐增加，同时认识到需要支持发展中国家缔约方以有效执行本协议。

第四条

1. 为了实现第二条规定的长期气温目标，缔约方旨在尽快达到温室气体排放的全球峰值，同时认识到达峰对发展中国家缔约方来说需要更长的时间；并旨在从此后根据现有的最佳科学迅速减少，以联系可持续发展和消除贫困，在平等的基础上，在本世纪下半叶实现温室气体源的人为排放与汇的清除之间的平衡。

2. 各缔约方应编制、通报并持有它打算实现的下一次国家自主贡献。缔约方应采取国内减缓措施，以实现这种贡献的目标。

3. 各缔约方下一次的国家自主贡献将按不同的国情，逐步增加缔约方当前的国家自主贡献，并反映其尽可能大的力度，同时反映其共同但有区别的责任和各自能力。

4. 发达国家缔约方应继续带头，努力实现全经济绝对减排目标。发展中国家缔约方应当继续加强它们的减缓努力，应鼓励它们根据不同的国情，逐渐实现全经济绝对减排或限排目标。

5. 应向发展中国家缔约方提供支助，以根据本协议第九条、第十条和第十一条执行本条，同时认识到增强对发展中国家缔约方的支助，将能够加大它们的行动力度。

6. 最不发达国家和小岛屿发展中国家可编制和通报反映它们特殊情况的关于温室气体低排放发展的战略、计划和行动。

7. 从缔约方的适应行动和/或经济多样化计划中获得的减缓共同收益，能促进本条下的减缓成果。

8. 在通报国家自主贡献时，所有缔约方应根据第 1/CP.21 号决定和作为《巴黎协议》缔约方会议的《公约》缔约方会议的任何有关决定，为清晰、透明和了解而提供必要的信息。

9. 各缔约方应根据第 1/CP.21 号决定和作为《巴黎协议》缔约方会议的《公约》缔约方会议的任何有关决定，并参照第十四条所述的全球总结的结果，每五年通报一次国家自主贡献。

10. 作为《巴黎协议》缔约方会议的《公约》缔约方会议应在第一届会议上审议国家自主贡献的共同时间框架。

11. 缔约方可根据作为《巴黎协议》缔约方会议的《公约》缔约方会议通过的指导，随时调整其现有的国家自主贡献，以加强其力度水平。

12. 缔约方通报的国家自主贡献应记录在秘书处持有的一个公共登记册上。

13. 缔约方应核算它们的国家自主贡献。在核算相当于它们国家自主贡献中的人为排放和清除时，缔约方应促进环境完整性、透明、精确、完整、可比和一致性，并确保根据作为《巴黎协议》缔约方会议的《公约》缔约方会议通过的指导避免双重核算。

14. 在国家自主贡献方面，当缔约方在承认和执行人为排放和清除方面的减缓行动时，应当按照本条第 13 款的规定，酌情考虑《公约》下的现有方法和指导。

15. 缔约方在执行本协议时，应考虑那些经济受应对措施影响最严重的缔约方，特别是发展中国家缔约方关注的问题。

16. 缔约方，包括区域经济一体化组织及其成员国，凡是达成了一项协议，根据本条第 2 款联合采取行动的，均应在它们通报国家自主贡献时，将该协议的条款通知秘书处，包括有关时期内分配给各缔约方的排放量。再应由秘书处向《公约》的缔约方和签署方通报该协议的条款。

17. 在上文第 16 段提及的这种协议的各缔约方应根据本条第 13 款和第 14 款以及十三条和第十五条对该协议为它规定的排放水平承担责任。

18. 如果缔约方在一个其本身是本协议缔约方的区域经济一体化组织的框架内并与该组织一起，采取联合行动开展这项工作，那么该区域经济一体化组织的各成员国单独并与该区域经济一体化组织一起，应根据本条第 13 款和第 14 款以及第十三条和第十五条，对根据本条第 16 款通报的协议为它规定的排放量承担责任。

19. 所有缔约方应努力拟定并通报长期温室气体低排放发展战略，同时注意第二条，

根据不同国情，考虑它们共同但有区别的责任和各自能力。

第五条

1. 缔约方应当采取行动酌情养护和加强《公约》第四条第 1 款 d 项所述的温室气体的汇和库，包括森林。

2. 鼓励缔约方采取行动，包括通过基于成果的支付，执行和支持《公约》下已经为减少毁林和森林退化造成的排放所涉活动而采取的政策方法和积极奖励措施而议定的有关指导和决定所述的现有框架，以及发展中国家养

护、可持续管理森林和增强森林碳储量的作用；执行和支持替代政策方法，如关于综合和可持续森林管理的联合减缓和适应方法；同时重申酌情奖励与这种方法相关的非碳收益的重要性。

第六条

1. 缔约方认识到，有些缔约方可选择自愿合作，执行它们的国家自主贡献，以能够提高它们减缓和适应行动的力度，并促进可持续发展和环境完整。

2. 缔约方如果在自愿的基础上采取合作方法，并使用国际转让的减缓成果来实现国家自主贡献，就应促进可持续发展，确保环境完整和透明，包括在治理方面，并应运用稳健的核算，以主要依作为《巴黎协议》的《公约》缔约方会议通过的指导确保避免双重核算。

3. 使用国际转让的减缓成果来实现本协议下的国家自主贡献，应是自愿的，并得到参加的缔约方的允许的。

4. 兹在作为本协议缔约方会议的《公约》缔约方会议的授权和指导下，建立一个机制，供缔约方自愿使用，以促进温室气体排放的减缓，支持可持续发展。它应受作为《巴黎协议》缔约方会议的《公约》缔约方会议指定的一个机构的监督，应旨在：

(a) 促进减缓温室气体排放，同时促进可持续发展；

(b) 奖励和便利缔约方授权下的公私实体参与减缓温室气体；

(c) 促进东道缔约方减少排放量，以便从减缓活动导致的减排中受益，这也可以被另一缔约方用来履行其国家自主贡献 ；

(d) 实现全球排放的全面减缓；

5. 从本条第 4 款所述的机制产生的减排，如果被另一缔约方用作表示其国家自主贡献的实现情况，则不应再被用作表示东道缔约方自主贡献的实现情况。

6. 作为《巴黎协议》缔约方会议的《公约》缔约方会议应确保本条第 4 款所述机制下开展的活动所产生的一部分收益用于负担行政开支，以及援助对气候变化不利影响特别脆弱的发展中国家缔约方支付适应费用。

7. 作为《巴黎协议》缔约方会议的《公约》缔约方会议应在第一届会议上通过本条第 4 款所述机制的规则、模式和程序。

8. 缔约方认识到，在可持续发展和消除贫困方面，必须以协调和有效的方式向缔约方提供综合、整体和平衡的非市场方法，以协助执行它们的国家自主贡献，包括酌情通过，除其他外，减缓、适应、融资、技术转让和能力建设。这些方法应旨在：

(a) 提高减缓和适应力度；

(b) 加强公私参与执行国家自主贡献；

(c) 创造各种手段和有关体制安排之间协调的机会。

9. 兹确定一个本条第 8 款提及的可持续发展非市场方法的框架，以推广非市场方法。

第七条

1. 缔约方兹确立关于提高气候变化适应能力、加强抗御力和减少对气候变化的脆弱性的全球适应目标，以促进可持续发展，并确保在第二条所述气温目标方面采取适当的适应对策。

2. 缔约方认识到，适应是所有各方面临的，具有地方、次国家、国家、区域和国际层面的全球挑战，它是为保护人民、生计和生态系统而采取的气候变化长期全球应对措施的关键组成部分，并对此作出贡献，同时也要考虑到对气候变化不利影响特别脆弱的发展中国家迫在眉睫的需要。

3. 应根据作为《巴黎协议》缔约方会议的《公约》缔约方会议第一届会议通过的模式承认发展中国家的适应努力。

4. 缔约方认识到，当前的适应需要很大，提高减缓水平能减少额外适应努力的需要，增大适应需要可能会增加适应成本。

5. 缔约方承认，适应行动应当遵循一种国家驱动、注重性别问题、参与型和充分透明的方法，同时考虑到脆弱群体、社区和生态系统，并应当基于和遵循现有的最佳科学，酌情包括传统知识、土著人民的知识和地方知识系统，以期将适应酌情纳入相关的社会经济和环境政策以及行动中。

6. 缔约方认识到必须支持适应努力并开展适应努力方面的国际合作，必须考虑发展中国家缔约方的需要，特别是对气候变化不利影响特别脆弱的发展中国家的需要。

7. 缔约方应当加强它们在增强适应行动方面的合作，同时考虑到《坎昆适应框架》，包括在下列方面：

(a) 交流信息、良好做法、获得的经验和教训，酌情包括与适应行动方面的科学、

规划、政策和执行等相关的信息、良好做法、获得的经验和教训；

(b) 加强体制安排，包括《公约》下的体制安排，以支持相关信息和知识的综合，并为缔约方提供技术支助和指导；

(c) 加强关于气候的科学知识，包括对研究、气候系统观测和预警系统，以便为气候事务提供参考，并支持决策；

(d) 协助发展中国家缔约方确定有效的适应做法、适应需要、优先事项、为适应行动和努力提供和得到的支助、挑战和差距，其方式应符合鼓励良好做法；

(e) 提高适应行动的有效性和持久性。

8. 鼓励联合国专门组织和机构支持缔约方努力执行本条第 7 款所述的行动，同时考虑到本条第 5 款的规定。

9. 各缔约方应酌情开展适应规划进程并采取各种行动，包括制订或加强相关的计划、政策和/或贡献，其中可包括：

(a) 落实适应行动、任务和/或努力；

(b) 关于制订和执行国家适应计划的进程；

(c) 评估气候变化影响和脆弱性，以拟订国家制定的优先行动，同时考虑到处于脆弱地位的人民、地方和生态系统；

(d) 监测和评价适应计划、政策、方案和行动并从中学习；

(e) 建设社会经济和生态系统的抗御力，包括通过经济多样化和自然资源的可持续管理；

10. 各缔约方应当斟情定期提交和更新一项适应信息通报，其中可包括其优先事项、执行和支助需要、计划和行动，同时不对发展中国家缔约方造成额外负担。

11. 本条第 10 款所述适应信息通报应斟情定期提交和更新，纳入或结合其他信息通报或文件提交，其中包括国家适应计划、第四条第 2 款所述的一项国家自主贡献和/或一项国家信息通报。

12. 本条第 10 款所述的适应信息通报应记录在一个由秘书处持有的公共登记册上。

13. 根据本协议第九条、第十条和第十一条的规定，发展中国家缔约方在执行本条第7 款、第 9 款、第 10 款和第 11 款时应得到持续和加强的国际支持。

14. 第十四条所述的全球总结，除其他外应：

(a) 承认发展中国家缔约方的适应努力；

(b) 加强开展适应行动，同时考虑本条第 10 款所述的适应信息通报；

(c) 审评适应的适足性和有效性以及对适应提供的支助情况；

(d) 审评在实现本条第 1 款所述的全球适应目标方面所取得的总体进展。

第八条

1. 缔约方认识到避免、尽量减轻和处理与气候变化(包括极端气候事件和缓发事件)不利影响相关的损失和损害的重要性，以及可持续发展对于减少损失和损害的作用。

2. 气候变化影响相关损失和损害华沙国际机制应受作为《巴黎协议》缔约方会议的《公约》缔约方会议的领导和指导，并由作为《巴黎协议》缔约方会议的《公约》缔约方会议决定予以加强。

3. 缔约方应在合作和提供便利的基础上，包括酌情通过华沙国际机制，在气候变化不利影响所涉损失和损害方面加强理解、行动和支持。

4. 据此，为加强理解、行动和支持而开展合作和提供便利的领域包括以下方面：

(a) 预警系统；

(b) 应急准备；

(c) 缓发事件；

(d) 可能涉及不可逆转和永久性损失和损害的事件；

(e) 综合性风险评估和管理；

(f) 风险保险设施，气候风险分担安排和其他保险方案；

(g) 非经济损失；

(h) 社区的抗御力、生计和生态系统；

5. 华沙国际机制应与本协定下现有机构和专家小组以及本协定以外的有关组织和专家机构协作。

第九条

1. 发达国家缔约方应为协助发展中国家缔约方减缓和适应两方面提供资金资源，以便继续履行在《公约》下的现有义务。

2. 鼓励其他缔约方自愿提供或继续提供这种支助。

3. 作为全球努力的一部分，发达国家缔约方应继续带头，从各种大量来源、手段及渠道调动气候资金，同时注意到公共基金通过采取各种行动，包括支持国家驱动战略而发挥的重要作用，并考虑发展中国家缔约方的需要和优先事项。对气候资金的这一调动应当逐步超过先前的努力。

4. 提供规模更大的资金资源，应旨在实现适应与减缓之间的平衡，同时考虑国家驱动战略以及发展中国家缔约方的优先事项和需要，尤其是那些对气候变化不利影响特别脆弱和受到严重的能力限制的发展中国家缔约方，如最不发达国家，小岛屿发展中国家的优先事项和需要，同时也考虑为适应提供公共资源和基于赠款的资源的需要。

5. 发达国家缔约方应适当根据情况，每两年对与本条第 1 款和第 3 款相关的指示性定量定质信息进行通报，包括向发展中国家缔约方提供的公共财政资源方面可获得的预测水平。鼓励其他提供资源的缔约方也自愿每两年通报一次这种信息。

6. 第十四条所述的全球总结应考虑发达国家缔约方和/或本协议的机构提供的气候资金方面的有关信息。

7. 根据第十三条第 13 款的规定，发达国家缔约方应按照作为《巴黎协议》缔约方会议的《公约》缔约方会议第一届会议通过的模式、程序和指南，就通过公共干预措施向发展中国家提供和调动支助的情况每两年提供透明一致的信息。鼓励其他缔约方也这样做。

8. 《公约》的资金机制，包括其经营实体，应作为本协议的资金机制。

9. 为本协议服务的机构，包括《公约》资金机制的经营实体，应旨在通过精简审批程序和进一步准备支助发展中国家缔约方，尤其是最不发达国家和小岛屿发展中国家，来确保它们在国家气候战略和计划方面有效地获得资金资源。

第十条

1. 缔约方共有一个长期愿景，即必须充分落实技术开发和转让，以改善对气候变化的抗御力和减少温室气体排放。

2. 注意到技术对于执行本协议下的减缓和适应行动的重要性，并认识到现有的技术部署和推广工作，缔约方应加强技术开发和转让方面的合作行动。

3. 《公约》下设立的技术机制应为本协议服务。

4. 兹建立一个技术框架，为技术机制在促进和便利技术开发和转让的强化行动方面的工作提供总体指导，以根据本条第 1 款所述的长期愿景，支持本协议的执行。

5. 加快、鼓励和扶持创新，对有效、长期的全球应对气候变化，以及促进经济增长和可持续发展至关重要。应对这种努力酌情提供支助，包括由《公约》技术机制和《公约》资金机制通过资金手段，以便采取协作性方法开展研究和开发，以及便利获得技术，特别是在技术周期的早期阶段便利发展中国家获得技术。

6. 应向发展中国家缔约方提供支助，包括提供资金支助，以执行本条，包括在技术周期不同阶段的开发和转让方面加强合作行动，从而在支助减缓和适应之间实现平衡。第十四条提及的全球总结应考虑为发展中国家缔约方的技术开发和转让提供支助方面的现有信息。

第十一条

1. 本协议下的能力建设应当加强发展中国家缔约方，特别是能力最弱的国家，如最不发达国家，以及对气候变化不利影响特别脆弱的国家，如小岛屿发展中国家，以便采取有效的气候变化行动，其中主要包括执行适应和减缓行动，便利技术开发、推广和部署、获得气候资金、教育、培训和公共宣传的有关方面，以及透明、及时和准确的信息通报。

2. 能力建设，尤其是针对发展中国家缔约方的能力建设，应当由国家驱动，依据并向应国家需要，并促进缔约方的本国自主，包括在国家、次国家和地方层面。能力建设应当以获得的经验教训为指导，包括从《公约》下能力建设活动中获得的经验教训，并应当是一个参与型、贯穿各领域和注重性别问题的有效和迭加的进程。

3. 所有缔约方应当合作，以加强发展中国家缔约方执行本协议的能力。发达国家缔约方应当加强对发展中国家缔约方能力建设的支助。

4. 所有缔约方，凡在加强发展中国家缔约方执行本协议的能力，包括采取区域、双边和多边方式的，均应当定期就能力建设行动或措施。发展中国家缔约方应当定期通报为执行本协议而落实能力建设计划、政策、行动或措施的进展情况。

5. 应通过适当的体制安排，包括《公约》下为服务于本协议所建立的有关体制安排，加强能力建设活动，以支持对本协议的执行。作为《巴黎协议》缔约方会议的《公约》缔约方会议应在第一届会议上审议并就能力建设的初始体制安排通过一项决定。

第十二条

缔约方应酌情合作采取措施，加强气候变化教育、培训、宣传、公众参与和公众获取信息，同时认识到这些步骤对于加强本协议下的行动的重要性。

第十三条

1. 为建立互信并促进有效执行，兹设立一个关于行动和支助的强化透明度框架，并内置一个灵活机制，以考虑进缔约方能力的不同，并以集体经验为基础。

2. 透明度框架应为发展中国家缔约方提供灵活性，以利于由于其能力而需要这种灵活性的那些发展中国家缔约方执行本条规定。本条第 13 款所述的模式、程序和指南应反映这种灵活性。

3. 透明度框架应依托和加强在《公约》下设立的透明度安排，同时认识到最不发达国家和小岛屿发展中国家的特殊情况，以促进性、非侵入性、非处罚性和尊重国家主权的方式实施，并避免对缔约方造成不当负担。

4. 《公约》下的透明度安排，包括国家信息通报、两年期报告和两年期更新报告、国际评估和审评以及国际协商和分析，应成为制定本条第 13 款下的模式、程序和指南时加以借鉴的经验的一部分。

5. 行动透明度框架的目的是按照《公约》第二条所列目标，明确了解气候变化行动，包括明确和追踪缔约方在第四条下实现各自国家自主贡献方面所取得进展；以及缔约方在第七条之下的适应行动，包括良好做法、优先事项、需要和差距，以便为第十四条下的全球总结提供参考。

6. 支助透明度框架的目的是明确各相关缔约方在第四条、第七条、第九条、第十条和第十一条下的气候变化行动方面提供和收到的支助，并尽可能反映所提供的累计资金支助的全面概况，以便为第十四条下的全球总结提供参考。

7. 各缔约方应定期提供以下信息：

(a) 利用政府间气候变化专门委员会接受并由作为《巴黎协议》缔约方会议的《公约》缔约方会议商定的良好做法而编写的一份温室气体的人为源排放量和汇清除量的国家清单报告；

(b) 跟踪在根据第四条执行和实现国家自主贡献方面取得的进展所必需的信息；

8. 各缔约方还应酌情提供与第七条下的气候变化影响和适应相关的信息。

9. 发达国家缔约方应，提供支助的其他缔约方应当就根据第九条、第十条和第十一条向发展中国家缔约方提供资金、技术转让和能力建设支助的情况提供信息。

10. 发展中国家缔约方应当就在第九条、第十条和第十一条下需要和接受的资金、技术转让和能力建设支助情况提供信息。

11. 应根据第 1/CP.21 号决定对各缔约方根据本条第 7 款和第 9 款提交的信息进行术专家审评。对于那些由于能力问题而对此有需要的发展中国家缔约方，这一进程应包括查明能力建设需要援助。此外，各缔约方应参与第九条下的工作进展情况以及国家自主贡献的情况。

12. 本款下的技术专家审评应包括适当审议缔约方提供的支助，以及执行和实现国家自主贡献的情况。审评也应查明缔约方需改进的领域，并包括审评这种信息是否与本条第 13 款提及的模式、程序和指南相一致，同时考虑在本条第 2 款下给予缔约方的灵活性。审评应特别注意发展中国家缔约方各自的国家能力和国情。

13. 作为《巴黎协议》缔约方会议的《公约》缔约方会议应在第一届会议上根据《公约》下透明度相关安排取得的经验，详细拟定本条的规定，酌情为行动和支助的透明度通过通用的模式、程序和指南。

14. 应为发展中国家执行本条提供支助。

15. 应为发展中国家缔约方建立透明度相关能力提供持续支助。

第十四条

1. 作为本协议缔约方会议的《公约》缔约方会议应定期总结本协议的执行情况，以评估实现本协议宗旨和长期目标的集体进展情况(称为全球总结)。评估工作应以全面和促进性的方式开展，同时考虑减缓、适应问题以及执行和支助的方式问题，并顾及公平和利用现有的最佳科学。

2. 作为《巴黎协议》缔约方会议的《公约》缔约方会议应在 2023 年进行第一次全球总结，此后每五年进行一次，除非作为《巴黎协议》缔约方会议的《公约》缔约方会议另有决定。

3. 全球总结的结果应为缔约方提供参考，以国家自主的方式根据本协议的有关规定更新和加强它们的行动和支助，以及加强气候行动的国际合作。

第十五条

1. 兹建立一个机制，以促进执行和遵守本协议的规定。

2. 本条第 1 款所述的机制应由一个委员会组成，应以专家为主，并且是促进性的，行使职能时采取透明、非对抗的、非惩罚性的方式。委员会应特别关心缔约方各自的国家能力和情况。

3. 该委员会应在作为《巴黎协议》缔约方会议的《公约》缔约方会议第一届会议通过的模式和程序下运作，每年向作为《巴黎协议》缔约方会议的《公约》缔约方会议提交报告。

第十六条

1. 《公约》缔约方会议——《公约》的最高机构，应作为本协议缔约方会议。

2. 非本协议缔约方的《公约》缔约方，可作为观察员参加作为本协议缔约方会议《公约》缔约方会议的任何届会的议事工作。在《公约》缔约方会议作为本协议缔约方会议时，在本协议之下的决定只应由为本协议缔约方者做出。

3. 在《公约》缔约方会议作为本协议缔约方会议时，《公约》缔约方会议主席团中代表《公约》缔约方但在当时非为本协议缔约方的任何成员，应由本协议缔约方从本协议缔约方中选出的另一成员替换。

4. 作为《巴黎协议》缔约方会议的《公约》缔约方会议应定期审评本协议的执行情况，并应在其授权范围内作出为促进本协议有效执行所必要的决定。作为本协议缔约方会议的《公约》缔约方会议应履行本协议赋予它的职能，并应：

(a) 设立为履行本协议而被认为必要的附属机构；

(b) 行使为履行本协议所需的其他职能。

5. 《公约》缔约方会议的议事规则和依《公约》规定采用的财务规则，应在本协议下比照适用，除非作为《巴黎协议》缔约方会议的《公约》缔约方会议以协商一致方式可能另外作出决定。

6. 作为《巴黎协议》缔约方会议的《公约》缔约方会议第一届会议，应由秘书处结合本协议生效后预定举行的《公约》缔约方会议第一届会议召开。其后作为《巴黎协议》缔约方会议的《公约》缔约方会议常会，应与《公约》缔约方会议常会结合举行，除非作为《巴黎协议》缔约方会议的《公约》缔约方会议另有决定。

7. 作为《巴黎协议》缔约方会议的《公约》缔约方会议特别会议，将在作为《巴黎协议》缔约方会议的《公约》缔约方会议认为必要的其他任何时间举行，或应任何缔约方的书面请求而举行，但须在秘书处将该要求转达给各缔约方后六个月内得到至少三分之一缔约方的支持。

8. 联合国及其专门机构和国际原子能机构，以及它们的非为《公约》缔约方的成员国或观察员，均可派代表作为观察员出席作为《巴黎协议》缔约方会议的《公约》缔约方会议的各届会议。任何在本协议所涉事项上具备资格的团体或机构，无论是国家或国际的、政府的或非政府的，经通知秘书处其愿意派代表作为观察员出席作为《巴黎协议》缔约方会议的《公约》缔约方会议的某届会议，均可予以接纳，除非出席的缔约方至少三分之一反对。观察员的接纳和参加应遵循本条第 5 款所指的议事规则。

第十七条

1. 依《公约》第八条设立的秘书处，应作为本协议的秘书处。

2. 关于秘书处职能的《公约》第八条第 2 款和关于就秘书处行使职能作出的安排的《公约》第八条第 3 款，应比照适用于本协议。秘书处还应行使本协议和作为《巴黎协议》缔约方会议的《公约》缔约方会议所赋予它的职能。

第十八条

1. 《公约》第九条和第十条设立的附属科学技术咨询机构和附属履行机构，应分别作为本协议附属科学技术咨询机构和附属履行机构。《公约》关于这两个机构行使职能的规定应比照适用于本协议。本协议的附属科学技术咨询机构和附属履行机构的届会，应分别与《公约》的附属科学技术咨询机构和附属履行机构的会议结合举行。

2. 非为本协议缔约方的《公约》缔约方可作为观察员参加附属机构任何届会的议事工作。在附属机构作为本协议附属机构时，本协议下的决定只应由本协议缔约方作出。

3. 《公约》第九条和第十条设立的附属机构行使它们的职能处理涉及本协议的事项时，附属机构主席团中代表《公约》缔约方但当时非为本协议缔约方的任何成员，应由本协议缔约方从本协议缔约方中选出的另一成员替换。

第十九条

1. 除本协议提到的附属机构和体制安排外，根据《公约》或在《公约》下设立的附属机构或其他体制安排按照作为《巴黎协议》缔约方会议的《公约》缔约方会议的决定，应为本协议服务。作为《巴黎协议》缔约方会议的《公约》缔约方会议应明确规定此种附属机构或安排所要行使的职能。

2. 作为《巴黎协议》缔约方会议的《公约》缔约方会议可为这些附属机构和体制安排提供进一步指导。

第二十条

1. 本协议应开放供属于《公约》缔约方的各国和区域经济一体化组织签署并须经其批准、接受或核准。本协议应自 2016 年 4 月 22 日至 2017 年 4 月 21 日在纽约联合国总部开放供签署。此后，本协议应自签署截止日之次日起开放供加入。批准、接受、核准或加入的文书应交存保存人。

2. 任何成为本协议缔约方而其成员国均非缔约方的区域经济一体化组织应受本协议一切义务的约束。如果区域经济一体化组织的一个或多个成员国为本协议的缔约方，该组织及其成员国应决定各自在履行本协议义务方面的责任。在此种情况下，该组织及其成员国无权同时行使本协议规定的权利。

3. 区域经济一体化组织应在其批准、接受、核准或加入的文书中声明其在本协议所规定的事项方面的权限。此类组织还应将其权限范围的任何重大变更通知保存人，保存人应再通知各缔约方。

第二十一条

1. 本协议应在不少于 55 个《公约》缔约方，共占全球温室气体总排放量的至少约55%的《公约》缔约方交存其批准、接受、核准或加入文书之日后第三十天起生效。

2. 为本条第 1 款的有限目的“全球温室气体总排放量”指在《公约》缔约方通过本协定之日或之前最新通报的数量。

3. 对于在本条第 1 款规定的生效条件达到之后批准、接受、核准或加入本协议的每一国家或区域经济一体化组织，本协议应自该国家或区域经济一体化组织批准、接受、核准或加入的文书交存之日后第三十天起生效。

4. 为本条第 1 款的目的，区域经济一体化组织交存的任何文书，不应被视为其成员国所交存文书之外的额外文书。

第二十二条

《公约》第十五条关于通过对《公约》的修正的规定应比照适用于本协议。

第二十三条

1. 关于《公约》第十六条关于《公约》附件的通过和修正的规定应比照适用于本协议。

2. 本协议的附件应构成本协议的组成部分，除另有明文规定外，凡提及本协议，即同时提及其任何附件。这些附件应限于清单、表格和属于科学、技术、程序或行政性质的任何其他说明性材料。

第二十四条

《公约》关于争端的解决的第十四条的规定应比照适用于本协议。

第二十五条

1. 除本条第 2 款所规定外，每个缔约方应有一票表决权。

2. 区域经济一体化组织在其权限内的事项上应行使票数与其作为本协议缔约方的成员国数目相同的表决权。如果一个此类组织的任一成员国行使自己的表决权，则该组织不得行使表决权，反之亦然。

第二十六条

联合国秘书长应为本协议的保存人。

第二十七条

对本协议不得作任何保留。

第二十八条

1. 自本协议对一缔约方生效之日起三年后，该缔约方可随时向保存人发出书面通知退出本协议。

2. 任何此种退出应自保存人收到退出通知之日起一年期满时生效，或在退出通知中所述明的更后日期生效。

3. 退出《公约》的任何缔约方，应被视为亦退出本协议。

第二十九条

本协议正本应交存于联合国秘书长，其阿拉伯文、中文、英文、法文、俄文和西班牙文文本同等作准。

二〇一五年十二月十二日订于巴黎。

下列签署人，经正式授权，于规定的日期在本协定书上的签字，以昭信守。